최신 한국전기설비규정
(KEC)을 반영한

대한민국 대표 전기교재
★전기분야 1위★

김기사의 쉬운 전기

easy electricity

ALL COLOR
★올 컬러판★

소망 김기사 **김명진** 지음

이론편

"전기 관련 자격증 시험대비를 위한 기본 이론부터 전기요금 계산방법까지 어려운 전기이론을 쉽게 이해!"

 (주)도서출판 성안당

최신 한국전기설비규정 (KEC)을 반영한

김기사의 e-쉬운 전기

easy electricity

최신 한국전기설비규정 (KEC)을 반영한

대한민국 대표 전기교재
★전기분야 1위★

김기사의 쉬운 전기

easy electricity

ALL COLOR ★올 컬러판★

소망 김기사 **김명진** 지음

이론편

BM (주)도서출판 성안당

Prologue

"아버지, 저 전기기술을 배우는 건 어떨까요?"

"전기기술? 이거 괜찮아!"

경기도 성남 재래시장 인근의 어느 작은 카페에서 나눈 60대 아버지와 30대 아들의 대화입니다.

아버지는 30년 넘게 전기기술자의 삶을 살아왔고, 아들은 대학·대학원시절 문과계열 통계학을 공부하고 잘 알려진 회사의 사무직에서 일하던 중이었습니다. 그래서 아들은 전기에 대해 "우리가 쓰는 전기는 220V이다." 정도만 아는 전맹(電盲)이었습니다.

아버지가 30년 넘게 운영하신 전기공사업체에서 전기에 대해 아무것도 모르는 아들은 아버지에게 하나하나 여쭤보며 전기기술을 배우게 되었고, 전기일을 하기 위해선 반드시 자격증을 따야 한다는 아버지의 말씀에 현장일이 끝나면 저녁에는 기사 자격증 준비를 하며 전기이론을 공부하게 되었습니다.

하지만 아들은 전기기사자격증 공부를 하면서 이해나 암기하기에 앞서 '왜 이렇게 어렵게 표현을 할까?', '단어 자체를 좀 더 쉽게 설명해주면 안 될까?', '당장 실무에서 필요한 정보는 왜 기사자격증에서 다루지 않을까?' 등등 의문이 많았습니다.

그뿐만 아니라 실무현장에서도 아들의 머릿속은 온갖 호기심으로 가득했습니다. 그래서 실수로 전선을 잘못 잘라 합선이 되는가 하면, 경미한 감전도 경험하면서 전기일에 회의감을 잠시 갖기도 했습니다. 그러나 한편으론 아들은 뭔가 명쾌하게 전기에 대한 진실(?)을 알고 싶었습니다.

"누군가 전기에 대해 쉽고 명쾌하게 알려주질 못한다면 내가 더 파야겠다."

이후 아들은 전기에 대한 자료들을 하나둘 모으고, 아버지에게 지겹도록 질문을 하며 생각과 자료를 정리했습니다. 자격증을 따는 데에도 이런 질문 자체가 도움이 되었습니다. 그리고 이렇게 정리한 자료를 혼자만 알아야 할 것이 아니라 함께 공유하고자 하는 생각에 2018년 2월부터 블로그에 '소망 김기사'라는 닉네임으로 하나둘 포스팅을 하였고 그 후 8년이 지난 2025년 말 현재, 평일 방문객이 3,000명이 넘고 이웃수가 25,300명이 넘는 전기분야 최고의 인기 블로그가 되었습니다. 그리고 아들은 이런 내용을 책으로 엮어 저자가 됩니다.

블로그를 통해 책을 집필할 기회도 얻었고 전기공사 및 수리의 업무도 크게 늘어나 그야말로 SNS 전성시대에 제대로 된 효과를 얻게 된 것도 사실이지요. 그렇다면 왜 이렇게 전기에 대해 사람들의 니즈(needs)가 강렬했던 것일까요?

바로 전기에 대해 많은 사람들이 배우고자 하지만 그만큼 어렵고 학교 및 자격증 공부는 이론 위주로 실무가 배제되어 있기 때문입니다. 이러한 이유로 전기이론을 잘 아는 사람도 정작 실무에 있어서는 잘 모르는 경우가 있는가 하면 실무가 능수능란한 사람은 이론에 약한 모습을 보이기도 합니다.

그렇다면 왜 전기가 어려울까요?

먼저 전기는 공기와 같이 눈에 보이지는 않지만 없어서는 안 될 에너지입니다. 보이지도 않기 때문에 실습도 할 수 없고, 더욱이 잘못된 지식으로 실습을 하다 보면 인명 피해는 물론 화재 등으로 심각한 물적 피해를 남길 수 있습니다. 그래서 매사에 신경 써서 집중하며 일을 해야 합니다.

그리고 전기용어가 낯설고 정확한 의미를 이해하기 힘들어 전기가 어렵다고 생각합니다. 당장 우리나라 전압이 220V를 쓴다는 것은 많은 사람들이 알지만 "전압이 무엇을 의미하느냐?" 물으면 대다수 사람은 명쾌하게 대답을 하지 못합니다.

"전압이 전기의 압력이 아닌 전위차이다."라고 설명하면 바로 어려워합니다.

또한 전기는 수학적 지식이 있어야 이해할 수 있는 부분이 많습니다. 대다수 사람들은 교육과정에서 수학이 절대적 필수과목이라는 것은 알고 있지만 수학 자체에 대한 호불호가 워낙 큰 과목이기 때문에 수학만 생각해도 책을 덮는 사람이 많습니다. 더구나 수학을 암기과목이라고 인식하는 사람들도 많아 최소한의 수학적 지식이 부족하여 그만큼 전기를 이해하는 데 어려움을 겪게 됩니다.

하지만 전기에 대해 기본적으로 이해하고 더불어 흐름을 알게 된다면 결국 큰 틀에서 조금씩 응용을 할 수 있으며 나머지는 쉽게 이해할 수 있습니다. 즉, 진입장벽이 다소 높다는 것은 사실이지만 이를 넘어서면 그 뒤부터는 비교적 수월하게 많은 것을 이해할 수 있고 전기가 친근하게 느껴질 수 있을 것입니다.

저의 이름은 김명진(金明進)으로 밝을 명(明)과 나아갈 진(進)을 사용하고 있습니다. 어두운 공간에 불을 밝혀 밝게 나아가라는 이름처럼 전기가 없는 곳에 전기를 넣어주는 전기기술자의 삶을 살고 있습니다. 이제는 한 단계 더 나아가 전기를 어려워하는 많은 분들을 위해 명쾌하게 지식을 전달하는 그런 전기기술자가 되고자 합니다.

이 책을 쓰는 데 많은 도움을 주신 분들에게 깊은 감사의 인사를 드리고 첫 책이지만 적극적으로 책을 만드는 데 도움을 주신 ㈜도서출판 성안당의 이종춘 회장님과 최옥현 전무님, 박경희 부장님 및 관계자분들에게 감사드립니다.

무엇보다 30년 넘게 한평생 전기기술자의 삶으로 아들에게 다양한 지식과 정보를 제공해주신 아버지와 말없이 응원해주신 어머니, 그리고 평생의 반려자인 사랑하는 동희에게 특별히 감사 인사를 올립니다.

이 책이 많은 사람들에게 전기를 이해하고 활용하는 데 큰 도움이 되길 바랍니다. 고맙습니다.

저자 씀

Special Thanks

좋은 책을 위해 사진과 그림 자료를 제공해주신 기업과 여러분들에게 진심으로 감사 인사를 드립니다.

진흥전기 주식회사 / 대신전선 주식회사 / 동국파이프 주식회사 / 주식회사 위너스 / 주식회사 공간조명 / 국제전기 주식회사 / 구주기술 주식회사 / 주식회사 소망이엔씨 / SM.net Store / 한국전기기술인협회 / 한국전기공사협회 / 대한전기협회 / 전취모 카페 운영자 임규명 님 / 한국전력 성남지사 과장 명우영 님 / 한국전기안전공사 경기북부지역본부 부장 허재완 님 / 한국철도공사 서울본부 김동건 님 / 명지대학교 전기공학과 김연수 님 / 대한전기학원 부원장 박민철 님 / 화성직훈소 전기과 이종석, 박태희 교수님 / ㈜제이에스이엔씨테크 윤태진 님 / ㈜LG화학 연구원 장주명 님 / ㈜인터전기 미카엘 님 / 전기박사 카페 회원 ox1400 님 / 웰라의 오지랖 블로그 WELLA 님 / / 서울 송파구 백영기 님 / 제주 제주시 박성우 님 / 울산 남구 김진 님 / 부산 연제구 유재성 님

{ *Character* }

easy 01

기초적인 이론과 실무를 함께 엮었습니다.

이 책은 기초이론부터 차근차근 서술하고 틈틈이 이러한 이론이 실무에서 어떻게 활용되어 쓰이는지 유기적으로 접근하였습니다. 따라서 전기에 대한 기초지식이 전혀 없더라도 맨 첫 장부터 소설책 읽듯이 읽으면 학습하는 데 큰 도움이 될 것입니다.

easy 02

개념을 풀어 써서 이해하기 쉽습니다.

이 책의 가장 큰 강점입니다. 이미 블로그를 통해 저자의 글을 읽어보면 대략 알겠지만 어려운 단어를 가능한 한 지양하고 쉽게 쓰고자 노력했습니다. 하지만 책으로 엮다 보니 블로그보다는 문장이 살짝 무겁습니다. 그러나 최대한 흡입력 있게 문장과 문장을 자연스럽게 연결해서 술술 읽을 수 있게 서술했습니다.

easy 03

그림과 사진을 최대한 많이 수록했습니다.

이 책은 이미지시대에 걸맞게 모두 컬러 그림과 사진을 삽입하여, 그것만으로도 내용을 이해할 수 있도록 했습니다. 특히 사진이 취미인 저자가 직접 찍은 사진과 블로그의 회원님이 제공해주신 사진들로 더욱 더 내용이 풍성합니다.

easy 04 — 가장 현실에 맞는 책입니다.

최신 자료를 바탕으로 검증을 좋아하는 저자의 성격답게 팩트 체크를 하며 서술했습니다. 특히 한국전기설비규정(KEC) 중에 꼭 알아야 할 중요한 내용을 다루었습니다. 처음부터 끝까지 우리나라 현실에 맞고 최신 기술을 담은 전기책입니다.

easy 05 — 빅데이터를 통해 독자의 궁금증을 파악해서 엮었습니다.

저자의 블로그는 6년이 지나 이웃수가 24000명에 육박하고 평일 방문객이 3000명을 넘어서는 전기분야 최고의 인기 블로그가 되었습니다. 저자는 이 블로그에 방문하는 사용자들이 어떤 검색어로 들어오는지, 어떤 포스팅에 관심이 많은지에 대해 틈틈이 분석을 하여 어느 부분을 어려워하고 헷갈리는지 잘 알게 되었고 이를 바탕으로 효자손 같이 가려운 부분을 찾아내 집필하였습니다. 저자가 통계학 석사 출신이라는 학력이 여기에서 빛을 발하게 되었네요.

easy 06 — 기본적인 전기수학을 설명하였습니다.

전기는 수학적 지식이 필요한 분야로 많은 사람들이 어려워하고 이로 인해 기피하는 경우가 있습니다. 이에 내용을 술술 읽는 데 어려움이 없도록 본 책은 최대한 수식을 배제하고 계산 역시 간단하게 할 수 있는 수준으로 집필하였습니다. 그러나 일부 내용은 수학의 기초적인 이론의 이해 없이는 설명이 힘든 부분이 있기 때문에 간단하면서도 핵심적인 전기수학을 본 책의 부록으로 엮어 읽고 이해하는 데 어려움이 없도록 하였습니다.

{ Contents }
- Prologue
- Character
- Intro

[이론편]

I 전기의 기본 이론

01 우리나라의 전압이 110V에서 220V로 바뀐 이유는? 14
KEY WORD 전압, 기전력, 전압강하, 전력손실, 전원단자, 옴의 법칙, 전력, 전력량

02 전류란 무엇이며, 전선과 어떤 관계인가? 27
KEY WORD 전류, 원자, 전자, 전하, 정전기, 쿨롱의 법칙, 전선, 허용전류, 전선의 단면적과 온도

03 직류(DC)와 교류(AC)의 차이점은? 40
KEY WORD 직류, 교류, 표피효과, 주파수, 각주파수, 실효값, 순시값, 최댓값, 평균값

04 전기히터가 불꽃도 없이 주변을 따뜻하게 하는 이유는? 51
KEY WORD 저항, 직렬, 병렬, 합성저항, 키르히호프 법칙, 휘트스톤 브리지회로, 줄의 법칙, 열량, 서모스탯

05 전기가 통하는 전선을 만져도 감전이 안 되는 이유는? 68
KEY WORD 도체, 절연체, 고유저항, 절연계급, 기준충격절연강도

06 전자제품에서 꼭 필요한 것은? 73
KEY WORD 저항, 인덕턴스, 커패시턴스, 임피던스, 시정수, 위상차, 지상전류, 진상전류, 공진

07 전자제품이나 조명스펙에 적혀 있는 역률이란? 86
KEY WORD 역률, 유효전력, 무효전력, 피상전력, 지상역률, 진상역률, 역률요금제

08 전원코드의 어댑터는 왜 있는 것일까? 98
KEY WORD 전력변환장치, 컨버터, 인버터, 다이오드, 브리지 정류회로, 레귤레이터, 고조파

09 용량이 큰 냉난방기가 3상 전력을 사용하는 이유는? 115
KEY WORD 3상 전력, 중성선, 3상 3선식, 3상 4선식, 단상 3선식, Y결선, Δ결선

10 전동기(모터)는 어떤 원리로 회전을 하는 것일까? 133
KEY WORD 전동기, 자기장, 앙페르의 법칙, 플레밍의 왼손법칙, 아라고의 원판, 전동기 원리, 전동기 종류

II. 전력의 흐름

01 전기를 생산할 때 왜 석탄이나 우라늄 또는 거대한 댐이 필요할까? 170
  KEY WORD 발전소, 발전기, 분산형 전원 시스템, 에너지 저장체계, 패러데이법칙, 플레밍의 오른손법칙

02 송전탑이 시외지역이나 산을 넘어다니는 이유는? 210
  KEY WORD 송전, 송전현황, 송전탑 구조, ACSR, 직류송전(HVDC), 복도체, 코로나, 선로정수

03 변전소는 왜 지도에서 자세히 표기되지 않을까? 230
  KEY WORD 변전, 변전소, 변압기, 가스절연변전소, 변압원리, 변압기의 결선, 변압기용량, 변압기 병렬운전

04 전봇대가 거리마다 우두커니 서 있는 이유는? 250
  KEY WORD 배전, 배전현황, 전봇대 구조, 인입구, 인입선, 책임분계점, 주상변압기, 중성선

05 아파트단지나 대학 캠퍼스에는 왜 전봇대가 없을까? 267
  KEY WORD 지중화, 지중케이블, 지중화공사, 지중화 선로정수, 송배전 전압강하, 송배전 전압변동

III. 수변전시설의 활용

01 큰 건물 지하에 있는 수변전실의 정체는? 286
  KEY WORD 전기안전관리자, 수변전실, 수변전실의 조건, 수변전 변압기, 수변전 차단기, 수변전도, 간이수변전시설

02 방송국이나 큰 병원이 정전에서 자유로운 이유는? 315
  KEY WORD 비상발전기, 블랙아웃, 비상발전기의 조건, 내연기관, 무정전 전원공급장치(UPS)

IV. 전기요금의 이해

01 전기계량기가 보여주는 정보는? 328
  KEY WORD 전기계량기, 전력량계, 기계식 계량기, 전자식 계량기, 계기용 변성기, CT계량기

02 전기요금체계와 계약전력이란? 337
  KEY WORD 전기요금, 원가연계형 요금, 계절시간별 차등요금, 계약전력, 전기증설공사, 피크전력, 평균전력

03 가전제품 중 전기를 가장 많이 소비하는 것은? 378
  KEY WORD 전력소비, 대기전력, 전기레인지(인덕션), 하이라이트, 전기절약

만약 전기가 들어오지 않는다면 어떻게 될까?

우리 생활에서 밀접한 관련이 있지만 대다수 사람들이 무심코 지나치는 것들이 있다. 바로 집안의 스위치, 콘센트, 조명, 전자제품 등 다양한 전기기기들로, 이들은 전기에너지를 이용함으로써 삶에 편리함을 주는 도구이지만 대다수 사람들은 이를 자세히 알지 못한다. 집안에 전기가 들어오지 않을 때에나 비로소 전기에 관심을 갖게 되기 마련이다.

만약 전기가 들어오지 않는다면 어떠한 일이 일어날까?

전기가 당장 들어오지 않으면 조명은 물론 즐겨보던 TV도 꺼지게 된다. 냉장고의 음식은 시간이 지날수록 상하게 될 것이고 세탁기 대신 빨래판을 이용해 손으로 직접 빨래를 해야 할지도 모른다. 스마트폰의 충전도 멈추게 되고 컴퓨터 역시 전원이 나간다. 무선통신이나 인터넷도 더 이상 활용할 수 없다. 에어컨이나 전열기를 사용 중이었다면 자연이 주는 극한의 기온을 몸으로 느낄 수밖에 없을 것이다. 온수가 나오지 않아 샤워가 불가능한 것에 불만이 생길 수도 있다. 그러나 전기가 들어오지 않는다면 온수뿐 아니라 우리가 마실 물조차도 제대로 나오지 않는다. 수압도 약하고 오염물질이 제대로 여과가 되지 않아 전염병에 걸릴 수도 있다. 그나마 미리 충전해둔 라디오나 손전등이 있다면 이런 국가적 비상사태에 도움을 받을 수 있지만 결국 충전해 놓은 것도 바닥날 때까지 사용을 하여 전기에너지가 고갈된다.

그뿐 아니다. 전기로 작동되는 거리의 신호등, 가로등들이 꺼지면서 도로는 그 야말로 아비규환이 되고 전철, 고속열차 등 교통수단도 전기 없이는 그저 고철덩어리일 뿐이다. 최근 도로에서 점유율이 점차 늘어나는 전기자동차도 충전을 더 이상 못한다면 사람이 직접 밀고 당겨야 움직일 것이다.

산업단지에서는 수많은 공장이 멈추게

| 전기가 없다면 이 도시는 암흑천지가 될 것이다 |

될 것이고 이로 인한 피해액수는 상상을 넘는 규모일 것이다. 어떤 공장의 생산품은 정전과 동시에 산업폐기물이 되어 판매를 할 수 없는 경우가 있다.

병원의 멸균실에는 세균들이 다시 자라나 환자를 괴롭힐 것이며 수술실에서 수술을 받던 환자 역시 원활하게 수술진행이 어렵게 되어 생사의 갈림길에서 아슬아슬한 줄타기를 하게 된다. 불

| 전기가 없다면 이 산업단지는 암흑천지가 될 것이다 |

의의 사고로 구급차에 실려 응급실에 이제 막 들어온 환자에게 적절한 치료를 하지 못하게 되어 응급실은 그저 응급환자의 대기장소가 돼버린다.

수많은 상점의 CCTV나 보안장치도 무색해져 범죄의 표적이 되기 쉽고 이로 인한 경찰 출동 및 범인 검거도 매우 어려워지게 된다. 특히 우리나라와 같이 전쟁에 대한 위협이 항상 있는 나라에서 전기를 사용하지 못하게 된다면 방송국에서 전파를 제대로 송신하기 어렵게 되어 국민들 사이에 큰 혼란이 찾아온다. 그와 더불어 군은 제대로 된 작전을 수행하기 힘들게 된다. 이는 여차하면 전쟁 패배로 연결될 가능성을 만들어 준다. 결국 '전기가 없다면 우리 생활은 편리함이 사라진다.'의 수준이 아니라 지옥에 가까운 끔찍한 일들이 일어나게 될 것이다.

물이 모든 생명체의 근본이자 시작이고, 불이 인류 문명의 시작이라면 전기는 현대문명의 시작이다. 하지만 현대문명에서 전기가 사라진다면 최종적으로는 인류 종말에 닿을 수 있다.

인류에 있어서 공기와 같은 존재인 전기, 하지만 대다수 사람들은 전기에 대해 막연함과 어려움에서, 그리고 무서움을 이야기하며 좀처럼 친근하게 생각하지는 않는다.

그래서 이 책은 보다 많은 사람들에게 전기에 대한 막연함과 어려움에서 벗어나 좀 더 쉽게 이해시키고, 지식을 전달하고자 한다. 전기에 대해 아무것도 모르던 사람도 이 책을 정독해 나간다면 훗날 최소한 전기란 어떤 것이라고 스스로 머릿속에 그림이 그려지게 되고 남들 앞에서 이야기도 할 수 있을 것이라고 생각한다.

그럼 전기에 대해 하나둘 알아보도록 하자.

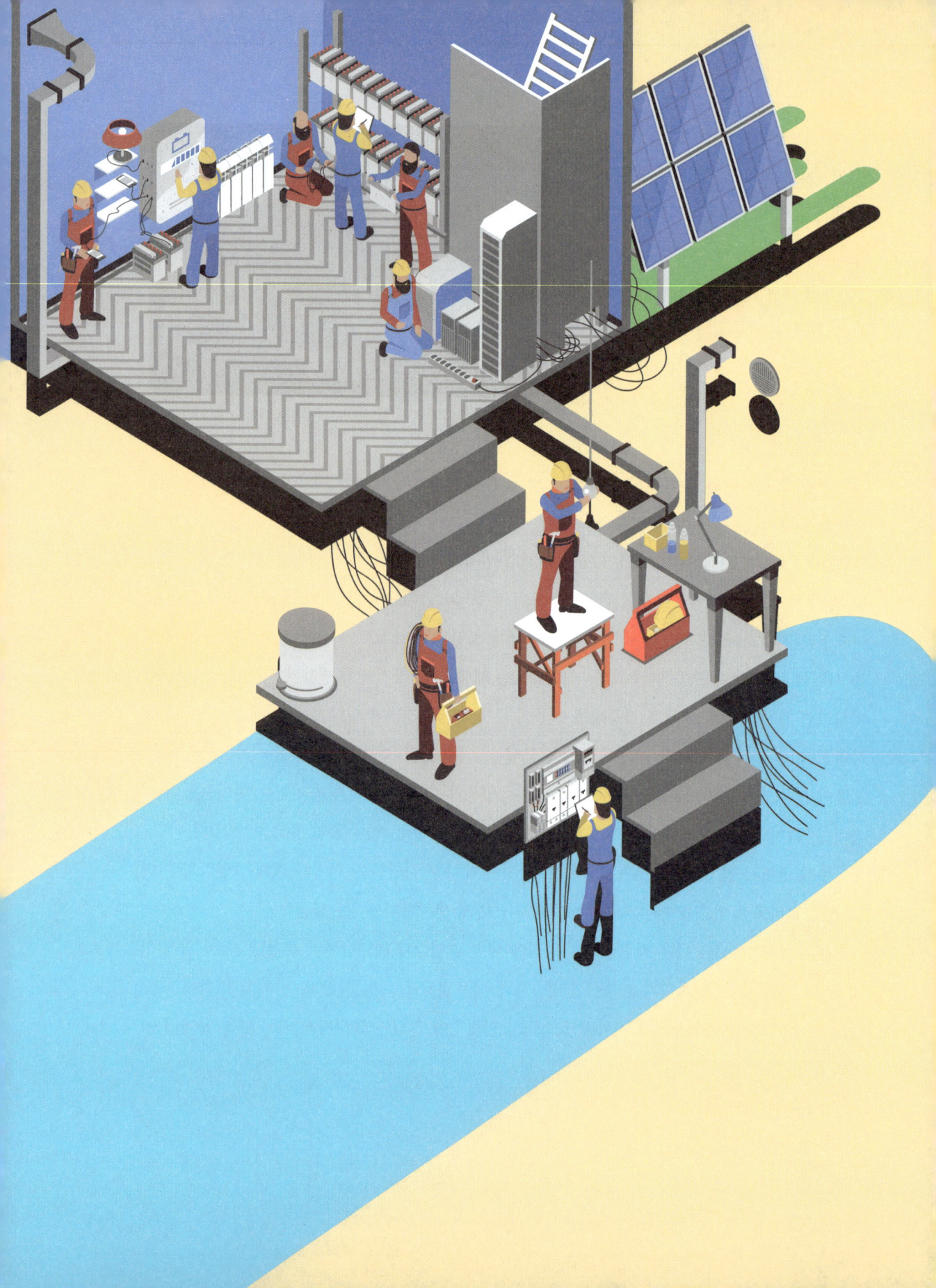

전기의 기본 이론

01 우리나라의 전압이 110V에서 220V로 바뀐 이유는?
02 전류란 무엇이며, 전선과 어떤 관계인가?
03 직류(DC)와 교류(AC)의 차이점은?
04 전기히터가 불꽃도 없이 주변을 따뜻하게 하는 이유는?
05 전기가 통하는 전선을 만져도 감전이 안 되는 이유는?
06 전자제품에서 꼭 필요한 것은?
07 전자제품이나 조명스펙에 적혀 있는 역률이란?
08 전원코드의 어댑터는 왜 있는 것일까?
09 용량이 큰 냉난방기가 3상 전력을 사용하는 이유는?
10 전동기(모터)는 어떤 원리로 회전을 하는 것일까?

01 우리나라의 전압이 110V에서 220V로 바뀐 이유는?

KEY WORD 전압, 기전력, 전압강하, 전력손실, 전원단자, 옴의 법칙, 전력, 전력량

학습 POINT
- 전압이란?
- 전압을 올려서 얻는 이득은?
- 옴의 법칙이란?

일반적으로 사람들이 전기에 대해 잘 몰라도 보통 우리가 쓰는 전자제품이 220V 이고 외국에서는 그 나라에 맞는 전압을 사용하지 않으면 전자제품이 제대로 작동하지 않거나 고장이 난다는 정도는 상식처럼 알고 있다. 그러나 정작 어떤 이유에서 그런지 전압에 대해 정확히 아는 사람은 드물다. 여기에서는 전압이 무엇인지, 전압의 개념부터 알아보자.

1 전압이란?

1 전압과 전류의 관계

전압은 압력의 개념이 아니다. 압력(壓力, pressure)이란 어떤 면적에 수직으로 미치는 힘을 말한다. 그래서 같은 힘이라도 면적이 넓어지면 압력은 작아지고 면적이 좁아지면 압력은 커진다.[1] 이러한 압력을 이용한 개념 가운데 대표적인 것이 공기의 압력인 기압(氣壓, atmospheric pressure)이다.

<u>전압(電壓, voltage)</u>이란 '전기 위치에너지의 차이'를 말하는 것으로 이를 줄여서 전위차 라고도 한다. 이를 쉽게 이해하기 위해서 다음 폭포 이미지를 살펴보자.

물은 높은 곳에서 낮은 곳으로 흐른다. 폭포의 높이가 높을수록 물 역시 더욱 아래로 거세게 흐른다. 전기 역시 높은 곳에서 낮은 곳으로 흐르며 이 높이의 차이를 위치에너지의 차이라고 한다. 이렇게 <u>전기의 위치에너지의 차이가 전압</u>이 되고 <u>흐르는 물은 전류</u>가 된다.

---

[1] 예를 들어 면적이 넓은 지우개와 면적이 좁은 연필심을 생각해보자. 지우개와 연필심을 같은 힘으로 손바닥에 누르면 지우개는 그다지 압박감이 없으나 연필심은 아프다고 느끼게 된다.

| 폭포를 통한 전압 및 전류의 이해 |

폭포의 높이가 조금이라도 있어야 물이 높은 곳에서 낮은 곳으로 흐르게 되고[2] 전류 역시 전기 위치에너지의 차이 즉, 전압이 있어야만 흐르게 된다. 전압의 기호는 V, 단위는 전압의 영단어인 voltage의 이니셜로 [V](볼트)[3]라고 쓴다. 전류의 기호는 I, 단위는 [A](암페어)[4]를 사용한다. 물과 마찬가지로 전류 역시 높은 전압에서 낮은 전압으로 흐르므로 전류는 전압에 비례한다는 것을 알 수 있다.

2 기전력의 개념

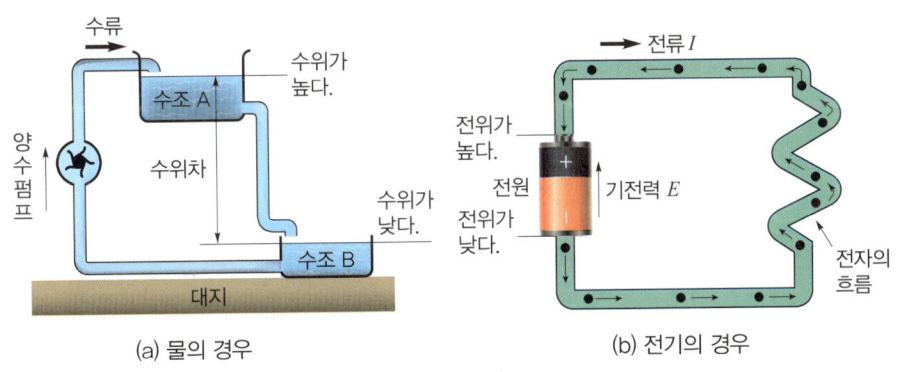

| 일정한 전압을 만들어주는 기전력 |

만약 폭포 아래쪽에 양수펌프를 설치해서 떨어진 물을 다시 올려준다고 가정해보자. 이때 다시 물을 올려주는 양수펌프가 전기에서는 기전력이 된다.

기전력(起電力, EMF ; ElectroMotive Force)이란 전류를 계속해서 흐르게 하기 위해 전압을 연속적으로 만들어주는 것을 말한다. 기전력의 기호는 E, 단위는 전압과 같은 [V](볼트)

2
전압이 같은 경우를 전기 위치에너지가 같다고 하여 등전위(等電位, equipotential)라고 한다.

3
이탈리아의 물리학자 알렉산드로 주세페 안토니오 아나스타시오 볼타(Alessandro Giuseppe Antonio Anastasio Volta, 1745~1827)의 이름에서 따온 것이다. 볼타는 세계 최초로 전지를 만들었다.

4
프랑스의 물리학자인 앙드레마리 앙페르(André-Marie Ampère, 1775~1836)에서 따온 것이다.

를 사용한다. 기전력이 있어야 전압이 만들어지고 전류가 흐를 수 있다. 발전소에서 전기를 생산할 때나 휴대용 전기라고 할 수 있는 건전지, 축전지 역시 모두 기전력을 가지고 있다.

3 우리나라의 정격전압은 220V와 380V

현재 우리나라 가정용 전압의 거의 모두라고 할 수 있는 99.7%가 220V를 사용하고 있다. 이렇게 전자제품이나 전기기계기구, 선로 등이 정상적인 동작을 유지하도록 공급해주어야 하는 전압을 정격전압(定格電壓, rated voltage)[5]이라고 한다. 보통 정격(定格, rating)전압은 제조사가 보증하는 한도를 가리키지만 전자제품의 경우 통상적으로 정격전압의 ±10%까지는 사용 가능하다.

우리나라의 정격전압을 220V로 쓰게 된 것은 어느 한순간에 마법처럼 이루어진 것이 아니다.

[5] 공칭전압(供稱典押, nominal voltage)이라는 개념과 다른데 공칭전압은 전선로를 대표하는 선간전압의 개념이고 예를 들면 100V, 200V, 3.3kV, 6.6kV, 22kV, 66kV, 154kV, 345kV, 765kV 등이 있다. 정격전압=공칭전압 × $\frac{1.2}{1.1}$ 의 관계로 되어 있다. 공칭전압을 다른 말로 표준전압이라고도 한다.

| 현재는 보기 힘든 110V 플러그와 콘센트 |

[6] 승압은 전압을 올리는 것을 말한다. 반대로 전압을 내리는 것을 강압(强壓, step down the voltage)이라 한다.

[7] 정확하게는 3상 교류 380V이다.

[8] 당시 군부 통치시절로 상대적으로 국가가 추진하는 일에 크게 반발하기 어려웠던 이유도 있다.

1970년대까지만 해도 발전소가 부족했던 우리나라는 전력사정이 매우 열악했다. 그래서 정부는 경제적이면서 안정적으로 전력을 공급하기 위해 1973년 강원도 삼척을 시작으로 전국적으로 220V 승압(昇壓, boost the voltage)[6]공사를 실시하였다. 그 후 32년 만인 2005년 11월 4일에 당시 일부 승압거부가구를 제외한 전국 1753만 가구에 대해 승압이 완료되었다. 전국적인 승압공사는 단순히 가정용 전압만 220V로 승압하는 것이 아니라 기존 동력용 전압인 200V를 380V[7]로도 승압하였다. 뿐만 아니라 발전소에서 집까지 들어오는 송배전경로 및 변전소의 전압까지 모두 바꾸는 대공사였다. 이때 누적 투자비는 1조 4000억 원, 연인원 757만 명이 투입되었다. 우리나라의 경우 당시 한창 경제 개발 중인 상황[8]이고 새마을운동 등 범국민적인 지역사회 개발운동을 비롯해 전국적으로 전화를 가설하는 공사도 하고 있었기에 비교적 큰 어려움 없이 전국적인 승압공사가 성공적으로 수행될 수 있었다. 승압과 맞추어 전자제품 역시 1970년대는 110V 제품만 생산하다가 1980년대 중반부터 110V와 220V를 제품 뒷면에 있는 탭스위치로 쉽게 바꿀 수 있는 제품, 이어 1990년대 중반부터는 220V 전용 또는 프리볼트 제품[9]이 본격 생산되었다.

2 전압을 올려서 얻는 이득은?

1 전압강하와 전력손실

이렇게 오랫동안 큰 비용을 들여서 전압을 올리는 이유는 무엇인가? 바로 전압강하와 전력손실을 줄이기 위한 것이다.

전압강하(電壓降下, voltage drop)란 저항을 직렬로 연결하게 되면 전류가 각 저항을 통과할 때마다 옴의 법칙만큼 전압이 작아지는 현상을 말한다. 전기회로 내의 전압, 전류, 저항 사이의 관계를 나타내는 아주 중요한 법칙으로 전류의 세기는 전압에 비례하고 저항에 반비례하는 것을 말한다. 다시 말해 전압은 전류와 저항의 곱의 관계($V=IR$)로 이루어져 있다. 특히 전압강하는 전기가 이동하는 거리가 길어질수록 심해지는데, 이는 전선의 저항값이 커지기 때문이다. 이때 중요한 것은 거리에 따라 상대적인 비율로 떨어지는 것이 아니라 절대적인 수치로 떨어지는 것[10]으로, 이는 전력의 질과도 밀접한 관계[11]가 있다. 전압강하가 심해지면 전자제품이 사용하는 전압이 부족하게 되고 이는 제대로 작동하기가 어려워진다.[12]

전력손실(電力損失, power loss)란 발전소에서 집까지 오는 장거리 과정에서 전기가 손실되는 것을 말한다. 전력은 실제로 전기에너지를 통해 일을 할 수 있는 능력으로 전압과 전류의 곱의 관계($P=VI$)이다. 전력손실이 심해지면 발전소에서 만든 전력이 충분히 공급되지 못해 전력이 부족할 수도 있고 부족한 만큼 더 발전해야 하기 때문에 생산원가가 올라가게 된다. 이로 인한 피해는 단지 발전소뿐만 아니라 전기를 사용하는 모든 곳에서 생기게 된다.

전압강하와 전력손실의 간단한 예를 들어보자.

전원콘센트에서 100V[13]의 전압과 1A의 전류를 통해 100W의 전력(100V×1A=100W)이 전선을 통해 전자제품에 공급된다고 해보자. 이때 전선의 저항을 1Ω이라고 가정하면 전자제품이 받는 전력을 구할 수 있다.

먼저 저항으로 인한 전압강하값을 구해보자.

$V = IR = 1 \times 1 = 1V$

전압강하 이후 전압 $V = 100 - 1 = 99V$

---

[9] 전압에 상관없이 사용할 수 있는 제품이다. 하지만 50V나 250V 등에서 사용 할 수 있다는 것이 아니라 보통 110-220V 등으로 사용 전압의 범위가 있다.

[10] 전압강하로 인해 10V가 떨어진다 해도 220V에서는 210V로 4.55% 수준이지만 110V에서는 9.09%로 2배 수준으로 떨어지는 셈이 되는 것이다.

[11] 과거 정전이 잦았던 이유 중 하나가 110V 사용으로 전압강하가 발생해 전력이 불안했던 점도 있다.

[12] 전동기(모터)를 쓰는 전자제품의 경우 회전 속도가 현저히 떨어지거나 아예 돌아가지 않는 일이 생긴다.

[13] 100V의 전압은 우리나라에서 사용하지 않는 전압이지만 계산을 쉽게 하기 위해 설정한 전압이다.

위의 식과 같이 1V의 전압강하가 일어난다. 이를 통해 전자제품이 받는 전력은 다음과 같다.

$P = VI = 99 \times 1 = 99W$

100V에서는 원래 전원선의 100W의 전력에서 1W가 손실된 99W가 전자제품으로 들어가게 된다.

그렇다면 전압을 2배 승압한 200V, 전류는 그 절반인 0.5A로 공급하게 되면 어떻게 될까? 마찬가지로 전원에선 100W가 공급되고 전선의 저항을 1Ω이라고 가정하여 전압강하값을 구해보자.

$V = IR = 0.5 \times 1 = 0.5$

전압강하 이후 전압 $V = 200 - 0.5 = 199.5V$

100V의 전압강하값인 1V가 200V로 2배 승압하니 절반인 0.5V가 되었다. 이를 통해 전자제품이 받는 전력을 구해보자.

$P = VI = 199.5 \times 0.5 = 99.75W$

200V로 2배 높은 전압을 공급하니 0.25W 전력이 손실된 99.75W가 전자제품으로 들어간다. 이를 정리해보면 전압강하값은 기존 100V에서 1V였지만 200V에서는 0.5V가 된다. 전력손실값의 경우도 기존 100V에서 1W였지만 200V에선 0.25W에 불과하다. 즉, 전압을 2배 올리게 되면 전압강하는 1/2배, 전력손실은 1/4배가 된다는 것을 알 수 있다. 이는 다음과 같은 공식으로 표현할 수 있다.

| 전압승압 시 효과 |

전압을 n배 올릴 경우	공식
전압강하	$e \propto \dfrac{1}{V} \left(\dfrac{1}{n} \text{배로 감소} \right)$
전력손실	$P_l \propto \dfrac{1}{V^2} \left(\dfrac{1}{n^2} \text{배로 감소} \right)$
공급전력	$P \propto V^2 (n^2 \text{배로 증가})$
전력공급거리	$l \propto V^2 (n^2 \text{배로 증가})$
전압강하율	$\varepsilon \propto \dfrac{1}{V^2} \left(\dfrac{1}{n^2} \text{배로 감소} \right)$
전력손실률	$\eta \propto \dfrac{1}{V^2} \left(\dfrac{1}{n^2} \text{배로 감소} \right)$
전선의 단면적	$A \propto \dfrac{1}{V^2} \left(\dfrac{1}{n^2} \text{배로 감소} \right)$

결국 전압을 올린 만큼 더 멀리, 더 많은 전력을 보낼 수 있고 전압강하와 전력손실을 줄일 수 있다. 뿐만 아니라 같은 전력이어도 전류를 더 적게 사용함으로써 더 가는 전선을 사용할 수 있다. 이는 경제성을 따질 때 매우 중요한 사실이다.

2 승압공사의 장단점

전압은 그 특성상 높으면 높을수록 전압강하와 전력손실이 줄어들기에 전국적으로 승압공사를 함으로써 과거보다 더 양질의 전력을 공급받을 수 있게 되었다. 또한 따로 설비를 증설하지 않아도 4배 수준의 전력을 사용할 수 있고 전력손실도 1/4 수준으로 감소하였다. 그 외 승압을 통해 얻은 이익으로는 전선굵기가 같아도 더 많은 전류를 안전하게 전달할 수 있어서 전기로 인한 화재의 위험이 감소하게 되었고, 경제개발 당시 외국산 전자제품의 수입(밀수)을 억제하는 효과[14]도 있었다.

그러나 명이 있으면 암이 있다고 전압을 승압하여 나타나는 단점으로는 전기 관련 시설에 대한 재료비, 건설비, 인건비 등이 증가하게 되었고 감전으로 인한 인체의 위험도 더욱 커지게 되었다.

3 외국의 전압

| 주요 국가별 가정용 전압 |

[14] 주로 일본 전자제품이 그 대상인데 일본 전자제품은 당시 100V를 쓰는 경우가 많았기 때문에 우리나라가 220V로 승압하면서 가정 내 소형 변압기를 구매해야 했으므로 사용하기가 번거로웠다.

다른 나라는 우리나라와 전압이 다른 경우가 많다. 세계적으로 200~240V를 사용하는 국가는 우리나라를 포함하여 중국, 영국, 프랑스, 독일, 인도 등 141개, 북한은 110V와 220V를 사용한다. 100~120V를 사용하는 국가는 세네갈 등 8개국,

미국, 일본, 러시아 등 51개국은 100~120V와 200~240V의 두 구간의 전압을 함께 사용하고 있다. 가정용 전압이 세계에서 가장 높은 나라는 호주, 말레이시아, 쿠웨이트 등 20개 국가로 240V를, 가장 낮은 전압을 사용하는 나라는 일본으로 100V를 사용한다.[15]

전압을 승압하는 것이 다양한 장점이 있음에도 이미 깔린 전기 기반을 전부 수정한다는 것은 어마어마한 비용과 시간이 투입되기 때문에 쉽게 실시하기에는 어렵다.[16] 다만 미국의 경우는 장차 220V로 전압을 전국적으로 통일하고자 장기적으로 전압을 조금씩 올리고 있다. 참고로 전자제품의 플러그 모양과 전압과는 상관이 없기 때문에 반드시 전압을 먼저 확인하자.

4 전원단자의 이해

전자제품으로 전기가 통할 수 있도록 접속시켜 주는 단자인 플러그와 이를 연결해주는 콘센트를 전원단자[17]라고 한다.

플러그 모양이나 콘센트 구멍 모양 즉, 전원단자가 전압을 표시한다고 생각하기 쉬우나 이는 사실이 아니다. 물론 우리나라는 과거 110V[18]와 현재 220V[19]의 전원단자가 다르지만, 외국은 220V라고 꼭 우리나라와 같은 모양의 플러그와 콘센트를 사용하지는 않는다.

또한 우리나라는 전원단자가 통일되어 있어서 손쉽게 전기를 사용할 수 있지만 모든 나라가 그렇지 않다. 대표적으로 중국은 정격전압이 220V라 우리나라와 같지만 콘센트와 플러그 모양이 우리와 비슷한 타입도 있고 과거 우리나라의 110V 모양으로 되어 있는 경우도 있는가 하면 플러그에 3개의 핀, 콘센트에 3개의 구멍이 있는 모양[20]도 있다. 북한의 경우는 A형, C형, F형이 혼용되어 있다.

사이드 노트

15 — 일본은 장소에 따라 200V를 사용하는 경우도 있다.

16 — 발전소부터 송배전 선로와 변압기, 그리고 집 한쪽에 있는 콘센트 및 스위치까지 모두 교체해야 하기 때문에 그렇다.

17 — 흔히 플러그나 콘센트라고 말하지만 본래 이름은 플러그인(plug in)과 소켓(socket)이다. 플러그인은 수단자, 소켓은 암단자라고도 한다.

18 — 국제전기표준회의(IEC)에서 A형으로 분류한다. 일본은 현재도 A형을 사용한다.

19 — 국제전기표준회의(IEC)에서 F형으로 분류한다. 일부 무접지의 경우 C형으로 구분된다.

20 — 국제전기표준회의(IEC)에서 I형으로 분류한다.

| 국제전기표준회의(IEC)에서 규격화된 전원단자 |

전원단자 타입	플러그	콘센트	전원단자 타입	플러그	콘센트
A형			H형		
B형			I형		

전원단자 타입	플러그	콘센트	전원단자 타입	플러그	콘센트
C형			J형		
D형			K형		
E형			L형		
F형			M형		
G형			N형		

참고로 직류 전원단자의 대표적인 경우가 바로 USB(Universal Serial Bus, 범용 직렬버스)[21]이다. 본래 발전소에서 쓰는 전기는 교류이기 때문에 이를 직류인 전자제품에서 사용하기 위해 어댑터를 이용하는 경우가 많았지만 USB의 보급화로 저전력 직류제품의 경우 USB로 통일되고 있다.

[21] 본래는 PC에 주변기기를 쉽게 연결하기 위해 1994년에 개발되었으나 이후 기술의 발달로 충전 등 전원공급의 용도로 사용할 수 있게 되었다. USB는 직류 5V의 전압을 사용한다.

3 옴의 법칙이란?

먼저 전기의 가장 기본적인 법칙인 옴의 법칙에 대해 알아보자. 옴[22]의 법칙(Ohm's law)은 전기의 3요소인 전압, 전류, 저항의 관계를 나타낸 법칙으로 전기의 기초로서 가장 중요한 이론이다.

[22] 독일의 물리학자인 게오르크 시몬 옴(Georg Simon Ohm, 1789~1854)의 이름에서 따왔다.

1 전압은 전류와 저항의 곱

중학교 시절 과학시간에 전기의 기초적인 것을 배우면서 '브이는 아이알'[23]이라는 공식을 접하게 된다.

$$V = IR$$

바로 위의 공식이 옴의 법칙의 기본적인 형태이다. 여기서, V는 전압으로 단위는 [V](볼트), I는 전류로 단위는 [A](암페어), R은 저항으로 단위는 [Ω](옴)이다. 즉, 옴의 법칙을 통해 전압은 전류와 전기저항의 비례관계[24]로 볼 수 있다.

> [23] $E=IR$로 표기된 경우도 있다. 이때 E는 기전력을 의미하며 전압을 만드는 힘으로 직류에서의 전압이다.

> [24] 여기서 착각하기 쉬운 것이 전압을 높이고자 전류와 저항을 무조건 크게 하면 된다고 생각할 수 있다. 하지만 전압을 고정값이라고 보면 전류와 저항은 반비례관계이다.

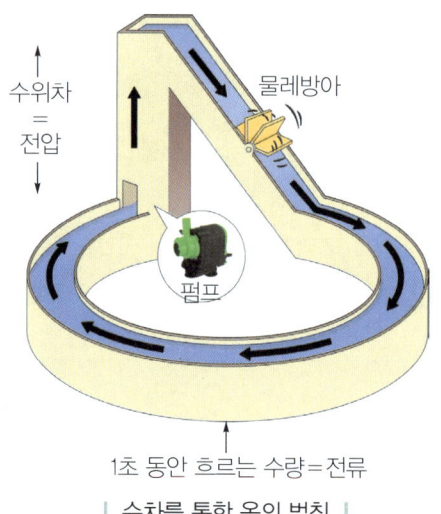

| 수차를 통한 옴의 법칙 |

위 그림의 수차에서 수차의 높이 즉, 위치에너지의 차이가 전압이고 물방울이 전하(電荷, electric charge)라고 한다면 물방울이 모여 흐르는 형태는 전류가 된다. 물레방아는 물의 흐름을 방해하는 저항의 역할을 대신한다. 펌프의 경우 물을 끌어올려 수압을 만드는 것으로 전기에서는 기전력에 해당한다. 즉, 기전력은 펌프처럼 한쪽의 전기위치를 높여서 언제나 일정한 전압을 만들어내는 작용을 한다.

전기 위치에너지가 높을수록 더 많은 전류를 흐르게 할 수 있지만 중간에 장애물인 저항이 있으면 같은 시간에 흐르는 전류의 양은 줄어든다. 이는 다음 공식에서 보면 알 수 있다.

$$V = IR, \quad I = \frac{V}{R}, \quad R = \frac{V}{I}$$

앞의 옴의 공식에서 전류와 저항의 특성을 살펴보자.

옴의 법칙을 쉽게 이해하기 위해서는 전류를 기준으로 생각하면 된다. $I=V/R$ 즉, 전류=전압/저항이라고 생각하면 전류는 전압과는 비례관계, 저항과는 반비례관계임을 알 수 있다. 이는 전압이 높고 저항이 낮을수록 흐르는 전류의 양이 많아진다는 것을 의미한다. 이를 조건에 따라 다음과 같이 정리할 수 있다.

(1) 전류공식 : 전압이 일정하면 전류는 저항에 반비례한다.
(2) 전압공식 : 전류가 일정하면 전압은 저항에 비례한다.

(1)의 경우는 정전압회로라고 하며 전지를 연결했을 때 전류를 계산한다. (2)의 경우는 정전류회로라고 하며 트랜지스터회로 등 전지 대신 정전류원을 놓고 저항의 양 끝에 나타나는 전압을 계산한다.

전기의 기초공식인 옴의 법칙은 전기의 알파와 오메가[25]라고 할 만큼 매우 중요하기 때문에 꼭 이해해야 한다.

2 전력과 전력량

전력(電力, electric power)[26]이란 전기가 하는 일의 양을 말한다. 전력의 기호는 P를 사용하고 단위는 [W](와트)[27] 또는 [J/s](줄 퍼 세크)[28]를 사용한다. 전력은 전압과 전류의 곱으로, 이를 공식으로 나타내면 다음과 같다.

$$P=VI=I^2R=\frac{V^2}{R}[\text{W}] \text{ 또는 } [\text{J/s}]$$

위의 공식에서도 알 수 있듯이 저항이 일정하다는 전제 아래 전력은 전류의 제곱, 전압의 제곱에 비례하고 전압과 전류의 곱은 하는 일의 양이 된다.

그리고 전력은 어느 한순간의 전기가 하는 일을 의미하는데 여기에 시간개념까지 넣으면 전력량(電力量, electric energy)이 된다. 전력량의 기호는 W를 사용하고 단위는 [Wh](와트시)를 사용한다. 이를 공식으로 나타내면 다음과 같다.

$$W=Pt=VIt[\text{Wh}]$$

전력량은 전압과 전류의 곱 즉, 전력에 시(hour) 개념의 시간(time)을 곱한 것이다. 이와 함께 알아두어야 할 개념이 전기에너지이다. 전기에너지란 전하의 위치에너지나 운동에너지로부터 파생된 에너지를 말한다. 전기에너지를 나타낼 때 기호로는 E,

---

25 ─
알파와 오메가(alpha and omega)란 헬라어 알파벳의 첫 글자(A)와 끝 글자(Ω)에서 따와 시작과 끝을 말하는 것이다.

26 ─
부하(負荷, load)라고도 한다. 이는 전원과 반대되는 개념이다.

27 ─
스코틀랜드의 발명가이자 기계공학자인 제임스 와트(James Watt, 1736~1819)의 이름을 따서 만든 단위이다. 제임스 와트는 산업혁명의 많은 공을 세운 증기기관을 개량하였다.

28 ─
줄(Joule)은 에너지 또는 일의 국제단위로 영국의 물리학자 제임스 프레스콧 줄(James Prescott Joule, 1818~1889)에 의해 정리가 되었다. 1J은 1N(뉴턴)의 힘으로 1m를 이동할 때 필요하거나 한 일을 말하는 것으로 1J=1N·m이다. 전기에서는 1V의 전압과 1A의 전류로 1초 동안에 한 일을 말한다. 와트는 1초 동안 할 수 있는 일의 양, 줄은 일을 한 양을 나타내므로 와트(W)로 환산할 때는 초당 줄 개념인 [J/s]로 표현한다.

단위로는 [J](줄)을 사용하고 이는 전력에 초(second) 개념의 시간(time)을 곱한 것이다. 즉, 1W의 전력으로 1시간 동안 일을 했다면 전력량은 1Wh가 되고[29] 전기에너지는 3600J(60초×60분)이 된다. 전력량과 전기에너지는 시간 단위의 차이로 인해 혼란스러울 수 있다.

보통 가전제품에 표기되는 소비전력은 1초당 사용하는 일의 양을 기준으로 한다. 예를 들어 48인치 LED TV의 소비전력이 100W라고 쓰여 있으면 1초 동안 100J만큼 전기가 일을 했다는 것이다. 달리 말하면 1시간의 전기에너지는 360kJ(=100×60×60=360000J)로 계산할 수 있다.[30] 따라서 전력이라는 개념 자체는 시간 개념이 빠진 순시값[31]으로 이해해야 한다.

그러나 전기요금을 계산할 때는 이러한 전력을 기준으로 하는 것이 아니라 전력량을 기준으로 계산한다. 즉 전력×시(hour) 개념으로 접근하는 것이다. 즉, 100W 제품의 경우 1시간 사용하면 100Wh로 보고 30분 사용하면 100×0.5=50Wh, 3시간 사용하면 100×3=300Wh로 계산한다.

최근 나오는 냉난방기의 경우 월간소비전력량을 기준으로 표기되는 경우가 있는데 이는 하루 7.2시간을 기준으로 30일간 사용했을 때 전력량이다. 예를 들어 에어컨의 소비전력량이 '131.8kWh/월'로 표기되었으면 소비전력은 다음과 같이 환산할 수 있다.

$$\frac{131.8\text{kWh}}{7.2(\text{시간})\times 30(\text{일})} = \frac{131.8\text{kWh}}{216(\text{시간})} \approx 0.6102\text{kW} = 610.2\text{W}$$

얼핏 생각하기에 한달 사용량을 216시간으로 나누면 시간당 소비전력량을 구할 수 있을 것이라고 생각할 수 있다. 위의 식에서 610.2W의 개념은 단순히 전력 즉, 전기의 일의 양을 말하는 것으로 이를 통해 전기요금을 계산하지는 않는다. 앞서 말한대로 전기요금은 전력량을 기준으로 하기 때문에 한달에 131.8kWh를 사용하는 것으로 계산하는 것이다. 물론 이때 하루 7.2시간씩 30일 사용했다는 조건이 있다.

보통 우리 주변에서 볼 수 있는 전자제품 전력의 단위는 [W](와트)개념이 익숙하지만 전력을 좀 더 많이 사용하는 제품은 [kW](킬로와트)개념을 많이 사용한다. 서로 변환할 때 계산은 1000W=1kW로 환산하면 된다.[32]

참고로 전류 1[A](암페어) 역시 1초 동안에 1[C](쿨롬)의 정전하가 통과할 때의 값을 말한다. 이를 시간으로 환산한 것이 [Ah](암페어시)로 시간당 전류 출력 용량을 의미하며 건전지나 축전지 같은 전지에서 많이 사용한다.

---

[29] 여기에서 전력량을 전력에서 3600을 곱한 3600Wh로 생각하면 곤란하다. 왜냐하면 전력량은 1시간을 기준으로 하기 때문에 3600을 곱한다는 것은 1초를 기준으로 계산하였기 때문이다. 그렇다고 해서 역으로 전력량이 3600Wh 제품의 전력이 1W라고 생각해서도 안 된다. 전력은 매시간 변하는 순시값 개념이기 때문에 정확하게 계산하기는 매우 어렵다. 일종의 적분 개념으로 생각해야 한다.

[30] 이를 줄의 법칙으로 확대해 커피포트를 예로 든 설명은 'Ⅰ의 04·7·2 열량의 개념' 부분을 참고하자.

[31] 계측기로 전압과 전류를 측정해보면 매시간 계속하여 값이 변한다는 것을 알 수 있다. 전력이 전압과 전류의 곱이기 때문에 전력을 딱 잘라 얼마라고 이야기하기가 어렵다.

[32] 마찬가지로 1000kW=1MW(메가와트), 1000MW=1GW(기가와트)를 사용한다. 자세한 것은 '부록 1. SI 단위·접두어'를 살펴보자.

여기서 잠깐! 가정용 전압은 왜 220V를 사용할까?

1990년대 이전에 태어난 사람이라면 자신의 집 전압이 110V였다는 것과 콘센트가 현재 둥근 구멍 2개가 아닌 얇은 사각형 구멍 2개로 이루어진 모양이었다는 것을 기억할 것이다. 그런데 어느 순간 220V라고 하는 낯선 전압이 등장하였다. 그래서 전자제품도 여기에 맞게 110V 전용과 220V 전용 모델이 나오게 되었고 동네 전파사 아저씨가 집에 전기콘센트를 220V로 바꾸어주는 전기공사일을 하는 모습을 본 기억도 있을 것이다. 아울러 집 어딘가에는 도란스(トランス)라고 하는 가정용 변압기가 있어서 전압이 맞지 않은 제품을 사용할 수 있게 해주었다. 이 도란스라는 말은 변압기의 영어 단어인 트랜스포머(transformer)의 일본식 표현이다.

| 110V와 220V 혼용 당시 가정용 변압기(도란스) 및 기계식 계량기, 커버나이프스위치 |

1980년에서 1990년대 초반에 지어진 아파트는 두꺼비집이라고 하는 분전반 내부의 회로를 조정하여 110V와 220V를 함께 사용하는 경우도 있었다. 현재도 이 시기에 지어진 많은 아파트는 그때의 흔적을 가지고 있다.

특히 110V는 콘센트에 젓가락이 들어가기 어려운 구조로 되어 있는 것도 하나의 특징이다. 그래서 110V의 제품을 220V의 콘센트에서 사용할 때는 전기자재상이나 철물점에서 '돼지코'라고 하는 변환어댑터를 이용했다.

| 110V 시절 스위치와 콘센트 |

 그럼 110V는 정말 사용하기 곤란할 정도로 애물단지 같은 존재일까? 그렇지 않다. 220V의 단점이 110V의 장점이라고 볼 수 있다. 220V가 110V에 비해 전압이 2배 높기 때문에 사용할 수 있는 전력량은 4배가 되며 감전위험도 또한 4배나 높다. 즉, 110V는 220V에 비해 감전위험이 1/4 수준으로 줄어든다는 것이다. 이로 인해 한 가지 오해가 생겨났다. 미국이나 일본 등 선진국에서는 자국민의 안전을 위해 110V로 전압을 쓰면서 충분한 전력량 공급을 위해 발전소를 더 지었다는 것이다. 그러나 이는 틀린 얘기이다. 독일을 비롯한 영국, 프랑스와 같은 서유럽 선진국들은 오래전부터 220V를 사용해왔기 때문이다. 대신 자국민의 안전을 위해 우리나라도 그렇지만 절연과 접지의 기술을 계속 향상시키고, 동시에 전기를 안전하게 사용할 수 있도록 정책적으로 계속 유도하고 있다.

 역으로 전압을 현재 220V보다 큰 전압, 예를 들면 440V나 880V로 많이 올리면 전압강하와 전력손실을 크게 줄일 수 있으니 좋지 않을까? 앞서 설명한 것을 보면 전압을 높이게 되면 감전위험도가 높아지는 문제점이 있다. 그뿐 아니라 높은 전압을 감당할 수 있어야 하기 때문에 각종 전자제품의 절연에 대한 비용도 증가하게 되고 부피도 커진다. 플러그와 콘센트 같은 전원단자의 크기도 현재보다 커야 하며 이를 잘못 다루면 매우 위험해지기 때문에 막연하게 가정용 전압을 올리는 것은 전기가 편리한 에너지라는 생각보다는 오히려 불편하고 위험한 존재로 인식하게 될 것이다.

 오랫동안 전기공학과 과학기술을 발전시켜 가정에서 사용할 수 있는 최적의 전압을 찾아냈고, 그것이 현재의 전압이라는 것을 잊어서는 안 된다.

02 전류란 무엇이며, 전선과 어떤 관계인가?

KEY WORD 전류, 원자, 전자, 전하, 정전기, 쿨롱의 법칙, 전선, 허용전류, 전선의 단면적과 온도

학습 POINT
- 전선을 구매할 때 고려해야 할 것은?
- 전류란?
- 전선의 단면적과 온도와의 관계는?

전기를 생각하면 전선을 떠올릴 때가 많다. 전기는 전선을 따라 흐르기 때문[1]이다. 또 흐르는 전기를 우리는 막연하게 전류라고 알고 있다. 전기에 있어 전류는 전압 못지않게 중요한데 전류가 무엇인지도 잘 모르는 경우가 많다. 따라서 전선에 대한 설명을 통해 전류의 개념부터 알아보도록 하자.

[1] 정확히 말해서 전선이 아니더라도 전기가 흐를 수 있는 것은 많다. 하지만 이는 위험하기에 안전하게 전선으로 흐르게 해야 하는 것이다. 또한 최근 무선충전 등으로 전선이 없어도 전기를 이용할 수 있는 기술이 발전하고 있다.

1 전선을 구매할 때 고려해야 할 것은?

1 전선의 구비조건

전선을 구매할 때는 물리적인 사항을 고려해야 한다. 이에 대해 전기설비기준에 따라 '전선의 구비조건'을 다음과 같이 정리했다.

(1) 도전율(導電率, conductivity)[2]이 높을 것
(2) 강도와 내구성이 높을 것
(3) 가요성(可撓性, flexibility)[3]이 높을 것
(4) 가벼울 것
(5) 신장률(伸長率, elongation)[4]이 클 것
(6) 저렴하고 대량생산이 가능할 것

위의 조건을 모두 만족하는 전선이 가장 좋은 전선이다. 일반인들은 전선을 구매할 때 이를 파악하기 어려운데 간단하게 KS 규격을 인증받은 제품이면 전선의 구비조건에 만족하는 전선이라고 생각해도 좋다.

[2] 도전율은 물질에서 전류가 잘 통하는 정도를 말하는 것으로 전류가 흐르는 데 방해가 되는 저항률과 반대되는 개념이다.

[3] 가요성이란 외부의 힘에 의하여 물체가 구부러져 휘는 성질을 말한다.

[4] 신장률이란 연신율이라고도 하며 전선을 쭉 늘어뜨려 끊어진 순간에 늘어난 길이를 원래의 길이로 나누어 백분율로 표시한 것이다.

I. 전기의 기본 이론

2 전선굵기의 3요소

관찰력이 뛰어난 사람이라면 전선의 굵기가 모두 다르다는 것을 바로 알아챈다. 집에 있는 전선과 전봇대를 지나가는 선, 그리고 전철선로에 있는 선과 송전탑을 지나가는 선 등 모두 굵기가 다르다. 하다못해 스마트폰 충전기 코드선과 다리미 코드선의 굵기가 다르다는 것 정도는 쉽게 알 수 있다. 전선의 굵기는 왜 모두 다를까?

| 전기자재상의 다양한 전선들 |

전선의 굵기를 정하는 데 중요한 3가지 요소는 다음과 같다.

(1) 허용전류
(2) 전압강하
(3) 기계적 강도

이 중에 가장 중요한 요소는 바로 허용전류이다. 허용전류란 전선이 견딜 수 있을 만큼의 전류의 양을 말한다. 파이프가 굵을수록 흘러나오는 물이 많듯이 전선이 굵을수록 전류도 더 많이 흐를 수 있다. 전선에서 특히 허용전류가 중요한 이유는 전선에 많은 전류가 통과하게 되면 전선은 이를 버티지 못하고 타버리는 경우[5]가 생기기 때문이다. 특히 전선 외부를 감싸는 피복의 재질이 비닐인 경우 불이 이를 타고 번지게 되어 '전기화재'로 이어지게 된다.

전압강하는 전기가 이동하는 거리가 길어질수록 전압이 떨어지기 때문에 최대한 전압이 적게 떨어지도록 전선의 굵기를 선택[6]해야 한다.

그리고 기계적 강도는 전선의 튼튼한 정도를 말한다. 전선의 굵기는 제조사나 구매자가 마음대로 정하는 것이 아니라 위의 요

[5] 전선이 굵을수록 허용전류량이 커지게 되지만 그만큼 가격이 비싸져 경제적이지 못하다.

[6] 전선의 굵기와 전압강하는 전선이 길게 있는 송배전선로에서 관계가 깊다. 이에 대한 내용은 'Ⅱ의 05 · 4 · ② 송배전 선로의 전압강하'를 보면 이해할 수 있다.

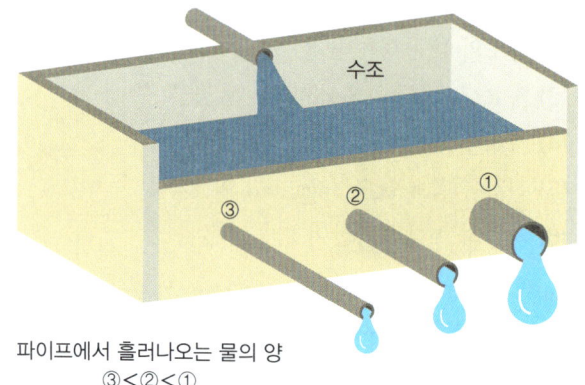

파이프에서 흘러나오는 물의 양
③ < ② < ①

| 파이프의 굵기 · 길이에 따른 수류의 양 |

소를 고려하여 산정한다. 전선의 허용전류에 관한 자세한 내용은 'Ⅵ. 전기공사의 기초'를 참고하도록 하자. 주의할 점은 접지선의 굵기를 결정하는 요소는 기계적 강도, 허용전류, 내식성(금속부식에 대한 저항력)으로 전선의 전압강하 대신 내식성이 있다는 점이 다르다. 서로 헷갈리지 않도록 한다.

2 전류란?

전기에서 가장 많이 나오는 단어가 바로 전류(電流, current)이다. 그만큼 전기에 있어서 전류는 반드시 따라붙는 단어이지만 막상 전류가 무엇인지 설명하라고 하면 일반인은 물론 전기 관련 종사자들에게도 쉽지 않게 느껴진다. 사전을 찾아봐도 '단위시간 동안 흐른 전하의 양' 또는 '전하의 흐름'이라고 설명을 해서 쉽게 와닿지 않는다. 그래서 제대로 전류에 대해 이해하기 위해 전하부터 차근차근 알아보도록 한다.

1 전하의 정의

주변에 소금덩어리가 있다고 가정하고 이를 계속해서 쪼개보자. 소금가루가 된 상태에서도 계속 쪼개다 보면 어느 순간 더 이상 쪼개지지 않는 상황이 올 것이다. 그렇게 매우 작은 물질을 혀에 살짝 대보자. 여전히 소금의 짠맛이 느껴질 것이다. 이처럼 그 물질의 특성을 잃지 않는 가장 작은 입자를 분자(分子, molecure)라고 한다. 이 분자를 더욱 잘게 쪼개면 그 물질의 성질을 잃어버리게 되는데 이를 원자(原字, atom)라고 하며, 원자들이 서로 결합하여 만들어진 것이 분자이다.

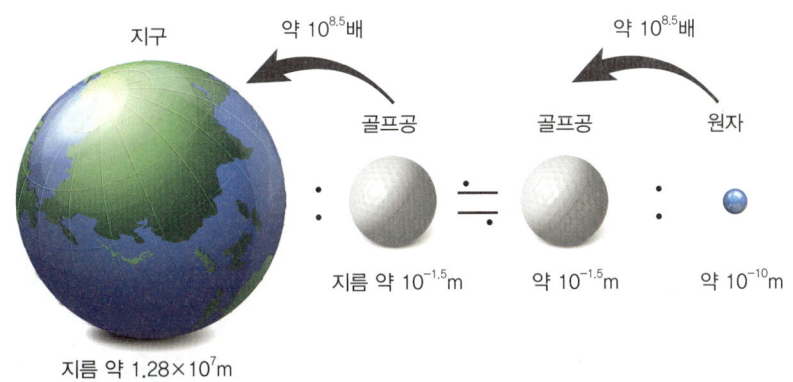

| 원자의 크기 |

원자의 지름은 약 10^{-10}m 즉, 0.0000000001m로 매우 작지만 이게 어느 정도의 크

기인지 쉽게 이해되지 않는다. 그래서 다른 물질의 크기와 비교하면 이해하기가 쉽다. 우리 손안에 들어오는 작은 골프공의 약 $10^{8.5}$배 크기가 지구의 크기와 비슷하다. 마찬가지로 원자의 크기의 약 $10^{8.5}$배의 크기가 골프공의 크기와 비슷하다. 그만큼 원자의 크기는 매우 작다.

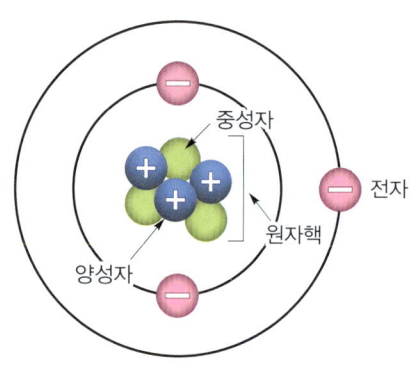

| 원자의 모형 |

원자는 원자핵과 전자로 쪼개지고 원자핵은 전기적으로 (+)전기의 성질, 전자는 (−)전기의 성질을 가지고 있다. 원자핵은 양성자와 중성자로 구성되어 있는데 양성자는 (+)전하를 가지고 있고 중성자는 양성자보다 크기는 같지만 무게가 무겁다. 전자(電子, electron)는 굉장히 작은 입자[7]로 그 크기는 원자의 크기를 지구의 크기와 비슷하다고 보면 원자핵의 크기는 야구장, 전자의 크기는 야구공만 하다. 원자와 원자핵의 크기 비율이 약 100000 : 1이고 전자의 크기는 현존하는 기술로 정확하게 측정할 수 없다. 전자는 원자의 중심인 원자핵 주변에 분포하고 있고 (−)전하를 가지고 있다.

원자핵의 (+)전하와 전자의 (−)전하에서 전하(電荷, electric charge)란 물질이 가지고 있는 고유한 전기적 성질을 말한다.

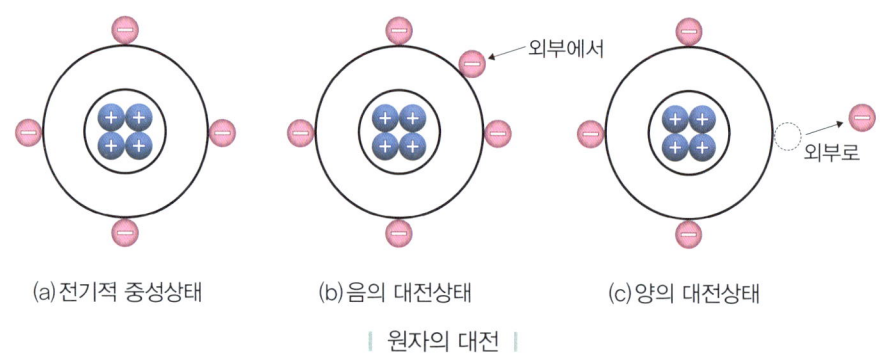

| 원자의 대전 |

물체는 보통 전자와 양성자의 개수가 같아 전기적으로 중성이지만 외부로부터 전자를 마찰이나 열로 충격을 충분히 받게 되면 이 균형이 깨져 전자의 이동[8]이 생기게 된다. 이때 전자에서 원자핵의 (+)전하는 그 자리에 있지만 (−)전하가 움직인다. 이러한 상황을 대전(帶電, electrification)이라고 하며 이렇게 대전된 물체를 대전체(帶電體, electrified body)라 한다. 즉, 대전체란 전기를 띠고 있는 물체를 말한다.[9]

---

7 가장 작은 입자는 뉴트리노라고 하는 중성미자(中性微子, neutrino)가 있다. 중성미자는 약력과 중력에만 반응한다. 처음에는 질량이 없다고 생각했으나 여러 실험을 통해 미세하게 질량이 있지만 직접적인 질량 측정을 하지 못하고 있다.

8 원자핵 주변으로 전자가 있는데 이 중에 가장 원자핵과 멀리 있는 즉, 바깥쪽에 있는 전자를 가전자(價電子, valence electron)라 하며 이 가전자 중에 가장 바깥쪽에 있는 전자 1개만을 자유전자(自由電子, free electron)라고 한다. 자유전자는 원자핵에서 가장 멀리 있기 때문에 구속력이 약해 외부에너지로부터 궤도에서 튀어나와 물질 안에서 자유롭게 이동이 가능하며 이러한 현상으로 전기가 흐르게 된다.

9 대전으로 인해 물체가 전기를 띠게 되면 물체에 있는 전기는 특별한 일이 없으면 정지하여 물체에 계속 남아 있으며, 이것이 바로 정전기(靜電氣, static electricity)이다.

2 전하의 흐름

전하량(電荷量, quantity of electric charge)이란 대전체가 가지고 있는 전기의 양이다. 전하량의 기호는 Q, 단위는 [C](쿨롬)을 사용한다. 양전하는 $+e$의 전하를 가지고 있고 음전하는 $-e$의 전하량을 갖고 있다. 물질의 전하량은 항상 기본전하량 $e = 1.602 \times 10^{-19}$C의 정수배이다.[10, 11] 역으로 1C이 되기 위한 전자의 개수는 다음과 같이 정의할 수 있다.

$$1C = \frac{1e}{1.602 \times 10^{-19}} = 0.6242 \times 10^{19}e = 6.24 \times 10^{18}e$$

따라서 전자가 6.24×10^{18}개가 모이면 전체 전하량은 1C이 된다. 전류(電流, current)[12]란 전하를 띤 전자의 흐름을 말한다. 전류의 기호는 I, 단위는 [A](암페어)를 사용한다. 그런데 단순히 전하가 많이 움직이면 전류가 크고, 적게 움직이면 전류가 작다는 개념으로 접근해서는 안 된다. 동일한 시간 동안 흘러가는 전하량으로 비교해야 정확하게 전류의 크기를 알 수 있다.

$$전류 = \frac{전하량}{시간} = \frac{Q}{t}, \quad Q = It$$

여기서, 시간 t는 1초를 말한다. 즉, 1A의 전류는 1초 동안에 1C의 전하가 이동하는 것[13]임을 알 수 있다. 쉽게 말해 온도나 지형의 차이로 인한 공기의 흐름을 기류(氣流)[14]라고 하듯 전기의 흐름을 전류라고 이해하면 된다. 수도호스의 경우 굵으면 굵을수록 더 많은 물이 흘러갈 수 있다. 마찬가지로 전선에는 전기가 흘러가는 공간이 있고 이 공간의 크기가 클수록 더 많은 전기를 사용할 수 있다. 즉, 전선의 굵기는 허용하는 전류의 양과 밀접한 관계가 있다.

전류의 속도는 얼마나 될까? 세상에서 가장 빠른 물질이 빛인데 전류는 빛의 속도와 거의 비슷하다. 반면에 전류를 운반하는 전자의 속도는 매우 느리다. 전자를 파이프 안에 일렬로 있는 골프공으로 생각하고 파이프 입구에 공을 넣는다고 생각해보자. 새로 넣는 공이 바로 파이프 밖으로 나오지는 않지만 움직임이 전달되어 다른 공이 출구로 나온다. 본래 전자는 매우 느리지만 위와 같이 연쇄적으로 움직임이 생겨서 즉시 반응하게 되는 것이다. 그래서 전류의 속도가 무척 빠른 것이다.

전류는 (+)에서 (−)로 흐른다.[15] 이는 직류에서는 직관적으로 이해가 가지만 회전운동을 통해 주파수를 가진 교류에서는 계속 방향이 바뀌기에 쉽게 이해하기가 어렵다. 이에 대해서는 '03. 직류(DC)와 교류(AC)의 차이점은?'에서 자세히 알 수 있다. 이렇게 전하가 움직이는 형태 즉, 계속적으로 전류가 흘러 에너지를 가지는 전기를

---

10 노벨 물리학상을 수상한 미국의 물리학자 로버트 앤드루스 밀리컨 (Robert Andrews Millikan, 1868~1953)이 기름방울 실험을 통해 밝혀냈다.

11 이 값은 2015년에 한국표준과학연구원에서 전자의 개수를 정확히 제어하여 수송할 수 있는 '단일 전자펌프소자'를 만들어 기본전하량 $e = 1.602176634 \times 10^{-19}$C로 밝혀냈다. 이를 토대로 2019년 5월 20부터 전류의 정의가 새롭게 바뀌게 되었다.

12 전류의 영단어가 current인데 기호를 I로 사용하는 이유는 전류의 세기(Intensity of electric current)에서 따왔기 때문이다. Intensity라는 단어가 강도, 세기, 강렬함 등의 뜻이다.

13 1A는 1초 동안에 1C의 전자들이 도선의 단면을 통과할 때 세기라고 표현할 수 있다.

14 항공기 운항에 방해가 되는 공기의 흐름을 난기류, 항공기가 공중에서 일으키는 바람을 제트기류라고 한다.

15 앞서 전자가 발견되기 전에 과학자들이 전류는 (+)에서 (−)로 간다고 정의를 내렸지만 전자가 발견되고 (−)전하가 이동한다는 것을 알게 되었다. 그렇다고 전류의 방향 정의를 바꾸진 않고 전자는 (−)에서 (+)로 간다고 정의하였다. 그래서 현재 전류는 (+) → (−), 전자는 (−) → (+)로 이동한다고 약속하였다.

동전기(動電氣, dynamic electricity)라고 한다. 우리가 흔히 전기(電氣, electricity)라고 하는 것이 바로 이 동전기이다.

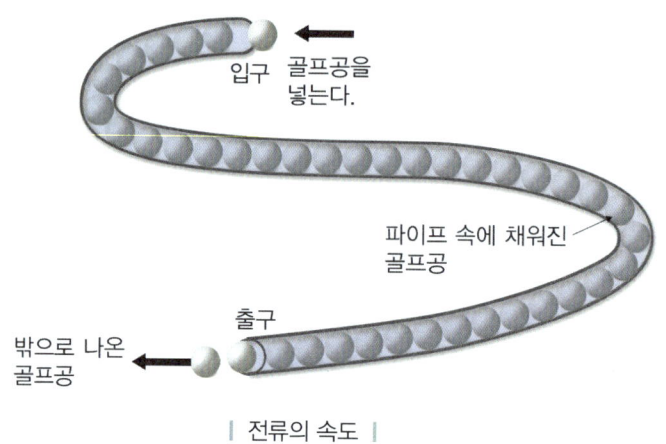

| 전류의 속도 |

3 정전기와 쿨롱의 법칙

16
정전기는 물질이 마찰되었을 때 발생하므로 마찰전기(摩擦電氣, tribo-electricity)라고도 한다.

전하가 움직이지 않는 상태를 정전기(靜電氣, static electricity)[16]라고 한다. 정전기는 평소 전하가 정지상태로 있어 전하의 분포가 시간적으로 변하지 않는다. 우리가 말하는 전기(동전기)와 정전기의 가장 큰 차이점은 전기는 지속적으로 전류가 흐르는 전기이고 정전기는 평소 흐르지 않다가 특정 조건이 되면 '일시적'으로 전류가 흐르는 것을 말한다. 그래서 정전기는 전압이 수만[V] 이상으로 높아도 매우 짧은 시간 동안 전류가 흐르기 때문에 인체에 상해를 일으킬 수준으로 감전이 되지 않으며, 기분 나쁘게 따끔거릴 뿐이다.

정전기는 BC 600년경 고대 그리스의 철학자 탈레스가 호박(琥珀)이라는 광석을 마찰했을 때 대전현상을 발견하면서 알려졌다. 그리스어로 호박을 '엘렉트론(elektron)'이라고 하는데 여기에서 전기의 영단어인 일렉트리시티(electricity)가 나온 것이다.

정전기를 이해하기 위해서는 대전서열을 이해해야 한다. 대전서열은 다음과 같다.

(+) 모피 → 유리 → 운모 → 명주 → 호박 → 셀룰로이드 → 에보나이트 (−)

17
고분자 형태의 강화플라스틱으로 볼링공의 재질로 사용한다.

위의 대전서열에서 모피와 같이 (+)에 가까운 것은 (+)로 대전되기 가장 쉬운 물질이고 에보나이트[17]와 같이 (−)에 가까운 것은 (−)로 대전되기 가장 쉬운 물질이다.

건조한 머리카락을 플라스틱빗으로 빗을 때 찌직거리며 정전기가 일어나고 머리카락이 서는 이유는 머리카락은 (+)로 대전이 되기 쉬운 물질이고 플라스틱빗은 (-)로 대전이 되기 쉬운 물질이기 때문이다. 이런 정전기를 통해 머리카락과 빗이 서로 붙으려고 해서 머리카락이 서는 것이다.

프랑스의 물리학자 쿨롱(Charles-Augustin de Coulomb, 1736~1806)은 이러한 정전기에 관심을 갖고 비틀림 저울을 통한 실험을 했다. 실험내용은 금박을 입힌 작은 금속공을 여러 개 준비한 다음 하나의 금속공을 마찰하여 정전기를 대전시킨다. 이렇게 대전된 금속공에 다른 금속공을 접촉시키면 금속공의 전하량은 원래 전하량의 1/2이 된다. 이와 같은 방법으로 마찰로 대전된 전하량에 대해 1/4, 1/8, 1/16의 전하량을 갖는 금속공을 준비한다. 그 후 비틀림 저울을 통해 한쪽에는 1/2의 전하량을 갖는 금속공을 두고 다른 한쪽에 서로 다른 전하량을 갖는 금속공을 연결하여 금속공이 이동하는 거리를 측정한다.

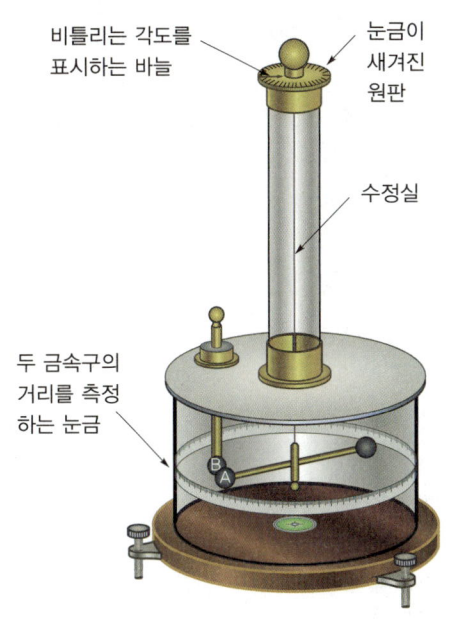

| 쿨롱의 실험에서 사용된 비틀림 저울 |

이때 이렇게 서로 대전되는 성질이 반대인 경우에는 서로 끌어당기려는 힘인 인력(引力)이 작용한다. 역으로 서로 대전되는 성질이 같은 경우에는 서로 밀어내려는 힘인 척력(斥力)이 작용한다. 이를 통해 쿨롱은 두 개의 대전된 입자 사이에 작용하는 정전기적인 인력이 두 전하의 곱에 비례하고 두 입자 사이의 거리에 반비례한다는 법칙을 발견했다. 이를 쿨롱의 법칙(Coulomb's law)[18]이라고 하며 공식으로 나타내면 다음과 같다.

[18] 쿨롬의 법칙이라고도 하는데 쿨롱은 프랑스어로 이를 영어식으로 발음한 것이다.

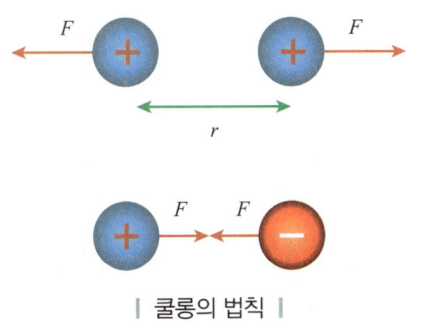

| 쿨롱의 법칙 |

$$F \propto \frac{Q_1 Q_2}{r^2}, \quad F = k\frac{Q_1 Q_2}{r^2}[N]$$

I. 전기의 기본 이론

앞의 식에서 F는 대전된 입자 상호간의 작용하는 힘(force)으로 단위는 [N](뉴턴)을 사용한다. 그리고 Q는 전하를 나타내는 것으로 단위는 [C](쿨롬)을 사용한다. 상호간에 2개가 있기 때문에 Q_1과 Q_2로 되어 있다. 두 전하 사이의 상호간 거리는 r이다. 여기에서 중요한 것은 k라고 하는 쿨롱상수[19]로 다음과 같다.

[19] 비례상수라고도 한다.

$$k = \frac{1}{4\pi\varepsilon}$$

쿨롱상수의 분모에 위치한 ε는 그리스어로 엡실론(epsilon)이라고 하며 유전율(誘電率, electric permittivity)[20]을 말한다. 유전율은 진공상태의 유전율(ε_0)과 비유전율(ε_r)의 곱으로 구하고 이를 공식으로 나타내면 다음과 같다.

[20] 유전율이란 유전체(절연체)가 전하를 축적하려는 성질 또는 전기가 분극화되려는 정도를 말한다. 단위는 [F/m](패럿 퍼 미터)를 사용한다.

$$\varepsilon = \varepsilon_0 \varepsilon_r [F/m]$$

진공상태의 유전율값은 $\varepsilon_0 = 8.85 \times 10^{-12} F/m$이다. 공기의 비유전율($\varepsilon_r$)값은 1.00059F/m로 1과 거의 근사한 값이다. 따라서 공기의 유전율(ε)은 진공상태의 유전율(ε_0)과 1과 근사한 공기의 비유전율(ε_r)을 곱한 값으로 이는 진공상태의 유전율과 거의 근사하게 나온다. 즉, 공기의 유전율은 진공상태의 유전율과 매우 비슷하다.

이를 통해 진공상태의 유전율[21]을 쿨롱상수 $\left(\frac{1}{4\pi\varepsilon}\right)$[22]에 대입하면 공기 중의 쿨롱상수를 구할 수 있고 이를 통해 쿨롱의 법칙을 다시 정리할 수 있다.

[21] 유전율(ε) = 진공상태의 유전율(ε_0) × 공기의 비유전율(ε_r)

[22] $\frac{1}{4\pi\varepsilon} = \frac{1}{4\pi\varepsilon_0 \times \varepsilon_r}$
$= \frac{1}{4\pi \times 8.85 \times 10^{-12} \times 1.0059}$
$= 8986502658 \approx 9 \times 10^9$

$$F = 9 \times 10^9 \frac{Q_1 Q_2}{r^2} [N]$$

참고로 다양한 물질의 비유전율(ε_r)은 다음과 같다.

| 다양한 물질의 비유전율(ε_r) |

유전체	비유전율(ε_r)	유전체	비유전율(ε_r)
파라핀	2.1~2.5	에보나이트	2.8
유리	5.4~9.9	셀렌	6.1~7.4
운모	2.5~6.6	고무	2.0~3.5
종이	2.0~2.6	물	81
도자기	5.7~6.8	산화티탄	83~183
목재	2.5~7.7	유황	3.6~4.2

4 전기, 전류, 전력, 전원의 관계

전기라는 단어를 전력과 전류의 같은 뜻의 용어라고 쉽게 착각할 수 있다. 전기(電氣, electricity)라는 것은 전자들의 움직임으로 생기는 에너지를 말한다.

앞서 언급한 전류는 전기의 흐름 즉, 전하의 움직임이라고 했다. 얼핏 보기엔 전기와 전류는 비슷한 것 같지만 전기는 움직임으로 생기는 에너지(氣)를 말하는 것이고, 전류는 움직이는 그 자체를 말한다. 전류의 '류'가 한자로 '흐를 류(流)'를 사용하는 것에서 미묘한 차이를 알 수 있다. 예를 들어 감전(感電, electric shock)이라는 단어를 이야기할 때 '전기가 느껴진다.'라는 표현은 맞지만 '전류가 느껴진다.'라는 표현은 올바른 표현이 아니다. 이때는 '전류가 몸으로 통했다.'라는 표현이 맞다.

그렇다면 전류와 전력은 어떤 관계인가? 이는 전력을 구하는 공식을 통해 쉽게 이해할 수 있다.

$$P = VI, \quad I = \frac{P}{V}$$

위의 공식에서 P는 전력, V는 전압, I는 전류를 말한다. 즉, 전력은 전압과 전류의 곱으로 이루어져 있으며 전류는 전력에서 전압을 나눈 값이 된다. 따라서 전류와 전력은 명백히 다르다. 우리가 쓰는 전압이 220V임을 감안할 때 위의 식에서 V값은 220이다.[23]

전류가 단순히 전하의 흐름만을 말한다면 전력(電力, electric power)이라는 것은 전하의 흐름뿐만 아니라 전기 위치에너지의 차이(전압)까지 고려한 결과라는 것을 알 수 있다. 같은 전력을 가졌다면 전압이 높을수록 전류의 크기가 줄어드는 것도 전류의 큰 특징이다. 실제로 전기에너지(氣)를 통해 일을 할 수 있는 능력(力)은 전력이 된다.

한편 우리가 전자제품 전원스위치를 말할 때 전원은 무엇인가? 전원(電源, electric power source)이란 단어 그대로 전력의 근원이 되는 것을 말한다. 전기를 사용하기 위해서는 반드시 그의 원천인 전원이 있어야 한다. 그래서 전원스위치는 전력을 공급하고 차단하는 역할을 한다. 휴대용 전자기기의 전원은 건전지가 된다. 전원은 전력을 소비하는 부하(負荷, load)[24]와 반대되는 개념이다. 즉, 발전소가 전원이고 전자제품이 부하가 된다.

---

[23] 이를 간단히 예를 들면, 쓰고 있는 에어컨의 소비전력이 2.2kW 제품인 경우 전류값은 다음과 같이 쉽게 구할 수 있다.
$I = \frac{P}{V} \cdot \frac{2200}{220} = 10$
즉, 10A의 값이 바로 전류값이다.

[24] 전동기(모터)에서의 부하는 소비하는 동력의 크기라고 보기도 한다.

3 전선의 단면적과 온도와의 관계는?

1 전선의 굵기 단위

전선의 굵기 단위는 원칙상 [mm^2](제곱밀리미터)[25]를 사용하지만 현장에서는 스퀘어[26](sq ; square)라는 단위를 사용한다. 어느 것이 맞고 틀린 것이 아닌 모두 통용되는 말이다. 이 두 개의 단위는 바꿔도 수치 변화가 없는 같은 값이다.

[25] 과거에는 전선 도체의 지름(mm)을 전선규격으로 사용하였다.

[26] 제곱밀리미터의 영단어인 square millimeter에서 유래되었다. 단위를 사용할 때는 소문자 [sq]로 사용해야 한다.

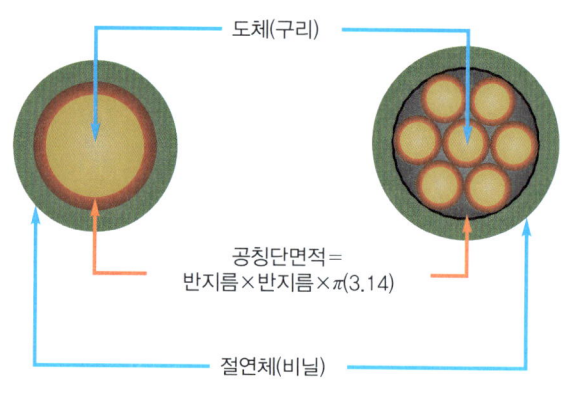

| 전선의 공칭단면적 개념 |

전선의 굵기는 전선 속에 있는 전기가 통하는 공간 즉, 도체 부분의 단면적 넓이이고 이를 공칭단면적(供稱斷面積)이라고 한다.

이 도체는 일반적으로 구리가 널리 사용된다. 전선 속 구리는 보통 원형의 모양으로 되어 있어서 원의 넓이 구하는 공식[27]으로 구한다. 따라서 실제 4mm^{2}의 전선인 경우 전선 속 구리의 반지름 길이는 1.128mm, 지름은 2.256mm이다. 그러나 이는 구리의 단면적의 반지름 길이이지 실제 전선은 겉에 절연체까지 있기 때문에 이보다 크다. 특히 전선이 굵을수록 절연체도 더 두꺼워진다.

[27] 원의 넓이=반지름×반지름×3.14=πr^2

2 허용전류와 온도와의 관계

전선은 전류가 흐르는 공간이다. 그런데 전선에 전류가 흐를 때는 줄의 법칙[28]으로 인해 열이 발생하게 되고 많은 양의 전류가 흐를수록 더욱 많은 열이 발생하게 된다. 결국 전선 자체가 버틸 수 있는 전류의 양을 초과하면 전선 과열로 인한 화재가 발생하게 된다. 따라서 전선은 주변온도의 영향을 고려해야 한다. 즉, 주변온도가 높을수록 전

[28] 줄의 법칙(Joule's law)이란 전류가 단위시간 동안 흘렀을 때 발생한 열이 전류의 제곱과 저항에 비례한다($H=I^2Rt$)는 것을 말한다 (자세한 것은 '04의 7. 줄의 법칙과 열량이란?' 참고).

선은 쉽게 열을 받기 때문에 허용전류가 낮아지게 되는 것이다.

일반 공작물이나 전기기기 배선에 사용되는 HKIV 절연전선[29]의 경우 온도에 따른 허용전류는 다음 그림과 같다.

그림에서 4mm²의 전선의 경우 보통 상온이라고 하는 20℃에서 최대 허용전류가 50A이지만 40℃에서는 39A로 약 20% 조금 넘게 줄어든 것을 볼 수 있다. 즉, 온도가 상승할수록 허용전류가 계속 떨어지면서 제로에 수렴한다는 것을 알 수 있다. 이는 전기공사 시에도 중요한 사실인데 단열처리가 된 벽 속에 전선을 매입하는지, 목재 벽면에 노출된 전선을 사용하는지에 따라 서로 허용할 수 있는 전류의 양이 다르다. 이는 전선의 열을 얼마나 빨리 냉각하는지에 대한 주변환경에 차이가 있기 때문[30]이다. 즉, 전선에 맞는 허용전류량을 산정할 때는 주변온도도 함께 고려해야 한다.

[29] 저압의 일반 공작물이나 전기기기의 옥내 배선용으로 사용되는 도체가 유연한 내열 비닐절연전선이다.

[30] 혹한기에는 전선의 열이 쉽게 식지만 혹서기에는 그렇지 않다. 여름철에 차단기가 과부하로 자주 떨어지는 것도 이와 관계가 있다.

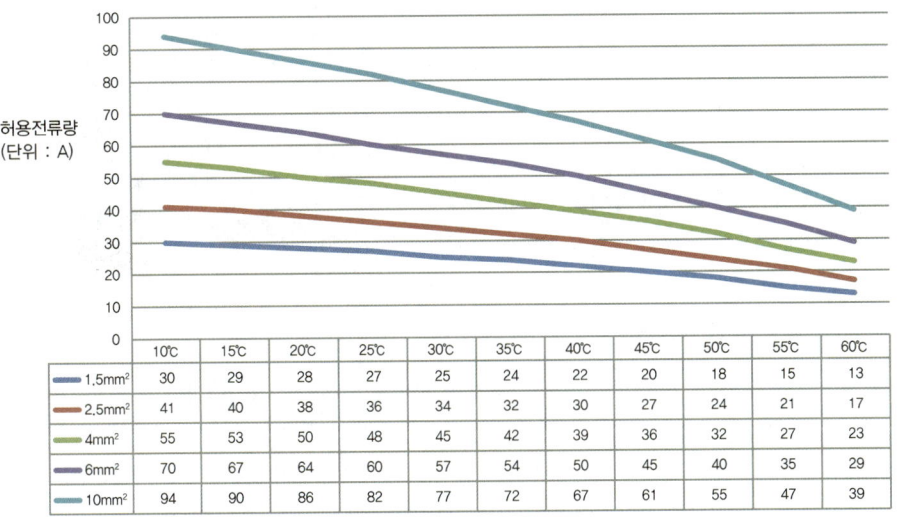

HKIV 전선의 온도별 허용전류

	10℃	15℃	20℃	25℃	30℃	35℃	40℃	45℃	50℃	55℃	60℃
1.5mm²	30	29	28	27	25	24	22	20	18	15	13
2.5mm²	41	40	38	36	34	32	30	27	24	21	17
4mm²	55	53	50	48	45	42	39	36	32	27	23
6mm²	70	67	64	60	57	54	50	45	40	35	29
10mm²	94	90	86	82	77	72	67	61	55	47	39

온도보정계수를 통한 최대 허용전류[도체 : 구리, 절연체 : PVC(70℃)]

여기서 잠깐!
불쾌한 정전기를 예방하는 방법은?

건조한 겨울철, 스웨터를 입다가 '빠짓' 소리와 함께 기분 나쁜 경험을 해본 사람이 많을 것이다. 또한 자동차나 문 손잡이를 통해서도 비슷한 불쾌한 경험을 겪을 수 있는데 이러한 원인이 바로 정전기이다.

정전기는 평소에는 가만히 있지만 마찰로 인해 일시적으로 전류가 흐르는 현상을 말한다. 매우 짧은 시간(약 0.000002초 수준)이기에 인간은 정전기로 인해 심각한 상해나 사망에 이르지는 않는다. 그러나 이러한 정전기도 어두운 곳에서 보면 순간적으로 불꽃이 일어나 폭발성 가스나 유증 등에서 정전기가 발생하면 바로 폭발하게 되어 정전기를 예방하는 것은 매우 중요하다. 이에 정전기를 예방할 수 있는 방법 몇 가지를 소개해본다.

(1) 머리카락은 젖은 상태에서 빗자. 머리카락을 감고 나서 빗을 때는 정전기를 느끼기 어렵지만 건조한 상태에서 머리카락이 잘 빗겨지지 않거나 제대로 모양을 내기 어려우며 기분 나쁜 정전기소리가 난다. 이때 물이 담긴 분무기 등으로 머리카락에 먼저 물을 좀 뿌리고 나서 빗어보자. 미용실에서 머리를 손질하기 전에 분무기를 뿌리는 것은 과학에 근거한 행동으로 정전기로 인해 머리카락이 흩날리는 것을 방지하고 가위질을 좀 더 쉽게 하기 위해서이다.

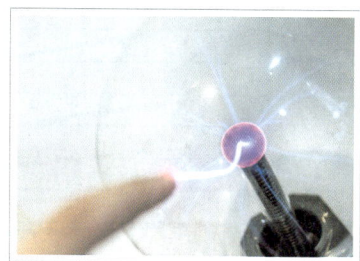

| 정전기 현상 |

(2) 빨래를 할 때에는 섬유유연제를 활용하자. 겨울옷 중에는 털이 있는 재질이 많은데 이러한 옷을 입고 난방 중인 건조한 실내에 들어가면 대다수 사람들은 정전기를 느끼게 된다. 이는 피부로 느껴지기도 하여 온몸이 따끔거리는 불쾌한 경험을 하게 되는데 이를 방지하려면 섬유유연제를 넣고 세탁하는 것이 좋다. 섬유유연제의 코팅성분이 옷에 정전기가 잘 생기지 않게 해주기 때문이다. 보통 세탁기를 작동하면 최초로 세탁기가 하는 일은 물과 옷의 마찰력으로 때를 제거하는 것이다. 따라서 이때 섬유유연제를 넣는 것은 별 효과가 없고 가장 마지막 탈수 이전에 넣는 것이 가장 효과가 좋다. 직접 손빨래를 할 때에도 섬유유연제는 마지막에 헹굴 때 넣자. 그러나 섬유유연제를 사용하면 세탁조 오염의 원인이 되기도 하고 섬유유연제 성분인 탄화수소로 인해 수분 흡수가 방해되어 양말, 수건 등에서 불쾌함을 느낄 수 있다.

(3) 겨울철에는 피부에 로션을 바르자. 정전기는 아토피성 피부를 가진 사람이 특별히 더 잘 느낀다. 이는 피부가 건조하기 때문이다. 따라서 겨울철 건조한 기후에서 정전기를 예방하기 위해서는 로션이나 핸드크림 등을 충분히 발라서 피부를 촉촉하게 만들면 피부도 보호하고 정전기도 예방할 수 있다.

아울러 실내 공간에는 가습기를 틀어 두어 적절한 습도를 유지하도록 하자.

(4) 셀프주유소 이용 시 정전기 방지 패드를 꼭 사용한다. 유류비가 좀 더 저렴하기에 많은 사람들이 찾는 셀프주유소의 주유기를 살펴보면 정전기 방지 패드가 있다. 이 패드는 전류가 흐르기 쉬운 강철로 되어 있기 때문에 우리 몸에 있는 전자를 몸 밖으로 내보내 준다. 만일 우리 몸에 전자가 많이 있는 상태로 건조한 겨울에 유증이 많이 발생하는 휘발유를 주유한다면 정전기화재가 발생할 수 있다. 겨울철 손이 시려 정전기 방지 패드에 손을 대기 싫다면 핸드크림을 바르거나 비닐장갑 등을 끼고 주유를 하면 된다.

| 셀프주유소의 정전기 방지 패드 |

| LPG 가스 탱크의 접지선(녹색선) |

(5) 접지공사를 한다. 유류탱크나 가스탱크에 있는 가연성 물질은 정전기로 인한 폭발로 막대한 피해를 입을 수 있기에 접지공사가 의무적이다. 이들 시설은 따로 전기를 공급하지 않아도 접지공사를 하는데 정전기로 인한 폭발을 예방하기 위함과 동시에 벼락으로 인한 피해를 최소화하기 위해서이다. 자세히 알고 싶다면 'V의 01. 접지란 무엇이며 접지공사를 해야 하는 이유는?'을 참고하자.

정전기가 우리에게 막연한 피해를 주는 것 같지만 따지고 보면 유익한 경우도 있다. 정전기를 이용한 대표적인 예가 바로 복사기·공기청정기·청소기의 집진필터 등이다. 공사현장에서 흔히 볼 수 있는 방진마스크 역시 정전기를 이용한 것으로 이들 제품은 물을 사용해서 세척을 하면 더 이상 정전기가 생기지 않아 효과가 없게 된다.

우리에게 불필요한 존재 같지만 때에 따라서는 매우 요긴한 정전기, 제대로 알면 정전기로 인한 더 이상의 불쾌한 경험을 예방할 수 있다.

03 직류(DC)와 교류(AC)의 차이점은?

KEY WORD 직류, 교류, 표피효과, 주파수, 각주파수, 실효값, 순시값, 최댓값, 평균값

학습 POINT
- 직류의 성질은?
- 교류의 성질은?
- 주파수, 각주파수란?
- 교류의 실효값, 순시값, 최댓값, 평균값은?

전기와 관련해 직류와 교류가 나누어져 있다는 것은 한두 번쯤 들어본 경험이 있을 것이다. 그런데 막상 직류전력과 교류전력의 차이가 무엇인지에 대해 대다수 사람들은 설명하기 어려워한다. 여기서 전력이란 전압과 전류 모두를 통칭하는 말이다. 그러다 보니 건전지와 마찬가지로 전기가 흐르는 선도 (+)선과 (−)선이 있다고 생각하기도 한다.

그러나 직류와 교류는 전혀 다른 성질을 가지고 있다.

| 직류와 교류의 표기법 |

직류전원	교류전원
	∼
건전지 등(플러스 긴 선과 마이너스 짧은 선의 차이에 주의)	가정에 있는 콘센트 등

[1] 개구리를 해부하는 도중에 죽어있는 개구리 뒷다리가 갑자기 움직였다. 이를 보고 갈바니는 동물의 뇌에서 전기가 만들어져서 신경을 통해 근육으로 흐른다고 생각하고 이를 동물전기라고 하였다.

[2] 과거에는 이러한 이유로 직류를 갈바닉 전류(Galvanic current)라고도 하였다. 이를 응용 및 발전시킨 것이 바로 전지(電池, battery)이다.

1 직류의 성질은?

직류는 인류가 전기를 발견하면서 처음으로 알게 된 이론이다. 이탈리아 해부학자이자, 생리학자인 갈바니(Luigi Aloisio Galvani, 1737~1798)의 개구리 뒷다리 전기실험[1]을 통해 발견한 동물전기이론으로 직류[2]를 제대로 정립하게 되었다.

1 직류의 형태

직류를 그래프로 표현하면 직선으로 쭉 긋는 형태이다. 이렇게 직선으로 쭉 그어지며 전압과 전류가 흐르기에 직류(直流, DC ; Direct Current)³라고 한다. 직류의 가장 큰 특징 중 하나가 (+)극과 (−)극으로 구분되고 전력이 일정한 크기로 한 방향으로 진행한다는 점이다. 직류 12V를 보통 'DC 12V' 또는 '12VDC'로 표기한다.

> 3
> 직류는 단어 그대로 직선으로(直:곧을 직) 흐른다(流:흐를 류)는 뜻이다.

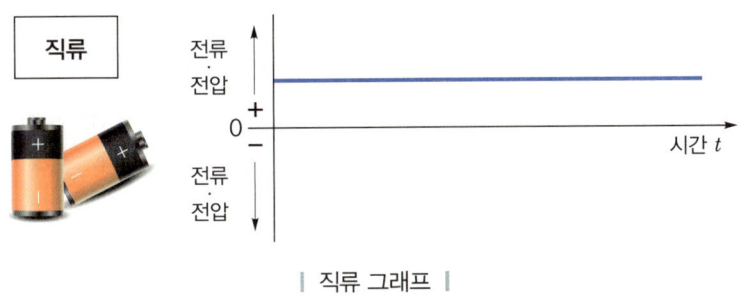

| 직류 그래프 |

2 직류의 장단점

직류는 시간에 따른 전력의 변화가 없고 단순하기에 전기·전자회로를 설계·해석·표현하는 것이 훨씬 안정적이고 효율적이다. 그래서 현재에 와서도 많은 전자제품들이 직류를 이용하고 설계 중에 있다. 즉, 직류의 최대 특징은 '안정성'이다. 이와 동시에 직류는 저장이 가능하다는 장점이 있어서 전지⁴는 모두 직류전원으로 생산된다. 또한 전압과 전류의 크기가 일정하여 통신장치에 장애가 없다.

하지만 직류는 변압이 매우 힘들다는 가장 큰 단점이 있다. 교류가 발견되기 이전에 직류기준으로 설계가 된 과거의 발전소나 송배전시설에서 변압이 힘들다 보니 여러 가지 문제가 발생되었다. 일단 송전 자체가 단거리 위주만 가능한데다가 전압도 일정하지도 않아 송배전 분야에 있어서는 직류가 두각을 드러내지 않았다. 그러나 최근에 와서는 직류 역시 많은 발전을 거듭하여 초소형 변압회로⁵가 대중화가 되었고 수십만 볼트 이상까지 만들 수 있다.

> 4
> 건전지와 충전지(축전지)를 말한다.

> 5
> 특히 직류송전은 교류송전의 단점인 전력손실면에서 유리하기 때문에 초고압직류송전(HVDC)이라는 분야가 전 세계적으로 최첨단 기술로 각광받고 있다.

2 교류의 성질은?

교류가 탄생하고 발전⁶하는 과정에서 전기에너지는 현대사회의 필수요소가 되었다.

> 6
> 교류를 직접 만들지는 않았지만 이를 발전시킨 사람이 크로아티아 출신의 세계적인 천재 과학자 니콜라 테슬라(Nikola Tesla, 1856~1943)이다. 요즘 전기자동차 브랜드 중에 '테슬라'라고 하는 것이 바로 이 사람의 이름을 따서 만든 것이다.

1 교류의 형태

직류와 다른 성격을 가진 교류는 전력의 크기와 방향이 주기적으로 계속 바뀌게 된다.[7] 즉, (+)극과 (−)극이 계속 바뀌게 되기 때문에 따로 (+)극과 (−)극을 구분할 수가 없다. 여기서 중요한 것은 (+)와 (−)가 계속 바뀌기에 쉽게 구분하기 어렵지만 (+)와 (−)가 존재하지 않는다는 것은 아니다. 교류는 크기와 방향이 있는 벡터값이며 진동하는 에너지[8]를 이용한다.

이렇게 주기적으로 바뀌게 됨에 따라 교류(交流, AC ; Alternation Current)[9]라고 한다. 보통 교류 220V를 'AC 220V' 또는 '220VAC'로 표기한다. 태양광발전소[10]가 아닌 거대한 터빈(turbine)[11]을 회전시켜 발전을 하는 수력, 원자력, 화력발전소 등에서 생산되는 전기는 모두 교류라고 볼 수 있다.

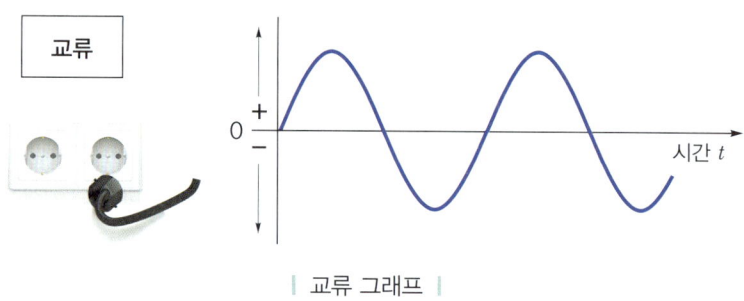

| 교류 그래프 |

2 교류의 장단점

직류가 변압이 어려운 반면 교류는 변압기를 통해 변압이 무척 간단하다는 것이 교류의 최대 장점이다. 손쉽게 전압을 올리거나 내릴 수 있다는 것은 전기를 장거리로 보낼 때 매우 유리하다는 것을 뜻한다. 이는 직류보다 더 큰 에너지를 사용할 수 있다는 장점이 된다. 즉, 교류의 최대 특징은 '경제성'이다.

그러나 교류는 단점이 많다. 일단 교류는 직류에는 없는 주파수가 있기 때문에 주파수가 서로 맞지 않는 경우에는 문제가 될 수 있다. 또한 사용할 수 없는 무효전력이 존재하고 통신선에 유도장해로 인한 잡음 등의 문제가 생길 수 있다. 역률을 지속적으로 관리해줘야 하며 저장 자체가 불가능하기에 발전소에서 생산된 전기를 따로 보관하고자 할 때에는 직류로 변환한 다음 저장해야 하는 불편함이 있다. 아울러 전자파가 발생하는 단점도 있다. 결정적으로 전기공학이 어렵게 느껴지는 이유는 바로 교류 때문인 것이다.

---

[7] 교류를 벡터(vector) 개념으로 이해해야 하는 이유이다. 벡터란 크기와 방향으로 결정되는 양이다.

[8] 예를 들어 두 사람이 줄을 쭉 잡아당기고 한쪽에서 힘껏 줄을 회전시키면 줄은 단체줄넘기처럼 회전하고, 반대쪽에서 줄을 그냥 잡고 있는 사람은 줄의 힘을 느낄 수 있다. 교류의 에너지 전달은 이와 같은 원리이다.

[9] 교류는 단어 그대로 (+)극과 (−)극으로 주고받으며(交 : 주고받을 교) 흐른다(流 : 흐를 류).

[10] 광기전력효과(光起電力效果, photovoltaic effect)를 이용해 발전한다.

[11] 터빈이란 액체나 기체, 플라스마와 같은 유체의 흐름에서 에너지를 뽑아 회전운동으로 바꾸는 것을 말한다. 다른 표현으로 원동기(原動機)라고 한다.

3 교류의 표피효과

교류의 단점 중에 표피효과가 있다. 표피효과(表皮效果, skin effect)란 전선 도체에 흐르는 전류가 주파수가 높아짐에 따라 전선의 도체 단면 전체를 균일하게 흐르지 않고 겉부분으로 모여 흐르는 현상을 말한다. 이러한 현상은 주파수가 높을수록 더욱 심하게 일어난다. 표피효과의 침투깊이는 표피효과의 크기를 알기 위한 공식[12]과 같다.

$$\text{표피효과의 침투깊이} = \sqrt{\frac{2}{\omega\sigma\mu}} = \sqrt{\frac{1}{\pi f \sigma \mu}}$$

위의 공식에서 ω(오메가)는 각주파수로 $2\pi f$와 같다. σ(시그마)는 도전율[13]이라 하고 μ(뮤)는 투자율[14]을 말한다. 이를 정리하면 표피효과는 주파수가 높을수록, 도전율이 높을수록, 투자율이 높을수록, 다음 그림과 같이 전선이 굵을수록 잘 일어난다.

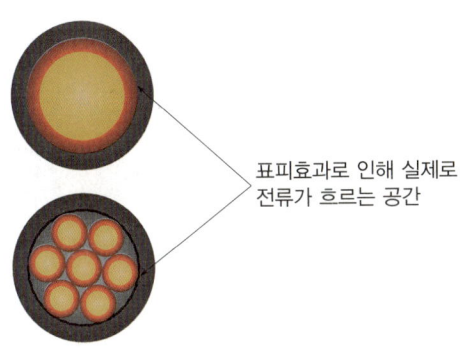

표피효과로 인해 실제로 전류가 흐르는 공간

| 표피효과와 침투깊이 |

표피효과의 침투깊이를 크게 하기 위해 단선보다는 연선을 사용한다. 왜냐하면 여러 다발의 연선의 경우 한 가닥의 단선보다 침투깊이를 확보할 수 있기 때문이다. 송전선의 경우 연선으로 이루어진 ACSR[15]을 사용하는 것도 이런 이유 때문이다.

3 주파수와 각주파수란?

1 주파수의 개념

교류를 이해하기에 앞서 중요한 개념이 있다. 바로 주파수이다. 주파수(周波數, frequency)는 진동수라고도 하며 1초 동안 진동한 횟수로 기호는 f, 단위[16]는 [Hz](헤르츠)[17]

---

[12] 이 공식의 결과로 '침투깊이가 깊다＝표피효과가 적다.'라고 볼 수 있다. 이는 실제 전선의 단면적에서 전류가 지나가는 곳의 단면적이 작아지는 것을 볼 수 있다.

[13] 저항률과 역수관계로 전류가 얼마나 잘 흐르는지를 나타내는 비율이다.

[14] 자기장의 영향을 받아 생기는 자기력선속밀도와 진공 중에서 나타내는 자기장의 세기의 비율이다.

[15] 강심알루미늄 연선

[16] 헤르츠([Hz]) 외 주파수의 단위로 rpm(1분당 회전수, revolutions per minute), rad/s(1초당 회전각, radians per second), BPM(1분당 비트 수, Beat Per Minute) 등을 사용한다.

[17] 헤르츠는 독일의 과학자 하인리히 루돌프 헤르츠(Heinrich Rudolf Hertz, 1857~1894)의 이름을 따서 지은 것이다.

를 사용한다. 1Hz는 진동이 있을 때 1초에 한 번 왕복운동이 반복됨[18]을 의미한다.

> 18
> 예를 들면 50Hz의 경우 1초에 50번을 반복 또는 진동을 하는 것을 의미한다.

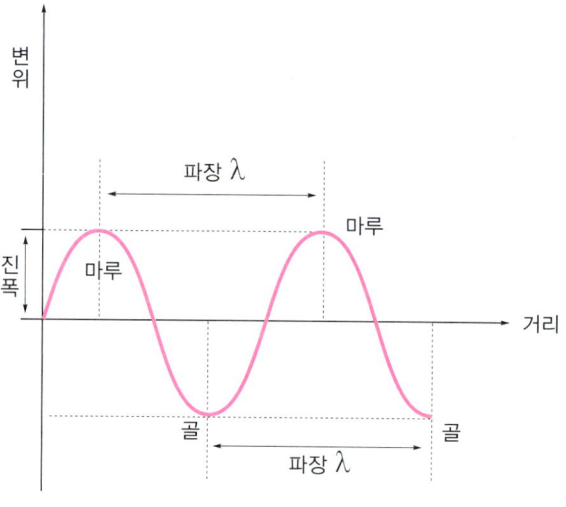

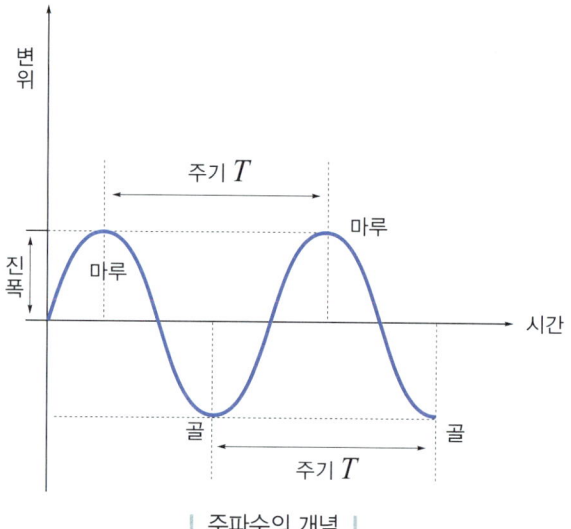

| 주파수의 개념 |

주파수를 그래프로 나타내면 크게 3가지로 볼 수 있는데 파동(波動, wave)의 높이를 '진폭'이라고 하며, 파동에서 가장 높은 마루(봉우리)와 그 다음 마루 사이의 간격을 거리에서는 '파장', 시간에서는 '주기'라고 한다. 그리고 한 번 진동하는 데 걸리는 시간을 '주기'라고 표현한다. 즉, 같은 시간 내에서 파장과 주파수는 반비례관계이므로 '파장이 길다=진동수가 적다=주파수가 낮다'라고 해석할 수 있다. 아울러 주파수와 주기는 서로 역수관계를 가지고 있다.

$$T=\frac{1}{f},\ f=\frac{1}{T}$$

파동의 속력을 v[19], 주파수를 f[20], 주기를 T, 파장을 λ(lambda, 람다)로 표현하면 다음과 같은 관계가 성립한다.

$$v(\text{또는 } c)=f\lambda=\frac{\lambda}{T}=\lambda v$$

주파수에서 파장을 곱한 값은 파장에서 주기를 나눈 값과 같고 이는 파동의 속력(speed of wave)이 된다.

앞으로 소개할 교류전류에서도 주파수가 언급되는데 우리나라 전기의 주파수는 1초에 60회 진동하는 60Hz이다. 전 세계적으로 전기의 주파수는 50Hz와 60Hz로 나누어진다. 우리나라와 미국의 경우는 60Hz를 사용하고 영국 등 유럽은 50Hz, 일본은 50Hz(동쪽 지방)와 60Hz(서쪽 지방)를 동시에 사용하기[21]에 이들 사이에 주파수 변환소(周波數 變換所, frequency converter)가 있다.

2 전기의 주파수를 50Hz나 60Hz로 사용하는 이유

그렇다면 전기의 주파수는 왜 50Hz 아니면 60Hz를 사용하는 것일까? 일단 주파수가 높으면 높을수록 표피효과로 인해 전력손실이 커지게 된다. 즉, 주파수가 높을수록 전력손실이 커진다. 그래서 무조건 높다고 좋은 것이 아니다.

그렇다고 마냥 낮추는 것도 문제가 있다. 전기주파수가 60Hz라는 것은 1초에 120회 동안 전력이 0이 된다는 것을 뜻한다. 왜냐하면 1Hz의 주파수는 1초에 1번 왕복으로 진동을 하면서 (+)에서 (-)로 가는 동안 1회, (-)에서 (+)로 가는 동안 1회로 총 2회 동안 전압과 전류가 0이 되기 때문이다. 이를 조명으로 예를 들면 1초에 120번 켜지고 꺼지기를 반복하는 것이다. 매우 빠른 시간에 일어난 일이기에 우리 눈이 인식할 수 없는 것이다.[22] 그런데 주파수를 너무 낮추다 보면 이렇게 불이 깜박이는 것이 눈으로 느껴지게 되고 이는 생활에 불편함을 초래하게 된다. 당장 조명이 깜빡거리는 것만으로도 스트레스가 느껴지는 것이 인간이기 때문이다. 그런 이유로 50Hz 또는 60Hz의 주파수를 사용하는 것이 전 세계 공통인 것이다.

3 전자제품이 요구하는 주파수와 전기의 주파수

우리나라 주파수는 60Hz라고 약속이 되어 있지만 실제로 측정해보면 약간의 오차[23]

---

[19] 파동의 속력이란 일정 거리를 일정시간 동안 움직인 비율을 말한다. 이는 전체적인 파가 진행하는 일정시간 동안 일정거리로 움직이기 때문이다. 전자기파나 빛 같은 경우의 광속은 c로 표기한다. 이때 c는 초속 약 30만 km로 항상 일정하다.

[20] 주파수(frequence)의 머릿글자를 따서 f로 표기하지만 v(nu,누)라고 표기하는 경우도 많다.

[21] 주파수가 다르다는 것은 생각보다 불편함이 많다. 전기를 이용한 시계의 경우도 오차가 커지기도 하지만 신호등의 경우 1초간에 점멸 간격이 주파수별로 다르기 때문에 차량의 블랙박스로 신호등 판독에 어려움을 겪을 수 있다.

[22] 게임 그래픽의 중요한 요소 중 하나인 FPS(Frame Per Second)도 주파수와 같은 개념으로 생각하면 이해하기 쉽다. FPS가 높으면 게임 그래픽의 화면이 사람이 눈으로 보는 것처럼 부드럽게 움직인다.

[23] 전력설비기준에서는 60Hz±0.2Hz 즉, 59.8Hz에서 60.2Hz까지는 정상적인 주파수라고 본다.

가 있다. 전자제품이 요구하는 주파수와 공급되는 전기의 주파수가 같으면 문제가 없지만 다르면 다음과 같은 문제가 발생한다.

| 전자제품이 요구하는 주파수와 전기의 주파수가 다를 때 나타나는 현상 |

구분	50Hz 전자제품을 60Hz 전기에서 사용할 때	60Hz 전자제품을 50Hz 전기에서 사용할 때
형광등	등이 어둡고 점등이 잘 안 된다.	등이 밝아지고 안정기가 뜨거워져 수명이 짧아진다.
카세트	테이프 회전이 빨라져 음질이 고음이 된다.	테이프 회전이 느려져 음질이 저음이 된다.
세탁기	전동기의 회전이 빨라져 전동기의 부담이 커지고 타이머도 빨라진다.	전동기의 회전이 느려지고 타이머도 느려진다.
냉장고	냉각능력은 변하지 않으나 서리 제거가 빨라진다.	냉각능력은 변하지 않으나 서리 제거가 느려진다.
전기시계 (교류시계)	시간이 빨라진다.	시간이 늦어진다.
전열기	영향 없다.	영향 없다.
텔레비전	크게 영향 없다.	크게 영향 없다.

따라서 해당 국가 전력의 주파수와 전자제품이 요구하는 주파수가 일치하는지를 알아보고 구입·사용해야 한다.

4 각주파수의 개념

주파수와 더불어 알아야 하는 것이 있는데 바로 각주파수이다. 각주파수(角周波數, angular frequency)[24]란 1초 동안에 회전한 수를 가리키며 기호는 ω(오메가)를 사용하고 단위는 [rad/s](라디안/초)를 사용한다. 주파수(f)의 역수인 주기를 T라고 하면 다음과 같은 공식이 성립한다.

[24] 각주파수를 '각진동수' 또는 '각속도'라고도 한다.

$$\omega = \frac{2\pi}{T} = 2\pi f$$

위의 공식에서 $2\pi=2\times 3.14$로 라디안에서 원 한 바퀴를 회전한 각도 즉, 180°를 이용한다. 주파수가 1초 동안에 주기가 몇 번 반복되는지를 말한다면 각주파수 ω는 주파수(f)에 2π를 곱한 것으로 1초 동안에 원의 회전이 몇 번 반복되는지를 말해준다.

4 교류의 실효값, 순시값, 최댓값, 평균값은?

직선그래프로 쉽게 표현이 가능한 직류와 달리 교류전력은 특성상 사인파(sine wave)[25] 곡선 형태로 나타나기 때문에 직관적으로 이해하고 계산하기 어렵다. 특히 교류는 시시각각 크기와 방향이 계속 변하는 벡터개념이다 보니 실효값, 순시값, 최댓값, 평균값 등 어려운 단어와 개념이 나온다. 이를 차근차근 이해해보자.

[25] 사인파를 과거에는 정현파(正弦派)라고 하였다. 이는 일본에서 들어온 한자어로 반원형 활의 모양(弦)을 바르게 보고 그린 모습이라서 그렇다. 그래서 코사인파(cosine wave)의 경우 여현파(餘弦派)라고 하는 것도 여기에서 유래하였다.

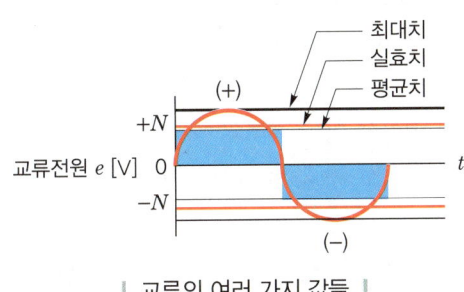

| 교류의 여러 가지 값들 |

1 교류의 실효값

먼저 실효값에 대해 알아보자. 교류전력의 실효값(공칭전압)은 저항에 동일하게 평균 전력을 공급하는 직류전력의 값을 말한다. 즉, '직류전압을 사용하여 발생한 에너지 = 교류전압을 사용하여 발생한 에너지'를 말하는 것으로 rms[26]라고 한다. 따라서 교류의 공칭전압 220V와 직류의 220V는 같다. 실제로 실효값을 구하기 위해선 조금 복잡한 식이 필요하다.

[26] rms란 수식에 제곱근(root, $\sqrt{}$), 평균(mean, $\frac{1}{T}$), 제곱(square, v^2)이 들어 있기 때문에 rms라고 한다.

$$\text{전압의 실효값 } V_{rms} = \sqrt{\frac{1}{T}\int_0^T v^2 dt}\,[V]$$

위의 식에서 T는 주기를 말하는 것으로 주파수의 역수 개념이다. 또, v는 전압, dt는 T(주기)로 적분한 것을 의미한다. 따라서 우리가 쓰는 교류의 주파수가 60Hz이기 때문에 1주기는 다음과 같다.

$$T = \frac{1}{f} = \frac{1}{60} = 0.01667s$$

통상 우리가 사용하는 전압인 교류 220V가 실효값인데 이는 직류 220V에서도 저항이 같다면 같은 에너지를 사용할 수 있다는 뜻이다.

한편 교류의 최대 전압을 V_m이라 하고 최대 전류를 I_m이라 한다면 실효값은 다음과 같이 구할 수 있다.

$$V_{rms} = \frac{1}{\sqrt{2}} V_m = 0.707 V_m [V]$$

$$I_{rms} = \frac{1}{\sqrt{2}} I_m = 0.707 I_m [A]$$

2 교류의 순시값

순시값은 교류에서 사용하는 개념인데 시간에 따라 방향과 크기가 다르기 때문에 임의의 어떤 순간에서의 값[27]을 말한다. 이를 계산하는 방법은 다음과 같다.

전압의 순시값 $v = V_m \sin(\omega t + \theta) = V_m \sin(2\pi f t + \theta) [V]$
전류의 순시값 $i = I_m \sin(\omega t + \phi) = I_m \sin(2\pi f t + \phi) [A]$

위의 식에서 V_m, I_m을 각각 전압 및 전류의 최댓값(maximum value)이라고 하고 θ, ϕ를 위상(位相, phase)[28]이라고 한다.

3 교류의 최댓값과 평균값

이렇게 나온 순시값 중에 가장 큰 값을 최댓값이라고 하며 V_m을 사용한다. 공식은 다음과 같다.

전압의 최댓값 $V_m = \sqrt{2} V_{rms} [V]$
전류의 최댓값 $I_m = \sqrt{2} I_{rms} [A]$

따라서, 우리나라의 전압의 경우 최댓값은 $\sqrt{2} \times 220 = 311.13V$가 나온다.
평균값은 사인파곡선의 반주기를 평균한 값으로 다음과 같이 구한다.

전압의 평균값 $V_{av} = \frac{2V_m}{\pi} = 0.637 V_m [V]$
전류의 평균값 $I_{av} = \frac{2I_m}{\pi} = 0.637 I_m [A]$

이를 계산하면 우리가 쓰는 교류 220V의 평균전압은 $(2 \times 311.13)/\pi ≒ 198V$가 된다. 교류의 경우 1주기를 통한 평균값은 의미가 없다. 왜냐하면 0이 되기 때문이다. 참고로 직류의 경우 시간이 지나도 크기와 방향이 같기 때문에 '최댓값=평균값=실효값'이 된다.

---

[27] 실제로 디지털 방식의 계측기를 사용해서 전압이나 전류를 측정해 보면 매초에 계속 전압과 전류의 양이 변한다. 그래서 디지털 방식의 계측기에는 수치를 고정시켜 주는 홀드 버튼이 탑재되어 있다.

[28] 위상이란 주기적으로 반복되는 현상에 대해 어떤 시각 또는 어떤 장소에서의 변화의 국면을 말한다.

4 전압의 구분과 오차

전압을 통상 수치로만 이야기하지만 이 수치에 따라 저압, 고압, 특고압으로 구분한다. 전압의 수치에 따라 구분할 때는 직류와 교류에서 서로 기준[29]이 다르며, 이는 다음 표와 같다.

전압의 크기에 따른 구분법		
구분	직류	교류
저압	1500V 이하	1000V 이하
고압	1500V 초과 7000V 이하	1000V 초과 7000V 이하
특고압	7000V 초과	7000V 초과

우리가 통상 사용하는 전압은 거의 저압인 경우가 많고 송배전선로의 경우 특고압임을 알 수 있다. 고압의 경우는 지하철에서 직류 1500V[30]를 사용하는 경우에서 볼 수 있다. 한편 파도처럼 크기와 방향이 계속 바뀌는 교류의 특성상 전압이 너무 높거나 낮으면 정상적으로 전자제품을 사용하기 어렵거나 고장이 날 수 있다. 그래서 공칭전압의 오차범위를 설정했는데 이는 다음과 같다.

공칭전압 및 오차범위	
공칭전압	오차범위
110V	110±6V
220V	220±13V
380V	380±38V

[29] 본래 저압은 직류 750V 이하, 교류 600V 이하이고 고압은 직류 750V 초과 7000V 이하, 교류는 600V 초과 7000V 이하였으나 한국전기설비규정에 따라 변경되었다. 이는 고압의 허가절차 등이 저압보다 복잡하고 신재생 에너지 사업분야의 경우 과거의 전압크기에 따른 구분이 많아 장애요인이 될 뿐 아니라 국제규격(IEC) 및 현실에 맞추기 위해 변경된 것이다.

[30] 서울교통공사에서 운영하는 지하철 1호선에서 9호선 구간 및 코레일의 일산선이 직류 1500V를 사용하고 코레일의 경우(일산선 제외) 교류 2만 5000V를 사용한다. 그래서 서로 다른 구간을 지나칠 때는 절연구간(絶緣區間, neutral section)이라 하여 전동차 내 전력공급이 잠시 차단된다.

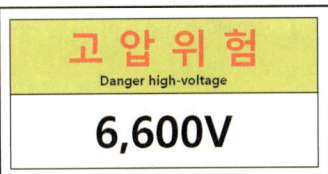

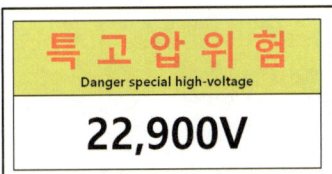

| 고압·특고압 위험표지판 |

여기서 잠깐! 해외여행과 해외직구 시 주의해야 할 점은?

해외여행이 꾸준히 증가하고 있다. 특히 해외직구를 통해 외국에 가지 않고도 다양하고 질 좋은 물건을 손쉽고도 값싸게 살 수 있는 기회가 많아졌다. 그러나 나라마다 언어가 다르듯 전력도 모두 다르므로 해외여행을 떠날 때는 해당 국가의 전압과 주파수를 알아두어야 한다.

해외로 여행 갈 때, 보다 편리하게 전기를 이용하고자 유니버설 어댑터를 구입하거나 공항에서 대여하는 경우가 많다. 이는 콘센트단자의 모양이 각기 다른 여러 국가를 여행하며 전기를 사용할 때 도움이 되지만 전압을 바꿔주는 즉, 변압기능이 없다. 250V라고 적혀 있는 유니버설 어댑터에 110V를 사용하면 전자제품이 제대로 성능을 발휘하지 못하게 되고, 125V 제품을 우리가 쓰는 220V 지역에서 사용하면 바로 화재가 나거나 전자제품이 소손된다. 또한 콘센트에 꽂은 상태로 다른 플러그부분, 특히 실제로 전류가 흐르는 도체 부분을 만진다면 감전이 된다. 따라서 유니버설 어댑터를 사용할 때는 제품이 지원하는 전압과 여행국가의 전압을 반드시 확인하고 사용 중에는 다른 플러그에 접촉하지 않도록 한다. 아울러 사용 후 콘센트에서 뽑을 때는 안전하게 플라스틱 몸체를 잡고 빼야 한다.

| 유니버설 어댑터 |

최근에는 전자제품을 해외직구로 구입하는 일이 많아지고 있다. 이때 해외 브랜드의 전자제품 수입은 물론 국내 브랜드의 수출상품을 역수입하는 경우도 많다. 이러한 제품을 구입할 때 눈여겨봐야 할 것은 전압과 주파수이다. 전압이 다르면 전자제품을 제대로 사용할 수 없거나 아예 터지는 등 고장이 생길 수 있다. 특히 가까운 일본제 내수용 전자제품을 직접 구매할 때 전압을 반드시 확인해 봐야 하는데 일본 내수용 전자제품은 100V를 사용하기 때문에 우리나라 220V에서 사용할 경우 바로 전자제품이 폭발할 수 있다. 그러나 같은 일본제품이어도 국내 수입원에서 정식으로 수입한 전자제품의 경우 대개 전압과 상관없이 사용 가능한 프리볼트 제품이기 때문에 안전하다.

주파수가 다를 경우 제품의 성능을 제대로 발휘하지 못하거나 과성능(over performance)으로 전자제품의 내구성이 저하되거나 수명이 단축될 수 있다. 특히 모터가 들어간 제품의 경우 무리하게 회전하면 수명이 단축되고 타이머를 사용하는 제품의 경우는 시간의 오차가 최대 20%까지 날 수 있기에 주파수 역시 맞는 제품을 선택해야 한다.

04 전기히터가 불꽃도 없이 주변을 따뜻하게 하는 이유는?

저항, 직렬, 병렬, 합성저항, 키르히호프 법칙, 휘트스톤 브리지회로, 줄의 법칙, 열량, 서모스탯

- 전기에서 저항은 어떤 역할은?
- 전열기의 발열량 조절 원리는?
- 실생활에서 볼 수 있는 저항의 사례는?
- 직렬과 병렬, 합성저항이란?
- 키르히호프 법칙이란?
- 휘트스톤 브리지회로란?
- 줄의 법칙과 열량이란?

학습 POINT

저항[1]이라는 단어를 들으면 뭔가 부정적인 느낌부터 드는 것이 사실이다. 전기에 있어서도 저항이 그다지 달갑지 않은 것은 전기가 흐르는 데 방해를 하기 때문이다. 하지만 생각보다 저항은 전기에 있어서 중요한 요소 중 하나로, 저항이 하는 역할을 알게 되면 단순히 전기가 흐름을 방해하는 것이 아닌 꼭 필요한 존재라는 것을 알게 될 것이다.

[1] 저항의 사전적 정의는 '어떤 힘이나 조건에 굽히지 아니하고 거역하거나 버팀'이다.

1 전기에서 저항의 역할은?

인류문명은 불과 함께 시작되었다고 해도 과언이 아니다. 불은 열과 빛을 방출하는 역할을 한다. 그런데 이러한 역할을 현대문명에 와서는 전기가 많은 부분을 대신하고 있다. 특히 전기에너지를 통해 열에너지를 만들어 내는 전열기(電熱器, electric heating instrument)는 집집마다 하나 이상씩 가지고 있을 뿐 아니라 최근에는 전기보일러 공급도 많이 되고 있다.

전기에너지를 통해 열에너지를 만들어 내는 제품은 기존의 화석연료를 이용한 제품[2]과 달리 유해한 가스 배출이나 그을음 등이 덜하고, 설치가 매우 간단할 뿐더러 온도조절도 용이하며 뒤처리까지 깔끔하기 때문에 분명 전기가 주는 편리함을 무시할 수 없다.

[2] 연탄・석유보일러나 히터, 가스보일러 등을 말한다.

I. 전기의 기본 이론 **51**

1 전기에너지를 열에너지로 전환

전열기를 유심히 보면 밝은 오렌지색이나 붉은색의 열 때문에 따뜻함을 느낄 수 있지만 불꽃을 찾아볼 수는 없다. 전기에너지가 열에너지로 변환하는 과정에는 도대체 어떠한 일이 있기에 이런 것이 가능할까?

앞서 저항(抵抗, resistance)은 전류의 흐름을 방해하는 물질 정도로만 언급했지만 실제로 저항은 방해를 함과 동시에 열을 발생하는 역할도 한다. 같은 양의 전류를 흘렸을 때 저항값이 클수록 더 많은 열을 발생하게 된다. 다른 면에서 보면 전류값을 조절함으로써 열의 크기도 조절이 가능하다고 볼 수 있다. 전열기들의 온도 조절이 편리한 이유는 여기에서 힌트를 얻을 수 있다.

보통 전열기는 니크롬을 이용해 열을 발생한다. 니크롬은 전류도 잘 통과시키면서 저항이 커서 열을 발생하기 쉬운 구조[3]이기 때문이다.

전열기에서 열을 만드는 붉은 부분이 니크롬선

[3] 과거 조명장치인 백열전구의 경우 필라멘트에 불이 들어오는 구조이다. 필라멘트에 전류를 가하면 뜨겁게 달아올라 시뻘건 쇳물처럼 빛을 낸다. 전열기는 아니지만 90%이상 열손실로 방출, 10% 미만이 조명광이 되어 효율이 매우 낮아 150W 이하인 판매가 중단되었다.

2 저항이 열을 발생하는 원리

그렇다면 저항은 어떤 원리로 열을 발생하는 것일까? 전기가 흐르는 곳이 아무리 깨끗하다 하더라도 불순물이 있기 마련이고 이러한 불순물이 전자의 흐름을 방해하면서 바로 저항이 되는 것이다. 아울러 전자가 빠르게 흐르면서 원자핵과 충돌이 생기는데 이러한 행동들 역시 전류의 흐름을 원활하지 못하게 한다. 이러한 에너지손실 자체가 바로 열을 발생하는 것이다.

| 주요 전열기의 소비전력 |

구분	소비전력[W]
전기방석	50
전기장판 2인용	200
온수매트	400
선풍기형 전기히터	1000
할로겐 전기히터	1200
드라이어	1500
전기온풍기	2000
원통형 전기히터	3000

충분히 열을 만들기 위해 보다 많은 전류를 끌어와야 해서 전열기는 전반적으로

전력소비량이 높다. 가정에서 가볍게 사용하는 헤어드라이어도 보통 1500W[4]의 전력을 소비하는데 전기 냉온풍기도 냉방 모드보다 난방 모드에서 더욱더 전력을 소모한다. 겨울철에 전기화재가 많이 일어난 이유는 전열기의 소비전력을 간과하고 사용하다 일어나기 때문이다.[5]

[4] 48인치 LED TV의 15대와 비슷한 분량이다.

[5] 전열기는 다른 제품과 같은 콘센트에서 사용하기보단 따로 사용하는 것이 안전하고 멀티탭을 이용해서 사용하는 것을 추천하지 않는다.

2 전열기의 발열량 조절 원리는?

앞서 전열기는 다른 화석연료를 통한 발열기보다 발열량을 조절하기 쉽다고 했다. 이는 컨트롤 패널 등을 이용해 수동으로 전류량을 조절하여 발열량을 제어하기 때문이다. 그러나 전기장판처럼 수면 중에 사용하는 전열기의 경우 온도가 계속 올라가 뜨거워져도 인식하지 못해 위험할 수 있다. 그래서 이러한 전열기는 자동으로 발열량을 조절하는 기능이 있는 제품이 상당히 많다.

1 서모스탯

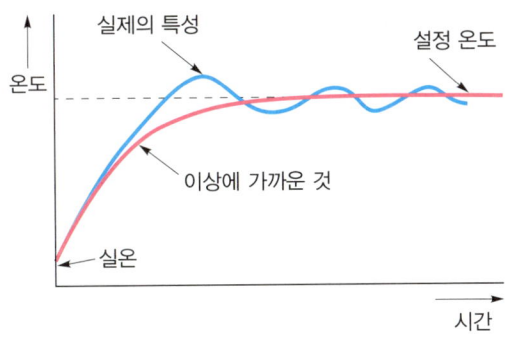

| 서모스탯에 의한 온도 조절 |

온도가 설정 온도보다 높아지면 스위치가 끊기고 낮아지면 스위치가 들어가는 온도 조절장치를 서모스탯(thermostat)이라고 한다. 전열기에 서모스탯을 직렬로 접속하면 일정한 온도를 유지하도록 도와준다. 앞서 언급한 니크롬선의 경우도 전류가 흐르는 상태에서 가만히 놔두면 계속 온도가 올라가야 하지만 어느 일정 온도가 되면 더 이상 온도가 상승하지 않는 것도 바로 서모스탯이 있기 때문이다.

[6] 바이메탈이란 열팽창계수가 많이 다른 두 종류의 얇은 금속판을 포개어 붙여 한 장으로 만든 막대형태의 부품으로, 열을 가했을 때 휘는 성질을 이용해 기기를 온도에 따라 제어하는 역할을 할 수 있다.

2 발열량 조절의 예

서모스탯의 구조 중 가장 간단한 구조는 바이메탈(bimetal)[6]을 이용한 것으로 철이

I. 전기의 기본 이론　53

온도에 따라 팽창하거나 수축하는 것을 응용해서 만든 것이다. 즉, 열을 과도하게 받아 철이 팽창하게 되면 스위치를 끊기게 하여 전류를 차단하고 열이 부족해 철이 수축하면 스위치를 연결하여 전류를 흐르게 하는 원리이다. 본래 철은 열을 받으면 부피가 늘어나는 열팽창의 성질을 가지고 있기 때문에 가능하다.

전기다리미에 바이메탈을 사용하면 특정 온도 범위를 계속 유지하도록 만들 수 있다. 상온에서 바이메탈의 한쪽 끝이 스위치의 약간 아래쪽에 오도록 다른 쪽 끝을 고정한다. 바닥쇠 내부의 열선에 전류가 흐르면서 온도가 올라가고, 이에 따라 바이메탈은 조금씩 위로 휘어진다. 특정 온도가 되면 바이메탈이 스위치를 열어 전류를 끊는다.[7] 서서히 바닥쇠가 식으면 바이메탈도 다시 아래로 내려가면서 스위치가 닫히고 다시 가열된다.

보통 바이메탈의 고장을 대비해서 전열제품에는 온도퓨즈가 달려 있어 과열상태가 계속된다면 퓨즈가 끊어져 더 이상의 과열을 방지한다. 전기다리미 이외 전기장판, 전기밥솥, 커피포트, 전기프라이팬과 같은 가정용 전기기구 등은 물론 온도 조절이 필요한 각 방면에 널리 사용하고 있으며 전기기기로는 전류제한기, 자동개폐기, 배선용 차단기 등에도 사용한다.

[7] 커피포트나 다리미가 일정한 온도가 되면 '딱' 또는 '딸칵' 소리를 내는 것이 바이메탈 스위치가 끊어지는 소리이다.

[8] 1974년 국내에서 처음으로 지하철이 개통됐을 때 일본에서 수입되던 전동차들이다.

[9] 당시에는 열차 내부에 에어컨 시설도 없었기에 여름에는 더욱 심했다.

[10] 옴의 법칙에 따라 저항을 투입하는 만큼 전류값이 감소하는 원리를 이용했다.

3 실생활에서 볼 수 있는 저항의 사례는?

1 저항을 이용한 전동차

앞의 이야기만 봐서는 저항이 열을 생성하기 위한 조건이지만 저항이 하는 일은 여러 가지이다. 다만 이러한 일을 수행하면서 열이 발생하기 마련이기 때문에 혼돈스러울 수 있다. 과거[8] 우리나라 전기철도에서 쓰이는 전동차는 저항을 통해 속력을 제어했다. 비교적 설계나 구조가 단순한 편이어서 전동차에서 널리 쓰이던 기술 중 하나였으나 이러한 전동차는 열이 많이 발생하여 여름철에 냉방능력을 감당하기 힘들어 찜통열차[9]로도 불렸다.

이 전동차에서 저항은 속력제어를 하는 데 활용[10]되었다.

| 지금은 수명이 다해 사라진 과거 초기 저항제어방식의 전동차 |

2 전자제품 속의 저항

컴퓨터의 쿨링팬 속력 조절에도 저항이 이용된다. 쿨링팬 자체가 컴퓨터의 열을 제거하는 역할을 하는데 이러한 쿨링팬 자체에서도 적은 양의 열이 발생하는 것은 조금은 색다른 일이기도 하다.

TV에서 화면밝기나 소리크기를 조절할 때도 저항이 활용된다. 그뿐만 아니라 전자제품을 제어할 때는 저항이 반드시 필요하다. 그래서 전자제품 내부 회로기판에는 저항기(抵抗器, resistor)라고 하는 작은 소자(素子, element)[11]들이 여러 개 있어 전자제품을 제어하는 역할을 한다. 저항은 일을 함으로써 열을 발생하기 때문에 저항 그 자체가 전력을 소비한다.

| 전자제품 속의 저항기 |

[11] 소자란 장치, 전자회로 따위의 구성 요소가 되는 낱낱의 부품으로, 독립된 고유의 기능을 가지고 있는 것을 말한다.

4 직렬과 병렬, 합성저항이란?

1 직렬과 병렬의 개념

전자제품 내부의 저항은 접속방법에 따라 직렬접속과 병렬접속이 있다. 직렬과 병렬은 저항뿐만 아니라 전기회로에서도 다루는 내용이고 어떤 방법으로 접속하느냐에 따라 결과는 달라진다.

직렬(直列, series)이란 전기기기를 순서에 따라 나란히 접속하는 것을 말하고 병렬(竝列, parallel)접속은 전기기기의 양끝을 묶어서 연결하는 방법이다. 이는 초등학교 시절 전지와 꼬마전구 실험을 통해서도 배운 바 있다.

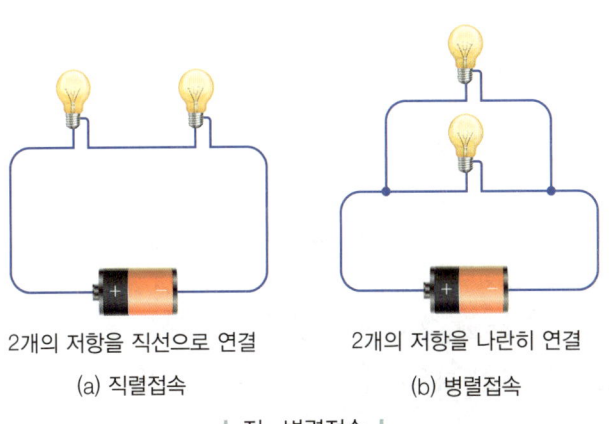

2개의 저항을 직선으로 연결　　2개의 저항을 나란히 연결
　　(a) 직렬접속　　　　　　　　(b) 병렬접속

| 직·병렬접속 |

I. 전기의 기본 이론

앞의 그림에서도 알 수 있지만 서로 다른 극끼리 연결되는지, 같은 극끼리 연결되는지에 따라 직렬접속과 병렬접속의 차이가 있다. 즉, 직렬접속은 (+),(-),(+),(-) 방식으로 연결된 반면 병렬접속은 (+)는 (+)끼리 (-)는 (-)끼리 연결되어 있다.

직렬접속의 특징은 전지가 많은 만큼 전구가 더 밝게 켜지지만 전지의 수명은 그만큼 짧다. 병렬접속의 특징은 전지가 늘어난다 해도 전구가 더 밝아지지는 않지만 전지의 수명은 그만큼 길다.[12] 즉, 전자제품 내에서 직렬접속과 병렬접속 가운데 어떤 점이 더 낫다고 할 수는 없고 상황에 맞게 설계 및 제작이 되는 것이다.

> [12] 직렬회로는 전압강하의 특성을 가지고 있고, 병렬회로는 전류분배의 특성을 가지고 있기 때문이다. 전기회로 이론에서 이는 매우 중요한 사실로 '직렬=전압강하', '병렬=전류분배'를 항상 인식하고 회로를 살펴보아야 한다.

2 합성저항의 개념

저항도 전자제품에 따라 직렬, 병렬 또는 직병렬로 복수의 저항이 연결된다. 이렇게 둘 이상의 저항을 직렬, 병렬, 또는 직병렬로 접속하여 전체를 하나의 저항으로 간주할 때를 합성저항(合成抵抗, combined resistance)이라고 한다. 합성저항은 R_0로 표기한다.

직렬의 합성저항 계산은 무척 간단하다.

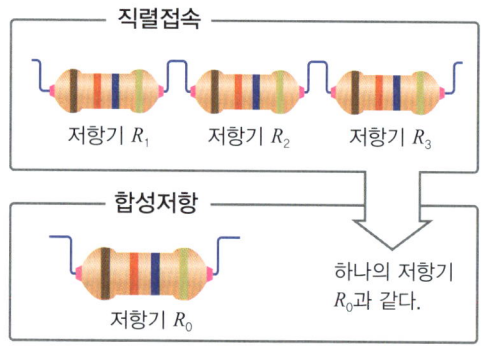

| 직렬의 합성저항 |

직렬의 합성저항을 구하기 위해선 각각의 저항값을 더하면 된다. 위의 그림에서 R_1, R_2, R_3가 직렬로 연결되었고 이때 합성저항 R_0는 다음과 같다.

$$직렬의 합성저항\ R_0 = R_1 + R_2 + R_3\,[\Omega]$$

하지만 병렬의 합성저항을 구하는 방법은 조금 까다롭다.

병렬의 합성저항을 구하기 위해서는 각각의 저항을 역수로 두고 분수의 합으로 구하되 역수는 분모로 두고 계산하면 된다. 다음의 그림에서 R_1, R_2, R_3가 병렬로 연결되었고 이때 합성저항 R_0는 다음과 같다.

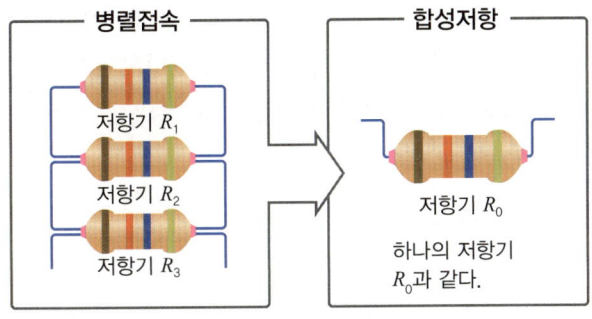

| 병렬의 합성저항 |

$$R_0 = \cfrac{1}{\cfrac{1}{R_1}+\cfrac{1}{R_2}+\cfrac{1}{R_3}}\,[\Omega]$$

위의 공식에서 저항의 역수 즉, 1/R은 컨덕턴스(conductance)라고 하며 기호는 G 로 나타낸다. 컨덕턴스는 저항과 반대 개념으로 전류가 흐르기 쉬운 정도[13]를 나타낸다. 단위 역시 옴을 뒤집어 놓은 모양의 모(℧, mho)[14]를 사용한다.

컨덕턴스를 통해 합성저항을 구하는 방법은 다음과 같다.

$$G_0 = \cfrac{1}{G_1+G_2+G_3}\,[℧]$$

[13] 전기가 흐르는 물질인 도체의 영단어가 컨덕터(conductor)이다.

[14] 지멘스(Simens)라는 단위를 사용해 [S]로 표기하는 경우도 있다.

합성저항을 간단하게 계산해보자. 아래의 도면과 같이 저항이 있을 때 합성저항은 어떻게 될까?

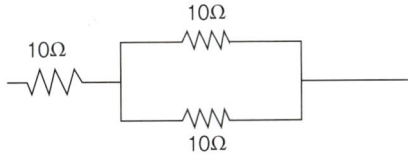

| 직·병렬일 때 합성저항 구하는 방법 |

단순히 10Ω이 3개 있어 30Ω이라고 계산하면 곤란하다. 직렬부분 10Ω은 그대로 두고 병렬부분 10Ω 2개는 다음과 같이 구한다.

$$R_0 = \cfrac{1}{\cfrac{1}{10}+\cfrac{1}{10}} = \cfrac{1}{\cfrac{2}{10}} = \cfrac{\cfrac{1}{1}}{\cfrac{2}{10}} = \cfrac{10}{2} = 5\Omega$$

병렬부분의 합성저항은 5Ω이 나왔다. 따라서 직렬부분 10Ω과 합하면 전체 합성저항은 15Ω이 된다. 한편 병렬부분의 합성저항은 저항이 2개 있으면 위의 공식과 같이 복잡하지 않게 구하는 방법이 있는데 이른바 '합분의 곱' 공식을 구하면 쉽게 구할 수 있다. 이 공식은 다음과 같다.

$$R_0 = \frac{R_1 \times R_2}{R_1 + R_2} = \frac{10 \times 10}{10 + 10} = \frac{100}{20} = 5\Omega$$

앞의 공식과 같은 결과인 5Ω이 나왔다.

5 키르히호프 법칙이란?

1 전기회로의 정의

물이 흐르는 길을 수로라고 하듯이 전기가 흐르는 길을 전기회로(電氣回路, circuit)라고 하며 보통 줄여서 '회로'[15]라고 한다.

15 ─
회로의 구성 장치는 전원장치(건전지, 발전기 등), 출력장치(조명, 전동기 등), 연결장치(전선, 스위치, 콘센트)의 3가지로 되어 있다.

| 전자기판과 회로도의 예 |

전기회로는 전원장치에서 출발한 전류가 출력장치를 거쳐서 다시 전원장치로 돌아와야 하는데 이때 중요한 것은 중간에 끊어짐이 없어야 한다. 이렇게 중간에 끊어짐이 없는 회로를 폐회로(閉回路, closed circuit)[16]라고 한다. 반면 연결장치인 스위치가 오프(off)상태일 때는 회로가 끊어져 있는데 이때는 개회로(開回路, open circuit)[17]라고 한다. 회로를 도식화하여 나타낸 그림을 회로도(回路圖, circuit diagram)라고 하며 회로도의 다양한 기호는 자신이 어떠한 역할을 하는지 알려준다.

16 ─
'닫힌 회로'라고 하기도 한다.

17 ─
'열린 회로'라고 하기도 한다.

| 기본적인 전기회로도의 기호 |

구분	기호	구분	기호
전구	─⊙─	교류전원	─⊖─
콘덴서	─┤├─	스위치	─o o─
전류계	─Ⓐ─	접지	⏚
저항	─/\/\/─	전지	─┤├─
전압계	─Ⓥ─	코일	─◠◠◠─
전동기	─Ⓜ─	퓨즈	─◠─

회로에 있어서 가장 중요한 이론은 키르히호프 법칙[18]으로 키르히호프 제1법칙과 키르히호프 제2법칙으로 분류된다. 이에 대해 알아보자.

[18] 독일의 물리학자 키르히호프(Kirch-hoff Gustav Robert, 1824~1887)에 의해 증명된 것이다.

2 키르히호프 제1법칙

키르히호프 제1법칙을 쉽게 이해하기 위해서는 서울 근교 북한강과 남한강이 만나는 양수리를 생각하면 된다. 북한강과 남한강의 수량을 합하면 이는 한강의 수량과 같다는 것을 알 수 있다. 실제로는 증발 등의 이유로 약간의 오차가 있긴 하지만 큰 틀에서 보면 중간에 빠져나가는 곳이 없으므로 북한강과 남한강의 물은 모두 한강으로 간다고 볼 수 있다.

| 북한강과 남한강이 만나 한강이 되는 지점인 양수리 |

키르히호프 제1법칙은 회로상에서 어느 접합점(node)으로 흘러들어온 전류와 그곳에서 흘러나가는 전류의 합은 같다는 법칙[19]이다.

[19] 이는 병렬회로의 특성인 전류분배와 같은 이야기이다.

I. 전기의 기본 이론 59

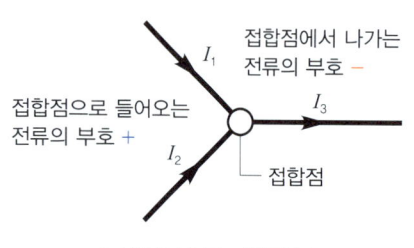

| 키르히호프 제1법칙 |

앞서 언급한 한강을 예로 들면 I_1을 북한강, I_2를 남한강, 접합점을 양수리, I_3를 한강이라고 생각하면 된다. 이를 수식으로 표현하면 다음과 같다.

$$I_1+I_2=I_3$$

여기에서 유의할 점은 노드를 기준으로 들어오는 전류와 나가는 전류의 부호가 서로 다르다는 것이다. 즉, 접합점을 어디에 잡느냐에 따라 같은 전류도 부호가 달라질 수 있다. 접합점으로 들어오는 전류는 (+), 접합점에서 나가는 전류는 (−)로 표기한다.[20]

20 ─
이렇게 약속한 것이 아니라 특정 접합점에서 서로 들어오고 나가는 전류의 부호를 바꾸어 주어야 한다.

3 키르히호프 제2법칙

키르히호프 제2법칙은 어느 폐회로에서 전압강하의 합은 전원전압의 합과 같다[21]는 법칙이다.

21 ─
이는 직렬회로의 특성인 전압강하와 같은 이야기이다.

$$E=V_1+V_2+V_3$$

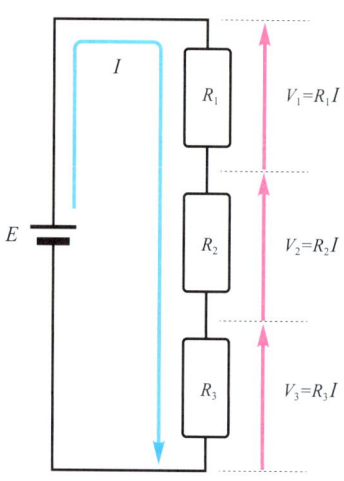

| 키르히호프 제2법칙 |

회로와 수식만 보고는 직관적으로 이해하기가 어렵기 때문에 간단한 예제를 하나 풀어보면서 이해하도록 하자.

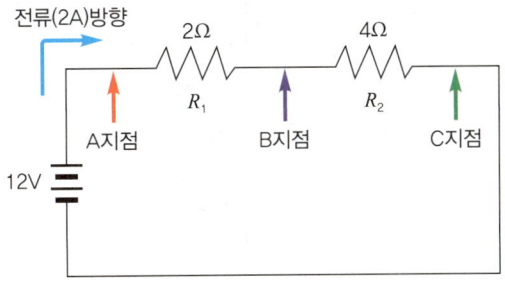

위의 직렬회로에서 전압은 12V, 저항은 2Ω과 4Ω이 나란히 있다. 이렇게 직렬로 연결된 전압의 합성저항[22]은 단순히 더하면 된다. 위의 회로도에서 전류값은 옴의 법칙을 통해 구하면 된다. 이를 수식으로 나타내면 다음과 같다.

$R = R_1 + R_2 + R_3 + \cdots + R_n = 2 + 4 = 6Ω$

$V = IR,\ I = \dfrac{V}{R} = \dfrac{12}{6} = 2A$

전류는 2A가 나왔다. 이를 토대로 한 A, B, C 지점의 전압값은 어떻게 구할까? 이 역시 옴의 법칙을 이용해서 쉽게 구할 수 있다.

(1) A지점 전압 : $V_A = V = 12V$
(2) B지점 전압 : $V_B = V_A - IR_1 = 12 - (2 \times 2) = 12 - 4 = 8V$
(3) C지점 전압 : $V_C = V_B - IR_2 = 8 - (2 \times 4) = 8 - 8 = 0V$

최초 12V의 전압도 저항 2개를 통해 전압이 0V가 된다. 여기서 중요한 것은 전압이 떨어진 값 즉, 전압강하의 값은 IR_1값과 IR_2값으로 볼 수 있는데 이 값이 각각 4V와 8V로 이 둘의 합은 12V이다. 이는 최초의 전압 12V와 같다. 바로 이것이 키르히호프 제2법칙으로 최초의 전압과 전압강하의 합이 같다는 것을 이야기한다.

[22] 보통 구리도체에도 저항이 있지만 매우 적은 값이므로 여기에서는 생략한다.

6 휘트스톤 브리지회로란?

1 미지의 저항값을 찾는 회로

전기회로 중에 매우 유명하고 중요한 회로가 있다. 바로 휘트스톤 브리지회로이다. 휘트스톤 브리지회로(Wheatstone bridge circuit)[23]는 미지의 저항값을 알아내는 데 매우 유용하게 사용되는 회로이다.

[23] 영국의 발명가, 물리학자이자 전기공학자인 찰스 휘트스톤(Charles Wheatstone, 1802~1875)이 고안한 것이다.

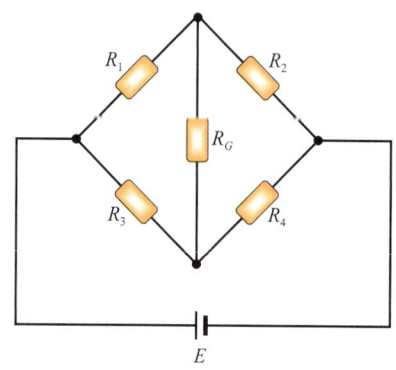

| 휘트스톤 브리지회로의 모습 |

브리지회로란 위의 회로의 모습과 같이 전류가 2개의 병렬회로로 나누어진 후 또 하나로 합류하고 있는 회로를 말한다. 가운데 있는 R_G는 검류계[24](檢流計, galvanometer)라고 하며 전류의 유무를 측정하는 데 사용한다. 휘트스톤 브리지회로를 이해하기에 앞서 평형 조건을 알아야 한다. 평형 조건(平衡條件)이란 중간지점 검류계 저항 R_G에 흐르는 전류가 0인 경우를 말한다. 이렇게 평형 조건에 만족하면 다음과 같은 공식이 완성된다.

[24] 전류량을 측정하는 전류계와 달리 매우 적은 양의 전류만 감지하므로 전류의 유무를 파악하는 데 사용한다.

$$R_1R_4 = R_2R_3$$

예를 들어 $R_1=10Ω$, $R_3=5Ω$, $R_4=20Ω$이라 하고 R_2의 값을 우리가 모르는 x의 값이라고 가정하면 다음과 같이 계산할 수 있다.

$R_1R_4 = R_2R_3$

$10 \times 20 = x \times 5$

$200 = 5x$

$\therefore x = 40$

따라서 우리가 모르는 R_2의 값은 $40Ω$이 나왔다.

2 편위법과 영위법

보통 저항을 측정하는 방법으로 테스터기를 이용하는 방법과 휘트스톤 브리지회로를 이용하는 방법이 있다. 전자를 편위법, 후자를 영위법이라고 한다. 편위법(偏位法, deflective method)은 측정하려고 하는 양의 작용에 의해 계측기 지침에 편위를 일으켜 이 편위를 눈금과 비교하는 방법[25]이다. 그리고 영위법(零位法, zero method)은 측정하려고 하는 양과 같은 종류로서 크기를 조정할 수 있는 기준량을 측정량에 평형시켜 계측기

[25] 편위에 필요한 에너지·전력을 측정대상에서 가져오므로 대상 상태에 따라 변할 수 있다.

의 지시가 0의 위치를 나타낼 때 기준량의 크기로부터 측정량의 크기를 간접으로 아는 방법[26]이다.

26 ───
정밀한 측정에 적합하다.

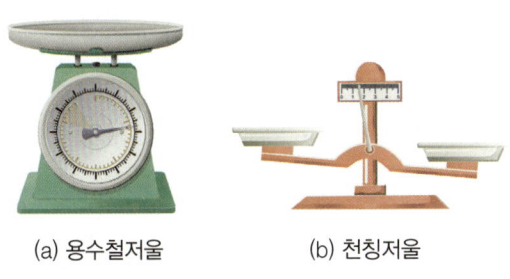

(a) 용수철저울   (b) 천칭저울

| 편위법과 영위법을 이용한 저울 |

저울을 예로 들면 용수철을 이용한 저울이 편위법을 이용한 것이고 천칭저울같이 추와 수평상태를 통해 무게를 추정할 수 있는 방법이 영위법이다. 이렇게 평행상태에선 검류계에 전류가 흐르지 않기 때문에 전압이나 전류의 수치가 0이다.

7 줄의 법칙과 열량이란?

전기에너지는 저항을 통해 일을 하고 전력을 소비한다. 앞서 언급했지만 저항은 전류의 흐름을 방해하는 물질로 저항에 전류가 흐르면 열이 발생한다. 이러한 현상을 이론으로 정리한 것이 바로 줄의 법칙이다.

줄의 법칙은 전기뿐만 아니라 공학의 다양한 분야에서 다루기 때문에 알아두면 공학을 이해하는 데 많은 도움이 될 것이다.

1 줄의 법칙의 개념

먼저 줄의 법칙을 이해하기 위해 전력에 대한 개념을 알고 있어야 한다. 옴의 법칙을 통해 간단하게 전력공식을 나타낸 것은 다음과 같다.

$$P = VI$$

위의 공식은 다음과 같이 변환이 된다.

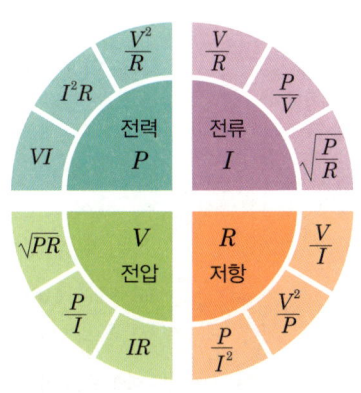

| 줄의 법칙에 따른 다양한 공식 |

I. 전기의 기본 이론   **63**

$$P=VI=IRI=I^2R=\left(\frac{V}{R}\right)^2R=\frac{V^2}{R}$$

이때 전력의 단위는 [W](와트)를 사용하거나 [J/s](줄 퍼 세크)를 사용한다. 즉, 1W는 1초당 1J의 일의 양과 같다.

줄의 법칙(Joule's law)[27]이란 일정 시간 내에 생기는 열량은 전류의 제곱과 저항의 곱에 비례한다는 것이다. 이를 공식으로 나타내면 다음과 같다.

$$H=I^2Rt[J]$$

위의 공식에서 H는 열(heat)을 말하며, I는 전류, R은 저항, t는 전류가 흐르는 시간으로 단위는 초[s]를 사용한다. 이렇게 전류에 의해 도체 내에서 발생하는 열을 줄열(Joule's heat)이라고 한다. 줄열의 단위는 [J](줄)을 사용한다. 위의 공식을 통해서도 이해되겠지만 열이란 단순히 전류만 가지고 생겨나는 것이 아니라 저항이 함께 있어야 한다. 그리고 저항과 열이 비례관계라 저항이 클수록 열은 더 많이 발생하기 마련이다.

2 열량의 개념

순수한 물 1kg을 1℃ 높일 때 필요한 열에너지의 양을 열량(熱量, quantity of heat)이라 한다. 열량은 기호로는 Q를 사용하고 단위는 [kcal](킬로칼로리)를 사용한다. 열량은 다음과 같은 공식을 따른다.

$$Q=Cm\Delta t$$

위의 공식에서 Q는 열량, C는 비열(比熱, specific heat)[28], m은 물체의 질량, Δt는 온도의 변화를 말한다. 따라서 줄의 법칙을 칼로리로 나타내면 다음과 같다.

$$H=0.24I^2Rt[cal]$$

위의 공식에서 H는 줄의 법칙에서 열을 말하며 0.24를 곱하는 이유는 1kcal=4184J로 이를 1000cal/4184J=0.239≈0.24가 되기 때문이다. 여기에 전류의 제곱과 저항, 시간을 모두 곱하면 줄의 법칙이 칼로리 단위로 환산된다.

우리나라의 경우 식품 열량의 단위로 칼로리가 보편적이긴 하나 외국은 칼로리와

---

[27] 영국의 물리학자인 제임스 프레스콧 줄(James Prescott Joule, 1818~1889)에 의해 발견 및 정리가 된 이론이다. 제임스 프레스콧 줄은 에너지 보존 법칙을 만든 학자이다.

[28] 비열이란 열용량이라고도 하며 어떤 물질 1g을 1℃올리는 데 필요한 열이다. 물 1g을 1℃올리는 데 필요한 비열은 4184J/g℃로 이를 1kg로 환산하면 4.184kJ/kg℃가 된다.

줄을 함께 표기하거나 줄만 표기하는 경우도 많다. 참고로 전력량 단위인 [kWh]와 칼로리의 관계는 다음과 같다.

$$1kWh = 10^3 Wh = 3600 \times 10^3 Ws$$
$$= 3.6 \times 10^6 J = \frac{3.6 \times 10^6}{4.184} = 860429.65$$
$$\fallingdotseq 860 \times 10^3 cal = 860 kcal$$

따라서 1kWh는 860kcal와 같다. 성인 1일 기초대사량[29]의 평균은 약 1440kcal로 아무것도 하지 않고 누워서 숨만 쉬어도 인간은 약 1.67kWh(1440/860=1.6744)의 전력량을 소비하는 것과 마찬가지이다.

한편 칼로리 표기에 대해 많은 사람들이 혼돈할 수 있다. 보통 음식물의 열량을 이야기할 때 칼로리 개념으로 이야기하는데 음식물에 표기된 영양정보를 살펴보면 [kcal] 즉, 킬로칼로리로 표기되어 있다. 1kcal=1000cal로 이해할 수 있으나 왜 킬로칼로리라 안 하고 칼로리라고 하는 것일까? 칼로리의 단위에서 c를 대문자 C로 사용할 경우 즉, 1Cal=1kcal=1000cal와 같다. 따라서 우리가 무심결에 말하는 음식물의 칼로리의 실제 단위 표기는 대문자 C를 사용한 'Cal'로 하는 것이 올바른 표기이다.

29
기초대사량은 생명만 있어도 소비하는 열량으로 보통 기초대사량에 작업대사량(1000~1300kcal)을 더해 1일 대사량이라고 한다.

| 아메리카노 커피의 영양정보 |

줄의 법칙을 통해 전류로 열이 생기는 것을 알 수 있는데 이를 실제 제품으로 연결한 것이 전열기 커피포트를 통해 생각해보자. 커피포트의 정격 소비전력은 1800W로 1초에 1800J의 에너지를 만들 수 있다. 왜냐하면 와트(W)와 줄 퍼 세크(J/s)는 같은 값이기 때문이다. 즉, 1W=1J/s이다. 이 커피포트로 1kg, 20℃의 물을 100℃까지 끓일 때 열량과 걸리는 시간은 다음과 같다.

$$Q = Cm \Delta t = 4.184 kJ/kg \cdot ℃ \times 1kg \times (100-20)℃ = 334.72 kJ$$

위의 공식은 앞서 설명한 열량의 공식과 같다. 이를 소비전력인 1800W로 나누어 주면 다음과 같은 결과가 나온다.

$$\frac{334.72 kJ}{1800W} = \frac{334720 J}{1800W} = 185.95555 \approx 185.96s$$

약 185.96초로 이를 분단위로 환산하면 약 3분 6초 정도 걸린다고 볼 수 있다. 만일 1800W가 시간당 개념이 되면 위의 계산식에서 나온 결과인 185.96시간이 되어 무려 185.96시간(7.75일)이 있어야 물이 끓여진다는 것을 알 수 있다.

여기서 잠깐! 저항이 없다면 어떻게 될까?

전기를 사용하기 위해서는 저항이 반드시 있어야 하고 저항으로 인해 열이 발생한다. 저항이 있어서 손쉽게 열을 얻을 수 있는 전열기에겐 저항이 중요하기는 하지만 역으로 저항은 어디까지나 전류의 흐름을 방해하는 물질로, 저항이 없다면 전류의 흐름을 방해하는 물질이 없는 것이다. 이러한 물질을 초전도체(超傳導體, superconductor), 저항이 0인 상황을 초전도현상이라고 한다.

| 우리의 삶을 완전히 변화시킬 초전도체 기술 |

저항이 없다면 당장 발전소에서 집 콘센트까지 오는 송배전 효율이 100%가 되어 굉장히 효율적으로 전력이 공급된다. 현재 발전소에서 가정에 전기를 송전하는 과정에서 손실되는 전기는 발전량의 4~5% 수준으로 우리나라의 경우 연 1조 원 이상의 전기가 송전 중에 사라진다.

저항이 없다면 또한 지금 사용하고 있는 전자제품의 효율도 크게 증가하게 되어 항상 몸에 지니는 스마트폰의 배터리 사용시간을 크게 늘릴 수 있고 발열 문제도 해결할 수 있으며 전기를 손실 없이 저장하는 초전도에너지 저장장치(SMES ; Super conducting Magnetic Energy Storage)로도 활용할 수 있다.

초전도체 기술을 활용한 대표적인 것이 바로 자기부상열차이다. 자기부상열차란 전자기력으로 차량을 지면에서 띄우고 추진력을 얻는 열차로, 철도의 레일이 없어도 된다. 이는 레일과 열차의 바퀴(대차) 사이에 마찰력이 거의 없다는 것을 말한다. 현재 자기부상열차 개발이 가능한 나라는 우리나라와 독일, 일본 정도로 우리나라는 1993년 대전 엑스포 당시에 공개되었으며 대전의 국립중앙과학관에서 450m 구간을 시승할 수 있다.

자기부상열차를 운행하는 기술로 초전도체를 더욱 발달시켜 상용화하고자 하는 국가가 있는데 바로 일본이다. 일본은 국가 프로젝트인 리니어 츄오 신칸센(リニア中央新幹線) 프로젝트를 통해 도쿄의 시나가와(品川)역에서 나고야(名古屋)까지 285.6km를 40분, 도쿄에서 오사카의 신오사카(新大阪)역까지 67분을 목표로 달리는 열차를 개발 및 시험 중에 있다. 이 열차는 저항이 없는 초전도열차로 시속 150km/h까진 바퀴로

달리다가 그 이상 속력에서는 살짝 뜬 상태로 달린다. 설계 최고속도는 550km/h이고 지난 2015년 4월 21일, 유인테스트에서는 603km/h를 달성함으로써 철도차량 세계 최고속력을 기록하게 되었다.

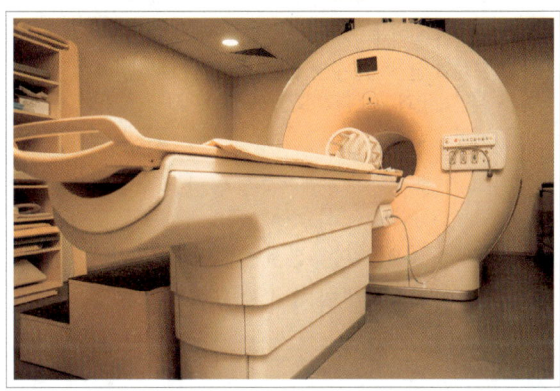

| 초전도자석을 이용한 자기공명영상장치(MRI) |

　뿐만 아니라 병원에서 인체를 구성하는 물질을 컴퓨터를 통해 재구성하는 장비인 자기공명영상장치(MRI) 역시 초전도체를 이용한다. X-ray나 CT 촬영으로는 보기 힘든 인체의 내부를 들여다볼 때 자기장의 세기가 커야 좋은 영상을 얻을 수 있다. 그래서 매우 강한 세기의 전자석이 필요한데 이를 위해 초전도자석과 매우 낮은 온도의 냉각장치가 들어 있는 커다란 자석통으로 이루어진다. 그래서 MRI 촬영 때는 반드시 몸에 금속물질이 없어야 한다.
　이처럼 초전도기술은 최첨단기술이다. 현재도 많은 부분에서 실용화 중이지만 과학기술이 더욱 발달하게 된다면 그때부터가 제5차 혁명이라고 할 수 있을 것이다.

05 전기가 통하는 전선을 만져도 감전이 안 되는 이유는?

KEY WORD 도체, 절연체, 고유저항, 절연계급, 기준충격절연강도

학습 POINT
- 도체와 절연체란?
- 도체와 절연체를 구분 짓는 것은?
- 절연계급과 기준충격절연강도(BIL)란?

지금 가장 가까운 곳에 있는 전자제품이 무엇인지 살펴보고 전원스위치를 켜본다. 그리고 전원선을 잡아본다. 감전이 되는가? 분명 전원코드는 콘센트와 연결되어 있고 이곳을 통해 전기가 전자제품을 향해 들어가는데 전원코드를 잡는다고 감전이 되지 않는다. 그 이유는 무엇 때문일까?

1 도체와 절연체란?

1 도체의 개념

1. 전기가 통하기 쉬운 정도를 말한다.

| 도체물질인 구리 |

세상에는 다양한 물질들이 있다. 이 다양한 물질 중엔 전기가 잘 통하는 물질도 있고 잘 통하지 않는 물질도 있다. 앞서 설명한 전선의 경우 전선 속에 구리부분은 전기가 잘 통한다. 그러나 이를 보호하기 위한 비닐 등의 피복은 전기가 통하지 않는다. 전선 속에 구리같이 전기가 잘 통하는 부분을 도체(導體, conductor)라고 한다. 도체란 전기전도체의 약자로 이는 전도도[1]가 높아서 전기가 통하기 쉬운 물질을 말한다. 우리가 알고 있는 금속은 모두 도체라고 볼 수 있다.

2 사람이나 동물이 감전이 되는 이유

그런데 한 가지 의문점이 있다. 사람이나 동물의 몸은 쇳덩어리와 같은 금속이 아닌데도 왜 감전이 될까? 몸 어디엔가 철가루가 있어서 그런 것일까?

2. 이온에 의해 전류가 흐르는 매체 즉, 전해액(電解液, electrolyte) 상태가 된다.

그 이유는 순수한 물인 증류수 그 자체만 가지고는 전기가 통하지 않지만 매우 적은 양의 소금이 들어가게 되면 도체의 성질을 가지기 때문이다. 사람이나 동물은 몸에 매우 적은 양의 소금성분인 나트륨이 있기 때문에 전기가 통하는 도체[2]가 되는 것이다.

이러한 현상을 응용한 것이 바로 동물전기(動物電氣, bioelectricity)이고 동물전기는 전지를 발명할 수 있는 토대가 되었다.

3 절연체(부도체)의 개념

전기가 잘 통하지 않는 물질을 부도체라고 하는데 일반적으로 부도체보단 절연[3]체(絕緣體, insulator)라는 단어를 훨씬 많이 사용한다. 전선의 피복인 비닐도 대표적인 절연체 중 하나이다. 그래서 전기가 전선을 통한다 해도 실제 구리 부분만 통하게 되고 그 피복인 비닐은 사람이 만져도 감전되지 않는 것이다.

피복이 벗겨진 상태에서 전선을 만지면 당연히 감전위험이 있다. 이렇게 전기가 통해도 접촉할 때 안전하게 보호될 수 있는 피복이 있는 전선을 절연전선(絕緣電線, insulated wire)이라고 한다. 그러나 모든 전선이 모두 절연전선으로 되어 있는 것은 아니다. 송전탑의 송전선이나 시외 지역 전봇대의 배전선로의 경우가 바로 그런 것이다. 이렇게 절연물질로 보호되지 않은 전선을 나전선[4](裸電線, bare conductor)이라고 한다. 나전선이 있는 곳은 당연히 인간이나 동물의 접근이 어렵게 되어 있다.

참고로 도체와 절연체 중간의 성질을 지니고 있는 것을 반도체(半導體, semiconductor)라고 한다. 반도체는 전자공학의 많은 발전을 이끈 핵심적인 물질이다.

3 전기가 통하지 않는 것을 말하며, 전기기술자들이 반드시 사용하는 절연장갑, 절연화, 절연테이프 등이 바로 이러한 절연체를 기반으로 만든 것이다.

4 강심 알루미늄 연선(ACSR)이나 나동선이 있다.

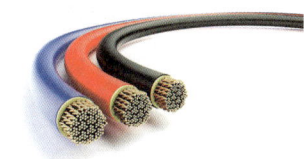

| 도체와 절연체의 만남, 절연전선 |

| 도체와 절연체 중간 성질의 반도체 |

2 도체와 절연체를 구분 짓는 것은?

1 고유저항의 정의

전기가 잘 흐르는 물질인 도체의 경우 분명 어떤 도체는 전기가 좀 더 잘 통하고 어떤 도체는 전기가 통하기는 하는데 잘 흐르지 않는 경우가 있다. 이것을 주관적으로 '잘 통한다, 잘 통하지 않는다'고 표현하는 것보단 객관적인 수치로 표현한다면 훨씬 납득하기 쉬울 것이다. 여기서 나온 개념이 바로 고유저항(固有抵抗, specific resistance)으로 도체의 고유[5]의 저항값을 말한다. 저항과 고유저항의 관계는 간단한 공식을 통해 알 수 있다.

5 고유(固有)란 본래부터 가지고 있는 특유한 것을 말한다.

$$R = \rho \frac{l}{A}$$

I. 전기의 기본 이론 69

앞의 공식에서 영어 소문자 p와 비슷하게 생긴 글자 ρ가 그리스어로 로(rho)라고 읽고 고유저항을 말하며 단위는 [Ω](옴)을 사용한다. 그리고 l은 물질의 길이로 단위는 [m](미터)를 사용하고 A는 물질의 단면적으로 단위는 [mm²](제곱밀리미터)를 사용한다. 이렇게 각기 다른 단위를 사용하기에 고유저항의 단위는 [Ω·mm²/m]를 사용[6]한다.

[6] 간단히 줄여서 [Ωm](옴미터)를 사용하는 경우도 있다.

2 물질별 고유저항

각 물질별 고유저항값은 다음과 같다.

| 물질별 고유저항값 |

구분	물질	고유저항	구분	물질	고유저항
도체	은	1.62×10^{-8}	반도체	탄소	3.5×10^{-5}
	구리	1.69×10^{-8}		게르마늄(순)	0.60
	금	2.44×10^{-8}		게르마늄(불순)	$10^{-1} \sim 10^{-5}$
	알루미늄	2.75×10^{-8}		규소(순)	2300
	텅스텐	5.25×10^{-8}	절연체	나무	$10^5 \sim 10^{11}$
	철	9.68×10^{-8}		고무	$(1 \sim 5) \times 10^{13}$
	백금	1.06×10^{-7}		유리	$10^{10} \sim 10^{14}$
	납	2.20×10^{-7}		운모	$10^{11} \sim 10^{15}$
	수은	9.50×10^{-7}		황	10^{16}
	니크롬	1.09×10^{-6}		수정	75×10^{16}

| 현존하는 물질 중 고유저항이 가장 낮은 은

위의 표에서 고유저항값이 클수록 전기가 잘 흐르지 않는다는 것을 알 수 있다. 현존하는 물체 중 은(銀, silver)이 가장 고유저항값이 낮아 전기가 가장 잘 통하지만 가격이 비싸기 때문에 전선에서는 잘 사용되지 않고 전자회로의 일부분에서 사용된다.

그래서 가격도 비교적 저렴하고 고유저항값이 낮은 구리(銅, copper)가 전선에서 도체로 활용되는 것이다. 하지만 같은 구리전선이어도 고유저항값은 다르다. 비교적 부드러운 연동선(軟銅線, annealed copper wire)의 경우 고유저항이 1/58Ω·mm²/m인 반면 조금은 뻣뻣한 경동선(硬銅線, hard-drawn copper wire)의 경우 1/55Ω·mm²/m로 고유저항값이 더 높다.

알루미늄 역시 구리보다는 전류가 잘 흐르지는 않지만 고유저항값이 낮은 편이다. 특히 알루미늄은 가격도 저렴하고 무게도 가볍기 때문에 송배전선로에서 많이 사용[7]한다.

니크롬 같은 경우엔 전기가 흐르는 도체이지만 고유저항값이 큰 편이다. 앞서 저항에 대한 이야기를 할 때 저항은 전류가 흐르면 열을 발생한다고 하였다. 이를 이용

[7] 송배전선로에서 사용하는 알루미늄전선을 강심 알루미늄연선(ACSR ; Aluminum Conductor Steel Reinforced)이라고 한다.

하여 전열기를 만들 수 있는데 전열기에서 열을 발생시키고자 할 때 사용하는 물질이 바로 니크롬이다.

3 절연계급과 기준충격절연강도(BIL)란?

1 전동기의 절연계급

많은 사람들이 저항과 절연에 대해 혼동하는 경우가 있다. 저항은 전류가 흐르는 것을 어렵게 하는 정도라면 절연은 아예 전류가 잘 통하지 못하게 하는 것을 말한다. 즉, 저항보다 절연이 더 강하게 전류의 흐름을 방해하고 아예 차단하는 수준이 된다. 절연이 파괴되었다는 것은 전류의 흐름을 막지 못하고 결국 전류가 흐를 수 있게 된 것이다. 피복으로 절연을 한 전선의 경우 전선 속의 구리도체는 약간의 저항이 있긴 하지만 전류를 통과시킬 수 있다. 그러나 절연체인 피복으로는 전류가 통하지 않는다. 만약 모종의 이유로 피복이 터진 상황이 되면 절연이 파괴되었다고 보고 이곳으로 전류가 새어나간다.

전동기의 경우 일반 전자제품에 비해 사용하는 전류량이 크게 변하는 편이다. 대표적으로 단상 전동기의 경우 처음 회전하는 기동전류가 일정한 속도로 계속 회전하는 운전전류에 비해 최대 6~8배 많은 양[8]이 흐른다. 따라서 순간적인 대전류와 이로 인한 열로 인해 절연이 파괴되는 경우가 있다.

따라서 전동기에 적용된 절연물의 최고 사용온도를 기준으로 분류하는데, 이를 절연계급(絕緣階級, insulation class)[9]이라 한다. 전동기의 사용한계는 주위온도와 전동기의 상승온도에 의해 제한되며, 각 절연계급에 의한 전동기의 사용온도는 다음과 같다.

| 전동기의 절연계급 |

절연종류	허용최고온도	사용재료	참고
Y종	90℃	면, 견, 종이, 요소수지, 폴리아미드섬유 등	-
A종	105℃	위의 재료와 절연유 혼합	표준 단상전동기
E종	120℃	에폭시수지, 폴리우레탄, 합성수지 등	표준 3상전동기
B종	130℃	유리, 마이카, 석면 등과 바니스 조합	-
F종	155℃	위의 재료와 에폭시수지 등과 조합	-
H종	180℃	위의 재료와 실리콘수지 등과의 조합	-
C종	180℃ 초과	열안정 유기재료	-

[8] 가전제품 중 에어컨, 청소기 등 대용량 전동기가 들어 있는 제품을 켰을 때 조명이 순간 깜박이는 현상은 대전류로 인한 일시적인 전압강하 때문이다.

[9] 비단 전동기뿐만 아니라 변압기 등 다른 전기기기에서도 사용한다.

앞의 표에서 중요하게 표시한 E, B, F, H종이 산업분야에서 범용적으로 사용되는 절연계급이다.

2 송배전계통의 기준충격절연강도

이와는 다른 개념으로 고압이나 특고압을 사용하는 송배전계통에서 절연협조의 기준이 되는 절연강도를 기준충격절연강도(基準衝擊絕緣强度, Basic Impulse insulation Level)라고 한다. 이는 전력계통의 공칭전압과 절연층수에 따라 각 전기기기에 대하여 BIL[kV]가 규정되어 있다는 뜻[10]이다. 이때 BIL은 다음과 같이 구할 수 있다.

$$BIL = 5 \times 절연계급 + 50kV(비접지계통\ 기준)$$

여기에서 절연계급은 각 선로의 공칭전압에 따라 정해진다. 또 각 계급에 대해 공칭전압의 5~10배인 기준충격절연강도 및 충격시험전압이 정해진다. 여기에서의 절연계급은 다음과 같다.

$$절연계급 = \frac{공칭전압}{1.1}$$

이 기준충격절연강도는 전선로의 애자가 가장 크고 이후 결합콘덴서, 기기부싱, 변압기, 피뢰기 순서로 되어 있다.

---

[10] 이를 절연협조(絕緣協調, insulation coordination)라고도 하는데 경제적인 절연성능을 꾀하기 위해 피뢰기, 애자, 변압기 등 서로 간의 절연강도를 각기 다르게 설정한다.

06 전자제품에서 꼭 필요한 것은?

KEY WORD 저항, 인덕턴스, 커패시턴스, 임피던스, 시정수, 위상차, 지상전류, 진상전류, 공진

학습 POINT
- 저항기, 인덕터, 커패시터의 역할은?
- 인덕턴스와 커패시턴스란?
- 리액턴스와 임피던스란?
- 지상 및 진상전류, 공진이란?
- 임피던스값과 공진주파수의 계산방법은?

전기는 엄청난 힘을 가진 에너지이다. 전기의 힘[1]으로 771톤이 넘는 KTX 고속열차도 시속 300km/h의 속력으로 움직이게 할 수 있는가 하면 거대한 산업단지는 전기가 없으면 막대한 손해를 보기도 한다. 그런데 이러한 엄청난 힘을 가진 전기에너지가 집안에 있는 전자제품에 들어가도 문제없이 작동하는 이유는 무엇일까? 전기의 전압과 전류를 전자제품에 맞게 조절해주는 것이 무엇일까?

[1] 1만 3500kW의 견인동력을 가졌으며 이는 130마력의 승용차 140대 규모의 출력과 비슷하다.

| 전자제품 내부의 전자회로 |

전자제품 안에 있는 회로기판[2]을 살펴보면 그 해답을 찾을 수 있다. 전자제품 내부의 회로기판은 무척 복잡하며 규칙이 없는 것 같아도 나름 약속을 지키며 자신의 임무를 수행하고 있다. 이 중에 전기와 밀접한 관계를 가지고 있는 부품이 바로 저항기, 인덕터, 커패시터이다.

[2] 보통 PCB(Printed Circuit Board)기판을 많이 사용한다. 구리배선이 가늘게 인쇄되어 있으며 전자소재(저항, 인덕터, 커패시터, 반도체 등)를 다양한 부품에 낄 수 있고 상호간을 연결하는 역할을 한다. PCB는 전기배선을 효율적으로 설계할 수 있어서 전자제품의 부피를 줄이고 성능을 높일 수 있다.

1 저항기, 인덕터, 커패시터의 역할은?

1 전자제품의 기능을 조절하는 저항기

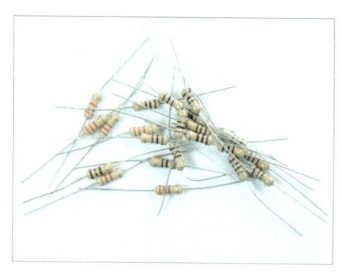

전자제품의 기능을 조절하는 저항기

먼저 살펴볼 부품은 바로 저항기(抵抗器, resistor)[3]이다. 저항기는 전류의 흐름을 방해하면서 전자제품의 조절을 도와주는 장치이다. 예를 들면 TV의 경우 화면밝기나 소리크기를 조절할 때 저항기가 자신의 임무를 수행한다. 마찬가지로 선풍기의 회전속도를 제어하는 것이 저항기의 역할이다.

전자제품을 사용하다 보면 제품 한구석이 따뜻하게 느껴지는데, 바로 전자제품 내부의 저항기가 일을 하면서 열을 발생[4]했기 때문이다. 저항기의 성질 중 또 하나는 실제 전력을 소비한다는 점이다.

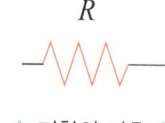

저항의 기호

> 3
> 전기에서의 저항과 같은 일을 하는 소자이다.

> 4
> 실제 저항과 마찬가지이다.

2 전류의 변화를 어렵게 하는 인덕터

전기를 이용하여 회전하는 제품에는 반드시 전동기가 들어 있다. 전자제품에 관심이 있는 사람이라면 전자제품 내부에 있는 전동기에서 한 가지 공통점을 찾을 수 있을 것이다. 바로 구리도체로 코일이 감겨져 있는 점[5]이다.

> 5
> 이는 발전기와도 비슷하다. 다만 발전기의 경우 회전운동을 통해 전기에너지를 만든다면 전동기는 전기에너지를 통해 회전운동을 만든다는 차이점이 있다.

코일로 감겨있는 전동기 내부

전자제품을 사용하기 위해 전원스위치를 올리면 순간 많은 전류들이 전자제품 안으로 흘러간다. 중간에 이를 조절하는 장치가 없다면 전류의 양이 급격히 증가하게 되어 전자제품이 고장 날 수 있다. 마찬가지로 전원스위치를 끄면 전류 공급이 갑자기 차단이 되어 문제가 생길 수 있다. 이렇게 전류의 급격한 변화를 막고 흐름을 제어하는 것이 바로 인덕터(=리액터, inductor/reactor)[6]가 하는 일이다.

일반적으로 인덕터는 보통 자석에 코일을 감아 놓은 형태거나 자석 없이 코일만 감싼 구조로 되어 있다. 그래서 보통 인덕터를 코일이라고 하는데 코일의 영단어인 coil에서 l을 따와 L이 인덕터의 대표 이니셜이 되었다.

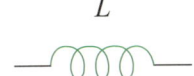

| 인덕터의 기호 |

[6] 인덕터를 리액터(reactor)라고도 하는데 같은 뜻을 가진 단어이다. 영어 단어의 뜻을 살펴보면 이해하기 쉬운데 인덕터(inductor)는 '유도한다'는 뜻으로 자기유도기전력의 관점에서 사용하는 단어이다. 그리고 리액터(reactor)의 경우 '반응한다'는 뜻으로 기전력에 의한 전류변화 관점에서 사용하는 단어라고 생각하면 된다.

| 자기장을 통해 전류를 조절하는 인덕터 |

이러한 인덕터에 전류가 흐르게 되면 코일 주변에 자기장(磁氣場, magnetic field)[7]이 발생한다. 자기장은 전류가 급격히 변하는 것을 막고자 이를 부정하는 방향으로 전압을 발생시키고 이때의 전압을 자기유도기전력(磁氣誘導起電力, magnetic induction ElectroMotive Force)이라고 한다. 인덕터는 자기장을 통해 전류를 제어하기에 따로 소비되는 전력이 없다.

[7] 자기장이란 자석의 힘이 미치는 곳을 말한다.

3 전압의 변화를 어렵게 하는 커패시터

앞서 인덕터가 전류의 흐름을 제어해준다면 앞으로 설명할 커패시터는 전압을 제어한다고 생각하면 된다. 그러나 커패시터는 변압기같이 전압을 바꿔주거나 피뢰기, 서지흡수기 등 사고 시에 발생하는 고전압을 견뎌주는 것이 아니다. 전자제품 내의 전압이 안정적으로 활동하도록 도와주는 역할을 수행한다.

커패시터(capacitor)[8]는 전하를 모으고 방출하는 역할을 하면서 전압의 변화를 억제한다. 이를 줄여 cap(캡)이라고 하거나 아예 C라고 하는 경우도 있다.

[8] 과거에는 콘덴서(condenser)라는 이름으로 많이 사용했지만 최근 들어 전기뿐만 아니라 다양한 곳에서 콘덴서라는 이름을 사용하게 되어 전기에서는 이를 구분하기 위해 커패시터로 점차 바뀌는 중이다.

| 전기장을 통해 전압을 조절하는 커패시터 |

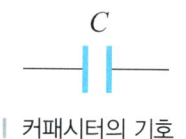
커패시터의 기호

커패시터는 전자제품 내에 있는 작은 충전지라고 생각하면 이해하기 쉽다. 그러나 실제 충전지와 달리 엄청 빠른 속도로 충전과 방전을 하는데 저장할 수 있는 에너지의 양도 작다. 이렇게 빠른 속도로 충전과 방전을 하면서 전압을 조정한다. 아울러 커패시터는 직류를 차단하는 역할도 수행하고 있다.

인덕터가 자기장을 통해 전류를 제어하며 소비하는 전력이 없듯이 커패시터는 전기장을 통해 전압을 조절하기에 소비하는 전력이 없다.[9]

[9] 전류가 증가하면 커패시터가 전기에너지를 저장하고 전류가 감소하면 저장된 전기에너지를 방출하기 때문에 따로 에너지를 소비하는 것이 없다.

2 인덕턴스와 커패시턴스란?

1 인덕턴스의 개념

인덕터는 코일을 이용해 전류를 조절하고 급격한 변화를 막기 위해 자기유도기전력을 발생시킨다. 그리고 커패시터는 스스로 전하를 매우 빠른 속도로 충전과 방전을 반복하면서 전압을 조절한다. 이렇게 인덕터와 커패시터는 전자제품 내부에서 소비전력을 소비하지 않지만 전류와 전압을 조절해서 전자제품에 전력을 안전하게 제어해주는 역할을 한다. 여기서 인덕터가 가지고 있는 성질을 인덕턴스(inductance)라고 하고 이는 자기유도작용의 크기를 수치화한 것이다. 기호로는 L, 단위는 [H](헨리)를 사용한다. 인덕턴스를 수식으로 나타내면 다음과 같다.

$$N\phi = LI, \quad L = \frac{N\phi}{I} [H]$$

코일이 있다고 가정하고 이때 전류 I를 코일에 흘린다면 자석이 미치는 공간인 자기장 ϕ(파이)가 생성된다. 코일을 1번 감을 때 자기장이 ϕ만큼 생긴다면 코일을 N번 감으면 자기장은 $N\phi$만큼 생기게 된다. 이때 자기장 ϕ는 전류가 많이 흐를수록 더욱 강해진다. 인덕턴스 L은 자기장의 총 세기인 $N\phi$ 중에 전류 I를 나눈 값이 된다.

2 커패시턴스의 개념

커패시터는 전하를 매우 빠르게 충전과 방전을 반복하는데 이때 충전과 방전을 할 수 있는 용량 즉, 전하를 축적하는 능력이 바로 커패시턴스(capacitance)라고 한다. 기호로는 C, 단위는 [F](패럿)을 사용한다. 충전된 전하량을 Q라고 두고 전압을 V라고 하면 커패시턴스는 다음과 같이 표현할 수 있다.

$$C = \frac{Q}{V}[\text{F}]$$

결국 커패시턴스는 충전된 전하량과 비례관계이고 전압과는 반비례관계이다. 즉, 전압이 높을수록 커패시턴스가 작아지고[10] 전압이 낮을수록 커패시턴스가 커진다.[11] 인덕턴스가 자기장을 통해 전류를 조절한다면 커패시턴스는 전기장을 통해 전압을 조절하므로 함께 활동하지만 서로 전혀 다른 일을 하고 있음을 알 수 있다.

10 ─
전하를 축적하는 능력이 떨어진다.

11 ─
전하를 축적하는 능력이 커진다.

3 리액턴스와 임피던스란?

1 유도리액턴스와 용량리액턴스

인덕턴스와 커패시턴스는 서로 단위가 [H](헨리)와 [F](패럿)으로 다르다. 이를 저항과 같은 단위[12]로 맞추어 준 것이 리액턴스(reactance)이다. 리액턴스는 기호로 X, 단위는 저항과 같은 $[\Omega]$을 사용한다. 리액턴스가 저항과 같은 단위로 맞추게 된 이유는 둘 다 전류의 흐름을 방해하기 때문이다.

12 ─
공학에서 단위를 통일하는 것은 매우 중요하다.

인덕턴스의 경우 유도리액턴스, 커패시턴스의 경우 용량리액턴스라고 하며 다음과 같이 표현한다.

인덕턴스=$L[\text{H}]$ ⟶ 유도리액턴스=$X_L[\Omega]$

커패시턴스=$C[\text{F}]$ ⟶ 용량리액턴스=$X_C[\Omega]$

그런데 위와 같이 단위를 통일하는 과정은 단순하게 단위만 바꿔서 되는 것이 아니라 각주파수(ω)를 대입시켜야 한다. 그리고 커패시턴스는 인덕턴스와 역수개념이기에 분모에 곱해주어야 한다.

$$X_L = \omega L, \quad X_C = \frac{1}{\omega C} \quad (\omega = 2\pi f)$$

위의 식에서 2π는 라디안의 $360°$, f는 주파수로 우리나라의 경우는 60Hz라 60을 대입하면 된다. 위의 식을 통해 유도리액턴스는 주파수와 비례관계임을, 용량리액턴스는 주파수와 반비례관계임을 알 수 있다.
리액턴스는 유도리액턴스와 용량리액턴스의 합으로 다음과 같이 정리할 수 있다.

$$리액턴스 = 유도리액턴스 + 용량리액턴스$$

$$X = X_L + X_C = \omega L + \frac{1}{\omega C}$$

2 교류의 전류방해물질, 임피던스

전기를 처음 배울 때 알게 되는 옴의 법칙 $V=IR$은 엄밀히 말해서 직류일 때는 맞지만 교류일 때는 저항뿐만 아니라 리액턴스까지 고려해야 한다. 리액턴스는 전류와 전압을 조절하면서 전류의 흐름을 방해한다. 저항 또한 전류의 흐름을 방해한다.

이렇게 전류의 흐름을 방해하는 것을 임피던스(impedance)라고 한다. 임피던스는 저항과 리액턴스를 합한 개념으로 기호로는 Z, 단위는 저항과 같은 [Ω]을 사용한다. 하지만 저항은 실제로 전력을 소비해 수학에서의 실수개념이지만 리액턴스는 전력을 소비하지 않고 전류의 흐름을 방해하기에 허수(虛數, imaginary number)[13] 개념이다.

이를 복소수(複素數, complex number)[14]의 식으로 나타내면 다음과 같다.

$$Z = R + jX = R + j\omega L - j\frac{1}{\omega C}$$
$$= R + j\left(\omega L - \frac{1}{\omega C}\right) = R + j\left(2\pi f L - \frac{1}{2\pi f C}\right) [\Omega]$$

앞서 언급한 인덕턴스의 단위 [H]와 커패시턴스의 단위 [F]이 저항과 같은 단위 [Ω]이 되었음을 알 수 있다. 위의 식에서 유도리액턴스와 용량리액턴스의 부호가 서로 다른 이유는 전류의 위상차 때문이다.

직류의 옴의 법칙은 다음 식과 같다.

$$V = IR, \quad I = \frac{V}{R}$$

교류의 옴의 법칙은 다음 식과 같다.

$$V = IZ, \quad I = \frac{V}{Z} = \frac{V}{R+jX}$$

이는 교류전력을 이해하는 데 있어서 굉장히 중요하다.

---

[13] 우리 주변에 실제로 존재하는 수를 실수(實數, real number)라고 한다면 허수는 그 반대 개념이다.

[14] 복소수는 실수와 허수를 함께 표기하는 것을 말한다.

3 시정수와 과도전류의 개념

앞서 언급한 인덕터와 커패시터는 각각 전류와 전압이 변하기 어렵게 하는 일을 한다. 그런데 이들에게 전압과 전류가 인가가 된다고 순간적으로 작동하는 게 아니라 짧은 순간이긴 하지만 약간의 시간이 필요하다. 이렇게 인덕터와 커패시터가 얼마나 빨리 자신의 일을 할 수 있는지를 나타내는 것이 바로 시정수(時定數, time constant)이다. 시정수의 기호는 그리스어 소문자인 τ(타우, tau)를 사용하고 단위는 [s](초)를 사용한다.

이때 초기 상태에서 입력에 의해 다른 상태로 변하는 과정에서 나타나는 응답 특성을 과도응답(過渡應答, transient response)[15]이라고 한다. 과도응답 이후 안정화가 되면 일정한 값에서 안정화가 된 상태를 정상상태(正常狀態, steady state)라고 한다. 일반적으로 과도응답에서 정상상태로 되는 과정은 지수함수(e^x)형태로 생겼다.

당연한 이야기지만 시정수가 작을수록 빠르게 변화할 수 있음을 말한다. 즉, 시정수가 작을수록 과도응답의 시간이 줄어들게 되는 것이다. 인덕터의 시정수는 RL시정수라고 하며 저항에는 반비례하고 인덕턴스에는 비례하는 개념이다.

$$\tau_L = \frac{L}{R}[s]$$

일반적으로 시정수의 5배가 되면 정상상태에 도달한다고 본다. 커패시터의 시정수는 RC시정수라 하고 저항과 커패시터에 비례한다.

$$\tau_C = R \cdot C[s]$$

커패시터의 시정수 역시 5배가 되면 정상상태에 도달한다고 본다.

[15] 과도응답시기에 흐르는 전류를 과도전류(過渡電流, transient current)라고 한다. 과도전류는 정상상태 이전에 흐르는 큰 전류이고 전압을 변압시킬 수 있기 때문에 절연이 파괴되는 등의 피해가 있다.

4 지상 및 진상전류, 공진이란?

1 위상과 위상차의 의미

교류와 관련하여 위상과 위상차의 의미를 알아 둘 필요가 있다. 전기에서의 위상(位相, phase)이란 교류 전압이나 전류의 반복 파형의 1주기 사이에서 어떤 순간의 위치를 말한다. 이러한 위상이 2개 이상 있다면 위상차는 이러한 위상의 차이를 말하는 것으로 다음 그래프를 보자. 그래프는 전압과 전류의 파형을 겹쳐 그린 것으로 전압과 전류는 완전히 포개져 있지 않고 시간의 흐름에 따라 차이가 어느 정도 있는데 이러한 차이를 위상차(位相差, phase difference)라고 한다. 둘 다 완전히 포개져 있으면 상이 같다는 개념으로 동상(同相, in phase)이라고 한다. 위상차는 교류의 특징을 이해하는 데 매우 중요하다.

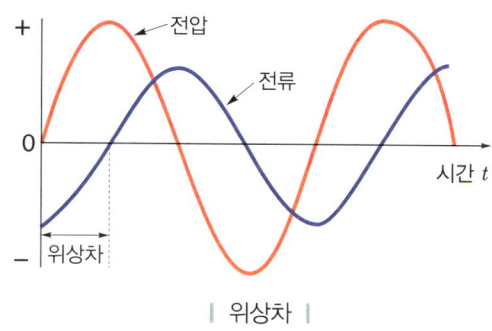

| 위상차 |

2 지상전류와 진상전류

전자제품 안에 들어 있는 부품인 저항기(R), 인덕터(L), 커패시터(C)는 각각 하는 일이 다르다. 자기유도기전력에 의해 반대방향의 전류를 발생시키는 인덕터는 원래의 전류가 좀처럼 흐르지 않아 지연(遲延, delay)[16]이 되는 상태를 전류 I는 전압 V에 대해 지상(遲相, lagging)[17]이라고 한다. 반대로 커패시터의 경우는 전압이 충전되는 것에 따라 서서히 올라가며 지연이 되는 상태를 전류 I는 전압 V에 대해 진상(進相, leading)[18]이라고 한다. 반면 저항은 전압과 전류가 함께 움직이기 때문에 위상차가 없어 같은 상을 말하는 동상이다.

저항과 리액턴스의 합인 임피던스를 보면 유도리액턴스와 용량리액턴스의 부호가 서로 다르다. 그 이유는 유도리액턴스가 전압보다 전류의 위상이 $\pi/2(=90°)$ 더 늦고 용량리액턴스가 전압보다 전류의 위상이 $\pi/2(=90°)$ 더 빠르기 때문이다. 따라서 유도리액턴스가 있는 경우 전압보다 전류가 늦기 때문에 지상전류[19]가 생기는 것이고 용량리액턴스가 있는 경우 전압보다 전류가 빠르기 때문에 진상전류[20]가 생기게 된다. 저항의 경우는 위상차가 없는 동상이기 때문에 전압과 전류 중에 먼저 앞서거나 뒤처지는 것은 없다.

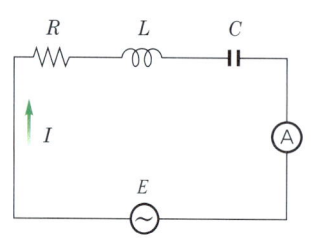

| RLC회로의 간단한 구조 |

---

[16] 지연이란 어떤 일이 더디게 진행되거나 끌려가는 모습이다.

[17] '지연위상'을 줄인 표현이다.

[18] '진행위상'을 줄인 표현이다.

[19] 지연전류라고도 한다.

[20] 진행전류라고도 한다.

| RLC회로의 특징에 따른 지상전류와 진상전류 |

구분	회로	벡터(전압 기준)
저항	$\dot{I}$[A], 저항 R[Ω], $\dot{V}$[V]	$\dot{V}$(기준), $\dot{I}$, 동상
리액터	$\dot{I}$[A], 코일 L[H], $\dot{V}$[V]	$\dot{V}$(기준), $\frac{\pi}{2}$ [rad], $\dot{I}$ (지상전류), 전류는 $\frac{\pi}{2}$(90°) 지연
커패시터	$\dot{I}$[A], 커패시터 C[F], $\dot{V}$[V]	$\dot{I}$ (진상전류), $\frac{\pi}{2}$ [rad], $\dot{V}$(기준), 전류는 $\frac{\pi}{2}$(90°) 전진

3 유도리액턴스와 용량리액턴스의 부호가 다른 이유

앞서 리액턴스를 구할 때 유도리액턴스와 용량리액턴스의 부호가 서로 다르다는 것을 알 수 있었다.

예를 들면, 서울에서 부산까지 KTX 열차가 10분 간격으로 출발한다고 가정해보자. 서울에서 부산까지 KTX로 2시간 걸린다고 한다면 서울에서 11시 55분에 출발한 A열차는 부산역에 1시 55분에 도착할 것이고 서울에서 12시 5분에 출발한 B열차는 부산에 2시 5분에 도착할 것이다. 우리가 2시에 부산역에 도착해서 열차를 바라보면 A열차는 5분 전에 도착했으며, B열차는 5분 후에 도착할 것이다. 이때 서로의 시간개념이 5분 '전'과 5분 '후'로 다르다. 이를 같은 단위인 '~분 후' 개념으로 바꾸면 2시 현재 부산역 기준으로 A열차는 '(−)5분 후' 도착, B열차는 '5분 후' 도착의 개념이 성립된다. '(−)5분 후'라는 개념이 5분 전과 같기 때문이다.

이와 마찬가지로 유도리액턴스와 용량리액턴스의 부호가 다른 것도 같은 동상을 기준으로 바라봤을 때 서로의 위상차 때문이다.

4 공진의 개념

리액턴스값이 최소화될 때는 언제인가? 바로 유도리액턴스와 용량리액턴스의 값이 같을 때[21]이다. 이렇게 리액턴스를 최소화하면 전류를 방해하는 물질이 저항밖에 남지 않아 전류의 크기가 가장 크게 되고 이런 현상을 공진(共振, resonance)[22]이라 한다. 공진에 맞는 주파수(f_0)를 구하는 공식은 다음과 같다.

$$f_0 = \frac{1}{2\pi\sqrt{LC}} [\text{Hz}]$$

이렇게 계산해서 나오는 주파수를 공진주파수(共振周波數, resonance frequency)라고 하며, 유도리액턴스와 용량리액턴스의 값을 같게 해주는 주파수이다.

[21] 서로 같은 값을 빼면 (예 1−1=0) 0이 되기 때문에 최솟값이 된다.

[22] 공명진동의 약자이다. 공진은 특정 주파수를 가진 물체가 같은 주파수의 힘이 외부에서 가해질 때 진폭이 커지면서 에너지가 증가하는 현상을 말한다.

5 임피던스값과 공진주파수의 계산방법은?

1 임피던스의 개념

임피던스는 저항과 리액턴스를 합한 개념이다. 그런데 교류에서의 리액턴스는 지상과 진상 개념이 있는 벡터(vector)[23]이기에 단순히 산술적으로 합하는 것이 아니라 벡터개념으로 합해야 한다.

[23] 벡터란 크기와 방향을 가진 값이다. 자세한 것은 '부록의 03. 전기 이해를 위한 기초수학'을 참고하자.

벡터의 합을 이해하기 위해서 왼쪽의 그림을 잘 살펴보자. 파란색 벡터 두 개의 합은 붉은색 벡터인데 이들의 합은 다음과 같이 계산한다.

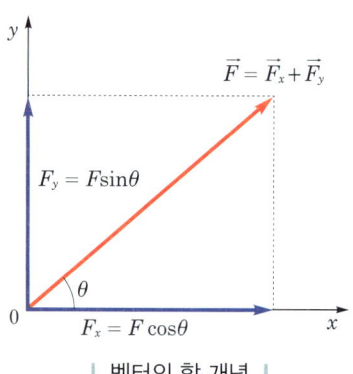

| 벡터의 합 개념 |

$$F_x = F\cos\theta, \quad F_y = F\sin\theta$$
$$\vec{F} = \vec{F_x} + \vec{F_y} = \sqrt{\vec{F_x^2} + \vec{F_y^2}}$$

위의 개념은 전압과 전류에서도 똑같이 적용된다.

예를 들어 다음과 같은 *RLC*회로가 있다고 가정해보자. 저항이 250Ω, 리액터가 600mH, 커패시터가 3.5μF일 때 이들의 임피던스값은 어떻게 될까?

리액터와 커패시터의 단위가 서로 다르기 때문에 이를 저항과 같은 단위인 [Ω]으로 통일할 필요가 있다. 주파수는 우리나라에서 쓰는 60Hz로, 저항은 250Ω으로 가정한다.

유도리액턴스 $X_L = 2\pi fL = 2\pi \times 60 \times 600 \times 10^{-3} = 226.194\Omega$

용량리액턴스 $X_C = \dfrac{1}{2\pi fC} = \dfrac{1}{2\pi \times 60 \times 3.5 \times 10^{-6}} = 757.881\Omega$

앞의 식에서 유도리액턴스에 10의 -3제곱[24]을 한 이유는 단위가 [mH]이고, 용량리액턴스에 10의 -6제곱을 한 이유는 단위가 [μF]이기 때문에 크기가 서로 달라 크기를 맞추기 위해서이다. 저항과 유도리액턴스 및 용량리액턴스값이 계산되었으므로 이들의 벡터합이 임피던스가 된다.

$$\begin{aligned}\text{임피던스 } Z &= \sqrt{R^2+X^2} = \sqrt{R^2+(X_L-X_C)^2} \\ &= \sqrt{250^2+(226.194-757.881)^2} \\ &= 587.53\Omega\end{aligned}$$

이때의 전류값은 우리가 쓰는 220V 기준으로 다음과 같이 구할 수 있다.

$$I = \dfrac{V}{Z} = \dfrac{220}{587.53} = 0.374\text{A}$$

전류값은 0.374A가 나왔다.

2 공진주파수와 동조점의 개념

앞서 리액턴스의 값이 최소화되는 지점이 공진이라 했고 이때 주파수를 공진주파수(f_0)라고 했다.[25] 그럼 공진주파수를 적용했을 때의 임피던스값과 전류값을 계산해보자.

먼저 공진주파수는 다음과 같이 구한다.

$$f_0 = \dfrac{1}{2\pi\sqrt{LC}} = \dfrac{1}{2\pi\sqrt{600\times 10^{-3}\times 3.5\times 10^{-6}}} = 109.827\text{Hz}$$

공진주파수의 값이 109.827Hz라는 것을 알 수 있다. 그럼 이를 기준으로 유도리액턴스값과 용량리액턴스값을 계산하면 다음과 같다.

유도리액턴스 $X_L = 2\pi fL = 2\pi \times 109.827 \times 600 \times 10^{-3} = 414.038\Omega$

용량리액턴스 $X_C = \dfrac{1}{2\pi fC} = \dfrac{1}{2\pi \times 109.827 \times 3.5 \times 10^{-6}} = 414.041\Omega$

위의 식을 통해 유도리액턴스값과 용량리액턴스값이 거의 비슷하다는 것을 알 수 있다. 임피던스값을 계산해보자.

$$\begin{aligned}\text{임피던스 } Z &= \sqrt{R^2+X^2} = \sqrt{R^2+(X_L-X_C)^2} \\ &= \sqrt{250^2+(414.038-414.041)^2} \\ &= 250\Omega\end{aligned}$$

---

24 1에 10^3(=1000)을 곱하면 1000이 되고 이를 표현하기 쉽게 단위 앞에 [k](킬로)를 넣는다. 마찬가지로 1에 10^{-3}(=0.001)을 곱하면 0.001이 되고 이를 표현하기 쉽게 단위 앞에 SI접두어 밀리(m)를 넣는다. 예를 들어 길이의 단위인 [m](미터)를 기준으로 10^3m=1000m=1km(킬로미터)가 되고, 10^{-3}m=0.001m=1mm(밀리미터)가 된다. 이러한 것을 SI접두어라 한다. 자세한 것은 '부록의 1. SI 단위·접두어'를 확인하자.

25 일반적으로 공진주파수는 f_0로 표기하는 경우가 많으나 f_r로 표기하는 경우도 있다. RLC 회로가 직렬일 때는 임피던스(Z)를 기준으로 병렬일 때는 어드미턴스(Y)를 기준으로 계산하지만 공진주파수 공식은 같다. 단, 직렬공진일 때는 전류와 어드미턴스는 최대, 임피던스는 최소이고 병렬일 때는 전류와 어드미턴스는 최소, 임피던스는 최대가 된다.

리액턴스값이 사라지고 순수 저항값인 250Ω이 나왔다. 실제로 리액턴스값은 매우 작기 때문에 계산상 삭제가 된 것이다. 마지막으로 전류값을 구해보자.

$$I = \frac{V}{Z} = \frac{220}{250} = 0.88A$$

전류값은 0.88A로 원래 60Hz의 0.374A의 전류값보다 2.35배 더 높게 전류가 흐르게 된다.

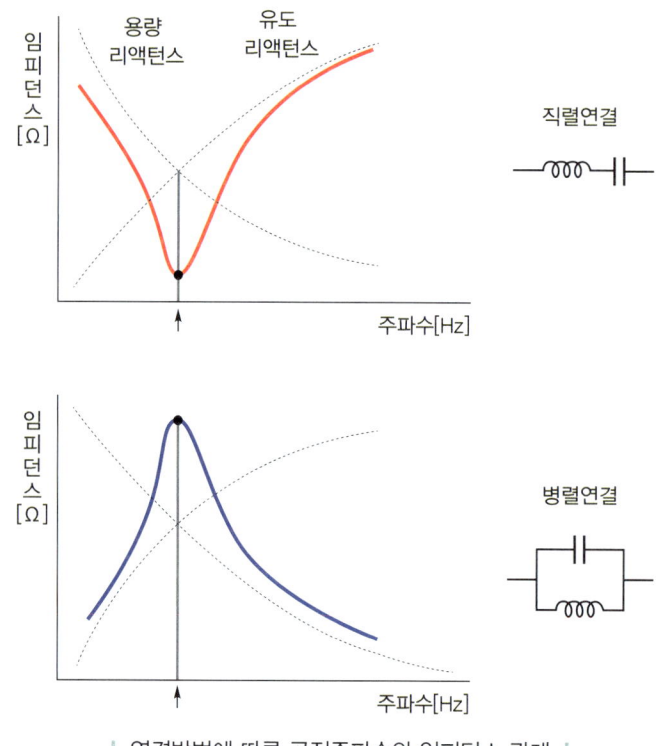

| 연결방법에 따른 공진주파수와 임피던스 관계 |

한편 용량리액턴스와 유도리액턴스의 연결방법에 따라 임피던스의 관계가 서로 다르다.

먼저 직렬로 연결했을 때 가운데 '화살표'에 해당하는 지점이 동조점(同調點, tuning)이다. 직렬로 연결했을 때 동조점에서 임피던스값은 최소가 되고 반비례관계인 전류값은 최댓값이 되며, 이때 흐르는 전류값을 공진전류(共振電流, resonance current)라고 한다. 여기에서 임피던스값이 최소, 전류값이 최대가 되었다는 것은 필요한 주파수를 얻게 되고 동시에 다른 주파수에 대해서는 저항이 커지게 되어 불필요한 주파수를 섞이지 않게 한다는 의미이다.[26]

26
이러한 것을 동조(同調, synchro)라고 한다.

| 동조점을 이용한 아날로그 라디오 |

 이러한 동조를 실생활에서 응용한 예로 대표적인 것이 바로 아날로그 라디오이다. 라디오는 안테나를 통해 모든 주파수를 수신하나 정확한 주파수를 맞추기 위해 커패시턴스를 조정하면서 해당 주파수를 맞추어 전파를 수신하게 된다.[27] 라디오의 경우 가변콘덴서[28]를 이용해 주파수를 맞춘다. 가변콘덴서는 말 그대로 커패시턴스의 값을 조절할 수 있는 소자이다. 즉, 커패시턴스값이 바뀌면 용량리액턴스가 바뀌고 공진주파수도 바뀌게 된다.

 반면 병렬로 연결했을 때 동조점에서 임피던스값은 최대가 되고 반비례관계인 전류값은 최소화가 된다.

[27] 보통 주파수를 선택하여 라디오방송의 전파를 수신하는 장치를 튜너(tuner)라고 하는데 이는 동조의 영단어인 튜닝(tuning)에서 따왔기 때문이다.

[28] 커패시턴스의 값을 조절할 수 있는 소자를 가변콘덴서라고 한다. 보통 바리콘(varicon)이라고 많이 부르는데 이는 가변콘덴서의 영단어인 variable condenser에서 앞글자를 따왔기 때문이다.

I. 전기의 기본 이론

07 전자제품이나 조명스펙에 적혀 있는 역률이란?

KEY WORD 역률, 유효전력, 무효전력, 피상전력, 지상역률, 진상역률, 역률요금제

- 역률과 효율의 차이는?
- 유효전력, 무효전력, 피상전력, 역률의 개념은?
- 역률을 개선해야 하는 이유는?
- 역률을 개선하는 방법은?
- 역률을 전기요금에 반영하는 대상과 그 방법은?

전기를 접해보지 않은 사람들에겐 역률이라는 단어가 낯설지만 전기에 대해 조금만 관심을 갖는다면 이 단어는 자주 접할 수 있다. 또 전자제품이나 조명 한쪽의 스펙을 읽다 보면 역률이라는 단어가 등장하지만 대다수는 그냥 높으면 높을수록 좋은 것이라 생각한다. 그러나 전기를 이해하는 데 있어서 역률은 가볍게 지나칠 수 있는 단어가 아니다. 역률은 전력의 특성을 나타내는 중요한 비율임과 동시에 많은 전력을 사용[1]하는 수용가에서는 역률을 토대로 전기요금을 할증 또는 할인해주기 때문이다. 결국 역률은 돈과 관련되어 있는 중요한 전기이론 중의 하나이기에 반드시 이해해두자.

1 계약전력이 20kW 이상인 경우이다.

1 역률과 효율의 차이는?

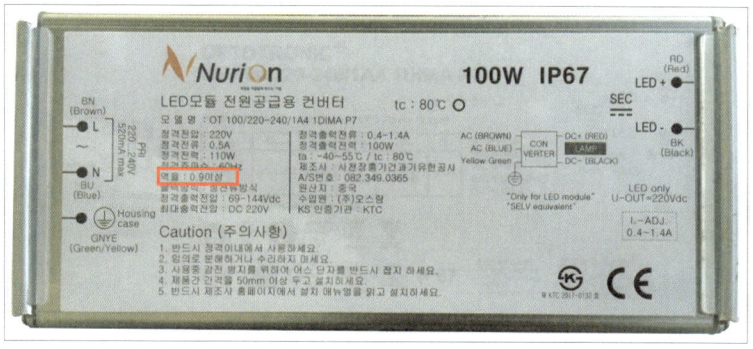

| LED 조명스펙에 표기된 역률 |

86 김기사의 e-쉬운 전기

전자제품이나 LED의 조명스펙을 자세히 보면 역률[2]이라는 단어가 쓰여 있고 퍼센트나 소수점으로 표기된 것을 볼 수 있다. 대다수 사람들은 이 스펙에서 전압과 소비전력 정도만 살펴보지만 실제로 역률이라는 개념은 전력에 있어서 중요하다. 그러나 얼핏 생각하기에 효율과 비슷한 개념으로 생각하고 무조건 높으면 좋을 것이라고 이해하기 쉽다. 역률 역시 높으면 높을수록 좋은 것은 맞지만 역률과 효율은 전혀 다르다. 이를 정리하면 다음과 같다.

[2] 역율이라고 쓰기도 하지만 역률이 바른 표현이다.

| 역률과 효율의 차이 |

구분	역률	효율
정의	부하가 사용하는 유효전력과 부하에 공급되는 피상전력의 비율	입력 대비 출력의 비율
공식	$pf[\%] = \dfrac{\text{유효전력}[kW]}{\text{피상전력}[kVA]}$	$\eta[\%] = \dfrac{\text{출력}}{\text{입력}} = \dfrac{\text{출력}}{\text{출력}+\text{손실}}$

역률(力率, power factor)이란 부하가 사용하는 유효전력과 부하에 공급되는 피상전력에 대한 비율[3]을 말한다. 기호는 pf[4]나 $\cos\theta$를 사용하고 비율이다 보니 단위는 백분율(%)을 사용한다.

반면 전기에서 말하는 효율(效率, efficiency)이란 입력 대비 출력의 비율을 말한다. 기호로는 그리스어 소문자 η(에타)를 사용하며 단위는 비율의 개념이므로 백분율(%)을 사용한다. 역률에 대해 차근차근 알아보자.

[3] 쉽게 이야기하면 전력이 공급될 때 이 중에 실제로 일을 하는 전력의 비율을 말한다.

[4] 역률의 영단어인 파워팩터(power factor)의 이니셜이다.

2 유효전력, 무효전력, 피상전력, 역률의 개념은?

1 전류의 위상차

전기회로에서 중요한 저항(R), 인덕터(L), 커패시터(C)로 구성한 회로를 RLC회로라고 한다. 여기서 저항은 실제로 전력을 소비하지만 인덕터와 커패시터는 실제로 전력을 소비하지 않는다.

이때 인덕터는 전압을 기준으로 느리게 가는 전류가 발생하고 이를 지상전류(遲相電流, lagging current)[5]라고 한다. 그리고 커패시터는 전압을 기준으로 빠르게 가는 전류가 발생하고 이를 진상전류(進相電流, leading current)[6]라고 한다. 이렇게 전압을 기준으로 전류가 빠르고 느리고의 차이를 전압과 전류의 위상차[7]라고 한다.

[5] 지연전류라고도 한다.

[6] 진행전류라고도 한다.

[7] 저항의 경우는 실제 전력을 소비하지만 위상차가 없다. 위상차가 없는 경우를 '동상'이라 한다.

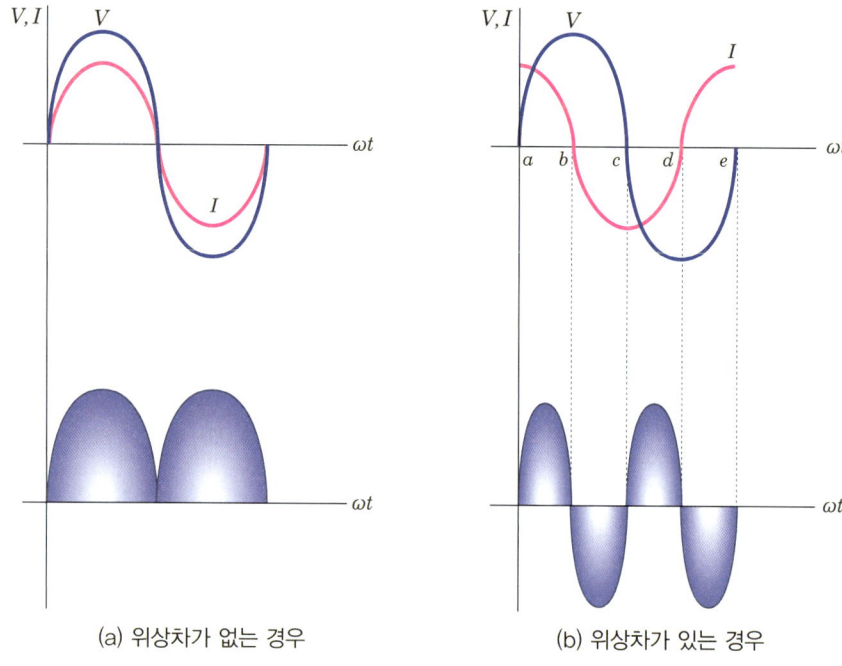

(a) 위상차가 없는 경우   (b) 위상차가 있는 경우

| 위상차의 유무 |

위의 그림을 살펴보면 (a)는 위상이 없는 경우(저항만 있는 경우)이고 (b)는 위상이 있는 경우(인덕터, 커패시터)이다. 먼저 (a)의 상단 그래프를 보면 파란선의 전압과 붉은선의 전류가 함께 움직이고 있다. 서로 위상차가 없는 동상이기 때문이다.

2 유효전력과 무효전력이 생기는 이유

계속해서 위의 그래프를 살펴보자. (a)의 하단 그래프는 전력을 나타낸 것인데 ωt선[8]을 기준으로 위쪽으로만 그래프가 있다. 이곳에서 색칠한 부분이 전력량을 뜻한다. 그런데 (a)의 상단 그래프에서 전압과 전류가 (+)와 (−)를 오고가는데 전력이 모두 (+)가 된다. 이는 전력이 전압과 전류의 곱으로 되어 있다는 매우 간단한 이유 때문이다. 다음 공식을 살펴보자.

$$P(전력) = V(전압) \times I(전류)$$
$$(+)V \times (+)I = (+)P \leftarrow 유효전력$$
$$(+)V \times (-)I = (-)P \leftarrow 무효전력$$
$$(-)V \times (-)I = (+)P \leftarrow 유효전력$$
$$(-)V \times (+)I = (-)P \leftarrow 무효전력$$

---

8 ──
각주파수 선이다. 1초에 얼마나 회전(회전각은 라디안개념)하였는가를 나타내는 것이 각주파수이다.

(+)전력이 유효전력이고 (−)전력이 무효전력이다. (b)의 하단 그래프에서 ωt선을 기준으로 위쪽에 해당하는 전력이 유효전력, 아래쪽에 해당하는 전력이 무효전력이다. 결국 교류에서는 인덕터와 커패시터가 있기에 서로의 위상차가 나오고 이로 인해 유효전력과 무효전력이 나온다는 사실을 알 수 있다.

3 역률의 개념

순수하게 저항만 있는 경우[9]는 위상차가 없기 때문에 무효전력이 없다. 마찬가지로 위상차가 없는 경우는 직류일 때[10]이다. 그러나 교류는 이렇게 단순하지 않다. 앞서 말했듯 교류에서 전력은 유효전력과 무효전력으로 나누어져 있기 때문에 교류에서 전력을 나타내는 공식[11]은 다음과 같다.

$$P = VI\cos\theta \,[\text{W}]$$

직류에서와 달리 역률인 $\cos\theta$가 새로 추가되었다. θ[12]를 전압과 전류의 위상 차이로 역률각이라고 한다. 참고로 역률각은 (+)와 (−) 모두 나타낼 수 있다. 왜냐하면 $\cos+\theta = \cos-\theta$이기 때문이다. 단적인 예로 $\cos 45°$와 $\cos -45°$의 값은 모두 0.7071로 같다. 그리고 앞서 인덕터나 커패시터를 통해 90°의 위상차가 있다고 했다. 이렇게 90°의 위상차가 나면 유효전력은 없다.[13] 따라서 인덕터와 커패시터를 적절하게 배치해줘서 역률값을 올리는 것이 중요하다. 이를 보다 쉽게 이해하기 위해서 다음 그래프를 살펴보자.

[9] 전열기, 전구 등

[10] 직류는 애초에 인덕턴스, 커패시턴스, 임피던스 등의 개념이 없다.

[11] 직류에서 전력을 P[W], 전압을 V[V], 전류를 I[A]로 나타내면 $P = VI$[W]로 나타낼 수 있다.

[12] 그리스어 소문자 세타(theta)이다.

[13] 왜냐하면 $\cos 90° = 0$이기 때문이다.

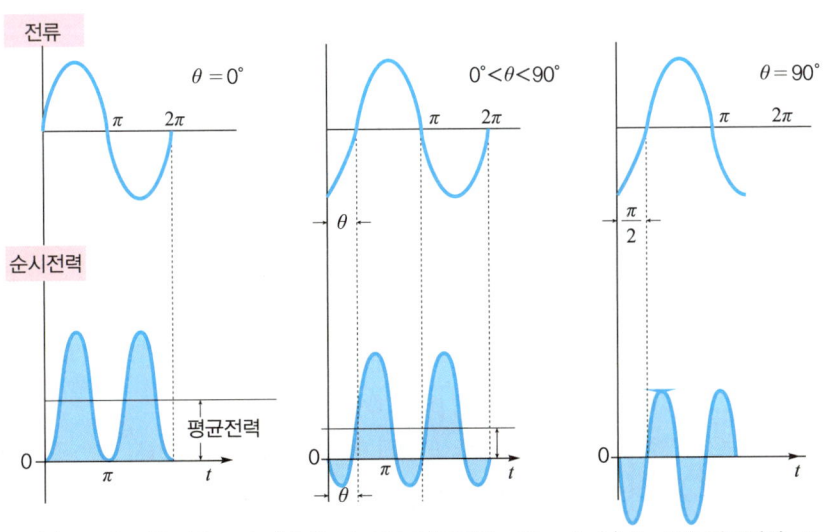

(a) $\theta = 0°$, 평균전력 $= VI$ (b) $0° < \theta < 90°$, 평균전력 $= VI\cos\theta$ (c) $\theta = 90°$, 평균전력 $= 0$

| 역률과 전력과의 관계 |

앞의 그래프에서 (a)는 위상차가 없는 경우이다. 이때는 모든 전력이 회전을 하더라도 모두 그대로 활용한다. 즉, '유효전력 100%=역률 100%인 상황'인 것이다. (b) 그래프는 위상차가 0°에서 90°까지 구간에 있을 경우이다. 이때는 무효전력이 있다. 위상차가 클수록 무효전력이 커지게 되고 역률은 낮아지게 된다.[14] (c) 그래프는 위상차가 90°인 상황이다. 이때 유효전력은 없고 평균전력도 0이다.[15] 따라서 $P=VI\cos\theta$를 계산하면 0이 나올 수밖에 없다.

> 14 ─── 역으로 위상차가 작을수록 무효전력은 작아지고 역률은 높아지게 된다.

> 15 ─── 왜냐하면 $\cos 90°=0$이기 때문이다.

4 피상전력의 개념

전력의 종류와 특징을 이해하기 전에 피타고라스의 정리를 이해하도록 하자.

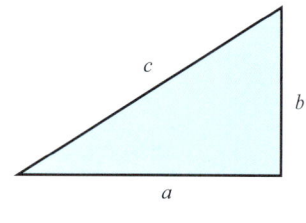

| 피타고라스의 정리 |

왼쪽 그림의 직각삼각형에서 a를 밑변, b를 높이, c를 빗변이라고 가정하자. 이들 사이에는 다음과 같은 공식이 성립된다.

$$\text{밑변}^2 + \text{높이}^2 = \text{빗변}^2, \quad a^2+b^2=c^2$$

밑변의 제곱과 높이의 제곱합은 빗변의 제곱과 같다. 이는 앞으로 나오는 전력의 관계를 이용하는 데 있어 활용되므로 알아두자.

교류에서 전력을 구할 때는 역률을 감안하여 $P=VI\cos\theta$로 구해야 한다. 이렇게 실질적으로 일하는 전력을 유효전력(有效電力, active power)이라고 한다. 즉, '전력=유효전력'의 개념이다 보니 단위도 같은 [W](와트)를 사용하며, 직각삼각형에서 밑변에 해당한다. 그런데 위상차로 인해 유효전력뿐만 아니라 무효전력도 나온다.

무효전력(無效電力, reactive power)이란 실제로 일을 하지는 않지만 인덕터나 커패시터 때문에 리액턴스가 생기게 되고 이로 인해 생기는 전류[16]를 말한다. 기호로는 Q나 P_r을 사용하고 유효전력과 전혀 다른 개념이다 보니 단위 역시 [Var](바)를 사용하며 직각삼각형에서 높이에 해당한다. 무효전력을 구하는 공식은 다음과 같다.

> 16 ─── 유효전력과 반대되는 전력이다.

$$Q=VI\sin\theta \text{[Var]}$$

이 유효전력과 무효전력의 개념은 벡터의 개념으로, 이렇게 유효전력과 무효전력의 벡터합[17]을 피상전력(皮相電力, apparent power)이라 한다.

피상전력은 유효전력과 무효전력의 벡터합임과 동시에 역률을 고려하지 않은 전압과 전류의 곱이다. 피상전력의 기호는 P_a를 사용하고 단위는 [VA](볼트암페어)를 사용하며, 직각삼각형에서 빗변에 해당한다. 피상전력을 구하는 공식은 다음과 같다.

> 17 ─── 벡터합은 직각삼각형의 피타고라스 정리를 이용하면 된다.

$$피상전력 = \sqrt{유효전력^2 + 무효전력^2}$$
$$P_a = \sqrt{P^2 + Q^2} = V \times I \, [VA]$$

유효전력, 무효전력, 피상전력의 관계

앞서 **역률의 정의를 부하가 사용하는 유효전력과 부하에 공급되는 피상전력의 비율**이라고 하였다. 즉, 피상전력 대비 유효전력이 역률인 것이다.

$$역률 = \frac{유효전력}{피상전력} = \frac{P}{P_a} = \frac{V \times I \times \cos\theta}{V \times I} = \cos\theta$$

일반적으로 용량을 나타낼 때는 피상전력을 사용한다. 대표적인 예가 변압기이다. 그리고 소비전력을 나타낼 때는 유효전력을 사용한다. 이들 제품이 실제로 쓸 수 있는 전력은 해당 제품의 용량에서 역률을 곱한 값[18]이다. 역률은 100%에 가까울수록 좋다. 그 이유가 무엇인지 다음 내용을 읽어보자.

| 피상전력을 사용하는 가정용 1kVA 변압기 |

[18] 용량을 나타내는 피상전력에서 역률을 곱하면 유효전력이 된다.
$P_a = VI$, $P = VI\cos\theta$

3 역률을 개선해야 하는 이유는?

1 역률과 전류와의 관계

역률에 영향을 주지 않는 전자제품은 기껏해야 전열기나 전구 정도로 많지 않다. 이들 제품은 순수하게 저항만 있어 위상차가 생기지 않기 때문이다. 그러나 대다수 전자제품은 인덕터와 커패시터로 인해 위상차가 생기게 되고 역률에 영향을 준다. 특히 코일이 많이 들어간 제품인 변압기나 전동기, 용접기같은 경우는 인덕턴스가 강하기에 역률에 강하게 영향을 준다. 역률이 떨어지면 같은 전력을 사용하는 제품이라도 전류의 소비량이 늘어난다. 예를 들어 220V에서 1000W의 전력을 소비하는 제품이 있고 이들의 역률이 70%인 경우와 90%인 경우의 전류값을 알아보자.

$$P = VI\cos\theta \, [W], \quad I = \frac{P}{V\cos\theta} \, [A]$$

(1) 역률이 70%인 경우 : $I = \dfrac{1000}{220 \times 0.7} = 6.494A$

(2) 역률이 90%인 경우 : $I = \dfrac{1000}{220 \times 0.9} = 5.051A$

역률이 높을수록 전류값이 작아진다는 것을 알 수 있다. 전류의 크기가 클수록 전선의 단면적도 커야 한다. 따라서 역률이 높은 제품을 사용하는 것이 전선에 무리를 덜 준다고 볼 수 있다. 극단적인 예지만 역률이 50%인 경우는 100%인 경우보다 2배의 전류를 사용하고 그만큼 전선도 굵은 것을 사용해야 한다.

2 지상역률과 진상역률의 차이

리액터를 통해 위상차가 생겨 전압보다 늦어지는 전류를 지상전류라고 하였다. 이때 지상전류로 인한 역률을 지상역률[19]이라 한다. 마찬가지로 커패시터를 통해 위상차가 생겨 전압보다 빨라지는 전류를 진상전류라고 한다. 이때 진상전류로 인한 역률을 진상역률[20]이라 한다. 그런데 한국전력공사(한전)에서 역률요금제를 산정할 때 오전 9시부터 오후 11시까지는 지상역률(遲相力率, lagging power factor)을 따지고 오후 11시부터 오전 9시까지는 진상역률(進相力率, leading power factor)을 따진다. 왜 이렇게 시간에 따라 다른 역률을 보이는 것일까?

역률요금제를 사업장이나 공장같은 경우 한참 활동할 시간인 오전 9시부터 퇴근 시간까지는 기계도 돌아가고 종업원들도 바쁘게 움직인다. 여름과 겨울에는 냉난방기도 함께 작동한다. 공장에서 사용하는 많은 전기기기들에는 코일이 많이 감겨있는 전동기류를 가지고 있어 이때 리액터가 작용하게 되며 이로 인해 지상전류가 많이 생기게 된다. 따라서 지상전류로 인한 위상차로 역률이 낮게 되어 지상역률값을 기준으로 보는 것이다.

마찬가지로 오후 11시 이후에 사업장이나 공장의 전력소비는 극히 적다. 일하는 종업원은 모두 퇴근했고 기계와 냉난방기도 멈춘다. 이렇게 소비전력이 낮은데 지상역률을 잡기 위해 설치한 커패시터들이 진상전류를 계속 흘려 진상역률을 만들어 낸다.

지상역률과 진상역률은 공존할 수 없다. 따라서 역률계는 오른쪽의 사진처럼 100%일 때 12시 방향으로 있다가 지상역률이 낮아지면 오른쪽 시계방향으로, 진상역률이 낮아지면 왼쪽 반시계방향으로 바늘이 움직인다. 숫자로 표기할 때는 지상역률은 양수로, 진상역률은 음수로 표기하는 경우[21]가 많다.

| 역률계 |

3 페란티현상

진상전류가 과도하게 흘러 진상역률이 낮아지면 페란티현상을 일으키게 된다. 페란티현상(ferranti phenomena)[22]이란 전기를 사용하지 않거나 적게 사용하면 커패시터에 의해 생기는 진상전류 때문에 받는 수용가측 전압이 보내는 한전측 전압보다 높아지는 것

---

[19] '능력. 수준 따위가 남보다 뒤떨어지거나 못하다.'의 으뜸어인 '뒤지다'를 따서 '뒤진 역률'이라고도 한다.

[20] '동작 따위가 먼저 이루어지다.'의 으뜸어인 '앞서다'를 따서 '앞선 역률'이라고도 한다.

[21] 예를 들어 지상역률이 95%이면 95%로 표기되지만 진상역률이 95%이면 -95%로 표기한다.

[22] 다른 표현으로 자기여자현상(自己勵磁現狀, self excitation phenomenon)이라고도 한다.

을 말한다. 일종의 전류의 역류현상으로 전기를 공급하는 한전 입장에선 매우 난처하게 된다.

페란티현상이 생기게 되면 먼저 커패시터단자에서 과전압이 발생[23]한다. 그리고 전류가 역으로 흐르기 때문에 계기 및 계전기가 오동작을 하게 된다. 당연히 전력손실도 따른다. 상태가 심각해지면 전선로를 타고 발전소 발전기의 단자전압이 상승[24]해 절연까지 파괴될 수 있다. 이 정도가 되면 전력을 안정적으로 공급해야 하는 한전 입장에서는 최악인 것이다. 그래서 <u>한전은 이를 최대한 방지하고자 많은 비용을 들여 분로리액터를 설치</u>한다. 한전도 나름 노력했는데 수용가의 진상역률이 나쁘면 페널티식으로 전기요금의 기본요금을 더 내게 하는 것이다. 한편 현재는 많은 곳에 전자식 전력량계가 설치되어 지상역률은 물론 진상역률까지 계량할 수 있지만 과거 기계식 전력량계는 지상 무효전력만 측정이 가능해 지상역률만 가지고 역률요금을 반영했다.

[23] 이는 커패시터가 다룰 수 있는 전압보다 더 높은 전압이 발생해 커패시터를 망가트릴 수 있다.

[24] 이러한 현상을 발전기의 자기여자(自己勵磁 self-excitation)현상이라고 한다.

4 역률을 개선하는 방법은?

진상역률을 높이기 위해서는 진상전류를 최대한 줄여야 한다. 진상전류를 줄이기 위해서는 커패시터와 반대되는 리액터를 병렬로 설치[25]하면 된다.

그러나 진상역률보다 지상역률이 더욱 문제가 된다. 왜냐하면 지상역률을 적용할 시간대가 한창 사업장이나 공장이 활동할 시간대이고 소비전력이 매우 클 시간대이다. 리액터로 인해 낮아진 지상역률을 보상하기 위해서는 적절한 용량의 커패시터를 설치하면 된다.

커패시터를 설치하는데 무조건 용량이 큰 것만 사용하면 불필요한 지출도 문제지만 과보상으로 페란티현상의 원인이 될 수 있다. 그렇다고 적절한 용량보다 작은 것을 사용하면 지상역률이 낮아 전력 유통상의 비용이 증가하게 되고 이로 인해 전기요금이 할증이 된다.

그래서 적절한 커패시터의 용량을 구하는 것은 매우 중요한 일이다. 이를 위한 공식은 다음과 같다.

[25] 매일같이 진상역률을 잡기 위해 커패시터를 제거하고 설치하고를 반복할 수 있는 일은 아니다.

| 지상역률 제어를 위한 커패시터가 설치된 분전함 |

$$Q_c[kVA] = P(\tan\theta_1 - \tan\theta_2) = P\left(\frac{\sin\theta_1}{\cos\theta_1} - \frac{\sin\theta_2}{\cos\theta_2}\right) = P(\tan\cdot\cos^{-1}\theta_1 - \tan\cdot\cos^{-1}\theta_2)$$

위의 식에서 Q_c는 커패시터의 용량으로 단위는 [kVA](킬로볼트암페어)를 사용[26]한다. $\cos\theta_1$는 보상하기 전의 원래의 역률, $\cos\theta_2$는 보상 이후의 역률로 $\cos\theta_2 > \cos\theta_1$의

[26] 여기에서 중요한 점은 유효전력인 P를 공식에 대입해야 한다.

[27] 기존에 낮았던 역률값($\cos\theta_1$)보다 개선한 역률값($\cos\theta_2$)은 높아야 하기 때문이다.

조건[27]이 있어야 한다. $\sin\theta$는 $\cos\theta$의 반대 개념으로 보면 되고 다음과 같은 식으로 쉽게 변환이 된다.

$$\sin\theta = \sqrt{1-\cos^2\theta}$$

예를 들어 어떤 공장에서 산업용 전력으로 2000kW를 사용한다고 가정하자. 공장의 한달간 평균 역률을 살펴보니 평균 지상역률 80%였다. 이때 평균 지상역률을 95%로 끌어올리기 위한 커패시터의 용량을 구해보자.

먼저 원래 역률값인 $\cos\theta_1$의 값은 0.8, 개선 이후 역률값인 $\cos\theta_2$의 값은 0.95로 주어져 있다. 이때 $\sin\theta_1$값과 $\sin\theta_2$값을 먼저 구하자.

$\cos\theta_1 = 0.8$
$\sin\theta_1 = \sqrt{1-0.8^2} = \sqrt{1-0.64} = \sqrt{0.36} = 0.6$
$\cos\theta_2 = 0.95$
$\sin\theta_2 = \sqrt{1-0.95^2} = \sqrt{1-0.9025} = \sqrt{0.0975} = 0.3122$

역률 개선 전과 역률 개선 후의 $\sin\theta_1$값과 $\sin\theta_2$을 구했다. 지상역률을 개선하기 위한 커패시터용량을 구하는 식에 위의 값을 대입하자.

$$Q_c[kVA] = P(\tan\theta_1 - \tan\theta_2)$$
$$= P\left(\frac{\sin\theta_1}{\cos\theta_1} - \frac{\sin\theta_2}{\cos\theta_2}\right)$$
$$= P\left(\frac{0.6}{0.8} - \frac{0.3122}{0.95}\right)$$
$$= 2000\left(\frac{4003}{9500}\right) = 842.737$$

이를 통해 80%의 지상역률을 95%로 끌어올리기 위한 커패시터의 용량이 842.737kVA라는 것을 알게 되었다. 제대로 계산하였는지 검산을 해본다.

먼저 역률 개선 전의 피상전력과 무효전력을 계산해보자. 사용하는 전력량은 유효전력은 2000kW임이 이미 주어져 있다.

$P_1 = P_{a1}\cos\theta_1$
$P_{a1} = \frac{P_1}{\cos\theta_1} = \frac{2000}{0.8} = 2500kVA$
$Q_1 = P_{a1}\sin\theta_1 = 2500 \times 0.6 = 1500kVar$

역률 개선 전의 피상전력은 2500kVA, 무효전력은 1500kVar라는 것을 알 수 있다. 역률 개선 후의 무효전력[28]과 피상전력을 계산해보자.

[28] 여기에서 중요한 점은 역률 개선 후의 무효전력은 역률 개선 전의 무효전력에서 커패시터 용량을 빼야 한다.

역률 개선 후 무효전력=역률 개선 전 무효전력−커패시터용량

$Q_2 = Q_1 - Q_c$

$1500 - 842.737 = 657.263 \text{kVar}$

역률 개선 후의 피상전력은 다음과 같다.

$$P_{a2} = \sqrt{P_2^2 + Q_2^2}$$
$$= \sqrt{2000^2 + 657.236^2}$$
$$= 2105.231 \text{kVA}$$

역률을 계산해보자.

$$\cos\theta_2 = \frac{P_2}{P_{a2}} = \frac{2000}{2105.231} = 0.95$$

목표로 하던 95%의 역률이 나왔다. 실제로 현장에서는 역률을 보상하기 위해 역률보상제어 콘덴서뱅크나 자동역률제어기를 이용하는 경우가 많다. 이는 리액터와 커패시터가 병렬로 되어 있고 역률에 맞게 통전과 차단을 자동으로 하면서 역률을 맞추어 준다.

5 역률을 전기요금에 반영하는 대상과 그 방법은?

1 한전에서 역률관리를 수용가에게 맡기는 이유

수용가(需用家, consumer)[29] 입장에서 역률이 높거나 낮아 느끼는 피해는 그다지 크게 와닿지 않는 경우가 많다. 그러나 전기를 공급하는 한전 입장에서 역률은 꼭 제어해야 한다. 같은 전력을 사용해도 역률이 낮으면 전류값이 커지기에 그만큼 송배전에 드는 전선 비용이 투입되고 결정적으로 전력을 유통하는 비용 자체가 크게 증가[30]한다. 뿐만 아니라 진상역률이 낮으면 페란티현상으로 한전 측의 전기시설물이 피해를 입을 수 있다.

그러나 한전에서 직접 역률을 관리하지 않고 수용가에서 역률을 관리하는 이유는 무엇 때문일까? 이는 수용가에서 어떤 전기기기를 쓰느냐에 따라 역률이 변하는 것이지 한전에서 공급하는 전력 자체에서 역률을 설정할 수 없기 때문이다. 따라서 수용가에서 역률을 잘 관리하면 보상형식으로 전기요금의 기본요금을 할인해주고 역률을 관리하지 못하면 페널티형식으로 전기요금의 기본요금을 할증한다.

[29] 수용가란 자신이 사용할 목적으로 전기를 구입하는 고객을 말한다. 일본에서 온 한자어로 본래는 사용자, 고객의 의미이지만 전기에서는 아직 수용가라는 단어를 많이 사용하므로 본 책에서는 수용가로 통일한다.

[30] 한전에서 에너지 절약을 강조해도 수용가의 역률이 낮으면 그 자체로 손실과 같기 때문이다.

| 역률이 표기되는 전자식 계량기 |

2 역률요금제의 대상

한전에서는 1000V 이하의 저압으로 계약전력을 20kW 이상 받는 곳이나 1000V를 초과한 고압으로 전력을 받는 수용가를 대상으로 역률요금제를 실시하고 있다.

| 역률요금제 대상 |

역률요금제 대상	저압(1000V 이하)이면서 계약전력 20kW 이상	고압(1000V 초과)
전력용도별 분류	일반용 전력, 산업용 전력, 농업용 전력, 임시전력	일반용 전력, 산업용 전력, 교육용 전력, 농사용 전력, 임시전력

역률요금제에 해당하지 않는 주택과 20kW 미만 수용가라면 문제될 것은 없지만 역률요금제를 실시하는 수용가는 역률을 최선으로 만드는 것이 중요하다. 왜냐하면 역률 그 자체가 전기요금을 할인해주거나 할증해주는 역할을 하기 때문이다. 한전이 제시하는 역률은 90%로 수용가의 계량기[31]에서 30분 단위로 측정한 것을 한달간 평균을 낸다.

31
역률을 측정할 수 있는 전자식 계량기이다.

3 역률요금 산정방식

한전에서 관리하는 역률은 지상역률과 진상역률로 나누어지고 서로 공존할 수가 없다.[32] 아침 9시부터 저녁 11시까지 지상역률에 대해 적용하고 평균역률이 90%에 미달하는 경우 60%까지 매 1%마다 기본요금의 0.2%를 할증, 평균역률이 90%를 초과하는 경우엔 95%까지는 매 1%마다 기본요금의 0.2% 할인한다. 그리고 저녁 11시

32
즉, '현재 역률은 지상역률 90%이면서 진상역률 95%이다.'라는 문장 자체가 성립이 되지 않는다.

부터 다음날 아침 9시까지는 진상역률을 적용하고 평균역률이 90%에 미달하는 경우 60%까지 매 1%마다 기본요금의 0.2%를 할증, 평균역률이 90%를 초과하는 경우엔 95%까지는 매 1%마다 기본요금의 0.2% 할인한다. 만일 역률로 인해 기본요금이 할증된 경우 첫 번째 달엔 추가요금 청구를 예고하고 두 번째 달부터 추가요금을 청구한다.

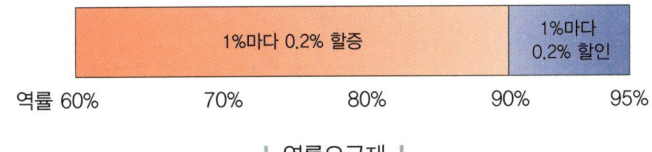

| 역률요금제 |

2012년 이전에는 지상역률만 가지고 역률요금을 산정하였다. 그러나 현재는 지상역률과 진상역률을 별개로 분리해서 산정한다. 특히 최근에 많이 사용되는 전자식 계량기의 경우 이러한 역률정보의 저장이 가능하기 때문에 과거처럼 지상역률만 관리해서는 안 되고 진상역률도 함께 관리해야 한다.

| 역률 미관리로 전기요금 과다 청구의 예 |

08 전원코드의 어댑터는 왜 있는 것일까?

KEY WORD 전력변환장치, 컨버터, 인버터, 다이오드, 브리지 정류회로, 레귤레이터, 고조파

학습 POINT
- 어댑터의 여러 가지 단어와 수치가 의미하는 것은?
- 다이오드와 브리지 정류회로의 원리는?
- 고조파가 좋지 않은 이유는?

직류는 '안정성'이, 교류는 '경제성'이 가장 큰 특징이다. 그래서 직류는 전자제품에서 많이 사용되고 교류는 발전 및 송배전에서 많이 사용된다. 그렇다면 발전소에서 생산된 전기가 집에 있는 콘센트까지 오는 과정은 교류인 것이고, 집에 있는 전자제품은 직류라는 것인데 교류와 직류를 변환시켜 주는 장치가 따로 있는 것일까? 바로 전원선에 달려 있는 어댑터[1]가 그런 역할을 한다. 어댑터는 크게 전압을 변압하고 교류전력을 직류전력으로 바꾸는 일을 하기 때문에 변압기와 전력변환장치가 달려 있다.

> 1
> 어댑터의 영단어 adapter의 동사인 adapt가 '(새로운 용도 및 상황에) 맞게 조정하다.'란 뜻을 가지고 있으므로 쉽게 그 용도를 추측할 수 있다.

1 어댑터의 여러 가지 단어와 수치가 의미하는 것은?

우리가 평소 사용하는 전력은 교류 220V, 60Hz이다. 그러나 전자제품이 파도처럼 출렁거리면서 (+)와 (-)가 1초에 60번씩 바뀌는 것은 꽤나 비효율적이고 제대로 사용하기 어렵다. 그래서 대다수 전자회로는 같은 방향으로 주파수가 없는 직류를 사용하고 있고, 이로 인해 교류를 직류로 전환하는 장치가 필요하다.

부피가 작은 전자제품은 이를 전자제품 내부에 두기 어려워 보통 어댑터를 전원선에 달고 나온다. 어댑터는 콘센트에서 공급되는 교류 220V, 60Hz를 전자제품에 맞게 변환하는 일을 한다. 어댑터가 묵직하게 느껴지는 이유는 내부에 변압기[2]가 있기 때문이다. 변압기는 열이 많이 발생하는 부품으로, 어댑터가 뜨거워지는 이유가 변압기에서 나오는 열 때문이다. 그래서 보통 어댑터 변압기 주변으로 방열판 등을 두어 열로 인해 다른 부품들이 고장 나는 것을 막는다. 어댑터는 콘센트로부터 전력을 받으면 먼저 변압부터 하고 이후 정류(整流, rectification)[3] 과정을 통해 직류로 바꾼다.

> 2
> 220V의 전압을 전자제품이 요구하는 전압으로 맞추기 위해 철심에 코일을 돌돌 말아 놓았기 때문에 묵직하게 느껴진다.

> 3
> 정류란 전류를 한 방향으로 흐르게 하는 것 즉, 교류를 직류로 바꾸는 것을 말한다.

| 미니오디오의 어댑터 |

1 어댑터의 수치 확인

위의 사진은 미니오디오의 어댑터로 교류 220V의 60Hz를 미니오디오에 맞게 변환하는 역할을 한다. 그림에서 왼쪽 녹색 상자 안을 보면 정확한 어댑터의 구실을 알 수 있다.

입력(INPUT)을 보면 '100V-240V~1.3A 50-60Hz'라는 문구가 있다. 이는 100V에서 240V까지의 전압에서 사용이 가능하다는 것으로 대다수 나라에서 가정용 전압 어디에서나 사용이 가능하다는 것을 말한다. 물결(~)표시는 교류를 말하는 것이고 1.3A는 입력받는 전류의 양을 말한다. 50-60Hz는 사용 가능한 주파수로 전 세계 어디에서나 사용할 수 있다는 것[4]을 알 수 있다.

출력(OUTPUT)을 보면 전압은 19.5V로 직류(기호 ━)에 3.9A의 전류를 전자제품으로 출력한다는 것[5]을 말한다. 이렇게 교류를 전자제품에 맞는 직류로 변환하는 역할을 하기에 '직류전원장치'라고도 한다.

4 ────
전 세계 전기주파수는 50Hz나 60Hz로 통일되어 있다.

5 ────
직류는 주파수 개념이 없기 때문에 따로 표기되지는 않는다.

2 충전기 역시 교류를 직류로 변환

| 교류를 직류로 변환하여 축전지를 충전하는 전기충전기 |

어댑터는 아니지만 직류로 변환하는 전기기기가 또 있다. 바로 충전기(充電器, charger)이다. 교류가 전기를 저장할 수 없다는 점이 단점이라면 직류는 전력을 저장할 수 있다는 장점[6]이 있다. 따라서 이들을 충전하는 충전기는 우리가 사용하는 교류 전력을 받아 내부에서 직류로 변환하고 충전을 한다. 앞의 사진 속의 전동 드라이버 축전지 역시 직류 14.4V의 전압[7]을 가지고 있는 리튬이온 축전지이다.

3 전력변환장치의 의미

교류를 직류로 변환하는 장치를 컨버터(converter)라 하고 직류를 교류로 변환하는 장치를 인버터(inverter)라고 한다. 이렇게 성질이 다른 직류와 교류를 바꾸어 주는 장치를 통틀어 전력변환장치(電力變換裝置, power converter)[8]라고 한다. 전력변환장치 중에 전류를 한 방향으로만 흐르게 하는 것 즉, 교류를 직류로 바꾸는 장치를 정류기(整流器, rectifier)라 하고 이러한 과정을 '정류한다'라고 한다. 앞서 말한 어댑터가 우리 주변에서 볼 수 있는 대표적인 정류기이다. 대용량 전력의 성질을 바꾸는 곳은 전력변환소(電力變換所, power conversion station)[9]라고 한다.

2 다이오드와 브리지 정류회로의 원리는?

1 다이오드의 특징

전자제품을 뜯어보면 다양한 소자들이 있다. 이들은 모두 하는 일들이 다르다. 이중에 한 가지 알아봐야 할 소자는 다이오드이다. 다이오드(diode)란 전류를 한 방향으로만 흐르게 하고 역방향으로 흐르지 못하게 하는 성질을 가진 소자이다. 이때 한 방향은 화살표의 방향과 일치하며 P에서 N의 방향으로 간다. P[10]는 양극(+)으로 애노드(anode)라고 하며 N[11]은 음극(-)으로 캐소드(cathode)라고 한다. 다이오드 몸체에 은색 빛깔의 색띠가 둘러져 있으면 그쪽이 음극이다. 다이오드의 일방통행 성질을 응용하여 다양한 종류의 다이오드가 전자제품 내부에 들어 있다.

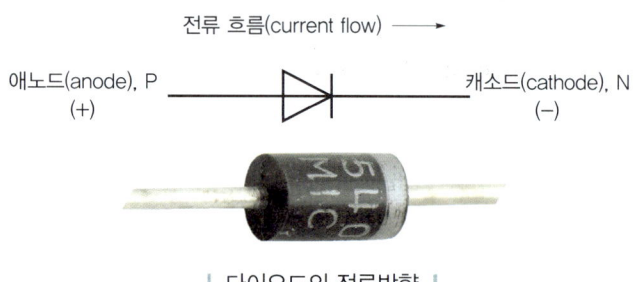

| 다이오드의 전류방향 |

---

[6] 축전지나 건전지와 같이 전력을 저장해놓은 전지는 모두 직류이다. 건전지의 전압을 표기할 때 DC 1.5V, DC 9V 라는 것이 바로 직류를 이용한 전압을 뜻하는 것이다.

[7] 보통 전지에서 전압은 전압을 일으키는 힘인 기전력을 말한다.

[8] 전력변환장치는 직류와 교류만 바꾸는 것이 아니라 변압기, 변류기 등 전류, 전압, 주파수 등을 다른 전력으로 바꾸어 주는 것을 말한다.

[9] 우리나라의 경우는 제주도와 전남 해남 사이의 해상을 직류로 송전(HVDC)을 하기에 해남 전력변환소에서는 교류를 직류로 바꾸고 제주 전력변환소에서 직류를 교류로 바꾸는 일을 하고 있다.

[10] positive

[11] negative

| 다이오드 종류와 특징 |

다이오드 종류	특징
정류다이오드	교류를 직류로 변환한다.
스위칭다이오드	고속으로 작동하는 스위치를 응용한다.
정전압다이오드	전압을 일정하게 유지해준다.
가변용량다이오드	바리캡, FM변조와 AFC동조에 가변용량 특성을 응용한다.
터널다이오드	마이크로 발진에 음저항 특성을 응용한다.
발광다이오드	LED, 전류가 흐르면 빛과 열을 발생한다.
MES(쇼트키)다이오드	금속과 반도체를 결합하여 낮은 전압에서도 사용 가능한다.
수광다이오드	광검출 특성을 이용해 광센서로 사용한다.
브리지다이오드	4개의 다이오드를 연결한 브리지구조로 입력되는 극성이 바뀌어도 출력되는 극성은 언제나 같다.
칩다이오드	역전류 방지 및 스위칭다이오드이다.

전기에서 다이오드를 이야기하면 보통 정류다이오드를 뜻한다. 이는 발전소에서 집 콘센트까지 오는 교류를 대다수 전자제품이 채용하고 있는 직류로 변환을 해야 하기 때문이다.

그런데 왜 다이오드를 사용해야 하는가? 이는 역전압현상[12]을 막기 위해서이다. 역전압이 전자제품 내부에서 생기면 각종 소자들이 소손되고 전동기의 경우는 반대로 돈다. 당연하지만 불꽃으로 인한 화재의 위험, 감전위험까지 있다. **다이오드는 단순히 전류를 한 방향으로 흐르게 하는 것이 아니라 전압의 안정, 역방향 전원 차단, 내부 부품 보호 등의 역할**을 한다. 최근에 조명소재로 많은 인기를 끌고 있는 LED(Light Emitting Diode) 역시 다이오드의 한 종류인 발광다이오드이다.

12 ─────
전압이 반대로 흘러가는 현상을 말한다.

| 다이오드의 한 종류인 발광다이오드(LED) |

2 브리지 정류회로의 원리

이렇게 한 방향으로만 가는 다이오드를 응용한 것이 바로 브리지 정류회로(bridge rectifier)[13]이다.

[13] 레오 그레츠(Leo Graetz, 1856~1941)가 발명해서 그레치회로(Graetz circuit)라고도 한다.

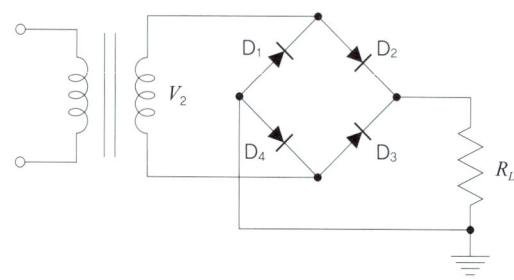

| 브리지 정류회로 |

일반적으로 브리지 정류회로는 전자제품의 어댑터나 어댑터가 없는 경우엔 전원선 부근에 자리 잡고 있다. 이는 교류 220V로 들어오는 전류를 전자제품에 맞는 전압으로 변압기가 강압해주고 이어 교류를 직류로 바꾸어 주기 때문이다.

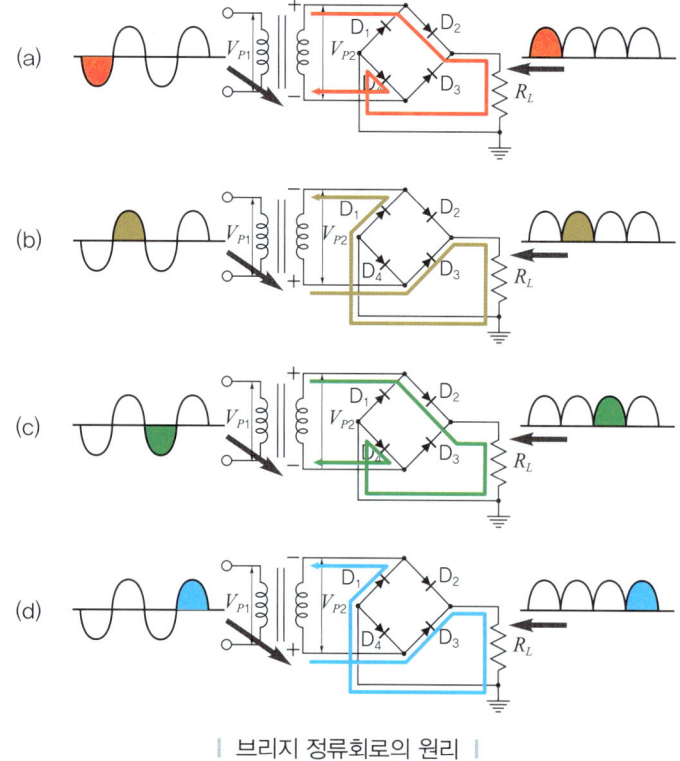

| 브리지 정류회로의 원리 |

브리지 정류회로가 어떤 원리로 교류에서 직류로 바꿔주는지 알아보자. 앞의 그림을 시간순서에 따라 4단계[14]로 나누었다. 왼쪽은 전자제품에 맞는 전압으로 변압된 교류 파형 그래프[15]이다. 맨 위의 빨간색부터 보자. 변압기 2차측은 (−)파형(교류 그래프에서 빨간색으로 표시)이지만 전류는 (+)에서 (−)로 흘러가기 때문에 (+)인 변압기 1차측에서 브리지 정류회로의 다이오드를 순차적으로 통과한다. 그리고 부하의 (+)부분에서 (−)부분으로 흘러가는 모습을 볼 수 있다. 이를 오른쪽 파형 그래프에서 빨간색으로 색칠했다.

교류는 계속 (+)와 (−)가 바뀐다. 다음은 변압기 2차측이 (+)로 바뀌게 될 때로 노란색부분이다. 왼쪽 교류 파형 그래프는 (+)이기 때문에 상단에 그래프가 있고 전류는 (+)에서 (−)로 가기 때문에 노란색 화살표를 따라 가보자. 역시나 부하의 (+)부분에서 (−)부분으로 흘러간다. 이를 오른쪽 파형 그래프에서 노란색으로 색칠했다.

계속 교류는 (+)와 (−)가 바뀌기에 변압기 2차측이 (−)로 간다. 이는 녹색부분과 같다. 역시나 부하의 (+)에서 (−)로 가는 모습을 볼 수 있다. 그리고 파란색부분은 다시 변압기 2차측이 (+)로 가게 되며 노란색부분과 같게 된다.

이러한 모습이 계속 반복되면서 파도같이 (+)와 (−)를 오고가는 그래프가 브리지 정류회로를 거치면 맥박과 같이 튀는 맥동그래프의 모양으로 바뀌게 된다.

[14] 빨간색−노란색−녹색−파란색 순서이다.

[15] 변압기 2차측 하단 부분을 기준으로 만들어진 그래프이다.

3 맥류와 맥동전류

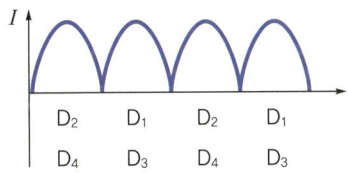

| 맥류의 파동, 맥동(pulsating) |

브리지 정류회로를 거치게 되면 위의 그래프와 같이 (+)부분에서만 들썩거리는 그래프 형태로 바뀌게 된다. 마치 신체의 맥박그래프와 비슷한 모습이라 맥류(ripple)라고 하고 맥류의 파동을 맥동(pulsating)이라 하며 맥동으로 흐르는 전류를 맥동전류(脈動電流, pulsating current)라고 한다. 교류가 시간에 대해 크기와 방향이 함께 변했다면 맥동전류는 시간에 대해 크기만 변한다는 것을 알 수 있다.

하지만 위의 그래프는 우리가 알고 있는 직류와는 여전히 다르다. 왜냐하면 직류는 시간이 흘러감에 따라 크기와 방향이 일정해야 하기 때문이다. 그래서 크기를 일정하게 해주기 위해 커패시터[16]를 사용한다.

[16] 커패시터의 종류 중 평활콘덴서를 이용한다.

4 평활회로와 정전압회로

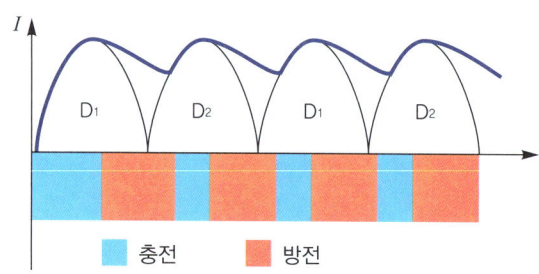

| 커패시터가 평활회로를 만드는 과정 |

커패시터는 매우 빠른 속도로 충전과 방전을 반복할 수 있다. 따라서 커패시터는 위의 그래프 하단에 색띠 모양으로 충전과 반복을 계속 빠르게 반복함으로써 맥류를 보다 평평하게 하는 것이다. 즉, 맥류가 우상향일 때 함께 충전을 하다 다시 떨어지는 시점에서 천천히 방전을 함으로써 급격히 떨어지는 맥류보다 경사도가 훨씬 완만해진다. 그리고 다시 맥류가 우상향을 하고 커패시터에 남은 전하가 없으면 충전모드로 간다.

이렇게 충전과 방전을 계속 반복하며 맥류를 직류화하는 것을 평활회로(平滑回路, smoothing circuit)라고 한다.

그러나 평활회로 역시 약간의 맥류가 발생하고 이를 전자제품에 바로 사용하기엔 불안하다. 그래서 마지막으로 이를 다듬는 게 정전압회로(定電壓回路, regulated circuit)가 할 일이다. 정전압회로의 대표적인 것은 제너다이오드를 이용한 리니어방식과 전압안정화회로[17]를 구성하는 방법으로 스위칭방식이라 한다.

이 두 가지 방법의 특징은 다음과 같다.

17 ─────
레귤레이터(regulator)라고도 한다.

| 정전압회로의 리니어방식과 스위치방식의 특징 |

구분	리니어방식	스위칭방식
전환변환효율	50% 미만으로 나쁘다.	약 85%로 좋은 편이다.
중량	무겁다.	가볍다.
형상	대형이다.	소형이다.
복수전원 구성	불편하다.	간단하다.
전압정밀도	좋다.	나쁘다.
회로 구성	간단하다.	복잡하다.

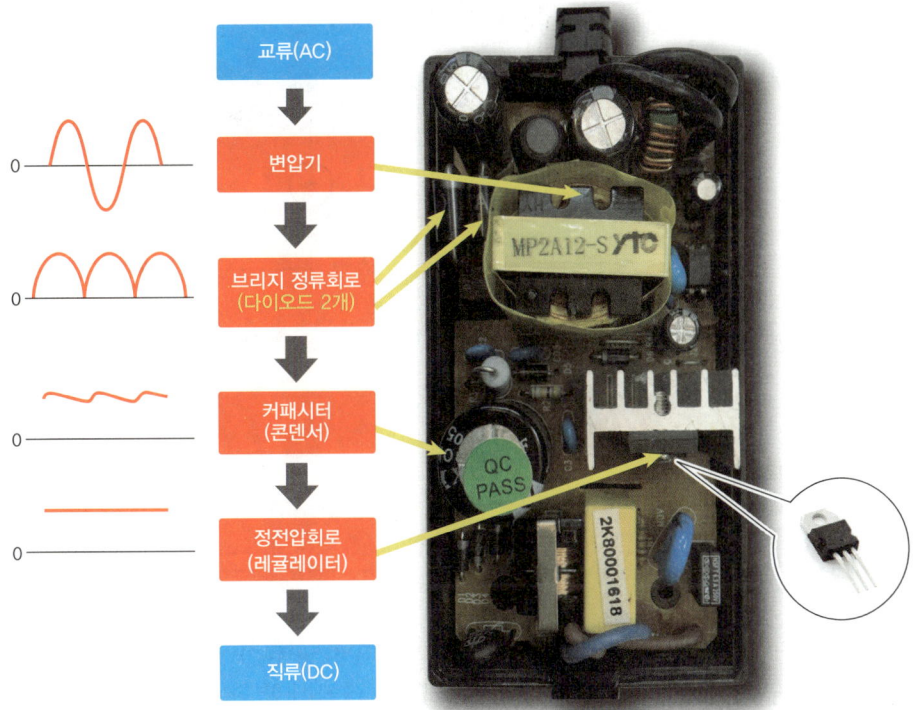

| 교류가 직류로 바뀌는 과정 |

　이렇게 정류회로가 복잡하다 보니 정류회로를 탑재한 어댑터를 전기자재상에서 구매하기는 쉽지 않다.

　왜냐하면 각 전자제품에 맞는 전압, 전류, 단자모양 등이 모두 다르기 때문이다. 그래서 이에 맞는 경우의 수를 모두 전기자재상에서 갖다 놓기가 어렵고, 해당 전자제품의 어댑터를 구하고자 할 때는 전자제품 제조사의 AS센터나 본사에 문의[18]하는 것이 빠르다.

[18] 흔하지는 않지만 해당 제품이 단종되었으면 구하기가 정말 어렵다. 이때는 전자제품을 새로 구매하는 것을 고려해야 한다.

5 전파정류와 반파정류

　브리지 정류회로의 경우는 교류의 (-)부분이 모두 직류의 (+)방향으로 바뀌어서 전체적으로 계속 (+)파동이 있는데 이러한 경우를 전파정류(全波整流, full-wave rectification)라고 한다. 그러나 교류의 (-)부분에서는 전류가 흐르지 않아 반쪽짜리 모양의 (+)파동이 있는 경우가 있다. 이를 반파정류(半波整流, half-wave rectification)라고 한다.

　이들의 차이는 다음과 같다.

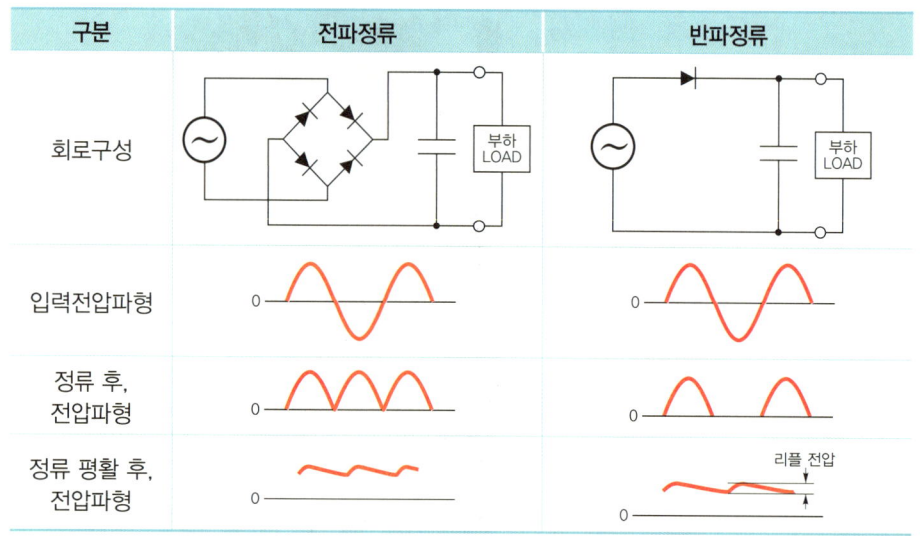

| 전파정류와 반파정류의 차이 |

보통 정류과정에서는 전압이 떨어지는 일이 생긴다. 그래서 교류의 실효값 전압(E)과 직류 출력전압(E_d)이 서로 다른 경우가 많다. 이에 대한 관계는 다음과 같다.

> 단상 반파 정류회로 $E_d=0.45 \times E$
> 단상 전파 정류회로(브리지 정류회로) $E_d=0.9 \times E$
> 3상 반파 정류회로 $E_d=1.17 \times E$
> 3상 전파 정류회로 $E_d=1.35 \times E$

반파정류는 구조가 매우 단순하지만 효율이 크게 떨어진다. 주로 전기난로 및 전기장판의 열용량을 제어할 때 많이 사용되고 현장에서는 호이스트 크레인 브레이크에 사용된다.

3 고조파가 좋지 않은 이유는?

1 고조파의 개념

교류는 앞서 언급한 대로 전압과 전류가 정현파(사인파)형태로 크기와 방향이 계속 변한다. 이렇게 각 성분이 기본적인 파형을 나타내는 것을 기본파[19]라고 한다. 그러

---

19 우리나라에서 60Hz의 형태로 나타나는 것이 기본파이다.

나 이 기본파의 정수값을 가진 배수로 나타나는 주파수를 고조파(高調波, harmonics)[20]라 하고 n배수의 주파수를 n차 주파수라 부르게 되며 최대 50차수까지 고조파로 분류[21]된다. 즉, 60Hz의 제3고조파는 180Hz, 제5고조파는 300Hz가 된다.

[20] 노이즈(noise)와는 별개의 개념이다.

[21] 그보다 큰 경우는 고주파(高周波, high frequency)라고 한다.

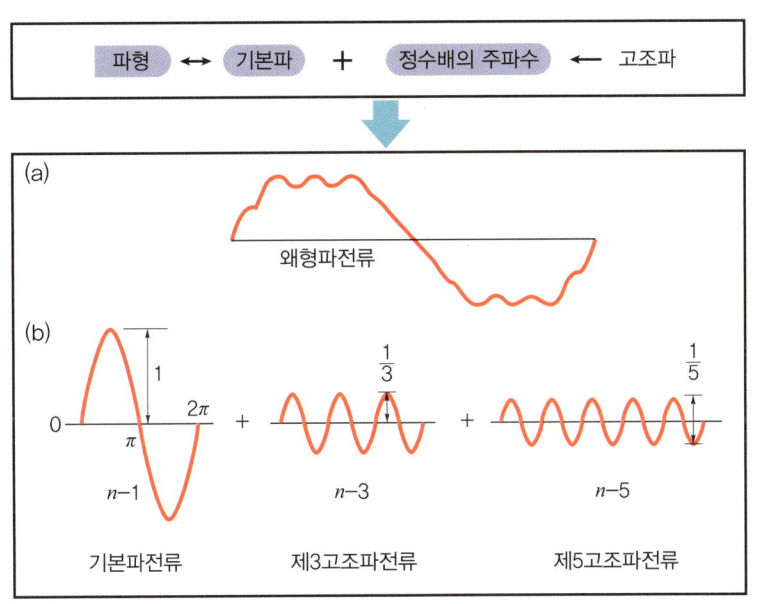

| 고조파와 왜형파전류 |

고조파는 그 자체가 문제가 되기보다 기본파와 섞이면서 파형을 왜곡하는 것이 문제이다. 이렇게 정현파형태가 왜곡되어 다른 형태로 나타나는 것을 왜형파[22]라고 한다. 이러한 왜형파의 정도를 종합 고조파 왜형률(THD ; Total Harmonics Distortion)이라고 하며, 전압과 전류의 종합 고조파 왜형률은 다음과 같이 구한다.

[22] 비정현파(非正弦波, non-sinusoidal wave)라고도 한다.

$$전압\ V_{THD} = \frac{\sqrt{V_2^2 + V_3^2 + \cdots + V_n^2}}{V_1} \times 100\%$$

여기서, V_1 : 기본파전압[V]
$V_2, V_3 \cdots, V_n$: 각 차수별 고조파전압[V]

$$전류\ I_{THD} = \frac{\sqrt{I_2^2 + I_3^2 + \cdots + I_n^2}}{I_1} \times 100\%$$

여기서, I_1 : 기본파전류[A]
$I_2, I_3 \cdots, I_n$: 각 차수별 고조파전류[A]

2 고조파의 발생 원인 및 영향

고조파의 원인은 다양하지만 최근 급격히 늘어나는 사무용 기기, 전자식 형광등, LED 조명, 전동기 속도제어용 인버터, 무정전 전원공급장치(UPS) 등 비선형 부하에 의한 파형의 왜곡현상이 대표적인 고조파의 원인[23]이다. 이들로 인해 기본파의 60Hz 이외의 고조파를 함유한 부하전류가 다량으로 흐르게 된다.

뿐만 아니라 전력변환장치의 경우 입력부를 구성하는 정류기도 비선형 부하로 배전계통에 접속하면 전압의 파형을 찌그러트리는 원인이 될 수 있고 기동전류가 큰 전동기, 아크로용접기 등도 고조파의 발생원인이 된다.

가변전압 가변주파수 전원공급장치(VVVF)[24]인 인버터의 경우 직류전력을 교류로 바꾸는데 스위칭 특성으로 인해 출력측의 고조파 함유는 반드시 있는 일이며 여기서 발생하는 고조파 전류의 위상은 전력변환기의 위상제어각에 의해 결정되므로 부하의 조건에 따라 수시로 변화한다.

[23] 쉽게 생각하면 교류로 전력을 공급했는데 부하로 사용하는 제품들이 직류이다. 그런데 전기는 부하에 들어와서 일을 하고 다시 돌아가는 구조인데 이렇게 직류부하라면 당연히 돌아가는 전력은 본래의 교류전력이 왜곡될 수밖에 없다.

[24] VVVF는 Variable Voltage Variable Frequency이다. 3VF로 표기하기도 한다.

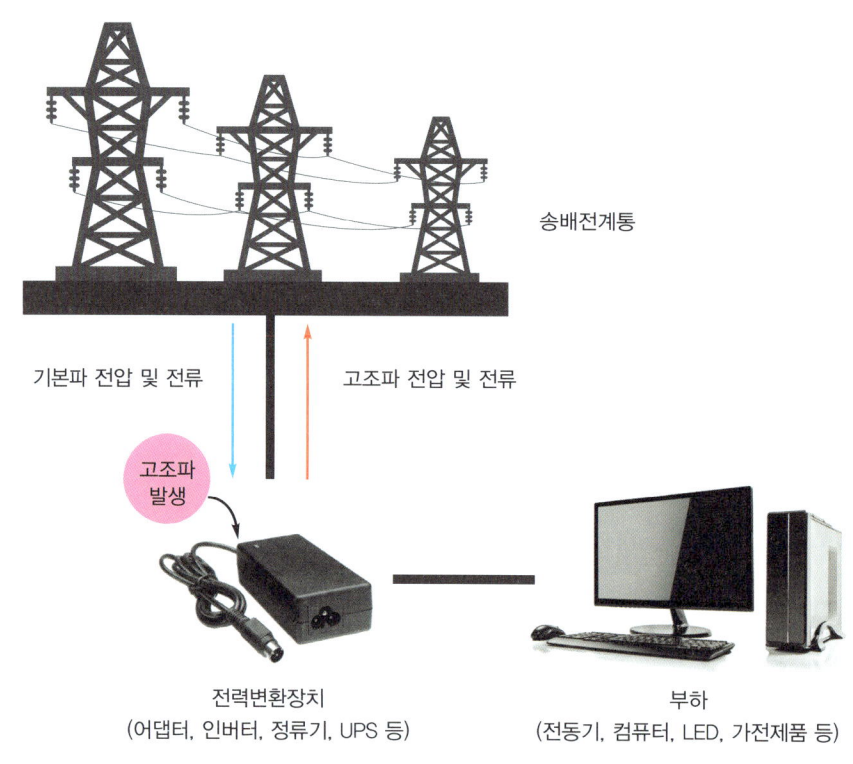

| 고조파의 발생원인 및 영향 |

고조파의 가장 큰 문제점은 본래의 기본파 전원계통에 고조파가 함유된 전압과 전류가 다시 유입됨으로써 고조파로 설비관리 및 오동작이 우려된다는 것이다. 뿐만 아니라 고

조파를 발생하게 하는 것의 내부 임피던스와 전기설비의 임피던스가 공진조건을 만족하면 고조파전류는 증폭[25]이 된다. 이로 인해 진상콘덴서, 전동기, 각종 조명설비에 과대한 전류가 흘러 기기의 과열, 소손 등이 발생할 수 있다.

특히 공진을 일으키기 쉬운 진상콘덴서와 역상전류를 일으키는 유도전동기(誘導電動機, induction motor)[26] 부하에서는 주의를 해야 한다. 고조파가 전기기기에 미치는 영향은 다음과 같다.

[25] 리액턴스값이 최소치가 되면 전류값이 커진다.

[26] 교류를 사용하는 대표적인 전동기 중 하나로 큰 부하에는 적합하지만 회전속도제어에 어려움이 있다.

| 고조파가 기기에 미치는 영향 |

기기명	고조파 영향 내용
콘덴서 및 직렬리액터	고조파전류에 대한 회로의 임피던스가 감소하여 과대전류가 유입됨에 따른 과열, 소손, 진동, 소음이 있다.
케이블	3상 4선식 선로의 중성선에 고조파 전류가 흐름에 따라 중성선이 과열된다.
변압기	• 고조파전류에 의한 철심의 자화현상에 의한 소음이 발생한다. • 고조파 전압·전류에 의한 철손, 동손의 증가와 함께 용량이 감소한다.
형광등	• 고조파전류에 대한 임피던스가 감소하여 과대전류가 발생한다. • 역률 개선용 콘덴서나 초크코일 흐름에 따른 과열 및 소손된다.
통신선	전자유도에 의한 잡음전압이 발생한다.
유도전동기	• 고조파전류에 의한 정상 진동토크 발생에 의하여 회전수가 주기적으로 변동한다. • 철손, 동손 등이 증가한다.
보호계전기	고조파 전압과 전류에 의한 설정레벨의 초과 또는 위상변화에 의한 오동작이 있다.
전력퓨즈	과대한 고조파전류에 의한 용단이 있다.
배선차단기	과대한 고조파전류에 의한 오동작이 있다.

3 고조파 관리기준 및 억제방법

고조파전압은 고조파전류와 임피던스에 의해 발생된다. 고조파전류는 수용가의 고조파 발생원에 의해 송배전계통으로 유입된다. 이러한 고조파 전압이나 전류로 인한 피해를 막기 위해서는 송배전계통에 유입되는 고조파전류를 제한하여야 한다.

고조파전압의 허용목표는 IEC 기준의 계획레벨개념을 준용하되 송배전계통의 전달 특성 등을 고려해 종합 고조파 왜형률(THD)과 각 고조파차수별로 다음과 같이 고조파를 제한을 두고 있다.

종합 고조파 왜형률 기준				
회로전압[kV]	종합 고조파 왜형률[%]	각차 고조파 왜형률[%]		
		기수	우수
0.415	5	4	2
6.6	4	3	1.75
33	3	2	1
132	1.5	1	0.5

고조파차수별 왜형률 기준		
고조파차수	고조파전류[%]	고조파전압[%]
3	2.30	0.85
5	1.14	0.65
7	0.77	0.60
9	0.40	0.40
11	0.30	0.40

고조파를 억제하기 위해서는 다음과 같은 방법이 있다.

(1) 전력변환장치의 펄스[27] 수 증대
(2) 고조파필터 설치
(3) 전원측에 교류리액터 설치
(4) 기기의 고조파 내량 증가
(5) 전원단락용량의 증대
(6) 고조파성분 발생부하의 억제
(7) 변압기 및 배전선의 분리
(8) 콘덴서회로의 대책

고조파는 단순히 전력계통뿐만 아니라 수용가의 전기기기의 문제를 일으킬 수 있으므로 이를 염두하고 관리를 지속적으로 하는 것이 중요하다.

---

27 ── 펄스(pulse)란 우리말로 맥박이다. 즉, 파형이 정현파형이 아닌 왜형파의 모습으로 맥박같이 뛰는 파형을 가진 것을 말한다. 보통 극히 짧은 시간 동안 큰 진폭으로 나오는 전압과 전류의 충격파를 펄스라고 한다. 임펄스(impulse)는 파형이 1개만 있는 것을 말한다.

여기서 잠깐! 인버터 에어컨은 무엇이기에 전기를 절약하는가?

교류를 직류로 변환시키는 것을 컨버터(converter), 직류를 교류로 변환시키는 것을 인버터(inverter)라고 하며, 전력소비를 20~30% 정도 줄여주는 혁신적인 인버터 에어컨은 바로 이런 아이디어를 응용해 만든 제품이다. 인버터 에어컨을 사용하면 전력소비를 줄여 전기요금을 절약할 수 있을뿐더러 전류량 역시 적어 굵은 전선으로 교체하지 않아도 되므로 경제적이라고 할 수 있다. 최근 많은 판매가 이루어지는 인버터 에어컨에 대해 알아보자.

에어컨에서 가장 전력 소비가 많은 곳은 실외기라고 불리는 압축기로 바로 컴프레서 모터(compressor motor)인데 소음이 무척 크다. 이는 전동기를 돌려 압축공기를 생산하기 때문이다. 인버터 에어컨은 바로 실외기의 전동기 회전속도를 제어하는 방식으로 소비전력을 줄인다. 인버터 에어컨은 단상이나 3상 교류를 정류기(컨버터)를 통해 직류로 변환한다. 변환된 직류를 인버터모터가 다시 교류로 바꾸는데 이때 인버터 모터가 단순히 직류를 교류로 변환하는 것이 아니라 교류에 맞는 전압, 주파수까지 변환하는 것이다.

반대로 기존 에어컨은 회전속도가 변하지 않고 정해져 있기에 정속형 에어컨이라고 하며, 설정한 온도보다 높으면 압축기가 가동하여 냉기를 만들어 실내를 차갑게 하고 설정한 온

| 에어컨에서 전력소비가 가장 큰 실외기 |

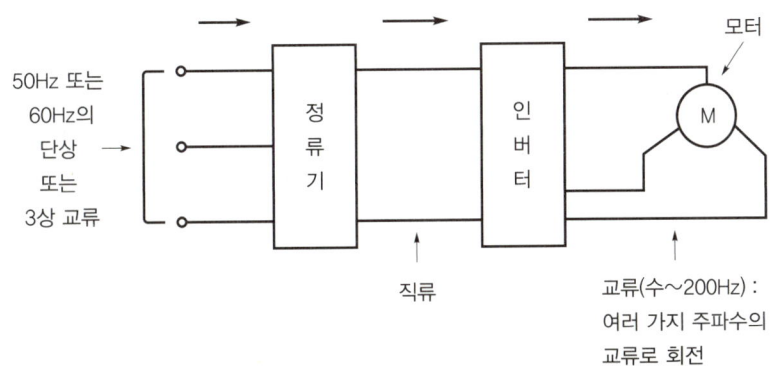

| 인버터 에어컨의 회로 |

I. 전기의 기본 이론 111

여기서 잠깐!

도가 되면 압축기가 가동을 멈춰 냉기가 더 이상 나오지 않아 다시 실내 온도는 더워진다. 즉, 꺼졌다, 켜졌다를 반복하는 것이다. 그러나 인버터 에어컨은 설정한 온도가 되면 압축기가 가동을 멈추는 것이 아니라 내부 모터의 속도를 느리게 조절함으로써 온도변화가 크지 않아 전력소비를 줄일 수 있다. 즉, 정속형 에어컨은 원래 우리가 쓰는 교류의 주파수인 60Hz를 그대로 사용하지만 인버터 에어컨은 일반적으로 20Hz에서 95Hz까지 주파수를 변경하게 된다. 그렇다면 이렇게 주파수를 변환하여 얻게 되는 것은 무엇일까?

아궁이와 가스레인지로 예를 들어보면 아궁이는 불을 켜는 것(점화)과 끄는 것(소화) 두 가지 선택만 가능하고 가스레인지는 불을 끄는 기능은 물론 3단계로 화력 조절이 가능하다. 화력 조절이 가능하면 음식을 적절하게 익히기에도 좋고 태울 가능성도 줄어든다. 인버터모터는 바로 가스레인지와 같이 압축기의 회전속도를 알맞게 조절해준다.

인버터 에어컨이 정속형 에어컨에 비해 다소 비싼 이유는 압축기 내부에 속도를 제어하는 부품들이 더 들어갔기 때문이다. 당연한 이야기로 에어컨의 출력이 높을수록 소비전력이 높지만 에어컨 출력이 낮으면 설정 온도로 맞춰지는 데 시간이 오래 걸려 오히려 에너지 효율 측면에서 유리하지 않다. 따라서 자신이 사용하고자 하는 평수에 맞는 인버터 에어컨을 선택하는 것이 필요하다.

이러한 인버터 에어컨의 원리를 안다면 이를 효과적으로 사용하는 방법에 어떤 것이 있는지 알아보자.

(1) 설정 온도와 실내 온도의 차이가 많이 날 경우 처음엔 터보모드 등 강풍으로 돌리는 것이 좋다. 처음 가동할 때 가능한 최고 출력으로 목표하는 온도까지 빠르게 도달한 후 저출력으로 해당 온도를 유지하는 것이 오히려 전기 절약 측면에선 유리하다. 바람의 세기를 약하게 설정하여 목표 온도까지 도달하는 데 오랜 시간이 걸리면 전력소비가 많아진다.

(2) 가능한 계속 켜두는 것이 좋다. 정속형 에어컨을 생각하면 '에어컨=전기 먹는 하마'라는 생각 때문에 계속 켜두는 것에 의문을 가질 수 있지만 전기를 절약한다고 껐다, 켰다를 반복하는 것은 멀쩡한 인버터기능을 제대로 활용하지 않는 것이다. 오히려 약한 강도로 설정 온도를 유지하는 것이 아예 꺼서 실내 온도가 올라가는 것보다 낫다.

(3) 실내기 필터의 청소는 자주 하는 것이 좋다. 에어컨 실내기 내부에 있는 필터에 먼지가 많이 쌓이게 되면 제품 고장은 물론 공기가 순환할 때 어려움이 많기 때문에 이로 인한 전력소비가 커질 수 있다. 틈틈이 실내 필터를 청소하고 장시간 사용할 때는 환기를 해주는 것이 개인 건강이나 에어컨 관리 차원 그리고 전력소비 절약 측면에서 바람직하다.

냉난방기를 구입할 때 소비자가 궁금해 하는 사안은 '냉난방면적이 어느 정도인지'와 '전기요금이 많이 나오는지' 등이다. 물론 대다수 냉난방기의 냉난방면적과 소비전력은 소비자에게 충분히 전달되고 있으며 이를 토대로 구매를 하지만 좀 더 자세히 에어컨에 대해 알고 싶으면 냉난방기 스펙을 살펴보면 된다. 그러나 이해하기 어려운 단어들과 숫자로 구성되어 있어 몇 줄 읽어보다가 곧 포기하게 된다. 냉난방기 스펙을 읽는 방법을 알아보자.

냉난방기 스펙은 제조사 및 제품마다 조금씩 다르지만 대체로 아래 그림의 스펙과 같이 표기되어 있다.

(a) 단상 2선식 (b) 3상 4선식

| 냉난방기의 스펙 |

① 전원 : 해당 제품의 전원의 종류를 나타낸다. 크게 단상 교류 220V와 3상 교류 380V가 있으며 국내용의 경우 주파수는 60Hz로 동일하다.

② 냉방·난방 능력 : 정격 냉난방 능력이라고도 한다. 단위로 와트(W)를 사용하기에 소비전력과 관련되어 보이지만 전혀 다른 개념이다. 와트(W)는 일을 하는 능력이기에 같은 단위를 쓰는 것이며, 구형 제품의 경우는 열량의 단위인 킬로칼로리(kcal)를 사용한다.

'정격/중간/최소'의 경우 정격은 해당 제품이 안정적으로 전력이 공급되었을 때 최대의 능력을 말하는 것이고 중간의 경우는 중간 수준의 능력, 최소는 최소한의 능력을 말한다.

일반적으로 소형 냉난방기는 정격 냉난방능력에서 400을 나눈 값, 중대형 에어컨은 정격 냉난방능력에서 360을 나눈 값을 해당 제품의 냉난방면적으로 계산한다. 따라서 위의 그림에서 왼쪽에 표기한 단상 제품의 냉방능력은 7200/400=18, 난방능력은 8200/400=20.5로 냉방 때는 18평형, 난방 때는 20평형이라고 볼 수 있다. 오른쪽에 표기한 3상 제품의 경우 냉방능력은 14500/360=40.2778, 21000/360 =58.33으로 냉방 때는 40평형, 난방 때는 58평형이라고 볼 수 있다. 그러나 일반적으로 냉난방면적을 말할 때는 더 적은 능력을 기준으로 하여 단상 제품은 18평형, 3상 제품은 40평형이라 한다.

I. 전기의 기본 이론

여기서 잠깐!

③ **소비전력(정격입력)** : 전기요금과 가장 밀접한 관계가 있다. 앞서 언급한 '정격/중간/최소'의 경우 정격 냉난방능력을 위해 소비하는 전력량의 크기를 정격소비전력이라 한다. 1시간당 소비되는 전력의 크기로, 이 크기가 클수록 전력소비를 많이 한다고 볼 수 있다.

하지만 정확하게 소비전력을 통해 전기요금을 추정하기는 어렵다. 왜냐하면 냉난방기는 조명이나 전자제품과 같이 일정하게 부하가 걸리는 것이 아니라 외부 온도나 실내 온도 등 주변환경에 영향을 받으며 이에 따라 운전상태가 계속 변하기 때문이다. 특히 매우 극한 기온에서 냉난방기를 처음 작동하게 되면 매우 큰 기동전류 및 전력을 소비하는데 이는 정격소비전력을 크게 뛰어넘는 수준이다. 반면 설정 온도와 실내 온도가 비슷해지면 상대적으로 적게 전류 및 전력을 소비하게 된다. 앞의 스펙에 표기된 단상 냉난방기 기준으로 냉방 때는 2.4kW, 난방 때는 2.6kW를 소비하고 3상 냉난방기의 경우 냉방 때는 5.3kW, 난방 때는 9.9kW를 소비한다. 하지만 상황에 따라서 이보다 더 많은 전력을 소비한다는 점을 알아두자.

④ **운전전류(정격전류)** : 소비전력 외 전류를 표기한 이유는 실제 전기기기는 소비전력 기준이 아닌 전류의 양을 기준으로 따지는 경우가 많기 때문이다. 대표적인 것이 바로 전선과 차단기, 콘센트 같은 경우이다. 해당 전류에 맞는 전선과 차단기를 설치해야 하고 콘센트의 경우 16A까지 가능하기에 앞의 그림에서 오른쪽 3상 제품의 경우 난방 때문에 콘센트로 전원선을 접속할 게 아니라 분전함 누전차단기에서 직접 전선을 따와 에어컨과 연결해야 한다. 특히 에어컨은 실외기의 전력소비가 높으므로 전기공사 시 이를 충분히 고려해야 한다.

⑤ **설계압력(운전압력)** : 전기와는 관련이 없고 냉난방기 실외기의 냉매가스, 압축비와 관련이 있다.

⑥ **보호등급** : 국제보호등급(International Protect grade)의 약자로 방진, 방수의 보호등급을 말한다. 보통 에어컨 실내기의 경우 IP0등급인데 이는 방진이나 방수 기능이 전혀 없으며 실내에서만 사용할 수 있다는 것을 말한다.

그 외 냉난방기의 효율에 대해 알아보기 위한 COP계수(Coefficient Of Performance)는 말 그대로 소비전력 대비 냉난방능력을 말한다. COP계수를 구하는 공식은 매우 간단하다.

| 중앙 냉난방시스템 |

$$COP = \frac{냉난방능력}{소비전력}$$

성적계수라고도 하는 COP계수가 클수록 '효율적으로 전력을 소비하는 제품=에너지 절약 제품'이다. 일반적인 멀티에어컨은 COP 3.0~3.5 수준, 중앙 냉난방시스템에서는 COP 2.0~2.5 수준이다.

09 용량이 큰 냉난방기가 3상 전력을 사용하는 이유는?

KEY WORD 3상 전력, 중성선, 3상 3선식, 3상 4선식, 단상 3선식, Y결선, △결선

 **학습 POINT**
- 단상 전력과 3상 전력의 차이는?
- 3상 3선식, 3상 4선식, 단상 3선식의 차이는?
- 3상 전력의 특징은?
- Y결선과 △결선은?

일반적으로 사용하는 220V 전기의 본래 이름은 단상 교류 220V이다. 그런데 일반 가정집에서는 보기 힘들지만[1] 좀 규모가 있는 점포나 공장, 사무실에서는 특별한 전기가 사용되고 있는데 바로 3상 교류 380V의 전력[2]이다. 이는 특별히 전기를 많이 소비하는 곳에서 사용하는데 대표적으로 넓은 면적에서 냉난방기를 사용할 때 바로 이 3상 전력을 사용한다. 단상과 3상의 차이점 그리고 3상 전력의 특징을 알아보자.

[1] 아예 없는 것은 아니고 규모가 큰 고급 빌라나 아파트의 경우에 볼 수 있다.

[2] 상을 기호로 φ(파이)로 표기해 3φ AC 380V 라고 하는 경우도 많다. 이때 단상은 1φ로 표기한다.

1 단상 전력과 3상 전력의 차이는?

1 단상 전력과 3상 전력의 차이

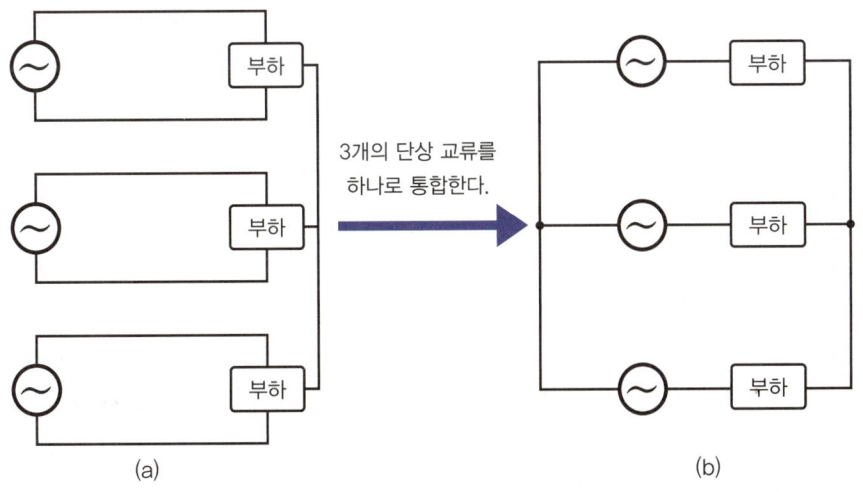

| 3상 교류의 개념 |

가정을 비롯해서 많은 곳에서는 교류 220V의 전압을 이용한 전력을 사용한다. 이를 단상(單相, single-phase) 교류 220V라고 표현한다. 앞의 그림에서 (a)는 3개의 단상 교류를 사용하고 있으며, 3개의 단상 교류 전원이 각각의 부하를 담당하고 있다. 이를 하나로 통합한 것이 (b)이다. 이러한 교류를 3상(三相, three-phase) 교류라고 한다. 3상 교류는 3개의 전원으로 부하를 향해 전류를 흘린다.[3]

보통 전력소비가 큰(부하용량이 높은) 상점이나 공장 등 산업현장에서는 전선을 3상 교류로 사용한다.

3 ─── 즉, 단상 3개가 모인 것이 3상이다.

2 3상 전력의 원리와 합성

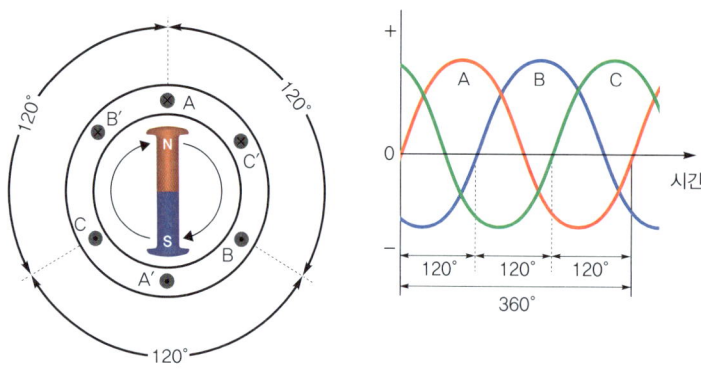

| 발전소에서 생산된 3상 정현파교류 |

전기는 발전기의 터빈이 회전운동을 하면서 전자기유도현상을 일으켜 생산된다. 이때 위의 그림과 같이 360°를 정확히 3등분해 120°마다 코일을 감고 자석을 돌리게 되면 전력이 한 주기 동안 3개가 생긴다. 이렇게 한 주기 동안 위상이 3개의 모습을 가진 전력을 3상 전력(三相電力, three-phase electric power)이라고 한다. 발전소에서 생산된 A, B, C를 상전압이라 하고 A → B → C의 순서로 파형이 변화하는 것을 상순이라고 한다.

3상 전력의 가장 중요한 특징은 합성을 하게 되면 0이 된다는 것이다. 뒤의 그림을 자세히 살펴보자. 그림 (a)의 파형 ⓐ, ⓑ, ⓒ는 각각의 위상이 120°씩 엇갈리고 있다. 파형 ⓐ와 ⓑ를 합성을 하게 되면 그림 (b)의 ⓓ가 얻어진다. 그리고 그림 (c)에서 ⓓ와 ⓒ를 합성하면 2개의 파형이 각각 엇갈리게 되어 (+)측과 (-)측의 면적이 같고 이를 합성하면 0이 된다. 다시 말하면 파형 ⓐ, ⓑ, ⓒ를 모두 합성하면 0이 된다는 것이다. 이는 3상 전력에서 3개의 선이 아닌 1개의 선을 생략하고 2개의 선을 가지고도 사용할 수 있다는 것이다.

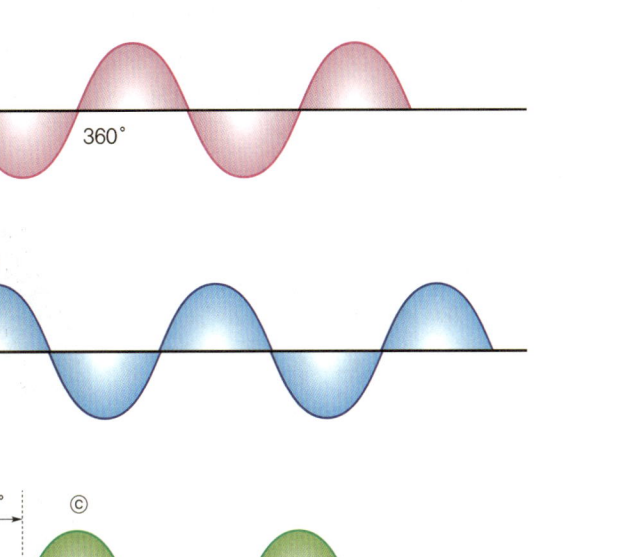

(a)

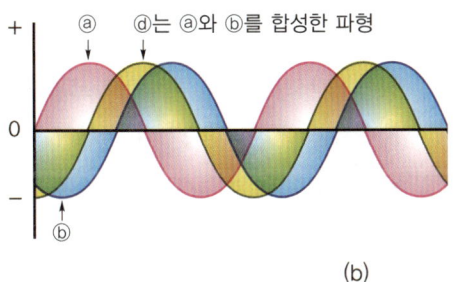

(b)

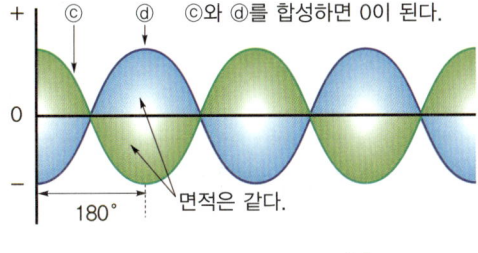

(c)

| 3상 교류의 합성 |

우리나라의 발전소는 이런 형식의 3상 발전기를 돌려 3상 전력을 생산한다. 하지만 앞서 우리가 쓰는 220V는 3상이 아닌 단상이라고 하였다. 따로 단상 발전기가 있어서 그곳에서 오는 전기를 단상 전력이라고 하는 것인가?

3 전압선과 중성선

결론부터 말하면 아니다. 본래 3상으로 생산된 전기는 송전과 배전경로를 타고 이동하는데 전봇대에 있는 변압기에서 중성선이라 하는 선을 뽑는다. 이때 3상의 3개의 선 중 하나의 선과 같이 다니는 것이 단상이다. 즉, 전봇대 주상 변압기에서 상전압선(相電壓線, phase line)은 (+)단자에서 사용, (-)단자에서 인출한 3개의 선을 합성하면 중성선(中性線, neutral line)이 된다. 중성선은 앞서 언급했듯이 전압이나 전류가 0이 된다.[4] 참고로 우리나라는 발전소에서 변전소까지 가는 송전선로는 3상 3선식이고 변전소에서 전기를 받

| 전봇대 주상 변압기의 (+)단자와 (-)단자 |

는 수용가까지 배전선로는 중성선을 포함해서 3상 4선식이다.

여기에서 3상은 3가닥의 선이기 때문에 단상을 1가닥의 선이라고 착각하기 쉽다. 절대로 전기는 하나의 선만으로 사용할 수 없으며 최소한 2가닥의 선이 있어야 한다. 즉, 단상은 3상에서의 한 가닥의 상전압선과 중성선, 이렇게 2가닥으로 되어 있는 것을[5] 말한다. 이때 한 가닥의 상전압선의 전압을 상전압이라고 하며 최종적으로 우리가 쓰는 상전압은 220V[6]이다. 상전압선을 보통 전압선(hot line)[7] 이라고 한다. 그래서 단상은 전압선과 중성선의 2가닥으로 되어 있다.[8]

2 3상 3선식, 3상 4선식, 단상 3선식의 차이는?

1 3상 3선식과 3상 4선식의 차이

우리나라 3상 전력은 크게 3상 3선식과 3상 4선식이 있다. 선 1가닥이 더 있냐, 없냐의 차이인데 여기서 말하는 선 1가닥은 앞서 언급한 중성선이다. 즉, 중성선이 없

---

4 이는 각 상의 부하가 평형을 이루었을 때로 불평형이 되면 전류가 흐른다. 따라서 중성선은 전류가 흐르지 않는다고 생각하면 안 된다.

5 이를 단상 2선식이라고도 한다.

6 실제로 배전선로에 있는 변압기에서는 230V로 변압을 한다. 이는 변압기에서 각 수용가까지의 거리에서 전압강하를 고려해서 그렇다.

7 가끔가다 이런 전압선과 중성선을 (+)선, (-)선으로 표현하는 경우도 있다. 이는 변압기의 (+)단자와 (-)단자에서 인출한 선 때문에 착각 할 수 있다. 그러나 엄밀히 말해서 교류 자체가 (+), (-) 개념을 구분할 수 없기에 (+)선과 (-)선으로 표현하는 것은 적절하지 못하다.

8 전압선과 중성선의 관계를 쉽게 설명하면 다음과 같다. 우리 몸을 예로 들면 심장에서 영양소를 가지고 동맥을 거쳐 모세혈관을 통해 신체 각 부분에 전달하고 다시 정맥을 통해 심장으로 피가 돌아온다. 전기도 마찬가지로 변압기에서 전압선(동맥)을 통해 공급되고 모세혈관을 통해 신체 각 부분에 전달(부하, 전자제품 등)된 후 다시 정맥(중성선)을 통해 들어오는 구조이다.

으면 3상 3선식, 중성선이 있으면 3상 4선식이다. 일반적으로 3상 3선식은 송전탑을 통해 이동하는 송전선로에서 사용되고 3상 4선식은 전봇대를 통해 이동하는 배전선로[9]에서 사용된다.

과거 한창 우리나라 경제가 발전할 시기에는 일반용 전기는 단상 110V를 사용한 반면 동력용으로 3상 3선식 220V를 사용하기도 했다. 이 시기에 들여온 수입기계들이 3상 3선식 220V로 제조가 되었기 때문[10]이다.

1980년대부터 전기사용량이 급격히 늘어나면서 일반용 전기는 단상 220V로 승압하게 되었고 동력용은 3상 3선식 380V로 승압하게 되었다. 한편 이 시기부터 대형 건물이나 공장, 아파트 전기실 자체는 3상 4선식이 많아졌다. 3상 4선식의 가장 큰 장점은 220V로 일반용 전기를 공급함과 동시에 380V의 동력용 전기 공급도 어렵지 않게 할 수 있다는 점이다.

한편 일부 공장에선 과거 사용하던 3상 3선식 220V를 확보하기 위해 3상 3선식 380V를 다운시키는 3상 강압변압기를 사용한다. 참고로 상마다 이름이 붙여져 있는데 상의 순서 즉, 상순에 따라 L1, L2, L3로 부르고[11] 중성선은 N으로 한다. 상마다 고유 색상도 있는데 L1은 갈색, L2는 검은색, L3는 회색으로 하고 중성선은 파란색, 접지선과 같은 보호도체의 경우 녹색 바탕의 노란색 줄로 한다.

2 단상 3선식의 개념

얼핏 생각하기에 3상 3선식과는 비슷하지만 전혀 다른 단상 3선식에 대해 알아보자.

우리나라는 1973년부터 2005년까지 110V의 전압을 전국적으로 220V로 승압하는 대공사를 하였다. 워낙 장기간에 걸친 국가적인 프로젝트이다 보니 어느 지역에선 110V의 전압을 그대로 쓰고 있고 또 어떤 지역에선 220V로 승압된 전력을 사용하는 경우가 있었다. 그러다 보니 전자제품도 110V용이 나오는가 하면 220V용이 나오기도 하였다.[12] 이렇게 가정 내에서 110V와 220V를 동시에 사용할 수 있는 전력이 바로 단상 3선식 전력이다. 현재도 1980년대에서 1990년대 초반에 지어진 주택이나 아파트의 경우 단상 3선식을 이용해 220V를 사용하고 있다.[13]

단상 3선식은 3가닥의 선으로 되어 있고 양쪽으로 상전압선, 가운데로 중성선이 지나가는 형태로 되어 있다. 단상 3선식은 단상 2선식에 비해 전압강하, 전력손실이 평형 부하일 경우 1/4로 감소하고 부하에 불평형이 심하면 전압도 불평형을 이루기 쉽다. 그래서 전압선 말단에 밸런서(balancer)를 설치한다.

---

[9] 3상 4선식은 배전선로 뿐만 아니라 손쉽게 단상 220V와 3상 380V를 얻을 수 있는 장점 때문에 다양한 곳에서 활용되고 있다.

[10] 현재도 사용하는 곳이 있지만 흔하지는 않다.

[11] 본래는 R, S, T상이라 하였고 한전과 코레일은 A, B, C상이라고 불렀었다. 그러나 국제규격(IEC)에 맞추면서 상의 이름을 통일하기 위해 한국전기설비규정에 따라 변경된다. 기존의 우리나라에서 사용하던 색상은 일본과 같고 미국 등 일부 서양국가에서는 L1을 빨간색(Red), L2는 노란색(Yellow), L3는 파란색(Blue), 중성선은 검은색(Black)으로 하여 R-Y-B로 표기한다.

[12] 물론 두 가지 전압을 선택할 수 있는 전환 스위치가 달렸거나 전압에 상관없는 프리볼트 제품도 있긴 하다. 그러다 보니 가정에서도 110V와 220V를 함께 써야 하는 경우가 발생하곤 하였다.

[13] 주로 분전함을 열어보면 차단기를 통해 그 흔적을 볼 수 있다.

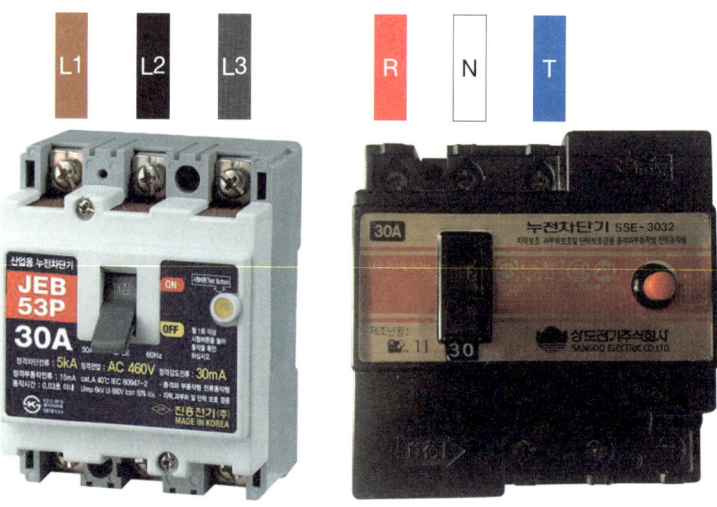

| (a) 3상 3선식   (b) 단상 3선식 |
| 3상 3선식 · 단상 3선식 누전차단기 |

단상 3선식은 어떻게 결선하느냐에 따라 전압이 다르다. 보통 차단기에 물려 있을 때 왼쪽부터 R, N, T[14]라고 하며 R과 N 또는 T와 N을 연결하면 110V, R과 T를 연결하면 220V를 사용할 수 있다. 그래서 단상 3선식이 설치된 집에서는 해당 결선에 맞는 콘센트만 있으면 110V나 220V를 사용할 수 있다.[15]

14 ─
A, N, B로 표기하는 때도 있다. 한국전기설비규정에는 우리나라에서 단상 3선식을 설치하지 않으므로 새롭게 규정이 바뀐 내용이 없어 그대로 적용된다.

15 ─
단상 3선식을 1φ 3W 110/220V로 표기한다.

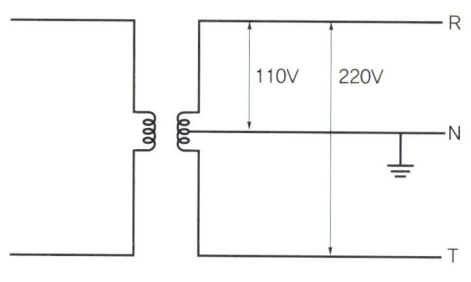

| 단상 3선식 결선 |

가끔 단상 3선식에 설치된 집에 결선을 110V 그대로 두고 220V에 맞는 콘센트만을 설치한 경우도 있다. 이때 전압이 부족하기에 전자제품의 성능이 현저히 떨어지거나 작동이 안 되는 경우가 있다.[16] 전자제품이 요구하는 전압보다 낮은 전압을 사용했기 때문에 생기는 문제이다. 이때 전기공사업체를 통해 220V로 결선하는 작업을 시행하면 쉽게 해결할 수 있다.

16 ─
예를 들어 조명이 어둡게 보이거나 전동기를 사용한 선풍기나 드라이어의 경우 충분한 바람이 나오지 않는 일이 생긴다.

3 3상 전력의 특징은?

1 3상 전력의 장점

이처럼 복잡하게 여겨지는 3상 전력을 쓰는 이유는 무엇일까? 380V의 전압이 필요하면 변압기를 통해 220V를 380V로 올리면 되지 않는가?

3상 전력은 단순히 전압이 높아지는 것이 아니라 발전기의 회전자기장이 그대로 들어오기 때문에 '안정성'과 '효율성'이라는 큰 특징을 지닌다.

앞서 전자제품은 대다수 직류로 설계되었고 이를 기반으로 작동한다고 하였다. 그리고 발전소에서 생산된 전기는 교류로 송배전선로를 통해 집 콘센트까지 온다고 하였다. 그래서 교류를 직류로 어댑터, 컨버터 등을 통해 바꾸어 주는데 이때 단상보다 상이 많을수록 더 전력손실이 적다.

| 3상 전동기를 이용하는 선박용 인양기 |

| 식당의 3상 4선식 분전반 내부의 모습 |

또한 동력용으로 사용하는 전동기의 경우 단상 전력에 비해 3상 전력이 맥류가 적게 되어 부드럽게 작동한다. 뿐만 아니라 발전소에서 생긴 회전자기장을 그대로 전동기까지 전달하게 되어 최초 시동 시 커패시터나 인버터 등이 필요 없게 된다. 그래서 용량이 어느 정도 되는 전동기의 경우 3상 전력을 사용하도록 설계되었다. 특별히 시동을 위한 장치가 없기 때문에 같은 출력을 가진 전동기의 경우 단상 전동기보다 3상 전동기가 더 싸고 크기도 작다. 냉난방기의 경우도 전동기를 기반으로 한 컴

프레서가 있기에 3상 전력제품을 더욱 안정적[17]으로 사용할 수 있다.

상이 많을수록 전력손실이 적다면 3상 외에 5상, 7상, 9상 등의 전력을 사용하는 것이 더 전력손실을 줄일 수 있지 않을까? 물론 상이 많을수록 전력손실을 줄일 수 있지만 그만큼 전기설비, 공사비 등이 기하급수적으로 증가하게 된다. 당장 전력손실을 줄여 1만 원 아낄 수 있는데 전기설비 공사비용과 유지비로 10만 원을 쓴다면 이는 효율과 거리가 먼 낭비일 뿐[18]이다.

2 3상 전력과 전류와의 관계

아울러 3상 전력의 380V를 이용할 경우 전선의 단면적도 더 작은 것을 사용할 수 있을뿐더러 선도 절약된다. 간단한 계산을 통해 이해해 보자.

단상 전력과 3상 전력의 소비전력은 다음과 같은 공식[19]으로 구한다.

$$단상\ 전력\ P = E \times I$$
$$3상\ 전력\ P = \sqrt{3} \times V \times I$$

위의 식에서 E는 상전압[V], V는 선간전압[V]을 말한다.[20] 예를 들어 소비전력이 6200W의 대용량 냉난방기를 구입했다고 가정하자. 이때 단상 220V와 3상 380V의 전류값이 어떻게 변하는지 보자.

$$단상\ 전력\ I = \frac{P}{E} = \frac{6200}{220} = 28.181A$$

$$3상\ 전력\ I = \frac{P}{\sqrt{3} \times V} = \frac{6200}{\sqrt{3} \times 380} = 9.419A$$

위의 계산에서 볼 수 있듯이 전류의 크기가 1/3 수준으로 크게 줄었다. 전류의 크기가 줄어들면 전류가 흐르는 도체재료의 용량도 필요한 양이 적게 되어 전선도 더 가는 것을 사용할 수 있다. 안전하게 사용하기 위해 단상 전력에서 7kW의 전력을 사용하고자 할 때는 단상에서는 $6mm^2$의 전선을 사용해야 하지만 3상에서는 $2.5mm^2$를 사용해도 된다. 그만큼 허용전류가 늘어나게 되는 것이다. 달리 말하면 더 많은 전력을 사용해도 그만큼 전선에 부담을 덜 주기 때문에 전기화재 위험으로부터 안전하다. 그래서 전기사용량이 많은 곳에서는 3상을 적극 추천[21]한다.

| 3상 전원을 연결하는 전용 커넥터 |

---

[17] 실제로 단상 전동기에 비해 3상 전동기가 진동이 적기에 수명이 더 길다.

[18] 물론 3상 이상의 다상 교류(多相交流, polyphase alternating current)를 사용하는 경우도 극히 특수하게 있다. 예를 들어 6상 교류나 12상 교류는 정류를 하는 데 변압기 이용률을 높이고 직류전압의 맥동 및 고조파를 목적으로 사용한다.

[19] 본래 역률의 개념으로 $\cos\theta$값도 곱해야 하나 여기에서는 생략한다.

[20] 보통 전압을 표기할 때 상전압/선간전압으로 표기한다. 우리나라의 경우 220/380V로 표기한다. 상전압과 선간전압은 후술할 '4. Y결선과 △결선은?' 부분을 참조하자.

[21] 뿐만 아니라 위의 공식에서 단상에 맞는 차단기를 설치할 때 30A를 사용해야 했다면 3상의 경우는 15A 차단기를 설치할 수 있다. 한편 일반인들이 갖는 오해 중 하나가 3상을 사용하면 전기요금이 절약된다는 것이다. 하지만 전기요금은 사용한 전류(A)량이 아닌 전력(kW)량을 기준으로 산정된다. 전력=전압×전류이기에 전류가 낮더라도 전압이 높으면 전력은 같다.

3 3상 전력의 단점

(1) 쉽게 접속하기가 힘들다

단상 220V는 보통 콘센트와 플러그의 접속으로 쉽게 전원을 투입하거나 차단하기 쉽다. 그러나 3상 제품의 경우 제품의 전원선과 분전함에서 내려오는 전선을 직접 연결하는 구조로 되었거나 전용 커넥터를 사용해야 하는 경우가 많다. 그러다 보니 애초에 3상 제품은 3상 전선이 있는 곳 인근에서만 사용해야 하고 추가로 사용하고자 할 때는 새로 배선을 해야 한다.

(2) 접지가 확실해야 한다

접지란 일종의 전기의 하수구개념으로 전자제품에서 매우 약간씩 새어 나오는 누설전류를 배출하는 곳이다. 3상 전력의 경우는 접지가 확실하지 않으면 아예 제품에서 전력을 사용 못하게 설계가 된 경우가 많고[22] 실제 안전에도 문제가 생긴다.

(3) 습기가 많은 장소에 취약하다

전기 자체가 습기와는 상극이지만 특히 3상 전력을 사용할 때는 습기와 거리를 두는 것이 중요하다. 전기기술자가 작업하는 3상 분전함 속에 습기가 많을 경우[23] 작업 중에 감전 우려가 있다.

(4) 3상 전력을 사용하고자 할 때 초기 비용이 든다

본래 단상 전력을 사용하다 3상 전력으로 선식 변경공사[24]를 할 때 인근 전봇대나 지중 변압기 패드에서 3상 전력을 끌어와야 하는 경우가 있다. 그뿐 아니라 3상 전력에 맞게 분전함을 새로 꾸며야 하고 차단기도 다시 설치해야 하는 등 공사 자체가 손이 많이 간다. 보통 건축 리모델링공사 등을 할 때 함께 시공하는 경우가 많다. 3상 전력공사는 작업환경도 위험하므로 전기기술자에게 쉬운 공사는 아니다.

(5) 3상 전력은 부하의 불평형도 고려해야 한다

불평형이란 각 상의 부하설비용량이 매우 다른 현상[25]을 말한다. 전력을 모두 3상으로만 사용한다면 큰 문제가 되지 않지만 3상에서 단상을 많이 따오면 불평형이 생기게 된다. 불평형이 심해지면 3상 4선식의 경우 중성선의 과도전류로 회로의 고장원인이 된다. 뿐만 아니라 같은 곳으로 흐르는 전류가 많아지기에 전압강하가 심해지고 차단기가 떨어지기도 하여 전력을 제대로 사용하기 어렵다. 설비 불평형률은 다음과 같이 구한다.

---

[22] 사용한다 해도 기기의 내구성이 감소하거나 고장이 많아진다.

[23] 애초에 습기가 많으면 인체의 저항이 최대 25배까지 줄어든다. 반면 3상 380V의 경우 단상 220V보다 전압이 높아 전류가 많이 흐를 수 있으므로 그만큼 감전위험도가 증가한다.

[24] 선식 변경공사란 3상이 없는 곳에 3상을 설치하는 공사를 말한다.

[25] 3개의 상에 걸리는 부하가 크게 다른 경우를 말한다. 예를 들어 R상 15kW, S상 5kW, T상 2kW와 같은 경우이다.

$$\text{3상 3선식 또는 3상 4선식 설비의 불평형률[\%]}$$
$$= \frac{\text{3상 중 최댓값} - \text{3상의 최솟값}}{\text{총 부하설비용량의 1/3}} \times 100$$

$$\text{단상 3선식 설비의 불평형률[\%]}$$
$$= \frac{\text{전압선과 중성선의 선간 접속되는 부하설비용량의 차이}}{\text{총 부하설비용량의 1/2}} \times 100$$

내선규정에서는 설비 불평형률을 3상 3선식 또는 3상 4선식의 경우는 30% 이하, 단상 3선식의 경우는 40% 이하로 유지하는 것을 원칙[26]으로 한다.

(6) 3상 전동기를 접속할 때 각 상에 맞게 접속해야 한다

일반 전자제품은 상이 뒤바뀐다고 큰 문제가 없지만 전동기의 경우 각 상에 맞게 접속하지 않을 경우 역회전을 하게 된다. 이는 3상 전동기가 쉽게 정회전과 역회전을 할 수 있는 장점이지만 기어가 있는 전동기의 경우 역회전 시 기어소손 등의 이유로 크게 고장 날 수 있다.[27]

(7) 3상 전력을 사용할 수 있는지 확인해야 한다

건물 내부에 3상 전력이 들어오는지, 만약 들어오지 않는다면 근처 전봇대에 3상 변압기가 있는지 등을 확인해야 한다. 가장 확실한 방법은 한전에 문의하는 것이다.

4 3상 전력의 유효전력, 무효전력, 피상전력

앞서 단상 전력에서 인덕턴스와 커패시턴스로 인해 지상전류와 진상전류가 흐르게 되고 이로 인해 위상차가 발생한다고 했었다. 이로 인해 유효전력과 무효전력이 나누어지고 역률이 존재한다. 그렇다면 3상 전력에도 유효전력과 무효전력 그리고 피상전력이라는 개념이 있고 역률 또한 존재할까?

3상 전력 역시 교류전류를 방해하는 물질로서 교류이기 때문에 저항뿐만 아니라 임피던스개념도 함께 생각해야 하고 3상 전력을 사용하는 제품에 역률이 존재하기 마련이다. 다만 이들을 구하는 공식은 단상과 비교해서 조금 다를 뿐이지 거의 비슷하다. 단상과 3상을 비교한 공식을 알아보자.

다음 공식에서 V_p는 상전압[V], V_l는 선간전압[V], I_p는 상전류[A], I_l는 선전류[A]를 말하며 R은 저항[Ω], X는 리액턴스[Ω], Z는 임피던스[Ω]를 말한다. 3상 전력에서의 역률 역시 피상전력에 대한 유효전력의 비율로 $\cos\theta = P/P_a$로 구하면 된다.

---

[26] 다만 무조건 이를 따르는 것은 아니고 다음과 같은 예외 조항은 있다.
- 저압수전에서 전용 변압기 등으로 수전하는 경우
- 고압 및 특고압 수전에서 100kVA 이하의 단상 부하인 경우
- 고압 및 특고압 수전에서 단상 부하용량의 최대와 최소의 차가 100kVA 이하인 경우
- 특고압 수전에서 100kVA 이하의 단상 변압기 2대로 역V결선하는 경우

[27] 기어가 달린 자전거 페달을 역으로 무리하게 돌리면 기어박스가 터지는 것과 같은 이치이다.

| 단상 전력과 3상 전력의 유효·무효·피상전력 |

구분	단상 전력	3상 전력
유효전력	$P = VI\cos\theta[\text{W}] = I^2R[\text{W}]$	$P = 3V_pI_p\cos\theta[\text{W}] = \sqrt{3}V_lI_l\cos\theta[\text{W}]$ $= 3I_p^2R[\text{W}]$
무효전력	$P_r = VI\sin\theta[\text{Var}] = I^2X[\text{Var}]$	$P_r = 3V_pI_p\sin\theta[\text{Var}] = \sqrt{3}V_lI_l\sin\theta[\text{Var}]$ $= 3I_p^2X[\text{Var}]$
피상전력	$P_a = VI[\text{VA}] = \sqrt{P^2+P_r^2}[\text{VA}] = I^2Z[\text{VA}]$	$P_a = 3V_pI_p[\text{VA}] = \sqrt{3}V_lI_l[\text{VA}]$ $= \sqrt{P^2+P_r^2}[\text{VA}] = 3I_p^2Z[\text{VA}]$

4 Y결선과 Δ결선은?

1 선간전압, 상전압, 선전류, 상전류

3상 4선식은 결선방법에 따라 380V를 사용할 수 있고 220V를 사용할 수도 있다. 이때 결선방법은 크게 두 가지가 있는데 Y(스타)결선과 Δ(델타)결선이 있다. 다른 말로 Y결선을 성형[28] 결선, Δ결선을 환상[29]형 결선이라고 한다. 간단하게 살펴보면 다음 그림과 같다.

[28] 별 성(星), 모양 형(形)이다. 즉, 별모양의 결선을 말한다.

[29] 고리 환(環), 형상 상(狀)이다. 즉, 고리처럼 동그랗게 생긴 형상의 결선을 말한다.

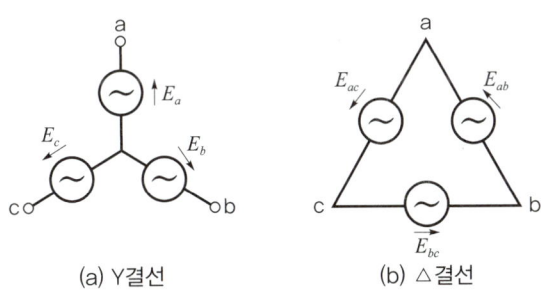

| 3상 3선식의 Y결선과 Δ결선 |

위의 그림에서 총 3개의 변이 있는 Y자를 뒤집어 놓은 모양과 Δ모양이 있다. 이때 1개의 변이 선 1가닥과 같다. 즉, 3개의 선이 가운데로 모이는 방식이 Y결선이고 모이는 곳이 없이 각각 끝지점에서 연결되는 것이 Δ결선이다. Y결선은 각각의 상에 대해 각 부분의 유기되는 전압이 같은 위상을 가지고 있고 각 상에 한쪽 끝이 공통으로 접속되어 중성점을 구성하고 다른 한쪽 끝은 각각 외부 회로의 선로에 접속된다. 반

면, Δ결선은 3상이 전체 직렬로 접속되며 폐회로를 구성한다. 이 두 방식은 결선 모양만 다를 뿐만 아니라 전압과 전류의 크기가 서로 다르게 나타나게 된다.

3상 전력의 전압은 크게 선간전압(線間電壓, line voltage)과 상전압(相電壓, phase voltage)으로 구분하고 전류는 선전류(線電流, line current)와 상전류(相電流, phase current)로 구분한다.

선간전압은 $V_l = V$로 표기하고 3상의 선간전압을 말한다. 즉, L1, L2, L3 3개의 상이 있을 경우 L1-L2, L2-L3, L1-L3 간의 전압이 선간전압이 된다. 상전압은 $V_P = E$로 표기하고 3상의 각 상에 걸리는 전압을 말한다. 즉, L1, L2, L3 3개의 상이 있을 경우 L1 자체의 전압, L2 자체의 전압, L3 자체의 전압을 말한다.

선전류는 I_l로 표기하고 L1, L2, L3상의 각각의 부하로 연결된 선에 흐르는 전류를 말한다. 상전류는 I_p로 표기하고 상 내부에 흐르는 전류로 L1, L2, L3상 각각의 상의 전류이다. 이들의 크기는 어떤 결선을 하느냐에 따라 다르다.

2 Y결선의 특징

먼저 Y결선에 대해 알아보자.

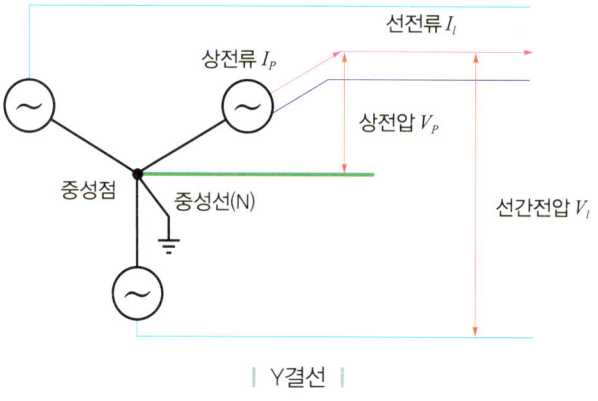

| Y결선 |

Y결선의 경우 선간전압이 상전압보다 $\sqrt{3}$배[30] 큰 전압이다. 일반적으로 쓰는 220V의 선간전압은 다음과 같다.

$$선간전압 = 상전압 \times \sqrt{3}$$

$220 \times \sqrt{3} = 381.051 ≒ 380V$

약 380V의 전압을 이곳에서 얻을 수 있다. 보다 정확히 이야기하면 우리가 쓰는

---

30 ─ 이를 이해하기 위해서는 교류전력이 벡터개념임을 알아야 한다. 자세한 것은 '09의 4·5 선간전압이 상전압에서 $\sqrt{3}$을 곱하고 30°의 위상차가 있는 이유' 부분을 살펴보자.

220V는 원래 380V의 전압에서 중성선[31]을 통해 220V가 만들어져 사용하는 것이다. 즉, 220V란 '3상 중 하나의 상+중성선'의 공식으로 만들어지기 때문에 220V를 단상 220V로 이야기한다. 3상 전력에서의 전압 표기는 '상전압/선간전압'으로 표기하는 것이 원칙이기에 220/380V로 표기한다.

Y결선에서 3갈래로 나뉘는 가운데 지점을 중성점이라고 한다. 이 중성점은 중성선을 인출하는 데에도 사용되지만 이곳을 통해 접지를 할 수 있다. 이러한 접지를 중성점 접지방식(中性點 接地方式, ground neutral system)이라고 하며 다음과 같은 장점을 얻을 수 있다.

(1) 중성점을 접지할 수 있으므로 단절연방식을 채택할 수 있다.
(2) 고전압결선에 적합하다.
(3) 순환전류가 흐르지 않는다.
(4) 중성점접지를 하여 이상전압을 저감할 수 있다.

중성점 접지방식은 쉽게 확인이 가능하다. 전봇대에서 가장 높은 곳에 위치한 전선이 가공지선이라 하여 벼락으로 인한 전선로 및 변압기의 피해를 막기 위한 선이다. 이 선이 전봇대를 타고 땅으로 내려오는데 중간에 중성선을 만나게 되면 이곳에 결선되어 있음을 볼 수 있다. 중성선과 접지선이 결선되었지만 중성선으로 돌아오는 전류를 접지선을 통해 땅으로 내보내지는 않는다. 돌아오는 전류는 다시 변압기로 들어간다.

> [31] 중성선을 뽑으면 3상 4선식, 뽑지 않으면 3상 3선식이다.

3 △결선의 특징

△결선의 경우는 선전류가 상전류보다 $\sqrt{3}$배 높다. 다시 말하면 상전류가 선전류보다 $1/\sqrt{3}$로 줄어들기 때문에 대전류가 흐를 때 사용하면 좋다.[32] △결선 시 전류변화는 다음과 같다.

$$선전류 = \sqrt{3} \times 상전류$$

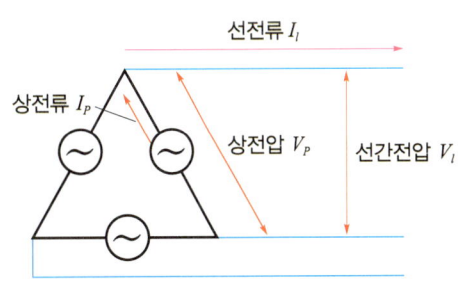

| △결선 |

> [32] 실무현장에서는 △결선을 사용하는 경우가 많은 편은 아니다.

4 중성선의 개념

3상 4선식의 경우는 Y결선 형태가 있는데 가운데 중성점 지점에서 선을 한 가닥 뽑아내어 4가닥의 선이 된다. 가운데 지점에서 뽑은 선을 중성선이라고 하며 이론적으로는 전류가 흐르지 않는다. 흥미로운 사실은 3상 4선식에서 각 상끼리 접속하면

380V가 되지만 중성선과 함께 연결하면 220V가 된다는 것이다. 따라서 큰 규모의 사업장에선 380V 전력을 이용해 전동기나 대용량 냉난방기 등을 사용하고 220V로 전등이나 일반 전자제품을 사용하는 데 이용한다.

보통 3상 4선식 전력을 언급할 때 상의 순서대로 L1, L2, L3, N을 얘기[33]하고 상전압은 L1, L2, L3라 하며 N을 중성선(Neutral)[34]이라고 한다. 여기에서 L1, L2, L3와 N을 함께 결선하면 220V가 되지만 L1-L2, L1-L3, L2-L3로 연결을 하면 3상 380V가 된다.

> [33] 한국전기설비규정에 따라 L1은 갈색, L2는 검은색, L3는 회색, N은 파란색으로 표기한다.

> [34] N상이라고 하는 경우가 있는데 중성선은 상의 개념이 없기에 엄밀히 말하면 틀린 말이다.

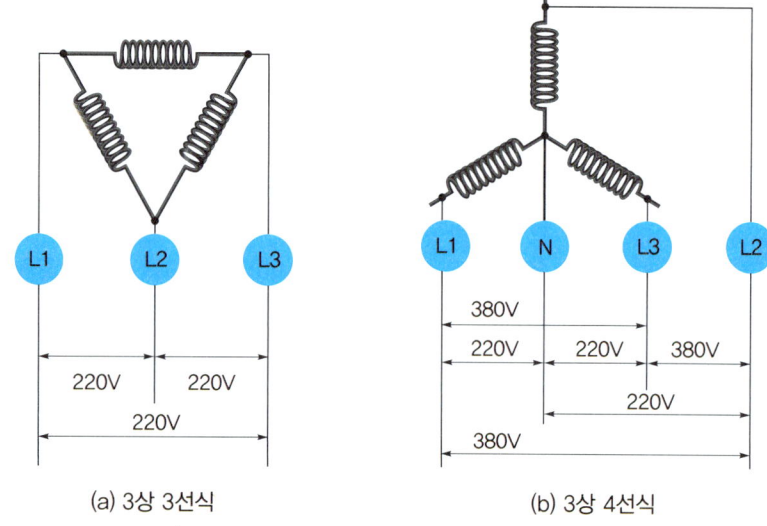

(a) 3상 3선식 (b) 3상 4선식

| 3상 3선식과 3상 4선식의 결선에 따른 전압 |

중성선은 전류가 흐르지 않는다고 생각하는 경우가 많은데 이는 사실과 다르다. 중성선은 변압기의 중성점과 부하의 중성점을 연결하는 전선이다. 그러다 보니 부하가 불평형을 이룰 경우 변압기의 중성점과 부하의 중성점의 전위차 즉, 전압이 형성되어 전류가 흐를 수 있다. 따라서 중성선은 정상상태에서 전류가 흐르지 않는 접지선과 달리 전기회로의 일부로 통전상태(通電狀態)[35]로 유지가 되며, 내선규정에서는 중성선을 전압선으로 분류하고 있다. 다시 말해 중성선은 전류를 흘릴 수 있는 선이라면 접지선은 사고 때를 제외하고는 전류를 흘릴 수 없는 선으로, 중성선은 접지선이 아니다. 보통 중성선을 접지선으로 착각하는 이유 중 하나가 변압기를 접지할 때 중성점에서 접지선을 빼기 때문에 그렇다.

> [35] 통전상태란 항상 전류가 흐르기 쉬운 상태를 말한다.

5 선간전압이 상전압에서 √3을 곱하고 30°의 위상차가 있는 이유

전기에 대해 조금이라도 관심이 있다면 사용전압이 220V 외 380V가 있으며, 또 자격증을 준비하면서 220V는 단상, 380V는 3상이고 특히 Y결선은 선간전압이 상전압보다 $\sqrt{3}$배 더 높다고 공부했을 것이다. 그런데 정작 '왜 $\sqrt{3}$을 곱해야 하는가?'라는 질문에는 명확히 대답하기 어렵다. 아울러 선간전압과 상전압의 위상차가 있다는 사실에 대해서는 더욱 모호해지기 마련이다.

가장 우리에게 친숙한 전압인 220V를 예로 들어보자. 3상 교류는 위상차가 120°로 되어 있다는 것을 본문을 통해 이해[36]할 수 있었다. 이를 좌표평면에 나타내면 다음 그림과 같다.

[36] '09의 1 · 2 3상 전력의 원리와 합성'을 참고하자.

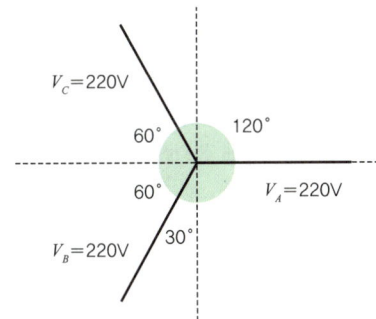

| 좌표평면에 표현한 위상차 |

위의 그림에서 V_A, V_B, V_C는 상전압으로 모두 220V이다. 원의 한 바퀴는 360°로 이를 3등분하여 서로 120°씩 떨어져 있다.

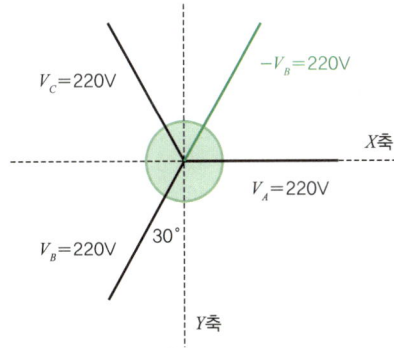

| V_B의 역벡터 $-V_B$ 추가 |

상전압 V_B에서 반대쪽 방향으로 위의 그림처럼 벡터(녹색선)를 하나 그려 넣는다. 벡터에서 방향이 바뀌게 되면 부호가 바뀌게 된다. 따라서 반대쪽 방향으로 그려 넣

I. 전기의 기본 이론

은 벡터(녹색선)는 $-V_B$로 V_B의 역벡터가 된다. 참고로 본래 상전압 V_B와 Y축 사이의 각도는 30°이다.

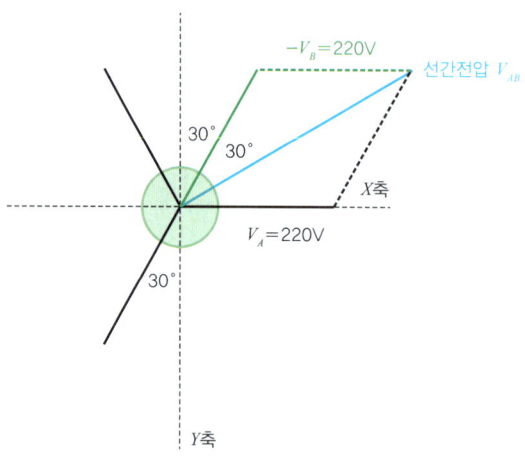

| 역벡터 $-V_B$에 선간전압 V_{AB} 추가 |

따라서 Y축과 $-V_B$ 사이의 각도도 30°가 된다. 반대쪽으로 그려 넣은 벡터(녹색선) $-V_B$와 본래의 상전압 V_A 사이에 벡터(파란색 선)을 하나 긋는다. 이 벡터가 바로 상전압 V_A와 V_B 사이의 선간전압으로 V_{AB}이다. 즉, $V_{AB}=V_A+(-V_B)$가 된다. 벡터합을 평행사변형법[37]을 통해 표현한 것이다.

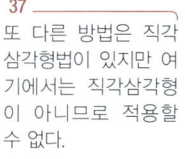

37 ──────
또 다른 방법은 직각삼각형법이 있지만 여기에서는 직각삼각형이 아니므로 적용할 수 없다.

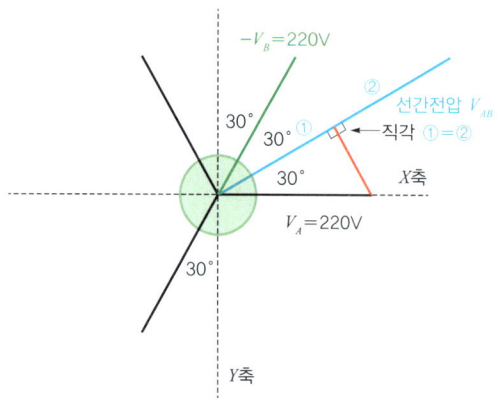

| 선간전압 V_{AB}로 상전압 V_A에서 이어지는 선 추가 |

그리고 위의 그림처럼 선간전압 V_{AB}를 향해 상전압 V_A 끝에서 이어지는 빨간색 선을 하나 내려 긋는다. 이때 빨간색 선과 선간전압 V_{AB}는 서로 직각인 90°를 이루게

된다. 그리고 빨간색 선을 중심으로 선간전압 V_{AB}는 정확히 반으로 나누어지기에 양 변인 ①과 ②의 길이가 같다.

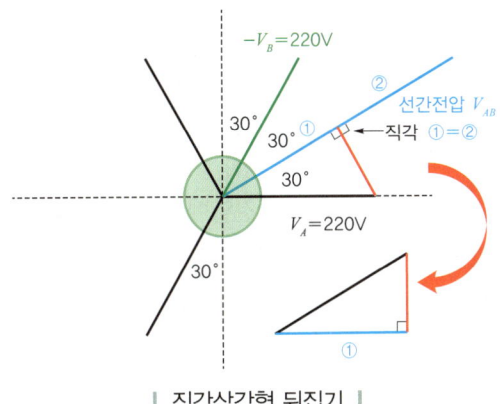

| 직각삼각형 뒤집기 |

이 부분이 가장 중요하다. 위의 그림에서 상전압 V_A(검은색 선)와 선간전압 V_{AB}(파란색 선), 그리고 상전압 V_A와 선간전압 V_{AB} 가운데를 연결해주는 빨간색 선 부분만 따로 빼서 뒤집어 본다고 생각해보자. 그러면 아래쪽에 위치한 직각삼각형이 나올 것이다.

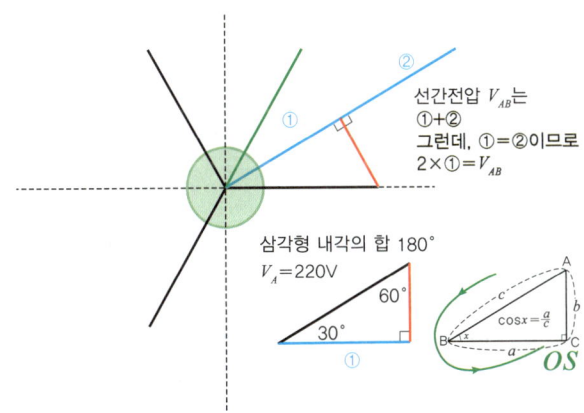

| cos값을 통한 미지의 값 ① |

상전압 V_A 또는 $-V_B$와 선간전압 V_{AB} 사이의 각도가 30°가 되는 것을 볼 수 있다. 이로써 상전압과 선간전압의 위상차는 30°임을 알 수 있다. 이는 좌표 하단의 직각삼각형을 통해서도 알 수 있다. 아울러 선간전압(파란색 선)을 구하기 위해서는 이를 미지의 값 ①로 두고 다음과 같이 삼각비[38]로 계산을 한다.

38 ─────
cos 0° = 1
cos 30° = $\sqrt{3}/2$
cos 45° = $\sqrt{2}/2$
cos 60° = 1/2
cos 90° = 0

$$\cos 30° = \frac{\sqrt{3}}{2} = \frac{①}{220}$$

$$① = 220 \times \frac{\sqrt{3}}{2} = \frac{220 \times \sqrt{3}}{2}$$

그러나 ①과 같은 값을 가진 ②가 있으므로 ①값에서 2를 곱한다.

$$2 \times ① = 2 \times \frac{220 \times \sqrt{3}}{2} = 220 \times \sqrt{3} = 381.0512 ≒ 380V$$

위의 삼각비 계산을 통해 선간전압은 상전압에서 $\sqrt{3}$배가 되는 것을 알 수 있고 상전압 220V의 선간전압은 약 380V가 된다는 것을 알 수 있다.

한편 델타(Δ)결선의 선전류가 상전류의 $\sqrt{3}$배가 되는 것 역시 위와 비슷한 원리로 이해할 수 있다.

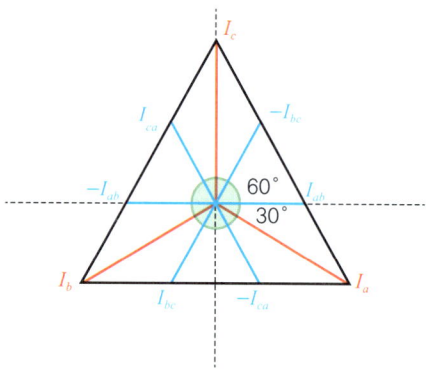

| Δ결선의 벡터도 |

위의 Δ결선의 벡터도를 보면 빨간색 선의 상전류(I_a, I_b, I_c)와 파란색 선의 선전류(I_{ab}, I_{bc}, I_{ca})가 있다. 벡터도를 통해 상전류와 선전류 사이에는 30°의 위상차가 있고 선전류가 상전류보다 $\sqrt{3}$배가 되는 것을 알 수 있다.

10 전동기(모터)는 어떤 원리로 회전을 하는 것일까?

KEY WORD 전동기, 자기장, 앙페르의 법칙, 플레밍의 왼손법칙, 아라고의 원판, 전동기 원리, 전동기 종류, 전동기의 기동법

학습 POINT
- 전동기 원리를 이해하기 위한 전기이론은?
- 전동기가 회전하는 이유는?
- 출력과 부하란?
- 전동기의 종류와 특징은?
- 3상 전동기를 단상 유도전동기보다 많이 사용하는 이유는?

    전동기는 우리 주변에서 널리 사용되는 전기제품의 한 종류로 전기에너지를 회전에너지로 변환하는 장치이다. 당장 컴퓨터에 있는 팬 역시 전동기를 이용한 것이고 냉장고의 냉매를 만들어주는 컴프레서 역시 압축공기를 만들기 위해 전동기를 사용한다. 뿐만 아니라 가장 간단한 구조의 전자제품인 선풍기 역시 전동기가 핵심부품이고 큰 회전력을 이용하는 전철이나 고속열차 구동에도 전동기가 사용된다. 그럼 이러한 전동기가 어떤 원리로 전기에너지를 회전에너지로 변환하여 구동되는지 알아보도록 하자.

1 전동기 원리를 이해하기 위한 전기이론은?

    초등학교 실험시간에 가장 신기했던 물질이 바로 자석이었다. N극과 S극처럼 다른 극끼리는 서로 붙으려고 하고 N극과 N극 또는 S극과 S극의 같은 극끼리는 서로 밀어내는 모습을 볼 수 있었다. 이렇게 자석이 서로 붙으려고 하거나 떨어지려는 힘을 자기력(磁氣力, magnetic force)이라고 한다.

    그런데 이 자석으로 쇠못을 문지르면 그 쇠못이 자석이 되어 또 다른 금속물체를 끌어당긴다. 이 쇠못과 같이 자석이 된 물체를 자성체(magnetic material)[1] 라 하고 다른 금속물체를 끌어당기는 자석처럼 되는 현상을 자화현상(magnetization)이라 한다.

    그리고 자석이 미치는 힘을 자기력(磁氣力, magnetic force)이라고 하고 자기력이 작용하는 공간을 자기장(磁氣場, magnetic field)[2] 이라 한다.

[1] 자성체도 반응에 따라 강자성체, 비자성체, 반자성체로 구분된다.

[2] 자계(磁界)라고도 한다.

I. 전기의 기본 이론 **133**

한편 기존에는 자기장이 교류에만 국한되어서 직류자계라고 따로 구별이 안 되었는데 한국전기설비규정에 따라 직류자계가 신설되었다. 직류자계(直流磁界, DC electric fields)란 0Hz인 직류 전로에서 형성되는 정자계를 말한다.

흥미로운 것은 자석과 전기는 관계[3]가 깊다. 따라서 전기를 이해할 때는 자석이 일으키는 현상 즉, 자기현상에 대해 어느 정도 이해할 필요가 있다. 전동기 역시 전기현상과 자기현상을 응용한 것으로 이에 대한 내용을 알아보자.

[3] 이에 대한 학문이 바로 전자기학(電磁氣學, electromagnetism)이다. 전기현상과 자기현상에 대한 다양한 이론을 배우고 이를 통해 전기의 특성을 배운다.

1 자기장의 세기와 자속밀도

전동기를 이해하기 위해서는 자주 등장하는 자속이라는 개념을 이해해야 한다. 자속(磁束, magnetic flux)이란 자성체 내부 자기력선의 묶음으로 기호는 ϕ(파이)를 사용하고 단위는 [Wb](웨버)[4]를 사용한다. 자기력선의 수가 많으면 많을수록 자기장의 세기가 강해진다. 그래서 자기장의 세기는 자기력선의 개수로 표현한다. 즉, 자기력선이 많을수록 자속이 증가하고 자기장이 더 강해진다.

[4] 자기력선속밀도가 1만 가우스인 균일한 자기장에 수직인 1m²의 평면을 통과하는 자기력선속을 의미한다. 이는 독일의 물리학자 W.E 베버의 이름에서 따왔다.

자석이 미치는 힘인 자기력이 작용하는 공간이 자기장이다. 이 자기장의 세기는 자속밀도(磁束密度, magnetic flux density) B나 자화력(磁化力, magnetizing) H로 나타낸다. 여기서 자속밀도는 자화현상으로 인해 자화된 자성체의 자기장의 세기를 나타내고 자화력은 외부에서 가하는 자기장의 세기를 나타낸다.

단순히 자속을 이용해서 자기장의 세기를 표현할 때는 맹점이 있다. 자기력선의 수가 같다면 면적에 따라 자기장의 세기가 달라질 수 있기 때문이다. 따라서 이를 표준화된 단위면적에서 통과하는 자기력선의 총 개수 즉, 자속을 사용하는 것이 정확하다. 이러한 개념이 바로 자속밀도인 것이다. 이를 정리하면 자속밀도는 자속 방향의 수직인 단위면적 1m²를 통과하는 자속을 말하는 것으로 기호는 B, 단위는 [T](테슬라) 또는 [Wb/m²](웨버 퍼 제곱미터)를 사용한다.

$$B = \frac{\phi}{A}[T] \text{ 또는 } [Wb/m^2]$$

한편, 외부에서 가하는 자기장의 세기인 자화력은 1Wb의 자극에 1N의 힘이 작용하는 자기장의 세기를 나타낸다. 기호는 H를 사용하고 단위는 [A/m](암페어 퍼 미터)를 사용한다. 자속밀도와 자화력은 다음과 같은 식으로 나타낸다.

$$B = \mu_0 H [T] \text{ 또는 } [Wb/m^2]$$

여기서, μ_0는 투자율(透滋率, magnetic permeability)로 자화될 때 생기는 자속밀도와 진공 중에서 나타나는 자기장세기의 비[5]를 말한다. 진공상태의 투자율은 $\mu_0 = 4\pi \times 10^{-7} \fallingdotseq 1.26 \times 10^{-6}$ H/m이다[6].

2 앙페르의 오른나사법칙

1820년 외르스테드[7]는 놀라운 현상을 한 가지 발견하였다. 바로 전류가 흐르는 도선 주변으로 자석의 힘인 자기력이 발생한다는 것이다. 본래 자석은 나침반처럼 북쪽을 가리켜야 정상이었으나 자석 인근에 있는 철사에서 전류가 흐를 때 자석이 제대로 북쪽을 가리키지 않는다는 것을 알아챘다. 그가 철사에 흐르는 전류의 방향을 바꾸니, 나침반의 바늘은 즉시 180° 회전했고, 철사가 놓인 방향에 상관없이 바늘이 철사에 흐르는 전류의 방향에 따라서 철사의 한쪽 옆이나 다른 쪽 옆을 향하였다.

이런 특별한 현상을 발견한 외르스테드는 단순한 인력이나 척력이 아니고 전류에서 발생한 돌림힘의 영향을 받는다는 것을 알아냈다. 이를 통해 나침반 바늘의 회전은 자기장과 전류 사이에 어떤 관계가 있다는 것을 증명했고, 그것은 바로 전기와 자기의 관계를 의미하는 것이다.

이를 이론적으로 제대로 증명한 것이 그로부터 2년 후인 프랑스의 물리학자인 앙페르에 의해서였다. 앙페르는 전류가 흐르는 도선 주변으로 생기는 자속의 방향을 알아냈고 이를 앙페르의 오른나사법칙(Ampere's right-handed screw rule)이라고 한다.

앙페르는 전류가 흐르는 도선 주위로 자속이 오른쪽으로 돌아가는 방향으로 생긴다는 것을 발견하였다. 이는 드라이버로 나사를 조일 때 오른쪽으로 돌리는 모습과 같은데 나사날이 전류의 방향을 가리킨다면 이를 드라이버로 돌리는 모습과 같이 자속이 발생하는 것을 말한다. 참고로 전류의 방향을 나타내는 기호가 있다.

[5] 물질의 종류에 따라 자화가 잘되는 정도를 나타내며, 강자성체일수록 값이 커진다.

[6] 단위 [H/m]는 '헨리 퍼미터'로 인덕턴스의 단위인 헨리(Henry)를 말한다.

[7] 한스 크리스티안 외르스테드(Hans Christian Örsted, 1777~1851)는 덴마크의 물리학자이자 화학자이다.

| 앙페르의 오른나사법칙 |

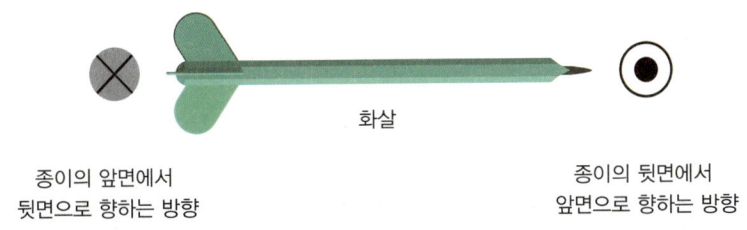

| 전류의 방향을 나타내는 법 |

I. 전기의 기본 이론 **135**

전류의 방향이 왼쪽과 오른쪽이면 표기하기가 쉽지만 전류가 종이에서 나에게 다가오는지, 그 반대 방향인지를 표기하기가 쉽지 않다. 이때 종이에서 나에게 다가 올 때는 ⊙[8]로 표기한다. 반대로 종이에서 나의 방향이 아닌 그 반대방향 즉, 종이 쪽으로 향할 때는 ⊗[9]로 표기한다.

이러한 기호는 앞의 그림과 같이 화살을 앞에서 본 경우와 뒤에서 본 경우를 기호화한 것이다.

[8] 도트(dot)라고 한다.

[9] 크로스(cross)라고 한다.

3 앙페르의 오른손 엄지손가락법칙

앞서 소개한 앙페르의 오른나사법칙은 전류가 한 가닥의 도선을 지나갈 때 자속의 방향을 알 수 있었다. 그런데 도선을 원형 모양으로 여러 번 돌돌 감아 놓아보자. 이렇게 생긴 장치를 솔레노이드 코일(solenoid coil)이라고 한다.

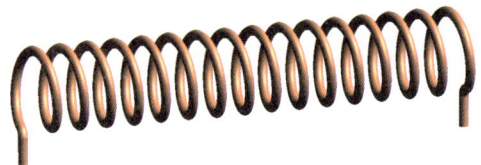

| 솔레노이드 코일 |

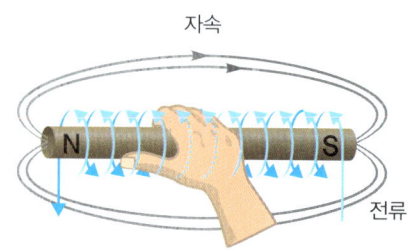

많이 감은 코일에 4개의 손가락을 대면 나머지 엄지가 자기장방향

| 앙페르의 오른손 엄지손가락법칙 |

이렇게 도선을 촘촘하게 감아 놓으면 자기력이 더욱 강해지게 된다. 이때 자속의 방향은 4개의 손가락으로 솔레노이드 코일을 잡고 또 전류가 흐르는 방향으로 엄지손가락 끝을 맞추면 엄지 끝이 N극인 전자석이 된다. 즉, 엄지손가락의 방향이 자기장의 방향을 말한다. 이렇게 솔레노이드 도선과 같은 원형 도선에 생성되는 자기장의 방향을 알아내는 법칙을 앙페르의 오른손 엄지손가락법칙(Ampere's right handed thumb rule)이라고 한다. 솔레노이드 도선을 통해 자기력을 크게 하고 싶으면 그만큼 많이 감으면 된다.

4 플레밍의 왼손법칙

자석 두 개를 서로 다른 극끼리 마주 보고 두되 서로 붙이지는 않는다. 이때 두 자석 사이로 전류가 흐르는 도선을 두면, 이 도선 주변으로 앙페르의 오른나사법칙 방향으로 자속이 발생[10]한다. 자속의 방향은 N극에서 S극인데 마치 고무밴드와 같아 위로 솟으려고 하는 힘이 발생한다. 이때의 힘(F)이 바로 전자력으로 위로 솟으려는 방향이

[10] 전류가 종이의 뒷면에서 앞면으로 흘러나올 때는 반시계방향. 종이의 앞면에서 뒷면으로 흘러 들어갈 때는 시계방향이 된다.

전자력의 방향이다. 이를 왼손으로 쉽게 이해할 수 있다. 왼손을 주먹 쥐었다가 엄지, 검지, 중지 순으로 펴보자. 이때 검지와 중지 사이 각도는 직각이 되도록 한다. 여기에서 엄지는 도체가 받는 힘 즉, 전자력의 방향이고, 그리고 검지는 자기장의 방향, 직각 위치에 있는 중지는 전류의 방향이 된다. 검지와 중지는 앞서 언급한 앙페르의 오른나사법칙과 같다. 이렇게 왼손을 통해 도체의 힘의 방향을 알 수 있는 것을 플레밍[11]의 왼손법칙(Fleming's left-hand rule)이라고 한다.

[11] 플레밍 존 앰브로즈 (Fleming, John Ambrose, 1849~1945)은 영국의 과학자이다.

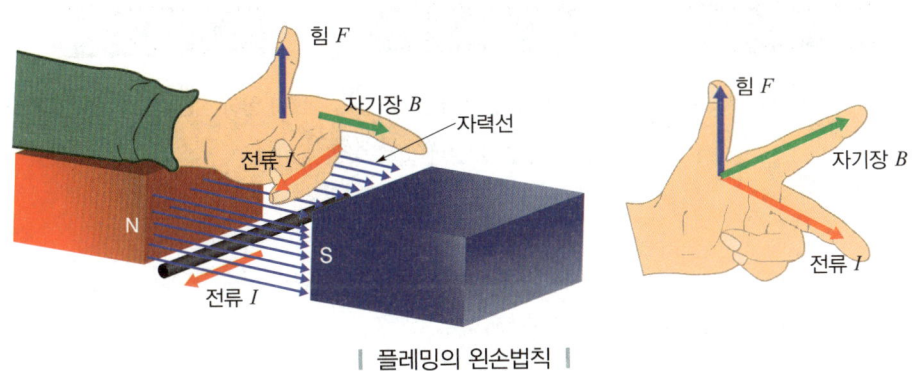

| 플레밍의 왼손법칙 |

플레밍의 왼손법칙을 통해 도체가 받는 힘의 크기를 알 수 있다. 다음 공식을 살펴보자.

$$F = Bil\sin\theta [N]$$

이때 F는 도체가 받는 힘 즉, 전자력의 크기로 단위는 [N](뉴턴)을 사용한다. B는 자기장의 세기[12]로 단위는 [T](테슬라), i는 도체에 흐르는 전류로 단위는 [A](암페어), l은 도체의 길이로 단위는 [m](미터)를 사용한다. 그리고 $\sin\theta$의 θ는 도체의 전류와 자기장이 이루는 각도를 나타낸다. 이를 이해하기 위해서 다음 그림을 살펴보자.

다음 그림을 보면 전류가 흐르는 도체와 자기장이 서로 90°를 이룰 때 도체가 받는 힘이 가장 크다는 것[13]을 알 수 있다. 전류가 흐르는 도체와 자기장의 각도가 90°보다 작으면 도체가 받는 힘이 작아진다. 예를 들어 각도가 45°라고 가정하면 sin45°=0.707로 90°에 비해 70.7%의 값이 된다. 이후 전류가 흐르는 도체와 자기장의 방향이 같으면 즉, 0°가 되면 작용하는 힘이 사라지게 된다.[14] 이는 앞으로 설명할 전동기를 이해하는 데 매우 중요한 이론이다.

[12] 물체를 자화시키는 외부 자기장의 세기로 다음과 같은 공식을 따른다.
$B = \dfrac{\phi}{A}[T]$
여기서,
ϕ : 자속(磁束, magnetic flux)으로 자성체 내부 자기력선의 묶음[Wb](웨버)
A : 면적[m²]

[13] sin90°=1과 같기 때문이다.

[14] sin0°의 값이 0인 것과 같다.

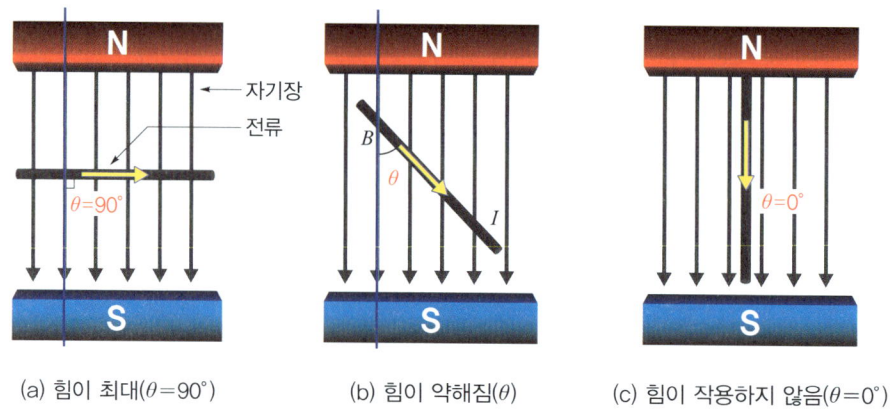

(a) 힘이 최대($\theta=90°$) (b) 힘이 약해짐(θ) (c) 힘이 작용하지 않음($\theta=0°$)

| 전류와 자기장의 각도에 따른 힘의 크기 |

2 전동기가 회전하는 이유는?

전자력은 전기에너지를 기계에너지로 변환한다. 전동기는 전자력을 통해 회전운동을 만들어내는 장치이다. 그럼 전동기의 원리와 어떤 부품이 전자력을 통해 회전운동으로 만들어내는지 차근차근 알아보자.

1 코일이 회전하는 이유

먼저 뒤의 그림 (a)를 살펴보자. 말굽자석 N극과 S극 간에 코일을 놓고 코일에 전류를 흐르게 한다. 코일의 길이는 l[m], 폭은 d[m]이다. 이때 코일의 ⓐ-ⓓ와 ⓑ-ⓒ는 자기장과 방향이 같기 때문에 전자력이 생기지 않지만 ⓐ-ⓑ와 ⓒ-ⓓ는 자기장의 방향과 수직이기 때문에 플레밍의 왼손법칙과 같이 전자력이 생긴다.

이를 다시 이해하기 위해 그림 (a)를 정면에서 나타낸 그림 (b)를 살펴보자. 자기장의 방향을 왼손의 검지, 전류의 방향을 중지에 대응시키면 엄지의 방향이 전자력의 방향이다. 이때 전자력의 방향은 ⓐ-ⓑ는 아래쪽으로 향하고 ⓒ-ⓓ는 위로 향하는 모습이다. 이렇게 서로 역방향으로 전자력이 작용하므로 코일이 회전하게 된다. 이때 회전하려는 힘을 토크(torque)라고 하고 기호는 T, 단위는 [N·m](뉴턴 미터)를 사용한다. 토크는 다음과 같은 식으로 표현할 수 있다.

$$T = NFd = NBIld \, [\text{N·m}]$$

앞의 식에서 N은 코일을 감은 횟수로 코일의 권수가 N회일 때는 토크가 N배가 된다. 그리고 B는 자속밀도로 단위는 [T], I는 전류로 단위는 [A], ld[m^2]는 코일의 면적[15]이다.

위의 공식을 통해 코일의 감은 횟수와 면적, 자속밀도, 전류량은 모두 토크와 비례 관계에 있음을 알 수 있다.

[15] 면적 ld를 A로 표기하기도 한다. 이때 토크 공식은 $T=NFd=NBIld=NBIA$[N·m]이 된다.

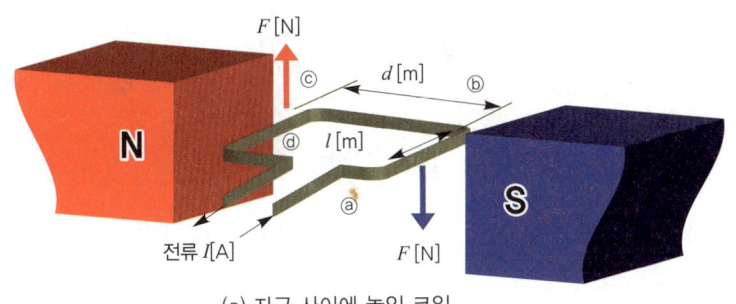

(a) 자극 사이에 놓인 코일

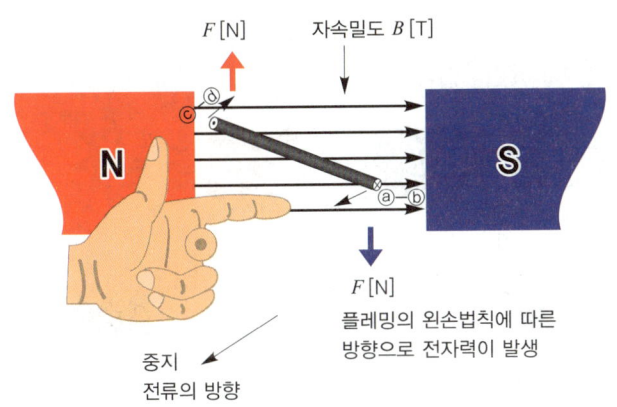

(b) (a)의 정면 모습

| 코일이 회전하는 이유 |

2 직류전동기의 원리

코일의 회전운동을 응용한 장치가 바로 전동기(電動機, electric motor)이다. 먼저 직류전동기의 원리에 대해 차근차근 이해해보자.

뒤의 그림 (a)에서 자석 N극과 S극 사이에 코일을 놓고 전류를 흐르게 하였다. C_1과 C_2는 대나무를 세로로 자른 것과 같은 구조로 되어 있는 금속부품[16]으로 이를 정류자라고 한다. 정류자(整流子, commutator)란 직류전동기[17]에 있는 부품으로 외부로부터 들어오는 직류를 교류로 바꾸어 회전부에 전달하는 부품이다. 교류로 바꾸는 이유는

[16] 정류자는 보통 경동(hard copper)으로 된 쐐기모양의 금속조각이다.

[17] 직류전동기를 정류자 전동기라고 한다.

전동기는 전류의 방향이 계속 바뀌면서 플레밍의 왼손법칙에 의한 힘도 계속 바뀌어야 전동기가 회전하기 때문이다. 전기자와 연결되어 있으므로 전기자가 회전하면 같이 도는데 이때 가만히 있는 브러시와 접촉하게 되어 마찰과 불꽃이 일어 고온이 발생하므로 튼튼하게 만들어야 한다.

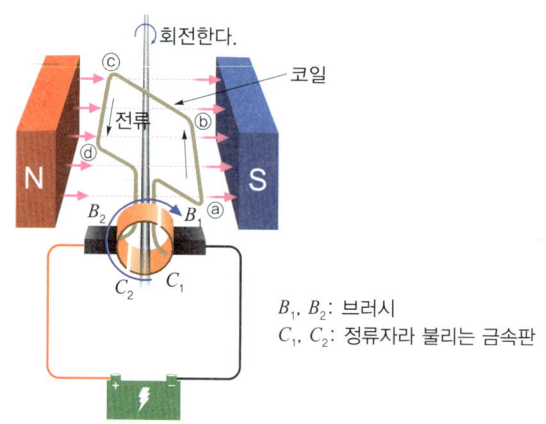

(a) 자극 사이에 놓인 코일

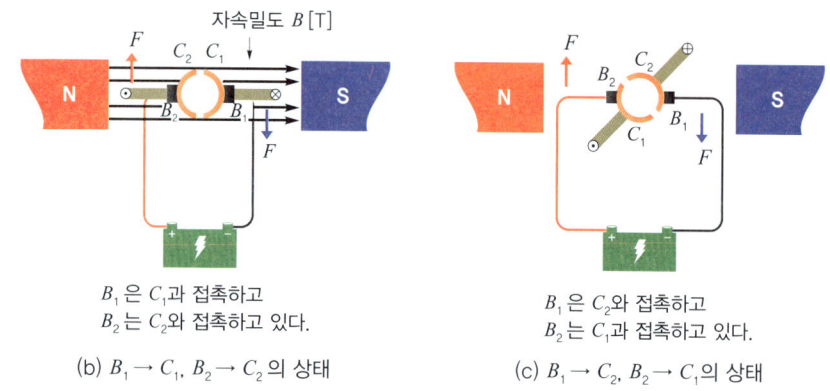

(b) $B_1 \to C_1$, $B_2 \to C_2$의 상태

(c) $B_1 \to C_2$, $B_2 \to C_1$의 상태

| 직류전동기의 원리 |

B_1과 B_2는 정류자에 항상 접촉하여 전류를 코일에 흘리는 작용을 하는 것으로 탄소(carbon)로 되어 있으며 이를 브러시라고 한다. 브러시(brush)는 정류자와 접촉하여 전동기 내부와 외부를 서로 연결한다. 이는 전동기로 들어가는 전선은 멈추어 있고 전기자는 계속 회전을 하다 보니 서로 전선으로 연결할 수 없다. 그래서 스프링을 통해 적당한 장력으로 정류자면에 밀착되어 있는 구조로 되어 있는 부품이다. 브러시와 정류자는 서로 적당한 접촉저항을 가져야 하고 마모성이 적어서 정류자를 손상시키지 않게 설계[18]를 해야 한다.

그림 (b)는 그림 (a)를 정면에서 본 모습이다. 이 상태에서 브러시 B_1는 정류자 C_1

[18] 브러시의 이런 특성상 사용기한에 한계가 있고, 정기적인 점검이 필요하다.

에 접촉되고 브러시 B_2는 정류자 C_2에 접촉되었다. 왼쪽 코일의 전류방향은 ⊙이고 자기장의 방향은 왼쪽에서 오른쪽으로 향한다. 따라서 플레밍의 왼손법칙에 의해 전자력(F)은 위쪽으로 향하게 된다. 마찬가지로 오른쪽 코일의 전류방향은 ⊗이고 자기장의 방향은 바뀌지 않으므로 코일의 전자력은 아래쪽으로 향하게 된다. 따라서 이 코일은 시계방향으로 토크[19]가 생겨 회전을 하게 된다.

그림 (c)는 코일이 회전하면서 브러시 B_1이 정류자 C_2에 접촉하고 브러시 B_2가 정류자 C_1에 접촉하려는 것을 나타낸다. 이 상태에서 왼쪽 코일의 전류방향은 ⊙이고 오른쪽 코일의 전류방향은 ⊗이다.

다시 말해서 그림 (b)와 같은 방향으로 전류가 흐르게 되는데 바로 이 점이 정류자가 작용하기 때문이다. 따라서 왼쪽 코일에는 위로 솟으려는 전자력이 작용하고 오른쪽 코일에는 아래쪽으로 향하는 전자력이 작용하며 시계방향으로 회전하게 된다.

[19] 회전하려는 힘을 말한다.

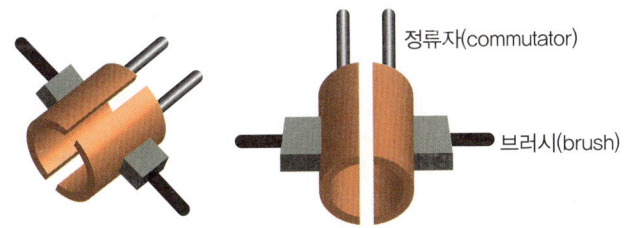

| 정류자와 브러시의 구조 |

3 계자와 전기자

전동기를 뜯어보면 크게 두 부분으로 나뉘어 있다. 단단하게 감싸 안는 형태로 되어 있는 부분과 그 안쪽에서 회전을 할 수 있게 되어 있는 부분으로 구분되어 있는데 여기서 감싸 안는 부분을 고정자(stator)라고 하고 안쪽에서 회전하는 부분을 회전자(rotor)라고 한다.[20] 이때 서로 떨어져 있는 고정자와 회전자에서 회전운동이 필요한 자속을 만들기 위해 자석을 고정자로 사용하는 경우가 많다.

[20] 반대로 회전자가 바깥쪽에 있고 고정자가 안쪽에 있는 것을 아우터 로터(outer rotor)형식이라고 한다.

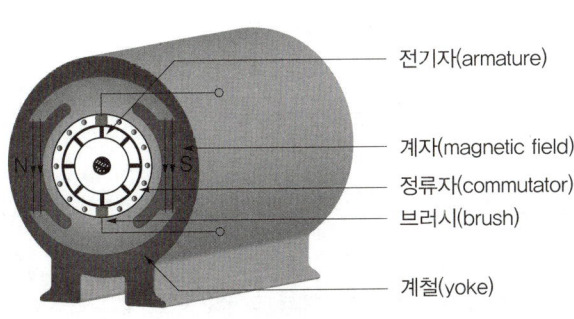

| 직류전동기의 구조 |

자석은 영구자석(permanent magnet)[21]도 가능하나 보다 강력하고 속도제어가 가능한 전자석(electromagnet)[22]을 사용한다. 이렇게 자석이 사용된 고정자부분을 계자(界磁, field magnet)라고 한다.

전기자(電機子, armature)는 계자가 만들어낸 자속을 끊어내어 직접 회전운동을 만드는 곳이다. 전기자는 전기자 철심과 권선인 코일로 구성되는데 코일의 인덕턴스를 강화하기 위해 철심이 나있는 홈에 슬롯(slot)을 내고 코일을 감는 방식을 사용한다. 철심은 와전류(渦電流, eddy current)[23]와 히스테리시스(hysteresis)로 인한 손실을 줄이고자 규소강판을 겹쳐서 만들고[24] 중앙 홈에 전동기의 회전축이 있다. 즉, 전기자란 직접 전동기로 들어오는 전류가 흐르는 곳으로 안쪽에서 회전하는 부분인 회전자를 말한다. 계철(繼鐵, yoke)은 자극 및 기계 전체를 보호와 지지를 하면서 자속의 통로 역할을 한다.

3 출력과 부하란?

1 토크와 출력의 개념

전동기를 이해하는 데 반드시 알아야 할 것이 토크(torque)라는 개념이다. 물리학에서는 돌림힘, 회전력이라고 하는 토크는 쉽게 말해 정지상태의 전동기를 최초 회전하는 힘을 말한다. 보통 토크의 기호로 영어 대문자인 T나 그리스어 소문자인 τ(타우)를 많이 사용하고 단위는 [kgf·m](킬로그램 중 미터)를 사용한다. 이따금 단위로 [N·m](뉴턴 미터)를 사용하는 경우도 있는데 서로의 변환은 다음과 같은 공식을 따른다.

$$1\text{kgf}\cdot\text{m} = 9.8\text{N}\cdot\text{m}$$

1kgf·m는 쉽게 말해 1m의 막대를 1kg의 힘으로 돌리는 것[25]을 말한다. 즉, 토크가 높을수록 돌리는 힘이 크다는 것을 알 수 있다.

$$\text{출력}(P) = \text{토크}(T) \times \text{회전수}(N)$$

토크와 회전수를 서로 곱하면 출력이다. 즉, 출력이 높다는 것은 토크와 회전수가 높다는 것을 뜻한다.

일반적으로 전동기의 출력을 마력과 와트로 구분하는데, 마력이란 말 1마리의 힘을

---

[21] 우리가 일반적으로 자석으로 인식하는 것으로, 다른 힘 없이도 스스로 자기력을 가지며 영구적으로 사용할 수 있는 것을 말한다. 전동기에서 영구자석을 사용하면 속도제어를 할 수 없다.

[22] 전류가 흐르면 자기력을 가지며 전류가 흐르지 않으면 자기력을 잃게 되는 자석을 말한다. 전자석을 만들기 위해 여자전류가 필요하지만 전자석에 흐르는 전류를 조절하여 전동기의 속도제어를 할 수 있다.

[23] 자성체 중에 자속이 변화하면 기전력이 발생하고, 기전력에 의해 소용돌이 모양으로 흐르는 전류이다.

[24] 성층철심이라고 한다.

[25] 자동차의 출력이 '35kgf·m@3500rpm'이라는 것은 엔진이 분당 3500회 회전할 때 35kgf·m의 토크가 나온다는 것을 뜻한다.

뜻하며 75kg의 물체를 1초에 1m 움직이는 능력을 나타낸다. 단위[26]는 우리나라의 경우 [PS]로 쓰기 때문에 1마력의 경우 약 735.5W에 해당한다.

$$1PS = 735.5W$$

그러나 전동기에서는 영마력의 개념으로 많이 접근한다. 영마력에서 1HP= 745.7W이지만 편의상 1HP는 0.75kW로 많이 계산한다. 전동기를 구입할 때 고려해야 할 전력(kW)과 마력(HP)의 환산은 다음 표와 같다.

| 전력(kW)과 마력(HP)의 환산표 |

kW	HP	kW	HP	kW	HP	kW	HP
0.2	1/4	1.1	1.5	5.5	7.5	19	25
0.4	1/2	1.5	2	7.5	10	22	30
0.55	2/3	2.2	3	11	15	30	40
0.75	1	3.7	5	15	20	37	50

전동기의 출력단위인 마력은 전력으로 환산하면 쉽게 소비전력을 가늠할 수 있기에 어느 정도 알아두면 전동기를 선정하는 데에 있어 도움이 된다.

2 부하와 저항의 관계

전기에너지를 다른 에너지로 변환하여 전기에너지를 소모하는 것을 부하(負荷, load)라고 한다. 전동기나 조명, 전자제품 등 전기에너지를 소모하는 것 즉, 소비전력이 있는 것을 모두 부하라고 한다. 부하의 크기를 전기에너지의 크기로 다시 말하면 전력의 크기라고 이야기할 수 있다. 전력은 다시 출력과 같다고 볼 수 있다. 전력을 구하는 공식[27]은 다음과 같이 응용할 수 있다.

$$P = VI = I^2 R = \frac{V^2}{R} [W]$$

위의 응용된 전력공식을 통해 전력과 저항에 대한 관계를 알 수 있다. '부하가 크다.'라는 의미는 전기에너지의 소모가 크므로 그만큼 전기에너지를 더 많이 공급해야 한다는 것을 의미한다.

예를 들어 1000W와 500W의 2개의 부하가 있다고 가정해보자. 전압이 220V라면 저항값은 다음과 같이 구할 수 있다.

[26] 단위가 2개로 나뉘지만 [W]로 환산 시에는 다르다. 야드, 파운드법을 쓰는 영국과 미국은 영마력이라 하는 [HP](Horse Power)를 사용하여 1HP= 745.7W와 같다. 미터법을 사용하는 우리나라 유럽의 경우는 불마력이라고 하는 [PS](Pferdestärke)를 사용하여 1PS=735.5W와 같다.

[27] 전력을 구하는 공식은 $P = VI$이다.

$$P = VI = I^2R = \frac{V^2}{R}$$

$$1000W = \frac{220^2}{R} = \frac{48400}{R}, \quad 1000R = 48400, \quad R = 48.4\Omega$$

$$500W = \frac{220^2}{R} = \frac{48400}{R}, \quad 500R = 48400, \quad R = 96.8\Omega$$

부하가 1000W인 경우의 저항값은 48.4Ω, 부하가 500W인 경우의 저항값은 96.8Ω으로 부하와 저항의 관계가 정확히 반비례관계임을 알 수 있다. 즉, 전압이 일정한 회로에서 부하가 큰 경우는 부하가 작은 경우보다 저항이 작아져 전류가 많이 흐른다[28]는 개념이 성립된다. 그래서 부하가 매우 큰 과부하(over load)란 저항이 작아지게 되어 과전류(over current)상태가 되고 전선의 허용전류를 초과하게 되면 과열로 인해 전기화재로 이어지게 된다. 전동기를 이해하는 데 있어 부하와 저항의 관계는 중요하므로 이 부분을 꼭 이해하도록 하자.

> 28 ─ 저항이 전류의 흐름을 방해한다고 생각하면 이해하기 쉽다.

4 전동기의 종류와 특징은?

1 전동기의 종류

우리가 사용하는 전력은 크게 직류와 교류로 구분되어 있다. 직류가 크기와 방향이 일정하다면 교류는 크기와 방향이 파도의 모양처럼 정현파 형태로 들썩거리는 모습을 띤다. 전동기는 이러한 전력형태와 더불어 직류전동기(DC motor)와 교류전동기(AC motor)로 구분되어 있다.

먼저 직류전동기를 보면 거의 대다수가 정류자가 있다. 정류자가 하는 일이 들어오는 교류를 직류로 바꾸어 회전자에 전달하는 일이기 때문이다. 이후 전기자코일과 계자코일의 연결방식에 따라 직권, 분권, 복권전동기로 구분할 수 있다. 브러시리스 전동기(brushless DC electric motor)[29]는 말 그대로 브러시가 없는 직류전동기를 말하는데 브러시전동기와는 구조적으로 아예 반대구조[30]로 만들었다. 정류자가 없어서 접점이 일으키는 마찰력에 의한 동력손실 및 마찰의 내구도 문제, 소음 감소의 효과가 있지만 직류전원만 들어간다고 회전되는 것도 아니고[31] 컨트롤러[32]가 있어야 가능하다. 아직 가격이 비싸서 많이 사용하고 있지 않지만 기술의 발달로 현재는 전동공구, 전기자동차, 일부 가전제품, 드론 등 점차 다양한 곳에서 사용범위를 확대하고 있다.

> 29 ─ BLDC motors 또는 BL moter라고 한다.
>
> 30 ─ 전자석쪽이 회전자를 담당하기 때문에 브러시 없이 전자석에 계속 전기를 공급할 수 있다.
>
> 31 ─ 전류를 전달하는 브러시가 없기 때문이다.
>
> 32 ─ 스위치등을 이용해 (+)극과 (−)극으로 외부에서 회전자의 위치에 따라 극을 바꾸어줘야 한다.

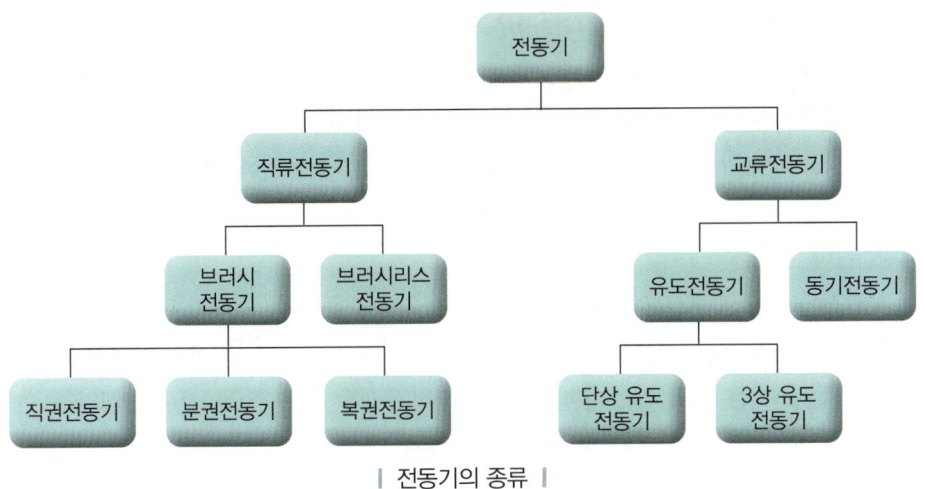

| 전동기의 종류 |

교류의 경우 가장 널리 사용하는 전동기로 유도전동기가 있고 입력전력에 따라 단상 유도전동기와 3상 유도전동기로 구분된다. 그리고 회전속도가 일정한 동기전동기가 있다.

33 ─ 전자석은 전류가 흐르면 자기력을 가지고, 전류가 흐르지 않으면 자기력을 가지지 않는다. 자동문, 폐차장 크레인, 전기차단기 등 다양한 곳에서 쓰인다.

2 직류(직권·분권·복권)전동기의 특징

직류전동기를 운용하기 위해서 전기자코일과 외각 계자코일로 동시에 전류를 흘려주어야 하는데 이때 큰 자기장을 생성하기 위해 영구자석보다는 전자석[33]을 사용해야 한다. 이때 직류자코일과 계자코일의 전원연결방법에 따라 직권전동기, 분권전동기, 복권전동기로 분류한다.

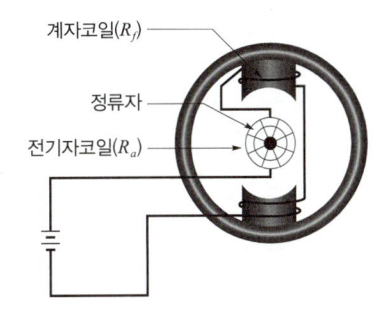

| 직권전동기의 기본 결선 |

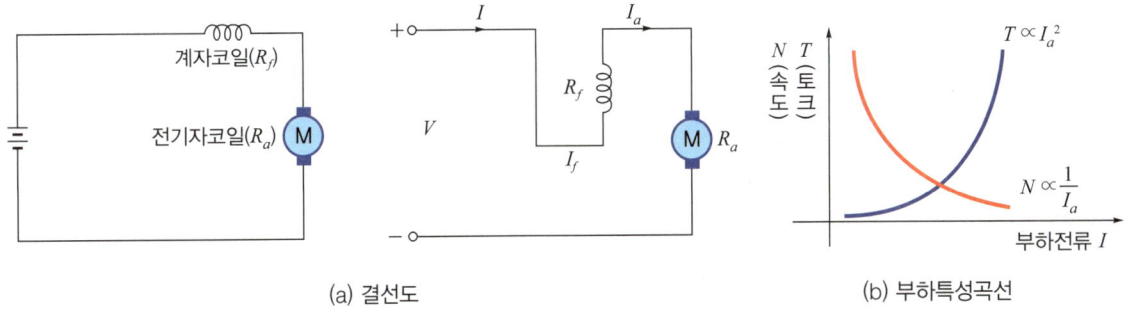

(a) 결선도 (b) 부하특성곡선

| 직권전동기 결선도 및 부하특성곡선 |

직권전동기(series-wound motor)는 전기자코일(R_a)과 계자코일(R_f) 그리고 부하가 직렬로 연결된 방식이다. 전류가 각 코일에 순차적으로 공급되는 게 가장 큰 특징이다.

만약 직권전동기에 부하가 작은 경우는 어떻게 될까? 부하와 저항은 서로 반비례 관계이므로 전동기의 전기자 부하저항(R_a)은 커지게 된다. 이때 전기자의 부하전류(I_a)는 작아지게 되고 전동기의 토크는 부하전류에 비례하므로 부하가 작으면 전동기의 토크(T)도 작아지게 된다. 그리고 전기자의 전압(V_a)은 부하저항(R_a)이 커지면 비례하여 커지게 된다. 따라서 전동기전압에 비례하는 전동기의 회전속도(N)는 빨라지게 된다.

직권전동기는 정지상태에서 최초로 움직이는 기동 회전력 즉, 토크가 매우 크다. 그러나 부하에 따라 회전속도의 변화가 크다. 이는 부하가 커질수록 회전속도가 작아지고 토크는 커지는 성질 때문이다. 그래서 부하가 매우 작은 상태나 무부하상태에서는 전동기가 매우 빠르게 회전하므로 주의해야 한다.

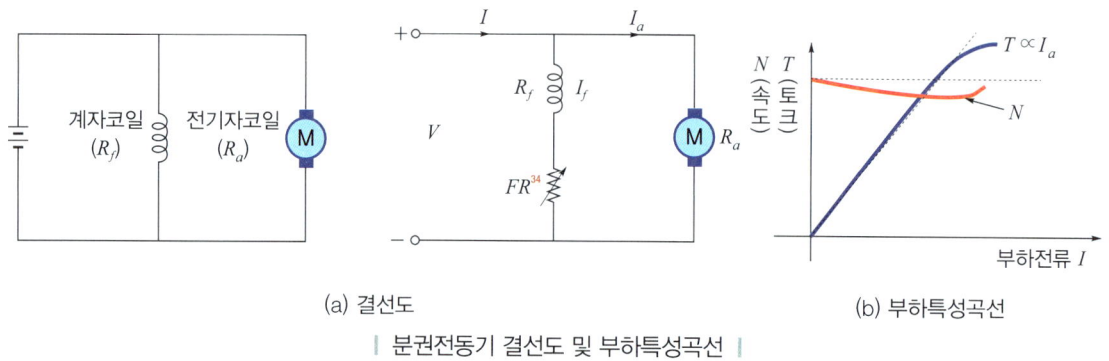

(a) 결선도   (b) 부하특성곡선

| 분권전동기 결선도 및 부하특성곡선 |

34
FR이란 가변저항(Field Rheostat)으로 계자코일에 흐르는 전류량을 조절하면서 전동기의 과부하를 제어하는 역할을 한다.

35
이는 전기회로에서 병렬의 특징(직렬은 부하가 증가할수록 전압이 떨어지지만 병렬은 부하를 늘려도 전압이 떨어지지 않음)과 같다.

36
탑승자가 많더라도 움직이기 위해 기동토크가 커야 하며 작동이 시작된 이후로는 정속으로 작동해야 하므로 복권전동기가 가장 적합하다.

분권전동기(shunt-wound motor)는 전기자코일과 계자코일이 서로 병렬로 연결된 전동기로 전압이 일정한 것이 특징[35]이다. 분권전동기는 계자코일의 저항(R_f)을 전기자코일의 저항(R_a)보다 매우 크게 만든다. 그래서 부하변동에 따른 전동기의 전류는 거의 대부분 전기자 쪽으로 흐르고, 부하가 증가하게 되면 전기자전류(I_a)도 증가하므로 토크(T)도 증가하게 된다. 아울러 병렬로 연결되어서 전기자전압(V_a)은 부하에 상관없이 일정하게 유지되고 전압에 비례하는 회전속도(N)도 그 변화폭이 매우 작아 일정하게 나타난다. 분권전동기는 정속도장치에 어울리긴 하지만 토크가 낮다.

복권전동기(compound-wound motor)는 전기자코일과 계자코일이 직렬과 병렬로 모두 연결되어 있다. 따라서 직권전동기와 분권전동기의 장점을 모두 가지고 있다. 즉, 직권전동기의 장점인 기동토크가 크다는 점과 분권전동기의 장점인 회전속도가 부하 변동에 따라 일정하다는 특성을 모두 가지고 있지만 전동기구조가 복잡하다는 단점이 있다. 복권전동기의 대표적인 쓰임새는 바로 엘리베이터[36]이다.

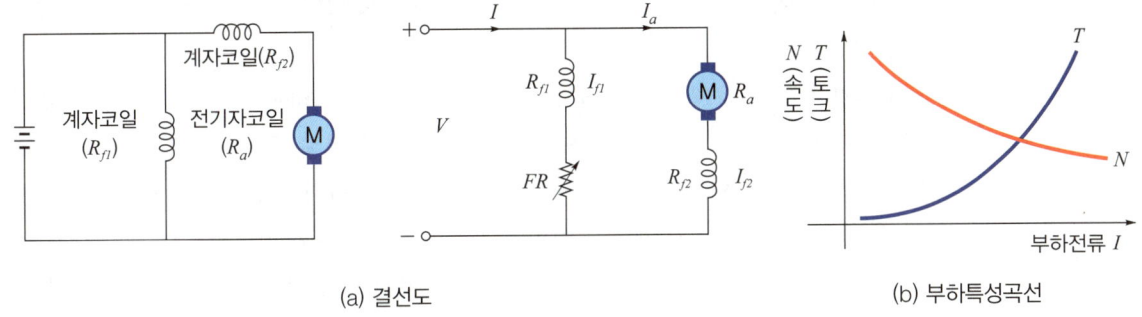

(a) 결선도 (b) 부하특성곡선

| 복권전동기 결선도 및 부하특성곡선 |

3 아라고의 원판과 유도전동기의 원리

교류전동기는 직류전동기와 비슷한 구조지만 부품 명칭이 약간 다른 것이 있다. 직류전동기에서 계자 역할을 하는 구성품을 고정자(stator)라고 하고 전기자 역할을 하는 구성품을 회전자(rotor)라고 한다.

교류전동기는 크게 유도전동기와 동기전동기로 구분[37]된다. 먼저 유도전동기를 이해하기 위해서는 아라고의 원판을 이해해야 한다.

아라고[38]의 원판(Arago's disk)은 자석에는 달라붙지 않는 비자성체인 구리원판과 그 구리원판 가운데에 회전을 위해 회전축을 달고 구리원판을 싸고 있는 말굽자석[39]을 두었다. 이 말굽자석을 회전시키면 금속판은 영구자석과 같은 방향으로 뒤따라 함께 회전하게 된다. 이때 중요한 것은 구리원판 자체는 전류가 흐르는 도체이지만 자석에는 붙지 않는 비자성체 물질이라는 것이다. 즉, 자석의 자기력에 의해 달라붙으려는 성질 때문에 붙는 것은 아니다.

[37] 실제로 유도기의 거의 대다수는 유도전동기로 사용되고, 전동기 중 80% 정도는 유도전동기가 사용된다. 아울러 전 세계 전력 소비의 절반은 바로 유도전동기에서 사용된다.

[38] 프랑스의 천문학자 도미니크 프랑수아 아라고(Dominique François Arago, 1786~1853)의 이름을 딴 것이다.

[39] U자 모양으로 생긴 영구자석으로 말굽과 비슷하게 생겨 말굽자석(horse shoe magnet)이라고 한다. 스위칭등을 이용해 (+)극과 (-)극으로 외부에서 회전자의 위치에 따라 극을 바꾸어줘야 한다.

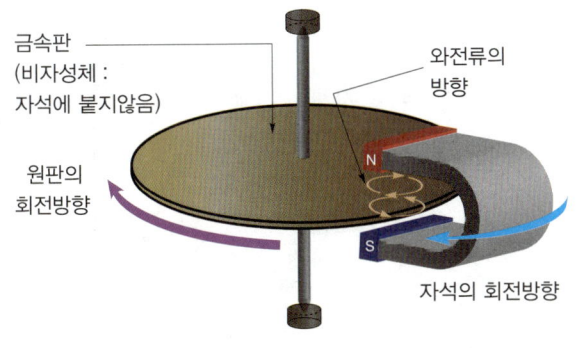

| 아라고의 원판구조 |

I. 전기의 기본 이론

[40] 간단하게 설명하면 자속 내의 도체운동은 다음과 같은 순서이다. 유도전류→자속 내의 전류→도체운동(전자력)

그렇다면 어떤 힘에 의해 구리원판이 회전하는 것일까? 이러한 단순한 현상에는 사실 많은 과학적 비밀[40]이 담겨 있다.

구리원판 주위에 자석을 설치하고 시계방향으로 회전하면 자석의 자기장 내에서 구리원판이 움직인다. 이는 플레밍의 오른손법칙에 의해 구리원판에는 유도기전력이 생성되고 유도전류가 흐르기 때문이다. 이렇게 구리원판에 흐르는 유도전류는 자기장 내에서 생성되었기 때문에 이번에는 플레밍의 왼손법칙이 적용된다. 그래서 구리원판은 전자력을 받고 움직이게 된다. 결국 플레밍의 왼손법칙에 따라 자석의 회전방향과 같은 시계방향으로 회전하게 된다. 말굽자석이 계속 회전을 하면 자기장도 계속 회전하게 되고 구리원판도 계속 회전하게 된다.

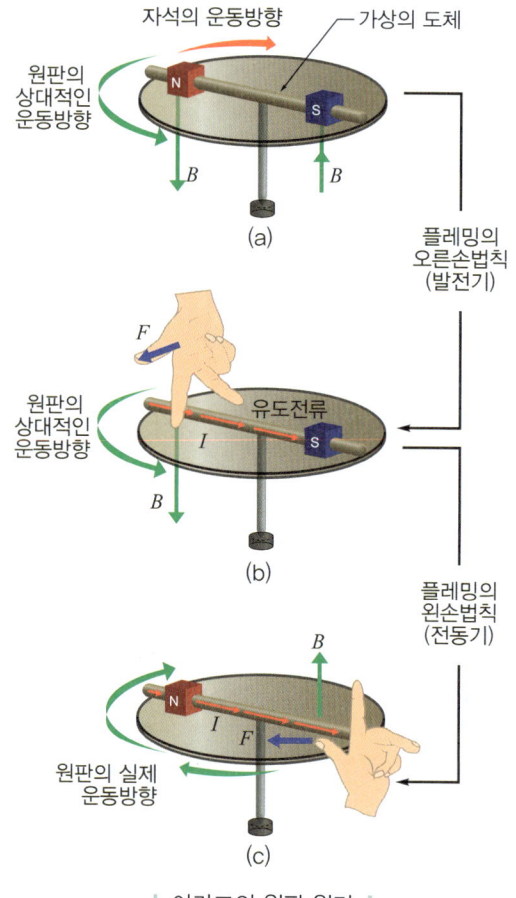

| 아라고의 원판 원리 |

아라고의 원판을 응용한 대표적인 전기기기가 바로 과거에 많이 사용하던 기계식 전력량계이다. 보통 기계식 전력량계를 유도형 전력량계라 하는데 이 유도형이라는 것이 바로 아라고의 원판과 같은 원리를 말하는 것이다. 이는 아라고의 원판과 마찬가지로 주변에서 자기장이 변화하면 원판에 맴돌이전류(와전류)가 생겨 자기장의 변화에 따라 회전하는 것을 말한다. 자동차의 속도계 경우도 바퀴와 와이어로 연결된 자석이 회전을 하면 스프링이 연결된 알루미늄통이 회전수에 비례해서 움직이게 만들었다.

(a) 기계식 계량기   (b) 자동차 속도계

| 아라고의 원판을 응용한 기계식 계량기 및 자동차 속도계 |

유도전동기(誘導電動機, induction motor)는 아라고의 원판과 같은 원리이다. 외각에 설치된 고정자(stator)코일에서 생성된 회전자기장(말굽자석)이 계속 회전하고 회전자(rotor)는 유도기전력이 유도되어 유도전류가 흐른다. 이렇게 유도전류는 자기장 내에서 회전자(구리원판)가 돌아가는 힘을 발생한다. 이와 같이 유도전류를 이용하여 회전자를 회전시키는 원리이다. 유도전동기의 고정자는 전자석을 이용하고 교류를 공급하여 강한 회전자기장을 만든다.

4 회전자기장과 유도전동기의 특징

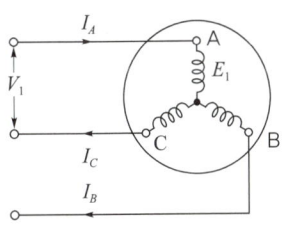 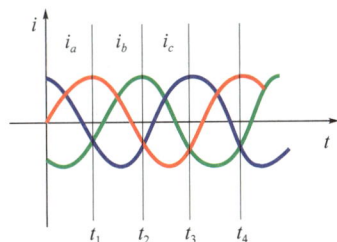

| 회전자기장 |

유도전동기를 이해하기 위해선 회전자기장[41]을 이해할 필요가 있다. 회전자기장(回傳磁氣場, rotating field)이란 발전소의 발전기 안에 3개의 코일을 같은 간격인 120°로 배치해서 3상 교류를 흘리면, 자기장은 전류와 같게 정현파로 변화하는 상태[42]를 말한다.

유도전동기는 아라고의 원판에서 말굽자석의 회전속도와 구리원판의 회전속도에 차이가 있기 때문에 전동기의 속도를 이야기할 때 알아 둘 것이 있다.

41 ─── 회전자계라고도 한다.

42 ─── 이에 대한 자세한 원리는 'Ⅱ의 01·3· 5 교류발전기의 원리와 종류'를 참고한다.

| 유도전동기의 내외부 모습 |

유도전동기에 입력된 교류전원의 정격전압과 정격주파수에서 유도전동기가 정격출력을 내면서 회전을 하고 있을 때의 속도를 정격회전속도(定格回傳速度, rated rpm)[43]라고 한다. 이는 아라고의 원판에서 구리원판의 회전속도로, 전동기의 실제 회전수를 말하며 기호로는 N, 단위는 분당 회전수를 말하는 [rpm]을 사용한다.

유도전동기의 동기속도(同期速度, synchronous speed)는 고정자(stator)코일에서 만들어지는 회전자기장의 회전속도를 말한다. 아라고의 원판에서 말굽자석의 회전속도라고 생각하면 된다. 동기속도는 N_s로 표기하고 단위는 정격회전속도와 같은 [rpm]을 사용하는데 회전자기장을 만드는 고정자 극수(number of poles)와 관련이 깊다.

[43] 정격속도라고도 한다.

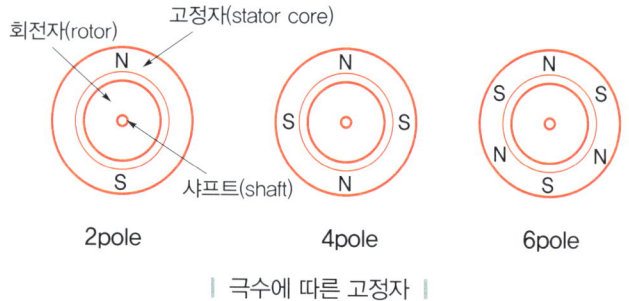

| 극수에 따른 고정자 |

[44] 이는 자석에서 N극과 S극이 짝을 이루기 때문이다.

여기서 극수(P)는 자석에서 볼 수 있는 N극과 S극의 개수이며, 항상 짝수[44]로 나타낸다. N극과 S극이 1쌍인 경우 회전자가 1회전을 하면 1주기의 교류가 만들어지므로 유도전동기의 주파수는 극수의 절반, 즉 $P/2$[Hz]가 된다. 아울러 회전수의 단위는 [rpm] 즉, 분당 회전수이기 때문에 이를 주파수의 [Hz]로 변환하기 위해선 60초로 나누어야 하며, 이를 정리한 식은 다음과 같다.

$$f = \frac{P}{2}\left(N_s \times \frac{1}{60}\right) = \frac{P \cdot N_s}{120} [\text{Hz}]$$

$$N_s = \frac{120f}{P} [\text{rpm}]$$

유도전동기의 개념 중 가장 중요한 슬립(slip)은 동기속도(N_s)와 전동기의 정격회전속도(N)의 차이를 백분율로 나타낸 것으로 기호는 s, 단위는 [%]를 사용한다. 아라고의 원판에서 슬립은 말굽자석과 구리원판의 속도의 차이를 말하며, 다음과 같은 간단한 식으로 구할 수 있다.

$$s = \frac{N_s - N}{N_s} \times 100\%$$

이를 이용하면 유도전동기의 정격회전속도를 구할 수 있다.

$$N = (1-s)\frac{120f}{P} \text{ [rpm]}$$

이를 통해 슬립이 100% 즉, 1이 되면 $N=0$이 되어 전동기가 정지상태라는 것을 알 수 있다. 마찬가지로 슬립이 0%이면 $N=N_s$가 되어 전동기가 동기속도로 회전하는 이상적인 무부하상태를 말한다. 슬립은 부하가 증가하면 상대적으로 증가하는 특징이 있다.

한편 유도전동기의 토크는 다음과 같이 구할 수 있다.

토크 $T = \dfrac{P}{\omega} = \dfrac{P_0}{2\pi f \dfrac{N}{60}} = \dfrac{P_2}{2\pi f \dfrac{N_s}{60}} \text{ [N·m]}$

$P_0 = P_2(1-s), \quad N = N_s(1-s)$

위의 식에서 P_0는 2차 출력, P_2는 2차 입력으로 표시한 토크를 말하고 N_s는 동기속도를 말한다.

유도전동기는 크게 농형 전동기[45]와 권선형 전동기[46]로 구분이 된다. 부하의 크기에 따라 단상 유도전동기와 같이 부하가 작을 때 사용하는 것이 있는가 하면 부하가 크면 3상 유도전동기를 사용한다. 유도전동기는 부하의 감당범위가 넓으며 직류전동기처럼 정류자나 브러시가 없고 고정자와 회전자가 전기적으로 연결되지 않기 때문에 수명이 길다. 구조도 간단한 편이고 가격이 저렴해서 전동기 중 80% 이상[47]을 차지할 정도로 많이 사용된다. 하지만 효율이 비교적 낮은 편이고 제어가 어렵다[48]는 단점이 있다.

5 동기전동기의 특징

동기전동기(同期電動機, synchronous motor)란 교류의 주파수와 동기되어 일정한 회전수로 회전하여 정속도에 특화된 전동기이다. 동기전동기의 원리는 다음과 같다.

---

45 ──
바구니같이 생긴 형태로 금속봉이나 금속판을 이용한 구조가 간단한 전동기이다.

46 ──
직류전동기의 전기자처럼 회전자에 코일을 감아 유도전류를 발생시키고 회전력을 얻는 전동기이다.

47 ──
실제로 대용량화도 쉬워 전기자동차나 철도의 전기기관차 등 다양한 곳에서 유도전동기를 사용한다.

48 ──
동기전동기는 상(phase)의 개수로 고정되는 특성이 많아 전기자전류와 회전수만 고려하면 되지만 유도전동기는 전기자 전류, 회전수, 주파수 등 많은 것에 영향을 받기 때문이다. 정격속도라고도 한다.

| 동기전동기의 구조 |

동기전동기의 고정자(stator)는 영구자석이나 철심에 코일을 감아 놓은 전자석으로 되어 있다. 그리고 전동기의 회전자(rotor)를 전자석으로 만들어 N극과 S극에 고정된 자극을 만들어 준다. 이때 고정된 자극을 만들기 위해 회전자에는 직류를 공급해 주어야 한다. 고정된 자극을 받은 회전자는 회전자기장의 회전에 따라 같은 속도로 회전하게 되는 것이다. 동기전동기의 회전속도와 토크는 다음과 같이 구한다.

$$회전속도 \; N_s = \frac{120 \cdot f}{P} [\text{rpm}]$$

$$토크 \; T = \frac{P}{\omega} = \frac{P}{2\pi f \frac{N_s}{60}} [\text{N} \cdot \text{m}]$$

동기전동기의 고정자는 회전하지 않기 때문에 전원선을 연결하는 데 문제가 없지만 회전자는 계속 회전하므로 회전자형태로 전자석을 사용할 때 외부에서 직류를 공급하기 위한 슬립링과 브러시가 필요하다. 동기전동기는 효율이 매우 높고 역률 1로 운전할 수 있다. 또한 회전자에 전류를 흘릴 필요가 없기 때문에 소음문제가 덜하다. 하지만 부하가 너무 커서 동기전동기의 토크로 회전할 수 없으면 고정자 회전자기장과 회전자의 동기가 깨지면서 떨다가 정지[49]하게 된다. 또한 기동토크가 없기 때문에 자기동법이나 타기동법으로 기동[50]해야 한다. 같은 속도로 회전할 수 있다는 것이 장점이지만 그만큼 속도제어가 어려운 편이다. 전반적으로 유도전동기보다 구조가 복잡하고 비싼 편이며 일반 교류전원에서 사용하기 위해선 주파수에 맞게 먼저 회전을 시켜야 하는 등 불편한 점이 많다.

[49] 동기전동기의 특징 중 하나가 난조(難調, hunting)가 있는데 이는 동기전동기의 부하가 급변하게 되어 조절이 어려운 현상을 말한다. 이를 방지하고자 제동권선이나 플라이휠을 설치한다. 이보다 더 심각한 현상을 탈조(脫調, out of phase)현상이라고 한다.

[50] 자기동법에 의한 방법은 기동권선을 이용한다. 이는 본래 제동권선인데 기동을 위해 사용하므로 편의상 기동권선이라 부르는 것이다. 타기동법에 의한 방법은 유도전동기를 통해 기동토크를 발생시켜 동기전동기를 회전시키는 것이다.

5 3상 전동기를 단상 유도전동기보다 많이 사용하는 이유는?

전기에너지를 회전에너지로 바꾸는 전동기의 경우 3상 전동기가 단상 유도전동기보다 더 많이 사용된다. 일반 가정에서 사용하는 전자제품의 경우는 3상 전동기를 사용하는 경우가 많지 않지만 소규모 공장부터 시작해 대규모 산업현장까지 3상 전동기를 많이 사용하고 있다. 냉난방기의 경우도 냉난방면적이 큰 경우에는 3상 전력을 이용한다. 이는 실외기라고 하는 압축기가 3상 전동기로 작동하기 때문이다.

51 ─
일반적으로 1마력 (750W)을 기준으로 그 이하는 단상을 많이 사용한다.

1 단상 유도전동기의 특징

집에서 사용하는 전동기가 들어가는 선풍기나 세탁기 등의 제품[51]들은 단상 유도전동기(單相誘導電動機, single-phase induction motor)를 사용한다. 단상을 사용하는 이유는 집으로 들어오는 전력이 단상 교류이기 때문이다. 그런데 얼핏 단상 유도전동기가 구조도 더 간단하고 크기도 작을 것이라고 생각하지만 실제로는 그 반대이다. 실제로 단상 유도전동기와 3상 유도전동기를 뜯어 비교해보면 단상 유도전동기 내부가 훨씬 복잡하다. 모든 전자제품이 그렇지만 기능과 부품이 많을수록 제작하기 어렵고 고장도 빈번하다.

| 별도의 기동장치가 있는 단상 유도전동기 |

왜 단상 유도전동기가 더 복잡한가? 전동기를 최초로 회전시키는 힘이 기동토크인데 단상 유도전동기는 이 기동토크가 없다. 그 이유는 단상 교류가 만드는 자기장이 시간이 흐른다고 해서 늘어나거나 줄어들지 않는 교번자계(交番磁界, alternating field)[52]이기 때문이다. 아래의 그림에서도 알 수 있듯 자속이 상하운동만 반복하고 방향을 나타내지 않게 되어 기동토크가 발생하지 않는다. 따라서 이를 서로 반대방향으로 회전하는 1/2 크기의 회전자기장으로 분리할 수 있기 때문에 외부의 힘을 통해 기동시키면 그 방향으로 회전할 수 있다. 이때 기동방법을 기동토크가 큰 순서로 나열하면 반발기동형 > 콘덴서기동형 > 분상기동형 > 셰이딩코일형으로 된다. 이들의 특징은 다음과 같다.

52 ─
교번자기장이라 한다.

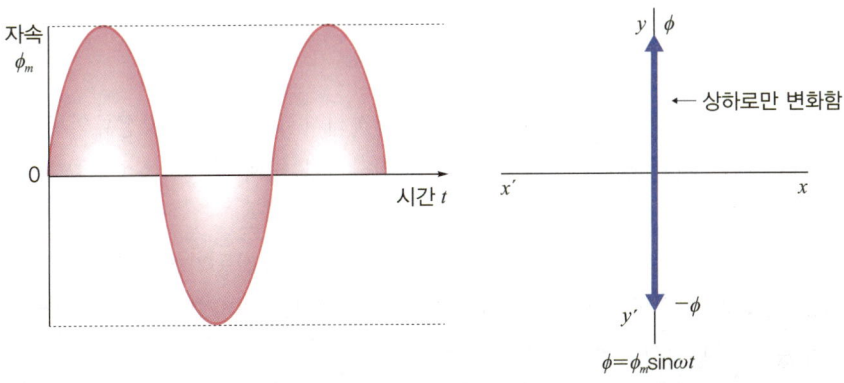

단상 교류의 자속은 yy'축 방향으로 교번적[53]으로 변화할 뿐이다.

53 ─
교번적이란 교대를 하면서 순서대로 진행하는 것을 말한다.

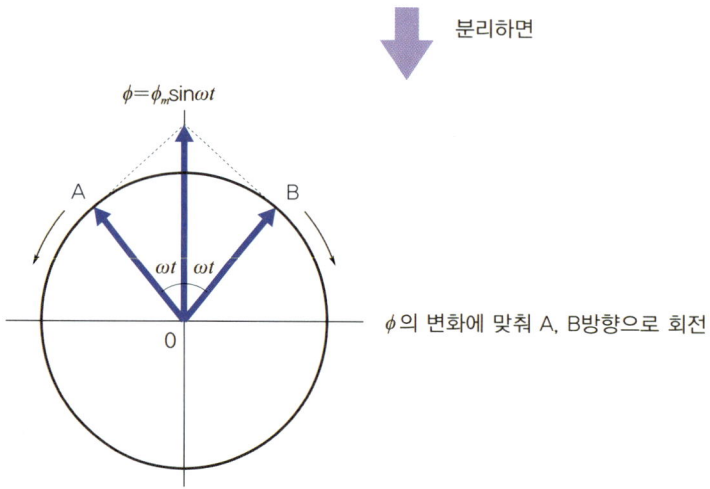

교번자속은 크기 $\dfrac{\phi_m}{2}$ 으로, 반대방향으로 회전하는 회전자속으로 분해할 수 있다.

| 단상 교류의 자속 |

(1) 반발기동형

반발기동형 단상 유도전동기의 고정자는 단상의 주권선이 감겨 있고 회전자는 직류전동기의 전기자와 거의 같은 권선과 정류자로 되어 있다. 이때 브러시는 고정자권선의 축이 $\theta°$의 각도만큼 위치해 있고 해당 회전자권선을 단락시킨다. 고정자가 여자되면 단락된 회전자권선에 전압이 유기되고 이때의 전압에 의해 전류가 흐를 수 있게 되며 이 전류로 자기장이 형성되어 고정자권선이 만드는 자기장과 상호작용으로 서로의 반발력이 생기게 된다. 이때 기동토크는 브러시의 위치가 적당해지면 매우 커지게 되어 전부하토크의 4~5배 수준이 된다. 고정자권선축의 브러시위치가 이동하면 역회전이 가능하다.

(2) 콘덴서기동형

기동을 위한 권선회로에 직렬로 콘덴서를 연결해서 주권선의 지상전류와 콘덴서의 진상전류의 위상차가 생긴다. 이 두 전류의 위상차가 커져 분상기동형보다 더 큰 기동토크를 얻을 수 있다.

콘덴서기동형 단상 유도전동기의 경우 다른 단상 유도전동기에 비해 효율과 역률이 좋고 진동과 소음이 적은 것이 특징이다. 가정에서는 냉장고, 세탁기, 소형 펌프, 송풍기 등에 사용되고 있다.

(3) 분상기동형

분상기동형 단상 유도전동기의 가장 큰 특징은 권선이 주권선과 기동권선으로 나누어져 있어 기동 시에만 기동권선이 연결되도록 한 것이다. 전압이 가해지면 리액턴스가 큰 주권선에 흐르는 전류는 리액턴스가 작은 기동권선으로 흐르는 전류보다 위상이 뒤지게 된다. 이로 인해 이동자계가 형성되어 회전자는 이 이동자계에 의해 회전을 시작한다. 전동기의 회전속도가 정격속도의 약 75%가 되면 원심력스위치에 의해 기동권선은 분리가 된다. 분상기동형 단상 유도전동기는 0.5마력까지 사용할 수 있다.

(4) 셰이딩코일형

셰이딩코일은 자극의 일부를 나누어 여기에 코일을 감은 것을 말한다. 1차 권선에 전압이 가해지면 자극철심 내 교번자속에 의해 셰이딩코일에 단락전류가 흐르게 된다. 이 단락전류는 한쪽 부분의 자속을 방해하도록 작용하기에 한쪽 부분의 자속은 다른 부분의 자속보다 시간적으로 늦어지게 되어 이동자계가 형성된다. 셰이딩코일형은 기동토크가 가장 적기에 수십와트 이하의 소형 전동기에서 사용된다. 구조가 간단하고 견고하지만 회전방향을 변경할 수 없다. 또한 셰이딩코일에 전류가 계속 흐르기에 효율과 역률이 매우 나쁘다.

| 단상 유도전동기의 기동법 비교 |

종류	구조	기동토크[%]	적용 출력[W]
반발기동형	정류자, 브러시 단락장치 부착	300 이상	100~800
콘덴서기동형	콘덴서 원심력스위치 부착	200 이상	80~400
분상기동형	원심력스위치 부착	125 이상	40~200
셰이딩코일형	셰이딩코일 부착	40~80	극소~80

2 3상 전동기의 특징

전동기는 맨 밑 부분에 브러시(brush)라는 것이 있다. 전동기코일에서 전기를 공급받는 부분이다. 일반적으로 전동기는 3개의 코어로 이루어지는데 브러시도 3개이다. 이는 3상을 이용하는 가장 핵심이 되는 이유이다.

왜냐하면 각각의 브러시에는 서로 다른 상의 전력이 공급되어야 N극과 S극 자석의 힘에 원활하게 대응해서 작동할 수 있기 때문이다. 아울러 3상 전원의 접속을 바꾸면 쉽게 역회전이 가능한

| 다양한 크기의 농형 3상 유도전동기 |

것도 3상 전동기의 장점[54] 중 하나이다.

아울러 전동기의 경우 처음 회전을 위한 기동작업이 필요한데 단상 전동기는 이를 위한 커패시터나 인버터 등의 기동회로가 존재하지만 3상 전동기는 기동회로가 따로 없다.[55] 그러나 3상 전력을 사용하는 전동기는 발전소에서 전기를 만드는 터빈의 회전자기장을 그대로 사용하므로 별다른 기동회로 없이도 손쉽게 전동기를 돌릴 수 있다. 이는 그만큼 전동기를 안정적으로 사용할 수 있을 뿐만 아니라 고장도 적다는 뜻이다. 또한 단상에 비해 3상의 교류파형이 같은 정현파이어도 훨씬 일정한 편이고 전력이 거의 비슷한 크기로 전달되는 것 또한 3상의 장점 중 하나이다.

따라서 같은 성능을 가진 전동기가 단상과 3상이 있는 경우엔 당연히 3상 방식을 선택하는 것이 유리하다.

3 3상 전동기의 기동법

앞서 말했듯이 전동기는 계속 돌아가고 있는 운전 중일 때보다 최초로 회전하여 기동할 때 대전류가 흐르게 된다. 출력이 적은 전동기의 경우 이는 큰 문제가 아니지만 출력이 큰 전동기의 경우는 이야기가 다르다. 기동전류에 맞춰 전선을 굵은 것으로 선택하거나 변압기용량을 키우는 것은 경제적인 선택방법이 아니다. 더구나 기동전류가 크게 흐르는 것은 전원의 전압이 일시적으로 저하되거나 전동기에 부담을 줄 수도 있다.

건물 내부의 공조설비 등에서 가장 널리 사용되고 있는 전동기로 농형(바구니형) 3상 유도전동기[56]가 있다. 바구니형(농형) 3상 유도전동기의 기동전류를 제어하여 기동하는 방법은 크게 전전압기동법[57]과 감전압기동법[58]으로 분류된다.

전전압기동법은 전원용량의 허용한도 내에서 가장 일반적으로 사용하는 방법으로 가속토크가 가장 크고 기동 시 쇼크가 가장 크다. 가장 저렴하게 구성할 수 있는 방법이다. 반면 감전압기동법은 다음과 같이 구분된다.

(1) Y-Δ기동법

전동기 내부의 고정자는 평소 Δ결선 형태로 접속되어 있다. 그러나 기동하는 몇 초 동안 Y결선 형태로 접속하며 회전이 시작되면 Δ결선 형태의 접속으로 돌아오는 방법이다. 고정자권선의 접속을 Y결선 형태로 하면 권선에 걸리는 전압이 Δ결선보다 $1/\sqrt{3}$로 떨어지게 된다. 또한 권선에 흐르는 전류는 전압의 제곱에 비례하기 때문에 기동전류는 1/3로 낮출 수 있다. 단, 기동 시 토크는 1/3로 저하된다.

---

[54] 달리 말하면 접속을 잘못하면 역회전으로 인해 큰 고장이 날 수 있다.

[55] 이는 언제까지나 3상 교류전동기에서 많이 사용하는 유도전동기에 한해서이다. 동기전동기는 스스로 기동할 수 없기 때문에 기동권선이나 다른 유도전동기를 통해 기동시킨다.

[56] 내부 회전자가 바구니 형태로 되어 구조가 단순하고 튼튼하여 수명이 긴 전동기로서 여러 기기에 사용되고 있다.

[57] 전압 전체를 이용하여 기동하는 방법이다.

[58] 전압을 낮추어 기동하는 방법이다.

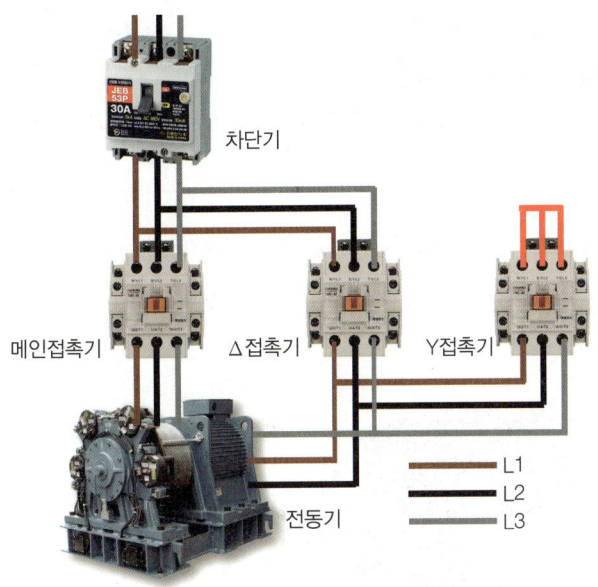

| Y-Δ 기동법의 결선방법 |

(2) 기동보상기법(콘도르퍼기동법)

변압기를 사용해서 기동할 때 전압을 떨어트리는 방법이다. 예를 들어 기동 시 전압을 정격전압의 1/2로 낮출 경우 권선에 흐르는 전류는 전압의 제곱에 비례하므로 기동전류는 1/4로 억제가 된다. 단, 기동 시 토크는 1/4로 저하된다. 기동법의 구성하는 데 가장 큰 비용이 발생한다.

(3) 리액터기동법

전원과 전동기 사이에 리액터를 넣는 것으로 기동 때 걸리는 전압을 낮춤으로써 기동전류를 줄이는 방법이다. 회전수 상승과 함께 서서히 전압이 상승되고 이에 따라 토크도 커지기 때문에 가속 시 큰 토크를 얻을 수 있다. 원활하게 가속이 가능하다.

여기서 잠깐! 전동기의 명판은 어떻게 읽어야 하는가?

여러 가지 의미로 전동기는 전기기기 중 특별한 기기로 자신이 누구인지에 대해 전동기 한쪽에 명판(name plate)를 붙여놓는 경우가 많다. 따라서 전동기 취급자는 이를 통해 전동기의 특성에 대해 바르게 이해하고 취급해야 한다.

| 전동기의 명판 |

먼저 한글로 된 전동기 명판을 읽는 방법을 알아보자.

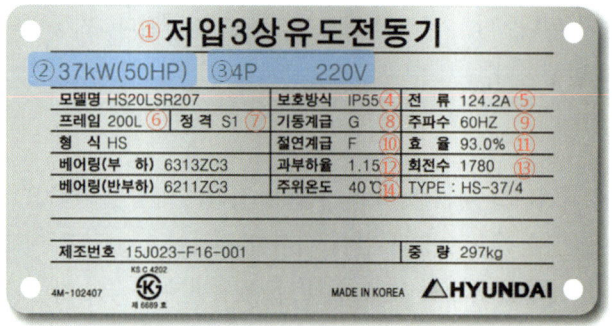

| 한글로 된 전동기 명판 |

① 저압 3상 유도전동기 : 교류 600V 이하의 저압 3상 전력에서 작동이 가능한 유도전동기를 말한다.
② 37kW : 정격출력(output)으로 전동기가 할 수 있는 일의 양을 나타낸다. 1W의 전동기는 1N(뉴턴= 1/9.8kgf)의 힘에 대응하여 물체를 1초 동안 1m의 비율로 움직일 수 있는 능력을 말한다. 이는 정상적인 정격전압 및 정격주파수에서 연속으로 운전할 수 있는 값이며 그 이상의 값도 나올 수 있기에 최대 출력은 아니다. 정격출력의 상태가 전부하(全負荷, full load), 공회전상태는 무부하(無負荷,

no load), 정격출력 이상의 상태를 과부하(過負荷, over load)라고 한다. 괄호 속에 있는 50HP란 50마력으로, 과거에 정격출력을 나타낸 단위이며 1HP=746W로 보통 0.75kW로 계산한다. 정격출력을 초과할 경우 과부하로 입력과 손실이 증가하므로 온도 상승에 따른 고장 및 파손의 우려가 있고 정격출력 미만일 경우 특별한 문제는 없지만 사용량에 비해 출력이 높은 전동기를 사용하기 때문에 비경제적이다.

③ 4P 220V : 극이 4개가 있는 정격전압 220V 제품을 말한다. 여기에서 정격전압이 220V나 380V로 하나만 있으면 해당 전압 전용모델이고 220/380V로 쓰여 있으면 두 전압 모두 쓸 수 있는 겸용 모델이다. 겸용 모델은 단상과 3상을 쓸 수 있다는 것이 아니라 내부 결선을 Y결선으로 하는 경우 380V, △(델타)결선으로 하는 경우 220V를 사용할 수 있다는 것이다. 전압 변동에 따른 전동기의 특성 변화는 다음과 같다.

| 전압 변화에 따른 전동기의 특성 변화 |

전동기의 특성	전압 10% 증가	전압 10% 감소
동기속도	변화 없음	변화 없음
무부하전류	거의 변하지 않음	거의 변하지 않음
정격전류	-7%	+11%
기동전류	+10~12%	-10~12%
최대 출력	+21%	-19%
최대 회전력	+21%	-19%
기동회전력	+21%	-19%
효율	+0.5~1%	-2%
역률	-3%	+1%
슬립	-17%	+23%
온도 상승	-3~4℃	+6~7℃
자기소음	약간 증가	약간 감소

일반적으로 최대 전압 변동이 ±10% 이하이면 실제 이용에는 지장이 없다고 본다.

④ 보호방식 : 외부의 먼지나 습기로부터 전동기가 얼마나 보호되는지를 나타내는 것으로 이 수치가 높을수록 완벽하게 보호가 된다는 의미이다.

⑤ 전류 : 정격전류는 정상적인 전압과 주파수 상태에서 사용되는 전류량으로 보통 다음과 같은 공식에 의해 산정된다.

$$\text{단상 } I = \frac{P}{V \times \cos\theta \times \eta}$$

$$\text{3상 } I = \frac{P}{\sqrt{3} \times V \times \cos\theta \times \eta}$$

위의 식에서 단상의 경우 P는 정격출력, V는 전압, $\cos\theta$는 역률, η는 효율을 나타낸다. V의 값은 단상의 경우 220으로 지정하면 되지만 3상의 경우 Y결선일 때 380V, Δ(델타)결선일 때 220V를 입력한다. 명판 속 전동기의 경우는 따로 역률이 표기되어 있지 않지만 출력, 전압, 전류, 효율이 표기되어 있기 때문에 역률을 구할 수 있다.

$$I = \frac{P}{\sqrt{3} \times V \times \cos\theta \times \eta} = \frac{37 \times 10^3}{\sqrt{3} \times 220 \times \cos\theta \times 0.93} = 124.2A$$

$$\cos\theta = \frac{P}{\sqrt{3} \times V \times I \times \eta} = \frac{37 \times 10^3}{\sqrt{3} \times 220 \times 124.2 \times 0.93} = 0.8406 \times 100 = 84.06\%$$

따라서 위 전동기의 역률은 84.06%임을 알 수 있다. 전동기의 정격전류를 초과하게 되면 과부하로서 동손이 증가하게 되어 온도가 상승하고 과열로 인한 전동기의 고장 및 파손이 될 수 있다.

⑥ 프레임 : 일종의 전동기 크기를 나타낸다. 통상 전동기가 클수록 더 높은 출력을 가질 수 있지만 극수가 많아도 출력은 떨어진다. 이에 대한 자료는 다음과 같다.

| 프레임 크기와 극수에 대한 정격출력 |

프레임 크기	71	80	90	100L	112S	112M	132S	132M	160M
2P	0.4	0.75	1.5/2.2	–	–	3.7	5.5/7.5	–	11/15
4P	0.2/0.4	0.75	1.5	2.2	–	3.7	5.5	7.5	11
6P	0.2	0.4	0.75	–	1.5	2.2	3.7	5.5	7.5
프레임 크기	160L	180M	180L	200L	225M	250S	250M	280S	280M
2P	18.5	22	30	37/45	55	–	75	95	110
4P	15	18.5/22	30	37/45	55	–	75	95	110
6P	11	15	18.5/22	30/37	–	45	55	75	95

위의 표에서 출력은 모두 [kW]단위를 사용한다. 예를 들어 55kW의 출력을 가진 전동기의 크기는 극수 2개나 4개인 경우는 225M 사이즈의 프레임을 가진 전동기를 구입해도 되지만 극수가 6개인 것을 찾는 경우는 250M 사이즈를 구해야 한다. 위의 명판 속 모델은 200L 프레임을 가진 모델로 37kW급 전동기는 극수 제한 없이 모두 사용이 가능하다.

⑦ 정격 : 해당 전동기의 사용한도를 말하며, S1은 연속운전이 가능한 전동기로 주위온도가 40℃일 때 전동기의 기대수명 내에서 연속운전이 가능하다. 이를 연속정격(continuous rating)이라 한다. 건설현장의 크레인이나 호이스트 같이 연속적으로 사용하지 않는 특수전동기의 경우는 10분용, 30분용, 60분용, 90분용이 있으며, 10분 운전, 2분 정지를 반복하는 경우 10분 정격을 사용한다. 이렇게 지정된 조건에서 허용시간까지 운전할 때 제반사항을 초과하지 않는 전동기를 단시간 정격(short-time rating)이라 한다. 보통 사용정격은 다음과 같이 나눌 수 있다.

| 정격 표기에 따른 종류 |

표기	정격의 종류
S1	연속 사용
S2	단시간 사용
S3	반복 사용
S4	기동의 영향이 있는 반복 사용
S5	기동제동의 영향이 있는 반복 사용
S6	반복부하 연속 사용
S7	제동이 있는 반복부하 연속 사용
S8	변속도 반복부하 연속 사용

⑧ 기동계급(locked-rotor indicating code letter) : 전동기의 전류 특성에 의해 운전전류와 기동전류의 비율로 계급을 나타낸 것으로 알파벳 순서로 되어 있다. A부터 시작해서 Z로 갈수록(I, O, Q, W, X, Y, Z 제외) 기동전류가 높게 나타난다.

| 기동계급과 기동입력비 |

기동계급	기동입력비[kVA/kW]		기동계급	기동입력비[kVA/kW]	
A	–	4.2 미만	L	12.1 이상	13.4 미만
B	4.2 이상	4.8 미만	M	13.4 이상	15.0 미만
C	4.8 이상	5.4 미만	N	15.0 이상	16.8 미만

여기서 잠깐!

기동계급	기동입력비[kVA/kW]		기동계급	기동입력비[kVA/kW]	
D	5.4 이상	6.0 미만	P	16.8 이상	18.8 미만
E	6.0 이상	6.7 미만	R	18.8 이상	21.5 미만
F	6.7 이상	7.5 미만	S	21.5 이상	24.1 미만
G	7.5 이상	8.4 미만	T	24.1 이상	26.8 미만
H	8.4 이상	9.5 미만	U	26.8 이상	30.0 미만
J	9.5 이상	10.7 미만	V	30.0 이상	–
K	10.7 이상	12.1 미만		–	

위의 표에서 이야기하는 기동입력비는 다음과 같다.

$$기동입력비 = \frac{\sqrt{3} \times 전압[V] \times 기동전류[A]}{출력[kW] \times 10^3}$$

만일 단상인 경우는 $\sqrt{3}$ 없이 구하면 된다. 결국 기동전류로 인한 출력을 피상전력화한 것에서 유효전력을 나눈 값이 기동입력비라는 것을 알 수 있다.

예를 들어 7.5kW, 4P, 380V의 기동전류가 100A인 경우는 다음과 같이 구할 수 있다.

$$기동입력비 = \frac{\sqrt{3} \times 380 \times 100}{7.5 \times 10^3} = \frac{65817.93}{7500} = 8.776 kVA/kW$$

위에 표에서 8.4 이상 9.5 미만에 해당하는 기동계급이 H라는 것을 알 수 있다. 마력으로 표기된 경우 이를 [kW]로 환산한 이후 계산하고 위의 표를 통해 기동계급을 확인할 수 있으며, 보통 G급에서 K급이 가장 많다. 통상 출력이 0.2kW에서 37kW인 경우의 전동기는 기동계급을 명판에 기재하게 되어 있다.

⑨ 주파수 : 우리나라의 주파수는 60Hz이지만 외국은 50Hz도 있다. 이에 정격주파수가 고정되어 있는 전동기가 있는가 하면 50Hz와 60Hz를 모두 사용할 수 있는 주파수 겸용 전동기도 있다. 이러한 주파수 겸용 전동기는 주파수에 따라 출력이 조금씩 변하는데 50Hz 전용 전동기를 60Hz의 전원에 사용한다면 전동기의 회전속도는 20% 빨라지고 출력이 같게 된다면 토크는 주파수에 반비례하여 감소하게 된다. 구체적으로 주파수 변화에 따른 전동기의 특성은 다음과 같다.

| 주파수 변화에 따른 전동기의 특성 변화 |

전동기의 특성	주파수 5% 증가	주파수 5% 감소
동기속도	+5%	−5%
무부하전류	−5%	+5~10%
정격전류	약간 감소	약간 증가
기동전류	−5~6%	+5~6%
최대 출력	약간 감소	약간 증가
최대 회전력	−10%	+11%
기동회전력	−10%	+11%
효율	약간 증가	약간 감소
역률	약간 증가	약간 감소
슬립	거의 변하지 않음	거의 변하지 않음
온도 상승	약간 감소	약간 증가
자기소음	약간 감소	약간 증가

일반적으로 최대 주파수 변동을 ±5% 이하이면 실제 이용에는 지장이 없다고 본다.

⑩ 절연계급 : 자세한 것은 '05의 3· **1** 전동기의 절연계급'을 참고하자.

⑪ 효율 : 전동기의 효율을 나타낸다. 효율을 구하는 공식은 다음과 같다.

$$효율(\eta) = \frac{출력}{입력} \times 100 = \frac{입력 - 손실}{입력} \times 100 = \frac{출력}{출력 + 손실} \times 100 [\%]$$

전동기의 손실은 다음과 같이 구분된다.

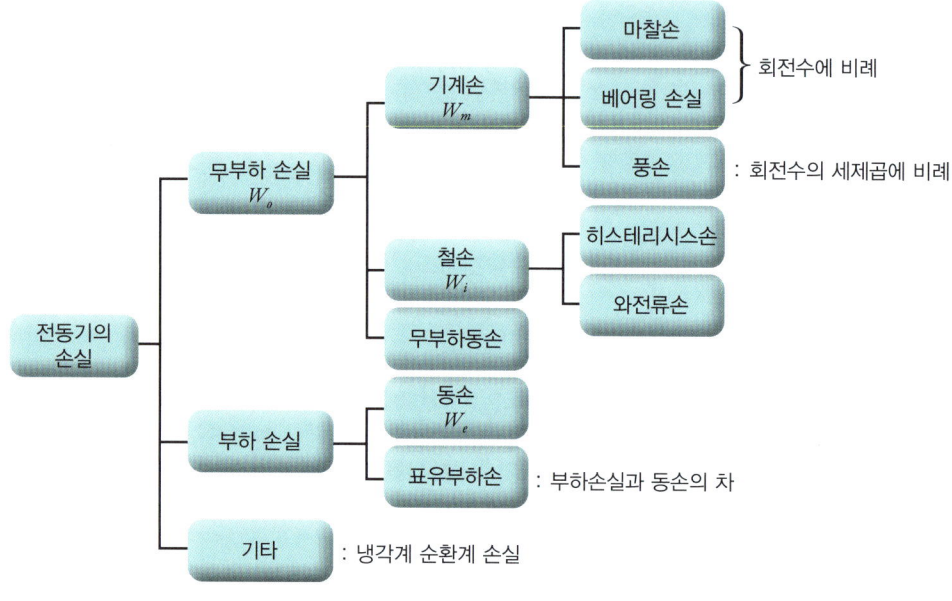

| 전동기의 손실 종류 |

⑫ 과부하율 : 전동기가 과열되지 않고 규정된 온도 상승 한도 내에서 공급할 수 있는 전동기의 허용 과부하량을 말한다. 쉽게 말해 해당 과부하율을 곱한 출력까지는 문제없이 사용이 가능하다는 것이다. 명판 내 전동기의 경우는 42.55kW(=37×1.15)까지 문제없이 사용이 가능하다.

⑬ 회전수 : 전동기의 분당 돌아가는 회전수로 주파수 및 극수와 관련이 있다. 먼저 동기속도를 구해보자.

$$\text{동기속도}(N_s) = \frac{120 \times \text{주파수}(f)}{\text{극수}(P)} = \frac{120 \times 60}{4} = \frac{7200}{4} = 1800\text{rpm}$$

본래 동기속도는 1800rpm이지만 해당 명판을 보면 회전수(N)가 1780rpm으로 차이가 나는 것은 유도전동기 특성상 슬립이 있기 때문이다. 따라서 슬립을 구하기 위해서는 다음과 같은 공식을 이용한다.

$$\text{슬립}(s) = \frac{\text{동기속도}(N_s) - \text{회전속도}(N)}{\text{동기속도}(N_s)} = \frac{1800 - 1780}{1800} = 0.1111$$

슬립을 통해 동기속도 기준 손실률을 다음과 같이 판정할 수 있다.
- $s=0$인 경우 손실이 없다($N=N_s$).
- $s=1$인 경우 손실이 100%($N=0$, 정지한 경우)
- $s=2$인 경우 손실이 200%(역방향회전)

- $s=-1$인 경우 생산 100%, 발전기
- 정상적인 손실범위 : $0<s<1$

⑭ 주위온도 : 명판의 내용을 기재하기 위한 테스트 당시의 주위온도로 이는 규격인증을 위한 조건이다. 주위온도가 높으면 전동기의 절연열화, 베어링 수명 등에 문제가 생기고 너무 추운 경우 -10℃ 이하는 기동토크 및 베어링의 윤활유 역할을 하는 그리스의 점도가 커지게 되어 모터 특성이 현저하게 떨어진다. 아울러 온도변화가 급격히 일어나는 경우 결로 등으로 절연불량이 생기거나 녹 등으로 또 다른 문제를 일으킬 수 있다. 따라서 전동기는 상온에서 사용해야 한다.

그러나 전동기명판이 위와 같이 친절하게 한글로 작성되어 있는 경우보단 영어로 표기한 경우가 많다. 이에 영어로 표기한 전동기 명판에 대해 간단하게 알아보자.

| 영어로 된 전동기 명판 |

Ⓐ 전동기의 프레임을 말한다. 자세한 사항은 앞 ⑥의 내용을 참고하자.

Ⓑ 전동기의 정격출력을 마력(HP)으로 표기했다. 이를 [kW]로 변환하기 위해서는 0.75를 곱하면 나오는 값인 22.5kW가 정격출력이다. 자세한 것은 앞 ②의 내용을 참고하자.

Ⓒ Service Factor란 과부하율을 말한다. 자세한 것은 앞 ⑫의 내용을 참고하자.

Ⓓ 상(phase)을 표기하는 것으로 3상의 경우 3PH, 단상의 경우 1PH로 표기된다.

Ⓔ AMPS는 정격전류(ampere)를 말한다. 자세한 것은 앞 ⑤의 내용을 참고하자.

Ⓕ 정격전압(voltage)를 말한다. 자세한 것은 앞 ③의 내용을 참고하자.

Ⓖ 전동기의 회전수(rpm)를 말한다. 자세한 것은 앞 ⑬의 내용을 참고하자.

Ⓗ 주파수(frequency)를 말한다. 자세한 것은 앞 ⑨의 내용을 참고하자.

Ⓘ 정격과 주위온도를 말한다. CONT라는 것은 연속적으로 사용 가능한 전동기임을 뜻한다. 이에 대해

서는 앞 ⑦의 내용을 참고하고 주위온도에 대해서는 위 ⑭의 내용을 참고하자.
- ⑪ Class Insul.이란 절연계급을 말한다. 자세한 것은 '05의 3· **1** 전동기의 절연계급'을 참고하자.
- ⓚ NEMA Design code란 미국 NEMA(National Electrical Manufacturers Association)에서 전동기의 특성에 따라 4개의 코드로 분류한 것으로 다음과 같은 특징이 있다.

| NEMA 코드에 따른 특징 및 용도 |

NEMA 코드	특징 및 용도
A	• 최대 5%의 슬립 • 중간에서 높은 수준의 기동전류 • 중간 수준의 기동계급 • 보통 수준의 최대 토크 • 환풍기나 펌프와 같은 다양한 곳에서 넓게 응용이 가능
B	• 최대 5%의 슬립 • 낮은 수준의 기동전류 • 높은 수준의 기동계급 • 보통 수준의 최대 토크 • 팬, 송풍기 및 펌프가 있는 공조장치(HVAC ; Heating, Ventilation & Air Conditioning)에서 일반적으로 사용
C	• 최대 5%의 슬립 • 낮은 수준의 기동전류 • 높은 수준의 기동계급 • 보통 수준의 최대 토크 • 용적펌프, 컨베이어 등과 같이 높은 관성 기동장치에 적합
D	• 최대 5~13%의 슬립 • 낮은 수준의 기동전류 • 매우 높은 수준의 기동계급 • 크레인, 호이스트 등과 같이 매우 높은 관성 기동장치에 적합

- ⓛ 전동기의 기동계급([kVA] 코드)을 말한다. 자세한 것은 앞 ⑧의 내용을 참고하자.
- ⓜ 전동기의 효율을 말한다. 자세한 것은 앞 ⑪의 내용을 참고하자.

전동기는 매우 다양한 산업현장은 물론 일반 건물의 공조장치에서도 이용한다. 따라서 단순히 전동기는 작동되기만 하면 된다는 생각을 하기보다는 전기인이라면 한 번 더 명판을 확인해서 전동기의 특성을 바르게 이해하는 것이 바람직하다.

MEMO

II

전력의 흐름

- **01** 전기를 생산할 때 왜 석탄이나 우라늄 또는 거대한 댐이 필요할까?
- **02** 송전탑이 시외지역이나 산을 넘어다니는 이유는?
- **03** 변전소는 왜 지도에서 자세히 표기되지 않을까?
- **04** 전봇대가 거리마다 우두커니 서 있는 이유는?
- **05** 아파트단지나 대학 캠퍼스에는 왜 전봇대가 없을까?

01 전기를 생산할 때 왜 석탄이나 우라늄 또는 거대한 댐이 필요할까?

KEY WORD 　발전소, 발전기, 분산형 전원 시스템, 에너지 저장체계, 패러데이법칙, 플레밍의 오른손법칙, 발전기 원리

학습 POINT
- 발전소의 종류별 특징은?
- 분산형 전원 시스템과 에너지 저장체계란?
- 터빈의 회전운동으로 전류를 만드는 방법은?
- 주변에서 볼 수 있는 발전기는?

우리가 편리하게 이용하는 전기가 생산되는 곳이 발전소라는 것은 누구나 알고 있지만 발전소가 어떤 원리로 전기를 생산하는지에 대해서는 명확하게 아는 사람은 많지 않다. 그나마 화력발전소, 원자력발전소, 수력발전소를 구분하는 정도가 대다수 사람들이 인식하고 있는 발전소이다. 그럼 발전소에 대해 좀 더 자세히 알아보자.

1 발전소의 종류별 특징은?

발전소는 전기를 생산하는 에너지원에 따라 구분하고 우리나라의 경우 크게 3가지 종류가 있다.

1 화력발전소

우리나라에서 가장 많은 전력 생산을 담당하고 있는 발전소는 화력발전소(火力發電所, thermal-power station)이다.

| 화력발전소 |

화력발전소는 석탄[1]이나 석유[2] 또는 천연가스(LNG)와 같은 화석에너지는 물론 다른 에너지[3]에 의해 증기를 발생시키고 이 증기로 터빈을 돌리는 방식으로 전기를 생산한다.

화력발전소의 장점을 살펴보면 다음과 같다.

(1) 다른 발전소에 비해 건설비가 적게 들고 건설기간이 짧다.[4]
(2) 자연·지형에 큰 영향을 받지 않아 수요가 많은 대도시 인근에도 건설할 수 있다.
(3) 많은 전력량을 동시에 생산 가능하다.

단점을 살펴보면 다음과 같다.

(1) 요즘 이슈가 되는 미세먼지의 원인이다.
(2) 연료 자체를 수입해오는 데다가 연료는 지속적으로 고갈되고 있다.
(3) 효율이 30~35% 수준으로 전반적으로 낮다.

일반적으로 터빈을 사용하는 대용량 발전소 외 소규모 화력발전소나 큰 건물의 예비용 발전기, 발전차, 개인용 발전기 등 내연기관을 사용하는 경우도 화력발전의 한 종류이다.

한편, 화력발전소의 열효율은 다음과 같이 구한다.

$$\eta = \frac{860 \cdot W}{MH} \times 100\%$$

위의 식에서 η(에타)를 열효율이라고 한다면 W는 발전하는 전력량으로 단위는 [kW], M은 연료소비량으로 단위는 [kg], H는 연료의 발열량으로 단위는 [kcal/kg]이다.

2 원자력발전소

원자력발전소(原子力發電所, nuclear power plant)는 화력발전소와 마찬가지로 에너지원을 이용[5]해 증기를 발생시키고 이 증기로 터빈을 돌리는 방식으로 전기를 생산한다. 이때 사용하는 에너지원이 바로 우라늄 핵분열[6]을 이용하는 것으로 핵반응기가 원자의 중심부인 핵을 쪼개면서 열을 만드는 것이다. 여기에 사용되는 연료는 우라늄이나 플루토늄과 같은 금속이다. 이때 발생한 증기는 터빈을 돌리게 되고 이후 냉각탑을 거쳐 냉각시킨 후 다시 사용하게 된다.

---

1 — 거의 대다수 유연탄을 사용하고 무연탄을 이용한 발전량은 적다.

2 — 중유(重油, fuel oil)를 사용한다. 자동차나 철도에서 사용하는 휘발유나 경유와 달리 열량이 상당히 높아 경제적인 연료이며, 선박에서도 사용한다. 단점으로는 끈적거림이 심해 예열이 충분히 필요하고 해양사고 등으로 유출 시 피해가 무척 심하다. 벙커C유도 중유의 한 종류이다.

3 — 쓰레기를 연료와 함께 태우며 발전하고 폐열로 지역난방을 담당하는 열병합발전소(cogeneration)도 화력발전소의 종류이다.

4 — 발전소 전체 종류 중 건설기간이 짧다는 이야기이다. 가장 빨리 지을 수 있는 가스발전소의 경우도 3년 정도의 시간이 걸린다.

5 — 정확하게는 원자로에서 발생한 열을 냉각재로 빼내서 열교환기에 전달한 후 그 열을 이용하여 발생한 증기로 터빈을 돌린다.

6 — 미래의 발전소모델로 각광받는 '핵융합발전소'와 반대되는 개념이다.

| 외국의 원자력발전소 |

일반적으로 원자력발전하면 원전사고 등으로 대외 이미지가 어두운 편이지만 발전만 놓고 본다면 현존하는 발전소 중 가장 효율이 좋다. 특히 원자력발전은 전력망에서 기저부하(基底負荷, base load)[7]를 담당하고 있다.

원자력발전소의 장점은 다음과 같다.

(1) 연료비가 엄청 저렴하기 때문에 발전비용이 가장 적게 든다.
(2) 비교적 안정적으로 핵연료시장이 운영 중이기 때문에 에너지원 고갈문제에서 어느 정도 자유롭다.
(3) 화석연료의 가장 큰 단점인 유해물질 배출이 없어 환경오염에서도 자유롭다.

반면 원자력발전소는 사고가 났을 때 일반 재해수준을 넘어서 파급이 무척 크며, 다른 발전방식에 비해 초기 건설비용이 높고 건설기간이 오래 걸리는 단점이 있다. 아울러 한번 정지 후 재가동까지 시간이 무척 오래 걸리며, 발전과정에서 생기는 방사선 및 방사성 폐기물 처리문제로 이들을 장기간 안전하게 관리해야 한다는 한계가 있다.

원자력발전소는 국가중요시설에서 전력시설 중 유일한 '가급'[8] 보안시설이다.

3 수력발전소

화력·원자력발전소가 증기를 이용해 터빈을 돌리는 것과 달리 수력발전소(水力發電所, hydraulic power plant)는 물이 가지고 있는 위치에너지로 터빈을 회전운동시켜 전기를 만든다. 수력발전소는 물의 낙차를 이용하기 때문에 물이 내려가는 경사가 급해야 하며 다음과 같은 4가지 방식으로 나뉜다.

---

[7] 기저부하는 매일 매시 꾸준하게 돌리는 발전량으로 항상 필요한 만큼의 전력을 계속 생산하는 것이다. 일반적으로 에너지원의 가격변동이 적은 원자력발전소나 화력발전소 중 석탄을 연료로 사용하는 곳에서 기저부하를 담당한다.

[8] 보안시설 가급의 경우 적에 의해 점령 또는 파괴되거나, 기능 마비 시 광범위한 통합방위작전 수행이 요구되고, 국민생활에 결정적인 영향을 끼칠 수 있는 시설을 말한다.

(1) 댐식(저수지식)

가장 기본적인 형태로서 하천의 경사가 큰 구간을 댐으로 막아 가둔 물을 떨어트려 그 낙차를 이용해 터빈을 돌려 발전하는 방식이다.

(2) 수로식

감입곡류하천에서 사용하는 방법으로 댐을 설치하고 아래 지점까지 수로를 직선으로 이으면 곡선으로 돌아가는 경우보다 하천의 낙차가 증가하는데 이를 이용해 터빈을 돌려 발전하는 방식이다.

| 수력발전소 |

(3) 유역변경식

고지대에 댐을 설치하고 도수터널을 통해 산 너머 경사가 급한 저지대로 떨어트려 그 낙차로 터빈을 돌리는 방식이다. 우리나라의 경우 태백산맥을 활용한 강릉수력발전소가 있다.

(4) 양수식

수력발전의 한계를 보완한 방식으로 높이가 다른 2개의 댐을 이용한다. 낮에는 상부에 있는 물을 하부로 떨어트려 발전을 하고 밤에는 하부에 있는 물을 심야전력[9]을 사용하여 다시 상부로 올린다. 즉, 전기를 생산하기 위한 에너지원의 활용과 비축을 반복하는 방식으로 경제적인 효과가 크다. 우리나라의 경우 청평 양수수력발전소가 대표적이다.

수력발전소의 장점은 다음과 같다.

① 발전설비의 기동절차가 간단하고 빠르다.[10]
② 일단 짓고 나면 환경오염이 없다.
③ 운영하는 데 자연을 이용하므로 비용이 매우 저렴하다.
④ 수자원의 홍수 및 가뭄 예방 효과가 있다.

수력발전소의 단점은 다음과 같다.

① 건설기간이 길고 비용이 많이 들며 건설 중 환경이 파괴된다.
② 자연 지형적인 조건을 많이 따지게 된다.
③ 대도시 인근에 짓기 어렵다 보니 송배전거리가 길어 전력손실이 큰 편이라고 할 수 있다.

---

[9] 전기는 남았을 때 보관하기 매우 어렵다. 축전지 등으로 해결하기엔 효율이 매우 나쁘고 시설도 매우 복잡하다. 그래서 전력사용량이 적은 밤시간대에 남는 전기로 물을 다시 끌어올리는 것이다. 보통 저녁에 조명 때문에 전력사용량이 많을 것 같지만 실제로는 공장 등 산업현장에서 쓰는 전력이 크기에 이들이 밤에 가동을 멈추게 된 만큼 전력은 남아돌게 된다.

[10] 간단하게 댐의 밸브를 여는 순간부터 전력이 생산된다고 볼 수 있다. 그래서 기동시간도 10초에서 1분 이내로 매우 빠른 편이다.

④ 겨울과 같이 수량이 부족할 때는 발전하기가 매우 어렵다.

한편, 수력발전소의 출력을 알기 위해서는 유량을 먼저 알아야 한다. 수력발전소를 설치하려는 하천의 단면에서 단위시간당 흐르는 양을 유량(流量, discharge)이라 한다. 유량의 기호는 Q를 사용하고 단위는 $[m^3/s]$[11]를 사용하고 연평균 유량은 다음과 같이 구한다.

$$Q = k \frac{A \times 10^6 \times a \times 10^{-3}}{365 \times 24 \times 60 \times 60} [m^3/s]$$

위의 유량을 구하는 공식에서 k는 유출계수[12]이고, A는 유역면적이며 단위는 $[km^2]$, a는 강수량으로 단위는 $[mm]$를 사용한다.

이 공식을 통해 유량을 구했으면 수력발전소의 출력을 구할 수 있다. 수력발전소의 출력은 크게 2가지로 이론적 출력(P_o)과 실제적 출력(P_g)으로 구분된다.

$$이론적\ 출력\ P_o = 9.8QH[kW]$$
$$실제적\ 출력\ P_g = 9.8QH\eta_t\eta_g[kW]$$

위의 식에서 Q는 유량으로 단위는 $[m^3/s]$를 사용하고, H는 물의 낙차 높이로 단위는 $[m]$, 발전기의 효율은 η_t, 수차의 효율은 η_g이다.

수력발전소가 낙차하는 물의 힘을 이용해 전기를 생산한다면 역으로 물을 끌어올리는 펌프의 출력(P)은 다음과 같이 구한다.

$$P = \frac{9.8QHK}{\eta \times \cos\theta}[kW]$$

이때 Q는 유량으로 단위는 $[m^3/s]$를 사용[13]하고, H는 물의 낙차높이로 단위는 $[m]$, K는 여유계수[14]를 말한다. η는 펌프의 효율, $\cos\theta$는 펌프의 역률이다.

4 기타 발전소

지금까지 소개한 발전소들은 우리나라에서 전기를 생산하는 데 가장 중요한 축을 담당하고 있다. 하지만 다른 방식으로도 발전을 하는데 앞으로 소개할 발전소는 발전하는데 다른 영향을 많이 받기에 중요한 축을 담당하기엔 어렵다.

---

[11] $[m^3/s]$라는 단위는 세제곱미터 퍼 세크(초, second)로 읽는다. 세제곱미터라는 개념은 부피에서 사용하는 단위로 가로, 세로, 높이가 모두 1m인 정육면체의 경우 부피가 1m³이다. 영어로는 cubic meter로 표기한다. 이를 입방미터라는 단어로 표기하는 경우가 있는데 일본어의 立方(りっぽう)メートル(릿뽀-메-도루)에서 따온 말이다.

[12] 유출계수 k는 전체 강수량 대비 전체 유출량이다.
$$k = \frac{전\ 유출량}{전\ 강수량}$$

[13] 유량단위가 분당 유량인 $[m^3/min]$인 경우 펌프출력(P)은 $P = \frac{QHK}{6.12 \times \eta \times \cos\theta}[kW]$가 된다.

[14] 전동기를 이용하는데 100% 출력을 쓰는 것보다 약간의 여유를 두는 정도를 말한다. 예를 들어 15%의 여유를 둔다면 '100%의 출력+15%의 여유'를 통해 1.15가 여유계수가 된다.

| 친환경발전소인 태양광발전소 및 풍력발전소 |

(1) 태양광(열)발전소

태양광발전소는 태양전지판을 이용하여 광기전력효과(光起電力效果, photovoltaic effect)[15]로 전기를 생산하며, 태양열발전소는 집열판을 통해 열을 모아 그 열로 증기를 만들어 터빈을 돌리는 방식이다. 태양에너지를 이용해 발전하는 방식으로 청정에너지로 각광받고 있다. 에너지원의 비용도 들지 않을 뿐더러 무한정으로 사용할 수 있다는 것이 장점이지만 태양에너지 자원은 에너지밀도가 매우 낮아 수집하는 데 큰 비용이 들고 자연조건 등에 따라 출력이 변동하여 안정적인 전력 생산이 어렵다.

(2) 풍력발전소

바람의 힘으로 터빈을 돌려 발전하는 방식으로 태양에너지와 같은 청정에너지이다. 건설비용이 적게 들지만 효율이 낮은 편이고 바람이 많이 부는 장소에 집중적으로 설치해야 해서 건설지역 선정에 제약이 심한 편이다. 그리고 바람이 항상 부는 것이 아니기 때문에 이러한 점도 고려해야 한다.

(3) 지열발전소

땅속 깊은 곳에 있는 지열을 이용해 발전하는 방식이다. 전 세계적으로 지열발전소는 아이슬란드나 뉴질랜드, 일본과 같이 화산폭발 및 판이 활발하게 활동하는 지역에서 건설된다.

운영비가 무척 적게 들고 날씨와 관계없이 안정적으로 전력을 생산할 수 있다는 장점 덕분에 많은 나라들이 도전하고 있으며 우리나라도 경상북도 포항에서 2012년 착공, 2018년 완공 예정[16]이었으나 현재는 건설이 무기한 중지[17]되었다. 건설비용이 매우 비싼 편인데다가 적절한 입지를 찾기가 매우 어렵다. 또한 지열발전으로 인한 지진의 우려[18]도 있다.

---

[15] 광기전력효과란 반도체에 빛을 쪼일 때 생기는 기전력이다. 즉, 반도체에 빛을 쪼이면 빛을 받은 부분과 받지 않은 부분 사이에 생기는 전위차를 이용한 것이다.

[16] 우리나라는 심부 지열발전(enhanced geothermal system) 방식을 이용하는데 이 방식은 지하 4~5km 지점에 물을 주입해 인공적으로 저류조를 만들고 150~170℃의 뜨거운 물을 뽑아 터빈을 돌리는 원리로 발전한다. 다만 이때 물을 주입하는 과정에서 유발지진이 발생할 수 있고 실제 2017년 포항 지진의 원인으로 2019년 3월 정부조사단이 결론을 내렸다.

[17] 기상청과 한국지질자원연구원의 2017년 포항지진 정밀조사 결과 지열발전소와 1.1km 떨어진 곳에 진앙지가 있고 깊이도 3~7km 지점이라 포항 지열발전소와의 연관성이 깊다.

[18] 실제로 스위스에서 2013년 지열발전을 시험하다 진도 3.6도 수준의 지진이 발생되었다.

(4) 해류발전소

해류(海流, oceanic current)[19]가 센 바다 바닥에 터빈을 설치하여 전기를 생산하는 방식이다. 우리나라의 경우 전라남도 진도 울돌목[20]에 테스트용 발전소가 설치되었다. 2005년 착공에 들어가 2009년에 완공되었고 500kW급 발전기 2기(400가구가 1년간 사용할 수 있는 규모)가 설치되었다. 그러나 사업경제성이 낮다는 이유로 철거가 논의 중에 있다.

(5) 조력발전소

조수간만의 차이를 이용해서 터빈을 돌려 발전하는 방식이다. 일종의 바다의 수력발전같은 개념으로 밀물 때 저수지에 물을 채워 저장하고 썰물 때 반대편 해수면의 높이가 충분히 낮아지기에 이때 저장된 물을 배출하며 터빈을 돌리는 구조이다. 우리나라의 경우 서해안에 만(灣)도 많고 조수간만의 차가 커 입지가 좋다. 그래서 경기도 안산 인근 시화호에 조력발전소를 건립하였는데 시설용량은 254MW로 세계 최대 규모이다. 자연에너지를 이용하기에 에너지 고갈위험이 없고 날씨 등에 영향을 받지 않아 안정적이지만 바닷물을 이용하기에 특수한 설비[21]가 많이 들어가 건설비용이 높고 발전소 주변 해양생태계가 훼손[22]된다는 단점이 있다.

5 우리나라의 발전 현황

우리나라의 발전설비용량[23] 현황

(단위 : MW)

연도	수력	화력				원자력	기타	총계
		무연탄	유연탄	유류	가스			
1961	143 (39.0%)	223 (60.8%)	– (0.0%)	1 (0.3%)	– (0.0%)	– (0.0%)	– (0.0%)	367 (100%)
1965	215 (28.0%)	485 (63.1%)	– (0.0%)	70 (9.1%)	– (0.0%)	– (0.0%)	– (0.0%)	769 (100%)
1970	329 (13.1%)	537 (21.4%)	– (0.0%)	1642 (65.5%)	– (0.0%)	– (0.0%)	– (0.0%)	2508 (100%)
1975	621 (13.2%)	700 (14.8%)	– (0.0%)	3399 (72.0%)	– (0.0%)	– (0.0%)	– (0.0%)	4720 (100%)
1980	1157 (12.3%)	750 (8.0%)	– (0.0%)	6897 (73.4%)	– (0.0%)	587 (6.3%)	– (0.0%)	9391 (100%)
1985	2223 (13.8%)	1020 (6.3%)	2680 (16.6%)	7348 (45.5%)	– (0.0%)	2886 (17.9%)	– (0.0%)	16137 (100%)
1990	2340 (11.1%)	1020 (4.9%)	2680 (12.7%)	4815 (22.9%)	2550 (12.1%)	7616 (36.2%)	– (0.0%)	21021 (100%)
1995	3093 (9.6%)	1020 (3.2%)	6800 (21.1%)	6119 (19.0%)	6536 (20.3%)	8616 (26.8%)	– (0.0%)	32184 (100%)

---

[19] 해류란 대양과 바다에서 일정한 방향의 흐름을 말하며 계절에 따라 매년 조금씩 변동을 한다.

[20] 유속이 21km/h(11.5 knot)수준으로 동양에서 가장 빠르다.

[21] 바닷물은 소금성분 때문에 부식이나 침식성이 높다.

[22] 수온 상승으로 인한 문제 및 화학적 산소요구량 감소, 영양염 농도 변화, 갯벌 훼손, 어업활동 방해 등이 있다.

[23] 발전설비용량과 발전량은 다르다. 예를 들어 화력발전소에서 500MW급 발전설비용량을 가진 1기가 365일 24시간 발전했다면 발전량=500×365×24=4380000MWh=4380GWh=4.38TWh이다.

연도	수력	화력				원자력	기타	총계
		무연탄	유연탄	유류	가스			
2000	3149 (6.5%)	1291 (2.7%)	12740 (26.3%)	4866 (10.0%)	12689 (26.2%)	13716 (28.3%)	– (0.0%)	48451 (100%)
2005	3883 (6.2%)	1125 (1.8%)	16840 (27.0%)	4710 (7.6%)	16447 (26.4%)	17716 (28.5%)	1537 (2.5%)	62258 (100%)
2010	5525 (7.3%)	1125 (1.5%)	23080 (30.3%)	5400 (7.1%)	19417 (25.5%)	17717 (23.3%)	3816 (5.0%)	76078 (100%)
2015	6471 (6.6%)	1125 (1.2%)	26211 (26.8%)	4243 (4.3%)	32244 (33.0%)	21716 (22.2%)	5649 (5.8%)	97648 (100%)
2020	6506 (5.0%)	400 (0.3%)	36453 (28.2%)	2247 (1.7%)	41170 (31.9%)	23250 (18.0%)	19165 (14.8%)	129191 (100%)

국가의 인구와 경제규모에 따라 전력규모[24]는 매우 밀접한 관계가 있다. 현재 남북으로 분단된 우리나라의 경우 일제강점기에 지하자원과 수자원이 풍부한 북한지역의 발전량이 남한지역보다 훨씬 앞섰다. 그래서 북한지역에서 부족한 전력을 받아오던 남한은 1948년 5월 14일을 기하여 실시된 북한의 일방적인 단전과 동족상잔의 비극인 6·25전쟁 중의 전력시설 파괴로 극심한 전력난을 겪게 되었다.

애초에 발전소가 부족한 데다가 전쟁까지 겪은 남한지역에 1948년 2월부터 미국으로부터 도입된 20MW 용량의 자코나호 등 8척의 발전함이 부산항, 인천항, 마산항 등에 정박하여 1956년까지 전력을 공급하였다.

휴전 이후 우리나라는 전력난 해소를 위해 정부시책으로 수립된 장기 전원개발계획에 따라 1957년에 당인리 3호기, 마산 1·2호기, 삼척 1호기 등 25MW급 화력발전소 4기와 화천수력 3호기 27MW급 등이 준공되었다. 이와 함께 경제개발 5개년 계획을 처음 실행한 1961년부터 발전설비현황의 통계를 작성하기 시작했는데 이때 발전설비현황은 367MW이었다. 이는 2020년 12만 9191MW와 비교해서 고작 0.3% 수준이었다. 이후 경제발전과 함께 발전설비현황은 꾸준히 증가하였다. 이 시기 두드러진 변화로 1961년에는 수력발전이 전체 발전설비현황의 39.0%를 담당했지만 2020년에 와서는 5.0%에 불과하다.[25] 그 대신 1978년 우리나라 최초의 원자력발전소인 고리 원자력발전소가 587MW로 상업운전을 시작하면서 현재는 20%가 조금 못미치는 수준으로 발전을 담당하게 된다. 이와 더불어 무연탄발전소에 비해 유연탄(有煙炭, flaming coal)[26] 발전소의 발전설비현황이 급격히 증가했다. 1983년 보령화력발전소를 시작으로 계속해서 유연탄 화력발전소는 증가 중에 있고 이는 현재 진행 중이다. 다만 석탄을 연료로 사용하기 때문에 미세먼지 등 환경오염 이슈와 맞물려 오래

---

24 세계에너지통계 2021에 따르면 2020년 현재 세계에서 전기를 가장 많이 생산하는 국가는 중국으로 7798TWh(테라와트시)이다. 이어 2위는 미국으로 4262TWh, 3위는 인도로 1557TWh, 4위는 러시아로 1092TWh, 5위는 일본으로 1011TWh이다. 우리나라는 9위로 독일(8위), 프랑스(10위)와 비슷한 수준이다. 전반적으로 아시아권 국가가 상위권을 차지한 이유는 인구가 많기 때문이다.

25 수력발전의 비중이 낮아진 것은 수력발전소의 발전량이 줄어든 것이 아니라 다른 발전소의 비중이 크게 높아졌기 때문이다. 1961년 대비 2018년의 수력발전량은 45.4배 증가했지만 당시에는 없던 유연탄발전소와 가스발전소가 2020년 현재 각각 28.2% 및 31.9%인 가장 높은 비중으로 점유하고 있다.

26 유연탄이란 이탄, 아탄, 갈탄, 역청탄 등으로 많은 휘발성분을 포함하고 있으며 연소를 할 때 화염을 내며 타는 게 특징이다. 발열량이 높기 때문에 발전용으로 적합하다. 그러나 우리나라에서는 생산이 잘 되지 않기 때문에 주로 수입을 한다.

된 화력발전소는 폐쇄되거나 다른 연료원을 사용할 수 있도록 변환 중에 있다.

| 전력을 생산하고 남은 폐열로 난방, 온수를 공급하는 열병합발전소 중 분당복합화력발전소 |

앞으로 국가 경제규모가 과거에 비해 더디게 성장하더라도 발전량은 계속해서 증가될 예정이다. 왜냐하면 전기의 수요는 전기차, 전자제품의 고용량화 등에 맞물려 계속 늘어날 것이기 때문이다.

2 분산형 전원 시스템과 에너지 저장체계(ESS)란?

한국전기설비규정에서 분산형 전원설비에 대해 새롭게 규정하고 있다. 이는 전기에너지 사용의 새로운 패러다임이 되고 있어 앞으로도 많은 활용이 예상된다. 이에 분산형 전원설비와 이와 관련된 에너지 저장체계에 대해 알아보도록 하자.

1 분산형 전원 시스템의 개념

우리가 전기를 사용하기 위해서는 당연히 전기가 만들어지는 곳 즉, 발전소가 필요하다. 원자력발전소는 원전 사고에 대한 두려움, 화력발전소는 미세먼지로 인한 공기 오염, 수력발전소는 낙차가 큰 지형적인 조건으로 인해 대도시에서는 보기가 힘들고 주로 외곽지역에 분포되어 있다. 그러므로 이러한 발전소에서 생산되는 전기가 온전하게 수용가로 공급되기는 쉽지 않다. 거리가 멀기 때문에 전기는 송배전 선로를 통해 전달되는데 이로 인해 전력손실이 적지 않다.[27] 그러다 보니 본래 전기 수용가가 필요로 하는 전력보다 더 많은 양의 전력을 생산해야 하고 이는 여러 가지로

---

[27] 한전에서 생산하는 총 빌진진력의 3.57%에 달하는 1조 6천여 억원의 전력이 매년 송·변전, 배전과정에서 손실되고 있다고 감사원의 감사결과가 있었다. 발전손실의 원인으로는 송전선로에 의한 손실이 64.1%, 변압기에 의한 손실이 35.9%, 배전손실의 경우 고압선 손실이 41.91%, 변압기 손실이 28.56%를 차지하고 있는 것으로 조사되었다.

불필요한 낭비가 될 수 있다. 그리고 전기를 공급하는 곳 또한 한전의 독점적 권한[28]으로 중앙집권형 방식에 의해 전기를 공급하고 있는 상황이다.

그러나 분산형 전원은 이러한 형태가 아닌 시민 개개인이 생산의 주체가 되는 시대를 만들어준다. 분산형 전원(分散形電源, dispersed generation)이란 지역 간 또는 지역 내 송전망의 배전시설 간편화와 효율성을 높이기 위해 태양광이나 풍력과 같은 신재생에너지 자원을 이용한 소규모[29] 발전설비[30]를 말한다. 쉽게 말해 우리 주변에서 볼 수 있는 옥상에 있는 태양광발전 시설도 이러한 분산형 전원 중 하나라고 볼 수 있다.

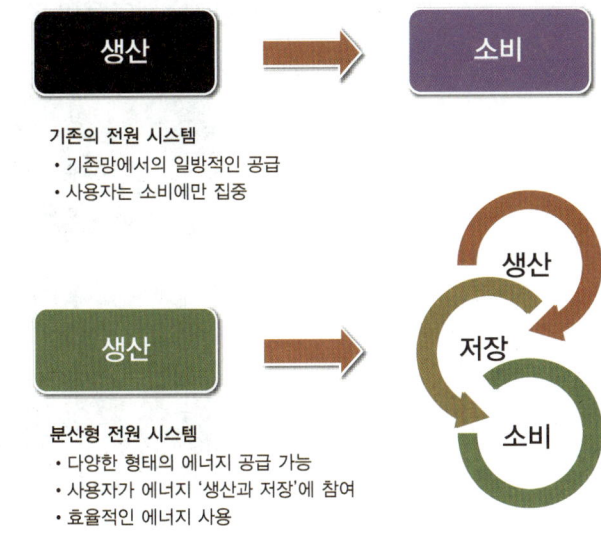

| 기존의 전원 시스템과 분산형 전원 시스템의 차이 |

기존의 전원 시스템
- 기존망에서의 일방적인 공급
- 사용자는 소비에만 집중

분산형 전원 시스템
- 다양한 형태의 에너지 공급 가능
- 사용자가 에너지 '생산과 저장'에 참여
- 효율적인 에너지 사용

[28] 현재는 완전히 독점적이라고 보기는 어렵다. 현재 SK E&S나 GS E&R과 같은 국내 대기업 또한 발전사업을 하며 과점형태로 전기를 공급하고 있다.

[29] 저압 10kW 이하의 발전기를 말한다.

[30] 상용전원의 정전 시에만 사용하는 비상용 예비전원을 제외하며 신재생에너지 발전설비, 전기저장장치 등을 포함한다.

| 분산형 전원 시스템의 구조 |

특히 전체 발전량의 60% 이상을 화력발전에 의존하고 있는 우리나라의 경우 친환경 분산형 전원의 도입이 시대의 운명이라고 할 수 있을 정도로 시급하고 중요한 일이다. 다행히도 태양광, 배터리, 인버터 등 분산형 전원설비 제조기술은 세계 최고 수준이므로 이에 정책적인 부분과 많은 소비자가 관심을 가질 때 분산형 전원 시스템의 발전을 이야기할 수 있을 것이다.

2 분산형 전원 시스템의 용어 및 장단점

| 분산형 전원 시스템의 모범을 보이는 충청남도 아산의 '예꽃재 마을' |

이미 우리나라에서는 전부터 몇몇 단독주택이나 소규모 촌락에서 태양광 발전 시스템을 두어 자가발전을 통한 전력을 사용하거나 이웃들에게 전기를 판매하는 예도 있었다. 그러나 이를 국가적인 기술 논제로 끌어 올린 것은 비교적 오래된 일은 아니다. 따라서 새롭게 사용하는 용어들이 있는데 이에 대한 의미는 다음과 같다.

(1) **검토점(POE ; Point Of Evaluation)** : 분산형 전원 연계 시 이 기준에서 정한 기술요건들이 충족되는지를 검토하는 데 있어 기준이 되는 지점

(2) **공통 연결점(PCC ; Point of Common Coupling)** : 한전 계통상에서 검토 대상 분산형 전원으로부터 전기적으로 가장 가까운 지점으로서 다른 분산형 전원 또는 전기 사용 부하가 존재하거나 연결될 수 있는 지점

(3) **구내계통(Local EPS)** : 분산형 전원 설치자 또는 전기 수용가의 단일 구내[31] 또는 여러 구내의 집합 내 완전히 포함되는 계통

(4) **단독운전** : 전력계통 일부가 전력계통의 전원과 전기적으로 분리된 상태에서 분산형 전원에 의해서만 운전되는 상태(↔계통 연계운전)

(5) **단순 병렬운전** : 자가용 발전설비 또는 저압 소용량 일반용 발전설비를 배전계통에 연계하여 운전하되, 생산한 전력 전부를 자체적으로 소비하기 위한 것으로 생산한 전력이 연계계통으로 송전 되지 않는 병렬형태 (↔역송 병렬운전)

(6) **분산형 전원 연결점(Point of DR Connection)** : 구내계통 내에서 검토 대상 분산형 전원이 존재하거나 연결될 수 있는 지점

(7) **연계(interconnection)** : 분산형 전원과 한전계통이 병렬운전하기 위해 계통에 전기적으로 연결하는 것

---

31 ──── 담, 울타리, 도로 등으로 구분하고 그 내부의 토지 또는 건물들의 소유자나 수용가가 같은 구역을 말한다.

(8) **에너지 저장장치(ESS ; Energy Storage System)** : 전기를 저장하거나 공급할 수 있는 시스템

(9) **자동정지** : 풍력터빈의 설비 보호를 위한 보호장치의 작동으로 인하여 자동으로 풍력터빈을 정지시키는 것

(10) **전기자동차 충·방전 시스템(V2G, Vehicle to Grid)** : 전기자동차와 고정식 충·방전 설비를 갖추어 전기자동차에 전기를 저장하거나 공급할 수 있는 시스템

(11) **전압요동(電壓搖動, voltage fluctuation)** : 연속적이거나 주기적인 전압변동[32]

(12) **접속점** : 접속설비와 분산형 전원 설치자 측 전기설비가 연결되는 지점으로서 한전계통과 구내계통의 경계가 되는 책임 한계점으로 수급지점이라고도 함

(13) **접지 시스템(earthing system)** : 기기나 계통을 개별적 또는 공통으로 접지 하는 데 필요한 접속 및 장치로 구성된 설비

(14) **접속설비** : 공용 전력계통으로부터 특정 분산형 전원 전기설비에 이르기까지 의 전선로와 이에 부속하는 개폐장치, 모선 및 기타 관련 설비

(15) **최대출력 추종기능(MPPT ; Maximum Power Point Tracking)** : 태양광발전이 나 풍력발전 등이 현재 좋지 않은 조건에서 가능한 최대의 전력을 생산할 수 있도 록 인버터 제어를 이용하여 해당 발전원의 전압이나 회전속도를 조정하는 기능

(16) **피뢰 시스템(LPS ; Lighting Protection System)** : 구조물 뇌격으로 인한 물 리적 손상을 줄이기 위해 사용되는 전체 시스템으로 외부 피뢰 시스템과 내부 피뢰 시스템으로 구성

(17) **풍력터빈** : 바람의 운동에너지를 기계적 에너지로 변환하는 장치[33]

(18) **풍력발전소** : 단일 또는 복수의 풍력터빈을 원동기로 하는 발전기와 그 밖의 기계기구를 시설하여 전기를 발생시키는 곳

(19) **풍력터빈을 지지하는 구조물** : 타워와 기초로 구성된 풍력터빈의 일부분

(20) **하이브리드 분산형 전원** : 태양광, 풍력발전 등의 분산형 전원에 ESS설비를 혼합하여 발전하는 유형

(21) **한전계통(Area EPS)** : 구내계통에 전기를 공급하거나 그로부터 전기를 공급 받는 한전의 계통을 말하는 것으로 접속설비를 포함

한편 분산형 전원 시스템은 기존 시스템과 비교해서 장단점이 명확한 편이다. 분 산형 전원 시스템의 장단점은 다음과 같다.

---

[32] 일정하게 지속하는 동 안 유지되는 연속적인 두 레벨 사이의 전압 실효값 또는 최댓값의 변화를 말한다.

[33] 가동부 베어링, 나셀, 블레이드 등의 부속물 을 포함한다.

| 분산형 전원 시스템의 장단점 |

장점	단점
• 발전소 입지 확보 용이 • 단위기 용량의 비율이 낮아져 공급 예비율 절감 및 공급 신뢰도 향상 • 계통의 리액턴스 감소로 전압조정 용이 및 안정도 향상 • 한쪽 계통사고 시 타계통에서 전력을 공급하므로 공급 신뢰도 향상 • 유효 및 무효전력 손실 감소로 송전효율 향상 • 첨두부하 시간대만 가능할 수 있어 설비이용률 향상 및 투자	• 사고발생 시 선로 정수의 불균형으로 보호계전기 오동작 가능성 • 전력 조류제어가 어려운 편임 • 단락, 지락전류 증대로 기기의 충격 및 차단기 용량이 커짐 • 사고발생 시 사고 파급력 우려 • 전력 조류계산을 위한 대규모 전산 시스템 필요 • 통신선 유도장애 증대

위의 표는 분산형 전원 시스템의 전기공학적인 장단점을 얘기한 것이다. 이와는 별개로 지역의 신재생에너지 관련 고용 증가 및 송배전 비용을 줄여 전기요금 절감 등 경제적인 효과를 가질 수 있다. 그뿐만 아니라 고압 송전선로의 전자파, 미관상 불호 등의 문제로부터 자유로운 것도 사실이다.

그러나 대규모 비용이 들어가는 고압 송전선로 건설비용을 절감할 수 있는 것은 사실이지만 전력소비가 많은 대도시 주변의 발전, 송전, 변전, 배전에 들어가는 비용이 더 크다.[34] 아울러 전기 품질관리를 일괄적으로 관리하기 어렵기 때문에[35] 고품질의 전기를 외면할 수 있어 이로 인해 정밀기계, 전자산업의 혼란을 야기할 수 있는 문제가 발생하는 등 무조건 좋은 시스템이라고 보기에는 무리가 있다.

3 주택용 태양광발전 시스템

[34] 대표적인 예가 서울 목동에서 분산형 전원 시스템을 1985년 LNG 열병합발전으로 처음 시작했는데 여전히 자생력을 가지지 못한 것도 사실이다.

[35] 독립된 소규모 발전소에서 생산한 교류의 주파수와 위상을 기술적으로 완벽하게 관리하는 일은 불가능에 가깝다.

| 분산형 전원의 한 종류인 단독주택 태양광발전기 |

요즘 태양광발전을 위해 시외지역은 물론이고 시내의 주택에서도 옥상에 태양전지 어레이를 설치하여 전기요금 절감효과뿐만 아니라 오히려 전기요금을 돌려받고자 하는 가구가 늘어나고 있다. 설치할 때는 효과를 못 보다가 전기요금 고지서를 받을 때 태양광발전의 효과를 본다고 한다.

먼저 태양광발전에 대한 기본적인 원리를 알아보자.

태양광발전소를 보면 태양광을 받을 수 있는 넓은 판형 구조로 되어 있다. 하지만 실제로는 태양전지(太陽電池, PV[36]-Cell)들을 모아 놓은 것이다. 다음 그림에서 가로×세로로 이렇게 태양전지를 모아놓은 것을 태양광 모듈(PV Module)이라 하고 이러한 모듈이 모이면 태양광 어레이(PV Array)라고 한다. 이는 태양전지 개당 전력생산량은 미미하지만 물량을 충분히 확보하면 즉, 태양광 어레이의 면적이 넓으면 그만큼 많은 양의 전력을 생산할 수 있다.

[36] 보통 태양과 관련된 영어단어로 solar를 많이 사용하는데 유독 태양광에서는 PV를 많이 사용한다. solar는 같은 태양이어도 대체로 태양열 위주를 이야기할 때 쓰는 반면 PV(PhotoVoltaics)는 태양광 위주로 이야기할 때 사용하는 것으로 주로 재료공학에서 자주 쓰이는 단어이다.

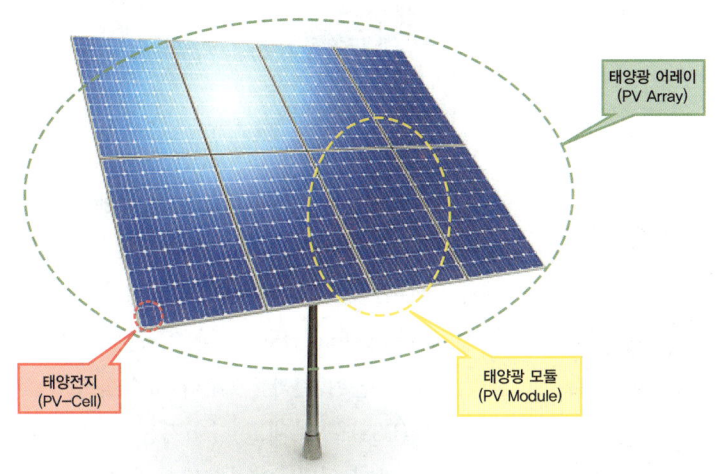

| 태양광 어레이의 구조 |

태양광발전기를 통해 집까지 들어오는 전기의 흐름은 다음과 같다.

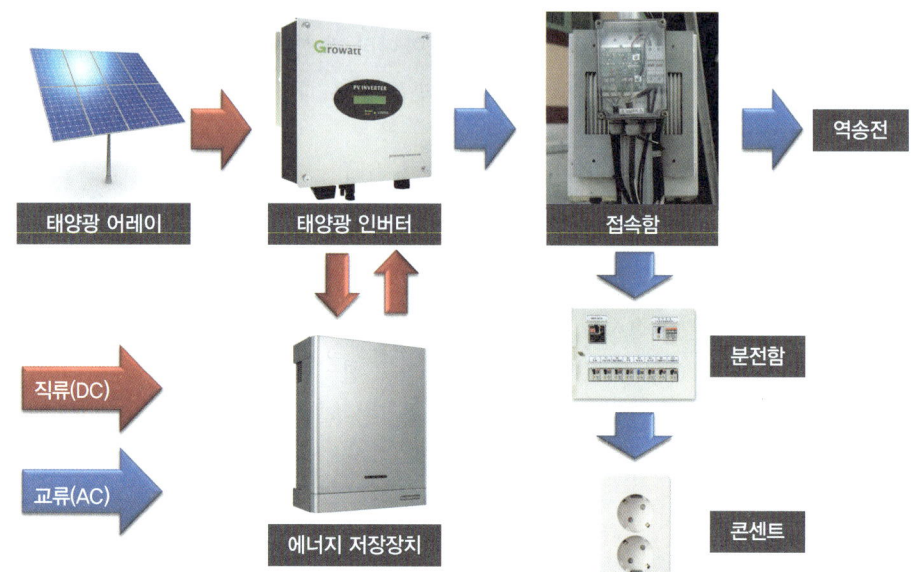

| 주택용 태양광발전 시스템 구조 |

[37] 빛에 의해 들뜬 전자 정공이 기전력을 가져 전압은 물론 전류까지 발생시켜 전력을 만드는 것이다.

[38] 반드시 설치해야 하는 것이 아니라 발전용량이 50kW 미만의 소용량 분산형 전원 시스템의 경우는 생략해도 된다.

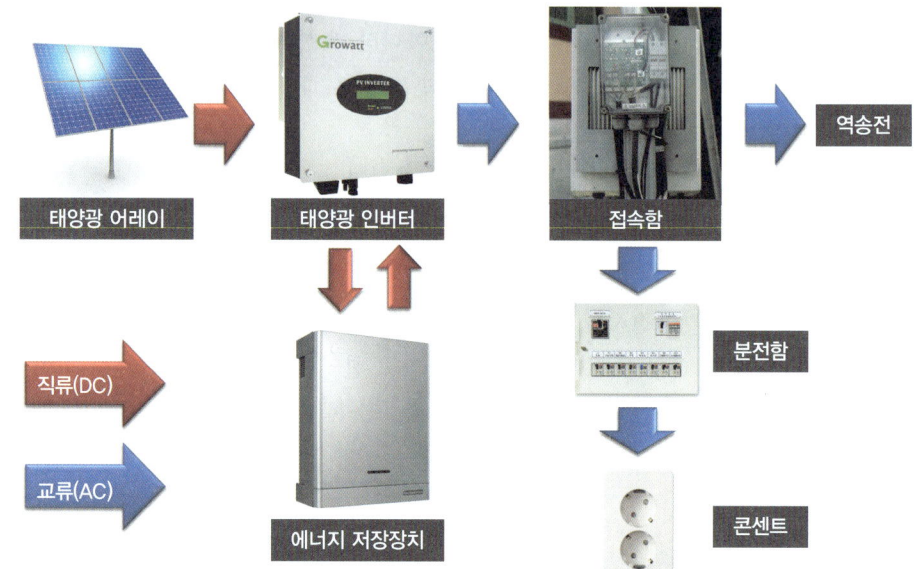

| 가정용 태양광 인버터의 명판 |

발전소에서 터빈의 회전운동을 통해 전기를 생산하는 화력, 원자력, 수력발전의 경우는 바로 교류전력을 생산하여 수용가에게 전달한다. 그러나 태양광발전은 광기전력효과(光起電力效果, photovoltaic effect)[37]를 이용해서 발전하기 때문에 직류전력으로 생산이 된다. 그러나 실질적으로 직류전력은 에너지 저장장치(ESS)로 보내고 나머지는 직류를 교류로 변환해주는 인버터로 가게 된다. 인버터에서 우리가 사용하는 220V 60Hz의 교류전력으로 변환해주고 분전함으로 전달하여 조명이나 콘센트와 같이 전기가 필요로 하는 곳으로 전달해준다. 아울러 다시 역송전을 하여 한전에 판매할 때도 교류전력으로 보내준다. 이러한 것이 주택용 태양광발전 시스템의 구조이다. 대규모 태양광발전소 역시 시스템이 이와 크게 다르지 않고 그대신 인버터나 에너지 저장장치의 크기가 더욱 크다.

그렇다면 본래 한전에서 공급하는 전기요금의 절약효과는 어떻게 해서 생기는 것인가? 우선 태양광발전기를 통해 생겨난 전기를 역송전한 전력량을 계측하는 역전력량계[38]를 통해 한전에 판매할 전력요금을 산출해야 한다. 역전력량계는 역송전한 전력량만을 분리 계측하기 위한 역전방지장치가 부착된 것을 설치해야 한다.

인버터(inverter)가 직류를 교류로 전환하고 부하로 전력을 공급하는 장치[39]이지만 태양광발전 시스템의 인버터는 좀 더 다양한 기능이 있다. 일단 생산하고 남는 전력을 축전지로 충전하는 역할을 한다. 당연히 이럴 때는 직류로 충전을 하고 충전하고 되받을 때에도 직류로 받아 인버터가 교류로 변환해준다. 충전하고도 남은 잉여전력은 역송전하여 한전에 판매할 수 있다.

인버터는 최대 전력 추종제어기능(MPPT)이라 하여 태양전지의 발전전력을 최대한 끌어내도록 제어[40]한다. 또한, 일출 이후 일사 강도가 올라가면서 출력을 얻을 수 있을 환경이 되면 자동으로 발전을 시작하고, 해가 지면 자동으로 발전이 정지하는 자동운전정지기능을 갖추고 있다. 그뿐만 아니라 역송전 시 한전의 정격전압보다 높아지면 문제가 생기기 때문에 자동전압조정기능도 갖추고 있다.

| 역전송한 전력을 계측하는 계량기 |

또한, 한전에서 공급하는 전기와 태양광발전 시스템을 함께 활용하는 상황에서 한전의 전기가 정전되면 태양광발전 시스템의 전기가 흘러들어와서 정전 수리 공사 중인 전기기술자에게 위험을 끼칠 수 있기 때문에 단독운전을 방지하는 기능이 있고 인버터를 통해 완벽히 교류로 변환되지 않고 직류로 섞여 있는 것[41]을 검출하여 정지시키는 기능도 있다. 태양광발전 시스템은 설치 못지않게 유지보수가 중요한데 크게 3가지 관리를 해야 한다.

(1) 어레이 관리

태양광 모듈의 표면은 강화유리로 되어 있지만 강한 충격에는 파손될 수 있다. 후면 역시 백시트 손상에 유의해야 하니 무겁거나 날카로운 물건을 최대한 피하는 게 좋다. 그리고 모듈 표면에 그늘이 지거나 나뭇잎 등이 떨어져 있을 때는 전체적인 발전효율이 감소될 수 있으므로 그때마다 제거하는 것이 좋다. 먼지나 황사, 새똥, 공해물질의 경우 고압 분사기를 이용해 물청소를 해주는 것이 좋다. 또한 모듈 자체의 특수코팅이 마찰로 벗겨지면 수명이 감소 될 수 있으니 피하는 게 좋다.

(2) 인버터 및 접속함 관리

사실 태양광발전 시스템에서 가장 고장이 많은 것은 대부분 인버터에서의 고장이다. 인버터는 전기기술자가 점검할 때를 제외하고는 커버를 개방[42]하지 않는 것이 좋다.

---

[39] 설치할 때 단상의 경우는 4kW 이하로, 3상의 경우는 상별 같은 용량으로 설치해야 한다.

[40] 태양전지의 동작점이 항상 최대 출력점을 추종하도록 하는 것을 말한다.

[41] 한전에서는 이러한 직류분이 0.5% 이하로 유지할 것을 요구한다.

[42] 커버를 개방하여 내부 회로에 수분이나 먼지 등이 들어가면 고장의 원인이 될 수 있다.

(3) 구조물 및 전선 관리

태양광 어레이의 구조물이나 구조물 연결부분은 녹이 생길 수 있다. 이때는 녹 방지 스프레이 등으로 처리를 하는 것이 좋고 바람압력이나 진동으로 인해 모듈과 형강의 체결 부위가 느슨해질 수 있으니 정기적인 점검을 받는 것이 좋다. 그리고 전기의 접촉 불량은 전기사고의 원인이 되므로 전기 접속부분에 문제가 있는지 정기적으로 확인을 하고 문제가 발생하면 전기기술자를 불러 점검을 의뢰한다.

태양광발전 시스템은 에너지원 자체가 무한한 태양광으로 친환경 신재생에너지인 데다가 전기요금 절감이라는 효과가 있어 좋은 점이 많다. 그러나 효율이 매우 낮아 기존 발전보다 발전단가도 높고 제대로 활용하기 위해선 넓은 땅이 필요하며 일조량에 따라 전력 연속성도 떨어지는 등 여러 가지 단점도 많다. 그러나 앞으로도 태양광발전 시스템의 연구는 계속 진행될 것이다. 참고로 이 분야의 국가기술 자격증으로 신재생에너지 발전설비기사(태양광)[43]가 있다.

[43] 기사 외 산업기사, 기능사도 있다. 2013년에 첫 시험을 치렀고 1년에 3회 시험을 치른다. 전기 관련 자격증이다 보니 전기 관련 문제가 절반 정도이다. 필기시험과 실기시험으로 분류되고 기능사도 실기는 작업형이 아닌 서술형으로 시험을 본다.

| 단독주택에 설치된 인버터와 접속함 |

4 에너지 저장장치

최근 들어 에너지 저장장치(ESS : Energy Storage System)를 여러 언론에서도 다루면서 차세대 핵심기술로 표현하는 경우가 많다. 그러나 오랜 역사를 가진 시스템으로 우리가 흔히 볼 수 있는 충전지 또한 에너지 저장장치의 일부이다. 그럼에도 불구하고 에너지 저장장치가 최근 들어 주목받기 시작한 이유는 에너지 저장을 화학적으로 저장하기 위한 충전지 기술이 크게 발전하였고 대용량도 취급할 수 있기 때문이다. 이에 국가 정책적으로 신재생에너지를 추진하고 스마트 그리드(smart grid)[44]가 이슈화되면서 대중들에게 많은 관심을 끌게 되었다.

[44] 스마트 그리드란 기존 전기공급방식이 일방적으로 한전이 공급하고 수용가는 이를 필요 때문에 임의로 사용했다면, 스마트 그리드는 수용가가 사용하는 정보에 맞게 한전은 전력사용현황을 실시간으로 파악해서 효율적으로 전기를 공급하는 차세대 지능형 전력망을 말한다.

| 분산형 전원의 핵심요소인 에너지 저장장치 |

전기는 다른 에너지와 달리 사용하지 않는 전력은 손실[45]이 된다. 그래서 이렇게 손실이 되는 전력을 최대한 줄이고자 **에너지 저장장치는 아예 대규모로 충전을 해서 전기를 많이 사용하는 시점에 충전된 전기까지 쓰고, 적게 사용하는 시점에는 전기를 충전하게 되는 것**이 그 원리이다. 그와 더불어 분산형 전원 시스템의 부족한 전력을 보충함과 동시에 전력 품질의 향상을 기대할 수 있다.

에너지 저장장치는 단순히 충전기를 이용한 방법만 있는 것이 아니라 다양한 방법이 있다. 크게 전기적인 저장장치, 화학적인 전기장치, 물리적인 전기장치로 구분할 수 있고 이는 다음과 같다.

[45] 내연기관을 이용한 자동차는 엔진을 돌리지 않으면 기름이 그대로 남아 있지만 생산된 전기는 사용하지 않으면 사라진다.

| 에너지 저장장치의 구분에 따른 종류 |

구분	종류	원리
전기적인 저장장치	슈퍼 커패시터	커패시터 자체가 매우 빠른 속도로 충·방전이 이루어진다. 이러한 커패시터의 용량을 매우 크게 하는 방법으로서 단시간 정전의 백업용으로 사용된다.
화학적인 저장장치	충전지	리튬 이온 충전지 또는 납축전지가 대표적인 경우로 비상용 전원장치(UPS)에서도 이용된다.

Ⅱ. 전력의 흐름　187

구분	종류	원리
물리적인 저장장치	양수발전	수력발전소 저지대 물을 전기사용량이 적은 심야시간대에 끌어올리고 전기사용량이 많은 시간대에 수력발전을 한다.
	플라이휠 (flywheel)	전기에너지를 회전하는 운동에너지로 저장했다가 다시 에너지로 변환하여 사용하는 기술을 말한다.
	압축공기	암염광산이나 폐광과 같이 지하 공동구에 전기가 남아 있을 때 공기를 고압으로 압축하여 저장하고 전기가 필요할 때 압축된 공기로 터빈을 돌려 발전한다.
	용융염[46]	태양열 발전에서 사용하는 방법으로 발전할 때 남아도는 열을 이용해 소금의 한 종류인 용융염을 녹인 후 단열 탱크에 보관하여 밤이나 흐린 날에 소금에 저장된 열에너지를 이용해 터빈을 돌려 발전한다.

[46] 용융염(molten salt)은 액체 염화나트륨을 말한다. 일반 소금과 다른 소금으로 용융점은 98° 정도로 양극과 음극 역할을 하는 금속만 잘 찾는다면 상대적으로 낮은 온도에서도 작동이 가능한 전지를 만들 수 있다. 현재 기술로 컨테이너 크기만 한 공간에 약 200가구가 사용할 수 있는 전력을 저장할 수 있다.

(1) 에너지 저장장치의 구성요소

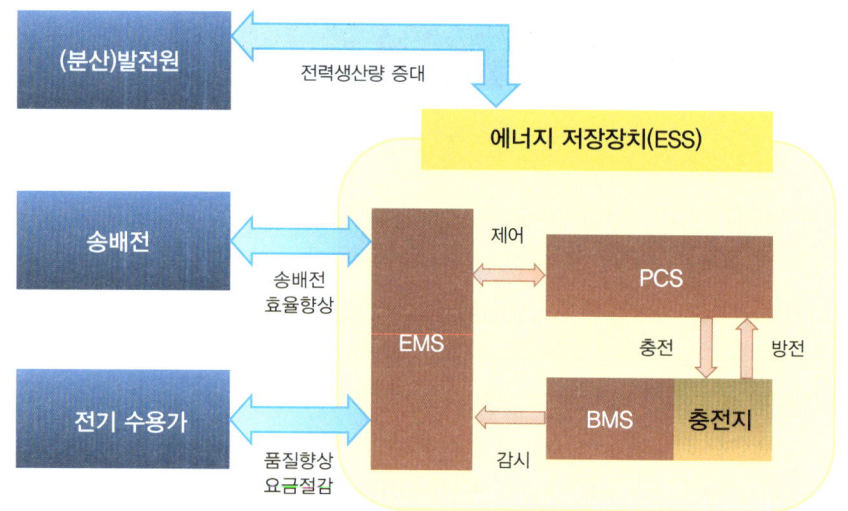

| 에너지 저장장치의 구성 |

에너지 저장장치의 구성요소는 충전지(배터리), BMS, PCS, PMS(EMS)로 구성되어 있다.

① BMS(Battery Management System) : 충전지의 전압, 전류, 온도 등 실시간 데이터를 저장하고 저장용량을 계산하여 충전지의 용량 및 수명을 예측하는 등 충전지의 상태와 동작을 감시 및 관리하는 것

② PCS(Power Conditioner System) : 전력변환장치로 충전지에 저장된 전기

에너지를 상용의 전압과 주파수를 가진 전력으로 바꾸어주거나 그 반대로 상용의 전압과 주파수를 가진 전력을 직류로 변환하여 충전지를 충전하는 것

③ PMS(Power Management System) : EMS(Energy Management System) 라고도 하며 에너지 저장장치 내 에너지 소비를 감시하고 전력사용을 예측하며 필요한 조정을 할 수 있는 종합적인 전력관리 시스템이다. 이를 통해 PCS와 충전지 주변 기기의 정보를 받아 BMS에 지시 및 관리를 하는 장치

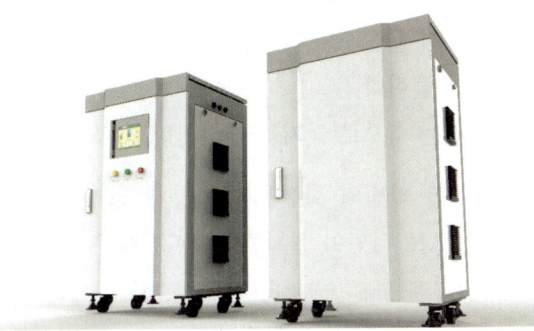

| 10kW급 가정용 소규모 에너지 저장장치 |

(2) 에너지 저장장치의 용도에 따른 구분

에너지 저장장치는 용도에 따라 다음과 같이 나눌 수 있다.

① **피크저감용** : 전기요금이 저렴한 시간대에 전력을 충전 및 저장하고 전기요금이 비싼 시간대에 저장한 전력을 사용함으로써 전기요금을 줄일 때 사용[47]

② **피크저감+비상전원용** : 덕커브현상[48]을 해소하기 위해 전압이 떨어지는 경우 안정적으로 전력을 공급할 수 있도록 제어하고자 사용[49]

③ **신재생 안정화용** : 주로 태양광발전과 연계해서 사용하며 태양광발전의 출력이 급격하게 바뀌는 경우 전력의 품질이 떨어지기 때문에 전력품질을 개선하고자 사용

④ **주파수 조정용** : 예비전력을 확보하여 계통의 운영비용을 줄이는 효과가 있어 한전 송배전망용으로 사용

에너지 저장장치의 경우 태양광발전 시스템과 같이 날씨에 따라 에너지의 연속적인 발생의 결함을 보완해주는 역할과 함께 사용하지 않아 낭비되는 전력을 효율적으로 사용할 수 있게 도와준다. 이는 경제적으로 훌륭하지만 아직 안전성에 대해서는 논란을 일으키는 경우가 종종 있다. 시스템의 오작동으로 에너지 저장장치의 화재[50]가 잊을 만하면 터져 나오는 경우가 바로 그런 것이다.

---

[47] 주로 전력사용이 많은 대규모 제조업 공장에서 전기요금을 줄이기 위해 사용한다.

[48] 덕커브현상이란 신재생에너지의 발전이 미미한 시간대인 오후 시간대에 전력수요가 올라가는 모양이 오리 같다고 하여 불리는 현상을 말한다.

[49] 정전되어서는 안 되는 병원이나 백화점에서 사용한다.

[50] 주로 충전지가 과충전되거나 온도가 급상승하는 이상현상이 있을 때 전원이 제대로 차단되지 않아 화재로 연결되는 것이다. 즉, BMS의 오류가 에너지 저장장치의 주된 화재원인이다.

3 터빈의 회전운동으로 전류를 만드는 방법은?

1 기력(거대한 회전을 만드는 증기의 힘)

발전소의 핵심은 전기를 생산하는 발전기[51](發電機, electric generator)이다. 태양광 발전기를 제외하고는 대다수 발전기는 회전운동에 의한 전자기 유도작용을 통해 전기를 생산[52]한다. 발전소는 크게 3가지 동작에 의해 전기를 생산한다.

(1) 충분히 열을 만들어서 물을 고온·고압의 증기로 만든다.
(2) 증기를 통해 터빈을 돌린다.
(3) 터빈에 의해 돌아가는 축으로 전기를 생산한다.

발전소는 내부의 거대한 터빈의 회전운동을 통해 전기를 생산하는 경우가 많다. 따라서 발전소는 필수적으로 터빈이 설치되어 있다. 물은 100℃가 되면 끓기 시작하며 수증기로 변한다. 이렇게 수증기가 되면 부피가 대략 1680배 늘어나므로 닫힌 용기 속이라면 주변으로 엄청난 압력[53]이 생기게 된다.

| 수증기의 압력을 이용한 증기기관차 |

수증기 압력의 크기가 매우 크기에 이를 이용해 터빈을 돌리는 것이다. 하지만 수력발전소와 풍력발전소의 경우 물이 낙하하는 힘이나 바람의 힘으로 직접 터빈을 돌려 전기를 생산한다. 결국 발전소의 핵심은 터빈의 회전운동이다.

2 전자기 유도현상과 패러데이법칙

전기를 생산할 때 중요한 이론으로 전자기 유도현상이 있다. 이는 전기와 자기를 함께 이용함으로써 전압과 전류를 생산하는 것이다. 전자기 유도현상(電磁氣誘導, electromagnetic induction)은 전기와 자기의 상호작용에 의해 나타나는 현상을 말하는 것으로 간단한 실험을 통해 알 수 있다.

---

51 ──
발전기는 발전소에만 있는 것이 아니다. 커다란 빌딩도 가지고 있고 경유를 태워 발전을 하는 발전차도 있다. 그뿐 아니라 자동차에도 엔진회전의 힘으로 발전시켜 축전지를 충전하기 위한 발전기도 있다.

52 ──
현재 직선운동을 통한 발전기가 개발되어 실용화를 위해 연구 중이다.

53 ──
이런 수증기의 압력을 기력(汽力, steam power)이라고 한다. 증기기관차가 대표적인 예이다. 기차(汽車)라는 어원도 증기를 이용하여 움직이는 수레에서 따온 것이다.

전기가 흐를 수 있는 도선 안에 코일을 돌돌 감고 이 코일 속으로 자석을 위 아래로 운동을 시키면 검류계(檢流計, galvanometer)[54] 바늘이 움직인다. 즉, 전압과 전류가 생산되는 것이다. 이때 코일을 많이 감을수록, 위아래 운동이 빠를수록 더 많은 양의 전류가 생산된다. 자석의 운동을 멈추게 되면 전류의 생산도 함께 멈춘다.

역으로 고정되어 있는 자석 속에 전류가 흐를 수 있는 도체를 위아래로 움직이면 이때 역시 전류가 생긴다. 앞서 실험한 것과 마찬가지로 도체를 위아래로 빠르게 움직이면 더 많은 전류가 생긴다. 이렇게 코일과 자속의 상호간 운동 중에 코일에서 발생하는 전류를 유도전류(誘導電流, induction current)라고 하고 코일과 자석 간에 작용하는 운동이 있어야 한다. 즉, 운동이 없는 정지상태에서는 유도전류가 발생하지 않는다.

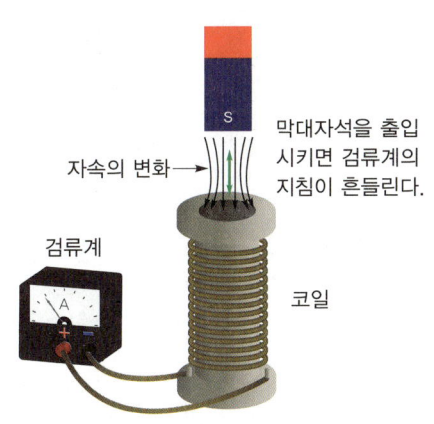

| 코일 내부에서 자석을 움직일 경우 |

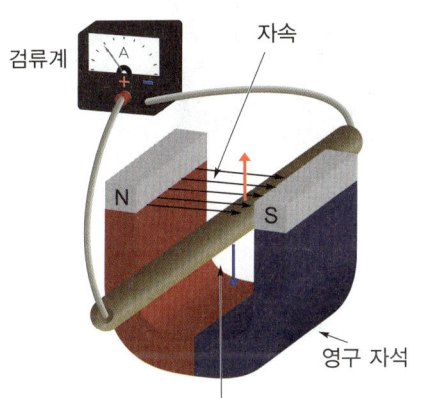

| 자석 내부에서 도체를 움직일 경우 |

코일에 도선이 많이 감겨 있고 코일이나 자석의 운동이 빠를수록 유도전류의 크기는 커진다. 이 실험을 토대로 유기기전력이 회로 외부에 형성된 자기장의 변화로 생기는 것을 패러데이법칙[55] (Faraday's laws)이라 한다.

이를 통해 패러데이는 '전자유도에 의해 코일이나 도체에 생기는 기전력의 크기는 코일이나 도체와 교차하는 자속수가 1초간에 변화하는 비율에 비례한다.'는 것을 밝혔다. 이를 전자유도에 관한 패러데이법칙이라고 한다. 패러데이법칙은 다음과 같은 공식으로 정리할 수 있다.

$$e = N \frac{\Delta \phi}{\Delta t} [\text{V}]$$

N개의 도체가 증가되는 시간인 Δt초간에 $\Delta \phi$[Wb]의 자속을 차단[56]했을 때 발생하는 유도기전력은 e와 같다.

[54] 검류계란 매우 작은 양의 전압과 전류를 측정할 수 있는 계기로 일반적으로 전압과 전류의 양을 측정하기 보단 전압과 전류의 유무를 확인하는 용도로 사용한다.

[55] 영국의 물리학자이자 화학자인 마이클 패러데이(Michael Faraday, 1791~1867)가 발견했다.

[56] 실험 중 자석이나 도체의 상하운동으로 멀어졌다 가까워졌다 하는 과정 중에 어느 정도 멀어질 때 차단되었다고 이야기한다. 따라서 패러데이법칙에 의해 같은 시간 동안 더 많은 상하운동을 할수록 기전력은 더 커지게 되는 것이다.

3 플레밍의 오른손법칙과 렌츠의 법칙

앞서 패러데이법칙을 통해 자기장 내부에서 전류가 흐르는 도체를 움직였을 때 유도기전력이 생기는 것을 알 수 있었다. 이때 유도기전력의 방향을 어떻게 알 수 있을까? 이를 이해하기 위한 것이 바로 플레밍의 오른손법칙(Fleming's right hand rule)이다.

이를 이해하고자 오른손 주먹을 쥐었다가 엄지, 검지, 중지를 순서대로 펴보자. 이 때 검지와 중지 사이 각도는 직각이 되도록 한다. 여기에서 엄지는 도체의 이동방향을 말한다. 그리고 검지는 자기장의 방향, 직각위치에 있는 중지는 기전력의 방향을 말한다. 플레밍의 왼손법칙과 비교해서 엄지의 역할만 다르지 나머지는 똑같다. 단, 플레밍의 왼손법칙은 전기력을 통해 전동기의 원리, 플레밍의 오른손법칙은 기전력을 통해 발전기의 원리를 알 수 있다.[57]

57
플레밍의 왼손법칙은 스피커의 원리로 사용되고 플레밍의 오른손법칙은 마이크의 원리로 사용된다. 전동기, 발전기와 비슷하게 서로 반대 개념에서 사용한다는 것을 보여준다.

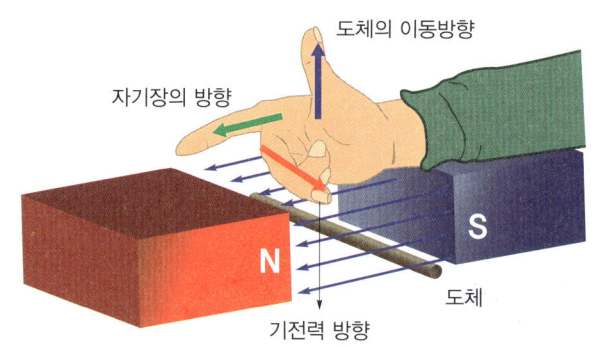

| 플레밍의 오른손 법칙 |

플레밍의 오른손법칙을 통해 유도기전력의 크기를 알 수 있다. 다음 공식을 살펴보자.

$$e = Blv\sin\theta \,[V]$$

e는 유도기전력의 크기로 단위는 [V](볼트)를 사용한다. B는 자기장의 세기로 단위는 [T](테슬라), v는 도체가 움직이는 속도로 단위는 [m/s](미터 퍼 세크), l은 도체의 길이로 단위는 [m](미터)를 사용한다. 각도 θ는 도체의 움직이는 방향과 자기장이 이루는 각도로 앞서 플레밍의 왼손법칙과 마찬가지로 90°일 때 최대의 값을 갖고 0°[58]일 때 유도기전력은 0V가 된다.[59]

한편 렌츠의 법칙을 통해 유도기전력의 방향을 알 수 있다.

58
도선이 자기장과 평행으로 움직일 때이다.

59
공식에서 $\sin\theta$가 있듯이 이는 삼각함수의 사인값을 취한다. 즉, $\sin 0° = 0$, $\sin 45° = 0.7071$, $\sin 90° = 1$, $\sin 135° = 0.7071$, $\sin 180° = 0$, $\sin 225° = -0.7071$, $\sin 270° = -1$, $\sin 315° = -0.7071$, $\sin 360° = 0$ 등을 반복한다.

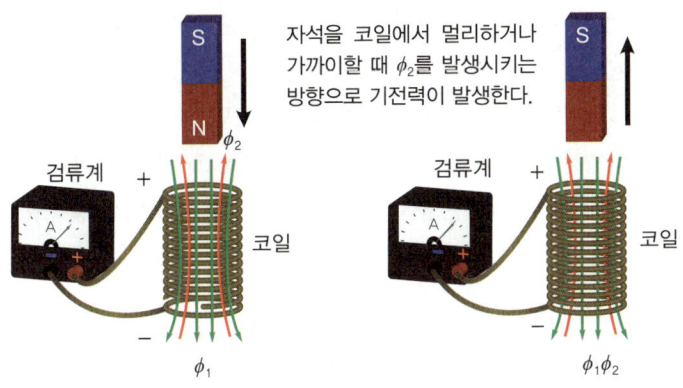

| 렌츠의 법칙 |

돌돌 만 코일 안에 자석을 가까이하면 자석에 의한 자속 ϕ_1이 증가하지만 이는 반대방향의 자속 ϕ_2를 발생시키고 같은 방향으로 기전력이 발생한다. 그리고 자석을 코일에서 멀리하면 자석에 의한 자속 ϕ_1이 감소하지만 그 감소를 방해하는 방향인 자속 ϕ_2를 발생시키고 역시 같은 방향으로 기전력이 발생한다. 이를 통해 유도기전력에 의해 생기는 전류가 코일 내 자속변화를 방해하는 방향으로 발생한다는 것을 알 수 있다. 이를 렌츠의 법칙(Lenz's law)[60]이라 하고 도선으로 이루어진 닫힌 회로 내에 생긴 유도전류는 닫힌 회로를 지난 자속이 변화하는 것을 반대하는 방향[61]으로 흐른다고 정의할 수 있다.

$$e = -N \frac{\Delta \phi}{\Delta t} [\text{V}]$$

이는 패러데이법칙과 매우 비슷한 공식인데 단지 기전력의 방향이 반대라 음의 부호(−)가 들어간다. 즉, 음의 부호로 인해 유도기전력의 방향에 관한 법칙이라고 할 수 있다.

4 직류발전기의 원리와 종류

전자기 유도현상을 응용한 것이 바로 발전기이다. 즉, 발전기는 거대한 자석 속에서 도체가 회전하는 구조로 되어 있다. 이때 도체의 회전을 만드는 것이 바로 발전소의 터빈이다. 일단 간단한 발전기의 원리를 알아보자. 예전에 자전거의 전조등은 자전거 앞바퀴 옆에 달려 있었고 자전거바퀴가 회전하면 전조등의 불빛이 밝아지는 구조였다. 즉, 발전기가 달린 자전거용 전조등인 것이다.

자전거 전조등 내부에는 발전기가 있고 이곳에 자석과 돌돌 만 코일이 감싼 형태

[60] 독일의 물리학자 하인리히 렌츠(Heinrich Friedrich Emil Lenz, 1804-1865)에 의해 1834년에 발견된 법칙이기 때문에 이름을 렌츠의 법칙이라고 명명하였다. 간혹 렌츠를 러시아 인물로 표기되는 경우가 있는데 이는 렌츠가 러시아의 상트페테르부르크 대학교수를 하는 동안 렌츠의 법칙을 발견하였기 때문에 생긴 오해이다.

[61] 반대로 기전력이 생기므로 청개구리 법칙이라고도 한다.

로 되어 있다. 자전거바퀴가 돌아가면 코일 속에 있는 자석도 함께 시계방향으로 회전운동을 하게 되는데 이때 전압과 전류가 생긴다. 이는 앞서 설명한 전자기 유도현상을 간단히 만든 것이다. 자석의 회전운동이 멈춘다면 즉, 자전거바퀴가 더 이상 돌아가지 않으면 발전이 되지 않기에 전조등도 꺼진다. 당연한 이야기지만 자전거의 속력이 빨라질수록 자석의 회전운동도 빨라지기에 전조등도 더욱 밝아졌다.[62]

> **62**
> 헬스장에 있는 실내 자전거의 액정 표시창도 이 원리를 이용해 만든 제품이 많다. 페달이 회전하면 액정표시가 작동하고 페달이 멈추면 액정 표시가 사라진다.

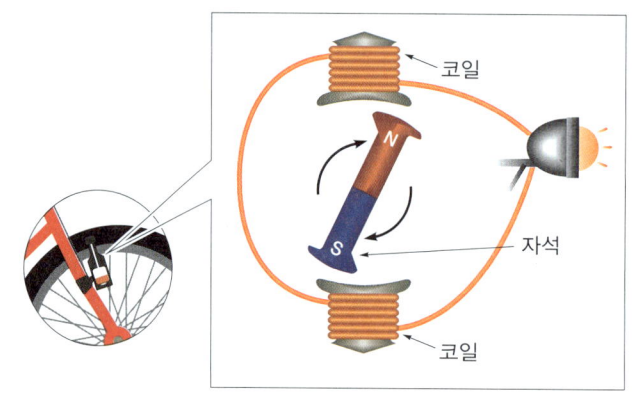

| 자전거 발전기(다이너모, dynamo)의 원리 |

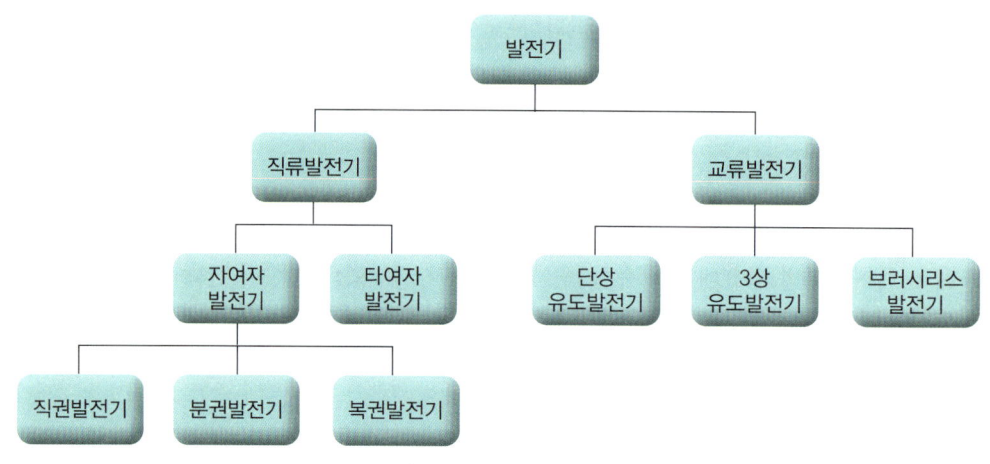

| 발전기의 원리와 종류 |

발전기는 출력하는 전류에 따라 직류발전기와 교류발전기로 구분할 수 있다. 먼저 직류발전기에 대해 알아보자. 앞서 전자기 유도현상을 통해 전류가 생산된다는 것을 알았다. 발전기 내부 역시 전자기 유도현상을 위해 자석과 코일이 기본적으로 준비되어 있다. 이때 전자석으로 발전기 외부의 자기장을 만들기 위해 계자(field magnet)[63] 라는 것을 둔다. 즉, 외부에서 감싸고 있는 전자석이 고정되어 있으므로 고

> **63**
> 영구자석을 사용하는 경우도 있지만 일반적으로 전자석을 사용한다.

정자(계자), 내부에서 회전하는 코일을 회전자(전기자)라고 하며 이렇게 된 구조의 발전기를 '회전전기자형'이라고 한다.

직류발전기는 앞서 말한 전기자와 계자 외 정류자(commutator)가 있고 이들을 보통 직류발전기의 3요소[64]라고 한다.

직류발전기의 원리를 알아보자. 아래 그림의 (a)와 같이 자기장 내부에 코일을 놓고 시계방향으로 코일을 회전시킨다. 코일의 ⓒ-ⓓ는 시계방향 회전에 의해 위로 움직이게 된다. 이때 플레밍의 오른손법칙을 적용하면 ⓓ에서 ⓒ방향으로 유도기전력이 발생하여 부하저항에는 화살표와 같은 전류가 흐른다.

[64] 직류발전기를 4요소로 구분하는 경우 전기자, 계자, 정류자, 브러시를 말한다.

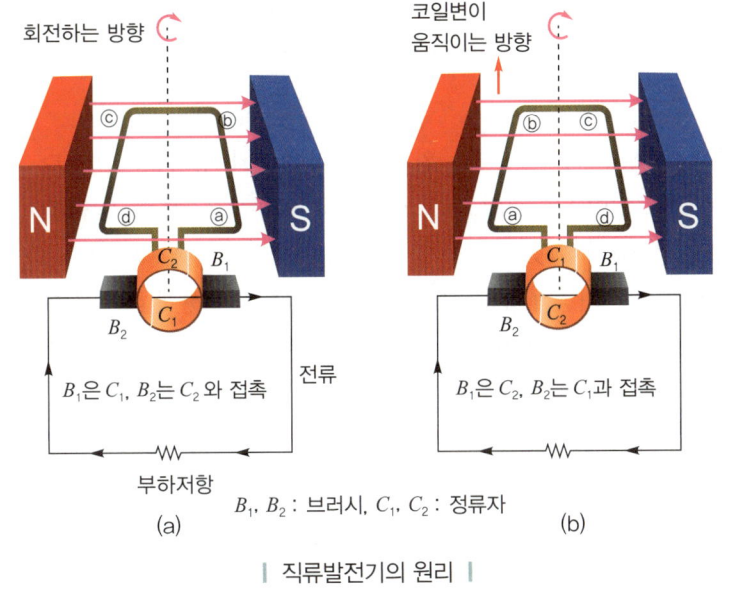

| 직류발전기의 원리 |

그림 (a)의 상태에서 브러시 B_1은 정류자 C_1과 접촉해 있고 브러시 B_2는 정류자 C_2와 접촉해 있다. 코일이 시계방향으로 회전하여 그림 (b) 상태가 되면 코일의 위치가 바뀌고 그림 (b)와 같이 코일 ⓐ-ⓑ는 위로 움직이게 된다. 이로 인해 ⓐ에서 ⓑ를 향하는 방향으로 유도기전력이 발전하게 된다. 이 상태로 브러시 B_1은 정류자 C_2와 접촉해 있고 브러시 B_2는 정류자 C_1과 접촉해 있다. 따라서 부하저항에는 그림 (a)와 같은 방향의 전류가 흐르게 된다. 즉, 항상 동일한 방향의 전류인 직류가 흐르게 되는 것이다.

이때 중요한 것은 전자석(電磁石, electromagnet)[65]을 만들기 위해 전류를 계자코일에 흘려 자기장을 생성하는 것인데 이를 여자(勵磁, exciting)라고 한다. 직류발전기는 일반적으로 자기여자발전기[66] 형태로 만들어지며 여자전류(勵磁電流, exciting current)[67]를 통해 발전을 시작한다. 이후 계자코일과 전기자코일에 연결하는 방식에 따라 직권발

[65] 전자석이란 전류가 흐르면 자석처럼 자기화(磁氣化)가 되고 전류를 끊으면 원래의 상태가 되는 자석을 말한다.

[66] 자기여자(자여자)는 발전기 자신이 만든 전기로 여자시키는 방식이며, 타여자는 축전지와 같은 외부 전원으로 여자시키는 것을 말한다.

[67] 자기장을 발생시키기 위한 전류를 말하며 다른 표현으로 전기자 전류 또는 계자전류라고 한다.

전기, 분권발전기, 복권발전기로 구분되며 이들의 특징은 다음과 같다.

| 직류 자기여자발전기의 종류와 특징 |

발전기의 종류	특징
직권발전기 (series-wound generator)	• 전기자코일, 계자코일, 부하가 직렬로 연결 • 부하가 증가하면 계자전류가 증가하므로 발전전압도 상승
분권발전기 (shunt-wound generator)	• 전기자코일과 계자코일이 병렬로 연결 • 부하가 정격 이하일 때는 부하와 상관없이 출력전압이 일정하나 부하가 정격 이상일 때는 출력전압이 급격이 떨어짐
복권발전기 (compound-wound generator)	• 전기자코일과 계자코일이 직렬과 병렬로 모두 연결 • 직권발전기와 복권발전기의 특성을 모두 가지며 부하가 정격 이상에서도 부하와 관련 없이 발전전압을 유지

물론 이때 생성된 전압과 전류는 완전히 평평한 형태의 직류는 아니다. 하지만 전기자로 사용한 코일이 많아지면 각 코일에서 유도되는 기전력의 전체 합이 일정하게 되어 전압의 최댓값과 최솟값이 적게 되고 평탄해지게 된다. 하지만 약간의 너울거리는 느낌이 있는데 이를 맥류(ripple)라고 하며 이를 평탄하게 하기 위해 레귤레이터(regulator)와 같은 장치를 통해 맥류성분을 제거한다.

5 교류발전기의 원리와 종류

교류발전기는 직류발전기와 매우 흡사하다. 그러나 직류발전기가 가지고 있는 정류자 대신 슬립링(slip ling)[68]이 있다.

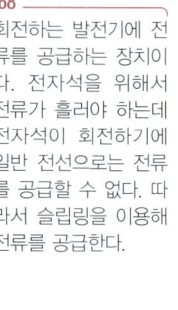

[68] 회전하는 발전기에 전류를 공급하는 장치이다. 전자석을 위해서 전류가 흘러야 하는데 전자석이 회전하기에 일반 전선으로는 전류를 공급할 수 없다. 따라서 슬립링을 이용해 전류를 공급한다.

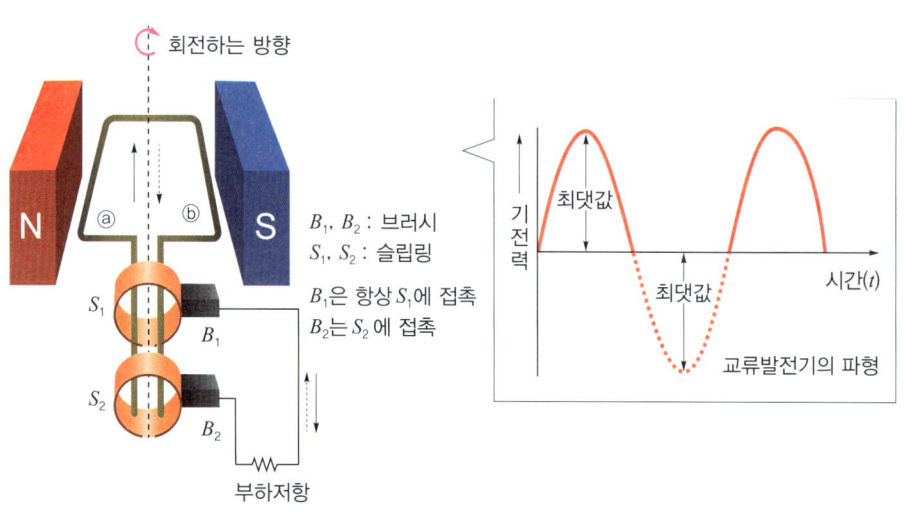

| 교류발전기의 원리 |

앞의 그림에서 B_1, B_2는 브러시, S_1, S_2는 슬립링이라고 하는 금속제의 둥근 링이다. 슬립링이 직류발전기의 정류자에 대응한다고 볼 수 있다. 다음의 그림에서 코일의 ⓐ 끝을 슬립링 S_1에 접속하고 코일의 ⓑ 끝을 슬립링 S_2에 접속하였다. 이때 도체에 발생한 기전력이 슬립링 S_1, S_2에 접촉한 브러시 B_1, B_2에 의해 외부로 인출하는 구조로 되어 있다. 이때 시계방향으로 코일을 회전시키면 코일의 ⓐ는 실선의 화살표방향으로 기전력이 발생한다. 그 후 코일의 ⓑ가 코일의 ⓐ 위치로 오면 코일의 ⓐ에는 점선의 화살표방향으로 기전력이 발생한다.

이와 같이 교류발전기는 기전력의 방향이 규칙적으로 반대가 된다. 즉, 기전력의 크기는 그림과 같이 시간의 변화에 따라 증가하여 최댓값이 된 이후 감소되었다가 이후 반대방향으로 기전력이 증가하여 최댓값이 된 후 감소하는 정현파(sine wave)[69] 구조이다.

그런데 오르락내리락하는 파형을 통해 어떻게 전력이 전달되는 것일까? 간단한 예로 양쪽에 한 사람씩 두 명이 줄을 잡고 있다고 가정해보자. 이 줄을 단체줄넘기하듯이 크게 회전을 하면 줄의 높이는 위아래로 오르락내리락하게 된다. 그리고 이 줄을 잡은 두 명은 손에서 줄의 힘을 느낄 수 있을 것이다. 바로 이러한 원리로 회전운동을 하더라도 에너지는 전달할 수 있는 것이다.

[69] 정현파는 바로 사인곡선을 말한다. 이는 sin0°=0, sin 45°=0.7071, sin90°=1, sin135°=0.7071, sin180°=0, sin225°=-0.7071, sin270°=-1, sin315°=-0.7071, sin360°=0 등을 반복한다.

| 단체줄넘기를 하면 줄을 잡은 사람이 줄을 통해 에너지를 느낄 수 있음 |

한편 직류발전기가 자석이 고정되고 안의 코일이 회전하는 구조라면, 교류발전기는 고정된 코일 속에서 자석이 회전하는 구조가 많다. 따라서 외부를 감싸고 있는 코일이 고정자(전기자)가 되고 내부에서 회전하는 전자석이 회전자(계자)가 된다. 이렇게 설계가 된 발전기의 형태를 '회전계자형'이라고 한다. 교류발전기는 '회전전기자형'도 가능하나 전압이 높아지면 슬립링과 브러시 접촉부위에서 불꽃이 발생하는 등 제작이 어렵다.[70] 그래서 높은 전압과 많은 양의 전류 생성을 위해 일반적으로 회전계자형을 채택한다. 아울러 3상 교류를 얻기 위해 무거운 전자석(계자)을 사용하여 회전시키는 것보다[71] 무거운 코일(전기자)을 고정시켜 사용하는 것이 더욱 효율적이다.

[70] 주로 단상 110~220V의 저전압 소용량 발전기에 사용한다.

[71] 원심력으로 인해 여러 가지 문제가 생길 수 있다.

Ⅱ. 전력의 흐름 197

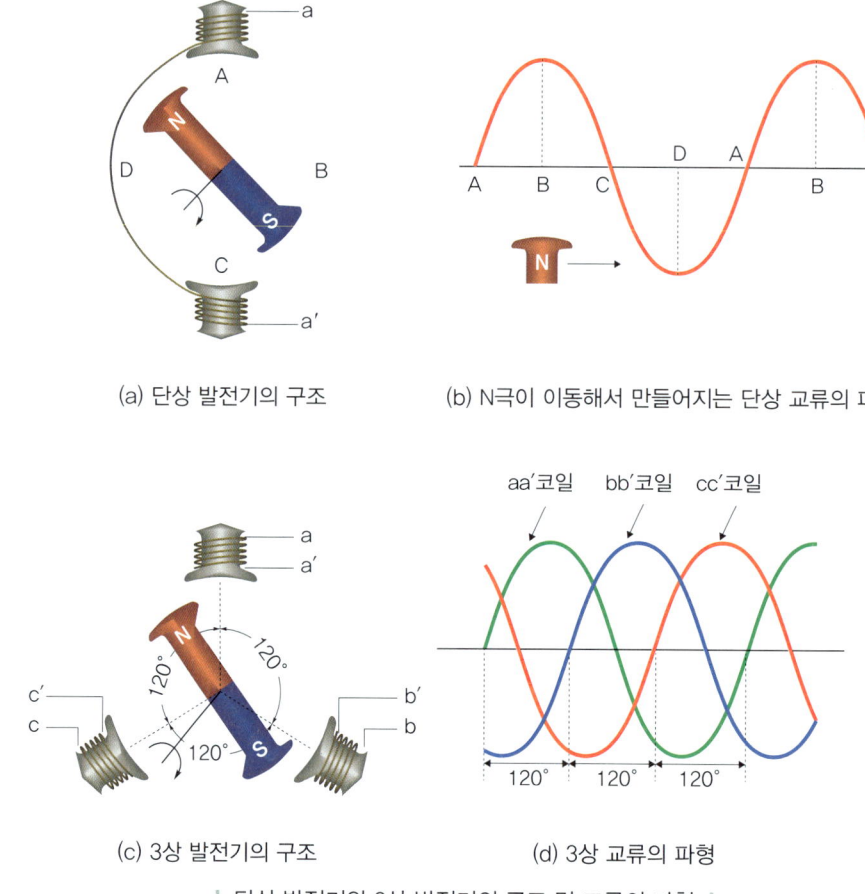

(a) 단상 발전기의 구조

(b) N극이 이동해서 만들어지는 단상 교류의 파형

(c) 3상 발전기의 구조

(d) 3상 교류의 파형

| 단상 발전기와 3상 발전기의 구조 및 교류의 파형 |

현재 우리나라에 있는 모든 발전소는 3상 교류발전기를 두고 전기를 생산하고 있다. 이는 단상 교류발전기와 비교하면 그 차이를 명확히 알 수 있다. 먼저 단상 발전기의 경우 위의 그림(a)와 같이 양쪽을 마주 보고 있는 코일(전기자) 한 개[72]가 있고 이곳에 전자석(계자)이 시계방향으로 회전한다. 전자석의 N극이 A-B-C-D 순서로 회전하면서 생기는 전력은 (b)의 그래프와 같이 하나의 정현파가 있음을 알 수 있다. 이를 자세히 살펴보면 전자석의 N극이 A에 평행할 때 전자석과 코일의 각도가 0°로 $\sin 0° = 0$이므로 최소의 값을 가지게 된다. A위치의 코일은 권선이 a 즉, 이후 시계방향으로 회전하여 전자석의 N극이 B방향으로 접근한다. 전자석의 N극이 시계방향으로 회전하여 B방향에 가게 되면 코일과의 각도가 90°이므로 $\sin 90° = 1$ 즉, 기전력은 1이 된다. 계속 전자석의 N극이 C방향으로 회전한다. 이후 C방향은 A와 각도가 정반대 즉, 180°로 $\sin 180° = 0$이 되므로 기전력은 0이 된다. 계속 전자석의 N극이 시

[72] 이미지를 봐서는 코일이 2개로 마주 보고 있는 것 같지만 위쪽 코일의 권선은 a, 아래쪽 코일은 a'로 서로 연결된 하나의 코일이다.

계방향으로 회전하여 D에 접근한다. 이후 D방향은 A와 각도가 시계방향 기준으로 270°이므로 sin270°=-1 즉, 기전력은 -1이 된다. 이렇게 시계방향으로 회전하면서 기전력은 파도모양의 사인곡선[73]을 그린다.

3상 교류발전기의 경우를 살펴보자. 3상 발전기의 경우 앞의 그림 (c)와 같이 120° 간격으로 코일(전기자)이 있고 이 사이에 전자석(계자)이 시계방향으로 회전한다. 이로 인해 (d)와 같이 그래프가 생기는데 aa'코일을 통해 먼저 기전력이 만들어진 다음 전자석이 120°회전하여 bb'코일 방향으로 간다. 그 사이 aa'코일과 자석의 각도는 0°에서 120°로 커지므로 기전력은 점차 떨어지게 된다. 전자석 N극이 코일 bb'에 도착하면 코일 bb'에서 새로운 기전력이 만들어지지만 aa'코일에서 만들어진 기전력은 이미 120° 회전한 상태이므로 sin120°=0.8660 즉, aa'에 전자석 N극이 있을 때보다 0.8660수준이 된다. 계속해서 전자석의 N극이 시계방향으로 120°회전하면 코일 cc'에 도착하게 되고 cc'에서 새로운 기전력이 만들어진다. 그러나 코일 aa'에서 만들어진 기전력은 코일 aa'와의 각도가 240°이므로 sin240°=-0.8660이 되고 bb'에서 코일 bb'에서 만들어진 기전력은 코일 bb'와의 각도가 120°이므로 sin120°=0.8660이 된다. 당연하지만 코일 cc'위치에서 만들어진 cc'는 각도가 0이므로 기전력이 sin0°=0 이 된다. 이렇게 전자석의 N극이 시계방향으로 회전하면서 3개의 코일에 따라 사인파의 값이 각자 자신의 곡선을 그리며 움직인다. 이를 통해 3상 교류는 단상 교류가 3개 모여 있는 것임을 알 수 있다.

여기에서 중요한 점은 발전기의 에너지원으로 움직이는 <u>터빈의 회전하는 축으로 전기를 생산</u>한다는 것이다. 이렇게 한 바퀴를 돌면 그래프처럼 오르내리기를 반복하는 그래프를 볼 수 있다. 회전하는 속도와 위치에 따라 교류기전력이 계속 바뀌게 된다. 이때 회전축의 속도는 주파수에 따라 달라지는데 우리나라의 경우 60Hz를 사용하기 때문에 1분당 3600번 회전[74]을 같은 속도로 한다.

위와 같이 <u>같은 속도로 회전하는 발전기를 동기발전기(同期發電機, synchronous generator)</u>라고 한다. 동기발전기의 속도는 다음과 같은 공식으로 구할 수 있다.

$$N = \frac{120 \times f}{p} [\text{rpm}]$$

우리나라는 60Hz의 주파수를 사용하므로 이에 2배인 120에 주파수(f)를 곱한 값에서 극수(p)를 나누어 준 값이 회전속도가 된다. 동기발전기는 단독으로 발전기를 운영하여 부하의 사용이 증가하면 주파수가 저하되어 회전속도가 떨어지고 부하의 사용이 줄어들면 주파수가 상승해서 회전속도가 증가하게 된다. 따라서 속도를 제

[73] 이를 사인파 또는 정현파 한다.

[74] 60Hz×60초=3600회. 마찬가지로 50Hz의 경우는 3000회 회전한다. 그러나 수력발전이나 풍력발전의 경우는 이보다 크게 떨어지기에 극의 개수를 늘리면서 떨어지는 회전수를 보완한다.

어하는 속도조절기[75]를 설치해야 하며 계자전류를 제어하는 여자장치가 반드시 필요하다.

이와는 달리 외부에서 계자전류를 받아 유도전동기를 전동기로서 사용할 때 회전방향과 같은 방향으로 동기속도 이상의 빠르기[76]로 회전을 시켜 전력을 얻는 발전기를 유도발전기(誘導發電機, induction generator)라고 한다.

유도발전기는 자체적인 여자시스템이 없기 때문에 무효전력을 공급할 수 없고 발전전압도 자체적으로 조정할 수 없다. 다른 동기발전기와 함께 운전하는 계통연계운전의 경우 자기장을 유지하기 위해 무효전력을 계통에서 공급받아야 하며 독립운전의 경우 무효전력 공급을 위해 커패시터군이 필요하다.

여기서 한 가지 의문이 들 수 있다. 실제로 일을 하지 못하는 무효전력이 없는 것이 좋을텐데 왜 무효전력이 있어야 하는 것처럼 느껴질까?

무효전력이 없다는 것은 자기장을 만들 수 없고 자기장을 만들 수 없으면 앞서 전동기파트에서 설명했듯 전동기는 돌아가지 못한다. 이 전동기를 돌리기 위해선 회전자기장이 있어야 하는데 이를 위해선 3상 교류전동기[77]가 필요하다. 교류는 앞서 언급했듯이 유효전력과 무효전력으로 구분되어 있다. 즉, 동기발전기를 돌리기 위해 무효전력이 필수라고 이해하기보단 불가피한 요소라고 보는 것이 맞다.

유도발전기는 스스로 발전하지 못해 다른 동기발전기로부터 회전운동을 받아 돌아가는 구조상 한계가 많은 편이다. 현재 유도발전기는 풍력발전소나 소규모 수력발전소에서 사용되고 있다.

동기발전기와 유도발전기의 차이는 다음과 같다.

[75] 기존에는 이러한 장치를 조속기(調速機, governor)로 불렀다.

[76] 동기속도보다 느린 속도로 회전하면 유도전동기가 된다.

[77] 단상 교류전동기의 경우 회전자기장이 없고 교번자계가 있기에 기동회로가 따로 존재하는 것이다.

| 동기발전기와 유도발전기의 비교 |

구분	동기발전기	유도발전기
구조	회전자는 제동권선(制動捲線, damper winding) 외 여자권선 및 교류여자기 등이 있어서 구조가 복잡하다.	고정자는 동기발전기와 같지만 회전자는 농형으로 구조가 간단하다.
여자장치 및 계자조정장치	계자권선에 여자장치로부터 직류를 공급받으므로 필요하다.	계통으로부터 여자전류를 얻기 때문에 불필요하다.
동기투입장치	필요하다.	불필요하다.
용량	대용량 발전기도 가능하다.	수천[kW]급에 적당하다.
효율	높은 편이다.	낮은 편이다.
가격	고가이다.	저가이다.
유지 및 보수	계자권선 및 여자장치가 있기에 복잡하고 보수 및 점검을 자주 해야 한다.	구조가 간단해서 유지 및 보수가 간단하다.

한편 계자코일이 고정되어 브러시와 슬립링이 필요 없이 직접 여자전류를 계자코일에 공급하는 브러시리스 발전기(brushless generator)[78]가 있다. 이는 계자코일은 내부 중심에, 고정자코일은 외부에 고정되어 있고 그 사이를 전기자가 회전하는 방식의 밀폐형으로 먼지나 습기 등의 침입을 방지하고 내구성을 높이며 소형화가 가능하지만 구조가 복잡하고 자기저항이 심한데다가 가격이 비싼 편이다.

[78] 무브러시발전기라고도 한다.

3 주변에서 볼 수 있는 발전기는?

1 자동차의 얼터네이터

비둘기호의 자가발전시스템의 원리로 소형 발전기를 만들어 활용하는 경우가 많다. 대표적인 경우가 자동차의 발전기로서 교류발전기를 말하는 얼터네이터(alternator)[79]가 있다. 최근 자동차에서 쓰이는 얼터네이터는 다음과 같은 특징이 있다.

(1) 가볍고 소음 및 잡음이 적다.
(2) 엔진의 회전수가 적은 공회전 시에도 충전이 가능하다.[80]
(3) 브러시의 수명이 길고 마찰음이 적다.
(4) 정류자 대신 다이오드를 사용하여 직류로 변환할 때 정류 특성이 좋고 잔고장이 적다.

[79] 얼터네이터와 달리 제너레이터(generator)란 본래 발전기를 말하지만 자동차에서는 직류발전기를 말한다. 현재 직류로 발전하는 자동차는 거의 없기에 잘 사용하지 않는 단어지만 오토바이는 아직 제너레이터를 사용한다.

[80] 기존 제너레이터는 엔진회전수가 2500rpm 이상일 때 충전이 되었다.

| 자동차의 발전기, 얼터네이터 |

그러나 시동이 꺼진 상태에서 오랫동안 전기장치를 사용하게 되면 납축전지의 황산화현상(sulphation)에 의해 전압이 떨어지게 되어 시동을 걸 수 없게 된다. 왜냐하

면 자동차는 시동 거는 그 순간에 가장 많은 전류가 필요하기 때문이다. 이때 순간적인 전압강하로 자동차 내 전기장치가 잠시 꺼지게 된다. 따라서 오랫동안 운행하지 않던 자동차들이 종종 시동이 걸리지 않는 경우가 있는데 이를 가리켜 방전되었다고 하는 것이다.

2 소형 발전기

| 소형 발전기 |

휴대하기 간편한 소형 발전기도 있다. 발전소가 대형 터빈의 회전운동으로 전기를 생산하는 것과 달리 소형 발전기는 내연기관[81]을 통해 발전을 한다. 그러다 보니 작동할 때는 소형 오토바이 엔진소리 같은 것을 들을 수 있다. 보통 발전기용량은 1~3kW 수준이고 용량에 따라 가격이 크게 변한다. 연료탱크용량도 5L 이내로 부담 없는 편이지만 최대 출력으로 사용할 때는 사용시간이 5시간도 안 된다. 주로 작은 공연장이나 포장마차 등에서 전기를 사용할 때 많이 이용한다.

[81] 주 사용연료는 휘발유이다.

3 도로 위를 달리는 발전차

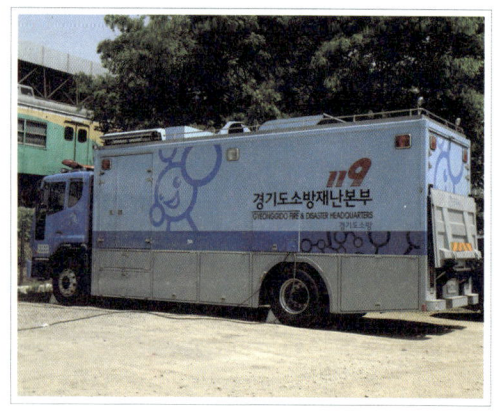

| 소방현장에서 사용하는 발전차 |

도로 위를 달리는 발전차(發電車, generator truck)도 있다. 전기가 끊어진 재해현장이나 전기가 공급되지 않는 공사현장, 큰 야외공연장·촬영장같이 특별한 전기 공급이 필요하거나 이동 중에 사용한다. 매우 큰 박스 트럭형태로 되어 있는 것이 있는가 하면 다른 차량이 끌고 다닐 수 있게 트레일러형태로 되어 있는 것이 있다. 보통 도로의 발전차는 경유를 이용한 내연발전기와 넉넉한 연료탱크[82]가 달려있는 것이 특징이다.

차량크기에 따라 다르지만 20~450kW 규모[83]의 발전이 24시간 이상 가능하다. 그러나 내연기관을 이용한 발전기를 탑재하다 보니 소음 및 매연이 심한 편이다. 보통 임시로 사용하기에 구매보단 렌털(대여)[84]로 많이 이용한다.

[82] 2.5톤 트럭의 경우 보통 300kW 정도의 발전기를 탑재하고 600L 규모의 연료탱크를 가지고 있다.

[83] 특수 발전차는 1000kW도 가능하다.

[84] 최소 사용료가 50만 원(이동비 제외)이다.

달리는 기차는 어떻게 전기를 공급받을까?

(1) 기차는 어떻게 전기를 생산할까?

21세기가 되어 우리나라 철도의 대변화를 가지게 된 것은 바로 KTX의 개통이다. 현재 KTX와 SRT라고 하는 고속열차가 육지교통수단 중 가장 빠른 속도로 전국을 연결하고 있는 반면 21세기가 되어 완행열차 비둘기호는 역사 속으로 사라진 열차가 되었다.

| 우리나라 20세기 완행열차의 아이콘 비둘기호 열차와 실내 내부 |

작은 간이역까지 모두 정차하던 비둘기호는 노후화된 객차와 눕혀지지 않는 직각시트, 수동문을 가진 열차로 승차감 역시 좋지 못했는데 구형 판스프링을 이용한 서스펜션 때문에 충격을 거의 흡수하지 못해 화물열차처럼 진동과 소음이 컸다. 객차 내 화장실 역시 밖이 훤히 내다보이는 비산식을 사용해서 사용자의 오물이 그대로 철도변으로 떨어지는 구조이다 보니 객차 내부 화장실 입구에는 '정차 중 사용 금지'라는 표시가 있었다. 그리고 애초에 속력도 느린 데다가 역마다 정차하고 빠른 열차를 먼저 보내주다 보니 서울 용산과 부산의 부산진 사이를 현재 고속열차는 2시간 40분 정도 걸리지만 비둘기호 열차는 무려 9시간 10분이 걸려 운행했다.

비둘기호 열차의 특징 중 하나는 야간열차의 경우 실내가 매우 어둡다는 것이다. 요즘 보기 힘든 작은 전구를 이용해서 실내 조명을 대신했기 때문이다. 또한 실내 냉방을 에어컨도 없이 선풍기에만 의존했고 난방 역시 증기를 이용한 난방차를 따로 연결했기 때문에 겨울철 실내는 그야말로 냉장고였다. 즉, 비둘기호 열차는 객차 내부 바퀴를 이용해 전기를 직접 생산하는 자가발전시스템을 갖추었기 때문에 전기장치가 최소화되어 있었다.

| 비둘기호 자가발전시스템 |

| 비둘기호 객차 내부의 분전함 |

비둘기호의 자가발전시스템은 열차가 움직일 때 대차(기차바퀴)의 회전운동을 통해 만들어진다. 대차가 돌아가면 대차 안쪽에 벨트가 함께 돌아가며 이 힘으로 발전기를 돌리고 생산된 전력은 옆에 축전지로 보내져 축전지를 충전하고 실내 내부의 전기를 공급하는 데 사용한다. 이때 발전기는 전자기 유도현상을 이용해서 전력을 만든다. 물론 이때 만드는 전기는 발전소에서 생산되는 교류가 아닌 직류이다. 왜냐하면 전기를 보관하는 축전지는 직류만 가능했기 때문이다.

열차가 빨라지면 내부가 더 환해지고 역에 들어서 열차가 정차하면 내부가 어두워졌다는 비둘기호와 관련한 일화는 발전기의 회전운동과 이로 인해 생산되는 발전량과 관계가 깊다. 역에 정차할 때(회전운동이 멈춰 발전이 되지 않을 때)는 축전지에 보관되어 있는 전력을 사용했기 때문에 어두울 수밖에 없다. 그리고 발전되는 전력량이 소용량이라 대용량 전력이 필요한 객차 내부의 냉난방을 사용할 수가 없었고 컴프레서를 이용해 압축공기로 문을 열고 닫는 자동문 역시 곤란했다. 결국 비둘기호는 열악한 객차환경 때문에 승객들로부터 외면받을 수밖에 없었다. 물론 당시 철도청은 비둘기호 적자 운행 및 내구연한 초과 등의 이유로 2000년을 마지막으로 운행을 하지 않게 되었다.

| 발전차 내부의 발전기 |

현재 객차 내부에 다양한 전기장치가 생기게 된 것은 과거와 달리 객차 내부에 충분히 전력을 공급할 수 있기 때문이다.

경유를 이용해서 운행하는 디젤기관차는 별도의 전기를 받는 시설이 없는 곳에서도 운행이 가능하다는 장점이 있지만 자체적으로 전력을 생산하는 발전기가 기관차에 따로 설치되어 있지 않다. 정확히 말해서 7000호대로 일컫는 구 새마을호용 기관차는

Ⅱ. 전력의 흐름 205

HEP라고 하는 객차 전원공급장치가 달려 있다. 그러나 객차에 전력을 공급하기 위해 항상 풀가동을 해야 해서 소음 및 연료 소비가 증가하고, 크랭크축의 과부하로 인한 고장 등 여러 이유로 결국 없앴다.

디젤기관차가 전기를 받을 곳이 없다 보니 발전차를 1량씩 달고 다녔는데 이 발전차는 자체 발전기를 통해 구형 200kW, 신형 300kW의 전력을 생산했다. 발전차는 경유를 사용한 내연기관이며 1800rpm의 속도로 발전기를 돌려 440V의 전압을 가진 전기를 생산하고 이 전기는 연결선(점퍼선)을 통해 각 객차로 보내졌다. 충분한 전력이 생산되니 내부 조명도 밝아지고 냉난방기를 사용할 수 있으며 컴프레서를 통한 자동문의 제어가 가능해졌다. 아울러 컴프레서의 압축공기는 객차 내 화장실에도 이용되어 오물을 자체 정화조로 빨아들이는 데에도 사용할 수 있게 되었다. 물론 발전차가 없으면 이 모든 장치가 운용되지 않는다.

(a) 디젤기관차

(b) 전기기관차

| 기차의 전력수급방식 |

최근에는 전국 주요 철도에 전철화가 완성되어 디젤기관차 대신 전기기관차가 객차를 끌고 다니는 일이 많아졌다. 전기기관차는 따로 발전차를 끌고 다니지 않는 경우가 많은데 이는 전기기관차에서 직접 팬터그래프를 통해 전기를 받기 때문이다. 즉, 발전차가 없어도 전기를 충분히 이용할 수 있게 되었다. 전기를 받을 수 없는 철도구간이나 심야시간에는 디젤기관차가 운용되는데 이때 따로 고용량 내연기관 발전기가 설치된 발전차를 객차와 함께 편성해 객차 내부의 냉난방기는 물론 실내 조명등 각종 전기장치를 여유롭게 사용할 수 있게 되었다.

(2) 전철이 잘 가다가 갑자기 조명이 꺼지고 속도가 느려지는 이유는?

우리나라의 지하철을 포함한 모든 도시철도는 전력을 이용해서 동력을 얻어 운영되고 있다. 그런데 모두 같은 전력을 사용하는 것이 아니라 직류와 교류로 구분되어 있다. 즉, 지하철이나 도시철도는 직류 1500V를, 고속철도·일반철도·광역철도는 단상 교류 2만 5000V, 60Hz를 사용한다. 단, 수도권 광역철도 중에 일산선의 경우는 직류 1500V를 사용한다.

| 전철(지하철)에서 전력을 받는 팬터그래프(pantograph) |

이들에 전기를 공급하는 방식은 한전변전소로부터 3상 154kV를 받아 단상 55kV로 변환하여 전차선과 레일 간 2만 5000V의 전원을 공급하는 교류방식과 한전변전소에서 3상 22.9kV의 교류전원을 수전하여 정류기용 변압기와 정류기를 통하여 직류 1500V로, 경전철의 경우는 직류 750V로 변환하여 전차선에 전원을 공급하는 직류방식이 있다.

이렇게 철도의 경우 통일된 전력을 사용하지 못한 이유는 지하철을 처음 공사했을 1970년대 초반에 교류방식은 변압이 용이한 장점이 있지만 전압이 높아 전기를 공급하는 전차선과 터널 천장 사이의 거리를 넓혀야 했는데 이로 인해 비용이 증가하게 되고 교류의 특성인 전자유도현상 때문에 인근 통신선에 잡음을 발생시키게 되어 서울지하철은 직류방식을 선택하였다.

반면 지하철과 달리 광역전철이나 일반철도 구간은 교류로 전력을 공급하였는데 교류는 변압이 쉽고 변전소 한 곳에서 공급할 수 있는 거리가 30~40km가 되기 때문이다. 따라서 변전소를 띄엄띄엄 설치해도 전력 공급에 큰 문제가 없기에 비교적 역 간 거리가 먼 광역전철이나 일반철도 구간은 교류를 공급하였다.

문제는 당시 기술로는 직류 전용 전동차와 교류 전용 전동차가 서로 다른 전력구간에서 운행을 할 수 없는 편성의 어려움이 생겼다. 물론 현재는 직·교류 혼용 전동차가 만들어져 많은 구간을 운행하고 있지만 이 둘 사이의 전력이 섞여서는 안 되기 때문에 직류와 교류의 경계 지점 66m 정도를 전력을 공급하지 않는데 이 구간을 절연구간이라고 한다.

여기서 잠깐!

　절연구간에서는 전력을 공급받지 못하기 때문에 전동차는 관성으로 주행하는 타행주행을 해야 한다. 그래서 잘 가던 전동차가 마치 연료가 떨어진 자동차마냥 힘이 떨어지고 냉난방시설과 조명도 잠시 멈추게 된다. 다만 만약의 사태를 대비한 스피커와 비상등이 켜지는데 이는 전동차의 축전지에 있는 전기를 이용해서 켜지는 것이다.

(a) 가선절연구간 예고표지

(b) 타행표지

(c) 가선절연구간표지
교·직류용

| 절연구간 예고표지 |

　위 그림은 절연구간 예고표지 중 대표적인 3가지이다. 먼저 가선절연구간 예고표지는 절연구간 400m 전방(고속선 구간은 1100m)에서 알려준다. 타행표지는 열차의 전력이 곧 끊어지므로 관성(타행)을 이용해 통과하라는 것을 알린다. 가선절연구간표지 교·직류용은 전력방식이 교류에서 직류로 또는 직류에서 교류로 바뀌는 절연구간의 시작을 알린다.

　사실 절연구간은 전동차를 운전하는 기관사에게는 긴장의 순간으로 절연구간에 진입하기 전에 관성으로 통과할만한 충분한 속도를 내야 한다. 혹시나 절연구간에서 전동차가 멈추게 된다면 오도 가도 못하는 일이 생기기 때문이다.

　한편 전 세계에서 유일하게 우리나라에만 있는 특별한 절연구간이 있다. 바로 서울지하철 4호선의 남태령역과 과천선의 선바위역 사이에 위치한 꽈배기굴이 그렇다. 이는 서울지하철 4호선의 운영주체는 서울교통공사, 과천선의 운영주체는 한국철도공사로 서로의 운영주체가 다르기 때문에 통행·전력방식에도 차이가 나 생겨난 특별한 장소이다. 서울교통공사는 자동차와 같은 우측통행·직류 1500V, 한국철도공사는 그와 반대인 좌측통행·교류 2만 5000V를 사용하기 때문에 서로의 운영주체가 달라지는 곳에서는 어쩔 수 없이 절연구간이 생겨야 했다. 그와 동시에 서로의 통행방향이 달라져야 하는데 평면으로 교차하기에 열차가 자주 다니는 도시철도 특성상 매우 위험하기에 지하공간의 터널이 입체로 꽈배기처럼 교차할 수 있게 시공해야 했다. 즉, 남태령에서 선바위 방면으로 가는 철도와 선바위에서 남태령 방면으로 가는 철도가 교차하여 지나치도록 입체적으로 설계하였고, 이렇게 교차하는 구간은 절연구간으로 전동차는 전력공급이 차단되어 관성으로 주행한다. 철도차량은 그 특성상 레일 위를 달리기 때문에 마찰계수가 도로의 차량보다 크게 떨어져 언덕에 매우 취약한데 남태령에서 선바위로 가는 구간은 약간의 언덕(구배)이 생기게 되어 남태령역에서 출발하자마자 최대 출력으로 전동차를 운행시켜야 무사히 절연구간을 통과할 수 있다. 승객들은 단순히 전동차의 속력이 좀 떨어지고 냉난방기가 작동하지 않으며 비상등만 켠 채 운행하는 짧은 시간이라고 여기지만 기관사에게는 매우 예민할 수밖에 없는 구간이다.

반면 서울교통공사와 한국철도공사가 직접 연결하여 운행 중이지만 같은 전력방식을 사용하기 때문에 절연구간이 없는 곳도 있다. 바로 서울지하철 3호선 지축역과 일산선의 삼송역 사이이다. 이 구간은 통행방향도 서울교통공사와 같은 우측통행, 사용하는 전력도 서울교통공사와 같은 직류 1500V를 사용하는데 앞서 말한 꽈배기굴을 보고 감사원에서 더 이상 그렇게 만들지 말라고 지시를 내렸기 때문이다. 그래서 지금도 유일하게 한국철도공사가 운영하는 철도노선 중 일산선만 우측통행 및 직류 1500V를 사용한다.

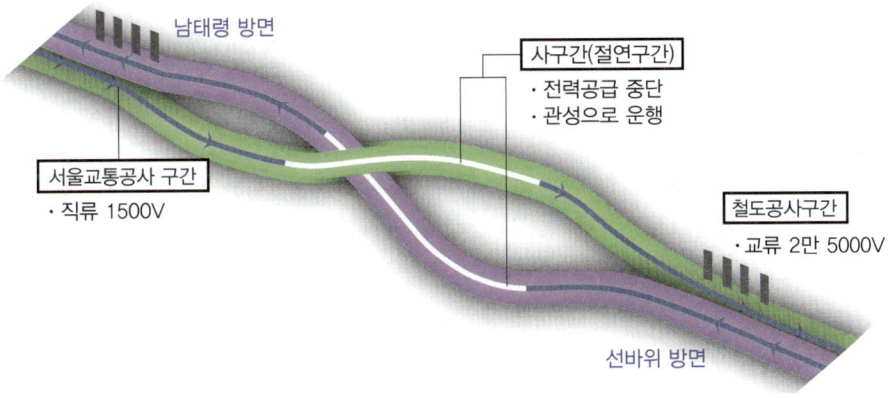

| 서울과 과천 사이 남태령–선바위 꽈배기굴 구조 |

02 송전탑이 시외지역이나 산을 넘어다니는 이유는?

KEY WORD 송전, 송전현황, 송전탑 구조, ACSR, 직류송전(HVDC), 복도체, 코로나, 선로정수, 유도장해방지

학습 POINT
- 송전이란?
- 송전탑전선에 달려 있는 붉은 공의 정체는?
- 직류송전(HVDC)이란?
- 송전탑의 전선이 늘어져 있는 이유는?
- 여러 개의 송전선(송전탑의 회선)이 지나가는 이유는?
- 선로정수란?

시내를 벗어나 시외로 가거나 고속도로를 달리게 되면 꼭 볼 수 있는 것이 송전탑이다. 철탑으로 된 구조물의 생김새가 여간해서는 호감을 갖기 어렵게 생겼고 그곳으로 고압선이 지나갈 것이라고 생각하면 송전탑으로부터 멀리 떨어지고 싶을 것이다. 하지만 송전탑은 전력의 흐름에 있어서 매우 중요한 역할을 하고 보기와 달리 공학적인 기술이 밀집되어 있는 대단한 녀석이다. 그럼 송전과 송전탑에 대한 것을 하나둘 알아보자.

> 1 발전소에서 생산되는 전력의 전압은 생각보다 높지 않다. 약 11~24kV 수준이라 장거리 송전에 부족하다.

1 송전이란?

발전소에서 만들어진 전기를 변전소까지 보내는 과정을 송전(送電, power transmission)이라고 한다. 대표적 송전방식은 시외곽에서 흔히 볼 수 있는 송전탑을 통해 송전선을 직접 연결하여 목적지로 향하는 것으로 보통 발전소 역시 인적이 드문 곳에 많이 위치해 있기 때문에 생각보다 장거리 여행을 한다.

일단 발전소에서 만든 전기는 1차 변전소에서 송전에 필요한 전압만큼 높게 올리는 변압[1] 작업을 한다. 그래서 1차 변전소를 승압변전소라고도 한다. 변전소를 나온 전기는 본격적으로 장거리 여행

| 발전소와 함께 있는 1차 변전소 |

을 떠나기 시작한다. 중간에 지치지 않게 매우 높은 전압을 사용한다.

1 송전전력의 전압이 높은 이유

전기는 전선을 타고 흐르기 마련이다. 그러나 아무리 전선을 잘 만들었다 하더라도 저항이 존재하는 법이다. 저항 때문에 전선은 줄의 법칙에 따라 I^2R이라는 열손실이 일어나게 된다. 특히 보내고자 하는 전력이 수십만[kW] 이상이 되면 전류값도 매우 커져서 많은 열로 인해 전력이 크게 손실된다. 그래서 보다 많은 전력을 보내면서 이에 대한 손실을 줄이기 위한 2가지 방법이 존재한다. 전선을 매우 굵게 만들거나[2] 전압을 매우 높게 하면 된다. 그러나 전선을 매우 굵게 만드는 것은 현실적인 방법은 아니다.[3] 그래서 전압을 높게 하는 방법을 선택한다.

그러나 전압이 높을수록 그에 따른 위험도 함께 존재하기 때문에 보통 인적이 많은 도시 내에선 쉽게 볼 수 없고 시외곽지역에 있다. 이와 더불어 가능한 직선거리로 가는 것이 전력손실도 줄일 수 있고 송전에 필요한 전선도 아낄 수 있다. 산을 만나면 이를 터널로 뚫어 관통하는 것보다는 송전탑을 세우는 것이 훨씬 경제적이기 때문에 송전탑을 통해 산을 넘어 다닌다.

| 154kV의 2회선 송전탑 |

2 우리나라의 송전전압과 현황

현재 우리나라에서 쓰는 송전전압은 교류 66kV, 154kV, 345kV, 765kV가 있다.[4] 이렇게 송전전압을 4종류로 한정한 이유는 각 구간마다 전압이 모두 다르면 여기에 설치될 시설이나 설비도 전압의 종류마다 다르게 되어 매우 비효율적이기 때문이다. 이를 방지하고자 송전뿐만 아니라 배전에서도 전압을 몇 개로 통일하였는데 이를 공칭전압(公稱電壓, nominal voltage)이라고 한다. 즉, 공칭전압이란 해당 송배전선로를 대표하는 선간전압을 말하며, 해당계통의 송배전전압을 뜻한다. 공칭전압은 다른 말로 표준전압(標準電壓, standard voltage)[5]이라고 부른다. 최고전압(最高電壓, maximum voltage)이란 해당 송배전선로에서 발생하는 최고의 선간전압으로 문제가 생겼을 때 이상전압을 고려한 전압이다. 2023년 1월 현재 우리나라 송전선로의 공칭전압과 최고전압은 다음과 같다.

---

2 전선을 굵게 만드는 것은 그만큼 허용전류량을 늘리는 것이다.

3 전선이 굵을수록 무거워지는데 이를 송전탑이 버텨내기가 쉽지 않고 전선은 굵기에 따라 가격이 기하급수적으로 오르기 때문에 경제적으로 탁월한 선택은 아니다.

4 이것과는 별개로 육지와 제주도 사이를 연결하는 직류 180kV와 직류 250kV 송전선로도 있다.

5 한전에서는 표준전압으로 쓰기를 권고하고 있으나 본 책에서는 많이 사용되고 있는 공칭전압으로 통일한다.

우리나라 송전선로의 공칭전압과 최고전압

공칭전압[kV]	최고전압[kV]
66	69
154	170
345	362
765	800

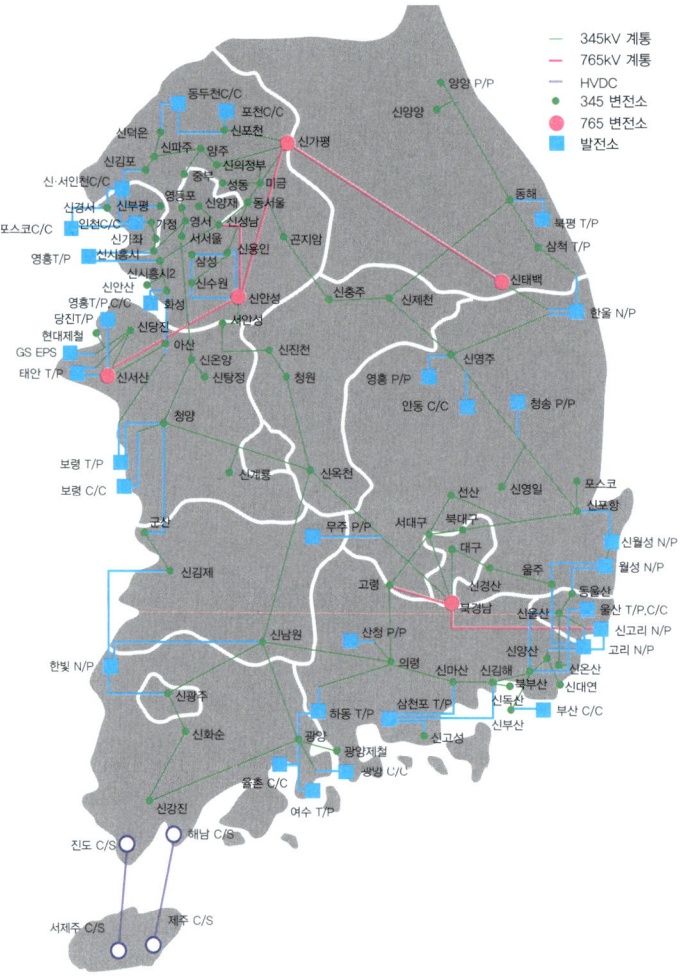

우리나라의 송전 전력계통도

위의 지도는 154kV 이하[6]를 제외한 송전 전력계통도를 보여준다. **전력계통(電力系統)이란 전기의 원활한 흐름과 전기의 품질을 위해 전기를 통제하고 관리하는 것**을 말한다. 따라서 전력계통도는 전력계통을 도면으로 나타낸 것이다. 우리나라 지도를 통해

6 ──
154kV 송전망은 국도와 같이 매우 촘촘하다.

송전 전력계통도를 살펴보면 전반적으로 수도권과 영남지역 해안가에 몰려있는데 인구가 많이 밀집한 지역이기도 하지만 발전소와 전력소비가 많은 산업단지도 모여 있기 때문이다. 또한 터빈의 열을 식히기 위한 물을 구하기 쉽기 때문이기도 하다.

송전탑에서 송전전압에 따라 보낼 수 있는 전력의 양은 154kV는 240MW, 345kV는 900MW, 765kV는 무려 4200MW로 154kV의 약 18배, 345kV의 약 5배이다.[7]

한편 우리나라의 2025년 1월 현재 송전선의 길이[8]는 다음과 같다.

| 송전선로의 길이 |

구분		선로길이[m]	전체전선길이[m]
전압별	66kV	6만 9918	24만 4374
	154kV	1107만 9060	1억 103만 4378
	345kV	473만 82	1억 318만 9254
	765kV	55만 1849	1842만 7860
	180kV DC	13만 672	26만 1689
	소계	1656만 1581	2억 2325만 8102
구조별	가공	1384만 4142	2억 660만 6448
	지중	261만 4411	1641만 9170
	수중	10만 3029	23만 2484
	소계	1656만 1581	2억 2325만 8102

위의 표에서 선로길이와 전체전선길이의 개념이 나오는데 선로길이는 송전선로의 순수한 거리를 말하는 것[9]으로 전국적으로 약 1만 6656km이다. 이는 같은 시기 우리나라 고속도로 총 연장거리인 5154.4km보다 약 3.23배 더 촘촘하게 깔려 있다는 뜻이다. 이러한 송전선로의 전선을 모두 합한 거리가 전체전선길이(전선연장)로 약 22만 3258km이다. 이는 우리나라 자동차들이 처음 출고 후 폐차까지 운행거리의 평균인 22만km와 비슷한 수준이다. 이렇게 촘촘하게 송전선로[10]가 있기에 외곽에 위치한 발전소에서 도시나 산업단지 인근에 위치한 변전소까지 전기가 안전하고 효율적으로 전달되는 것이다.

그리고 송전탑의 개수는 철탑 기준으로 66kV는 195기, 154kV는 2만 7334기, 345kV는 1만 2347기, 765kV는 1075기, 그리고 콘크리트주 기준으로 직류 180kV는 600기로 총 4만 1551기가 전국 곳곳에 배치되어 있다.

한편 육지와 제주도 사이의 송전망은 직류송전(HVDC)방식을 채택하고 있다. 이때 송전전압은 직류 180kV 및 직류 250kV이다. 제주도는 직류송전망 외 자체적으로 발전소를 가지고 있어 전력을 생산·공급을 한다. 그러나 울릉도의 경우 육지와 연결되어 있는 송전망이 없지만 내연기관을 이용한 발전소 2개(남양내연 1만 500kW,

---

[7] 많은 반대 의견에도 한전에서 765kV 송전망을 설치하려는 이유는 경제적 효율이 매우 크기 때문이다.

[8] 전력통계정보시스템(EPSIS)에는 250kV DC에 대한 정보가 아직 없다.

[9] 선로긍장(線路亘長)이라고도 표현한다. 여기에서 긍(亘)은 '뻗치다'라는 뜻을 말한다.

[10] 송전선로는 모두 Y-Y-Δ결선이다.

저동내연 8000kW) 및 추산수력발전소(700kW)와 태양광발전으로 최대 500kW를 직접 생산하고 있다. 그 외 도서지역의 경우 해월철탑, 해저 배전선로, 자체 발전기 등을 이용해 전력을 받거나 생산한다.

2 송전탑전선에 달려 있는 붉은 공의 정체는?

1 항공장애 표시구

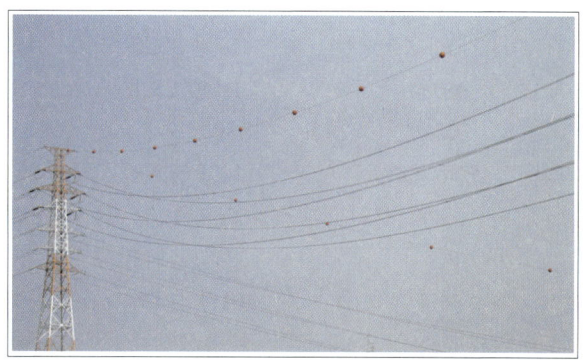

| 항공장애 표시구 |

전기가 장거리 이동수단으로 쓰고 있는 송전선을 보면 붉은 공을 매달아 놓은 경우가 있다. 이는 송전선로가 매우 빠른 속도로 지나가는 비행기와 충돌할 경우 대형사고가 날 수 있기 때문에 비행기조종사에게 주의를 주고자 항공장애 표시구(航空障礙 標示球, air disturbance indicator)라는 것을 설치한다. 워낙 높은 곳에 있기에 농구공처럼 보이지만 공의 직경이 61cm, 무게는 7.2kg일 정도로 사람 얼굴보다 훨씬 큰 존재이다. 색상 역시 붉은색이 아닌 형광 오렌지색이나 흰색이고 내부에 물이 고이지 않게 여러 개의 물구멍이 있다. 아울러 자외선에 쉽게 변색이 되지 않도록 코팅이 된 점도 특징이다. 항공장애 표시구는 송전탑에서 가장 높은 곳에 위치한 가공지선에 위치해 있다.

이와 더불어 송전탑 몸체에는 항공장애등(航空障礙燈)도 달려 있다. 이 역시 항공기가 야간에 비행할 때 송전탑의 존재를 알려주는 것이다. 마치 바다의 등대 같은 역할을 한다. 높이가 60m 이상의 송전탑이나 굴뚝, 그리고 빌딩, 아파트의 경우는 의무적으로 설치해야 한다. 이와는 별개로 높은 송전탑의 경우는 시인성이 좋게 도색[11]을 하기도 한다.

11
주로 빨간색과 흰색을 교차하는 방식으로 도색을 한다.

2 송전탑의 높이

일반적으로 154kV의 송전탑높이는 평균 33.3m, 345kV의 송전탑 높이는 평균 50m, 765kV의 송전탑높이는 평균 94m이다. 20층짜리 아파트의 높이가 평균 52m임을 감안하면 송전탑의 높이가 얼마나 높은지 가늠할 수 있다.[12] 가히 항공기가 송전탑을 경계할 만하다.

송전탑의 위치		전압별	66kV	154kV	345kV	765kV
평지			14m	16m	18m	28m
철도 및 전철			15m	16m	19m	28m
도로	고속국도		15m	15m	15m	28m
	일반도로		18m	19m	21m	30m
수목	리기다 소나무		20m	21m	24m	–
	낙엽송		23m	24m	26m	–
	기타 수목		18m	19m	22m	–
농경지			14m	15m	18m	28m
택지개발 예정지구 및 공단지역			24m	25m	28m	34m

송전탑의 위치 및 전압별 최저 높이 기준

송전탑의 최저 높이는 전기설비기술기준으로 규정되어 있다. 그러나 한전규정상으로는 최저 높이의 2배를 기준으로 높이를 설정하기에 실제로는 전기설비기준으로 규정된 높이보다 높게 설치한다. 송전탑의 최저 높이는 주변환경에 따라 조금씩 다르다. 위의 표에서 보듯 전반적으로 평지나 고속국도를 통과할 때가 가장 낮은 반면 택지개발 예정지구 및 공단지역을 통과할 때 최저 높이의 기준이 가장 높다.

3 송전탑의 구조

송전선은 송전탑(送電塔, power line tower)이라는 철제구조물을 통해 연결되는데 주변지형이나 전압에 따라 모두 다르게 생겼다. 일반적으로 크고 높을수록 보다 더 큰 전압을 가진 전력을 보낸다고 생각하면 된다. 전기안전을 위해서 복도체끼리 서로 붙는 일이 없도록 댐퍼를 설치하고 송전탑과 송전선이 연결되는 지점엔 애자[13]가 충분히 설치된다.

---

[12] 우리나라에서 가장 높은 송전탑은 한강 하류 경기도 파주시와 고양시 경계 부근에 위치한 345kV의 송전탑으로 무려 195m나 된다. 이 송전탑의 철탑 간의 거리는 한강을 도하하기 위해 1510m에 이를 정도이다.

[13] 송전탑으로 직접 전류가 들어오지 못하게 한다.

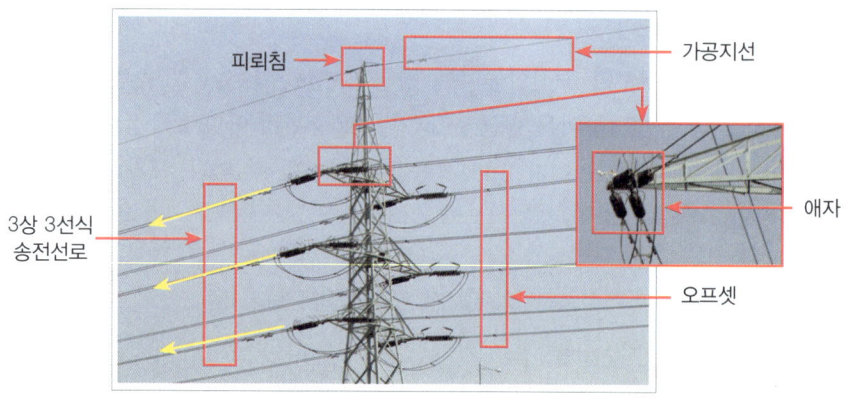

| 송전탑의 구조 |

14
애자수는 송전전압에 따라 다르지만 154kV의 경우 10개 내외, 345kV의 경우 17개 내외, 765kV의 경우는 29~37개 정도로 애자의 대략 개수를 통해 송전전압을 추정할 수 있다.

송전탑에서 가장 중요한 애자(碍子, insulator)[14]는 전기를 절연하면서 송전선을 송전탑에 지지하기 위해 이용되는 기구를 말한다. 이때 애자색상은 빨간색, 자색 또는 흰색을 띠고 있는데 이는 고압 및 특고압의 배전규정에 따른 것이다. 애자를 여러 개 이어 놓은 것을 애자련(碍子連, insulator string)이라 한다. 애자련의 모습을 보면 송전탑과 송전탑 사이가 직선인지, 각도가 있는지 알 수 있다. 애자련이 수직으로 축 늘어진 모습이면 송전탑과 송전탑 사이가 직선이라는 이야기이고 수평으로 설치되었다는 것은 좌측이든 우측이든 각도가 있다는 것을 말한다.

| 우리나라에서 가장 애자가 많은 765kV 송전탑의 애자련 |

애자련의 애자 중에 전압의 부담이 가장 높은 애자는 송전선과 가장 가까이 있는 것이고 전압의 부담이 가장 낮은 애자는 송전탑으로부터 30% 정도 위치해 있는 것이다. 애자가 10개 있는 154kV 송전탑의 경우는 송전탑으로부터 3번째 위치한 애자가 전압의 부담이 가장 낮다.

송전선로에서 사용되는 전선은 154kV의 경우 330mm^2, 345kV 및 765kV의 경우

480mm²의 강심알루미늄연선(ACSR)을 사용한다. 이는 보통 전선과 달리 피복 등으로 절연이 되지 않은 나전선이다. 거기에 보통 전선의 구리도체가 아닌 알루미늄을 도체로 하는데 이는 피복이 없고 알루미늄을 사용함으로써 무게를 크게 줄일 수 있으며[15] 가격 또한 경제적이기 때문이다. 연선 형태로 만든 이유는 교류의 특징 중 하나인 표피효과 때문이다.

| 송전선로의 강심알루미늄 연선(ACSR) |

우리나라의 송전선로는 3상 3선식 방식을 사용한다. 이는 송전방식 중에 가장 경제적이며 효율이 좋기 때문이다. 그러나 실제로 송전선로를 보면 3가닥의 선이 지나가는 게 아니라 그보다 더 많이 보인다. 송전탑은 보통 양팔을 벌리는 느낌으로 있는데 이때 팔 한쪽을 회선이라고 한다.

[15] 알루미늄이 구리에 비해 훨씬 가볍다. 송전선이 무거우면 송전탑을 더욱 튼튼히 많이 지어야 해서 비경제적이다. 송전선로에 강심알루미늄연선(ACSR)을 사용하는 것은 우리나라만의 이야기가 아니다.

| 대도시 주변에서 볼 수 있는 345kV 4회선 송전탑 |

보통 송전탑은 양팔에 송전선로를 모두 가지고 있기에 2회선 형태가 가장 많고 전력 수요가 많은 곳에는 4회선[16]으로 된 송전탑이 있다. 그리고 각 회선에는 3상의 송전선 뭉치가 서로 떨어져 있고 하나의 상마다 여러 개의 송전선이 있다. 이는 송전선로의 중요한 특징인 도체수의 개념이다. 1개의 도체가 있을 때 단도체, 2개의 도체가 있으면 복도체, 2개 이상의 도체가 있으면 다도체라고 한다.

그리고 송전탑 맨 꼭대기엔 피뢰침이 있어 벼락으로부터 송전탑을 보호한다. 그리고 피뢰침으로 1~2가닥의 선이 가장 높은 곳에서 지나가는데 이는 가공지선(架空地線, overhead ground wire)이라고 하여 벼락으로 인한 송전선로의 피해를 막고자 설치한 것이다. 가공지선은 송전탑과 송전탑 사이를 연결함과 동시에 접지를 통해 땅속으로 연결되어 있다.

송전탑과 송전선로는 바람의 영향을 받기 때문에 송전선로는 지속적으로 진동을

[16] 무작정 전선을 굵게 하면 송전탑에 무리가 많이 가고 경제적 효율성이 떨어지기에 회선수를 늘린다.

[17] 전선에 눈이 내렸다가 녹게 되면 상하로 뛰는 현상이 생기는데 이를 도약(跳躍, jump)이라 한다.

[18] 전류가 흐르는 선끼리 붙는 사고로 저압에서 '합선'이라 하는 것이다. 선이 서로 붙으면 임피던스(Z)값이 0이 되고 전류값이 매우 커지게 되어 폭발이 일어난다.

[19] 거리가 500~700km 이상이거나 육지와 섬을 연결할 때 직류송전을 사용하는 경우가 많다.

받는다. 이러한 진동을 막고자 납으로 된 추인 댐퍼를 설치하는데 스톡브리지댐퍼는 전선을 좌우로 진동하는 것을 막아주고 토셔널댐퍼는 상하로 도약[17]하는 것을 막아준다. 송전선이 서로 부딪히게 되면 단락사고[18]가 되어 큰 피해가 생기기 때문에 이렇게 진동 및 도약을 막는 것을 오프셋(offset)이라 한다.

3 직류송전(HVDC)이란?

앞서 교류가 변압이 용이하여 송전선로에 적합하다고 이야기하였다. 그러나 교류 송전방식은 전력손실 등으로 송전효율이 저하되기도 하고 교류전력 특유의 무효전력 등으로 인한 역률문제 등 현대 전기기술로는 해결하기 어려운 난제들이 많이 있다. 그러나 최근에 와서 교류의 단점을 보완하기 위해 직류를 이용한 송전기술이 발달함에 따라 이제 전 세계 곳곳에서 직류송전방식을 도입하고 있다.

그러나 직류송전은 고가의 전력변환장치(인버터, 컨버터)를 이용해야 하므로 설치비용이 많이 든다. 아울러 직류 그 자체가 교류에 비하여 변압이 매우 어렵다. 그래서 장거리송전[19]일수록 교류송전의 단점이 더 커지기에 직류송전을 하는 것이 경제적으로 유리하다. 직류송전의 장단점은 다음과 같다.

| 직류송전의 장단점 |

장점	• 교류송전에 비해 절연을 낮출 수 있다. • 리액턴스(L)에 의한 전압강하가 없으므로 전력손실이 적다. • 주파수가 다른 계통을 비동기방식으로 송전이 가능하다.
단점	• 직·교류 변환장치(정류장치)가 필요하며 건설비가 매우 비싸다. • 변압이 매우 어렵다. • 직류전류의 차단이 어렵고 전류차단기가 비싸다.

우리나라의 경우 육지와 제주도를 연결하는 송전방식이 초고압 직류송전(HVDC ; High Voltage Direct Current)이다. 이는 1998년에 전남 해남에서 제주도로 단방향으로 보내는 300MW급 제1HVDC를 구축한 데 이어 2013년에는 양방향 전력송전이 가능한 400MW급 제2HVDC를 구축하였다.

이때 송전전압은 제1HVDC의 경우 직류 180kV, 제2HVDC의 경우 직류 250KV이다.

4 송전탑의 전선이 늘어져 있는 이유는?

| 늘어져 있는 송전선로 |

송전탑과 송전탑 사이에 있는 송전선을 유심히 바라보면 직선으로 쭉 그어진 것이 아니라 하향 포물선형태로 약간 아래로 쳐져 있는 모습을 볼 수 있다. 직선으로 쭉 잇는 것이 전선간격이 절약되고 더 안전해 보이는데 왜 그렇게 아래로 휘게 만들었을까?

1 전선의 처짐정도(이도)

결론부터 말하면 애초부터 그렇게 설계를 하여 지었기 때문이다. 이렇게 송전선이 처지는 정도를 예전에는 이도(弛度, dip)라고 하였고 현재는 전선의 처짐정도라고 하는데 송전선로를 설계하는 데 있어 가장 중요하다. 전선을 팽팽하게 당기면 안전할 것이라는 생각과 달리 전선의 인장력[20]이 매우 커지게 되어 송전탑이 버티기 어렵다. 또한 송전탑과 송전선은 지상으로 나와 있기 때문에 날씨의 영향을 무척 많이 받는다. 바람이 세게 부는 날이나 송전선 위에 눈이 많이 쌓이게 되면 그만큼 송전탑이 버티기 힘들다. 그래서 송전선의 인장력을 고려하는 한편 바람과 무게에도 버티도록 어느 정도 처지게 설계를 하는 것이다.

우리나라같이 사계절별 기온의 차이가 크게 나는 경우엔 송전선의 길이도 온도[21]에 따라 변하게 되어 이러한 길이의 변화에 대응하여 송전선의 보호를 위해 전선의 처짐정도(이도)의 계산이 필요하다.

20 ─── 끌어당기는 힘을 말한다.

21 ─── 여름에는 전선이 늘어나 길어지고 겨울에는 전선의 길이가 감소하게 된다.

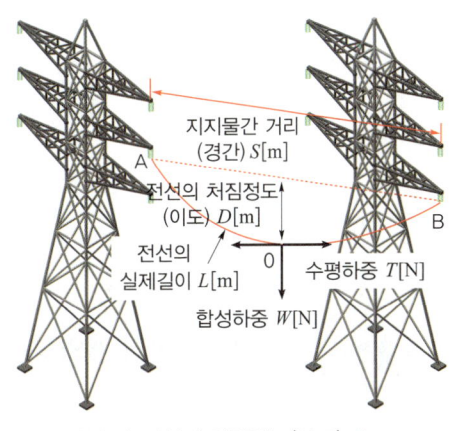

| 송전선의 처짐정도(이도) |

전선의 처짐정도(이도)는 다음과 같은 공식을 통해 구한다.

$$전선의\ 처짐정도(이도)\ D = \frac{WS^2}{8T}[m]$$

여기서, W는 전선의 무게로 1m당 [kg], S는 철탑과 철탑 사이 거리로 단위는 [m], T는 전선의 수평장력[22]으로 단위는 [kg]을 사용한다. 위의 공식을 응용하면 전선의 실제 거리 L[m]을 구할 수 있다.

$$전선의\ 실제거리\ L = S + \frac{8D^2}{3S}[m]$$

[22] 수평장력 [kg] = $\frac{인장하중}{안전율}$

2 송전선굵기에 대한 전압의 개념

가장 경제적인 전선의 굵기를 결정하는 데 사용하는 공식으로는 켈빈의 법칙이 있다.

$$i = \sqrt{\frac{wMP}{\rho N}}[A/mm^2]$$

이때 i는 경제적인 전류밀도로 단위는 [A/mm²](암페어 퍼 제곱밀리미터)를 사용한다. w는 전선의 중량으로 [kg/m-mm²], M은 전선의 가격으로 [원/kg], P는 1년간의 이자와 감각상각비의 합계[원], ρ는 전선의 저항률로 단위는 [Ω·mm²/m], N은 1년간 전력량의 가격으로 단위는 [원/kW·년]을 사용한다.

보통 중거리 송전선로에 사용하는 것으로 스틸(still)의 공식을 통해 가장 경제적인 전압(E_0)을 구하면 다음과 같다.

$$E_0 = 5.5\sqrt{0.6 \times L + \frac{P}{100}}[kV]$$

여기서, L은 송전거리로 단위는 [km], P는 송전전력으로 단위는 [kW]이다.

[23] 한 가닥이 하나의 상을 담당한다. 송전선은 한전이 담당하는데 한전은 상의 표기를 A상, B상, C상으로 하기에 내선에서 주로 사용하는 R상, S상, T상과는 다르게 표기한다.

[24] 전력을 많이 사용하는 지역으로 들어가는 송전탑은 4회선방식을 이용하는 경우도 많다.

5 여러 개의 송전선(송전탑의 회선)이 지나가는 이유는?

송전탑은 일반적으로 3상 교류전력을 송전하기 위해 3가닥의 선[23]이 2회선[24]을 이루고 있다. 설계를 할 때 전선에서 90℃의 열이 발생하는 전류를 100%의 용량으로 잡고 평상시엔 1회선당 50%의 용량으로 전력을 흐르게 한다. 그리고 고장 수리, 점검 등의 이유가 생기면 다른 한쪽에 100%의 용량으로 흐르게 하고 전력이 흐르지 않는 한쪽을 수리하거나 점검을 한다.

1 복도체의 개념

| 스페이서댐퍼 |

복도체란 1개의 상에 2개의 전선이 지나가게 하는 것을 말한다. 하지만 같은 상으로 전력이 송전되기 때문에 전선 자체가 2가닥이어도 1개의 전선, 2개의 도체(복도체)라고 표현을 한다. 한편 앞에서 3상 교류전력을 위해 3선을 사용한다고 언급하였는데 이 3선 중 한 선은 4가닥을 한선으로 묶은 4도체 방식이며 표준양식이다. 송전선 사이에는 서로의 간섭을 방지하기 위해 4개의 선에 일정한 간격을 주는 스페이서 댐퍼(spacer damper)를 달아둔다.

지형이나 전압 및 용도에 따라 단도체, 2도체, 4도체, 6도체 방식[25]이 있다. 여기서 중요한 것은 도체마다 전선의 개수를 세어 3상 6선식, 거기에 회선까지 더해 3상 12선식으로 구분하는 것은 아니다. 도체나 회선은 별개로 보고 상에 맞는 전선을 3개의 전선으로 봐서 3상 3선식이라고 해야 한다.

그리고 도체가 늘어난 만큼 허용전류와 송전용량이 증가하는 효과가 있다. 교류의 특성 중 하나인 표피효과를 위한 중공도체가 필요 없다는 것도 복도체의 장점이다. 그러나 받는 곳의 전압이 보내는 곳의 전압보다 커지게 되는 페란티현상이

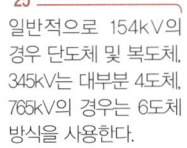

25
일반적으로 154kV의 경우 단도체 및 복도체, 345kV는 대부분 4도체, 765kV의 경우는 6도체 방식을 사용한다.

| 우리나라에서 가장 높은 전압을 송전하는 765kV 송전탑 |

생길 수 있다. 또한 전선끼리 서로 붙게 되면 대전류로 인한 코로나 발생의 가능성이 있다. 그러나 코로나 임계전압은 높으면 높을수록 코로나현상이 생길 확률이 줄어든다. 임계라는 단어를 경계라고 생각하면 이를 이해하기 쉽다. 경계치가 높을수록 쉽게 코로나현상이 생기지 않는 것이다.

	복도체방식의 장단점
장점	• 코로나 임계전압이 상승(약 20%) • 선로의 인덕턴스 감소(약 30%) • 선로의 정전용량 증가 • 허용전류 증가 • 송전용량 증가 • 중공도체[26] 등 특수전선이 필요하지 않음
단점	• 정전용량 증가로 페란티현상의 우려 • 강풍 및 빙설 부착으로 인한 전선의 진동 • 단락 시 각 소도체에 같은 방향으로 대전류가 흘러 코로나 발생이 용이해짐

26 ──── 교류의 성질인 표피효과를 방지하고자 가운데가 비어있는 전선을 말한다.

2 코로나현상

| 송전탑 애자에 생긴 코로나현상 |

전선에 일정한 한도 이상의 전압이 들어가게 되면 전선 주변에 공기절연이 일부 파괴되어 엷은 불꽃이 발생하거나 소리가 발생하는 현상을 코로나(corona)라고 한다. 공기의 절연내력은 절연체에 어느 정도 전압이 가해질 때 절연이 파괴되는지를 구한 한계값[27]을 말한다. 송전선은 따로 절연체를 입히지 않기 때문에 대기 중의 공기 그 자체가 절연[28]을 하고 있다. 공기가 자체적으로 절연을 하지 못한다면 송전선 인근에는 모두 전기가 돌아다니며 문제를 일으키게 된다.

공기절연이 파괴된다는 것은 전선이 아닌 전선 인근에도 강한 전류가 흐른다는 것이다. 송전선 아래에서나 변전소 등에서 지직소리가 들리면 코로나 방전이 시작되고 있다는 것이다. 이때 들리는 소음이 코로나 잡음이다. 이러한 코로나현상으로 인한 영향은 다음과 같다.

(1) 전력의 손실
(2) 코로나 잡음 등으로 통신설비에 유도장해

27 ──── 직류는 약 30kV/cm, 교류는 약 21kV/cm이다.

28 ──── 공기를 절연으로 사용하는 대표적인 것이 수변전실에서 사용하는 기중차단기(ACB), 압축공기차단기(ABB), 진공차단기(VCB)가 있다.

(3) 고주파 전압 및 전류 발생

(4) 소호리액터에 소호능력 저하

(5) 전선이 부식되고 오존이 발생

이러한 코로나를 방지하기 위해 굵은 전선을 사용하고, 복도체 방식으로 송전을 실시하며, 전선 및 전선 주변 가선금구[29]를 개량한다.

29 ─────
전기에서 사용되는 금속체의 물질을 금구라고 한다. 가선금구란 가설할 때 사용하는 금속체의 물질을 말한다.

3 코로나 임계전압

코로나 임계전압은 기본적으로 송전선에 흐르는 전압보다 높게 해주어야 한다. 그래야 공기절연이 파괴되지 않기 때문이다. 공기절연이 파괴되는 코로나 임계전압은 다음과 같은 공식을 따른다.

$$E_0 = 24.3 m_0 m_1 \delta d \log_{10} \frac{D}{r} [kV]$$

위의 식에서 E_0는 코로나 임계전압으로 단위는 [kV]를 사용한다. m_0는 전선의 표면계수로서 매끈한 단선은 1로 두고 연선이나 거칠수록 이 수치는 떨어진다. m_1은 기후계수로서 맑은 날은 1, 비 오는 날은 0.8이다. δ(델타)는 상대공기밀도를, d는 전선의 지름을 말한다. D는 선간거리이고 r은 전선의 반지름으로 둘 다 단위는 [cm]를 사용한다.

위의 식을 풀이해보면 전선이 매끈하고 맑은 날에 전선의 선간거리가 멀수록 코로나 임계전압이 커지게 된다는 것을 알 수 있다. 코로나를 통해 전력이 손실되는 정도를 구하기 위해서는 피크(peak)의 식을 통해 전력손실값(P_c)을 알 수 있다.

$$P_c = \frac{241}{\delta}(f+25)\sqrt{\frac{d}{2D}}(E-E_0)^2 \times 10^{-5} [kW/km/1선]$$

위의 식에서 δ는 코로나 임계전압에서 구하는 식과 마찬가지로 상대공기밀도를 말한다. f는 해당 전력의 주파수로 단위는 [Hz](헤르츠)를 사용한다. d는 전선의 지름 [cm], D는 선간거리[cm], E는 전선의 대지전압으로 단위는 [kV], E_0는 앞서 구한 코로나 임계전압을 말한다.

이 식에 대입해 나온 전력손실량의 단위는 조금 복잡한데 선 한 가닥이 1km당 손실되는 전력[kW]을 말한다.

6 선로정수란?

보통 전자제품 안에 전압과 전류를 조절하고 위상차의 개념이 생기는 것은 바로 RLC회로의 특성이기도 하다. 전력선 자체도 이러한 개념이 있는데 보통 거리가 짧은 경우 큰 문제가 되지 않지만 송전선로와 같이 거리가 길고 많은 용량을 보낼 때는 이를 고려해야 한다. 이렇게 전선에 저항(R), 인덕턴스(L), 커패시턴스(C), 누설컨덕턴스(G)[30]의 특성이 있는 것을 선로정수(線路定數, line constant)[31]라고 한다.

1 집중정수회로와 분포정수회로

선로정수는 거리마다 다루는 것이 다르다. 수[km] 정도의 단거리 송전선로는 저항(R)과 인덕턴스(L)와의 직렬회로만 나타내고 커패시턴스(C)와 누설컨덕턴스(G)는 무시한다. 수십[km] 수준의 중거리 송전선로에서는 누설컨덕턴스(G)를 제외하고 직렬임피던스(Z)와 병렬어드미턴스(Y)로 구성되는 T형 또는 π형으로 구분된다. 100km 이상의 장거리 송전선로에서는 모두 다루게 된다. 이때 단거리 및 중거리 송전선로는 집중정수회로, 장거리 송전선로는 분포정수회로라고 한다.

2 등가선간거리와 등가반지름

선로정수를 구하기 위해서는 등가선간거리와 등가반지름의 개념을 알고 있어야 한다. 등가선간거리는 선로와 선로 사이의 거리를 기하평균(幾何平均, geometric mean)[32]한 값이다. 단순히 선이 두 가닥이라면 평균을 내는 의미가 크게 없지만 3가닥 이상이면 이들 사이의 거리를 구하는 공식이 필요하다.

먼저 전선이 직선으로 수평 배치될 때 등가선간거리 D는 다음과 같이 구한다.

$$D = \sqrt[3]{d \times d \times 2d} = \sqrt[3]{d^3 \times 2} = d\sqrt[3]{2} = d \cdot 2^{\frac{1}{3}} [m]$$

위의 식에서 d는 전선이 직선으로 수평배치될 때 각 선과 선 사이의 값을 말하고 단위는 [m]이다.

전선이 삼각배치되고 a와 b 사이를 d_{ab}, b와 c 사이를 d_{bc}, c와 a 사이를 d_{ca}라고 하자. 이들 간격의 단위는 [m]이다. 이때 등가선간거리 D는 다음과 같이 구한다.

---

[30] 누설저항의 역수 개념으로 송전탑 애자의 누설저항 때문에 생긴다. 보통 애자의 누설저항은 매우 커서 역수인 누설컨덕턴스는 반대로 매우 작은 값이 된다.

[31] 전선의 길이, 종류, 굵기, 배치 등에 따라 선로정수는 달라지지만 전압, 전류, 역률에 의해서는 결정되지 않는 게 선로정수의 특징이다.

[32] 기하평균이란 n개의 양수가 있을 때, 이들 수의 곱의 n제곱근을 말한다. 보통 면적이나 부피 등의 평균값을 구할 때 사용하는 것으로 기본꼴은 $\sqrt[n]{a_1 \times a_2 \times a_3 \times \cdots \times a_n}$ 이다.

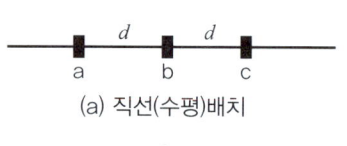

(a) 직선(수평)배치

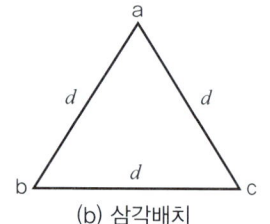

(b) 삼각배치

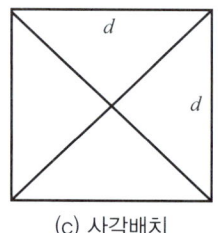

(c) 사각배치

| 등가선간거리의 배치법 |

$$D = \sqrt[3]{d_{ab} \times d_{bc} \times d_{ca}} = \sqrt[3]{d \times d \times d} = d\,[\text{m}]$$

마지막으로 전선이 사각배치될 때이다. 이때 조건은 정사각형이다. 정사각형의 각 변의 길이는 같으므로 d의 값은 모두 같다. d의 단위는 [m]이고 전선이 사각배치될 때 등가선간거리 D는 다음과 같이 구한다.

$$D = \sqrt[6]{d \times d \times d \times d \times \sqrt{2}d \times \sqrt{2}d} = \sqrt[6]{2}d = d \cdot 2^{\frac{1}{6}}\,[\text{m}]$$

일반적으로 전선의 반지름을 이야기할 때 전선의 단면 속 도체의 반지름을 뜻한다.[33] 그러나 송전선로의 경우 2회선 이상의 다도체를 쓰는 경우가 많으므로 그 도체 전체를 하나의 전선으로 봐야 한다. 이때 반지름이 등가반지름(r_e)으로 단위는 [m]이다. 즉, 평균의 개념을 이용해서 다도체를 하나의 단도체로 간주한 것으로 이는 다음과 같이 구한다.

33 — 전선의 피복을 제외하고 전류가 흐르는 공간을 의미한다.

$$\text{등가반지름 } r_e = r^{\frac{1}{n}} s^{\frac{n-1}{n}} = \sqrt[n]{r \cdot s^{n-1}}\,[\text{m}]$$

위의 공식에서 r은 각 소도체의 반지름, n은 소도체의 개수, s는 소도체와 소도체 사이의 간격을 말한다. 여기에서 r과 s의 단위는 [m]이다.

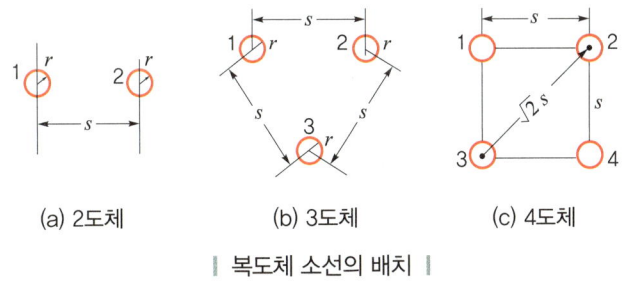

(a) 2도체   (b) 3도체   (c) 4도체

| 복도체 소선의 배치 |

등가선간거리와 등가반지름은 송전선로의 선로정수를 구할 때 중요한 개념이기에 꼭 알아두어야 한다.

3 송전선로의 인덕턴스

앞서 언급한 선로정수 중 인덕턴스(L)값과 커패시턴스(C)의 값은 단도체방법과 다도체방법을 통해 구해야 한다. 보통 송전탑을 이용한 가공전선은 다도체지만 땅속으로 묻는 지중송전선로는 단도체를 이용한다.

단도체의 경우 인덕턴스값은 다음과 같다.

$$L = 0.05 + 0.4605 \log_{10} \frac{D}{r} [\text{mH/km}]$$

위의 식에서 L은 단도체의 인덕턴스값[mH/km], D는 등가선간거리로 단위는 [m], r은 전선의 반지름으로 단위는 [m]이다.

복도체의 경우 인덕턴스값은 다음과 같다.

$$L_n = \frac{0.05}{n} + 0.4605 \log_{10} \frac{D}{r_e} [\text{mH/km}]$$

위의 식에서 L_n은 다도체의 인덕턴스값[mH/km], n은 도체의 개수이다. D는 등가선간거리, r_e는 등가반지름의 값으로 둘 다 단위는 [m]이다.

4 송전선로의 커패시턴스

단도체의 경우 커패시턴스값은 다음과 같다.

$$C = \frac{0.02413}{\log_{10} \frac{D}{r}} [\mu\text{F/km}]$$

위의 식에서 C는 단도체의 커패시턴스값[μF/km], D는 등가선간거리로 단위는 [m], r은 전선의 반지름으로 단위는 [m]이다.

다도체의 경우 커패시턴스값은 다음과 같다.

$$C_n = \frac{0.02413}{\log_{10} \frac{D}{r_e}} [\mu\text{F/km}]$$

위의 식에서 C_n는 다도체의 커패시턴스값[μF/km]이다. D는 등가선간거리, r_e는 등가반지름으로 둘 다 단위는 [m]이다.

5 송전선로의 전선 위치 바꿈(연가)

교류에서 전류의 흐름을 방해하는 것 중에 저항 외 리액턴스[34]라는 것이 있다. 리액턴스값을 작게 하기 위해서는 인덕턴스와 커패시턴스를 최대한 비슷하게 만들어

34
$X = X_L - X_C = \omega L - \dfrac{1}{\omega C}$

주어야 한다.[35] 즉, 인덕턴스와 커패시턴스를 평형하게 해주어야 한다. 이를 위해 전선 위치 바꿈[36]이라고 하여 송전선로 전 구간을 3등분한 후 전선의 각 상 배치를 변경함으로써[37] 송전선로의 전 구간에 걸쳐 발생하는 인덕턴스나 커패시턴스와 같은 선로정수를 최대한 평형시킨다.

[35] 이는 '공진'과 같은 개념이다. 전압과 전류의 위상을 같게 만든다.

[36] 기존에는 연가(撚架, transposition)라는 단어를 사용하였다.

[37] 이런 이유로 송전탑 상부부터 A상, B상, C상이 있는 송전탑도 있지만 B상, C상, A상이나 A상, C상, B상과 같이 뒤섞여 있기도 하다.

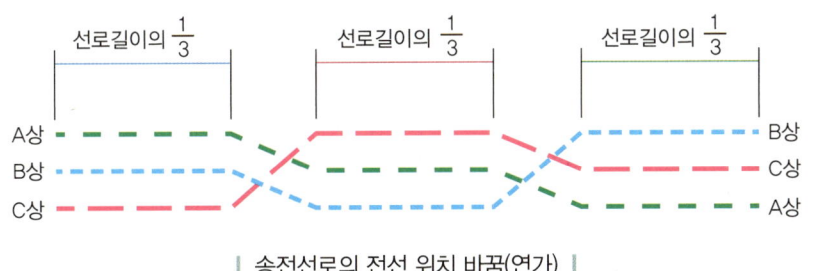

| 송전선로의 전선 위치 바꿈(연가) |

송전선은 전선 위치 바꿈(연가)을 통해 인덕턴스와 커패시턴스가 완벽하게 일치하지 않아 불평형은 어느 정도 생길 수 있지만 최대한 평형을 이루면서 통신선의 유도장해 및 수전단전압의 파형을 고르게 해주는 역할도 한다.

6 송전선로 유도장해방지

과거에 송전선로는 교류에 한해서만 유도장해를 방지하기 위한 규정이 있었으나 한국전기설비규정에 직류까지 유도장해를 방지하기 위한 규정이 새로 생기게 되었다. 교류 특고압 가공전선로에서 발생하는 극저주파 전자계(極低周波電磁界, ELF EMF ; Extremely Low Frequency Electric and Magnetic Fields)[38]는 지표상 1m에서 전계가 3.5kV/m 이하, 자계가 83.3μT 이하가 되도록 시설한다. 그리고 직류 특고압 가공전선로에서 발생하는 직류전계는 지표면에서 25kV/m 이하, 직류자계는 지표상 1m에서 400000μT 이하가 되도록 시설한다. 이러한 직류전계의 기준은 지표면에서 25kV/m를 초과한 경우 사람이 불쾌감을 느끼게 되기 때문이다. 단, 논밭이나 산림 등 사람의 왕래가 적은 곳에서 사람에게 위험을 줄 우려가 없도록 시설할 때는 이러한 기준이 적용되지 않는다.

[38] 극저주파 전자계라 함은 0Hz를 제외한 300Hz 이하의 전계와 자계를 말한다.

여기서 잠깐!

송전탑은 인간에게 위험한 존재인가?

송전탑이 높게 설치된 가장 큰 이유는 안전 때문이다. 특히 송전탑을 지나가는 송전선 자체가 따로 절연이 되어 있지 않다. 절연을 할 경우 전선이 무거워져서 철탑을 더 튼튼하게 지어야 하는 등 전체적인 공사비용이 크게 증가하기 때문이다. 물론 사람이 직접 송전탑에 올라가지 않는 한 감전 등 문제될 것은 없지만, 실제로 송전선로는 전압이 매우 높아 직접 송전선이 몸에 닿지 않아도 공기 자체의 절연이 파괴되어 감전되기 때문에 송전탑 주변엔 접근 금지를 위해 높은 울타리가 있다.

| 주택가의 송전탑 |

송전탑이 기분 나쁜 이유는 송전탑 특유의 소음 때문이다. 이따금 송전선로에서 '지잉, 지잉'하는 기분 나쁜 소음이 발생하는데 송전선로가 알루미늄을 사용한 나전선인 ACSR을 사용해 고압의 전자가 이동하는 소리로 구리로 된 전선을 이용하면 이 소리가 많이 줄어들겠지만 구리선 자체가 비싸고 무거워 아래로 처지게 된다. 이는 또 다른 안전문제를 일으킬 수 있다. 현실적으로 초전도체가 생기기 전까지 ACSR이 송전선로에 가장 알맞은 전선이라 많은 나라에서 사용한다. 그리고 '찌지직'하는 소리는 송전탑 애자에 오염이 심해 절연열화로 일어나는 소음으로 송전탑 애자는 정기적으로 고압수를 이용해 물청소를 해야 한다.

한편 송전탑 논란 중에 가장 큰 것이 바로 전자파문제이다. 전자파란 '전기장과 자기장이 공간을 퍼져 나가는 것'으로 이때 '높은 주파수'라는 조건이 있어야 한다. 우리나라 교류전력의 주파수는 60Hz로 주파수개념으로만 본다면 매우 낮은 주파수이다. 이렇게 주파수가 낮으면 일단 멀리 전파가 되지도 않고 파장이 길어서 에너지도 거의 없다고 보면 된다. 오히려 전파를 사용하는 라디오, 휴대폰 등이 훨씬 높은 주파수를 사용한다. 그래서 실제 자신이 있는 곳과 송전탑의 거리가 수십[m] 이상만 되어도 집에서 쓰는 가전제품보다도 전자파가 적게 나온다. 또한 전자파라는 것은 전선에 걸려있는 전압과 직접 비례하는 것도 아니다.

송전선로를 땅속에 묻는 지중화를 할 경우 오히려 지면에서 거리가 가까워져 송전탑보다 전자파가 더 높아지는 문제점이 있다. 다만 지중화 송전선로의 경우 절연이 잘된 케이블(XLPE)을 사용하기 때문에 전기장은 막아주지만 자기장은 제어할 수 없다. 그러나 가장 중요한 것은 송전탑의 전자파가 유해한지에 대해서는 아직까지 결론이 나온 것은 아니다.

한때 송전탑의 유해성에 대해 알리고자 고압 송전탑 아래 폐형광등을 두었더니 빛이 나올 정도로 전자파가 심하다는 것이 이슈가 된 적이 있다. 이에 대해 한전은 "집안에서 한쪽 손에 형광등을 들고 발을 카펫에 비비면 정전기가 발생해 형광등이 깜박거리는데 일상생활 속에서 흔히 볼 수 있는 현상"이라고 이야기했다.

한전이 이렇게 말할 수 있는 이유는 세계안전기준에 맞게 송전선로를 설계하고 송전탑을 세웠기 때문이다.

| 송전전압의 거리별 자기장 노출량(단위 : μT) |

송전전압	안전거리					
	최대	0m	20m	40m	60m	80m
154kV	0.69	0.59	0.33	0.20	0.18	0.14
345kV	1.98	1.53	0.79	0.40	0.23	0.17
765kV	1.41	1.27	0.99	0.79	0.55	0.36

자기장의 경우 위의 표에서 확인할 수 있듯이 송전탑과 100m 이상 떨어져 있으면 노출량이 크게 줄어든다.

송전탑의 전자파가 유해하다는 것에 대해 찬반논란이 끝난 것은 아니다. 어느 한쪽도 무조건 '유해하다.', '그 정도는 문제될 것이 없다.'라고 단정 지을 수 없다. 가끔가다 전자파로 인한 암환자가 많이 나오는 마을 사람들 이야기도 있는데 이 역시 암이 단순히 전자파 때문에 생겨난 것이라고 증명하기가 쉽지 않다. 분명한 것은 송전탑의 직접적인 유해성보다도 송전탑 자체로 인한 스트레스가 생기기 쉽다는 것이다.

한편 한전에서는 송전선로나 변전소로 인한 피해에 대해 보상해주는 송주법제도 즉, 송변전설비 주변지역을 지원해주는 법을 운영하고 있다. 이는 345kV 이상의 고압 송전선로나 변전소 인근에 주택이 있을 경우 한전에서 전기요금 감면, 마을공동사업지원 등을 하는 제도이다. 자세한 것은 한전에 문의(국번없이 123)하면 알 수 있다.

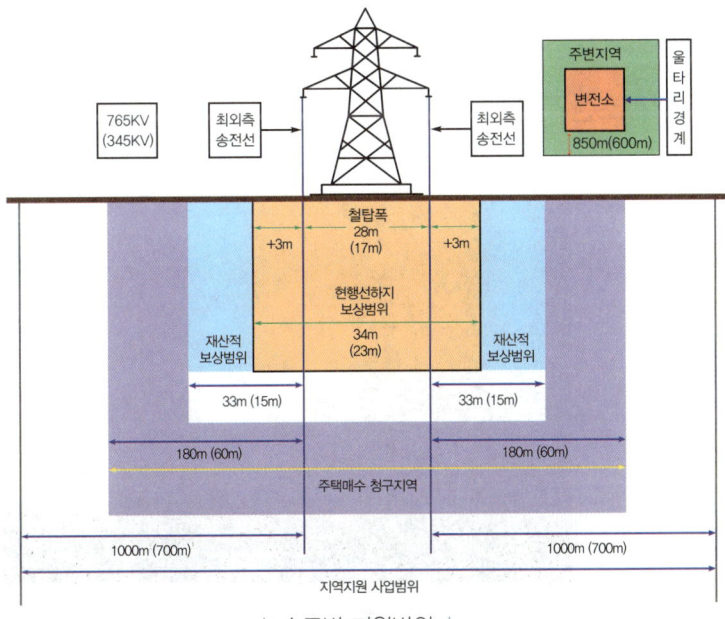

| 송주법 지원범위 |

03 변전소는 왜 지도에서 자세히 표기되지 않을까?

KEY WORD 변전, 변전소, 변압기, 가스절연변전소, 변압원리, 변압기의 결선, 변압기용량, 변압기 병렬운전

- 변전소란?
- 변압기가 전압을 바꾸는 원리는?
- 변압기의 결선방식은 어떤 종류가 있으며 장단점은?
- 변압기용량을 산정하는 방법은?
- 변압기 병렬운전이란?

학습 POINT

만약 지금 스마트폰을 들고 있다면 유명 포털사이트의 지도를 실행해서 위성 또는 항공사진 모드로 전환한 다음 '변전소'를 검색해보자. 아마 변전소와 관련된 거리 이름이나 버스정류소 등[1]을 찾을 수 있긴 해도 변전소의 위치는 보이지 않을 것이다. 또한 변전소를 직접 찾아봐도 모자이크 처리된 곳으로 대략의 위치를 가늠해볼 뿐 자세하게 보이진 않는다. 도대체 변전소가 얼마나 대단한 장소이기에 지도에서조차 표기가 제대로 되어 있지 않을까?

1 변전소 앞 사거리, 변전소 삼거리 등으로 나온다.

1 변전소란?

| 변전소 인근의 송전탑 |

사실 대다수 사람은 변전소의 존재는 알더라도 그다지 가고 싶지 않은 장소 중 하나이다. 왜냐하면 특유의 '웅'거리는 소리와 무섭게만 생긴 철탑들이 있는가 하면 혹시라도 모를 전자파에 노출될 수도 있기 때문이다.

그러나 변전소는 전기와 관련해 없어서는 안 될 꼭 필요한 존재이다. 만약 변전소가 없다면 당장 모든 사람이 자유롭게 전기를 쓸 수 없고, 극히 일부의 사람들만 전기를 사용할 수밖에 없다. [2] 또한 전기요금도 매우 비싸지고 발전소가 주택가까지 들어서게 되어 국토의 토지 활용도 엉망이 될 수 있다.

이런 일들이 일어나지 않는 이유는 바로 어딘가에 숨겨져 있는 변전소가 부지런히 일을 하기 때문이다. 이에 변전소와 변압기에 대해 알아보자.

2 ─────
변압이 어려우면 전력 손실이 커지게 되고 이로 인해 발전소 인근에서만 전기 사용이 가능하다.

1 기본적인 일은 '변성'

| 외국의 변전시설 |

변전소(變電所, SS ; Sub Station)는 말 그대로 전기의 성질을 변하게 해주는 장소로 송배전선로의 전압을 올리거나 내리는 일을 한다. 이렇게 전기의 성질을 변하게 하는 것을 변성이라고 한다. 발전소에서 만들어진 전기의 전압을 올려주는 변전소는 보통 발전소에서 송전탑으로 나가는 부분에 있다.

발전소에서 생산된 전기 자체의 전압은 11~24kV 정도로 이 정도의 전압만 가지고는 장거리송전에 어려움이 있다. 그래서 이를 승압하기 때문에 승압변전소 또는 1차 변전소라 한다. 반대로 전압을 내려주는 변전소는 송전선로의 끝부분이자 배전선로가 시작하는 부분에 있다. 우리가 흔히 아는 변전소라는 것이 보통 이러한 변전소로 보통 강압변전소 또는 2차 변전소라 한다.

Ⅱ. 전력의 흐름 231

변전소 내 핵심인 변압기

3
변압기의 뱅크란 변압기를 세는 단위로 1뱅크는 3상 또는 단상 한 세트를 말한다. Y-△결선을 한 변압기라면 1차측이 Y, 2차측이 △로 구성되어 있어서 1뱅크가 된다. 그리고 154kV 변전소에 총 4뱅크가 있다 하면 3상 일괄형 변압기가 4대 일 수도 있고 모두 단상 변압기라면 총 12대의 단상 변압기가 4뱅크를 이루고 있다.

4
1상당 166.7MVA를 담당한다.

5
원래는 도로를 이용했으나 성수대교 붕괴 이후 전체 하중 40톤 이상인 경우 도로 보강 및 우회하는 식으로 도로수송이 까다로워졌다.

우리나라의 변전소는 154kV, 345kV, 765kV로 나뉜다. 보통 154kV 변전소의 변압기 용량은 최소 60MVA×2뱅크[3]로 최대 4뱅크까지 확장할 수 있다. 345kV 변전소는 500MVA×2뱅크가 기본, 최대 4뱅크까지 확장할 수 있다. 765kV는 2000MVA 4뱅크까지 확장 가능하다.

변전소의 변압기는 부피도 크지만 무게도 상당하다. 345kV 변압기의 경우 1뱅크가 500MVA의 용량[4]을 가지고 있는데 100톤 가까운 무게이다. 그래서 보통 운반 시에는 철도[5]를 이용한 후 모듈 트레일러를 이용해 도로로 수송한다.

보통 변전소에서 전압을 승압하거나 강압할 때는 단계별로 한다. 예를 들어 우리나라에서 가장 높은 765kV 송전시설의 경우 발전소에서 154kV로 승압 후 345kV, 765kV로 순차적으로 변압한다. 배전을 위한 22.9kV로 강압할 때 765kV-345kV-154kV의 순서대로 낮춘다. 변전소 인근에서 들리는 낮게 '웅' 하는 소음이 바로 변압기에서 나는 소리이다.

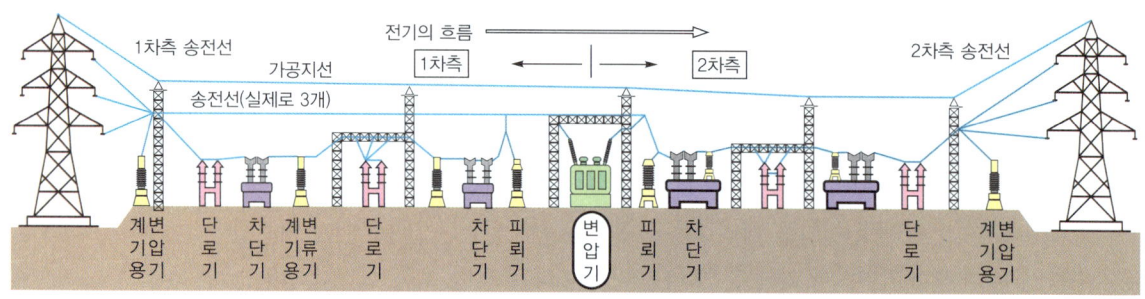

송전선로 중의 변전소구조(345kV→154kV)

발전소가 전기를 생산하는 역할을 한다면 변전소는 단순히 전압만 올리거나 내리는 역할만 하는 것이 아니라 마치 교통신호등같이 중간에서 제어역할도 함께 수행한다. 변전소에는 위상을 조절하여 무효전력을 줄이는 역할을 하는 무효전력보상장치[6]를 설치하여 불필요한 전류로 인한 전력손실을 줄인다.

> [6] 기존에는 이러한 장치를 조상기(調相機, phase modifying equipment) 또는 조상설비로 불렀다.

2 SF₆가스와 가스절연변전소(GIS)

변전소의 내부에는 전력의 이상현상을 감지하는 계전기(relay)가 설치되어 송전선로의 이상현상이 감지되면 차단기(circuit brake)를 작동시켜 더 이상 사고가 확산되는 것을 막는 기능이 있다. 이때 사용하는 차단기가 보통 가스차단기(GCB)인데 이는 아크를 끄는 소호능력이 우수한 SF₆가스[7]를 사용한다. SF₆가스는 다음과 같은 특징이 있다.

> [7] 6불화황가스라고 한다.

(1) 절연성능과 안정성이 우수하다.
(2) 화학적으로 매우 안정된 기체이고 난연성이라 화재의 위험성이 없다.
(3) 아크(arc)[8]를 끄는 소호능력이 공기의 약 100배이다.
(4) 절연성능이 공기보다 2~3배 좋다.
(5) 무독, 무취, 무색, 무미로 유독성 가스가 아니다.
(6) 오존층을 파괴하는 환경공해물로 지정되어 있어 이에 대한 대책이 필요하다.

> [8] 아크란 두 개의 전극 간에 생기는 밝고 강한 빛을 말한다.

최근에는 이러한 가스차단기의 차단능력과 더불어 소형화가 가능해 가스 절연개폐장치를 중심으로 모선, 계기용 변성기, 피뢰기 및 접지까지 모두 SF₆가스를 봉입한 가스절연변전소(GIS ; Gas-Insulated Switch gear)로 바뀌고 있다.

과거에는 일정한 부지를 사서 변전소를 갖추는 옥외 변전시설이 많았다. 주로 철로 된 울타리와 인근을 지나는 송전탑들을 보면 대략 변전소라는 것을 눈치 챌 수 있었을 것이다. 그러나 최근에는 지중화 사업의 확대, 변전소에 대한 혐오감, 지가 상승 등의 이유로 건물의 지하 일부 층을 임대해 변전시설을 갖추는 경우가 많아지고 있다. 지중화 구역의 경우 한전 지하에 변전소를 갖춘 경우도 있다. 이때 바로 GIS 형태로 짓게 되며, GIS 형태의 SF₆가스는 기존 변전소의 공기절연방식보다 절연성도 좋고 이로 인해 선간거리도 줄일 수 있어 변전소크기도 줄일 수 있다. 더구나 기술의 발달로 변전소에서 가장 중요한 변압기조차 SF₆가스로 절연하는 수준까지 오게 되었다.

| 건물 내부에 있는 가스절연변전소(GIS) |

그러나 교토의정서(京都議定書, Kyoto Protocol)에 의해 SF_6가스는 지구온난화를 가중시키는 온실가스로 지정되어 전 세계적으로 사용을 점차 줄이고자 하고 있다. 이에 대한 대안으로 드라이에어(dry-air)를 사용함으로써 안정적인 절연과 친환경이라는 두 마리 토끼를 잡기 위해 노력 중에 있다.

일반인들이 변전소를 더욱 알아보기가 힘든 이유는 기존 변전소를 지중화하면서 지역주민들에게 보상차원으로 공원, 수영장까지 있는 체육관, 상업·업무시설 등이 있는 장소로 탈바꿈하여 혐오시설에서 탈피하려는 시도를 하기 때문이다.

변전소는 이렇게 중요한 장소이기에 일반인의 출입이 엄격히 통제된다. 악의적으로 변전시설을 망가트리게 되면 매우 큰 규모의 전기사고가 일어나게 되고 전기를 받아 사용하는 수용가도 큰 피해를 입게 되기 때문이다. 전기를 생산하는 발전소 못지않게 변전소도 중요한 일을 담당하기에 지도에서는 장소를 노출하지 않는다.[9]

9
변전소는 보안시설이다. 전력망 자체가 국가중요시설이기에 4계통 이상 3뱅크 이상의 변전소는 '나급', 3계통 이상 2뱅크 이상의 변전소는 '다급' 보안시설물로 규정된다. 참고로 유일하게 '가급' 전력보안시설은 원자력발전소이다.

2 변압기가 전압을 바꾸는 원리는?

변전소에서 하는 일 중에 가장 중요한 것은 바로 전압을 바꾸는 일 즉, 변압이다. 변압은 변압기가 하는데 변압기는 변전소 외 전기를 생산하는 발전소, 배전선로인 전봇대나 지중화 구간의 패드, 가전제품의 어댑터 등 다양한 곳에서 활용되고 있다.

1 전자기유도현상의 변압원리

현재 우리가 사용하고 있는 교류전력은 직류전력보다 변압이 훨씬 용이하여 전 세계적으로 사용되고 있다. 이에 교류전력의 변압과정을 이해해보자. 변압기는 적층철심에 코일을 둘둘 말아 놓는데 이때 1차측과 2차측으로 나눌 수 있다. 입력받는 곳이 1차측, 출력하는 곳이 2차측이다. 따라서 변압기 1차측 전압을 V_1, 2차측 전압을 V_2이라고 한다. 앞서 전자기유도현상을 설명할 때 코일을 감은 수의 1차측은 N_1, 2차측은 N_2로 표기했다.

전자기유도현상[10]을 통해 변압기가 전압을 바꾸는 원리를 이해해보자. 이를 위해 먼저 알아야 할 것은 여자이다. 여자(餘磁, excitation)란 전자석을 만들기 위해 코일에 전류를 흘려 기자력[11]을 생성하게 하는 것을 말한다. 이때 여자전류(餘磁電流, excitation current)는 기자력을 만들어주는 전류이다. 보통 직류에서는 전자석을 만들 때 여자전류를 사용하지만 변압기와 같은 경우엔 교류 여자전류를 사용한다.

10
도체 주변에서 자기장을 변화시켰을 때 전압이 유도되어 전류가 흐르는 현상을 말한다. 발전기, 전동기, 변압기의 원리가 되는 매우 중요한 현상이다.

11
자속과 자류의 생성을 도와주는 힘이다.

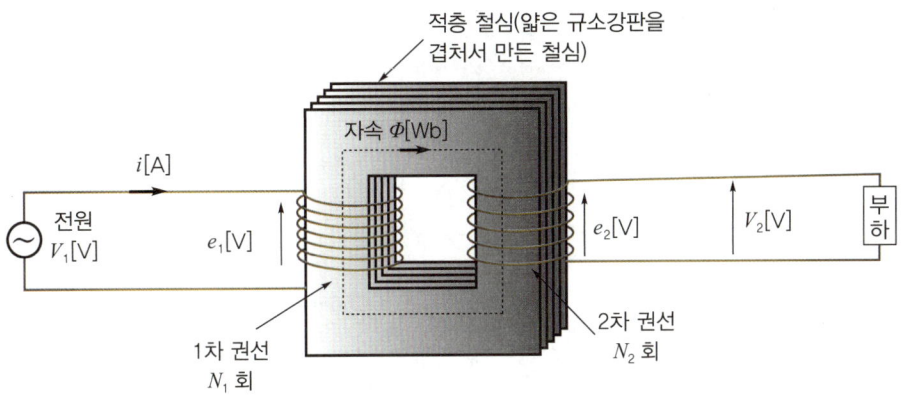

| 변압기의 원리 |

변압기 1차측의 경우 여자 전류 i_0는 정현파 교류전류의 최댓값(I_m)으로 다음과 같이 쓸 수 있다.

$i_0 = I_m \sin \omega t$

이때 여자전류에 의해 발생한 자속은 다음과 같다.

$\phi = \phi_m \sin \omega t$

이를 시간 t로 미분하여 패러데이법칙 및 렌츠의 법칙을 적용[12]하면 다음과 같다.

$\dfrac{d\phi}{dt} = \omega \phi_m \cos \omega t$

$e = -N \dfrac{d\phi}{dt}$

$\quad = \omega N \phi_m \cos \omega t = N \phi_m \sin\left(\omega t - \dfrac{\pi}{2}\right)$

유기기전력의 최댓값은 자속의 최댓값에서 나오게 되니 다음과 같다.

$E_m = \omega N \phi_m$

유기기전력의 실효값은 유기기전력의 최댓값에서 $\sqrt{2}$로 나누어 주면 된다.

$e = \dfrac{E_m}{\sqrt{2}} = \dfrac{\omega N \phi_m}{\sqrt{2}}$

$\quad = \dfrac{2\pi f N \phi_m}{\sqrt{2}} = \dfrac{2\pi}{\sqrt{2}} f N \phi_m = 4.44 f N \phi_m$

이를 1차측과 2차측으로 분리하면 다음과 같이 정리가 된다.

$$e_1 = 4.44 f_1 N_1 \phi_m [\text{V}]$$

$$e_2 = 4.44 f_2 N_2 \phi_m [\text{V}]$$

[12] 패러데이법칙을 통해 기전력의 크기를 결정한다면 렌츠의 법칙은 기전력의 방향을 결정한다고 볼 수 있다.

2 변압기 코일의 권수비

유기기전력은 전압과는 비례하고 전류와는 반비례관계이므로 다음과 같이 정리할 수 있다.

$$\frac{e_1}{e_2} = \frac{N_1}{N_2} = \frac{V_1}{V_2} = \frac{I_2}{I_1} = a$$

위의 식에서 a는 권수비(捲數比, turn-ratio)[13]라 하여 2차측 코일의 감은 수에 대한 1차측 코일의 감은 비율을 나타낸다. 즉, 권수비가 1보다 낮을 경우는 전압을 높여주는 승압변압기가 되는 것이고 권수비가 1보다 클 경우는 전압을 낮춰주는 강압변압기가 된다.

이론적으로 유기기전력이 권선에 비례하기에 110V를 220V로 승압할 경우 N_1과 N_2를 1:2 비율로 코일을 감으면 되지만 실제로는 손실과 자기포화를 고려해서 2차측에 5~6% 정도 더 감아주어야 한다. 마찬가지로 220V를 110V로 강압할 경우 N_1과 N_2를 2:1 비율로 코일을 감으면 되지만 실제로는 2차측에 5~6% 정도 덜 감아주어야 한다.

[13] 권선비(捲線比)라고도 표현한다.

3 복권변압기와 단권변압기

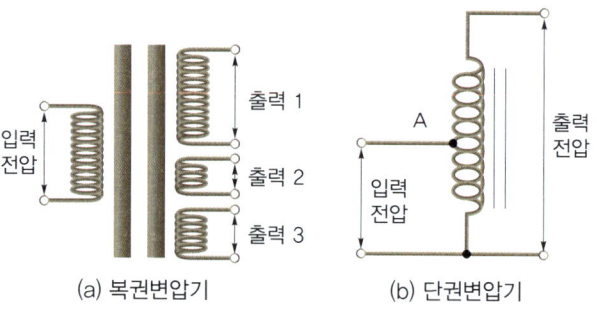

(a) 복권변압기 (b) 단권변압기

| 복권 · 단권변압기의 구조 |

변압기는 크게 두 종류로 복권변압기와 단권변압기로 구분할 수 있다. 복권변압기는 1차와 2차가 절연으로 완전히 분리되어 있는 변압기로 자기장의 상호유도로 2차에 전류가 발생한다. 1차와 2차 각각 리액턴스 1개가 독립적으로 존재한다. 보통 절연변압기라고 하며 1차와 2차의 변압비의 차이가 큰 경우 사용한다. 1차와 2차가 절연되어 있기 때문에 감전의 위험이 적고 안정적인 전압을 얻을 수 있다. 그러나 코일을 그만큼 더 감아야 하기 때문에 제조원가가 많이 들며 부피가 크고 무겁다.

반면 단권변압기는 1차와 2차 변압비가 1:2 이내인 경우에 사용하는 변압기로 1차 회로에서 임의의 1개의 리액턴스 사이의 전압차를 2차 회로에 사용한다. 비절연변압기로도 부르며 하나로 연결된 코일의 중간에서 110V를 인출하고 양쪽에 220V를 인가하는 방법으로 원가와 크기, 무게를 줄일 수 있다. 그러나 1차 전압이 2차에 그대로 전달되므로 감전의 위험이 커 실험용이나 저가형으로 사용된다.

4 변압기의 손실

변압기의 변압과정에서 전력손실은 반드시 따르기 마련이다. 손실은 크게 2가지로 무부하손(無負荷損, no load loss)[14]과 부하손(負荷損, load loss)[15]으로 나눌 수 있다. 이는 다음과 같은 공식으로 구할 수 있다.

변압기손실의 종류	
무부하손	철손(P_i) = 히스테리시스손[16](P_h) + 와류손[17](P_e)
부하손	동손(P_c) = 1차 동손($I_1^2 r_1$) + 2차 동손($I_2^2 r_2$) + 표유부하손[18]

이러한 변압기의 손실을 측정하기 위해서는 무부하손과 부하손의 측정방법이 서로 다르다. 먼저 무부하손을 측정하기 위해서는 무부하시험을 한다. 이때 2차측을 고압으로 개방하고 1차측을 저압으로 하여 정격전압 V_{2n}[V]를 가할 때 전력계에 나타나는 전력값이 무부하손으로 인해 손실된 전력값이다.

부하손을 측정하는 방법을 단락시험[19]이라고 한다. 이는 2차측을 저압으로 하여 서로 붙여 놓고 1차측을 고압으로 하여 회로에 흐르는 전류가 1차 정격전류 I_{1n}[A]가 되었을 때 전력계에 나타나는 전력값이 부하손으로 인해 손실된 전력값이다.

5 변압기의 효율

변압기의 효율은 크게 2가지로 실측효율과 규약효율로 구분할 수 있다. 실측효율이란 실제 부하를 연결한 상태에서 전력 측정에 의한 효율을 구하는 것으로 간단하게 계산할 수 있는 장점이 있다.

$$실측효율(\eta) = \frac{2차측\ 전력계로\ 측정된\ 전력(출력)}{1차측\ 전력계로\ 측정된\ 전력(입력)} \times 100\%$$

반면 규약효율은 정격출력 및 무부하손, 부하손 측정에 의한 효율로 조금은 복잡하지만 매우 정확하다는 특징이 있다. 규약효율은 전체 부하에 관해 구하는 경우와 $\frac{1}{m}$의 부분

---

[14] 무부하손이란 부하가 없더라도 생기기에 '고정손'이라고도 한다. 변압기는 발전기나 전동기와 같은 회전운동이 없기에 풍손은 발생하지 않는다.

[15] 부하손이란 부하의 크기에 따라 변하기 때문에 '가변손'이라고도 한다.

[16] 철심에서 자기장의 변화에 의해 발생하는 손실이다.

[17] 자기장의 변화에 대한 도체의 저항으로 인해 나타난 맴돌이전류를 와류(渦流, eddy current)라고 하며 이로 인한 줄열로 발생하는 손실이다.

[18] 표유부하손(漂流負荷損, stay load loss)이란 철손과 동손을 제외한 전기적인 손실로 정확하게 손실의 원인을 알 수 없는 손실을 말한다.

[19] 부하시험이라고도 한다.

부하인 경우 다르게 구한다.

$$\text{규약효율}(\eta) = \frac{\text{출력}}{\text{출력}+\text{무부하손(철손)}+\text{부하손(동손)}} \times 100\%$$

전체 부하일 경우 $\eta = \dfrac{V_{2n}I_{2n}\cos\theta}{V_{2n}I_{2n}\cos\theta + P_i + P_c} \times 100\%$

$\dfrac{1}{m}$의 부분 부하일 경우 $\eta_{\frac{1}{m}} = \dfrac{\dfrac{1}{m}V_{2n}I_{2n}\cos\theta}{\dfrac{1}{m}V_{2n}I_{2n}\cos\theta + P_i + \left(\dfrac{1}{m}\right)^2 P_c} \times 100\%$

위의 식에서 V_{2n}과 I_{2n}은 부하 시 2차측 정격전압과 전류, $\cos\theta$는 역률, P_i는 철손(무부하손), P_c는 동손(부하손)이다.

변압기가 최대 효율이 되는 조건은 전체 부하일 경우는 $P_i = P_c$이면 가능하지만 $\dfrac{1}{m}$의 부분부하일 경우 $\dfrac{1}{m} = \sqrt{\dfrac{P_i}{P_c}}$의 조건을 만족해야 한다.

6 변압기의 냉각장치

변압기는 열이 많이 발생[20]하는데 이를 식힐 회전부분이 없거나 부피 대비 작아서 냉각이 불충분하다. 특히 대형 변압기일수록 열의 방산이 좋지 않아 온도 상승이 크다. 이에 다음과 같은 다양한 냉각방식을 사용한다.

변압기 냉각방식 종류		
변압기 종류	냉각방식	약호
몰드변압기	건식 자냉식	AN
	건식 풍냉식	AF
	건식 밀폐자냉식	ANAN
	건식 밀폐풍냉식	ANAF
유입변압기	유입 자냉식[21]	ONAN
	유입 풍냉식	ONFN
	유입 수냉식	ONWF
	송유 자냉식	OFAN
	송유 풍냉식[22]	OFAF
	송유 수냉식	OFWF

냉각방식의 약호는 규칙이 있다. 첫 번째 글자는 내부 냉각매체(A : 공기, O : 절연유로서 인화점이 300℃ 이하인 경우, K : 절연유로서 인화점이 300℃ 초과인 경우,

[20] 변압기 내부의 무부하손과 부하손이 열로 되고 그중 일부만 공기 중으로 방사되므로 변압기 내부의 철선, 권선, 또는 절연물의 온도를 상승시킨다. 더구나 변압기를 오래 사용하면 내부 절연물이 열화되어 절연내력이 약화되고 수명이 단축되어 사용이 어려워진다.

[21] 절연유를 충분히 채운 변압기 외부함 내에 변압기 본체를 넣고 권선과 철심에서 발생한 열을 기름의 대류작용에 의해 냉각시키는 방식으로, 보수가 간단하고 취급이 쉬워 소형 변압기부터 대형 변압기까지 널리 사용한다.

[22] 변압기 외부함 내에 들어 있는 절연유를 펌프를 이용해 외부에 있는 냉각장치로 보내 냉각시킨 다음 냉각된 절연유를 다시 외부함 내부로 공급하는 방식으로 30MVA 이상의 대용량 변압기에서는 거의 이런 방식을 사용한다.

L : 불연성 절연유, G : 가스), 두 번째 글자는 내부 냉각매체 순환방식(N : 자연순환식, F : 강제순환식, D : 직접 강제순환식), 세 번째 글자는 외부 냉각매체(A : 공기, W : 물), 네 번째 글자는 외부 냉각매체 순환방식(N : 자연순환식, F : 강제순환식)을 나타낸다.

위의 여러 가지 냉각방법 중에 가장 냉각효과가 큰 방법이 절연유를 이용한 방법인데 절연효과 또한 크다.

절연유는 다음과 같은 구비조건을 가지고 있다.

(1) 절연내력이 높을 것
(2) 인화점(引火點, flash point)[23]이 높으며 사용 중의 온도로 발화하지 않을 것
(3) 응고점(凝固點, solidifying point)[24]이 낮을 것
(4) 냉각작용이 좋고 비열과 열전도도가 클 것
(5) 점성도(粘性度, viscosity)[25]가 적고 유동성이 풍부할 것
(6) 고온에서 침전물이 생기거나 산화하지 않을 것

한편 변압기 외부함은 밀폐되었으나 주변의 온도가 변화하거나 부하에 따라 변압기 내부 절연유의 온도와 부피가 변화하게 된다. 변압기 외부함과 내부 사이의 기압 차이로 인해 공기가 출입하는 과정을 변압기의 호흡작용(呼吸作用)이라 한다.

문제는 이 호흡작용으로 인해 대기 중에 있던 습기가 변압기 내부로 들어오고 이로 인해 절연유의 절연내력이 떨어지게 된다. 뿐만 아니라 뜨거워진 기름이 공기와 접촉하면서 공기의 산소와 산화작용을 일으켜 절연유를 열화시키고 녹지 않은 침전물을 만든다. 이것을 방지하고자 변압기에는 브리더(breather)[26]와 콘서베이터(conservator)[27]를 설치한다.

3 변압기의 결선방식은 어떤 종류가 있으며 장단점은?

변압기의 1차측과 2차측의 결선형태에 따라 변압기의 특성이 크게 달라진다. Y결선의 경우 선간전압이 상전압에 비해 $\sqrt{3}$배 더 높은 특징이 있다. 이는 고전압, 소전류용에 적합하다. 반면 △결선의 경우 선전류가 상전류에 $\sqrt{3}$배 더 높은 특징이 있다. 이는 저전압, 대전류용에 적합하다. 이러한 특징을 이용해서 변압기 1차측과 2차측에 결선을 한다면 각 목적에 맞게 변압기를 운용할 수 있을 것이다.

그럼 변압기의 결선방식의 특징을 하나하나 알아보자.

---

[23] 인화점이란 액체에 한해 불꽃을 대었을 때 물질의 증기에 순간적으로 불이 붙는 온도를 말한다. 기체의 경우 연소점이라 하고 불꽃을 대었을 때 물질이 계속 탈 수 있는 온도를 뜻하며, 고체의 경우 발화점이라 하고 불꽃을 대지 않아도 물질이 스스로 타기 시작하는 온도를 가리킨다.

[24] 응고점이란 액체가 고체로 변하기 시작하는 온도이다. 물이 얼음이 되기 시작하는 온도가 0℃라 물의 응고점은 0℃이다. 어는점, 빙점(氷點)이라고도 한다.

[25] 점성도란 어떤 물질이 잘 흐르는 정도를 나타내는 것을 말한다.

[26] 브리더란 공기 중의 수분을 감소시키기 위해 공기가 들어오는 입구 쪽에 수분을 흡수하는 실리카겔(주로 포장김 속에 있는 강력방습제 속의 알갱이) 등을 담아 놓는 것을 말한다.

[27] 콘서베이터는 공기와 절연유 사이의 접촉면적을 줄여주기 위해 설치한다.

1 Δ-Δ결선

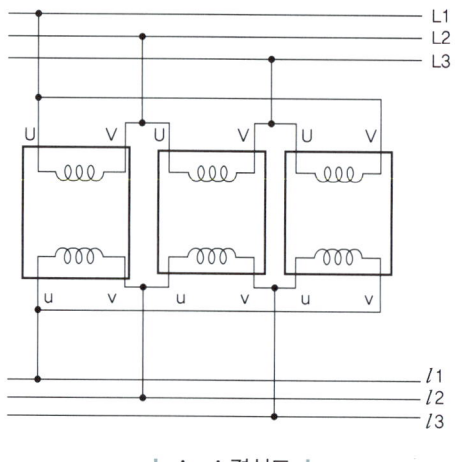

| Δ-Δ결선도 |

[28] 제3고조파 전류는 기본파(60Hz)의 3배가 되는 180Hz의 주파수를 가진 전류를 말한다. 3상에서 제1고조파는 정상전류(60Hz), 제2고조파는 역상전류(120Hz), 제3고조파는 영상전류(180Hz), 제4고조파는 정상전류(240Hz), 제5고조파는 역상전류(300Hz), 제6고조파는 영상전류(360Hz)…, 이렇게 계속 반복이 된다. 제3고조파는 상이 없어 영상(zero phase)전류이며, 이는 대지로 흐를 수밖에 없다. 그러나 Δ결선은 애초에 비접지이므로 흘러나갈 수 없기 때문에 Δ결선 내부에서 순환하게 되는 것이다.

Δ-Δ결선은 먼저 제3고조파 전류[28]가 Δ결선 내를 순환하고, 외부에는 제3고조파 전압이 나타나지 않는 장점이 있다. 따라서 유도장해 및 통신장해가 없다. 그리고 변압기결선 중 1상분이 고장이 나면 나머지 2대로 V결선할 수 있다. 아울러 각 변압기의 선전류가 상전류의 $\sqrt{3}$ 배가 되므로 대전류에 적당하다.

단점으로는 중성점을 접지할 수 없으므로 지락이나 누전 시 사고부위를 찾기가 어렵고 이상전압의 크기도 커진다. 아울러 변압기의 권선비가 다를 경우 부하가 없으면 순환전류가 흐른다. 마지막으로 각 상의 전선임피던스가 다를 경우 3상 부하가 평형이 되어도 변압기의 부하전류는 불평형이 된다.

2 Y-Y결선

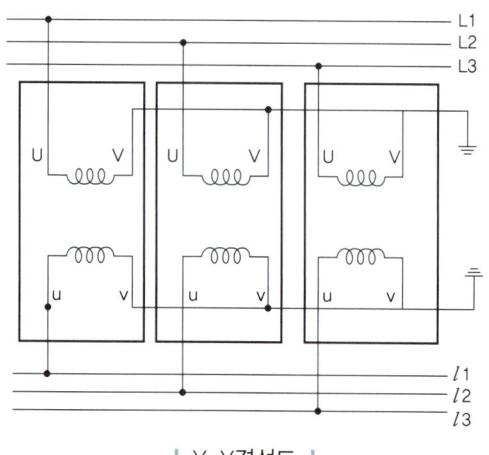

| Y-Y결선도 |

Y-Y결선의 장점은 Y결선 중앙에 위치한 중성점에서 접지[29]가 가능하므로 단절연(graded insulation)을 채택할 수 있다는 것이다. 또한 선간전압이 상전압보다 $\sqrt{3}$ 배 더 크기에 고전압의 결선에 적합하다.

아울러 변압비나 권선임피던스가 서로 달라도 순환전류가 흐르지 않게 된다. 그러나 단점으로는 중성점에 접지를 하지 않을 경우 제3고조파의 여자전류가 나갈 통로가 없으므로 파형이 왜곡[30]된다.

접지를 하더라도 제3고조파에 의해 중성선에는 $I_a+I_b+I_c=3I_0$ 즉, 3배의 영상전류가 중성선으로 흐르게 되어 중성선이 과열할 수 있다. 아울러 부하가 불평형을 이룰 경우 중성점의 위치가 변동하게 되어 3상 전압의 불평형을 일으킬 수 있고 중성점 접지로 인한 통신선의 유도장해가 일어난다.

[29] 자세한 내용은 '04의 2 · [4] 전봇대의 접지와 변압기 중성점 공사'를 참고하자.

[30] 왜형파(歪形派, distortion wave)라고 한다. 이는 교류의 기본파인 사인파에 고조파를 합한 형태이다.

3 Δ-Y결선

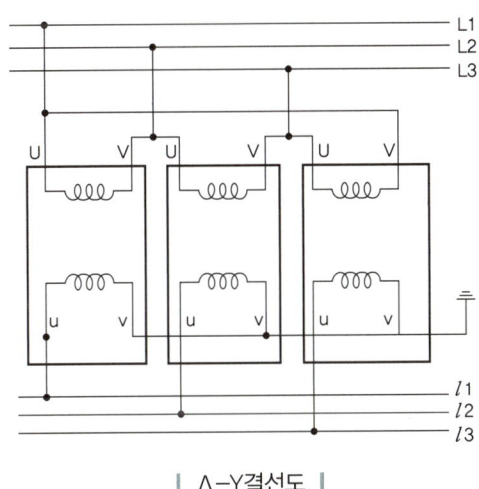

| Δ-Y결선도 |

Δ-Y결선의 장점은 Y결선 중성점에 접지를 할 수 있고 한쪽이 Δ결선이므로 여자 전류의 제3고조파 통로가 있어 제3고조파의 장해가 없다는 것이다. 이는 기전력의 파형이 왜곡되지 않는다는 뜻이다.

아울러 2차 선간전압이 상전압의 $\sqrt{3}$ 배되므로 승압용에 적합하다. 하지만 1차와 2차 선간전압 사이에 30°의 위상차[31]가 생기므로 1대가 고장 나면 전력 공급이 불가능하다. 이때 2차측은 1차측보다 30° 빠르다.

[31] 자세한 내용은 'I의 09 · 4 · [5] 선간전압이 상전압에서 $\sqrt{3}$을 곱하고 30°의 위상차가 있는 이유'를 참고하자.

4 Y-Δ결선

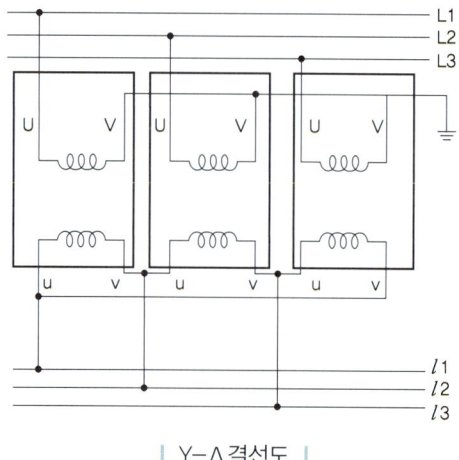

| Y-Δ결선도 |

　Y-Δ결선은 Δ-Y결선과 많은 점이 비슷하나 2차측의 선간전압이 상전압과 같으므로 강압용에 적합하고 높은 전압을 Y결선으로 하므로 절연이 유리하다. 단점 역시 Δ-Y결선과 마찬가지로 1차와 2차 선간전압 사이에 30°의 위상차가 생기므로 1대가 고장 나면 전력 공급이 불가능하다는 것이다. 이때 2차측은 1차측보다 30° 늦어진다. 아울러 각 상의 권선임피던스가 다르면 3상 부하가 평형이 되어도 부하전류는 불평형이 된다.

5 V-V결선

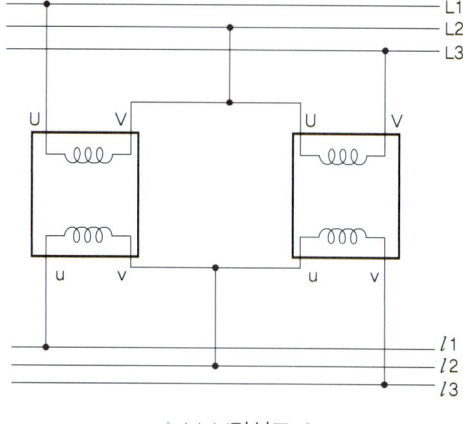

| V-V결선도 |

V-V결선은 Δ-Δ결선에서 1대의 변압기가 고장 났을 때나 2대의 변압기로 3상 전력을 변압하는 방식이다. 또한 앞으로 부하용량이 증가할 것으로 예상하면 일단 V-V결선을 하는 경우가 많다. V-V결선은 설치가 간단하고 소용량이므로 가격이 저렴하다. 그러나 변압기 이용률[32]은 86.6%, 변압기 출력비[33]는 57.7%로 Δ결선보다 전반적으로 감소한다. 또한 부하가 큰 경우 3상 전압이 불평형이 되기 쉽다.

6 Y-Y-Δ결선

Y-Y-Δ결선은 3권선 변압이라고도 하며 Y-Y결선의 단점을 보완하기 위해 3차측에 Δ결선을 추가로 설치하는 경우로 주로 송배전에서 많이 사용된다. 예를 들어 345kV의 Y-Y-Δ결선은 345kV-154kV-23kV방식으로 변전소 내부 전원용으로 사용하기도 한다. 이때 3차측 Δ결선은 무효전력보상장치(조상설비)를 접속한다.

154kV의 Y-Y-Δ결선은 154kV-23kV-6.6kV방식에서 3차측 Δ결선은 외부로 뽑아 폐회로를 구성하거나 변압기 외함에 접지를 하고 부하를 접지하지 않는 안정권선(安定捲線, stabilizing winding)[34]으로 사용하기도 한다.

Y-Y-Δ결선은 각 결선의 장점을 모두 취한 형태가 된다. 먼저 Δ결선이 제3고조파의 통로가 되어 통신선 유도장해가 없다. 그리고 중성점이 필요한 경우 접지를 통해 중성점의 전위변동이 없고 단절연이 가능해서 경제적이다. 또한 중성점 탭방식을 채택해 변압기의 중량과 크기를 줄일 수 있다. 그러나 1차 또는 2차의 이상전압이 침입하게 되면 안정권선이 흡수하게 되므로 고전압이 유기되어 절연이 파괴되기 쉽다는 단점이 있다.

[32] 2대를 가지고 3상 부하를 담당하므로 이용률은 $\sqrt{3}/2=0.8660$이 된다.

[33] 본래 Δ-Δ결선의 출력과 비교하여 출력비는 $\sqrt{3}/3=0.5774$가 된다.

[34] 안정권선이란 배전용 변압기에서 Δ접속의 보조권선을 말한다.

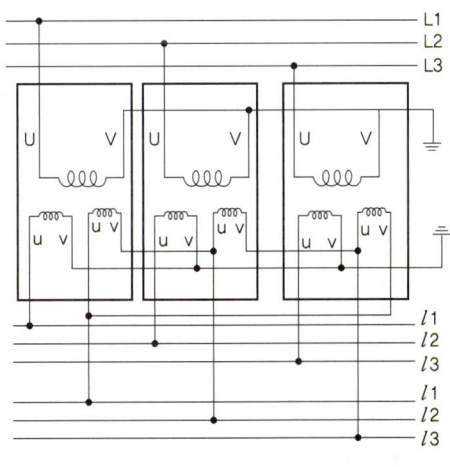

| Y-Y-Δ결선도 |

4 변압기용량을 산정하는 방법은?

1 합성최대전력

발전소에서 만들어진 전기는 송배전선로를 통해 각각의 수용가로 전달이 된다. 이때 한전에서는 단순히 수용가로 전달하는 것이 아니라 수용가 부하의 특성을 미리 계산하고 여기에 맞게 변압기나 전선 등을 준비한다.

이를 잘못 계산하였을 경우 변압기용량을 초과하여 변압기 과열로 인한 고장, 화재 등의 이유로 정전이 되기도 하며 불필요하게 변압기용량이 너무 높으면 변압기 구입 및 설치비가 비쌀 뿐더러 유지보수비 역시 비싸게 되어 경제적이지 않다.

변압기의 용량[35]은 부하 특성에 따라 계산해야 하며, 공식은 다음과 같다.

> 변압기용량[kVA] ≥ 합성최대전력
> $$= \frac{\text{각 부하의 최대 수용전력의 합계}}{\text{부등률}}$$
> $$= \frac{\text{설비용량[kVA]} \times \text{수용률}}{\text{부등률}}$$

변압기의 용량은 합성최대전력보다 크거나 같아야 한다. 여기서 **합성최대전력(合性最大電力)**이란 각 부하를 합한 값이 최댓값[36]일 때를 말한다. 이는 최대 수용전력(最大受用全力)과는 다른 개념인데 최대수용전력은 각각의 부하의 최댓값을 말한다.

[35] 변압기의 용량을 나타낼 때는 반드시 피상전력으로 나타내야 한다. 즉, 단위가 [VA], [kVA], [MVA] 등이 된다. 이는 역률로 인해 실제 사용할 수 있는 유효전력이 다를 수 있기 때문이다.

[36] 이는 특정 부하만 높고 나머지가 낮다면 해당하지 않는다.

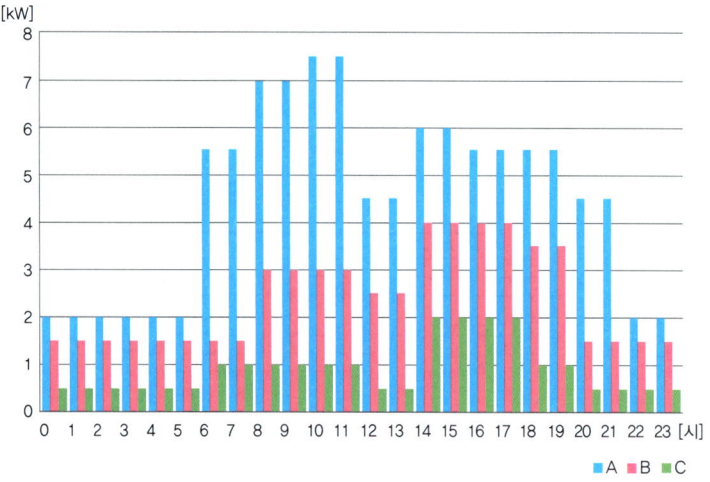

| 시간대별 부하그래프 |

이를 이해하기 위해 앞의 그래프를 살펴보자. 예를 들어 그래프와 같이 A, B, C 3개의 수용가가 있다고 가정하자.

여기에서 착각하기 쉬운 것이 10시에서 11시까지가 얼핏 보기에는 높아 보인다.[37] 그러나 A수용가의 부하 7.5kW, B수용가의 부하 3kW, C수용가의 부하 1kW로 이들의 합은 7.5+3+1=11.5kW이다. 그러나 이는 합성최대전력이 아니다. 그래프를 꼼꼼하게 살펴보면 14시부터 16시 사이에 합성최대전력이 가장 높다. 이 시간의 합성최대전력은 다음과 같다.

합성최대전력 $P=6+4+2=12$kW

합성이라는 단어를 통해 알 수 있듯 각각의 최대 전력이 높다고 무조건 합성최대전력이 되는 것이 아니라 각 부하의 합한 값이 가장 높았을 때가 바로 합성최대전력이 된다.

[37] 그래프가 가장 높게 되어 있기 때문이다.

2 부등률

부등률(不等率, diversity factor)은 2개 이상 복수의 부하 간의 수용전력의 관계를 나타낸 것으로 전력소비기기를 동시에 사용하는 정도를 나타낸다. 즉, 각 부하가 최대 부하를 나타내는 시간대가 서로 다른 정도를 볼 수 있으며 부등률이 높다는 것은 가동률이 낮다는 것을 이야기한다. 보통 부등률은 1보다 크거나 같다.

$$부등률 = \frac{각\ 부하의\ 최대\ 수용전력의\ 합계}{각\ 부하를\ 종합하였을\ 때의\ 최대\ 수용전력}$$

$$= \frac{각\ 부하의\ 최대\ 수용전력의\ 합계}{합성최대전력}$$

앞서 합성최대전력에서 언급한 부하의 특성 그래프를 다시 살펴보자. 수용가 A, B, C 3곳의 최대 부하값은 A는 7.5kW, B는 4kW, C는 2kW이다. 이들 수용가를 위해 7.5+4+2=13.5kW의 변압기용량이 필요할까? 정답은 아니다. 수용가 3곳의 최대 전력시간이 모두 다르기 때문에 합성최대전력은 다르다. 앞서 언급했듯이 합성최대력은 12kW가 나왔다. 이를 부등률 공식에 대입하면 다음과 같다.

$$부등률 = \frac{각\ 부하의\ 최대\ 수용전력의\ 합계}{합성최대전력} = \frac{7.5+4+2}{12} = \frac{13.5}{12} = 1.125$$

따라서 부등률은 1.125가 나온다. 이는 각 수용가의 동시에 사용하는 빈도가 낮아지면 부등률이 커지게 된다. 따라서 각 수용가의 부하사용량의 분산 정도로 파악하기 위한 지표로 사용된다. 역으로 부등률이 클수록 변압기를 비롯한 설비의 이용도가 높다고 볼 수 있다.[38]

[38] 변압기용량의 중요 조건이 경제성이기 때문이다.

3 수용률

수용률(需用率, demand factor)은 전기 및 기계설비 등 여러 가지 시설이 설치된 것을 통해 동시에 얼마나 사용하는지를 조사하여 그 비율을 정하는 것을 말한다. 이는 최대 수용전력과 부하설비의 정격용량의 합계와의 비율로서 보통 1보다 작고 각각 부하의 사용 정도를 나타내고 전체 변압기용량을 설계할 때 사용한다.

$$수용률[\%] = \frac{최대\ 수용전력}{부하설비용량\ 합계} \times 100$$

[39] 필자는 '수용률'을 쉽게 이해하고자 '수원-용인 고속버스'로 외웠다.

수용률을 쉽게 이해하기 위해 45인승 고속버스를 생각해보자.[39] 버스의 정원은 45명이다. 그리고 고속버스를 운전할 운전기사 1명은 반드시 탄다. 이 고속버스에 30명이 탔다면 탑승률은 얼마일까? 이는 다음과 같이 구할 수 있다.

$$탑승률[\%] = \frac{탑승인원수}{버스정원수 + 운전기사} = \frac{30}{45+1} \times 100 = 65.22\%$$

[40] 실제로 고속버스를 편성할 때는 탑승률을 기반으로 한다.

고속버스는 입석이 없기에 버스정원수보다 많은 인원을 태울 수 없다. 또한 운전기사가 없어서는 안 된다. 따라서 탑승률은 100% 미만의 값이 나오게 된다. 고속버스의 탑승률이 높을수록 그만큼 수요에 맞게 편성을 했다고 본다. 탑승률이 너무 낮을 때는 29인승 고속버스로 편성을 하면 탑승률을 올릴 수 있다.[40]

위와 같이 탑승률이 바로 전기에서의 수용률과 같은 개념이다. 탑승인원수가 사용하는 곳의 전기용량, 버스정원수가 바로 변압기용량, 탑승률이 수용률을 말한다. 변압기용량은 사용하는 전기용량보다 반드시 크게 설계해야 한다.

수용률이 높다는 것은 그만큼 전기수요에 맞게 변압기용량을 적절하게 설계를 한 것이다. 수용률이 너무 낮다면 변압기용량을 줄이면 된다.

4 부하율

부하율(負荷率, load factor)은 어느 기간 중에 평균전력과 그 기간 중에 최대전력과의 비율을 말한다. 보통 수용가들이 동시에 최대전력량을 사용하는 것은 아니다. 그래서 부하율이 높을수록 변압기 등 전력공급설비가 효율적으로 사용되고 있다는 것을 말한다. 부하율을 구하는 공식은 다음과 같다.

$$부하율[\%] = \frac{평균\ 수용전력}{최대\ 수용전력} \times 100 = \frac{총\ 전력량 \div 총\ 시간}{최대\ 부하} \times 100$$

부하율은 최대 수용전력에서 평균 수용전력의 비율을 말한다. 쉬운 예를 한 가지 들어보자. 앞서 언급한 3곳의 수용가 중에 수용가 A만 보자. 이때 평균 수용전력은 매 시간의 전력량을 모두 더하고 24시간으로 구분되었으니 24로 나눈 값이 평균 수용전력이다. 수용가 A의 평균 전력은 다음과 같이 구한다.

수용가 A의 평균 수용전력

$$= \frac{(2\times6)+(5.5\times2)+(7\times2)+(7.5\times2)+(4.5\times2)+(6\times2)+(5.5\times4)+(4.5\times2)+(2\times2)}{24}$$

$$= \frac{12+11+14+15+9+12+22+9+4}{24} = \frac{108}{24} = 4.5\text{kW}$$

평균 수용전력은 4.5kW로 계산된다. 평균 수용전력과 최대 수용전력을 그래프로 보면 다음과 같다.

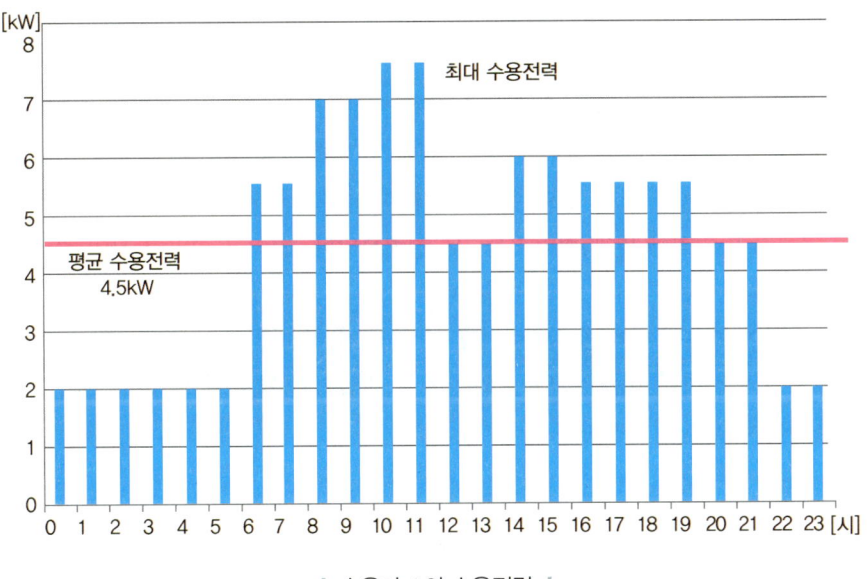

| 수용가 A의 수용전력 |

그래프에서 파란색 막대가 수용전력을 나타내고 이 중에 가장 높은 것이 최대 수용전력이다. 최대 수용전력은 7.5kW이다. 그리고 4.5kW를 기준으로 빨간색 선이 평균 수용전력이다. 부하율은 다음과 같이 구한다.

$$\text{부하율}[\%] = \frac{\text{평균 수용전력}}{\text{최대 수용전력}} \times 100 = \frac{4.5}{7.5} \times 100 = 60\%$$

수용가 A의 부하율은 60%가 됨을 알 수 있다. 부하율은 수용률에 반비례하고 부등률에 비례하는 특성을 가지고 있다. 이러한 특성을 이용해 부하율은 다음과 같은 공식으로도 구할 수 있다.

$$부하율 = \frac{평균\ 전력}{설치부하의\ 합계} \times \frac{부등률}{수용률}$$

따라서 수용률, 부등률, 부하율이 크다는 것은 전력을 최대로 소비할 때 설치된 설비를 사용하지 않은 경우가 거의 없다는 것을 뜻한다. 즉, 그만큼 효율적으로 활용하고 있다는 것을 말한다.

5 변압기 병렬운전이란?

1 변압기 병렬운전의 이유

보통 변압기를 설치할 때는 부하의 용량에 따라 변압기용량을 설치하고 이를 분담하여 여러 개를 설치하는 경우가 많다. 변압기 자체 용량은 한계가 있지만 수용가가 요구하는 전력은 이보다 늘어날 수 있기 때문이다. 아래 그림의 경우도 부하를 3개로 구분하여 여기에 맞게 변압기를 3대 설치하였다. 그리고 변압기 사이 즉, 뱅크(bank)[41] 간 섹션에는 차단기를 설치하는데 평소에는 차단기를 열어두어[42] 변압기 상호간의 전력이 흐르지 못하게 한다. 이때 이 뱅크 간 섹션에 있는 차단기를 닫아[43] 변압기 상호간의 전력이 흐를 수 있게 하는 것을 변압기의 병렬운전이라고 한다. 그렇다면 왜 변압기를 병렬운전하는 것인가?

---

41 ─────
뱅크란 변압기를 셀 때 쓰는 단위 중 하나로 3대의 단상 변압기로 3상 전력을 변압하는 경우, 이 3개의 1조를 1뱅크라고 한다.

42 ─────
노멀 오픈(normal open) 상태로 전력이 흐르지 못한다.

43 ─────
노멀 클로즈(normal close)상태로 전력이 흐른다.

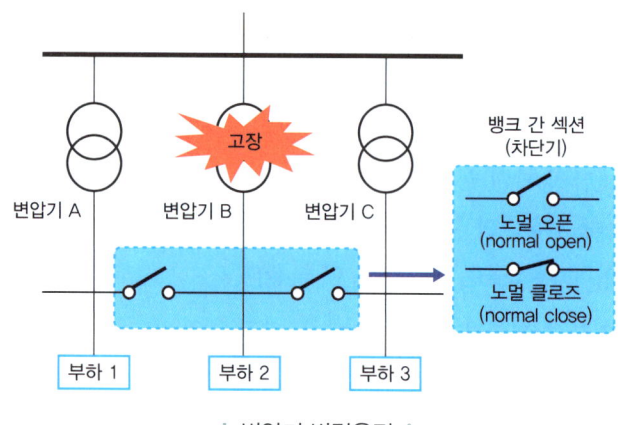

| 변압기 병렬운전 |

변압기의 병렬운전의 가장 큰 목적이 전력 공급 신뢰를 향상시키는 것이다. 예를 들어 부하 2를 담당하는 변압기 B가 고장이 나서 제대로 전력 공급을 못하는 상황이라고 가정해보자. 뱅크 간 섹션의 차단기가 열려 있다면 부하 2는 전력을 공급받을 수 없게 된다. 그러나 뱅크 간 섹션의 차단기가 닫혀 있다면 변압기 A와 C에서 전력을 공급받아 부하 2에도 전력을 공급할 수 있다. 그래서 정전 없이 전력을 공급받을 수 있기에 공급신뢰도가 높게 된다. 또 다른 장점으로는 유지·보수를 쉽게 할 수 있다는 것이다. 변압기를 점검 및 수리할 때 전력을 차단해야 하는 경우 마찬가지로 뱅크 간 섹션차단기를 닫아두고 해당 변압기의 1차측 및 2차측 전원을 차단하여 진행할 수 있다.

그러나 현실적으로 변압기의 병렬운전은 어려운 점이 많다. 왜냐하면 고장전류가 있는 경우 변압기를 병렬로 운전하면 부하로 들어가는 고장전류가 변압기의 뱅크수만큼의 배수로 늘어나기 때문이다. 따라서 변압기를 병렬운전할 때는 고장전류를 경감시키는 대책을 마련하는 것이 중요하다.

2 변압기 병렬운전의 조건

변압기를 병렬운전하기 위해서는 여러 가지 조건이 충족되어야 한다. 이 조건은 다음과 같다.

(1) 변압기의 권수비가 같고 1차 및 2차 정격전압이 같아야 한다. 이는 변압기 병렬운전의 기본적인 조건이며 이 조건이 맞지 않을 경우 변압기 사이에 순환전류가 흘러 변압기가 고장 나게 된다.

(2) 변압기의 극성이 일치해야 한다. 변압기의 극성이 맞지 않는 경우 큰 순환전류로 인해 2차 권선측이 고장 나게 될 가능성이 높다.

(3) 내부저항과 누설리액턴스 비율이 같아야 한다. 이 비율이 같지 않게 되면 위상차가 생기게 된다. 이로 인해 동손(가변손)이 증가되거나 부하분담의 균형이 맞지 않아 변압기용량을 온전히 사용할 수 없는 문제점이 생긴다.

(4) 퍼센트임피던스[44]가 가능한 같아야 한다. 서로 다를 경우 역시나 부하분담의 균형이 맞지 않아 변압기용량을 온전히 사용할 수 없는 문제점이 생긴다.

(5) 3상의 경우 상회전의 방향과 위상각이 같아야 한다. 이들이 차이가 날 경우 단락에 의한 대전류 즉, 순환전류가 발생하여 사고위험이 높아지게 된다.

결국 변압기 병렬운전에 필요한 조건은 각 변압기가 자기용량에 비례하는 부하를 분담함과 동시에 순환전류로 인한 사용상 지장이 없도록 제한하는 것이 핵심이다.

---

44 ─
퍼센트임피던스법은 고장전류를 계산하는 방법 중 하나로 다음과 같은 식으로 계산한다.

$$\%Z = \frac{IZ}{E} \times 100$$

$$= \frac{P_1 Z}{10 E^2} \times 100$$

$$= \frac{P_3 Z}{10 V^2} [\%]$$

여기서, E : 상전압[V]
V : 선간전압[V]
I : 정격전류[A]
Z : 임피던스[Ω]
P_1 : 단상 용량[W]
P_3 : 3상 용량[W]

04 전봇대가 거리마다 우두커니 서 있는 이유는?

KEY WORD 배전, 배전현황, 전봇대 구조, 인입구, 인입선, 책임분계점, 주상변압기, 중성선

학습 POINT
- 배전이란?
- 전봇대는 어떻게 구성되어 있는가?
- 한전과 집주인(건물주)의 책임분계점은?

시내 골목길을 걷다 보면 전봇대를 흔히 볼 수 있다. 전봇대가 전선을 매달아서 집집마다 전기를 공급한다는 것은 누구나 알고 있다. 그런데 어떤 원리로 전기를 집집마다 공급해주는지, 전봇대엔 어떤 전기가 흐르는지 아는 사람은 많지 않다. 아울러 전봇대에 달려 있는 깡통같은 존재가 변압기라는 것을 아는 사람은 있어도 왜 변압기가 설치되어 있는지 모르는 사람이 더 많다. 흔하게 볼 수 있으면서 수수께끼가 가득한 전봇대에 대해서 알아보자.

1 배전이란?

1 배전의 개념과 전봇대의 본명

> 1
> 전압은 A/B로 표기하는 것을 볼 수 있는데 이는 상전압/선간전압으로 $B=\sqrt{3}A$에 근사한다.
>
> 2
> 간단한 전기선만 가설되면 사용할 수 있던 긴급 연락수단이다. 현재 스마트폰의 문자메시지와 비슷하게 문자로만 전달이 가능한 것으로 우체국 간에 전신기나 전화를 통해 연락을 전달한다.

발전소에서 만들어진 전기를 변전소까지 보내는 과정을 송전이라고 하고, 변전소 이후부터 전기를 받는 수용가에 공급하는 것을 배전(配電, electric power distribution)이라고 한다. 즉, 변전소에서 고압배전선, 변압기, 저압배전선로를 거쳐 수용가의 인입선에 이르는 전선로를 말한다. 우리나라의 배전선로의 정격전압은 13.2/22.9kV-Y이고 최고 전압은 13.7/23.8kV-Y로 변압기를 통해 220/380V로 변압하여 각 수용가로 보내준다.[1] 배전의 전기방식은 부하의 접속방법에 따라 직렬과 병렬이 있는데 특별한 경우가 아니고서는 병렬로 사용하는 경우가 일반적이다. 배전은 크게 전봇대를 이용한 가공선로와 땅속으로 전선로를 묻는 지중선로의 방식을 채택한다. 먼저 가공선로에 대해 알아보자.

전봇대라고 하는 이름은 과거 전보[2]라는 통신수단에서 비롯되었다. 일반인들은 전

| 전력선·통신선으로 복잡한 전신주 |

봇대에 그저 전력선만 있다고 여기지만 생각보다 다양한 전선들이 지나간다. 이는 인구밀도가 높은 도시의 시내 지역일수록 더욱 심하다. 전력선만 지나가는 전봇대를 전주(電柱, electric pole)라고 하고 전력선과 통신선이 함께 지나가는 것을 전신주(電信柱, utility pole)[3]라고 한다.

최근에는 IPTV, 무선(데이터)통신 등 과거 전화에 한정[4]되었을 때보다 훨씬 복잡해졌다. 그렇다고 마냥 통신주를 새로 지을 수 없다 보니 케이블방송사나 통신사가 아예 한전에 사용료를 내고 전주에 통신설비를 다는 경우가 많아지고 있다. 그래서 점차 순수한 전주와 통신주는 보기 힘들고 전봇대 하면 거의 전신주를 말하게 되었다. 이 책에서는 전봇대를 전주 또는 전신주로 표기해야 마땅하나 관용적으로 많이 쓰이는 전봇대로 계속 표기하기로 한다.

한편 2025년 1월 말 현재 우리나라의 배전선로의 길이는 다음과 같다.

[3] 순수하게 통신선만 지나가면 통신주(通信柱, communication pole)라 한다.

[4] 전화선은 통신주가 아닌 지중으로 매설되는 경우도 흔하다.

| 배전선로의 길이 |

구분		선로길이[c-km]	전체전선길이[km]
전압별	고압	25만 8782	89만 6126
	저압	29만 1182	68만 2116
	소계	54만 9963	157만 8240
구조별	가공	48만 689	136만 1285
	지중	6만 9136	21만 6542
	수중	137	411
	소계	54만 9964	157만 8240

위의 표에서 선로길이란 실제 물리적인 길이를 말하고(선로긍장) 전체전선길이는 실제 길이에 있는 전체 선의 길이 즉, 3가닥의 선이 있으면 길이×3을 한 값으로 선로연장과 같다. 선로길이는 54만 9964c-km(서킷 킬로미터)로 이는 지구 한 바퀴인 4만 km의 약 12배가 조금 넘는 수준이라는 것을 알 수 있다. 여기에 깔린 배전선로의 전선길이를 합하면 157만 8240km로, 지구에서 달까지 거리인 약 38만 4400km의 4.1배 즉, 두 번 왕복하는 거리를 조금 넘는 수준이다. 이렇게 많은 배전선로가 깔려 있

Ⅱ. 전력의 흐름 251

기에 우리나라 어디에서나 쉽게 전기를 사용할 수 있는 것이다. 한편 우리나라 배전선로의 고압선로(22.9kV)는 Y결선을 하고 있다.

2 전봇대의 특징

과거에는 나무를 이용해 만든 목주를 사용했고 이따금 철로 만든 철주도 있었으나 흔하지는 않다.[5] 그리고 주택지역이나 공단지역의 경우 강관주를 설치하는데 강관주는 휘어지게 설계할 수 있다는 장점으로 주택이나 공장지대에 전봇대의 변압기와 어느 정도 안전거리를 둘 수 있다. 그러나 대다수 전봇대는 철근콘크리트주[6]로 만든다. 이는 튼튼하고 경제적이기 때문에 그렇다. 철근콘크리트주의 가격은 한 주당 약 600만 원[7]이고 전국에 약 953만주 정도가 심어져 있다. 비단 전력선 외에 통신선이나 지역 케이블방송 사업자 등도 전봇대에 이것저것 시설물이나 통신선, 케이블을 같이 걸쳐 놓는다. 그러다 보니 기본적인 고압 및 저압 전력선과 중성선,[8] 가공지선[9] 외 각종 통신선이나 케이블 등으로 선이 복잡해지기 마련이다.

군대를 다녀온 사람은 거리를 측정할 때 전봇대가 50m 간격이라고 배운 기억이 있지만 현실은 좀 다르다. 전봇대의 간격은 상가나 번화가는 30m 간격, 일반 시내지역은 40m 간격, 시외지역은 50m 간격, 개발되지 않은 야외지역은 70m 간격 수준이고 실제로는 현지조건에 따라 이 간격이 조금씩 차이가 난다.

거리마다 서 있는 전봇대를 바라보면 14~16m 수준의 높이에도 놀라게 된다. 큰 키 못지않게 무게도 많이 나가는데 보통 1500kg(14m 기준)에서 1900kg(16m 기준)이다. 최대 설계하중은 1톤까지 버틸 수 있게 만들고 평균적으로 700kgf[10]의 하중으로 설계한다. 전봇대가 반드시 저압의 3상 4선식으로만 하는 것은 아니다. 단상 2선식으로 하는 경우도 꽤 많다. 이런 전봇대의 상단에 위치한 선은 중성선, 하단에 위치한 선은 전력선이다.

저압의 경우 애자 색상을 통해

| 바람의 하중을 고려한 단상 전봇대 |

---

[5] 2021년 12월 현재 전국적으로 목주는 170기, 철주는 177기로 철근콘크리트주 952만 5065기에 비하면 매우 적은 수치이다. 참고로 콘크리트주 다음으로 많은 것은 강철관으로 만든 강관주로 전국에 41만 3947기가 심어져 있다.

[6] 겉에선 보이지 않지만 내부엔 자갈을 넣어 만든 경우도 있다.

[7] 보험가액 기준이다. 일반 콘크리트전주의 가격은 실제 30~40만 원 정도이다. 그러나 전봇대를 세울 때 각종 재료비, 노무비, 경비, 일반관리비, 이윤 등으로 인해 시공비가 600만 원 정도가 된다.

[8] 전봇대에서 중성선은 접지선으로도 사용한다.

[9] 벼락의 피해를 막기 위해 설치한다.

[10] kgf라는 단위는 킬로그램중 또는 킬로그램힘, 킬로그램포스라고 부르며 지구의 표준중력가속도에서 1kg의 질량을 가진 물체가 가진 힘이다. 일반적으로는 kgf단위에서 f를 생략하고 kg만 표기하는 경우가 많다. 1kgf=9.80665N(뉴턴)과 같다.

알 수 있는데 중성선은 녹색, 전력선은 흰색을 사용한다. 이런 전봇대 인근에서는 3상 전력을 사용하기 어려우므로 만약 3상 전력을 사용하고자 하면 먼저 한전에 문의해야 한다. 마찬가지로 22.9kV의 고압으로 3상 4선식[11]만 하는 경우도 많다.

3 전봇대에서 나는 소리의 정체

가끔 전봇대에서 우는 소리가 나면 무섭다는 생각이 들어 절로 피하게 될 때가 있다. 특히 비 오는 날 그런 경우가 심하다. 도대체 무슨 이유로 전봇대가 우는 소리로 자신의 정체를 알리는 것일까? 일반적으로 이런 경우에는 전봇대의 애자의 절연능력이 떨어져서 나는 소리이다. 애자의 경우 지상의 먼지들이 들러붙기 쉽고 먼지로 인해 본래의 절연능력이 떨어져서 소리가 나는 것이다.

전봇대의 주상변압기가 설치된 경우 변압기에서 나는 소리가 있다. 변압기소리는 낮고 길게 '우웅'거린다. 이는 변압기 내부 철심(코일)이 떨려서 생기는 잔진동의 소리이다. 심각하게 거슬릴 정도로 소음이 발생할 때 한전에 연락하면 상태를 보고 조치를 취한다.

4 바다를 건너는 전봇대, 해월철탑

| 전기를 바다 건너 섬으로 전달하는 해월철탑 |

배전선로, 그 자체가 육지와 섬 사이 또는 섬과 섬 사이를 연결할 때는 바다를 건너야 하는데 이때는 해월철탑을 이용해야 한다. 해월철탑은 송전탑과 비슷하게 생겼지만 이보다 크기가 좀 더 작다. 높이[12]는 10m부터 100m까지 다양하다. 가장 큰 차이점은 송전선로의 3상 3선식이 아닌 배전선로에 따라 3상 4선식 또는 단상 2선식이다. 그리고 이때 전압도 일반 전봇대의 고압선과 같은 22.9kV를 사용하기에 송전탑

[11] 과거에는 배전전압으로 3.3kV, 6.6kV 3상 3선식만 사용했지만 요즘에는 3상 4선식 Y결선을 사용한다. 그러나 3상 4선식이어도 고압선만 지나가는 경우에는 전봇대 고압선쪽에 3선만 지나가고 저압선이 지나가는 중간지점에는 중성선만 지나가서 3선처럼 보인다.

[12] 송전탑의 높이는 50m에서 200m까지 이른다.

보다 애자수가 적다. 이를 섬에 있는 전봇대의 주상변압기에서 우리가 사용할 수 있는 220/380V로 변압을 한다. 사용하는 전선도 송전선보다 가는 ACSR 97mm²를 사용한다. 보통 바닷가는 바람이 육지보다 강하기 때문에 해월철탑을 설치할 때 바람에 충분히 버틸만한 전선장력과 철탑구조물을 설계한다.[13] 일부 큰 섬의 경우는 해월철탑을 이용하지 않고 배전용 해저전력케이블이 깔려 있다. 해월철탑이나 배전용 해저전력케이블[14]이 들어가지 않는 섬의 전기 사용은 섬 내부 자체 발전기를 이용해 직접 전기를 생산한다.

[13] 2020년 현재 이렇게 배전용 철탑은 전국적으로 1079개가 있다. 이 중에 절반 수준인 555기가 전라남도에 있고 그 다음으로 많은 곳은 경상남도로 125기가 있다. 섬이 많은 남해안지역 특성상 해월철탑이 많이 설치된 것이다.

[14] 서남해지역의 섬들 중 약 30곳에 111km 이상의 배전용 해저전력케이블이 깔려 있다.

2 전봇대는 어떻게 구성되어 있는가?

1 전봇대의 구조

전봇대는 크게 5개의 선으로 구성되어 있고 이들의 역할은 각기 다르다. 벼락으로부터 전선과 전봇대를 보호하는 가공지선, 변전소에서 나온 배전선인 고압선, 이를 주상변압기에서 변압해 수용가에서 사용할 수 있게 해주는 저압선이 있다. 그리고 3상 교류계통의 변압기를 Y결선하는 경우에 그 중성점에서 인출한 중성선과 접지선이 있다.

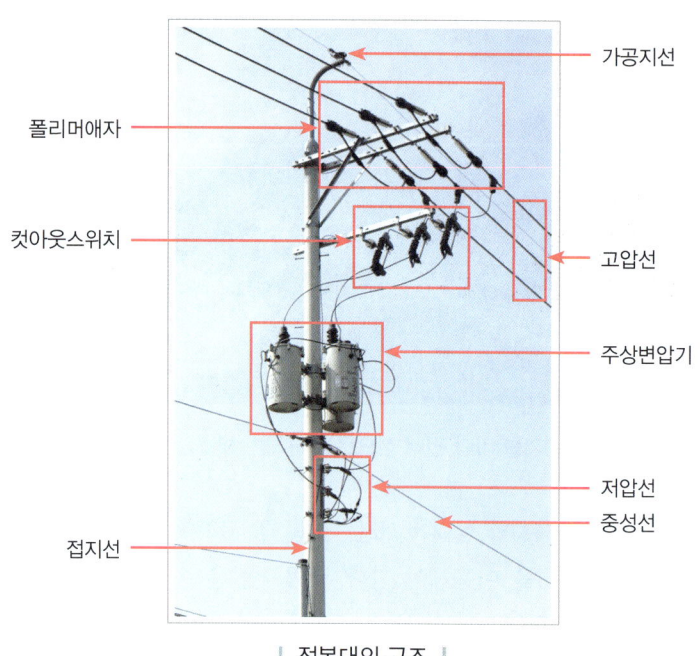

| 전봇대의 구조 |

전봇대에서 22.9kV의 전력은 고압선을 통해 컷아웃스위치를 거쳐 주상변압기로 향한다. 주상변압기는 Y결선으로 되어 있고 이를 230V로 강압한다. 이는 전봇대에서 실질적으로 전기를 사용하는 수용가까지 거리가 어느 정도 있기에 전압강하를 생각해서 실제 사용하는 220V보다 약간 더 높은 수준의 전압으로 변압을 하는 것이다. 중성선은 변압기에서 바로 인출이 가능한 것이 아니고 3개의 인출선을 함께 결선[15] 해야 중성선이 된다.

15 ─ 각 변압기는 두 개의 출력, (+)와 (−)단자가 있다. 여기에서 (+)단자는 상선을 인출하는 곳이고 (−)단자는 중성선을 인출하기 위한 곳이다.

2 고압부분

전봇대 상단의 고압부분을 살펴보자. 전봇대 맨 위에 가늘게 한 줄로 되어 있는 것은 벼락으로부터 전선과 변압기를 보호하기 위한 가공지선이다. 일종의 피뢰침역할을 하는데 전봇대의 전선과 나란히 위치하기 때문에 전선을 보호할 수 있다. 그러나 가공지선이 있더라도 일부 벼락에선 속수무책으로 변압기가 맞는 경우[16]가 있다.

16 ─ 비가 많이 오고 벼락이 요란하게 치면 변압기의 고장으로 정전이 되는 경우가 있다.

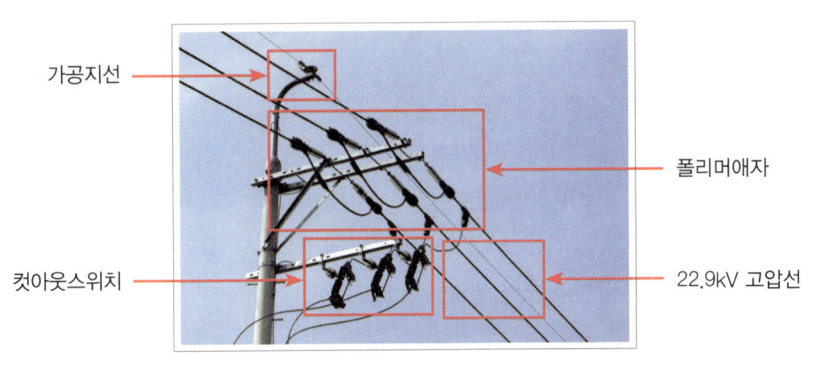

| 전봇대의 고압부분 |

기존에 사용한 자기(瓷器, ceramic)[17]애자의 경우 절연능력이 우수하고 자외선이 불꽃방전에 의한 표면 열화가 거의 발생하지 않는 장점을 가지고 있지만 깨지기 쉽고 무거우며 표면이 쉽게 더러워져 지직거리는 소음의 원인이 된다. 이에 국내에서도 10여 년 전부터 고분자(高分子)라고 하는 폴리머(polymer)애자를 사용하게 되었는데 이는 무게도 자기애자의 20% 정도로 매우 가벼울뿐더러 5배의 충격강도를 가지고 있다. 뿐만 아니라 발수성이 우수해서 오염물이 쉽게 붙지 않아 절연성능이 매우 뛰어나고 폭발하지 않는 재질로 되어 있어 사고 시 애자 파편으로 인한 피해를 방지한다.

17 ─ 질흙으로 빚어 고온으로 구워낸 제품을 말한다. 비슷한 말로 도자기, 도기가 있다.

| (a) 컷아웃스위치 | (b) 파워퓨즈 |

| 고압퓨즈 |

컷아웃스위치(COS ; Cut Out Switch)와 파워퓨즈(power fuse)를 통칭해서 고압퓨즈라고 한다. 이는 고압회로의 과전류 보호를 목적으로 사용되며 과전류가 발생하면 과전류의 발생열로 끊어지게 해서 회로를 차단한다. 전봇대의 컷아웃스위치는 주로 변압기 1차측에 설치해서 변압기를 보호하고 부하가 없을 시 회로를 끊어주는 단로기와 비슷한 목적으로 사용된다. 이를 통해 배전선로에서 1상의 배전선의 단락사고나 지락사고 보호용으로 사용되기도 한다.

과거 우리나라의 배전전압은 3.3kV, 6.6kV, 22kV의 방식이었지만 최근에는 예외 없이 22.9kV의 통일된 값을 사용하고 있다. 여기서 중요한 점은 22.9kV는 선간전압을 말하는 것으로 상전압은 13.2kV이다. 이를 Y결선하면 $\sqrt{3} \times 13.2 = 22.863 ≒ 22.9kV$가 된다.[18]

한편 가공전선로의 고압선은 ACSR-OC전선[19]이나 ACSR/AW-OC전선[20]을 사용하며 단면적은 $32mm^2$, $58mm^2$, $95mm^2$, $160mm^2$, $240mm^2$의 5종류[21]가 있다.

3 주상변압기와 저압부분

[18] 우리나라의 배전전압을 이야기할 때는 22.9kV-Y라고 한다.

[19] 옥외용 강심알루미늄도체 가교 폴리에틸렌 절연연선이라 한다.

[20] 옥외용 피복 강심알루미늄도체 가교 폴리에틸렌 절연연선이라 한다.

[21] ACSR-OC는 $240mm^2$가 없다.

| 전봇대의 저압부분 |

전봇대의 상단에 위치한 22.9kV의 고압선은 변압기를 통해 220/380V의 저압으로 변압이 된다. 이러한 변압기는 전봇대에 매달려 있으므로 주상변압기라고 한다.[22] 깡통모양으로 생겨서 '깡통'이라는 별명으로 불리는 주상변압기 내부엔 변압을 위한 코일과 철심 외 가장 중요한 절연유가 있다. 주상변압기 내부의 절연유는 변압과정에서 생기는 열을 식혀주는 냉각기능과 철심과 코일 간의 절연기능을 한다. 가끔 뜨거운 여름철에 변압기가 터져 정전이 된 경우는 이 절연유에 오염물질이 많이 들어가 절연 및 냉각성능이 저하되고, 아울러 에어컨 등 냉방기의 사용으로 수요전력의 증가, 주변의 뜨거운 기온 등의 원인이 결합되어 터진 것이다.

> [22] 2018년 현재 전국적으로 220만 8171기가 설치되었다.

| 전봇대 위에 설치되는 주상변압기 |

이러한 주상변압기의 용량은 주변 수용가의 전력수요량과 밀접한 관계[23]가 있다. 애초에 전력소비가 많은 큰 건물이나 공장에 따로 자가용 수변전시설을 갖추는 이유도 한전에서 제공하는 주상변압기의 용량만 가지고는 충분히 변압하기 어렵기 때문[24]이다.

주상변압기의 입력측 단자는 고압선로 하나지만 출력측 단자는 보통 2개로 되어 있고 (+)와 (−)로 구분된다. 여기서 (+)로 나가는 선은 상선이라 해서 실제 전력선이 나가고 (−)선에서 나오는 전선 3가닥이 결선을 해서 중성선이 되는 것이다. 즉, 변압기 이후로 저압의 경우는 3상 4선식으로 3가닥의 전력선과 1가닥의 중성선이 생기게 된다. 이를 구분하는 요령은 크게 두 가지가 있는데 4개의 선 중 가장 상단에 있는 선이 중성선이고 그 아래로 3가닥의 선이 전력선이다. 아니면 전봇대에 붙어 있는 애자의 색상[25]을 통해 확인할 수 있다. 서로 착각하기 쉬우니 다시 한 번 확인하자.

한편 가공전선로의 저압선은 무게로 인해 처지는 경우가 있어 이로 인한 사고를 방지하기 위해 조가선을 설치한다. 조가선[26]을 설치하고 이 아래로 행거를 설치해 저

> [23] 인구가 많이 밀집될수록 주상변압기의 용량이 높아지고 각 전봇대마다 주상변압기를 설치할 정도로 빽빽한 반면 인구가 드문 시외지역의 경우는 주상변압기의 용량도 적고 전봇대 몇 개마다 하나 정도만 있는 경우도 많다.
>
> [24] 가공으로 배전되는 주상변압기의 최대 용량은 개당 166.7kVA로 3개까지 가능하므로 500kVA 지중으로 배전되는 지중변압기의 최대 용량은 500kVA이다.
>
> [25] 중성선의 애자는 녹색인 반면 전력선의 애자는 흰색이다.
>
> [26] 조가선(조가용선)의 규격은 22mm² 이상의 굵기를 가져야 하며 행거간격은 50cm 이하 접지공사를 해야 한다.

압선을 매다는 방식이다.

전력선의 경우 전봇대에서 벗어날 때 작은 유리관같은 것을 볼 수 있는데 이를 캐치홀더(catch holder)라 하여 퓨즈의 보조 역할을 한다. 과전류 시 용단이 되어 전력을 차단하는데 이때 기준전류는 20~200A로 다양하게 있다. 수용가의 과전류로 인해 전봇대의 배전선로까지 사고가 파급되는 것을 막기 위한 장치이다.

4 전봇대의 접지와 변압기 중성점 공사

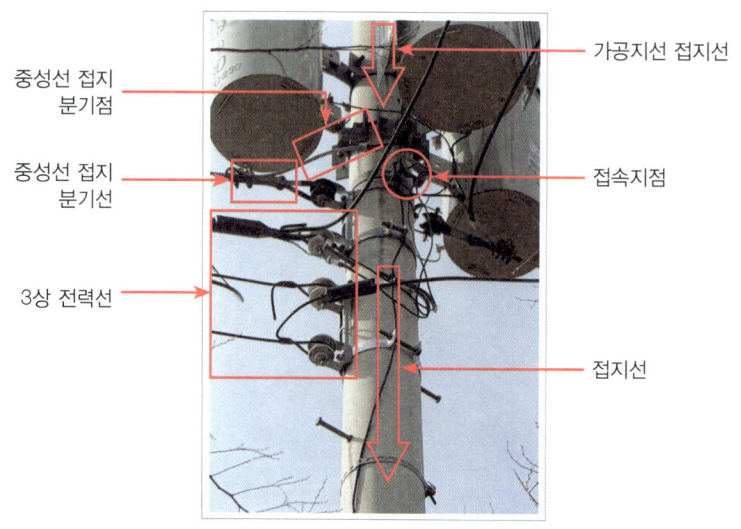

| 전봇대의 접지원리 |

전봇대도 전기안전을 위한 접지선이 있다. 변압기를 Y결선하였을 때 3상을 합성하여 결선하는 지점이 중성점이고 이곳에서 나온 선이 바로 중성선이다. 위의 그림을 보면 이 중성선에서 분기지점이 있는데 여기에서 접지선을 뽑아준다. 이 접지선과 전봇대 가장 높은 곳에서 벼락으로부터 전선로를 보호하는 가공지선에서 내려오는 접지선을 함께 결선한 것이 그림의 접속지점이다. 결선 이후 접지선은 계속 바닥으로 내려와 전봇대 옆 땅속에 있는 지름 16mm, 길이 1m의 접지봉에 연결하여 접지를 완성한다.

그런데 중성선과 연결되어 있어서 접지선과 중성선이 같은 선이라고 착각할 수 있다. 중성선은 전력선의 하나로 전압이 0V 수준으로 낮지만 전류의 귀환경로(return path)로 이용되어 언제나 전류가 흐를 수 있다. 그리고 접지선은 벼락을 맞거나 사고 시 전류가 흐르는 전선이다. 따라서 '중성선≠접지선'임을 확실히 알아야 한다. 아울러 전봇대의 접지선은 스스로를 지키기 위한 것이지 전봇대 인근에 있는 수용가 각 세대의 전기까지 접지를 해주지는 않는다. 그 이유는 애초에 전봇대와 각 수용가의 접지규정도 다를뿐더러 전봇대로 다시 돌아오게 접지선을 시공하면 훨씬 복잡하기 때문이다.

한편 전봇대의 접지와 같이 고압 또는 특고압전로(22.9kV)와 저압전로(230V)를 결합하는 변압기의 저압측 중성점은 변압기 중성점 접지공사[27]를 해야 한다.

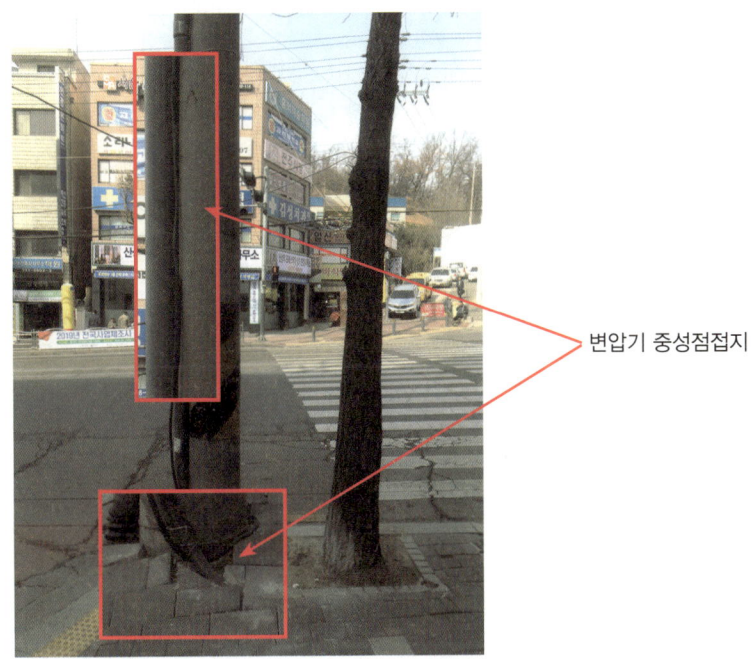

[27] 변압기 중성점 공사를 실시해야 하는 구체적인 조건은 다음과 같다.
• 고압전로 또는 특고압전로와 저압전로를 결합하는 변압기의 저압측 중성점 또는 1단자
• 고압전로 또는 특고압전로와 비접지식 저압전로를 결합하는 변압기로, 고압권선과 저압권선 사이에 설치하는 금속테의 혼촉방지판
• 다심형 전선을 사용하는 경우의 중성선 또는 접지측 전선용에 절연물로 피복하지 않은 도체

| 변압기 중성점 접지 |

접지공사가 제대로 되었는지 확인하기 위해서는 접지저항값이 기준보다 적게 나와야 한다. 사용전압이 3만 5000V 초과인 경우 접지저항이 10Ω 이하이어야 하지만 3만 5000V 이하인 경우는 다음과 같은 조금은 복잡한 공식을 따라야 한다.

$$R = \frac{150}{I_g}, \frac{300}{I_g}, \frac{600}{I_g} [\Omega] \text{ 이하}$$

여기에서 분자가 150, 300, 600으로 나누어져 있다. 이를 구분할 수 있는 기준은 다음과 같다.

사용전압 3만 5000V 이하일 때 접지저항값 구하는 기준	
분자가 150인 경우	혼촉(混觸)[28]사고 시 특별한 보호장치가 없는 경우를 말한다.
분자가 300인 경우	혼촉사고 시 자동차단장치의 동작시간이 1초를 넘고 2초 이내인 경우를 말한다.
분자가 600인 경우	혼촉사고 시 자동차단장치의 동작시간이 1초 이내인 경우를 말한다.

[28] 전기에서 혼촉이란 변압기 내부에는 고압코일과 저압코일이 절연으로 분리되어 있는데 이 절연이 파괴되면 고전압이 저전압에 유지되어 사고가 나는 현상을 말한다.

위의 공식에서 I_g는 지락전류로 이를 구하기 위한 식은 총 3가지가 있으며 다음과 같다.

(1) 가공전선로의 경우(전봇대)

$$I_g = 1 + \frac{\frac{V}{3}L - 100}{150}[A]$$

위의 식에서 V는 공칭전압에서 1.1로 나눈 값이며 단위는 [kV], L은 동일 모선(母線, bus)[29]에 접속된 고압전로에서의 전선연장(電線延長)[30]으로 단위는 [km]를 사용한다.

[29] 전기에서 모선이란 변전소의 주변압기 단자에서 송배전선로의 인출구까지 여러 종류의 기기를 접속하기 위한 공통의 전선을 말한다.

(2) 지중(케이블)전선로의 경우

$$I_g = 1 + \frac{\frac{V}{3}L' - 1}{2}[A]$$

위의 식에서 V는 공칭전압에서 1.1로 나눈 값이며 단위는 [kV], L'은 동일모선에 접속된 고압전로에서의 선로연장[31]으로 단위는 [km]를 사용한다.

[30] 전선연장이란 전선의 총길이를 말한다. 예를 들어 3상 3선식 2회선의 길이가 200m의 전선연장은 200×3×2=1200m가 된다. 여기에서 실제길이인 200m만을 긍장(亘長)이라고 한다.

(3) 가공전선로와 지중(케이블)전선로의 경우

$$I_g = 1 + \frac{\frac{V}{3}L - 100}{150} + \frac{\frac{V}{3}L' - 1}{2}[A]$$

[31] 케이블의 경우 연장과 긍장은 같기 때문에 선로연장이라고 한다.

위의 식에서 V는 공칭전압에서 1.1로 나눈 값으로 단위는 [kV], L은 동일 모선에 접속된 고압전로에서의 전선연장, L'은 동일모선에 접속된 고압전로에서의 선로연장으로 L과 L' 모두 단위는 [km]를 사용한다.

위의 식에서 우변의 2항 계산값이 마이너스가 되면 0으로 처리하고, 소수점 이하는 절상해야 하며 2A 미만의 결과가 나오면 2A로 처리해야 한다.

3 한전과 집주인(건물주)의 책임분계점은?

1 책임주체의 개념

무심코 지나다니는 도로도 각 책임을 주관하는 곳이 따로 있다. 겉보기엔 비슷해 보여도 도로 명칭에 따라 책임이 나누어진다. 대표적인 예로 고속국도를 담당하는 곳은 공기업인 한국도로공사인 반면 국도는 해당 지역 국도관리청에서 관리한다. 지방도는 관리를 담당하는 곳이 해당 광역자치단체로 경기도의 지방도는 경기도청에서 관리를 하고 강원도의 지방도는 강원도에서 관리를 한다. 주요 시내 도로의 경우는 시도(市道)라고 하여 해당 시청에서 관리를 한다. 따라서 자신이 이용하는 도로에 커다란 문제점이 생겨 사고위험이 있을 때는 막연하게 시청이나 구청 등 지자체에 연락해서 보수를 요청해도 큰 도움을 못받고 다른 기관으로 넘기는 경우가 있다. 이는 관리에 따른 책임주체가 명확하기 때문이다.

2 전력의 책임주체

전기의 경우도 마찬가지이다. 서로 관리에 따른 책임주체가 명확하게 있다. 우리나라의 대표적인 전력회사인 한국전력공사(한전)는 송배전을 통한 전력의 유통을 담당하는 회사[32]이다. 발전은 한국수력원자력(주), 한국남동발전(주) 등 6개의 발전자회사가 운영 및 관리한다.[33]

한전이 전력의 유통을 담당했더라도 수용가의 전기문제는 한전이 직접 책임지지 않는다. 수용가의 전기문제는 수용가에서 책임져야 한다. 일반 주택의 경우는 집주인, 아파트의 경우 공용전기는 아파트 관리실, 각 세대별 전기는 세대주가 관리하는 식이다.

보다 정확히 말해서 한전과 전기를 사용하는 고객과의 책임을 나누는 기준이 있는데 이를 책임분계점(責任分界点, service point)이라고 한다.

3 한전과 수용가의 책임분계점인 인입구

특히 집으로 직접 들어오는 전력선은 한전과 집주인의 책임분계점이 명확하게 있다. 일반 주택의 경우 인입구(引入口, service entrance)라고 하여 집 주변에 전선이 애자와 함께 나뉘는 지점이 바로 한전과 집주인의 책임분계점이다. 여기에서 전기를 공급하는 전력회사가 한전이라면 전기를 받아 사용하는 곳은 수용가(需用家, consumer)[34] 가 된다.

---

[32] 특이하게도 공기업이지만 코스피에 상장되었다. 한국가스공사, 한국지역난방공사, 강원랜드, 중소기업은행 등이 비슷하다.

[33] 이들을 전력그룹사라고 한다.

[34] 전기에서는 사용자를 수용가로 표현하는 경우를 많이 볼 수 있는데 이는 일본에서 들어온 단어로 수용가는 사용자를 말한다. 수용가 비록 일본식 표현이긴 하나 아직 전기분야에서 훨씬 많이 사용하고 있기에 이 책에서는 수용가로 표현한다.

(a) 단상 220V의 인입구　　(b) 3상 4선식 220/380V의 인입구

| 인입구의 사례 |

| 3상 4선식 케이블방식의 인입구 |

즉, 이 지점을 기준으로 전봇대 쪽으로 가는 전선은 한전이 담당하는 전력선이고 계량기(전력량계)로 오는 선은 집주인이 담당하는 전력선이다.

| 책임주체가 한전인 변압기 인근 전력선을 수리하는 한전 배전직 |

주변에 전봇대 없이 땅속으로 배전선로를 깐 지중화 구간도 지상에 건축물을 위한 인입구가 있다. 보통 자체 수변전시설을 갖춘 커다란 건물이나 아파트는 이러한 인입구를 육안으로 확인하기 어렵지만 주택의 경우는 어렵지 않게 볼 수 있다. 아래의 사진에서 가운데 접속점을 중심으로 상단의 케이블은 수용가가 책임주체가 되고 하단의 케이블은 한전이 책임주체가 된다.

| 지중화 구간 3상 4선식 인입구 |

4 인입선 관리의 중요성

한전이 담당하는 전력선을 인입선[35]이라고 하며 보통 검은색과 녹색이 함께 다니는 DV 전선을 이용한다. 집주인이 담당하는 전력선은 인입구배선이라 하며 보통 CV케이블을 이용한다.

35 ─ 일본식 표현으로, 우리말로는 '끌어들임선'이라고 한다. 반대말은 '내보내는 선(인출선)'이다. 한전에서는 이 단어를 고객공급선(顧客供給線)으로 사용하기를 권장한다.

| 계량기 주변의 절연이 파괴된 전선 |

한전 인입선이 문제가 생기면 한전에서 나와 수리를 하지만 집주인이 담당하는 계량기 인입선이 문제가 생기면 전기공사업체에 연락을 해서 집주인이 자비로 이를 수리해야 한다. 특히 오래된 건축물일 경우 계량기 인입선이 노후화가 심해 여러 가지 전기안전문제로 위험한 것이 현실이다. 한편 전봇대로부터 고압으로 수전 받는 곳도 당연히 한전과 분계점이 있다. 인입하려는 전봇대의 인입선 접속점 즉, 컷아웃스위치(COS)가 책임분계점이다. 지중화 구간에서는 전기를 사용하려는 장소에서 한전이 시설하는 개폐기의 전기사용장소 즉, 수용가측의 단자연결점이 책임분계점이다. 아울러 책임분계점 이후 전기설비는 수용가의 부담이다.

여기서 잠깐!

한전에서 까치를 유해동물로 지정한 이유는?

예로부터 까치가 울면 반가운 손님이 온다고 하여 길조로 여겼지만 전력유통을 담당하는 한전에서만큼은 까치를 유해동물로 지정할 정도로 골칫거리이다. 이는 까치가 전봇대에 둥지를 짓기 때문이다. 원래 까치는 튼튼한 나무에 둥지를 짓는 습성이 있으나 도시화로 많은 수목이 사라지게 되면서 까치 입장에서는 튼튼한 나무를 대신할 보금자리로 마땅한 곳이 전봇대가 되었다.

| 전봇대와 까치, 그리고 까치둥지 |

까치가 전봇대에 집을 지을 때 나뭇가지만 이용해서 집을 지으면 큰 문제가 안 되는데 철사나 철로 된 옷걸이 등 전기가 통할 수 있는 물질을 함께 이용해서 집을 짓는 경우가 있다. 따로 절연체가 없는 전선에 도체가 연결이 되면 이는 단락과 배전사고의 원인이 된다. 전봇대에서 단락이 되면 인근 지역까지 그 피해가 퍼지기 때문에 전력을 안전하게 유통해야 하는 한전 입장에서는 까치둥지가 곱게 보이지 않는다. 까치둥지로 인한 단락사고로 정전이 일어나는 경우가 전국적으로 연 평균 23건이나 될 정도로 적지 않다.

특히 변압기 1차측의 퓨즈가 전기를 끊으면 그나마 다행이지만 그렇지 않다면 단락사고의 과대전류가 한전 변전소의 계전기까지 동작시키고 이때 정전 피해는 무척 커지게 된다. 한전이 전력공급에 차질이 생겨 수용가 피해를 본 경우 이를 보상해줘야 하는데 이 보상금액이 적지 않으며 망가진 전기시설 복원비용도 만만치 않다.

이러한 사고를 방지하고자 한전에서 제거한 까치집만 연 10만 건이 넘을 정도이다. 2000년부터 조류 포획 위탁사업으로 한전에서는 까치의 개체 조절을 위해 510명의 전문포획단을 조직했다. 까치 1마리당 포상금도 6000원으로 2008~2017년까지 10년간 포획한 까치는 215만 1000마리, 포상금 88억 원 수준이다. 의외로 이렇게 까치의 개체 조절이 까치둥지를 제거하는 것보다 효과가 크다고 한다.

그러나 까치를 보고 함부로 잡아서는 안 된다. 일단 일반인이 총기를 소지하는 것 자체가 불법이고 한전이 수렵단체에 수렵인 추천을 요청하고 자치단체에 포획허가를 신청하며 엽사는 관할 파출소에 보관된 총기 사용을 허가받고 까치사냥에 나서는 것이다.

엽사의 오발로 인한 전력선의 피해는 없을까? 다행히 엽사들이 사용하는 공기총은 직경 5mm의 실탄을 사용하는데 재질이 납이어서 강도가 약하고 정교한 사격이 필요하다. 일반 엽총에 비해 위력은 1/25 수준으로 40m 이상 거리에서 발사하면 치명적인 피해를 주지 않는다.

여기서 잠깐!

그렇다면 일반인이 할 수 있는 방법은 무엇일까? 까치둥지가 전봇대에 있는 경우 한전에 신고를 하자. 이때 중요한 것은 한전에 신고를 하면 전봇대마다 붙어있는 전봇대 고유 식별번호를 다시 묻게 되니 꼭 확인해두자. 한전에서 신고를 받으면 이를 접수하고 한전 배전 담당직원이 직접 현지로 나가 까치둥지를 제거한다. 그러나 모든 둥지를 제거하는 것이 아니라 일부는 상황을 보고 둥지를 그대로 두기도 한다. 특히 변압기 사이나 저압선 인근에 짓는 경우는 그대로 두는 경우가 많다. 이는 지능수준이 6살짜리 어린아이와 비슷하다는 연구결과가 있을 정도로 영리한 까치가 자신의 둥지를 철거하면 보복성으로 전봇대 가장 높은 특고압선에 둥지를 지어서 사고위험이 더욱 높아지기 때문이다.

| 전봇대 식별번호 |

한전은 연간 정전횟수로 지역사업소의 평가를 받기 때문에 까치집에 무척 예민할 수밖에 없다. 이는 전기철도를 운영하는 코레일의 입장도 마찬가지이다.

한전에서는 안전하게 전기를 공급, 유통시키는 데 까치뿐만 아니라 여러모로 고생을 하고 있다. 여름철에는 길거리 가로수와의 전쟁을 벌인다. 가로수에서 자라나는 가지가 고압선에 접촉될 경우 전기사고를 일으키기 때문이다. 또한 인적이 드문 곳에서는 전봇대에서 전선을 몰래 끌어와 전기를 훔쳐 쓰는 도둑이 은근히 있어 한전에서는 수시로 관찰하여 벌금을 물리기도 하고 심한 경우에는 법적 소송까지 진행하는 경우가 있으니 이런 행동은 하지 말아야 한다. 전선의 구리를 팔아 이득을 챙기고자 전봇대의 전선을 끊어가는 말도 안 되는 일도 있는데 전봇대의 전선에는 상시 전기가 통하므로 매우 위험하고 접지선 같은 경우도 전봇대 원통 안으로 넣기에 외부로 노출되는 일이 거의 없다. 그래서 전봇대 전선을 끊어가야겠다는 것 역시 생명을 위협하는 방법이기에 절대로 하지 말아야 한다. 애초에 전봇대에 무단으로 올라가는 것 또한 불법이므로 전봇대 주변에서 수상한 행동을 보이는 사람이 있으면 한전에 신고(국번없이 123)하자.

05 아파트단지나 대학 캠퍼스에는 왜 전봇대가 없을까?

KEY WORD 지중화, 지중케이블, 지중화 공사, 지중화 선로정수, 송배전 전압강하, 송배전 전압변동

학습 POINT
- 지중화란?
- 지중화 공사방법은?
- 지중화 구간의 선로정수와 저항을 구하는 방법은?
- 송배전선로의 특성은?

오래된 도시에 살다가 신도시에 접어들면 도로의 구획이 잘 정리되어 있고 곳곳에 아파트들이 나란히 있어서 미관상 깔끔하게 느껴진다. 이렇게 깔끔한 인상을 주는 또 하나의 이유는 바로 전봇대와 전봇대 사이를 오고 가는 지저분한 전선들이 없기 때문이다. 도대체 전봇대와 전선은 어디로 갔을까? 이들은 사실 땅속에 있고 이를 지중화라고 한다. 그럼 지중화와 송배전의 특성을 알아보도록 하자.

1 지중화란?

혹시 아파트단지 내에서 전봇대를 본 적이 있는가? 매우 오래된 아파트단지가 아니라면 전봇대는 보이지 않을 것이다.

| 지중화가 되어 전봇대가 없는 대학 캠퍼스 |

Ⅱ. 전력의 흐름 267

| 지중화가 되지 않아 전선이 복잡한 주택지역 |

마찬가지로 대학 캠퍼스 내에 전봇대가 있는지 살펴보자. 있을 수도 있지만 시내처럼 복잡하지는 않을 것이다.

보통 아파트단지가 주택에 비해 깔끔하다는 인식이 있는 것은 지속적인 관리를 하는 관리사무소 덕분이기도 하지만 오래된 시가지에 있는 전봇대가 없는 것도 아파트단지가 깔끔하게 보이는 데 일조한다. 대학 캠퍼스가 더 자유롭게 보이는 이유도 마찬가지이다.

이렇게 전봇대가 안 보여도 전기 공급을 받는데 전혀 지장이 없다. 그 이유는 바로 전력 지중화 사업 때문이다. 지중화(地中化, underground) 사업은 말 그대로 전력선을 땅속으로 1m 이상 파서 묻는 사업이다. 최근에는 지중화 사업을 할 때 단순히 땅을 파서 전력선만 묻는 게 아니고 공동구라 해서 전기, 수도, 통신, 가스를 함께 묻는 경우도 많다. 지중화 선로는 전봇대와 같은 가공선로와 달리 전력선으로 지중화용 케이블을 이용한다.

| 지중화로 깔끔한 신도시의 거리 |

1 지중화 사업의 흐름

지중화 사업은 최근에 와서 이루어진 것이 아니다. 1924년 서울 순화변전소 – 을지로변전소 – 종로변전소 – 동대문변전소 간에 11kV를 국내 최초로 지중화를 실시하였다. 이후 1929년 서울화력발전소(당시 당인리발전소)에서 영등포변전소 간 22kV를 지중화하였다. 이후 1971년 일본기술을 빌려 154kV급으로 서울화력발전소와 용산변전소 사이의 154kV의 송전선로를 지중화하였다. 그리고 1997년 미금변전소[1]와

---

[1] 1989년 시(市)로 승격하였다가 1995년 인근 남양주시로 통폐합된 구 경기도 미금시에 소재한 변전소이다.

성동변전소 사이에 345kV급 지중선로를 개통하였다. 특히 1980년대부터 서울 강남구를 시작으로 분당, 일산, 평촌, 중동 등 1기 신도시에서 지중화를 성공적으로 시행하였다. 이는 현재도 진행 중이며 인구밀도가 높은 시내지역[2]을 우선순위로 한다.

[2] 주로 빌딩이나 대규모 주택단지, 대학가가 우선순위이다.

지중화 구간에서 볼 수 있는 패드

지중화 구간은 전봇대는 없지만 패드(pad)라고 하는 사각박스형태가 도로변 보도에 있다. 패드 안에는 전력을 제어할 수 있는 개폐기나 변압기[3]가 설치되어 있다. 이때 개폐기의 경우 패드스위치 또는 지중개폐기라 하고, 변압기의 경우 패드변압기 또는 지중변압기라고 한다.[4]

[3] 패드 외부에 개폐기는 'SW', 변압기는 'TR'로 표기되어 있다.

[4] 엄밀히 말해서 지상에 나와 있기에 지상개폐기, 지상변압기가 맞다.

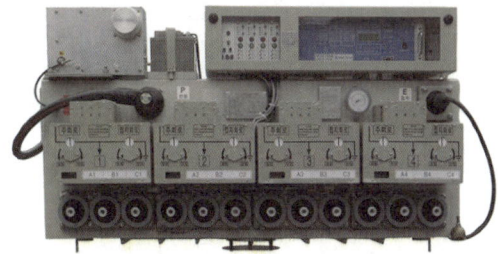

SF_6를 절연소재로 쓰는 22.9kV-Y 패드용 가스절연개폐기

패드변압기는 22.9kV의 지중 고압선로를 우리가 사용할 수 있는 220/380V로 변압해준다. 그래서 변압기 주변으로 22.9kV의 특고압선로가 매설되어 있다. 따라서 패드변압기 주변으로 건물의 기초나 지하실을 만들기 위한 굴착(掘鑿, excavation)이나 건물을 지을 때 구조물의 빈 공간에 콘크리트를 붓는 타설(打設, placement)을 절대로 해

패드변압기 주변은 굴착과 타설 금지

Ⅱ. 전력의 흐름 269

서는 안 된다. 부득이한 경우 해당 지역 한전에 문의를 해야 한다.

2 지중화와 민원 요구

전봇대가 없어 도시 미관이 개선이 되기에 지중화를 요구하는 민원은 많지만 무조건 실시하는 것은 아니다. 지중화 공사비용은 지자체와 한전이 공사비를 50%씩 부담해야 하는데 비교적 예산이 여유가 있는 서울을 비롯한 수도권지역이 지중화가 많이 된 반면 지방의 경우는 많이 부족한 편이다. 그래서 지중화에 대해 민원을 제기하면 지자체와 한전이 서로 예산 분담을 결정한 이후에 실시한다. 이때 한전의 심의를 거쳐 사업 우선순위가 선정이 된다. 그러나 개인 및 단체가 요청하거나 시행사업에 지장이 있는 경우는 지자체가 전액 부담하게 되어 있어서 재정여건이 열악한 지자체의 경우 사업 추진에 어려움이 많다.[5]

> 5 ─
> 2019년 9월 현재 배전선로 지중화율은 전국적으로 18.82%이고 서울은 59.75%, 경기 27.41%, 인천 40.63%로 수도권은 높지만 경북 6.89%, 전남 8.57%, 강원 9.37%, 충북 10.26%, 전북 10.78%, 충남 10.89%, 경남 11.45% 등 지방은 전국 평균보다 낮은 편이다. 광역시의 경우 부산 41.23%, 대구 33.20%, 광주 36.17%, 대전 55.25%, 울산 25.27%로 전국 평균보다 높다. 세종은 37.91%, 제주 19.30%이다.

3 지중화 선로의 장단점

미관상 깔끔해서 점차 늘어나고 있는 지중화 구역은 건설비가 많이 든다는 단점도 있다. 구체적으로 지중화 전력선의 장단점은 다음과 같다.

지중화 선로의 장단점	
장점	단점
• 도시 미관을 개선하여 쾌적한 도심 환경을 조성하기에 유리하다. • 배전선로에 사람이 직접 닿을 일이 없어 안전사고 예방에 도움이 된다. • 태풍 등 날씨재해에 따른 피해가 거의 없어 신뢰도가 높다. • 선로의 보안이 필요한 지역에서 매우 유용하다.	• 건설비 및 유지비가 매우 크다. • 가공선로의 경우 최소 10m 이상 높게 지어진 반면 지중선로는 막대한 건설비 때문에 얕게 묻기 때문에 전자파 발생이 가공선로보다 더 많다. • 추가로 전력용량을 증설하기가 힘들다. • 고장이 났을 때 고장지점을 파악하기도 어려울 뿐만 아니라 복구에도 오랜 시간이 걸린다. • 수용가가 부담해야 하는 비용이 더 늘어난다. 전기요금이 더 비싸다는 것이 아니라 계량기 설치나 전력 증설 등 추가로 전기공사를 할 경우 지중화 구간은 한전 수수료가 더 비싸다.

한편 송전탑, 전봇대를 이용한 가공선로와 차이점이 무엇인가? 일단 눈으로 전선이 보이느냐 안 보이느냐의 차이도 있지만 송전탑은 복도체 이상 다도체를 사용하는 반면 케이블은 단도체이다. 지중선로는 땅에 직접 묻기에 무게 제한이 없으며 절연이 가장 중요하므로 케이블을 사용하고 이곳에 ELP전선관을 묻는다. 아울러 가공선로는 이를 지지해주는 전기설비인 송전탑과 전봇대의 애자가 필요하지만[6] 지중선로는 땅속에 직접 묻기에 이런 것이 필요 없다. 한편 가공선로는 공기 중으로 열이 발

> 6 ─
> 가공선로는 전선의 무게 제한을 많이 받아서 가벼운 것을 써야 해서 ACSR같은 나전선을 사용한다.

산되기 쉽기에 땅속에 묻어 열 발산이 어려운 지중선로보다 상대적으로 용량에 대한 대응이 좀 더 용이하다.

| 가공배전과 지중배전의 경계점 |

4 송전선의 지중화

배전선로뿐만 아니라 송전선로의 일부도 지중화가 완료되어 있다. 송전선로는 1m 이상의 깊이를 가진 배전선로와 달리 8m 이상 깊게 파는데 보통 154kV가 많다. 일부 345kV 송전선로가 대규모 주택단지로 지나가는 경우 지중화 요구 민원이 많아 지중화한 구간도 있다. 대표적인 것이 성남시 분당구 구미동 일대로 약 2.3km 구간을 약 80m 깊이로 지중화가 되었다. 이렇게 깊게 판 이유는 지중화 구역에 지하철, 대심도 고속철도가 지나가기 때문이다. 1995년부터 지중화 요구 집단 민원이 있었고[7] 10년간 진통 후 2005년 9월부터 지중화 공사에 착수, 2013년에 완료가 되었다. 건설비만 1349억 원 가까이 들었고 이를 성남시(55%)와 한전(45%)이 분담하였다.

[7] 본래 이 송전탑은 이전한 송전탑이었다. 현재 성남시 분당구 서현동으로 통과하는 송전탑이 있었으나 1989년 주택 2백만호 건설에 따른 1기 신도시 건설로 이곳이 분당지구로 지정되어 개발되면서 송전탑이 분당지구의 끄트머리인 구미동으로 1990년대 초반에 이전하게 된 것이다. 그러나 1995년에 구미동까지 입주가 진행되면서 이곳 주민들의 민원이 시작되었고 이후 분당지역 국회의원 후보는 물론 성남시장 후보조차 우선순위 공약을 '구미동 송전탑 철거 또는 이전'으로 내세울 정도로 지역에서 큰 현안이 되었다.

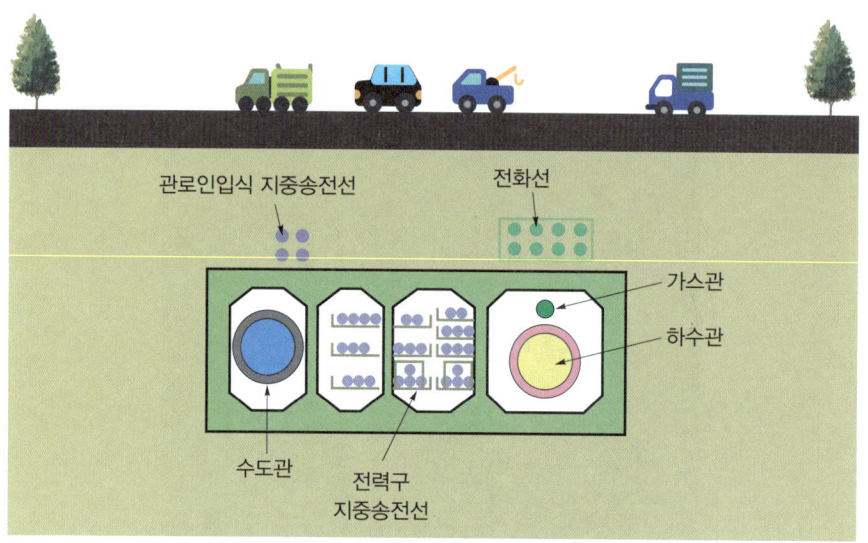

| 지중송전선이 통과하는 도로의 단면도 |

우리 눈에는 잘 보이지 않지만 서울을 비롯한 대도시는 지중화 송전선이 많이 있다. 지중화 송전선은 보통 전력구(電力溝, underground facility for electrical utilities)[8] 방식으로 시공하는데 이는 단순히 송전선뿐만 아니라 배전선, 통신선 등을 함께 넣는 구조이다. 이러한 전력구방식의 장점으로는 보수나 점검, 증설, 철거가 편리하고 열 발산 정도가 양호한 편이다. 하지만 건설비가 많이 들고 건설기간도 긴 편인데다가 케이블이 화재가 나면 파급 확산이 빠른 편이다.

그런데 이러한 대도시 지하로 가는 지중송전선로는 애초부터 발전소에서부터 그렇게 온 것일까? 그렇지 않다. 지중화 송전선로는 막대한 건설비용이 들기 때문에 시외지역에서는 송전탑을 이용해 가공송전을 하고 시내에 들어설 때쯤 땅속으로 들어가 지중송전선로가 된다.

오른쪽의 사진은 서울 경계지역에 위치한 가공송전과 지중송전의 경계점[9]으로 송전탑을 타고 온 송전선로가 이곳에서 땅속으로 들어가는 것을 볼 수 있다. 감전위험이 있기 때문에 일반인의 접근을 금지하기 위해 울타리가 쳐져 있다.

[8] 전력구란 상부를 막아놓은 지하구조물로서 내부 벽측에 케이블을 부설하고 유지·보수작업을 위한 작업원의 통행이 가능한 크기로 터널과 비슷한 구조이다.

[9] 일반적으로 시외에서 시내로 들어오는 지역에서 볼 수 있다.

| 가공송전과 지중송전의 경계점 |

5 외국의 지중화 사례

(a) 독일의 주택가　　　　　　　　(b) 일본의 주택가

| 독일·일본의 지중화 사례 |

 아직까지 전봇대를 이용한 배전선로를 많이 사용하는 나라는 우리나라와 일본, 동유럽이나 개발도상국 정도이다. 유럽의 대부분 나라에서 지중화가 보편적으로 이루어져 있고 일부 국가는 길을 만들 때 애초에 지중화 공사도 함께 한다.

 일본의 경우는 지반이 약해서 지중화 사업의 진척이 좀 늦는 편이다. 반면 북한의 경우는 6·25사변 당시 미군으로부터 폭격을 심하게 당해 전후 복구 시 지중화 사업을 함께 진행[10]했다. 중국의 경우도 수도 베이징이나 새로 개발 중인 지역은 대부분 지중화가 되었다.

10 ─────
영상이나 사진 등으로 평양 시내를 보면 전봇대를 보기 힘든 이유다.

2 지중화 공사방법은?

1 직매식, 관로식, 암거식

 지중화 공사는 땅속에 전력케이블을 묻는 공사로 크게 3가지 방식으로 구분된다.
 직매식은 '직접매설방식'의 약자로 전력케이블을 땅에 직접 매설하는 방식이다. 전력케이블을 보호하기 위해 케이블 트라프(cable trough)[11]를 사용하고 모래를 채운 후 뚜껑을 덮고 매우는 방식이다. 케이블 회선수가 2회선 이하의 적은 용량, 장래 증설 계획이 없는 경우, 굴착이 용이한 경우에 사용한다. 비용과 시간이 적게 드는 장점이 있다.

 직매식의 경우 땅에 직접 매설해야 해서 매설 깊이가 매우 중요하다. 국내 도로법 시행령상 도로 지하에 설치하는 전선은 0.8m 이상 매설하도록 규정하고 있으나 한

11 ─────
통신, 전력, 신호, 전자제어 등 각종 용도의 케이블 포설 시 케이블의 통로를 확보하고 충격이나 외부 환경의 영향으로부터 케이블을 보호하고 유지관리의 편리성을 확보하기 위해 사용하는 관로용 시설자재를 말한다.

국전기설비규정에 따라 차량 등 기타 중량물의 압력을 받을 우려가 있는 장소에는 1.0m 이상, 기타 장소에는 0.6m 이상으로 매설해야 한다.

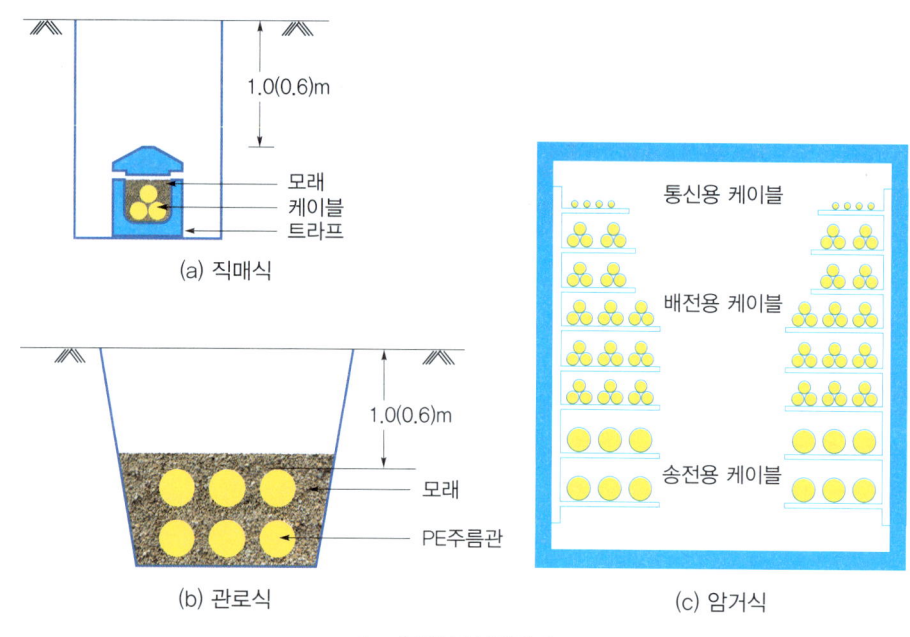

| 지중화 공사방법 |

12
원심력을 이용하여 조인 뒤에 굳힌 철근 콘크리트관을 말한다. 1910년 오스트레일리아의 흄(Walter Reginald Hume, 1873~1943)이 발명한 것으로, 강도가 강하고 수밀성(水密性)이 높아 배수관이나 하수관으로 쓰인다.

13
애초에 크게 지었기 때문에 전력케이블 외 통신케이블도 함께 들어가 공동구라고 한다.

14
사용전압이 25kV 이하인 다중접지방식 지중전선로(22.9kV의 배전선로)를 직매식 또는 관로식으로 시설할 때는 그 떨어진 거리를 10cm 이상 되도록 시설해야 한다.

관로식은 단어 그대로 관(pipe)을 이용해 그 안에 케이블을 부설하는 방식이다. 이때 관은 합성수지관, 강관, 흄관[12] 등을 사용한다. 그리고 약 250m의 일정 거리 관로 끝에는 맨홀을 설치한다. 관로식을 사용하는 경우는 직매식 자체가 맞지 않거나 케이블 회선수가 3~9회선일 때, 앞으로 회선 증설이 필요한 경우, 앞으로 도로가 생길 지역에 사용한다.

암거식은 보통 전력구식이라 하여 터널과 같이 윗부분이 막힌 형태의 지하구조물[13]로 만든다. 이 지하구조물의 내부 벽측으로 유지·보수작업을 위한 기술자의 통행이 가능한 크기로 짓기 때문에 크기도 크고 건설비와 건설기간이 많이 소요된다. 그러나 크기가 큰 만큼 전류에 의한 열 냉각이 좋은 편이다. 보통 직매식이나 관로식으로 공사가 불가능한 경우나 케이블 회선수가 9회선 이상일 때 사용한다.

이렇게 전선을 지중화하는 과정에서는 서로 교차하는 경우가 있다. 패드와 같이 땅 위로 노출된 지중함이나 지중으로 건설된 구간이 아닌 곳에서 상호 간의 접근 또는 교차할 때 떨어진 거리는 저압과 고압의 경우는 15cm 이상, 저압 또는 고압과 특고압의 경우는 30cm 이상[14] 두어야 한다. 그러나 한국전기설비규정에 따라 다음과 같은 경우에는 이러한 규정을 예외[15]로 처리한다. 먼저 ① 관로식으로 시공할 때는 지하매설공간 부족으로 떨어진 거리 확보가 곤란하여 관로 사이를 콘크리트와 같은 견고한 격벽을 설치하거나 채움재[16]로 보강하는 경우와 ② 압입공법[17]을 적용한 경우이다.

2 지중화 선로에서 사용하는 케이블

지중화 구간에서 사용하는 케이블을 지중케이블이라고 한다. 지중화 선로는 절연소재로 XLPE의 지중케이블을 사용한다. 이 케이블의 중량은 m당 40kg에 이른다. 겉 피복을 폴리에틸렌을 기본재료로 사용하였고 도체로는 동이나 알루미늄을 사용한다. 피복과 도체 사이 부분이 XLPE재질이다. XLPE란 Cross Linked Poly Ethylene의 약자이다. 'Cross'를 C라고 부르지 않고 X라고 표현했다. 크리스마스를 X-Mas라고 하는 것과 같다. XLPE는 우리말로 '가교폴리에틸렌 절연'이라고 한다. 본래 폴리에틸렌은 열의 허용온도가 낮은데 화학적으로 가교를 해서 내열성능을 높여 우수한 절연성능을 가지고 있다. 여기에서 '가교'란 다리를 놓는 것과 같은 구조로 되어 있는 것을 말한다.

특히 땅속으로 묻는 지중화 구간 특성상 절연이 매우 중요한데 XLPE재질의 지중화 케이블은 바로 절연에 특화되어 있는 케이블이라고 할 수 있다. 절연이 잘 안 되어 습기가 들어가거나 전기가 새는 지락사고가 일어나면 그 피해가 막심하다. 지중화 구간의 전기사고는 그 고장 난 곳을 알기 쉽지 않고 수리 역시 매우 까다로워 아무리 비용이 들어가더라도 절연에 최대한 돈을 투자해야 한다. XLPE재질의 장점은 인근 통신선의 유도장해 등을 방지하기 위한 차폐기능이 있고 불에 잘 안 타는 난연재질로 덮여 있어서 내부 도체가 과부하나 과전류로 과열되더라도 자체적으로 소화가 되어 화재 발생이 없는 것이다. 현재 기술로는 500kV까지 제조가 가능하다.[18]

한편 XLPE가 개발되기 전에는 OF케이블이라고 하는 유입케이블이 먼저 나왔고 현재도 사용한다. 이는 케이블 도체 주변의 내부 파이프 안으로 종이가 가득한 기름 통로를 설치하고 케이블에서 발생하는 열을 냉각용 기름인 절연유가 고압으로 흐르면서 냉각하는 방식이다. 즉, 유전율과 전기적 특성이 좋은 종이로 1차 절연을 하고 절연유를 이용하여 2차로 절연을 유지한다.

지중화 선로의 경우 22.9kV의 특고압 전력선은 TR-CNCV-W[19]나 FR-

| TR-CNCV-W케이블 |

---

[15] 수도권의 경우 지하매설공간이 부족해서 관로 간 떨어진 시공이 불가피한 경우가 다수로 발생하기 때문이다.

[16] 석탄재 재활용 유동성 채움재(CLSM)나 벤토나이트 혼탁액 등이다.

[17] 압입공법이란 철도, 도로, 구조물 및 하천 등을 지중으로 횡단할 때 개착공법이나 일반 터널공법을 적용할 수 없는 경우에 파이프를 밀어 넣어 땅속을 뚫지 않고 관통하는 공법을 말한다.

[18] XLPE를 설계 및 제조할 수 있는 국내 전선 제조회사는 몇 손가락 안에 꼽힐 정도로 드물며 고도의 기술을 갖추어야 하고 많은 비용이 든다. 국내 케이블 제조능력은 세계적으로도 우수한 편으로 국내에서 사용하는 것은 물론 해외에도 수출 및 시공까지 하고 있다.

[19] 동심 중성선 트리 억제형 전력케이블을 말한다.

[20] 동심 중성선 수밀형 저독성 난연 전력케이블을 말한다.

CNCO-W[20]를 사용하고 도체의 단면적은 전력량에 따라 $60mm^2$, $200mm^2$, $325mm^2$, $600mm^2$를 사용한다.

그리고 변압 이후 220/380V의 저압구간에서는 600V CV케이블을 사용한다. 이때 도체의 단면적은 $22mm^2$, $38mm^2$, $60mm^2$, $100mm^2$, $200mm^2$, $325mm^2$이다.

| 지중화 구간의 맨홀(좌)과 핸드홀(우) |

한편 지중화 구간의 지면에는 전기 수리를 위한 시설이 되어 있다. 여기서 맨홀(man hole)이란 케이블의 인입, 인출, 접속 등의 공사 및 점검, 기타 보수작업을 하기 위해 지중선로의 중간이나 말단에 설치하는 구조물이다. 맨홀의 가장 큰 특징은 사람이 직접 들어갈 수 있다는 것이다. 용도는 비슷하나 규모가 작은 지하 구조물인 핸드홀(hand hole)이라는 것이 있는데 사람이 직접 들어가기엔 매우 좁지만 손을 넣어 작업할 수 있을 만한 공간이다. 보통 맨홀과 핸드홀은 전기 외 통신, 케이블 방송 등을 위한 용도로도 설치되고 전기는 한전이나 전기 등으로 표기되어 구분이 가능하다. 과거에 폭우로 인해 물이 빠지지 않는 지역의 맨홀이나 핸드홀로 인해 감전사한 사례가 있어서 여기엔 반드시 접지공사를 시행해야 한다.

| 지중선로 표시기 |

지중화 구간의 지면에는 지중선로 표시기가 있다. 지중선로 표시기의 화살표 방향으로 지중선로가 지나가는 것을 말하는데 케이블 접속점 및 분기점, 지중선로 통과 지역 등을 판단할 수 있게 해준다. 한전 설계기준에 의하면 지중선로 표시기는 선구간은 매 10m마다 설치하며 시작점, 종점, 굴곡점, 분기점, 접속점은 매 개소마다 설치해야 한다. 압정 같은 형태로 되어 있고 약 15cm 정도의 깊이를 가진 침을 지면에 박는 형식으로 설치한다.

3 지중화 구간의 선로정수와 저항을 구하는 방법은?

1 지중화 송전선로의 선로정수

송전탑을 사용하는 송전선로뿐만 아니라 지중화 송전선로도 선로정수(R, L, C, G)가 있다. 지중화 송전선로는 송전탑을 이용한 가공선로와 달리 바람과 같은 기후나 온도에 큰 영향을 받지 않기 때문에 전선의 처짐정도[21]는 계산할 필요가 없으며, 가공선로와 달리 선과 선 사이 거리 즉, 선간거리가 매우 짧다. 가공선로의 경우 ACSR이라고 하는 피복이 없는 나전선을 사용하기에 서로 달라붙지 않게 하기 위해 어느 정도 거리를 떨어트리고 이를 위해 스페이서댐퍼를 설치한다. 그러나 지중화 선로는 XLPE를 절연체로 사용하는 케이블을 사용하기 때문에 둘이 붙여놔도 큰 상관이 없다.[22]

그러나 전력 측면으로 엄밀히 따지면 지중선로와 같이 선간거리가 가까우면 인덕턴스(유도용량)는 0.2~0.45mH/km 수준으로, 가공선로의 20~50% 수준으로 줄어든 반면 커패시턴스(정전용량)는 0.3~1.7μF/km 수준으로 가공선로에 비해 훨씬 높다.

지중화 선로정수를 구하는 방법은 가공선로의 선로정수를 구하는 방법과 거의 비슷하나 복도체나 다도체라는 개념이 없기에 단도체 개념으로 구한다. 먼저 인덕턴스는 다음과 같이 구한다.

$$L = 0.05 + 0.4605 \log_{10} \frac{D}{r} [mH/km]$$

위의 식에서 L은 단도체의 인덕턴스값, D는 등가선간거리로 단위는 [m], r은 전선의 반지름으로 단위는 [m]이다. 지중화 선로의 커패시턴스값은 다음과 같다.

[21] 기존에는 이도(弛度, dip)라는 단어를 사용하였다.

[22] 예를 들어 김밥집에서 김밥을 보관할 때 서로 쌓아놓고 보관하는 것과 같다. 김밥의 김이 피복, 밥이 XLPE 절연체, 내부 구성물을 도체라고 생각한다면 김밥끼리 서로 붙여놔도 내용 구성물이 망가지지 않는 것과 같다.

$$C = \frac{0.02413}{\log_{10}\frac{D}{r}}[\mu F/km]$$

위의 식에서 C는 단도체의 커패시턴스값, D는 등가선간거리로 단위는 [m], r은 전선의 반지름으로 단위는 [m]이다.

2 도체저항과 절연저항

전류가 흐를 때는 저항 때문에 줄열이 발생한다. 지중선로는 땅속에 묻혀 있는 특성상 열 배출이 쉽지 않다. 이는 지중선로가 가진 단점이자 가공선로의 장점이다. 따라서 지중선로의 경우 저항에 대한 온도도 고려해야 한다. 아울러 케이블 내부 도체가 연선으로 이루어져 있다는 점도 고려해야 한다.

먼저 도체 저항 R_C을 구해보자.

$$R_C = \frac{K_1 K_2 K_3}{58\eta A} \times 10^3 [\Omega/km]$$

도체 저항 R_C는 3개의 계수(K_1, K_2, K_3)로 되어 있다. K_1는 연입(撚入)[23]에 의한 증가를 말하고 K_2는 저항 온도계수에 의한 증가, K_3는 표피효과 및 근접효과의 증가를 말한다. 이 계수들은 보통 주어져 있다. η(에타)는 전류가 잘 흐르는 정도인 도전율[%]을 말하고 A는 전선의 굵기로 도체의 단면적 단위인 [mm²]를 대입하면 된다.

아울러 지중케이블의 경우 피복이나 XLPE 등의 절연체로 덮여 있기 때문에 절연저항(絕緣抵抗, insulation resistance) R_i도 고려해야 한다. 절연은 말 그대로 전류의 흐름을 끊는 역할을 하기에 저항값이 무척 크다. 그래서 다른 저항과는 달리 단위가 [MΩ](메가옴)을 사용한다. 이 수치는 다음과 같이 구한다.

$$R_i = \frac{2.3025}{2\pi}\rho \log_{10}\frac{D}{d} \times 10^{-5} = \frac{\rho}{2\pi}\ln\frac{D}{d} \times 10^{-5}[M\Omega/km]$$

위의 절연저항식에서 왼쪽 식은 상용로그, 오른쪽 식은 자연로그를 기반으로 만든 식으로 아무것이나 사용해도 상관없다. ρ(로)는 유전체 고유저항률(%)을 말하고 D는 선간거리(m), d는 전선의 지름(cm)을 말한다.

보통 전기기술자들이 메거(megger)로 누전을 확인하는데, 이때 측정하는 것이 바로 이 절연저항[24]이다.

---

[23] 연입은 Z연입과 S연입으로 구분되는데 Z연입이란 오른쪽으로 감아서 꼬는 방법을 가리킨다. 왼쪽으로 감아서 꼬는 것은 S연입이라 한다.

[24] 전선의 피복은 전류가 새지 않도록 만드는 게 가장 우선시 되다 보니 저항이 매우 높다. 저항의 단위는 단순히 [Ω]이 아닌 10^6배인 [MΩ](메가옴)이 된다. 절연저항은 신축 건물 기준 15~50MΩ 이상이 나와야 하고 일반적으로 2MΩ 이상은 나와야 한다. 절연저항기의 영단어인 메거(megger)와 비슷하지만 메거는 절연저항기를 최초로 개발한 영국의 브랜드이다.

4 송배전선로의 특성은?

1 송전선로는 3상 3선식, 배전선로는 3상 4선식을 사용하는 이유

우리나라의 교류전송방식은 단상 2선식, 단상 3선식, 3상 3선식, 3상 4선식이 있는데 실제로 각 송전과 배전 과정 중에는 특성에 맞게 경제적으로 사용하고 있다. 이에 각 전송방식의 경제성을 알게 되면 송전선로는 3상 3선식, 배전선로에서는 3상 4선식을 채택한 이유를 알 수 있다.

일단 경제성을 구하기 전에 조건은 다음과 같다.

(1) 단상 3선식과 3상 4선식은 중성선이 있고 중성선과 전압선의 굵기는 같다.
(2) 선간 부하는 평형하며 중성선에는 전류가 흐르지 않는다.
(3) 부하의 역률, 전송거리, 전선은 모두 같다.
(4) 송전선로에서는 선로부하가 주로 3상이므로 공식에 선간전압(V)을 사용한다.
   배전선로에서는 선로부하가 주로 단상이므로 공식에 상전압(E)을 사용한다.

위 조건에 맞게 송전선로와 배전선로의 경제성을 비교하면 다음과 같다. 1선당 전송전력의 효율은 단상 2선식이 기준(100%)이 된다.

| 전송전력의 경제성 비교 |

구분	전송방식	전송전력	1선당 전송전력	효율[%]
송전	단상 2선식	$P=VI\cos\theta$	$P/2$	100
	단상 3선식	$P=VI\cos\theta$	$P/3$	66.67
	3상 3선식	$P=\sqrt{3}VI\cos\theta$	$\sqrt{3}P/3$	115.47
	3상 4선식	$P=\sqrt{3}VI\cos\theta$	$\sqrt{3}P/4$	86.00
배전	단상 2선식	$P=EI\cos\theta$	$P/2$	100
	단상 3선식	$P=2EI\cos\theta$	$2P/3$	133.33
	3상 3선식	$P=\sqrt{3}EI\cos\theta$	$\sqrt{3}P/3$	115.47
	3상 4선식	$P=3EI\cos\theta$	$3P/4$	150

위의 표에서 알 수 있듯이 송전선로에서는 3상 3선식이 1선당 전송전력이 가장 많고, 배전선로에서는 3상 4선식이 1선당 전송전력이 가장 많다. 그래서 송전선로는 3상 3선식을 채택하고 배전선로는 3상 4선식을 채택한다.

2 송배전선로의 전압강하

송배전선로의 길이는 매우 길기 때문에 전선 자체의 고유저항의 영향이 클 뿐만 아니라 전선의 단면적도 전압에 영향을 주게 된다. 이로 인해 전압강하와 전압변동이 생기게 된다. [25] 전압강하(電壓降下, voltage drop)란 임피던스, 어드미턴스, 부하의 크기 및 역률, 선로에 흐르는 전류 등에 따라 송전단전압에 비해 수전단전압이 낮아지는 것[26]을 말한다. 즉, 전압강하는 송전단전압과 수전단전압의 차이를 말한다.

송배전선로의 전압강하를 구하는 공식은 다음과 같은 조건을 통해 유도할 수 있다.

예를 들어 3상 4선식으로 역률 $\cos\theta=1$, 각 상의 부하는 평형, 전선의 도전율 $C=97\%$, 고유저항 $\rho=\frac{1}{58}$은 다음과 같이 구한다.

$$e_1 = IR = I \times \rho \frac{L}{A} = I \times \frac{1}{58} \times \frac{100}{C} \times \frac{L}{A}$$

$$= I \times \frac{1}{58} \times \frac{100}{97} \times \frac{L}{A}$$

$$= I \times 0.0178 \times \frac{L}{A}$$

$$= \frac{17.8LI}{1000A}$$

> [25] 전압강하는 모두 상(phase)에서 일어나기에 상전압을 통해 구한다.
>
> [26] 송전단전압은 보내는 쪽의 전압, 수전단전압은 받는 쪽의 전압을 말한다. 이러한 경우가 반대가 되는 것이 바로 페란티현상이다.

한편 각 송배전방식에 따른 전압강하공식은 다음과 같다.

| 송배전방식에 따른 전압강하공식 |

송배전방식	전압강하공식	
	공식	간이식
단상 3선식, 직류 3선식, 3상 4선식	$e_1 = IR$ $e = E_s = E_r = I(R\cos\theta + X\sin\theta)$	$e_1 = \frac{17.8LI}{1000A}$
단상 2선식, 직류 2선식	$e_2 = 2IR = 2e_1$ $e = E_s - E_r = 2I(R\cos\theta + X\sin\theta)$	$e_2 = \frac{35.6LI}{1000A}$
3상 3선식	$e_3 = \sqrt{3}IR = \sqrt{3}e_1$ $e = E_s - E_r = \sqrt{3}I(R\cos\theta + X\sin\theta)$	$e_3 = \frac{30.8LI}{1000A}$

송배전방식	전압강하공식	
	공식	간이식

여기서, e : 전압강하[V]
　　　e_1 : 외측선 또는 각 상의 1선과 중성선 사이의 전압강하[V]
　　　e_2, e_3 : 각 선간의 전압강하[V]
　　　I : 전류[A]
　　　R : 저항[Ω]
　　　E_s : 송전단전압(보내는 쪽 전압)[V]
　　　E_r : 수전단전압(받는 쪽 전압)[V]
　　　X : 리액턴스[Ω]
　　　L : 전선 1가닥의 길이[m]
　　　A : 전선의 단면적[mm^2]
　　　$\cos\theta$: 역률
　　　$\sin\theta = \sqrt{1-\cos\theta^2}$

위의 공식에 따라 송배전방식에 따른 전압강하값을 구할 수 있다. 전압강하를 백분율로 표시한 것이 전압강하율이다. 전압강하율은 다음과 같이 구할 수 있다.

$$\varepsilon[\%] = \frac{E_s - E_r}{E_r} \times 100\% = \frac{e}{E_r} \times 100\%$$

위의 공식에서 ε[27]은 전압강하율로 단위는 [%], E_s는 송전단전압, E_r는 수전단전압, e는 전압강하값을 말하고 단위는 모두 [V]를 사용한다. 전압강하율을 낮추는 방법은 다음과 같다.

(1) 선로의 길이를 짧게 한다.
(2) 부하의 역률을 개선하여 부하전류의 크기를 작게 한다.
(3) 전선의 굵기(단면적)를 크게 하여 선로의 임피던스를 적게 한다.

기존에는 전선길이가 60m를 초과하는 경우 120m 이하, 200m 이하, 200m 초과에 따른 전압강하율의 허용규정이 있었으나 한국전기설비규정에 의해 이 규정이 간소화되었다. 그 기준은 다음과 같다.

| 한국전기설비규정에 의한 전압강하율 기준 |

구분	조명부하	기타 부하
저압 수전	3% 이하	5% 이하
고압 이상 수전	6% 이하	8% 이하

27 ── 그리스어 소문자로 엡실론(epsilon)이라고 읽는다.

앞의 규정에서 조명부하는 말 그대로 조명을 담당하는 회로를 말하는 것이고, 기타 부하는 콘센트, 전동기, 전열기 등 조명부하를 제외한 부하를 말한다.

저압 수전은 한전에서 주상변압기나 패드변압기를 통해 직접 220/380V의 저압으로 전력을 전달하는 것을 말하고, 고압 이상 수전은 한전에서 22.9kV 이상으로 전력을 전달하여 자가용 수용설비를 갖춘 대단지 아파트나 공장, 빌딩 등의 경우를 말한다. 참고로 이때의 전선의 길이를 산정할 때는 저압 수전의 경우 한전 계량기로부터 부하까지의 거리, 고압 이상 수전의 경우 자체 변압기 2차측으로부터 부하까지의 거리를 말한다.

이때 중요한 조건은 배선설비가 100m를 넘는 부분에 있어서 전압강하는 0.005% 증가할 수 있는데 이때 증가분은 0.5%를 넘기지 않도록 설계 및 시공을 해야 한다.

3 송배전선로의 전선의 단면적

'I. 전기의 기본 이론'에서 다룬 전선굵기의 3요소 중에 전압강하가 있다. 즉, 전선의 전압강하도 고려해서 전선의 굵기를 선택해야 하는데 이는 송배전선로와 같이 거리가 어느 정도 되는 선로의 경우 반드시 알아야 한다. 이에 올바른 전선의 단면적 (A)을 구하는 공식은 다음과 같다.

| 송배전방식에 따른 전선의 단면적 공식 |

송배전방식	전선의 단면적 공식[28]
단상 3선식, 직류 3선식, 3상 4선식	$A=\dfrac{17.8LI}{1000e}[\text{mm}^2]$
단상 2선식, 직류 2선식	$A=\dfrac{35.6LI}{1000e}[\text{mm}^2]$
3상 3선식	$A=\dfrac{30.8LI}{1000e}[\text{mm}^2]$

28 ─── L은 전선 1가닥의 길이로 단위는 [m], I는 전류로 단위는 [A], e는 각 선간전압강하 기준으로 단위는 [V]를 사용한다.

예를 들어 공개홀 무대의 조명을 설치하려는데 우리가 사용하는 단상 교류 220V의 15A 전류가 필요하다고 가정하자. 이 공개홀은 자체 수변전실이 있고 이곳에서 고압을 저압으로 수전 받아 사용하고 변압기로부터 무대까지 길이가 250m 떨어진 곳이라면 이때 전선의 단면적은 어떻게 구하는가?

먼저 허용전압강하율 기준을 구하는데 변압기에서 인출한 전력의 조명 부하이므로 6% 이내로 해야 한다.[29] 즉, 220×6%=13.2V가 된다.

이를 앞의 전선의 단면적 공식에 대입해보자.

29 ─── 앞의 한국전기설비규정에 따른 전압강하율 기준을 참고하자.

$$A = \frac{35.6LI}{1000e} = \frac{35.6 \times 250 \times 15}{1000 \times 13.2} = \frac{133500}{13200} = 10.11 \rightarrow 16\text{mm}^2$$

계산결과 10.11이 나왔지만 전선의 단면적을 선택할 때는 반드시 결과보다 한 단계 위의 전선을 선택해야 하므로 16mm²를 선정[30]해야 한다.

[30] 전선의 단면적은 1.5–2.5–4–6–10–16–25–35–50… 순으로 되어 있다.

4 송배전선로의 전압변동

송배전선로를 설계할 때 중요한 개념 중 하나가 전압변동률이다. 전압변동률(電壓變動率, voltage regulation)이란 부하가 갑자기 변화하였을 때 그 단자전압의 변화율을 나타내는 것이다. 이는 임의의 주어진 시간 내 부하의 변동에 따라 전압의 변동폭이 어느 정도 되는지를 백분율로 표시한 것이다. 이는 다음과 같은 공식으로 구한다.

$$\delta[\%] = \frac{V_{0r} - V_r}{V_r} \times 100$$

위의 공식에서 δ[31]는 전압변동률로 단위는 [%], V_{0r}는 무부하 시 수전단전압, V_r은 전부하 시 수전단전압으로 단위는 모두 [V]를 사용한다. 전압변동률을 낮추기 위해서 다음과 같은 방법이 있다.

(1) 전원측의 임피던스를 작게 한다.
(2) 전압조정장치를 설치한다.
(3) 무효전력을 보상한다.

[31] 그리스어 소문자로 델타(delta)라고 읽는다. 델타의 그리스어 대문자가 바로 결선에 나오는 Δ이다.

전압강하와 전압변동은 결코 송배전선로에서 유쾌한 일은 아니다. 심각한 전압강하는 전기기기를 제대로 사용할 수 없고 심각한 전압변동 역시 전기기기 고장의 원인이 된다. 따라서 송배전선로를 설계할 때는 이러한 점을 반드시 고려하여 설계해야 한다.

III

수변전시설의 활용

01 큰 건물 지하에 있는 수변전실의 정체는?
02 방송국이나 큰 병원이 정전에서 자유로운 이유는?

01 큰 건물 지하에 있는 수변전실의 정체는?

KEY WORD

전기안전관리자, 수변전실, 수변전실의 조건, 수변전 변압기, 수변전 차단기, 수변전도, 간이수변전시설

- 전기안전관리자 선임이란?
- 수변전실의 내부에 무엇이 있고 수변전실을 만들 때 기준은?
- 수변전시설의 변압기와 차단기, 그리고 시설기기의 수명은?
- 수변전도를 보는 방법은?
- 간이수변전시설이란?

학습 POINT

1
한전에서 전기를 공급할 때는 계약전력의 합계를 통해 전기를 공급한다. 계약전력이 1000kW 미만인 경우는 단상 220V 또는 3상 380V에서 한전이 선택하여 공급한다. 이때 중요한 것이 합계 기준이 1000kW인데 수용가의 계약전력이 500kW 미만이어야 한다. 아울러 1000kW 이상, 1만kW 이하는 3상 22.9kV, 1만kW 초과 40만kW 이하는 154kV, 40만kW 초과는 345kV로 공급한다. 특고압으로 공급된 전력을 수용가는 직접 변전해서 사용한다.

2
건설되는 댐·저수지와 선박·차량 또는 항공기에 설치되는 것과 그 밖에 대통령령으로 정하는 것은 제외한다.

3
전기사업자(한전)가 전기사업을 위해 사용하는 전기설비를 말한다.

규모가 어느 정도 되는 건물이나 시설의 경우 사용하는 전력이 많기에 한전 변압기용량만 가지고는 충분히 전력을 공급할 수 없다. 한전 변압기가 할 수 있는 최대한의 변압기용량은 가공 및 지중 모두 500kVA이다. 이를 초과한 건물에서는 한전이 고압의 전력을 공급하면 자체적으로 저압으로 변압[1]하여 건물이나 시설 내부 곳곳으로 전기를 전달해준다. 이렇게 전기를 받아 변압하여 곳곳으로 전달하는 것을 수변전설비(受變電設備, power substation)라고 하고 수변전설비가 있는 수변전실에 대해 좀 더 자세히 알아보자.

1 전기안전관리자 선임이란?

1 일반용 전기설비와 자가용 전기설비 기준

전기설비(電氣設備, electric installation)란 발전, 송전, 변전, 배전 또는 전기 사용을 위해 설치하는 기계, 기구, 댐, 수로, 저수지, 전선로, 보안통신선로 및 그 밖의 설비를 말한다. 전기설비는 일부 예외[2]를 제외하고는 3종류로 구분할 수 있다. 전기사업용 전기설비[3]와 일반용 전기설비 그리고 자가용 전기설비가 바로 그것이다. 이 중에서 우리가 알아야 할 것은 일반용 전기설비와 자가용 전기설비이다. 이들은 우리 삶과 매우 밀접하게 관련되어 있기 때문이다. 먼저 일반용 전기설비기준과 자가용 전기설비기준을 알아보면 다음 표와 같다.

일반용 전기설비 및 자가용 전기설비 기준		
일반용 전기설비		• 전압이 1000V 이하, 용량[4]이 75kW 미만의 전력을 타인으로부터 수전하여 그 수전장소[5]에서 그 전기를 사용하기 위한 전기설비 • 전압 1000V 이하이며 용량 10kW 미만의 비상용 예비발전기 • 전기사업용 전기설비가 없는 경우
자가용 전기설비	전기사업용 전기설비 및 일반용 전기설비를 제외한 경우	• 전기 수용설비 : 용량 75kW 이상 • 제조업 및 제조 관련 서비스업 또는 심야전력을 이용하는 전기설비 : 저압 1000V 이하는 용량제한 없이 선임대상 제외 • 발전설비 : 저압 20kW 초과 • 자가용 전기설비 설치장소와 동일한 수전장소에 설치하는 전기설비
	위험시설에 설치하는 용량 20kW 이상의 전기설비	• 총포, 도검, 화약류[6] 등 단속법에서 규정하는 화약류를 제조하는 사업장 • 광산보안법에 의한 갑종 탄광 • 도시가스사업법에 의한 도시가스사업장, LPG 관련 사업장 • 액화석유가스의 안전관리 및 사업법에 따른 액화석유가스의 저장, 충전 및 판매사업장 • 고압가스안전관리법에 따른 고압가스 제조소 또는 저장소 • 위험물안전관리법에 따른 위험물의 제조소 또는 취급소
	다중이용시설에 설치하는 용량 20kW 이상의 전기설비	• 공연법에 의한 공연장 • 영화 및 비디오물의 진흥에 관한 법에 따른 영화상영관 • 식품위생법에 의한 유흥주점, 단란주점 • 체육시설의 설치, 이용에 관한 법률에 의한 체력단력장 • 유통산업발전법에 의한 대규모 점포 및 상점가 • 의료법에 의한 의료기관 • 관광진흥법에 의한 호텔 • 소방법에 의한 집회장

[4] 계약전력을 말하기도 한다.

[5] 담이나 울타리, 그 밖의 시설물로 타인의 출입을 제한하는 구역을 포함한다.

[6] 장난감용 불꽃류는 제외한다.

이때 자가용 전기설비를 갖춘 경우는 반드시 전기안전관리자를 선임해야 한다. 전기안전관리자는 항상 상주하는 인력이거나 비상주 인력 또는 전기안전 대행기관을 두는 경우가 있다. 만일 전기안전관리자를 선임하지 않은 경우 500만 원 이하의 벌금[7]이 부과된다.

2 전기안전관리자 선임 자격기준

전기안전관리자는 아무나 선임할 수 있는 것이 아니라 전기자격증을 취득한 사람에 한한다. 이에 대한 자격기준과 안전관리범위는 다음 표와 같다.

특히 설비용량이 1만kW 이상인 경우는 보조원[8] 2명을 두어야 하며 5000kW 이상 1만kW 미만인 경우는 보조원 1명을 두어야 한다.

[7] 벌금은 범죄의 대가로 부과되는 돈으로 공법상의 의무 이행 및 질서유지 등을 위반한 자에게 내리는 금전상의 벌인 과태료와 차원이 다르다.

[8] 보조원의 자격은 전기분야 기능사 이상 자격소지자 또는 전기분야 5년 이상 실무경력자에 한한다.

| 전기안전관리자 안전관리범위 및 선임기준 |

명칭	안전관리범위	선임기준
전기안전 관리자	모든 전기설비의 공사 · 유지 및 운용	• 전기분야 기술사 • 전기기능장 실무경력 2년 이상 • 전기기사 실무경력 2년 이상
	전압 10만V 미만으로서 전기설비용량 2000kW 이상 전기설비의 공사 · 유지 및 운용	• 전기분야 기술사 • 전기기능장 실무경력 2년 이상 • 전기기사 실무경력 2년 이상 • 전기산업기사 실무경력 4년 이상
	전압 10만V 미만으로서 전기설비용량 2000kW 미만 전기설비의 공사 · 유지 및 운용	• 전기분야 기술사 • 전기기능장 실무경력 1년 이상 • 전기기사 실무경력 1년 이상 • 전기산업기사 실무경력 2년 이상
	전압 10만V 미만으로서 전기설비용량 1500kW 미만 전기설비의 공사 · 유지 및 운용	• 전기분야 기술사 • 전기기능장 • 전기기사 • 전기산업기사

*기존에는 자격 취득 이전의 경력도 경력의 50%로 인정하였으나 2021년 4월 1일부터 자격 취득 이전의 경력은 인정하지 않게 되었다.

한편 전기안전관리자의 선임자격 완화기준이 있는데 이는 다음 표와 같다.

| 전기안전관리자의 선임자격 완화기준 |

지역 또는 전기 설비	전기안전관리자 선임자격
군사용 시설에 소속하는 전기설비	국가기술자격법에 의한 전기분야 기능사 이상 자격소지자 또는 군교육기관에서 소정의 교육을 이수한 자
통행 또는 사용의 제한을 받는 군사시설보호구역에 설치된 설비용량 500kW 이하의 전기설비	• 국가기술자격법에 의한 전기, 토목, 기계 분야 기능사 이상 자격소지자 • 초 · 중등교육법에 의한 고등학교의 전기, 토목, 기계 관련 학과 졸업자로서 당해 분야에서 3년 이상 실무경력자
섬 또는 외딴곳에 설치된 용량 1000kW 이하의 전기설비 및 발전설비	
신에너지 및 재생에너지를 이용하여 전기를 생산하는 용량 1000kW 이하의 발전설비	

그 외 발전설비, 송변배전설비의 전기안전관리자 선임기준은 한국전기기술인협회[9]에 문의를 하면 쉽게 알 수 있다.

[9] 국번 없이 1899-3838

3 전기안전관리 선임형태

전기설비용량에 따라 전기안전관리자를 항상 고용하며 관리를 해야 하는 경우가 있는가 하면 외부에 위탁하여 비상주로 선임할 수 있기도 하다. 이렇게 위탁하여 비상주로 하는 경우를 위탁선임이라 하여 한국안전공사나 안전관리대행사업자 또는 개인에게 위탁할 수 있다. 과거에는 이러한 기준이 매우 복잡하였지만 최근에는 매우 간단하게 상주선임과 위탁선임으로 나누었다.

| 전기설비 규모별 전기안전관리자 선임형태 |

선임형태		전기설비 규모					
		전기 수용설비	비상용 예비 발전설비	태양광 발전설비	전기사업용 중 연료전지 발전설비	자가용 전기설비 중 사용발전설비	용량 합계
상주 선임	소속 직원	전기사업용 전기설비 (발전설비 20kW 이하는 선임대상 제외)					
	소속 및 위탁직원	자가용 전기설비 (모든 선임대상 전기설비)					
위탁 선임	전기안전공사 및 대행사 업자	1000kW 미만	500kW 미만	1000kW 미만	300kW 미만	300kW 미만	2500kW 미만
	개인대행자	500kW 미만	300kW 미만	250kW 미만	150kW 미만	150kW 미만	1050kW 미만

전체 설비용량이 1050kW 이상 2500kW 미만인 경우 한국전기안전공사[10] 또는 전기안전대행사업자에게 위탁해서 선임할 수 있고 1050kW 미만인 경우 개인 전기안전관리자에게 대행할 수 있다. 물론 전체 설비용량이 2500kW 이상인 경우 반드시 전기안전관리자가 상주해야 한다.

한편 안전관리업무를 대행하는 전기안전관리자는 전기설비가 설치된 장소 또는 사업장을 방문하여 점검을 실시해야 하며 그 기준은 다음 표와 같다.

이들 건물과 시설에는 수변전설비를 갖추어 놓는다. 수변전설비에서 수전설비란 한전과 책임분계점에서 변압기 1차측까지의 기기들을 말하는 것이고 변전설비란 변압기에서 전력부하설비의 배전반까지를 말한다. 따라서 수변전설비란 한전으로부터 수전한 높은 전압의 전기를 부하설비운전에 적합한 낮은 전압의 전기로 변환하여 부하설비에 전기를 공급할 목적으로 사용되는 전기의 총 집합체를 말한다.

[10] 자세한 것은 한국전기안전공사 고객지원부 (Tel : 063-716-2418)로 문의하면 알 수 있다.

| 전기안전관리 점검횟수 및 점검주기 |

용량별		점검횟수	점검주기
저압	1~300kW	월 1회	20일 이상
	300kW 초과	월 2회	10일 이상
고압	1~300kW	월 1회	20일 이상
	301~500kW	월 2회	10일 이상
	501~700kW	월 3회	7일 이상
	701~1500kW	월 4회	5일 이상
	1501~2000kW	월 5회	4일 이상
	2001~2500kW	월 6회	3일 이상

2 수변전실의 내부에 무엇이 있고 수변전실을 만들 때 기준은?

보통 전기안전관리자들은 어디에 있을까? 건물이 위치한 곳마다 다르지만 지중화 구간에 있는 건물의 경우 대체로 건물 지하[11]에 있다. 수변전시설 입구에 경고 안내판이 설치되고 문을 잠가 놓아 일반인의 출입을 제한한다. 물론 전봇대를 이용한 가공배전의 경우 옥상에 수변전시설을 갖추어 놓는 경우가 많다.

11 ─── 건물 지하에 전기를 받고 변압을 하는 수변전시설을 갖추어 놓는 경우가 많기 때문이다.

| 지하 수변전실 입구 |

| 전봇대로부터 바로 받는 수변전시설 |

수변전시설에는 어떤 것이 있을까?

　건물마다 조금씩 조건은 다르지만 크게 전기를 받는 수전부, 이를 변압하는 변전부, 그리고 건물의 각 층마다의 전력을 나누어 주는 배전부로 구성되어 있고 한쪽에는 정전을 대비한 비상발전기를 두는 경우가 많다. 보통 변압기를 기준으로 고압부와 저압부로 구분[12]한다.

12 ─
2만 2900V 이상의 특고압은 고압부, 220/380V를 저압부라 한다.

| 수변전실 고압패널 큐비클 |

| 수변전실 저압패널 큐비클 |

　대다수 자체 전기실과 수변전시설을 갖춘 경우는 22.9kV의 특고압전력을 전봇대나 지중화 선로를 통해 받는다. 이를 관리 및 제어를 위해 큐비클[13]이라고 하는 금속함 내부에 각종 계기, 개폐기, 계전기 등을 설치하며, 보수점검이 유리하고 고전압기기가 모두 접지된 금속함에 있으므로 감전재해, 기기의 고장에 의한 화재나 피해가 적다.

13 ─
큐비클의 영단어인 cubicle은 본래 작은 방을 뜻한다. 큐비클은 다른 말로 메탈 클래드(metal clad) 또는 폐쇄형 배전반이라고도 한다. 큐비클의 또 다른 장점은 조작하는 사람에 대한 안정성이 높아지고 설치계획이 용이하면서 경제적이라는 것이다.

배전전압 22.9kV를 수변전시설에서 받는 개폐기(LBS)

수변전시설을 구성하는 주요 전기설비에 대해 알아보자.

1 개폐기의 종류와 용도

전기를 공급하는 한전측과 수변전시설의 경계지점을 인입점이라 하며 이곳에는 개폐기(開閉器, switch)가 달린다. 개폐기와 차단기(遮斷器, breaker)가 비슷하게 전류를 끊어주는 역할을 하지만 차이점은 차단기는 전기사고나 고장으로 인한 문제가 생겼을 때 회로를 강제로 차단하여 주고 개폐기는 그와 다르게 정상적인 회로에서도 사용자가 필요로 할 때 임의로 회로를 여닫고 할 수 있다. 이에 인입점에서는 과부하나 고장사고가 발생할 때 차단기와 협조하여 고장구간만을 개방 분리를 하면서 고장이 다시 확대되는 것을 막아준다.

이때 수용설비용량이 4000kVA 이하[14]의 수전설비의 경우 자동고장구분개폐기(ASS ; Automatic Section Switch)를 설치한다. 이를 설치하는 이유는 우리나라 배전선로의 다중접지방식의 경우 지락사고가 발생하면 고장전류가 매우 커서 다른 수용가에게 피해를 입히기 때문이다. 따라서 300kVA 초과 1000kVA 이하[15]의 특고압 간이수전설비의 경우 인입개폐기로 자동고장구분개폐기의 설치가 의무적이다. 자동고장구분개폐기는 절연유를 통해 절연을 한다.

한편 자동고장구분개폐기와 비슷한 용도로 기중절연 자동고장구분개폐기(AISS ; Air Insulated Section Switch)가 있다. 자동고장구분개폐기가 전봇대 등에 매달린 가공용이라고 본다면 기중절연 자동고장구분개폐기는 지중용[16]이다. 자동고장구분개폐기의 단점을 보완한 설비로 화재가 발생할 때 파급효과가 작고 개폐확인을 육안[17]으로 할 수 있다. 둘 다 900A의 차단능력을 갖추고 있으며 800A 미만의 과부하 및 이상 전류에 대해서는 자동으로 차단하여 과부하로부터 보호하는 기능을 가진다. 돌입

---

[14] 전기로와 같이 대용량 부하의 경우는 2000 kVA로 제한하는 경우가 있다.

[15] 300kVA 이하의 경우 자동고장구분개폐기 대신 기중부하개폐기라고 하는 인터럽트 스위치(interrupt switch)를 사용한다. 기중부하개폐기는 수동조작만 가능하고 과부하 시 자동으로 개폐할 수 없으며 돌입전류 억제 기능이 없다.

[16] 공기절연을 하였기 때문에 크기가 작고 경량화 되어 큐비클 내 설치가 쉬운 편이고 가격이 더 저렴하다. 그래서 지중용으로 사용하기 적당하다. 때로는 옥외에 설치하기도 한다.

[17] 자동고장구분개폐기는 개폐표시장치로만 회로의 개폐를 확인할 수 있다.

전류를 차단하는 기능이 있으며 특히 900A 이상의 고장전류가 발생할 때는 무전압상태로 회로를 개방하므로 안전도가 높다.

| 전봇대에 설치된 부하개폐기 |

부하개폐기는 크게 진공부하개폐기와 기중부하개폐기[18]로 구분된다. 전동기나 콘덴서와 같이 회로 개폐를 자주 하거나 긴수명을 요구할 때는 절연성능이 빠르게 회복하는 진공부하개폐기를 사용하는 것이 좋다. 그러나 강력한 아크소호능력[19]으로 인한 전류재단현상(chopping)[20]으로 이상전압 발생 우려가 있어 절연협조능력이 낮은 기기에 대한 대체능력이 필요하다. 반면 수전설비의 인입구개폐기로 최적화된 부하개폐기는 기중부하개폐기로 공기를 절연으로 사용하며 개폐 회로수가 적고 계통 단로가 필요한 곳에서 사용한다. 전력퓨즈가 끊어졌을 때 부하개폐기가 차단되는 구조로 되어 있어 결상[21]에 의한 소손을 방지하는 효과가 있다.

2 전력퓨즈와 컷아웃 스위치

한편 단락사고로 인한 피해를 막고자 전력퓨즈(PF ; Power Fuse)나 컷아웃 스위치(COS ; Cut Out Switch)를 설치하는 경우도 있는데 먼저 전력퓨즈에 대해 알아보자.

단락사고가 발생하면 과부하와는 비교할 수 없는 대전류가 흐르게 된다. 이러한 전류를 단락전류라고 하는데 전력퓨즈는 이 단락전류에서는 작동하되 과부하전류에서는 회로를 차단하면 안 된다. 즉, 전력퓨즈는 단락전류 차단이 중요하며 부하전류를

---

18 다른 용어로 인터럽트 스위치(interrupt switch)라고 한다.

19 전압이 인가될 때 생기는 불꽃이 아크인데 이를 끄는 능력을 말한다.

20 전류재단현상이란 전류가 차단될 때는 전류가 0점이 될 경우 차단이 되어야 하는데 0점이 오기 전에 강제로 차단함으로써 과전압이 생기는 현상이다.

21 결상이란 차단기의 각 상별 접점 중에서 1상의 접점이 다른 2상의 접점과 다른 경우를 말한다. 예를 들어 L1, L2상이 off 상태인데 L3상은 on 상태인 경우를 말한다. 이는 차단기의 용량이 커질수록 각 상 분리형으로 설계되었기 때문이다. 이렇게 결상상태가 되면 불평형 전류가 흐르거나 원치 않는 단상전력이 공급되어 매우 위험해질 수 있다.

III. 수변전시설의 활용 293

안전하게 통전시키는 데 목적[22]이 있다. 이러한 전력퓨즈의 특성으로 용단[23] 특성, 단시간 허용특성, 전차단특성이 있다. 전력퓨즈는 일정 이상의 전류가 일정 시간 이상으로 흐를 때 퓨즈 요소가 줄열에 의해 용단되어 전기회로를 끊어줌으로써 전류를 차단하는 원리이다.

전력퓨즈를 선정할 때 주의사항은 다음과 같다.

(1) 과부하전류에 동작하지 말 것
(2) 변압기 여자돌입전류[24]에 동작하지 말 것
(3) 충전기와 전동기에 의해 발생하는 기동전류에 동작하지 말 것
(4) 보호기기와 협조를 가질 것

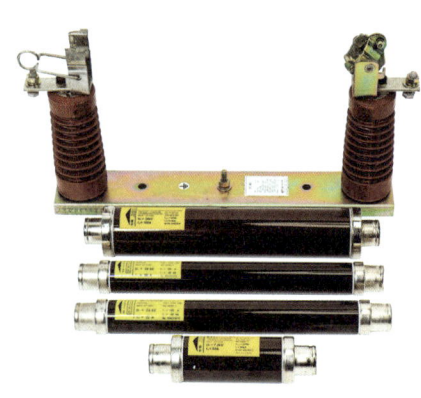

| 전력퓨즈의 한류형 퓨즈 |

> [22] 즉, 변압기의 투입전류나 전동기의 기동전류와 같이 아주 짧은 시간에만 존재하다 사라지는 전류나 허용전류 이상 사용해서 생기는 과부하전류에서는 차단하지 않아야 한다.
>
> [23] 용단(溶斷, fusing)이란 과전류로 인해 도선의 일부가 녹아 끊어지는 것을 말한다.
>
> [24] 여자돌입전류란 변압기를 전원에 연결하여 차단기에 투입할 때 서로의 위상차로 평소보다 큰 여자전류가 발생하는 것을 말한다.

| 전력퓨즈의 장단점 |

장점	단점
• 저렴한 가격 • 고속도 차단 가능 • 소형 및 경량화 • 보수 및 유지의 간편함 • 계전기(릴레이) 또는 변성기 설치가 불필요 • 한류형 퓨즈의 경우 무소음, 무방출 가능	• 재투입 불가능(재사용 불가능) • 차단 시 과전압 발생 • 과전류에 의해 용단이 되기 쉬움 • 한류형 퓨즈의 경우 녹아서 끊겨도 차단되지 않는 전류범위가 있음 • 비보호영역이 있음 • 동작시간 조절 불가능

여기에서 한류형이라는 단어가 자주 나오는데 아크제거방식에 따라 한류형(限流形, current limit type)과 비한류형(非限流形, non current limit type)으로 나누어지며 이들의 차이점은 다음과 같다.

| 한류형과 비한류형 퓨즈 |

구분	한류형 퓨즈(포장퓨즈) (전압이 0V인 상태에서 차단)	비한류형 퓨즈(방출형 퓨즈) (전류가 0A인 상태에서 차단)
특징	• 높은 아크 저항을 발생하여 고장전류를 강제적으로 차단 • 밀폐된 퓨즈 안에 엘레멘트와 규소 등 소호제를 충전한 규소 퓨즈가 대표적임 • 정격전류의 1.3배에 견디고, 2배의 전류에서 120분 내 용단	• 아크제거성 가스를 통해 전압 이상의 절연력으로 차단 • 붕산 또는 파이버에서 발생하는 가스를 이용 • 정격전류의 1.25배에 견디고, 2배의 전류에서 2분 내 용단

구분	한류형 퓨즈(포장퓨즈) (전압이 0V인 상태에서 차단)	비한류형 퓨즈(방출형 퓨즈) (전류가 0A인 상태에서 차단)
장점	• 소형이고 차단용량이 크며 단락전류가 제한되므로 백업용으로 적당 • 일반 차단기가 3~8Hz에 차단하는 것에 비해 0.5Hz 이내에서 차단하여 빠름	• 과전압이 발생하지 않고 녹으면 반드시 차단 • 가격이 한류형보다 저렴함 • 옥외에도 설치 가능 • 어느 정도 과부하보호도 가능해서 변압기에도 사용 가능
단점	• 과전압을 발생시키고 최소 차단전류[25]가 있음 • 3상 중 1상만 동작하면 결상으로 타서 못 쓰게 될 가능성이 있음 • 사용범위가 주로 옥내나 큐비클 내에서만 설치 가능하게 제한되어 있음	• 크기가 대형이고 한류효과[26]가 적음 • 내부 붕산에 의한 소호성 가스가 분출되면서 차단 시 소음이 크게 발생

[25] 정격전류의 2배 정도이다.

[26] 한류란 흐르는 전류를 제한하는 것으로 한류효과는 단락사고가 발생할 때 단락전류가 흐르지 못하도록 빠르게 동작함으로써 과전압이 발생하게 되는 것을 말한다. 차단은 항상 전류가 0점일 때 발생하지만 자연스럽게 0점을 만드는 것과 강제로 0점을 만드는 것의 차이가 있다. 자연스럽게 0점이 되면 전류변화율이 낮지만, 강제로 0점을 만들면 전류변화율이 높아서 과전압이 발생한다.

간단히 정리해서 단락전류가 100이라고 가정한다면 한류형 퓨즈는 20~30 정도면 동작하게 되지만, 비한류형 퓨즈는 70~80 정도에 동작하여 상대적으로 속도가 느리다. 즉, 한류형 퓨즈는 단락전류의 제한에 목적이 있다면, 비한류형 퓨즈는 과전류의 제한에 목적이 있다고 판단할 수 있다.

전력퓨즈는 차단기 대용으로 사용할 수 있으며 변압기 정격전류의 1.5~2배로 선정한다. 구매할 때는 정격전압, 정격전류, 정격차단전류 및 사용장소를 고려해서 구매해야 한다. 전력퓨즈의 종류는 다음과 같다.

| 전력퓨즈의 종류 |

종류	용도	불용단특성	용단특성
T	변압기용	정격전류의 1.3배로 2시간 이내 녹아서 끊기지 않을 것	여자돌입전류를 고려해서 0.1초
M	전동기용		기동전류를 고려하여 10초에서의 용단
G	광역용		-
C	콘덴서 보호용	정격전류의 1.43배로 2시간 이내 녹아서 끊기지 않을 것	정격차단전류의 10배로 60초 이내 용단
CG		정격전류의 1.3배로 2시간 이내 녹아서 끊기지 않을 것	정격차단전류의 2배로 2시간 이내 용단

전력퓨즈의 용량을 산정할 때는 부하의 특성과 변압기 보호협조에 따라 정격전류의 1.4배에서 2배까지 사용하고 있지만, 일반적으로 저항부하는 1.5배, 유도부하는 2~2.5배 정도 사용하는 것을 추천한다.

컷아웃 스위치의 경우 변압기 1차측 각 상에 설치하여 변압기의 보호 개폐 내부의 퓨즈가 녹아서 끊기면 중력에 의해 개방되는 구조를 가졌다. 컷아웃 스위치는 전력퓨즈와 거의 비슷한 용도로 사용되지만 300kVA 이하의 소규모 수전설비에서 주회로를 보호하기 위해 사용된다. 그래서 수변전시설보다는 한전 자체에서 저압으로 공급하는 전봇대의 주상변압기에서 볼 수 있다.

| 전봇대 주상변압기 1차측에 있는 컷아웃 스위치 |

그러다 보니 컷아웃 스위치는 전력퓨즈보다 모두 조금씩 떨어지는 차이점을 보이는데 그 내용은 다음과 같다.

구분	차이점
전력퓨즈 (PF)	• 연속통전전류[27]가 COS에 비해 크다. • 기준절연강도(BIL)가 높다. • 한류형과 비한류형이 있다.
컷아웃 스위치 (COS)	• 연속통전전류가 PF에 비해 작다. • 기준절연강도(BIL)가 낮다. • 비한류형만 있다.

[27] 규정된 온도 상승한도를 초과하지 않고 연속적으로 통전되는 전류를 말한다.

22kV급에서 연속통전전류의 경우 전력퓨즈는 보통 200A이지만 컷아웃 스위치는 100A 수준이고, 기준절연강도의 경우 전력퓨즈는 150kV, 컷아웃 스위치는 125kV 수준이다.

3 수변전실 저압부분

수변전실의 핵심시설은 바로 변압기이다. 변압기는 특고압인 22.9kV의 전압을 수용가에서 사용하는 저압인 220/380V로 바꿔주는 역할을 한다. 수변전실 고유의 저음인 '우우웅'하는 소리의 원인이 바로 변압기가 내는 소리[28]이다. 이 소리의 원인은 변압기 내부에 철심이 떨리기 때문에 나는 것이다. 이 소리가 고르지 않거나 평소보다 듣기 싫은 소음이 나는 경우 변압기 내의 절연파괴 등 문제가 생긴 것이라고 전기안전관리자는 판단하고 빠르게 해결해야 한다. 변압기에 대한 자세한 것은 'Ⅱ의 03·2. 변압기가 전압을 바꾸는 원리는?'과 다음 내용 '3. 수변전시설의 변압기와 차단기, 그리고 시설기기의 수명은?'을 참고하자.

이어서 건물의 경우 각 층이나 공장의 경우 각 파트의 전력을 담당하고자 수변전실에도 저압배전반을 설치하는데 일반 배전반보다 훨씬 전력이 크고 버스바도 더 굵으며 여기에서 인출한 케이블도 굵다.

[28] 사람마다 매우 거슬릴 수 있는데 이 소리는 60Hz의 기본 주파수 외 고조파 파생으로 나는 저주파 소리로 소리 자체가 크지 않더라도 사람에게 불쾌감을 유발한다.

[29] 3상 전류의 합이 평형을 이루어야 하는데 불평형일 경우 불평형된 만큼의 오차가 나타난다. 이러한 오차를 영상전류(zero current)라고 한다. 영상전류는 중성선을 타고 흐른다.

[30] EPS실은 전력선들이 모여 있는 공간으로 일반인의 출입이 엄격히 제한되는 경우가 많다.

| 전기실 내부 저압배전함 |

보통 단상 220V의 차단기와 인출선이 있는 배전함과 달리 3상 4선식 220/380V는 그대로 인출되고 만일의 지락사고에 대비해 차단기 2차측에 영상변류기(ZCT)를 설치한다. 영상변류기는 영상전류[29]를 검출하여 이를 지락계전기(GR) 등을 통해 지락사고가 났음을 알려주는 장치이다.

이렇게 수변전실을 나온 전력은 케이블트레이를 타고 각 층에 위치한 EPS(Electric Pipe Space)실[30]로 간다. EPS실 안에는 수변전실에서 올라온 전력선들이 케이블트레이에 걸쳐 수직으로 있는 모습을 볼 수 있다. 보통 EPS실에 해당 층의 전력을 분배하기 위한 배전반도 함께 설치되어 있는 경우가 많다.

| EPS실 내부 케이블트레이와 전력선 |

4 수변전실의 면적, 높이, 최소 안전거리

건축주가 건물을 설계할 때 규모가 커서 자체적으로 수변전시설을 갖추게 될 경우 이를 위한 수변전실을 따로 만들어야 한다. 일반적으로 전기의 인입이 쉽고 각 층마다 배전선을 인출하기 쉬운 지하에 설치하는데 이때 침수로 인한 감전 및 지락사고 등에 대해 대비해야 한다. 아울러 수변전설비기기의 반입이나 출입이 쉬운 곳에 위치해야 한다.

수변전실의 면적을 구할 때는 강압전압에 의한 산정법과 건축용량에 의한 산정법이 있다. 먼저 강압전압에 의한 산정법은 다음과 같은 공식에 의해 산출된다.

$$S = k \times Tr^{0.7} [m^2]$$

위의 공식에서 S는 수변전실 추정 면적이며 단위는 $[m^2]$를 사용하고 k는 추정계수로 다음과 같은 기준을 따른다.

(1) **특고압에서 고압으로 변압하는 경우** : 1.7
(2) **특고압에서 저압으로 변압하는 경우** : 1.4
(3) **고압에서 저압으로 변압하는 경우** : 0.98

Tr은 변압기용량으로 [kVA]를 기준으로 식에 대입한다. 예를 들어 지중화 선로로부터 22.9kV의 특고압을 저압 220/380V로 받고자 2000kVA 용량의 변압기를 두는 수변전시설의 경우 다음과 같이 계산할 수 있다.

$$1.4 \times 2000^{0.7} = 286.318 ≒ 287 m^2$$

이를 평수로 나타내면 287에서 3.3을 나눈 값[31]인 86.969로 약 87평의 면적이 필요하다. 건축면적에 의한 산정법은 다음과 같은 공식에 의한다.

[31] [m²]를 '평'으로 환산할 때 3.3으로 나누어 준다.

$$S = 3.3\sqrt{Tr} \times a [m^2]$$

이때 S는 수변전실 추정 면적으로 단위는 $[m^2]$를 사용하고 Tr은 변압기용량으로 단위는 [kVA], a값은 수변전실의 면적을 구할 때 다음과 같은 기준을 따른다.

(1) **면적 6000m² 이하** : 2.66
(2) **면적 6000~1만m² 이하** : 3.55
(3) **면적 1만m² 이상** : 케이블의 경우 4.3
(4) **기타** : 5.5

수변전실높이는 일반적으로 실내에 설치되는 특고압수전 또는 변전기기의 경우 4.5m 이상, 고압의 경우는 3m 이상이 되어야 하고 불필요하게 높게 하지 않는 것이 중요하다.

| 기기배치 시 최소 안전거리 |

부위별 기기	앞면 또는 조작, 계측면[mm]	뒷면 또는 점검면[mm]	열 상호간 점검면[mm]	기타 면[mm]
특고압반	1700	800	1400	-
고압배전반	1500	600	1200	-
저압배전반	1500	600	1200	-
변압기 등	600	600	1200	1300

수변전실 내부에 설치되는 변압기나 배전반 등의 기기는 최소 안전거리(安全距離, separation distance)[32]가 있다. 유지보수 및 기기 교체를 대비하여 충분한 면적을 확보하는 것이 좋다.

[32] 이격거리라고 표현되기도 하는데 이는 일본식 한자어인 離隔距離(りかくきょり, 리카쿠쿄리)에서 그대로 가져온 것이다. 그러나 2023년에 개정된 한국 전기설비규정(KEC)의 주요 용어 표준화로 인해 '간격'으로 사용된다.

3 수변전시설의 변압기와 차단기, 그리고 시설기기의 수명은?

1 변압기 종류별 특징과 용량산정

변압기(變壓器, transformer)는 전자기유도현상을 이용하여 전압을 높이거나 낮추는 장치로 수변전시설 중에 가장 중요한 전기기기이다. 사실 전기의 각종 보호장치가 인체의 감전이나 화재를 방지하는 목적도 있지만 무엇보다도 이 변압기를 보호하기 위한 장치들이 많다.

(a) 유입변압기

(b) 몰드변압기

(c) 건식변압기

| 변압기의 종류 |

보통 유입변압기, 몰드변압기, 건식변압기 중에서 수변전실에 알맞은 변압기를 선정한다. 변압기를 선정할 때는 경제성, 보수의 효율화, 장래의 증설할 공간 및 설치환경을 종합적으로 고려해야 한다. 변압기의 종류별 특징은 다음과 같다.

| 변압기의 종류별 특징 |

변압기 종류	특징
유입변압기	가장 흔한 방식의 변압기로 변압기 철심에 감은 코일을 절연유를 이용해 절연[33]한 변압기이다. 비교적 유지·보수 및 점검이 쉬운 편이고 부속장치도 간단하다. 내습성, 절연강도 및 가격 면에서 가장 유리하다.
몰드변압기	일반 사무용 건물에서 많이 사용하는 방식으로 변압기 권선을 에폭시수지에 의해 침투시키고 그 주위를 다시 기계적 강도가 큰 에폭시수지로 몰딩한 변압기이다. 가격은 비싼 편이지만 화재예방, 에너지 절약, 내습성, 유지·보수 및 점검에 가장 유리하다.
건식변압기	변압기 코일을 유리섬유 등의 내열성 높은 절연물을 처리한 절연[34]변압기로 절연유가 없으므로 폭발, 화재의 위험이 없고 유지·보수, 점검이 유리하다. 그뿐 아니라 유입식에 비해 크기가 작고 가벼워 큐비클 내에 설치하기가 쉽다.

[33] 절연등급 A종으로 허용하는 최고 온도는 105°C이다.

[34] 절연등급 H종으로 허용하는 최고 온도는 180°C이다.

| 소형 3상 유입변압기의 내부 절연유와 철심의 모습 |

아울러 변압기용량을 구하는 것은 매우 중요하다. 왜냐하면 부하설비에 비해 변압기용량이 적다면 제대로 전력을 사용하기 어려울 것이고 부하용량에 비해 변압기용량이 크다면 불필요한 경제적 손실[35]이 발생한다. 참고로 변압기용량은 수전설비용량[36]이나 변전설비용량과 같다. 한편 표준부하를 통해 건물의 용도에 따른 수전설비용량을 구하는 방법이 있다. 총 수전설비용량은 다음과 같은 공식에 의해 산출한다.

[35] 가장 싸다고 하는 유입변압기의 경우 업계 최저가 기준이 100kVA 제품의 가격이 190만 원, 1000kVA의 가격이 700만 원 수준(부가가치세 제외)이다. 여기에서 운반비, 설치비 등을 포함하면 가격이 크게 올라간다.

[36] 수전설비용량을 수용설비용량, 수전용량, 설비용량 등으로 표기하는 경우도 많다.

$$수전설비용량[VA] = PA + QB + C$$

위의 공식에서 P는 건물 전체면적(㎡)으로 표준부하를 이용하고, Q는 부분 전체면적(㎡)으로 부분부하를 이용한다. A는 표준부하, B는 부분부하, C는 가산부하로 모두 피상전력으로 단위는 [VA]를 사용한다. 이에 표준부하와 부분부하는 다음과 같이 구분한다.

건축물의 종류	표준부하[VA/㎡]
공장, 공회당, 사원, 교회, 극장, 영화관, 연회장 등	10
기숙사, 여관, 호텔, 병원, 학교, 음식점, 다방, 대중목욕탕	20
사무실, 은행, 상점, 이발소, 미용실	30
주택, 아파트	40[37]
건축물의 종류	부분부하[VA/㎡]
복도, 계단, 세면장, 창고, 다락	5
강당, 관람석	10

[37] 본래는 없던 규정이었으나 한국전기설비규정에 따라 새롭게 분리되었다.

여기에 옥외의 광고등, 전광사인, 네온사인, 극장 및 댄스홀의 무대조명, 영화관 등의 특수조명 부하의 경우 해당하는 VA수를 가산부하[38]로 더해주면 된다. 이렇게 해서 수전설비용량이 구해지면 변압기용량을 결정할 때는 다음과 같은 공식을 따른다.

$$변압기용량[kVA] = \Sigma\left(\frac{P_n \times \beta_n}{\eta \cos\theta}\right) \times (1+\alpha)$$

[38] 상점의 진열창 같은 경우에는 진열창 폭 1m에 대해 300VA씩 더해준다.

여기에서 P_n은 수전설비용량을 말하고 단위는 [kVA]를 사용한다. 그 외는 다음과 같다.

구분	수용률(β)	역률($\cos\theta$)	효율(η)	여유율(α)
저압	β_1 : 0.1 β_2 : 0.6 β_3 : 0.7	0.95	0.85	0.1~0.2

위의 표에서 β_1는 간헐적으로 운전되는 설비, β_2는 불연속적으로 운전되는 설비, β_3는 상시 가동되는 설비를 사용할 때 적용한다.

2 차단기의 종류별 특징

만일 전기사고가 날 경우 전류를 차단해야 더 이상 사고가 확대되지 않는데 이때 사용하는 것이 차단기(遮斷器, circuit breaker)이다. 특히 차단기의 역할을 알아두는 것은 매우 중요한데 차단기는 회로에 전류가 흐르고 있는 부하상태에서 그 회로를 개폐한다든지 또는 차단기 부하측에서 단락사고 및 지락사고가 발생했을 때 신속하게 회로를 차단하여 회로에 접속된 전기기기 및 전선류를 보호하고 안전하게 유지하는 역할을 한다. 수변전실에서 사용하는 차단기는 우리가 보통 알고 있는 차단기보다 훨씬 크고 차단용량도 높다. 각기 다른 특징을 가지고 있으므로 용도에 맞게 차단기를 설치하면 된다.

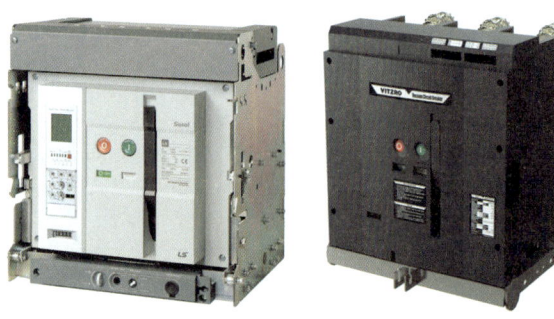

| 수변전실 저압부분의 기중차단기(ACB)와 고압부분의 진공차단기(VCB) |

먼저 차단기의 종류와 약호, 아크제거매체, 적용할 수 있는 전압은 다음과 같다.

| 차단기의 종류 및 약호, 아크제거매체, 적용 전압 |

종류	약호 및 원어	아크제거매체	적용 전압
기중차단기	ACB(Air Circuit Breaker)	대기 중 공기	3.3kV 이하
자기차단기	MBB(Magenetic Blast circuit Breaker)	전자력	3.3~15kV
진공차단기	VCB(Vacuum Circuit Breaker)	진공상태	3.3~36kV
유입차단기	OCB(Oil Circuit Breaker)	절연유	3.3~350kV
가스차단기	GCB(Gas Circuit Breaker)	육불화황(SF_6)	3.3~550kV
공기차단기	ABB(Air Blast circuit Breaker)	압축공기	10~750kV

차단기는 전류를 안전하게 통과시키면서 고장이 발생하면 신속하게 차단시키는 것이 가장 중요하다. 회로를 분리하는 목적으로 사용하는 전기기기는 단로기(DS)와 차단기(CB)가 대표적이다. 단로기(斷路器, DS ; DiSconnector)는 부하가 없는 무부하상태에서만 차단이 가능한 반면 차단기는 부하가 있어도 차단이 가능하다. 특히 단로기는 차단기와 달리 회로의 분리를 시각적으로 확실히 볼 수 있다는 장점이 있다. 따라서 차단

기로 전류를 끊었다고 판단해도 물리적으로 회로를 끊어주는 단로기로 회로를 분리해야 확실하게 전류가 흐르지 않음을 알 수 있다.

그런데 부하가 있는 상태 즉, 대전류가 흐르는 중에 차단기를 통해 전류를 차단시키게 되면 반드시 아크[39]가 발생하게 되고 결국 이 아크를 제거하는 것[40]이 가장 중요하다. 아크는 차단기의 접점 부위의 절연을 파괴할 수 있고 차단기 조작 시 감전은 물론 인체에 화상을 입힐 수 있기 때문에 매우 위험하다. 또한 아크를 직접 볼 경우 시력에 매우 안 좋은 영향을 끼치게 된다. 이는 매우 중요한 사실이다. 그래서 수변전실에서 회로를 분리할 때 반드시 차단기를 통해 전류를 차단하고 그 후 단로기를 통해 회로를 분리해야 한다. 마찬가지로 회로에 전류를 다시 투입(reclosing circuit)[41]을 할 때는 단로기부터 접속을 하고 차단기를 통해 전류를 통전시켜야 한다.

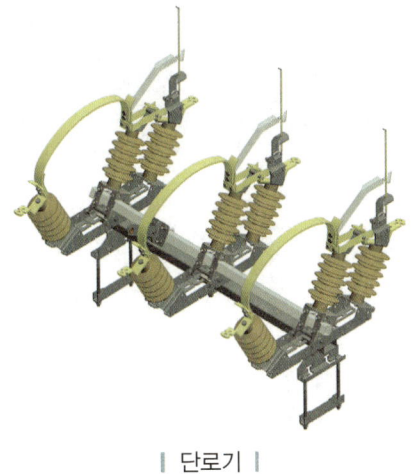

| 단로기 |

| 아크를 일으켜 사용하는 전기용접기 |

특히 이는 저압보단 고압에서 더욱 중요하며 아크를 제거하는 매체에 따라 차단기의 종류가 구분이 된다. 차단기는 크게 저압계통에서 사용하는 차단기와 고압에서 사용하는 차단기로 구분[42]할 수 있다.

(1) 저압에서 사용하는 차단기

저압에서 사용하는 차단기는 기중차단기(ACB)와 자기차단기(MBB)[43]로 구분한다. 기중차단기(氣中遮斷器, ACB ; Air Circuit Breaker)는 전류를 차단할 때 생기는 아크를 대기 중 공기를 이용해서 제거한다. 저압에서 용량이 200A 이상인 경우 사용하기를

[39] 두 전극 사이에 강력한 불꽃 방전이 일어나는데 이 불꽃 방전을 아크(arc)라고 한다. 아크의 특성상 매우 강한 빛인 유해광선과 열을 발산하고 10~500A의 아크전류가 흐른다. 이러한 아크를 이용한 대표적인 것이 바로 전기용접기이다.

[40] 이를 소호(消弧, extinguishing arc)라고 표현하는데 일본식 한자어 표현으로 한전에서는 '아크제거'라는 단어로 사용하기를 추천한다.

[41] 본래 현장에서 재폐로라고 일본식 한자어인 再閉路(さいへいろ, 사이헤이로)를 많이 사용했으나 2023년에 개정된 한국전기설비규정(KEC)의 주요 용어 표준화로 인해 '재연결'로 사용된다.

[42] 전압의 종류에 따라 칼같이 구분하는 것은 아니고 통상 사용용도에 따라 구분하는 것이다.

[43] 약자를 MBCB라고 표기하는 경우도 있다.

Ⅲ. 수변전시설의 활용 303

추천[44]하며 차단기 자체 절연물질을 이용해서 차단을 한다. 보통 큐비클의 저압 간선 메인 스위치로 사용하는 경우가 많다. 기중차단기의 가장 큰 장점은 대용량 차단에서도 유리하지만 보호계전기와 연계가 가능해서 과전류나 과전압, 부족전압에서의 활용과 단락 및 지락사고 시에도 사용이 가능하므로 신뢰성이 좋다.

자기차단기(磁氣遮斷器, MBB ; Magnetic Blow-out circuit-Breaker)는 차단할 때의 아크를 아크차단전류와 자기장 사이의 전자력으로 아크제거실로 끌어들여 아크를 제거한다. 전류재단현상(chopping)에 의한 고전압 발생이 없고 주파수에 영향이 없으며 직류 사용이 가능하다. 아울러 화재위험도 없고 구조가 간단하여 보수점검이 쉬운 편이다.

(2) 고압에서 사용하는 차단기

고압에서 사용하는 차단기는 진공차단기(VCB), 유입차단기(OCB), 가스차단기(GCB), 공기차단기(ABB)가 있다.

진공차단기(眞空遮斷器, VCB ; Vacuum Circuit Breaker)는 공기가 없는 진공상태에서 절연내력이 매우 높은 것을 응용하여 고진공의 그릇 속에서 전류를 차단하고 아크를 제거한다. 현재 수변전실의 고압부분에서 가장 흔하게 사용하는 것으로 크기가 작고 가볍다. 고속으로 회로의 개폐가 가능하고 차단 성능이 우수하며 저소음에 수명도 길다. 아울러 화재의 우려가 없기 때문에 안전하지만 고진공상태를 유지해야 하고 회로를 열고 닫을 때 이상전압이 발생하기 쉽다.

| 외국에서 사용 중인 유입차단기와 가스차단기 |

유입차단기(油入遮斷器, OCB ; Oil Circuit Breaker)[45]는 유입변압기와 비슷하게 절연유 자체가 아크를 제거한다. 보다 자세히 알아보면 아크에 의해 절연유가 분해되고 이때 메탄, 아세틸렌 등과 함께 대량의 수소가스가 발생한다. 이 수소가스의 강력한 냉각

---

[44] 200A 이상에 사용하더라도 비상발전기나 매우 큰 전동기, EPS실 배전반 등과 같은 경우에 다른 계전기와 협조할 필요가 없을 때 굳이 기중차단기를 사용하지 않고 몰드로 만들어진 배선차단기를 사용하는 경우가 많다.

[45] 오일차단기라고도 한다.

작용에 의해 아크가 제거된다. 하지만 절연유의 열화로 인한 화재위험을 비롯해 성능 저하, 보수의 어려움 등으로 현재 생산이 중단되어 거의 사용하지 않는다.

가스차단기(GCB ; Gas Circuit Breaker)는 수변전실보다는 발전소나 변전소와 같은 거대 용량의 전류를 차단할 때 사용하는 것으로 절연내력이 우수한 육불화황(SF_6) 가스를 이용하여 아크를 제거한다. 거대 용량의 전류를 차단하는 것에 비해 비교적 적은 면적에 설치가 가능하고 외부로 노출되어 있지 않고 밀봉되어 있어 기후, 먼지, 증기, 염분피해(염해) 등으로부터 피해가 없다. 아울러 소음이 적고 아크 제거 후 절연회복이 빠르다는 장점을 가지고 있다.

공기차단기(空氣遮斷器, ABB ; Air Blast circuit Breaker)는 기중차단기와 비슷하게 공기를 이용하지만 압축공기를 이용해서 아크를 제거한다는 점이 다르다. 공기는 압력이 $7kg/cm^2$ 정도가 되면 절연유와 거의 같은 절연내력을 가지게 된다. 이를 응용해서 $10\sim30kg/cm^2$의 압축공기를 차단부에 뿜어서 아크를 제거하는 것으로 고압에서도 사용이 가능하다. 화재위험도 없고 전류크기와 관계없이 아크제거력이 일정하고 차단성능이 유리하다. 그리고 개폐빈도가 많은 장소에서 사용해도 좋고 구조가 간단하기에 수리나 점검이 용이하다. 하지만 공기 배출 시 순간적으로 소음이 발생하고 공기 저장용 고압용기가 필요하며 또한 이 고압용기에서 압축공기 누설을 유의해서 관리해야 한다. 현재는 많이 사용하지 않는다.

3 수변전실 차단기 용어

수변전실에서 사용하는 차단기에는 여러 가지 용어가 적혀 있는데 그 용어는 다음과 같은 뜻을 가지고 있다.

(1) 정격전압

전선로를 대표하는 선간전압을 공칭전압이라 하고 전선로에 통상 발생하는 최고의 선간전압을 최고전압[46]이라 한다. 그리고 차단기에 부과할 수 있는 사용회로 전압의 상한값인 계통 최고의 공칭전압을 선간전압의 실효값으로 나타낸 것을 정격전압[47]이라고 한다. 이들은 다음과 같다.

[46] 최고전압
=공칭전압 $\times \frac{1.15}{1.1}$

[47] 정격전압
=공칭전압 $\times \frac{1.2}{1.1}$

| 차단기의 공칭전압, 최고전압, 정격전압 |

공칭전압[kV]	최고전압[kV]	정격전압[kV]
3.3	3.4	3.6
6.6	6.9	7.2
22.9	23.8	25.8

공칭전압[kV]	최고전압[kV]	정격전압[kV]
66	69	72.5
154	161	170
345	360	362

(2) 정격전류(I_n)

정격전압 및 정격주파수에서 일정한 온도 상승의 한도를 초과하지 않고 차단기에 흘릴 수 있는 전류의 한도를 말한다. 정격전류의 단위는 [A]이고 이를 구하기 위한 공식은 다음과 같다.

$$I_n = \frac{P}{\sqrt{3}V\cos\theta}[A]$$

(3) 정격차단전류(I_s)

정격차단전류는 단락전류라고도 한다. 정격전압 및 정격주파수에서 규정된 표준 동작책무 및 동작상태에 따라 차단할 수 있는 차단전류의 한도인 교류전류의 실효값이다. 이를 구하는 방법은 크게 옴법과 퍼센트 임피던스법으로 2가지가 있다. 먼저 옴법(Ohm's method)을 통한 정격차단전류(I_s)는 다음과 같이 구한다.

$$I_s = \frac{E}{Z_g + Z_t + Z_l} = \frac{E}{Z}[A]$$

위의 식에서 E는 고장점에서의 고장 직전의 상전압으로 단위는 [V]를 사용한다. 그리고 Z_g는 전압 E를 기준으로 한 발전기 임피던스, Z_t는 변압기 임피던스, Z_l은 선로 임피던스로 단위는 모두 [Ω]을 사용한다.

퍼센트 임피던스법(percent impedance method)은 다음과 같이 구한다.

$$\%Z = \frac{ZP}{10V^2}$$

위의 식에서 $\%Z$는 퍼센트 임피던스값으로 단위는 [%]이다. Z은 임피던스값으로 단위는 [Ω], P는 기준용량으로 단위는 [VA], V는 공칭전압으로 단위는 [V]이다. 그러나 일반적으로 용량이 전압에 비해 큰 단위이므로 기준용량 단위로 [MVA]를 많이 사용하고 공칭전압에서도 [kV]를 사용한다.

따라서 이에 맞게 단위를 잘 보고 계산을 해야 한다.

이렇게 퍼센트 임피던스값을 구했으면 정격차단전류는 다음과 같이 구한다.

$$I_s = \frac{100}{\%Z} I_n [A]$$

위의 식에서 I_s는 정격차단전류로 단위는 [A]이다. %Z은 퍼센트 임피던스값으로 단위는 [%][48], I_n은 정격전류로 옴의 법칙에 의해 구한 공식[49]으로 나온 전류값이다.

(4) 정격차단용량(P_s)

정격차단용량을 단락용량이라고도 한다. 이는 고장전류[50] 차단기가 안전하게 차단할 수 있는 능력을 말한다.

정격차단용량을 구하는 방법은 다음과 같다.

$$P_s = \sqrt{3} \times 정격전압 \times 정격차단전류$$

위의 공식은 직관적으로 구할 수 있어 간단하지만 전압은 공칭전압이 아닌 정격전압이다. 그리고 주의할 것은 정격전압의 단위를 [kV], 정격차단전류의 단위를 [kA]로 환산해서 정격차단용량의 단위를 [MVA]로 구해야 한다.

예를 들어 수전전압이 22.9kV이고 3상 단락전류가 1만A의 수전용 차단기의 단락용량은 다음과 같다.

$$P_s = \sqrt{3} \times 25.8 \times 10 = 446.87 \text{MVA}$$

본래 공칭전압이 22.9kV이지만 정격전압이 25.8kV이므로 이를 대입한다. 그리고 1만A를 [kA]로 환산하면 10kA가 되므로 10을 대입한다.

이후 계산하면 446.87MVA가 된다.

또 다른 방법으로 퍼센트 임피던스법을 이용해 구할 수 있는데 이는 다음과 같은 공식을 이용한다.

$$P_s = \frac{100}{\%Z} P_n [kVA]$$

위의 식에서 P_s는 정격차단용량으로 단위는 [kVA]이다. %Z는 퍼센트 임피던스값으로 단위는 [%], P_n은 기준용량으로 단위는 [kVA]가 된다. 그러나 정격차단용량 단위를 [MVA]로 할 경우 똑같이 통일하여 기준용량 역시 [MVA]로 환산해야 한다.

---

48 — 보통 계산할 때 퍼센트값은 백분율 개념으로 50%이면 0.5로 사용하지만 위의 공식에서는 50을 그대로 대입해서 계산해야 한다.

49 — 3상 기준 정격전류 I_n은 다음과 같이 구한다.

$$I_n = \frac{P}{\sqrt{3}V\cos\theta} [A]$$

여기서,
P : 기준용량[W]
V : 공칭전압[V]
$\cos\theta$: 역률[%]

50 — 단락전류, 지락전류, 과부하전류 등을 말한다.

(5) 정격단시간전류

회로의 규정조건에 따라 차단기에 전류를 1초 동안 흘렸을 때 이상이 발생하지 않는 최대전류의 한도인 교류전류의 실효값이다. 이때 최대 파고값의 크기는 정격의 2.5배를 표준으로 한다.

(6) 정격차단시간

정격전압 및 정격주파수에서 규정된 표준동작책무 및 동작상태에 따라 차단할 때의 차단시간 한도로서 트립코일이 여자될 때부터 아크가 소호될 때까지의 시간[51]을 말한다.

4 수변전시설 기기의 정기점검 및 교체주기

전기설비는 영구적이지 않고 성능을 보장하기 위한 기대수명이 있다. 그래서 시간이 경과함에 따라 기대수명이 줄어들어 신뢰도가 낮아지므로 노후설비로 인해 전기사고를 예방해야 한다. 특히 특고압을 수전 받는 수변전시설의 경우 이러한 기대수명에 맞게 교체 및 정기적인 점검을 통해 대형 전기사고를 예방하는 것이 중요하다. 따라서 각종 수변전시설 기기의 정기점검 및 교체주기에 대해 알아보도록 하자.

주요 기기	정기점검 주기연수										정기점검			교체추천 시기
	1	2	3	4	5	6	7	8	9	10	특별	보통	정밀	
가스절연개폐기						○					이상 차단	6년	12년	20~25년
고·저압 배전반	○	○	○		○		○				–	2년	–	15~20년
감시반, 계전기반	○		○	○		○		○			–	2년	–	15~20년
유입차단기		○		○		◎		○		○	이상 차단	2년	6년	15~20년
진공차단기			○			◎		○			이상 차단	3년	6년	15~20년
가스차단기			○			◎		○			이상 차단	3년	6년	15~20년
기중차단기			◎			◎					이상 차단	–	3년	15~20년
배선차단기	○	○	○	○	○						–	1년	–	10~15년
누전차단기	○	○	○	○	○						–	1년	–	10~15년
특고압 단로기			○			◎		○			–	3년	6년	15~20년
기중부하개폐기			○			◎		○			–	3년	6년	10~15년
고압접촉기[52]		○			◎			◎		○	잦은 개폐	2년	4년	10~15년
전자접촉기			◎			◎			◎		잦은 개폐	–	3년	10~15년
피뢰기	○	○	○	○	○						–	2년	–	10~15년
유입형 변성기	○	○	○	○	○						–	2년	–	10~15년
몰드형 변성기	○	○	○	○	○	○	○				–	1년	–	15~20년

---

51 개극시간+아크시간
- 개극시간(contact parting time) : 차단기가 닫혀 있을 때 트립기구가 동작한 순간부터 아크접촉자 또는 주접촉자가 열리기 시작하는 시간을 말한다.
- 아크시간(arc time) : 차단기의 아크접촉자가 열리는 시간부터 모든 극의 전류가 차단되는 순간까지를 말한다. 여기서 아크(arc)란 고압 전압에서 발생하는 밝은 전기 불꽃을 말한다.

52 본래 이름은 고압진공전자 접촉기(VCS, Vacuum Contactor Switch)이다.

주요 기기	정기점검 주기연수										정기점검			교체추천 시기
	1	2	3	4	5	6	7	8	9	10	특별	보통	정밀	
콘덴서 PT	○		○		○		○				–	2년	–	15~20년
전력퓨즈	○	○	○	◎	◎	○	○	○	○	◎	차단 발생	1년	5년	7~10년
전력용 커패시터	○	○	○	◎	◎	○	○	○	○		–	2년	7년	10~15년
유입변압기	○	○	○	◎	○	○	○	○	○	○	–	1년	6년	15~20년
몰드변압기	○	○	○	◎	◎	○	○	○	○	○	–	1년	6년	15~20년
보호계전기		○			◎		○				–	2년	6년	10~15년
특고압 모선	○		○		○		○				–	2년	–	15~20년

[비고] ○ : 보통점검, ◎ : 정밀점검

위의 표에서 ○는 보통점검, ◎는 정밀점검을 말한다. 특별점검은 해당 사항이 될 때 하는 것을 말한다. 그리고 표 오른쪽 끝단의 교체추천시기는 정밀점검주기를 계획적으로 수행했을 때의 연수이다. 전기안전관리자의 주기적 점검관리 미흡으로 발생되는 수변전시설 기기의 열화적 잔존 수명은 급격히 떨어지게 된다. 또한 수변전시설 기기의 잔존 수명도 사용 상황과 환경에 따라 크게 좌우된다. 표 내용과는 별개로 전선, 케이블의 경우 30년 정도를 수명[53]으로 보고 있다.

4 수변전도를 보는 방법은?

전기실에서 하는 핵심업무가 수변전시설 관리이다 보니 업무를 위해서는 수변전도를 보고 이해할 수 있어야 한다.[54]

(1) 한전과 수용가의 분기점이 되는 곳이 인입구[55]이다. 인입선을 지중으로 시설하는 경우 고장이나 사고가 발생했을 때 정전피해가 클 것을 대비해 예비지중선을 포함해서 2회선으로 시설하는 것이 바람직하다. 지중인입선의 경우 22.9kV-Y 계통은 CNCV-W케이블[56] 또는 TR CNCV-W[57]를 사용해야 한다. CNCV란 Concentric Neutral Cross linked poly ethylene insulated Vinyl sheathed cable의 약자로 배전선에 중성선이 있기에 CNCV라고 하는 것이다. 다만 전력구, 공동구, 덕트, 건물구내 등 화재의 우려가 있는 장소에서는 FR-CNCO-W[58]를 사용한다.

(2) 단로기[59] 대신 자동고장 구분개폐기(ASS)[60]를 사용할 수 있으며 전압이 66kV 이상인 경우는 선로개폐기[61]를 사용한다. 단로기와 선로개폐기의 차이점은 단로기는 각 상별로 개폐가 가능하나 선로개폐기는 3상을 동시에 개폐가 가능하다.

---

[53] 우리나라는 케이블 도입 역사가 길지 않아 수명의 한 주기가 아직 도래하지 않은 경우가 많다. 그러나 케이블 도입 역사가 빠른 일본의 경우 케이블 역사를 20년으로 보고 10년 사용 이후 남은 10년간은 집중적인 감시사용기간으로 두고 2년마다 케이블 상태를 정밀하게 진단하여 관리한다.

[54] 특히 전기기사 실기에서 수변전 자체를 시험과목 중 하나로 다룰 만큼 중요하니 이해와 암기가 필요하다.

[55] 사고 발생 시 책임분계점이다.

[56] 동심 중성선 수밀형 전력케이블을 말한다.

[57] 동심 중성선 수분침투 균열 억제형 전력케이블을 말한다.

[58] 동심 중성선 수밀형 저독성 난연 전력케이블을 말한다.

[59] DS ; Disconnecting Switch

[60] 7000kVA 초과 시는 자동선로 구분개폐기(sectionalizer) 사용한다.

[61] LS ; Line Switch

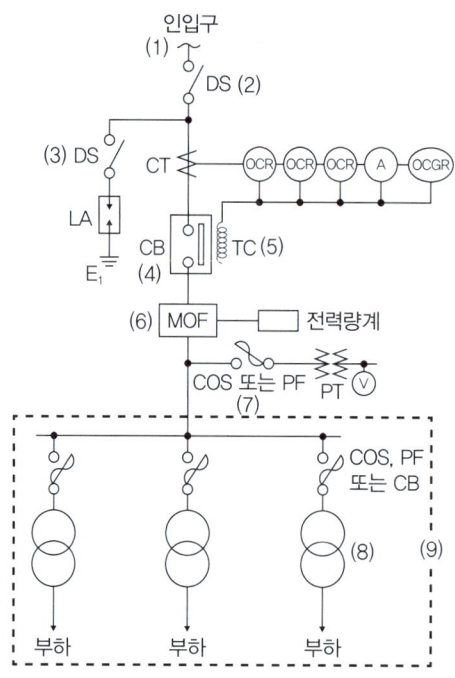

| 차단기 1차측에 계기용 변류기(CT), 차단기 2차측에 계기용 변압기(PT)를 시설한 경우 수변전도 |

62 LA ; Lightening Arrester

63 피뢰기 디스커넥터(disconnector)는 피뢰기에 과부하가 걸리거나 피뢰기 내부 고장이 발생하면 피뢰기의 접지측 단자가 저절로 개방되면서 상용주파수 전압에 의한 지락 사고를 방지하기 위한 장치이다.

64 CB ; Circuit Brake

65 TC ; Trip Coil

66 OCR ; Over Current Relay

67 OCGR ; Over Current Ground Relay

68 PT ; Potential Transformer

69 CT ; Current Transformer

70 MOF(Metering Out Fit)는 상표이름이 고유명사로 된 것이다. 본래 영어 약자로 PCT를 사용하지만 현재는 잘 사용하지 않는다.

71 COS ; Cut Out Switch

72 PF ; Power Fuse

(3) 피뢰기^{62}용 단로기(DS)는 생략이 가능하며 22.9kV-Y용의 피뢰기는 디스커넥터(disconnector)^{63} 또는 아이솔레이터(isolator) 붙임형을 사용해야 한다.

(4) 차단기^{64}의 동작시간은 트립코일(TC)의 여자로부터 아크의 소호까지로 3~8cycle/sec이다. 차단기의 트립전원은 직류(DC) 또는 콘덴서방식(CTD)이 바람직하며 66kV 이상의 수변전설비는 직류(DC)만 가능하다.

(5) 트립코일^{65}은 과전류계전기^{66}나 과전류지락계전기^{67}의 이상전류 검출 시 여자되어 차단기를 작동시킨다.

(6) 일반적으로 특고압으로 들어오는 전압을 그대로 계측, 제어하기 어려우므로 주회로의 전압이나 전류를 작은 전기량으로 변성해야 할 필요가 있다. 이때 특고압과 같은 고전압을 저전압인 110V로 변환시켜 주는 장치를 계기용 변압기^{68}라고 하고 대전류를 소전류인 5A로 바꾸어 주는 것을 계기용 변류기^{69}라고 한다. 이러한 것을 통틀어 계기용 변성기(MOF)^{70}라고 한다. 계기용 변성기의 용량을 정격 부담이라 하며 이는 정격 2차 전압에서 부하로 소비되는 피상전력(VA)으로 표시한다. 정격부담의 종류는 10VA, 15VA, 25VA, 50VA, 100VA, 200VA, 500VA가 있다.

(7) 컷아웃스위치^{71} 및 전력퓨즈^{72}를 일반적으로 고압퓨즈라고 한다. 이는 고압회로

의 과전류로부터 보호를 목적으로 설치되며 퓨즈에 과전류가 흐를 때 그 자신의 발생열로 용단하여 회로를 차단한다. 컷아웃스위치는 300kV까지 사용이 가능하고 그 이상은 전력퓨즈를 사용한다.

(8) 변압기[73]이다. 자세한 내용은 '01의 3·**1** 변압기 종류별 특징과 용량산정'을 참고하자.

(9) 해당 부하에 맞게 놓는다. 일상적으로 사용하는 상시부하와 정전이나 화재 등 전력사고 시 사용하는 비상부하로 분할하고 비상부하는 비상발전기와 연결되도록 한다.

[73] Tr ; Transformer

| 수변전설비 기기의 약호, 원어, 명칭, 심벌 |

약호	원어	명칭	심벌
ALTS	Automatic Load Transfer Switch	자동부하전환개폐기	
ASS	Automatic Section Switch	자동고장구분개폐기	
LBS	Load Breaker Switch	부하개폐기	
PF	Power Fuse	전력퓨즈[74]	
MOF	Metering Out Fit	계기용 변압변류기[75]	MOF
PT	Potential Transformer	계기용 변압기[76]	
CT	Current Transformer	계기용 변류기[77]	
VCB	Vacuum Circuit Breaker	진공차단기	
VCS	Vacuum Contactor Switch	고압진공전자접촉기	
VTS	Vacuum Transfer Switch	진공전환개폐기	
OCR	Over Current Relay	과전류계전기[78]	OCR
OCGR	Over Current Ground Relay	지락과전류계전기	OCGR
OVR	Over Voltage Relay	과전압계전기	OVR
UVR	Under Voltage Relay	부족전압계전기	UVR
POR	Phase Open Relay	결상계전기	POR
COS	Cut Out Switch	컷아웃스위치[79]	
TR	Transformer	변압기	
ACB	Air Circuit Breaker	기중차단기	
ATS	Auto Transfer Switch	자동전환개폐기	

[74] 고장전류를 차단하여 계통으로 파급 방지한다.

[75] PT와 CT를 하나의 함 내부에 설치한다. 고전압을 저전압으로, 대전류를 소전류로 변압, 변류하여 전력량계에 공급한다.

[76] 고전압을 저전압(110V)으로 변압하여 계기나 계전기에 공급한다.

[77] 대전류를 소전류(5A)로 변류하여 계기나 계전기에 공급한다.

[78] 과전류에서 동작하는 계전기이다.

[79] 과부하전류로부터 변압기 1차 권선을 보호하고, 사고가 발생할 때 과전류를 차단한다.

약호	원어	명칭	심벌
SC	Static Condenser	진상용 콘덴서 (전력콘덴서)[80]	
SR	Series Reactor	직렬리액터[81]	
SPD	Serge Protective Device	서지보호기	
APFC	Automatic Power Factor Controller Relay	자동역률조정기	APFCR
MCCB	Molded Case Circuit Breakers	배선용 차단기	
MC	Magnetic Contactor	전자접촉기	
EOCR	Electronic Overload Relay	전자과부하릴레이	EOCR
ELD	Earth Leakage Detector	누전경보기	ELD
ZCT	Zero Phase Current Treansformer	영상변류기[82]	
LA	Lightning Arressters	피뢰기[83]	
SA	Surge Absorber	서지흡수기	
ELCB	Earth Leakage Circuit Breaker	누전차단기	
KW	Kilo Watt Meter	적산전력계	kW
WM	Watt Hour Meter	전력량계[84]	WHM
AM	Ampere Meter	전류계[85]	A
VM	Volt Meter	전압계[86]	V
FM	Frequency Meter	주파수계	Hz
PFM	Power Factor Meter	역률계	PF
Vo	Zero Phase Sequence Voltmeter	영상전압계	Vo
OVGR	Over Voltge Ground Relay	과전압지락계전기	OVGR
VS	Voltage Switch	전압전환개폐기	
AS	Ampere Switch	전류전환개폐기	
PTT (VTT)	PT(Voltaqge) Test Terminal	전압시험단자	
CTT (ATT)	AT(Ampere) Test Terminal	전류시험단자	
GPT	Ground Potential Transformer	접지변압기(접지형 계기용 변압기)	
REC	Rectifier Unit	정류기	REC
AVR	Automatic Voltage Reactor	자동전압조정기	AVR
DC	Discharging Coil	방전코일[87]	
TC	Trip Coil	트립코일[88]	

[80] 진상 무효전력을 공급하여 역률 개선을 한다.

[81] 제5고조파 전류 확대 방지 및 콘덴서를 투입할 때 돌입전류를 억제한다.

[82] 지락사고가 발생할 때 지락전류를 검출하여 지락계전기에 공급한다.

[83] 이상전압이 침입할 때 전하를 대지로 방전하고 속류를 차단한다.

[84] 전력을 측정하는 계기이다.

[85] 전류를 측정하는 계기이다.

[86] 전압을 측정하는 계기이다.

[87] 콘덴서의 잔류전하를 방전시키는 일을 한다.

[88] 사고가 발생할 때 여자되어 차단기를 동작시킨다.

약호	원어	명칭	심벌
CH	Cable Head	케이블헤드[89]	
UPS	Uninterruptible Power Supply	무정전전원장치	UPS
CLR	Current Limit Resistor	한류저항기	
DS	Disconnecting Switch	단로기[90]	
CB	Circuit Breaker	차단기[91]	
GR	Ground Relay	지락계전기[92]	GR

[89] 고압케이블의 단말과 가공(지중)전선의 접속 지점을 말한다.

[90] 무부하에서 회로를 개방한다.

[91] 부하전류를 개폐하고 고장전류를 차단한다.

[92] 지락사고가 발생할 때 지락전류로 동작하는 계전기이다.

5 간이수변전시설이란?

앞서 언급한 수변전도는 정식으로 수변전시설을 갖출 때의 모습이다. 그런데 모든 수변전시설을 위의 기준에 맞게 설비할 필요는 없다. 오히려 무리하게 많은 것을 갖추다 보면 이에 대한 설비비용, 시공비용뿐만 아니라 추후 관리 시에도 유지비용이 많이 든다. 따라서 수변전시설에서 중요한 것만 갖춘 소규모의 시설을 간이수변전시설이라고 한다.

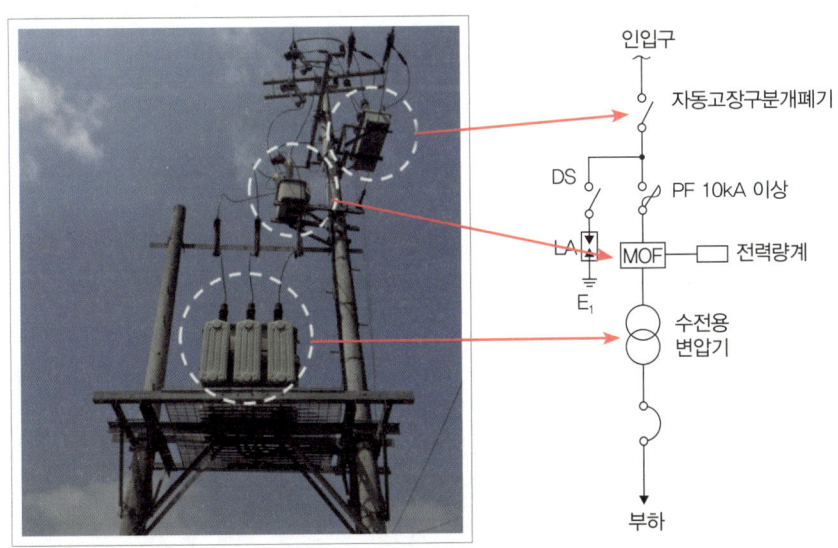

| 가공으로 된 간이수변전시설과 수변전도 |

Ⅲ. 수변전시설의 활용

변압기용량이 1000kVA 이하인 경우는 간이수변전시설을 갖추면 된다.

간이수변전도를 살펴보면 크게 자동고장구분개폐기(ASS)와 전력수급용 계기용 변성기(MOF)[93], 그리고 변압기로 구성되어 있다. 그런데 변압기용량이 300kVA 이하의 경우 자동고장구분개폐기 대신 기중부하개폐기(인터럽트스위치, INT.SW)로 대체가 가능하다. 아울러 전력퓨즈(PF)대신 컷아웃스위치(COS)를 사용할 수 있다. 사진에 표기된 가공으로 된 간이수변전시설은 농사용으로 대용량 전력을 사용하는 곳이다. 농사지역에 굳이 지중으로 수변전시설을 갖출 필요는 없지만 사람이나 쥐, 뱀과 같은 동물로부터 충분한 간격(이격)[94]이 있어야 하기에 높게 설치해야 한다. 지면에 설치할 경우는 방호울타리를 반드시 설치해야 한다. 적당히 큰 건물의 경우도 수변전시설을 간이수변전시설로 갖춘 곳이 많다.

[93] 고압/대전류로 수전 받는 전력량을 측정해야 하므로 저압(110V)/소전류(5A)로 변성하여 전력량계에 전달한다.

[94] 동물이 감전사하는 경우도 있지만 철막대와 같은 도체를 물어 변압기 부싱에 놓으면 단락사고의 원인이 된다.

02 방송국이나 큰 병원이 정전에서 자유로운 이유는?

KEY WORD 비상발전기, 블랙아웃, 비상발전기의 조건, 내연기관, 무정전 전원공급장치(UPS)

학습 POINT
- 상시전력과 비상전력의 차이는?
- 비상발전기의 설치장소와 패널이 보여주는 정보는?
- 발전기실의 조건은?
- 무정전 전원공급장치(UPS)란?

   2011년 9월 15일 늦여름 더위를 기록한 날로 서울의 경우 기온이 31℃나 되었으며 전국 곳곳이 폭염주의보가 발령된 상태였다. 그런데 이날 우리나라는 전국적으로 정전이 일어났다. 더욱 놀라운 것은 같은 지역이어도 한쪽은 정상적으로 전기를 사용할 수 있었고 한쪽은 그야말로 깜깜했다. 대표적인 것이 프로야구 두산과 넥센의 경기가 있던 서울 목동야구장이었다. 생방송으로 중계방송 중에 갑자기 정전이 일어났고 이는 그대로 전파를 타고 전국으로 나갔다. 야구장은 정전인데 맞은편 목동 아파트단지의 조명은 정상적으로 들어온 것을 보고 의아하게 생각하는 사람은 없었을까? 그보다도 정전인데 어떻게 방송이 진행될 수 있었을까? 이에 대한 궁금증을 풀어보도록 하자.

1 상시전력과 비상전력의 차이는?

1 블랙아웃현상

   멀쩡하던 전기가 갑자기 정전이 되면 당황하는 것은 당연한 일이다. 그런데 이게 단순히 자신의 집이나 인근 지역만 정전이 된다면 한전이나 전기기술자가 와서 수리를 해주면 되기에 큰 문제가 없다. 하지만 이와는 차원이 다르게 모든 전력 공급이 중단되어 전국적 또는 광역적으로 정전이 된다면 어떠한 일이 생겨날까? 그야말로 최악의 아비규환의 세상이 될 것이다. 이렇게 전국적 또는 광역적으로 정전이 일어나는 현상을 블랙아웃(blackout)[1]이라고 한다. 2011년 9월 15일 우리나라는 블랙아웃 직전까지 갔었다.

[1] 국립국어원에서는 '대정전(大停電)'이라는 단어로 사용할 것을 제안한다.

블랙아웃이 최악인 이유는 전력 특성 때문이다. 아이러니하게도 전력을 생산하는 발전소를 돌리기 위해선 전력이 필요하다. 그런데 예비전력조차 없는 상황이라면 발전소를 돌릴 수 없기에 전력을 생산하는 데 큰 어려움이 따른다.[2] 더구나 모든 발전소의 정상적인 가동을 위해서는 수일의 시간이 필요하다.

우리나라는 전 세계적으로 정전시간이 적기로 일본과 함께 OECD 중 1~2위를 다툴 정도로 전력공급이 원활하다.[3] 이는 우리나라와 일본이 땅덩어리에 비해 인구밀도가 높아 이중모선으로 설계가 되었기 때문이다. 이중모선은 항상 사용하는 전력선 외 예비 전력선을 하나 더 두는 것으로 만약의 사고나 점검, 수리 등의 이유로 임의로 전력을 끊더라도 예비 전력선을 통해 전력을 공급할 수 있다.[4]

정부에서는 블랙아웃현상이 일어날듯 싶으면 강제로 정전시켜 발전소의 예비 전력량을 확보하는 경우가 있다. 지식경제부에서 이에 따른 강제 정전 비상조치 매뉴얼을 가지고 있으며 이는 다음과 같다.

[2] 물론 이럴 때는 가동시간이 짧은 수력발전소나 태양광발전소를 이용해 전기를 생산해야 한다.

[3] 역으로 미국의 경우가 OECD 국가 중 정전횟수가 가장 많다. 이는 미국이 단일모선에다가 송전망이 20세기 초중반에 건설되어 자연재해에 약하기 때문이다.

[4] 반대의 경우를 단일모선이라 하는데 이는 간단하고 경제적이라 전 세계적으로 가장 많이 사용된다.

강제 정전 비상조치 매뉴얼		
강제 정전 비상조치 대상	1순위	일반주택, 저층 아파트, 서비스업, 소규모 상업용 상가
	2순위	고층 아파트, 상업업무용, 경공업공단
	3순위	기타 중요 고객 선로
강제 정전 비상조치 제외	행정관서, 중요 군부대, 통신 및 언론기관, 금융기관, 종합병원, 중요 연구기관 등	

2 상시전력과 비상전력의 차이

전기가 들어오지 않는 정전현상은 점검이나 수리 등으로 인해 사전고지가 가능한 정전이 있는가 하면 전기설비나 전선의 고장, 전기사고 등 예고치 못한 정전이 있다. 사전고지가 가능한 정전은 전기를 사용하는 입장에서 충분히 대처가 가능하기에 큰 문제가 없지만 예기치 못한 정전은 막막한 경우가 있다. 특히 전기 없이는 물건을 생산하지 못하는 공장이나 위급한 응급환자를 다루거나 수술을 해야 하는 병원, 그리고 항상 전파를 송출하는 방송국 등에서 정전이 일어나면 그야말로 대혼란이 일어난다.

피해액의 규모도 눈덩이처럼 커질 뿐만 아니라 병원같은 경우엔 환자의 생사가 달린 문제라 위험하다. 방송국의 경우는 방송사고로 신뢰성이 크게 떨어지게 된다.

그래서 이러한 특수한 시설에는 비상발전기가 설치되어 있다. 하지만 비상발전기는 말 그대로 비상용이기 때문에 일반 전력을 모두 소화할 수 없고 반드시 전기가 필요한 부분에만 전기를 공급한다. 병원의 경우는 수술실과 응급실이 그런 경우이고 방송국은 주조정실과 송출실이 그러한 경우이다. 아파트의 경우도 엘리베이터와 일부 비상등만 가동이 된다.

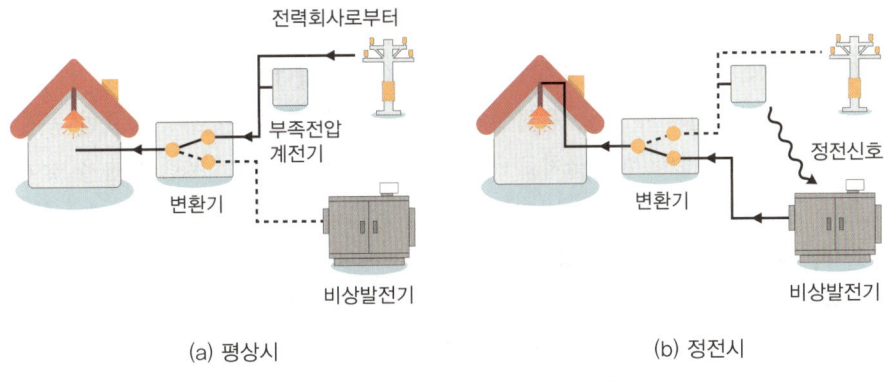

| 부족전압계전기와 자동전환개폐기의 원리 |

평상시에 사용하는 전력을 상시전력(常時電力, firm power), 비상상황일 때 사용하는 전력을 비상전력(非常電力, emergency power)이라 하여 서로 구분하고 있다. 상시전력과 비상전력을 구분하는 전기기기를 자동전환개폐기(自動轉換開閉器, ATS ; Auto Transfer Switch)라 하여 상시전력과 비상전력을 자동으로 전환해준다. 이때 부족전압계전기(不足電壓繼電器, under voltage relay)[5]로 전압이 부족할 때 이를 자동전환개폐기로 전달해 비상전력으로 전환시켜 준다. 비상전력은 예비전원으로 **비상전원 전용설비, 자가발전설비, 축전기설비로 구성되어 있고 이를 비상전원설비(非常電源設備, emergency electric supply unit)**라고 한다.

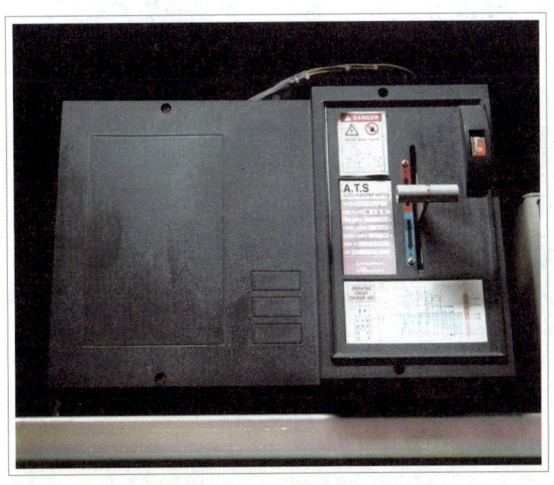

| 수변전실에서 상시전원과 비상전원을 자동으로 구분해주는 자동전환스위치(ATS) |

---

[5] 부족전압계전기란 전압이 설정값 혹은 그 이하로 저하하면 동작하는 계전기로 상시전력의 전압을 계속 확인하다 전압이 어느 순간 떨어져 상시전력을 사용하기 어려울 경우 개폐기를 조작하거나 경보를 한다.

이는 기본적인 건물의 이야기지만 특수건물인 경우는 비상발전기가 담당하는 전력은 단순히 비상시에만 동작하지 않는다. 대표적으로 방송국 주조정실이나 송출실은 국가가 전쟁이 나더라도 자신의 임무를 수행해야 한다. 이 때문에 정전으로 인해 이곳에 전기공급이 안 되어 방송을 못한다는 것은 매우 위험한 일이다. 따라서 이런 곳의 전력공급에 차질이 없도록 비상발전기가 대기하고 있다.

뿐만 아니라 병원의 수술실, 응급실의 경우도 생명이 오가는 매우 중요한 공간이다. 이런 곳에서 수술이나 응급치료 중에 갑자기 정전이 된다면 사람 목숨을 앗아갈 수 있다. 한전에서 안정적으로 전력공급을 하더라도 어떻게 될지 모르기에 이런 곳은 늘 비상발전기가 준비되어 있다.[6]

그 외 통신사, IT센터 등 다양한 곳에서 만일의 정전에 대비한 비상발전기가 대기되어 있다. 하지만 이들의 비상발전기는 최대 18시간[7]을 활용할 수 있기에 정전이 길어져도 18시간 이내 복구되어야 한다.

[6] 법적으로 설치가 의무화되었다.

[7] 연속 운전시간 기준으로 10시간 이상 가동되면 장시간 운전이 가능하다고 본다.

2 비상발전기의 설치장소와 패널이 보여주는 정보는?

1 비상발전기의 설치장소

| 400kW급 비상발전기 |

비상발전기가 의무적으로 설치되어야 하는 장소는 다음과 같다.

(1) 병원급 이상의 의료기관
(2) 도시가스 제조소, 공급소 및 가스도매사업의 가스공급시설
(3) 고압가스 특정 및 일반 제조시설
(4) 액화석유가스 충전시설, 집단공급시설, 저장시설
(5) 관광호텔 및 휴양 콘도미니엄
(6) 7층 이상으로써 연면적 2000m² 이상의 건축물 또는 지하층의 바닥 면적 합계가 3000m² 이상의 건축물
(7) 사업용 전기통신설비
(8) 수조식 육상 종묘생산어업

규모가 있는 건물의 경우 비상상황을 알리는 경보기, 비상등, 스프링클러와 같이 소방설비가 몇 가지 있는데 이들은 화재 등으로 정전일 때 비상발전기로 생산된 비상전력으로 가동된다.[8]

한편, 비상발전기는 비상사태 발생 후 10초 이내 가동[9]하여 규정 전압을 유지하여 30분 이상 전력 공급이 가능해야 한다.

2 내연기관의 이해

일반적인 발전소의 경우 물을 끓여 증기로 터빈을 회전시켜 전기를 생산한다.[10] 증기의 힘은 생각보다 무척 세다. 과거 증기기관차는 그 힘으로 열차를 끌고 다녔고 현재도 가끔 압력솥이 폭발했다는 뉴스를 통해 증기의 힘은 대단하다는 것을 알 수 있다. 이와는 달리 건물 내 비상발전기의 내연기관(內燃機關, internal combustion engine)은 기관 내부에서 연료를 연소시켜 움직이는 기계[11]를 말한다.

[8] 화재가 아닌 정전상황에서는 소방설비가 모두 작동하는 것이다.

[9] 정상적인 상황이면 2~3초 내 작동한다.

[10] 이러한 형태를 기력발전(汽力發電, steam power)이라 한다. 기력은 바로 증기의 힘을 말한다.

[11] 휘발유나 경유를 사용하는 자동차 역시 내연기관을 이용한 기계이다.

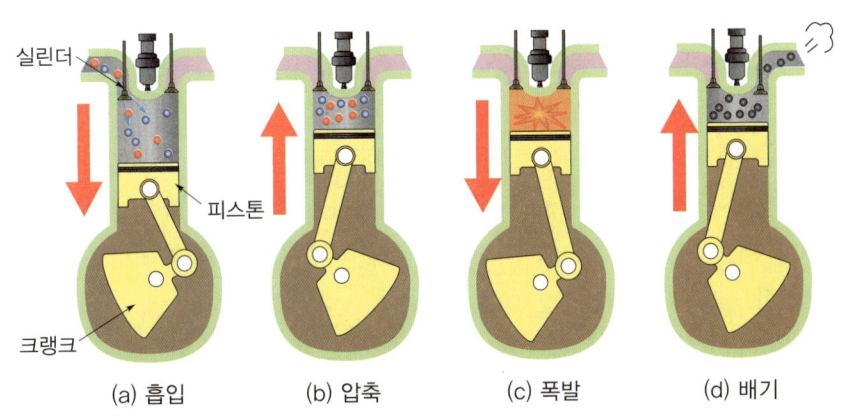

| 내연기관의 원리 |

내연기관의 원리는 총 4단계로 구성되어 있다.

(1) 흡입: 연료가스와 공기를 섞은 가스를 실린더 안의 연소실에 충진한다.
(2) 압축: 피스톤에 의해 가스를 압축하면서 전기불꽃이 점화된다.
(3) 폭발: 가스의 연소가 시작되고, 팽창됨으로써 피스톤이 움직인다.
(4) 배기: 피스톤에 의해 연소가스는 실린더에서 배출된다.

이와 같은 동작으로 피스톤의 상하진동이 발생해 크랭크에 전달되면서 회전력이 발생한다. 내연발전기는 이러한 회전력을 통해 발전기가 회전[12]하면서 전력을 생산하는 구조이다.

12 ─────
완벽한 정현파 교류는 아니다.

3 비상발전기의 패널

비상발전기의 정보 및 조작패널을 알아보자.

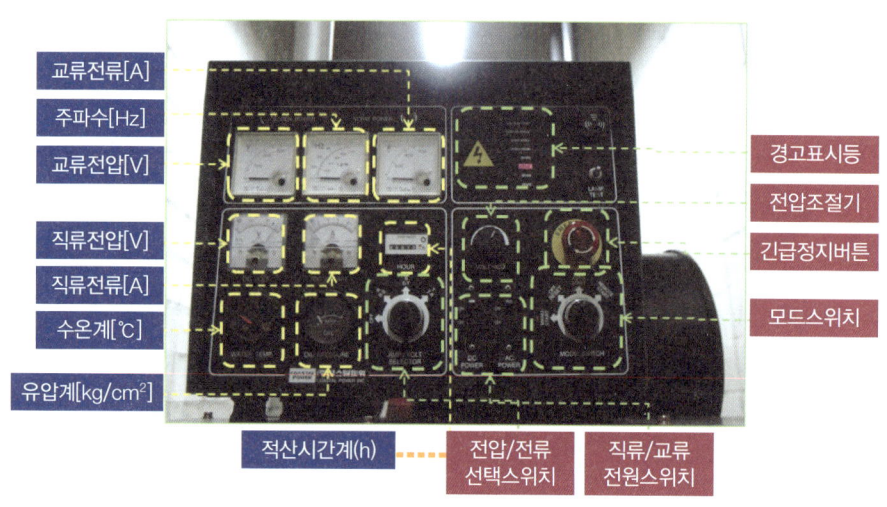

| 비상발전기의 정보 및 조작패널 |

먼저 정보패널 쪽을 알아보면 교류전압[V], 교류전류[A], 주파수[Hz]는 비상발전기에서 출력되는 전력의 특성이기 때문에 비상발전기가 가동할 때 제대로 표기된다. 특히 주파수 표기창에는 엔진회전수[rpm]도 함께 표기된다.[13] 이렇게 정해진 발전기의 회전수가 보다 빨라지게 되면 주파수가 더 올라가게 되고 지나친 과속은 발전기 고장의 원인이 된다.

직류전압(V)의 경우 기동할 때 쓰는 전압으로 이는 연축전지의 전압을 말한다. 연축전지 1개당 12V[14]로 위 사진의 비상발전기는 2개의 연축전지를 가지고 있으므로 24V로 표기되어 있다. 즉, 이 발전기를 기동하기 위해선 최소 24V의 전압이 필요하다.

13 ─────
우리가 사용하는 60Hz 기준 발전기의 극수가 2극이면 3600rpm, 극수가 4극이면 1800rpm으로 회전해야 한다.

14 ─────
원래 연축전지의 셀당 기전력은 2V이지만 6개의 셀로 되어 있으므로 2×6=12V가 된다.

직류전류(A)의 경우 정지하거나 운전 중에는 바늘이 움직이지 않으나 시동하는 순간 높게 오르다 이내 떨어진다. 이는 비상발전기가 시동할 때 대전류가 흐르기 때문이다. 수온계(℃)는 엔진을 식혀주는 냉각수의 온도를 나타내고, 유압계(kg/cm^2)는 엔진의 오일압력을 나타낸다. 적산시간계(h)는 구입 이후 발전기가 사용된 누적시간을 나타내는 것으로 엔진오일 교체시기를 판단할 때 사용한다.

조작패널부분에서 전압·전류 선택스위치는 3상 전력 중 원하는 선간전압 및 상전류를 알 수 있다.[15] 직류·교류전원스위치는 직류와 교류의 전원을 말하는 것으로 정상작동을 위해서는 반드시 켜있어야 한다. 전압조절기는 미세하게 전압을 조절하는 것이고 모드스위치는 정지, 자동기동, 수동기동, 원격시동을 설정할 수 있다. 긴급정지버튼은 발전기가 이상작동 시에 긴급정지를 위한 버튼이다.

경고표시등을 통해 내부 냉각수 고온, 저유압, 과속, 오버크랭크[16] 등을 알 수 있다.

3 발전기실의 조건은?

1 발전기실의 위치 선정, 구조, 면적, 높이

(1) 발전기실 위치 선정 시 고려사항

비상발전기는 소음과 진동이 발생하고 환기가 필요하다. 그래서 발전기를 두는 발전실은 건물의 아무 곳에 두어서는 안 된다. 발전기실 위치 선정을 할 때 고려사항은 다음과 같다.

① 수변전실과 가까이 있어 관리가 용이해야 할 것
② 기기의 반입·반출경로가 확보되어야 할 것
③ 급·배기가 용이해야 할 것
④ 냉각수 및 연료 공급이 용이해야 할 것
⑤ 실내 환기가 용이하도록 할 것
⑥ 소음, 진동이 다른 분야에 영향을 주지 않을 것

(2) 발전기실 구조의 조건

① 건물 외부로 통하는 급·배기가 있을 것
② 발전기 점검, 조작에 필요한 조명설비가 있을 것
③ 소음에 대한 방음조치가 되어 있을 것

---

[15] 앞의 모델은 한국전기설비규정 적용 전에 생산된 제품이라 상 이름이 기존 R, S, T로 되어 있다. 이 모델을 예를 들어 R, R-S가 쓰여 있는 곳으로 스위치를 돌리면 R상의 전류값 및 R-S 선간전압을 정보패널계기를 통해 볼 수 있다. 한국전기설비규정을 적용한다면 상의 이름이 L1, L2, L3으로 표기되어 있고 같은 원리로 각 상의 전류 및 선간전압을 파악할 수 있다.

[16] 비상발전기 가동을 위해 스타트모터(세루모터)를 가동하는 것을 '크랭킹(cranking)'이라 한다. 이를 10초 범위 안에서 사용해야 하는데 시동이 걸리지 않는다고 무작정 돌리면 스타트모터의 과열로 손상이 되고 규정된 시간 안에 시동이 걸리지 않으면 자동으로 정지하고 경보가 발생한다.

④ 방진대책에 대한 건축구조 및 방진고무, 방진스프링 등이 설치되어 있을 것
⑤ 충분한 넓이를 확보할 것

(3) 발전기실의 면적, 높이

발전기실의 면적은 다음과 같은 공식에 의해 구한다.

$$S[\text{m}^2] > 1.7\sqrt{P},\ S[\text{m}^2] \geq 3\sqrt{P}(\text{권장면적})$$

위의 식에서 S는 발전기실의 필요면적(m^2)이고, P는 발전기의 마력(PS)을 말한다. 일반적으로 1마력은 0.75kW, 1kW는 1.3마력으로 계산한다.

발전기실의 높이는 다음과 같은 공식을 따른다.

$$H = (8 \sim 17)D + (4 \sim 8)D$$

위의 식에서 D는 실린더의 지름[17]을 말하는 것으로 단위는 [mm]이다.

[17] 실린더 교체에 충분한 높이가 보장되어야 한다.

2 비상발전기와 전기요금

비상발전기는 보통 휘발유나 경유를 이용하는 내연기관[18]으로 전기를 생산한다. 휘발유로 전기를 생산하는 경우 1~150kW의 소용량 발전을 할 때이며 경유를 사용하는 발전기보다 작고 조용하지만 연료비가 비싸다. 그 이상의 고용량 비상발전기는 보통 경유를 사용하는데 크기와 소음이 무척 크지만 연료비가 휘발유보다 상대적으로 저렴하다.

비상발전기는 건물마다 정책이 다르지만 일반적으로 1달에 1번 20분 정도 테스트 삼아 돌리고 이 중 10분 정도는 무부하상태[19]로 돌린다.

[18] 가스터빈을 사용하는 경우도 있다. 소음, 진동이 적지만 가동 정지 후 재가동 시 시간이 걸리며 가격이 비싸다.

[19] 이때도 연료소비는 많다.

[20] 일반용(갑) I, 저압기준 전력량 요금이다.

연료 소비는 비상발전기마다 다르지만 일반적으로 100kW의 용량마다 약 30L의 경유를 소모한다. 경유 1L가 1500원 수준이라면 100kW 용량의 전기를 생산하기 위해 약 4만 5000원이 든다. 한전에서 공급하는 전기요금이 100kW일 때 1만 5700원[20] 정도로 실제 비상발전기의 전기요금이 무척 비싸다는 것을 알 수 있다.

한편 일시적인 큰 행사를 할 경우에는 비상발전기를 이용해 한전에서 받는 전력에 추가를 하는 경우가 있다. 왜냐하면 한전과 계약하는 전력을 무조건 크게 하면 전기요금의 기

| 비상발전기 유량계 |

본요금도 따라 크게 오르고 피크요금으로 인한 가산금이 크게 오르게 되는 경우도 있다. 이럴 때는 계약전력은 크지 않게 잡고 부족한 전력은 비상발전기를 통해 전력을 공급하는 것이 전기요금을 합리적으로 운용하는 방법이다.

4 무정전 전원공급장치(UPS)란?

1 무정전 전원공급장치의 개념

무정전 전원공급장치(UPS ; Uninterruptible Power Supply)란 정전 등의 이유로 전기가 공급되지 않을 때 중단되는 것 없이 즉시 전력을 자동적으로 공급하도록 설계된 시스템을 말한다. 비상용 및 예비전원이라고 볼 수 있다.

컴퓨터나 서버, 고급오디오 같은 전자제품은 전원 상태에 무척 민감한데 갑작스런 정전으로 인해 고장이 나는 경우가 있다. 이에 대비하기 위해 정전 시에도 전원을 즉시 안정적으로 공급[21]해야 하는데 이때 사용되는 것이 바로 무정전 공급장치이다. 참고로 무정전 전원공급장치와 비상발전기는 전혀 다르다. 무정전 전원공급장치는 배터리를 이용해 정전 등 긴급상황이 발생할 때 전원을 즉시 연결하는 장치지만 용량이 비상발전기에 비해 많이 부족[22]하다. 따라서 은행, 병원 수술실, 컴퓨터 서버실 같은 경우에는 무정전 전원공급장치가 설치되어 있는 경우가 많다. 우리 주변에서 쉽게 볼 수 있는 무정전 전원공급장치가 바로 노트북이다. 노트북은 전원을 꼽고 사용하다가 정전이 되더라도 내부 충전지의 전력을 이용해서 구동이 계속 가능하게 설계되어 있다.

| 무정전 전원공급장치(UPS)

2 무정전 전원공급장치의 구조

무정전 전원공급장치는 일반적으로 사용하는 교류인 상용전기를 받아서 컨버터(정류기)를 통해 직류로 변환한다. 이렇게 직류로 변환된 전기를 축전지에 충전시키고 다시 인버터를 통해 교류로 변환한다. 만약 정전 등으로 상용전원을 사용할 수 없는 경우 자동으로 전환[23] 스위치가 동작되어 비상발전기로 전원공급원이 전환된다. 이 시간이 보통 10초 이내로 짧은 편이지만 순간의 정전이 문제가 될 수 있기에 이를 보조하고자 무정전 전원공급장치가 작동하는 것이다.

---

[21] 비상발전기는 내연기관을 이용하여 발전기가 작동하여 비상시 필요한 전력량은 어느 정도 확보가 되는 반면 정전 즉시 사용할 수 있는 것은 아니다.

[22] 소용량 제품은 3kVA 미만, 일반용량은 3~10kVA 대용량은 10kVA를 초과한다. 비상발전기가 수백 kVA에서 수만 kVA까지 용량이 가능한 것을 감안하면 무정전 전원공급장치는 풍부하게 전력을 공급하지 않는다고 볼 수 있다.

[23] 일반적으로 전기에서 자주 보이는 용어인 절체(切替)라는 단어는 전환(轉換, transfer)의 일본식 표현이다. 일본에서 절체는 切り替え(きりかえ, 키리카에)라고 하며 무엇인가를 바꿈, 달리함, 갊 등의 뜻을 가진다.

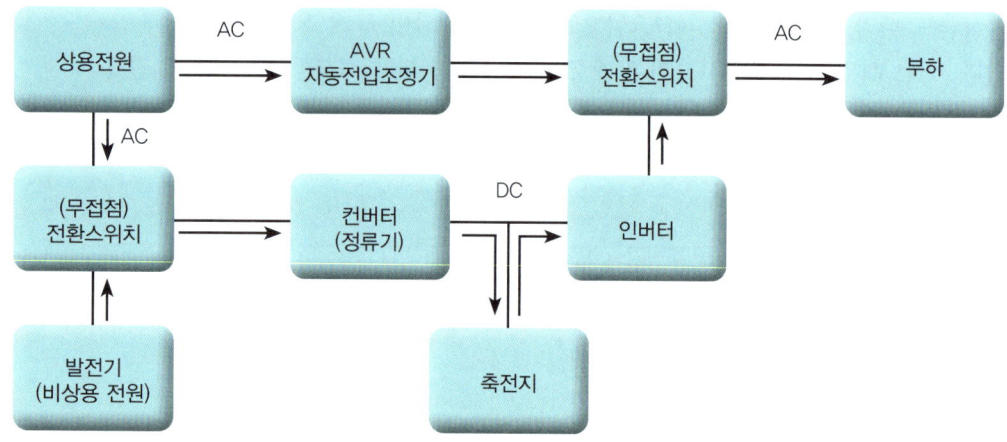

| 무정전 전원공급장치의 구조 |

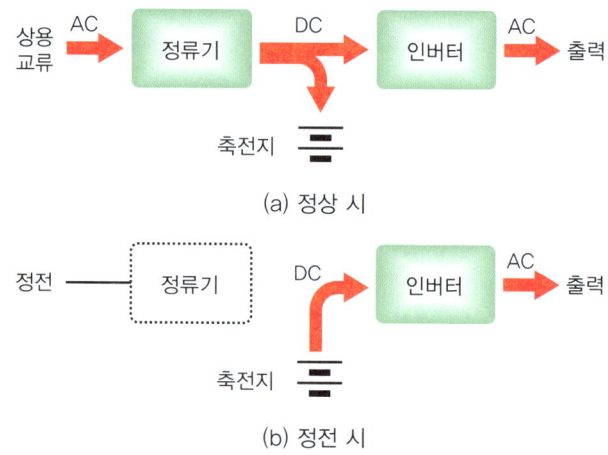

| 정상 시와 정전 시의 UPS회로 |

즉, 무정전 전원공급장치의 기본 구성은 상용교류를 직류로 변환하는 컨버터(정류기)와 사용전원 정전 시 에너지원이 되는 축전지, 그리고 직류를 정전압, 정주파수 교류로 변환하는 인버터로 구성되어 있다.

아울러 인버터의 정격부하상태에서 정격전압을 -10%에서 +10%까지 변동시켰을 때나 정격입력주파수를 -5%에서 +5%까지 변동시켰을 때 출력전압 및 출력주파수는 ±0.5% 이내여야 하는 규정이 있다.

MEMO

IV

전기요금의 이해

- **01** 전기계량기가 보여주는 정보는?
- **02** 전기요금체계와 계약전력이란?
- **03** 가전제품 중 전기를 가장 많이 소비하는 것은?

01 전기계량기가 보여주는 정보는?

KEY WORD: 전기계량기, 전력량계, 기계식 계량기, 전자식 계량기, 계기용 변성기, CT계량기, 전력수급용 계기용 변성기

학습 POINT
- 전기계량기의 종류는?
- 한전계량기의 설치방법은?
- 계량기의 수많은 단어와 숫자들의 의미는?

가끔 전기요금이 과잉 청구되었다고 한전에 민원을 제기하는 일이 있고, 심지어는 법적 소송까지 가는 경우도 있다. 이는 전기요금[1]에 대해 정확하게 알지 못해서 일어나는 일이 대부분이다. 전기요금은 일반인도 쉽게 볼 수 있는 위치에 있는 계량기(전력량계)를 통해 한전 검침원이나 무선을 이용해서 한 달간 사용한 전력량을 파악하고 이를 토대로 전기요금이 청구된다. 전기요금을 이해하기 위해서 전기계량기부터 차근차근 알아보자.

[1] 보통 전기세라고도 많이 이야기한다. 그러나 세금처럼 국가에서 수납하는 것이 아니기 때문에 엄밀히 말하면 전기요금이 맞지만 우리나라는 한전에서 독점적으로 전기를 공급 및 유통하기 때문에 전기세라는 표현도 틀린 것은 아니다. 전기세 역시 표준어로도 인정된 단어이다.

1 전기계량기의 종류는?

1 전기계량기의 분류

계량기의 본 목적은 사용한 전력량을 시간에 따라 측정, 적산, 표기, 기록을 하여 전기요금을 산정하는 데 도움을 주는 역할을 하고 있다. 계량기가 하는 일 중 가장 대표적인 일이 그동안 사용한 전력량을 보여주는 것이다. 과거 기계식(아날로그) 방식의 계량기 같은 경우는 사용한 전력량만 보여주었다. 그러나 최근 보급 중인 전자식(디지털) 방식의 계량기 같은 경우는 전력량 외 다양한 정보 표기를 하고 있으며 PLC 모뎀의 무선통신을 이용해 여러 가지 정보를 수집할 수 있도록 제작되었다. 계량기의 본래 이름과 표기는 전력량계(電力量計, electricity meter)이지만 본 책에서는 보편적으로 많이 불리는 '계량기'로 표기한다.

이런 계량기를 통해 수집한 정보를 바탕으로 실제로 한전이 전기요금 산정에 사용하는 계량기를 보통 한전계량기라 하고 본래 이름은 모계량기(母計量器, master power meter)라고 한다. 그러나 사용한 전력량은 표기하되 전기요금 청구와는 관련이 없는 계량기가 있다. 전기를 받는 세대가 작은 집이거나 전기 사용량이 적은 상점에서 많이 사용한다. 우리말로 자계량기(子計量器, subpower meter)라고 하는 고메다[2]가 바로 그것이다.

2 자계량기와 주택용 요금의 단계별 요금

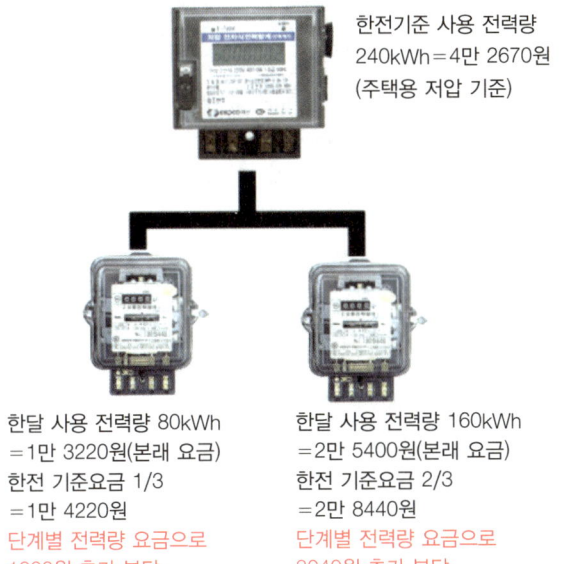

| 자계량기 설치로 단계별 요금을 추가 부담하는 예 |

주택용 요금은 과거에는 단순하게 3단계 누진제요금을 적용하였으나 2021년부터 주택용 전기요금이 원가연계형 요금제[3]와 계절별·시간대별 차등요금제[4]로 구분됨에 따라 이에 대한 이해가 필요하게 되었다. 그렇다고 3단계 누진제요금이 완전히 사라진 것은 아니고 전력사용량에 따른 단계별 전력량요금의 차등을 두되 이에 따른 전력량요금이 연료비에 따라 변하게 하는 것이 원가연계형 요금제이다. 그런데 이러한 원가연계형 요금제를 사용할 때는 한전계량기 1대에 자계량기 2대를 설치하는 경우 본래 사용한 전력량보다 전기요금이 더 많이 생길 수 있다.

예를 들어[5] 자계량기만 설치한 A세대와 B세대가 있다고 가정해보자. A세대는 한 달에 80kWh의 전력을 사용했고 B세대는 160kWh를 사용했다. 이를 토대로 한전계량기를 설치해 전기요금을 내면 A세대는 1만 3220원, B세대는 2만 5400원을 내면 된다.[6] 그러나 이 둘의 전력량을 합해 한전계량기에서 통합적으로 운용하게 되면

7
단계별 전력량요금에 따라 200kWh 이상의 경우 기본요금은 1600원, 전력량요금은 200kWh까지는 120원, 초과한 분량 40kWh는 214.6원으로 계산한다.

8
관세청 고시 무역통계에 따른 LNG, 석탄, 유류 변동을 반영한 요금이다.

9
모계량기에서 추가로 한전계량기를 설치하는 것을 고압에서는 '모자분리', 저압에서는 '구좌분할'이라고 한다.

10
자본금, 기술인력, 사무실 등 일정한 조건이 맞아 지자체장이 승인한 전기공사업체를 말한다.

11
한전에서는 불입금(拂入金)이라고 한다. 이 납부금은 전기공사업체의 수익이 아닌 한전이 시설부담금으로 직접 가져가는 비용으로 2025년 12월 현재 전봇대가 있는 공중구간은 33만 6600원(부가가치세 포함), 지중구간은 64만 6800원(부가가치세 포함)이다.

12
여러 사람이 이용하는 시설을 말한다. 대표적으로 사격장, 골프연습장, 안마시술소(안마원), 청소년수련시설, 노래연습장, 어린이집, 유치원, 공연장, 영화상영관(극장), 대형 마트, 전문마트, 백화점, 쇼핑센터, 종합병원, 호텔, 국제회의시설, 카지노업시설, 고시원, 전화방, 수면방, 콜라텍, 수용인원 300명 이상의 학원, 경로당 등이 해당된다.

240kWh를 사용한 것으로 파악해 실제 전기요금은 4만 2670원으로 청구된다.[7] 이는 3단계 누진제로 인해 전체 240kWh 중 1/3인 80kWh를 사용한 A세대는 1000원을, 2/3인 160kWh를 사용한 B세대는 3040원을 추가 부담하는 셈이 된다.

원가연계형 요금제를 통해 연료가격[8]이 비싸지게 되면 전력량요금도 인상함에 따라 부담해야 하는 전기요금도 큰 폭으로 오르게 된다. 마찬가지로 연료가격이 싸지게 된다면 전기요금도 큰 폭으로 낮아지게 된다. 즉, 기존 전기요금보다 연료비에 따른 전력량요금의 변화로 전기요금의 편차가 더욱 커지게 되었다.

만약 원가연계형 요금제의 이러한 단계별 요금이 본인에게 맞지 않는다면 주택용 계절별·시간대별 차등요금제를 선택해야 하는데 이 또한 원격검침이 되면서 시간대별 전력량을 기록 및 저장하는 한전계량기가 설치되어 있어야 정확하게 요금이 산정된다. 왜냐하면, A세대와 B세대가 전력을 사용하는 패턴이 완전히 같기 어렵기 때문이다.

따라서 자계량기만 설치된 세대는 추가로 부담되는 전기요금이 많으므로 보통 세입자들이 입주를 꺼린다. 그래서 집주인이 한전계량기를 추가로 설치[9]해서 세대별로 부담하게 하거나 관리비 명목으로 정액을 일괄적 수금해서 전기요금을 낸다.

2 한전계량기의 설치방법은?

기존에 자계량기만 있거나 집을 신축할 경우 한전계량기를 설치할 때는 전기공사 면허업체에 연락하면 된다. 그러나 전기공사면허업체의 경우도 한전에 내야 하는 납부금과 세금 등이 있기 때문에 설치비용이 저렴하지는 않다. 보통 전기공사면허업체[10]에서 한전계량기를 설치하기 위해 집주인의 신분증, 연락처, 건축물대장 등을 요구한다. 이를 토대로 전기 신규 사용신청서를 통해 한전과 계약을 하고 납부금[11]을 납부한다. 이후 전기공사면허업체는 한전계량기 설치를 위해 계량기 인입선과 계량기로부터 분전함까지 전력선 및 분전반을 규격에 맞게 설치한다.

다음으로 한전이나 전기안전공사에서 사용 전 점검이나 사용 전 검사를 실시한다. 여기서 사용 전 점검은 계약전력이 75kW 미만이면서 교류 1000V 이하의 저압을 사용하는 경우이다. 그러나 다중이용시설[12] 및 위험시설이거나 계약전력이 75kW 이상 또는 교류 1000V를 초과하는 고압 이상의 경우 사용 전 검사를 실시하는데 이때 검사비용이 추가로 든다.

사용 전 점검 또는 사용 전 검사를 통해 전기를 안전하게 사용 가능하다고 판단이 되면 한전단가업체[13]에서 계량기를 설치 및 등록을 한다. 이때부터 정상적으로 사용한 전력량이 쌓이면서 전기요금이 계산된다. 본래 한전단가업체가 아니더라도 직접 전기공사면허업체에서 계량기를 설치할 수 있었으나 중대재해처벌법으로 인해 현재는 불가능하다.

한편 전봇대가 있는 가공 배전구역에 비해 땅속으로 전선이 지나가는 지중화 배전구역의 계량기 설치요금이 더 비싸다. 그 이유는 한전 납부금 자체가 비싸기 때문이다. 또한 과거 전기요금 등을 체납한 경우가 있으면 한전에서 계량기 설치 및 등록을 거부하는 경우가 있다. 이럴 경우에는 행정상 수순을 밟고 처리해야 설치 및 등록이 가능하게 된다. 전기공사면허업체가 이를 대행하기도 한다.

> 13 ─
> 단가업체란 전기공사 면허업체 중 한전에서 2년마다 지역본부별 협력업체를 선정, 계약한 업체를 말한다.

3 계량기의 수많은 단어와 숫자들의 의미는?

계량기는 크게 기계식 계량기와 전자식 계량기로 구분되어 있다. 이러한 계량기가 구비해야 할 특성은 다음과 같다.

- 옥내 및 옥외에 설치하기가 적당한 것[14]
- 온도나 주파수 변화에 보상이 되도록 할 것[15]
- 기계적 강도가 클 것
- 부하특성이 좋을 것[16]
- 과부하 내량이 클 것[17]

> 14 ─
> 건물 내부나 야외에서 설치 및 사용하는 데 문제가 없어야 한다.
>
> 15 ─
> 전기는 온도와 주파수에 따라 오차가 생길 수 있으므로 보완할 수 있어야 한다.
>
> 16 ─
> 부하특성이 좋다는 것은 무부하-경부하(가벼운 부하)-과부하 등 부하가 변하더라도 계량기 자체가 유연성 있게 잘 대처한다는 의미이다.
>
> 17 ─
> 과부하 내량이란 전기설비기기가 정격을 초과하는 과부하에 견딜 수 있는 시간적 수치를 말한다. 이 값이 크다는 것은 그만큼 과부하에서 오래 견딜 수 있다는 것을 말한다.

(a) 단상 2선식

(b) 3상 4선식

| 아날로그 계량기 |

계량기는 단순히 전력량을 보여주는 것 외에 본체에 여러 가지 숫자를 포함한 정보가 있다. 이들 숫자가 무엇을 말하는지 알아보자.

1 기계식 계량기

(1) **현재 전력량 지침** : 검침은 정수단위로 하며 소수점 이하는 절사한다.

당월 사용량 = 당월 지침 - 전월 지침

(2) **전력의 종류** : 단상 2선식이나 3상 4선식과 같은 현재 계량기가 사용하는 전력의 종류를 나타낸다.
(3) **전압의 종류** : 단상의 경우는 220V, 3상 4선식의 경우는 220/380V(상전압/선간전압)으로 표기한다.
(4) **정격전류** : 계량기가 최대한 버틸 수 있는 전류의 양으로, 이보다 더 큰 전류를 사용하면 계량기가 소손되어 위험하다. 괄호 안의 전류는 기준전류로 테스트할 때 사용한 전류이다.
(5) **주파수** : 국내의 경우 모두 60Hz를 사용한다.
(6) **계기정수** : 1kW를 사용하는데 계량기 내부 원판의 회전수를 말한다. 500rev/kWh인 경우 1kW를 사용할 때 내부 원판이 500회 회전한다는 것을 말하며 66⅔rev/kWh인 경우 1kW를 사용할 때 내부 원판이 66회와 2/3회 더 회전한다는 것을 말한다.

한편 기계식 계량기의 특징 중 하나가 원판에 작은 철편이 붙어 있고 구멍이 뚫린 것인데 이는 잠동현상(潛動現象, creeping)[18]을 방지하고자 함이다. 그 외 제조사마다 다르지만 계량기 정밀도를 보여주는 경우도 있다. CL 0.5급, CL 1.0급, CL 2.0급이 있으며 이 수치가 낮을수록 오차가 적어진다.[19] 최근에는 전자식 계량기가 보급 중이라 점차 기계식 계량기는 사라지고 있다.

2 전자식 계량기

전자식 계량기의 종류는 다음과 같다.

저압전자식 전력량계의 종류		
종류		용도
저압전자식 전력량계	E-Type	• 유효전력량[kWh] 계량 및 원격검침 가능 • 표시항목 순환 없음(유효전력량만 표시)
	G-Type	• 유효전력량[kWh], 무효전력량, 피상전력량, 피크 • 시간대별 구분계량 가능, RS-485 통신기능 구비

---

[18] 무부하상태 즉, 부하가 없는 상태에서 정격주파수 및 정격전압의 110%를 인가하면 계기의 원판이 1회전 이상 회전하는 현상을 말한다.

[19] 일반 가정과 같이 500kW 미만의 수용가는 CL 2.0급을 사용하며 500~1만kW의 수용가는 CL 1.0급(오차범위 ±1%)의 정밀전력량계, 1만kW 이상의 수용가는 CL 0.5급(오차범위 ±0.5%)의 특별전력량계를 사용한다.

종류		용도
저압전자식 전력량계	표준형	• 유효전력량[kWh], 무효전력량(lagging kVarh) • 역률 등의 계량 및 시간대별 구분계량 가능
	역률관리용	• 유효전력량[kWh], 무효전력량(lagging kVarh) • 역률 등의 계량 및 시간대별 구분계량과 RS-232 통신기능 구비
	심야전력용	• 유효전력량[kWh], 무효전력량(lagging kVarh) • 역률 등의 계량 및 시간대별 구분계량과 타임스위치 기능 구비
	복합	• 상시부하 유효전력량[kWh], 심야부하 유효전력량 • 타임스위치를 1대의 계기로 일체화

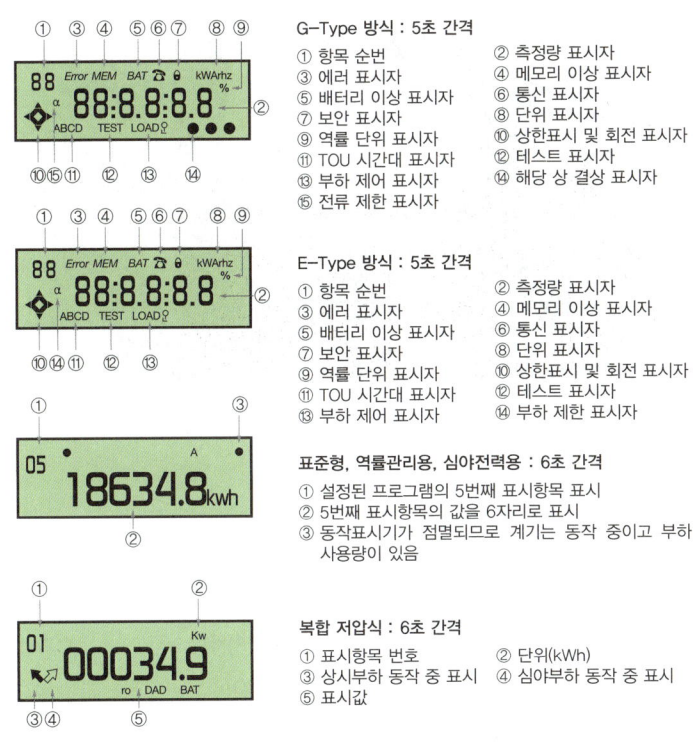

| 전자식 전력량계 LCD 표시 정보 |

E-Type을 제외한 디지털(전자식) 계량기의 LCD 표시창은 다음과 같은 정보를 일정 시간간격으로 순환하여 표시한다.

항목 순번에 따른 표시내용은 제품마다 다르기 때문에 해당 계량기 제조사에 있는 설명서를 참고하거나 한전에 문의하면 도움을 받을 수 있다.

한편, 전자식 계량기는 전력선 모뎀이라 하는 PLC(Power Line Communi-

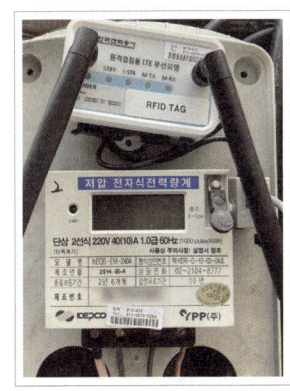

| 원격검침용 모뎀이 설치된 전자식 계량기 |

cation)모뎀을 통한 통신검침을 지원한다. 그래서 과거에 전기요금검침원이 일일이 계량기 수치를 검침한 반면에 모뎀을 통해 쉽게 검침을 할 수 있다. 이로 인해 비용과 시간을 크게 절약할 수 있는 반면 전기요금검침원은 점차 사라지게 되었다.

3 CT계량기

계약전력이 단상의 경우 24kW 이상, 3상의 경우 72kW 이상일 때는 CT계량기를 설치해야 한다. CT란 계기용 변류기로 대전류를 5A의 소전류로 압축해서 계기를 사용할 수 있게 해주는 것이다. 워낙 큰 전류를 그대로 계량기에 설치하면 계량기가 타버릴 수 있기 때문에 CT를 이용[20]해야 한다.

[20] 전력을 사용할 때는 아무런 문제가 없다.

| CT(계기용 변류기) |

계량기용량은 다음 표와 같다.

| 저압계량기의 적정 용량 |

단상 220V	3상 380V	계량기용량	CT계량기용량
5kW 이하	17kW 이하	30A	–
7kW 이하	23kW 이하	40A	–
23kW 이하	71kW 이하	120A	–
29kW 이하	89kW 이하	–	150/5A CT
39kW 이하	118kW 이하	–	200/5A CT
49kW 이하	148kW 이하	–	250/5A CT
59kW 이하	178kW 이하	–	300/5A CT
79kW 이하	237kW 이하	–	400/5A CT
99kW 이하	297kW 이하	–	500/5A CT
198kW 이하	592kW 이하	–	1000/5A CT

참고로 작동 중인 CT는 2차측을 개방해서는 안 된다. 그 이유는 CT 자체의 2차 권선의 임피던스가 매우 낮고($Z_2 \approx 0$) 2차 전압도 매우 낮으므로($V_2 \approx 0$) 여자전류가 매우 적다. 그러다 보니 1차 전류(I_1)의 거의 모두가 부하전류가 된다. 따라서 2차측이 개방되면 2차 전류는 흐르지 않으나 1차 전류는 선로전류이므로 2차측 상태와 무관하게 전류가 흐르게 된다. 2차측에서는 이 전류가 전부 여자전류(勵磁電流, excitation current)[21]로 작용하고, 그 결과 철심 중의 자속밀도는 빠른 속도로 매우 높아지게 된다. 이 때문에 철손이 크게 증가하고 온도 상승이 급격히 일어난다. 또한 1차측에서는 자속 증가가 1차측의 기전력을 증가시키므로, 선로의 전압강하를 일으키게 된다. 따라서 이러한 상호 작용으로 2차 회로 측의 절연 파괴를 일으킬 수 있으므로 CT의 2차측은 단락되어야 한다.[22]

| 계기용 변류기(CT)가 설치된 분전반과 계량기 |

고압으로 수전 받는 경우 변압기 1차측 즉, 고압쪽에서 전력량을 받기 위해서는 MOF(Meter Of Fit)라 하는 계기용 변압변류기(계기용 변성기)를 설치해야 한다. 왜냐하면 고전압/대전류를 계량기가 감당하기 위해서는 부피가 매우 커져야 하는데 계량기가 불필요하게 클 필요가 없기 때문이다. 따라서 MOF는 고전압/대전류를 110V의 저전압과 5A의 소전류로 변성해서 계량기에 전달하는 역할을 한다.

[21] 여자전류란 기자력 즉, 자속을 발생시키는 전류코일 또는 영구자석의 능력을 발생시키기 위한 전류이다.

[22] 이와는 별개로 계기용 변압기(PT)는 2차측을 단락하게 되면 쇼트가 되어 대전류에 의하여 소손될 우려가 있으므로 개방하여야 한다.

| 용량별 MOF CT 정격기준 |

종별	3상 4선식	3상 3선식	
기준전압[kV]	12	140	CT 1차측 용량[A]
실제전압[kV]	13.2/22.9	154	
계약최대전력기준[kW]	180	1211	5
	360	2422	10
	540	3633	15
	620	4844	20
	1080	7266	30
	1800	12110	50
	2700	18165	75
	3600	24220	100

종별	3상 4선식	3상 3선식	CT 1차측 용량[A]
기준전압[kV]	12	140	
실제전압[kV]	13.2/22.9	154	
계약최대전력기준[kW]	5400	36330	150
	7200	48440	200
	9000	60550	250
	10800	72660	300
	–	96994	400
	–	121244	500

MOF는 전력량계(계량기)에 전력을 변성하여 전달하므로 적정한 용량에 맞게 산정하는 것이 필요하다. 그렇지 않으면 전력량계의 오차가 커지기 때문이다. 이에 맞는 용량은 예를 들면 계약최대전력이 850kW, 수전전압이 22.9kV, 역률이 0.9인 경우의 부하전류는 다음 식에 의해 구한다.

$$부하전류\ I = \frac{계약최대전력[kW]}{\sqrt{3} \times 수전전압[kV] \times 역률}$$

$$= \frac{850}{\sqrt{3} \times 22.9 \times 0.9} = 23.8A$$

위의 용량별 MOF CT 정격기준에 의하면 CT 1차측 용량은 바로 상위 용량을 선정하므로 30/5A의 전류비를 가진 MOF를 선정한다. 이는 계약최대전력을 850kW로 하였을 때도 표를 통해 같은 결과인 30/5A의 전류비가 나온다.

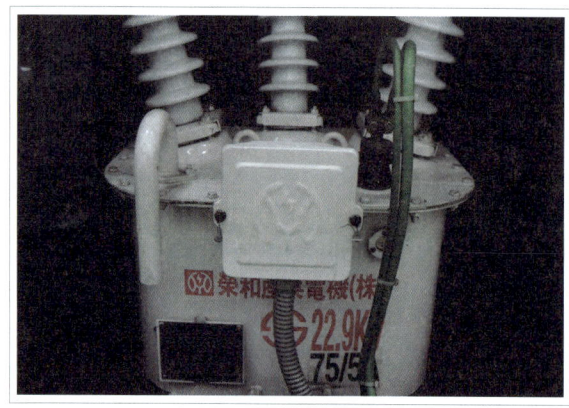

| MOF(계기용 변성기) |

02 전기요금체계와 계약전력이란?

KEY WORD 전기요금, 원가연계형 요금, 계절시간별 차등요금, 계약전력, 전기증설공사, 피크전력, 평균전력, 요금상계

학습 POINT
- 전기요금의 종류와 특징은?
- 주택용 고압 및 저압 전기요금은?
- 계약전력이란 무엇이며 이를 초과하면 어떻게 되는가?
- 피크전력(최대 수요전력)이 무엇이기에 전기요금이 더 나오는가?
- 신재생발전시스템을 통해 전기요금을 절약할 수 있을까?

무더위가 기승하는 여름철, 에어컨을 마음껏 켜놓고 싶지만 전기요금을 걱정하지 않을 수 없다. 게다가 언론에서는 누진제요금을 언급하며 에어컨 사용으로 나올 전기요금 폭탄에 대한 보도를 쏟아낸다. 이런 기사의 댓글 중 '가정용 전기요금 누진제를 폐지해 달라.'라는 내용이 인기를 끌며 베스트 댓글이 되기도 한다. 또한 '동네 어떤 상점에 갔더니 누진제요금이 아니라고 에어컨 빵빵하게 틀어놓고 아예 출입문까지 열더라.'하며 억울함을 호소하는 댓글도 있다. 자영업자는 전기요금 걱정 없이 전기를 많이 사용해도 되는 것일까? 이는 주택과 자영업자가 사용하는 전기요금체계가 다르기 때문에 생긴 오해이다. 그럼 전기요금체계에 대해 하나둘 알아보자.

1 전기요금의 종류와 특징은?

전기요금은 전력을 사용한 만큼 부과한다. 그러나 어떤 용도로 사용하는지에 따라 한전과 계약하는 전기요금체계가 다르다. 집안에서 쓰는 전기라면 주택용 전기요금으로 책정되고 점포를 운영한다면 일반용 전기요금으로 계산된다. 이들 전기요금은 기본요금과 판매단가도 다르다. 현재 우리나라의 주택용 전기요금은 전력량 사용량에 따른 단계별 요금을 반영[1]한 원가연계형 요금제와 계절별·시간대별 차등요금제[2]를 적용하고 있다. 그 외 농사용 전기요금은 사용 용도에 따라 구분하고 있으며 가로등은 정액제와 종량제로, 심야 전기는 난방과 냉방으로 구분하고 있다.

[1] 사실상 기존 3단계 누진제요금과 같은 것이다. 이는 단계별로 판매단가 기준을 달리해 적게 쓰는 세대는 전기요금을 저렴하게, 많이 쓰는 세대는 전기요금을 많이 내게 하여 에너지 절약을 유도하는 방식이다.

[2] 2021년 7월부터 원격 검침용 계량기가 설치된 제주도부터 차례대로 시행해 전국적으로 확대한다.

1 전기요금의 계약 종류

전기요금은 쓰는 장소에 따라 계약종별이 다르다. 우리나라의 경우 총 7종류의 계약종별이 있고 요금체계는 크게 3단계로 원가연계형 요금제, 계절별·시간대별 차등요금제, 그리고 갑종요금과 을종요금[3] (판매단가는 2024년 기준)[4]으로 구분할 수 있다.

[3] 일반용과 산업용의 계약전력을 기준으로 갑종요금과 을종요금이 나누어진다. 갑종요금은 4kW 이상 300kW 미만의 저압과 고압, 300kW 이상 500kW 미만의 저압인 경우이고 을종요금은 300kW 이상 고압요금에 한한다.

[4] 2025년 12월 말 현재 가장 최신 판매단가 기준은 2024년 기준이다.

[5] 전체 판매단가인 162.92원/kWh의 기준을 100으로 보고 이에 따른 가격지수이다. 가장 비싼 전기요금은 일반용 전기요금이고 가장 저렴한 전기요금은 농사용 전기요금임을 알 수 있다.

[6] 유치원은 가능하나 학원은 안 된다.

[7] 제조시설이 있어야 한다.

[8] 농사용 요금은 워낙 판매단가가 낮기에 한전에서도 불시에 검사를 자주 한다. 다른 용도로 사용하다 적발되면 위약금 배상 및 단전 조처가 내려진다. 아울러 농막에 거주할 때에도 농사용 전력을 사용해서는 안 된다.

[9] 지하수를 사용하기 위한 우물을 말한다.

[10] 2021년 7월부터 제주도를 시작으로 점차 전국적으로 확대할 주택용 계절별·시간대별 차등요금제는 위 표의 계절과 시간대의 기준이 아예 다르다.

한전 전기요금체계

계약종별	적용 범위	요금체계	판매단가 [원/kW]	판매단가 지수[5]
주택용	주거용, 아파트	원가연계형 요금제, 주택용 계절별·시간대별 차등요금제	156.91	96
일반용	공공용, 영업용 (관공서, 사무실, 점포 등)	계절별·시간대별 차등요금제	172.99	106
교육용	학교[6], 박물관 등	계절별·시간대별 차등요금제	143.00	88
산업용[7]	광업용, 공업용 (광산, 공장 등)	계절별·시간대별 차등요금제	168.17	103
농사용[8]	농업용, 어업용	갑(관정)[9], 을(농작물 재배, 건조·냉동)	82.12	50
가로등	가로등, 보안등	갑(정액등), 을(종량등)	158.90	98
심야	심야전력기기	갑(난방용), 을(냉방용)	108.31	67

계절·시간대별 구분

구분	여름철, 봄·가을철 3~10월 (여름철: 6~8월)	겨울철 11~2월
경부하시간대	• 23:00~09:00	• 23:00~09:00
중간 부하시간대	• 09:00~10:00 • 12:00~13:00 • 17:00~23:00	• 09:00~10:00 • 12:00~17:00 • 20:00~22:00
최대 부하시간대	• 10:00~12:00 • 13:00~17:00	• 10:00~12:00 • 17:00~20:00 • 22:00~23:00

일반용, 교육용 및 산업용 전기요금은 계절별, 시간대별로 구분[10]한다. 참고로 계절별, 시간대별 구분을 하되 원가연계형 요금제도 함께 적용함으로써 전기요금의 차등을 주는데 이는 조금 복잡하다. 여기서 말하는 부하는 전력소비량을 말하는 것으로 수

용가 각각의 기준이 아닌 전체적으로 전기를 공급하는 한전측 기준이다. 최대 부하 시간대의 경우 여름철 요금이 비싸지만 경부하시간대의 경우 겨울철 요금이 가장 비싸다. 따라서 여름철 주간(10:00~12:00, 13:00~17:00)에 전기요금이 가장 비싸다.

2022년 현재 한전에서 판매된 전력량인 5억 4793만MWh 중에 가장 높은 비율을 사용하고 있는 계약종별은 산업용 전기로 전체의 54.03%인 2억 9603MWh를 사용하였으며 이어 일반용은 23.11%인 1억 2719만MWh, 주택용은 14.78%인 8099만MWh가 차지하였다.

2 전기 공급방식의 분류

전기사용장소에 따라 계약전력[11]이 다르지만 이에 따라 한전에서도 전기를 공급[12]하는 데 차이가 있다. 여기에서 전기사용장소란 다음과 같이 구분한다.

(1) 토지, 건물 등 소유자, 수용가별로 구분하는 전기공급장소
(2) 1구내, 1건물의 1전기사용장소
(3) 1구내 2 이상의 건물 소유자가 다를 경우 소유자별 1전기사용장소
(4) 상가부분 공동주택은 상가, 주거부분은 각각 별도 전기사용장소
(5) 1전기사용장소에 1계약(2 이상 계약종별 예외 가능)

예를 들어 계약전력이 5000kW가 되는 큰 공장이 있다. 그런데 한전에서 일반 주택에 공급하듯이 220V로 바로 공급을 하기 위해서는 두 가지 큰 문제점이 있다. 일단 변압기 자체가 버티지 못할 가능성이 있다. 한전의 변압기는 최대 용량이 500kVA[13]이고 5000kW를 변압할 정도의 변압기라면 부피가 매우 클 수밖에 없는데 이를 둘만한 적당한 부지[14]를 찾기는 쉽지 않다. 차라리 공장부지 한쪽에 공간이 있다면 그곳에 설치하는 것이 적당[15]하다. 그리고 5000kW를 220V로 단순히 나누어 전류를 구한다 해도 약 22727A의 대전류로 이런 대전류를 허용할 수 있는 전선이나 케이블은 현존하지 않는다.[16] 그래서 이렇게 계약전력이 높을 때는 22900V의 배전선로 그대로 공장에 공급을 하고 이 전력을 공장 자체적인 자가용 수전설비를 통해 저압으로 변압해서 쓰게 하는 것이 현실적이다. 이에 대한 내용을 이해하기 전에 먼저 그 기준은 다음과 같다.

계약전력	공급방식 및 공급전압
1000kW 미만	교류 단상 220V 또는 교류 3상 380V 중 한전이 적당하다고 결정한 한 가지 공급방식 및 공급전압
1000kW 이상 10000kW 미만	교류 3상 22900V

---

[11] 수용가가 한전과 한 달 동안 사용하기로 약속한 전력으로 이후에 자세히 설명한다.

[12] 한전은 하나의 전기사용계약에 대하여 하나의 공급방식, 하나의 공급전압 및 하나의 인입으로 전기를 공급하지만 부득이한 경우에는 인입방법을 달리할 수 있다.

[13] 한 상당 166.7kVA까지 변압이 가능하다.

[14] 한전에서는 가능한 공유지인 도로의 전봇대나 지중 패드로 변압기를 두려고 하고 개인 사유지에 변압기를 안 두려고 한다. 토지 이용에 따른 비용이 들기 때문이기도 하고 반대를 하는 민원도 있기 때문이다.

[15] 실제로 계약전력이 300kW 이상 500kW 미만인 경우 변압기를 설치할 부지와 변압기 인입선로를 위한 지주 해당 땅 보유자가 부지를 제공하면 한전에서 변압기를 설치 및 관리하여 저압으로 공급해준다.

[16] 가장 널리 사용되는 CV 케이블의 경우 300mm² 단심 기준 최대 821A의 허용전류를 가진다.

계약전력	공급방식 및 공급전압
10000kW 이상 400000kW 이하	교류 3상 154000V
400000kW 초과	교류 3상 345000V

여기에서 중요한 점은 전기공급방식 및 전압은 1개의 전기장소 내의 계약전력 합계를 기준으로 한다는 점이다. 그리고 1000kW 미만의 저압으로 공급받을 때는 1개의 사용계약이 500kW 미만이어야 한다는 것이다. 즉, 750kW를 계약전력으로 받을 때는 450kW와 300kW로 구분[17]해서 받아야 한다. 당연한 얘기이지만 고압 이상 수용을 받을 때는 자가용 수변전설비를 갖추어 자체적으로 변압해서 사용해야 한다.

> 17 ─────
> 한전에서 저압으로 변압해주는 변압기 최대 용량이 500kVA이다.

3 전기요금의 이해

기존 주택용 전기요금은 3단계 누진제로만 적용하였으나 2021년부터 적용되는 주택용 전기요금은 크게 2가지로 구분된다. 원가연계형 요금제와 계절별·시간대별 주택용 차등요금제가 바로 그것이다.

먼저 원가연계형 요금제에 대해 알아보자. 이 요금제는 기존 3단계 누진제를 근간으로 하여 연료비에 따른 단계별 요금이 부과되는 것이 가장 큰 특징이고 부수적으로 기후·환경에 대한 요금을 별도로 분리 및 추가 징수하게 되었다.

먼저 주택용 전기의 사용전력량에 따른 기본요금을 살펴보자.

주택용 전력요금제의 기본요금과 기본전력량 요금				
요금 구분	기본요금[원/호]		기본전력량 요금[원/kWh]	
주택용 저압	200kWh 이하	910	처음 200kWh까지	120.0
	201~400kWh 이하	1600	다음 200kWh까지	214.6
	400kWh 초과	7300	400kWh 초과	307.3
주택용 고압	200kWh 이하	730	처음 200kWh까지	105.0
	201~400kWh 이하	1260	다음 200kWh까지	174.0
	400kWh 초과	6060	400kWh 초과	242.3

여기에서 주목해서 봐야 할 것은 기본전력량 요금에서 연료비 변동분에 따라 해당 요금이 변하게 된다. 이때 연료비 변동분은 다음과 같은 공식에 의해 산정된다.

> 연료비 변동분 = 기준 연료비 − 실적 연료비

앞의 공식에서 기준 연료비는 직전 1년간 평균 연료비를 말하며 실적 연료비는 직전 3개월간의 평균 연료비이다. 이는 연료비 변동에 따른 요금의 급격한 인상 등 변화를 막기 위해 보호장치의 개념으로 적용한 것이다.

이를 위해 기준 연료비가 똑같이 유지된다면 전체 조정요금은 최대 ±5원/kWh 범위 내에서 직전 요금 대비 3원까지만 변동을 가능하게 했다. 일종의 주식거래에서 서킷브레이커(circuit breaker)[18]와 같이 크게 변동되는 것을 막는 것이다. 또한 분기별 1원/kWh 이내 변동 시에는 조정하지 않아 빈번한 요금 조정을 방지한다. 마지막으로 단기간 내 유가 급상승 등 예외적인 상황이 발생하면 정부가 요금 조정을 유보할 수 있게 근거를 마련하였다. 이러한 제도를 통해 전력 생산의 원재료가격이 짧은 시간 내 크게 오르더라도 어느 정도 절충 가능할 정도로 요금이 인상될 것이다.

연료비 조정액에 대한 항목은 전기요금고지서에 새롭게 추가가 된다. 이는 kWh당 연료비 조정에 따라 전기요금의 증감이 결정되는 개념이다. 아울러 분기마다 연료비 조정액이 바뀌게 되며 이는 한전 홈페이지를 통해 알 수 있다.

기후·환경에 대한 요금은 전력량요금에 포함된 것을 별도로 분리하게 된다. 이는 신재생에너지 의무이행비용(RPS)과 온실가스 배출권거래비용(ETS)을 사용한 전력량에서 곱한 값으로 이 금액까지가 본래 전력량요금에 포함되었던 금액이다. 여기에 미세먼지 대책에 따른 석탄감축비용까지 더하게 되면 기후·환경 요금이 완성된다. 기후·환경 요금항목은 전기요금고지서에 추가된다.

참고로 2025년 현재 신재생에너지 의무이행비용(RPS)은 7.7원/kWh, 온실가스 배출권거래비용(ETS)은 1.1원/kWh, 미세먼지 대책에 따른 석탄감축비용은 0.2원/kWh가 된다.[19] 개편되었다 하더라도 기본요금은 변화가 없다. 즉, 전력량요금에 대한 변화만 있고 요금의 기준이 분기마다 조금씩 바뀐다고 이해하면 된다.

2024년 4월에 들어서 전기요금은 전반적으로 큰 폭의 인상이 있었다. 하지만 한전 정책을 잘 살펴보면 복지할인제도를 운영하여 전기요금의 부담을 가진 세대에 여러 가지 할인 혜택을 준다. 단, 이 제도는 주택용 전기요금에 한한다.

| 주택용 전기요금 복지할인대상 및 할인금액(할인율) |

대상		할인내용
장애의 정도가 심한 장애인 및 상이유공자·독립유공자 또는 독립유공자 권리이전 유족 1인		정액할인 (월 1만 6000원, 여름철[20] 20000원 한도)
기초생활 수급자	생계, 의료급여	정액할인 (월 1만 6000원, 여름철 20000원 한도)
	주거, 교육급여	정액할인 (월 1만 원, 여름철 1만 2000원 한도)

[18] 서킷브레이커란 증권시장에서 가격 변동폭이 확대되어 지수가 급락하는 경우, 시장참여자에게 투자를 냉정하게 판단할 수 있는 시간을 제공하기 위하여 거래를 일시적으로 중단하는 제도로 가격제한폭을 ±30%로 하는 것을 말한다. 전기에서의 서킷브레이커는 바로 차단기(CB)를 말한다.

[19] 이 가격은 고정된 것이 아니라 변할 수 있다.

[20] 6월 1일~8월 31일

대상	할인내용
차상위계층	정액할인 (월 8000원, 여름철 1만 원 한도)
3자녀 이상 가구[21]	30% 할인(월 1만 6000원 한도)
대가족 가구[22]	
출산 가구[23]	
생명유지장치 사용고객	30% 할인
사회복지사업법에 의한 사회복지시설	

[21] 주민등록표상 자(子) 또는 손(孫) 3인 이상

[22] 주민등록표상 가구원 수가 5인 이상

[23] 주민등록표상 출생일로부터 3년 미만의 영아 포함 가구

위의 표에서 기초생활수급자 및 차상위계층 정액할인은 정률할인(30%)과 중복으로 적용이 가능하다.

주택용 전기요금을 계산하는 방법은 다음과 같다. 일단 주택의 주거형태가 아파트의 경우 어느 정도 세대가 보장[24]되면 고압요금을 청구하고 단독, 다가구, 다세대, 연립주택의 경우 저압요금을 청구한다. 예를 들어 저압요금을 사용하는 단독주택에서 350kWh를 사용할 때의 전기요금을 계산해보자. 기준은 2025년 12월이다.

먼저 주택용 저압 기본요금은 1600원[25]이고 전력량 요금은 5만 6190원[26]이다. 여기에 기후환경요금 350kWh×9.0원[27]=3150원과 연료비조정액 350kWh×5.0원[28]=1750원을 모두 더하면 6만 2690원이 된다. 이렇게 나온 요금에 부가가치세 10%인 6269원과 전력산업기반기금인 전기요금의 2.7%인 1690원을 모두 더하면 7만 650원(10원 미만 절사)이 청구되는 전기요금이다. 보통 여기에서 TV수신료 2500원까지 합산[29]되어 전기요금 고지서에 표기가 된다. 앞서 설명한 복지할인의 경우 청구되는 전기요금에서 감액되는 구조이다.

한편 제주도의 경우 주택용 전기요금이 내륙지역과 다르게 적용되었는데 이는 스마트미터기(AMI)가 제주도 전역에 설치되었기 때문이다.

전력량계가 모두 디지털로 기록 및 저장이 가능하여 계절과 시간에 따른 다른 전기요금을 적용하기 때문이다. 제주도의 주택용 전기요금은 다음과 같이 된다.

[24] 보다 정확하게 아파트 내 전기실이 있고 수변전시설(변압기)을 갖추었다고 하면 고압이라고 생각하면 된다.

[25] 누진제 사용구간에서 200kWh 초과 400kWh 이하일 때의 요금이다.

[26] 200kWh×112원=2만 2400원에서 남은 150kWh×214.6원=3만 2190원

[27] 신재생에너지 의무이행비용(RPS)은 7.7원/kWh, 온실가스 배출권거래비용(ETS)은 1.1원/kWh, 미세먼지 대책에 따른 석탄감축비용은 0.2원/kWh을 모두 더한 금액이 9.0원이다.

[28] 정부에서 정하는 금액으로 최대 5.0원이다.

[29] 기존에는 TV수신료를 전기요금에 합산 청구되었으나 2023년 7월 12일부터 전기요금과 분리 납부가 가능하도록 시행령 개정안이 공포되었다.

| 주택용 계시별 요금제(제주특별자치도) |

기본요금 [원/kW]	전력량 요금[원/kWh]		
	시간대	봄/가을철	여름/겨울철
4310	경부하	125.8	138.7
	중간부하	153.8	184.7
	최대부하	172.4	220.5

제주도의 주택용 전기요금은 계절시간별로 구분되어 계시별 요금제라고 한다. 시간대는 경부하(22~08시), 중간부하(08~16시), 최대부하(16시~22시)로 되어 있으며 이는 모든 계절에 똑같이 적용된다. 단, 봄/가을철(3~5월, 9~10월)에 비해 여름/겨울철(1~2월, 6~8월, 11~12월)이 더 비싼 편이다. 제주도에서 적용되는 주택용 계절별·시간대별 차등요금제는 원가연계형 전기요금제보다 기본요금은 비싼 편이다. 그러나 400kWh 이상 사용할 때는 이 요금제를 사용하는 편이 전기요금이 절약될 수 있다. 특히 평일 낮에 근무 등에 이유로 거주하지 않을 때는 오히려 전기요금 절약효과가 크다. 밤 9시부터 아침까지는 전기요금이 많이 싸지기 때문에 이 시간대 전기를 집중적으로 쓰는 야행성 성격의 사용자라면 많은 차이를 볼 수 있다. 그러나 냉난방기를 집중적으로 돌려야 하는 동·하계의 경우 전력량요금이 타계절에 비해 상대적으로 비싸지기 때문에 이를 고민해야 한다.

따라서 원가연계형 요금제와 비교해서 장단점이 두드러지기 때문에 자신의 전기사용패턴에 대해 미리 숙지하고 이를 선택해야 한다. 그런데 이렇게 계절과 시간에 따라 요금이 다른 이유는 전기수요와 관련이 있다. 전기는 그 특성상 저장하기가 힘들고 필요하다고 그때마다 발전량을 바로 올리기도 어렵다. 따라서 전기수요가 많은 계절과 시간대에는 좀 더 비싸게 받아 전기를 아껴 쓰라고 유도[30]하는 것이고 전기수요가 적은 계절과 시간대에는 남는 전기를 싸게 공급해 최대한 잉여전력[31]을 줄이기 위한 것이다.

한전에서는 전국 2200만 가구에 대해 스마트미터기(AMI) 보급을 14년 만인 2024년 11월에 100% 보급 완료를 선언했다.

전기요금에 대한 문의는 시·군·구청이 아닌 한전에서 거의 모든 업무를 총괄하고 있으므로 궁금한 사안이 있으면 전화(국번 없이 123)로 문의하거나 직접 관할구역지사를 방문해서 알아보는 것이 좋다. 전기요금은 월급과 달리 본인 스스로 청구하는 날짜를 정할 수 있다. 청구일에 따라 계량기에 표기된 전력소비량을 파악하는 검침일과 납기 말일이 달라지는데 이는 다음과 같다.

[30] 예비전력조차 다 써버리면 블랙아웃(대정전)이 일어나고 이때는 발전기도 전기를 생산할 수 없는 상황까지 간다.

[31] 잉여전력은 말 그대로 저장하기가 쉽지 않고 사라지는 구조를 말한다.

| 전기요금 검침 및 청구·납기일 |

검침일	청구일	납기일
1~5일	11~18일	이번달 25일
8~12일	19~23일	이번달 말일
15~17일	25~28일	다음달 5일
18~19일	29~다음달 1일	다음달 10일
22~24일	다음달 2~다음달 5일	다음달 15일

검침일	청구일	납기일
25~26일	다음달 6~다음달 10일	다음달 20일
말일	다음달 11일	다음달 18일

위의 표는 전기요금의 검침 및 납기일을 나타낸 표다. 만일 9월 25일 전기요금 고지서를 받았다면 이는 9월 15일에서 17일 사이에 검침한 것을 바탕으로 청구된 요금이다. 이 요금은 10월 5일까지 납부해야 하고 연체가 되면 일정한 가산금이 청구된다. 가산금은 처음 1개월은 1.0%, 1개월 초과 2개월 미만은 1.5%, 그 이상이면 아예 단전조치가 내려진다.

2개월을 초과해서 전기요금을 내지 않으면 단전을 하는 날의 7일 전까지 단전예고를 하고 이 기간에도 내지 않으면 한전에서 단전[32]을 한다. 예를 들어 3월분 전기요금의 납기일이 4월 10일인 경우, 6월 10일까지 미납 전기요금을 납부하지 않으면 단전이 된다. 미납 전기요금 및 재공급수수료[33]를 납부하면 즉시 전기공급이 시작된다.

4 전기요금의 팁

한여름 에어컨을 통해 더위를 피하고자 해도 전기요금이 부담된다는 생각을 많은 사람들이 하고 있다. 그래서 정부에서는 하계 특별할인제도를 주택용 전기요금에만 두어 조금이나마 전기요금 혜택[34]을 주고 있다. 이 제도는 전기요금 자체를 깎아주는 것이 아니라 누진제 구간을 완화하는 것이다.

본래 누진제 구간의 3단계를 다음 표와 같이 조정한다.

하계 특별 누진제 구간		
누진제 단계	본래 누진제 구간	하계 특별 누진제 구간
1단계	처음 200kWh까지	처음 300kWh까지
2단계	다음 200kWh까지	다음 450kWh까지
3단계	400kWh 초과	450kWh 초과

이렇게 누진제가 완화가 되면 기존 300kWh를 사용하는 가구의 한 달 전기요금이 본래 5만 8270원이 나오던 것이 4만 6740원으로 약 1.2만원 절약된다. 그리고 제법 전기를 많이 쓰는 가정의 경우 620kWh를 기준으로 본래 17만 1110원이 나오던 것이 15만 5090원이 된다.

그렇다고 전기를 마냥 쓰면 곤란하다. 왜냐하면 슈퍼유저요금이라 해서 하계(7~8월)에 한해 1000kWh 초과[35] 전력량요금은 주택용 저압기준 736.2원/kWh, 주택용 고압기

---

[32] 주택용은 전기를 완전히 끊지 않고 일정시간 전기가 들어오고 끊어지기가 반복된다. 이는 전기로 난방을 하는 경우 겨울에 동사할 수 있기 때문에 인륜적 판단에 따른 것이다.

[33] 주택용은 계량기가 철거되지 않는 한 수수료를 납부하지 않아도 되지만 다른 전기요금은 무조건 청구된다. 상습 미납자는 한전이 보증금을 청구할 수 있다.

[34] 7월과 8월에만 하는 한시적인 행사로 매년 하는 것은 아니고 여름이 오기 전 정부의 방침에 따라 한전 이사회가 결정을 내리면 실시한다.

[35] 실제로 한 달 동안 1000kWh를 초과하는 가구는 전체 가구의 0.1% 이내로 극소수이다. 우리나라 가구 중 가장 많은 전력량은 한 달 동안 201~300kWh로 30.3%, 그 뒤로 한 달 동안 101~200kWh 및 301~400kWh로 둘 다 22.6% 수준이다.

준 601.3원/kWh를 적용하는 요금[36]이 있기 때문이다.

반면 긴 시간 집을 비우게 되어 전기를 거의 사용하지 않아 한 달 사용전력량이 200kWh 이하일 경우는 추가감액제도[37]라고 해서 월 최대 4000원 한도로 전기요금을 할인해주는 제도가 있는데 모든 전기사용자가 혜택[38]을 받는 것이 아니라 복지대상계층[39]인 약 81만 가구에 대해서는 혜택을 계속 유지한다.

실제로 복지대상계층의 한 달 전력사용량이 200kWh인 경우 주택용 저압요금 기준 3950원이 청구되는 반면, 단 1kWh를 더 사용한 201kWh의 경우 9530원의 전기요금이 나온다. 본인이 복지대상계층이라면 조금이라도 전기요금을 절약하기 위해 200kWh 이내로 사용량을 줄여보자. 전기요금이 2000원 이하가 된다면 한전에서는 전기요금은 따로 청구하지 않고 다음 달 사용량과 합산 청구를 한다.

| 무작정 전기를 많이 쓰면 슈퍼유저요금으로 전기요금 '핵'폭탄 |

여름철에 거리를 다니다 보면 에어컨을 최고 성능으로 사용하면서 문을 활짝 열어둔 상점을 볼 때가 있다. 그것을 보면서 많은 사람들이 상점에서 쓰는 전기요금이 도대체 얼마나 싸기에 저렇게 전기낭비를 할까?하고 의문을 제기하곤 한다. 과연 상점에서 사용하는 전기요금제도는 주택용보다 싸기 때문에 그렇게 에어컨을 사용할 수 있을까? 만일 한 달 동안 똑같은 전력량인 500kWh를 여름철인 7월[40]에 사용한다고 가정하고 주택용 요금과 상점에서 사용하는 일반용(갑)Ⅰ요금, 공장 등 산업현장에서 사용하는 산업용(갑)Ⅰ요금을 비교하면 다음과 같다.

| 주택용ㆍ일반용ㆍ산업용 요금 비교(한 달 동안 500kWh 사용 시) |

주택용 요금		계약전력	일반용 요금		산업용 요금	
주택용 저압	11만 280원	5kW	일반용 (갑)Ⅰ	11만 7200원	산업용 (갑)Ⅰ	10만 4630원
		10kW		15만 1910원		13만 5910원
주택용 고압	9만 3280원	15kW		18만 6630원		16만 7180원

[36] 슈퍼유저요금이 무서운 이유는 주택용 저압기준으로 800kWh는 22만 850원이지만 1000kWh=29만 3910원, 1200kWh=46만 4510원, 1500kWh=72만 400원, 2000kWh=114만 6890원으로 급격히 비싸지기 때문이다.

[37] 기존 '필수사용량 보장 공제'라고 하는 것이다.

[38] 2022년 7월까지는 모든 전기사용자가 혜택이 있었으나 고소득 1~2인 가구에 할인혜택이 집중되는 문제점이 제기되었다.

[39] 앞서 전기요금 복지할인제도에 해당하는 전기사용자에 한한다.

[40] 2025년 8월 기준 요금으로 하계 특별누진제를 적용하였을 때의 요금이다.

41
KBS뿐만 아니라 EBS(교육방송)의 재원이 되어 KBS가 97%, EBS가 3% 정도로 배분된다. 현재 수신료 2500원은 1981년에 정해진 것으로 당시 일간신문 1개월 구독료와 같다. 본래는 KBS가 따로 징수했지만 1994년부터 합산 청구하게 되었다. 그와 동시에 KBS 1TV의 광고가 폐지되었다. 수신료 인상을 요구하는 KBS와 현행 유지를 원하는 정치권과는 이따금 갈등을 일으킨다. 이에 KBS는 중간광고 허용, 광고 없는 1TV 채널에 광고 허용 등으로 수익을 모색 중이다.

42
2023년 7월 TV 수신료 분리고지 및 징수를 위한 시행령 개정안이 공포되었지만 2025년 4월 17일 국회 본회의에서 방송법 개정안이 재가결 되었고 따라서 수신료 분리징수계획이 사실상 무산되었다.

43
일반 주택은 연립주택이나 다세대주택으로 분류되는 곳으로 빌라나 단독주택, 다가구주택을 말한다. 아파트라 하더라도 세대수가 적거나 나홀로 아파트의 경우 따로 수변전시설이 없으면 주택용 저압으로 받게 된다. 아파트 지하나 단지 어딘가에 전기실과 변압기가 있다면 주택용 저압을 받는다고 생각하면 된다.

앞의 표를 보면 상점에서 사용하는 일반용 요금이 주택용 요금보다 결코 싸다고 볼 수 없다. 산업용 요금은 조금 저렴한 느낌이 있지만 애초에 산업용 요금을 사용하는 장소가 공장 등이므로 사용하는 전력량의 규모가 다르다. 결국 상점에서 에어컨을 틀어놓고 문을 열어놓는 이유는 전기요금이 싸서가 아니라 고객을 유인하기 위한 마케팅전략이라는 것을 알 수 있다.

전기요금 고지서에는 TV수신료라고 하는 KBS시청료 2500원[41]이 함께 청구[42]된다. 만일 본인 집에 TV가 없으면 불필요하게 낼 필요가 없다. KBS에 연락(국번 없이 1588-1801)하면 KBS에서 TV 유무를 확인하러 온다. TV가 없다는 것이 확실하면 청구되지 않는다. 아울러 이미 낸 수신료에 대해서도 환불이 인정될 수 있다는 것도 알아두자.

참고로 월간 전기사용량이 50kWh 미만인 경우에도 TV수신료가 청구되지 않는다.

2 주택용 고압 및 저압 전기요금은?

일반 주택에 산다면 전기요금고지서를 매달 1회, 우편이나 인터넷메일 등으로 받아 볼 수 있다. 그러나 아파트 같은 경우에는 보통 관리비 안에 전기요금이 포함되어 따로 전기요금고지서를 받아 볼 수 없다. 한전에서 전기요금고지서를 발급받는 경우는 주택용 저압, 아파트 관리비에서 전기요금이 계산되는 경우는 주택용 저압이나 주택용 고압 전기요금이 적용된다. 간단히 말해 일반 주택은 주택용 저압, 아파트는 주택용 고압을 받는다고 생각하면 된다.[43]

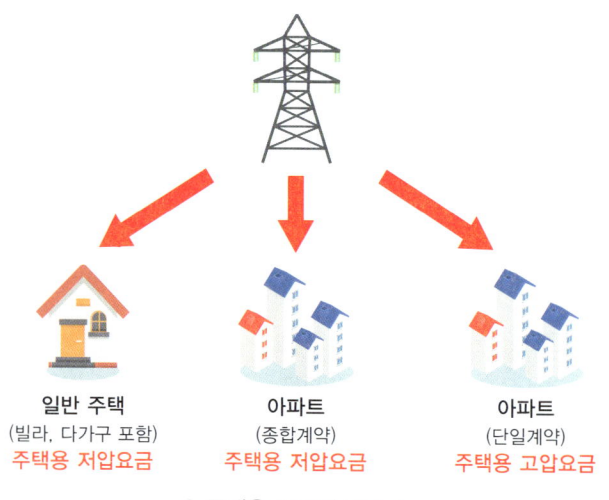

주택용 요금의 기준

1 아파트 전기요금의 계약조건

아파트의 경우 관리실에서 한전과의 계약에 따라 저압이냐 고압이냐가 나뉘게 된다. 이때 계약방식은 종합계약과 단일계약으로 나누어진다. 종합계약은 총 사용량에서 세대사용량과 공용사용량[44]을 구분해서 계산한다. 이때 세대사용량은 한전에서 주택용 저압요금을 부과하고 공용사용량에 대해서는 기본요금과 사용량요금을 합해 계산(일반용 고압(갑) 적용)한 다음 세대별 요금과 공용요금을 합산해 고지하는 방식이다.

단일계약은 세대사용량과 공용사용량을 합해서 총 세대수로 나눈 평균 사용량을 구한다. 이후 평균 사용량에 해당하는 요금단가에 세대수를 곱해 나온 금액(주택용 고압 적용)을 한전에 납부하는 방식이다.

[44] 주차장 조명, 가로등, 엘리베이터 등에서의 사용량을 말한다.

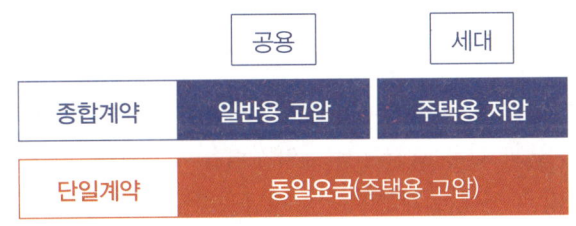

| 아파트 전기요금의 계약 구분 |

이 두 가지 계약방식 중 어떤 것이 더 좋은지에 대해 딱 잘라 말하기 어렵다. 그래서 매월 전기요금을 비교해 입주민들에게 유리하게 하는 관리실의 센스가 필요하다. 그러나 이를 잘 모르다가 전기요금 차이가 무척 커져 소송 직전까지 가는 경우가 있다. 왜냐하면 보통 주택용 저압 전기요금보다 주택용 고압 전기요금이 20~28% 정도 싸기 때문이다.

2 주택용 고압 전기요금이 더 싼 이유

변전소에서 아파트까지 오는 배전선로는 22.9kV의 특고압 전력으로 이를 일반적으로 가정용으로 사용하는 220V로 변압하는 곳이 어디냐에 따라 전기요금의 차이가 있다. 일반 주택의 경우 22.9kV의 특고압전력을 받아 220V로 변압하는 수변전시설이 따로 없다. 그래서 전봇대의 한전 소속 주상변압기나 지중화패드 속의 한전 소속 변압기를 통해 220V로 낮추고 이를 집집마다 공급한다. 그래서 주택용 저압이라고 한다.

반면 아파트는 22.9kV의 배전선로 그대로 아파트로 끌고 들어와[45] 아파트 지하 어디엔가 있는 수변전시설에서 자체적

[45] 애초에 계약전력이 500kW 이상인 경우는 한전이 저압으로 공급하지 않는다. 따라서 자가용 수변전시설을 갖추어야 저압을 사용할 수 있다.

| 아파트 한쪽에 위치한 지하 수변전실 입구 |

으로 220V로 변압을 해서 각 세대로 공급한다. 즉, 자체적인 수변전시설을 통해 변압해서 한전에서는 따로 해줄 필요가 없기 때문에 전기요금이 좀 더 저렴한 것[46]이고 한전 입장에서는 22.9kV 그대로 공급했기에 주택용 고압이라고 하는 것이다.

[46] 한전에서는 안정적으로 전기를 공급하기 위해 낡은 전기시설물을 교체하고 변압기를 유지·보수하는가 하면 정기적으로 전기검침을 다녀야 하는 등 많은 비용을 부담하고 있다. 그런데 이러한 것을 아파트 수변전실에서 담당하면 그만큼 비용을 아낄 수 있어서 전기요금이 싸지게 된다.

3 계약전력이란 무엇이며 이를 초과하면 어떻게 되는가?

1 계약전력의 개념

주택용 전기요금만 납부하던 사람이라면 평소에 신경 쓰지 않아도 되지만 점포를 새로 열거나 확장할 때 전기요금의 계약전력이라는 개념에 대해 처음 접할 수 있다. 계약전력이란 수용가가 한 달에 어느 정도 전기를 쓸지 한전과 약속을 하고 한전이 이에 맞게 공급하기로 동의한 전력이다. 일반용, 교육용, 산업용, 농사용(병), 가로등(을), 임시전력(을)과 같은 요금에서 계약전력을 사용한다.[47] 즉, 자영업장, 학교, 공장, 사무실 등 많은 곳에서 계약전력의 개념을 기본으로 전기요금이 부과되는 것이다.

[47] 평수가 넓거나 전원주택의 경우 주택용 전기도 계약전력이 있다. 기본 3kW에서 5kW까지는 신청만으로 한전에서 증설해주지만 6kW부터는 증설공사를 해야 한다. 단, 주택용 요금을 적용하여 누진제가 적용되고 계약전력에 따른 기본요금의 차이가 아니라 사용량에 따라 기본요금의 차이를 둔다.

2 계약전력 계산방법

계약전력을 계산할 때는 1일 15시간[48]씩 30일간 얼마나 쓸지에 대해 계산한다. 계약전력은 최소 4kW부터 가능하다. 만약의 계약전력이 5kW일 때 한 달에 사용할 수 있는 전력은 간단하게 계산할 수 있다.

5kW×15시간×30일=2250kWh/월

계약전력을 통한 전기요금은 기본요금과 전력량 요금을 합한 값이다. 이때 기본요금에서 계약전력에 단가를 곱한 값이 된다.

[48] 24시간 운영하는 장소의 경우는 다르게 계산한다. 이때는 24×30=720으로 720시간을 사용한다. 구체적으로 가압상수도, 비상재해복구시설, 24시간 편의점, 사설독서실, PC방, 송수신소, 자판기운영업, 지열난방(주거용)이다.

| 계약전력 전기요금체계 |

따라서 계약전력이 5kW라 해도 한 달 동안 2250kWh의 전력량을 마음껏 사용하는 것은 아니다. 사용하는 전력량에 맞게 전력량요금이 계산되는 것이다. 예를 들어 일반용 저압전력을 5kW로 계약하였다고 가정하자. 이때 기본요금 6160×5=3만

800원 외 kWh당 91.9원에서 132.4원의 기본전력량 요금이 붙는다. 기본전력량 요금이 차이가 나는 이유는 계절별[49]로 차이가 있기 때문이다. 기본전력량 요금으로 이야기한 것은 원가연계형 요금을 반영하지 않았기 때문이다. 원가연계형 요금을 반영하면 이 요금의 값은 차이가 난다.

계약전력을 초과해서 사용하면 차단기가 자꾸 떨어져 전기 사용이 불편하다고 이야기하는 경우가 많다. 그러나 계약전력은 한전과 한 달에 얼마 쓰겠다는 식으로 계약을 하는 행정상의 약속이지 차단기가 자꾸 떨어지는 것은 사용하는 장소의 전기문제이다. 즉, 과부하, 누전, 차단기 고장 등 다양한 물리적인 원인 때문에 차단기가 떨어지는 것으로 계약전력과는 직접적으로 관계가 없다.[50]

3 계약전력을 초과한 경우

계약전력을 초과하게 되면 한전과의 약속을 어기게 된 셈이므로 페널티형식으로 위약금이 가산된다. 계약전력을 초과한 최초 위반 시에는 증설을 권유하는 안내문만 오고 위약금이 가산되지는 않지만 2회째부터 계약전력 초과분의 1.5배, 4회째는 2배, 이런 식으로 초과사용부가금이 가산[51]되어 전기요금이 큰 폭으로 오르게 된다.

계약전력 초과사용부가금 적용기준(피크계량기 미설치 시)		
초과전력	초과사용 횟수	초과사용부가금 적용기준
451~720kWh	2~3회	초과사용전력×해당 계약종별 전력량 요금단가×150%
	4~5회	초과사용전력×해당 계약종별 전력량 요금단가×200%
	6회 이상	초과사용전력×해당 계약종별 전력량 요금단가×250%
720kWh/월 초과분		초과사용전력×해당 계약종별 전력량 요금단가×350%

위의 경우는 피크계량기를 미설치했을 때 기준이다. 만일 피크계량기를 설치[52]했다면 '최대수요전력(피크전력)-계약전력'의 공식에 따라 초과사용부가금이 적용된다. 이때도 1차 초과 때에는 경고 수준으로 그치지만 2~3회에서는 '초과전력×해당 계약종별 기본요금단가×150%', 4~5회에서는 '초과전력×해당 계약종별 기본요금단가×200%', 6회 이상 시에는 '초과전력×해당 계약종별 기본요금단가×250%'로 초과사용부가금의 부담이 더해진다.[53]

보통 이렇게 계약전력을 초과하는 경우는 냉난방기의 부하가 심한 하절기 및 동절기이다. 따라서 처음 계약전력을 산정할 때는 기본적으로 사용할 전력량 외 추가로 계절성 부하를 계산해 넉넉하게 산정하는 것이 좋다.

---

[49] 전력량요금은 여름철(6~8월)이 가장 비싸고 봄·가을철(3~5월, 9~10월)이 가장 싸다.

[50] 일반적으로 전기공사 업체에서 시공할 때는 계약전력보다 좀 더 쓸 수 있게 전기설비용량을 맞춰준다. 하지만 계약전력이 부족하면 전기설비용량도 작으므로 초과해서 사용하면 메인차단기가 트립되어 전기사용이 중지된다. 이때 전기를 많이 쓰는 제품을 사용하지 않고 다시 메인차단기를 올리면 사용할 수 있다.

[51] 일부는 주택용처럼 누진세, 누진제 요금 등으로 이야기하는데 누진제는 주택용만 적용되는 제도로 계약전력과는 상관없다.

[52] 피크계량기 가격은 30~35만원, 설치 공임 비용은 20~25만원 정도이다.

[53] 전력량요금의 단가로 초과사용부가금을 산정하면 전기요금이 크게 오르게 된다.

전기요금 계산에 앞서 일반인이 주택용 전기가 아닌 가장 흔하게 접할 계약전력 300kW 미만의 일반용 전력(갑)Ⅰ과 산업용 전력(갑)Ⅱ의 전기요금표[54]는 다음과 같다.

| 일반용 (갑)Ⅰ 요금과 산업용 (갑)Ⅰ 요금(2025년 12월 고시) |

구분			기본요금 [원/kWh]	전력량 기본요금[원/kWh]		
				여름철 (6~8월)	봄·가을철 (3~5월, 9~10월)	겨울철 (11~2월)
일반용 (갑)Ⅰ	저압전력		6160	132.4	91.9	119.0
	고압 A	선택Ⅰ	7170	142.6	98.6	130.3
		선택Ⅱ	8230	138.6	94.3	125.0
	고압 B	선택Ⅰ	7170	140.5	97.5	127.3
		선택Ⅱ	8230	135.2	92.1	122.3
산업용 (갑)Ⅰ	저압전력		5550	107.7	85.9	106.0
	고압 A	선택Ⅰ	6490	116.3	92.6	116.2
		선택Ⅱ	7470	111.5	88.0	109.7
	고압 B	선택Ⅰ	6000	115.1	91.5	114.7
		선택Ⅱ	6900	110.4	86.9	108.6

위의 표에서 저압전력은 한전에서 직접 저압으로 변압하여 제공하는 전기요금을 말하며 고압 A의 경우 한전에서 고압으로 공급하되 22900V로 수변전실에 공급하는 경우[55], 고압 B의 경우 154000V 이상으로 수변전실에 공급하는 경우를 말한다. 선택Ⅰ와 선택Ⅱ의 차이는 고압으로 공급하되, 기본요금은 좀 더 저렴하되 기본전력량 요금은 좀 더 비싼 요금이 선택Ⅰ요금이고 그 반대의 기본요금은 좀 더 비싸고 기본 전력량 요금은 좀 더 싼 요금이 선택Ⅱ 요금이다. 따라서 전력사용량이 많거나 원가 연계형 요금에 따라 연료비가 비쌀수록 선택Ⅱ 요금제가 유리하다.

이를 토대로 흔한 자영업인 식당을 통해 전기요금과 계약전력을 이해해보자. 예를 들어 피크계량기를 설치하지 않고[56] 계약전력이 5kW인 어느 식당이 있다고 하자. 이는 일반용 (갑)Ⅰ 요금제에서 저압전력을 사용하게 된다. 이 식당이 2025년 1월에 난방기를 사용하여 전력량이 3500kWh라면 전기요금은 다음과 같이 계산된다.

(1) 기본요금 : 5kW × 6160원 = 3만 800원(10원 미만 절사)
(2) 동절기(11~2월) 전력량요금
   3500kWh × 119.0원 = 41만 6500원(10원 미만 절사)
(3) 기후·환경 요금

---

[54] 그 외 시간대별 구분 계량기를 설치하여 부하시간대별까지 구분한 일반용 및 산업용 전력(갑)Ⅱ와 계약전력이 300kW 이상이면 적용하는 (을)요금에 대해서는 한전 홈페이지를 통해 알 수 있다.

[55] 정확하게는 3300~66000V의 전압으로 공급하는 것을 말한다.

[56] 피크계량기를 설치하지 않고 월 초과사용분이 720kWh를 넘는다면 초과사용전력 요금의 무려 350%나 가산이 된 요금이 청구된다. 계약전력이 20kW 이상인 경우는 피크계량기가 달려 있어서 큰 위약금이 청구될 일은 없지만 피크전력을 관리하지 않으면 역시나 증설을 권유하며 기본요금에서 초과사용부가금이 가산된 요금이 청구된다.

3500kWh×9.0원=3만 1500원(10원 미만 절사)

(4) **연료비 조정액**

3500kWh×5.0원=1만 7500원(10원 미만 절사)

(5) **전기요금**: 3만 800원+41만 6500원+3만 1500원+1만 7500원=49만 6300원(10원 미만 절사)

(6) **부가가치세**: 49만 6300원×10%=4만 9630원

(7) **전력산업기반기금**: 49만 6300원×2.7%=1만 3400원

따라서 전기요금고지서에서 나타나는 청구금액은 전기요금+부가가치세+전력산업기반기금이므로 49만 6300원+4만 9630원+1만 3400원=55만 9330원(10원 미만 절사)이 된다. 하지만 12월에도 비슷하게 3500kWh를 사용하게 되었다면 초과사용부가금은 다음과 같이 된다.

초과사용부가금
= 초과사용전력 × 해당 계약종별 전력량 기본요금 × 350%
= (3500kWh−2250kWh) × 119.0 × 350%
= 1250kWh × 119.0원 × 350% = 52만 625원

1250kWh를 초과 사용해 전력량요금 단가에서 350%를 곱하여 나온 초과사용부가금 52만 625원을 전기요금에 합산한다. 이를 통해 청구금액을 계산하면 다음과 같다.

(1) **초과사용부가금을 포함한 전기요금**: 37만 5260원[57]+52만 625원=89만 5880원(10원 미만 절사)
(2) **부가가치세**: 89만 5880원×10%=8만 9588원
(3) **전력산업기반기금**: 89만 5880원×2.7%=2만 4188원

따라서 청구금액은 전기요금+부가가치세+전력산업기반기금이므로 89만 5880원+8만 9588원+2만 4188원=100만 9650원(10원 미만 절사)이 청구된다.

[57] 계약전력 5kW에 해당하는 2250kWh의 전기요금이다.

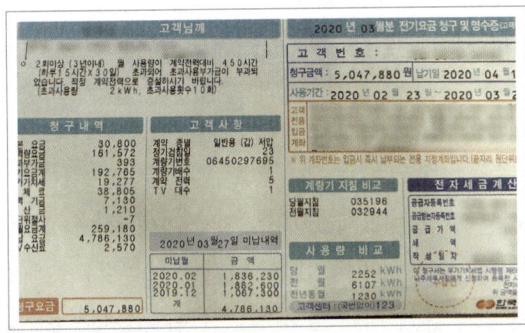

| 계약전력을 지속적으로 초과 사용해서 요금폭탄을 맞은 고지서 |

정상적인 상황이라면 56만 원대의 전기요금이 청구되지만, 초과사용부가금으로 인해 100만 원이 넘는 전기요금을 내야 한다. 특히 에너지원가가 인상할 경우 이 금액의 차이는 훨씬 벌어지게 되므로 계약전력을 초과해서 사용하지 않게 주의해야 한다.

간혹 계약전력을 증설하지 않고 전기를 사용하는 장소의 차단기 정격전류 즉, 용량만 큰 것으로 교체하는 경우가 있는데 이는 전기화재의 원인이 된다. 왜냐하면 차단기 용량에 맞게 전선도 굵은 것으로 교체를 해야 하고 계량기 역시 더 큰 용량으로 교체를 해야 하기 때문이다. 전선까지 굵은 것으로 교체한다 해도 계량기는 한전에서 해당 계약전력에 맞는 제품으로 달아놓았기 때문에 많은 양의 전력을 사용하면 한전 계량기가 이를 버티지 못하고 화재가 날 수 있다. 그런데 한전은 증설공사를 하지 않으면 더 큰 용량의 계량기를 제공하지 않는다.

| 증설하지 않고 많은 전력을 사용해 손상된 계량기 단자와 계량기 인입선 |

즉, 차단기와 전선과 같은 물리적인 전기용량을 넉넉하게 해두어도 계량기 자체가 용량이 부족하다면 이는 계량기에서 화재가 날 소지가 있고 화재나 과열 등으로 계량기가 손상이 되면 한전에서는 이를 배상 받는다. 계량기 자체가 한전의 재산이기 때문이다.

따라서 자신이 사용하는 공간의 전력을 파악 및 계산한 다음 적정한 계약전력을 선정해 사용하는 것이 전기요금 절약은 물론 전기안전을 위한 기본적인 것임을 명심해야 한다.

4 적정 계약전력을 구하는 방법

계약전력을 산정하는 방법은 크게 2가지로 부하설비용량을 통한 방법과 연중 최대 전력사용량을 기준으로 하는 방법이 있다. 먼저 부하설비용량을 기준으로 계약전력을 구하는 것은 과거 사용량에 대한 정보가 없을 때 즉, 새로운 업종을 열 때 사용하는 것으로 먼저 다음 식에 따라 사용부하량을 계산한다.

> 사용부하량=Σ(사용설비×하루 중 사용시간×30×입력환산율)

위의 식에서 입력환산율은 다음과 같이 구한다.

사용설비별		출력표시	입력환산율
백열전등 및 소형기기		W	100%
전열기		kW	100%
특수기기(전기용접기 및 전기로)		kW 또는 kVA	100%
전동기	저압 단상	kW	133%
	저압 3상	kW	125%
	고압·특고압	kW	118%

사용설비별 입력환산율

예를 들어 새로 오픈하는 분식점에 냉장고 500W 2대, 식기세척기 3.5kW 1대, 전기튀김기 3kW 1대, 단상 에어컨 1대, LED 조명 60W 4개 및 30W 2개가 설치되었다. 냉장고는 24시간 돌리고 식기세척기는 3시간, 전기튀김기는 6시간, 에어컨은 10시간, LED 조명은 7시간 사용한다고 가정할 때 계약전력은 얼마가 적당할까?
먼저 다음과 같이 사용설비에 대해 일소비전력표로 정리한다.

새로 오픈하는 분식점의 사용설비별 일소비전력

사용설비	대수[EA]	소비전력[W]	시간[hr]	입력환산율	일소비전력[W]
냉장고	2	500	24	100%	24000
식기세척기	1	3500	3	100%	10500
전기튀김기	1	3000	6	100%	18000
에어컨	1	2800	10	133%	37240
LED 60W	4	60	7	100%	1680
LED 30W	2	30	7	100%	420

위의 일소비전력표를 살펴보면 에어컨의 입력환산율이 133%로 더 높다. 그 이유는 에어컨에서 주로 전력을 소비하는 게 실외기 즉, 컴프레서로 이는 전동기로 봐야 하기 때문이다.
이렇게 구한 일소비전력을 월소비전력으로 계산하면 다음과 같다.

$(24000+10500+18000+37240+1680+420)×30=2755200W=2755.2kW$

분식점은 24시간 운영하는 곳이 아니므로 위의 월소비전력을 450으로 나누면 다음과 같다.

$$계약전력 = \frac{2755.2}{450} = 6.123 \rightarrow 7kW로 산정$$

하지만 단일 사용설비의 소비전력이 75kW를 초과하게 된다면 계약전력환산율 개념을 이용해서 구해야 한다. 예를 들어 어느 공장의 전동기 저압 3상 300마력짜리일 경우 계약전력을 산정할 때는 1마력은 0.75kW로 환산해야 하므로 300마력은 0.75를 곱해 225kW와 같다. 계약전력환산율을 살펴보면 다음과 같다.

계약전력환산율	
구분	계약전력환산율
처음 75kW에 대하여	100%
다음 75kW에 대하여	85%
다음 75kW에 대하여	75%
다음 75kW에 대하여	65%
300kW 초과분에 대하여	60%

따라서 앞서 언급한 225kW 전동기의 경우는 다음과 같이 계약전력환산율을 이용해 구한다.

225 = 75 + 75 + 75

$(75 \times 1) + (75 \times 0.85) + (75 \times 0.75) = 195kW$

하지만 저압 3상 전동기의 입력환산율은 125%이기 때문에 195에서 125%를 곱한 값인 243.75 즉, 244kW를 계약전력의 기준으로 잡아야 한다.

한편, 연중 최대전력사용량을 기준으로 계약전력을 산정하는 방법은 지난 1년간의 사용량을 토대로 계산하는 것으로 새로운 업종을 하기에는 적합하지 않다. 산정하는 방법은 매우 간단해서 지난 1년 중에 가장 전력소비가 심한 한 달의 소비전력량에서 450을 나누면 된다. 보통 냉난방기의 사용이 많은 하절기(7~9월) 및 동절기(12~1월)에서 전력소비가 심하다.

계약전력은 4kW부터 시작하고 5kW까지 증설(계약전력을 올리는 것)할 때는 한전에 전화로 신고만 하면 계약전력이 변경되지만 5kW를 초과하는 경우에는 전기공사 면허업체에 의뢰해 증설공사를 해야 한다. 이는 한전에 계약전력을 추가한다는 내용의 계약서를 작성하는 행정적인 절차 외에 실제 자신이 사용하는 장소의 전선과 차단기 용량 등을 보고 증설하고자 하는 계약전력에 맞게 시설되었는지 확인하면 이를 물리적인 공사를 통해 보완한다. 한전에 납부금을 납부함과 동시에 사용전 점검[58]이나 사용전 검사[59]가 통과되어 필증을 받으면 증설공사가 완료된다. 한전 납부금은 저압의 경우 최초와 5kW 초과분에 따라 다르다. 부가세를 포함하여 최초 공중지역의 경우 33만 6600원, 지중지역은 64만 6800원이고, 5kW 초과분의 1kW마다 공중지역의 경우 13만 3100원, 지중지역은 15만 5100원이다. 고압·특고압으로 수전 받는 경우는 신·증설 계약전력 1kW마다 공중지역은 2만 6400원, 지중지역은 5만 5000원이다. 이 비용은 공사의뢰자가 직접 납부할 수 있고 전기공사업체를 통해 납부할 수 있다. 아울러 계약전력이 20kW 이상인 경우는 전기요금 산정 시 역률요금, 최대수요전력(피크전력) 요금이 산정되고 75kW 이상인 경우는 전기안전관리자를 선임[60]해야 한다.

만일 자체 수변전시설을 갖춘 경우 즉, 고압으로 수전 받는 경우의 계약전력은 변압기 용량을 통해 구하는 방법이 있다. 보통 변압기 용량의 30~50% 수준으로 계약전력을 산정[61]한다. 그러나 고압의 경우 최대수요전력(피크전력)이 기반이 되어 계약전력의 의미가 크게 없다. 이를 요금적용전력이라고 하며 계약전력을 산정하기 직전연도의 12~2월, 7~9월 및 당월분의 최대수요전력을 가장 높은 값을 기준으로 계약전력이 산정된다. 요금적용전력은 한번 상승하면 감소하지 않고 상승[62]만 하기에 최대수요전력의 관리가 필수이다. 특히 12~2월 및 7~9월의 피크전력을 기반으로 산정하기에 이 기간 동안은 특별히 신경 써야 한다. 아울러 전기를 사용하는 곳이 이사나 폐쇄 등의 이유로 계약전력보다 30% 이내로 사용한다 해도 계약전력의 30%에 해당하는 기본요금으로 전기요금이 계산[63]되기에 이럴 때는 확실하게 계약전력을 감소시켜 불필요한 전기요금의 낭비를 막는 지혜가 필요하다.

고압 전기요금은 크게 3가지로 구분된다. 먼저 (갑)요금제는 계약전력이 4kW 이상 300kW 미만, (을)요금제는 계약전력이 300kW 이상이다. 그리고 고압전력 A, B, C로 구분되는데 이는 수전 받는 전압에 따라 고압 A는 3.3~66kV, 고압 B는 154kV, 고압 C는 345kV이다. 마지막으로 선택 Ⅰ, Ⅱ, Ⅲ으로 구분되는데 이는 기본요금과 전력량 요금의 차이로 사용전력량이 적을수록 기본요금이 낮고 전력량 요금이 높은 선택 I가 유리하고 사용전력량이 많을수록 기본요금이 높고 전력량 요금이 낮은 선택 Ⅲ요금이 유리하다.

5 계약전력 줄이는 방법

계약전력이 높으면 전기요금의 기본요금이 이에 비례해서 높아진다. 자신이 어느 정도 사용하는지 정확하게 알고 이를 통해 적절한 계약전력을 산정하는 것이 불필요한 전기요금의 낭비를 막는 길이다. 그러나 계약전력을 한 번 정했으면 특별한 사유 없이 1년 이내 계약전력의 변경이 불가능하다.

---

[58] 계약전력의 총 합계가 75kW 미만이면 사용전 점검을 한전이나 한국전기안전공사에서 하고 수수료가 없다. 시공한 전기공사면허업체 없이도 점검이 가능하다.

[59] 계약전력의 총 합계가 75kW 이상 또는 위험시설 및 다중이용시설의 경우 사용전 검사를 한국전기안전공사에서 실시하고 수수료가 발생한다. 사용전 점검에 비해 훨씬 까다롭고 꼼꼼하게 검사를 수행한다. 반드시 시공한 전기공사면허업체가 함께 있어야 한다.

[60] 위험시설. 다중이용시설의 경우 계약전력이 20kW 이상이면 전기안전관리자를 선임해야 한다.

[61] 전력소비가 심한 곳은 변압기 용량의 70%까지 하는 경우가 있다. 애초에 변압기 용량은 충분히 여유 있게 산정해야 한다.

[62] 한번 고정된 피크전력은 1년간 누적되어 있고 특별한 관리가 없으면 계속 진행된다.

[63] 다시 계약전력의 30% 이상을 사용할 경우는 요금적용전력 기준으로 기본요금이 산정된다.

계약전력을 증설하는 것에 비해 계약전력을 낮추는 것은 비교적 간단하다. 한전에 계약전력 감소를 원한다고 연락을 하면 상황에 맞게 준비해야 할 서류를 안내해준다. 단, 계약조건을 낮출 때는 여러 가지 사안이 있기에 종합적으로 판단해보고 결정해야 한다. 계약전력 감소 후 1년 이내에 계약전력을 원상복구하도록 요청하면 원 계약전력으로 변동이 가능하나 해지 및 재사용을 반복하는 고객에 한해 그동안 부과되지 않았던 기본요금은 익월에 합산청구가 된다. 즉, 반복적으로 계약전력을 변동하면 기본요금의 할인혜택이 사라지게 된다.

계약전력을 낮추다가 다시 증설할 때는 기간별로 차이가 있다. 계약전력을 낮추고 3년 이내 다시 본래의 계약전력으로 돌아갈 때는 추가비용은 없다. 그러나 3년 초과 10년 이내의 경우 시설부담금이 부과되고 10년을 초과할 경우엔 원상복귀 개념이 없기에 본래의 증설비용이 부과된다.

6 전기증설공사의 효과

계약전력이 5kW인 식당이 3500kWh의 전력량을 사용해서 초과사용부담금이 계속 부과된다면 전기증설공사[64]를 해야 한다. 즉, 계약전력 5kW에 맞게 전선과 차단기가 설치되었는데 8kW로 증설하게 된다면 이에 맞게 전선과 차단기를 바꿔주어야 한다. 물론 전선과 차단기가 8kW에 맞게 되었다면 별도로 물리적인 공사가 필요 없다.

이 전기증설공사는 생각보다 많은 비용이 발생한다. 기본적으로 한전에 증설용량에 맞는 납부금을 넣어야 하고 여기에 세금, 공사비(자재비와 인건비), 전기공사면허비, 안전검사비용, 공사업체 이윤 등을 고려해야 한다. 여기에 실내 배선을 새로 해야 하는 경우엔 내선공사비용도 추가로 들 수 있다. 그러다 보니 보통 전기공사면허업체에서는 kW당 얼마라고 이야기하는 경우가 많다.[65] 여기에 증설하고자 하는 장소에 전봇대가 있는 가공선로인지, 땅속으로 전기가 다니는 지중선로인지에 따라서도 차이가 있다.

앞서 언급한 3500kWh를 사용한 식당의 적정 계약전력 계산을 통해 8kW로 전기증설을 한다면 전기요금은 어떻게 변할까?

계약전력 8kW, 월간 3500kWh, 역률을 고려하지 않고[66] 전기요금 계산은 다음과 같다.

(1) 기본요금 : 8kW×6160원=4만 9280원(10원 미만 절사)
(2) 동절기 전력량요금 : 3500kWh×119.0원=41만 6500원(10원 미만 절사)
(3) 기후·환경 요금 : 3500kWh×9.0원=3만 1500원(10원 미만 절사)
(4) 연료비 조정액 : 3500kWh×5.0원=1만 7500원(10원 미만 절사)
(5) 전기요금(기본요금＋전력량요금＋연료비 조정액＋기후·환경 요금)

---

64 전기증설공사란 크게 2가지로 한전과의 계약전력을 더 높이는 행정적인 것 외에 사용하는 전력량에 맞게 굵은 전선과 고용량 차단기로 바꿔주는 물리적인 것으로 구분할 수 있다. 참고로 단상 220V를 쓰던 곳에서 3상 380V를 쓰고자 하는 경우가 있다. 이때의 공사를 '선식변경공사'라고 하며 전기증설공사는 아니다.

65 전기공사면허업체가 아닌 인테리어업체나 설비업체, 무면허 전기공사업체의 경우 자신들이 가져갈 이윤까지 계산하므로 전기공사면허업체보다 비싼 경우가 많다.

66 계약전력이 20kW 미만일 경우는 역률요금제가 적용되지 않는다.

4만 9280원+41만 6500원+3만 1500원+1만 7500원=51만 4780원(10원 미만 절사)

(6) **부가가치세**: 51만 4780원×10%=5만 1478원

(7) **전력산업기반기금**: 51만 4780원×2.7%=1만 3899원

(8) **청구금액(전기요금+부가가치세+전력산업기반기금)**

51만 4780원+5만 1478원+1만 3899원=58만 150원(10원 미만 절사)

증설해도 전기요금이 많이 늘어나는 것이 아니다.[67] 무엇보다도 계약전력을 초과해서 생기는 초과사용부가금이 없다는 것만으로도 심리적으로 안정이 된다. 따라서 전력사용량이 많은 곳은 전기증설공사를 하는 것이 좋다. 참고로 계약전력을 낮춘 경우는 특별한 경우[68]가 아니고서는 1년 이내 변경이 안 되지만 증설은 이러한 제약이 없다.

4 피크전력(최대 수요전력)이 무엇이기에 전기요금이 더 나오는가?

1 피크전력의 개념

계약전력이 20kW 이상인 경우에는 전기요금을 추산할 때 두 가지 변수를 생각해야 한다. 바로 역률요금제[69]와 **피크전력(peek power)이라고 하는 최대 수요전력**이다.[70]

모든 전자제품이 전원을 넣고 스위치를 올리는 순간 많은 전력을 소비하는 것이 아니라 주로 전동기류가 들어가 있는 제품[71]들이 이러한 경우가 심하다. 전동기류는 애초에 최초 회전할 때 사용하는 기동전류와 운전전류에 차이가 있고 대개 기동전류가 운전전류보다 6배, 심한 제품은 8배까지 더 크다. 전류값이 크다는 것은 그만큼 소비전력도 크다는 뜻이다.

과거 기계식 계량기로 누적전력량을 측정할 때는 문제가 되지 않았지만 최근에 와서는 전자식 계량기의 가격이 보다 저렴해지고 다양한 정보를 표시 및 저장함에 따라 한전측에서는 합리적으로 전력소비량을 검침할 수 있게 되었다.

2 평균전력의 이해와 피크전력 산정

2012년부터 변경되어 적용되는 초과사용부가금이 바로 이 피크전력을 기반으로 계산된 것이다.

전자식 계량기는 15분 간격으로 평균 전력을 구한다. 15분은 1시간을 4번 나눈 것이다. 즉, 1kW의 전력을 1시간 동안 사용했다면 1kWh의 전력량을 사용한 것이다.

---

67 증설 이전 계약전력이 5kW일 때의 청구요금이 56만 4290원에 비하면 1만 5860원이 더 나온다. 이는 전력사용량에 대해 초과사용부가금이 생기지 않고 증설한 계약전력에 따른 기본요금만 증가하기 때문이다.

68 A업종이 계약전력을 낮추었는데 1년 이내 새로운 B업종이 들어설 경우가 대표적인 경우이다.

69 'I의 07·5·3 역률요금 산정방식'을 참고하자.

70 이를 피하기 위해 일부러 계약전력을 19kW로 맞추는 경우가 많다.

71 식당의 경우 에어컨, 식기세척기, 식기건조기 등이다.

마찬가지로 4kW의 전력을 1시간 동안 사용했다면 4kWh의 전력량을 사용한 것이다. 그런데 4kWh의 전력을 1시간이 아닌 15분간 사용했다면 1/4을 곱해줘 1kWh를 사용한 것이 된다. 역으로 15분간 1kW의 전력을 사용했다면 4를 곱해줘 4kWh를 사용하게 된 것이다. 여기서 피크전력은 15분 동안 사용한 전력량을 저장해두고 이 중에 가장 큰 값에 4를 곱해 피크전력을 구한다.

| 15분 간격으로 피크전력을 적산하는 전자식 전력량계 |

예를 들어 계약전력이 50kW인 작은 공장이 있다고 하자. 작은 공장은 한전과 50kW를 쓰겠다고 쌍방계약을 작성한다. 단순히 행정적인 계약이지만 한전은 50kW의 전력을 안전하게 공급하기 위해 공급설비를 충분히 갖추어야 한다.[72] 그런데 작은 공장측이 계약과 달리 전력을 더 소비한다면 한전 입장에서는 난처해진다. 특히 공장에서는 전동기와 같이 기동전류가 큰 제품을 쓰게 되면 원래 계약과 달리 용량이 더 큰 시설을 준비해야 한다. 이 공장에 50kWh의 전력량을 가진 A전동기와 25kWh의 전력량을 가진 B전동기 이렇게 2대가 설치되었다.

아침 9시에 출근해서 50kW 전동기를 20분간 가동하고 9시 10분에 25kW 전동기를 20분간 가동한다고 가정해 보자. 이는 다음 그래프와 같이 시간대별 합산전력량을 볼 수 있다.

[72] 단순하게는 전봇대의 변압기부터 시작해 송배전선로에 있는 전력 공급설비를 추가로 시설해야 한다면 이를 하는 것이 한전의 몫이다.

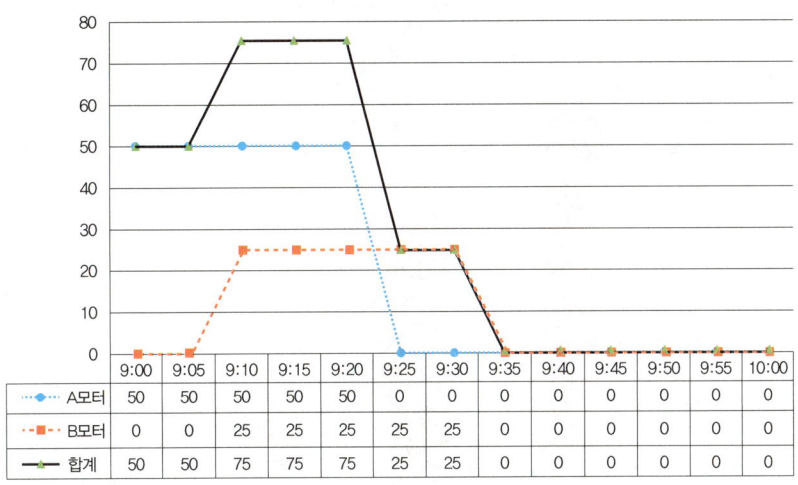

| 공장의 A전동기와 B전동기의 합산전력량 |

계량기는 15분 간격으로 피크전력을 계산하는데 이때 평균전력이 중요하다. 먼저 9시에서 9시 15분까지 15분간 50kW A전동기가 계속 작동했으므로 이때 전력량은 다음과 같이 계산된다.

$$50\text{kW} \times \frac{15}{60}\text{시간} = 12.5\text{kW}$$

여기에 25kW B전동기가 9시 10분부터 9시 15분까지 5분간 작동했으므로 다음과 같이 계산된다.

$$25\text{kW} \times \frac{5}{60}\text{시간} = 2.083\text{kW}$$

이렇게 구한 A전동기와 B전동기의 전력량을 합하면 다음과 같다.

12.5kW + 2.083kW = 14.583kW

위의 합산한 전력량을 시간개념으로 구하기 위해서는 4를 곱한다.[73]

14.583kW × 4 = 58.332kWh

이렇게 나온 값이 9시에서 9시 15분까지 나온 평균전력이다. 9시에서 10시까지 4개 구간의 평균전력을 구하면 다음과 같다.

---

[73] 15분이 4개 모이면 60분 = 1시간이기 때문이다.

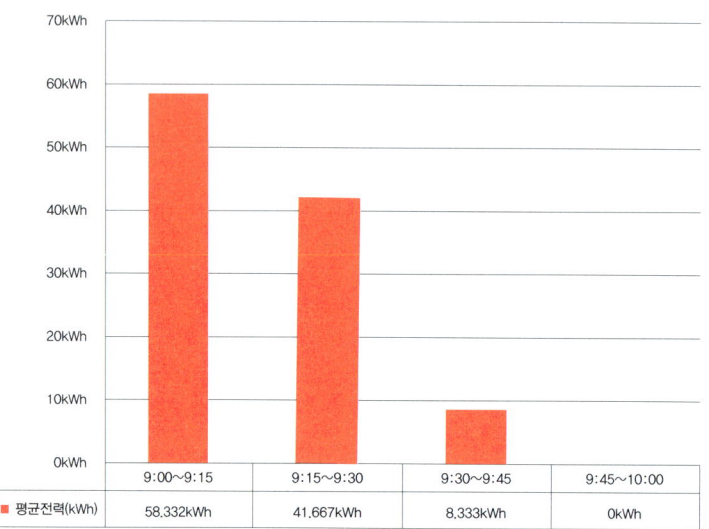

| 평균전력 그래프 |

단순히 전력량을 합산했을 때보다 수치가 줄어든 모습을 볼 수 있다. 이렇게 평균전력을 15분 간격으로 계속 측정했을 때 최대치가 바로 피크전력이다. 즉, 9시부터 10시까지 사용한 전력량은 피크전력의 개념인 58.332kWh가 되고, 한전에서는 원래 계약전력인 50kW를 기준으로 초과한 8.332kW에 대해 '초과사용부가금'을 부과하고 계약전력 증설을 권장하게 된다.

3 피크전력을 줄이는 방법

피크전력으로 인한 초과사용부가금을 줄이기 위해선 어떻게 해야 할까? 가장 중요한 것은 부하를 분담하는 것이다. 대표적으로 전동기류가 들어 있는 전자제품은 처음 회전을 하는 기동전류가 계속 회전하는 운전전류보다 무척 높기에 순간적으로 전류가 6~8배까지 치솟는다. 물론 기동전류는 매우 짧은 시간 동안의 전류이기 때문에 평균 전력에 큰 영향을 주지 않지만 동시에 전동기류의 사용을 시작하면 그만큼 평균 전력도 커지게 된다. 그래서 일정한 시간간격을 두고 시작하는 게 좋다. 15분 이상의 간격이면 괜찮다.

피크전력을 제어해주는 설비인 최대 전력관리장치를 설치하는 것도 하나의 방법이다. 이는 수변전시설에서 부하의 중요도의 따라 순서대로 차단하는 방법과 냉난방기에 연결해 이들의 가동을 조절하는 방법[74]이 있다. 일반적으로 냉난방기의 가동을 조절하는 방법을 많이 사용하는데 이는 전력 자체를 차단하는 게 아니라 가동비율을 조절하는 방식이라 무정전이 가능하기 때문이다.

---

[74] 제대로 작동이 되지 않아서 법정소송으로 가는 경우도 있다.

5 신재생발전시스템을 통해 전기요금을 절약할 수 있을까?

1 요금상계제도

최근 정부정책으로 신재생에너지에 대한 정책이 계속 추진되고 있으며 많은 사람이 이에 관심을 가지고 있다. 무엇보다도 매월 내야 하는 전기요금을 절약할 수 있는 여러 가지 방법 중에 가장 좋은 방법은 자신이 사용할 전기를 직접 생산하는 방법이기 때문이다. 가장 간단한 예로 집 옥상에 태양광발전기를 설치하고 이를 통해 일부 전기를 직접 생산한다면 한전에서 공급하는 전기가 그만큼 필요하지 않으므로 전기요금이 절약될 것이다. 실제로 한전에서는 이런 사람을 위해 요금상계거래제도라는 것을 운영하고 있다.

상계(相計, set-off)란 법률용어로 쉽게 말해 차액을 지급하는 것이다. 전기요금으로 본다면 한전에서 공급하는 수전전력−자기가 생산해 남는 잉여전력=청구된 전기요금이라고 생각하면 이해하기 쉽다.

한전에서 상계거래란 전기사용장소와 동일 장소에서 10kW 이하[75] 신재생에너지 발전설비를 설치한 고객이 자가소비 후 잉여전력[76]을 한전에 공급하고 그 나머지 전력량을 고객이 한전으로부터 공급받은 전력량에서 상계하는 거래제도라고 정의하고 있다.

[75] 단, 태양광발전설비는 1000kW 이하까지 가능하다.

[76] 잉여전력이란 발전 후 쓰고 남은 전기를 말한다.

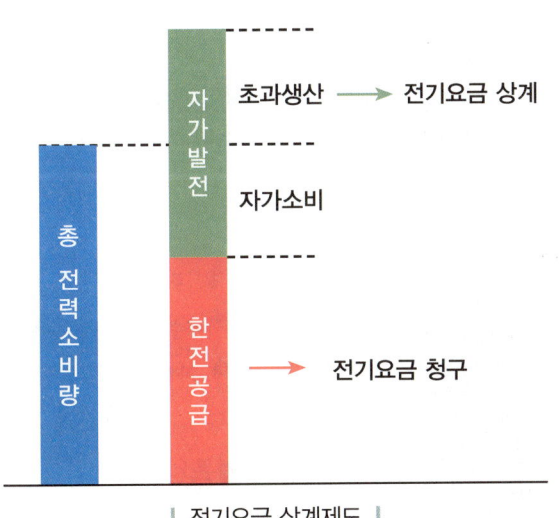

| 전기요금 상계제도 |

위의 그림에서도 볼 수 있듯이 한전에서 전기요금 청구전력량은 한전에서 공급한 전력에 대해 전기요금을 청구하고 전력소비 이후 남은 초과생산분에 한해 상계를 해준다. 중요한 것은 자가발전을 통해 생산된 전력은 바로 소비가 되므로 수전전력계량기[77]

[77] 한전에서 공급하는 전력에 대한 전력량계를 말한다.

나 잉여전력계량기에는 이때의 전력량이 표시되지 않는다.

쉬운 예로 태양광발전기를 설치하였고 일조량이 풍부해 자가발전량이 높을수록 한전에서 공급받는 전력량이 줄어든다. 이때 총 전력소비량이 많지 않으면 그만큼 남는 잉여전력이 많아 상계되는 부분이 커진다. 반면 밤의 경우 자가발전량이 거의 없으므로 이때는 한전공급용 전력을 사용하게 된다. 따라서 태양광발전기가 작동하지 않을 시간에는 수전전력계량기만 전력량을 표시하다 자가발전량이 한전에서 공급하는 전력량보다 크고 소비전력보다 클 때 잉여전력계량기에 상계되는 전력량이 표시된다.

태양광발전설비를 갖추면 일조량이 풍부하여 발전기를 통해 생산되는 전력이 많을수록 상계부분이 많아지기에 그만큼 전기요금을 절약할 수 있다. 이때 자가용 발전설비[78]를 설치한 경우는 누적 잉여전력량에 대해 전기요금을 단순히 상계액수만큼 깎아주는 경우와 돈으로 돌려주는 방법이 있는데 두 가지 중 한 가지 방법으로 선택할 수 있다. 그래서 대규모로 태양광발전설비를 갖추고 돈으로 돌려받는 사업을 하는 경우도 있다.

[78] 10kW 초과 1000kW 이하의 발전설비를 말한다.

2 상계거래 신청방법 및 요금 계산방법

상계거래는 하고 싶다고 누구나 할 수 있는 것은 아니다. 당연히 신재생에너지 발전설비를 갖추어 신청을 해야 한다. 신청할 때 필요한 서류는 요금상계 거래신청서, 발전설비위치도, 발전설비 시험성적서, 내선설계도면이 필요하다. 물론 서류만 있다고 바로 해주는 것이 아니라 한전에서 기술검토를 하고 고객은 역송전을 위한 계량기 설치공사비용을 낸다. 이후 전기안전공사에서 사용 전 점검 또는 공사 이후 병렬운전 조작을 합의 및 전력수급계약 즉, 요금상계거래계약을 체결한 뒤 잉여전력전력량계(역송전계량기)를 설치하면 된다. 저압의 경우는 신청일로부터 보통 13일, 고압의 경우는 한 달 가까이 걸린다.

전기요금의 경우 기본요금과 전력량요금으로 구분되는데 먼저 기본요금부터 알아보자. 기본요금은 주택용과 기타 종별로 다른데 주택용의 경우 상계 이전의 수전전력량을 기준으로 바뀌게 된다. 주택용 저압의 경우 200kWh 이하 910원, 201~400kWh 이하 1600원, 400kWh를 초과하면 7300원이고 주택용 고압의 경우 200kWh 이하 730원, 201~400kWh 이하

| 요금상계를 위해 설치된 수전전력전력량계(아래)와 잉여전력전력량계(위) |

1260원, 400kWh 초과의 경우 6060원이다. 즉, 소비하는 전력이 많을수록 기본요금도 올라가는 구조이다. 기타 종별의 경우 계약전력에 따른 기본요금이 그대로 부과된다.

전력량요금의 경우는 조금 다른데 이때의 요금기준은 상계 후 전력량을 기준으로 한다. 이를 이해하기 쉽게 간단한 예를 살펴보자. 전체 수전전력량이 250kWh이고 남아도는 나머지 전력량[79]이 100kWh인 경우 기본요금은 250kWh 기준인 1600원이다. 여기에서 전력량요금은 수전전력량 250kWh에서 100kWh를 뺀 150kWh로 이때 기본전력량 요금 120원을 곱해 1만 8000원이 되는 것이다. 본래 상계처리가 되지 않았으면 전력량요금은 250kWh 기준 3만 원이지만 1만 2000원이 절약된 것이다. **부가가치세의 경우는 조금 다르게 다시 상계 전 공급가액을 기준**으로 따지는데 이때 공급가액은 기본요금 1600원에 상계 전 전력량요금 3만 원을 더한 3만 1600원의 10%인 3160원이 부과[80]된다.

일반용 전력도 이와 크게 다르지 않은데 일반용 저압의 계약전력이 5kW인 경우는 다음과 같다. 기본요금은 일반용 단가 6160원의 5kW이므로 3만 800원이다. 이후 전력량요금은 전체 수전전력량 250kWh에서 남아도는 잉여전력량 100kWh를 빼므로 150kWh에 대한 전력량요금이 부과된다. 계절이 여름이라면 여름철 전력량 단가 132.4원을 150kWh로 계산하면 1만 9860원이 된다. 상계하지 않았으면 3만 3100원이 나오지만, 상계를 통해 약 1만 3240원 절약된 것이다. 단, 부가가치세는 상계 전 기준이므로 기본요금 3만 800원+3만 3100원인 6만 3900원의 10%인 6390원이 부과된다. 참고로 부가가치세뿐만 아니라 공급가액의 2.7%에 해당하는 전력산업기반기금 역시 상계 전 공급가액을 기준으로 부과된다.

[79] 전기는 남는다고 보관하기 어렵기에 이를 한전에서 가져간다.

[80] 이를 두고 불합리하다고 생각해서 많은 민원이 있지만, 현행 부가가치세법상 문제가 없다. 국회에서도 이를 인식하고 있지만, 세수 부족을 우려해 법안 처리가 지지부진한 상태이다.

여기서 잠깐! 전기자동차는 정말 경제적일까?

전기요금에 관한 이야기만 나와 돈 들어가는 이야기로만 느껴질 수 있을 것이다. 하지만 전기도 잘만 사용하면 오히려 경제적일 수 있다. 대표적인 것이 바로 전기자동차로 전기자동차가 정말 경제적인지에 대해 이런저런 이야기를 통해 생각해보자.

자동차 하면 많은 사람들이 휘발유나 경유를 사용하는 내연기관 자동차를 먼저 생각하게 된다. 20세기 최고의 발명품이자 가장 큰 시장을 차지했던 내연기관 자동차는 21세기 하고도 20년이 지난 현재에도 생산 및 판매, 그리고 거리에서 가장 흔하게 볼 수 있고 과거에는 꿈만 같았던 전기자동차

| 전기자동차의 특징-연파란색 번호판, 충전잭, 막힌 공기흡입구 |

도 이제는 상용화가 되었다. 바로 연한 파란색 번호판을 단 차량이 전기자동차로 전기자동차의 한 종류인 수소연료를 기반으로 전기를 만들어 운행하는 수소연료전지 자동차도 같은 색 번호판을 사용한다. 단, 내연기관과 충전지를 함께 탑재한 하이브리드 자동차는 예외이다.

| 한눈에 알아볼 수 있는 전기자동차 번호판 |

2017년 6월 9일부터 신규로 등록한 전기자동차는 바로 이 번호판을 달고 운행하게 된다. 단, 이전에 출시된 차량은 사비를 털어 교체해야 한다. 얼핏 보기엔 연한 파란색 바탕이긴 하지만 왼쪽 위에는 전기자동차 문양, 왼쪽 아래에는 대한민국 표식문양이 있고 오른쪽에는 전기자동차임을 나타내는 영문 약자 EV(Electric Vehicle)가 적혀 있다. 또한 바탕에는 위변조 방지를 위해 태극문양이 희미하게 있는 것도 특징이다. 기존 자동차 번호판에 비해 색다르긴 하지만 하이패스나 주차장인식기에서도 제대로 인식이 되어 실주행에 크게 불편함이 없다. 또 다른 전기자동차의 특징은 차 전면에 공기흡입구가 막혀 있다는 것이다. 내연기관 자동차는 엔진을 식히면서 연소를 위한 산소 공급 때문에 콧구멍 마냥 공기흡입구가 설치되어 있으

나 전기자동차는 내연기관 자동차에 비해 열발생이 매우 적고 연소조차 필요로 하지 않는 전기자동차의 특성상 이러한 흡입구를 막아 외관으로도 차이를 보이고 있다.

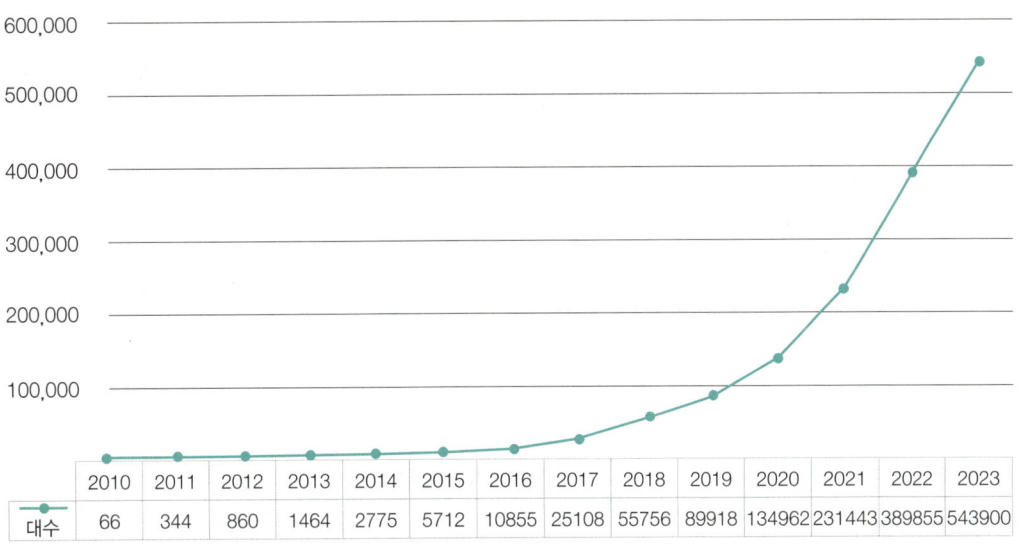

	2010	2011	2012	2013	2014	2015	2016	2017	2018	2019	2020	2021	2022	2023
대수	66	344	860	1464	2775	5712	10855	25108	55756	89918	134962	231443	389855	543900

| 연도별 전기자동차 누적등록대수 |

전기자동차 판매량을 보면 2010년에는 국내에 단 66대뿐이던 전기자동차가 본격적으로 전기자동차 구매 보조금을 지원하기 시작한 2015년 말부터 전기자동차 판매량이 늘어나 2016년 당시 1만 855대였던 전기자동차가 기하급수적으로 증가해 2020년 예상치 8만 4150대를 넘어 무려 13만 4962대에 이르렀고 2023년에는 54만 3900대가 되었다. 이는 같은 시기 우리나라 등록차량 총 1592만 대 중 3.41% 수준이다. 이렇게 전기자동차가 급격히 늘어난 배경에는 구매 보조금도 있지만 과거에 비해 다양한 차종이 등장하였고 특히 국내 완성차 제조업체에서도 승용차뿐만 아니라 상용차로 전기자동차를 출시하였기 때문에 가능하다.

| 2023년 전기자동차 판매순위와 판매대수 |

순위	제조사	모델명	판매대수
1위	현대	포터II 일렉트릭	25799
2위	기아	EV6	17227
3위	현대	아이오닉5	16335
4위	기아	봉고III EV	15152

순위	제조사	모델명	판매대수
5위	테슬라	모델Y	13885
6위	현대	아이오닉6	9284
7위	기아	EV9	8052
8위	현대	넥쏘	4328
9위	기아	니로 EV	4245
10위	기아	레이 EV	3727

　한때는 미국 테슬라가 높은 비율로 우리나라 전기자동차 시장을 잠식해가는 듯 했으나 국내 완성차 제조업체가 이에 지지 않고 노력하여 판매량 상위 10위권 내에 국내 9개 모델을 순위에 올렸다. 주목할 것은 승용차가 아닌 업무용 화물차인 '현대 포터II 일렉트릭'과 '기아 봉고III 1톤 EV'가 누적 판매량의 상위권을 차지하는 것을 보면 생업용으로 전기자동차를 많이 구매한다는 것을 알 수 있다.

　친환경 자동차를 지원하는 세계적 움직임에 따라 우리나라도 전기차 보조금을 지원해주는데 국가 보조금 외에도 지방 보조금을 추가로 지원 받을 수 있다. 다만, 구매 보조금의 경우 매년 줄어들고 있는 추세라 늦게 구입할수록 차량가격은 비싸고 지자체마다 상이하기에 구입 전에 제대로 알아보는 것이 중요하다. 참고로 구매 보조금이 서울특별시가 가장 적은 편으로 서울에서 가장 비싸게 구입하게 되는 경우가 많다. 반면 지방은 인구가 적은 군지역일수록 구매 지원금이 후해서 가장 싸게 구입할 수 있다. 이는 국가 보조금은 같지만 지자체마다 다르게 예산을 편성하기 때문에 그렇다. 정부에서 전기자동차 관련 예산은 꾸준히 증가하고 있지만 지원해줘야 할 전기차 대수가 더 빠르게 늘어남에 따라 실질적으로 수혜를 받는 지원금액은 매년 조금씩 감소하고 있다.

　전기차 보조금 신청은 전기차를 구매한 이후 '전기차 구매 지원 신청서' 접수를 통해서 하게 된다. 이후 거주하는 지자체에서 신청서를 검토하고 신청접수 완료 후 14일 이내 보조금이 지급된다. 그런데 전기차 보조금을 받고 전기차를 구매한 경우 의무 보유기간이 2년이 있다. 2년 보유기간이 지난 후에 재구매가 가능하며, 중고 전기차의 경우에는 매수가 가능하다.

　전기자동차는 최근에 갑자기 탄생한 것은 아니다. 본래 전기자동차가 내연기관 자동차보다 빠른 시기인 1830년대에 최초로 개발되었다. 그러나 당시 전기공학의 기술 부족과 배터리 한계, 너무 비싼 가격 등 여러 가지 요인으로 개발이 지지부진하다가 최근에 와서 리튬이온 배터리의 발달로 다시 성장하게 된 것이다. 그런데 일각에서는 이를 두고 막대한 자본을 가진 석유회사의 압력이 있었다는 이야기도 나온다.

　우리나라 최초의 전기자동차는 예전 기아자동차의 승합차인 '베스타'를 전기자동차로 개조한 '베스타 EV'이다. 이는 양산형이 아닌 1986년 아시안게임, 1988년 서울올림픽의 마라톤 리드카나 중계차 용도로만 활용했다. 당시 기술로 1회 충전으로 항속거리는 114km, 최고속도는 72km/h로 직류직권전동기를 사용했다. 정지상태에서 40km/h까지 가속성능이 약 8초 정도로 지금 나오는 전기자동차에 비해 크게 매력이 없어 더 이상 양산되지는 못했다.

| 전기자동차 충전을 할 수 있는 전용 주차장 |

　현재 전기자동차는 승용차뿐만 아니라 버스로도 생산 및 운행되어 기존 내연기관 자동차의 고질적인 문제점이었던 환경오염으로부터 어느 정도 해방되고 있는 중이다. 그러나 전기자동차의 전기에너지 그 자체가 환경을 직접 오염시키지는 않지만 전기자동차를 생산하는 과정에서 환경오염이 발생한다는 단점이 있다. 이에 석탄, 석유, LNG 등을 연료로 사용하는 화력발전소의 인근만 오염시킨다는 논리로 전기자동차의 환경오염에 대한 관대한 시각도 존재한다. 그리고 미세먼지가 있는데 이것은 전기자동차뿐만 아니라 아스팔트 도로 위를 고무 타이어로 달리는 모든 자동차에서 나오기 때문에 이에 대한 해결책은 지속적으로 물청소하는 것이 최선이라고 말한다.

　대중들이 전기자동차를 구매하는 가장 큰 이유는 바로 경제성에 있다. 왜냐하면 전기요금이 내연기관의 연료비용보다 저렴하고 소음도 적고 가·감속 성능이 내연기관 자동차보다 훨씬 좋기 때문이다. 또한 구조가 단순해 정비와 유지도 간단한 편이고 중고차 가격이 잘 내려가지 않는 장점이 있다. 예를 들어 주행거리가 6~8만km 정도의 4년 정도 된 국산 전기자동차의 경우 중고차시장에서 신차 대비 100~200만 원 정도 내려간 가격으로 판매가 된다. 이는 내연기관 자동차보다 확실히 차이가 나는 점이다. 그러나 이는 애초 구매할 때 보조금 혜택으로 가격이 충분히 저렴한 상태에서 구매했을 때와 비교해서 감가상각이 덜하다는 것이지 보조금 혜택 없이 출고가격으로 구매하면 많은 차이가 난다. 그러나 전기자동차를 신차로 구매할 때는 보조금 혜택을 안 받고 사는 경우가 거의 없으므로 사실상 감가가 많이 없다는 것도 사실이긴 하다.

　또한 내연기관 자동차에 비해 매우 조용해서 저속으로 달릴 때는 일부러 가상엔진음을 내보내는 기능이 있다. 이는 사람들이 차량의 접근을 인식하기 위한 안전장치이다. 아울러 공회전 시에도 진동이 없어 승차감 역시 매우 좋다. 단, 고속으로 주행 시에는 노면에서 올라오는 소음과 진동이 있는 것은 내연기관 자동차와

 여기서 잠깐!

비슷하다. 다만, 전기자동차 구조상 회생제동을 하는 경우가 있는데 이로 인한 속도변화로 멀미를 느끼는 탑승객이 많고 내연기관 자동차보다 승차감이 좋지 않다 라고 느끼는 경우도 꽤 있다.

이런 전기자동차의 경제성이 있지만 자동차 구매가가 매우 비싸므로 최소한 5년 이상을 타야 어느 정도 경제성을 확보할 수 있고 전기공사 등의 이유로 많은 비용이 드는 전용 충전시설을 설치해야 하는 경우도 있으므로 이에 대한 예산확보가 되어야 한다. 전용 충전시설을 설치해야 하는 이유는 충전시간이 오래 걸려 자신의 집에서 충전할 수 있다면 편리하지만, 외부에서 충전할 경우 시간이 충분하지 않으면 충전이 부족해서 매우 불편한 상황이 발생될 수 있기 때문이다.

그럼에도 전기자동차는 내연기관 자동차보다 구조가 간단해서 이를 생산, 정비할 인력도 많이 필요 없다는 장점이 있다. 정비가 간단하다는 것은 오일 교체에서도 차이가 난다. 전기자동차는 브레이크 오일만 정기적으로 교체를 하면 되지만 내연기관 자동차는 브레이크 오일 외에 엔진 오일, 변속기 오일, 오일 필터 등 교체해야 할 것이 많고 정비 역시 까다로운 편이다. 그러나 사회적으로는 전기자동차의 보급이 많아질수록 내연기관 자동차 관련 인력이 줄어들어 고용문제도 차츰 대두되고 있는 시점이다. 그리고 몇몇 사람들은 전기자동차 운전이 내연기관에 비해 심심하다는 의견도 많다. 이는 엔진마다 다르게 느껴지는 소음과 진동, 그리고 변속 등으로 운전의 재미를 느끼는 사람에겐 전기자동차는 그냥 교통수단 정도로만 느껴질 수도 있을 것이다.

| 전기자동차 공용 충전소 |

그리고 전기자동차의 경우 내연기관 자동차보다 화재로부터 위험도가 훨씬 큰 것도 사실이다. 이는 전기자동차의 핵심이라고 할 수 있는 배터리 때문에 일어나는 경우가 많다. 그래서 전기자동차 제조회사는 자동차를 굴리는 모터가 아닌 좀 더 안전하고 오래갈 수 있는 배터리를 연구 개발하는 데 많은 예산을 소비하고 있다.

한편, 기존 내연기관 자동차는 휘발유나 경유와 같은 기름을 연료로 사용하기 때문에 유가에 매우 민감하다. 그러나 전기자동차는 배터리를 충전하는 데 들어가는 전기요금이 가장 중요하고 2021년부터 원가연계형 전기요금을 도입함으로써 유가도 관련이 있지만 내연기관 자동차보다 어느 정도 자유롭다. 왜냐하면 전기를 생산하는 에너지원이 기름만 있는 것이 아니라 석탄, LNG, 원자력, 수력, 태양광 등 다양한 에너지원이 있기 때문이다. 그러나 전기자동차가 경제적이라 해도 정말 어느 정도 경제적인지 쉽게 이해하기가 어렵다. 내연기관 자동차는 연비라는 개념으로 리터당 주행거리 또는 100km를 주행하는 데 필요한 연료의 양을 통해 경제성을 평가하기 쉽지만, 전기자동차의 경우 배터리 용량과 필요한 전력, 배터리의 만충으로 인해 주행할 수 있는 거리, 배터리 만충에 필요한 전기요금 등 다양한 변수를 두고 살펴봐야 하기 때문이다.

더구나 전기공학 쪽으로 살펴보면 발전소에서 생산되는 전력의 효율, 송배전선로에서의 손실 등을 따져봐야 하는데 이를 고려하면 복잡하기만 하다. 일단 국내 화력발전소의 열효율은 2022년 현재 41.65%, 발전소에서 생산된 전력이 송전단계로 접어드는 과정인 송전단에서 39.78%로 약 40% 내외라고 볼 수 있다. 그리고 송·변전의 손실률은 2025년 현재 1.57%, 배전손실은 1.98%로 약 3.52% 정도의 종합손실률을 보인다. 이는 선진국에 비해서도 매우 우수한 편으로 우리나라 전력품질의 우월성을 보여준다. 따라서 이로 인해 우리나라 전기요금은 외국보다 상대적으로 저렴한 편이다. 이는 우리나라의 전기가 높은 효율과 적은 손실 때문이기도 하지만 정책적으로 전기요금의 인상은 정부에서도 최대한 억제하고 있기 때문이다. 2025년 현재 우리나라의 가정용 전기요금은 약 13.0US cent/kWh(≈0.130USD/kWh)로 일본의 23.6US cent/kWh, 미국의 19.1US cent/kWh, 프랑스의 27.5US cent/kWh, 독일의 44.3US cent/kWh 보다 낮다. 참고로 US cent는 미국 통화량의 한 단위로 1US cent=0.01US dollar이다. 여담이지만 내연기관 자동차의 경우 공인인증모드인 CVS-75 기준효율이 약 20% 이하임을 감안하면 전기자동차가 상대적으로 효율이 높다는 것을 알 수 있다.

그러나 중요한 것은 효율이 높다고 경제적이라고 단정 지을 수는 없다. 왜냐하면 전기자동차의 핵심인 배터리 용량이 클수록 충전하는 데 사용하는 소비전력이 커지기 때문이다. 예를 들어 전기자동차의 배터리가 75kWh의 용량을 가지고 있다고 가정하자. 그렇다면 전기자동차가 달리면서 모터나 전기장치 등이 전력 75kW를 소비한다면 1시간 정도 사용할 수밖에 없고 7.5kW를 소비한다면 10시간을 사용할 수 있다. 75kW가 매우 큰 전력이라고 생각할 수 있는데 1마력이 약 0.75kW이므로 75kW는 100마력 정도이다. 최근 나오는 내연기관 2000cc 정도의 자동차가 180마력 내외임을 고려하면 큰 전력이라고 판단하기도 어렵다. 다만 내연기관에 비해 모터의 효율이 매우 높으므로 같은 에너지를 사용하고도 더 높은 힘을 얻을 수 있다. 실제 전기승용차의 경우 35~100kWh 정도의 용량, 전기버스의 경우 200~300kWh 내외로 용량이 크다. 시판 중인 전기자동차의 모델에 따른 주행거리와 배터리 용량은 다음과 같다.

시판 중인 전기자동차의 주행거리와 배터리 용량				
제조사	모델명	차종	주행거리[km]	배터리 용량[kWh]
현대	아이오닉6	승용차	400/524	53/77.4
	아이오닉5	승용차	458	77.4
	코나 일렉트릭	승용차	406	64
	제네시스 G80 EV	승용차	427	87.2
	제네시스 GV70 EV	SUV	400	77.4
	제네시스 GV60 EV	SUV	451	168
	포터II	화물	211	58.8
	일렉시티	대형 버스	420	290.4
	일렉시티 2층버스	대형 버스	384	447
	카운티 일렉트릭	소형 버스	338	128
기아	EV6	승용차	370/475	58/77.4
	레이 EV	승용차	205	35.2
	니로 EV	승용차	401	150
	EV9	SUV	501	99.8
	봉고3 EV	화물	211	58.8
	봉고3 냉동탑차	화물	177(미가동 시)	58.8
테슬라	모델3	승용차	528	85
	모델Y	승용차	511	84.96
	모델S	승용차	555	100
쉐보레	볼트 EV	승용차	414	66
르노	SM3 Z.E	승용차	213	35.9
KG	쌍용 코란도 이모션	SUV	252/307	61.5/88
포르쉐	타이칸 크로스 투리스모	승용차	287	93.4
벤츠	EQC	승용차	309	80
BMW	i2	승용차	449	64.8

우리나라 가정의 평균 한 달 전력사용량이 223kWh로 하루에 사용하는 전력량이 약 7.4kWh 정도이다. 이를 비교하면 전기승용차의 경우 5~10일 정도, 전기버스의 경우 약 한 달에서 40일 분량의 전력량과 배터리의 용량 정도가 된다.

배터리 용량을 통해 대략적인 전기자동차 충전시간을 파악할 수 있는데 만약 급속충전기가 시간당 50kW를 충전한다면 용량이 50kWh로 이론적으로는 1시간 정도면 충전할 수 있다. 그러나 이는 단순하게 계산한 것으로 실제로는 그보다 더 걸린다. 왜냐하면 전기자동차의 배터리는 과충전 시 폭발과 같은 매우 위험한 상황에 처하게 되므로 최대한 과충전을 피한다. 그래서 전력을 풍부하게 공급하는 급속충전은 남은 배터리 양을 계산해 완충에 가까울수록 공급전력을 줄여 충전속도가 늦어진다. 그리고 만약을 대비해서 100% 완충이 안 되게 설계를 한다. 완속충전은 애초에 공급되는 전력이 급속충전에 비해 적기 때문에 100% 완충이 가능하다. 그리고 전기자동차 제조사는 충전시간 기준을 배터리가 20% 정도 남은 시점부터 충전을 하여 시간 계산을 하는 경우가 많다. 그래서 실제와는 다른 경우가 많다.

충전방식은 크게 급속충전방식과 완속충전방식으로 되어 있다. 급속충전방식은 교류 3상 4선식 380V, 90A로 입력받아 내부 컨버터를 거쳐 직류 400V, 120A로 충전하지만 완속충전방식은 교류 220V, 32A로 충전을 한다. 따라서 급속충전기의 충전 전원선의 굵기가 완속충전기의 충전 전원선보다 훨씬 굵다. 완속충전방식은 차량 내부에서 교류를 직류로 변환시켜 충전시키는 장치 OBC를 통해 배터리에 충전을 한다. 충전방식에 따른 소비전력은 급속은 50kW, 완속은 7kW나 11kW, 별도의 충전설비 없이 220V 콘센트를 이용하는 이동형 충전기는 3.2kW 정도이다. 급속충전방식은 2016년 12월 한국국가기술표준원에서 DC콤보1 방식(위쪽 5핀, 아래쪽 2핀)으로 통일되었다. 이전에 만들어지는 전기자동차 급속충전소는 DC차데모방식을 사용한 경우도 많아 이를 먼저 확인할 필요성이 있다. 완속충전방식은 AC단상방식으로 5핀 방식을 사용하고 있다. 이동형 충전기는 우리가 흔히 사용하는 220V 콘센트를 이용해서 충전한다. 각 충전방식에 대한 그림과 특징은 다음과 같다.

| 충전방식에 따른 그림과 특징 |

종류	DC콤보(타입1)	DC콤보(타입2)	AC단상
그림			
특징	한국과 미국의 급속충전기 표준 100kW 이상 직류 고속충전을 지원 위쪽 5핀 + 아래쪽 2핀으로 구성	미국과 유럽에서 일부 사용하며 직류(DC)를 사용하는 급속충전기 위쪽 7핀 + 아래쪽 2핀으로 구성	한국의 완속충전기 표준 220V 교류(AC) 전원을 사용하며 둥근 모양의 5핀으로 구성

종류	차데모	AC 3상	슈퍼차저
그림			
특징	일본에서 만든 급속충전기로 직류 사용. 완속충전 플러그 별도로 테슬라에서 차데모용 어댑터 제공	르노가 만든 급속/완속 충전기로 직류(DC)가 아닌 교류(AC)를 사용하며 7핀으로 구성(사용률 감소)	테슬라가 만든 급속충전기로 약 40분에 80% 정도 초고속 충전하며 일명 '해골 충전기'라고 함

한편 전기자동차가 사용하는 평균 전력량의 크기는 알기 어렵다. 왜냐하면 도로의 주행조건, 잦은 가·감속, 정속주행, 공기저항, 모터의 효율 등 다양한 변수가 있고 그 외 전기장치를 사용하는 정도에 따라 또 다르기 때문이다. 특히 전기자동차의 단점 중 하나가 히터를 사용할 때 내연기관 자동차보다 불리한데 이는 내연기관 자동차의 히터는 엔진열의 폐열을 이용하여 따뜻한 바람을 작은 모터로 실내에 공기를 유입시켜 주기 때문에 실질적으로 추가연료 소비가 거의 없는 반면 전기자동차는 전기에너지를 히터를 통해 열에너지로 전환해야 하므로 많은 전력을 소비하게 된다. 그래서 전기버스의 경우 겨울철에 난방을 자주 껐다 켰다 하는 이유가 바로 전력 소비를 줄이기 위해서이다.

그러나 내연기관 자동차와는 달리 전기자동차는 회생제동(回生制動, regenerative breaking)을 이용하여 운동에너지를 전기에너지로 변환하여 배터리에 저장하는 방식으로 효율을 높인다. 회생제동이란 운동에너지를 멈출 때 내연기관 자동차는 열로 소비되는 것과 달리 전기자동차는 내부의 발전기를 회전시킴으로써 전기를 생산하여 이를 충전하는 방식을 말한다. 하지만 이로 인해 내연기관 자동차보다 속도변동성이 크므로 예민한 탑승자들은 멀미를 느낄 수 있다. 그래도 전기자동차는 조금이라도 효율성을 높이고자 여러 가지 기술을 사용하고 있는 것이다.

그럼 전기자동차의 출력은 어느 정도일까? 일반적으로 내연기관 자동차보다 훨씬 힘이 세서 더 잘나가는 느낌이 드는 것은 사실이다. 이는 엔진과 변속기로 구성되어 있는 내연기관 자동차는 변속기에서 제법 큰 손실이 이루어지지만 전기자동차의 경우 모터로만 구성되어 있어 그만큼 효율적으로 에너지가 전달되기 때문이다. 전기자동차의 모델별 최대출력과 모터 최대토크는 다음과 같다.

| 시판 중인 전기자동차의 최대출력과 모터 최대토크 |

제조사	모델명	차종	최대출력[kW]	모터 최대토크[N·m]
현대	아이오닉6	SUV	168(RWD) 239(AWD)	350(RWD) 605(4WD)

제조사	모델명	차종	최대출력[kW]	모터 최대토크[N·m]
현대	아이오닉5	SUV	168(RWD) 239(AWD)	350(RWD) 605(4WD)
	코나 일렉트릭	승용차	150	395
	제네시스 G80 EV	승용차	272	700
	제네시스 GV70 EV	SUV	320	700
	제네시스 GV60 EV	SUV	168	350
	포터II	화물	135	395
	일렉시티	대형 버스	240	102
	일렉시티 2층버스	대형 버스	240	102
	카운티 일렉트릭	소형 버스	150	395
기아	EV6	승용차	168	350
	레이 EV	승용차	64.3	147
	니로 EV	승용차	150	255
	EV9	SUV	150	350(2WD) 600~700(4WD)
	봉고3 EV	화물	135	395
	봉고3 냉동탑차	화물	135	395
테슬라	모델3	승용차	239	575
	모델Y	승용차	378	493
	모델S	승용차	311	646.8
쉐보레	볼트 EV	승용차	150	360
르노	SM3 Z.E	승용차	126.67	225
KG	쌍용 코란도 이모션	SUV	140	360
포르쉐	타이칸 크로스 투리스모	승용차	350	500
벤츠	EQC	승용차	551.35	758.52
BMW	i2	승용차	425.68	493.92

위의 표에서 최대출력은 해당 차량의 모터가 가장 높은 출력을 말하는 것으로 일반적으로 마력을 단위로 사용한다. 마력에 따라 [HP] 또는 [PS]로 표기하는데 1W=745.7HP=735.5PS가 된다. 위의 표에서는 모두 국제단위인 [kW]로 변환하여 직관적으로 비교할 수 있게 했다. 모터 최대토크란 모터가 발생시키는 가장 높

은 회전력으로 단위는 일반적으로 [kg·m]를 사용하나 앞의 표에서는 비교하기 쉽게 국제단위인 [N·m]로 하였다. 이는 [kg·m]에서 9.8을 곱하면 [N·m]가 된다. 출력과 토크는 얼핏 생각하기에 같은 개념 같지만 출력은 단거리 선수, 토크는 씨름 선수로 비유할 수 있다. 즉, 단거리 선수는 빠른 속도가 요구되어 무거운 상대를 들어 올리는 힘이 많이 필요 없고, 씨름 선수는 자기보다 무거운 상대를 들어 올리는 힘이 많이 필요하고 빨리 달리는 속도는 그리 중요하지 않다. 즉, 출력이 높다는 것은 자동차의 속도가 빠르다는 것이고, 토크가 높다는 것은 정지상태에서 가속상태가 되는 데 필요한 힘이 크다는 것이 된다.

앞서 전기자동차를 구입하는 가장 큰 이유는 바로 경제성이라고 계속 얘기하고 있는데 이는 같은 거리를 달리더라도 화석연료를 사용하는 내연기관 차량보다 전기자동차가 비용이 훨씬 적게 들기 때문이다. 이는 화석연료 특히 가솔린과 디젤의 경우 유류세라는 세금이 붙기 때문에 주유 비용이 비싼 것이다.

그렇다면 전기자동차의 전기요금은 얼마나 나올까? 일반적으로 주택용 전기를 사용하는 경우 전기자동차 충전을 잘 하지 않는다. 그 이유는 주택용 전기의 용량이 전기자동차를 충전하기에 넉넉하지 않은 것도 있지만 주택용 요금의 누진제 특성상 전기요금이 비싸지기 때문이다. 예를 들어 1시간에 7kW를 충전하는 완속충전기를 이용해 8시간씩 충전을 하고 이를 한 달에 10번 충전한다고 가정해보자. 이때 사용하는 전력량은 7×8×10=560kWh이다. 주택용 전기요금은 200, 400kWh를 기준으로 전기요금의 기본요금과 전력량 요금이 큰 폭으로 오르기 때문에 전기자동차 충전만 가지고도 비싼 전기요금을 낼 수밖에 없다.

그래서 전기자동차 충전전력요금을 이용하게 되는데 자신이 직접 사용하고자 하는 자가소비용 전기자동차 충전전력요금은 다음과 같다.

| 자가소비용 전기자동차 충전전력요금(2024.4.1. 시행) |

구분	기본요금 [원/kWh]	전력량 요금[원/kWh]			
		시간대	여름철 (6~8월)	봄·가을철 (3~5월, 9~10월)	겨울철 (11~2월)
저압	2390	경부하	84.3	85.4	107.4
		중간부하	172.0	97.2	154.9
		최대부하	259.2	102.1	217.5
고압	2580	경부하	79.2	80.2	96.6
		중간부하	137.4	91.0	127.7
		최대부하	190.4	94.9	165.5

만약 자신의 집에 7kW급 완속충전기가 설치되어 있을 경우 2390원×7kW=1만 6730원의 기본요금에 계절과 사용하는 시간대에 따라 전력량 요금을 계산하면 전기차를 충전하는 데 비용이 어느 정도 되는지 알 수 있다. 가장 저렴한 경부하 시간대는 모두 잘 시간인 심야시간대로 이때 충전하는 것이 가장 저렴하다. 특

히 1년 중 5개월가량 해당하는 봄·가을철의 전기요금은 매우 저렴하다.

하지만 극단적인 상황이라고 할 수 있는 저압으로 공급받는 여름철 최대부하 시간대 기준으로 계산해보자. 자신이 일반 주택에 거주하고 있고 현대 아이오닉 5를 사용하고 있다고 가정해보자. 아이오닉 5의 배터리 용량은 77.4kWh이기 때문에 7kW급 완속충전기를 이용해 11시간의 충전시간이 걸린다. 시간당 소비전력이 7kWh인 완속충전기를 11시간 활용해 충전하는 비용과 전력량 요금은 다음과 같다.

7kW×11시간×259.2원=1만 9958원

아이오닉 5의 경우 제조사가 밝히길 주행가능거리는 만충전 시 458km를 갈 수 있다고 한다. 여기에서 계약전력 7kW의 기본요금 1만 6730원과 기후·환경요금(77×9=693원), 연료비 조정액(77×5=385원)까지 모두 더하면 3만 7766원의 전기요금이 나온다. 여기에 부가세 10%와 전력산업기반기금 2.7%까지 모두 더하면 4만 2560원이다. 내연기관 자동차와 비교하면 연비를 10km/L로 휘발유 1L당 1700원으로 잡는다면 1km를 주행하는 데 비용은 170원꼴이다. 따라서 아이오닉 5의 만충전 시 갈 수 있는 항속거리 458km를 주행하는 데 내연기관 자동차 비용은 7만 7860원 정도로 전기자동차 전기요금 4만 2560원에 비해 약 1.8배 더 비싸다는 것을 알 수 있다. 이는 1회 충전했을 때 비용이고 추가로 더 충전을 한다 해도 기본요금은 고정된 가격이고 전력량 요금, 기후·환경요금, 연료비 조정액이 더 붙지만 그래도 일반적인 내연기관 자동차보다는 확실히 경제적이다.

| 전기차 충전 서비스 제공사업자용 급속충전소 |

이와는 별개로 충전 서비스 제공사업자용 전기요금은 위의 요금보다 약 13% 내외 더 비싸다. 이는 충전을 통해 직접 수익을 거두는 사업자이기 때문에 자가소비하는 경우보다 좀 더 비싸다. 수도요금이 가정집보다 목욕탕 수도요금이 더 비싼 것과 같은 이치이다.

| 100kW급(50kW×2대) 급속충전기의 분전반 내부 |

그리고 50, 100kW급의 급속충전기의 경우 앞의 요금보다 매우 비싼 편으로 50kW의 경우 kWh당 324.4원, 100kW 이상의 경우 kWh당 347.2원의 요금이 부과가 된다. 과거에는 한전에서 특례할인을 적용했으나 2022년 9월부터 할인이 전면 폐지가 되었다. 급속충전의 요금이 비싸더라도 시간을 크게 절약할 수 있어 많은 사람들이 선호하지만 설치하는 데 있어 제한사항이 많아 설치가 어려운 편이다. 급속충전의 가장 적은 용량인 50kW급을 설치한다 해도 3상 4선식의 25SQ 케이블을 사용, 냉각시설, 소방장비도 구매해야 하기 때문에 비용도 많이 들고 또한 해당 공간에 충분한 전력이 확보되지 않으면 애초에 설치가 불가능하다.

그래도 내연기관 자동차를 운행하는 것보다는 많이 저렴하므로 사람들은 전기자동차에 관심을 갖고 또 새로 구입하고자 한다. 특히 집에서 직접 충전하는 집밥에 관심이 있는 경우가 많은데 일반적으로 단독주택에 거주하는 경우 설치를 많이 한다. 공동주택의 경우 집주인의 50% 이상 동의를 구해야 설치가 가능하다. 제일 중요한 것은 자신의 집에 전기차 충전을 할 만큼 충분한 전력이 확보가 되는지가 가장 중요하다. 만약 확보되지 않으면 이를 위해 증설공사를 해야 하는데 비용도 만만치 않고 불가능한 경우가 많기 때문이다.

참고로 전기자동차 충전단말기는 2023년 말 현재 30만 5309기로 이 중에 급속은 3만 4386기, 완속은 27만 923기가 있다. 2022년부터 100세대 이상 아파트 또는 주차 50면 이상의 건물이나 공중이용시설에는 기축 기준 2%, 신축 기준 5%의 전기차 충전면수를 확보해야 한다. 이를 3년 이내 확보하지 않으면 이행강제금 명목으로 과태료가 최대 3천만 원, 수변전시설에 관한 협의가 있다면 4년 이내로 유예가 되고 이를 넘기면 과태료가 부과된다. 정부는 이를 토대로 2030년까지 충전기를 총 123만기 이상 설치할 목표를 하고 있다.

전기자동차 충전기를 설치하는 공사는 일반적으로 충전사업자 또는 고객이 의뢰하여 전기공사면허업체가 수행하게 되는데 한전계량기를 불출 받기 위해선 반드시 전기공사면허업체의 직인이 들어간 '전기사용신청서'가 있어야 한다. 이와 더불어 시험성적서라고 하는 '안전확인신고증명서'의 서류가 필요하다. 안전확인신고증명서는 해당 전기자동차 충전기의 정보가 담긴 서류로 이는 한전에서 전기자동차 충전전력요금을 제

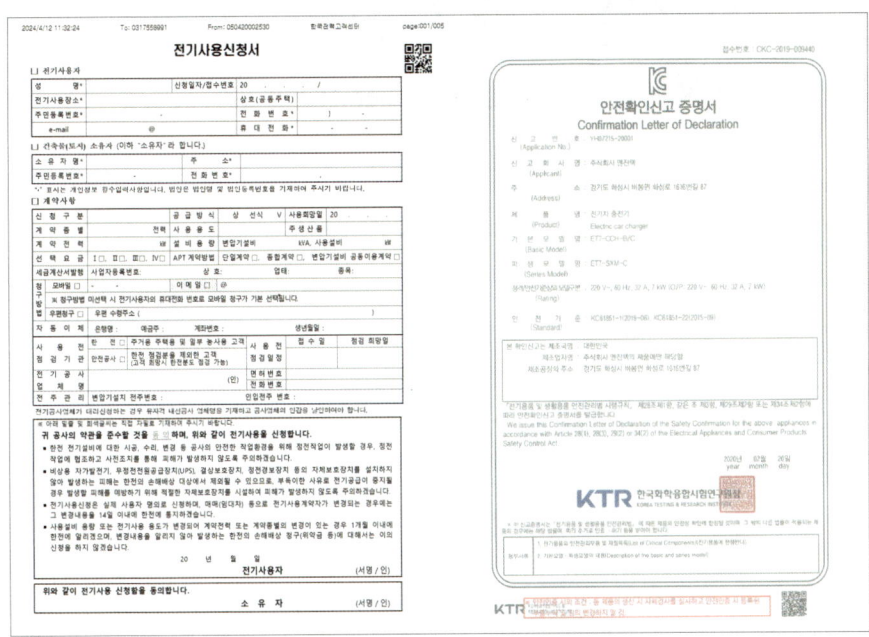

| 전기사용신청서와 안전확인신고증명서 |

공하는 데 확인해주는 역할을 한다. 이 서류는 충전기 단말기를 구입할 때 제조사에서 제공을 한다. 일반적으로 완속충전기의 경우 7, 11kW로 표기가 되어 여기에 맞게 계약전력으로 공급된다.

전기공사비용은 한전불입금이라고 하는 기본시설부담금 외 전기공사업체에 지불할 자재비, 인건비, 경비, 한전서류업무 대행비인 대관청구금과 부가세를 포함해서 산정하게 된다.

현대사회에서 '시간은 금'이다. 전기자동차 구매 시 내연기관의 연료 주입시간에 대비해서 전기자동차를 충전하는 데 충분한 시간이 필요하고 1회 충전에 항속거리가 내연기관에 비해 짧기 때문에 이런 부분도 고려해야 한다. 거기에 국제적으로 유가 상승 등 에너지원 가격의 인상은 전기요금을 추가로 더 부담해야 할 수 있다. 따라서 보조금 혜택이 있더라도 내연기관 자동차보다 기본적인 차량가격이 더 비싸므로 전기자동차가 내연기관 자동차와 운행 총 소요비용이 같아지는 기간 즉, 전기자동차가 경제적이라고 판단하기까지는 최소한 6년 이상 운행하여야 하며 전기요금이 계속 인상될수록 이 기간은 더 길어질 것이다. 그러므로 전기자동차는 자주 충전할 수 있고, 단거리 위주로 주행하며 한 차량을 오래 소유하는 경우에는 경제적으로 장점이 더 많지만, 충전이 쉽지 않고 장거리 위주로 주행하면서 차를 자주 바꾸는 사람에겐 단점이 더 많을 수 있다. 하지만 탄소 중립과 더불어 기후변화에 따른 전 세계적인 대처로 내연기관 자동차가 점차 사라지게 되는 것과 더불어 전기자동차에 대한 관심이 커지고 있는 현시점을 고려하여 전기자동차 구매가 현실적으로 경제성이 있는지 계산기를 충분히 두드려 보자.

03 가전제품 중 전기를 가장 많이 소비하는 것은?

KEY WORD 전력소비, 대기전력, 전기레인지(인덕션), 하이라이트, 전기절약

학습 POINT
- 집안에서 가장 전기를 많이 쓰는 공간은?
- 대기전력이란?
- 전기레인지(인덕션)를 사용할 때 전기공사는 반드시 해야 하는가?

전기는 마음껏 쓰고 싶지만 어디까지나 유한한 에너지이고 사용하면 할수록 전기요금이 늘어나기 때문에 금전적인 부담을 무시할 수 없다. 그래서 전기요금을 한 푼이라도 아끼고자 사용하지 않는 플러그를 빼거나 대기전력 차단콘센트를 설치하기도 하고 집안 전체 조명을 LED로 교체하는 등 다양한 방법으로 전기절약을 하게 된다.

하지만 '적을 알고 나를 알면 백전백승'이라는 말이 있듯이 집안에서 전기를 많이 소비하는 전자제품이 무엇인지를 알고 사용량을 조금이라도 줄이는 것이 가장 효과적인 방법이다. 어떤 전자제품이 얼마나 많은 전기를 소비하는지 알아보자.

1 집안에서 가장 전기를 많이 쓰는 공간은?

1 전력소비가 가장 심한 곳은 주방

전기 과부하 등의 이유로 출장서비스를 받게 되면 거의 80%가 주방 쪽 전자제품 때문에 차단기가 내려가는 경우이다. 유달리 집안에서 소비전력이 큰 전자제품이 주방에 몰려 있는데 그 이유는 전기에너지를 열에너지로 변환하거나 전기에너지를 회전에너지로 변환하는 전자제품이 많기 때문이다.

전기에너지를 열에너지로 변환할 때는 줄의 법칙에 의해 많은 전류를 소모한다. 충분히 열을 만들기 위해선 그만큼 많은 전류가 필요한 것이다. 특히 최근에는 가스레인지 대신 전기레인지(인덕션, 하이라이트 등)를 사용하는 경우가 많이 있다. 전기레인지 같은 경우는 전용선 공사를 해야 할 정도로 소비전력이 매우 높은 제품[1]이다. 그 외 전기오븐, 전기밥솥, 전자레인지, 커피포트, 정수기의 온수모드 등이 모두 전기에너지를

---

[1] 전력(P) = 전압(V) × 전류(I)로 전압이 일정하다면 전류값이 크다. 따라서 이에 맞는 굵은선이 필요하다.

열에너지로 변환하는 제품이자 소비전력이 큰 제품이다.

　냉장고 같은 경우가 전기에너지를 회전에너지로 변환하는 대표적인 경우다. 과거에는 주방의 대표적인 전자제품인 냉장고가 소비전력이 크면서 24시간 켜놓아야 해서 전기요금이 많이 나온다고 생각했지만 현재는 효율 좋은 제품[2]이 많이 출시되었다. 오히려 다른 주방 가전제품이 월등히 전력소비량이 높은 경우가 많기에 상대적으로 크게 부각되지 않는다. 주방 쪽 전자제품의 발달로 편리하고 깔끔한 생활이 가능해졌지만 한편으로는 그만큼 전기에너지를 많이 활용하기 때문에 전기요금 계산 시 고려대상이 되었다.

> [2] 대다수 가정에서 사용하는 2도어나 양문형 냉장고의 소비효율은 1, 2등급이 많다. 냉장고 중에서 소비효율이 안 좋은 것은 원룸이나 호텔에서 사용하는 1도어 제품이나 상점에서 볼 수 있는 쇼케이스로, 이는 문이 유리로 되어 있어서 단열에 약하기 때문이다.

2 가전제품의 평균 소비전력

　일반적으로 여름철 에어컨이 전력소비량이 크다고 생각하고 다른 전자제품 전력소비량에는 크게 관심을 갖지 않는다. 그래서 여러 가지 가전제품 및 조명의 1시간당 소비전력을 다음 표와 같이 정리했으며 브랜드와 제품, 그리고 효율이 각기 다를 수 있으니 참고 삼아 보면 된다.

| 주요 가전제품 및 조명의 소비전력 ||||||

제품명	소비전력[W]	제품명	소비전력[W]	제품명	소비전력[W]
LED TV	80~160	PDP TV	250~350	LCD TV	350
형광등	24~40	백열전구	60~100	할로겐램프	60~100
LED 센서등	15	LED 방등	50~60	LED 거실등	120~180
LED 욕실등	15~20	LED 주방등	35~50	LED 매입등	15~30
전기밥솥(보온)	300~500	전기밥솥(취사)	1000~1200	선풍기	55~65
헤어드라이어	1200~1500	전기다리미	600~1650	세탁기	120~550
드럼세탁기(냉수세탁)	170~200	드럼세탁기(삶는 세탁)	2000~2500	드럼세탁기(건조 기능)	2000~2500
벽걸이 에어컨	800	스탠드에어컨(18평형)	2000~2200	스탠드에어컨(25평형)	3000
LED 모니터	40~80	컴퓨터(본체)	300~500	스캐너	50~70
프린터	400~500	일반냉장고	100~400	양문형 냉장고	300~700
김치냉장고	250~250	전자레인지	800~1500	전기레인지(인덕션)[3]	1800~3300
정수기(온수모드)	500~800	정수기(냉수모드)	100~150	공기청정기	170~320
식기세척기	2000~2500	전기장판	150~200	옥장판, 돌침대	900

> [3] 유럽산 제품의 경우는 6700~8500W

앞의 표에서도 볼 수 있듯이 전기에너지를 열로 변환하는 제품 또는 전동기를 돌리는 제품이 소비전력이 높다는 것을 알 수 있다. 대표적인 것이 드럼세탁기의 '삶는 세탁기능'과 '건조기능'이 그렇다.[4] 아울러 헤어드라이어도 잠깐 사용해서 체험하기 힘들지만 전력소비량이 높은 제품이다. 식기세척기의 경우는 고압으로 뜨거운 물을 분사하는 과정과 건조시킬 때 열을 사용하기 때문에 전력소비량이 많은 편이다. LED 조명의 경우는 같은 밝기의 다른 조명 대비 약 30~50% 소비전력이 더 적다.

[4] 가스를 이용한다면 그만큼 소비전력이 줄기에 전기요금이 절약된다.

2 대기전력이란?

많은 전자제품은 전원스위치를 꺼두더라도 약간씩 소비되는 전력이 있고 이를 대기전력(待期電力, standby power)이라고 한다. 전자제품의 대기전력의 유무는 전원버튼의 생김새를 통해 알 수 있다.

(a) 대기전력이 있는 경우   (b) 대기전력이 없는 경우

| 대기전력의 유무를 알려주는 전원표시 |

문제는 이 대기전력이 사용자의 의도와 관계없이 전력을 소비한다는 것이다. 이로 인해 전기요금을 더 내야 하는 것이 이슈가 되고 있다. 대기전력은 수년 전부터 전력을 낭비하는 주범으로 인식되어 외국에서는 전기 흡혈귀라고도 부른다. 한국에너지공단에 따르면 가정에서 대기전력으로 손실되는 전력이 약 6~11% 수준으로 우리나라 전체적으로 볼 때 2~3% 수준[5]이다.

[5] 가구당 연평균 2만 5000원 정도의 전기요금을 더 내야 한다는 뜻이다.

[6] 인터넷 프로토콜 텔레비전(Internet Protocol TeleVision)은 인터넷망을 통한 양방향 텔레비전 서비스이다.

1 대기전력의 가장 큰 적, 셋톱박스

최근 IPTV[6] 및 케이블TV의 보급으로 많은 집에선 TV 근처에 TV수신용 셋톱박스를 두는 경우가 많다. 그런데 바로 이 제품이 대기전력을 가장 많이 소모하는 제품이다. 특히 이 제품은 생각보다 존재감이 적은 편이고 크기도 작아 일반인들은 이를 간과하기 쉽다. TV수신용 셋톱박스의 대기전력은 약 12W로 이는

| 의외로 대기전력을 많이 먹는 셋톱박스 |

LED 전구와 비슷한 수준으로 전력을 소비하는 셈이다. 즉, 사용하지 않는 셋톱박스라 하더라도 LED 전구 1개를 계속 사용하는 것과 비슷하게 전력을 소비하는 것이다. 셋톱박스를 사용하지 않더라도 한 달 동안 소모되는 순수 대기전력은 다음과 같다.

$$12.27 \times 24 \times 30 \times 10^{-3} = 8.8344 \text{kWh}$$

8.83kWh의 전력량은 20평형대 인버터에어컨을 4시간 사용하는 것과 비슷하다.

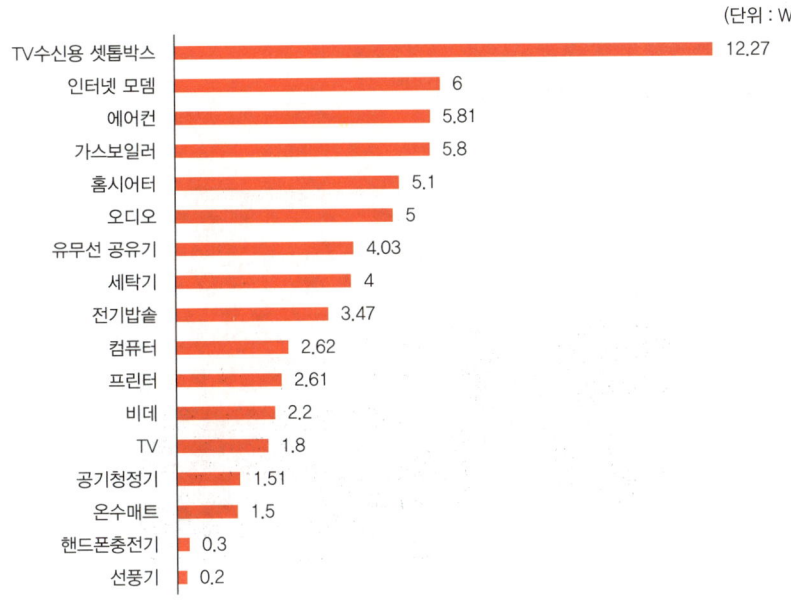

| 집안 내 전자제품의 대기전력 |

[7] 세대 내 총 콘센트 개수의 30% 이상 설치해야 한다. 서울시 같은 경우는 국토교통부 고시보다 높은 50% 이상 설치의무화를 한 것에 이어 10만m² 이상의 건축물의 경우는 70% 이상 대기전력 차단기능을 갖추게 하였다.

[8] 리모콘을 사용해서 설정해야 할 경우 IR모듈을 따로 구매해야 한다.

2 대기전력 차단콘센트

대기전력을 차단하는 가장 좋은 방법은 사용하지 않는 전자제품의 코드를 아예 뽑아 놓는 것이다. 하지만 기술의 발달로 대기전력 차단콘센트나 스위치가 개발되어 상용화 중에 있고 멀티탭에서 자체적으로 대기전력 차단기능을 가지고 있는 제품도 있다. 최근에는 에너지 절감을 이유로 대기전력 자동차단콘센트의 설치가 의무화[7]되었다.

그러나 아직까지 대기전력 차단콘센트는 발전단계라 단점이 좀 더 많다. 먼저 일반콘센트 대비 가격이 비싸다. 일반 2구 콘센트는 3000원 정도면 구입이 가능하지만 대기전력 차단콘센트는 2만 5000원대부터 다양하다. 또 일반콘센트에 비해 사용이 약간 까다롭다. 상시·대기모드 전환을 과거에는 수동으로 하였지만 현재 나오는 제품은 자동으로 인식[8]하는 경우가 많

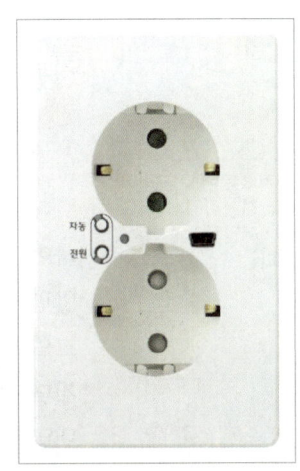

| 대기전력 차단콘센트 |

다. 그러나 이러한 제품들 역시 사용 초기에는 소비자가 직접 에너지 레벨을 설정해야 한다. 그러나 관련 기술이 계속 발전하고 있기 때문에 점차 일반콘센트처럼 편리하게 사용할 수 있으리라 본다.

3 전기레인지(인덕션)를 사용할 때 전기공사는 반드시 해야 하는가?

1 하이라이트와 인덕션의 차이

| 주방의 혁명 전기레인지 |

가스레인지의 보급은 보다 편리하고 손쉽게 주방에서 조리를 하는 데 크게 일조하였다. 그러나 최근에는 직접 불꽃으로 조리하면서 불쾌한 가스를 배출하는 가스레인지보다 외관이 깔끔하고 전기를 사용하는 전기레인지를 좀 더 선호하고 있다. 전기레인지는 전기를 통해 열을 발생시켜 조리를 도와주는 제품을 말하며 하이라이트와 인덕션이 그 대표적인 제품[9]이다.

하이라이트와 인덕션은 전기레인지의 한 종류이지만 이 둘은 전혀 다른 성격의 제품이다. 하이라이트는 화구의 저항체를 이용해 열을 발생시켜 화구가 붉고 뜨거워진다. 반면에 인덕션은 조금은 복잡하다. 인덕션 내부에는 강력한 자기력선을 발생시키는 코일과 고주파전류를 만들어 내는 부품이 있다. 25kHz 이상의 고주파전류가 코일로 전달되면 내부에 강력한 자력선이 생기는데 이곳에 철이나 스테인리스 등 금속제의 냄비를 얹어 놓으면 코일에서 발생한 강력한 자력선이 냄비의 밑바닥을 통과하게 된다. 이 자력선은 고주파의 사이클로 변화해서 금속 내 전자유도가 발생해 맴돌이전

---

[9] 전기오븐, 전기프라이팬, 전기튀김기 등도 전기레인지의 한 종류이다.

류 즉, 와전류(eddy current)가 흐르게 된다. 금속냄비 자체에는 저항이 있으므로 전류가 흐르면 열이 발생하고 이를 이용해 조리하는 것이 바로 인덕션이다. 따라서 금속냄비만 뜨거워지고 화구의 온도는 올라가지 않는다.[10]

[10] 이러한 방식을 유도가열방식(IH가열)이라고 한다.

(a) 화구가 붉은 하이라이트

(b) 전용 용기를 사용하는 인덕션

| 하이라이트와 인덕션 |

아울러 작동하는 인덕션의 화구에 손을 대어도 화상[11]을 입거나 감전이 되지 않는 이유는 인체에는 와전류가 흐르지 않기 때문이다. 대신 전기가 흐르지 않는 도자기 냄비나 내열유리로 만들어진 용기는 사용할 수 없고 전기저항이 작은 알루미늄이나 구리로 된 냄비도 충분히 발열을 얻을 수 없기에 가능한 쓰지 않는 것이 좋다. 결국 하이라이트와 인덕션의 가장 큰 차이는 가열방식의 차이이다.

[11] 물론 뜨거워진 냄비에 손을 대면 화상을 입을 수 있다.

| 하이라이트와 인덕션의 비교 |

구분	하이라이트	인덕션
가열방식	저항체를 이용한 직접가열방식으로 효율이 좋은 세라믹히터를 사용하고 상판에 내열세라믹유리를 장착한다.	내부 코일에 25kHz의 높은 주파수전류를 흘려 자기장을 통해 용기를 가열하는 방식이다.
공통 장점	• 산소를 소모하지 않는다. 이산화탄소를 내뿜지 않는다. • 청소가 매우 간편하고 디자인이 우수하다. • 가스 누출로 인한 사고 걱정이 없다. • 전기기기라 전자회로를 응용하여 다양한 기능을 추가할 수 있다. • 가스에 비해 열효율이 높다.[12] • 조리 시 실내온도의 변화가 거의 없다.	

[12] 가스의 경우 약 40% 내외이다.

구분	하이라이트	인덕션
공통 단점	• 전력소모량이 많다(장시간 조리 시 전기요금이 상승). • 전력소모량이 많기에 추가로 전기공사를 해야 하는 경우가 있다. • 알맞은 조리용기를 써야 한다. 인덕션의 경우는 인덕션 전용 용기를 사용해야 한다. • 실제 불을 이용한 조리(일명 불맛)테크닉을 이용할 수 없다.	
전자파	인덕션에 비하면 월등히 적게 나온다.	자기장을 사용하기에 많이 발생한다.
소음	거의 없다.	자기장을 사용하기에 제품에 따라 약간의 소음이 있을 수 있다.
열조절	열선이 뜨거워지거나 식히는 데 시간이 걸리는 만큼 느리다.	자기력에 의해 반응하므로 신속하다.
열효율	65% 내외로 인덕션보다 낮다.	90% 내외로 높다.
안전도	• 열기를 통한 화재, 화상을 주의해야 한다. • 세라믹유리가 전량 수입이므로 파손 시 수리비가 매우 비싼 편이다.	전력만 안전하게 공급되면 안전하다.
조리용도	튀김, 부침, 조림 등까지 가능하다.	밥, 국, 찌개 등을 요리할 수 있다.
조리용기	바닥이 평평하면 뚝배기 등을 이용할 수 있어서 용기 제한이 적다.	바닥이 평평하면서 자석에 붙는 물질이거나 ST400 계열의 스테인리스 소재로 만든 용기가 가능하다(인덕션 전용 용기가 있음).

2 인덕션을 사용할 때 차단기가 떨어지는 이유

하이라이트보다 인덕션을 사용하다 차단기가 자꾸 떨어지는 것을 불편해 하는 경우가 있다. 이는 크게 두 가지 이유로 볼 수 있는데 먼저 인덕션 자체의 전력소비가 큰 경우와 인덕션이 있는 주방 쪽 회로에 전력소비가 많은 제품[13]이 있는 경우이다. 이때 인덕션이 고장 났나 싶어 인덕션 설치업체에 연락하는 경우가 있지만 이는 인덕션 자체 문제라기보다는 전기 쪽 문제일 가능성이 높다.

특히 이런 문제를 일으키는 경우는 독일 등 유럽국가에서 제조한 제품이 많은데 유럽과 우리나라는 전압과 주파수 같은 전력이 다르기 때문이다.[14] 일반적으로 유럽산 인덕션의 경우 소비전력이 7kW에서 8.5kW로 가정용 18평형 에어컨의 4배 수준으로 전력을 소비한다. 물론 이는 스펙상 표기된 소비전력으로 전체 화구를 터보모드 등을 이용했을 때 기준이다.

특히 <u>전기레인지를 콘센트에 바로 꽂아서 사용하거나 멀티탭을 이용해서 사용하는 것은 위험천만한 행동</u>[15]이다. 대다수 주방에 들어오는 전선의 단면적은 2.5mm² 수준으

---

[13] 식기세척기, 전기오븐 등이거나 배선구조에 따라서 베란다와 한 회로를 쓸 경우 드럼세탁기, 건조기 등이다.

[14] 유럽은 대체로 주방에서 소비전력이 큰 제품을 사용할 수 있게 3상 전력이 들어온 경우가 많기에 우리나라의 단상 전력에 비해 큰 문제 없이 사용이 가능하다.

[15] 국내에서 제조된 콘센트는 특수산업용 콘센트가 아니고서야 정격용량이 16A로 설계가 되었는데 이는 최대 소비전력이 약 3.2kW로 인덕션의 소비전력을 감당하기 어렵다.

로 이는 약 25A 즉, 5kW 정도까지 견디기 때문에 소비전력이 7kW가 넘는 인덕션을 사용하다간 과부하로 인한 화재의 위험성이 있어 정상적인 차단기라면 떨어지게 되는 것이다.

3 인덕션 전용선 전기공사

인덕션을 구매할 때 디자인이나 가격, 브랜드를 보는 것도 중요하지만 전기안전을 위해서 반드시 소비전력을 살펴보고 4kW 이상의 제품을 구입할 경우 가능한 인덕션 구입비 외 추가 전기공사비도 함께 생각하는 게 좋다. 보통 인덕션 판매업자는 이러한 전기공사에 대해 먼저 이야기를 잘 하진 않는 편[16]인데 생각하지 못했던 전기공사 비용이 발생할 수 있기 때문이다.

인덕션 전기공사는 전용선을 따로 설치하는 공사를 말하는데 이는 분전반에 인덕션 전용 누전차단기를 설치하고 이곳에서 주방 인덕션까지 $4mm^2$ 또는 $6mm^2$의 굵은 전선을 배선하여 인덕션의 전원선과 직접 연결하는 공사이다. 하지만 제반사항이 많은 공사라 쉽게 하기 어려운데 먼저 집안으로 들어오는 인입선의 굵기가 가늘거나 계량기(전력량계) 용량이 작으면 공사를 해도 전체 화구를 모두 사용하기엔 무리가 따른다. 이럴 때는 보통 인덕션을 위한 추가회로가 하나 더 생겼다고 생각하면 된다. 인덕션 전기공사를 하면 인덕션을 위한 전용선[17]이 생겼기에 다른 주방전자제품과 간섭이 없으므로 그만큼 부하가 분담되고 차단기가 떨어지는 일이 현저히 줄어들게 된다.

아울러 보통 집안의 배선은 벽 속과 천장 속에 하기 때문에 눈에 잘 보이지 않지만 물리적으로도 기존 배선을 제거하고 새로운 배선작업이 용이하지 않는 경우가 있다. 이때에는 보기엔 좀 싫어도 노출로 배선을 해야 하는 상황이 생길 수 있다.[18]

일부 엉터리 전기기술자의 경우 단순히 차단기용량을 기존보다 큰 것으로 교체하면 된다고 한다. 차단기용량만 올리면 차단기가 떨어지지 않는 것은 확실하지만 전선의 과부하로 화재의 원인이 될 수 있으므로 차단기용량만 올리는 방법은 절대로 추천하지 않는다. 차단기용량을 큰 것으로 교체할 때는 계량기용량, 집안으로 들어오는 인입선 및 주방선 굵기, 주차단기용량 등을 종합적으로 판정하고 진행 여부를 결정해야 한다.

유럽의 경우 주방으로 3상 전력이 공급되는 경우가 많으므로 유럽산 인덕션을 우리가 일반적으로 사용하는 단상 2선식으로 사용하기 위해서는 전원선을 결선해야 한다. 이런 인덕션은 접지선까지 포함해서 총 5가닥의 전원선이 있고 우리가 사용하고자 하는 인덕션 전용선은 총 3가닥으로 인출되었다. 이때 전압선은

16 ─
안전을 위해 전체 화구 말고 2~3구 정도만 쓰라고 권하는 양심 있는 업자도 많다.

17 ─
이렇게 따로 존재하는 전용선을 '단독회로'라고 하며 보통 집안의 에어컨이 단독회로를 사용한다.

18 ─
특히 세입자라면 반드시 공사 전에 집주인에게 허락을 구해야 훗날 원상복구 등의 문제가 발생하지 않을 수 있다.

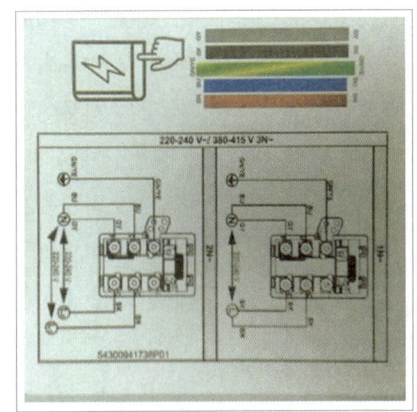

| 유럽산 인덕션 결선도 |

BK(검은색)와 BN(갈색)으로 결선, 중성선은 BU(파란색)와 GY(회색)로 결선하고 접지는 GN/YE 즉, 녹색과 노란색으로 결선을 하면 된다. 따라서 인덕션 전용선의 전압선, 중성선, 접지선이 무엇인지 미리 알고 있어야 한다.

| 인덕션 전기공사가 필수가 아닌 1구 인덕션 |

참고로 전기공사를 하지 않아도 되는 경우가 있다. 화구를 모두 가동해도 차단기가 떨어지지 않거나 소비전력이 2500W 미만인 제품을 사용하는 경우가 그렇다. 대체로 화구가 1구만 있는 경우를 사용한다면 필요 없지만 2구 이상 제품을 사용할 때는 전기공사를 추천한다. 2014년 이후에 지어진 중·대형 아파트의 경우는 인덕션 전용선 공사가 되어 있는 경우가 많으므로 입주 시 이를 확인해야 한다.

4 전기레인지의 사용 팁

일반적으로 유럽산제품에 비해 국산제품의 소비전력이 낮다. 때에 따라 소비전력이 3000W 이하이기 때문에 따로 전용선 설치가 불필요한 경우도 있다. 국산제품의 경우 우리나라 전력 실정에 맞게 제작되었기 때문이다. 그러나 여기서 알아두어야 할 것은 제품이 가지고 있는 100%의 퍼포먼스를 내지 않을 수도 있다는 것이다.[19]

유럽산제품이 소비전력이 크긴 하지만 전기요금이 무조건 많이 나온다고 보기 어렵다. 소비전력이 큰 만큼 가열시간이 단축되기 때문이다. 6000W로 5분 동안 발생하는 열량과 3000W로 10분 동안 발생하는 열량이 같다고 가정하면 둘 다 비슷한 수준의 전력을 소비한다. 물론 이 원리로 가스레인지보다 에너지요금이 싸다고 볼 수 있고 이는 전기레인지를 적게 쓰는 1~2인용 소형 가전에서는 어느 정도 맞는 말이다. 하지만 곰국을 끓이는 등 오랫동안 전기레인지를 사용하면 전기요금이 많이 나오고 또 우리나라는 가정 전기요금에 누진제를 적용하기 때문에 이를 감안하지 않으면 전

---

19 ─
예를 들어 1구에 1800W를 소모하는 3구짜리 인덕션이 있다고 가정하자. 3개 화구 모두 사용하면 1800×3 = 5400W가 되겠지만 소비전력이 3000W인 경우 이에 맞추기 위해 1구의 소비전력을 5/9(3000/5400) 수준 낮추어 1000W로 조절한다. 그만큼 인덕션 화구의 화력도 떨어지게 된다.

기요금 폭탄을 맞을 수 있다.

　유럽산 제품의 경우 이렇게 소비전력이 크다 보니까 3상 4선식을 사용하는 경우가 많은데 이럴 때는 제품과 전원선의 결선을 통해 단상 2선식으로 전환이 가능한 모델도 많다. 따라서 구입 이후 제품 설명서나 배선도를 확인해서 단상 2선식으로 전환을 하면 국내[20]에서도 사용할 수 있다.

　전기레인지의 경우 전자파에 대한 이야기도 빼놓을 수 없다. 전기레인지가 많은 양의 전자파가 나오는 것은 사실이긴 하나 모든 전기기기가 그렇듯 거리가 멀리 있을수록 전자파로부터 해방이다. 전자파가 걱정이라면 가능한 조리 중엔 전기레인지 근처에 있기보단 멀리 있는 것이 좋다.

　열방출구에서 잔열이 원활히 작동하게 벽에서 좀 떨어뜨려 설치하고 방출구에 이물질 등이 들어가 팬이 돌아가는 것을 방해하지 않도록 한다. 열방출구에 이물질(날카로운 것) 등이 들어가면 팬이 돌아가지 않아 전기과열로 화재가 일어날 수 있다.

　집안에 애완동물 특히 호기심이 많은 고양이를 키우는 경우 전기레인지 오동작[21]으로 화재위험이 있기 때문에 사용 이후 문제를 일으키지 않도록 확실히 해두는 게 좋다. 마찬가지로 가스레인지와 달리 인덕션은 점화나 소화가 눈에 잘 띄지 않기 때문에 사용 이후 확실히 꺼졌는지 확인하도록 하자.

[20] 유럽은 주방에 3상 4선식이 들어오는 경우가 많지만 국내는 가정집에 3상 4선식을 사용하는 경우가 매우 드물다. 따라서 국내에서 사용하려면 단상 2선식으로 해야 한다.

[21] 고양이의 발(육구)이 사람의 손과 비슷하기 때문에 터치식으로 작동하는 인덕션레인지의 경우 고양이의 발로도 동작이 가능하다.

여기서 잠깐! 가정에서 손쉽게 전기를 절약하는 방법은?

전기는 유한한 에너지로 전기 절약에 대해 많은 사람들이 공감하고 있다. 하지만 막연하게 '전기를 덜 쓰면 되는 것' 정도로 생각하지 구체적인 방법에 대해서는 잘 모르는 경우가 많다. 현실적으로 전기를 반드시 써야 하는 경우도 많기 때문에 단지 전기를 덜 쓰는 것은 추상적인 전기 절약방법일 수도 있다. 이에 간단하게 전기 절약을 할 수 있는 구체적인 방법을 몇 가지 알아보도록 한다.

(1) 무심코 켜놓은 기능을 꺼두자

대표적인 것이 가정 내 있는 정수기의 온수, 비데의 온수·온열모드이다. 사실 정수기 자체의 전기소비량은 그리 크지 않지만 온수모드를 켜놓고 있으면 이야기가 달라진다. 정수기의 냉수모드는 100~150W 정도의 전기를 소비하지만 온수모드까지 켜놓게 되면 500~800W로 제품에 따라 4~5배 정도의 전력을 더 소비한다. 이는 항상 따뜻한 물을 마실 수 있게 정수기가 스스로 물을 지속적으로 끓이기 때문이다. 물론 바로 따뜻한 물을 마실 수 있다는 것은 장점이 되겠지만 커피포트로 물을 끓이는 것도 수분 이내 가능하기 때문에 가능한 정수기는 냉수기능을, 온수는 커피포트를 사용하자. 마찬가지로 비데의 경우 온수·온열모드를 상시 해두면 1000W 가까이 소모된다. 최근에 나온 제품은 절전기능이 탑재되어 있어 사람이 앉았을 때 자동으로 변좌를 데워주고 물을 순간적으로 끓여주는 것들이 있다. 절전기능이 있으면 이를 사용하는 것을 추천한다.

(2) 콘센트형 타이머를 달아 놓자

사용하지 않아도 생기는 대기전력을 일일이 제어하는 일은 매우 귀찮은 일이다. 더구나 플러그를 자주 꽂았다 빼는 일이 많으면 콘센트의 접지단자에 문제가 생기거나 콘센트 구멍이 헐거워져 접촉 불량으로 인한 전기사고의 가능성이 있어 번거로울뿐만 아니라 전기안전 차원에서도 추천하지 않는다. 차라리 콘센트형 타이머를 달아 놓고 실제 사용하는 시간만 작동이 되도록 설정해 놓자. 대표적으로 셋톱박스, 정수기 같은 것은 집에 사람이 없다면 굳이 전원을 꽂아 놓을 이유가 없다. 자신의 라이프 시간대를 정해놓고 집에 있는 시간만 사용할 수 있게 한다면 조금이나마 전기요금이 적게 나올 것이다.

(3) 집안의 조명은 가능한 LED조명으로 하자

LED조명은 기존 삼파장램프보다 효율이 높고 수명이 길며 친환경적이다. 전기 절약효과를 보기 위해 1~2개의 조명만 LED로 교체하는 것은 체감상 차이가 크지 않으며 집수리 등의 이유로 전체적으로 교체해야만 상당히 큰 효과를 볼 수 있다. 괜히 LED조명을 21세기의 조명 혁명이라고 하는 것이 아니다. 제품에 따라서 30~50% 정도 전기를 절약할 수 있다.

(4) 새로 전자제품을 구입할 때 효율을 따지자

정부에서는 에너지 절약을 보다 효과적으로 시행하기 위해 에너지 소비효율 등급라벨을 전자제품에 붙이고 출시하고 있다. 특히 상시 전원을 사용해야 하는 냉장고, 김치냉장고 같은 경우엔 무엇보다도 이를 확인하는 것이 중요하다. 현재는 총 32종의 제품 중 전기를 이용한 29종이 에너지 소비효율 등급(2019년 10월 현재)을 다음과 같이 표시하고 있다.

| 에너지 소비효율 등급표 |

| 에너지 소비효율 등급 표시제품 |

순번	제품	순번	제품	순번	제품
1	냉장고	11	김치냉장고	21	에어컨
2	드럼세탁기	12	냉온수기	22	냉온수기(순간식)
3	진공청소기	13	선풍기	23	공기청정기
4	형광램프	14	안정기 내장형 램프	24	3상 유도전동기
5	어댑터	15	충전기	25	전기냉난방기
6	전기온풍기	16	변압기	26	전기스토브
7	멀티전기히트 펌프시스템	17	셋톱박스	27	전기레인지
8	세탁기	18	전기밥솥	28	백열전구
9	제습기	19	상업용 냉장고	29	텔레비전 수상기
10	컨버터 내장형 LED램프	20	컨버터 외장형 LED램프	–	–

대부분의 제품이 1등급을 가지면 변별력이 떨어지기에 에너지 효율등급은 상대평가 개념으로 측정한다. 이때 비율은 1등급 10%, 2등급 20%, 3등급 40%, 4등급 20%, 5등급 10%로 나눈다.

최신 한국전기설비규정 (KEC)을 반영한

대한민국 대표 전기교재
전기분야 1위

김기사의 쉬운 전기

easy electricity

ALL COLOR
올 컬러판

소망 김기사 **김명진** 지음

실무편

BM (주)도서출판 **성안당**

Contents

[실무편]

V. 전기응용과 안전

01 접지란 무엇이며 접지공사를 해야 하는 이유는? 396
KEY WORD 접지, 누설전류, 접지확인법, 접지의효과, 보호도체, 접지도체, 접지공사의종류, 한국전기설비규정에따른접지

02 번개와 전기는 어떤 관계가 있을까? 417
KEY WORD 번개, 벼락, 피뢰침, 피뢰기, 피뢰기의 구성요소, 가공지선

03 집안 어딘가에 있는 두꺼비집의 정체는? 424
KEY WORD 분전반, 차단기, 두꺼비집, 분전반구조, 배선차단기, 누전차단기, 주택용차단기, 산업용차단기, 누전

04 문어발식으로 멀티탭을 사용하지 않아야 하는 이유는? 451
KEY WORD 멀티탭, 멀티탭의 종류, 멀티탭의 주의사항, 허용전류, 과부하

05 젖은 손으로 플러그를 꽂지 않아야 하는 이유는? 459
KEY WORD 감전, 인체의 임피던스, 감전전류, 감전 시 대처방법, 감전예방법

06 조명을 구입할 때 알아야 할 것은? 474
KEY WORD 조명, 광속, 조도, 휘도, 실지수, 색온도, LED조명의 종류, 레일등, 레이스웨이, 센서등, 재실감지기

07 전기를 저장할 수 있는 축전지는 어떤 원리일까? 494
KEY WORD 전지, 이온, 망간전지, 알카라인전지, 리튬이온전지, 건전지, 축전지, 연축전지, 충전방식, 축전지용량

VI. 전기공사의 기초

01 간단한 전기작업을 위한 수공구와 계측기는 어떻게 사용하는가? 512
KEY WORD 전기작업안전수칙, 수공구, 멀티미터, 클램프미터, 절연저항기, 접지저항계(어스테스터)

02 전기배선공사의 종류와 특징은 무엇인가? 550
KEY WORD 전기배선공사, 전선보호공사, 배선지지공사, 기타 공사, 절연전선, 케이블, 전선의 종류

03 전선보호공사의 종류와 특징은 무엇인가? 564
KEY WORD 전선관, 금속관공사, 가요전선관공사, 합성수지관공사, 케이블덕팅 시스템, 케이블트렁킹 시스템

04 배선지지공사 및 기타 공사의 종류와 특징은 무엇인가? 585
KEY WORD 케이블트레이 시스템, 애자공사, 케이블공사방법, 버스바트렁킹 시스템, 파워트랙 시스템

05 전선의 허용전류는 어떻게 선정하는가? 598
KEY WORD 전선의 허용온도, 허용전류 적용방법, 전압강하, 공사방법, 전선의 단면적과 차단기 선정

06 차단기와 같은 과전류 보호장치는 어떻게 선정하고 설치하는가? 608
KEY WORD 차단기, 차단기 동작특성곡선, TN계통, TT계통, 전원자동차단, 감전보호, 단락보호장치

07 콘센트와 스위치는 어떻게 배선해야 하는가? 637
KEY WORD 콘센트, 스위치, 내선공사, 배선, 아웃렛박스, 전선의 접속법, 전선의 피복, 콘센트의 배선, 스위치의 배선

부록

1. SI 단위·접두어 686
2. 전기의 단위 및 그리스문자 687
3. 전기이해를 위한 기초수학 690
4. 전기배선도의 기호 보는 법 700
5. 전기배선공사 및 설계 시 허용전류값 708
6. 차단기 정격전류 산정표 726
7. 전기기술자 경력수첩 730

■ Index 741

여기서 잠깐!

💡 **전기의 기본 이론**
가정용 전압은 왜 220V를 사용할까? 25 / 불쾌한 정전기를 예방하는 방법은? 38 / 해외여행과 해외직구 시 주의해야 할 점은? 50 / 저항이 없다면 어떻게 될까? 66 / 인버터 에어컨은 무엇이기에 전기를 절약하는가? 111 / 전동기의 명판은 어떻게 읽어야 하는가? 158

💡 **전력의 흐름**
달리는 기차는 어떻게 전기를 공급받을까? 204 / 송전탑은 인간에게 위험한 존재인가? 228 / 한전에서 까치를 유해동물로 지정한 이유는? 265

💡 **전기요금의 이해**
전기자동차는 정말 경제적일까? 364 / 가정에서 손쉽게 전기를 절약하는 방법은? 388

💡 **전기응용과 안전**
전자제품의 방진·방수등급은 어떻게 나누어지는가? 471 / LED 조명의 장단점은? 492

💡 **전기공사의 기초**
전기재료나 제품에 붙어 있는 각종 인증마크의 의미는? 545 / 전기공사면허업체와 전기공사기술자란? 681

전기응용과 안전

- **01** 접지란 무엇이며 접지공사를 해야 하는 이유는?
- **02** 번개와 전기는 어떤 관계가 있을까?
- **03** 집안 어딘가에 있는 두꺼비집의 정체는?
- **04** 문어발식으로 멀티탭을 사용하지 않아야 하는 이유는?
- **05** 젖은 손으로 플러그를 꽂지 않아야 하는 이유는?
- **06** 조명을 구입할 때 알아야 할 것은?
- **07** 전기를 저장할 수 있는 축전지는 어떤 원리일까?

01 접지란 무엇이며 접지공사를 해야 하는 이유는?

KEY WORD   접지, 누설전류, 접지확인법, 접지의 효과, 보호도체, 접지도체, 접지공사의 종류, 한국전기설비규정에 따른 접지

학습 POINT
- 접지가 없으면 어떤 일들이 일어날까?
- 집안에 접지가 되어 있는지 확인하는 방법은?
- 접지공사의 원리 및 효과는?
- 한국전기설비규정에 따른 접지규정은?

    전기는 매우 편리한 에너지이지만 잘못 사용할 경우 인적 피해, 물적 피해가 크기 때문에 안전하게 사용하는 것이 무엇보다 중요하다. 오래된 건물에 있는 컴퓨터 케이스나 세탁기, 또는 메탈로 된 냉장고 손잡이에서 전기를 느낀 경험이 있을 것이다. 기분이 순간적으로 불쾌해도 전자제품에서 일어나는 자연현상으로 오해하는 경우가 있는데 이는 접지가 안 되었거나 접지공사가 제대로 되어 있지 않을 때 나타나는 사례이다. 차단기와 함께 전기안전을 위한 장치인 접지와 접지공사가 무엇인지에 대해 하나둘 알아보자.

1 접지가 없으면 어떤 일들이 일어날까?

1 접지의 개념

    전기를 처음 접하면 접지라는 단어와 절연[1], 그리고 접지선과 중성선[2]이 헷갈릴 수 있으나 이들은 모두 다른 단어이다. **접지(接地, GND, grounding)[3]란 전기회로나 전자제품을 대지와 같이 용량이 큰 곳에 도체를 통해 연결시키는 것**을 말한다. 접지선은 접지가 본 역할을 수행할 수 있게 연결하는 전선을 말한다.

    현장에서는 접지를 '아스'라고 표현하는데 이는 접지의 영국식 표현인 어스(earth)가 일본으로 건너가 アース(아ー스)라고 사용된 것이 우리에게 전해졌기 때문이다. 간혹 '전기가 아스되었다.'는 표현을 전기기술자가 쓰는 경우가 있는데 이는 전기 고장으로 인해 전선이 닿은 현상[4]을 말하는 것으로 접지의 개념과

---

[1] 절연은 전기가 통하지 않는 것을 말한다.

[2] 중성선은 3상 회로에서 중성점으로 모여 인출된 도선을 말한다.

[3] 미국식 표현이고 영국식 표현으로는 어스(earth)를 사용한다.

[4] 이런 경우를 전기사고의 하나인 지락(地絡, earth leakage)이라고 한다.

| 접지의 기호 |

다르다. 접지는 의도적으로 땅에 닿게 하는 것이라면 '아스되었다'는 것은 의도하지 않게 땅에 닿는 것을 말한다.

한국전기설비규정에서는 기존의 접지선을 보호도체와 접지도체로 구분하였는데 여기에서 보호도체(保護導體, PE ; Protective Earthing)[5]란 특정부분[6]의 어느 쪽에 전기적으로 접촉한 경우의 감전대책으로서 필요한 도체를 말하고 접지도체(接地導體, earthing conductor)란 주접지단자나 접지모선을 접지극(接地極, earth electrode)[7]에 접속하는 도체를 말한다.

다음 그림으로 보호도체와 접지도체를 쉽게 이해해보자.

| 보호도체와 접지도체가 있는 접지단자 |

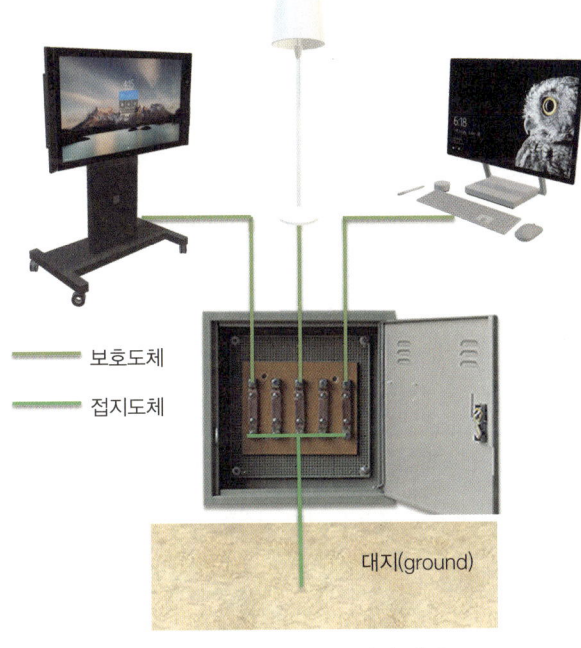

| 보호도체와 접지도체의 예 |

[5] PE를 ProtEctive conductor의 약자로 표기하는 경우도 있다.

[6] 여기서 특정부분이란 노출 도전성, 계통 외 도전성 부분, 주접지단자, 전원 또는 중성점의 접지점을 말한다.

[7] 접지극이란 대지와 단단히 접촉하는 한편 전기적 접속을 제공하는 도체 또는 집합을 말한다. 접지공사 시 땅에 묻는 접지봉이 대표적인 접지극이다.

보호도체는 각 전자제품에서 접지단자까지 가는 접지선을 말하는 것이고, 접지도체는 접지단자에서 대지로 가는 접지선을 말한다. 기존에는 단순히 접지선으로 통용되었으나 한국전기설비규정에 의해 분류하게 되었다.

2 누설전류의 이해

전선이나 전기설비의 절연물은 전류를 완벽히 차단하지 못해 매우 소량의 전류[8]가 흐르는데 이를 누설전류(漏泄電流, leakage current)라고 한다. 누설전류는 옴의 법칙에 꼭 따르지 않는 경우도 많고 온도, 습도 등 주위 환경에 따라 전류의 양이 결정된다. 그

[8] 이를 미소전류, 미세전류라고도 표현한다.

V. 전기응용과 안전　397

> **9**
> 기분이 나쁜 정도라면 다행이다. 누설전류의 양이 많을 경우 치명적일 수도 있다. 특히 습기가 많은 주방이나 욕실의 전자제품은 주의해야 한다.

런데 이 누설전류가 인체에 접촉이 되면 기분이 나쁠뿐더러[9] 전자제품의 경우 수명을 단축시키는 원인이 되기도 한다.

| 냉장고에 대한 점검 및 조치방법의 접지 소개 |

증상	원인	조치방법
전원이 안 들어올 경우(퓨즈 단선)	과전류(순간과전류) 및 누전 등으로 인한 퓨즈 단선	• 전원코드를 뽑아주세요. • 동봉된 예비 퓨즈를 꺼내십시오. • 규정된 퓨즈를 교환하여 주십시오(AC250V 15A). • 전원코드를 꽂아주세요(AC 220V 60Hz).
냉장고에서 전기를 느낌(직접 전기가 아니고 간접전기임)	어스(earth, 접지) 처리가 안 됨(접지공사는 기본임)	콘센트에 접지단자가 없는 경우 냉장고 뒤쪽 하단에 녹색접지 선으로 접지봉이나 동판에 연결하여 지면에서 30cm 이상의 깊이에 묻어주세요.
냉장고 문이 열림	냉장고의 중심이 앞으로 기울어져 있음(모든 냉장고는 뒤쪽으로 기울어지게 설치)	냉장고 문을 약 1/3 정도 연 상태에서 저절로 문이 닫힐 때까지 앞부분 볼트를 올려주세요(냉장고 앞에 부착된 조절볼트를 조절).

접지가 없는 상황이라면 냉장고, 세탁기, 정수기 등 습기와 밀접한 전자제품은 기분 나쁠 정도의 전기를 느낄 수 있다. 특히 메탈소재의 냉장고 손잡이나 세탁기 몸체에 닿았는데 전기가 오는 느낌을 받는다면 접지가 없거나 접지공사를 제대로 안 한 것이다.

마찬가지로 소수점 단위로 전압을 이용하는 컴퓨터나 노트북 같은 경우도 케이스

표면에서 기분 나쁘게 전기가 느껴진다면 접지를 의심해 볼 필요가 있다. 보다 정확하게 알고 싶으면 왼쪽 손등으로 메탈소재[10]의 케이스를 스쳐 지나갈 때 '우두둑' 하는 느낌이 있으면 접지가 제대로 안 된 것이다. 외부 재질을 통해 전류가 흐를 수 있는 금속 소재의 경우 누설전류를 더욱 느낄 수 있으므로 접지를 하는 것이 기분 나쁜 경험을 막을 수 있을뿐더러 전기안전을 위한 방법 중 하나이다. 조명의 접지는 조명회로에 누전차단기가 설치되어 있고 건조한 장소에서 사용한다는 가정 아래 생략해도 된다.

이렇게 미세한 누설전류를 일종의 하수구로 보내는 일이 바로 접지가 하는 일이라고 생각하고 접지선은 하수구 파이프라고 생각하면 이해하기 쉽다.

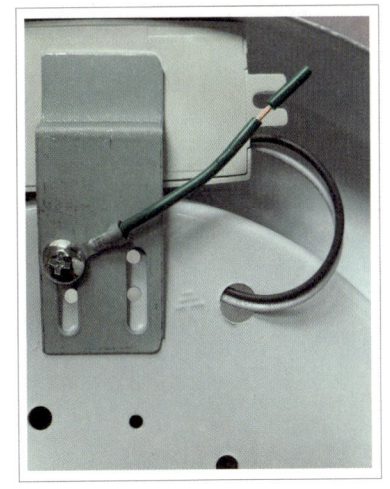

| 케이스가 철로 구성된 LED 센서등의 접지선(녹색) |

3 접지목적에 따른 종류 및 접지방식

접지의 목적은 누설전류를 땅속으로 내보내는 일이지만 실제 목적에 따라 조금씩 접지의 종류가 다르다. 일반적으로 우리 생활 속에서 보는 접지는 전기설비접지이다. 이를 정리하면 다음과 같다.

(1) **전기설비접지** : 전선이나 비충전 금속부분[11]을 접지하여 감전이나 화재를 방지한다.
(2) **뇌해접지** : 피뢰침이나 피뢰기의 접지를 말하며, 뇌방전전류를 안전하게 대지로 방전한다.
(3) **정전기접지** : 정전기를 안전하게 대지로 방류하기 위한 접지[12]이다.
(4) **노이즈(잡음)접지** : 노이즈의 에너지를 대지로 방류하기 위한 접지[13]이다.

한편 접지방식은 크게 직렬접속과 병렬접속으로 구분하며 이들의 특징은 다음과 같다.

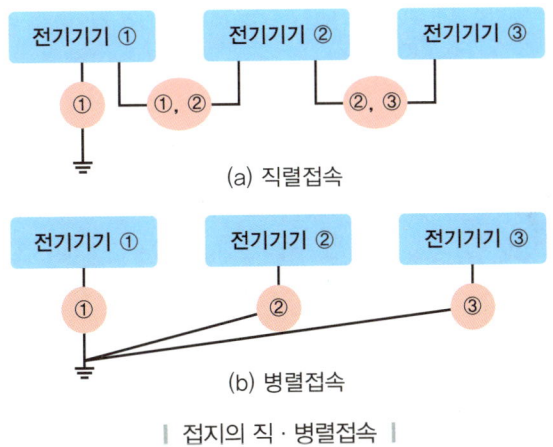

| 접지의 직·병렬접속 |

[10] 컴퓨터 케이스, 최신 메탈형 냉장고 문, 세탁기, 케이스가 철로 된 조명, 업소용 주방 전자기구 등이 대표적인 제품이다.

[11] 전기가 통하고 있는 금속체를 충전부 또는 충전 금속체라고 한다면 전기가 통하지 않고 있는 금속체는 비충전 금속체라고 한다. 모터의 외함이나 철제 분전함 등이 이러한 것이다. 만약 누전사고가 발생하면 비충전 금속체를 통해 감전이 될 수 있으므로 접지를 하는 것이다.

[12] 주유소나 큰 가스통은 정전기만으로도 폭발할 수 있기에 정전기 접지는 필수이다.

[13] 공연장이나 음악애호가는 반드시 접지를 한다. 음향에서의 노이즈를 EMI(Electro Magnetic Interference)라고 한다.

V. 전기응용과 안전 **399**

직렬접속은 간단하게 접속할 수 있는 방법이다. 그러나 전기기기 ①과 ②의 노이즈가 ③에 영향을 주고 전기기기 ②를 분리하면 전기기기 ③은 접지가 안 될 수 있다.

병렬접속은 가장 좋은 접지방식이지만 시공이 복잡한 편이다. 하지만 전기기기 ①이나 ②를 분리해도 ③에 영향을 주지 않는다.

2 집안에 접지가 되어 있는지 확인하는 방법은?

14
2001년 여름 수도권에 폭우가 내렸고 가로등의 접지 및 누전차단기 설치가 제대로 이뤄지지 않아 19명이 숨진 사건이 발생하였다.

모든 곳에 접지가 되어 있는 것은 아니다. 2002년 전기용품안전관리법의 개정[14]으로 이후 신축되는 건축물은 접지의 의무화가 되었지만 이전에 지어진 건축물은 접지가 없는 경우가 많다. 접지가 되어 있는지 확인하는 방법은 3가지가 있다.

1 접지형 콘센트를 통해 확인하는 방법

먼저 콘센트의 외부 모습을 보면 알 수 있다.

15
이 때문에 콘센트 구멍이 45° 기울어졌다.

16
무접지콘센트라고도 한다.

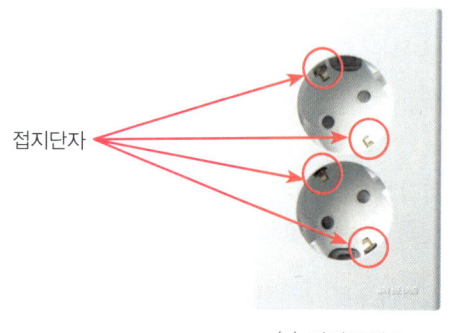

(a) 접지콘센트   (b) 비접지콘센트

| 콘센트의 외부에서 접지를 확인하는 방법 |

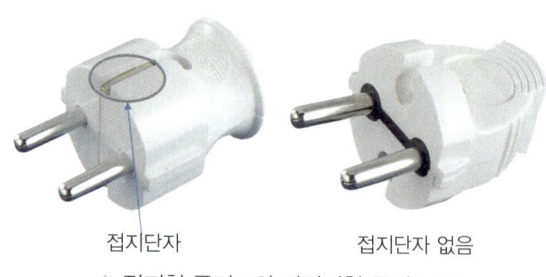

접지단자   접지단자 없음
| 접지형 플러그와 비접지형 플러그 |

접지형 콘센트의 경우 콘센트구멍 안에 접지단자[15]가 있어서 이를 통해 보호도체가 연결되어 있다. 비접지콘센트[16]는 애초에 접지단자가 없다. 그러나 현재 시판되는 콘센트 대다수가 접지형 콘센트이기 때문에 보호도체가 없어도 겉만 접지형 콘센트를 달아 놓은 경우가 있다. 당연하지만 보호도체가 없는 접지형 콘센트는 접지기능을 사용할 수 없다.

접지형 콘센트가 있더라도 전자제품 플러그의 접지단자가 있어야 접지의 효과를 기대할 수 있다. 접지형 플러그의 경우 플러그 상·하단으로 도체형태가 있는데 이곳을 통해 전자제품의 누설전류가 흘러나와 접지형 콘센트의 접지단자를 통해 접지선으로 연결된다. 그러나 접지가 없어도 무방한 저전력 전자제품의 경우 따로 접지단자가 없는 비접지형 플러그이기 때문에 접지형 콘센트를 사용해도 접지효과를 기대할 수 없다.

2 콘센트 내부 접지단자를 확인하는 방법

접지가 있는지 확인하는 또 다른 방법은 접지콘센트를 열어보고 접지단자에 접지선이 제대로 연결되어 있는지 확인하는 것이다. 이렇게 확인하는 방법은 콘센트를 직접 뜯어서 알아봐야 하기 때문에 차단기를 내려야 한다. 참고로 스위치는 애초에 접지가 필요 없기에 접지단자가 없다. 한국전기설비규정에 따라 보호도체는 녹색 바탕에 노란색 줄로 사용해야 하지만[17] 과거에 시공한 경우 전기기술자에 따라 그렇지 않게 시공한 예도 많다. 콘센트 내부 접지단자는 콘센트의 제조회사마다 접지단자의 위치나 방식이 모두 다르다. 따라서 이를 면밀하게 살펴보아야 한다.

| 접지(녹색선)가 되어 있는 콘센트 내부 |

일반적으로 접지단자는 가운데에 많이 위치한다. 접지단자를 단순히 접지선을 꽂는 형태가 있는가 하면 나사로 살짝 풀어 이곳에 보호도체를 꽂고 다시 감는 방식도 있다. 단순히 꽂는 형태는 단선형태 보호도체의 사용만 편리하지만[18] 나사로 풀고 조이는 방식은 단선으로 된 보호도체뿐만 아니라 연선으로 된 보호도체를 사용할 수 있다.

3 분전반을 통해 확인하는 방법

마지막 방법은 직접 분전반을 열어봐야 알 수 있다. 분전반 내부에 녹색선[19]이 금속체에 나사로 박혀 있는 모습이 보이면 접지가 있는 것이다.

[17] 한국전기설비규정을 적용하기 전에는 주로 녹색이 접지선으로 사용되었다.

[18] 연선을 접속시키지 못하는 것은 아니다. 핀터미널을 이용하면 사용할 수 있다.

[19] 규정상 녹색선이 맞지만 시공자가 이를 지키지 않고 시공한 경우 다른 색상의 전선일 수도 있다.

| 분전반 내부 접지단자 |

이렇게 보호도체가 분전반으로 모이면 이곳에서 출발해 건물 밖으로 나가 지면으로 접지봉을 통해 접속하거나 철골건물일 경우 철골에 연결하면 접지가 완성된다.

접지가 제대로 시설되었을 때 한 가지 중요한 것은 접지콘센트 사용 시 반드시 플러그가 접지 콘센트에 확실하게 접속[20]되어 있어야 한다는 것이다. 종종 콘센트의 정격용량을 초과하지 않은 경우에도 플러그와 콘센트에서 불꽃이 일어나거나 열이 많이 발생해서 화재가 나는 이유는 콘센트의 접속을 확실하게 하지 않아서이다. 이를 예방하기 위해선 반드시 플러그를 콘센트의 접지단자까지 확실히 꽂는 것이 중요하며 플러그가 헐겁다고 느껴지면 콘센트를 교체하는 것이 안전하다.

[20] 제대로 접속이 안 되면 접지효과를 기대할 수 없다.

4 접지가 없는 경우

2002년 전기용품안전관리법의 개정 이전에 지어진 주택의 경우는 접지가 없는 경우가 있다. 간혹 가다 접지의 중요성을 인식해서 접지공사를 원하는 경우가 있는데 접지공사는 매우 어려운 공사 중 하나로 기존에 있는 집안의 배선을 다시 싹 뽑고 그곳을 통해 보호도체와 배선을 함께 해야 하기 때문[21]이다. 아울러 엉터리 전기시공자가 전선관 매립도 하지 않은 상태로 전선을 넣는 경우가 있는데 이럴 때는 벽을 새로 깨고 전선관과 전선을 매립해야 하므로 공사가 매우 까다롭다. 그뿐 아니라 콘센트도 모두 접지형으로 교체해야 하므로 만만치 않은 비용이 든다. 굳이 접지공사를 하고자 하면 차라리 이사하는 경우 집수리를 하면서 공사하는 것이 그나마 유리하다. 그러나 콘센트 근처에 수도관이 있는 경우나 철골구조로 된 경우는 비교적 간단하게 접지를 할 수 있다.

접지가 되어 있지 않는 콘센트

[21] 건물을 신축하면서 하는 공사가 아닌 경우는 거의 불가능하다고 보면 된다. 배선을 싹 뽑지 않고서는 보호도체가 원활하게 전선관 안을 통과하지 못하기 때문에 공사 자체가 불가능하다. 다만 간헐적으로 수도관이나 철골을 이용한 부분접지공사는 가능하다.

3 접지공사의 원리 및 효과는?

1 접지선의 단면적을 구하는 공식

과거에는 접지선의 단면적을 구하는 공식이 매우 간단했다. $A = 0.0496 \times I_n$이라는 공식을 통해 정격전류(I_n)값만 알면 0.0496을 곱해 접지선의 단면적(A)을 구할 수 있었다. 하지만 한국전기설비규정에 의한 접지시스템으로 인해 현장에 특화된 접지설계 방식이 생기면서 이에 따른 접지선(보호도체)의 단면적을 구하는 방법도 달라졌다.

먼저 차단기(보호장치)의 차단시간이 5초 이하인 경우에만 다음과 같은 식을 적용할 수 있다.

$$S = \frac{\sqrt{I^2 t}}{k}$$

위의 식에서 S는 보호도체의 단면적으로 단위는 [mm^2]를 사용한다. I는 보호장치를 통해 흐를 수 있는 예상고장전류로 단위는 [A], t는 자동차단을 위한 보호장치의 동작시간으로 단위는 [초], k는 보호도체, 절연, 기타 부위의 재질 및 초기온도와 최종온도에 따라 정해지는 계수로 다음 표를 참고하자.

보호도체, 절연, 기타 부위의 재질 및 초기온도와 최종온도에 따라 정해지는 계수								
구분			도체절연 형식					
		PVC (열가소성)		PVC (열가소성) 90°C		에틸렌프로필렌고무 /가교폴리에틸렌 (열가소성)	고무 (열경화성) 60°C	무기재료	
								PVC 외장	노출 비외장
단면적[mm^2]		≤300	>300	≤300	<300				
초기온도[°C]		70		90		90	60	70	105
최종온도[°C]		160	140	160	140	250	200	160	250
도체 재료	구리	115	103	100	86	143	141	115	135/ 115[22]
	알루미늄	76	68	66	57	94	93	–	–
구리의 납땜 접속		115	–	–	–	–	–	–	–

만약 보호장치의 차단시간이 5초 초과한 경우 상도체[23]의 단면적에 따라 보호도체의 단면적은 다음과 같은 기준에 의해 산정한다.

한국전기설비규정에 따른 보호도체 단면적		
전압선의 단면적 S[mm^2]	대응하는 보호도체의 최소 단면적[mm^2]	
	보호도체 및 접지도체의 재질이 상도체와 같은 경우	보호도체 및 접지도체의 재질이 상도체와 다른 경우
$S \leq 16$	S	$\frac{k_1}{k_2} \times S$
$16 < S \leq 35$	16	$\frac{k_1}{k_2} \times 16$
$S > 35$	$\frac{S}{2}$	$\frac{k_1}{k_2} \times \frac{S}{2}$

[22] 이 값은 사람이 접촉할 우려가 있는 노출 케이블로 시공할 경우 적용해야 한다.

[23] 한국전기설비규정에 따라 상도체는 흔히 말하는 전압선을 이야기한다.

24
이 공식에서 상도체(전압선)의 경우 k_1, 보호도체(접지선)의 경우 k_2에 대입해야 한다.

25
이는 한국전기설비규정 외 한국전기안전공사의 사용 전 점검 및 검사의 지침이기도 하다.

26
기존에는 녹색 또는 녹색과 노란색이 교차하는 방식이었으나 한국전기설비규정에 따라 녹색 바탕에 노란색 줄의 방식으로 바뀌었다.

앞의 단면적을 구하는 방식에서 k는 전압선과 접지선의 재질이 같은 경우일 때의 값으로 다른 경우에는 재질 보정계수(k_1/k_2)[24]를 곱한다.

앞의 식을 통해 나온 보호도체의 단면적이 전선의 단면적과 일치하지 않는 경우 바로 상위 규격에 맞는 단면적을 선정한다. 그리고 최소한의 보호도체의 단면적은 2.5mm² 이상 되는 전선[25]을 사용해야 한다.

접지도체의 색상은 녹색 바탕에 노란색 줄로 구분[26]해야 하며 건물 내부에서는 IV전선과 같은 절연전선을 사용해도 되지만 건물 외부로 빼거나 외부에서 사용하는 접지도체는 피복이 두꺼우며 손상으로부터 보호가 될 수 있는 GV전선을 이용한다. GV전선은 피복 색상이 녹색으로 되어 있고 기존 전압선보다 더 굵어 갑작스러운 전기사고로 인한 대전류가 땅으로 흐르는 데 도움이 된다.

2 땅속으로 묻는 접지봉

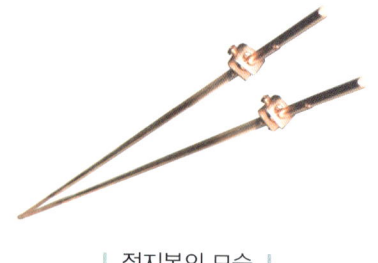

| 접지봉의 모습 |

27
접지봉은 규정상 90cm 이상의 길이여야 한다.

이렇게 선정된 접지도체는 건물 외부로 나와 접지봉[27]에 연결되어 최소한 75cm 이상 땅속으로 묻는다. 접지봉은 보통 겉은 구리지만 속은 철로 되어 있는 경우가 많은데 이는 교류전기 특성상 전류가 도체의 겉으로만 돌아다니는 표피현상 때문이다. 그러나 항아리에 흙을 담고 여기에 접지봉을 파묻은 후 접지도체를 연결한다고 접지의 효과를 볼 수 있는 것은 아니다. 접지는 지구라고 하는 큰 용량을 가진 물체에 연결해야 하는 것이기 때문이다.

3 철골이나 수도관을 이용한 접지방법

| 수도관접지의 예 |

접지도체가 무조건 접지봉을 통해 땅속으로 묻혀 있는 것만도 아니다. 최근 대형 건축방식으로 많이 짓는 철골형태의 건물의 경우는 접지도체를 철골에 바로 연결하는 경우가 있다. 이는 철골 자체가 전류가 흐를 수 있는 도체이고 땅에 묻혀 건물을 지탱하기 때문이다. 마찬가지로 접지공사를 하기 어려운 경우 수도관에 간이접지를 하는 경우가 있다. 이때 수도관은 금속소재이어야 하고 땅속에서 올라올 때 가능하다. 그러나 최근의 경우 수도관이 금속소재가 아닌 경우도 많기 때문에 접지로 활용하지 못할 수도 있다.

일부 엉터리 전기시공자는 접지도체를 도시가스관에 연결하는 경우도 있는데 접지의 효과를 얻을 수 있지만 접지로 인한 도시가스관의 부식으로 더 큰 사고가 날 수 있다. 이러한 시공은 의뢰자도 시공자도 해서는 안 된다.

4 접지공사의 또 다른 효과

앞서 접지를 하는 이유로 누설전류로 인한 감전을 막기 위한 것이라고 언급한 바 있다. 이는 접지를 통해 얻을 수 있는 효과지만 전기적으로 보면 또 다른 효과가 있다. 앞서 언급한 누설전류는 인체에 기분 나쁜 느낌을 주는 것도 있지만 예민한 전자제품의 경우 오동작, 고장의 원인이 되기도 한다. 컴퓨터의 경우도 접지가 없으면 수명이 단축된다는 보고가 있다. 전자제품을 위해서도 접지는 반드시 하는 것이 좋다.

공장이나 전기실 등에 있는 대형 전기시설물이나 기계는 접지가 의무로 되어 있다. 이는 전기의 이상을 알려주는 보호계전기의 정확한 동작을 위해서이다. 이러한 기기는 기본적으로 접지가 된 상태에서 최상의 성능을 보장하기 때문에 접지가 제대로 되어 있지 않으면 동작이 원활하지 못하거나 문제가 생겨도 이를 인식하지 못할 수 있다. 마찬가지로 누전차단기의 정상적인 동작을 위해서도 접지가 필요하다. 또한 이상전압[28]을 억제하는 효과도 있다. 달리 말하면 접지가 제대로 안 되어 있으면 이상전압이 발생할 수 있다.

5 접지저항 측정

접지가 얼마나 잘 되었는지를 알아보기는 쉽지 않다. 같은 양의 누설전류라 하더라도 예민한 사람과 둔감한 사람이 받아들이는 느낌의 차이가 있기 때문이다. 그래서 이러한 접지의 효과는 접지저항을 통해 판단할 수 있다.

실무에서 접지저항을 측정할 때 가장 흔히 사용하는 방법이 접지저항계[29]를 이용한 간이접지저항 측정법[30]을 많이 사용하고 이외 방법으로 전위차를 이용한 3단자법, 콜라우슈 브리지법을 사용한다. 접지저항계를 이용한 간이접지저항 측정방법은 따로 보조 접지극을 묻을 필요 없이 기존에 있는 본 접지극과 중성선만을 이용할 수 있는 방법으로 한국전기안전공사의 사용 전 검사에서도 활용하는 방법이다. 본 책의 'VI의 01·6· 2 접지저항계의 기능과 사용법'에서 측정방법을 소개하였다.

전위차를 이용한 3단자법의 원리는 다음과 같다.

먼저 교류 전원의 전압을 H(C)전극과 E전극 사이에 흐르는 전류 I를 전류계로 측정한다. 그 후 전류 I가 흐르는 것에 따라 S(P)전

[28] 이상전압(異常電壓, abnormal voltage)이란 정상전압과는 별도로 발생하는 큰 전압으로, 이것이 정상전압에 가해져서 바람직하지 않은 상태를 발생할 우려가 있는 전압이다.

[29] 어스 테스터(earth tester)라고도 한다. 접지저항과 절연저항의 차이를 구분하지 못하면 생각보다 비싸지 않다는 생각에 절연저항계를 구매할 수가 있는데 접지저항계는 전기계측기 중 다소 고가이며 가격 편차가 큰 편이다.

[30] 2단자법이라고도 한다.

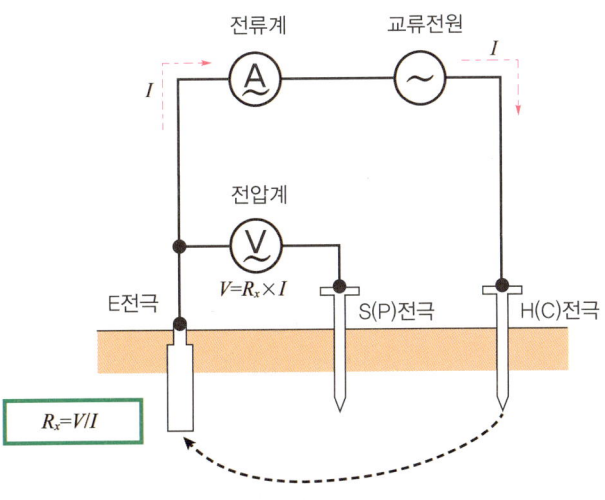

| 3단자법에 의한 접지저항 측정 |

극과 E전극 사이에 흐르는 전압 V를 전압계로 측정한다.[31] 이렇게 측정된 전류 I와 전압 V를 통해 옴의 법칙에 따라 접지저항 R_x를 구한다.

[31] H(C)전극과 E전극 간, H(C)전극과 S(P)전극 간의 측정은 정확하게 측정할 수 없으니 주의가 필요하다.

$$R_x = \frac{V}{I}$$

콜라우슈 브리지(Kohlraush bridge)법은 전해질의 도전율[32]로 저항의 도전율의 능력을 측정하는 방법이지만 최근에는 전지의 내부저항을 이용하는 경우가 더 많다.

[32] 도전율이란 전류가 흐르는 정도를 말한다. 전해질을 사용할 경우 전해질의 저항을 측정할 때도 콜라우슈 브리지법을 사용한다.

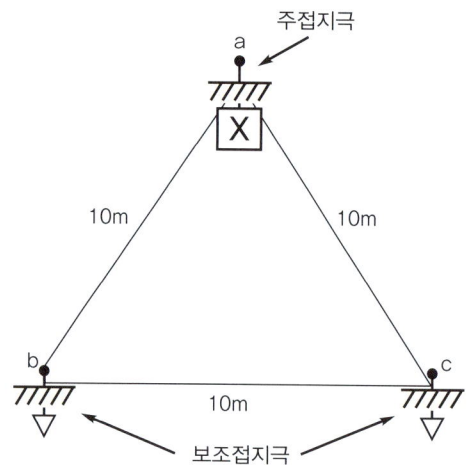

| 콜라우슈 브리지법에 의한 접지저항 측정 |

콜라우슈 브리지법은 1개의 주접지극(a)과 2개의 보조접지극(b, c) 사이의 저항을 통해 접지저항을 구하는 방법이다. 이를 구하는 방법은 주접지극의 저항 R_a와 보조접지극의 저항 R_b와 R_c를 구해서 이들 사이의 저항값을 계산해 R_a에 해당하는 저항값을 구하면 된다. 위의 그림은 주접지극, 보조접지극 사이가 모두 10m로 되어 있는데 꼭 10m를 지켜야 한다는 것이 아니라 충분히 멀리 떨어뜨려야 한다는 것을 의미한다. 중요한 점은 주접지극과 보조접지극 모두 같은 길이의 거리로 접지극을 두어야 한다는 것이다.

접지극 R_a와 보조접지극 R_b, 주접지극 R_a와 보조접지극 R_c, 보조접지극 R_b와 보조접지극 R_c 사이의 저항값을 각각 R_{ab}, R_{ac}, R_{bc}라고 한다면 다음과 같이 구할 수 있다.

$$R_a+R_b=R_{ab}$$
$$R_a+R_c=R_{ac}$$
$$R_b+R_c=R_{bc}$$

이 식을 통해 R_a값을 유도하면 다음과 같다.

$$2(R_a+R_b+R_c)=R_{ab}+R_{bc}+R_{ac}$$
$$2(R_a+R_{bc})=R_{ab}+R_{bc}+R_{ac}$$
$$\therefore R_a=\frac{(R_{ab}+R_{ac}-R_{bc})}{2}\ [\Omega]$$

이렇게 계산해서 나온 값이 주접지 저항값인 R_a가 된다.[33]

4 한국전기설비규정에 따른 새로운 접지기준은?

한국전기설비규정의 적용으로 인해 접지에 관한 내용이 많이 바뀌게 되었다. 기존의 일본식 종별 접지[34]에서 국제전기규격(IEC)에 부합하기 위해 접지시스템의 기준과 설계가 모두 바뀌었다. 이렇게 바뀐 접지규정은 인체의 감전보호와 고압의 지락사고 시 저압의 스트레스 전압(stress voltage)[35]으로 인한 기기보호가 가장 큰 목적이다. 달라진 접지규정에 의해 새로운 용어도 많이 등장하게 되었으므로 용어를 확실하게 이해하면서 새로운 접지시스템에 대해 알아보자.

1 한국전기설비규정의 접지기준

한국전기설비규정은 접지시스템을 크게 3가지인 계통접지, 보호접지, 피뢰시스템 접지로 구분하였다. 계통접지란 전력계통에서 돌발적으로 발생하는 이상현상에 대비하여 대지와 계통을 연결하는 것으로 중성점을 대지에 접속하는 것[36]을 말한다. 계통접지의 방식으로 저압전로의 보호도체 및 중성선의 접속방식에 따라 TN계통, TT계통 그리고 IT계통으로 분류가 된다. 보호접지란 고장이 나면 감전에 대한 보호를 목적으로 기기의 한 점 또는 여러 점을 접지하는 것을 말한다. 그리고 피뢰시스템[37] 접지란 피뢰설비에 흐르는 뇌격전류를 안전하게 대지로 흘려보내기 위해 접지극을 대지로 접속하는 설비를 말한다.

접지시스템의 종류 역시 3가지로 단독접지, 공통접지, 통합접지가 있다. 단독접지란 계통접지방식에 따라 고압 또는 특고압 계통의 접지극과 저압계통의 접지극이 독립적

33 단순히 R_a만 측정한 값이 접지저항값이라고 할 수는 없다. 왜냐하면 주접지전극에 대한 저항값이기 때문이다.

34 특고압, 고압의 제1종 접지공사 10Ω 이하, 저압의 제3종 접지공사 100Ω 등으로 나타낸 것이다.

35 스트레스 전압이란 고압계통에서 1선의 지락사고 시 저압설비의 노출도전부와 대지 간에 발생하는 전압을 말한다. 노출도전부란 정상적으로 작동할 때는 문제가 되지 않지만 기초적인 절연이 파괴되면 접촉이 가능한 전기 장비의 부분을 말한다.

36 일반적으로 중성점 접지라고 한다.

37 보호하고자 하는 대상물에 근접하는 뇌격을 확실하게 흡인해서 뇌격전류를 대지로 안전하게 방류함으로써 건축물 등을 보호하는 것이라고 규정되어 있다. 간단하게 말해 벼락으로부터 건축물을 보호하기 위한 접지를 말한다.

으로 설치된 경우를 말한다.

공통접지란 등전위(等電位, equipotential)[38]가 형성되도록 고압 및 특고압 접지계통과 저압 접지계통을 공통으로 접지하는 방식[39]이다. 이때 접지저항값은 가장 낮은 것을 선정한다.

마지막으로 통합접지란 전기설비의 접지계통, 건축물의 피뢰설비, 전자통신설비 등의 접지극을 통합해서 접지하는 방식이다. 그러나 이 방식은 한국전기설비규정에 없는 것으로 실제로는 공통접지를 허용한다. 통합접지와 공통접지를 다음 그림으로 이해해보자.

> [38] 등전위란 무리로 뭉쳐서 하나가 된 것을 말한다. 즉, 전기에너지가 같은 것을 무리로 만든 것을 의미한다. 그러나 현실적으로 전위차를 완전히 제로(0) 상태로 만들 수 없지만 '수 mV 이내면 등전위화되었다.'고 말한다.

> [39] 후에 기술하겠지만 TT 및 IT계통의 접지방식에서 중성선과 보호접지인 저압측 외함을 접속하면 TN계통과 같게 된다.

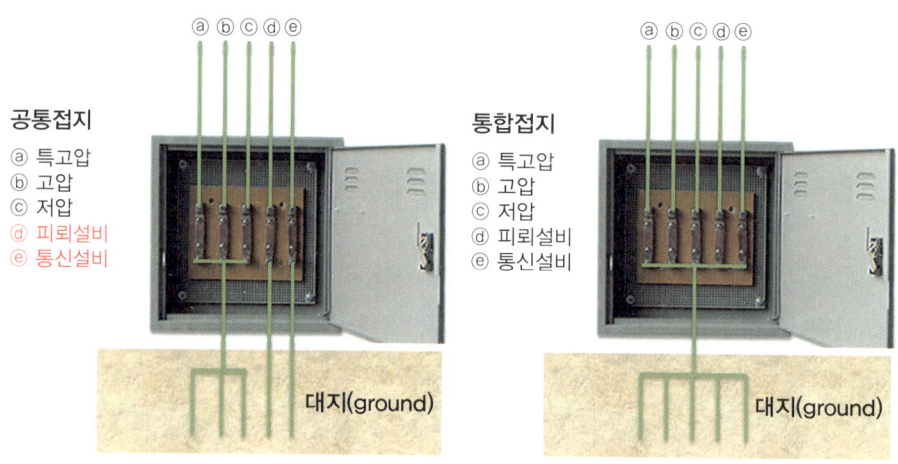

| 공통접지와 통합접지의 차이 |

위의 그림을 살펴보면 특고압, 고압, 저압 전력계통과 피뢰설비, 통신설비의 보호도체가 있다. 이때 공통접지에서 전력계통은 전력계통대로 접지하고 피뢰설비와 통신설비는 각각 접지하는 것을 볼 수 있다. 이렇게 시공을 하면 구조가 단순해져서 공사비도 저렴해지고 보수점검이 간편해진다. 그러나 각 설비 간의 거리가 멀어지면 접지전압이 발생하기도 한다.

반면 통합접지는 전력계통을 비롯한 피뢰설비, 통신설비 모두 하나의 접지로 묶어준다. 이는 벼락의 뇌격전류로 인해 전기장비 간의 전위차가 생기는 것을 방지하고자 등전위를 하는 것이다. 그런데 전기사고나 문제가 발생하면 보호도체를 타고 들어가 모든 계통에 손상이 있을 수 있다. 그래서 과전압 보호장치나 서지보호장치(SPD)를 피뢰설비와 통신설비에 설치[40]해야 한다.

> [40] 통신설비는 유도전류로 인한 통신장애가 생길 수 있다.

2 공통접지의 접지저항 산정법

한국전기설비규정에 의해 원칙적으로는 공통접지를 하도록 규정하고 있으며 공통접지를 해야 하는 장소는 다음과 같다.

(1) 저압 전기설비의 접지극이 고압 및 특고압 접지극의 접지저항 형성구역에 완전히 포함되는 경우
(2) 고압 및 특고압 변전소에 인접하여 시설된 저압전원의 경우 기기가 너무 가까이 위치하여 접지계통 분리가 불가능한 경우
(3) 고압 또는 특고압과 저압 접지시스템이 서로 근접한 경우[41]

여기에서 중요한 것은 고압 또는 특고압 접지시스템의 구역 내에서 저압 접지시스템이 포함된 경우는 서로 접속을 해야 한다.

이를 이해하기에 앞서 먼저 허용접촉전압(U_{TP})과 대지전위상승(EPR)에 대해 이해를 해야 한다. 먼저 허용접촉전압(U_{TP})의 단위는 [A]이고 다음과 같은 공식에 의해 구한다.

$$허용접촉전압(U_{TP}) = I_B(t_f) \cdot \frac{1}{HF} \cdot (Z_T(U_T) \cdot BF)[V]$$

위의 식에서 $I_B(t_f)$는 인체제한전류로 단위는 [A], HF는 심장전류계수, $Z_T(U_T)$는 인체임피던스[Ω], BF는 인체계수이다. 좀 더 공식을 세분화하면 U_T는 접촉전압[V], t_f는 고장지속시간[s]이다.

한편 대지전위상승(EPR)의 단위는 [V]이고 다음과 같은 공식으로 구한다.

$$대지전위상승(EPR) = I_g \times R_g [V]$$
$$I_g = C_p \cdot I_F \cdot \beta [A]$$

대지전위상승에서 I_g는 접지망 유입전류로 단위는 [A]이다. 여기서 계통확장계수(C_p), 1선 지락전류(I_F)는 프로그램 계산값으로 단위는 [A], 지락전류 분류율(β)은 0.2~0.4이다. R_g는 IEEE std 80[42]에서 계산된 접지저항값으로 단위는 [Ω]이다.

위의 두 공식을 통해 구한 허용접촉전압(U_{TP})과 대지전위상승(EPR)을 비교해서 허용접촉전압이 더 높으면 접지설계에 만족한다.

$$허용접촉전압(U_{TP}) \geq 대지전위상승(EPR)$$

41 통상 50m 이내의 거리이다.

42 프로그램 이름이다.

대지전위상승(EPR)값은 계산을 통해 구하는 것이 아닌 고압계통에서의 지락 시 허용고장전압 그래프[43]를 통해 구하는 방법도 있다.

[43] 그래프의 곡선은 확률 통계적으로 근거하여 저압계통의 중성선이 변압기 변전소의 접지 설비에만 접지된 경우 최악의 경우에 대비해 그린 곡선이다.

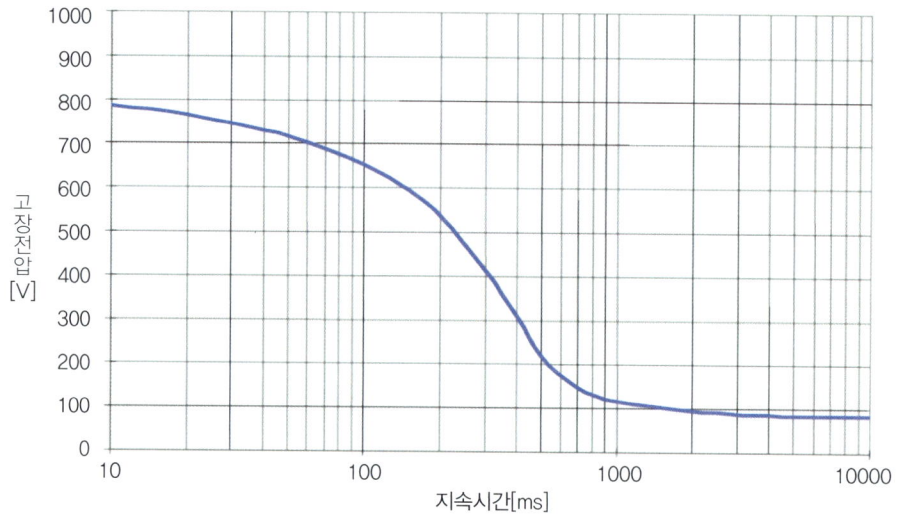

| 고압계통 지락 시 허용고장전압 |

위의 그래프를 통해서 대지전위상승(EPR)을 구할 때는 다음과 같은 공식에 의해 구한다.

$$EPR = F \cdot U_{TP} [\text{V}]$$

위의 공식에서 F값은 대지저항률이 낮은 경우 2~5를 선택하고 기본값은 2이다. 단, PEN[44] 또는 저압 중간도체가 고압 또는 특고압 접지계통에 접속이 되었으면 1로 지정한다.

[44] PEN(Protective Earthing Neutral)이란 중성선 겸용 보호도체를 말한다.

앞서 고압 또는 특고압 접지시스템의 구역 내에서 저압 접지시스템이 포함된 경우는 서로 접속을 해야 하는데 그때의 기준은 다음 표와 같다.

| 공통접지 시 최소 접속조건 |

저압계통의 형태	접촉전압	대지전위상승(EPR)의 요건	
		스트레스 전압	
		고장지속시간≤5초	고장지속시간≥5초
TT	–	$EPR \leq 1200\text{V}$	$EPR \leq 250\text{V}$
TN	$EPR \leq F \cdot U_{TP}$	$EPR \leq 1200\text{V}$	$EPR \leq 250\text{V}$

저압계통의 형태	대지전위상승(EPR)의 요건		
	접촉전압	스트레스 전압	
		고장지속시간≤5초	고장지속시간≥5초
IT	TN계통에 따름	$EPR \leq 1200V$	$EPR \leq 250V$
	–	$EPR \leq 1200V$	$EPR \leq 250V$

　공통접지를 위한 접지설계값을 구하는 것은 교류 1000V 또는 직류 1500V 이하의 저압계통에서 활용하기 보단 고압, 특고압이 있는 장소에서 활용하는 것으로 이를 수계산으로 하기에는 매우 어려워 프로그램을 활용해야 한다.
　이와는 별개로 특고압과 고압의 혼촉방지시설의 경우와 피뢰기는 접지저항이 10Ω 이하이어야 한다.

3 계통접지의 TN방식, TT방식, IT방식

　계통접지의 방식을 이해하기 위해서는 계통접지의 영문이 무엇을 의미하는지 알아둘 필요가 있다.

| 계통접지의 영문 의미 |

이니셜	영문	뜻
T	Terra	땅, 대지, 흙
N	Neutral	중성선
I	Insulation or Impedence	절연 또는 임피던스
C	Combine	결합
S	Separator	구분, 분리

　위의 영어 이니셜을 다음과 같이 조합할 수 있다.

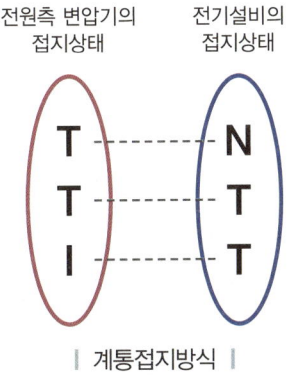

| 계통접지방식 |

두 가지로 분류된 이니셜을 조합하여 접지방식을 설명할 수 있다. 첫 번째 문자는 전원측 즉, 변압기의 접지상태, 두 번째 문자는 전기설비의 접지상태를 의미한다. 이를 통해 TN, TT, IT 3개의 접지방식이 나온다.

먼저 TN방식은 TN-S, TN-C, TN-C-S방식으로 다시 나누어진다. 여기에서 S는 Separator로 구분된 것을 말하고 C는 Combine으로 결합된 것을 말한다.

결선도를 이해하기에 앞서 결선도에서 사용하는 용어를 알아보자. L1, L2, L3는 각 상의 이름을 말한다. 기존에 사용된 상 이름인 R, S, T와 같은 의미이다. N은 중성선이고 PE는 보호도체(Protective conductor or Protective Earthing)를 말한다.

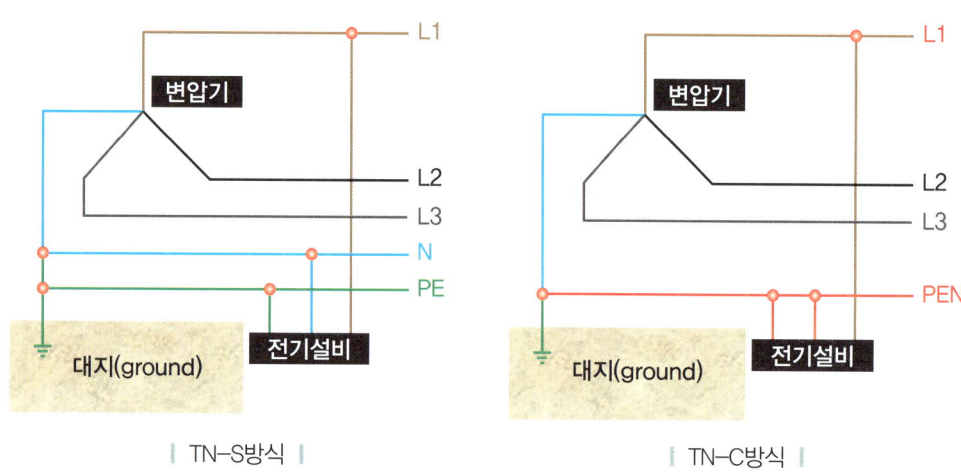

| TN-S방식 | | TN-C방식 |

TN-S방식이란 변압기(전원측)는 접지되어 있고 중성선과 보호도체는 각각 분리(=S)되는 방식이다. 이렇게 하면 중성선으로만 불평형 전류가 흐르게 된다. 통신기기나 전산센터, 병원 등 예민한 전기설비가 있는 경우에 많이 사용한다.

TN-C방식은 변압기(전원측)는 접지되어 있고 중성선과 보호도체는 각각 결합(=C)하여 사용하는 방식이다. 그래서 중성선 겸용 보호도체인 PEN이 있어야 한다. 보호도체인 PE와 N(Neutral)을 합해서 PEN이라고 적는다. PEN은 고정된 전기설비에서만 사용할 수 있고 그 도체의 단면적이 구리는 10mm^2 이상, 알루미늄은 16mm^2 이상이어야 하고 그 계통의 최고 전압에 대해 절연되어 있어야 한다. PEN을 사용할 때는 감전보호용 등전위 본딩(bonding)[45]을 해야 한다. 만일 그렇지 못할 경우는 PEN을 수용장소의 인입구 부근에 추가로 접지해야 하고 그 접지저항값은 접촉전압을 허용접촉전압 범위 내의 제한하는 값[46] 이하로 하여야 한다.

각 상의 전류가 불평형이 커지게 되면 3상 부하의 불평형 전류는 PEN으로 흐른다. 하지만 TN-C방식은 누전차단기를 사용할 수 없다. 왜냐하면 누전차단기가 누전을

---

[45] 본딩이란 등전위를 위해 서로 물리적으로 연결한 상태를 말한다. 접착제의 한 종류인 본드(bond)를 생각하면 이해하기 쉽다.

[46] 이 값은 일괄적으로 알려진 값이 아니라 해당 환경과 장소에 맞게 계산한 결과의 값이라 다르다. 자세한 내용은 'Ⅵ의 06 · 1 · 3 TN 계통의 전원 자동차단에 의한 감전보호'를 살펴보면 알 수 있다.

감지하는 원리는 전압선 L1과 중성선 N의 전류 차이가 크면 차단이 되는 구조인데 보호도체와 중성선이 PEN으로 공유하고 있기 때문이다. 즉, 불평형 전류가 흐르면 중성선에도 전류가 흐르는데 이를 누전차단기가 정확하게 판단하기 어렵기 때문이다. 또한, 누전으로 인한 지락전류가 매우 크면 누전차단기 안에 있는 ZCT(영상변류기)가 고장이 날 수 있다. 그 외 노이즈가 많이 생기는 등의 이유로 거의 사용되지 않는 방식이다. 따라서 과전류 차단기로 배선차단기를 사용하는 것도 하나의 특징이다. 현재 우리나라 배전선로에선 TN-C방식을 사용하고 있다.

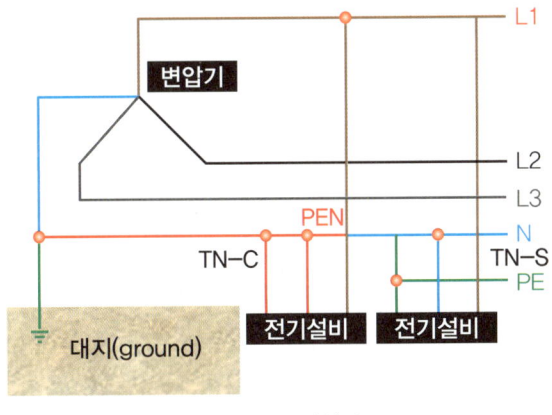

| TN-C-S방식 |

TN-C-S방식은 TN-S방식과 TN-C방식의 결합형태이다. 계통의 중간에서 나누며 이때 TN-C 부분에서는 누전차단기를 사용할 수 없다.[47] 보통 자체 수변전실을 갖춘 대형 건축물에서 이러한 방식을 사용하는데 전원부는 TN-C를 적용하고 간선계통에서는 TN-S를 사용한다.

TT방식은 전원측 변압기와 전기설비측이 개별적으로 접지하는 방식[48]이다. 전봇대 주상변압기 보호도체와 각 수용가의 보호도체가 따로 있는 것과 같은 방식으로 TT방식은 전기설비측에 누전차단기를 달아도 문제가 없으니 반드시 누전차단기를 설치[49]해야 한다.

IT방식에서 I는 절연(Insulation) 또는 임피던스(Impedance)를 말한다. 절연이란 말 그대로 전류가 흐르지 않게 하는 것이고 비접지는 접지가 아닌 상태이다. 임피던스 역시 전류의 흐름을 어렵게 만든다. IT 방식은 결국 전원측의 접지를 하지 않는 것과 같은데 이런 경우

47
부하측에는 PEN을 사용할 수 없고 전원측에서 PEN을 사용하기 때문이다.

48
독립접지방식이라고 한다.

49
정격감도전류가 30mA인 누전차단기를 설치할 때 접지저항이 160Ω 이하이면 적합하다. 접지저항이 낮을수록 적합하고 200Ω을 초과하면 적합하지 않다.

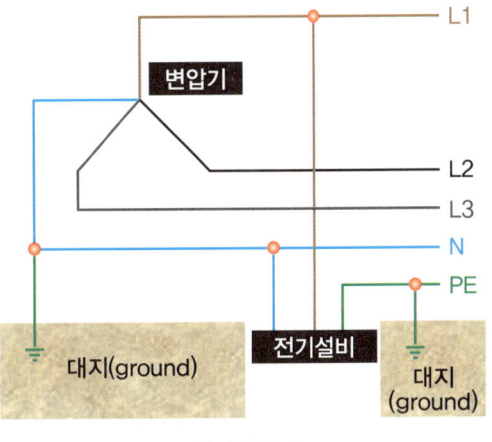

| TT방식 |

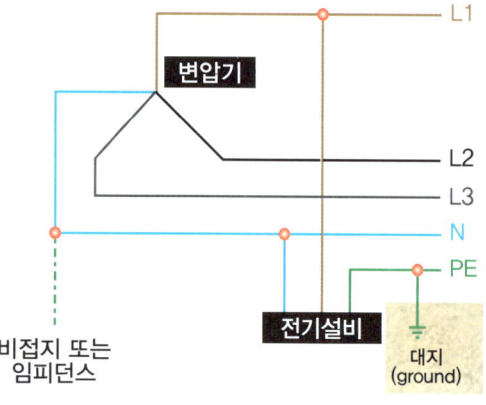

| IT방식의 접지 |

도 접지방식 중 하나이다. 그러나 중요한 것은 변압기가 있는 전원측의 중성점에서 접지를 하지 않는 것이지 설비측은 접지를 한다는 것이다. 설비측까지 접지가 안 되어 있으면 말 그대로 무접지상태로 위험하다.

IT방식은 병원과 같이 전원이 차단되면 안 되는 곳에 사용한다. 그리고 절연 또는 임피던스와 같이 전류가 매우 흐르기 어려운 상태로 두기 때문에 변압기가 있는 전원부의 지락전류가 매우 작아진다. 따라서 감전 위험이 적다.

4 개별접지시스템의 조건과 기준

본래 한국전기설비규정에서는 공통접지만을 원칙으로 하고 있지만 개별접지의 경우 가능하다면 허용한다. 이때의 조건은 고압 또는 특고압 접지극과 저압 접지극을 분리할 수 있는 경우[50]나 각 접지극 간 저항구역이 중첩되지 않는다는 근거를 제시할 수 있는 경우를 말한다. 그리고 저압이 TT 계통인 경우에도 대지전위상승(EPR)에 따른 허용스트레스 전압 기준값을 만족할 때의 접지저항값이면 적격하다.

이에 대한 기준은 다음과 같다.

[50] 유럽전기표준위원회에 따르면 50kV 이하의 계통에서 20m 이상 유격을 둔 경우를 말한다.

| 개별접지의 접지저항기준 |

구분		접지저항값 선정의 기준		
수전 구분	저압접지계통	접촉전압 요건	스트레스 전압 요건	비고
고압 또는 특고압 수전의 경우	공통(통합)접지	접촉전압≤ 허용접촉전압	허용 상용주파 과전압 이내	두 가지 요건 만족
	TN	접촉전압≤ 허용접촉전압	–	–
	TT	–	$R_g \times I_m + U_0 \leq 1200$	고장지속시간≤5초
			$R_g \times I_m + U_0 \leq 250$	고장지속시간≥5초
저압 수전의 경우	TN	수용가측 접지저항 선정 기준값은 없음		
	TT	전원의 자동차단에 의한 감전보호조건을 만족하는 값		

위 표의 고압 또는 특고압 수전 시 TT 경우의 공식에서 R_g는 IEEE std 80으로 구한 값, I_m은 접촉전류로 단위는 [A], U_0는 공칭전압으로 단위는 [V]이다.

저압 내선공사에서 자주 사용하는 저압 수전 시 저압접지계통의 TT 경우 따로 접지저항값을 구해야 하는 것이 아니라 전원의 자동차단조건을 만족하는 접지저항값이 기준이 된다. TT 계통의 누전차단기의 경우 누전차단기의 정격감도전류에 따라 접지저항값의 기준은 다음과 같다.

| TT 계통에서 누전차단기 감도전류에 따른 접지저항값 기준 |

누전차단기 정격감도전류[mA]	30	100	300	500	1000
노출도전부 최대 접지저항값[Ω]	500	500	167	100	50

위의 기준은 한전의 계통접지 저항값을 5Ω으로 하였을 때 계산한 결과이다. 계산된 접지저항값이 500Ω을 초과한 경우에는 500Ω을 기준으로 한다. 수용가에서 많이 사용하는 소형 누전차단기의 경우 누전차단기의 정격감도전류가 30mA이므로 기준이 되는 최대 접지저항값은 500Ω이다.

5 등전위 본딩

접지의 목적 중 하나가 바로 인체를 감전으로부터 보호하기 위함이다. 물론 누전차단기가 있으면 인체에 위해를 가하는 전류가 도달하기 전에 전류를 차단해서 안전하게 전기를 사용할 수 있지만 앞서 언급한 TN-C방식의 경우와 같이 누전차단기를 설치해서는 안 되는 곳에서는 감전에 노출되어 있다. 바로 이때 등전위 본딩을 하게 되는 것이다.

등전위 본딩(equipotential bonding)은 말 그대로 한 건물 내 전위를 모두 같게 만드는 것으로 건물 내부의 금속 도체들을 서로 연결하여 전위를 연결하는 것이다. 감전보호나 화재예방을 위해 하는 등전위 본딩을 보호용 등전위 본딩이라 하고 접촉 저압 저감 또는 제로화, 루프 임피던스를 줄이기 위해 실행한다.

보호용 등전위 본딩의 경우 뭔가 복잡한 것 같지만 건물 내 도체가 될 만한 것에 접지를 함께 연결해주는 것이라고 생각하면 이해하기 쉽다. 대표적으로 수도관과 도시가스관[51]이 있고 천장에 텍스가 있을 때 텍스를 잡아주는 엠바와 찬넬, 케이블 트레이가 달린 경우 케이블 트레이에도 모두 접지를 연결해주는 것이다. 특히 케이블 트레이 같은 경우는 물리적인 접속이 완전하게 된 것처럼 보여도 전기적인 접속이 제대로 안 되어 등전위 본딩 효과가 작을 수 있으므로 연결부위에 본딩 점퍼(접지 점퍼)[52]를 통해 연결해준다.

[51] 우리나라에서는 도시가스관 연결을 추천하지 않는다. 도시가스관의 부식으로 인한 폭발 위험이 있기 때문이다.

[52] 이때 시중에서 본딩 점퍼라는 이름으로 판매되는 전기재료를 이용한 방법도 있고 접지선을 통해 직접 연결하는 방법도 있다.

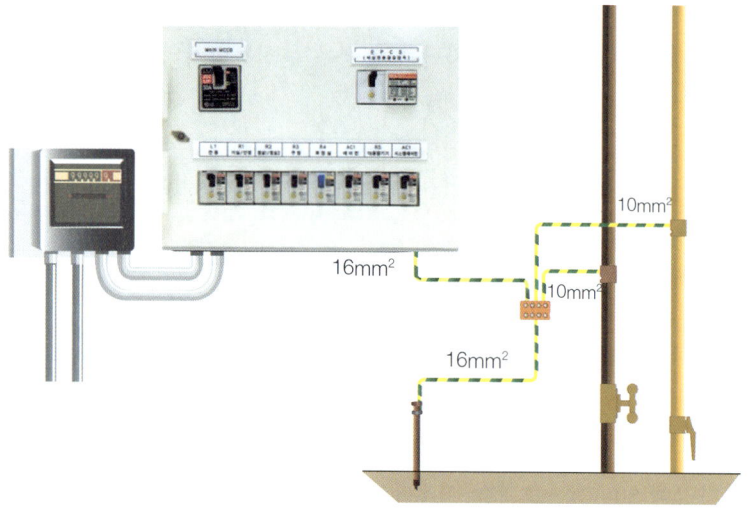

| 보호용 등전위 본딩의 예 |

| 케이블 트레이의 본딩 점퍼 |

53
수영장, 욕조나 샤워욕조가 설치된 장소의 전기설비, 농업과 원예용 전기설비, 이동식 숙박 차량 또는 정박지의 전기설비 등이다.

　이렇게 건물 내부 전기설비의 안전을 위한 등전위 본딩이 주접지 단자에 접속하는 것을 주등전위 본딩이라고 한다. 하지만 전기사고나 고장으로부터 추가보호대책을 위해 설비 전체 또는 일부분, 특정한 장소[53]나 기기에는 보조 등전위를 하는 경우가 있다.

　그 외 서로 다른 전자기기를 연결하였을 때 서로 다른 전위의 기준점으로 인한 오작동 또는 고장의 원인을 방지하고자 기능용 등전위 본딩을 하기도 한다. 그리고 벼락으로 인해 흐르는 뇌격전류로부터 건물과 건물 내부의 전력계통, 통신설비 등을 보호하기 위해 낙뢰 보호용 등전위 본딩을 하는 예도 있다.

　기존의 접지규정이 접지효과 및 공사의 완성을 위해 접지저항값을 중요시했다면 한국전기설비규정에 따른 접지는 이러한 접지저항값보다는 사고가 발생했을 때 안전을 위한 과전류 차단기가 더 중요하게 되었다. 이에 대한 자세한 이야기는 'Ⅵ의 06·1'에서 계속된다.

02 번개와 전기는 어떤 관계가 있을까?

KEY WORD 번개, 벼락, 피뢰침, 피뢰기, 피뢰기의 구성요소, 가공지선

학습 POINT
- 번개와 천둥, 벼락의 차이점은?
- 벼락이 무섭고 위험한 이유는?
- 전기를 벼락으로부터 보호하는 장치는?

　인간의 힘과 기술로 도무지 제어를 할 수 없는 것들이 있고 이들 중 대표적인 것이 자연현상이다. 자연현상은 아직까지 인간이 건드리기 매우 힘든 영역에 속해 있다. 이러한 자연현상 가운데 전기와 가장 인연이 깊은 것은 바로 '번개(thunder)'이다. 당장 전기의 한자단어인 電氣의 電이 '번개 전'이다. 도대체 번개와 전기는 어떤 관계가 있기에 단어부터가 유사한 점이 있을까? 그리고 번개가 칠 때는 전기를 사용하지 말라고 하는데 어떤 이유 때문일까? 번개와 전기의 관계를 알아보자.

1 번개와 천둥, 벼락의 차이점은?

| 도시에서 벼락 치는 모습 |

번개는 구름과 구름 또는 구름과 지면 사이에서 공중전기의 방전으로 만들어진 불꽃을 말한다. 보통 90%는 구름 속에서 일어나지만 지면으로 내려오는 것은 벼락이라고 한다. 이때 발생하는 강력한 에너지의 파열음을 천둥이라고 한다. 즉, 빛이 번쩍하는 것을 번개라고 하고 이때 나는 소리가 천둥이다. 빛이 소리보다 훨씬 빠르기[1]에 보통 번쩍한 후 일정 시간 후에 우르릉거리는 천둥소리를 들을 수 있다.

유달리 번개 관련 용어는 한자가 많기에 이들에 대한 이해가 어느 정도 필요하다. 번개와 같이 빛이 번쩍하는 순간을 섬광(閃光), 벼락을 낙뢰(落雷), 천둥을 뇌명(雷鳴), 벼락으로 인한 충격을 뇌격(雷擊)이라 하고 벼락을 피하는 것을 피뢰(避雷)라고 한다.

[1] 빛의 속도는 30만km/s 수준이고 소리의 속도는 340m/s 수준으로 빛이 소리보다 약 9만 배 빠르다.

2 벼락이 무섭고 위험한 이유는?

번개의 그 순간적인 섬광과 더불어 지표면을 뒤흔드는 천둥소리는 공포의 소재로도 많이 사용될 정도로 오래전 인류부터 현재까지 인간과는 친해지기 어려운 존재였다. 특히 위험한 것은 지표면으로 떨어지는 벼락이다. 벼락의 전압은 수백만~10억V에 이르며, 전류는 0.006초 동안 5000A가 흐를 정도로 굉장히 큰 전기에너지이다. 이는 100W 정도의 소비전력을 사용하는 48인치 LED TV 7000여 대를 8시간 연속으로 사용할 만큼의 전력량이다.

실제로 미국에서만 벼락을 맞아 사망[2]한 사람이 연평균 200명 수준으로 적은 편은 아니다. 벼락이 위험한 이유는 벼락 그 자체가 전기이기 때문이다. 즉, '벼락 맞았다=(매우 높은 전압과 큰 전류에) 감전되었다'와 같은 공식이 적용된다. 아울러 벼락 맞은 나무가 불에 타는 경우를 종종 볼 수 있는데 이는 5000A의 순간적인 대전류로 인한 발생열로 나무가 불타게 되는 것[3]이다.

[2] 벼락에 맞아 사망한 것을 진사(震死)라고 한다.

[3] 실제로 낙뢰로 인한 산불은 의외로 심심찮게 일어나는데 우리나라도 예외가 아니다. 보통 마른벼락이 칠 때 발생하며 나무줄기를 따라 전류가 흘러 나무 주위에 낙엽 등 인화물질이 쌓여 있을 때 발화된다.

1 벼락 피해를 방지하는 방법

이렇게 벼락이 칠 때는 가능한 외출을 하지 않는 것이 좋다. 만약 집안에 있다면 에어컨, TV 등 가전제품의 플러그를 콘센트에서 뽑아낸다. 외부로부터 안테나선이 집안으로 연결되었다면 안테나선을 타고 전류가 흐를 수 있기에 근처로 가지 않도록 한다. 외출 중이라면 가능한 평지로 가되 큰 나무 주변으로는 가지 않는 것이 중요하다. 그리고 최대한 몸을 낮게 웅크려야 한다. 왜냐하면 벼락은 지표면에서 높은 곳으로 떨어지려고 하는 성질을 가지고 있기 때문이다.

아울러 금속제품 등을 몸과 멀리하는 것이 중요하다. 금속제품 자체가 전기를 통하게 하는 도체이기 때문이다. 그나마 벼락을 맞고 생존한 경우는 감전과 달리 전류가 흐르는 시간이 매우 짧고 전류가 심장을 통과하지 않는 경우이다. 하지만 전류 때문에 신경계 손상이 생기게 된다. 일부 벼락을 맞고 생존한 사람들의 피부를 보면 리히텐베르크도형[4]대로 흉터가 남기도 한다.

2 벼락을 활용하지 못하는 이유

벼락이 매우 큰 에너지라는 것은 과학자들도 동의를 하나 번개에 대해 아직 풀지 못한 숙제가 많다. 앞서 언급했듯이 벼락은 매우 빠르게 이동하기에 현재 기술로는 정확하게 측정할 수 없다. 또한 전압 자체가 10억V에 이르기 때문에 이를 버텨낼 만한 회로가 없는 것도 현실이다. 그뿐 아니라 당장 구름 속에서 전기에너지가 어떻게 충전되는지도 밝히지 못했다. 번개가 어떻게 시작되는지도 아직 알 수 없고 어떤 힘으로 이동하는지도 현재 과학으로 풀지 못하고 있다. 결국 인류의 많은 미스터리이기 때문에 벼락 그 자체를 이용할 수 없는 것이다.

[4] 방전이 일어난 경로나 발생한 이온의 분포를 나타내는 도형으로 마치 나무뿌리처럼 쩍쩍 갈라지는 모습을 말한다.

3 전기를 벼락으로부터 보호하는 장치는?

1 피뢰침과 피뢰기의 차이

벼락이 전기와 닿게 되면 어떠한 일이 생기게 될까? 흔한 예는 아니지만 생각 외로 이러한 일이 제법 있다. 변압기에 벼락이 맞으면 변압기가 폭발할 것이고 전선에 벼락을 맞으면 절연이 파괴가 되고 이 전선을 타고 뇌전류(雷電流, thunderbolt current)[5]가 흘러가 수많은 전기장치를 고장 낼 것이다.

[5] 뇌전류란 번개나 벼락에 있는 큰 전류를 말한다.

| 피뢰침과 피뢰기의 비교 |

구분	피뢰침	피뢰기
사용목적	건축물, 인화성 물질 저장창고 등의 벼락으로 인한 인화 방지	상시 전기가 사용되고 있는 전기기기의 뇌해 방지
접지	항상 직접접지상태	방전된 경우에만 접지
설치장소	보호하는 대상의 상단에 보호 가능한 높이로 설치	보호하려는 전기기기에서 가능한 가까운 장소에 설치

벼락으로부터 보호하기 위한 장비로 피뢰침과 피뢰기가 있다. 서로 이름이 비슷하

다 보니 헷갈리기 쉬운데 엄연히 다르다. 피뢰침(避雷針, lightning rod)은 높은 건물이나 안테나 등에 직접 벼락이 떨어지는 '직격뢰'로부터 건물을 보호하기 위한 장치이고 피뢰기(避雷器, lightning arrester)[6]는 다른 건물이나 수목에 떨어진 벼락의 영향으로 발생한 이상전압으로부터 피해가 생기는 것을 막기 위한 장치이다. 이때 생기는 이상전압은 회로를 열고 닫을 때도 생긴다.

피뢰침 등을 이용해 직접 벼락에서 사람이나 건물을 지키는 것을 '외부낙뢰보호'라고 하고 유도뢰 등에 따른 기기 고장을 막는 것을 '내부낙뢰보호'라고 한다.

> 6 ─ 보안기, 어레스터, SPD 등이 있다.

2 피뢰침의 설치기준

벼락의 우려가 있거나 벼락으로 인한 피해가 큰 건축물이나 공작물 꼭대기에는 피뢰침을 설치한다. 그런데 피뢰침은 단순히 꼭대기에 높게 달아 놓은 긴 막대기가 아니라 대지로 접지도체가 연결되어 벼락으로 인한 뇌전류를 대지로 흘려주는 역할을 한다. 피뢰침은 가장 높은 곳에 있어서 벼락을 직격으로 받는 부분인 '수뢰부', 수뢰부에서 받은 벼락을 지중접지극까지 안내하는 '피뢰도선(避雷導線)'[7], 그리고 피뢰도선으로 흘러온 뇌전류를 대지로 보내는 '접지극'으로 구분되어 있다. 피뢰침의 설치기준은 다음과 같다.

> 7 ─ 인하도선이라고도 하며 단순히 전용 도선이 아닌 건물 철골이나 철근을 이용하기도 한다.

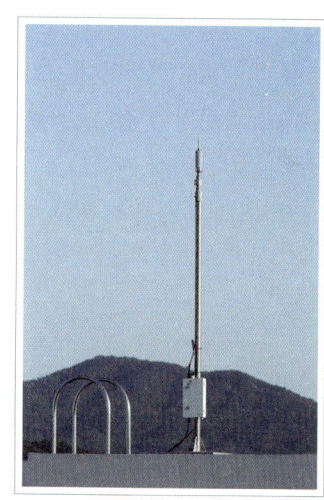

| 높은 건물 꼭대기에 위치한 피뢰침 |

(1) 높이가 20m 이상의 건축물, 공작물(굴뚝, 광고탑, 안테나 등)
(2) 측면의 벼락이 떨어지는 것을 방지하고자 높이가 60m를 초과하는 건축물 등은 지면에서 건축물 높이의 4/5가 되는 지점부터 상단 부분까지 수뢰부를 설치
(3) 지정수량에서 10배 이상 위험물을 취급하는 제조소, 저장탱크 및 옥외 탱크저장소
(4) 위험물실 및 화약·폭약의 전체 100kg이 넘는 화약류 일시저장소
(5) 벼락 등의 이상전류나 전압이 유입될 우려가 있는 전기통신설비

일반적으로 피뢰침을 정점으로 한 60°의 원추체[8]의 내부라면 특별한 경우를 제외하고서는 벼락을 피할 수 있다. 최근 지어진 고층 건물은 피뢰침을 사용하지 않고 옥상 난간 등에 애자로 지지하는 나도체(裸導體, bare conductor)[9] 형태의 피뢰도선을 설치하여 벼락으로부터 건축물을 보호하는 곳도 있다.

> 8 ─ 꼭대기 각도가 60°인 고깔을 생각해 보자.

> 9 ─ 나도체란 따로 절연피복 등이 없이 전류가 흐를 수 있는 도체를 그대로 드러내게 하는 것을 말한다.

| 피뢰침 대신 옥상 난간에 피뢰도선을 설치한 건축물 |

3 피뢰기의 원리

집안 내 전자제품이 벼락을 직접 맞지 않았는데도 고장이 나는 경우가 있다. 즉, 피뢰침이 설치되어 있어도 벼락에 대한 대책이 확실하다고 보기는 어렵다. 이는 유도뢰나 벼락으로 인한 이상전압 때문이다. 벼락의 영향에 따라 전선 내에서 일시적으로 이상전압이 발생하여 그것으로 인해 전자제품이 고장 나게 되는 것이다. 피뢰기는 벼락 등의 원인이거나 회로를 열고 닫을 때 생기는 서지(surge)라고 하는 이상전압을 방전하는 기기를 말한다.

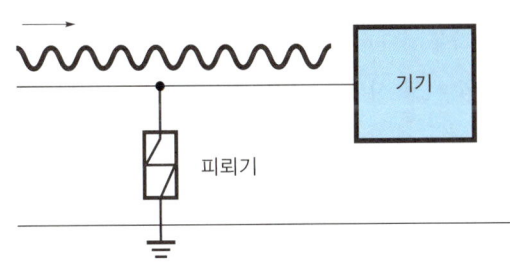

평상시에는 피뢰소자가 절연상태이기 때문에 대지에 전류는 흐르지 않는다.

(a) 평상시

과전압이 걸리면 피뢰소자 절연이 저하되어 이상전류는 대지에 방출된다.

(b) 벼락서지 침입 시

| 피뢰기의 원리 |

그와 동시에 전기시설의 절연 보호 및 속류(續流, follow current)[10]를 짧은 시간 안에 차단하여 전력계통을 정상적으로 유지하는 데 사용한다. 그래서 피뢰기는 원래의 정상 상태로 회복하는 능력이 가장 중요하다. 속류를 계속 차단하지 못해 정상상태로 회

10 ─────
속류란 이상전압 방전 후 남아 있는 정상적인 전류이다. 한전에서는 속류를 지속전류(持續電流)로 사용하기를 권장한다.

복하지 못하면 정상전류조차 대지로 흘려보낸다.

즉, 피뢰기가 하는 일은 벼락의 이상전압으로부터 전력설비를 보호하는 것이다. 직격뢰가 아닌 유도뢰나 이상전압으로부터 전력설비를 보호하는 피뢰기의 경우 다음과 같은 기능을 갖추어야 한다.

(1) 이상전압이 침입하면 신속하게 방전시킬 것
(2) 방전 후 이상전류 통전 시 단자전압을 일정 전압 이하로 억제할 것
(3) 이상전압 처리 후 속류를 차단하여 자동 회복하는 능력을 가질 것
(4) 반복동작에 대하여 특성이 변화하지 않을 것

4 피뢰기의 구성 요소 및 설치

| 폴리머피뢰기와 구성 요소 |

피뢰기는 갭과 특성 요소[11]가 가장 중요한 구성 요소이다. 과거에는 비직선형 저항과 직렬간극으로 구성된 갭(gap)타입의 피뢰기를 사용하였다. 그러나 1980년대 중반부터 산화아연(ZnO)소자를 적용하여 직렬간극이 없는 갭리스(gapless) 타입이 확대되고 있다. 갭리스피뢰기는 기존 갭피뢰기가 가지고 있던 직렬갭이 없고 금속산화물의 특성 요소만 포개어 애자 속으로 봉입할 수 있게 되었다. 그 결과 기존 피뢰기에 비해 아주 작게 소형화가 가능하고 가격도 낮출 수 있다. 뿐만 아니라 소손 위험도 적고 속류에 따른 특성 요소의 변화가 적어 빈번한 작동에도 잘 견딘다. 그러나 직렬갭이 없이 특성 요소만으로 절연되었기에 특성 요소의 사고 시 단락사고[12]로 연결될 수 있다.

그렇다면 피뢰기는 아무 장소에나 설치해도 괜찮을까? 엄연히 피뢰기도 설치해야 하는 장소가 정해져 있으며, 다음과 같다.

(1) 발전소, 변전소 또는 이에 준하는 장소의 가공전선 인입구와 인출구
(2) 가공전선로에 접속하는 특고압 배전용 변압기의 고압측 및 특고압측
(3) 고압 또는 특고압 가공전선로로부터 공급을 받는 수용장소의 인입구
(4) 가공전선로와 지중전선로가 접속되는 곳

피뢰기 역시 전기설비기기에 해당하기에 반드시 접지공사를 시행하여야 한다. 아울러 피뢰기를 설치할 때는 다음 사항을 고려해야 한다.

(1) 피뢰기가 보호해야 할 제1대상은 전력용 변압기이므로 가능한 변압기 근처에 설치
(2) 피뢰기의 접지도체는 가능한 한 짧게 설치

---

[11] 특성 요소란 탄화규소(SiC)를 각종 결합체와 혼합하면서 비저항특성을 지닌 것을 말한다. 이는 방전전류가 클 때는 저항값이 낮아져 방전이 되고 제한 전압을 낮게 억제하며 방전전류가 작을 때는 저항값이 높아져 직렬 갭의 속류 차단에 기여하게 된다.

[12] 단락사고란 도체가 저항 없이 서로 붙어 대전류가 흐르는 전기사고로 합선, 쇼트(short)라고 한다.

(3) 피뢰기와 피보호기기의 접지는 이웃연결(연접)
(4) 선로전압이 22kV 또는 22.9kV일 경우 안전거리 20m, 154kV일 경우 안전거리를 65m 이상 변압기와 피뢰기 사이 유지

피뢰기의 접지저항은 10Ω 이하가 되어야 하며 설치에 관해서는 한국전기설비규정에서 보다 자세히 언급되어 있으므로 이 규정에 맞게 설치되어야 하는 것이 바람직하다.

5 가공지선과 정전

전기를 안전하게 사용하기 위해 송전탑이나 전봇대의 가장 꼭대기에는 피뢰침 외 가공지선(架空地線, overhead earth wire)을 설치한다. 지표면에서 가장 높은 곳으로 가려는 벼락의 성질답게 먼저 이 가공지선에 떨어지게 되고 뇌전류가 가공지선을 통해 전봇대기둥 속으로 연결된 접지도체를 타고 땅으로 흐르게 되어 전선과 전봇대를 보호한다. 일반적으로 가공지선은 송배전전선을 보호하는 역할을 한다. 전선뿐만 아니라 전봇대에 위치한 주상변압기를 보호하기도 한다.

물론 가공지선이 완벽하게 전선과 주상변압기를 보호하는 것은 아니다. 그래서 가끔씩 변압기가 벼락에 맞아 정전이 되는 경우가 있다. 이때 벼락으로 인한 정전은 주변동네의 전기가 모두 끊기는 것을 통해 알 수 있다. 보통 이런 경우는 한전에서 직접 수리를 하고 나면 정상적으로 전기가 공급된다.

그러나 자신의 집만 정전이 됐다면 벼락이 원인이라기보단 집으로 들어오는 전선이 비바람에 의해 단선이 되거나 누전[13]이 됐을 가능성이 높다. 보통 이런 경우에도 집안의 차단기가 따로 떨어지지 않는다. 이때 한전에 신고를 해도 어디가 문제 있다고만 이야기하지 직접 수리를 해주지 않는다. 왜냐하면 책임분계점에서 수용가측 전선에 문제가 생겼기 때문이다. 보통 전기공사업체에서 이를 수리해 준다.

수용가 측의 전선 즉, 계량기 인입선 문제의 경우는 집주인의 재산이기 때문에 한전이나 전기안전공사는 이를 직접 수리해주지 않는다. 보통 전기공사업체에서 이를 수리해준다.

자세히 보기 쉽지 않고 햇빛, 비바람 등에 노출되기 쉽기 때문에 계량기 인입선의 문제가 생기는 경우는 생각보다 자주 있다. 자신의 집이 15년 이상 되었다면 유심히 보고 사고를 미연에 방지하도록 하자.

13 ──
책임분계점에서 계량기로 들어오는 계량기 인입선이 문제를 일으키는 경우이다.

| 계량기 인입선의 손상 |

집안 어딘가에 있는 두꺼비집의 정체는?

KEY WORD 분전반, 차단기, 두꺼비집, 분전반 구조, 배선차단기, 누전차단기, 주택용 차단기, 산업용 차단기, 누전

 학습 POINT
- 왜 두꺼비집이라고 하는가?
- 분전반 속에는 무엇이 있는가?
- 배선차단기와 누전차단기의 차이점은?
- 차단기가 떨어졌을 때는 어떻게 해야 할까?
- 차단기도 고장 나거나 수명이 있을까?
- 차단기에 적혀 있는 단어와 숫자의 의미는?

갑자기 집안이 정전이 되면 많은 사람들은 당황하며 어떻게 해야 할지 모르는 경우가 많다. 그러나 전기에 대해 조금이라도 아는 사람이라면 일단 두꺼비집에 가서 그 안의 차단기를 올려본다. 이렇게 집집마다 두꺼비집이 어딘가에 있기 마련이고 이 두꺼비집은 전기와 관련이 있다는 것은 대략적으로나마 알고 있다. 그런데 정확히 두꺼비집은 어떻게 구성되어 있고 이곳에서 할 수 있는 일이 무엇인지 아는 사람은 별로 없다. 두꺼비집에 대해 하나둘 알아보도록 하자.

1 왜 두꺼비집이라고 하는가?

1 두꺼비집의 본래 이름은 분전반

| 두꺼비집 별명의 원인인 '커버나이프스위치' |

전기에 있어서 중요한 두꺼비집은 수많은 이름 중에 왜 두꺼비집이라는 이름이 붙여졌을까? 그 이유는 과거에 사용하던 전기안전장치인 커버나이프스위치(cover knife switch)[1]의 생김새가 마치 웅크린 두꺼비 같다고 해서 그런 별명을 붙였다.

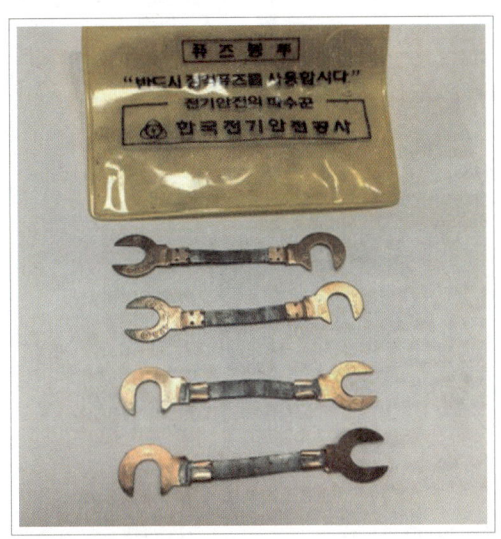

| 커버나이프스위치 내부의 고리퓨즈 |

커버나이프스위치 내부에는 고리형태의 퓨즈(fuse)[2]가 자리 잡고 있다. 허용하는 전류량이 많을수록 뚱뚱해지는 모습이다. 퓨즈 가운데는 납으로 되어 있어 과부하나 단락전류로 인해 열을 충분히 받으면 녹아 끊어지게 되며[3] 전류를 차단하는 원시적인 형태이다. 그래서 커버나이프스위치를 사용했을 때 과부하나 단락전류로 납이 끊어지면 임시로 철사 등을 이용해 전류를 연결시키다 화재가 나는 경우가 종종 있었다. 절대로 해서는 안 될 행동이다.

두꺼비집의 본래 이름은 분전반(分電盤, panal board)[4]이다. 이는 세대로 들어온 전기를 각각의 콘센트나 전등으로 나누어 주기 때문이다. 분전반을 영어권 국가에서는 퓨즈박스(fuse box), 서킷박스(circuit box)라고 하고 일본에서는 스위치(スイッチ)나 퓨즈박스(ヒューズ・ボックス) 등으로 사용하는 것을 보면 우리나라만 두꺼비집이라고 하는 것임을 알 수 있다.

2 배전반과 분전반의 차이

분전반은 전기를 세대 내에서 전등이나 콘센트가 있는 곳으로 나누어 주는 역할을 한다. 많은 사람들이 분전반을 배전반과 비슷한 것이라고 착각하는 경우가 있다.

---

[1] 납으로 된 퓨즈로 연결되어 있어 과부하로 열이 과도하게 발생하면 끊어지는 단순한 구조이다. 현재 같은 기능을 배선차단기가 하고 있고, 커버나이프스위치는 일부 기계의 스위치 용도로 사용되고 있다.

[2] '휴즈'라고 하는 경우가 있는데 이는 일본어에서 f를 'ㅎ'으로 발음하는 특성 때문이다. 플랫폼(platform)을 플랫홈, 팬(fan)을 후앙이라 읽는 것 자체가 일본식 발음이라 지양해야 한다.

[3] 이러한 현상을 용단(溶斷)이라고 한다.

[4] 분전반을 분전함이라고도 한다.

그러나 분전반과 배전반은 엄밀히 다르다. 배전(配電)이라는 단어에서도 알 수 있듯이 각 **분전반으로 전력선을 보내는 곳이 배전반**(配電盤, distribution switchboard)이다.

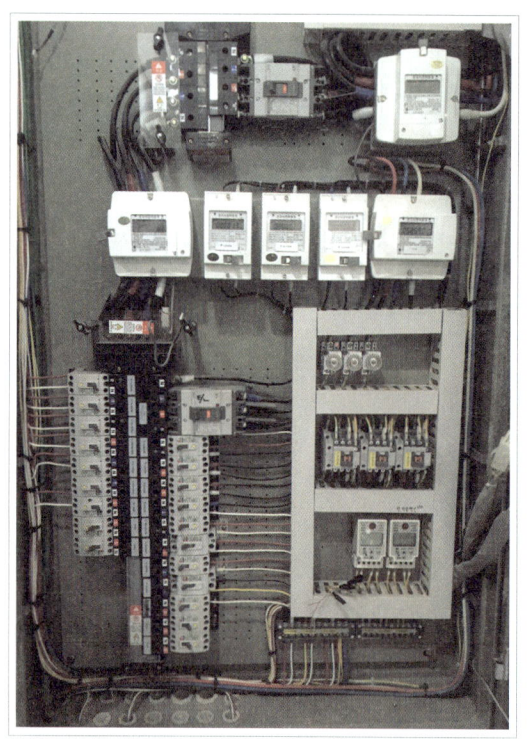

| 배전반 내부 모습 |

5
일렉트릭 파이프 스페이스(Electric Pipe Space)는 전기 전용 전선통로이다.

| 3상 4선식, 3상 3선식, 단상 2선식 차단기가 있는 분전반 |

보통 건물의 EPS실[5] 내부에 있다. 따라서 일반 단독주택이나 크기가 크지 않은 건물에는 따로 배전반이 없을 수 있다.

배전반은 단순히 차단기만 있는 것이 아니라 각 세대에서 사용하는 전력량을 측정하는 전력량계를 비롯해 마그네틱스위치 등 다양한 계전기가 설치되어 있다. 아울러 복도나 엘리베이터 등 공용전기와 각 세대별 사용한 전기를 분리하기도 한다.

따라서 분전반보다 훨씬 복잡한 구조를 가지고 있다. 즉, 분전반 이전 단계에서 전력을 제어하는 곳이 배전반이다.

2 분전반 속에는 무엇이 있는가?

가정 내 분전반은 보통 플라스틱으로 되어 있는 네모난 뚜껑형태로 있고 상가나 공장 같이 전력 소비가 많은 곳은 철로 된 큼직한 뚜껑으로 자신의 정체를 알려준다.

 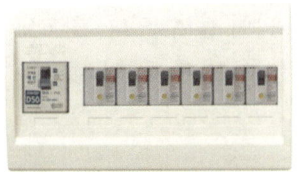 

(a) 일반형　　　　　　(b) 노출형　　　　　　(c) 액자형

| 가정용 분전반의 종류 |

| 컨트롤 박스라고 하는 철제분전반(철함) |

집안 내 분전반은 보통 현관 주변에 붙어 있는 경우가 많다.[6] 예쁘게 생기지도 않았으면서 벽에 딱 붙어 있다 보니 존재감이 크게 느껴져 액자 같은 것으로 분전반 뚜껑을 가리는 사람들도 있다. 그러다 보니 최근에는 아예 사진이나 그림을 걸어 붙일 수 있는 분전반 커버를 제조하는 회사도 있다.

상가나 공장의 분전반은 크기도 애초부터 큰 데다가 보통 커버에 '전기위험', '감전위험' 등과 같이 경고스티커가 붙어 있다 보니까 근처에도 좀처럼 가고 싶지 않은 느낌을 준다. 이렇게 크기가 다른 이유는 애초에 전력소비 규모가 다른 것도 있지만 그보다는 전력방식의 차이[7]가 더 큰 요인이다.

1 분전반 내부 구조

분전반 내부는 보통 주차단기와 분기차단기[8], 그리고 주차단기와 분기차단기를 연결하는 버스바[9]가 있다. 버스바(bus bar)란 전기적인 연결을 가능하도록 하는 막대형의 전도체로 보통 상의 구분을 위해 얇게 색띠가 붙어 있다. 쉽게 회로를 추가·제거하기 쉽지만 전기가 공급 중이라면 절대로 인체나 나사 등 금속도체가 버스바와 차

---

[6] 집의 내부 구조에 따라 방이나 주방, 거실에 있는 경우도 더러 있다.

[7] 3상 4선식 분전반의 경우 기본적으로 부피가 큰 3상 차단기가 설치된 데다가 버스바까지 있다.

[8] 주차단기를 메인차단기, 분기차단기를 보조차단기라고도 한다.

[9] 본래 발음은 '버스바'가 맞지만 이 단어가 일본에서 ブスバー(브스바ー)로 읽던 것이 우리에게 넘어와 기술자들 사이에서 '부스바'로 부르게 되었다.

단기를 연결하는 접속부위에 절대로 닿아선 안 된다.[10]

가정에서 흔히 사용하는 단상 220V의 경우 분기회로가 적은 편이고 분기차단기 개수 역시 적은 편이라 직관적으로 이해하기가 쉽다. 주차단기와 분기차단기는 보통 버스바로 연결되어 있으나 전선으로 연결된 경우도 많다. 보통 전열과 전등으로 구분하고 때에 따라서 에어컨(AC)까지 구분한다. 여기서 전열은 전력을 사용할 수 있는 콘센트를 말한다. 보통 전등부하보다 전열부하가 많다 보니 전열을 담당하는 분기차단기가 2개 이상인 경우도 많이 볼 수 있다. 참고로 최근 지어진 아파트 중 일부는 전등과 전열을 따로 구분하지 않고 구역마다 회로를 나눈 경우가 있는데 이는 문제되는 시공은 아니다.

> [10] 색띠는 절연소재로 되어 있긴 하지만 주의하도록 한다.

 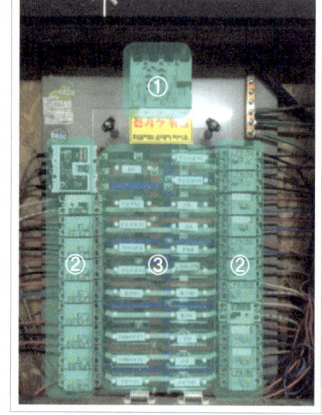

① 주차단기
② 분기차단기
③ 버스바

(a) 단상 220V   (b) 3상 220/380V

| 분전반 내부구조 |

그러나 상가나 공장의 경우 3상 220/380V를 사용하는 경우가 많은데 이때 주차단기의 크기부터가 크다. 왜냐하면 3상 4선식에 맞게 설계가 되어 있고 차단기 1차측의 인입선과 차단기 2차측의 버스바가 굵기 때문이다. 그리고 주차단기 2차측의 버스바는 보통 철판에 색띠를 두른 형태이다. 이러한 철판으로 된 버스바는 전선을 분기하기가 용이하고 직관적으로 알 수 있다. 특히 3상 4선식의 경우는 중성선에 접속을 하느냐 안 하느냐에 따라 동력용 3상 380V와 일반용 단상 220V로 나누어지기 때문에 직관적으로 알 수 있게 해야 한다. 아울러 전력소비가 크다 보니 그만큼 분기회로가 많기에 분기차단기도 많다.

한편, 3상 4선식 분전반을 열어보면 본래 극수가 4개인 4P 차단기가 주차단기로 접속되어 있어야 하나 3P 차단기가 주차단기로 되어 있고 중성선은 차단기에 접속하지 않은 경우도 있다.

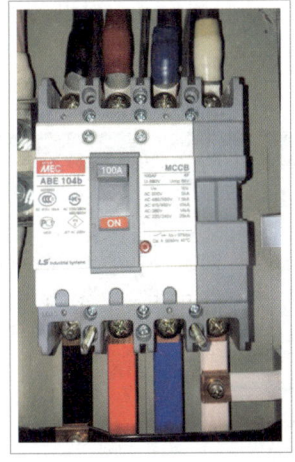 

(a) 주차단기가 4P인 경우　　(b) 주차단기가 3P인 경우

| 3상 4선식 주차단기의 접속방법 |

특별한 이유가 있어서 이렇게 단 것이 아니라 3상 4선식이 어떻게 들어왔는지에 따라 다르다. 한전 변압기를 통해 인입구를 거쳐 바로 전기를 받는 경우에는 반드시 4P 차단기를 사용해야 한다. 이는 3P 차단기를 통해 전기를 차단하면 중성선이 분리되지 않아 전위가 생기기 때문에 위험할 수 있다. 즉, 중성선이 단선이 되면 본래 220V로 인가되어야 할 곳에 380V가 인가될 수 있다는 것이다.

그러나 자체 수변전시설을 갖춘 빌딩이나 아파트, 공장 같은 경우에는 변압기 2차측에 3P 차단기 또는 4P 차단기를 사용해도 된다. 왜냐하면 고압(22.9kV 이상)을 수전 받아 변압기를 거치는 동안 1차측과 2차측의 절연이 분리되어 중성선과 대지 간의 전위가 발생하지 않기 때문이다. 그리고 3P 차단기가 4P 차단기보다 경제적이고 시공이 좀 더 간편하다는 장점은 있지만 다음과 같은 단점이 있다.

(1) 주배전반 및 분전반에서 중성선을 쉽게 분리하기가 어렵다.
(2) 간선의 절연저항 측정이 어렵다.
(3) 이로 인해 전기설비의 유지, 보수, 점검이 용이하지 않다.

따라서 자체 수변전시설을 갖춘 곳의 3상 4선식 분전반이더라도 가능한 4P 차단기를 쓰는 것이 바람직하다.

또한 한국전기설비규정에 따라 분전반은 반드시 노출이 되도록 시공하게 되었다. 보통 철함으로 되어 있는 분전반은 노출이 되어 있는 경우가 많은데 주택에서 사용하는 단상 2선식 분전반은 리모델링, 인테리어 공사를 하면서 신발장 안에 넣는 식으로 노출이 안 되게 하는 경우가 있다. 한국전기설비규정에 따라 이렇게 은폐시공을 해서는 안 되고 반드시 노출로 시공하여 전기안전을 위한 최소한의 공간을 확보하도록 하자.

2 분전반을 잘못 시공한 예

분전반을 잘못 시공한 예도 있다. 오른쪽의 사진처럼 차단기가 나무로 된 목판 위에 바로 설치된 경우인데 이는 강제 수정해야 할 사항이다. 보통 이런 경우는 철판을 뒤에 대어 차단기 지지대[11]를 달고 그 위에 차단기를 설치해야 한다.

| 분전반의 잘못된 예 |

그리고 주차단기는 누전차단기, 분기차단기가 배선차단기로 구성되어 있다. 이에 2007년 산업통상자원부 기술표준원에서 KS규격을 개정하여 주차단기를 배선차단기, 분기차단기를 누전차단기로 설치할 것을 권장하고 있다. 이렇게 설치를 하게 되면 누전 등 전기사고가 났을 때 전체 정전이 일어나지 않고 사고가 난 회로만 차단하게 되어 사고 시 정전발생구역이 줄어들게 된다. 또한 누전이 아닌 합선과 같은 중대한 고장 발생 시 주차단기가 전체 전원을 차단하여 안정적이고 효율적인 전력공급이 가능하다. 한편 주차단기와 분기차단기 모두 누전차단기를 사용하는 것은 문제가 되지 않는다.[12] 마찬가지로 버스바를 사용하지 않고 전선으로 연결한 것도 문제되지 않는다. 차단기 교체작업은 어려운 것은 아니지만 주차단기의 경우 항상 전기가 흐르고 있으므로 가능한 전기공사업체에 연락을 해서 교체를 하는 것이 좋다.

3 타이머가 들어 있는 분전반

보통 상점 같은 경우는 간판이 설치된 경우가 많은데 매번 간판을 수동으로 작동하기가 번거로워 설정

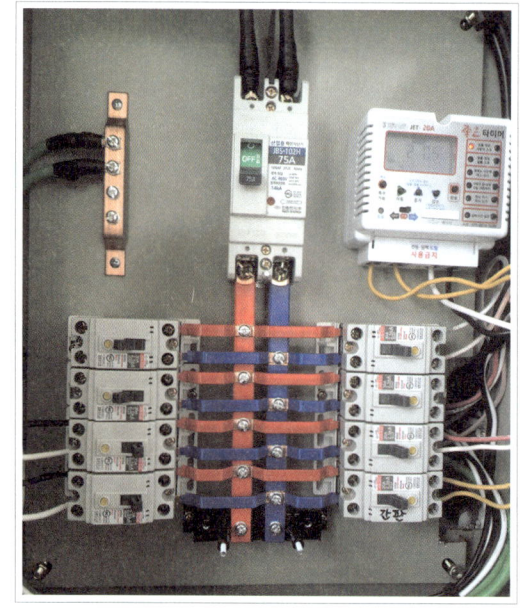

| 전자식 타이머가 달린 분전반 |

---

[11] 차단기를 설치하기 좋게 규격화된 PVC 소재의 절연받침대를 말한다.

[12] 차단기를 구성할 때 반드시 누전차단기는 기본적으로 있어야 한다. 단지 하나의 차단기만 사용해야 할 경우에도 누전차단기를 사용한다.

된 시각에 따라 점등과 소등을 반복해주는 타이머가 분전반 안에 설치된 경우가 있다.

보통 간판은 분전반에서 따로 차단기를 설치하는데 이때 타이머와 직접 연결하여 사용한다. 타이머는 보통 기계식 타이머와 전자식 타이머로 구분된다. 기계식 타이머는 해바라기타이머라고도 하며 가격이 싼 반면 정해진 시각에만 점등과 소등을 제어할 수 있다. 반면 전자식 타이머는 가격은 기계식 타이머보다 비싼 대신 다양한 기능[13]이 있다. 타이머는 말 그대로 시간에 따라 전류를 끊거나 잇는 역할만 하지 과전류나 누전 등 전기사고로 인한 전류차단기능은 없다. 그래서 이러한 사고가 발생하면 보통 차단기가 떨어져서 전류를 차단하는데 차단기가 떨어지기 전에 타이머가 먼저 망가지는 경우도 종종 보게 된다.

4 비상전원 변환시스템 기능

| 가정용 상시 비상전원스위치가 있는 분전반 |

비교적 최근에 지어진 건물이나 아파트의 경우 평상시 사용하는 상시전원과 화재 등 비상시에 사용하는 비상전원을 자동으로 전환하는 비상전원 변환시스템(EPCS ; Emergency Power Conversion System)[14]이 설치된 분전반이 있다.

이는 최근 IoT(사물인터넷) 등 홈네트워크시스템을 적용하는 최신 아파트의 경우 정전이 발생하게 되면 방범에 문제가 생겨 집안에 갇히거나, 보일러기능 등의 사용에 제한이 생기게 된다. 그래서 상시전원 정전 시 자동으로 비상전원을 사용할 수 있게 해주며 집안 현관문 제어나 보일러전원 공급 등 최소한의 전력을 사용할 수 있게 해준다.

또한 비상등과 같은 소방시설에 전원을 공급하여 화재 등의 이유로 정전이 될 때

---

[13] 대표적인 기능으로 현재 있는 도시의 경도를 기준으로 일몰시각과 일출시각을 계산하는 기능을 가지고 있으며 지정 요일과 공휴일에는 간판 등을 아예 켜지지 않게 설정이 가능하다. 무엇보다도 자체 배터리를 통해 정전 시에도 시각과 사전정보를 저장해두기 때문에 정전 이후 다시 세팅할 필요가 없다.

[14] 제조사에 따라 ATS (Auto Trans Switch)로 표기하기도 한다.

일정 기간 소방시설을 사용할 수 있게 해준다. 따라서 이러한 것이 설치되어 있으면 상시전원이 차단되더라도 비상전원이 자동으로 투입되기에 작업자는 주의할 필요가 있다. 안전하게 작업하기 위해선 비상전원까지 차단하고 작업을 해야 한다.

5 서지보호기의 설치 및 용도

한국전기설비규정에 따라 신축 건물에 한해 분전반 안에 꼭 서지보호기(SPD ; Surge Protective Device)를 설치해야 한다. 이는 교류 및 직류 전원시스템에 적용하여 서지(surge)[15]로 인한 과전압에 대해 보호하는 역할을 한다. 서지의 원인은 크게 직격뢰, 간접뢰, 유도뢰, 방전과 같은 자연현상에 의한 서지 외에 회로의 개폐나 기동을 하는 순간에도 서지가 발생한다.

15
서지란 전선 또는 회로를 따라 전달이 되며 급속히 증가하고 서서히 감소하는 특성을 지닌 전기적 전류, 전압 또는 전력의 과도파형이다. 서지로 인한 피해 유형은 비가 내리거나 번개가 치는 날 정전이 되거나 인터넷, 전화가 불통이 되는 것이 있고 전등이나 스위치를 켤 때 오디오 음이 찌그러지거나 TV 화면이 떨리는 일이 있을 수 있다.

| 분전반 내부의 서지보호기 |

서지보호기는 평소에는 별다른 일을 안 하다가 서지로 인해 과전압이 발생할 경우 작동하여 접지선으로 서지를 흘려보내는 역할을 한다. 즉, 여러 가지 원인으로 인해 서지 전류가 들어오면 부하를 통해 흐르지 않고 서지보호기를 통해 흐르도록 하여 부하에서 발생하는 전압강하가 과다하게 생기는 것을 막아서 부하를 보호하려는 것이다.

서지보호기는 1등급(class Ⅰ), 2등급(class Ⅱ), 3등급(class Ⅲ)으로 구분할 수 있다. 1차 보호는 수변전실 저압 배전반의 차단기[16] 2차측에 설치하여 외부로부터 침투하는 서지를 억제한다. 2차 보호는 분전반의 주차단기 2차측 또는 UPS(무정전 전원공급장치), AVR(자동전압조정기)의 1차측에 설치하여 남은 서지 및 내부에서 발생한 서지를 억제한다. 3차 보호는 정밀제어 장비의 전원 입력단에 설치하여 부하의 손상을 최소화한다. 만약 서지보호기를 누전차단기 인근에 설치할 경우는 전원측이냐 부

16
보통 기중차단기(ACB)이다.

하측이냐에 따라 다르게 설치를 해야 한다. 전원측에 설치할 경우 서지보호기 고장을 분리할 수 있는 차단능력이 있는 보호장치를 설치해야 하며 부하측에 시설할 경우에는 임펄스 부동작형 누전차단기를 설치해야 한다.

서지보호기의 종류로는 크게 Box-Type과 Din-Rail이 있다. Box-Type은 보호소자, 서지퓨즈, 수용함체, 부가기능 등이 일체로 되어 있는 구조이다. 유지보수 비용이 크지만 상대적으로 안전하다. 반면 Din-Rail은 보호소자, 서지퓨즈, 수용함체, 부가기능을 따로 조립해야 한다. 각각의 보호소자를 선별 교체가 가능하다는 장점을 가지고 있다.

| Din-Rail 4P 서지보호기 |

서지보호기는 막대한 전류가 흘러도 전압이 크게 상승하지 않는다. 그러나 서지보호기를 설치한다 해도 100% 서지를 막을 수는 없고 완벽하게 하기에는 경제적인 부담도 큰 편이다. 따라서 고가장비를 보호하는 것에 집중하는 편이 낫다.

3 배선차단기와 누전차단기의 차이점은?

1 배선차단기와 누전차단기의 역할

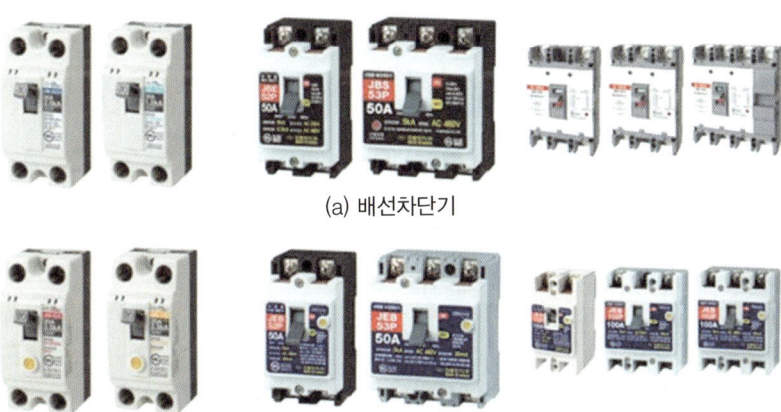

(a) 배선차단기

(b) 누전차단기

| 다양한 크기의 배선차단기와 누전차단기 |

분전반 내부의 차단기는 크게 배선차단기(MCCB ; Molded Case Circuit Breaker)[17]

[17] MCB(Mold case Circuit Breaker), NFB(No Fuse Breaker)라고도 한다.

와 누전차단기(ELCB ; Earth Leakage Circuit Breaker)[18]로 구분된다. 과거에는 이 두 종류의 차단기가 육안으로 쉽게 구분이 가능했다. 테스트 트립(trip)[19] 버튼이 있는지 없는지에 따라 쉽게 구분할 수 있었다. 즉, 테스트버튼이 없으면 배선차단기, 있으면 누전차단기로 볼 수 있었다.

그러나 요즘에는 배선차단기도 테스트 트립버튼이 있는 경우가 있기에 명판을 보며 확인해야 한다. 두 차단기의 역할은 다음과 같다.

| 배선차단기와 누전차단기의 역할 |

차단기 종류	배선차단기	누전차단기	
트립버튼 색상	–	빨간색, 노란색	녹색, 파란색
과부하보호기능	있음	있음	없음
단락전류보호기능	있음	있음	없음
누전보호기능	없음	있음	있음

배선차단기는 누전을 감지하고 차단하는 기능은 없지만 누전차단기는 이를 감지하고 차단한다. 누전차단기가 누전을 감지하는 방법은 들어오고 나가는 전류의 양을 파악[20]하고 이들의 오차를 확인해서 어느 수준 이상이 되면 누전이라고 판단하고 차단기를 작동시킨다. 누전차단기는 이러한 기능을 가지고 있기 때문에 배선차단기보다 2배가량 비싼 편이다. 그러나 오래된 누전차단기 중에 트립버튼의 색상이 녹색이나 파란색인 경우가 있는데 이러한 제품은 오로지 누전만 차단하고 과부하, 단락전류에서는 차단되지 않는다. 한편 과거에 빨간색과 노란색을 혼용하던 누전차단기의 버튼이 최근에는 모두 노란색으로 통일[21]되었다. 그래서 빨간색의 버튼이 있는 차단기는 배선차단기로 판단할 수 있다.

최근에는 욕실, 지하실 같이 습기가 많은 공간을 위한 고감도 누전차단기가 나왔다. 이는 감전사고 예방의 목적을 보다 확실히 하기 위해 더욱 민감하게 설계한 것이다. 일반 누전차단기의 정격감도전류가 30mA인 반면 고감도 누전차단기는 15mA이다. 가격은 일반 누전차단기보다 좀 더 비싸지만 습기가 많은 곳에서 사용을 권장하고 있다.

2 주택용 차단기와 산업용 차단기의 차이

기존에는 차단기를 배선차단기인지 누전차단기인지 구분만 했으나 이 차단기의 규격이 일반인 대상으로 설계된 것이 아닌 전기에 대해 이해도가 높은 전기기술자들 위주로 설계가 되어 있었다. 이렇게 설계가 된 차단기를 산업용 차단기라고 부른다. 그러나 국제전기규격(IEC)에 따라 2017년 1월 1일 이후로 지어진 건물이나 새로 계

---

[18] ELB라고 줄여서 사용하기도 한다.

[19] 차단기에 있는 작은 버튼이다.

[20] 누전차단기 내부에 이를 감지하는 영상변류기(ZCT)가 둥근 고리 형태로 있다.

[21] KS규격을 개정하면서 버튼색이 노란색으로 지정[KS C 4621(주택용 누전차단기)의 7.2절 규정에 따라, 버튼 색으로 빨간색, 녹색을 사용하여서는 안 되며, 노란색을 사용하도록 하고 있음]되었다.

량기를 설치하여 전기 사용을 신청 또는 계약전력 변경 등으로 인해 사용 전 점검 및 검사를 받을 때 주택용 차단기를 설치했는지 확인하게 된다. 주택용 차단기는 전기기술자 외 일반인들도 쉽게 조작할 수 있게 설계된 것을 말한다.

(a) 주택용 배선차단기　　　　　　　(b) 주택용 누전차단기

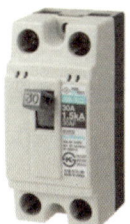   

(c) 산업용 배선차단기　　　　　　　(d) 산업용 누전차단기

| 주택용 차단기와 산업용 차단기 |

주택용 차단기를 설치해야 하는 구역은 다음과 같다.

(1) **주택** : 장기간 주거생활을 할 수 있는 건축물로 단독주택과 공동주택으로 구분한다.

(2) **준주택** : 주택 외의 그 부속토지로써 주거시설로 이용 가능한 시설인 기숙사, 고시원, 노인복지주택, 오피스텔, 원룸 등이다.

(3) **적용 예외 장소** : 아파트, 오피스텔, 기숙사의 장소 중 세대 내 분전반이 아닌 수전설비, 공용설비, EPS실, 계단, 주차장 등이다.

주택용 차단기는 산업용 차단기에 비해 전기용도에 따라 적용범위, 동작시간 및 동작 특성, 절연 특성을 비롯하여 내구성을 강화시켰다는 점이 가장 큰 특징이며, 주택용 차단기와 산업용 차단기의 차이점은 다음 표와 같다.

| 주택용 차단기와 산업용 차단기의 비교 |

항목	주택용 차단기	산업용 차단기
적용 범위	• 정격전압 교류 380V 이하 • 정격전류 125A 이하 • 정격단락 차단용량 25kA 이하	• 정격전압 교류 1000V 이하 • 정격전류 2000A 이하 • 정격단락 차단용량 200kA 이하
오손[22]등급	2등급 : 결로에 의한 일시적 전도적 오손	3등급 : 건조한 비전도성 오손

동작시간 및 동작 특성	• 과전류트립
	  – 정격전류의 1.13배에서 부동작
	  – 정격전류의 1.45배에서 동작
	• 순시트립
	  – type B : $3I_n$[23] 초과 $5I_n$ 이하
	  – type C : $5I_n$ 초과 $10I_n$ 이하
	  – type D : $10I_n$ 초과 $20I_n$ 이하
		• 과전류트립
		  – 정격전류의 1.05배에서 부동작
		  – 정격전류의 1.3배에서 동작
		• 순시트립
		  – 트립전류 설정값의 80%에서 0.2초 이내 비트립
		  – 트립전류 설정값의 120%에서 0.2초 이내 트립

절연 특성	• 절연저항 측정
	  – 직류 500V, 5초 인가 후 절연저항 연속 측정
	  – 조건에 따라 2MΩ 이상
	• 절연내력 측정 : 규정된 시험전압을 1분간 인가
		• 절연저항 측정 : 없음
		• 절연내력 측정 : 규정된 시험전압을 5초간 인가

기계적 및 전기적 내구성	• 누전동작 특성 검증 : 누전전류값 6회 • 전자부품 경년 변화시험 • 기계적 충격 및 타격시험 • 난연성, 내열성·내부식성 시험	• 부하개폐시험 : 전류 프레임별 500~1500회 • 무부하개폐시험 : 전류 프레임별 1500~8500회

[22] 오손이란 더럽혀지고 손상되었음을 의미한다.

[23] I_n은 정격전류를 의미한다.

[24] 실제로 주택용 차단기의 정격전류가 가장 높은 제품이 125A이다.

[25] 부하의 합선이나 낙뢰 등 순간적으로 대전류가 흐를 때 급속하게 차단하는 기능을 말한다. 자세한 내용은 'Ⅵ의 06·1· 2 차단기 동작특성곡선의 이해' 내용을 참고하자.

[26] 유입전류란 전기 공급을 위해 스위치를 켰을 때 부하가 당기는 전류를 말한다.

위의 표에서도 대략 알 수 있지만 주택용 차단기는 전반적으로 소용량 전력을 사용하는 주택에 적합하게 설계[24]되었다. 그리고 과전류에 대해서는 산업용 차단기가 좀 더 예민하다는 것을 알 수 있다. 그러나 순시트립[25]에 대해서는 주택용과 산업용이 서로 다른 차이를 나타내고 있는데 주택용의 경우 type B, type C, type D로 구분되어 있다. 이를 구분하는 기준은 유입전류(流入電流, inrush current)[26]에 따라 차단기의 순시트립 정도를 구분하는 것이다. 본래 정상적인 전류의 값인 정격전류(I_n)만 가지고는 큰 문제가 없지만 철심코어의 변압기 같은 경우는 정격전류보다 5~10배 큰 유입전류가 흐른다. 아울러 파워서플라이를 포함했다면 정격전류보다 10~20배 큰 유입전류가 흐른다. 그런데 이러한 유입전류로 인해 차단기가 떨어지게 된다면 정상적으로 전기를 사용할 수가 없다. 그래서 이를 구분하여 차단기를 설계하여 유형화하였다.

| 주택용 차단기의 type별 구분 및 용도 |

종류	순시트립전류에 따른 분류	용도
type B	$3I_n$ 초과 $5I_n$ 이하	일반 가정 및 저항성 부하
type C	$5I_n$ 초과 $10I_n$ 이하	소형 모터, 소형 변압기, 형광등 유도성 부하
type D	$10I_n$ 초과 $20I_n$ 이하	DOL 모터, 대형 스타-델타 모터, 대형 변압기

참고로 이렇게 순시트립전류에 의해 분류가 된 주택용 차단기는 설치할 때 보호협조[27]를 위해 구성을 맞출 필요가 있다. 즉, type D를 주차단기로 두었으면 type D, type C, type B를 분기차단기로 구성해도 상관없지만 type B를 주차단기로 두었으면 분기차단기는 오로지 type B타입만 사용해야 한다. 시중에 판매되는 제품은 거의 type D이다.[28]

보통 주택용 차단기의 타입(type)은 따로 표기되기보단 D32, D20식으로 모델명을 알파벳으로 표기한다.

이렇게 주택용 차단기와 산업용 차단기로 구분된 후 차단기의 명칭도 개정되면서 기존의 2분류에서 4분류가 되었다. 이에 대한 영문약자와 한글명칭은 다음과 같다.

| 차단기명칭 개정 이전과 이후 |

개정 이전		개정 이후	
영문	한글	영문	한글
ELB	누전차단기	RCBO	주택용 누전차단기
		CBR	산업용 누전차단기
MCCB	배선차단기	MCB	주택용 배선차단기
		MCCB	산업용 배선차단기

참고로 영문약자는 다음을 줄여 나타낸 것이다.

(1) ELB : Earth Leakage Breaker
(2) MCCB : Molded Case Circuit Breaker(개정 전), Molded Case Circuit Breaker for industrial uses(개정 후)
(3) RCBO : Residual circuit operated Circuit Breaker with integral Overcurrent protection for household uses
(4) MCB : Miniature Circuit Breaker for overcurrent protection for household uses
(5) CBR : Circuit Breaker incorporating Residual current protection for industrial uses

---

[27] 보호협조란 전기고장이 발생하였을 때 최근 설치한 차단기부터 차단을 시행하여 고장구간을 최소화시키며, 최근 설치한 차단기가 동작하지 못했을 때 백업으로 있는 차단기가 동작을 하게끔 보호범위의 협조를 꾀하는 것을 말한다. 보통 백업으로 있는 차단기는 메인차단기를 말한다.

[28] 2017년 주택용 차단기가 최초로 출시되었을 때 잠시 type C도 판매하였으나 현재는 찾아보기 힘들고 type D가 대세라고 볼 수 있다. 그 이유는 type D가 범용 호환성이 높기 때문이다.

3 누전차단장치의 설치장소

한국전기설비규정에 의해 누전차단장치를 설치해야 하는 장소와 생략해도 되는 장소가 확실하게 정해졌다.

(1) 먼저 누전차단기를 비롯한 누전경보장치, 자동복구기능을 가진 누전차단기를 설치해야 하는 장소는 다음과 같다.

① 금속제 외함[29]을 가지는 사용전압이 50V를 초과하는 저압의 기계기구로서 사람이 쉽게 접촉할 우려가 있는 곳에 설치한다.

② 특고압전로 또는 고압전로에 변압기에 의해 결합되는 사용전압이 400V 이상의 저압전로[30]에 설치한다.

③ 누전차단기의 동작이 공공의 안전 확보에 지장을 줄 우려가 있는 기계기구에 전기를 공급하는 전로의 경우[31]에는 누전경보장치를 설치한다.

④ 전기용품안전기준 'K60947-2의 부속서 P'의 적용을 받는 곳[32]에서는 자동복구기능을 갖는 누전차단기를 설치한다.

(2) 위의 장소에는 누전사고를 대비해 누전차단장치를 설치해야 한다. 예외적으로 생략이 가능한 곳은 다음과 같다.

① 기계기구를 발전소, 변전소, 개폐소 또는 이에 준하는 곳
② 기계기구를 건조한 곳[33]에 설치한 경우
③ 전압이 150V 이하인 기계기구를 물기가 있는 곳 이외의 곳에 설치한 경우
④ 전기용품안전관리법의 적용을 받는 이중절연구조의 기계기구를 갖는 경우
⑤ 전원측에 절연변압기를 설치하고 부하측이 비접지인 경우
⑥ 기계기구가 고무, 합성수지 기타 절연물로 피복된 경우
⑦ 기계기구가 전기욕(電氣浴, electric bath)[34], 전기로 등 대지로부터 절연하는 것이 기술상 곤란한 경우
⑧ 기계기구 내에 전기용품안전관리법의 적용을 받는 누전차단기를 설치한 경우

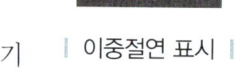

| 이중절연 표시 |

4 과부하, 과전류, 단락전류, 누전의 이해

각 차단기의 역할을 바르게 이해하기 위해선 전기사고에 대한 이해가 필요하다.

먼저 과부하(過負荷, overload)[35]란 사용하는 전자제품의 전력소비가 많아 정해진 정상값을 초과한 경우를 말한다. 높은 소비전력으로 정상적으로 사용할 수 있는 범위를 초과하게 되면 전선에 열이 많이 발생하여 피복이 녹고 화재가 날 수 있다. 그래서 차단

---

[29] 대표적으로 철로 된 분전함(철함)이 있다.

[30] 발전기에서 공급하는 사용전압이 400V 이상인 곳도 해당한다.

[31] 대표적으로 비상용 조명장치, 비상용 승강기, 유도등, 철도용 신호장치가 있다.

[32] 독립된 무인 통신중계소나 기지국, 관계법령에 의해 일반인의 출입을 금지 또는 제한하는 곳. 옥외의 장소에 무인으로 운전하는 통신중계기 또는 단위기기 전용회로이다. 그러나 일반인이 특정한 목적을 위해 머물러 있는 장소(버스정류장, 횡단보도)에서는 자동복구기능을 갖는 누전차단기의 시설이 불가능하다.

[33] 평상시 습기 및 물기 없는 장소로 옥내 콘크리트 바닥에 절연성 페인트를 칠한 경우. 사람이 전기기계기구와 주변의 접지된 금속체에 동시에 쉽게 접촉할 우려가 없는 곳

[34] 전기욕이란 전기로 물을 데울 수 있는 욕조를 말한다.

[35] 배선차단기와 누전차단기 모두 이를 보호한다.

기는 허용하는 전류량을 초과할 경우 전력을 차단시켜 화재를 예방한다. 차단기의 정격전류값이 이러한 기준인데 20A 차단기라고 해서 20A가 된다고 바로 떨어지는 것은 아니다. 주변온도가 높을 경우 좀 더 빨리 떨어지게 설계가 되어 있다.

합선이나 벼락 등의 이유로 전압이나 전류가 갑자기 순간적으로 증가하는 전류를 단락전류(短絡電流, short circuit current)라 하고 이때 흐르는 전류가 수[kA] 이상[36]이 되기 때문에 이로 인해 전선이 견디지 못해 화재가 발생하는 것이다. 그래서 이렇게 순간적으로 단락전류가 생기면 이를 감지하고 전력을 차단한다. 이렇게 단락전류와 과부하로 전류가 정상적인 상황보다 많이 흐르는 경우를 과전류(過電流, over current)[37]라고 한다.

[36] 옴의 법칙에서 전류를 기준으로 $I=V/Z$ 공식을 생각해보자. 전압(V)이 일정한 상태에서 임피던스(Z)의 값이 0에 가까워지게 되면 전류(I)의 값이 무한대로 올라가게 된다.

[37] 배선차단기와 누전차단기 모두 이를 보호한다.

| 합선으로 인해 단락전류로 녹아버린 드라이버 비트 |

마지막으로 물이 수도관이나 파이프 등에서 새는 현상을 누수라고 하듯이 누전(漏電, electric leakage)[38]은 말 그대로 전기가 새는 현상을 말한다.

전기는 전선의 도체를 통해 이동해야 하지만 절연이 불안전하거나 약할 경우 이곳을 통해 전기가 새는 현상[39]이 생긴다.

[38] 누전차단기만 이를 보호한다.

[39] 수도관에 금이 가거나 어느 부위가 깨지면 그곳으로 수돗물이 흘러나오는 것과 마찬가지이다.

| 누전으로 인해 피복이 손상된 전선 |

특히 전선의 피복이 손상되거나 습기가 도체에 침입할 경우 생기기도 하는데, 누전이 된 부분에 신체의 일부가 닿으면 감전을 당하게 된다. 아울러 이렇게 새는 전기가 인화성 물질이나 먼지에 닿을 경우 화재로 연결[40]되기 때문에 전력사고 중에 가장 조심히 해야 한다. 한편 습기와 누전은 관련이 있는데 100% 순수한 물인 증류수는 전류가 흐르지 않는다. 그러나 땀이나 수돗물, 빗물 등은 100% 순수한 물이 아니기 때문에 이온화현상을 통해 전류가 흐른다. 쉬운 예로 전기뱀장어나 전기가오리는 물속의 다른 물고기를 감전시키기도 한다. 따라서 전류가 본래 흘러야 할 도체가 아닌 습기를 타고 흐를 수 있다. 보통 누전이 습기 때문에 일어난다고 아는 사람이 많은데 이는 전류가 흐르는 곳에 습기가 차 있으면 본래의 도체 외 습기로 전류가 새어 나가기 때문이다. 특히 누전은 한 번 일어나면 계

트리현상을 자주 일으키는 CV 케이블

[40] 직접적으로 먼지에 닿지 않더라도 누전이 합선사고로 연결되어 화재를 일으키는 경우도 많다.

속 그 부분에서 누설전류가 흐르기 때문에 가만히 두면 더욱 상황을 좋지 않게 만든다. 누전이 생기면 반드시 전문가를 통해 누전을 잡는 것이 중요하다.

한편 트리현상이라는 것도 누전의 원인이 된다. 트리현상이란 고체 절연체 속에서 나뭇가지모양의 방전흔적을 남기는 현상을 말한다. 주로 실외에 있는 전선에서 발생하며 전선관 없이 절연전선을 사용했을 때 햇빛, 수분 등으로 피복이 열화되어 생기는 현상이다. 이 상태로 전기를 사용하게 되면 심각한 사고로 이어질 수 있기에 전기공사업체를 불러 서둘러 교체를 해야 한다.

5 단락사고와 지락사고의 차이점

전기사고의 종류 중 대표적인 것이 단락사고와 지락사고이다. 이러한 단어들의 뜻을 알고 있으면 전기사고를 이해하고 예방하는 데 도움이 된다. 먼저 단락(短絡, short)[41]은 한자로 짧을 단(短), 이을 락(絡)을 사용한다. 즉, '짧게 이어진다.'는 뜻인데 이는 전기가 저항 없이 연결된 것을 말한다.

보통 우리가 사용하는 전자제품 내부엔 저항을 비롯한 인덕터, 커패시터 등 여러 가지 소자가 있다. 이러한 소자 덕분에 전자제품 안으로 큰 전기가 들어와도 문제 없이 전자제품이 작동한다. 소자 중에 가장 중요한 것이 바로 저항이다. 교류에서의 임피던스는 저항과 리액턴스의 벡터합이고 이들과 전류의 관계는 옴의 법칙에 의해 다음과 같다.

[41] 보통 '쇼트났다.'라는 표현이 단락의 영단어에서 따온 것이다.

$$V=IZ,\ I=\frac{V}{Z}=\frac{V}{\sqrt{R^2+X^2}}$$

저항이 없이 연결되었다는 것은 결국 임피던스값이 극도로 작아지게 된 것인데 이는 옴의 법칙에 의해 전류값이 매우 커진 것이다. 즉, 저항이 없다는 것은 순간적으로 대전류가 흐르기 때문에 이를 단락사고라고 하여 전기사고로 보는 것이다.

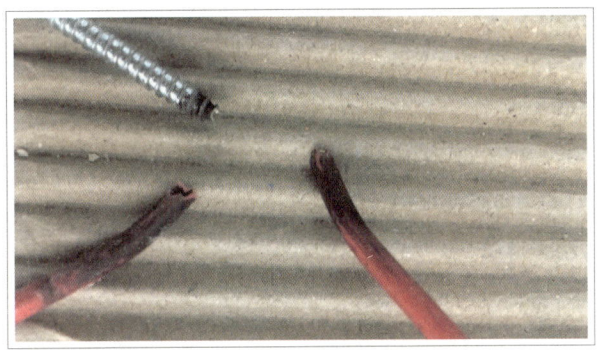

| 나사(도체)로 전선을 찍어 생긴 합선사고 |

합선(合線, interruption of circuit)이라는 단어도 사실 단락과 거의 같은 뜻인데, 합할 합(合)과 줄 선(線)의 한자로 이뤄진 합선은 도체가 저항 없이 충돌하면 일어나는 현상이다. 전선의 도체부분이 서로 벗겨진 상태로 전기적 접촉이 나면 접촉하는 부분에 단락전류가 흐른다. 단락전류가 생기는 이유는 저항이 걸려 있지 않아[42] 옴의 법칙에 의해 전류값이 커지기 때문이다. 일반적으로 이 두 가지를 구분하지 않지만 사고 발생 시 고압 이상인 경우는 단락사고, 저압에서는 합선이라는 표현을 많이 사용한다.

지락(地落, grounding)사고는 땅 지(地)에 떨어질 락(落)이라는 단어로, 그대로 해석하면 땅으로 (전기가) 떨어지는 것을 말한다.[43] 전기는 본래 도체를 타고 이동해야 정상적이다. 그래서 도체를 타지 않고 땅으로 떨어지는 것이 사고가 되는 것이다. 보통 집안에서 일어나기보단 전봇대나 송전탑 같이 외부에서 특고압으로 전기가 흐를 때 나타나는 사고이다. 누전 역시 비슷한 사고인데 누전보다 고압에서 일어나 대전류가 방출되기에 이를 구분하기 위해 지락이라는 표현을 하는 것이다.

42 ─── 우리가 사용하는 교류를 기준으로 설명하면 '임피던스가 0에 가까워'라고 이해하는 것이 옳다.

43 ─── 현장에서는 '아스되었다.'고 표현한다.

4 차단기가 떨어졌을 때는 어떻게 해야 할까?

보통 가정에서 전기를 사용하는 중에 차단기가 떨어지면 당황하기 마련이지만 앞으로 이야기할 내용을 잘 숙지하고 있으면 크게 도움이 될 것이다. 일반적으로 가정에서 차단기가 떨어지는 이유는 크게 누전이나 과부하일 때이다. 전기공사업체를 부르기 전에 스스로 한 번 진단을 해보자. 이는 분전반 속 차단기가 전등과 전열로 분리되었을 때 가능한 진단이다.

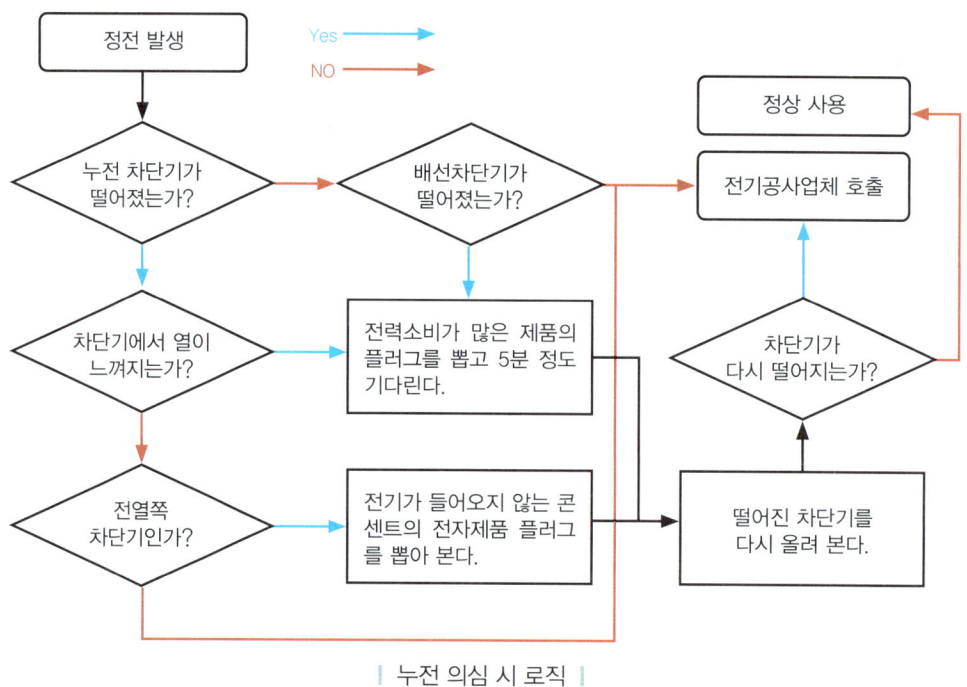

| 누전 의심 시 로직 |

1 전등누전으로 의심되는 경우

분전반 속에 어떤 차단기가 떨어졌는지 확인해보자. 트립버튼이 있는 차단기가 보통 누전차단기이다.[44] 그리고 차단기가 전등과 전열로 구분되어 있다면 이를 확인해보자.

전등부분 누전차단기가 떨어졌다면 조명 자체에 문제가 있거나 조명선 어디선가 누전이 일어났다는 이야기이다. 이는 습기가 많은 욕실 조명이나 설치자의 실수로 조명선 일부 절연이 파괴되어 누전이 생기는 경우가 있다. 그러나 실제로 이를 일반인이 직접 찾기는 어렵다. 전기공사업체에서 와도 조명 쪽 누전공사는 작업하기 힘든 경우가

---

44 최근에는 배선차단기도 트립버튼이 있기도 하여 보다 정확하게 누전차단기를 판단하기 위해서는 차단기명판에 누전차단기라고 쓰여 있는 것을 확인하는 게 좋다.

많은데 보통 가정집이나 아파트의 경우 점검구[45]라 하는 천장 속에서 작업할 수 있는 구멍이 없기 때문이다. 그래서 누전의 원인을 찾기 위해 천장을 직접 깨야 하는 상황이 생길 수 있고 비용과 시간이 많이 들게 된다.

2 전열누전으로 의심되는 경우

전열 쪽에 누전차단기가 떨어졌다면 전등보다는 다행이라고 생각해도 좋다. 일단 해당 차단기가 떨어져서 전기가 들어오지 않는 곳이 어딘지를 알아두자. 그리고 그곳에 꽂아져 있는 전자제품의 플러그를 모두 빼본다. 그리고 떨어진 차단기를 올려본다. 어느 정도 시간이 흘러도 떨어지지 않는다면 플러그를 뺀 전자제품이 문제가 있는 것이다. 다시 해당 전자제품의 플러그를 꽂아보고 어느 순간 차단기가 떨어지면 그 전자제품의 문제가 확실하므로 해당 전자제품 제조사에 AS 문의를 하면 된다.

플러그를 뽑았음에도 누전차단기가 올라간 후 얼마 되지 않아 다시 떨어진다면 전열선 어디엔가 누전이 되고 있다는 것이고 전기공사업체를 불러야 한다.

보통 문제를 일으키는 전자제품은 습기와 관련이 높은 비데, 세탁기, 냉장고의 경우가 많다. 그리고 보일러도 생각 외로 누전을 많이 일으킨다. 그래서 누전차단기가 떨어지면 위와 같은 제품들의 플러그를 뽑아보고 상황을 지켜본다.

3 과부하로 의심되는 경우

과부하로 차단기가 떨어진 경우는 주로 여름철과 겨울철 같이 전력소비량이 전반적으로 많은 시기이다. 원래 차단기는 구조적으로 배선차단기만 떨어져야 하지만 누전차단기가 떨어지는 경우도 많다. 왜냐하면 누전차단기 역시 과부하를 감지하는 기능[46]이 있기 때문이다. 일반적으로 과부하는 전력소비가 많은 전자제품을 동시에 사용하는 경우[47]이다. 차단기의 정격전류 이상의 전자제품을 사용하면 전선의 허용전류를 초과할 가능성이 있기에 차단기가 전류를 강제로 차단[48]하는 것이다. 이렇게 과부하로 차단기가 떨어졌을 때 차단기 몸체를 만져보면 떨어지지 않은 다른 차단기와 달리 좀 더 열이 느껴진다. 이때 전자제품 중에 가장 전력소비가 많을 것으로 보이는 제품의 전원을 끄거나 플러그를 빼고 5분 정도 시간이 흐른 후 다시 차단기를 올려보자. 만일 어디선가 전선이 타는 매캐한 냄새[49]가 나면 전기공사업체를 불러야 한다.

---

45 ─
천장 속을 들여다보고 점검 및 수리를 할 수 있게 정사각형 형태로 뚫어 놓은 구멍이다. 크기(단위:mm)는 300×300, 400×400, 450×450, 600×600로 되어 있고 평소엔 뚜껑을 닫아 놓는다.

46 ─
전선이 연결된 접속부위의 바이메탈스위치가 열을 많이 받으면 열리면서 전류를 차단한다.

47 ─
예를 들어 날씨가 무척 더운 날 에어컨을 강하게 틀어 놓으면서 인덕션레인지의 터보모드를 이용해 요리를 하고, 드럼세탁기의 온수세탁 및 건조기능을 동시에 이용하는 경우 과부하에 걸리기 쉽다.

48 ─
이때 차단기가 정격전류를 초과했다고 바로 떨어지는 것은 아니고 온도를 감지하여 떨어진다. 주변기온이 높고 차단기가 뜨거울수록 빨리 떨어진다.

49 ─
전선 타는 냄새는 매우 고약해서 쉽게 분간이 가능하다.

5 차단기도 고장이 나거나 수명이 있을까?

차단기는 많은 양의 전류가 통과하는 것을 계속 감지하기 때문에 수명이 있기 마련이다. 또한 수명과 별개로 고장이 나는 경우도 많이 있다. 차단기가 자신의 역할을 하지 못하게 되면 전기사고를 예방할 수 있는 방법이 없어지기에 무척 위험해진다.

1 차단기의 수명

보통 가정에서 쓰는 차단기류의 수명은 건조하고 먼지가 많지 않은 좋은 환경에서 10~15년 정도로 보고 있다. 보통 차단기는 자신의 제조연월일을 전면이나 측면에 표기하기 때문에 이를 확인하면 알 수 있다. 실제로 차단기는 이 정도 기간에서 정상적으로 작동하게 설계[50]를 한다. 그러나 습기나 먼지가 많은 환경, 또는 바닷가와 같이 염분 피해가 우려되는 지역에서는 이보다 수명이 크게 짧아진다. 물론 이보다 더 오래 쓴다고 차단기가 바로 망가지진 않는다. 그러나 차단기 자체가 엄연히 소모품인 만큼 차단기고장으로 인해 전기문제가 생기는 것을 감지하지 못하면 전기화재나 누전 등으로 막대한 인적, 물적 피해를 입을 수 있으므로 잘 관리할 필요가 있다.

50 ─
이는 일본에서 차단기 수명을 10만 시간(약 11년)으로 정한 사례를 바탕으로 한 것이다.

2 차단기의 고장

차단기가 고장 나는 경우도 있다. 이러한 고장은 물리적인 고장과 내부 회로의 고장으로 나눌 수 있다. 물리적인 고장은 말 그대로 차단기몸체가 고장 나는 경우이다.

| 차단기의 물리적인 고장 |

위의 사진 속 오른쪽 차단기가 물리적 고장이 난 것으로, 사진 속 왼쪽의 차단기는 트립버튼이 사라져 정상적으로 트립이 일어나지 않는 경우이다. 그리고 사진 속 오른쪽 차단기는 차단기핸들이 제거되어 내려간 차단기를 올리지 못해 정상적으로 전기를 사용할 수 없는 경우이다. 즉, 차단기가 물리적인 고장이 나도 정상적으로 전기를 사용

하기 어렵게 된다.

그러나 이보다 더 큰 문제는 차단기 내부 회로나 차단기를 정상적으로 내려주는 트립코일이 고장 났을 때이다. 잦은 트립이 있을 경우 차단기를 무리하게 자주 올리다 보면 트립코일이 고장 나는 경우가 많다. 겉으로 보기엔 아무런 문제가 없어 보이지만 전기적인 문제가 발생했을 때 정상적으로 전류를 차단하지 못해 큰 사고가 일어날 수 있다.[51]

차단기가 고장이 났으면 이를 수리하기보단 아예 새로운 제품으로 교체하는 것이 좋다. 수리 자체를 해주는 경우가 거의 없을뿐더러 수리비나 교체비용의 차이가 없기 때문이다. 물론 수변전실에서 사용하는 고압차단기의 경우는 전기안전관리자가 정기적으로 점검하고 고장 시 설치업체에서 AS를 해준다.

가정 내에서 차단기의 고장 유무를 확인하는 방법은 간단하다. 차단기몸체에 있는 테스트 트립버튼을 눌러서 차단기가 정상적으로 전류를 끊는지 확인한다. 보통 1개월에 한 번가량 눌러주며 확인하는 것이 좋다.

[51] 실제로 누전이 발생해서 정상적으로 차단기가 떨어졌는데 무리하게 계속 올리다가 결국 차단기가 누전을 제대로 감지하지 못해서 건물이 전기 누전 화재로 전소된 경우도 있다.

6 차단기에 적혀 있는 단어와 숫자의 의미는?

보통 차단기가 전기 사용 시 위험한 순간에 작동한다고만 생각하고 차단기 외부에 쓰여 있는 단어와 숫자의 의미를 모르는 경우가 많다. 이런 것들을 알게 되면 차단기 구입 시에는 물론 전기안전에도 많은 도움이 된다.

1 차단기 부위별 명칭

(a) 단상 2선식 누전차단기　　(b) 3상 4선식 누전차단기

| 차단기의 부위별 명칭 |

겉보기엔 단순히 사각형 모양의 차단기지만 부위별로 명칭이 모두 있다. 보통 차단

기에서 가장 중요한 요소는 전원측 단자(line)와 부하측(load) 단자, 그리고 핸들(handle) 이다. 전원측 단자와 부하측 단자는 실제 전선과 연결되는 부분으로 전원측 단자를 '1차측'이라고 하고 부하측 단자를 '2차측'이라고도 한다. 차단기의 핸들은 올렸다 내렸다 하는 것으로 전기적 문제가 생길 때 자동으로 내려가 전류를 차단하지만 이를 올리는 것은 직접 수동으로 해야 한다. 여기서 중요한 점은 전기적 문제로 차단기가 떨어지는 것을 트립(trip)되었다고 하고 핸들이 온(on)과 오프(off) 사이에 걸쳐 있을 때가 있다. 이때 다시 올릴 때는 차단기핸들을 완전히 내렸다가 다시 올려야만 한다.[52]

> 52 ─── 이렇게 완전히 내리는 과정을 리셋(reset)이라고 한다.

테스트버튼은 단상 2선식 배선차단기에는 없고 누전차단기에만 볼 수 있다. 3상 4선식 배선차단기의 경우 일부 제품은 테스트버튼이 함께 나온다. 이는 차단기에게 인위적으로 전기의 문제를 만들어 제대로 차단기가 작동하는지 확인할 때 사용한다. 전원이 들어오지 않거나 차단기가 고장이 났을 경우 정상적으로 전류가 차단되지 않는다. 명판은 차단기의 전반적인 성능을 보여준다.

| 3상 누전차단기의 기능 |

3상 차단기는 선의 가닥수도 단상보다 많고 전선이 아닌 버스바 철판을 이용해 접속[53]하다 보니 물리적인 크기가 단상 2선식에 비해 크다. 기본적인 부위는 단상 2선식과 비슷한데 3상 4선식은 몇 가지 기능이 더 추가되었다. 대표적인 것이 누전 트립 표시창, 누전 테스트버튼, 감도 조절이다.

> 53 ─── 전선을 이용해 접속하는 경우도 있다. 이때는 전선 끝 도체부분에 터미널(terminal)이라고 하는 원형 고리 형태로 된 쇠붙이를 이용해 접속한다.

누전 트립 표시창은 차단기가 떨어졌을 때 그 원인을 시각적으로 보여주는 역할을 한다. 위의 사진 속 차단기의 경우 평소에는 트립창이 '녹색'이지만 누전으로 차단기가 트립될 경우 '빨간색'으로 바뀌게 된다. 이를 리셋하면 다시 '녹색'으로 바뀌게 된다. 단, 일반적인 과부하나 단락전류로 인한 트립 시에는 '녹색'으로 표기가 된다.

전기적(누전) 트립버튼은 일부러 누전인 상황을 회로상에 구현해 차단기의 정상 여부를 파악하는 데 사용한다. 위의 사진 속 차단기는 전기적(누전) 트립버튼 왼쪽에

3상 중 2개의 상(R, T)에서 전원을 공급받고 차단기 내부 영상변류기에 4개의 극을 통과시켜 누전을 검출하는 회로도를 그려 넣었다.

정격감도전류를 조절하는 스위치는 차단기가 트립되게 하는 누설전류의 양을 설정하는 기능[54]으로 앞 사진의 제품은 100mA, 200mA, 500mA 중에 선택할 수 있다.

빨간색버튼은 누전차단기의 시험을 위한 기계적 트립버튼이다. 제조사마다 이러한 기능은 조금씩 다를 수 있으니 구입 후 차단기상자나 내부설명서를 꼭 참고하여 사용하길 권장한다.

[54] 한마디로 누전을 감지할 때 예민도를 조절하는 것을 말한다.

2 명판에 쓰인 단어와 의미

분전반 내부의 차단기는 크게 배선차단기와 누전차단기로 구분된다. 단상 220V의 경우 육안으로 쉽게 구분이 가능한데 차단기 테스트버튼이 있는지 없는지에 따라 쉽게 구분할 수 있다. 즉, 테스트버튼이 없으면 배선차단기, 있으면 누전차단기로 볼 수 있다. 단, 부피가 상대적으로 큰 3상 3선식이나 3상 4선식의 차단기의 경우는 배선차단기도 테스트버튼이 있기 때문에 이럴 때는 차단기명판을 확인해서 구분해야 한다.

이제 차단기명판에 적혀 있는 여러 가지 문자와 숫자의 의미를 이해해보자. 소개하는 차단기는 국내에서 제조된 3상 4선식 누전차단기로 제조사마다 조금씩 명판내용이 다를 수 있다.

| 차단기의 명판 |

차단기 가운데 위치한 핸들을 중심으로 시계방향으로 돌아가면서 명판을 설명하고자 한다.

(1) **산업용 누전차단기** : 차단기의 용도와 종류를 나타낸다. 보통 용도는 산업용이나 주택용으로 구분되어 있고 종류는 누전차단기와 배선차단기로 구분되어 있다. 고감도 누전차단기의 경우 '고감도'라는 단어가 들어가 있다.

(2) **JEBS-104H** : 제조사에서 차단기를 분류할 때 나타내는 모델명이다.

(3) **100A** : 정격전류용량을 말한다. 이는 차단기에서 가장 크게 써 있는 숫자이고 보통 차단기핸들에도 적혀 있다. 차단기에 흐르는 전류가 정격전류용량 이상일 경우 과부하로 인식하고 차단한다. 정확히 말해서는 주변온도에 따라 과부하 시 차단기가 바로 떨어지지 않고 어느 정도 대기를 하고, 주변온도가 높을수록 차단기는 대기시간이 짧아진다. 위 사진의 제품은 3상 4선식이라 $\sqrt{3} \times 380 \times 100 = 65817.93W = 65.82kW$의 전력에서 떨어진다. 만약 단상 220V라면 $220 \times 100 = 22000W = 22kW$에서 떨어진다. 보통 차단기를 구매할 때 가장 중요한 점이기도 하다. AT(Ampere Trip)라고도 한다.

(4) **4P 3E** : 극(Pole)의 개수와 트립소자(Element)의 개수를 말한다.[55] 극이란 차단기에서 접속할 수 있는 단자의 개수를 말하고 트립소자는 실제로 차단할 수 있는 단자의 개수를 말한다. 이미지의 3상 4선식 차단기의 경우는 중성선을 포함해 4가닥의 선을 접속할 수 있으므로 4극에 R, S, T 3개의 상에 트립소자가 있다. 그러나 실제 차단할 때 R, S, T 3개의 상과 중성극이 함께 차단이 되면 380V가 바로 부하로 인가되기 때문에 220V로 사용하던 제품이 터지거나 고장이 날 수 있다. 따라서 차단기에 전원을 투입할 때는 중성극이 가장 먼저, 트립될 때는 중성극이 가장 나중에 차단되도록 '선입후절'로 설계되어 있다.

(5) **테스트(트립)버튼** : 차단기의 고장 유무를 판단하기 위한 테스트(트립)버튼이다. 차단기가 고장 났거나 전원이 들어오지 않으면 눌러도 트립이 되지 않는다. 즉, 정상적인 상황이라면 눌러서 트립이 되고 전원이 차단이 된다.

(6) **정격차단전류** : Icu라고도 하며 합선(단락) 시 차단기가 견딜 수 있는 최대한의 전류량을 말한다. 누전사고와 달리 합선사고 때는 순간적으로 대전류가 흐르는데 이를 차단기가 충분히 견뎌주어야 한다. 보통 차단기의 부피가 클수록 대전류에 강하게 설계가 되어 있다. 앞 사진의 제품은 14kA(1만 4000A)까지 차단기가 물리적으로 버텨준다는 것을 의미한다.[56] 참고로 정상적으로 차단기가 작동되면서 견딜 수 있는 전류는 AF 즉, 정격 프레임전류라고 한다.

(7) **KS 인증** : KS(Korean Industrial Standards)란 한국산업표준을 말한다. 여기에서

---

[55] 제조사에 따라서 한글로 '4극 3소자'로 표기하는 경우도 있다. 단상 220V의 경우는 2P 2E로 되어 있다.

[56] 보통 이 값이 클수록 가격은 비싸진다.

KSC의 C는 분류체계에서 전기부문을 말한다. KS 인증을 받았다는 것은 국가표준에 맞게 설계 및 제조되었다는 것을 말한다.

(8) **지락, 과부하 및 단락보호 겸용** : 이 차단기는 지락(누전), 과부하 및 단락(합선) 사고로부터 보호하는 기능을 갖추었다는 것을 말한다.

(9) **충격파 부동작형 전류동작형** : 충격파 이상전압으로 인해 차단기가 오동작을 일으켜 정전 같은 문제가 생기기에 충격파에는 작동하지 않고 이상전류에 의해 작동하는 차단기라는 것을 말한다.[57]

(10) **Ics＝50％ Icu** : Ics는 서비스차단전류로 정격차단전류(Icu)를 겪은 차단기가 이후 또 정격차단전류를 받으면 최초 용량에 대해 몇 [%]까지 견딜 수 있는지를 나타낸 것이다. 이는 차단기가 대전류를 맞으면 쉽게 고장이 나기 쉬운데 대전류 이후의 내구성도 중요하기 때문에 표기를 한다.[58] 앞 사진의 제품은 정격차단전류(Icu)가 14kA로 실제 단락사고로 인해 14kA의 대전류를 차단기가 받으면 이후 이의 50%인 7kA까지 버틸 수 있다는 것을 말한다.

(11) **Uimp 6kV Ui 690V** : 차단기가 견딜 수 있는 전압을 말한다. Uimp는 정격임펄스[59]전압으로 벼락과 같이 순간적인 뇌전압에서 견딜 수 있는 전압이고 Ui는 정격절연전압으로 정상적인 환경 아래 차단기가 견디는 전압을 말한다. 앞 사진의 제품은 6kV의 뇌전압과 정상적인 환경에서 690V까지 견딜 수 있다는 것을 말한다.

(12) **IEC** : 국제전기표준회의(International Electrotechnical Commission)의 규격에 맞게 설계 및 제조되었다는 것을 말한다.

(13) **cat A** : 이는 위와 같은 조건의 주위온도환경을 말하는 것이다. 즉, 섭씨 40도의 위와 같은 환경에서 원활하게 작동한다는 것이다. 전기는 온도와도 밀접한 관계가 있기 때문에 이런 정보도 명판에 담는 것이다. 그렇다고 우리가 보통 느끼는 최적의 기온이나 영하의 날씨에서 차단기가 동작을 안 한다는 것은 아니다. 다만 위 명판조건에 맞는 온도가 섭씨 40도라는 것을 말한다.

(14) **동작시간** : 전기 이상이 발생했을 때 차단기가 트립되는 데까지 걸리는 시간이다. 이 시간은 차단기용량에 따라 달라지는데 그 이유는 수전단으로 올라갈수록 차단기는 해당 전력망의 차단용량을 견디도록 채택되어 보호계전기(OCR)의 협조로 순차적으로 차단기동작이 이루어지기 때문이다.[60] 차단기에 따라 이를 설정할 수 있다.

(15) **정격부동작전류** : IΔno으로 표기하기도 하며 누전차단기명판에서만 볼 수 있다. 정격감도전류의 50% 이하이며 이는 누설전류의 양을 감지해 이 전류 이하에서

---

[57] 국내에서 생산되는 대부분의 차단기는 충격파 부동작형 전류동작형 차단기이다.

[58] 이 수치가 100%일수록 고급차단기이고 가격은 무척 비싸진다.

[59] 임펄스(impulse)란 맥박과 같이 파형이 정현파가 아닌 왜형파의 충격파를 나타내는 것으로 이러한 파형이 1개만 있는 경우를 말한다.

[60] 쉬운 예로 아파트 단지의 수변전설비의 보호계전기도 단지 내 사고 시 한전의 차단기보다 먼저 동작되도록 설정되어야 한다.

는 차단기가 트립되지 않는 것을 말한다. 누설전류를 감지하면 감전이나 화재의 위험이 있기에 무조건 차단기가 떨어져야 마땅할 것 같다. 그러나 전자제품이나 전기기기는 소량의 누설전류가 늘 나오기 때문에 항상 차단기가 작동해 전류를 차단해서는 제대로 전기를 사용할 수 없고 어느 정도의 누설전류량은 용인한다. 앞 사진 속의 제품의 경우 50mA 이하의 누설전류가 흐를 때는 차단기가 작동하지 않는다.

(16) **정격감도전류** : I∆n으로 표기하기도 하며 누전차단기명판에서만 볼 수 있다. 누설전류가 이 전류값 이상이 되면 차단기가 작동해 전류를 차단한다는 것이다. 앞 사진 속 제품의 경우 누설전류량이 100mA 이상이 되면 차단기가 동작해 전류를 차단한다.

(17) **정격전압** : 차단기가 정상적으로 작동할 수 있는 전압을 말한다. 보통 교류 600V 미만의 값을 가진다. 정격전압을 초과한 전압에서는 차단기의 정상동작을 신뢰할 수 없다. 보통 주파수는 표기하는 경우와 없는 경우가 있지만 국내 생산되는 제품은 우리 전력에 알맞는 60Hz에 설계 및 제조되었다.

3 차단기의 AF와 AT

차단기의 용량 표기 가운데 매우 중요한 개념으로 AF와 AT가 있다. AF(Ampere Frame)는 정격 프레임[61]용량을 말한다. 프레임용량은 일반적으로 30, 50, 60, 100, 225, 400, 600, 800, 1000, 1200으로 생산된다. 단락 등 순간적으로 대전류가 흐를 때 화재, 폭발 등이 발생하지 않고 전류를 흘릴 수 있는 즉, 차단기가 견딜 수 있는 최대 용량의 전류를 말한다. 이때 차단기로서의 기능을 수행하는 것을 전제로 한다. 이 점이 AF와 정격차단전류가 다른 부분이다.

AT(Ampere Trip)은 정격트립용량을 말한다. 이는 차단기에서 가장 눈에 띄는 수치로 정격전류용량이라고도 한다. AT의 규격은 일반적으로 15, 20, 30, 40, 50, 60, 75, 80, 100, 125, 150, 175, 200, 225, 250, 300으로 되어 있다. AT값은 안전하게 통전시킬 수 있는 최대 용량의 전류값을 말한다. AF값과 달리 이들 각각 규격의 크기는 거의 비슷하다.[62] 이는 매우 중요한 사실인데 같은 등급의 같은 AF를 사용하면 크기가 통일되어 큐비클이나 분전반 제작이 매우 용이해진다. 따라서 AT보다 작은 AF는 없다. 비용이 허락하는 한 AF와 정격차단전류가 크면 클수록 좋다.

---

[61] 프레임(frame)의 사전적 의미는 뼈대, 구조, 틀이다.

[62] 완전히 같다고 볼 수 없는 이유는 제조사마다 약간씩 크기의 차이가 있기 때문이다.

04 문어발식으로 멀티탭을 사용하지 않아야 하는 이유는?

KEY WORD 멀티탭, 멀티탭의 종류, 멀티탭의 주의사항, 허용전류, 과부하

- 멀티탭을 고를 때 기준과 종류는?
- 꽂는 곳이 많은 멀티탭을 사용하면 많은 전기를 쓸 수 있을까?

집집마다 반드시 한 개 이상 가지고 있는 멀티탭은 전기를 좀 더 편리하게 사용할 수 있게 도와주는 고마운 존재이다. 그러나 멀티탭은 엄연히 전기접속의 편의장치이지 전기안전장치가 아니다. 따라서 멀티탭을 사용할 때는 항상 전기안전에 대해 신경을 써야 한다. 보통 멀티탭 설명서는 포장된 비닐이나 멀티탭 본체 뒷면에 양각으로 간략하게 새겨져 있어 대다수 사람들은 이를 확인하지 않는 경우가 많다. 따라서 멀티탭에 대해 올바르게 사용함으로써 전기의 이해를 넓히며 전기를 안전하게 사용하는 방법을 알아보도록 하자.

1 멀티탭을 고를 때 기준과 종류는?

1 멀티탭의 본래 이름

멀티탭의 본래 이름은 '멀티 이동형 콘센트'이다.[1] 과거에는 '써지오'라고도 했으나 현재 자주 쓰지 않는다. 보통 멀티탭이라고 하면 전기자재상에서 거의 다 알아듣는다. 그러나 이는 국내에서나 통용된다. 멀티탭이라는 단어가 영어권에서 온 것 같지만 미국식 영어로는 파워스트립(power strip), 영국식 영어로는 멀티플러그(multi plug)라 하고 일본에서는 테이블탭(テーブルタップ)이라고 한다. 즉, 멀티탭이라는 단어는 공식적인 단어가 아닌 우리가 편의상 쓰는 단어이다.

[1] 국립국어원에서는 '모둠꽂이'라는 순우리말 쓰기를 권장한다.

2 멀티탭을 구분 짓는 연장선과 콘센트 수

멀티탭은 주로 전자제품이 여러 개가 있고 콘센트가 멀리 있거나 적게 있을 때 사용하는 편의장치이다. 보통 주변기기가 많은 컴퓨터를 사용하는 곳에서 많이 쓰고 그 외 콘

[2]
콘센트에 바로 꽂아 쓰는 T자형 멀티탭이 대표적인 예이다.

센트가 멀리 있을 때 사용한다. 멀티탭은 모두 연장선이 있을 것이라고 생각하지만 실제로 연장선이 전혀 없는 멀티탭[2]도 있다. 이러한 멀티탭은 보통 부족한 콘센트개수에 많은 전자제품을 사용하기 위해서이다. 그리고 연장선의 길이는 보통 2m, 3m, 5m, 10m이다. 제조사에 따라 다르지만 연장선의 길이를 [m]가 아닌 '호'로 나타낸 경우가 있는데 이를 [m]로 환산하면 다음과 같다.

멀티탭 연장선 호칭과 실제길이	
멀티탭 연장선 호칭	실제길이[m]
2호	1.5
3호	2.5
5호	4.5
10호	9.5

멀티탭의 전원개수 즉, 콘센트를 '구'라고 하고 2개가 있으면 2구, 5개가 있으면 5구가 된다. 따라서 콘센트가 5개 달려 있는 연장선 5m의 멀티탭을 '5구 5m 멀티탭'이라고 한다. 가능하면 하나의 멀티탭을 사용하는 것이 바람직하나 여의치 못할 경우 멀티탭 2개를 연장해서 사용하는 경우가 있다.

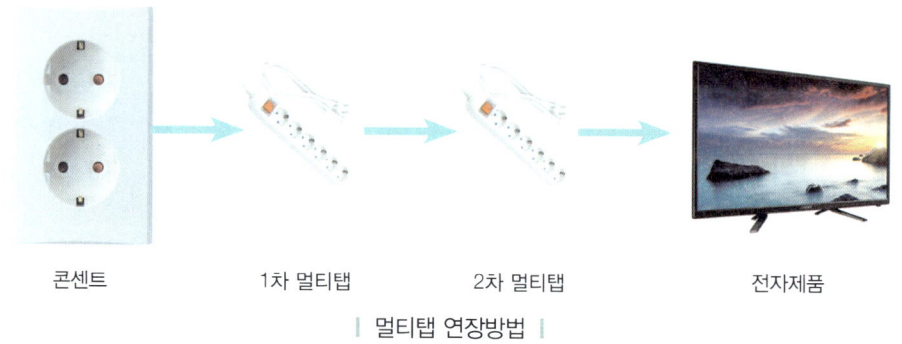

콘센트 　　1차 멀티탭 　　2차 멀티탭 　　전자제품

| 멀티탭 연장방법 |

사용하고자 하는 전자제품을 직접 꽂은 멀티탭을 1차 멀티탭, 1차 멀티탭이 꽂아져 있으면서 콘센트에 연결할 멀티탭을 2차 멀티탭이라고 하자. 이때 1차 멀티탭엔 사용하고자 하는 전자제품을 꽂는 것은 큰 상관이 없으나 2차 멀티탭엔 반드시 1차 멀티탭만 사용한다. 2차 멀티탭에도 다양한 전자제품이나 또 다른 멀티탭을 꽂아 사용하는 것을 '문어발식 사용'이라 하고 전기화재의 원인이 된다.

3 멀티탭의 종류

(1) T자형 멀티탭

콘센트에는 보통 전원을 꽂을 수 있는 게 한두 개다 보니 연장선 없이 T자형 멀티탭을 사용하는 경우가 종종 있다. T자형 멀티탭은 보통 3개의 전원을 동시에 연결할 수 있다. 스위치가 있는 제품과 없는 제품으로 구분되며 보통 허용전류량은 콘센트와 비슷한 16A 수준이고 전력량은 2.8kW까지 안전하게 사용이 가능하다. 하지만 2kW 이상의 고용량 전자제품을 꽂으면서 다른 전자제품을 동시에 사용하는 것은 내부 회로에 무리가 가기에 추천하지 않는다. T자형 멀티탭은 동시에 전원을 많이 꽂으면 그 무게로 인해 콘센트에서 빠지기 좋으니 완전하게 접속해서 사용해야 한다.

| 스위치가 달린 T자형 멀티탭 |

(2) USB 멀티탭

최근 스마트기기 등 USB잭을 이용하여 충전을 하는 경우가 많다. 그런데 USB를 이용해 충전을 하는 경우 전용 어댑터를 이용해서 충전을 하는데 때로는 이조차 불편하게 느껴질 수 있다. 그래서 멀티탭에 콘센트 외 별도로 USB[3] 단자를 삽입하여 전용 어댑터 없이 전원만 들어오면 바로 충전을 할 수 있게 하는 제품도 출시되고 있다. 이는 단순히 스마트기기 등을 충전하기 위해 콘센트를 낭비할 필요가 없을뿐더러 보통 디자인도 기존 멀티탭보다 미려하기 때문에 책상 위에 올려놓고 쓰기에도 큰 부담이 없다. 특별히 성능이나 용량도 기존 멀티탭과 비교해서 떨어지지 않아 무리 없이 사용이 가능하다.

| USB 멀티탭 |

3 — 멀티탭 내부에서 직류 5V로 변환해 준다.

(3) 산업용 멀티탭

산업용 멀티탭은 일반 가정에서 사용하는 멀티탭과 달리 전체적으로 노란색을 띤다. 보통 산업현장, 캠핑장, 야간작업장에서 많이 볼 수 있다. 멀티탭의 플러그, 연장선 모두 고무소재로 되어 있어 충격에 강하고 멀티탭에서 전원을 받는 콘센트부분 역시 노란 고무커버로 덮여 있다. 이는 수분이나 먼지의 침투로 인한 전기사고를 방지하기 위한 것이다. 연장선 역시 일반 전선보다 훨씬 강도가 높아 잘 찍히지도 않는다. 연장선의 길이 또한 10m, 20m, 30m, 50m로 가정용보다는 훨씬 긴 편이고 연장선에 [m]마다 해당 길이를 표기해놓는 경우가 많다. 연장선의 굵기 역시

| 산업용 멀티탭 |

$1.5mm^2$, $2.5mm^2$, $4.0mm^2$로 소비전력이 큰 제품도 무리 없이 사용이 가능하다. 다만 콘센트개수가 3개 정도까지로 제한되어 있다.

(4) 리드선(릴선)

무대, 산업현장에서 많이 사용하는 리드선은 릴선이라고도 부른다. 보통 연장거리가 길 경우에 많이 사용한다. 산업형 멀티탭과 비슷하게 연장선과 플러그부분이 고무소재로 되어 있어 충격에 강하다. 콘센트부분은 2구까지 쓸 수 있고 보통 연장선의 단면적도 $1.5mm^2$ 수준이기 때문에 대용량 전기제품을 사용하는 데는 한계가 있다. 이 제품을 사용할 때 주의사항은 50m짜리를 구입해서 20m만 쓴다 하더라도 모두 풀어 사용해야 한다. 남은 30m를 돌돌 감은 채 사용하다간 전기화재가 일어날 수 있다. 이런 이유로 최근에는 많은 건설현장에서 사용을 금지하고 있다.

| 95m 리드선(릴선) |

(5) 방우형 멀티탭

주로 습기 많은 장소에서 사용이 가능한 멀티탭으로 전체적으로 고무소재로 되어 있고 특히 전원부에는 습기를 차단하는 방우커버가 설치되어 있다. 습기 많은 곳에서 일어나기 쉬운 누전사고를 예방하기 위해 누전차단기가 함께 적용되어 있는 것이 특징이다. 그러나 이 제품은 방수형이 아니기에 물에 담그거나 비가 오는 야외에서 사용하는 용도는 아니다. 이러한 제품은 어느 정도까지의 습기에는 견디지만 전기는 물에 취약하기에 직접 물이 전원부 콘센트에 들어가면 전기사고의 원인이 된다. 보통 콘센트는 2구 내지는 3구 제품이 많으며 연장선길이는 9m, 18m, 28m, 48m가 있다. 연장선의 굵기는 $2.5mm^2$, $4.0mm^2$로 되어 있어 고용량 제품도 사용이 가능하다.

| 방우형 멀티탭 |

(6) 10구 멀티탭

연장선의 길이보다 콘센트개수로 승부를 보려는 멀티탭이 있다. 보통 주변에서 구하기 쉬운 멀티탭이 2구, 3구, 5구 제품인데 보다 많은 제품을 동시에 사용하고자 하면 10구 멀티탭을 구매하면 된다. 콘센트개수가 많은 대신 연장선의 길이는 1.5m나 2.5m

| 알루미늄소재의 10구 멀티탭 |

로 짧은 편이다. 보통 허용전류량이 16A 수준으로 약 2.8kW까지 사용하는 것이 안전하다.

(7) 접지효과 멀티탭

일반 멀티탭에 접지단자가 있는 것과 달리 접지가 안 된 오래된 주택에서 전기 사용의 불편함을 해소하기 위한 멀티탭이 따로 있다. 그러나 이는 엄밀히 말해서 접지효과와 비슷한 효과를 주기 위한 멀티탭이지 이러한 멀티탭을 사용한다고 접지가 되는 것은 아니다. 따라서 접지공사를 한 것과 비슷한 효과를 얻는 경우가 있는가 하면 전혀 그렇지 않은 경우가 있고 이런 현상의 원인을 명확히 밝히기 어렵다. 가격이 고가이므로 구매 시 신중하게 판단해야 한다.

(8) 지능형(전류표시) 멀티탭

멀티탭 중에 자신이 사용하고 있는 전류가 어느 정도인지 알 수 있게 해주는 멀티탭이 있다. 이런 멀티탭은 실시간 사용전류를 표기하는 지능형 회로가 내장되어 실제 사용전류량을 눈으로 확인할 수 있다. 소비전력을 구하기 위해선 해당 전류에 220을 곱하면 대략적인 소비전력을 알 수 있다. 개별 스위치가 있으며 과전류 시 부저음 경고 및 전원차단기능을 가지고 있다. 전원을 끈 상태에서 새어 나가는 대기전류도 쉽게 파악이 가능해 불필요한 소비전류를 줄일 수 있어 에너지 절약에도 도움이 된다. 다만 가격이 다소 고가이고 전기자재상에서 구하기가 쉽지 않다.

2 꽂는 곳이 많은 멀티탭을 사용하면 많은 전기를 쓸 수 있을까?

1 멀티탭에서 가장 중요한 사용용량

많은 사람들이 멀티탭도 허용전류가 있다는 것을 잘 인식하지 못한다. 특히 아무 생각 없이 전기난로, 에어컨 등 고용량 제품을 멀티탭을 통해 사용하다가 멀티탭이 녹아버리는 경우를 볼 수 있다. 일반적으로 멀티탭으로 안전하게 사용할 수 있는 전력량은 최대 2.8kW 정도이다. 그나마 이것은 제대로 된 멀티탭을 구입했을 때 보증할 수 있는 전력이다. 즉, 저렴한 제품이나 제대로 인증이 안 된 제품의 경우 최대 2kW까지밖에 못 쓰는 경우가 많다. 이를 쉽게 구분할 수 있는 방법은 멀티탭 구입 시 포장지에 붙어 있는 라벨을 유심히 살펴보면 된다. 이미 포장지를 뜯어 버렸으면 멀티탭 연장선에 적혀 있는 전선의 단면적을 살펴보자. 보통 '1.5mm^2×3C'나 '1.0mm^2×

3C' 제품이 가장 흔하다.[4] 이는 멀티탭 연장선의 규격으로 굵기가 굵을수록 허용전류량이 높다. 일반적으로 1.5mm² 제품의 경우 2.8kW까지, 1.0mm² 제품의 경우 2kW까지 안전하게 사용이 가능하다.[5] 3C는 3개의 코어 즉, 연장선 안에 3가닥의 선이 있다는 이야기인데 이는 전원선 2가닥과 접지선 1가닥을 합해 3가닥을 말한다.

| 고용량 2구 멀티탭 |

> [4] mm² 단위 대신 [sq]로 표기하는 경우도 많다.
>
> [5] 가끔 대형 할인매장에서 염가로 판매되는 제품 가운데 0.75mm²의 매우 가는 선도 있는데 가능한 이런 상품은 구매하지 않는 게 바람직하다.

다시 말해 멀티탭의 용량은 멀티탭 내부의 전원개수나 연장선의 길이랑은 전혀 상관이 없다. 6구 멀티탭이 2구 멀티탭보다 3배 더 용량을 가질 수 있다는 것은 아니다. 오로지 멀티탭 연장선의 굵기가 허용전류와 관계가 있고 이 선이 굵을수록 보다 많은 전력을 안전하게 사용할 수 있게 해준다.

2 멀티탭 스위치 유무에 따른 차이

멀티탭은 스위치가 있는 제품과 없는 제품으로 나뉘고 이에 따른 가격 차이도 있다. 일반적으로 멀티탭의 스위치가 있는 제품이 더 안전하다고 느끼기 쉬운데 이는 정확히 말해서 제품마다 다르다. 스위치가 달린 멀티탭 중에 바이메탈이라고 하는 소재로 스위치의 연결접점이 이루어진 것이 있다. 이러한 제품은 과부하로 인해 열이 많이 발생하면 자동으로 스위치를 끊어주어 전류가 더 흐르는 것을 막아준다. 그러나 바이메탈이 없는 경우는 이런 기능이 없다. 스위치가 있는 제품은 멀티탭과 전원을 일일이 꽂았다 뺐다 할 필요가 없이 스위치 하나로 쉽게 작동할 수 있다는 점이 가장 큰 장점이다. 간혹 스위치에 램프가 달려있는 멀티탭을 사용할 때 램프가 매우 심하게 깜박거리는 현상이 나타나 불안할 수 있는데 이는 교류의 특성상 주파수로 인해 1초에 2번씩 0이 되기 때문에 그렇게 보이는 것이다. 사용에는 전혀 문제가 없으며 고장도 아닌 정상적인 상태이다.

한 가지 중요한 점은 하나의 전자제품이 2kW를 넘어가는 고용량 전자제품(에어컨, 전기난로 등)은 가능한 일반 멀티탭을 사용하지 않는 것이 좋지만 만약 사용하게 되면 스위치가 없는 제품을 구매하는 것이 낫다. 이는 스위치가 있는 제품의 경우 각 콘센트의 물리적인 한계용량이 비교적 엄밀하게 구성되어 있기에 고용량 제품을 연결해서 사용할 때는 스위치의 고장의 원인이 된다. 반면 스위치가 없는 제품의 경우는 그렇지 않기에 상대적으로 오래 사용이 가능하다. 실제 이러한 고용량 제품을 사용할 때는 차단기[6]가 달려있는 고용량 멀티탭을 사용하는 것이 가장 안전하다. 고용량 멀티탭은 전선의 단면적도 다른 멀티탭보다 굵은 2.5mm² 전선[7]을 사용하고 있으며 차단기의 정격전류를 초과할 경우 물리적으로 트립이 되어 전류를 차단한다.

> [6] 보통 배선차단기 또는 누전차단기가 설치되어 있다. 배선차단기는 과부하일 때 전류를 차단해 주며, 누전차단기는 과부하는 물론 누전인 상황에도 전류를 차단해 준다. 다만 그만큼 누전차단기를 사용한 제품이 좀 더 비싸다.
>
> [7] 아이러니하게도 2019년 현재 멀티탭 코드선의 단면적 2.5mm²는 규격인증을 받지 못했다. 그래서 이러한 고용량 멀티탭은 2.5mm²를 코드선에 표기를 하지 못하고 1.5mm²로 표기를 한다. 그러나 실제로 고용량 멀티탭을 살펴보면 본래 1.5mm²보다 코드선이 두툼하다는 것을 느낄 수 있다. 실제로 코드선의 단면적이 2.5mm²이기 때문에 4kW까지 안전하게 사용이 가능하다.

3 멀티탭 사용 시 주의사항

멀티탭은 말 그대로 전기를 편리하게 사용하도록 도와주는 '편의장치'이지 전기를 안전하게 사용할 수 있게 해주는 '안전장치'는 아니다. 따라서 멀티탭을 사용할 때는 몇 가지 주의사항이 있다.

(1) 멀티탭 주변 전선을 정리하자

멀티탭을 사용한다는 것은 일반적으로 동시에 사용할 전자제품이 집중적으로 분포하는 경우가 많다. 예를 들면 컴퓨터 본체와 모니터, 스피커, 프린터와 같은 복합기, 모뎀과 공유기 등이 한곳에 몰려 있기에 이러한 제품을 손쉽게 전원에 연결하기 위해 멀티탭을 사용한다. 그러다 보니 이들의 전원선이 복잡하게 있는 경우가 있다. 복잡한 전선은 미관상 보기 안 좋은 것을 떠나 최소한 어떤 플러그가 어떤 제품의 플러그인지 알 수 있게 정리를 해야 한다. 이때 중요한 점은 깔끔하게 정리를 한다면서 무리하게 전선을 꺾지 말고[8] 케이블타이를 이용해 약간은 느슨하게 해두는 것이 좋다. 마찬가지로 멀티탭 연장선이 책상과 같이 무거운 것에 눌리지 않게 하는 것도 중요하다. 최근에는 멀티탭 전선정리함이 많이 출시되어 있다.

[8] 무리하게 전선을 꺾으면 꺾인 부분에 열이 많이 발생하게 되어 전기화재의 원인이 될 수 있다.

(2) 멀티탭에 플러그를 꽂을 때는 접지단자까지 확실하게 연결하자

이는 멀티탭뿐만 아니라 콘센트도 해당되는 경우로 접지극까지 제대로 연결이 안 되면 접속불량이 되기 쉽다. 결국 전자제품의 내구성도 저하되고 스파크 등이 일어나기 쉽다. 최악의 경우는 과전류로 화재가 일어나기도 한다. 본래 이러한 것을 막기 위해 스위치가 달린 멀티탭이 출시된 것이다. 수시로 전원을 꽂았다 뺐다 하는 제품을 사용할 때는 스위치가 달린 멀티탭을 사용하는 것이 좋다. 간혹 무접지 멀티탭이라고 일반 멀티탭보다 훨씬 저렴한 가격으로 판매가 되는 제품이 있는데 이러한 제품은 전기안전을 위한 접지의 효과를 전혀 기대할 수 없는 제품이다. 가능한 안전을 위해 이런 제품은 사용하지 말자.

(3) 멀티탭은 싼 게 비지떡이다

멀티탭은 동일한 콘센트개수와 연장선의 길이를 가져도 분명 가격 차이가 존재하는 제품이다. 그러나 싼 제품은 나름대로 그 이유가 있다. 앞서 언급한 연장선의 굵기가 가늘거나 멀티탭 본체가 화재에 강한 난연소재가 아닌 경우가 전반적으로 싸다. 특히 가장 중요한 것은 KS 또는 KC 인증[9]을 받았느냐인데 인증을 받지 않는 멀티탭은 안전을 보장하기 어려우므로 가능한 구입하지 않도록 한다.

[9] KS(Korea Standard)는 한국산업표준, KC(Korea Certification)는 국가 통합인증 마크로 전기용품 안전인증을 말한다.

(4) 전기용량이 큰 제품과 일반 제품을 한 멀티탭에 동시에 사용하지 말자

전력소비가 많은 에어컨을 꽂은 멀티탭에 다른 전자제품도 함께 꽂아서 사용하는 것은 옳지 못하다. 이러한 경우 멀티탭에 과부하뿐만 아니라 두 전자제품의 수명을 단축시키는 원인이 된다.

(5) 멀티탭이 더러워졌다고 물로 세척하지 말자

멀티탭은 전자파로 인해 먼지가 눌러앉기 쉽고 이 때문에 상대적으로 때가 잘 탄다. 더럽다고 무심코 물로 닦는 것은 감전의 위험이 있다. 또 전원을 꽂지 않은 상태에서 물로 닦은 다음 추후 사용하기 위해 전원을 넣게 되면 위험하다. 그리고 멀티탭도 엄연히 소모품인 만큼 전기용량이 많은 전자제품을 꽂거나 먼지나 습기가 많은 장소에서 사용할 경우 수명이 단축된다. 보통 멀티탭이 고장 났을 때는 새로 구입하는 것을 추천하는데 이는 수리비보다 구입비가 더 저렴한 경우가 많기 때문이다.

05 젖은 손으로 플러그를 꽂지 않아야 하는 이유는?

KEY WORD 감전, 인체의 임피던스, 감전전류, 감전 시 대처방법, 감전예방법

학습 POINT
- 감전이란?
- 감전이 일어나면 어떻게 해야 하는가?
- 감전을 예방하는 방법은?

많은 사람들이 전기를 무서워하는 가장 큰 이유가 바로 감전 때문이다. 전기를 업으로 삼는 사람도 항상 감전에 대해 경계를 하고 작업을 수행한다. 전기에 대해 잘 알지 못하는 일반인들에게 전기하면 감전을 쉽게 떠올릴 정도로 전기의 대표적인 부정적 이미지 중 하나이다. 감전에 대해 제대로 알고 이에 대한 예방법, 대처방법 등을 숙지하고 있다면 감전의 위험으로부터 벗어날 수 있을뿐더러 만약 감전이 일어나도 당황하지 않게 될 것이다. 이에 전기의 역기능 중 하나인 감전에 대해 이해하고 대처해보자.

1 감전이란?

감전(感電, electric shock)이란 전기가 통하고 있는 도체에 신체의 일부가 닿아서 순간적으로 충격을 받는 것을 말한다. 또 다른 감전의 정의는 '몸속으로 흘러 들어간 전류에 의해 생기는 인지적인 또는 물리적인 영향'이라고 되어 있다. 전기를 잘못 사용하면 감전이 되기 쉬우나 감전이 무섭다고 전기를 사용하지 않을 수도 없는 일이다. 상대를 알고 나를 알면 백 번 싸워도 위태롭지 않다는 뜻의 지피지기백전불태(知彼知己百戰不殆)라는 말이 있듯이 감전에 대해 제대로 알고 이해한다면 감전의 위험으로부터 벗어날 수 있을 것이다.

1 감전을 일으키는 위험한 존재인 전압과 전류

많은 사람들이 감전에 대해 잘못 알고 있는 것이 바로 높은 전압일수록 치명적이

라고 생각한다는 점이다. 즉, 220V보다 380V가 더 위험하고 전봇대에 지나가는 배전선로의 22.9kV는 치명적이라고 생각한다. 또 수만볼트의 정전기현상은 불쾌감만 줄 뿐이라고 여기고 생명을 위협할 수준으로 위험하다는 인식을 잘하지 못한다. 이론적으로는 감전에서 문제가 되는 것은 전압이 아닌 전류이다. 전압은 전류를 흐를 수 있게 하는 것이지 전압이 높더라도 전류가 매우 적은 수준이라면 괜찮다. 하지만 전압이 높을수록 많은 양의 전류를 동시에 흘러가게 할 수 있기에 높은 전압 역시 위험하다. 결론은 전압, 전류 모두 다 감전에 위험한 존재이다.

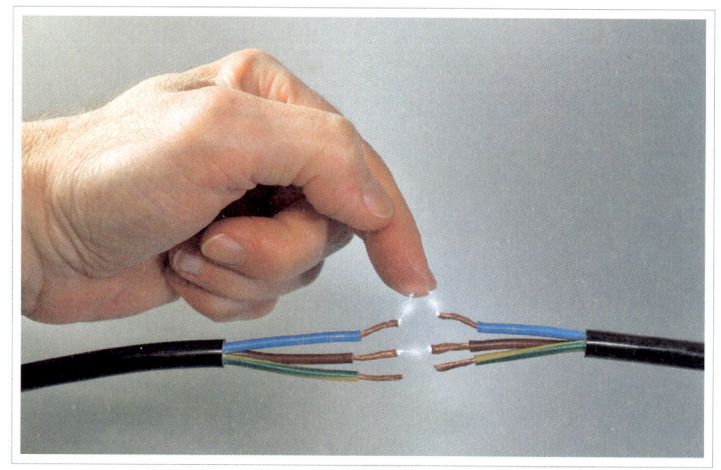

| 흐르는 전류에 닿는 것이 감전 |

일반적으로 감전사를 당할 전류치를 100mA(0.1A) 초과로 본다. 가정에서 사용하는 헤어드라이어의 소비전력은 초당 1500W 정도이다. 따라서 우리가 사용하는 220V를 기준으로 전류값을 구하면 다음과 같다(계산 시 역률 제외).

$$P = VI, \quad I = \frac{P}{V} = \frac{1500}{220} = 6.818\text{A}$$

위의 식에서 P는 소비전력[W], V는 전압[V], I는 전류[A]이다. 극단적인 예로 헤어드라이어 1대가 1초당 6.818A의 전류를 소비한다. 이는 1초에 6.818C의 전하가 흐른다는 것으로 0.1초 동안에 통과하는 전하는 0.6818C이다. 이때 흐르는 전류의 양은 0.6818C/0.1s=6.818A가 되므로 매우 치명적[1]이다. 물론 이 값은 단순하게 계산을 해서 나온 값[2]이기 때문에 절대적인 것은 아니다. 보다 정확하게 이야기하면 통전전류의 크기, 전압의 종별, 주파수, 통전시간, 통전경로, 피부의 전기저항, 접촉면적에 따라 감전의 위험도가 다르다. 하지만 과학적으로 정확하게 어느 정도의 전압과 전류가

1 ─────
실제로 욕실에서 헤어드라이어로 머리를 말리다 감전사 하는 경우가 이따금 보도된다. 따라서 욕실에서 나와 몸에 묻은 물을 수건으로 닦은 다음에 머리를 말리도록 하자. 특히 손에 물기가 없어야 한다.

2 ─────
실제로 전류값은 매시간 변하지만 앞의 경우는 가장 높은 값을 기준으로 계산하였다.

얼마만큼의 강도로 감전을 일으키는지 확실하게 증명하기 어렵다. 왜냐하면 감전을 시험할 대상을 구할 수 없기 때문이다. 그래서 주로 학자들은 동물을 통한 실험으로 추론을 한다.

2 감전이 위험한 이유

잠깐 감전이 된 경험이 있는 사람은 '지르르르'하는 느낌을 받는다. 이는 교류의 특성상 주파수가 있기 때문이다. 우리가 쓰는 교류의 주파수는 60Hz라서 1초에 60번씩 크기와 방향이 바뀌게 된다.

하지만 교류가 무서운 이유는 근육이 수축되어 교착현상(交着懸象, deadlock)[3]을 일으킨다는 것이다. 그래서 교류에 감전이 되면 사람이 이를 인식하고 도체로부터 떨어지려고 해도 떨어지기 어려워진다.[4] 이러한 현상은 고압보다 저압에서 더 흔하다.

직류에 감전되는 경우 순간적인 경련이 있을 뿐 반복되는 경련이 없기에 교류보다는 다소 안전하다. 어디까지나 다소 안전하다는 이야기지 직류 역시 위험하다.[5] 다만 실생활에서 사용하는 직류의 전압은 50V[6] 이하가 많기 때문에 직류는 안전하다는 인식이 있다.

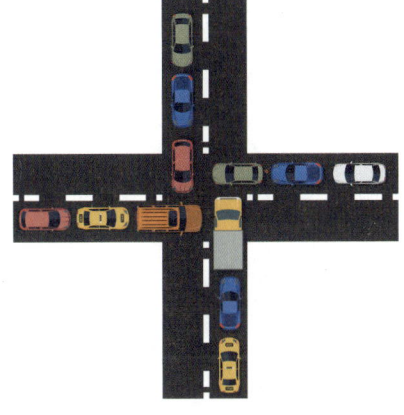

| 오도 가도 못하는 상황인 교착현상의 예 |

감전이 위험한 이유는 피부화상과 같은 외상도 있지만 심장의 박동체계가 고장이 나 호흡곤란이 오게 된다는 것이다. 가벼운 감전이라도 불쾌하거나 기운이 빠지는 이유가 이와 관련이 있다. 감전사는 감전 그 자체로 인한 외상 때문이 아니라 심장마비로 인한 사망이 많다. 그뿐 아니라 감전이 된 이후로도 심장의 박동체계가 고장이 나 박동이 고르지 않은 심장 부정맥현상이 일어나기도 한다. 그래서 전기작업 시에는 심장과 조금이라도 먼 오른손을 사용해야 좀 더 안전하다. 아울러 강한 전류로 인한 열에 의한 화상을 입거나 높은 곳에서 작업하다 추락하는 위험이 있는 등 감전은 결코 유쾌한 존재가 아니다.

3 인체를 통과하는 전류의 크기와 증상

미국의 달지엘(Dalziel)은 인체의 임피던스개념을 다음과 같이 나타내었다.

임피던스는 전류가 흐르기 어려운 정도를 나타낸 것으로 이 값이 클수록 전류가 적게 흐른다. 우리 몸에서 임피던스값이 가장 큰 곳이 가장 바깥쪽에 위치한 피부이다. 보통 피부의 임피던스를 500Ω에서 1000Ω으로 보고 있다. 피부 자체가 임피던스가 가장 높은데 피부에서 전류가 흘러 절연이 파괴가 되면 몸속으로 전류가 들어오게 되어 매우 위험해진다.

---

[3] 교착현상이란 어떤 상태가 굳어 버려 변동이나 전진 없이 머물러 있는 상태를 말한다.

[4] 마치 잠자다가 가위눌림을 겪어 잠을 깨고 싶어도 계속 꿈속에서 헤매는 느낌과 비슷하다.

[5] 벼락 역시 직류인데 벼락을 맞고 멀쩡한 사람이 거의 없다는 것은 이를 방증한다.

[6] 일반적으로 50V 이하에서는 감전을 거의 느낄 수 없는데 이 50V를 허용접촉전압이라 한다. 허용접촉전압은 주변 환경에 따라 다르지만 통상 50V를 기준으로 한다.

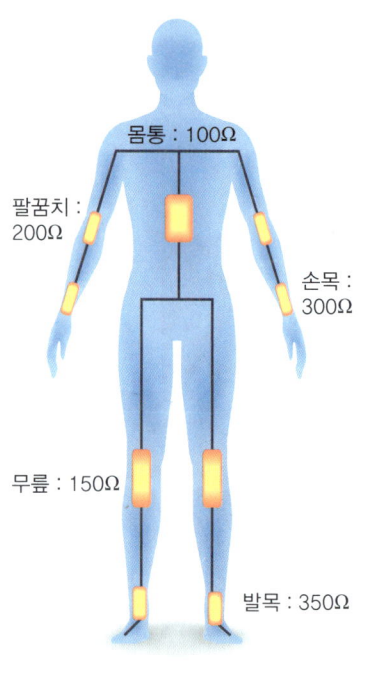
| 인체의 임피던스 |

| 감전의 예 |

특히 피부에 물기가 있는 경우 피부의 임피던스값은 크게 떨어진다.[7] 그와 더불어 전류가 물기를 타고 흐를 수 있다. 따라서 물기가 있는 손으로 플러그를 꽂지 말라고 하는 것이다. 감전전류치와 인체의 반응을 살펴보면 다음과 같다.

7 ─ 최대 1/25 수준까지 떨어진다.

| 감전전류치에 대한 인체의 반응 |

감전전류치	인체의 반응(교류 60Hz, 3초 기준)
0.5mA 이하	느낄 수 없다.
5~30mA	호흡곤란, 혈압이 상승한다(수분 동안 견딜 수 있음).
31~50mA	심장고동 불규칙, 경련이 발생한다(수분 동안 견딤).
51~100mA	짧은 시간의 경우 강렬한 쇼크를 받는다(수초 동안 견딤).
100mA 초과	즉시 심실세동[8]이 발생한다.

8 ─ 심장의 심실에 경련을 일으켜 박동이 어렵게 되고 심장이 정지하는 현상이다.

앞서 언급한 소비전력 1500W의 헤어드라이어도 1초당 흐르는 전류가 6.818A로 위의 감전전류치와 비교하면 즉시 심실세동을 발생시킬 만큼 큰 전류이다.

한편 감전전류의 명칭과 전류치, 그리고 특징은 다음과 같다.

| 감전전류별 명칭과 특징 |

명칭	감전전류치	특징
최소 감지전류	1~2mA	짜릿하게 느끼는 정도이다.
고통전류	3~8mA	참을 수는 있으나 고통을 느낀다.
이탈가능전류	9~15mA	안전하게 스스로 접촉된 전원으로부터 떨어질 수 있는 최대 한의 전류로, 참을 수 없을 정도의 고통이다.
이탈불능전류	16~50mA	감전이 되었음을 느낄 수 있지만 스스로 그 전원과 떨어질 수 없는 전류(교착현상)로, 근육의 수축이 격렬하다.
심실세동전류	51~100mA	심장의 기능을 잃게 되어 전원으로부터 떨어져도 수분 이내에 사망한다.

4 감전을 방지하는 누전차단기

이렇게 위험한 감전에 대비해 분전반 속에 있는 누전차단기는 감전을 예방하는 역할을 한다. 누전차단기의 원리는 전류가 부하로 들어오고 나가는 전류의 양을 계속 감지해서 두 전류의 값이 차이가 있으면 문제가 있는 것으로 보고 전류를 차단[9]한다.

누전차단기는 배선차단기와 달리 명판에 정격감도전류가 있다. 정격감도전류란 누전차단기가 누전이라고 감지하기 시작하는 전류이다. 즉, 들어가고 나가는 전류의 차이가 정격감도전류보다 높으면 전류를 차단한다. 가정에서 흔하게 사용하는 일반형 누전차단기는 정격감도전류가 30mA 이상이 되면 0.03초 이내 동작하게 되어 있다. 이는 감전일 때 교착현상으로부터 스스로 벗어날 수 있는 마지노선을 30mA로 정했기 때문이다.

그러나 습기가 많은 욕실이나 지하실, 접지가 안 된 장소 등에서는 '고감도 누전차단기'를 사용한다. 고감도 누전차단기는 정격감도전류 값이 15mA 이상이 되면 0.03초 이내 동작하게 되어 있다. 정격감도전류가 낮을수록 누전차단기의 가격은 비싸지기에 일반형 누전차단기보다 고감도 누전차단기가 비싸다. 한편 누전차단기의 종류는 다음 표와 같이 세분화할 수 있다.

누전차단기는 고감도형과 중감도형으로 있다. 고감도형은 인체 감전 보호목적으로 사용한다면 중감도형은 일반 가정보단 산업시설기기에 부착된 경우가 많다. 중감도형은 정격감도전류도 크고 속도도 늦다. 그 이유는 산업시설의 전기기기는 일반 전자제품보다 큰 누설전류가 흘러 고감도형을 사용하면 자꾸 차단기가 떨어져 정상적으로 전기기기를 사용할 수 없기 때문이다. 그래서 예민한 고감도형보다 덜 예민한 누전차단기를 시설하는 것이다.

[9] 누전차단기 내부에 있는 영상변류기(ZCT)가 이를 감지해 트립코일(TC)로 전달한다.

| 고감도 누전차단기 |

보통 중감도차단기는 감전 예방보다는 전기화재 예방목적이 더 크다.

누전차단기를 보다 세부적으로 구분할 때 고속형, 시연형, 반한시형으로 구분할 수 있다. 고속형이란 누설전류가 정격감도전류를 넘게 되면 고속으로 작동하는 것으로, 인체감전 보호가 주목적인 것을 말한다. 우리가 보통 볼 수 있는 누전차단기가 고속형이다. 시연형이라는 것은 동작시간을 설정할 수 있는 누전차단기를 말한다. 산업현장이나 의료현장의 경우 누전으로 인해 전기가 차단이 되면 오히려 문제가 될 수 있기에 이런 제품을 사용한다. 반한시형은 지락전류에 비례하여 동작 접촉전압의 상승을 억제하는 것을 말한다.

| 누전차단기의 종류 |

구분		정격감도전류 [mA]	동작시간
고감도형	고속형	5, 10, 15, 30	• 정격감도전류에서 0.1초 이내 • 인체감전보호형은 0.03초 이내
	시연형		• 정격감도전류에서 0.1초를 초과하고 2초 이내
	반한시형		• 정격감도전류에서 0.2초를 초과하고 2초 이내 • 정격감도전류 1.4배의 전류에서 0.1초를 초과하고 0.5초 이내 • 정격감도전류 4.4배의 전류에서 0.05초 이내
중감도형	고속형	50, 100, 200, 500, 1000	정격감도전류에서 0.1초 이내
	시연형		정격감도전류에서 0.1초를 초과하고 2초 이내

5 감전이 도움이 되는 경우

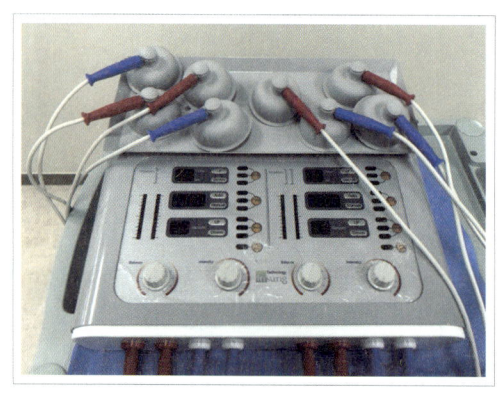

| 미세한 전류를 인체에 감전시켜 치료를 도와주는 전기치료기 |

감전하면 부정적인 이미지가 먼저 떠오르기 마련이다. 하지만 감전 즉, 전류를 흐르게 함으로써 삶에 도움이 되는 경우가 있다. 대표적인 예로 물리치료에서 쓰이는 전기치료이다. 전기치료는 크게 간섭파치료(ICT)와 경피신경자극치료(TENS)로 구분된다. 간섭파치료는 교류보다 훨씬 높은 주파수[10]를 교차로 통전시켜 간섭현상을 만들어 치료효과를 준다.

반면 경피신경자극치료는 아픔을 느끼게 하는 통각세포에 전류를 흘려보내는 것을 말한다. 보통 전류가 강해질수록 근수축이 일어나고 고통이 심해지지만 치료효과는 확실해진다. 다양한 방면의 통증치료에 사용할 수 있

---

[10] 3000~6000Hz로 우리나라 교류주파수의 50배에서 100배에 달한다. 주파수가 높으면 피부에서 저항을 크게 일으키지 않고 조직 깊은 곳까지 잘 침투한다.

지만 전류를 직접 흘려보내기 때문에 심장에 문제가 있거나 심박조정기를 이식한 환자에게는 사용할 수 없다.

의료뿐만 아니라 수사에도 감전을 이용한 거짓말탐지기(polygraph)[11]가 이용되고 있다. 거짓말탐지기에서 감전을 이용한다는 것은 용의자에게 직접 감전체험을 하며 진술을 받아내는 것이 아니다. 거짓말탐지기는 손목과 손바닥에 전극을 붙여 여기에 전지와 전류계를 연결하고 수십마이크로암페어[μA]의 전류를 흐르게 한다. 이때 조사받는 사람에게 여러 가지 질문을 통해 정신적인 자극을 주어 반응을 살피게 된다. 만약 용의자가 거짓말을 한다면 피부의 땀샘세포가 반사적으로 작용하여 피부의 전기저항이 감소하면서 전류는 증가한다.[12] 이때 1, 2초에 반응이 일어나고 2, 3초에서 전류가 최대로 된 후 서서히 돌아간다. 물론 거짓말탐지기가 100% 거짓말을 잡아내는 것[13]은 아니다. 더구나 반사회적 인물이나 정보기관요원들에게는 거짓말탐지기가 통하질 않는다. 그래서 법정증거로는 채택할 수 없고 참고자료로만 활용된다.

| 거짓말탐지기 |

여름철에 많이 볼 수 있는 전기파리채나 전기살충기 등도 역시 감전을 이용해 유해곤충을 잡는 데 사용한다. 시골에서는 멧돼지와 고라니 등 야생동물로 인해 농토가 훼손되는 것을 막고자 전기울타리(electrical fence)[14]를 많이 설치하기도 한다.

| 전기울타리 주의표지 |

[11] 일반인은 맘대로 구매할 수 없고 경찰의 주문에 의해서만 구매가 가능하다. 가격은 2000~3000만 원선으로 중형차 한 대 값이다.

[12] 이를 전기피부반사 또는 전기정신현상이라 한다.

[13] 중앙경찰학교의 김복준 교수에 따르면 정확도는 약 90% 이상이라고 한다.

[14] 전기목책기라고도 한다.

2 감전이 일어나면 어떻게 해야 하는가?

전기기술자들은 작업할 때 2인 1조로 많이 한다. 전기작업 특성상 사다리에서 작업하는 고소작업이 많고 전선배선 시에도 둘이 하는 것이 효율적이기 때문이다. 특히 만약의 사고를 대비해서 2인 1조로 활동한다. 만일 누군가 전기에 감전됐다면 어떻게 해야 할까? 감전은 항상 조심해야 하고 만약을 위해서라도 이 부분은 꼭 숙지하길 바란다.

1 선조치 후 신고

감전 중인 것을 보면 제일 먼저 해야 할 일이 분전반에서 차단기를 내려 더 이상 전류가 흐르는 것을 막아야 한다. 이를 위해서 자신이 작업하고 있는 공간의 분전반 위치가 어디인지 알고 작업을 해야 한다. 분전반은 단순히 차단기가 모여 있는 곳이 아닌 전기를 제어할 수 있는 공간이다. 가정에서도 분전반이 어디 있는지, 또 분전반 뚜껑을 항상 열어 둘 수 있게 해두어야 한다.[15] 만일 전원을 차단할 수 없는 상황에서 감전이 심해지면 교착상태가 생기게 된다. 이때 감전당한 사람이 스스로 떨어지고 싶어도 떨어지지 못한 상태가 된다. 이때에는 주변사람이 감전당한 사람을 도체에서 떨어지게 도와주어야 한다. 중요한 점은 직접 손을 잡는 등 인체를 접촉하거나 도체로 된 막대기 등으로 감전 중인 사람과 접촉한다면 함께 감전이 된다. 따라서 나무막대기와 같은 절연소재를 이용해 감전 중인 사람을 구하거나 힘껏 몸으로 감전 중인 사람을 쓰러트려서라도 도체랑 떨어지게 해주어야 한다.

> 15 인테리어 공사 시 이를 간과하기 쉬운데 만약 전기고장 시 분전반에서 작업이 어려울 수 있다.

2 의식을 잃지 않기 위한 조치

감전이 심한 경우에는 위와 같은 조치를 취한 후 119에 신고를 한다. 단, 119 구급대가 도착할 때까지 의식이 없다면 계속 심폐소생술을 실시하고 의식이 있다면 주소, 전화번호 등을 계속 물어보면서 의식이 사라지지 않게 신경을 쓴다. 아울러 근처에 담요나 옷가지 등으로 환자의 몸을 덮어 체온이 떨어지지 않도록 신경 써야 한다.

3 감전을 예방하는 방법은?

1 감전의 다양한 원인

감전은 전기가 흐르는 도체에 사람이 닿아 생기는 현상 정도로 알고 있는 경우가 많다. 물론 이러한 경우가 감전사고의 대부분을 차지하지만 보다 다양한 원인이 있다.

(1) 전기회로나 누전되고 있는 물체와 접촉해서 감전이 일어나는 경우

이러한 경우는 주로 전자제품을 사용하다 감전당하는 경우가 많다. 과거에는 세탁기로 인한 감전사고가 흔했다. 이는 따로 접지도 안 되어 있는 상태에서 세탁기몸체가 철로 된 도체이고 여기에 젖은 손으로 세탁기를 만지다가 감전이 되는 것이다.

(2) 공기처럼 원래는 절연물체였던 것이 절연이 파괴되어 방전됨으로써 감전되는 경우

보통 고압선감전이 이러한 경우인데 특별히 사람이 도체에 접촉하지 않아도 도체

인근에 있으면 공기절연이 파괴되어 사람에게 고압전류가 흐르게 된다. 그래서 고압선은 안전 간격(이격거리)으로 작업 시에 어느 정도 떨어진 상태에서 하게 된다.

(3) 전자제품 내부 커패시터 또는 비슷한 성질을 갖는 물체에 전압이 발생, 이에 접촉해서 감전되는 경우

디지털카메라 및 스마트폰의 대량 보급으로 인해 현재는 많이 보기 어려워졌지만 불과 몇 해 전만 해도 일회용 카메라가 많이 판매되었다. 일회용 카메라는 다 사용 후 현상소에 잘 맡겨 사진을 인화시키면 되지만 호기심에 뜯어보다가 감전이 되는 경우가 있다.[16] 마찬가지로 전자제품을 뜯을 때도 잘못 만지면 내부 커패시터에 의해 감전이 될 수 있다.

[16] 이는 카메라의 플래시를 충전하기 위해 내부 커패시터에 고전압으로 전하를 유도하는 작용이 있기 때문이다.

2 감전 예방 10계명

감전은 다른 사고에 비해 발생률이 높지는 않지만 한 번 발생하면 매우 치명적이다. 전기가 없는 곳이 없으므로 항상 감전에 노출되어 있다는 생각 아래 감전을 예방할 수 있는 방법을 아는 것은 매우 중요하다. 이에 감전을 예방할 수 있는 방법 10가지를 알아보자.

(1) 제1계명 : 누전차단기를 반드시 설치, 월 1회 테스트버튼으로 정상 유무 판단하기

전기로부터 우리의 생명을 지켜주는 누전차단기는 반드시 설치해야 한다. 하지만 이 또한 언제든지 고장이 나거나 수명을 다 할 수 있기에 정기적으로 월 1회 테스트버튼을 눌러 작동하는지, 안 하는지 확인해야 한다. 만약 전기가 정상적으로 차단되지 않으면 누전차단기의 고장이니 서둘러 교체를 해야 한다. 욕실이나 지하실 같이 습기가 많은 공간에서는 고감도 누전차단기를 권장한다.

(2) 제2계명 : 젖은 손으로 전기플러그를 꽂거나 뽑지 말기

원래 순수한 물은 전기가 흐르지 않는다. 그러나 우리의 몸은 약간의 나트륨을 포함하고 있다. 물에 나트륨이 들어 있으면 이온화가 되어 그 자체가 도체가 된다. 즉, 우리 몸은 철이 아니어도 전기가 흐를 수 있는 도체이다. 건조할 때 피부의 저항은 500Ω 정도부터이다.

하지만 우리의 몸이 물이나 땀에 젖으면 이 저항값은 크게 떨어진다. 저항값이 떨어지면 전류가 흐르기 쉽게 된다. 그래서 젖은 손으로 전기플러그를 꽂거나 뽑지 말라는 것이다. 그만큼 감전의 위험이 증가하기 때문이다. 당연한 이야기겠지만 물속에 들어가서 전기기기를 사용하거나 전자제품을 물속에서 동작시키는 행동은 자살 행동이다.

(3) 제3계명 : 접지공사를 반드시 하기

접지의 목적 중 하나가 바로 전자제품 등에서 발생하는 누설전류를 대지로 흘려보내기 위한 것이다. 일종의 전기의 하수구 같은 개념인데 접지가 제대로 안 되어 있으면 전기기기에서 미세하게 전류를 느낄 수 있고 운이 없으면 이러한 미세한 누설전류로 감전[17]을 당할 수 있다. 접지 역시 감전으로부터 우리의 생명을 지켜주는 역할을 한다. 특히 습기와 관련된 가전제품(세탁기, 냉장고, 비데, 온수기 등)은 접지를 반드시 하는 게 좋다. 접지가 힘들다면 누전차단기를 달아두는 것도 방법[18]이다.

(4) 제4계명 : 전기, 전자제품의 고장은 가능한 전문가에게 수리를 요청하기

가끔 전등이 안 들어오거나 콘센트에서 전기가 안 들어온다고 스스로 수리를 해보겠다고 하다가 감전되는 경우가 있다. 전기작업할 때는 반드시 분전반 속의 차단기를 내리고 전류가 완전히 차단된 다음 작업을 한다. 전등을 교체할 때는 스위치만 내리고 하는 경우도 있는데 이는 확실한 방법이 아니다. 전등이 다른 콘센트와 전원이 함께 물려 있다면 이곳을 통해 돌아오는 전류로 인해 감전이 될 수 있다. 전기기술자들이 전기수리에 앞서 분전반부터 찾는 것이 괜히 그러는 것이 아니다. 인테리어공사 시 전기공사도 가능한 전문가[19]를 고용해서 하자. 아이러니하게도 감전으로 인한 사상자가 가장 높은 비율은 우리가 흔히 쓰는 220V이다. 인테리어의 끝판왕이 전기이고 전기가 어렵다는 것은 누구나 알지만 무모한 용기와 어쭙잖은 전기 관련 지식으로 전기를 대하는 것은 목숨을 가지고 도박하는 것과 같다. 만약 하게 되더라도 반드시 절연(고무)장갑과 절연화 등을 갖추자. 마찬가지로 전자제품을 스스로 수리한다고 함부로 분해해서도 안 된다. 전자제품은 수많은 커패시터에서 전하를 가지고 있고 이러한 전하가 흐르는 전류 때문에 감전될 수 있기 때문이다. 특히 전원부를 담당한 커패시터의 경우 교류 못지않은 고전압에 잔류전하량도 많기 때문에 잘못 만지면 기절할 정도로 감전이 될 수 있다. 이 분야에 대해서는 무조건 전문가를 부르는 것이 감전의 위험으로부터 그리고 정신건강을 지킬 수 있는 방법이다.

(5) 제5계명 : 고장 난 전자제품은 빠른 시간 내 수리하기

전자제품은 영구적으로 사용할 수 없고 고장이 나는 경우가 있다. 작동이 제대로 안 되거나 눈으로 보이는 고장이라면 다행이지만 평소와 달리 이상한 소리가 나는 등의 고장이면 전기적인 문제일 수 있다. 혼자 스스로 고쳐보려다가 더 고장 나고 전기적으로 위험할 수 있으니 빠른 시간 내 AS기사를 부르자. 특히 습기와 관련된 가전제품(세탁기, 냉장고, 비데, 온수기 등)은 고장으로 인한 감전 가능성도 높으니 문제가 생기면 즉시 수리를 해야 한다.

---

[17] 특히 주방, 욕실과 같이 습기가 많아 인체저항이 떨어지는 곳에서는 미세한 누설전류도 매우 위험할 수 있다.

[18] 누전차단기가 접지를 대체할 수 있는 것은 아니지만 누전차단기가 설치되어 있으면 접지를 생략해도 된다는 접지공사 생략기준이 있다.

[19] 전기공사기술자 경력수첩 보유자를 말한다.

(6) 제6계명 : 일기예보에서 비와 뇌우는 특별히 신경 쓰기

감전은 습기 때문에 그 피해가 더 커진다. 예를 들어 맑고 건조한 날 감전으로 매우 기분이 나쁜 경험이 있다면 같은 전류량으로 비 오는 날 감전당하면 죽을 수도 있다. 바닥이 젖어 있다는 것만으로도 감전위험은 매우 높다.[20] 저지대나 지하층에 거주하는 경우 비가 많이 오면 침수가 되는 경우가 있는데 이때는 차단기를 반드시 내려야 한다. 특히 비가 많이 오면 벼락으로 인한 감전의 경우도 있는데 이를 대비하고자 안전하게 건물 안이나 자동차 안 또는 가능한 낮은 지대에 있도록 하자. 거리를 다닐 때는 가로등이나 전봇대 주변 또는 쓰러진 간판주변 등은 피하도록 하자. 마찬가지로 지중화구간의 경우 지중화패드나 지중화맨홀로부터 떨어져서 걷도록 하자.

[20] 젖어 있는 바닥에 서 있거나 비에 맞아 젖으면 우리 몸의 저항은 크게 낮아지기 때문이다.

(7) 제7계명 : 야외 고소작업 중 전봇대와 전선에 주의하기

간판작업이나 사다리차를 통해 물건 등을 나를 때는 특별히 전봇대를 신경 써야 한다. 특히 전봇대의 고압선로에 흐르는 전압은 22.9kV의 특고압으로 접근한계거리가 30cm이다. 이는 사람이나 도체가 직접 전선에 닿지 않아도 전선으로부터 30cm 이내에 전류가 유도되어 함께 전류가 흐른다는 뜻이다. 이는 사람이 전선에서 30cm 이내에 있으면 감전된다는 것이다. 전봇대에 올라가는 행동 역시 매우 위험하다. 건물 외부 높은 곳에서 작업할 때는 전기안전에 특별히 신경을 써야 한다. 전봇대가 높은 이유는 키를 자랑하기 위해서가 아니다. 안전을 위해서다. 참고로 전봇대나 송전탑과 같은 특고압의 안전거리는 다음과 같다.

| 충전부에 대한 안전거리 |

충전부 선로전압[kV]	접근한계거리[cm]	안전거리[cm]	활선접근거리[cm]	활선애자청소[21] 간격(이격거리)[cm]
22.9	30	30	75	100
154	140	160	160	200
345	220	350	350	300
765	–	730	730	–

[21] 애자가 오염되면 절연이 약해지기에 정기적으로 고압으로 물청소를 한다.

(8) 제8계명 : 전기재료를 구입할 때 합리적인 가격의 제품을 구입하기

집안에서 전기를 이용할 수 있게 해주는 제품인 스위치나 콘센트와 같은 것을 전기재료라고 한다. 이렇게 눈에 보이는 것 외 전선도 전기재료 중 하나이다. 분전반 속에 있는 차단기들도 마찬가지이다. 소비자가 물건을 선택할 때 중요하게 고려해야 하는 사안 중 하나가 '가격'이다. 그러나 이 전기재료 역시 싸고 좋은 것은 없다. 싸게 판매한다는 것은 제품을 제조하는 데 있어 원가절감을 위해 싸구려부품을 사용했거나 소재 자체가 저질 등으로 분명히 이유가 있다. 이러한 전기재료에게 안전을 담보할 수 있을까? 반드시 KS인증을 받고 전기기술자들이 자주 사용하는 브랜드제품을 사용하는 것이 현명하다. 전기기술자들은 전기재료를 사는 데 특별히 돈을 아끼지 않는다. 괜히 이름 없는 제품을 사용했다가 문제가 되면 곤란하기 때문이다. 대형 할인매장에서 판매하는 제품의 경우 가격이 싸게 보여도 안전을 위해 몇 푼 아끼려다 더 큰 문제를 일으킬 수 있다. 좋은 전기재료란 KS인증을 받고 전기기술자들이 즐겨 사용하는 재료로 이를 고르는 것만으로도 감전사고의 확률을 줄일 수 있다.

(9) 제9계명 : 아이가 있는 가정에서의 전기안전장치 구입하기

호기심이 많은 아이들에겐 돼지코 같이 생긴 220V 콘센트구멍이 신기하게 보일 수 있다. 이 돼지코 속에 뭐가 있을까? 궁금해하며 콘센트구멍에 젓가락이나 쇠꼬챙이를 집어넣는 경우가 있다. 특히 양쪽에 모두 넣게 되면 아이의 몸은 전자제품과 같이 부하가 된다. 즉, 감전이 된다는 것이다. 더욱 큰 문제는 이런 감전은 누전차단기가 인식을 못하는 정상적인 상황[22]으로 본다는 것이다. 따라서 전류가 차단되지 않기에 훨씬 위험하다. 특히나 바닥이 젖어 있다면 더욱 위험하다. 아이들을 키우는 집에서는 반드시 사용하지 않는 콘센트에 콘센트 안전커버를 꽂아 놓도록 하자.

(10) 제10계명 : 손상된 전선은 가능한 멀리하기

집 내외부의 많은 전선 중엔 과부하나 오래되어 전선이 열화되고 손상된 경우가 있다. 집 내부의 경우는 전자제품의 플러그를 직접 잡지 않고 줄을 잡아당기는 방식으로 사용하다 단선되는 경우가 많다. 그래서 전기플러그를 뽑을 때는 반드시 건조한 손으로 플러그를 직접 잡고 뽑아야 한다.[23] 그리고 집 주변에 전선이 어딘가 손상된 모습을 보이거나 이상한 소리가 나면 한전(전화번호 123)이나 전기공사업체에 연락을 해야 한다.

---

22 들어오고 나오는 전류의 양이 차이가 없기에 차단기는 정상으로 판단하는 것이다.

23 코드선을 잡고 뽑으면 코드선 내부의 연선이 일부 끊어지는 반단선이 생긴다. 이로 인해 접촉면적이 작아지고 접촉저항이 커지면서 열이 발생해 화재가 날 수 있다.

여기서 잠깐!
전자제품의 방진·방수등급은 어떻게 나누어지는가?

전자제품은 습기에 매우 취약하다. 습기로 인해 전자제품의 수명이 단축되거나 고장이 나기도 하며 감전의 위험도 있다. 특히 습기가 많은 장소인 욕실이나 실외에 두고 사용하는 전자제품의 경우는 물기에 닿을 가능성이 매우 높기 때문에 애초에 방수를 설계하고 제조하게 된다. 대표적인 제품이 비데나 에어컨 실외기이다. 보통 방수가 되는 제품은 먼지로부터 보호가 되는 방진기능도 함께 되는 경우가 많은데 먼지가 물보다 입자가 큰 경우가 많기 때문이다. 이러한 기준을 나누는 것을 IP등급이라고 한다.

국제보호등급(International Protection marking)이라고 하는 IP등급은 다른 말로 IP코드, 방진·방수등급, 방수·방진등급, 인그레스 보호등급(Ingress Protection marking) 등이라고 한다. 이는 전압이 72.5kV를 초과하지 않는 전기기기 외곽의 방진 및 방수 보호등급을 분류한 것이다. 따라서 손목시계 등은 IP등급으로 분류하지 않는다.

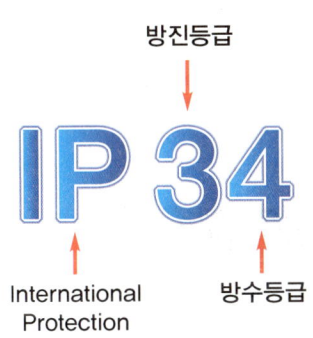

| IP등급의 개념 |

왼쪽의 그림은 IP등급으로 2개의 숫자가 적혀 있는 것을 볼 수 있다. 앞에 나온 3이라는 숫자는 고체(외부물질, 먼지 등)로부터 보호되는 방진등급, 뒤에 나온 4라는 숫자는 액체로부터 보호되는 방수등급이다. 이 숫자가 크면 클수록 방진·방수 효과가 더 크다고 볼 수 있다. 과거에는 이 뒤로도 '기계충격저항등급'을 나타내는 숫자가 하나 더 있었지만 요즘엔 쓰지 않는 추세이다.

또한 IP등급은 전자제품 외부에 대한 등급이기도 하다. 외부를 보호하는 이유는 내부에 특별한 방진·방수를 설계하기 어렵기 때문이다.

여기에서 중요한 점이 한 가지 있다. IP등급을 표기하면서 'X'라는 단어를 표기하는 경우로, 예를 들어 어떤 비데의 IP등급이 IPX6이라고 방진등급에 'X'라고 한 것이다. 그렇다면 먼지로부터 보호가 되지 않는다고 판단하면 되는 것일까? 이는 방진등급을 위한 테스트를 하지 않았다는 것을 말한다. 마찬가지로 IP3X 등급이면 방진등급은 3등급이지만 방수테스트는 하지 않았다는 것이고 숫자 0을 표기하는 경우는 보호가 전혀 되지 않는다는 뜻이다. 즉, IPX0라면 방진테스트는 하지 않았고 방수테스트 결과 물로부터 전혀 보호받지 못한다는 것을 말한다. 그리고 IP등급을 적을 때는 바(-)를 사용하지 않는데 이는 국제약속으로 IP-34, IPX-2 이런 표기는 잘못된 것이다.

IP방진등급과 방수등급은 한국산업기술시험원의 부속센터인 방폭기술센터에서 분류를 하고 있다. 이에 대한 기준은 다음과 같다.

여기서 잠깐!

| IP 방진·방수등급 |

구분	방진등급	구분	방수등급
IP1X	손등이 위험부분으로 접근하는 것에 대한 보호 (지름 50mm 이상의 외부먼지(분진)에 대한 보호)	IPX1	수직으로 떨어지는 물방울에 대한 보호
IP2X	손가락이 위험부분으로 접근하는 것에 대한 보호 (지름 12.5mm 이상의 외부먼지(분진)에 대한 보호)	IPX2	외곽이 15° 이하로 기울어져 있을 경우, 수직으로 떨어지는 물방울에 대한 보호
IP3X	공구가 위험부분으로 접근하는 것에 대한 보호 (지름 2.5mm 이상의 외부먼지(분진)에 대한 보호)	IPX3	물 분무에 대한 보호, 수직에서 ±60° 분무
IP4X	전선이 위험부분으로 접근하는 것에 대한 보호 (지름 1.0mm 이상의 외부먼지(분진)에 대한 보호)	IPX4	물 튀김에 대한 보호, 수직에서 ±180° 분무
IP5X	전선이 위험부분으로 접근하는 것에 대한 보호 (먼지 보호)	IPX5	물 분사에 대한 보호, 가장 취약한 부위에 분무
IP6X	전선이 위험부분으로 접근하는 것에 대한 보호 (방진)	IPX6	강한 물 분사에 대한 보호, 가장 취약한 부위에 분무
–	–	IPX7	일시적인 침수의 영향에 대한 보호
–	–	IPX8	연속 침수의 영향에 대한 보호

 방수·방진등급은 제조사에서 자체 마케팅을 위해 임의로 측정·발표하는 것이 아니다. 이는 한국산업기술시험원의 부속센터인 방폭기술센터에서 테스트를 하여 발표하고, 소비자는 비대칭 정보로 인한 피해를 줄일 수 있다. 일반적으로 비데의 경우 IPX6등급을, 실외에 설치하는 전기자동차 충전기의 경우 IPX4 이상의 방수등급을 가지고 있다.

 그러나 이러한 테스트도 맹점이 하나 있다. 최근에 나온 스마트폰과 같은 초정밀 전자제품이 IP68등급이라 하는 최고의 등급을 받았다고 광고를 하는 경우가 있다. 그러나 테스트에서 사용하는 물은 증류수와 같은 담수이므로 음료수나 바닷물, 염소 처리된 물에서의 방수품질은 보증할 수 없다. 또한 제품의 전원을 끄거나 대기모드 상태에서 테스트하기 때문에 전원이 들어온 상태에서의 결과와 끓는 물이나 얼음, 막 녹은 차가운 물과 같이 극단적인 상황에서 온도의 결과를 보증할 수 없다. 수압과 수심 역시 중요하다. IP68등급의 스마트폰은 물속에 두어도 고

| 방수 스마트폰 광고 |

장이 나지 않지만 정작 샤워기에서 나오는 물로 인해 고장이 날 수 있다. 이는 테스트가 1등급부터 시작해 차근차근 올라가는 구조가 아니라 제조사가 6등급으로 테스트하고 싶으면 6등급에 맞는 테스트를 실시하지 그보다 낮은 1, 2, 3, 4, 5등급 테스트는 하지 않기 때문이다. 따라서 IP등급은 일종의 참고자료 정도로 확인해야 하지 이를 실제로 스스로 테스트를 해보겠다고 해당 제품을 물에 담그는 등의 행위는 자칫하면 감전 등의 위험을 초래할 수 있다.

| 전기설비를 방수와 방진으로부터 보호해주는 하이박스 |

한편 전기설비 역시 물이나 먼지로부터 취약하다. 물은 누전이나 감전의 원인이 되기도 하고 먼지는 그 자체가 발화의 원인이 되기도 한다. 따라서 이런 것들로부터 작은 전기설비 즉 차단기, 계량기, 스위치, 릴레이 등을 보호하기 위해 하이박스를 설치하는 경우가 있다. 하이박스는 ABS나 PVC 소재로 되어 있고 방수·방진이 뛰어난 것이 그 특징이다. 그뿐 아니라 다양한 크기로 견고하게 제작되며 가격도 저렴한 편이다. 내부에 전기설비를 깔끔하게 설치가 가능하도록 속판이 분리 가능하며 하이박스 자체도 설치가 쉬운 편이다. 보통 불투명 제품이 많은 편이지만 투명 커버로 덮여 있는 제품도 있다. 실외에서 비등으로 인한 방수 목적으로 사용하는 경우가 많지만 실내에서 방진을 목적으로 설치하는 경우도 있다. 다만 전선이 지나가는 공간에 뚫어 놓은 구멍으로 인해 침수 가능성이 있으므로 반드시 실리콘으로 마무리를 해줘야 한다.

06 조명을 구입할 때 알아야 할 것은?

KEY WORD 조명, 광속, 조도, 휘도, 실지수, 색온도, LED 조명의 종류, 레일등, 레이스웨이, 센서등, 재실감지기

학습 POINT
- 조명의 밝기와 적당한 개수는 어떻게 구해야 하는가?
- 색온도란?
- LED 조명의 종류는?

실내가 어두워지면 자연스럽게 찾게 되는 것이 조명(照明, lighting)이다. 전기가 탄생하고 조명이 발달함에 따라 인류는 밤이라는 개념을 완전히 새롭게 했다. 조명은 인류사회에서 가장 필요한 전기를 이용한 제품이고 과거와 현재에도 생산되어 왔으며, 미래에도 계속 생산될 것이다.

과거의 조명은 어두운 공간을 환하게 해주는 역할이 주였다면 현재는 조명 자체가 인테리어 도구로 활용되고 있다. 그런데 많은 사람들이 조명을 선택할 때 특별한 기준이 없거나 외양만 보고 고르는 경우가 있다. 그것이 잘못된 것은 아니지만 좀 더 현명하게 조명을 선택하는 방법을 알아보자.

1 조명의 밝기와 적당한 개수는 어떻게 구해야 하는가?

1 광속의 개념

사람들마다 어떤 대상에 대해 보는 바가 주관적으로 다르다 해도 정상적인 시력을 가진 사람들 대다수가 비슷하게 느끼는 것이 있다. 바로 '조명의 밝기'라는 개념이다. 호롱불은 누구나 어둡다고 느끼는 반면 태양빛은 너무 밝아 제대로 태양의 모습을 보기 어렵다. 그런데 이러한 밝기에 대해 객관적인 수치로 나타낸 것이 광속이다.

광속(光束, luminous flux)[1]의 정의는 복사에너지를 눈으로 보았을 때 빛으로 느껴지는 크기를 나타낸 것으로 광원으로부터 발산되는 빛에너지의 양을 말한다. 기호로는 F, 단위는 [lm](루멘)을 사용한다.

[1] 빛의 속도를 뜻하는 광속은 한자로 光速으로 빛의 밝기와는 전혀 다른 의미이다. 빛의 밝기를 '광선속'이라고도 한다.

과거 백열전구는 매우 간단한 전기적 구조로 되어 있기 때문에 백열전구의 밝기를 나타낼 때 소비전력의 단위인 [W](와트)를 사용[2]했다. 그런데 백열전구 이후 조명기술이 발달하여 형광등, LED가 생겨남에 따라 단순히 소비전력의 단위인 [W]로는 조명의 밝기를 이야기하기 어려워지게 되었다. 즉, 백열전구 30W와 LED 전구 30W를 같은 환경에서 비교를 하면 LED 전구 30W가 훨씬 더 밝은 것과 같다. 같은 종류의 조명이라면 [W](와트)가 높은 제품일수록 더 밝다고 볼 수 있다. 전반적으로 광속은 조명의 소비전력과 비례관계이다.

| 국내에서 단종된 백열전구 |

[2] 과거에는 촛불 몇 개라는 개념으로 '촉'이라는 단위도 많이 사용했다. '조명도'라고도 한다.

2 조도와 휘도의 개념

같은 광속의 조명을 달아도 장소에 따라 밝기가 같을 수는 없다. 그 이유는 빛을 받는 곳의 면적이 모두 다르기 때문이다. 이렇게 면적을 감안한 빛의 밝기를 조도(照度, illumination)[3]라고 한다. 조도의 기호는 E, 단위는 [lx](럭스)[4]를 사용한다.

어느 조명을 구입하더라도 광속은 알 수 있어도 조도는 알 수 없다. 왜냐하면 빛이 받는 면적에 따라 조도가 달라지기 때문이다. 조도를 구하는 공식은 다음과 같다.

$$\text{조도}[lx] = \frac{\text{광속}[lm]}{\text{면적}[m^2]}$$

[3] 빛의 대상 기준으로 입사하는 빛의 양이다.

[4] 대문자 L 또는 Lx, lux로 표기하기도 한다. 발음 역시 '룩스'라고도 한다.

같은 공간의 실제 밝기인 조도를 2배 더 올리고 싶으면 단순히 광속이 2배 더 밝은 조명을 구입할 것이 아니라 4배 더 밝은 조명을 구입하여야 한다. 왜냐하면 면적의 개념이 제곱이기 때문이다.

예를 들어 500lm의 LED 전구를 하나 구입했는데 가로와 세로 길이가 각각 2m인 욕실에서 사용한다고 하면 조도는 다음과 같이 구할 수 있다.

$$E = \frac{500}{2 \times 2} = \frac{500}{4} = 125 lm$$

공간에 따른 조도의 기준도 있다. 해당 공간의 면적을 알고 구입하고자 하는 조명의 광속을 여기에 맞게 구입한다면 쾌적한 실내공간이 될 것이다.

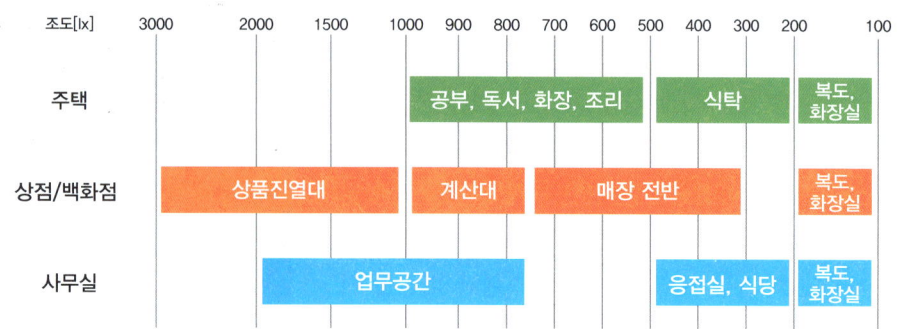

| 공간별 요구되는 조도의 범위 |

모든 조명이 광속을 반드시 표기하지 않는다. 그러다 보니 조명을 선택할 때 광속을 알 수 없어 구입에 망설여질 때가 있다. 최근에 많이 출시되는 LED 조명을 기준으로 집안공간별 추천할 만한 소비전력은 다음과 같다.

| 집안 내 공간별 LED 조명기준 |

집안 내 공간(20~40평대)	LED 조명기준[W]
현관 및 욕실 조명	15~40
거실조명	75~180
주방조명	25~75
식탁조명	10~60
침실(안방)조명	50~75
서재 · 공부방조명	50~75

| 용도별 적정 조도 |

용도	조도[lx]	용도	조도[lx]
사무실	700~1000	극장	20~40
학교	400~1200	공장	1500~3000
병원	750~1500	철도역사	300~750
상점	750~1000	공원	10~30
미술관	300~750	광장	20~50
공공회관	500~750	지상통로	75~250
주택	300~750	옥외주차장	30~75
미용실	750~1500	옥내주차장	80~150

조명에 따라 '고휘도제품'으로 표기하는 경우가 있다. 휘도(輝度, luminance)란 눈이 부시는 정도[5]를 나타내는 것으로 조명 그 자체의 발광뿐만 아니라 다른 것에 반사되어 빛나는 2차적인 밝기를 말한다. 고휘도제품일수록 눈부심이 심해 불편할 것 같지만 정밀한 작업이 필요한 공간에서는 오히려 장점이 된다. 일반적으로 휘도는 공간의 전체적인 인상으로 밝고 어둡기를 느낄 수 있는 단위이기도 하다. 따라서 공간이 전체적으로 환한 인상을 주고 싶으면 고휘도조명을 선택하는 것이 좋다.

[5] 휘도의 사전적 정의는 광원을 임의의 방향에서 바라본 수직투영면적당의 광도로서 광원이 빛나는 정도를 말한다.

3 실지수와 적절한 조명의 개수 산정

일반적인 가정에서는 구역마다 보통 조명이 1~2개 정도 달려 있다. 그리고 이걸로도 충분히 어두워진 공간을 밝힐 수 있다. 그러나 상점이나 사무실 같은 경우처럼 면적이 넓은 경우에는 1개만 달아서는 부분적으로만 환하기 때문에 복수의 조명을 달아야 한다.

이때 적절한 조명의 개수를 선택할 때 대다수 사람들은 어림짐작으로 몇 개 정도 달면 된다고 생각했다가 나중에 생각보다 밝지 않아 낭패를 겪는 경우가 있다. 그래서 적절한 조명의 개수를 산정하는 것은 중요하다. 적절한 조명의 개수를 구하기 위해선 먼저 실지수의 개념을 알고 있어야 한다. 실지수[6](室指數, room index)란 공간의 실내조명을 계산할 경우 조명기구의 이용률을 구하기 위한 하나의 지수를 말한다. 이는 다음과 같은 간단한 공식에 의해 구한다.

[6] 방지수라고도 한다.

$$실지수 = \frac{공간\ 가로길이[m] \times 공간\ 세로길이[m]}{(공간\ 가로길이[m] + 공간\ 세로길이[m]) \times 등높이[m]}$$

실지수공식에서 중요한 점은 등높이이다. 등높이의 개념은 단순히 천장에서 바닥까지의 단순한 높이가 아니라 조명이 실제 발광하는 부분에서 비치는 공간까지의 높이이다. 바닥에 책상이 있다고 하면 그 책상높이만큼 바닥에서 올라온 것이기 때문에 등높이는 그만큼 낮아진다.[7] 실제로 조명의 개수는 다음과 같이 구한다.

[7] 예를 들어 바닥에서 천장까지 높이가 2.5m이고 책상높이가 0.5m라면 등높이는 2.5-0.5=2m가 된다.

$$조명의\ 개수(N) = \frac{조도(E) \times 면적(A)}{광속(F) \times 조명률(U) \times 보수율(M)}$$

조명률(U)은 따로 표를 통해서 구해야 한다. 조명률의 값을 구하기 전에 천장, 벽의 반사율을 대략적으로 파악해야 한다. 천장이나 벽을 흰색과 같이 밝은색으로 할 때는 반사율이 그만큼 높다. 이를 통해 조명률값을 구하면 다음과 같다.

반사율	천장	80				70				50				30				0
	벽	70	50	30	10	70	50	30	10	70	50	30	10	70	50	30	10	0
	바닥		10				10				10				10			0
실지수		조명률(×0.01)																
0.6		49	38	31	26	48	37	30	26	45	36	30	26	44	35	30	25	24
0.8		58	47	40	35	56	47	40	35	54	45	39	35	52	44	39	44	33
1.0		64	54	47	42	62	53	47	42	60	52	46	41	57	50	45	41	39
1.25		69	60	54	48	68	59	53	48	65	58	52	48	62	56	51	47	45
1.5		73	65	59	54	71	64	58	53	69	63	57	53	66	61	56	52	50
2.0		78	71	66	61	77	70	65	61	74	69	64	60	71	67	63	60	57
2.5		81	76	71	67	80	75	70	66	77	73	69	65	75	71	68	65	62
3.0		84	79	74	71	82	78	74	70	80	76	72	69	77	74	71	68	66
4.0		86	83	79	76	85	81	78	75	83	80	77	74	80	78	75	73	71
5.0		88	85	82	79	87	84	81	79	84	82	80	77	82	80	78	76	74
7.0		90	88	86	83	89	87	85	83	87	85	83	81	84	83	81	80	77
10.0		92	90	88	87	91	89	87	86	88	87	86	84	86	85	84	83	80

| 반사율을 통한 조명률값 |

먼저 세로축에 실지수를 확인한 후 가로축의 천장과 벽의 반사율에 해당하는 조명률을 찾는다. 실지수의 값이 표와 정확히 일치하지 않는 경우 가장 가까운 값을 기준으로 한다. 예를 들어 실지수가 0.95가 나오고 천장의 반사율이 70%, 벽의 반사율이 30%라고 하면 실지수는 1.0을 기준으로 반사율을 찾는다. 천장의 반사율 70%, 벽의 반사율이 30%에 맞는 조명률값은 47이 나온다. 그러나 이를 바로 공식에 대입하는 것이 아니라 실제 조명률값은 이 값에 0.01을 곱한 0.47을 대입해야 한다. 보수율(M)의 값은 새로 구입한 조명과 어느 정도 사용한 조명의 밝기가 차이가 날 수[8] 있으므로 이를 보정하는 값[9]이다. 이렇게 조명의 개수를 구하는 방법을 광속법에 의한 계산법[10]이라고 한다.

[8] 조명은 실제로 사용하는 도중에 점등시간이 경과함에 따라 광속이 줄어들고 먼지나 이물질 때문에 조명의 효율도 떨어진다. 보수율은 이러한 광속 감소나 효율 저하에 대해 저하되는 만큼을 예상하여 여유를 두는 것이다.

[9] 보통 0.75 정도로 설정한다.

[10] 이를 역산하면 조명의 개수를 통해 광속을 구할 수 있다.

2 색온도란?

1 색온도의 개념

조명을 선택할 때 밝기도 중요한 요소지만 색온도 역시 빼놓을 수 없는 요소이다.

조명의 색온도는 조명의 빛깔이 어느 색상인지를 나타내는 단위로 색온도가 높을수록 푸른빛을 띠며 낮을수록 붉은빛[11]을 띤다. 색온도를 나타내는 단위는 [K](켈빈)[12]을 사용한다.

11 ─ 이는 우주공간에 떠 있는 별과 비슷한데 별의 표면온도가 높을수록 푸른 별이며 표면온도가 낮을수록 붉은 별과 같다.

12 ─ 반드시 대문자 K를 사용한다.

| 색온도별 조명의 빛깔 |

색온도에 따른 조명의 빛깔은 위의 사진과 같다. 우리가 흔히 쉽게 구할 수 있는 조명은 2700K에서 7000K 수준이다. 그러나 조명을 구입할 때는 이러한 색온도를 제시하면서 구입하기보단 색온도에 맞는 OO색이라 이야기하면 쉽게 전달할 수 있다.

보통 조명을 구입할 때 가장 흔하게 볼 수 있는 색이 주광색(晝光色, daylight)이다. 주광색은 흰색빛이 진하다 못해 약간의 푸른빛이 느껴지기 때문에 매우 깔끔하게 보이는 색으로 사무실에서 많이 사용한다. 그런데 단어가 비슷한 주황색과 헷갈리는 경우가 있는데 주황색은 전구색을 말한다. 주광색이란 한낮의 햇빛과 비슷한 색상이다.

| 조명색상과 색온도의 관계 |

색상	색온도[K]
전구색	2700 ~ 3000
온백색	3001 ~ 4500
주백색	4501 ~ 5700
주광색	5701 ~ 7100

전구색은 과거 주로 사용했던 조명인 백열전구의 느낌이 나는 색상으로 따뜻한 분위기와 편안함을 느낄 수 있다. 주백색은 고급스러우면서 은은한 색상으로 눈이 가장 편하게 느끼는 색상이다. 집안의 메인등으로 두기에 가장 알맞다. 주광색은 사무실에서 많이 사용되는 색으로 선명하고 차가운 느낌의 흰색을 가진 색이다.

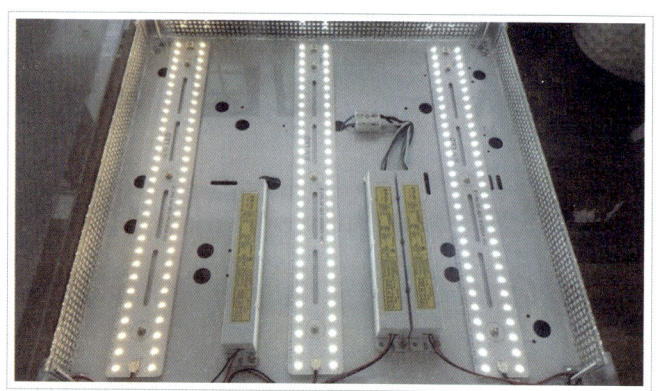

(a) 3000K, 전구색　　(b) 5000K, 주백색　　(c) 6500K, 주광색

| 조명색상의 종류 |

모든 LED 조명을 색상별로 생산하는 것[13]은 아니다. 가장 구하기 쉬운 색상부터 나열하면 주광색, 전구색, 온백색, 주백색의 순서이다. 가격도 수율 때문에 주광색이 가장 저렴한 편이다.

13 ─────
색상별로 생산하지는 않아도 하나의 LED 등기구에 2~3개의 색상을 선택할 수 있거나 색온도를 설정할 수 있는 LED 등기구를 시판 중이다.

2 카메라의 화이트 밸런스 기능

사람의 눈은 조명의 색온도가 어떻게 변해도 흰색을 흰색으로 인식한다. 그러나 카메라의 눈은 사람의 눈보다 정밀하지 못해서 주변의 색온도에 따라 흰색을 흰색으로 인식을 못하는 경우가 생기기도 한다. 극단적인 예지만 전구색 불빛 아래에서의 흰색과 주광색 불빛 아래에서의 흰색이 같은 흰색이라 인식을 못한다는 것이다.

카메라는 일반적으로 어느 정도까지 흰색을 인식하지만 이를 바로 인식하지 못할 경우 카메라가 찍는 대상의 색상이 실제 색상과 달리 왜곡되어 나타나는 현상이 생길 수 있는데 이를 보정하기 위한 카메라의 기능이 바로 화이트 밸런스(white balance)기능이다. 이를 이용하여 해당 조명의 색온도에 맞도록 설정하거나 맞는 색온도가 없다면 수동 화이트 밸런스기능을 통해 임의로 흰색을 카메라에 인식하게 할 수 있다. 잘 알아두면 요긴한 기능이긴 하지만 잘못 사용하면 전혀 다른 느낌의 색상으로 사진이 찍히기 때문에 어느 정도 색온도에 대한 개념을 이해하고 활용하면 좋다.

3 눈의 피로와 블루라이트

같은 광속을 가진 제품이라 해도 대체적으로 색온도가 낮을수록 좀 더 어둡게 보인다. 과거 백열전구를 쓰던 시절엔 색온도가 2700K에서 3200K 정도였지만 삼파장 램프로 바뀐 이후 약 5700K, 그리고 LED가 보급화가 되며 6500K 수준으로 색온도가 올라가면서 LED 조명은 밝긴 하지만 눈이 피로하다는 이야기까지 나오게 되었다. 이는 사람의 눈이 아직 조명의 색온도에 적응을 못했기 때문이기도 하고 더 밝게 느껴지기 때문이다.

특히 시중에서 구하기 힘든 1만K 이상의 색온도를 가진 제품은 계속 노출 시 눈의 피로가 가중되고 휴식이나 숙면에도 방해가 된다.[14] LED TV나 모니터, 그리고 스마트폰 등에서 발생하는 블루라이트(blue light)[15]는 조명에 거의 영향을 주지 않으면서도 눈의 피로를 가중시켜 시력 저하 및 안구건조증의 원인이 되고 있다. 그래서 이들 제품은 취침 전에 사용하지 말고 또 장시간 사용하지 말고 적당히 쉬어야 한다.

색온도와 블루라이트에 관한 연구 결과 6700K 이상의 색온도에서 블루라이트가 감지가 된다고 한다. 그래서 LED 조명이 너무 눈이 부시거나 피로하면 6700K 이하의 주광색 제품을 구입하거나 주백색 등 다른 색의 LED 조명으로 대체하는 것이 좋다.

조명기기는 얼핏 보기엔 단순해 보여도 의외로 정밀한 전기기기이다. SMPS[16]가 교류 220V, 주파수 60Hz의 전력을 조명에 잘 전달해준다 하더라도 일부 저가형의 경우 품질이 조잡스러워 LED 조명에 플리커(flicker)라고 하는 잔떨림현상이 생길 수 있다. 예민한 사람은 이를 육안으로 인식할 수 있으며 스마트폰의 카메라기능 중 슬로모션기능을 이용해 LED 조명을 바라보면 액정에서 잔떨림이 보일 수 있다. 이로 인해 눈의 피로를 느끼는 경우가 있는데 이런 것을 대비해 다소 고가이지만 플리커 프리(flicker free)제품을 이용하는 것도 눈의 피로를 줄일 수 있다.

아울러 LED 조명을 설치할 때는 반드시 차단기와 스위치를 내리고 작업하되 이후 전원을 넣은 상태에서 테스트를 한다고 커버(글로브)를 제거한 채 직접 LED 모듈을 바라보는 것은 삼가야 된다. 이 잔광이 눈에서 오랫동안 남아 눈에 큰 자극을 주므로 LED 조명 설치 이후 커버(글로브)까지 완전히 조립한 후 사용해야 한다.

14 ─ 초창기 LED 조명은 무조건 밝게 만드는 게 최선이라고 해서 주광색이라 해도 색온도가 8000K을 넘는 제품이 매우 많았지만 최근 들어서는 전반적으로 색온도에 제한을 두는 편이다.

15 ─ 블루라이트란 컴퓨터 모니터·스마트폰·TV 등에서 나오는 파란색 계열의 광원으로, 380~500 나노미터 사이의 파장에 존재한다.

16 ─ SMPS(Switching Mode Power Supply)는 스위칭동작에 의한 전원공급장치를 의미하며 수십~수백[kHz]의 스위칭주파수로 인해 에너지 축적용 부품 등의 소형 및 경량화를 한 전기기기이다. 과거 형광등의 안정기와 같이 교류 220V, 60Hz를 해당 LED 등 기구에 맞는 직류 전압 및 전류로 변환해 준다.

| 눈의 피로의 주범 '블루라이트' |

3 LED 조명의 종류는?

조명을 구입할 때 거실등, 안방등은 그곳에 어울리는 등의 종류를 쉽게 고르지만 이외의 장소에서 걸맞는 등을 고를 때는 다양한 조명의 종류를 몰라 의뢰자나 시공자가 모두 답답해 하는 경우를 종종 보게 된다. 그래서 이번에는 요즘 각광받고 있는 LED 조명의 다양한 종류와 특징을 알아보도록 한다.

1 직접조명과 간접조명

| 직접조명과 간접조명을 함께 설치한 예 |

광원[17]으로부터 빛을 비추고자 하는 곳에 직접 비추는 조명방식을 직접조명(直接照明, direct lighting)이라고 한다. 상대적으로 적은 전력으로 높은 조도를 얻을 수 있어 효율적이긴 하나 해당 공간 전체에 균일한 조도를 얻기 어렵고[18] 빛을 받는 부분과 아닌 부분의 대비가 심해 눈부심이 일어나기 쉬우며 빛에 의한 그림자가 강하게 나타난다. 직접조명은 상대적으로 시공이 간단하고 천장이나 벽에 의한 반사율의 영향이 적다. 특정 물체나 액자 등을 비추는 스포트라이트(spotlight) 역시 대표적인 직접조명이다.

직접조명은 형태가 매우 다양하다. 특히 방 조명으로 사각형 모양의 조명보다 가격은 저렴하면서 밝기는 비슷한 기다랗게 생긴 FL램프[19]의 보급이 많이 이루어졌다.

---

[17] 광원(光源, light source)이란 빛을 내는 물체나 도구 또는 빛을 받아 그것을 반사하는 물체를 말한다.

[18] 광원 인근만 환한 경우가 많다.

[19] LED 기준 보통 30~35W 제품이 많고, 더 길고 50W 이상인 제품은 주차장등이라고 한다.

이를 응용해 열십자 모양(十)의 십자형 램프도 많이 볼 수 있다.

　최근 사무실에는 LED 조명으로 교체하면서 평판등[20]을 쓰는 경우가 많아졌다. 평판등은 매우 얇은 형태의 조명으로 미관상 깔끔하고 LED의 고유 장점인 전력소비가 적고 수명이 길다는 점에서 인기가 높아지는 중이다. 이러한 평판등 역시 직접조명의 대표적인 조명 중 하나이다.

　반면 간접조명(間接照明, indirect lighting)이란 조명에서 나오는 빛의 90% 이상을 벽이나 천장에 비추어 반사되어 나오는 빛을 이용하는 방법이다. 은은하고 무드 효과를 얻을 수 있으며 조도의 분포가 균등하여 음영이나 눈부심이 적다. 그러나 직접조명에 비해 조명효율이 떨어지고 시공 시 전기공사 외 목공 등 부가적인 공사도 함께 해야 하므로 시공비가 많이 든다. 보통 간접조명은 T5램프[21]를 이용한다.

　T5램프는 길쭉한 형태로 규격은 300mm, 600mm, 900mm, 1200mm가 있으며 연결할 수 있게 구성되어 있어 원하는 길이만큼 연장할 수 있다. 물론 간접조명이 아닌 직접조명으로도 활용이 가능하나 상대적으로 어둡기에 인테리어 보조조명으로 활용을 많이 한다.

[20] 영어로 에지등(edge lighting)이라고 한다. 가격은 다소 비싼 편이다. 싼 제품은 흑화현상이 빨리 생기거나 수명이 짧은 등 품질상 떨어지는 경우가 많다.

[21] 과거에는 형광램프가 많았으나 최근에는 LED 제품을 많이 사용한다.

| LED FL램프 |

| LED 평판등 |

| 간접등으로 많이 활용하는 T5램프 |

2 직부등, 매입등, 펜던트

　줄이나 대에 매달지 아니하고 천장이나 벽에 직접 설치한 전등을 직부등(直付燈, direct light)이라고 한다. 보통 화장실, 주방, 복도 등에 많이 설치한다. 한마디로 직접 부착한 조명은 모두 직부등형태로 보면 된다. 직부등은 단순히 천장에 붙이는 것만 있는 것이 아니라 벽에 붙일 수 있게 만든 조명[22]도 있다. 아울러 실내뿐만 아니라 실외에서도 사용 가능한 조명이 있는데 이러한 제품은 방수처리가 되어 있어서 가격이 고가이고 설치 역시 까다롭다.[23]

> [22] 이러한 것을 벽부등이라고 한다.
>
> [23] 전선과 조명을 연결할 때 꼼꼼하게 하지 않으면 이곳으로 물이 들어가게 되어 누전사고는 물론 고장의 원인이 된다.

| 가장 흔한 형태의 직부등 |

매입등(埋入燈, downlight)은 천장에 구멍을 뚫고 이 안으로 조명을 삽입하여 특별히 돌출되는 느낌 없이 깔끔하게 설치되는 조명[24]을 말한다. 보통 상점이나 복도에서 많이 설치되지만 최근에 와서는 거실이나 욕실에도 설치하는 경우가 많다. 보통 매입등을 시공할 때는 복수 개를 설치한다.

> [24] 구멍이 매우 작은 경우를 핀홀라이트(pinhole light)라고 하며 반원모양의 구멍을 뚫고 그 속에 광원을 설치한 것을 코퍼라이트(coffer light)라고 한다.

일반적으로 타공작업[25]이 용이해서 원형 매입등이 가장 선호되고 있고 사이즈 역시 원형 매입등이 가장 다양[26]하다. 단순히 하나의 광원만 갖는 경우 외 2개나 3개의 멀티매입등도 있으므로 용도와 분위기에 맞게 잘 선택하면 조명의 효과를 더욱 누릴 수 있다. 최근 LED 매입등의 보급으로 과거 삼파장램프를 사용한

> [25] 천장에 구멍을 뚫는 작업이다.
>
> [26] 가장 작은 2인치부터 시작해서 3인치, 4인치, 6인치, 8인치가 대중화되었고 이외에 사이즈는 주문제작이 가능하다. 가장 흔한 제품은 6인치 제품이다.

| 매입등의 활용 |

매입등(EL매입등)보다 천장 공간의 높이가 훨씬 낮아도 되고[27] 클립이 부착되어 있어 손쉽게 설치가 가능하다. 그러나 아무 천장에나 달 수 있는 것[28]은 아니고 한 번 시공을 잘못하면 이를 수정하기가 어렵기 때문에 경험이 많은 노련한 기술자가 시공하는 경우가 많다.

MR16은 주로 전시장이나 박물관 등에서 특정 피사체만 비출 때 많이 사용하는 **핀조명(pin lighting)**이다. 보통 원형으로 타공하여 설치를 하고 보조조명으로 많이 활용하며 인테리어효과를 극대화하기 위해서도 사용한다. 과거에는 주로 할로겐램프를 사

> [27] 기존 삼파장매입등을 설치하기 위해선 천장높이가 180mm 이상 필요했지만 LED 매입등의 경우는 천장높이가 60mm 이상이면 설치가 가능하다. 뿐만 아니라 삼파장매입등은 LED 매입등에 비해 설치 및 제거 시간도 오래 걸리고 부피도 커서 폐기물 처리가 까다롭다.
>
> [28] 천장 속으로 추가 배선할 수 있으며 타공기로 뚫을 수 있는 조건의 천장인 목재, 석고, 철판 등 일부 재질에 한해서만 가능하다.

용했으나 전력소비도 많고 열도 많이 발생하는 단점[29]이 있다. 그러나 LED MR16은 5W 이하의 전력소비를 자랑한다. 다만 전용 안정기[30]를 사용해야 한다.

| 핀조명으로 대중적인 MR16 |

펜던트(pendant)[31]는 지붕이나 천장에서 줄이나 대를 이용[32]해 길게 매단 조명[33]을 말한다. 천장이 높아 직부등으로는 충분히 조도가 확보되지 않거나 포인트를 주기 위해 설치하며, 대체적으로 화려한 장식의 조명이 많은 편이다. 그러다 보니 가격은 상대적으로 고가이다. 그러나 최근에 와서는 식탁등, 주방등으로 보급이 많이 되고 있으며 가격 역시 저렴한 펜던트가 많아졌다.

| 식탁등으로 대중화된 펜던트 |

직부등이나 매입등에 비해 상대적으로 무겁기 때문에 설치 시 천장이 충분히 무게를 버틸 수 있어야 하며 조립과정도 복잡한 편이다. 관리할 때는 조명갓에 먼지가 쌓이기 쉬운 구조이다 보니 자주 먼지를 제거해야 하는 번거로움이 있다.

3 LED 전구의 종류 및 규격

최근 LED 조명의 보급화로 완제품으로 파는 LED 등기구 종류도 다양하지만 소켓을 통해 다양한 LED 전구를 달아 나름 사용자가 원하는 느낌의 조명을 다는 경우도 늘고 있다. LED 전구는 LED 등기구보다 상대적으로 저렴한 가격에 구하기도 쉽다는 장점이 있다. 더구나 LED의 장점을 고스란히 가지고 있어서 잘만 활용한다면 오히려 완제품보다 훨씬 인테리어효과를 꾀할 수 있다.

---

[29] 열이 많이 발생하는 단점을 오히려 이용한 경우가 있다. 방향제 양초를 전기로 데워 향을 내는 워머(warmer)에서 사용하는 전구가 할로겐램프이다. 소비전력이 크지만 그만큼 열이 많이 발생하여 양초를 녹이기 충분하기 때문이다.

[30] LED의 안정기는 보통 SMPS라고 한다.

[31] 본래 어원은 귀고리, 목걸이 등 늘어뜨린 장식을 말한다.

[32] 펜던트는 매어다는 재료에 따라 파이프펜던트, 코드펜던트, 체인펜던트로 분류할 수 있다.

[33] 샹들리에(chandelier) 조명도 펜던트라고 볼 수 있다. 다만 여러 개의 광원을 가지고 있는 경우를 샹들리에로 분류한다.

먼저 일반 LED 전구의 종류를 알아보면 다음과 같다.

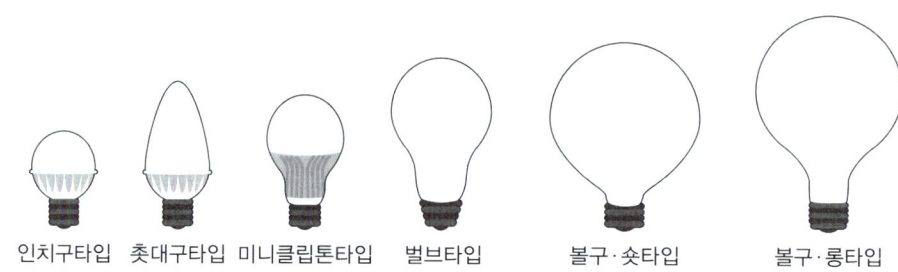

| 일반 LED 전구의 종류 |

일반 LED 전구의 가장 큰 특징은 불투명하고 광원이 밝아 범용성이 뛰어나다는 점이다. 일반 LED 전구도 다양한 종류가 있는데 일반적으로 많이 찾는 종류는 벌브타입과 볼구타입이 있다. 일반 LED 전구는 보통 주광색이 많긴 하나 전구색도 종류에 따라서 생산되는 경우가 있다.

반면 에디슨 LED 전구는 투명한 백열전구 타입으로 되어 있고 광원이 어두워 직접조명용도보다는 인테리어용도로 사용되는 것이 특징이다. 백열전구의 필라멘트 부분이 광원으로 사용된다. 에디슨 LED 전구는 다음과 같은 종류가 있다.

| 에디슨 LED 전구의 종류 |

34 ─
전구를 최초로 발명한 에디슨(Edison)의 이니셜에서 E를 따왔다.

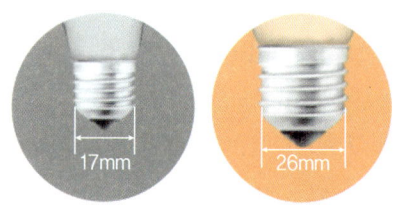

| 전구의 베이스규격 |

에디슨 LED 전구는 전구색이 많긴 하나 붉은색, 푸른색 등의 색상도 소량 생산된다. 에디슨 LED 전구는 일반 LED 전구대비 소비전력이 20% 수준으로 매우 적은 전력소비를 자랑한다.

전구의 끝부분은 소켓에 끼워지는 부분인데 이를 베이스(base)라고 한다. 우리나라에서는 26베이스가 공식으로 지정되어 있으며 이를 E26[34]이라 표기하고 베이스의 지름이 26mm인 경우를 말한다. 즉, 표기된 수치와 실제 베이스의 지름이 같다고 생각하면 된다. 베이스의 종류는 E14, E17, E26, E39로 되어 있고 소켓의 사이즈와 전구의 베이스가 맞아야 한다.

4 레일등과 레이스웨이

상점이나 식당, 카페 등에서 많이 사용하고 있는 조명방식으로 레일등이 있다. 레일등은 그 자체가 광원이 아니라 천장에 레일[35]을 달고 레일에 조명을 매다는 형식이다. 레일등의 가장 큰 장점은 조명의 각도나 위치 조정이 매우 용이하다는 점이다. 최근에는 거실이나 주방등으로 특정 부분을 포인트 줄 때 활용하는 경우가 많다. 레일등은 레일 그 자체보다 레일에 매단 조명의 선택이 분위기를 좌우한다.

[35] 공사현장에서 레일은 라이팅 덕트(lighting duct)라고 한다.

| 각도나 위치 조정이 용이한 레일등 |

레일에 매다는 조명은 애초에 소켓 자체가 레일에 맞게 설계가 되어 있는 것을 선택해야 하고 때에 따라서는 펜던트형식의 소켓도 있다. 밝은 조명을 사용해 직접조명으로 사용하는가 하면 어두운 조명을 통해 은은한 분위기를 연출하는 경우에도 사용한다. 레일등에서 보통 많이 사용하는 전구로 PAR30 전구[36], 에디슨전구 등이 있다.

에디슨전구뿐만 아니라 일반 LED 전구 역시 소켓이 호환된다면 문제없이 설치가 가능하기에 범용성이 넓은 것이 레일등의 장점이다. 그러나 설치할 때 정확한 치수를 확인하여 설치를 해야 깔끔한 모양으로 레일을 만들 수 있어 시공이 조금 까다롭다는 점이 단점이다.

[36] 기존의 할로겐램프를 대체하여 사용하는 조명으로 전시장, 백화점, 박물관, 로비등의 인테리어조명이다 크게 집중형과 확산형으로 나누어지며 집중형은 특정 부위를 비추는 스포트라이트(spotlight) 기능을 좀 더 강화한 반면 확산형은 빛이 고르게 퍼지는 기능을 좀 더 강화했다.

(a) 집중형　　　(b) 확산형

| 집중형 및 확산형 PAR30 전구 |　　　| 에디슨전구를 매단 레일등 |

최근에는 단순히 레일만 다는 것이 아니라 레이스웨이(race way)라고 하는 강철로 된 구조물을 설치하여 조명을 다는 경우가 많다. 레이스웨이는 과거 지하주차장 등에 조명을 쉽게 달기 위해 사용했으나 최근에는 천장이 높은 식당이나 카페 등에서도 많이 활용하는 조명부자재[37]이다.

[37] 부자재란 말 그대로 조명을 달기 위한 장치를 말하지 직접 광원을 가진 것은 아니라는 것이다.

| 레이스웨이의 다양한 시공 예 |

보통 레이스웨이에 레일을 달아 이곳에 조명을 달거나 레이스웨이 자체에 T5조명을 다는 방법으로 활용한다. 레이스웨이의 가장 큰 장점은 레일만 달았을 때보다 훨씬 튼튼하기에 무거운 조명도 달 수 있고 천장에 바로 붙이는 레일과 달리 전산볼트를 이용해 천장에서 내려 달기 때문에 입체감을 느낄 수 있다. 다만 시공이 매우 까다롭고 위험[38]한 데다가 정확한 치수를 측정하여 설치해야 한다.

5 센서등과 재실감지기

센서등(sensor lighting)이란 조명에 움직임을 감지하는 센서모듈[39]을 달아놓고 사람 등의 움직임이 센서에 잡히면 자동으로 전원을 투입하여 빛을 내는 조명이다. 과거에는 주로 3로 스위치[40]가 설치된 현관이나 계단에 센서등을 많이 보급화했다. 보통 센서등 하면 원형 센서등만 생각하기 쉬우나 최근에는 다양한 디자인으로 집안의 입구인 현관이나 계단을 돋보이게 하는 경우가 많다.

| 다양한 디자인으로 제작되는 LED 센서등 |

일부 손재주 좋은 사람은 LED 센서모듈을 따로 구입[41] 해 기존에 쓰던 조명을 센서등으로 교체하는 경우도 있다. 이때 주의할 점은 반드시 해당 조명에 맞는 센서 모듈을 구매해야 하며 전선결선 시 확실히 해야 누전이나 합선으로 인한 감전, 전기화재를 예방할 수 있다.

---

[38] 레이스웨이는 강철로 되어 있어 이를 절단하기 위해선 그라인더를 사용해야 한다. 이는 일반인은 물론 경험이 충분히 많지 않은 기술자가 작업할 경우 큰 사고가 날 수 있다.

[39] 일정한 소리, 빛, 온도, 압력에도 반응하는 센서가 있다.

[40] 조명을 제어하는 스위치를 양쪽에 달아놓아 편리하게 전원을 온·오프(on·off)할 수 있게 배선한 스위치이다.

[41] 가격도 센서등보다는 저렴한 편이다.

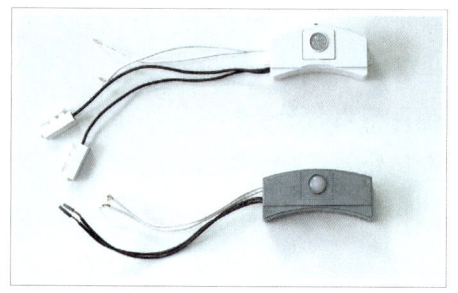

| 센서모듈 |

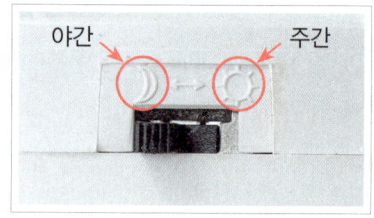

| 센서 감도 조정스위치 |

한편 센서등도 센서의 감도를 조정할 수 있는 탭스위치가 보통 센서 근처에 자리 잡고 있다. 주야간 조정스위치로 주간모드를 할 경우는 밤낮 구분없이 24시간 움직임을 감지하여 작동하고 야간모드로 할 경우 주변이 어두울 때만 움직임을 감지하여 작동한다.[42] 불필요하게 센서등이 자주 켜지는 경우 스위치를 조정해보자.

센서등은 센서 자체가 예민한 전기기기이기 때문에 취급 시 몇 가지 주의해야 할 사안이 있다. 전압선과 중성선은 반드시 제대로 연결해야 한다. 보통 센서등의 전압선은 색이 있는 선으로, 중성선은 흰색의 선으로 인출되어 있는데 설치 전 이를 확인하고 설치[43]해야 한다. 아울러 센서등을 설치하는 곳 인근에 굵은 전력선이 지나가면 유도전류에 의해 센서가 오동작할 수 있다. 그리고 대문 현관에 센서등을 설치할 때는 지나가는 행인이나 고양이, 차량 등에 의해 동작 될 수 있으니 신중을 기해야 한다. 최근에 출시된 건전지를 이용한 센서등은 설치가 쉽지만 센서로 계속 전류를 흘러보내기 때문에 금방 방전되는 편이다. 그래서 보통 전원선으로 연결하는 것을 추천한다.

[42] 즉, 주간모드가 더욱 예민하게 반응하기 때문에 야간모드가 조금이라도 전기를 절약할 수 있다.

[43] 일부 제품은 접속을 반대로 할 경우 잔불현상이 심하거나 센서가 제대로 동작하지 않는다.

[44] 일반적으로 조명이나 환풍기, 콘센트 등에 연결한다.

재실감지기(在室感知機, room detector)는 센서 감지 반경 내에서 인식하는 동안 부하[44]를 자동으로 동작시켜 주고 인식이 끝나면 설정 시간 후 자동으로 동작을 정지시키는 제품이다. 보통 공공화장실같이 항상 전원이 들어올 필요가 없는 구역에 많이 설치된다. 해당 구역 천장 속에 매입하는 매입형과 천장에 달아두는 돌출형으로 구분되고 최대 높이는 5m 이내에서 설치하는 것이 좋다. 센서등과 달리 전원투입시간을 최소 30초에서 최대 5분까지 설정할 수 있는 제품이 있는가 하면 아예 사람이 들어올 때와 나갈 때를 구분해 사람이 있는 동안에만 전원이 작동하는 제품도 있다. 또한 조도[45] 및 감도[46] 설정 기능도 포함하고 있다.

| 재실감지기 |

[45] 센서로부터 직선거리를 1~4m 사이로 설정할 수 있다.

[46] 항상 감지모드, 흐린 날모드, 야간모드, 감지기능을 끄는 모드로 되어 있다.

6 실외에서 사용하는 조명

앞서 설명한 조명은 모두 실내등 위주였다. 그러나 조명은 실내뿐만 아니라 실외에도 밝은 빛을 주는 존재이다. 보통 실외등은 천장이나 벽이 없어서 반사빛효과를 얻을 수 없기에 광속이 더 높은 편이고 날씨변화에도 안전하게 사용할 수 있게 설계되어 있어 가격이 실내등보다는 많이 비싸다. 실외등의 종류와 특징에 대해 알아보자.

투광등(投光燈, flood light)이란 건물의 외벽면, 조각상, 경기장에 쓰이는 등으로 빛을 모아 일정한 방향으로 비추는 조명을 말한다. 광속이 높기 때문에 실외뿐만 아니라 공장에서도 많이 사용한다. 보통 투광등은 방수처리가 되어 있지만 물에 담그는 수준으로는 방수가 안 되는 경우가 많고 전선을 연결할 때 커넥터 등을 이용하는 것은 누전위험이 크기 때문에 반드시 절연테이프를 이용해 꼼꼼하게 마감해야 한다.

| 투광등 |

정원이 딸린 단독주택 현관 근처에 보통 바닥에서 세워놓은 기둥형태의 등을 문주등이라고 한다. 과거에는 직접 배선을 해서 전원을 공급했지만 최근에는 태양광[47]을 이용해 자체적으로 전력을 생산하여 배선공사 없이 전원을 공급하는 제품이 많다. 바람에 쓰러지지 않게 깊게 파고 튼튼하게 묻어두는 게 중요하다. 정원에 심어놓은 잔디등도 비슷하다.

그리고 야외에서 사용하는 조명의 가장 중요한 조건은 바로 방수이다. 방수가 제대로 되지 않으면 비가 조명 내부로 들이닥쳐 고장 및 누전의 원인이 된다. 빗물이 조명 안에 들어와 오랫동안 그대로 두면 내부 부품이 부식되어 전혀 사용할 수 없는 상황이 된다. 따라서 방수등급을 확실히 보고 외부에 견고하게 방수실링이 되었는지 확인을 한 후 구매를 해야 한다. 그래도 불안하면 조명의 틈을 투명 실리콘으로 한 번 더 마무리 지어준다.

| 태양광 문주등 |

47
전기요금이 전혀 들지 않지만 흐린 날이 지속되면 전력이 부족해서 점등이 약한 경우가 있다.

| 빗물이 들이닥쳐 고장난 LED 투광등 |

여기서 잠깐! LED 조명의 장단점은?

과거 백열전구는 이제 국내에서 생산이 단종되고 형광등과 같은 수은을 이용한 형광램프류도 환경보호를 위해 몇 년 뒤 단종될 예정이다. 이에 가격도 과거보다 저렴하고, 적은 소비전력에 수명도 긴 LED 조명이 점차 대중화 되고 있다.

(1) LED 조명의 장점
　① 전력소비가 적다(전기요금이 절약된다)
　　보통 크고 가장 밝다고 하는 건물 외부의 투광등이나 거실조명등을 기존의 삼파장 형광램프를 사용한다면 300W의 전력을 소비하지만 LED 조명은 100W 내외의 제품으로 해결할 수 있다. 아울러 60W 백열전구를 LED 전구로 대체한다면 8W로 가능하기에 백열전구 대비 약 13.3%의 전력을 소비한다.
　② 수명이 길다(조명 교체기간이 길다)
　　과거에 사용하던 백열전구나 형광램프 대비 LED 조명의 수명은 이론적으로 최소 3배 정도가 길다. 보통 LED 조명이 안 들어오는 경우 빛이 직접 나는 LED 모듈이 고장난 것이 아니라 전력을 안정적으로 LED 모듈에 전달해주는 SMPS의 고장일 가능성이 높다. 또한 형광등의 경우 오래 사용하면 끝부분이 검게 그을리며 광속이 떨어지고 점차 어두워진다. 물론 LED 조명의 경우도 처음 구입 때보다 사용할수록 점차 어두워지긴 해도 형광등과 같이 심하지 않다.
　③ 열 발생이 적다
　　전력소비가 적다 보니 발생하는 열도 적은 편이다. 기존 백열전구의 경우 반드시 스위치를 내리고 전구가 어느 정도 식은 다음에 교체해야 화상을 입지 않는다. 아울러 형광램프를 이용한 조명의 경우도 내부 안정기가 열을 많이 발생한다. 그러나 LED 조명은 열의 발생이 미미하고 대다수 열은 자체 방열판(라디에이터)을 통해 배출되기 때문에 기존 램프보다 열 발생이 적다.
　④ 벌레들이 싫어한다
　　기존의 조명은 어떻게 들어갔는지 몰라도 등기구 안으로 여러 가지 벌레들이 들어가서 죽어있는 경우가 많았고 여름철에는 벌레들이 조명 주변으로 자꾸 모이려고 하였다. 이는 조명의 파장을 벌레들이 좋아하기 때문인데 벌레 그 자체가 나쁘다기보단 벌레사체들이 조명을 더럽히는 경우가 많아 벌레가 잘 꼬이지 않는 LED 조명파장은 깔끔함을 유지할 수 있다.
　⑤ 자외선과 적외선 배출이 없고 친환경제품이다
　　자외선과 적외선에 잠깐 노출되는 것은 괜찮지만 오랫동안 노출되면 피부와 눈에 안 좋은 영향을 미치게 된다. LED 조명은 우리 눈에 보이지 않는 자외선과 적외선의 배출이 없고 제조할 때 수은을 사용하지 않기 때문에 친환경적이다.

(2) LED 조명의 단점
 ① 조명이 고장 나면 등기구를 통째로 교체해야 한다
  LED 조명의 고장은 주로 전력을 안정되게 전달해주는 SMPS의 고장일 가능성이 높다. 그런데 해당 조명에 꼭 맞는 SMPS를 구하기가 쉽지 않고 가격 역시 저렴하지 않기 때문에 수리비용이 새로 구입하는 것보다 더 들 수 있다. 그러다 보니 LED 조명이 고장 나면 등기구를 통째로 교체할 수도 있다.
 ② 휘도가 높기에 조명을 직접 보기가 어렵다
  LED 조명을 설치하고는 대부분 환해서 좋다고 느끼지만 일부에선 눈이 부신다는 반응을 보인다. 이는 LED 조명이 기존 조명에 비해 휘도가 높기 때문에 조명을 직접 보기가 어려워 일어나는 현상이다.
 ③ 빛이 확산되지 않는다
  LED 조명의 바로 아래쪽은 환하지만 조명의 옆이나 위는 상대적으로 어둡다. LED 조명의 구조상 확산이 되지 않기 때문이다. 이러한 구조는 복잡한 형상을 만들어 내기도 어려워서 조명의 모양이 다양하게 출시되지 않는다. 하지만 기술이 계속 발전하기에 이러한 한계는 점차 나아질 것으로 보인다.
 ④ 가격이 전반적으로 비싼 편이다
  초창기 LED 조명의 출시보다 가격이 많이 저렴해졌음에도 불구하고 기존 백열전구나 형광램프에 비해 전반적으로 비싼 편이다. 그래서 LED 조명을 하나둘 바꾸는 것보다 한 번에 전체 조명을 교체하는 것이 전기요금 절약효과를 얻을 수 있고 전반적으로 비싼 조명값을 상쇄할 수 있다.

07 전기를 저장할 수 있는 축전지는 어떤 원리일까?

KEY WORD 전지, 이온, 망간전지, 알카라인전지, 리튬이온전지, 건전지, 축전지, 연축전지, 충전방식, 축전지용량

학습 POINT
- 쉽게 전기를 얻을 수 있는 전지의 원리는?
- 축전지의 종류별 특징은?
- 충전방식의 종류와 축전지용량 산출방법은?

휴대용 전기, 전자제품에서 쉽게 전력을 공급받는 것은 바로 전지가 있기 때문이다. 전지라는 단어에서 지(池)는 연못을 말하는 '못'을 뜻하며 이는 전기를 담아놓은 연못과 같다는 의미이다. 전지는 내부에 들어 있는 화학에너지를 전기에너지로 변환하는 대표적인 장치로 구하기도 쉽고 사용법도 간단해서 현재도 많은 사람들이 찾는다. 그런데 전지는 한 번 쓰고 다시 재활용이 불가능한 건전지가 있는가 하면 충전을 통해 다시 사용이 가능한 축전지가 있다. 이들은 어떤 구조와 원리 때문에 쓸 수 없거나 충전해서 다시 사용할 수 있는 것일까? 그리고 이들도 전기를 이용하는 제품인데 감전이나 폭발위험은 없을까? 이런 전지에 대해 하나둘 알아보도록 하자.

> 1 원자란 화학원소로서의 특성을 잃지 않는 범위에서 도달할 수 있는 물질의 기본적인 최소 입자를 말한다.
>
> 2 cation은 카티온이다.
>
> 3 anion은 아니온이다.
>
> 4 본래 전자는 일정한 전자수를 유지하려는 경향이 있다. 그러기 위해 전자를 다른 원자로 보내거나 다른 원자에 있는 전자가 이동해 와 이온화가 된다. 같은 표현으로 '전리'라고도 한다.
>
> 5 축전지(蓄電池, storage battery)라고도 하는데 이는 전기를 축적 및 보관하다 필요할 때 전기를 공급하기에 그렇게 부른다.

1 쉽게 전기를 얻을 수 있는 전지의 원리는?

1 이온의 개념과 전지의 원리

건전지의 원리를 이해하기 위해선 이온의 개념을 알아야 한다. 이온(ion)이란 전자를 잃거나 얻어서 전기를 띤 원자(原子, atom)[1]를 말한다. 이때 양전하를 가진 이온을 양이온[2]이라 하고 음전하를 가진 이온을 음이온[3]이라고 한다.

또 양이온과 음이온 성질을 가지지 않은 중성인 분자가 전자를 잃거나 얻는 것을 이온화[4]라고 한다. 이렇게 생성된 이온의 전하량은 전자의 개수를 잃으면(산화반응, oxidized) 양이온, 얻으면(환원반응, reduced) 음이온이 된다. 이 전기량을 이온값이라고 하며 원소기호의 오른쪽 위에 표기한다.

이를 응용한 것이 바로 전지이다. 전지(電池, cell)란 화학작용에 의해 생기는 화학에너지를 전기에너지로 변환하여 직류전원을 공급할 수 있는 것[5]을 말한다. 전지는 기본적

으로 (+)극이라고 하는 양극, (-)극이라고 하는 음극, 그리고 이온이 다닐 수 있는 전해질, 양극과 음극을 물리적으로 분리시킨 분리막[6]으로 구성되어 있다.

전지의 음극(-)에서 전자가 나오고 전자는 회로를 돌아 일을 한 다음 양극(+)으로 돌아온다. 그래서 보통 (-)극 자유전자가 풍부한 아연, 카드뮴, 리튬, 납과 같은 금속[7]을 사용한다. 양극의 경우 자유전자와 전해질의 양이온을 수용할 만큼의 공간이 충분한 산화물, 황화물 등의 세라믹이 사용된다. 이 두 극을 외부에서 도선으로 연결하면 화학반응을 통해 이온화된 전자가 이동하며 전압과 전류가 생성되고 이것이 바로 전지의 원리이다.

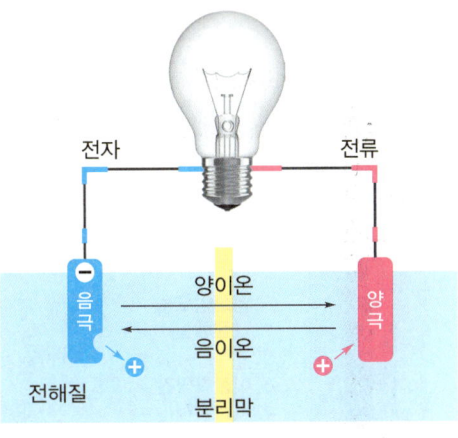

| 전지의 원리 |

전지설계에 가장 중요한 것은 분극(分極, polarization)현상으로, 이는 양쪽의 극과 전해질 사이에 전류가 흐르면서 원래의 전류와 반대방향으로 전압을 일으키는 기전력이 발생하는 현상을 말한다. 이로 인해 전류의 흐름이 원활하게 되지 않아 전압이 약해지게 된다. 이를 막기 위해 감극제[8]를 사용한다.

2 전지의 조상, 볼타전지

보통 깡통같이 생겼거나 네모로 생긴 건전지는 원래 개구리를 통한 전기실험에서 아이디어를 얻었다. 직류를 발견한 이탈리아 해부학자, 생리학자인 갈바니(Luigi Aloisio Galvani, 1737~1798)는 죽은 개구리 뒷다리에 관한 실험을 하였다. 금속도구를 이용해 죽은 개구리의 뒷다리 신경 하나를 문질러보니 뒷다리가 근육반사를 일으켰다. 갈바니는 이를 동물전기(動物電氣, bioelectricity)[9]라고 하였다.

그러나 이탈리아의 물리학자이며 화학자인 볼타(Alessandro Volta, 1745~1827)가 이를 반박하며 금속 때문에 다리의 경련이 일어났다고 주장하였다. 그는 아연층과 구리층을 번갈아 쌓아 올려 그 사이를 소금물에 적신 가죽을 넣고 선으로 연결하면 전기가 생겨나는 볼타전지(volta cell)를 만들었다. 당시 볼타는 이를 단순히 두 금속의 접촉이 원인이라고 생각을 했다.

그러나 실제로는 아연이 산화반응과 환원반응에 의한 전기 위치에너지의 차이가 그 원인이라는 사실을 독일의 물리학자인 리터와 영국의 물리학자인 패러데이에 의해 밝혀졌다. 이는 반응성[10]이 큰 금속인 아연이 전자를 내어놓고(산화반응) 아연이온으로 용액 속에 녹아 들어간다. 이후 아연이 내어놓은 전자는 전위차에 의해 도선을 따라 다시 구리판으로 이동하고 구리판에서는 용액 속의 수소이온이 전자를 얻어(환원반응) 수소기체가 생겨난다.

---

[6] 격리판 또는 세퍼레이터(separator)라고도 한다. 음극과 양극이 접촉되지 않게 하여 발열량을 줄여준다.

[7] 연료전극(燃料電極)이라고 한다.

[8] 소극제라고도 하며 이는 수소를 산화시켜 물로 변하게 한다.

[9] 동물이 생체에서 전기를 만들어 전기현상이 일어나는 것이다.

[10] 중학교 시절 배웠던 금속의 반응순서로 이온화경향이 크다. 즉, 칼륨(K), 칼슘(Ca), 나트륨(Na), 마그네슘(Mg), 아연(Zn), 크롬(Cr), 납(Pb), 철(Fe), 카드뮴(Cd), 코발트(Co), 니켈(Ni), 주석(Sn), 납(Pb), 수소(H), 구리(Cu), 수은(Hg), 은(Ag), 금(Au)의 순서로 이온화경향이 크다.

V. 전기응용과 안전 495

3 망간전지와 알카라인전지 및 건전지의 특징

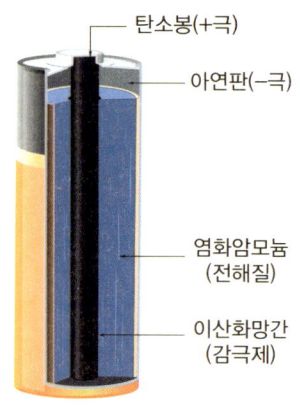

| 망간전지의 구조 |

볼타전지는 전지의 조상이라는 상징성이 있었지만 일단 전해질 자체가 소금물이라는 액체라 쉽게 이동하기 어렵고 화학반응 이후 폭발성 높은 수소 기체가 생겨나는 것 또한 문제거리였다.

이에 1877년 프랑스의 화학자 르클랑셰(Le-clanchè, Geoges, 1839~1882)가 새로운 전지형태를 고안하였다. 이는 전지 내부의 액체 전해질 대신 염화암모늄과 염화아연의 혼합물을 반죽하여 고체상태로 둔 것이다. 아울러 밀봉처리를 하여 충격과 흔들림에 잘 견디게 하여 휴대성을 좋게 하였다.

양극(+)은 망간을 사용하였고 음극(-)은 볼타전지와 같은 아연을 사용하여 만든 전지가 바로 망간전지(manganese dry cell)[11]라고 하며 공칭전압은 1.5V이다. 망간전지는 가격이 저렴[12]하다는 것이 가장 큰 장점이다. 그러나 용량도 적은 편이고 자연방전도 잘된다. 특히 내부 자기저항이 강해 기전력이 점차 떨어지기도 하며[13] 오랫동안 사용하지 않으면 내부 화학작용에 의한 누액이 심하다. 따라서 구입 시에는 최신 제품을 사는 게 좋다.

이후 전해질을 수산화칼륨을 이용하여 새롭게 만든 전지가 바로 알카라인전지(alkaline cell)이다. 알카라인전지의 양극(+)과 음극(-)은 기존 망간전지와 같은 망간과 아연이다. 알카라인전지는 공칭전압이 1.5V로 망간전지와 비슷하지만 망간전지가 가진 많은 단점을 개선했다. 대표적인 것이 바로 용량으로 망간전지 대비 3배가량 많다.[14] 따라서 수명에서 차이가 날 뿐 아니라 순간전류가 크다는 것[15]도 장점이다.

망간전지와 알카라인전지를 비교하면 다음과 같다.

| 망간전지와 알카라인전지의 차이 |

구분	망간전지	알카라인전지
공칭전압	1.5V	
전기화학시스템	아연-이산화망간	
양극(+) 활성 물질	이산화망간	
전해질	염화아연수용액, 염화암모늄수용액	수산화칼륨수용액
음극(-) 활성 물질	아연	
전지용기	아연관	철제관
사용온도범위	-5~55℃	-18~55℃

---

[11] 르클랑셰가 고안하여 '르클랑셰전지'라고도 한다.

[12] 대형 할인마트에서 1000원에 8개에 팔거나 건전지가 들어가는 제품을 구입할 때 무료로 넣어주기도 한다.

[13] 이는 오랜 시간 연속 사용을 어렵게 한다.

[14] 가격이 망간전지 대비 2배 가량 더 비싼 것을 감안하면 오히려 경제적이다.

[15] 카메라 플래시같이 순간적으로 대전류를 필요로 할 때 성능 차이가 난다.

구분	망간전지	알카라인전지
전지용량	400~900mAh	1700~3000mAh
충전	불가능	
특성	• 가격이 저렴하다. • 연속방전보다 간헐방전 조건에서 수명이 길다.	• 용량이 망간전지에 비해 3배 정도 많다. • 중부하에 적합하다.
용도	리모콘, 인터폰, 라디오, 카세트, 완구, 강력 라이트, 벽시계	리모콘, 소형 액정 TV, 인터폰, 헤드폰, 라디오, 카세트, CDP, MP3, 완구, 전자게임기, 디지털 카메라 강력 라이트, 전기면도기, 도어록

한편 망간전지와 알카라인전지는 모두 충전을 하여 다시 사용할 수 없는데 이러한 특징[16]을 가진 것을 1차 전지(一次電池, primary cell)라고 한다.

망간전지와 알카라인전지와 같이 전해질과 화학물질을 종이나 솜에 흡수시키거나 반죽된 형태로 만들어 유동성 액체를 사용하지 않고 제조한 전지를 건전지(乾電池, dry battery)라고 한다. 여기서 중요한 점은 액체를 사용하지 않았다는 점[17]으로 이는 건전지의 가장 큰 특징이다. 건전지의 종류에 따른 표기법이 있는데 국제규격에 의해서 R로 표기되는 제품은 망간건전지, LR로 표기되는 제품은 알카라인건전지로 분류된다.

과거 20세기까지는 망간건전지가 저렴해서 많이 사용됐지만 현재 1차 전지시장의 80%가 알카라인건전지가 될 정도로 훨씬 대중적이다.

건전지는 휴대용 전기·전자제품의 전력을 공급하는 것 중 가장 간단한 구조이다. 이는 과거 액체로 된 전해질을 통해 사용하는 습식 전지와 구별되는 가장 큰 특징이다.

다 쓴 건전지와 새 건전지를 구별하는 요령은 약 5cm 높이에서 수직으로 3~4회 떨어뜨린다. 이때 건전지가 서 있으면 새 건전지, 힘없이 쓰러지면 다 쓴 건전지[18]이다. 다 쓴 건전지는 분리수거 대상으로 그냥 쓰레기통에 버리는 게 아니라 전용 수거창구에서 버려야 한다.

아울러 조금이라도 오래 사용하고 싶으면 건전지의 제조연월을 확인하고 가장 최근 것을 선택하는 것이 현명하다.

아래의 사진처럼 건전지는 매우 다양한 사이즈[19]가 있다. 보통 깡통모양으로 되어 있는 것은 알파벳으로 주어지며 가장 작은 사이즈인 AAAA부터 가장 큰 사이즈인 D까지 있다.[20]

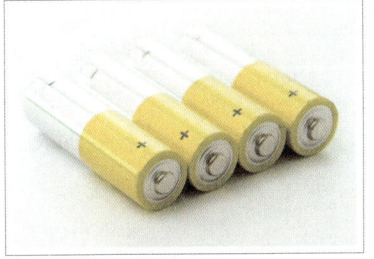

| 원통형 건전지 |

16 ─ 억지로 충전하게 되면 스웰링효과(swelling effect)라고 하여 전해질이 산화되면서 발생하는 가스로 인해 전지가 부푼다.

17 ─ 전지의 '건'이 한자의 마를 건(乾)이다.

18 ─ 다 쓴 건전지는 내부에 가스의 발생으로 가벼워져 쉽게 넘어진다.

19 ─ 왼쪽의 사진에서 왼쪽부터 3LR12-4.5V, D, C, AA, AAA, AAAA, A23-12V, PP3-9V, LR44(위), CR2032-3V(아래) 전지로 구분된다.

20 ─ 사이즈에 따라 AAAA<AAA<AA<A<B<C<D로 커진다. C사이즈와 D사이즈는 CM이나 DM으로 표기하기도 한다. 국내의 경우 AAA, AA, C, D 사이즈가 가장 대중적이다.

| 건전지의 종류별 사이즈 |

21
음극에 아연, 양극에 산화수은, 전해질에 산화아연과 수산화칼륨을 사용한다. 기전력은 사용하는 동안 거의 일정하게 1.35V를 유지한다.

4 단추형 건전지와 리튬이온건전지의 특징

손목시계나 계산기, 초소형 LED 손전등에는 과거 수은전지[21]라는 이름으로 불리는 단추형 건전지(button cell)가 들어간다. 1995년을 기해 수은전지는 수은 자체의 유해성과 환경오염의 원인으로 생산 중지가 되었고 요즘 생산되는 대다수 단추형 전지는 리튬전지(lithium cell) 또는 산화은전지(酸化銀電池, silver oxide cell) 형태이다. 외양이나 규격이 과거 수은전지와 매우 동일하게 생겼지만 내부에 들어가는 물질이 약간 다르다.

| 단추형 전지 |

22
이때는 특수 제작된 요오드화 리튬전지를 사용하는데 15년 이상 작동하도록 되어 있다.

23
소화가 전혀 되지 않는 것을 넘어서 전지 안의 물질이 흘러나오면서 이온화학반응을 일으켜 내부 장기에 열이 나고 검게 변하며 구멍이 파이게 된다. 2시간 안에 내시경을 통해 꺼내야 한다.

리튬전지의 양극(+)은 이산화망간, 음극(-)은 금속리튬을 사용하며 전해질은 유기용매에 리튬염을 용해시켜 만든 것을 사용한다. 리튬전지는 설계에 따라 1.5~3.7V의 전압을 발생하는데 이는 망간전지나 알카라인전지에 비해 2배 이상의 전압을 낼 수 있는 것이다. 그뿐 아니라 매우 안정적이어서 심장박동 조절장치와 같은 체내 의료기기에서도 사용[22]된다.

산화은전지의 양극(+)에는 산화은, 음극(-)에는 아연을 사용하고 수산화나트륨이나 수산화칼륨을 전해질로 사용한다. 일부 제품의 경우는 충전도 가능하다. 단추형 전지는 크기가 작아 어린아이들이 먹을 수가 있는데 이는 매우 위험[23]하기에 취급에 주의해야 한다.

최근에는 일반 건전지와 비슷한 크기의 리튬이온건전지도 판매가 되고 있다. 이는 기존 알카라인건전지보다 한 단계 더 업그레이드된 제품이다. 기존 건전지에 비해 전압이 2배 이상 높아 3V 이상의 기전력을 가지고 에너지밀도도 5~10배이기 때문에 카메라나 전자시계 등의 전원으로 이용되고 있다. 리튬이온건전지는 2종류가 있다. 보빈 타입(bobbin type)의 경우 일반 건전지와 비슷한 규격에 전압도 1.5V로 일반 건전지처럼 고용량으로 특화된 제품이다. 젤리롤 타입(jelly-roll

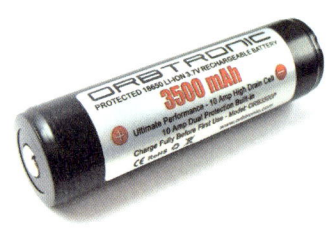

| 리튬이온건전지 |

type)은 3V 이상의 고전압용으로 사용된다. 가격은 같은 크기의 알카라인건전지보다 훨씬 비싸지만 수명도 길고 누액의 위험도 없으며 자가방전도 매우 적어서 몇 년씩 사용하지 않아도 용량이 거의 줄지 않는다.

2 축전지의 종류별 특징은?

1 축전지의 개념

건전지는 1회용으로 사용해야 하지만 축전지(蓄電池, storage battery)[24]는 방전 이후 충전기를 통해 충전을 하고 다시 사용할 수 있다. 이는 외부의 전기에너지를 화학에너지의 형태로 바꾸어 저장했다가 필요할 때 전기를 만들어내기 때문이다. 이렇게 방전 이후 다시 충전을 통해 활용할 수 있는 전지를 2차 전지(二次電池, secondary cell)라고 한다.

2차 전지는 작은 스마트폰부터 시작해 자동차에도 들어갈 정도로 매우 다양한 곳에서 사용되고 있다. 일반 건전지에 비해 가격이 다소 고가이긴 하지만 여러 번 충전해서 사용할 수 있기에 경제적이라는 것이 장점이라면, 전지에 쓰이는 화학재료나 금속의 독성이 강하다는 단점을 가지고 있다. 축전지는 크게 연축전지, 알칼리축전지, 리튬이온축전지로 구분된다. 이들의 특징은 다음 표와 같다.

[24] 축전지를 다른 단어로 충전식 전지(充電式 電池, rechar-geable battery)라고 하며 이를 줄여서 충전지라고도 한다.

| 축전지의 종류별 특징 |

구분 \ 종류	연축전지	알칼리축전지 (니켈카드뮴축전지)	리튬이온축전지
셀전압	2V/cell	1.2V/cell	3.6V/cell
에너지밀도	20~50W·h/kg	30~70W·h/kg	100~200W·h/kg
충전 및 방전횟수	200회 수준(낮음)	500회 수준(보통)	1000회 수준(높음)
가격	저렴한 편	비싼 편	다소 비싼 편
자연방전	높은 편(20%/월)	매우 높은 편 (30~40%/월)	거의 없음(1%/년)
메모리효과	낮음	높음	없음
용도	자동차, 비상조명, UPS	소형 전자제품, 전동공구, 소방제품	스마트폰, 노트북, 전기자동차

2 연축전지의 특징

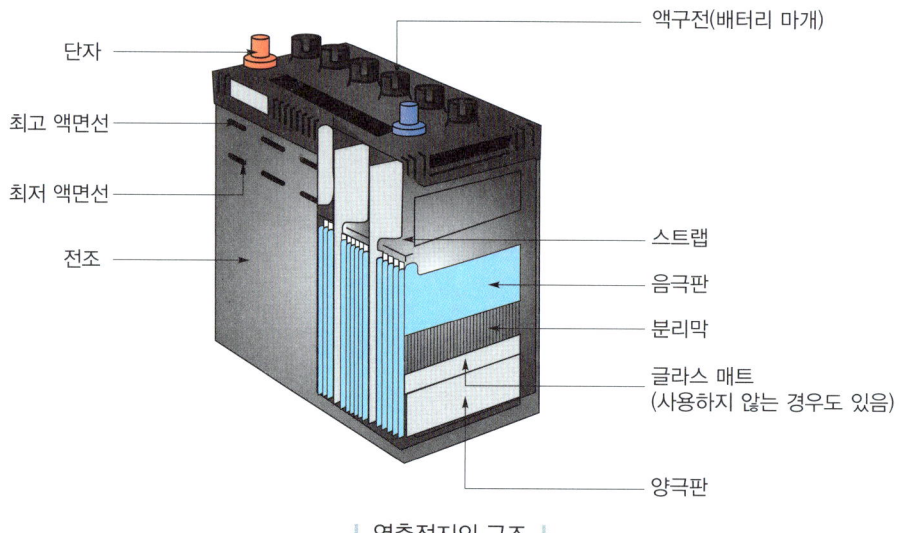

| 연축전지의 구조 |

> 25
> 한자의 납 연(鉛)을 사용했기 때문에 납축전지라고 하거나 납산축전지라고도 한다.

연축전지(鉛蓄電池, lead-acid battery)[25]는 보통 자동차나 비상발전기에서 사용하며, 사각형의 박스형태의 모양이 가장 흔하다. 이산화납을 양극(+)으로, 납을 음극(-)으로 사용하고, 전해질로 비중 약 1.2의 묽은 황산을 사용한다.

이를 화학식으로 나타내면 다음과 같다.

$$PbO_2 + 2H_2SO_4 + Pb \underset{산화}{\overset{환원}{\rightleftarrows}} PbSO_4 + 2H_2O + PbSO_4$$

연축전지는 완방전형의 클래드식과 급방전형의 페이스트식으로 나누어진다. 여기서 완방전형이란 천천히 방전되는 형태로 큰 전류를 낼 수 없기에 무리하게 사용하면 수명이 급속히 단축된다. 하지만 자체 누설전류가 매우 낮아 오랫동안 사용하는 기기에서는 급방전형보다 유리하다.

반면 급방전형은 급속히 방전되는 형태로 큰 전류를 순간적으로 낼 수 있기에 설계 시 셀을 여러 장의 병렬형태로 만들어 순간적으로 큰 전류를 끌어낼 수 있다. 완방전형의 클래드식과 급방전형의 페이스트식의 특징은 다음과 같다.

연축전지의 형식별 특징			
형식		클래드식(CS형)	페이스트식(HS형)
작용물질	양극(+)	이산화납(PbO_2)	
	음극(−)	납(Pb)	
	전해질	황산(H_2SO_4)	
공칭전압		2.0V	
공칭용량		10Ah[26]	
부동충전전압		2.15V	2.18V
방전종료전압[27]		1.75 ~ 1.8V	
방전 특성		보통	고율 방전에 우수
수명		12 ~ 15년	7 ~ 10년
자기방전[28]		적음	보통

　자동차의 연축전지는 네모난 상자모양인데 이 안에 총 6개의 셀(cell)로 구분되어 있고 셀 하나당 2V/cell(볼트 퍼 셀)의 전압이 생기기 때문에 축전지 1개당 12V의 전압을 발생[29]시킨다. 자동차는 시동을 거는 순간 매우 큰 전류를 일시적으로 전압이 떨어져 방전하게 된다. 자동차가 시동이 걸릴 때 필요한 전류는 보통 100~200A이다. 그래서 시동 순간에 자동차 내의 다른 전기장치들이 잠시 정전되었다가 시동 이후 다시 정상적으로 작동하게 된다. 이후 엔진이 회전함에 따라 자동차 내 발전기인 얼터네이터도 함께 회전하게 된다. 얼터네이터의 회전운동으로 생긴 전력이 차량 내부 전기장치로 공급됨과 동시에 직류로 변환되어 다시 연축전지로 전달되어 충전한다. 자동차가 방전된 이후 어느 정도 시동을 걸어놓거나 주행하는 이유는 연축전지의 충전을 충분히 하기 위해서이다.

　오랫동안 차량의 시동을 걸지 않거나 추운 겨울에는 방전되는 경우가 있는데 이때 보험사 긴급출동 차량을 부르면 연축전지에 연결선(점퍼선)을 연결하고 시동을 걸게 된다. 연결선(점퍼선)을 연결할 때는 반드시 맞는 단자에 연결해야 한다. 단자 연결을 잘못하면 스파크나 폭발 위험이 있다. 양극(+)은 빨간색단자에 'POS'라고 표기하고 음극(−)은 검은색단자에 'NEG'로 표기한다. 이렇게 연결선(점퍼선)을 연결하여 정상적인 기전력을 방전된 자동차의 연축전지로 전달함으로써 시동을 다시 걸 수 있게 된다.

　연축전지는 구조나 비용 대비 에너지저장량이 가장 우수한 축전지이다 보니 오래된 방식임에도 현재까지 사용되고 있다. 특히 차량용으로 우수한 이유는 교통사고 등으로 큰 충격을 받아 축전지가 파손이 되더라도 전해질만 흘러나갈 뿐 폭발·화재의 위험이 없기 때문이다.

[26] 전지의 용량을 나타내는 단위 [Ah]는 '암페어시'라고 한다. 1Ah는 1A의 전류가 1시간 사용 가능한 용량을 나타낸다. 보통 전지의 용량을 표기할 때 [mAh]도 많이 사용하는데 이는 1000mAh =1Ah와 같다.

[27] 방전종료전압(放電終了電壓, final discharge voltage)이란 축전지를 더 이상 충전할 수 없는 상태의 전압으로 종지전압(終止電壓)이라고도 한다. 이는 공칭전압의 90% 수준이 가장 많다.

[28] 자기방전(自己放電, self-discharge)이란 사용하지 않아도 시간이 지남에 따라 스스로 방전하는 것을 말한다. 원인으로는 전지 단자의 내부 단락이나 음극판의 작용물질이 화학작용으로 누설전류가 흐르기 때문이다. 일반적으로 온도가 높은 환경일수록 심하다.

[29] 자동차용 연축전지는 개당 6개의 셀이 있으므로 2×6=12V가 된다. 버스나 화물트럭 같이 대형 차량은 연축전지 2개를 직렬연결해 24V의 전압을 만든다.

| 자동차용 연축전지 |

그러나 연축전지를 사용할 때 몇 가지 주의해야 할 것이 있다. 연축전지의 가장 큰 단점이 황산화(黃酸化, sulphation)현상으로 연축전지의 방전 중에 극판에 흰색의 황산납이 생기는 것을 말한다. 연축전지를 제때 충전하지 않고 계속 방전이 되면[30] 황산납이 결정으로 굳게 되고 충전을 해도 다시 묽은 황산이 되지 않는 침전물로 남게 된다. 이는 연축전지의 수명을 크게 단축[31]시키기 때문에 항상 충전상태를 유지하는 것이 좋다. 자동차용 재생배터리가 황산화현상으로 수명을 다한 연축전지에 생긴 황화납을 화학적으로 긁어낸 후 전해질을 새로 담은 것이다. 완전방전이 된 경우라면 황화납이 두껍게 형성된 상태라 재충전이 잘 안 되며 이후 완전충전을 하더라도 100% 새 제품의 성능을 보장할 수 없다.

아울러 연축전지는 온도에 따라 성능변화가 심한 편이다. 상온에서 100% 충전되었다 하더라도 0℃에서는 80%의 용량, -20℃에서는 50%의 용량밖에 사용하지 못한다. 반면 자동차의 엔진 시동 시 요구되는 전류량은 온도가 낮을수록 커지므로 추운 겨울에 방전이 흔하게 된다. 방전 시 연결선(점퍼선)을 통해 인위적으로 충전할 때 단자연결을 잘못하면 스파크나 폭발위험이 있다. 아울러 과충전[32]을 하면 폭발위험성이 매우 높은 수소가스가 발생한다.

3 알칼리축전지의 특징

알칼리축전지(alkali accumulator)는 알칼리용액을 전해질로 사용하는 축전지로 연축전지의 많은 단점을 보완해서 만든 축전지이다. 알칼리축전지는 일반적으로 니켈카드뮴축전지를 말하고 이후 개발된 니켈수소축전지로 구분할 수 있다.

니켈카드뮴(Ni-Cd)축전지[33]는 한때 워크맨이라고 일컫는 소형 카세트나 CDP 등 휴대용 음향기기, 무선전화기 등 다양한 곳에서 사용했었다. 그러나 중금속의 환경

---

[30] 자동차의 시동을 끈 후에도 전조등과 같이 전기장치를 계속 켜주는 경우가 대표적이다.

[31] 보통 연축전지 수명을 2~3년으로 보고 있는데 그보다 적은 기간에 폐기되는 경우의 90%가 황산화현상 때문이다.

[32] 충전 종지전압이라 하여 2.5V/cell이다. 따라서 6개의 셀이 있는 자동차의 경우는 2.5×6=15V이다.

[33] 스웨덴의 과학자 발데마르 융너(Wal-demar Jungner, 1869~1924)가 1899년에 발명해서 융너전지라고도 한다.

오염, 축전지 자체의 저용량으로 인하여 현재는 휴대용 전자제품에는 거의 사용되지 않는다. 하지만 니켈축전지는 매우 안정성이 높은 제품이라 정전 시 비상유도등[34]이나 하이브리드 차종의 경우 아직 많이 사용되고 있다.

니켈카드뮴전지는 양극(+)에 옥시수산화니켈[35], 음극(-)에 카드뮴을 사용한 알칼리축전지이며 전해질은 20~25% 수산화칼륨수용액에 소량의 수산화리튬을 첨가한 것을 많이 사용한다. 양극과 음극의 두 극판은 서로 엇갈리게 짜서 니켈을 도금한 강판제로 된 전해조에 넣고 두 극판을 염화비닐 등으로 분리막을 두고 격리한다. 니켈카드뮴축전지의 화학식은 다음과 같다.

$$2NiOOH + CD + 2H_2O \underset{\text{산화}}{\overset{\text{환원}}{\rightleftarrows}} 2Ni(OH)_2 + CD(OH)_2$$

[34] 화재 등 건물 내부 비상시 외부로 나갈 수 있는 문 위에 비상구나 EXIT로 표기하는 등을 말한다. 정전 시에도 빛을 비춰야 하므로 내부에 축전지가 들어간다.

[35] 수산화 제2니켈(NiOOH)이라고도 한다.

니켈카드뮴축전지의 셀당 전압은 평균 1.2V/cell로 연축전지보다 낮지만 높은 방전전류를 사용해도 전압강하가 잘 일어나지 않아 대전류가 필요한 장치에도 이용된다. 니켈카드뮴축전지는 연축전지보다 무게나 부피에 대비해서 용량이 크고 수명이 길뿐더러 유지·보수비도 적게 든다. 충전 및 방전 횟수 역시 연축전지의 2~3배인 500회 정도이고 용량의 90%까지 방전되어도 전압이 고르게 유지된다. 특히 충격이나 진동에도 강한 편이라 가혹한 조건에서도 사용이 가능하다.

| 다양한 니켈카드뮴축전지 |

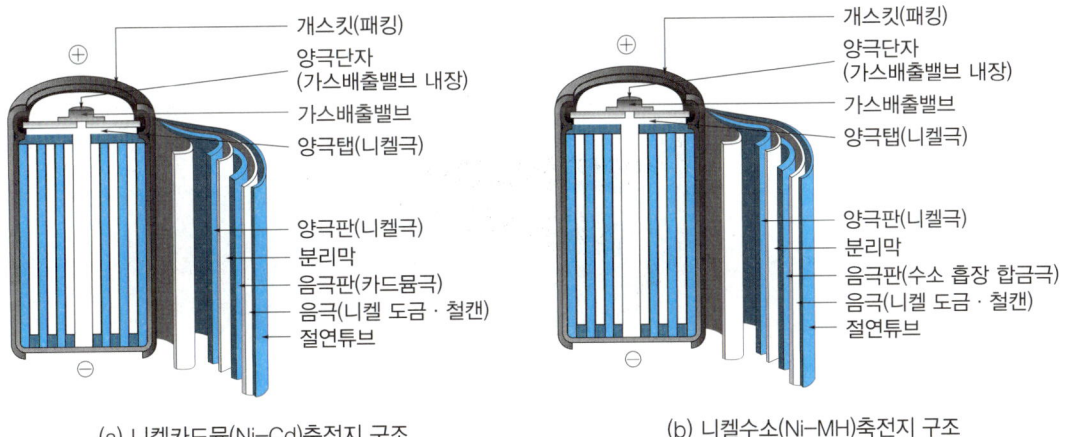

(a) 니켈카드뮴(Ni-Cd)축전지 구조   (b) 니켈수소(Ni-MH)축전지 구조

| 알칼리축전지를 대표하는 니켈축전지의 구조 |

하지만 니켈카드뮴축전지의 가장 큰 단점은 메모리효과이다. 메모리효과(memory effect)란 한 번 충전한 축전지를 완전히 방전하지 않은 상태에서 그대로 충전을 하면 남아

있는 잔량을 사용하지 못해 축전지의 충전용량이 줄어드는 현상이다. 이를 방지하고자 니켈카드뮴축전지를 사용할 때는 가능한 완전방전 이후 완전충전을 권장한다. 아울러 니켈, 카드뮴의 자원이 부족해 대량 생산이 힘들다 보니 가격이 고가였고 자기방전 특성[36]이 축전지 중에 가장 높은 것도 단점이다. 전해질의 부식성이 강하다 보니 피부나 옷에 묻지 않게 주의하는 것이 중요하다.

[36] 사용하지 않아도 월 30~40%는 자기방전 되었다.

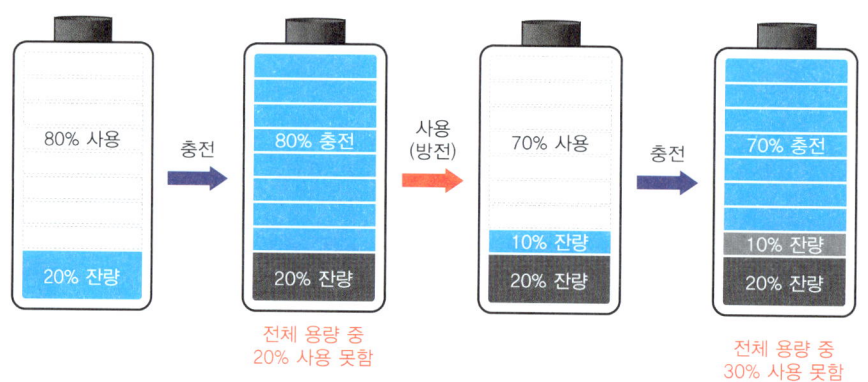

| 니켈카드뮴축전지의 메모리효과 |

이후 개발된 니켈수소(Ni-MH)축전지는 양극(+)에 니켈, 음극(-)에 수소흡장합금, 전해질로 알칼리수용액을 사용한 축전지이다. 니켈카드뮴축전지에 비해 단위부피당 에너지밀도가 2배가량 높아 고용량화가 가능하다. 뿐만 아니라 과방전, 과충전에 잘 견뎌 급속충전도 가능하다. 하지만 급속충전 시 열을 많이 발생하는 단점을 가지고 있다.

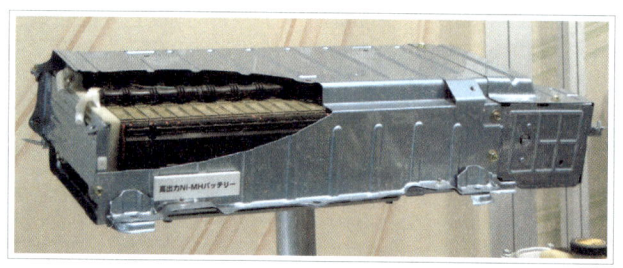

| 하이브리드차에 장착된 고출력 니켈수소축전지 |

충전과 방전 사이클 수명이 길어 500회 이상 충전과 방전이 가능하다. 완전방전 후 충전하는 것보다는 얕은 방전[37]을 이용하는 것이 효율적이다. 2000년대 중반까지 인기가 있었던 니켈카드뮴축전지에 비해 -30℃의 저온에서도 안정성이 높은 니켈수소축전지의 특성상 최근에는 전기자동차나 하이브리드 자동차에도 많이 사용한다.

[37] 틈틈이 충전을 해주는 게 좋다.

4 리튬이온축전지의 특징

최근에는 기술이 발달함에 따라 리튬이온축전지가 점차 대중화가 되었다. 1960년대부터 아이디어는 있었으나 리튬의 반응성이 너무 커서 안정성 문제로 제품 개발을 하지 못하다가 1991년 소니가 이를 성공함으로써 상용화가 되었다.

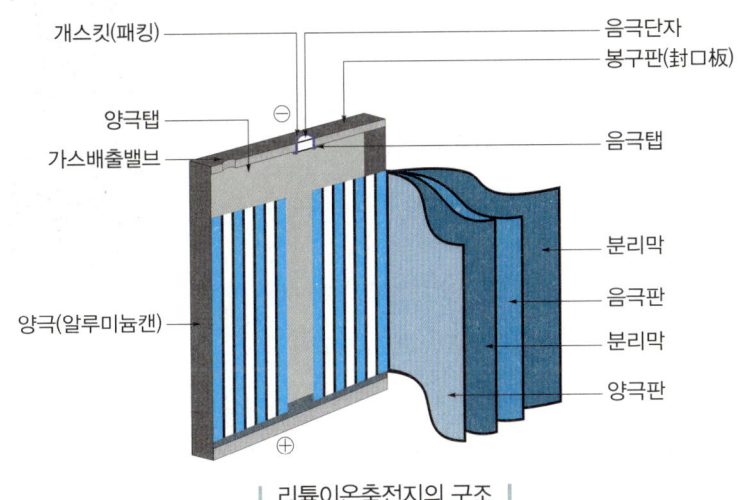

| 리튬이온축전지의 구조 |

리튬이온(Li-ion)축전지의 구조는 다른 축전지에 비해 간단한 편으로 양극(+)은 알루미늄코일에 리튬산화물을 코팅하고, 음극은 구리코일에 탄소알갱이를 코팅하여 그 사이에 절연체를 넣은 후 전해질 속에 넣어 포장하는 방식이다. 재료의 무게가 거의 없고 전해질을 담는 케이스의 무게가 대부분이라 디자인에 따라 경량화가 가능하다.

리튬이온축전지는 기존 축전지에 비해 초경량, 고밀도에너지, 고전압을 실현시킨 축전지의 최고의 기술로 평가받고 있다. 니켈카드뮴축전지에 비해 셀당 전압은 3배 높은 3.6V/cell[38]을 사용할 수 있고 에너지밀도 역시 2배 이상 높다. 아울러 전지의 잔량을 백분율(%)로 정밀하게 나타나게 된 것도 리튬이온축전지가 가진 특성[39]이다. 중금속으로 인한 환경오염문제도 없어 환경친화적인 데다가 완전방전이 안 된 상태에서 재충전을 할 경우 사용용량이 감소하는 메모리효과가 없다.

다만 안정성은 다른 전지에 비해 매우 떨어지는 편이라 과방전 시 용량 감소가 매우 크고 과충전 시에는 매우 불안정해져서 내부 전극에서 쇼트[40]가 나거나 날카로운 것으로 축전지에 충격을 주면 폭발할 수 있다. 아울러 열화(劣化, degradation)현상 역시 리튬이온축전지의 단점이다. 이는 1000회 정도 충전과 방전을 반복한 이후로는 축전지의 성능이 급격히 떨어지게 되어 최대 충전용량이 약 80% 이하로 줄어들

[38] 세부 형식에 따라 다른데 3.2~3.85V/cell까지 가능하다.

[39] 이를 개발한 소니사는 인포리튬배터리(info lithium battery)라고 부른다.

[40] 스마트폰을 충전하다 폭발했다는 경우가 이런 경우이다.

게 된다. 특히 스마트폰과 같이 발열량이 많은 기기의 경우 온도가 약 30℃가 되면 평균보다 수명이 약 30% 줄어든다.[41]

그러나 손바닥만한 크기에 3000~4000mAh의 용량을 넣을 수 있다는 장점 등이 단점을 상쇄하기에 최근에는 스마트폰, 보조배터리, 전동공구 등 다양한 곳에서 사용하고 있다.

[41] 더운 여름날 스마트폰 배터리 소모가 심한 것은 기분 탓이 아니다.

스마트폰에서 사용하는 리튬이온(Li-ion)배터리

5 스마트폰 배터리를 오래 사용하는 법

최근에 나온 스마트폰을 비롯한 캠코더, 노트북 등 다양한 휴대 전자제품의 경우 내부 배터리로 리튬이온(Li-ion)축전지를 쓰는 경우가 많다. 따라서 이들의 특성을 잘 알고 있으면 배터리의 수명을 연장할 수 있다.

(1) 방전 중 틈틈이 충전하자

과거 니켈축전지의 경우 메모리효과 때문에 완전방전 후 완전충전하는 것을 권장하였지만 리튬이온전지는 오히려 방전 중 틈틈이 충전하는 것을 추천한다. 가장 좋은 것은 50% 정도에서 충전을 하는 것으로 리튬이온축전지는 30회 충전기준으로 방전시키고 충전하기를 권장한다. 이는 축전지의 화학적 성분의 변화가 아닌 잔량을 표기하는 정밀도가 나빠지기 때문으로 이를 전문가들은 디지털메모리효과(digital memory effect)라고 한다. 이를 방지하기 위해 끝까지 방전한 후 재충전하면 이 정밀도가 재조정된다.

(2) 장기간 보관할 경우에는 축전지를 약 40%까지 방전한 상태에서 냉장고에 보관하자

완전충전된 상태로 보관을 하면 리튬이온의 손상화가 빠르게 진행되기 때문에 40%까지 사용한 후 냉장고에 보관하는 것이 좋다. 그리고 축전지가 분리가능한 모델이면 100% 만충 이후엔 충전을 안 하는 것이 좋다. 축전지 내부에서 부풀어 오르는 스웰링 효과(swelling effect)가 생길 수 있다. 단, 축전지가 일체형이라면 미세지속 충전을 하지 않아서 상관이 없다.

(3) 배터리를 실온에서 유지하자

보통 20~25℃에서 리튬이온축전지가 가장 좋은 성능을 발휘한다. 리튬이온배터리에 최악인 상황이 완전히 충전된 상태에서 축전지 온도를 상승시키는 것이다. 기온이 높은 날 차 안에서 축전지를 방치하거나 충전하지 않는 것이 좋다. 발열 그 자체가 리튬이온축전지의 수명을 감소시키는 가장 큰 원인이다.

(4) 리튬이온축전지를 완전히 방전시키지 말자

리튬이온축전지가 셀당 2.5V 미만으로 방전되면 보호회로가 작동하여 축전지는 수명을 다하게 되고 충전이 불가능해진다. 또한 안전상의 이유 때문에 완전방전상태에서 수개월동안 방치되었던 리튬이온축전지를 재충전해서는 안 된다.

(5) 예비 배터리를 휴대하는 것보다 더 큰 대용량 리튬이온배터리 사용을 고려하자

축전지는 현재 사용 여부와 관계없이 시간이 지나면 수명을 다하게 되고 열화한다. 따라서 예비 배터리를 오래 보관하는 것은 좋은 방법이 아니다. 축전지를 구입할 때는 이 성질을 염두하고 구입 시에도 최근 제조한 것을 선택하도록 하자.

3 충전방식의 종류와 축전지용량 산출방법은?

1 충전방식의 종류

일반적으로 생각하기에 축전지를 충전할 때 충전기에 축전지를 연결한 후 전원만 연결하면 되는 것으로 생각한다. 그러나 실제로 충전방식은 여러 가지로 구분된다. 축전지를 충전시키는 여러 가지 방법을 알아보자.

(1) **초기충전** : 축전지에 전해질을 주입하여 처음으로 행하는 충전을 말한다.
(2) **보통충전** : 가장 흔하게 사용하는 충전방식이다. 필요할 때마다 표준시간율[42]로 충전을 하는 방식이다.
(3) **급속충전** : 비교적 단시간에 보통 전류의 2~3배 정도의 전류로 충전을 해서 빠르게 충전할 수 있는 방법이다.[43]
(4) **부동충전** : 조금은 특이한 방식의 충전방식이다. 자동차의 축전지를 생각하면 이해하기 쉽다. 축전지와 자동차의 전기장치의 부하를 충전기에 병렬로 접속하여 사용하는 충전방식이다. 이때 축전지의 자기방전을 보충함과 동시에 자동차의 전기장치부하에 대한 전력공급은 충전기가 부담하도록 한다. 그런데 충전기가 부담

[42] 배터리의 용량은 [Ah](암페어 아워)로 표기한다. 예를 들어 12V 100Ah 배터리의 표준시간율이 20h라고 하면 100/20=5[A]의 전류로 20시간 사용이 가능하다. 우리나라는 10h가 표준시간율이다.

[43] 당연히 충전대상이 이를 호환해 주는 제품이어야 한다.

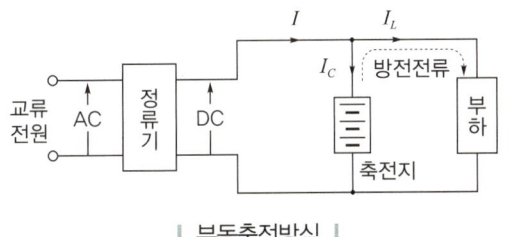

| 부동충전방식 |

하기 어려운 일시적인 대전류부하를 축전지에서 부담하도록 나누는 것이다.

이를 전기의 예로 들면 앞의 그림과 같다. 충전기의 교류전원에서 전력변환장치인 정류기를 통해 직류로 변환한다. 이후 축전지에 충전전류(I_C)가 흘러가고 부하에 부동충전 2차 전류(I_L)[44]가 흘러가게 병렬로 연결한다. 이는 전류(I)가 축전지를 충전함과 동시에 부하까지 담당하게 되는 구조이다. 이때 부하에 대 전류가 흐를 때는 축전지에서 보충할 수 있게 한다.

(5) **균등충전** : 부동충전방식으로 사용하다 축전지의 심한 방전상태나 가벼운 황산화현상으로 인해 각 셀에서 일어나는 전압을 보정하기 위해 1~3개월마다 1번, 정전압으로 10~12시간 충전하여 셀의 용량을 균일화하는 방식이다. 연축전지에서 많이 사용된다.

(6) **세류충전** : 축전지의 자기방전량만 충전하는 방식이다. 부하가 없는 상태에서 매우 작은 전류를 통해 충전한다.

2 축전지용량 산출방법

일반적으로 사용하는 축전지는 용량이 정해져 있고 사용하면서 방전이 되면 충전을 하는 경우가 많기 때문에 따로 축전지의 용량을 구할 필요가 없는 경우가 많다. 그러나 무정전전원 공급장치(UPS) 시설 같은 경우는 본래 전력이 담당하는 부하 중 일시적으로 사용할 부하를 담당하기에 부하에 맞는 용량을 알아야 하는 경우가 있다. 따라서 축전지의 특성을 고려하여 부하에 맞는 축전지용량을 계산하는 것은 중요하다.

$$C = \frac{1}{L}[K_1 I_1 + K_2(I_2 - I_1) + K_3(I_3 - I_2) + \cdots + K_n(I_n - I_{n-1})]$$

위의 공식에서 C는 축전지의 용량을 말하며 단위는 [Ah]를 사용한다. L은 보수율(補修率, maintenance factor)[45], K는 용량산출계수(容量算出係數, calculating coefficient of capacity)[46], I는 방전전류(放電電流, discharge current)[47]로 단위는 [A](암페어)이다.

용량산출계수가 $K_1 = 1.40$, $K_2 = 0.70$, $K_3 = 0.225$로 주어져 있고 방전전류가 시간과 함께 증가하는 경우는 그래프를 통해 다음과 같이 구할 수 있다.

$I_1 = 10A$, $I_2 = 20A$, $I_3 = 120A$

$T_1 = 60분$, $T_2 = 20분$, $T_3 = 0.167분(10/60 = 0.166666 ≒ 0.167)$

이때 축전지용량을 구하는 공식에 위의 수치를 대입하면 된다.

---

[44] 부동충전 2차 전류 I_L은 다음과 같은 공식으로 구할 수 있다.
$I_L[A] = \frac{축전지의 정격용량[Ah]}{축전지의 공칭방전율[h]} + \frac{상시부하용량[W]}{표준전압[V]}$
이때 공칭방전율은 1A의 전류로 방전할 수 있는 시간을 의미하며 연축전지는 10시간, 알칼리축전지는 5시간이다.

[45] 보수율이란 시간이 지남에 따라 축전지용량이 줄어드는 것을 감안하기 위해 사용되는 지표로 경년용량 저하율이라고도 한다. 일반적으로 0.8 정도로 본다.

[46] 용량산출계수란 축전지의 용량을 결정하는 경우에 사용하는 계수로 용량환산시간계수라고도 한다.

[47] 방전전류(I)는 부하용량[VA]/정격전압[V]의 값으로 단위는 [A]를 사용한다.

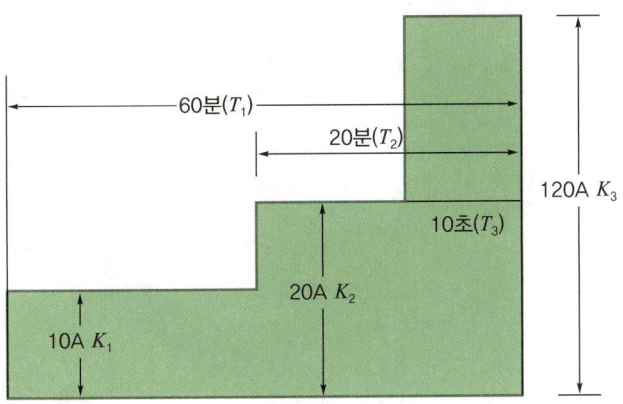

$$C = \frac{1}{L}[K_1 I_1 + K_2(I_2 - I_1) + K_3(I_3 - I_2)]$$

$$= \frac{1}{0.8}[1.4 \times 10 + 0.7 \times (20-10) + 0.225 \times (120-20)]$$

$$= \frac{1}{0.8}(1.4 \times 10 + 0.7 \times 10 + 0.225 \times 100)$$

$$= \frac{1}{0.8}(14 + 7 + 22.5)$$

$$= \frac{1}{0.8} \times 43.5$$

$$= 54.375 \text{Ah}$$

∴ 위의 축전지의 용량은 54.375Ah가 됨을 알 수 있다.

VI

전기공사의 기초

- **01** 간단한 전기작업을 위한 수공구와 계측기는 어떻게 사용하는가?
- **02** 전기배선공사의 종류와 특징은 무엇인가?
- **03** 전선보호공사의 종류와 특징은 무엇인가?
- **04** 배선지지공사 및 기타 공사의 종류와 특징은 무엇인가?
- **05** 전선의 허용전류는 어떻게 선정하는가?
- **06** 차단기와 같은 과전류 보호장치는 어떻게 선정하고 설치하는가?
- **07** 콘센트와 스위치는 어떻게 배선해야 하는가?

01 간단한 전기작업을 위한 수공구와 계측기는 어떻게 사용하는가?

KEY WORD 전기작업안전수칙, 수공구, 멀티미터, 클램프미터, 절연저항기, 접지저항계(어스테스터)

학습 POINT
- 전기작업을 위해 반드시 알아야 하는 것은?
- 반드시 필요한 공구는?
- 멀티미터(멀티테스터기)는 무엇이며 어떻게 사용하는가?
- 전류의 양을 측정하는 클램프미터(훅온미터)의 사용방법은?
- 누전을 찾는 절연저항기(메거)의 사용방법은?
- 접지가 잘 되었는지 확인할 수 있는 접지저항계(어스테스터)의 사용방법은?

1
목공의 경우 컴프레서와 절단톱이 필요하고 페인트공 역시 컴프레서와 우마(うま)라고 하는 '말 비계'가 필요하다.

2
정확하게는 전기공사 기술자를 말한다. 전기 안전관리자는 공구보다도 다양한 계측기가 필요하다.

전기작업은 기본적인 전기에 대한 개념을 갖추면 스스로 할 수 있는 부분이 많다. 특히 전기기술자는 다른 현장기술자가 쓰는 공구¹와 달리 공구 자체가 크거나 무거운 것이 많지 않고 가격 또한 상대적으로 부담 없는 편이다. 물론 전동공구가 있으면 다양한 작업을 빠르고 편리하게 할 수 있지만 직업적으로 전기공사를 하는 것이 아니라면 기본적인 수공구만 있어도 간단한 전기수리나 전기공사를 할 수 있다. 만약 전기기술자라는 직업을 택하게 되면² 그때 전동공구를 구입하는 것이 현명하다. 이에 기본적인 수공구 및 전기 관련 계측기의 사용법을 알아보자.

1 전기작업을 위해 반드시 알아야 하는 것은?

전기는 매우 편리하면서 우리 생활에 없어서는 안 될 정도로 중요한 에너지이다. 그러나 전기는 잘못 다루면 생사가 오가거나 화재가 날 수 있기에 항상 안전을 중요시 여겨야 한다. 특히 스스로 전기작업을 하려다가 감전, 합선을 경험하여 전기에 대한 트라우마가 생긴다면 더 이상 전기작업을 못할 수도 있으니 다음과 같은 전기작업 안전수칙을 지켜야 한다. 이는 일반인뿐만 아니라 전기기술자라면 반드시 숙지해야 한다.

(1) 원칙대로 차단기를 내리고 작업하자

간단한 조명을 교체하더라도 차단기를 내리는 것이 맞다. 단순히 감전위험뿐만 아니라 부하 없이 전선의 도체끼리 부딪히거나 다른 쇠붙이에 전선의 도체가 부딪혀 합선사고가 날 수 있다. 합선 때는 보통 '펑'하는 소리와 함께 불꽃이 튀어 작업자에게 트라우마를 안겨주기도 한다. 가끔가다 전기의 무서움을 간과하고 "차단기를 내리지 않고 작업하는 게 진짜 전기기술자다."라고 이야기하는 사람이 있다. 이럴 때는 "만약 사고 나면 당신이 책임질 것인가?"라고 반문하고 상대를 하지 말도록 하자. 목숨은 살 수 있는 것이 아니다.

(2) 만약 부득이하게 전기가 살아있는 상태[3]로 공사를 할 경우 반드시 전기안전장비를 갖추도록 하자

절연장갑과 절연화를 사용해야 하고 반지나 금속제로 된 손목시계도 도체가 되므로 반드시 이를 제거한 후 작업을 하자. 아울러 조립식 건물의 샌드위치패널의 경우 보통 전기가 흐르기 쉬운 도체이므로 전선작업 시 벽이나 천장에 직접전류가 흐르는 도체가 닿지 않도록 하자. 이는 샌드위치패널이 아니더라도 주변 쇠붙이는 항상 조심해야 한다.

[3] 이를 전기용어로 활선상태라고 한다.

(3) 공구사용법을 제대로 알고 품질 위주로 구입하자

공구는 사람이 해야 할 일을 편리하게 해주는 고마운 도구지만 사용방법을 잘 모르거나 엉뚱한 용도로 사용해서 부상을 당할 수 있다. 아울러 공구를 주고받을 때는 절대로 던지지 않는다. 또한 공구의 손잡이는 반드시 고무나 비닐, 플라스틱과 같은 절연소재로 되어 있어야 한다. 그리고 가능한 공구에는 돈을 아끼지 않는 게 좋다. 가격이 저렴한 공구는 그 나름대로의 이유가 있는 법이다.

2 반드시 필요한 공구는?

1 니퍼, 와이어 스트리퍼, 다목적 가위

니퍼(nipper)[4]는 가는 전선을 자르거나 피복을 벗길 때 또는 철사를 절단할 때 사용하기 위한 공구이다. 지레의 원리를 이용한 것으로 가위와 비슷한 구조이다. 다만 날이 가위보다 훨씬 튼튼하기에 가위로 절단이 안 되는 것을 절단할 때 니퍼를 사용하면 해결이 가능하다. 니퍼 사용이 능숙치 못할 경우 전선의 도체를 상하게 할 수 있으니 주의해야 한다.

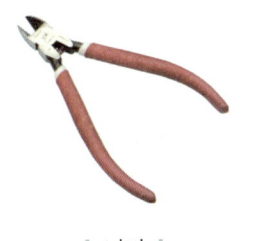

| 니퍼 |

[4] 간혹 '니빠'라고 하는 경우가 있는데 이는 니퍼의 영단어인 nipper의 일본식 발음 ニッパー(닛빠—)를 들여왔기 때문이다.

| 와이어 스트리퍼 |

[5] 연선의 피복을 잘못 벗기면 내부 소선도 같이 뽑혀 나간다.

| 자동 스트리퍼 |

| 다목적 가위 |

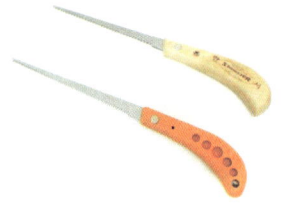

| 쥐꼬리톱 |

[6] 콘크리트벽이나 시멘트벽은 뿌레카라고 하는, 파괴 해머(파괴 함마)라고 하는 전동 드릴을 사용한다. 현장에서는 이 작업을 '까대기'라고 한다.

니퍼 사용이 능숙치 않다면 와이어 스트리퍼(wire stripper)를 사용하는 것도 괜찮다. 보통 스트리퍼라고 하는 이 공구는 니퍼로 전선의 피복을 벗기는 게 능숙치 않은 경우 사용하면 쉽게 피복을 벗길 수 있다. 전선의 지름이 표기되어 있고 규격에 맞게 홈이 있어서 이곳에 전선을 넣고 피복만 쓱 벗길 수 있다. 그런데 와이어 스트리퍼보다 더욱 쉽게 전선의 피복을 제거하는 공구가 있다.

자동 스트리퍼는 전선을 이빨에 물려 손으로 손잡이를 쥐면 힘을 전혀 들일 필요 없이 피복을 자동으로 벗겨준다. 연선의 피복을 제거[5]할 때 매우 편리하다.

스트리퍼 제품들은 가격이 비싼 만큼 품질을 보증할 수 있다. 너무 싼 제품의 경우 피복을 제대로 제거를 못하고 전선 자체를 절단하는 경우도 많고 제품 자체의 내구성이 열악해 오래 사용하기가 힘들다. 아울러 스트리퍼의 전선지름 표기조차 틀린 경우가 많다. 제대로 작업하고자 하면 제대로 된 공구를 사용하자.

전기재료상이나 철물점에서 쉽게 구할 수 있는 다목적 가위는 전기기술자에게 가장 친숙한 공구 중 하나이다. 앞서 설명한 니퍼나 스트리퍼보다도 사용용도가 넓을뿐더러 익숙해지면 전선 피복을 벗기는 데 매우 편리하다. 뿐만 아니라 몰드나 PVC 소재의 전선관을 자를 수도 있어 전기작업 시 꼭 필요할 때가 많다. 뭔가 자를 때엔 일당백 역할을 하면서 가격도 비교적 저렴하고 내구성도 괜찮다. 그러나 한 가지 주의해야 할 점은 가윗날이 매우 날카롭기 때문에 취급할 때 특별히 조심해야 한다. 특히 가윗날을 벌려둔 채 주머니에 넣고 다니면 가위에 벨 가능성이 높으니 사용하지 않을 때는 꼭 손잡이끝의 클립을 통해 가위를 오므린 채 휴대해야 한다. 아울러 피복을 벗기는 작업 시 다른 전선을 손상시킬 수 있으므로 신중하게 작업해야 한다.

쥐꼬리톱은 석고나 합판 등으로 된 벽면이나 천장을 뚫을 때 사용하는 공구로 전기공사현장에서 매우 유용한 공구[6]이다. 쥐꼬리톱의 크기는 20cm, 25cm, 30cm로 구분된다.

2 케이블커터와 전공칼

단면적이 10mm² 이하의 절연전선의 경우 니퍼나 스트리퍼 등의 공구를 이용해 피복을 벗기거나 절단하는 것은 큰 어려움이 없을 것이다. 그러나 단면적이 10mm²를 초과하거나 케이블의 절연물을 벗기거나 절단할 경우 이들 공구로 작업하기가 힘들

뿐더러 공구가 고장 나는 경우도 있다. 즉, 굵은 전선을 다룰 때는 여기에 맞는 공구가 있어야 한다.

| 케이블커터의 다양한 종류 |

굵은 케이블을 절단할 때는 케이블커터를 이용하는 것이 편리하다. 작은 크기로 한 손에 쥐고 작업할 수 있는 케이블커터부터 양손을 이용한 케이블커터까지 다양한 종류가 있다. 특히 래칫케이블커터[7]의 경우 비교적 적은 힘을 사용해 케이블을 절단할 수 있는 장점을 가지고 있다.

전공칼[8]은 케이블의 피복(시스, 절연물 등)을 벗길 때 사용한다. 일반 가정에서 간단하게 전기작업할 때는 필요 없지만 전기공사할 때는 필요한 공구이며 다목적 가위 등으로 피복을 벗기기 어려울 때 사용[9]한다. 잘못 사용하면 손에 큰 상처가 나기 쉬우니 반드시 장갑을 끼고 사용하도록 한다.

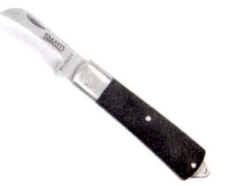

| 전공칼(전선칼) |

3 펜치와 압착기

전선을 결선할 때 손가락 힘으로 잘 안 되면 펜치(pinchers)[10]를 이용해서 작업[11]하면 크게 도움을 받을 수 있다. 뿐만 아니라 잘 빠져나오지 않는 전선을 끄집어낼 경우나 전선의 피복을 벗길 경우[12]에도 사용하는 등 전선작업할 때 다용도로 활용이 가능하다. 그러나 처음 다루는 경우 손과 팔에 충분한 근육이 안 붙어 힘들 수 있다. 역으로 말하면 펜치를 잘 다룰수록 경력이 오래된 전기기술자라고 봐도 무방하다. 가격이 저렴한 저품질 펜치의 경우 펜치의 핵심 부위인 이빨이 쉽게 나가 무는 힘이 떨어질 수 있다. 아울러 손잡이가 고무로 처리된 부분이 쉽게 벗겨지는 경우가 있다. 손잡이의 고무는 절연기능이 있기에 이 부분이 벗겨지면 절연테이프로 감싸 주는 것이 중요하다. 펜치의 길이에 따라 용도가 조금씩 다른데 150mm의 경우 소기구의 전선접속, 175mm의 경우 옥내일반공사, 200mm의 경우 옥외공사에 적합하다. 보통 175mm와 200mm를 사용하는 것을 강

| 펜치 |

---

7 사진 속 가운데가 래칫케이블커터이다.

8 전선칼, 케이블칼이라고도 한다.

9 케이블의 시스를 전공칼을 사용해 케이블 방향으로 갈라놓는다.

10 얼핏 보기에 영단어 같지만 실제 영단어는 핀처스(pinchers) 또는 커터 플라이어즈(cutter pliers)라고 한다. 이를 일본에서 ペンチ(뺀치)라고 부르던 것이 우리나라에 와서 펜치라고 부르게 되었다.

11 전선의 도체부분만 움직이거나 여러 가닥을 하나로 묶을 때도 사용한다.

12 이때 제거할 피복을 잡고 펜치를 돌리다보면 피복이 벗겨 나간다.

(a) 터미널단자　　(b) 압착기

| 터미널단자와 압착기 |

전펜치라 하고 150mm를 사용하는 작고 끝이 뾰족한 것을 라디오펜치라고 한다.

　접촉불량은 전기화재의 원인이 되므로 확실하게 전선은 전기기기에 접속을 확실하게 해야 한다. 그러나 크기가 작은 경우 드라이버와 나사만 가지고도 접속을 할 수 있지만 전선의 단면적이 큰 경우 터미널(terminal)[13]단자라고 하는 것을 압착기를 이용해서 접속해야 한다. 실제로 흔히 볼 수 있는 3상 차단기의 경우 단순히 드라이버로 나사를 조이는 방식이 아닌 압착기로 터미널과 전선을 한 몸같이 결속시킨 후 터미널을 전기기기에 접속하게 설계되어 있다. 따라서 압착기가 있어야 전선 끝을 압착단자와 연결할 때 확실하게 접속[14]할 수 있다.

4 절연테이프

　절연테이프[15]는 결선된 전선을 마감할 때 반드시 필요한 장비이다. 절연테이프의 재료는 PVC[16]와 고무, 석회가루로 절연성뿐만 아니라 내열성[17], 내수성 등이 우수하다. 또한 일반 테이프와 달리 햇빛에도 강한 편이라 실외에서 사용해도 무방하다. 보통 검은색을 많이 사용하지만 본래는 다양한 색상이 있다. 절연테이프는 브랜드에 따른 품질차이가 매우 크고 이는 전기사고의 직접적인 원인[18]이 되기도 하므로 반드시 시계방향으로 충분히 도체를 감싸 주어야 한다.

[13] 영단어 뜻 그대로 '종단', '종점' 등을 말하는 것으로 전선 끝부분을 가리킨다.

[14] 일부 펜치의 경우 압착기 역할을 할 수 있게 설계가 되었는데 이는 가는 전선에는 적합하지만 전선의 단면적이 4mm² 이상의 경우 힘을 크게 받지 못하기 때문에 추천하지 않는다.

[15] 전기테이프, 검정테이프 등으로 부르기도 한다.

[16] 폴리염화비닐을 말한다.

[17] 영하 20~70℃까지 사용이 가능하다.

[18] 저품질 절연테이프를 사용하면 누전사고가 일어나기 쉽다.

| 절연테이프 |　　| 실리콘 자기융착테이프 |

　절연테이프는 전기기술자들에게 생명테이프라 할 정도로 중요하다. 감전이나 합선을 막는 역할을 할뿐더러 전선들의 유격이나 이탈을 막는 역할을 하므로 이러한 기능을 반드시 기억하고 작업해야 한다. 보통 시중에서 쉽게 구할 수 있는 절연테이프는 600V 이하의 저압에서 사용할 수 있도록 설계가 되었는데 이보다 큰 고압의 경우 실리콘 자기융착테이프를 사용한다.

　전선의 끝단을 처리할 때는 절연과 더불어 외부 노출 시 빗물 등이 유입하지 않도록 꼼꼼하게 절연테이프로 감싸도록 한다. 아울러 테이프가 풀리지 않게 와이어나 케이블타이로 감아주는 것이 좋다. 절연테이프를 절단할 때는 힘껏 테이프를 잡아당기면 끊어진다.

5 절연드라이버

나사[19]를 풀고 조일 때 사용하는 드라이버는 공구 중에 가장 쉽게 접할 수 있다. 그러나 전기작업을 위해서는 일반드라이버가 아닌 절연드라이버를 사용하기를 추천한다. 절연드라이버(isolated screwdriver)란 실제 나사와 접촉하는 드라이버의 비트 날부분을 제외하고 남은 부분을 절연소재로 감싸서 전기작업 시 감전 및 합선사고로부터 작업자를 보호하기 위한 드라이버이다. 십자타입(+)[20]과 일자타입(-)[21]으로 구분된 경우가 있는가 하면 비트를 쉽게 교체할 수 있는 양용 드라이버 구조로 된 것이 있다. 절연드라이버는 전기작업에서 콘센트, 스위치, 조명, 차단기의 나사를 풀거나 조일 때 많이 사용한다. 드라이버의 규격은 십자타입(+) 비트의 지름[mm]을 단위로 많이 사용한다. 드라이버와 나사의 규격은 다음과 같이 나뉜다.

| 절연드라이버 |

[19] 나사를 '비스'라고 하는 경우가 있다. 본래 나사의 영단어는 screw라고 하지만 프랑스어로는 vis라고 한다. 이것이 일본으로 그대로 전달되어 비스(ビス)라고 부르던 것이 우리나라에게 전달된 것이다.

[20] 필립스타입(phillips type)이라고 한다.

[21] 슬롯타입(slot type)이라고 한다.

| 드라이버 · 나사의 규격 |

일자드라이버(-)				십자드라이버(+)			
	작은 나사	나사못			작은 나사	철판나사	나사못
1.8	1.0 1.2	–	No.0		1.4 1.7 2.0 2.3 2.6	–	–
2.5	1.6	1.8					
3.0	2.0	2.1					
4.0	2.2 2.6	2.4					
4.5	3.0	2.7 3.1	No.1		2.0 2.2 2.3 2.5 2.6	2.0 2.5	2.1 2.7
5.5	4.0	3.8					
6.0	5.0	4.1 4.5					

	일자드라이버(−)			십자드라이버(+)		
	작은 나사	나사못		작은 나사	철판나사	나사못
7.0	5.0 6.0	4.8 5.1	No.2	3.0 3.5 4.0 4.5 5.0	3.0 3.5 4.0 4.5 5.0	3.1 3.5 3.8 4.1 4.5 4.8
8.0	8.0	5.5 5.8
9.0	8.0	6.2 6.8	No.3	6.0 8.0	6.0	5.1 5.5 5.8 6.2 6.8
10.0	8.0	7.5 8.0

22 ─── 작업조끼 주머니에 넣고 다니면 구멍이 나기도 한다.

| 검전드라이버 |

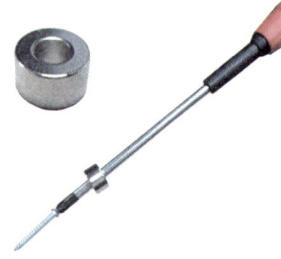

| 드라이버 자화기 |

전기작업 시 생각 외로 큰 힘이 필요한 경우가 있는데 저렴한 저품질 제품의 경우 나사머리부분이 망가지거나 비트 끝부분이 망가질 수 있으니 가능한 제대로 된 제품을 구입하자. 아울러 비트 끝부분은 매우 날카롭기 때문에 사용할 때 주의[22]해야 한다.

전기가 살아 있는지 확인하면서 작업하기에는 검전드라이버가 유용하다. 예를 들어 주차단기를 조이고 풀 때 차단기 1차측은 상시 전기가 살아 있다. 이때 검전드라이버를 이용하면 손잡이부분에 점멸등이 켜져 전기가 살아 있다는 것을 시각적으로 알려준다. 또한 비트날까지 플라스틱 소재로 절연되어 있어 작업자가 실수로 비트부위를 만지더라도 감전이 되지 않는다. 살아 있는 전기를 다룰 때 검전드라이버를 이용해서 안전을 지키는 것을 추천한다.

드라이버 비트끝에 자석이 있으면 작은 나사를 집기에도 편리하고 이를 비트에 꽂고 작업하기에도 편리하다. 하지만 시간이 흐르면서 비트날이 닳다 보면 점차 자석의 성질이 약해지기에 드라이버 자화기를 구입해 드라이버 비트에 달아놓으면 강력한 자석의 힘을 느낄 수 있다. 가격 또한 무척 저렴하기에 구입해 두면 매우 편리하다.

6 작업조끼와 절연장갑

집에서 간단하게 전기작업할 때는 필요가 없지만 직업으로 선택했을 때는 작업조끼를 하나 구입하는 것이 좋다. 전기작업은 특히 나사, 터미널단자 등 작은 전기재료들이 많고 이를 손쉽게 보관 및 꺼내기 위해 주머니가 많은 작업조끼를 입고하는 것이 여러모로 편리하고 효율성이 높다. 구입 시 유의해야 할 점은 싼제품 중에 마감이 잘 되어 있지 않아 주머니가 날카로운 공구 등에 찢어지는 일이 잦고, 주머니 덮개가 없으면 내용물이 쏟아질 수 있으니 제대로 된 것을 구입하는 것이 좋다. 아울러 공구들을 모두 주머니에 넣고 다니기엔 불편함이 있을 수 있다. 그래서 공구집[23]도 하나 구입해서 허리띠에 차고 여러 가지 공구들을 동시에 가지고 다니면 작업의 효율성을 크게 높일 수 있고 분실위험도 적다.

| 작업조끼와 공구집 |

[23] 현장에서는 '사쿠'라고 하는데 이는 물건을 넣기 위한 집이나 주머니의 영단어인 색(sack)의 일본식 발음 サック(삿쿠)를 그대로 들여와서 그렇다.

 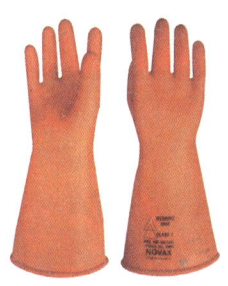

| 절연작업용 장갑과 절연인증장갑 |

전기작업은 차단기를 내린 상태에서 해야 한다. 그러나 부득이한 경우 전기가 살아 있는 상태 즉, 활선상태에서 작업을 해야 하는 경우[24]가 있다. 전기작업은 손을 움직여서 하는 작업인 만큼 절연장갑은 필수이다. 그러나 반코팅장갑이나 일반 절연작업용 장갑을 가지고 활선작업을 하는 것은 도움이 안 될 수 있다. 왜냐하면 일반 절연작업용 장갑은 활선에서의 절연성능을 제조사도 판매사도 보증하지 않기 때문이다. 따라서 절연작업용 장갑은 전기가 흐르지 않는 상태의 전기작업을 할 때는 유용하지만 전기가 흐르는 상황에서 믿어서는 곤란하다. 더구나 날씨가 덥고 습하면 작업자 몸에 땀이 나기 쉽고 장갑에 땀이 찰 수도 있다. 땀이나 습기 등에 의해 젖은 장갑은 착용하지 않은 것과 마찬가지이다. 반드시 건조한 장갑을 이용하도록 한다. 아울러 고무장갑 같이 두껍고 인증받았다는 표시가 있는 절연인증장갑을 갖춰야 절연을 보장받을 수 있다. 일단 가격부터 절연작업용 장갑보다 훨씬 비싸고 500V부터 시작해 특고압까지 절연을 할 수 있지만 두껍고 뻑뻑하다 보니 작업자들의 손에 익숙해지기까지 제법 시간이 걸린다. 손에 익는다 해도 작업이 부자연스러워지지만 구멍만 나지 않

[24] 무정전 시공을 해야 하는 상황이나 차단기 1차측 인입선 작업 등을 말한다.

는다면 절연은 보장받을 수 있다. 따라서 활선작업을 자주해야 하는 상황이라면 반드시 절연인증장갑을 준비하도록 한다. 이와 함께 절연화까지 준비하면 안전하게 전기작업을 할 수 있다.

7 사다리

전기작업은 높은 곳에서 이루어지는 고소작업이 많기 때문에 사다리가 필요한 경우가 많다. 참고로 사다리 위에서 이루어지는 고소작업은 매우 위험한 작업[25]이다. 일반 주택이나 아파트는 천장이 낮아 의자를 딛고 올라가서 작업할 수 있지만 상점만 하더라도 천장 최소 높이가 2.4m 이상인 경우가 많다 보니 사다리 없이는 간단한 조명교체도 힘들 수 있다. 전기기술자들의 작업사고 중 가장 높은 비율을 차지하는 것이 감전사고가 아닌 사다리 낙하사고이지만 과거에는 사다리에 대한 별다른 안전작업지침이 없었다. 이에 정부에서는 사다리 안전작업지침을 2019년 7월부터 본격적으로 시행하고 이를 위반 시 조치를 취하고 있다.

| A형 사다리 | 조경용 사다리 |

[25] 사다리 위에서 하는 작업은 많은 인명피해가 생긴다. 최근 10년간 사다리사고로 목숨을 잃은 사람은 317명이다. 공식 집계된 부상자 3만 8859명 가운데 2만 7739명은 중상을 입을 정도로 위험한 것이 사다리작업의 특징이다.

| 작업높이에 따른 사다리 안전작업지침 |

작업높이	안전작업지침	공통사항

1.2m 미만	반드시 안전모 착용	• 평탄·견고하고 미끄럼이 없는 바닥에 설치
		• 경작업, 고소작업대·비계 등의 설치가 어려운 협소한 장소에서 사용
		  - 손 또는 팔을 가볍게 사용하는 작업으로 전구교체작업 전기·통신작업, 평탄한 곳의 조경작업 등
		  - 사다리 구조 등 그 외 안전보건조치는 산업안전보건 기준에 관한 규칙 준수

1.2m 이상 2m 미만	• 반드시 안전모 착용 • 2인 1조 작업 • 최상부 발판에서 작업금지	
2m 이상 3.5m 이하	• 반드시 안전모 착용 • 2인 1조 작업 및 안전대 착용 • 최상부 발판+그 하단 디딤대 작업금지	
3.5m 초과	작업발판으로 사용금지	

이에 고용노동부와 한국산업안전보건공단에서는 사다리를 안전하게 이용하는 방법에 대한 사다리작업 안전보건관리 10계명을 작성하여 이를 안내하고 있다. 이에 대한 내용은 다음과 같다.

(1) 사다리는 손상 및 부식 등이 없는 견고한 구조의 것을 사용해야 한다.

(2) 사다리는 바닥이 평평한 장소에 흔들림이 없도록 설치하여야 한다.
(3) 사다리에 오르는 작업을 하는 경우에는 안전모와 안전대를 착용하여야 한다.
(4) 사다리를 통행이 빈번한 장소에 설치할 경우에는 작업장소 주변에 접근금지 표지판을 설치하고, 유도자를 배치하여야 한다.
(5) 사다리작업은 반드시 2인 1조로 실시하여야 한다.
(6) 접이식(A형) 사다리는 접히거나 펼쳐지지 않도록 벌어짐 방지장치(locking)를 설치하고 넘어짐을 방지하기 위해 아웃트리거 등을 설치하여야 한다.
(7) 일자형 사다리의 상단을 걸쳐놓은 부분으로부터 60cm 이상 올라가도록 설치한다.
(8) 이동식 사다리를 통로에 설치할 때 기울기는 70° 이하를 유지하여야 한다.
(9) 고정식 사다리의 높이가 7m 이상인 경우에는 바닥으로부터 높이가 2.5m 지점부터 등받이 울을 설치해야 한다.
(10) 사다리식 통로의 길이가 10m 이상인 경우는 5m 이내마다 계단참을 설치해야 한다.

한편 정부에서 권하고 있는 작업발판사다리는 사다리작업에 안전을 가장 우선시하여 제작된 것으로 상단에 발판이 있고 바닥에 수평 유지를 위한 보조다리가 있어 사다리고정을 튼튼하게 해주어 작업이 안정적으로 이뤄질 수 있다.

| 작업발판사다리 |

사다리에서 전기작업 시 참고할 사항으로는 먼저 실외에서 작업할 때 비가 오거나 비가 온 후 땅이 젖어 있는 상태에서는 가능한 작업을 하지 않도록 한다. 또한 알루미늄 등의 재질로 된 사다리는 가벼워 휴대하기 좋지만 전기가 흐르기 쉬운 도체형태로 전기작업 시 특히 안전에 신경 써야 한다. 또한 사다리 위에서 전기작업을 하다 합선이나 감전 등으로 놀라게 될 경우 추락으로 인한 큰 부상이 생길 수 있다. 그래서 사다리작업하기 전에는 만약의 추락을 대비해 바닥상황을 살펴보고 안전해 보이는 곳을 확인하도록 하자. 2인 1조로 작업 시 아래에서 사다리를 잡아주는 보조인력의 경우도 사다리 위에서 작업자를 주시하도록 한다. 아울러 사다리작업이 위험하다 싶으면 비계(飛階, scaffolding)[26]나 전동리프트 등을 이용해 고소작업하기를 추천한다.

26 ─────
건축공사 때에 높은 곳에서 일할 수 있도록 설치하는 임시가설물로, 재료 운반이나 작업원의 통로 및 작업을 위한 발판이 되는 것을 말한다. 현장에서 아시바(足場, あしば)라는 일본어단어로 많이 부른다.

8 검전기

검전기(檢電器, electrode)는 배선에 전류가 흐르는지의 유무를 조사할 수 있는 간단한 계기를 말한다. 검전기는 크게 접촉식과 비접촉식으로 구분된다. 접촉식은 직접 피복이 벗겨진 전선의 도체에 접촉하여 전류가 흐르는지를 확인하는 것이고 비접촉식은

| 비접촉식 검전기 |

도체 인근에서 정전기유도현상을 파악해서 전류가 흐르는지를 확인하는 것이다. 사용하기에는 비접촉식이 편리하고 안전하지만 인근의 전류까지 감지하기 때문에 반응이 예민하다. 예민도를 설정할 수 있는 나사가 있는 제품이 있다.

전류가 흐르면 검전기 자체의 음향이나 발광을 통해 확인이 가능하다. 이는 해당 전류를 통한 음향이나 발광효과가 아니라 검전기 내부 건전지를 이용하기 때문에 건전지가 모두 방전되면 검전기를 제대로 사용할 수 없다. 전선이 2가닥 있을 때 전류가 흘러 검전기가 반응을 하면 전압선, 반응이 없다면 중성선이다.

검전기는 일반적으로 사용하는 전압인 저압제품부터 송전탑이나 전봇대에서도 사용이 가능한 특고압용[27]이 있다. 검전기는 전기기술자에게 안전을 위한 최소한의 장치로 반드시 전기작업 전에 전기가 살아있는지 확인하고 가능한 전기가 흐르지 않는 상태에서 작업을 해야 한다. 아울러 검전기를 사용하기 전에 머리카락이나 옷에 비비며 검전기가 정상적으로 동작[28]하는지 살펴보도록 한다. 검전기는 배터리전압이 약해지면 오동작을 일으키므로 예비배터리도 가지고 다니면 좋다.

[27] 송전탑이나 전봇대에서 작업하는 전기기술자들이 기다란 막대기 형태를 선로 근처에 대는 것이 바로 검전기이다.

[28] 검전기는 정전기에도 작동한다.

9 벨테스터(삑삑이)

| 벨테스터(삑삑이) |

전기는 반드시 폐회로로 구성되어야 정상적으로 전류가 흐른다. 간단한 전선작업을 할 경우 크게 필요하지 않지만 선이 여러 가닥이 있어 복잡할 때 필요한 회로를 찾기 위해선 삑삑이라 하는 벨테스터가 있으면 무척 편리하다. 사용방법은 간단하다. 전기가 흐르지 않는 전선의 양쪽 집게를 각 선에 물리고 반대쪽에서 선을 합선[29]하다 보면 벨테스터가 큰 소리로 '삑' 소리를 낸다.[30] 반대쪽이 제법 멀어도 다른 소음이 없다면 충분히 들릴 만큼 큰소리라 전기작업 시 많은 도움이 된다. 특별히 주의할 점은 반드시 전원이 차단되어 있어야 한다.

[29] 전류가 흐르지 않는 상태에서 전선 속 심선을 붙인다.

[30] 이렇게 폐회로를 찾는 것을 '도통테스트(continuity measurement)'라고 한다.

3 멀티미터(멀티테스터기)는 무엇이며 어떻게 사용하는가?

멀티미터(multimeter)란 전기의 전압, 저항 등을 기본적으로 측정하고 제품에 따라 커패시터용량, 다이오드 특성, 주파수 등 다양한 정보를 알 수 있는 계측기로 테스터기라고도 한다. 커다란 표시창에 바늘이 움직이는 아날로그형식과 액정에 숫자로 표기하는 디지털형식으로 분류된다. 전기기술자라면 멀티미터 없이는 많은 부분에서 작업에 한계를 느낄 정도로 필수로 꼭 가지고 다닌다. 그럼 전기기술자들이 사용하는 멀티미터의 기능과 사용법을 알아보자.

1 아날로그 멀티미터

아날로그 멀티미터는 보통 가운데 큼직한 원형 레인지(range) 선정 탭스위치가 눈에 띈다. 이는 복잡한 것 같지만 원리만 알면 어렵지 않게 사용할 수 있다. 아날로그 멀티미터를 사용하는 방법은 다음과 같은 순서로 해야 한다.

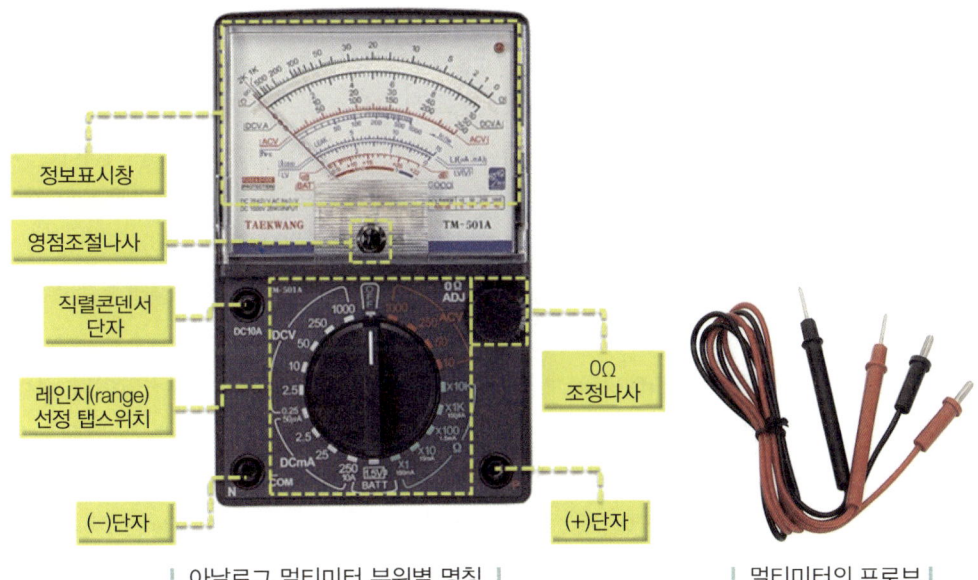

| 아날로그 멀티미터 부위별 명칭 | | 멀티미터의 프로브 |

(1) 건전지 잔량을 알아본다. 멀티미터는 건전지를 통해 작동하는 계측기라서 건전지 잔량이 적으면 제대로 된 측정을 할 수 없다. 이를 확인하는 방법은 레인지 선정 탭스위치의 6시 방향에 있는 BATT로 탭스위치를 돌린다. 이때 지침바늘이 정보표시창 가장 하단에 위치한 배터리란에서 파란색(GOOD)에 위치할 경우 사용해도 무방하며 빨간색(BAD)에 위치할 경우 뒷면 건전지함을 열어 건전지를 교체한다. 사용하는 건전지는 멀티미터마다 다르므로 반드시 먼저 열어보고 같은 규격의 건전지를 준비한다.

(2) 정보표시창에 바늘이 영점에 맞게 되었는지 확인한다. 영점이 맞지 않으면 일자 드라이버를 통해 영점조절나사를 정확히 맞춘다.

(3) 프로브(probe)[31]를 바르게 연결한다. 빨간색프로브는 (+)단자에, 검은색프로브는 (−)단자에 빠지지 않도록 삽입한다. 이때 가는 핀부분이 아닌 다소 뭉툭하게 보이는 부분이 멀티미터의 단자측이다.

(4) 레인지탭을 설정한다. 멀티미터를 다룰 때 가장 중요한 부분으로 크게 직류전압(DCV)[32], 직류전류(DCA), 교류전압(ACV), 저항(Ω)을 측정할 수 있다. 이

---

31 프로브란 탐침(探針) 즉, 무엇인가를 알아내고자 할 때 찔러보는 도구를 말한다. 프로브의 손잡이는 감전방지를 위해 절연처리가 되어 있고 직접 단자에 접촉하는 끝의 핀 부분은 도체로 되어 있다. 리드선, 리드봉이라고 많이 알려져 있다.

32 직류전압을 사용하는 건전지를 측정하면 사용 가능한지 알 수 있다. 보통 건전지가 1.5V이므로 이 수치 이상으로 나오면 사용 가능하고 방전 종지전압은 약 1.35V로 이 수준이 나오면 폐기해야 한다.

때 해당 수치는 알고자 하는 값보다 큰 값에 해당하는 탭[33]을 선택한다. 그렇지 않으면 멀티미터 내부회로가 고장 날 가능성이 높다. 해당 수치를 잘 모를 경우 해당 탭 수치 중 가장 높은 수치부터 한 단계씩 낮추면서 확인한다. 아울러 직류와 교류를 반드시 구분[34]해야 한다. 저항을 측정하기 위해선 먼저 0Ω 설정나사를 돌려 정확하게 0Ω을 맞춘다.[35] 저항 측정 시 전원이 들어와서는 안 된다는 점을 주의해야 한다.

(5) 프로브를 잡고 측정하고자 하는 대상에 프로브의 핀을 직접 접촉을 한다. 측정 시에는 (−)극인 검은색프로브부터 접속, 측정 후에는 (+)극인 빨간색프로브부터 제거한다. 직류전압이나 직류전류[36]를 측정하는 것은 보통 전자제품 내부를 다룰 때 많이 사용한다. 전기에서 많이 사용하는 교류전압의 측정은 주로 단상 220V와 3상 380V를 측정해야 하므로 측정 시 매우 주의[37]해야 한다. 교류의 전류 크기는 멀티미터로 측정하기는 어렵고 보통 클램프미터라고 하는 집게형태의 계측기를 이용한다. 측정 중엔 레인지 선정 탭스위치를 전환하지 않는다.

(6) 정보표시창을 통해 해당 정보를 파악하자. 정보표시창에서 직류전압이나 전류, 교류전압은 높을수록 오른쪽으로 바늘이 향하지만 저항의 경우는 그 반대로 저항이 높을수록 왼쪽에 위치한다. 이때 정보표시창에 수치가 많아 복잡하기 쉬운데 자신이 선택한 레인지 선정 탭스위치에 맞는 범위의 수치를 올바르게 읽어야 한다. 저항 측정을 응용하면 전기제품의 고장을 확인할 수 있다. 정상적인 상황에서는 저항값이 어느 정도 나와야 하지만 0Ω이 나오면 전기적으로 저항 없이 연결 즉, 합선상태이다. 반면 무한대(∞)값이 나오면 전기적으로 단선[38] 상태로 정상적으로 전기제품을 사용할 수 없다. 저항표시창에 K는 킬로(kilo)를 말하는 SI접두어로 1kΩ=1000Ω과 같다.

(7) 사용을 마쳤으면 탭스위치를 반드시 오프(OFF) 위치로 두고 끈다. 이후 프로브는 단선이 안 되게 잘 감싸 멀티미터함에 넣어준다.

2 디지털 멀티미터

기존 아날로그 멀티미터보다 가볍고 크기도 작은[39] 디지털 멀티미터가 있다. 제품에 따라 다르지만 레인지 선정 탭스위치가 따로 없는 모델도 있기에 손쉽게 사용이 가능하다. 뿐만 아니라 영점을 따로 잡을 필요도 없기 때문에 신속하게 측정이 가능하다는 점도 특징이다. 아울러 아날로그 멀티미터의 표시창만 가지고는 정확한 수치의 파악이 어려웠지만 디지털 멀티미터는 해당 수치가 바로 표기되기에 직관적으로 이해가 된다. 그러나 제품이 허용하는 전압[40]이 있기에 반드시 구입하기 전에 이를 알아두어야 한다.

---

33 예를 들어 직류 100V를 측정할 때는 직류 탭이 50V와 250V의 탭스위치가 있으므로 250V를 선택, 교류 380V를 측정할 때는 250V와 1000V의 탭스위치가 있으므로 1000V를 선택한다.

34 직류와 교류를 잘못 선택하면 멀티미터 내부회로가 고장 나고 폭발할 수 있다.

35 정확하게 맞지 않으면 건전지를 다 쓴 경우이다. 새로운 건전지로 교체 한다.

36 반드시 프로브의 (+)단자와 (−)단자가 올바르게 접속되어야 한다.

37 프로브 끝 핀에 손이 닿으면 감전, 금속제가 닿으면 합선이 일어난다.

38 내부에서 선이 끊어진 상태를 말한다.

39 보통 손바닥만 한 크기를 핸디형, 주머니에 들어가는 크기를 포켓형으로 구분한다.

40 저압인 직류 및 교류 500V까지 측정이 가능하다.

디지털 멀티미터의 사용방법도 아날로그 멀티미터와 많은 점이 비슷하므로, 사용방법보다는 기능 위주로 설명하고자 한다. 설명순서는 기능스위치의 9시 방향부터 12시 방향 순이다.

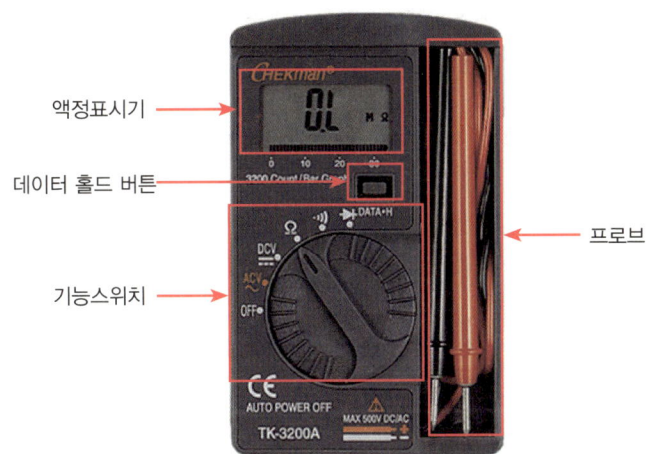

| 디지털 멀티미터의 부위별 명칭 |

(1) OFF : 전원을 끄는 스위치이다. 디지털 멀티미터는 자동으로 전원차단장치가 되어 있는 경우가 많지만 사용 후에는 반드시 이쪽으로 돌려놓는 것이 좋다.

(2) ACV : 교류전압을 측정할 때 사용하는 스위치이다.

(3) DCV : 직류전압을 측정할 때 사용하는 스위치이다.

(4) Ω : 저항을 측정할 때 사용하는 스위치이다. 반드시 전원이 연결되지 않은 상태에서 측정해야 한다.

(5) •))) : 도통[41]테스트(continuity measurement)를 할 때 사용하는 스위치이다. 이는 회로가 폐회로상태인지 확인할 때 사용하는 것으로 반드시 전원이 차단된 상태에서 해야 한다. 이는 저항과 밀접한 관계가 있는데 폐회로상태에서 저항이 20Ω 이하라면 작은 비프음이 들리게 된다. 저항이 320Ω 이상이라면 액정표시기에 'OL'이 뜨게 된다.

(6) ▶︎▶︎︎ : 다이오드를 측정할 때 사용하는 것이다. 다이오드 양극(+)에는 빨간색프로브, 음극(−)에는 검은색프로브를 연결한다. 정상적인 다이오드라면 0.4~0.7V가 액정표시기에 뜨고 다이오드가 불량이거나 역방향이면 'OL', 합선상태라면 '0V'가 뜬다.

(7) DATA H 버튼 : 디지털 멀티미터의 경우 수치가 계속 변하기 때문에 수치를 고정시키는 버튼[42]이다. 수치가 고정된 상태에서 다시 누르면 고정이 해제된다.

---

[41] 도통이란 전압을 걸어 전류를 흘려보낼 때 그대로 들어온 경우를 말한다. 여러 가닥의 선이 있어 찾고자 하는 선을 파악할 때 확인할 수 있다. 앞의 '9 벨테스터(삑삑이)'와 같은 기능이다.

[42] 제품에 따라 홀드(hold)로 표기한 경우도 있다.

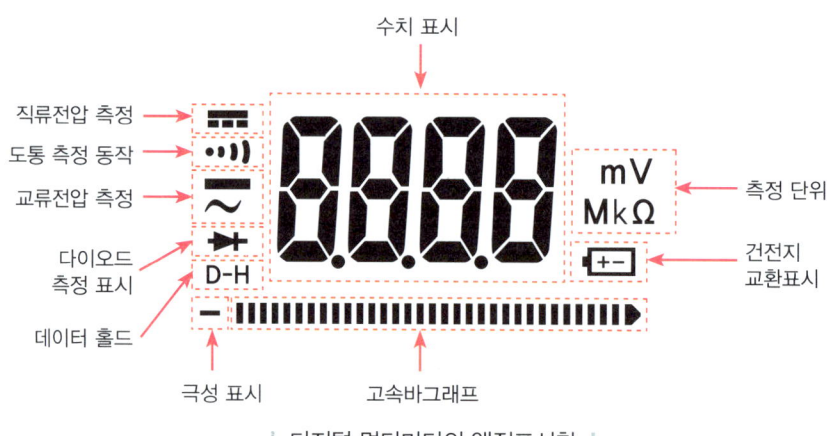

| 디지털 멀티미터의 액정표시창 |

디지털 멀티미터의 액정표시창은 현재 상태가 어떠한지 한눈에 보기 좋게 구성되어 있다. 왼쪽에는 현재 기능에 대해 알려주고 가운데는 해당 기능의 수치를 표시하고 있다. 아래쪽에 표기한 극성 표시기능은 직류전압을 측정할 때 극성이 반대로 되어 있으면 표기[43]된다. 고속바그래프는 측정 중일 때 시각적으로 보여준다.

오른쪽에 위치한 건전지 교환표시가 표기되면 멀티미터의 건전지를 교체할 때가 된 것이다. 제품 뒷면에 건전지함이 있고 보통 단추형 전지를 많이 사용한다. 이때 (−)극인 검은색프로브로 건전지를 빼면 멀티미터의 내부회로가 고장 날 수 있으니 반드시 빨간색(+)프로브로 건전지를 빼도록 한다.

[43] 아날로그 멀티미터는 극성이 반대이면 고장이 난다. 디지털 멀티미터도 극성이 반대이면 고장 나는 경우가 있다.

3 멀티미터 사용 시 주의사항

멀티미터는 편리하게 전기의 상태를 보여주는 계측기다. 그러나 몇 가지 주의사항을 알지 못하고 막연하게 계측을 하다 멀티미터가 고장 나거나 폭발, 또는 측정자에게 전기사고를 유발하기도 한다. 그래서 반드시 주의사항을 알아두고 측정해야 한다.

(1) 해당 제품의 최대 허용전압을 초과하지 않는다. 특히 전동기(모터)를 측정하지 않는다.[44]

(2) 저항 측정 시 반드시 전원이 내려진 상태에서 측정을 한다.

(3) 프로브의 피복이 벗겨진 상태에서 측정하면 측정자가 감전될 수 있다. 반드시 절연테이프로 피복이 벗겨진 부분을 메꾸고 측정해야 한다. 아울러 프로브의 뒷부분을 잡고 측정하도록 한다.

(4) 건전지 교체를 위한 경우가 아니라면 내부를 열어보지 말자. 내부회로는 매우 예민한 부품으로 되어 있어 정전기로도 고장이나 오차의 원인이 된다.

[44] 일부 저가제품의 멀티미터는 고장의 원인이 되기도 한다. 이는 기동과 운전과정에서 변하는 전류인 과도전류(過渡電流, transient current)로 인한 높은 전압 때문이다.

(5) 고온에 습기가 많은 곳이나 직사일광, 강한 자석의 힘이 있는 곳을 피해야 한다.
(6) 멀티미터도 사용횟수가 있고 사용횟수가 늘어나면 오차가 커지며 정확한 측정이 되지 않는다. 연 1회 점검을 받도록 해야 한다.

안전하게 사용하는 것만큼 중요한 것은 없다. 주의사항을 외워두고 사용하도록 하자.

4 전류의 양을 측정하는 클램프미터(훅온미터)의 사용방법은?

앞서 설명한 멀티미터는 전압과 저항을 측정할 때는 요긴하지만 정확하고 편리하게 전류량을 측정하기 위해서는 전자기유도현상을 이용해 비접촉으로 전선에 흐르는 전류를 측정해야 한다. 이는 멀티미터의 프로브가 주로 단자부위에 접촉하여 측정하기 때문[45]이다. 그래서 이를 보완하고 사용하기 편리하게 전류가 흐르는 선을 집게형태로 감싸게 설계를 하여 전자기유도로 전류량을 측정하는 클램프미터(clamp meter)[46]가 필요하다. 일명 훅미터(hook meter)[47]라고도 불리는 이 계측기는 전류량뿐만 아니라 전압과 저항도 측정할 수 있기 때문에 멀티미터보다 오히려 더 다양한 기능을 수행한다고 볼 수 있다.

1 클램프미터의 종류와 클램프 요령

클램프미터는 크게 부하전류 측정용과 누설전류 측정용으로 구분된다. 부하전류 측정용은 일상에서 전류량을 측정할 때 사용하는 것으로 수[A] 이상의 전류를 측정할 때 사용한다. 누설전류 측정용은 누전 여부나 접지를 파악할 때 사용하는 것으로 수[A] 이하 즉, [mA]나 [μA][48]의 극소의 전류를 측정할 때 사용한다.

부하전류 측정용과 누설전류 측정용은 전류량을 측정할 때 조금은 다르게 한다.

---

45 ─── 직접적으로 전류를 측정하게 되면 아주 약간의 전압강하가 일어날 수 있다.

46 ─── 본래 이름은 클램프 온 하이테스터(clamp on hi tester)이다.

47 ─── 후꾸메다라고 하는 경우가 있는데 이는 훅미터(フックメーター)의 일본식 발음이다.

48 ─── 마이크로암페어로 1μA =10⁻⁶A이다.

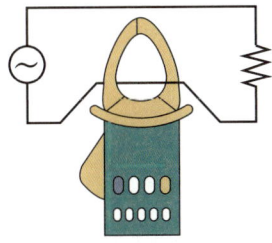
(a) 부하전류 측정용 클램프미터

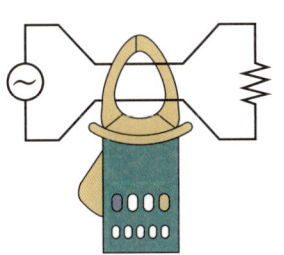
(b) 누설전류 측정용 클램프미터

| 부하전류 측정용 · 누설전류 측정용 클램프미터 사용법 |

49
본래 클램프(clamp)의 뜻은 '꽉 물다.', '꽉 잡다.' 또는 '불법주차차량을 견인할 때 물리는 조임쇠' 정도로 해석이 된다. 클램프한다는 것은 클램프미터의 집게같이 생긴 부위를 조(jaw)라고 하고 이곳에 전선을 넣어 전류량을 측정하는 과정을 말한다.

50
본래 접지의 용도가 누설전류를 지구로 배출하는 역할을 하기 때문이다.

부하전류 측정용은 반드시 한 가닥씩 클램프[49]해야 한다. 이는 클램프 미터가 전류가 발생하는 자기장을 측정하여 부하에 대해 왕복하는 2선에서는 같은 양의 역방향 자기장 2개가 상쇄되어 전류값이 0이 되기 때문이다. 3상 역시 3개의 상선을 각각 측정해야 한다.

하지만 누설전류 측정용의 경우 단상 2선식이면 2선을 한 번에 클램프한다. 이는 왕복하는 2선에 대해 같은 양의 역방향 자기장이 형성되므로 누설전류가 있으면 이 2선의 자기장의 차이가 발생하는 원리로 측정하기 때문이다. 3상의 경우는 3개의 상선 모두 한 번에 클램프를 한다. 또한 접지선을 통해 누설전류를 측정[50]할 수 있다.

이와 더불어 교류전류만 측정하는 것, 직류전류만 측정하는 것, 교·직류 모두 측정이 가능한 것으로 제품이 구성되어 되어 있다. 그리고 전류값을 보여줄 때 평균값을 보여주는 것과 실효값(rms값)을 보여주는 2종류로 구분할 수 있다. 주파수 역시 상용 전력주파수인 50~60Hz 제품부터 40Hz~2kHz의 넓은 대역이 있는 제품이 있다. 이러한 것은 보통 제조사에서 정한 모델명에 따라 조금씩 기능 및 성능이 다르다.

아울러 가격이 고가일수록 기능이 더욱 많아져 주파수 측정, 단자온도 측정, 정전용량 검전기능 등이 추가되고 허용할 수 있는 전압이나 전류의 크기도 많아진다.

2 클램프미터의 기능

| 클램프미터의 부위별 명칭 |

51
먼지로 인한 정전기가 원인이다.

맨 위의 조(jaw)부터 시계방향으로 설명하고자 한다. 클램프미터에서 가장 중요한 부위인 조는 집게모양으로 항상 청결함을 유지해야 한다. 특히 접합면에 먼지가 있는 경우 측정에 영향[51]을 주므로 마른 부드러운 천을 이용해서 가볍게 닦아주어야 한다. 조를 열기 위에선 양쪽에 위치한 레버를 눌러주고 원래대로 조를 닫게 하기 위해서는 레버에서 손을 떼면 된다. 액정표시부는 전압, 전류, 저항 등 클램프미터가 측정한 다양한 정보를 전달한다. 홀드버튼은 디지털미터기에서 볼 수 있는 버튼으로 계속 수치가 변하는 디지털미터기 특성상 수치를 고정하는 버튼이다. 측정하면서 버튼을 누르면 수치가 고정되고 다시 누르면 수치가 변한다.

로터리스위치는 클램프미터의 다양한 기능을 실행할 때 사용하는 스위치로, 위치에 따라 측정하는 것이 달라진다. 이는 다음과 같다.

(1) OFF : 전원을 끄는 스위치로 사용 후에 배터리 소진을 막기 위해 사용한다. 디지털방식의 제품은 대다수 10분에서 30분간 입력신호가 없으면 자동으로 전원이 꺼진다.

(2) ~A : 교류전류량을 측정하는 스위치이다. 측정 대상인 전선을 조 안으로 넣고 측정한다.

(3) ~V : 교류전압을 측정하는 스위치이다. 조를 이용해서 측정하는 것이 아닌 하단 측정 단자에 프로브를 꽂고 전압을 구하고자 하는 단자의 전압을 측정한다.

(4) ▬ V : 직류전압을 측정하는 스위치이다. 측정 방법은 교류전압 측정과 같다.

(5) Ω/•)) : 저항 및 도통스위치이다. 측정 방법은 교류전압 측정과 같다. 도통 테스트는 회로가 서로 연결되었는지 확인하는 것으로 서로 연결된 상태에서 프로브를 서로 연결하면 비프음이 들린다.

한편 아날로그형 모델의 경우 레인지 탭스위치(range tap switch)가 있어 특정 전압과 전류 등의 값의 범위를 선정해야 정확하게 측정이 가능하다. 값을 모르면 가장 높은 값의 탭스위치를 두고 측정하며 단계별로 낮춘다.

하단에 위치한 측정 단자는 프로브를 꽂는 곳으로 극성에 유의하여 접속해야 한다. 교류의 경우는 큰 문제가 안 되지만 직류는 극성이 명확하게 존재하기 때문에 잘못 접속하면 측정이 정확하게 되지 않거나 내부 부품이 소손되어 고장의 원인이 될 수 있다. 참고로 빨간색프로브는 (+), 검은색프로브는 (-)이다.

변환버튼은 수동으로 레인지(range)를 설정할 때 사용한다. 보통 디지털미터는 자동으로 레인지 설정이 되지만 도통테스트를 제외하고는 수동으로 레인지 설정이 가능하다.

3 클램프미터 사용 시 주의사항

클램프미터의 경우 실제 전기가 살아있는 상태에서 측정하는 계측기이다 보니 특별히 주의해야 한다. 이에 클램프미터를 사용할 때 주의사항 몇 가지를 알아보자.

(1) 클램프미터가 측정이 가능한 범위를 정확히 숙지한다. 이를 초과하여 사용하면 단순히 클램프미터가 고장 날 뿐 아니라 감전으로 피해를 입을 수 있다.
(2) 전류 측정 시 감전사고 방지를 위해 조(jaw)부분을 손대지 않도록 해야 한다.
(3) 저항·도통점검 시에는 반드시 전원이 차단된 상태에서 해야 한다. 전원이 인가된 상태로 이러한 기능을 사용하면 기기가 파손되고 감전사고로 이어질 수 있다.
(4) 다른 계측기도 마찬가지이지만 프로브는 피복으로 절연이 되어 있다. 피복이 손상되거나 끊어질 것 같은 경우 조치[52]를 취하거나 과감히 교체한다. 손상된 프로브로 측정하다가 감전될 수도 있다.
(5) 고온에 습기가 많은 곳이나 직사일광, 강한 자석의 힘이 있는 곳이나 강한 주파수가 있는 곳을 피한다. 특히 교류전류는 주파수에 따라 오차가 매우 커질 수 있다.
(6) 클램프미터는 전자기유도현상을 이용해 전류를 측정하는 계측기라 유도전류를 이용한 전자제품[53] 근처에서 사용하지 않도록 한다.

계측기는 전기의 상황을 측정해주는 기기이지 안전을 위한 기기는 아니다. 반드시 주의사항을 숙지하고 안전하게 계측기를 사용하자.

5 누전을 찾는 절연저항기(메거)의 사용방법은?

멀티미터와 비슷하게 생겼지만 다른 용도로 사용하는 계측기가 있다. 바로 절연저항기(메거, megger)[54]라고 하는 제품으로 이는 누전 유무를 검측하는 데 사용한다. 원리는 간단하다. 전선에서 절연저항(絕緣抵抗, insulation resistance) 즉, 전기가 통하지 않는 피복의 저항을 고압의 직류전류를 흘려 누설전류량을 통해[55] 절연이 파괴되었는지 알아보는 것이다. 이를 통해 절연저항 수치를 보여주고 설비기준에 의해 누전진단을 내리게 된다. 다른 계측기와 달리 500V나 1000V[56]의 고압전류를 흘려보내기 때문에 잘못 사용하면 감전될 수 있으므로 주의해야 한다. 참고로 멀티테스터기를 통해서도 저항을 측정할 수 있지만 어느 수준 이상의 저항은 무한대(∞)로 표시를 하여 큰 저항값을 알아내기 어렵다. 하지만 절연저항기는 [MΩ] 즉, 10의 6제곱 단위 이상으로 저항값을 측정할 수 있기에 멀티미터보다 저항의 측정 단위가 훨씬 크다.[57]

---

[52] 절연테이프로 다시 싸주는 방식 등이 있다.

[53] 인덕션, IH밥솥 등 조리기구를 말한다.

[54] 엄밀히 말해 메거(megger)는 세계 최초로 1889년 전기절연테스터기를 만든 영국의 브랜드이다. 정식 영단어는 인슐레이션 레지스턴스 테스터(insulation resistance tester) 또는 메그옴미터(megohmmeter)이다.

[55] 자전거바퀴 펑크를 생각하면 이해하기 쉽다. 바퀴 속 튜브의 펑크 부위를 찾기 위해 고압으로 공기를 넣으면 구멍 난 부위로 공기가 샐 것이다. 절연저항기 역시 피복에 절연이 파괴된 부분을 찾기 위해 일부러 고압의 전류를 주어 절연저항이 낮은 곳을 찾는다.

[56] 보통 저압용은 500V, 고압용은 1000V, 특고압용은 2000V로 분류한다. 500V 이하로도 사용 가능한 제품이 있는데 100V, 250V 제품도 있다.

[57] 절연저항을 공식으로 나타내면 사용전압(V)에서 누설전류(A)로 나눈 값으로 누설전류의 양이 [mA] 수준으로 매우 작기 때문에 절연저항은 매우 큰 단위인 [MΩ]이 된다.

1 절연저항기의 기능과 역할

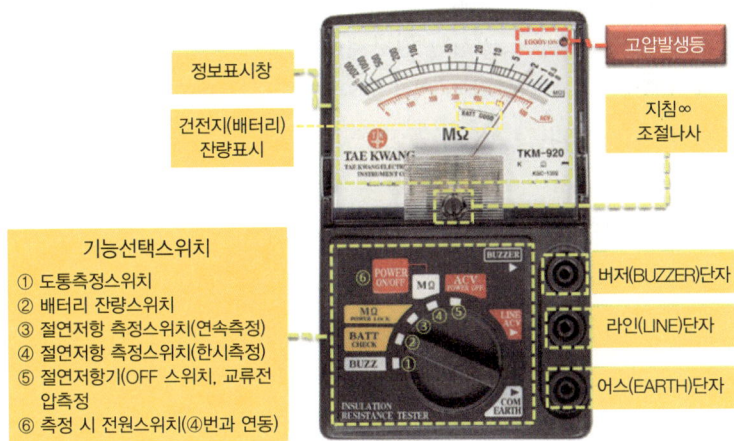

| 절연저항기의 부위별 명칭 |

절연저항기는 고압을 만들어 절연저항을 측정[58]하기 때문에 멀티테스터기에는 없는 고압발생등이 오른쪽 상단에 빨간색 LED로 있다. 이곳에 불이 점멸되면 고압전류가 흐르고 있으므로 측정 대상이나 절연저항기의 단자, 프로브의 핀부위는 감전위험이 있어 접촉하지 않도록 한다. 정보표시창은 크게 두 가지로, 절연저항값은 검은색계기, 교류전압값은 빨간색계기로 표기된다.

지침은 영점을 조절하는 게 아닌 무한대(∞)를 조절하는 나사이다. 바늘이 사용 전 가리키는 곳이 무한대에 맞는지 확인하고 맞지 않으면 일자드라이버로 조절한다.

기능은 크게 3가지가 있다. 먼저 도통측정스위치로, 이는 폐회로의 여부를 파악하는 것으로 버즈(BUZZ)로 탭스위치를 돌리면 된다.[59]

건전지(배터리)잔량스위치는 절연저항기 자체의 건전지의 잔량을 확인하는 것으로 정보표시창의 바늘이 굿(GOOD)에 머무르면 정상, 베드(BAD)에 바늘이 머무르면 건전지를 교체한다.

절연저항 측정스위치는 연속측정과 한시측정으로 나누어진다. 연속측정 시는 계속 고압의 전류가 흐르고 있기에 주의해서 측정한다. 한시측정을 할 때는 '⑥ 파워 온/오프(POWER ON/OFF)' 버튼을 누른 상태에서만 고압의 전류가 흐르면서 측정이 가능해진다. 이때 절연저항을 측정해 누전 유무를 파악할 수 있다.

절연저항기는 전원이 오프(OFF)된 상태에도 교류전압의 크기를 알 수 있다.[60] 절연저항기가 견딜 수 있는 최대한의 전압값을 확인하고 이보다 낮은 경우에 측정한다. 정보표시창에 붉은색 계기로 전압값을 확인할 수 있다.

---

58 ─── 가끔 절연저항과 접지저항의 차이를 모르고 절연저항기로 접지저항을 측정할 수 있다고 하는 사람이 있다. 그러나 접지저항과 단위부터 다르기 때문에 절연저항기로 접지저항을 측정할 수 없다.

59 ─── 빨간색프로브를 절연저항기의 버저(BUZZER) 단자에 접속하고 검은색악어집게를 어스(EARTH) 단자에 연결한다. 측정할 회로에 빨간색 및 검은색 테스트핀을 접촉하여 비프음이 들리면 서로 폐회로인 상태이다.

60 ─── 건전지의 전류가 필요한 기능이 아니므로 따로 건전지가 없어도 측정이 가능하다.

2 절연저항기를 통해 누전을 찾는 방법

먼저 누전인지 아닌지 간단히 확인한다. 누전차단기가 떨어졌으면 정말 누전으로 인한 차단기가 떨어진 경우도 있지만 전자제품의 누전으로 인해 떨어지는 경우도 있고 차단기가 고장이 나서 떨어지는 경우도 있다. 또한 과부하 및 단락전류가 원인[61]이 되어 떨어질 수도 있다. 콘센트에 꽂아진 것을 모두 제거한 뒤 차단기를 올려서 다시 떨어지지 않으면 이는 전자제품의 누전일 가능성이 높다. 반면 그래도 차단기가 떨어진다면 내부 전선 어딘가 누전이 생겼을 가능성이 높으므로 절연저항기를 통해 누전[62]을 찾아야 한다. 절연저항기를 통해 누전을 찾는 방법[63]은 다음과 같다.

(1) 먼저 무한대(∞) 눈금 조정부터 한다. 절연저항기의 정보표시창 왼쪽 끝이 무한대(∞)에 해당하는데 정보표시창 가운데 하단에 있는 지침∞조절(눈금조정)나사를 일자드라이버를 통해 돌려 조정한다. 이후 배터리잔량을 확인한다. 배터리가 부족하면 제대로 측정할 수 없기에 교체한다.

> [61] 보통 이러한 원인으로 누전차단기가 떨어졌으면 떨어진 차단기가 다른 차단기보다 뜨거울 것이다. 이는 차단기 내부의 바이메탈소재가 과부하 및 단락전류와 같은 과전류를 감지하기 때문이다.
>
> [62] 절연저항기로도 누전이라 판단이 안 된다면 이는 차단기 불량일 확률이 높다.
>
> [63] 이러한 과정을 메거링(meggering)이라고 한다.

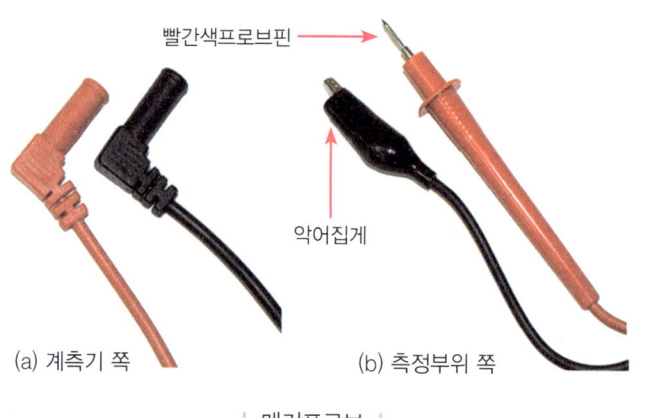

(a) 계측기 쪽   (b) 측정부위 쪽

| 메거프로브 |

(2) 오른쪽 하단에 프로브를 접속한다. 빨간색프로브는 '라인(LINE)'단자에 검은색 악어집게는 '어스(EARTH)'단자에 접속한다.

(3) 분전반으로 가서 차단기를 모두 오프(OFF)로 한다. 절연저항기는 절연저항기 자체에서 높은 전압을 발생하기 때문에 전류가 흐른 상태에서 측정을 하면 큰 사고로 이어질 수 있다. 그리고 분전반 내부에 있는 접지측 단자를 검은색의 악어집게에 물린다. 만일 접지가 없다면 접지를 대신할 수 있는 것[64]을 대신해 접속한다.

(4) 절연저항기의 전원을 온(ON)으로 두고 빨간색프로브의 핀과 검은색의 악어집게

> [64] 건물의 철골, 수도관, 철문의 새시 등을 말한다.

를 서로 접촉해본다. 이때 바늘이 오른쪽 끝(절연저항값이 매우 낮다면)까지 가면 정상적으로 측정이 가능하다.

| 메거로 누전을 측정하는 방법 |

(5) 빨간색프로브핀으로 분기차단기 2차측 전선의 심선을 하나씩 찍어본다. 이때 회로에 전자기기가 존재하는 경우 각 상과 중성선이 함께 접속되어 있어야 한다. 또한, 측정하는 차단기가 배선차단기일 때 차단기 2차측 단자를 통해 측정할 수 있지만, 누전차단기의 경우 차단기 2차측 나사를 풀어 피복이 벗겨진 심선에 직접 접촉을 해야 한다.

측정할 때 나타난 절연저항값이 1.0MΩ 이상이 나오면 정상, 1.0MΩ 미만이 나오게 되면 절연저항이 좋지 않다고 판단[65]한다. 절연저항기 정보표시창을 해석할 때 주의해야 할 것이 바늘이 오른쪽으로 갈수록 절연저항이 낮다. 즉, 누전이 심할수록 바늘이 오른쪽으로 간다.

(6) 누전이 되는 전선의 차단기회로를 따라 콘센트를 해제하여 같은 방법으로 계속 측정하면서 범위를 좁혀간다.[66] 이때 누전이 되는 전선이 있으면 바늘이 오른쪽 끝[67]까지 간다. 이렇게 바늘이 오른쪽 끝까지 가다가 어느 순간에 바늘이 정상수준으로 떨어지면 이쪽이 누전된다고 판단하면 된다. 아래의 그림에서 Ⓚ와 Ⓛ 사이가 누전부위인 것이다. 누전이라 판단했으면 이 부위의 선을 교체하는 식으로 수리를 한다. 전자제품의 누전이 의심이 갈 경우 플러그의 접지측 단자에 검은색 프로브를 물리고, 플러그의 꽂는 부분을 빨간색프로브의 핀으로 접촉해 판단한다. 전자제품이 누전인 경우는 해당 제조사에 수리를 의뢰한다.

절연저항기로 누전을 측정할 때는 주변습도도 중요하다. 즉, 비 오는 날씨와 건조한 날씨에도 차이가 난다. 보통 비 오는 날에 누전 측정을 잘하지 않는 것도 이러한 이유 때문이다. 누전을 측정할 때는 이러한 점도 고려해야 한다.

---

[65] 한국전기설비규정에 따른 새로운 저압 절연저항의 기준이다. 자세한 내용은 '4 새로운 절연저항기준 및 SELV, PELV, FELV'를 통해 이해할 수 있다.

[66] 원리는 간단하지만 실제로 베테랑기술자 외에는 쉽게 찾기는 매우 어렵다. 어설프게 아는 지식으로 누전을 잡으려다 고생만 하고 실패하는 사람도 많다. 독자들도 이점을 충분히 고려하길 바란다.

[67] 절연저항이 낮기 때문이다.

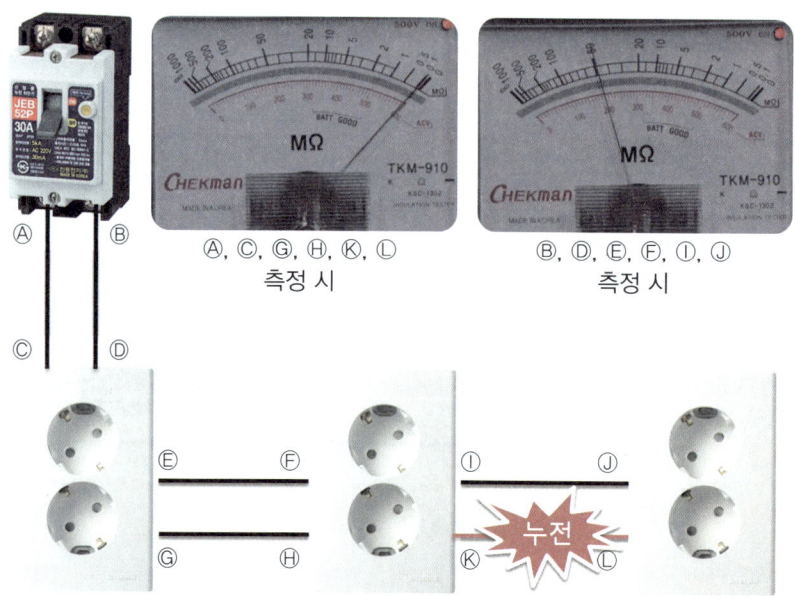

| 누전부위 찾는 절연저항기 |

(7) 절연저항기는 계속 고전압으로 전류를 흘러내기에 건전지 소모가 큰 편이다. 측정이 끝나면 반드시 전원을 오프(OFF)로 한다.

3 절연저항기 사용 시 주의사항

절연저항기도 전기를 계측한 예민한 기기로 몇 가지 주의사항이 있다. 이는 다음과 같다.

(1) 절연저항기는 절연저항을 측정할 때 500V 이상의 고전압의 전류[68]가 흐르기에 프로브를 잡고 측정한다. 측정대상이나 절연저항기의 단자측에는 손을 대지 않는다. 마찬가지로 측정 직후에도 고전압이 대전된 경우가 있기에 수초의 시간이 지난 후 손을 대도록 한다.
(2) 프로브의 피복이 벗겨진 상태에서 측정하면 측정자가 감전될 수 있다. 반드시 절연테이프로 피복이 벗겨진 부분을 메꾸고 측정해야 한다. 아울러 프로브의 뒷부분을 잡고 측정하도록 한다.
(3) 절연저항 측정 시에는 반드시 측정대상의 전원을 끄도록 한다.
(4) 측정 중에는 기능선택스위치를 조작하지 않는다.
(5) 가연성, 폭발성 가스 또는 유사한 분위기가 있는 경우에는 사용하지 않는다.

---

68 ─
실제로 이로 인해 감전되는 경우도 있다. 아울러 예민한 전자기기의 누전체크를 하다가 고전압이 인가되어 소자가 고장 나는 경우도 있다. 고가의 절연저항기는 인가되는 전압을 설정할 수 있게 되어 있다.

(6) 기기를 떨어트리는 등으로 인해 파손 시에는 사용하지 말고 점검 및 수리를 한 후 사용한다.

(7) 콘센트에 멀티탭이 꽂아져 있다면 이를 뽑고 절연저항을 측정한다. 가끔 멀티탭의 고장이 누전으로 인식되는 경우도 있다.

(8) 전등선의 누전을 체크할 때는 스위치를 모두 온(ON) 상태로 측정한다.

전기안전은 아무리 강조해도 지나치지가 않다. 계측기 역시 전기를 측정하기 위한 장비이지 안전을 위한 장비는 아니다. 주의사항을 반드시 숙지하여 전기사고를 방지하자.

4 새로운 절연저항기준 및 SELV, PELV, FELV

기존 절연저항기준은 전로사용 구분에 따라 그 기준이 달랐다. 예를 들면 220V는 $0.2M\Omega$ 이상, 380V는 $0.3M\Omega$ 이상이면 정상으로 이 수치보다 낮으면 누전으로 판단하였다. 그러나 한국전기설비규정에 따라 절연저항기준이 달라졌다. 이를 이해하기 위해서는 IEC에 의한 전압분류부터 알아둘 필요가 있다.

| IEC에 의한 전압분류 |

전압범위	교류	직류
고압(High Voltage)	1000V 초과	1500V 초과
저압(Low Voltage)	50V 초과 1000V 이하	120V 초과 1500V 이하
특별저압(Extra Low Voltage)	50V 이하	120V 이하

교류 50V 이하, 직류 120V 이하의 경우 직접 접촉예방 및 간접 접촉예방을 동시에 시행하기 위해 특별저압(Extra Low Voltage)으로 분류하고 이는 또 3가지로 분류가 된다.

| 특별저압의 분류 |

항목	의미	비고
SELV (Safety Extra Low Voltage)	확실하게 전기적으로 분리된 특별저전압	비접지회로
PELV (Protected Extra Low Voltage)	확실하게 전기적으로 분리된 기능 특별저전압	접지회로
FELV (Functional Extra Low Voltage)	확실하게 전기적으로 분리되지 않은 기능 특별저전압	기능적 특별저압

특별저압은 1차와 2차가 전기적으로 절연이 되었지만 접지가 되어 있지 않은 SELV, 접지가 되어 있는 PELV 그리고 1차와 2차가 전기적으로 절연되어 있지 않는 FELV[69]로 분류한다. 절연저항을 측정하기 위해서는 이런 특별저압에 대한 이해를 해야 하는데 이는 한국전기설비규정의 저압 전로의 절연성능을 바탕으로 새로운 기준이 생겼으므로 먼저 저압 전로의 절연성능에 대해 알아보자.

[69] 변압기, 계전기, 원격제어 스위치, 접촉기 등이 있다.

| 저압 전로의 절연성능 |

전로의 사용전압	DC 시험전압	절연저항
SELV 및 PELV	250V	0.5MΩ
FELV, 500V 이하	500V	1.0MΩ
500V 초과	1000V	1.0MΩ

저압 전로의 절연성능에서 전로의 사용전압은 절연저항을 측정하기 위한 것의 전압이다. DC 시험전압은 절연저항계에서 측정 시 사용하는 전압이다. 우리가 사용하는 전기는 교류 220V이므로 이때는 위 표에서 전로의 사용전압이 FELV, 500V 이하를 선택해 DC 시험전압은 500V로 한다. 만약 직류 120V 이하이면서 1차와 2차가 절연이 되었지만 접지가 안 되어 있는 전자제품[70] 내부의 절연저항을 알고자 할 때 절연저항계에서 측정 시 사용하는 전압은 250V가 된다. 마지막으로 절연저항은 절연저항계의 시험전압과 관련이 있다. 우리가 사용하는 전기는 DC 시험전압이 500V이므로 절연저항이 1.0MΩ이 기준이 된다. 따라서 이를 누전 판단의 기준으로 1.0MΩ보다 높으면 정상, 1.0MΩ보다 낮으면 누전이라고 판단한다.[71]

[70] SELV가 된다.

[71] 정확하게 누전이라고 판단하기보단 절연저항값이 낮게 나올수록 누전이 심하다고 판단하는 것이 옳다.

현재 판매되는 절연저항계는 시험전압이 250V, 500V, 1000V로 정해져 있거나 직접 시험전압을 선택할 수 있는 제품이다. 기존에 누전을 잡을 때는 시험전압에 신경 쓰지 않고 특별한 분류 없이 아무것이나 사용할 수가 있었다. 실제로 누전을 판단하는 데에는 큰 문제가 없었지만 1000V 절연저항계를 이용해서 예민한 전자기기나 특별저압 제품의 절연저항을 측정할 때는 기기가 손상[72]되는 경우가 발생했다. 따라서 이러한 문제로 절연저항계의 종류도 분류하고 여기에 맞는 기준도 정비하게 되었다. 또한, 누전과 별개로 절연상태를 측정할 경우 더욱 정확한 결과를 위해 이러한 기준을 두었다.

[72] 측정할 때 손상을 받을 수 있는 서지흡수기(SPD)나 기타 기기 등은 측정 전에 분리해야 하고 분리를 하지 못하면 시험전압을 DC 250V로 낮추되 절연저항은 1.0MΩ 이상이 되어야 한다.

6 접지가 잘 되었는지 확인할 수 있는 접지저항계(어스테스터)의 사용방법은?

한국전기설비규정에 따라 접지가 더욱 강화되었고 접지저항의 중요성도 커졌다. 기존에는 (특)고압은 접지저항이 10Ω 이하, 저압은 100Ω 이하의 기준만 충족하면 되었지만 한국전기설비규정에 따라 접지저항값을 알고 이를 통해 과전류 차단기를 선정하여 올바른 전기공사와 안전하게 전기를 사용할 수 있도록 정하고 있다. 이에 접지저항을 측정하는 방법 중에 가장 간단하고 실용성이 높은 간이접지저항 측정법[73]에 대해 알아보자.

[73] 2단자법이라고도 한다.

접지저항계는 다른 계측기에 비해 고가이고 가격의 편차가 크다. 전반적으로 아날로그 형태의 방식이 저렴한 편이고 디지털 형식이나 수입제품이 비싼 편이다. 국산이라고 특별히 성능이 뒤떨어지는 것은 아니고 접지저항을 측정하는 것 외 다양한 기능이 있는 예도 있으니 자신에게 맞는 제품을 선택해 갖춰두면 여러모로 도움이 될 것이다.

1 접지전압, 대지전압, 허전압, 지전압의 이해

접지저항을 측정하기에 앞서 각종 전압에 대한 이해가 필요하다. 다음 그림을 살펴보자.

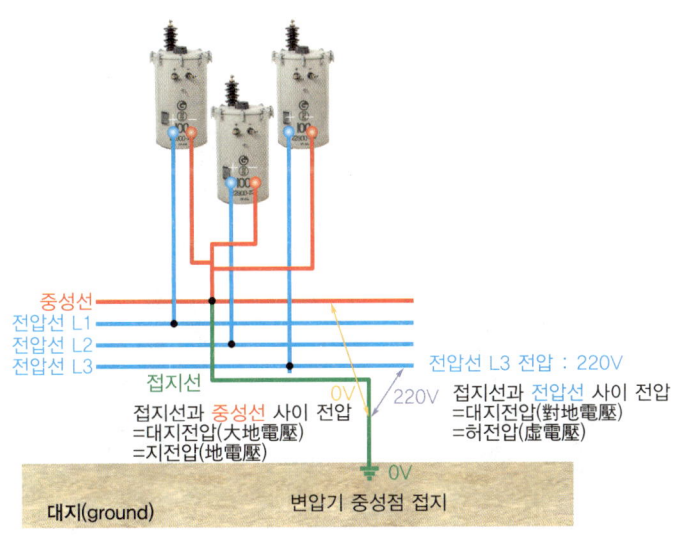

| 접지와 관련된 전압 |

주상변압기가 달린 전봇대 아래쪽을 유심히 살펴보면 변압기로부터 2가닥씩 선이 나온다. 먼저 변압기 +극으로부터 나온 선을 전압선(파란색)이라 하고 이는 우리가

사용하는 저압인 220/380V가 된다. 그리고 변압기 −극으로부터 한 가닥씩 선을 뽑고(빨간색) 이들을 한 곳에서 결선[74]을 한다. 이렇게 결선한 선이 중성선이고 중성선은 전압선과 나란히 가고 대지로 향하는 선을 하나 더 뽑는데 이것이 접지선이다. 한국전기설비규정에서는 이를 통칭해 중성선 겸용 보호도체(PEN)라고 표현한다.

여기에서 접지를 판단할 때 중요한 기준인 접지전압(接地電壓)은 중성선(빨간색)과 접지선과의 전압으로 대지전압(大地電壓) 또는 지전압(地電壓)이라고도 한다.[75] 중성선은 부하가 평형일 때 0V, 대지 역시 이론적으로는 0V라 이들 사이에 전압을 측정해보면 본래 0V가 나와야 한다. 그러나 실제로 측정해보면 약간의 전압이 나오고 많이 나오게 되면 접지에 문제가 있다고 판단한다.

똑같이 불리는 대지전압(對地電壓)은 전압선(파란색)과 접지선(녹색 바탕에 노란색 줄)과의 전압을 말한다. 전압선 자체가 220V라서 땅과의 전압은 220V가 나와야 정상이다. 그러나 접지선은 땅으로 누설전류를 보내고 다시 돌아오지 않기 때문에 이들 사이의 전압이 있더라도 전류가 거의 느껴지지 않는다. 즉, 접지선으로 나가는 누설전류[76]는 매우 양이 적기 때문에 실제로 측정해보는 전압과 달리 전류를 거의 느낄 수 없다.[77] 그래서 이를 측정할 때에만 나타나는 전압이라 '아무것도 없다=헛것이 보인다=가짜다(虛)'라고 해서 허전압(虛電壓, stray voltage)[78]이라고 한다. 만약 중성선이 단선[79]된다면 허전압이 측정될 수 있다. 이를 좀 더 직관적으로 이해해보자.

74 보통 이런 결선을 현장에선 코몽(common)한다고 표현한다.

75 영어로는 Earth Voltage, 줄여서 EV라고 한다.

76 전류가 흐르기 위해서는 폐회로로 구성되어야 한다. 누설전류는 보호도체와 접지도체를 타고 접지봉의 접지극으로 대지와 접속을 한다. 그리고 대지를 통해 전봇대 변압기의 중성선 겸용 보호도체(PEN)를 타고 다시 변압기로 돌아가는 방식으로 폐회로를 구성한다.

77 전류가 거의 흐르지 않기 때문이다. 따라서 실제 전원선의 용도로 사용하지 못한다.

78 실제 허전압은 이런 상황뿐만 아니라 다양한 상황에서 사용된다.

79 전류는 폐회로 형식이어야 흐를 수 있는데 중성선이 단선되면 전류가 흐르지 못한다. 이런 원리를 이용한 것이 바로 스위치이다.

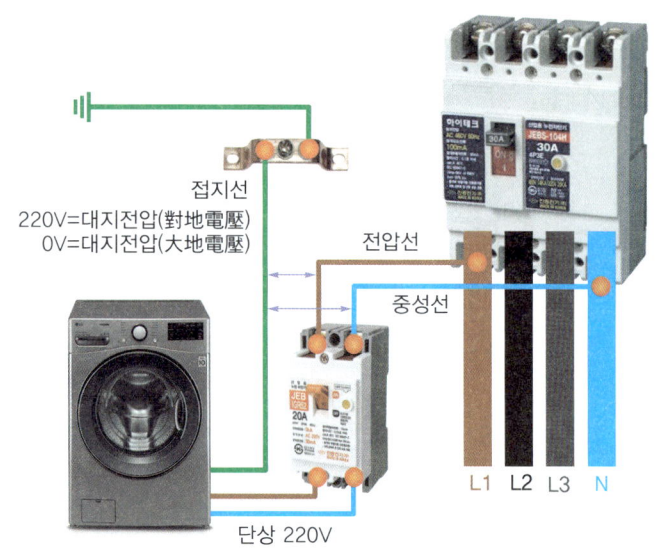

| 대지전압(對地電壓)과 대지전압(大地電壓)의 차이 |

앞서 말한 대로 전압선과 접지선 사이의 전압은 대지전압(對地電壓=허전압), 중

성선과 접지선 사이의 전압은 대지전압(大地電壓=지전압)이 된다. 이러한 접지선과 전압선 또는 중성선과 함께 누전차단기를 접속하면 어떠한 일이 일어날까? 아마도 차단기를 올리자마자 떨어질 것이다. 왜냐하면 누전차단기의 핵심부품인 영상변류기(零相變流器, ZCT ; Zero phase sequence Current Transformer)[80]가 전류가 어디론가 계속 새어나간다고 판단하기 때문이다. 새어나간다는 것은 접지선을 타고 대지로 흘러간다는 의미이다.

> 80
> 영상변류기는 전류가 들어오고 나가는 양을 감지하는 튜브 모양의 부품이다. 들어오고 나가는 전류의 양이 일정 이상으로 크면 누전으로 판단해 트립코일로 전달하여 차단기가 전류를 차단한다.

2 접지저항계의 기능과 사용법

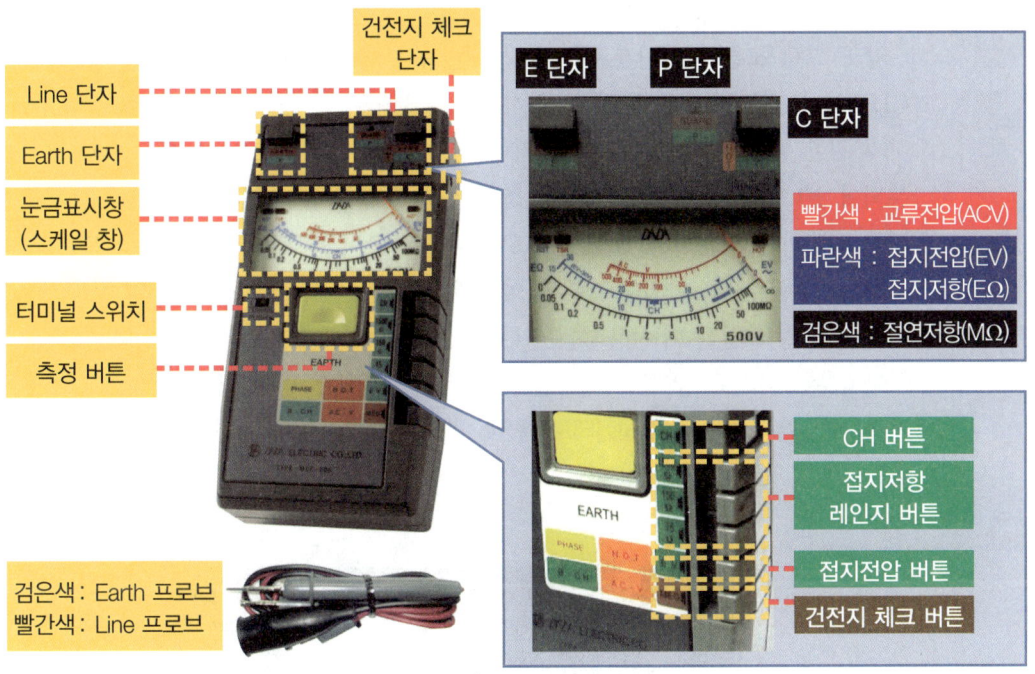

| 접지저항계의 명칭과 기능 |

위의 접지저항계는 국산 접지저항계로 접지저항 외 다른 기능도 많아 전기기술자들이 가장 흔하게 사용하는 제품이다. 이의 여러 가지 기능 중 간이접지저항 측정을 위한 기능만 알아보자. 먼저 그림 왼쪽 부분부터 설명하면 건전지(배터리) 체크 단자는 측정하기 전 배터리의 잔량을 알기 위한 단자이다. 건전지가 부족하면 측정이 제대로 되지 않거나 측정값의 오차가 커진다. 그리고 Line 단자는 2개(P단자, C단자), Earth 단자는 1개(E단자)로 구성되었다. 간이접지저항 측정은 2단자법이라 Line 단자의 C단자와 Earth단자만 접속하면 되지만 3단자 측정법을 하고자 할 때는 P단자까지 필요하다.

눈금표시창은 다양한 정보를 보여준다. 빨간색 계기의 경우 교류전압(ACV), 파란색 계기의 경우 접지전압(大地電壓, EV) 및 접지저항(EΩ), 검은색 계기의 경우 절연저항(MΩ)을 보여준다.

터미널 스위치는 접지저항 측정방법을 선택하는 것으로 2와 3으로 구분되어 있는데 간이접지저항 측정을 위해서는 2를 선택한다.[81] 측정 버튼은 고압의 직류를 흘려주는 버튼으로 누르고 있는 동안 측정이 된다. 이는 고압의 직류로 인해 점검하다 감전이나 합선이 될 수 있기 때문에 수동으로 조작[82]하여 한시측정을 할 수 있다.

간이접지저항 측정을 위해서는 2개의 프로브가 필요한데 검은색의 Earth 단자용 프로브와 빨간색의 Line 단자용 프로브이다.

앞의 그림 오른쪽 하단부분은 각각의 기능을 나타내는 버튼이다. 맨 위에 있는 CH버튼은 3단자법으로 측정할 때 사용하는 것으로 접지저항 측정 시 결선을 확인하기 위한 용도이다. 그 다음 접지저항 레인지 버튼은 1500Ω, 150Ω, 15Ω으로 구분되어 있다. 이는 간이접지저항을 측정할 때 정확한 접지저항값을 보기 위해 레인지를 선택하는 버튼이다. 접지전압(EV) 버튼은 단어 그대로 접지전압을 측정할 때 사용하는 버튼이다. 마지막으로 맨 아래 위치한 건전지 체크버튼은 사용 전에 건전지 잔량을 알고 싶을 때 사용하는 버튼이다.

이제 본격적으로 간이접지저항을 측정해보자. 간이접지저항을 측정할 때는 전기가 살아 있는 상태 즉, 활선상태로 측정을 해야 하므로 반드시 절연 장갑을 끼고 안전에 유의하며 측정해야 한다.

[81] 간이접지저항 측정법이 2단자법이라서 그렇다. 3단자법으로 할 경우는 3을 선택한다.

[82] 버튼을 몸쪽으로 당겨 젖히면 계속 직류를 쏘는 모드로 변한다. 절연저항계의 연속측정과 같은 것이다.

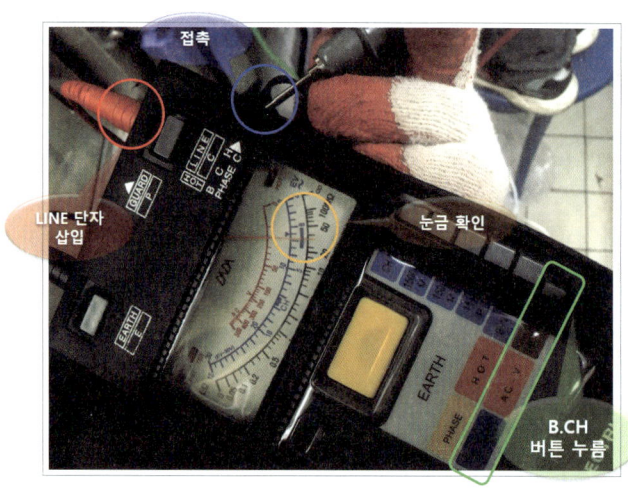

| 접지저항계의 건전지 잔량 측정법 |

(1) 제일 먼저 건전지 잔량을 확인해야 한다. 맨 아래 버튼인 B.CH 버튼을 누르고 Line 단자에 Line 프로브를 접속한다. 그리고 계측기 오른쪽 위에 있는 배터리 체크 단자에 프로브를 접촉하면 현재 건전지 잔량을 알 수 있다. 눈금이 파란색 계기의 굵은 선으로 표기된 B범위 안에 있으면 건전지 기전력이 충분해서 측정해도 좋다는 것을 나타낸다.[83]

83 ─── 이보다 떨어지면 건전지를 교체해야 한다.

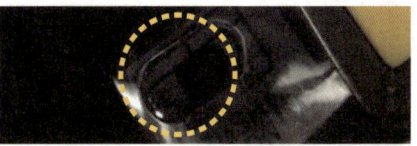
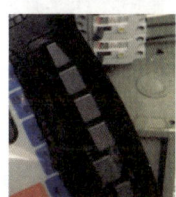

◯ 터미널 스위치를 '2'로 설정
◯ Earth 단자의 검은색 Earth 프로브 및 Line 단자의 빨간색 Line 프로브 삽입
EV 버튼을 누름 ◯

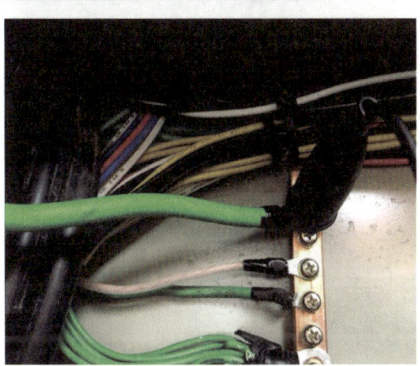
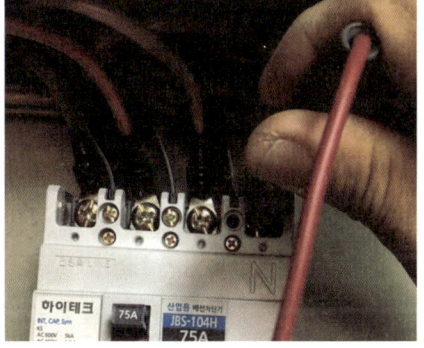

◯ 검은색 Earth 프로브의 악어집게를 접지선(E)에 접속
◯ 빨간색 Line 프로브를 중성선(N)에 접속

| 접지전압 측정법 |

(2) 이제 접지전압을 측정해보자. 터미널 스위치를 '2'로 전환하고 Earth 프로브와 Line 프로브를 계측기에 접속한다. 그리고 절연저항계에서 오른쪽 아래 두 번째에 위치한 접지전압(EV)을 누른다. 마지막으로 Earth 프로브의 악어집게를 접지선에 접속하고 Line 프로브를 중성선에 접촉하면 접지전압이 나온다. 이때 접지전압이 5V 이하[84]가 나오면 무난하게 접지가 잘 되었다고 볼 수 있다. 만약 5V 이상이 나오면 접지가 잘못 되었다고 판단할 수 있으며 절연저항이 문제를 일으키는 상황 즉, 누전 가능성이 있다.

84 ─── 위 제품은 눈금표시창에 ▼가 표기되어 있어서 ▼표시 아래로 바늘이 가면 접지가 잘 되었다고 판단할 수 있다.

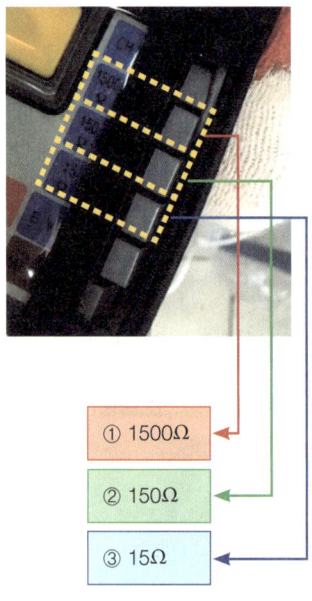
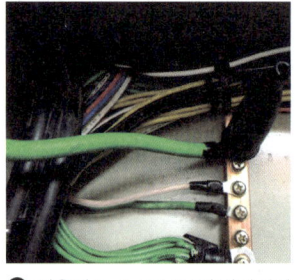

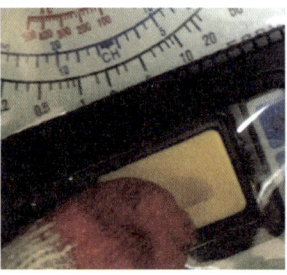

○ 검은색 Earth 프로브의 악어집게를 접지선(E)에 접속
○ 빨간색 Line 프로브를 중성선(N)에 접속
○ 측정 버튼 누름
○ 접지저항계 눈금 확인

| 접지저항 측정법 |

(3) 그리고 접지저항을 측정해보자. 접지저항을 측정하기 위해서는 먼저 접지저항 레인지 버튼에서 가장 큰 값을 선택해야 한다. 이 접지저항계는 1500Ω이 가장 큰 값이다. 이후 접지전압을 측정할 때와 마찬가지로 Earth 프로브의 악어집게를 접지선에 접속하고 Line 프로브의 침을 중성선에 접촉한다.

마지막으로 접지저항계 가운데 위치한 노란색 측정 버튼을 누르면 접지저항이 측정[85]된다. 그런데 정확한 접지저항값을 알 수 없으면 접지저항 레인지 버튼을 한 단계 내려 150Ω으로 바꾸어보고 여전히 정확한 접지저항값을 알 수 없으면 다시 15Ω으로 바꾸어준다. 레인지 버튼 자체가 눈금의 범위를 좁혀주며 정확한 값을 알 수 있게 해준다.[86]

접지저항을 측정하는 원리는 간단하지만 활선상태에서 측정하기 때문에 측정자의 안전이 중요하다. 측정 버튼을 누른 상태로 프로브를 전압선에 접촉하면 합선사고가 나기 때문에 긴장감을 갖고 집중해서 측정해야 한다.

3 접지저항값을 낮추는 방법

접지저항이 낮을수록 접지가 잘 되었다고 판단한다. 왜냐하면 저항이 전류의 흐름을 방해하므로 접지저항이 낮을수록 누설전류가 원활하게 흘러가기 때문이다. 그래서

---

85 _____
버튼을 누르고 있는 동안만 측정이 되는 한시측정방식이다.

86 _____
레인지 버튼의 접지저항값이 낮을수록 정확한 값을 보장하지만 측정할 수 있는 범위가 좁다. 마찬가지로 레인지 버튼의 접지저항값이 높을수록 대략적인 값만 알 수 있으며 측정할 수 있는 범위가 넓다. 따라서 정확한 값을 편리하게 알고자 할 때는 디지털 방식의 접지저항계를 사용해야 한다.

신축건물을 접지설계 할 때 이러한 것을 고려해 접지저항값이 낮게 나오는 곳[87]을 찾는다. 접지공사 자체는 간단하지만 접지저항값이 잘 나오는 곳을 찾기는 쉽지 않기 때문이다. 전기공사 기술자들 사이에서 접지공사를 가리켜 "전기공사라고 쓰고 토목공사라고 읽는다."라고 할 정도로 땅을 파고 메꾸기를 반복한다. 이렇듯 접지저항에 영향을 미치는 변수 중 하나가 토양의 수분함량이다.

| 토양의 수분함량과 고유저항 |

수분함량[%]	2	6	10	16	20	24	28
고유저항[Ω·m]	1800	380	220	130	90	70	60

앞의 표를 보면 토양의 수분함량 비율이 낮을수록 고유저항값은 높아진다. 실제로 접지저항값을 낮게 하기 위해 일부러 물을 뿌리거나 비가 온 후 접지저항값을 측정하기도 한다. 접지저항은 온도와도 관련이 있다. 온도가 높을수록 저항값이 낮아지기 때문에 토양 온도가 높을수록 접지저항값은 감소하게 된다. 그래서 계절별로 접지저항값이 큰 차이를 보인다. 1년 중에 기온이 높으면서 장마철이 있는 6~7월이 접지저항값이 낮게 나오고 기온이 낮으면서 건조한 1월이 접지저항값이 가장 높게 나온다.[88] 또한 1월에는 토양이 얼어 있는 경우도 많아 접지공사의 어려움도 많다.

앞서 언급한 내용은 환경과 관련 있는 것으로 임의로 접지저항값을 변화시키는 것은 어렵다. 하지만 접지저항을 낮추는 방법이 있는데 이는 다음과 같다.

(1) 접지극의 길이를 최대한 길게 한다.
(2) 접지극을 묻을 때 최대한 깊게 묻는다.[89]
(3) 접지극을 병렬로 여러 곳에 설치하여 접지저항값을 낮춘다.[90]
(4) 접지선의 굵기를 굵은 것으로 교체한다.

접지봉과 같은 접지극을 접지 자재라고 하는데 접지 자재는 다음과 같은 조건을 만족해야 한다.

(1) 전기저항률이 낮아야 한다.
(2) 내식성(耐蝕性, corrosion resistance)[91]이 좋아야 한다.
(3) 접지저항이 장기간 지속하여야 한다.
(4) 기계적 강도가 좋아야 한다.
(5) 시공성이 좋아야 한다.
(6) 가격이 저렴해야 한다.

[87] 제주도의 경우 화산섬인 현무암 지대로 접지저항이 높기로 유명하다. 하지만 해안가로 갈수록 염분과 수분 때문에 상대적으로 접지저항이 낮아진다.

[88] 실제로 한 곳의 접지봉을 기준으로 접지저항 변화를 5월 기준으로 본 결과 1월에서 2월 사이는 1.2~1.3배, 6월과 7월 사이에는 0.7~0.8배의 접지저항값을 가진다.

[89] 매설깊이를 깊게 하는 공사방법을 심타공법이라고 한다. 최근에는 용융아연도금 심타용 접지봉을 개발해 직렬로 시공하여 접지저항값을 크게 줄이는 방법을 사용하기도 한다.

[90] 병렬로 시공할 때 좀 더 거리 간격을 크게 두어 면적을 넓히는 것이 중요하다.

[91] 내식성이란 어떤 물질이 부식되거나 침식되지 않고 잘 견딘다는 성질을 말한다.

좋은 접지 자재를 사용하고 물리적인 방법으로 최대한 동원해도 접지저항값이 규정에 맞지 않게 나오게 된다면 전기공사기술자로서는 힘이 빠질 것이다. 이때 화학적 방법인 접지저항 저감제[92]를 사용한다. 접지저항 저감제의 원리는 접지 전극 주위 토양에 전해성 화학물질을 사용하여 접지저항값을 낮추는 것이다. 접지저항 저감제가 나오기 전에는 숯(목탄), 연탄재, 소금물, 분뇨 등을 뿌리는 경우가 있었는데 이는 토양을 치환하여 이온화시킴으로써 대지의 고유저항을 낮추기도 했다.

[92] 줄여서 '접지 저감제'라고도 한다.

| 접지저항 저감제를 통한 접지공사 |

이때 접지저항 저감제는 다음과 같은 구비조건을 갖추고 있어야 한다.

(1) 접지 전극을 부식시키면 안 된다.
(2) 영속성[93]을 가져야 한다.
(3) 토양 및 환경에 유해하지 않아야 한다.
(4) 도전도가 좋아야 한다.
(5) 시공, 작업성이 좋아야 한다.

[93] 효과가 오랫동안 지속하여야 한다는 것을 말한다.

접지공사는 전기안전을 위한 처음과 끝이다. 그래서 정확하게 접지에 대한 이해를 하고 실무에서도 정해진 규정에 맞게 시공하는 것이 중요하다.

여기서 잠깐!

전기재료나 제품에 붙어 있는 각종 인증마크의 의미는?

전기공사를 할 때 안전하게 시공하는 것도 중요하지만 그에 맞는 제대로 된 전기재료나 제품을 이용해서 공사하는 것도 매우 중요하다. 아무리 시공을 제대로 했더라도 재료나 제품의 품질 저하는 전기사고로 연결될 수 있기 때문이다. 각종 온·오프라인 상점에서는 다양한 전기재료나 제품을 판매하고 거기서 소비자는 막연하게 저렴한 것이 좋다고 생각하여 구매하지만 양질의 제품인지에 대한 의구심은 떨쳐 버리기 쉽지 않다. 이에 각종 전기재료나 제품에 붙어 있는 인증마크의 의미를 알아보자.

| 한국산업표준 KS 인증마크 |

보통 우리나라를 대표하는 인증마크는 KS 마크이다. 그러나 KS 마크가 무엇인지에 대해 말하라고 하면 소비자들은 물론 전기기술자들도 설명하기 어려워한다. KS 마크는 한국산업표준(Korean industrial Standards)의 약칭으로 이는 산업표준화법에 의거하여 산업표준심의회의 심의를 거쳐 국가기술표준원장이 고시함으로써 확정되는 국가표준을 말한다. 인증을 원한다고 바로 인증이 되는 게 아니라 인증신청을 받으면 국가기술표준원에서 지정 받은 KS 인증기관이 인증심사를 하여 그 제품 또는 서비스가 한국산업표준(KS) 및 KS 인증심사기준에 적합한 경우에만 부여한다. 이때 전기·전자 부문은 C분야로 분류가 된다. C분야는 한국건설생활환경시험연구원(KCL), 한국기계전기전자시험연구원(KTC), 한국화학융합시험연구원(KTR), 한국조명아이씨티연구원(KILT), 한국가스안전공사(KGS), 한국에너지연구원(KEA), 한국표준협회(KSA)와 같은 기관에서 인증한다.

| 기존에 사용하던 13개의 인증마크 |

| 국가통합인증마크 KC |

| 스마트폰의 설정을 통해 볼 수 있는 KC 인증마크 |

과거에는 KS 마크 외 각종 제품에 인증을 담당하는 부처마다 인증마크가 다르다 보니 시간과 비용이 낭비되고 국가 간의 거래에 있어서도 상대 무역국가에서 인증을 인정하지 않는 일이 생겼다. 그래서 2008년부터 13개의 각종 인증마크를 하나로 통합한 법정 의무 마크가 생겼다.

KC 마크는 국가에서 안전기준을 충족한 제품을 검사해서 품질을 인정해준 것으로 이 마크가 있어야 안전하게 사용이 가능하다. KC(Korea Certification) 마크는 국가통합인증마크로 안전·보건·환경·품질 등 분야별 인증마크를 단일화해 제품에 표시하고 있다. 이는 전기용품 및 생활용품 안전관리법의 법률에 의해 관리된다.

그런데 이는 법적 근거에 따라 법정 인증과 민간 인증으로 나누어지고 법정 인증은 강제 인증과 임의 인증으로 분류된다. 전기·전자제품은 안전과 관련이 많기 때문에 강제 인증을 받아야 판매할 수 있다. 우리가 사용하는 스마트폰도 KC 마크가 있다. 그런데 스마트폰과 같이 작은 전자제품류는 KC 마크와 이와 관련된 정보를 표기하기엔 공간이 좁거나 디자인을 해치는 경우가 있어서 2016년 후반기부터는 디스플레이를 통해 소프트웨어에서 확인 가능하게 제작되고 있다.

2014년 한국생활안전연합이라는 시민단체가 소비자 500명을 상대로 설문조사한 결과 KC 마크를 인식하는 정도는 71.2%이고 그 중 55%는 제품 구입 시 KC 마크를 확인한다고 응답했다. 그만큼 이 마크에 대한 신뢰성이 높다는 결과를 알 수 있다.

그런데 아직 많은 사람들이 KS 인증과 KC 인증에 대해 혼돈하는 경우가 있다. KS 인증은 단순히 제품만 가지고 인증하는 게 아니라 제조회사에서 표준화된 제품을 생산하고 있는지 자체 과정까지 평가를 한다. 그래서 제품의 품질뿐만 아니라 제조과정까지 일정한 수준에 이른 제품에 부여한다. 그러다보니 모든 업체가 KS 인증을 받기는 어렵고 제조사가 '우리는 만드는 과정까지 자신 있다!'고 하는 경우에 신청하여 받을 수 있다. 그래서 KS 인증은 KC 인증을 받기보다 더 까다로우며 그만큼 품질이 우수한 경우에 인증을 받을 수 있다. 보통 관공서나 대기업은 KS 인증을 받는 제품이나 전기재료만 선택하는 경우가 많다.

전선이나 케이블과 같은 전기재료를 보면 RoHS가 붙어있는 경우가 있다. 무심코 보면 인증마크인지 모르는 경우가 많은데 이는 전기·전자제품의 유해물질 사용을 제한한 경우에 인증해주는 마크이다. Restriction of Hazardous Substances Directived의 약자로 2006년 7월 1일에 발표가 되었다. 납, 카드뮴, 수은, 6가크롬, 프탈레이트, 브롬계 난연제(PBBs, PBDEs)와 같은 6개 물질이 일정 기준 이하로 검출될 때만 인증해주는 것으로 이 마크가 있는 제품은 유해물질이 적다고 볼 수 있다. 유럽 환경기관이 이를 만들고 영업하는데 우리나라에서는 KS 인증기관에서 이러한 시험을 진행하여 인증을 부여해주고 있다.

| RoHS 인증마크 |

그 외 외국의 경우 다른 여러 가지 인증마크가 있다.

CE(Conformite Europeenne) 마크는 제품이 안전, 건강, 환경 그리고 소비자 보호와 관련된 유럽 규격의 조건들을 준수한다는 것을 의미한다.

| 유럽의 대표 인증마크 CE |

UL(Underwriters Laboratories Inc.,) 마크는 미국의 인증마크이다. 국가의 시험기관이 아니라 UL이라는 회사가 인증하는 것으로 이는 미국 최초의 안전규격개발 기관이자 인증회사이다. UL은 글로벌 안전과학 회사로서 제품 안전시험 및 인증발행, 환경시험, 제품성능시험, 헬스케어 및 의료기기 인증발행, 교육 및 세미나 등의 서비스를 제공하고 있다. UL 마크는 의무가 아닌 선택이지만 국가나 연방자체에서 UL 인증을 의무화하는 경우가 많기 때문에 미국의 전기·전자제품은 UL 인증을 받은 것이 대다수이다.

| 미국의 인증마크 UL |

| UL 인증제도의 분류 |

구분	미국 전용	캐나다 전용	미국·캐나다 공용
Listing 마크	UL LISTED	c UL LISTED	c UL us LISTED
Recognition 마크	(UL 역방향 마크)	c (UL 역방향 마크)	c (UL 역방향 마크) us

UL 인증제도의 분류로서 Listing 인증과 Recognition 인증이 있다. Listing 인증은 일반적으로 최종 제품에 대한 인증을 의미하고, Recognition 인증은 제품의 조립된 부품에 대한 인증을 의미한다. 아울러 미국과 캐나다는 MRA(Mutual Recognition Agreement)를 체결하고 있으므로 상호인증이 가능하게 되어 있다. 따라서 UL에 관하여 캐나다 규격(CSA 규격)을 이용하여 인증된 경우 제품에 대한 인증마크는 위와 같이 CSA 규격적합을 의미하는 C-UL 인증마크가 된다.

| 일본공업규격(JIS) 인증마크 |

일본산업규격(구 일본공업규격, Japanese Industrial Standards) 마크는 예전에는 위 그림에서 왼쪽 모양이었으며 현재는 오른쪽 모양을 사용한다. 1949년에 규격인증을 시작했다고 하니 우리나라보다 상당히 빠른 것이다. 일본산업규격 마크는 우리나라가 산업화 당시 일본의 영향을 많이 받아 KS 마크와도 비슷한 느낌이고 실제로 전기·전자가 C분야로 분류되는 것도 비슷하다.

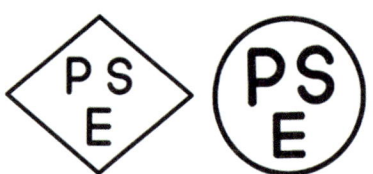

| 일본의 전기용품 인증마크 PSE |

한편 일본은 전기용품에 대한 인증마크로 PSE(Product Safety Electrical) 마크도 있다. 이것은 일본 전기용품 형식 승인을 말한다. 그런데 PSE라는 약칭은 똑같이 사용하면서 위의 그림에서 왼쪽은 다이아몬드형, 오른쪽은 원형이 있다. 이를 PSE 다이아와 PSE 서클이라 하며 PSE 다이아는 제조과정까지 살펴보고 부여하는 등 좀 더 까다로운 인증과정을 거쳐야 획득할 수 있다.

중국은 중국 강제성 상품인증(中国强制性产品认证)이라고 하는 CCC(China Compulsory Certificate) 인증마크를 사용한다. 우리나라의 KC 마크와 비슷하다.

| 중국의 인증마크 CCC |

러시아를 비롯한 벨라루스, 카자흐스탄, 아르메니아, 키르기스스탄 등 유라시아 경제연합(EAEU) 회원국의 인증마크는 EAC(EurAsain Conforminty) 인증마크를 사용한다.

그 외 다양한 나라에서 각국에 맞는 인증마크를 사용하고 있다.

이렇듯 여러 나라의 인증마크를 알아보았지만 중요한 것은 전기재료나 제품을 선택할 때는 품질을 보증하는 인증마크를 확인하여 사용해야 한다. 이는 더 나아가 전기사고로부터 안전을 지킬 수 있는 방법이 된다.

| 유라시아 경제연합 인증마크 EAC |

02 전기배선공사의 종류와 특징은 무엇인가?

KEY WORD 전기배선공사, 전선보호공사, 배선지지공사, 기타 공사, 절연전선, 케이블, 전선의 종류

- 전기배선공사의 종류와 전선의 구분방법은?
- 전기배선공사의 종류에 따른 전선의 특징은?

    우리 삶의 필수 에너지인 전기는 편리하고 깔끔하게 사용할 수 있어 미래의 에너지원으로 주목받고 있다. 하지만 전기는 안전을 가장 중요시해야 하는 에너지로서 잘못 이용하면 감전이나 화재 등의 막대한 피해를 낳기도 한다. 이러한 전기를 안전하고 편리하게 사용할 수 있는 것은 바로 전기공사 기술자들 덕분이다. 전기공사 기술자들은 발전소에서 생산된 전기를 우리가 사는 가정이나 공장, 사무실 등 전기가 필요로 하는 모든 곳으로 안전하게 공급·분배하는 일을 수행하기 때문이다.

    이에 전기공사 중에서 가장 핵심이 되는 전기배선공사에 대해 알아보자.

1 전기배선공사의 종류와 전선의 구분방법은?

1 전기배선공사의 종류

    전기배선공사(電氣配線工事, electric wiring work)란 전력을 쓰기 위해 전선을 끌어들여와 장치하거나 여러 가지 전기장치를 전선으로 연결하는 공사를 의미한다. 이러한 전기배선공사 방법으로는 크게 전선보호공사, 배선지지공사, 기타 공사로 구분할 수 있고 이러한 공사의 세부 종류는 다음과 같다.

    전기배선공사를 할 때 전선을 어떻게 처리하느냐에 따라 조금씩 다른데 전선보호공사부터 차근차근 알아보자.

(1) 전선보호공사

    전선보호공사 가운데 전선관 시스템(electric conduit system)이란 전기 또는 통신설비의 절연전선 또는 케이블을 끌어들이기 위한 원형 단면의 폐쇄배선 시스템 일부로서 절

연전선 또는 케이블의 인입 또는 교환할 수 있도록 한 것을 말한다. 이러한 시스템을 이용한 공사로는 금속관공사, 가요전선관공사, 합성수지관공사가 있다.

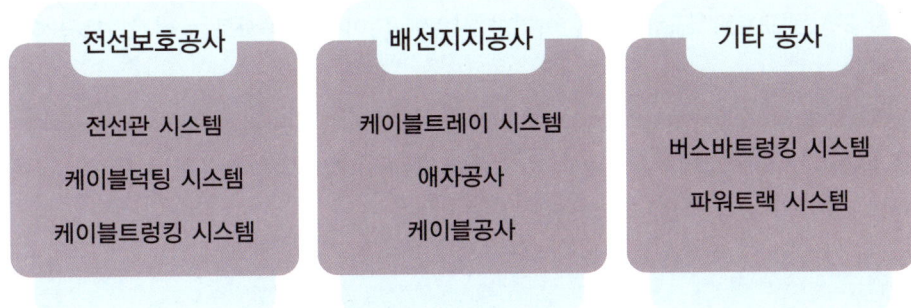

| 전기배선공사의 종류 |

케이블덕팅 시스템(cable ducting system)이란 절연전선 및 케이블 등을 끌어들이거나 교체할 수 있는 비원형 단면의 폐쇄배선 시스템을 말한다. 여기에서 중요한 것은 덕트 본체와 커버가 별도로 구분이 없어서 커버를 열 수 없다는 점이다. 이러한 시스템을 이용한 공사로는 금속덕트공사,[1] 플로어덕트공사, 셀룰러덕트공사가 있다.

케이블트렁킹 시스템(cable trucking system)이란 건축물에 고정되는 덕트 본체와, 제거할 수 있거나 개폐할 수 있는 커버로 이루어지며 절연전선, 케이블 코드를 완전하게 수용할 수 있는 크기의 것을 말한다. 케이블덕팅 시스템과 다른 점이 본체와 커버가 별도로 구분되어 있어 필요에 따라 커버를 열어 인입이나 수리가 가능하다는 것이다. 이러한 시스템을 이용한 공사로는 금속덕트공사, 금속몰드공사, 합성수지몰드공사, 케이블트렌치공사가 있다.

(2) 배선지지공사

배선지지공사 가운데 케이블트레이 시스템(cable tray system)이란 케이블과 그 밖의 배선설비를 지지하고 수용하기 위하여 사용하는 금속제 또는 불연성 재료로 제작된 유닛 또는 유닛의 집합체 그리고 그에 부속하는 부속체 등으로 구성된 견고한 구조물을 말한다.

애자공사(insulator work)란 건물의 천장이나 벽면 등에 애자를 이용해서 전선을 지지하는 공사를 말한다.

케이블공사(cable work)는 건물 내부의 거의 모든 장소에서 이용할 수 있는 범용성이 높은 공사로 단어 그대로 케이블을 이용한 공사를 말한다. 공사방법으로는 비고정법, 직접고정법, 지지선법이 있다.

---

[1] 금속덕트공사는 케이블트렁킹 시스템에도 있는데 이는 금속덕트공사를 할 때 여닫을 수 있는 커버를 설치할 수도 있고 안 할 수도 있기 때문이다. 커버를 설치한다면 케이블트렁킹 시스템으로 분류되지만, 커버가 없다면 케이블덕팅 시스템이 된다.

(3) 기타 공사

기타 공사 가운데 버스바[2] 트렁킹 시스템(busbar trucking system)은 전기 및 전자 덕트, 트러프 또는 이와 같은 밀폐물 내에 절연물에 의해 사이를 띄거나 지지한 형태인 모선으로 구성된 도체방식을 말한다. 이러한 시스템을 이용한 공사로는 버스덕트공사가 있다.

파워트랙 시스템(power track system)은 트랙의 위치와 길이에 따라 여러 곳에서 전원을 접속할 수 있는 도체가 붙은 방식을 말한다. 이러한 시스템을 이용한 공사로는 라이팅덕트공사가 있다. 이를 정리하면 다음과 같다.

> [2] 현장에서는 부스바라고 한다. 이는 일본에서 브스바(ブスバー)라고 부르던 것이 현장으로 여과 없이 들어왔기 때문이다.

| 전기배선공사의 세부 종류 |

앞서 언급한 시스템과 공사는 개념 위주로 설명해서 쉽게 이해되지 않을 것이다. 이에 세밀하게 이해할 수 있도록 먼저 전선의 특징과 종류부터 알아보자.

2 전선의 단선과 연선, 절연전선과 나전선

전선의 피복을 벗기면[3] 전류가 흐르는 공간인 구리도체가 있다. 이러한 구리도체를 심선(芯線, core)이라고 하며 심선의 형태에 따라 크게 단선과 연선으로 구분된다. 우선 심선이 굵게 한 가닥으로 되어 있는 것을 단선(單線, solid)이라 한다. 단선은 순간적인 전류에 잘 견디기 때문에 전력소비가 많은 에어컨이나 전열기구 등 전력소비가 많은 제품과 실내에서 사용하는 고정형 매입콘센트에 연결할 때 많이 사용한다. 그러나 잘 구부러지지도 않고 무리하게 구부리고 펴기를 반복하면 전선이 끊어지는 단선(斷線, disconnection)사고가 일어나기 쉽다. $10mm^2$를 초과하는 굵은 전선의 경우 단선으로 제작하면 선을 구부리기가 매우 힘들기 때문에 연선 형태로만 제작이 된다.

| 단선과 연선의 차이 |

[3] 전선의 피복을 벗기는 작업 시 능숙함이 필요하다.

그리고 심선이 여러 가닥으로 되어 있는 것을 연선(撚線, stranded)[4]이라 한다. 연선은 부드럽게 잘 꺾이기 때문에 구부림이 많은 장소에서 설치가 용이한 장점이 있다. 또한 전선의 심선이 사슬형태로 되어 있어서 쉽게 끊어지지 않는다.

연선의 심선에서 한 가닥을 소선이라고 하며 7가닥, 19가닥, 37가닥 순으로 되어 있다. 그리고 한가운데 소선 하나를 중심으로 둘러싸인 형태를 가지고 있다. 이때 둘러싸인 하나를 가지고 층이라고 하며 층과 총 소선 수는 다음과 같은 공식을 따른다.

[4] 가끔 연선을 과거방식의 전선으로 오해하는 경우가 있는데 이는 사실과 다르다.

$$총\ 소선수 = 1 + 3n(n+1)$$

이 식에서 n은 층을 말하는 것으로 알맞은 층값을 넣으면 총 소선수가 계산된다.

이렇게 단선과 연선으로 나누어지는 것을 조금 더 세분화하면 도체등급(導體等級)으로 구분할 수 있다. 보통 영어로 class로 표기를 하기도 하는데 단선 도체의 경우 1등급(class 1)은 단선, 연선도체의 경우 2등급(class 2)으로 표기를 한다. 5·6등급(class 5·6)의 경우 집·복합연선으로 연선을 좀 더 세분화[5]하였다.

전선 중에는 우리가 흔히 아는 피복이 있는 전선과 피복이 없는 전선이 있다. 피복이 있는 전선을 절연전선(絕緣電線, insulation wire)[6]이라 하고 피복이 없는 전선을 나전선(裸電線, bare wire)이라고 한다. 나전선은 전기안전 때문에 일반인이 쉽게 보기 어렵지만 가공송전선로에서 사용하는 송전선[7]이나 열이 많이 발생해 피복이 녹을 우려가 있는 전기로 내부, 금속덕트 등의 접지공사나 등전위 본딩을 할 때 사용한다.

[5] 연선은 도체의 꼬은 형태와 배열에 따라 동심연선, 집합연선, 가요복합연선, 동심복합연선으로 구분할 수 있다.

[6] 절연이라는 단어 자체가 전류를 흐르지 못하게 막는 것을 말한다.

[7] 대표적으로 절연과 도체의 무게를 줄이고자 피복 없는 구리 대신 가벼운 알루미늄을 여러 가닥 꼰 연선형태로 만드는데 이를 ACSR(강심 알루미늄 연선)이라고 한다.

3 케이블의 정의 및 활용 예

절연전선의 경우 피복이 하나만 있는 경우가 있는가 하면 각 전선을 2줄, 3줄, 4줄

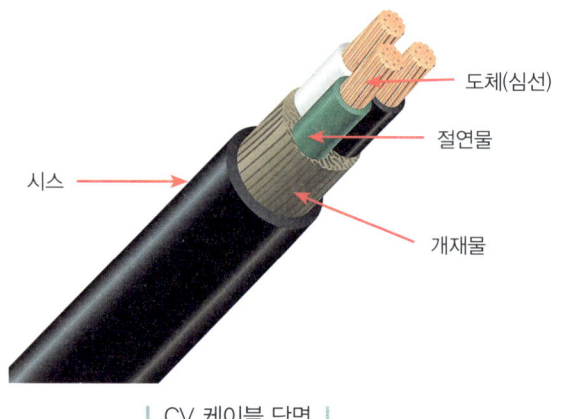

| CV 케이블 단면 |

등 각각의 피복 위에 다시 두꺼운 피복으로 묶어 한 가닥으로 모아 만든 케이블(cable)도 있다. 케이블은 도체 위에 절연체와 절연물[8]로 덮여 있고 그 위로 두꺼운 시스(sheath)까지 있어야 한다. 케이블 내부에 있는 도체인 심선을 코어(core)라고도 하며 C로 표현[9]한다. 케이블 내부 심선이 연선형태로 여러 가닥이 있으면 이 중 한 가닥을 세선(細線)[10]이라고 한다. 케이블 색상은 검정색으로 통일되어 있고 내부 절연물이 있기에 절연전선과 쉽게 구분이 가능하다.

케이블은 실내공간은 물론 실외공간에서 전선관 없이 전선을 지나갈 때 사용하거나 특별한 장소에서 전력을 필요로 하는 경우 등에서 사용된다. 제철소, 보일러실 등 고온장소용 케이블, 진동에 강한 케이블, 화학작용 등에 의한 부식에 강한 케이블, 선박용 케이블, 해저 및 광산용 케이블 등 다양한 형태와 강도로 극단적인 온도와 압력 등에서 견딜 수 있게 설계 및 제작[11]된 것이 있다.

4 전선의 굵기 = 전선의 단면적

과거 우리나라의 전선규격은 전선의 굵기를 표현할 때 단선의 경우는 도체의 지름개념으로 밀리미터(mm)와 연선의 경우는 도체의 단면적 개념인 제곱밀리미터(mm^2)를 동시에 사용했다. 이를 KS 전선규격이라고 하였는데 단선과 연선이 서로 다른 단위로 혼동을 주기에 새로운 규격인 IEC 규격에 맞게 전선이 생산되면서 단위도 통일[12]이 되었다. 현재 전선의 굵기단위는 도체의 단면적 개념으로 제곱밀리미터(mm^2)를 사용하고 있으며 이것이 IEC 규격이다.

---

[8] 보통 노이즈 방지를 위해 차폐를 하는 경우가 많다.

[9] 1C인 제품을 단심 또는 원코어라 하고 코어의 개수에 따라 2C, 3C, 4C 등으로 표현한다. 2C 이상이 있는 케이블을 다심케이블이라고 한다.

[10] 케이블이 아닌 절연전선의 경우 소선이라고 하는 것과 다르다.

[11] 보통 케이블은 전선이 가닥으로 묶여 있기 때문에 서로 열에 취약하여 허용전류가 절연전선보다 떨어지는 편이다. 하지만 일부 특수 케이블은 절연전선보다 훨씬 온도에 강하게 제작되기도 한다.

[12] KS 규격의 생산은 2006년 6월 30일까지 IEC 규격과 병행했고, 이후 2006년 7월 1일 이후로부터는 IEC 규격 도입 전선을 의무적으로 생산하게 되었다.

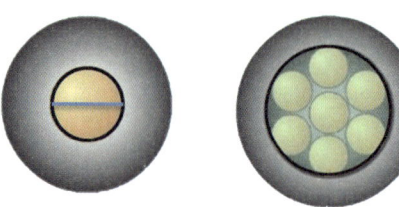

(a) 단선 = 지름(mm)   (b) 연선 = 공칭단면적(mm^2)

| 구 KS 전선규격 당시 단위 |

과거 사용했던 KS 규격이 IEC 규격으로 바뀐 것은 다음 표와 같다.

| 구 KS 전선규격과 IEC 전선규격의 호환표 |

구 KS 규격	단선 [mm]	1.2	1.6	2.0	2.6	3.2	4.0	5.0	–	–	–	–
	연선 [mm²]	–	2	3.5	5.5	8	14	22	30	50	60	80	100
IEC 규격 [mm²]		1.5	2.5	4.0	6.0	10	16	25	35	50	70	95	120

과거 KS 규격으로 단선 2mm의 전선을 사용했다면 IEC 규격에 대응하는 것은 4mm²가 되고 연선 8mm²를 사용했다면 IEC 규격에 대응하는 것은 10mm²가 된다.

5 전선 및 케이블의 사용에 따른 공사방법

전선이나 케이블이 있으면 아무 공사나 해도 될까? 그렇지 않다. 공사방법에 따라 전선이나 케이블을 사용할 수 있기도 하고 사용할 수 없기도 하다. 이에 대한 기준은 다음 표를 참고하면 알 수 있다.

| 공사방법별 사용 전선 |

전선 종류		공사방법							
		케이블공사			전선관 시스템	케이블 트렁킹 시스템	케이블 덕팅 시스템	케이블 트레이 시스템	애자 공사
		비고정	직접 고정	지지선					
나전선		X	X	X	X	X	X	X	O
절연전선		X	X	X	O	O[13]	O	X	O
케이블	다심	O	O	O	O	O	O	O	△
	단심	△	O	O	O	O	O	O	△

- O : 사용할 수 있다.
- X : 사용할 수 없다.
- △ : 적용할 수 없거나 실용적으로 사용할 수 없다.

여기서 절연전선은 보호도체 또는 본딩도체로 사용된다면 적절하다는 가정 아래 어떠한 공사방법도 가능하다. 역으로 말하면 절연전선을 전력선으로 사용할 때는 전선관 시스템, 트렁킹 및 덕팅 시스템, 애자공사에서만 사용 가능하다는 것을 의미한다. 케이블공사에서 비공식방법으로 단심 케이블을 포설하는 것은 적용하지 않는다. 그 이유는 포설할 때 전선 간의 꼬임현상이나 상 구분에 어려움을 겪기 때문에 케이블을 애자공사하기는 매우 어렵다. 애자공사는 절연전선이나 나전선을 애자에 돌려 매야 하

13
케이블트렁킹 시스템의 방진·방수등급이 IP4X 또는 IPXXD급 이상의 보호조건을 제공하고 도구 등을 사용하여 강제적으로 덮개를 제거할 수 있는 때에만 절연전선을 사용할 수 있다.

는데 케이블은 그러기가 쉽지 않기 때문이다. 그러므로 전기공사 기술자라면 앞의 표를 꼭 습득하여 실무에서 적절한 공사방법을 설계할 때 활용하는 것이 좋다.

2 전기배선공사의 종류에 따른 전선의 특징은?

1 전선의 규격정보

전기자재상에 가면 다양한 전선이 있다. 그러나 대다수 사람들은 전선의 종류와 용도를 알지 못한다. 전선의 피복에는 전선에 대한 규격정보가 담겨 있으므로 전선을 구매할 때 이를 확인해야 한다. 전선의 대한 규격정보를 보는 방법은 다음과 같다.

인증번호(일련번호)−허용전압(상전압/선간전압)−전선명칭 − 공칭단면적 − 제조사−제조연월

일반적으로 전선에 대한 규격정보는 위와 같은 규칙을 가지고 있다. 여기에서 중요한 것은 허용전압, 전선명칭, 공칭단면적이다. 허용전압은 실내의 경우 대다수 저압을 사용하기에 큰 문제가 되지는 않지만 고압 이상 사용 시에는 무척 중요하다. 전선명칭은 어떤 전선인지 알려줄 뿐만 아니라 결국 용도와 관계가 깊기에 자신이 사용하고자 하는 곳과 맞는지 확인을 위해 필요하다. 공칭단면적은 허용전류와 관계가 깊고 전선의 단면적이 클수록 허용전류가 높다. 그 외 제조연월은 시중에서 판매 중인 제품은 거의 신경 쓰지 않아도 된다. 그러나 전선도 수명이 있기에 20~25년 정도 된 전선은 교체하는 것이 좋다.[14] 특히 과전류는 절연피복의 수명을 크게 감소시킬 수 있고, 수분 침투나 진동, 굴곡, 기름, 직사광선, 염분 등도 전선수명에 악영향을 준다.

전선의 종류와 용도 및 특징을 알아보자.

[14] 전기 사용량이 많았다면 수명이 짧을 수 있고 적었다면 수명이 길어진다.

2 IV전선, HFIX 전선

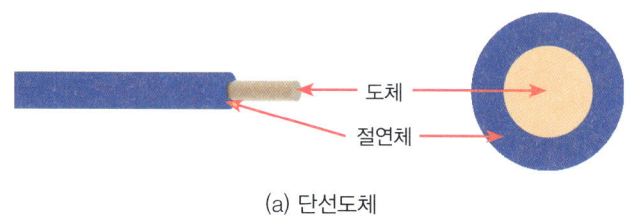

(a) 단선도체

(b) 연선도체

| IV전선, HFIX 전선 |

IV전선은 실내에서 가장 흔하게 사용하는 전선으로 비닐절연전선이라 하고 내열온도[15]는 70℃, 허용전압은 600V의 절연전선이다. 현장에서는 HIV라는 이름으로 사용되고 있는 전선이 있는데 이는 실제로 IV전선 중 한 종류이다.[16] 한국전기설비규정에 의해 IV전선을 기기배선용[17]과 일반용으로 해서 다음과 같이 6개로 구분이 된다.

| 내열온도와 절연체에 따라 분류한 IV전선의 종류 |

종류	인증번호	내열온도	전선의 단면적
450/750V 일반용 단심 비닐절연전선	60227 KS IEC 01	70℃	1.5~400mm²
450/750V 일반용 유연성 단심 비닐절연전선	60227 KS IEC 02	70℃	1.5~240mm²
300/500V 기기배선용 단심 비닐절연전선	60227 KS IEC 05	70℃	0.5~1mm²
300/500V 기기배선용 유연성 단심 비닐절연전선	60227 KS IEC 06	70℃	0.5~1mm²
300/500V 기기배선용 단심 비닐절연전선	60227 KS IEC 07	90℃	0.5~2.5mm²
300/500V 기기배선용 유연성 단심 비닐절연전선	60227 KS IEC 08	90℃	0.5~2.5mm²

IV전선보다 상위 단계의 옥내배선용 전선으로 저독성 난연 가교 폴리올레핀 절연전선이라고 하는 HFIX전선이 있다.[18] HFIX전선에서 HF는 저독성 난연(Halogen Free flame retardant), I는 절연전선(Insulation wire), X는 가교 폴리올레핀(Cross-linked polyolefin)[19]에서 따왔다. HFIX전선의 내열온도는 90℃, 허용전압은 450/750V로 화재 시 유독가스 및 연기발생이 적다는 점이 가장 큰 특징이다. 그러나 초창기 생산된 제품 중에는 전선의 피복으로 수분 침투가 일어나기 쉬운 피복구조이기 때문에 누전사고가 자주 났다. HFIX 전선은 1.5mm², 2.5mm², 4mm², 6mm², 10mm²까지 생산되고 IV전선은 그 이상의 규격도 생산된다.

[15] 내열온도를 시험온도 라고 표기하기도 하는데 이는 내열성 시험을 진행하였기 때문이다. 이 온도 이상이 되면 절연이 파괴된다.

[16] IV전선의 개선품이라는 명목 아래 KS 규격 시절 HIV전선이라는 이름으로 나오다가 2009년 10월 27일부로 표준이 폐지됨에 따라 현재는 생산이 중지되었다. HIV전선의 허용전압은 600V, 내열온도는 90℃였다. 최대 단면적은 6mm²까지 생산되었다.

[17] 과거에는 기기배선용 전선을 NRI전선, NR전선으로 불렀다.

[18] IV전선에 비해 가격이 비싸므로 관급공사나 고급 아파트 등에서 주로 사용한다.

[19] C를 X로 표기하였다. 크리스마스(Christmas)를 X-mas로 표기하는 것과 같다.

HFIX전선은 도체형체로 되어 있지만 IV전선의 경우 10mm² 이상부터는 연선형태로 출시된다. 두 전선은 겉으로 보기엔 차이가 없어서 전선 규격을 보고 구입해야 하고 색상은 6개로 검은색, 빨간색, 파란색, 흰색, 노란색, 녹색이 있다. 일반적으로 콘센트에 접속할 때는 2.5mm²를 가장 많이 사용한다. 이 전선들을 사용할 때는 반드시 전선관을 이용해야 한다.

3 VCTF 케이블

| VCTF 케이블 |

> 20
> 본래 이름은 '비닐 캡 타이어코드'이다.

VCTF 케이블[20]은 실내 다양한 곳에서 이용할 수 있으므로 '만능선'이라는 별명을 가지고 있는 케이블이다. 건물 벽체 내부 배선용으로는 사용할 수 없지만 이동이 잦은 곳이나 노출 콘센트를 달 때 많이 사용한다. 허용전압은 300/500V이다. 코어수에 따라 2C, 3C, 4C로 나뉘고 단면적 또한 0.75mm², 1.0mm², 1.5mm², 2.5mm²로 구분된다. 한국전기설비규정에 따라 사용 전 점검 및 검사에서는 사용할 수 없고 피복색상은 검은색뿐이다.

4 CV 케이블

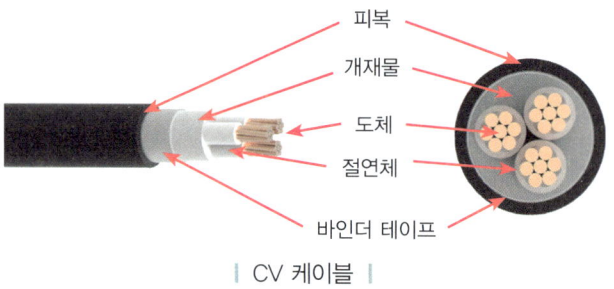

| CV 케이블 |

> 21
> 본래 이름은 '0.6/1kV 가교 폴리에틸렌 절연 난연 비닐시스 트레이용 케이블'이다.

앞서 설명한 VCTF 케이블보다 좀 더 절연 및 허용전압을 강화한 케이블이 CV 케이블[21]이다. 겉으로 보기엔 VCTF 케이블과 매우 유사하게 생겼고 보통 연선형태가 많다. 허용전압은 600/1000V이다.

건물 내부에서 보통 트레이에 얹혀서 건물 내부 배전선로로 많이 사용되지만 단거리의 경우 외부에서 사용해도 된다. 그런 용도에 맞게 기계적 강도가 매우 튼튼한 것이 특징이고 일반 전자제품보단 전력기기 등에서 사용하는 경우가 많다. 코어수에 따라 1C(단심), 2C, 3C, 4C로 나뉘고 단면적은 $1.5mm^2$, $2.5mm^2$, $4mm^2$, $6mm^2$, $10mm^2$, $16mm^2$에서 최대 $300mm^2$(단심의 경우는 $630mm^2$)까지 있다.

한편 CV 케이블과 비슷하면서 전기특성과 내약품성이 우수한 EV 케이블이 있다.

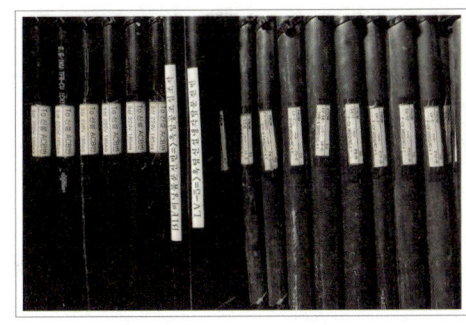

| EPS실에서 사용 중인 CV 케이블 |

5 인입용 전선(DV), 옥외용 전선(OW), 접지선(GV)

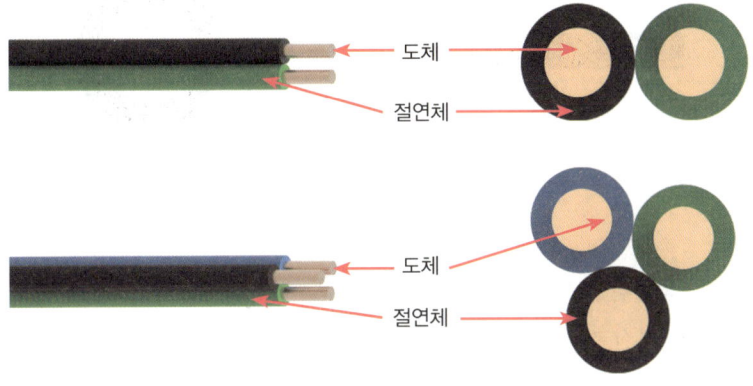

| 인입용 전선(DV) |

전봇대에서 주택의 인입구까지 오는 전선을 인입용 전선(DV)[22]이라고 한다. 보통 2가닥 또는 3가닥 꼬인 상태로 오는데 이를 2개연 또는 3개연이라고 한다. 이 전선의 특징은 매우 튼튼하고 잘 꺾이지 않는다는 것이다. 애초에 피복의 내후성이 매우 우수해 화재 또는 감전의 사고 없이 오랫동안 안전하게 사용할 수 있다. 한전측이 관리하는 전선이기에 일반인들은 사용할 일이 거의 없다. 특이한 점은 IEC 규격이 아닌 구 KS규격[23]을 사용하며 색상의 경우 2개연은 검은색과 녹색, 3개연은 여기에 파란색이 추가된다.

일반적으로 전선을 외부에서 사용할 때는 본래 전선관을 이용해야 하나 여의치 않은 경우 사용할 수 있는 전선이 있다. 바로 옥외용 전선이라고 하는

| 주택 인입구의 인입용 전선(DV)과 T형 애자 |

22 ─
본래 이름은 '600V 인입용 비닐절연전선'이다.

23 ─
$8mm^2$, $14mm^2$, $22mm^2$, $30mm^2$, $38mm^2$, $50mm^2$으로 구성되어 있으며 이중 한전규격은 $30mm^2$와 $50mm^2$이다.

OW 전선[24]이다. 도체형태가 단선도체와 연선도체로 되어 있으며 절연 자체가 습기나 강한 햇빛에도 잘 견디도록 설계가 되어 있다. 색상은 검은색 하나뿐이고 IEC 규격과는 다른 구 KS규격[25]을 사용한다.

> [24] 본래 이름은 '600V 옥외용 비닐절연전선'이다.
>
> [25] 구 KS규격을 사용한다. 단선도체의 지름은 2mm, 2.6mm, 3.2mm, 4mm, 5mm가 있으며 연선도체의 경우 단면적은 $8mm^2$, $14mm^2$, $22mm^2$, $30mm^2$, $38mm^2$, $50mm^2$, $60mm^2$, $80mm^2$, $100mm^2$가 있다.

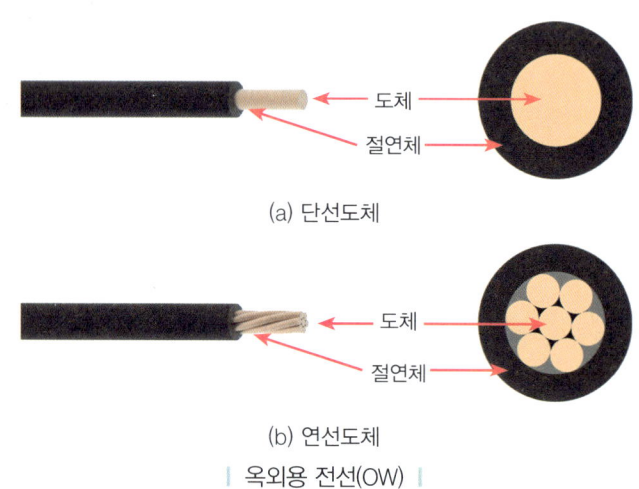

(a) 단선도체

(b) 연선도체

| 옥외용 전선(OW) |

접지선(GV)[26]은 건물 내부에서는 보통 분전반이나 배전함에서 잠깐 머물러 있다가 외부로 나가 접지봉과 연결된다. 케이블트레이에서 사용해도 무방하며 외부에서도 전선관을 사용하는 경우가 많기에 일반인들은 쉽게 구경하기가 어렵다. 이 전선은 색상이 녹색으로 정해져 있다는 점 외에 피복이 매우 두껍고 난연성이 매우 우수하다는 특징을 지닌다. 이는 접지가 순간적으로 대전류를 방출하기 때문에 그렇다. $1.5mm^2$, $2.5mm^2$, $4mm^2$, $6mm^2$에서 최대 $630mm^2$까지 있다.

> [26] 본래 이름은 '0.6/1kV 트레이용 난연 접지 비닐절연케이블'이다.

| 접지선(GV) |

6 코드선(HVSF/HKIV)과 고무전선(CTF)

코드선[27]은 앞서 설명한 HIV선과 비슷하지만 도체가 연선으로 되어 있는 전선이다. 연선이라 굵지만 다루기 편하고 HIV에 비해 전선색상이 더욱 윤기가 흐르고 선명하다. 코드선은 HVSF선과 HKIV선으로 나누어지는데 HVSF선의 경우 최고 허용

> [27] 본래 이름은 '기기배선용 유연성 단심 비닐절연전선'이다. 영어 약칭으로 HVSF선 또는 HKIV선이라 하며 별명으로 '안정기선'이라고 한다.

온도는 90℃이고 허용전압은 300/500V이다. HKIV선의 경우 최고 허용온도는 75℃에 허용전압은 600V이다. 색상은 HIV와 마찬가지로 검은색, 빨간색, 파란색, 흰색, 노란색, 녹색이고 단면적은 $0.5mm^2$, $1mm^2$, $1.5mm^2$, $2.5mm^2$가 있다.

| 코드선(HKIV) |

작업환경이 거친 건설현장 등에서 작업선으로 많이 사용되는 것으로 고무전선(CTF)이 있다. 다른 단어로 고무케이블, 고무캡타이어라고도 한다. 절연체 위에 고무가 한 겹 더 추가되어 있어 상처가 잘 생기지 않고 매우 탄력이 있다.

케이블로 분류되다 보니 코어수에 따라 2C, 3C, 4C, 5C로 나뉘고 단면적은 $0.75mm^2$, $1.0mm^2$, $1.5mm^2$, $2.5mm^2$로 되어 있다. 허용전압은 300/500V이고 실내에서만 사용이 가능하다. 고정전선으로 이용할 수는 없고 이동이 많은 장소에서 사용이 가능하다.

7 로맥스전선(CVF, EVF)과 장원형 전선(VCTFK)

실내에서 사용하는 전선 중에 흰색의 약간 두꺼운 전선이 있다면 바로 로맥스(CVF, EVF)전선이다. 보통 조명용으로 많이 사용되고 전열에도 사용되는 경우가 있다. 단, 벽 속으로 들어가는 고정전선의 경우 원칙상 HIV 전선을 전선관을 통해 넣는 것이 바람직하다. 일부 엉터리 전기기술자는 이러한 과정이 번거롭기에 벽을 그라인더로 살짝 갈아 로맥스전선만 넣는 경우가 있는데 이는 불량시공이다.

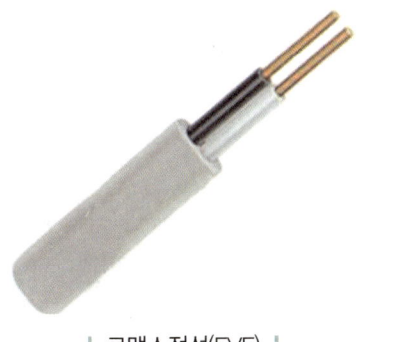

| 로맥스전선(EVF) | | 장원형 전선(VCTFK) |

내부 도체가 단선형태의 2가닥 선으로 되어 있는 것이 큰 특징이다. 가격도 저렴하여 일반인이 많이 구입하는 편이다. 몇 가지 사용상 주의사항이 있는데 길이가 50m 이상인 경우 사용해서는 안 되고 겉피복이 햇빛에 약하다는 단점을 가지고 있다. 특히 케이블의 특징인 외부에 시스가 없기 때문에 실제로 케이블로 분류되는 전선은 아니다.[28] 단면적은 1.5mm^2, 2.5mm^2, 4mm^{2}로 제조된다.

로맥스전선과는 비슷한데 내부 도체가 연선으로 되어 있고 겉피복이 회색으로 되어 있는 전선이 장원형 전선(VCTFK)[29]이다. 과거에는 불량으로 제조된 경우가 많아 정부에서 사용금지 권고를 했던 적이 있을 만큼 문제가 많았지만 최근에는 정식으로 규격인증도 받고 정확한 품질관리를 통해 다시 사용이 빈번해지고 있다.

장원형 전선도 실내에서만 사용이 가능하고 간단한 조명선이나 이동이 잦은 곳에서 사용이 가능하되 로맥스와 마찬가지로 벽 속에 들어가는 고정전선으로 사용해서는 안 된다. 또한 시스가 따로 없기에 케이블로 분류가 안 된다. 도체가 연선형태라 로맥스에 비해 부드럽고 작업하기 쉬운 편이다. 단면적은 1mm^2, 1.5mm^2, 2.5mm^{2}로 제조된다.

> [28] 케이블로 분류가 안 된다는 것은 전선관을 사용해야 한다는 것이다. 케이블은 전선관을 사용하지 않아도 된다.
>
> [29] 이를 줄여 장원선이라고 한다.

8 그 외 알아둘 만한 전선들

앞으로 소개하는 전선들은 전력선으로 이용해서는 안 되지만 함께 알아두면 좋을 것 같아 소개를 한다. 심선이 구리로 되어 있어서 전력선으로 사용해도 되지 않을까 생각할 수 있지만 절대로 전력선으로 사용해서는 안 될 전선들이다.

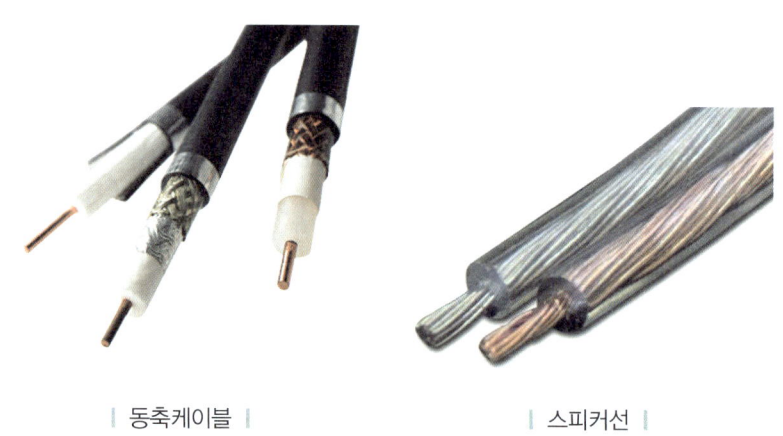

| 동축케이블 | | 스피커선 |

동축케이블(coaxial cable)은 과거 TV전선이라고 하였고 아직도 많은 집에서는 이를 이용할 수 있는 동축케이블용 유닛이 있다. 겉보기엔 일반 전선과 비슷하나 구리 함량이 적어 훨씬 가볍게 느껴진다. 그리고 피복을 벗기면 가운데 축으로 구리가 약간

나와 있고 전선피복 바로 아래 알루미늄 등으로 테이프 처리[30]를 한 것이 특징이다.

스피커선(speaker cable)은 구리선과 알루미늄선이 각각 한 가닥씩 구성되어 있는 케이블이다. 다른 전력용 케이블과 달리 투명한 절연체로 싸여 있는 것이 특징이다. 스피커선은 말 그대로 오디오와 스피커를 연결하여 신호의 손실을 최소화하고 음성 신호를 담당한다. 30C와 50C, 120C로 구분되어 있는데 이는 내부 소선의 개수를 말한다. 내부 소선이 많을수록 스피커선의 굵기는 더욱 굵어지고 출력이 더 많이 필요로 하는 곳에서 사용하게 된다. 참고로 음향장비에 연결하는 스피커케이블의 피복은 조금 벗길수록 음질 열화가 적게 된다.

케이블은 아니지만 가느다란 선 속에 더 가는 선이 4가닥 들어있는 통신선이 있다. 인터폰이나 보일러조절기에 연결하는 선으로 보통 인터폰선, 비디오폰선, 룸선, 보일러선이라는 다양한 별명을 가지고 있다.

선이 가늘기에 피복을 벗기는 것이 조금 어려워도 실제로 작업하기엔 무척 편리하며, 인터폰이나 보일러에는 신호가 매우 약한 전류가 흐르기에 이 선을 통해 감전되는 경우가 없다. 4가닥이 있는 경우가 가장 흔한데 이를 2P[31]라고 하고 6가닥은 3P, 8가닥은 4P라 한다.

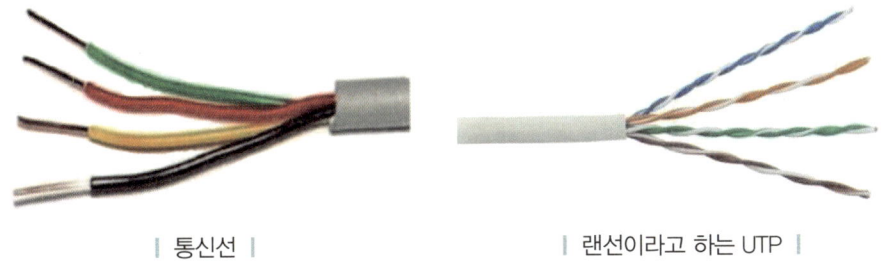

| 통신선 | | 랜선이라고 하는 UTP |

랜선은 보통 UTP[32]라고 한다. 가느다란 전선 속에 무려 8가닥의 더욱 가는 선이 있어 선의 피복을 벗길 때 조금이라도 실수하면 선이 잘려 나가기 쉽다. 랜선이 무조건 UTP인 것은 아니고 실드 처리가 안 되어 있는 일반적인 랜선[33]을 UTP라고 한다.

비슷한 종류로 실드 처리는 안 되었지만 알루미늄은박이 4가닥 선을 감싸고 있는 FTP[34]가 있다. UTP에 비해 절연기능이 좋다 보니 공장배선용으로 많이 사용된다. 그리고 STP[35]라 하는 차폐연선은 케이블 겉에 차폐재가 되어 있어 외부의 노이즈나 전기적 신호의 간섭을 크게 줄여준다. 보통 집안 실내용으로 전자기장의 영향이 크게 없는 곳에서는 UTP를 사용하고 사무실, PC방, 공장, 실외, 고압전류가 흐르는 곳이나 강한 충격이 우려가 되는 곳에서는 STP나 FTP를 사용한다. 당연히 가격은 STP > FTP > UTP 순이다.

---

[30] 이 테이프 처리한 곳과 가운데 축이 접촉할 경우 노이즈가 생길 수 있다.

[31] 영어단어의 쌍을 말하는 '페어(pair)'에서 따온 것이다.

[32] Unshielded Twisted Pair cable

[33] 실드 처리가 안 되어 있다 보니 비차폐연선이라고도 한다.

[34] Foil screened Twist Pair cable

[35] Shielded Twist Pair cable

03 전선보호공사 및 종류와 특징은 무엇인가?

KEY WORD 전선관, 금속관공사, 가요전선관공사, 합성수지관공사, 케이블덕팅 시스템, 케이블트렁킹 시스템

학습 POINT

- 전선관 시스템의 필요성과 규격은?
- 금속관공사란?
- 가요전선관공사란?
- 합성수지관공사란?
- 케이블덕팅 시스템이란?
- 케이블트렁킹 시스템이란?

전력을 전달하는 전선은 크게 절연전선과 케이블로 분류할 수 있다. 비교적 적은 전력량을 전달할 때는 절연전선을 이용하는데 이는 시공도 간편하고 경제적인 반면 가장 큰 단점은 기후나 충격 등으로 절연부분인 피복이 쉽게 손상된다는 점이 있다. 따라서 절연전선으로 시공할 때는 애자공사를 제외하고는 전선관을 사용해서 기후나 충격으로부터 절연전선을 보호해야 한다. 물론 케이블공사도 전선관을 사용하는 경우가 있지만 지중으로 매설하거나 특수한 환경이 아니고서는 생략해도 된다. 여기서는 전선관공사에 대해 알아보도록 하자.

1 전선관 시스템의 필요성과 규격은?

1 전선관의 정의와 필요성

케이블은 피복으로 한 번 도체를 감싼 후 두꺼운 절연체로 한 겹 더 감싸기 때문에 같은 굵기여도 압력에 더 강한 편이다. 하지만 일반 절연전선[1]은 비, 바람, 햇빛에 취약하다. 또한, 실내에 전선이나 케이블이 노출되면 절연체로 덮여 있어도 사람들에게 거부감을 느끼게 하고 쉽게 접근할 수 있어 안전에 문제가 있다. 그렇다고 벽속으로 메우면 시멘트나 벽돌 등 내장재로 인한 전선의 손상 가능성이 있고 땅속으로 묻는 지중화공사를 할 경우에도 습기로 인해 케이블이 손상될 가능성이 있다. 그래서 이렇게 절연전선을 이용할 때는 합성수지제나 금속제로 되어 있는 전선관을 사용하는 것이 원칙이다. 전선관(電線管, conduit)이란 저압의 옥내배선공사에 사용하는

[1] HIV 전선, HFIX 전선, NRI 전선, NR 전선이 있다.

전선을 담는 관을 말한다. 따라서 전선관을 사용하지 않고 전선을 그대로 벽이나 땅속에 메우거나 실외에서 노출한 채 두면 이는 분명 부실시공[2]이며 이후 전기안전의 문제뿐만 아니라 전기 사용에도 매우 곤란한 경우가 생길 수 있다. 아울러 전선은 절연전선[3]을 사용해야 하며 단면적이 10mm^2 이하[4]를 사용해야 한다.

2 전선관의 규격

올바른 전선관공사를 위해 먼저 전선관의 규격을 알아보도록 하자.

전선의 규격을 도체의 단면적인 [mm^2](제곱밀리미터)나 [sq](스퀘어)로 표현하는 것과 달리 전선관은 안지름(내경)[5]의 길이로 [mm](밀리미터)나 φ(파이) 또는 '호'라는 단위를 사용한다.

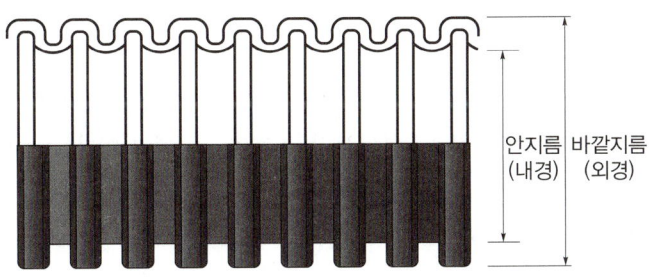

| 전선관의 안지름(내경) 및 바깥지름(외경) |

[mm]나 '호'는 같은 단위로 안지름(내경)의 길이가 14mm인 경우 14φ 또는 14호라고 표현한다. 전선관의 규격은 최소 14mm부터 최대 104mm까지 다양한 규격[6]이 있다.

전선관 안지름(내경)규격(mm) : 14-16-22-28-36-42-54-70-82-92-104

따라서 전선관을 구입할 때는 필요한 전선관의 종류와 전선관의 안지름(내경)을 요구하면 된다. 보통 구매할 때 합성수지제 전선관은 두루마리 화장지를 새는 단위와 같은 '롤(roll)'이나 '권'[7]이라는 단위를 사용한다. 금속관의 경우 애초에 길이가 정해져 있다.

3 전선관 시공 시 주의사항

전선관 시공 시 주의해야 할 점은 반드시 '전선길이 > 전선관길이'의 공식을 숙지하고 있어야 한다는 것이다. 전선관보다 전선이 짧을 경우 전선관 속에서 전선을 결선하는 경우가 있다. 그런데 이렇게 전선을 결선하는 부분이 확실하게 접속되지 않으면 접촉저항이 커지게 되어 줄의 법칙에 의해 발열이 되고 전기화재의 원인이 된다. 따라서 반드시 전선관보다 전선의 길이를 길게 해야 한다.

---

[2] 현장에서는 전선관 없이 시공하는 것을 '알선'이라고 표현한다. 노후주택의 경우 알선으로 시공한 경우가 종종 있다.

[3] 옥외용 비닐절연전선(OW)을 제외한다.

[4] 알루미늄선은 단면적을 16mm^2 이하로 제한을 둔다.

[5] 기존에는 안지름을 내경(內徑), 바깥지름을 외경(外經)이라고 불렀다. 여기에서 쓰이는 한자어 경(經)이 '날 경'자로 지름을 이야기하기도 한다. 그래서 이를 이용해 지름을 직경(直徑), 반지름을 반경(半徑)이라는 단어를 쓰기도 한다.

[6] 합성수지제 가요전선관(CD)의 경우는 14~42mm, 경질 비닐전선관(PVC)의 경우는 14~82mm, 금속관의 경우는 16~104mm의 규격을 가지고 있다.

[7] 현장에서는 마끼라고도 표현하는데 이는 일본어로 두루마리나 책 등을 셀 때 쓰는 단위 卷(ま)き(마끼)에서 따왔다.

| 커플링 |

요비선
(전선인출선)

전선관의 길이가 전선보다 많이 짧아 추가로 전선관을 연결할 때는 커플링(coupling)을 이용해서 연결하면 된다.

전선관이 10m 이내의 짧은 길이의 경우 별다른 장비 없이 직접 손으로 전선을 넣고 빼는 과정이 어렵지 않다. 그러나 전선관의 길이가 10m 이상의 경우 직접 사람의 손으로 전선을 넣고 빼는 과정이 어렵고 아예 되지 않는 경우가 있다. 이럴 때 요비선[8]이라고 하는 전선인출선을 이용해서 전선과 전선인출선 끝의 꼬리부분을 연결하면 전선관에서 전선의 인출이 훨씬 편해진다. 요비선은 비단구렁이같이 보이지만 매우 튼튼하고 쉽게 구부러지지 않는 소재인 PVC에 보완 PT 재질[9]로 되어 있다. 두 가닥의 선을 서로 꼬이게 설계함으로써 마찰공간을 최소화할 수 있고 특히 전선과 연결하는 꼬리 쪽의 경우 더듬이처럼 전선관을 잘 관통하게 설계되었다. 보통 전선인출작업을 할 때는 2인 1조가 되어서 하는데 이때 '어지기, 어자' 등의 구호[10]에 맞추어 당기고 밀어주는 작업을 반복적으로 한다.

그리고 전선관이 굵을수록 전선관 내부에 더 많은 절연전선을 입선할 수 있다. 그러나 전선이 굵을수록 넣을 수 있는 절연전선의 가닥수도 한계가 있다. 즉, 같은 전선관의 굵기라도 절연전선의 단면적이 크다면 그만큼 넣을 수 있는 것은 가닥수가 적고, 절연전선의 단면적이 작다면 그만큼 넣을 수 있는 가닥수도 많다. 이를 금속관과 합성수지제 전선관 기준으로 정리하면 아래 표와 같다.

[8] 요비선은 본래 일본어로 부르다 '呼ぶ(요부)'의 명사형으로 전선을 끌어내는 선 'よびーだし+せん[線](요비-다시 센)'을 줄인 '요비센(よびせん)'이 우리나라에 넘어와 요비선이라고 부르게 되었다. 우리말로 '(전선)인출선' 또는 '호출선'으로 표현하는 것이 적당하다. 영어로는 '피시 테이프(fish tape)'라고 한다.

[9] 50m를 초과하는 전선관의 전선인출작업 시에는 강철로 된 전선인출선을 사용한다.

[10] 정해진 구령은 아니다.

전선의 단면적 [mm^2]	전선수(본, 가닥)									
	1	2	3	4	5	6	7	8	9	10
	전선관의 최소 굵기 : 금속관(합성수지제 전선관)[mm]									
1.5	16(14)	16(14)	16(14)	16(16)	22(16)	22(22)	22(22)	22(22)	28(28)	28(28)
2.5	16(14)	16(14)	16(16)	16(16)	22(22)	22(22)	22(22)	28(28)	28(28)	28(28)
4	16(14)	16(16)	16(16)	22(16)	22(22)	22(22)	28(28)	28(28)	28(28)	36(28)
6	16(14)	16(16)	16(22)	22(22)	22(22)	28(28)	28(28)	28(28)	36(36)	36(36)
10	16(14)	22(16)	22(22)	28(28)	28(28)	36(36)	36(36)	36(36)	42(42)	42(42)
16	16(14)	22(22)	22(28)	28(28)	36(36)	36(36)	36(42)	42(42)	42(54)	54(54)
25	22(16)	28(28)	28(36)	36(36)	42(42)	42(54)	54(54)	54(54)	54(70)	54(70)
35	22(22)	28(28)	28(36)	42(42)	54(54)	54(54)	54(54)	70(70)	70(70)	70(70)
50	28(28)	36(36)	36(42)	54(54)	54(54)	70(70)	70(70)	70(70)	70(82)	82(82)
70	28(28)	42(42)	42(54)	54(70)	70(70)	70(70)	70(82)	82(82)	82(−)	82(−)
95	36(36)	54(54)	54(54)	70(70)	70(82)	82(82)	82(−)	92(−)	92(−)	104(−)
120	36(36)	54(54)	54(70)	70(70)	82(82)	82(−)	92(−)	104(−)	−	−
150	36(42)	70(70)	70(70)	82(82)	92(−)	92(−)	104(−)	−	−	−

전선의 단면적에 따른 전선관의 최소 굵기

전선의 단면적 [mm²]	전선수(본, 가닥)									
	1	2	3	4	5	6	7	8	9	10
	전선관의 최소 굵기 : 금속관(합성수지제 전선관)[mm]									
185	42(42)	70(70)	70(82)	92(-)	92(-)	104(-)	-	-	-	-
240	54(-)	82(-)	82(-)	104(-)	104(-)	-	-	-	-	-

앞의 표를 보는 방법은 다음과 같다. 먼저 사용하고자 하는 절연전선의 단면적을 왼쪽 세로축을 통해 확인한다. 그리고 몇 가닥을 전선관에 입선할지 결정한 다음 위쪽 가로축에 절연전선 가닥수에 맞는 수치를 찾는다. 이때 가닥수는 접지선도 포함한다. 그리고 서로 교차하는 지점에 해당하는 전선관의 최소 규격을 찾는다. 이때 왼쪽 수치는 금속관, 오른쪽 괄호 안 수치는 합성수지제 전선관이다.[11] 만약 전기자재상에서 해당 전선관의 굵기를 구매할 수 없다면 이보다 한 단계 더 높은 굵기의 전선관을 구매한다.

[11] 예를 들어 HIV 6mm²에 접지선을 포함해서 3가닥이 들어간다고 가정하면 금속관의 경우는 16mm, 합성수지제 전선관의 경우는 22mm를 사용한다.

2 금속관공사란?

1 금속관공사의 용도 및 주의사항

| 금속관으로 시공한 경우 |

절연전선을 건물 내부에 시공할 때 사용하는 전기공사 중 특별한 경우[12]나 노출할 경우 그리고 남다른 실내장식을 꾸미고 싶을 때 금속관공사를 많이 한다. 금속관공사에서 사용하는 금속관은 후강전선관과 박강전선관으로 구분[13]된다. 일반적으로 금속관의 대표적인 강제전선관은 후강전선관의 한 종류이다. 보통 전선관 자체의 두께가 두꺼운 전선관을 '두꺼운 후(厚)'를 사용해서 후강전선관이라 한다. 그와 반대로 두께가 얇은 전선관을 '얇을 박(薄)'을 사용해서 박강전선관이라고 한다. 후강전선관은 높은 강도의 배관작업이 필요하거나 폭발성 또는 부식성 가스가 있는 경우에 사용할 수 있다. 반면 박강전선관은 무게가 가벼워서 취급하기에 유리하며 폭연성 먼지(분진)[14]가 있는 곳에서 사용한다.

[12] 열, 화학, 먼지(분진) 등의 이유로 합성수지제 전선관을 사용할 수 없는 경우를 말한다.

[13] 후강전선관의 규격이 짝수로 되어 있고, 박강전선관의 규격이 홀수로 되어 있긴 하나 정확하게는 짝수나 홀수로 분류한 것이 아니라 전선관의 두께로 분류한 것이다.

[14] 폭연성 먼지(분진)란 마그네슘·알루미늄·티탄·지르코늄 등의 먼지가 쌓여 있는 상태에서 불이 붙었을 때에 폭발할 우려가 있는 것을 말한다.

금속관은 재질 자체가 전류가 흐를 수 있는 도체라서 합성수지제를 이용한 전선관과 달리 몇 가지 조건이 더 있다. 금속관으로 시공할 때는 반드시 다음과 같은 조건에 맞게 수행해야 한다.

(1) 금속관 안에서는 전선의 접속작업을 해서는 안 된다. 본래 전선관 내부에서 전선의 접속이 이루어지면 좋지 않지만 금속관의 경우는 특히나 위험하다. 왜냐하면 전선의 접속부위는 다른 부분보다 절연에 취약하기 때문에 접속부위에서 누전사고 등이 일어나면 그 파급효과[15]가 매우 커질 수 있다. 전선접속은 반드시 아웃렛박스(복스) 안에서 해결해야 한다.

> 15 ─
> 금속관 자체에서도 전류가 흐른다고 가정해 보자.

(2) 전선의 절연체와 피복을 포함한 단면적이 반드시 관 내부 단면적의 1/3 이하가 되도록 한다.
(3) 금속관을 벽에 지지할 때는 새들(안장)을 이용하되 지지점 간 거리는 2m 이하로 하는 것이 바람직하다.
(4) 금속관을 구부릴 때에 내부 반경은 관 안지름(내경)의 6배 이상으로 해야 한다. 즉, 어느 정도 큼직하게 굴곡을 만들면서 각도를 주어야 한다. 예외가 있다면 금속관의 제거가 가능한 장소는 3배 이상으로 해야 한다.

| 새들 및 반새들 |

2 강제전선관

강철로 제작된 전선관을 강제전선관이라고 한다. 금속관의 한 종류로 스틸(steel)전선관이라고도 한다. 철은 산소와 결합하면 녹이 슬기 때문에 용융 아연도금 처리를 하여 표면을 보호하고 있다. 금속관은 합성수지제 전선관보다 단가는 훨씬 비싼 편이다.

| 강제전선관 |

강제전선관의 규격은 합성수지제와 비슷하게 안지름(내경)으로 호칭하고 다른 점은 전선관 자체의 두께와 전선관 1개[16]당 무게도 알아두어야 한다는 점이다. 단, 길이가 너무 길면 이동이나 시공에 어려움이 많기 때문에 3.66m로 모두 동일하다.

다음은 후강 강제전선관 및 박강 강제전선관의 규격이다.

> 16 ─
> 두루마리로 되어 있는 합성수지제 전선관같은 경우는 단위를 롤(roll) 또는 권을 사용하지만 금속관같은 경우는 두루마리로 제작할 수 없기 때문에 개 단위로 판매한다. 현장에서는 이를 셀 때 쓰는 단위가 본(本)으로 일본에서 들어온 단위이다. 병, 칼, 나무, 담배 등과 같이 가늘고 긴 것을 셀 때 쓰는 단위로 일본어로는 혼(ほん)으로 부른다. 순화할 수 있는 우리말로는 개, 개비, 자루 등이 있다.

강제전선관의 규격					
종류	호칭	안지름(내경)[mm]	바깥지름(외경)[mm]	두께[mm]	무게[kg/개]
후강전선관	G16	16	21.0±0.3	2.3	3.88
	G22	22	26.5±0.3	2.3	5.01
	G28	28	33.3±0.3	2.5	6.95
	G36	36	41.9±0.3	2.5	8.89
	G42	42	47.8±0.3	2.5	10.20
	G54	54	59.6±0.3	2.8	14.30
	G70	70	75.2±0.3	2.8	18.30
	G82	82	87.9±0.3	2.8	21.50
	G92	92	100.7±0.4	3.5	30.20
	G104	104	113.4±0.4	3.5	34.70
박강전선관	C19	19	19.1±0.2	1.6	2.53
	C25	25	25.4±0.2	1.6	3.44
	C31	31	31.8±0.2	1.6	4.36
	C39	39	38.1±0.2	1.6	5.27
	C51	51	50.8±0.2	1.6	7.10
	C63	63	63.5±0.35	2.0	11.10
	C75	75	76.2±0.35	2.0	13.40

3 스테인리스 스틸 전선관

철로 된 금속관은 오랜 시간이 지나면 녹이 슬기 마련이다. 특히 물과 결합한 상태라면 그 속도가 더욱 빠르다. 강제전선관의 표면을 부식되지 않도록 용융 아연도금을 처리하였지만 이는 어디까지나 표면을 보호하는 정도이다. 그래서 이를 대체하기 위해 녹이 슬지 않는 스테인리스 스틸을 이용한 전선관[17]도 있다. 스테인리스재질로 만들었기 때문에 부식에 강하고 내구성이 매우 좋으면서 수명도 길다. 식품·의약품 공장같이 위생과 청결을 중요시 하는 곳에서 사용이 가능하다. 그리고 연마를 하여 겉으로 보기에도 매끈한 표면이 미관상 좋다는 이점을 가지고 있다. 가격은 매우 고가여서 강제전선관보다 무려 12배가량 비싼 편이다. 길이는 3.66m로 통일되어 있고 규격은 다음과 같다.

| 스테인리스 스틸 전선관 |

[17] 현장에서는 '스뎅관'이라는 표현을 주로 사용한다.

스테인리스 스틸 전선관의 규격				
호칭	안지름(내경)[mm]	바깥지름(외경)[mm]	두께[mm]	무게[kg/개]
G16	16	21	2.0±0.20	3.46
G22	22	26.5	2.0±0.20	4.47
G28	28	33.3	2.4±0.24	6.76
G36	36	41.9	2.4±0.24	8.64
G42	42	47.8	2.4±0.24	9.93
G54	54	59.6	2.4±0.24	12.52
G70	70	75.2	2.4±0.24	15.93
G82	82	87.9	2.4±0.24	27.31
G104	104	113.4	3.5±0.35	35.36

4 PE-라이닝 스틸 전선관

| PE-라이닝 스틸 전선관 |

강철로 된 강제전선관 표면에 합성수지소재인 폴리에틸렌(PE)을 피복시킨 전선관을 PE-라이닝 스틸 전선관[18]이라고 한다. 상하수도 정수장, 화학공장과 같이 부식성이 심한 환경에서 사용한다. PE-라이닝 스틸 전선관은 반영구적으로 사용할 수 있을 만큼 내구성이 뛰어나다. 단점은 강철로 된 표면에 폴리에틸렌을 한 겹 더 넣어 두꺼운 편이다. 길이는 1개당 3.66m로 고정되어 있고 그 외 규격은 다음과 같다.

18 ──────
일본에서는 '폴리에틸 라이닝 강관'이라 하며 지중화공사에서도 사용한다.

PE-라이닝 스틸 전선관의 규격				
호칭	안지름(내경)[mm]	바깥지름(외경)[mm]	두께[mm]	무게[kg/개]
G16	16	21.0	2.0±0.20	3.88
G22	22	26.5	2.0±0.20	5.01
G28	28	33.3	2.4±0.24	6.95
G36	36	41.9	2.4±0.24	8.89

호칭	안지름(내경)[mm]	바깥지름(외경)[mm]	두께[mm]	무게[kg/개]
G42	42	47.8	2.4±0.24	10.20
G54	54	59.6	2.4±0.24	14.30
G70	70	75.2	2.4±0.24	18.30
G82	82	87.9	3.5±0.35	21.50
G104	104	113.4	3.5±0.35	34.70

3 가요전선관공사란?

1 가요전선관의 특징

가요(可撓, flexible)라는 말은 마음대로 구부릴 수 있다는 것을 의미한다. 이렇게 가요성을 가진 전선관을 가요전선관이라고 하는데 특징은 음료수를 쉽게 마실 수 있는 주름 빨대와 같이 주름져 있다. 그림과 같이 이렇게 주름져 있으면 쉽게 구부릴 수 있으면서 내용물이 통과하는 데 어려움이 없게 된다.

가요전선관의 가장 큰 장점은 쉽게 구부릴 수 있어 전선관을 벽 속이나 천장 속으로 넣을 때 무척 편리하게 사용할 수 있다. 그러나 전선을 전선관에 삽입할 때 주름으로 인해 어려움이 생길 수 있으므로 10m 이상 전선을 삽입할 때는 요비선(전선인출선)을 사용하는 것을 추천한다. 가요전선관은 크게 합성수지제 가요전선관(CD전선관)과 금속제 가요전선관(플렉시블 전선관)으로 구분할 수 있다.

| 빨대의 주름 부분 |

2 합성수지제 가요전선관(CD전선관)

건물 내부 벽에 콘센트와 스위치가 있다면 분명 이 벽 어디엔가 전선관이 있기 마련이다. 눈에는 보이지 않지만 전선관이 전선을 감싸고 있기에 전기를 안전하게 사용할 수 있는 것이다. 이렇게 건물 내부에서 사용하는 전선관 중에 가장 널리 쓰이는 것이 CD(Combined Duct)전선관[19]이다. CD전선관은 다양한 색상(빨간색, 노란색, 녹색, 파란색, 회색, 흰색, 검은색)으로 제조된다. 그러나 가장 많이 사용하는 색상은 흰색과 검은색이다. CD전선관은 일반 CD전선관과 난연 CD전선관의 두 종류로 구분된다. 이를 구분하는 것은 자기소화성[20]의 유무이다. 일반 CD전선관은 자기소화성이 없지만 난연 CD전선관은 자기소화성이 있다. 따라서 가격 역시 난연 CD

| 다양한 색상의 CD전선관 |

[19] 합성수지제 가요전선관을 말한다.

[20] 불이 붙어도 자기 스스로 빨리 꺼지는 성질이다.

| 21
일본은 우리나라와 달리 난연전선관이 다양한 색상인 반면 일반 CD전선관은 주황색을 사용한다.

| 22
실외에 CD전선관을 사용하면 오랜 시간 후 열화가 되어 바스러지는데 이는 난연 CD전선관이 더욱 심하다. 따라서 실외에서는 케이블 시공을 한다.

| 23
천장에 보통 텍스나 석고보드, 합판 등으로 덮여 있으면 이는 이중천장이다. 반자라고도 하는 이중천장 안에는 전선과 전선관, 그리고 때에 따라서 소방시설, 통신시설, 수도관, 가스관, 트레이 등이 지나간다. 전기공사 기술자들에겐 자주 들어가는 장소로 점검구가 있다면 쉽게 안을 들여다 볼 수 있다. 현장에서는 '덴죠(天井)'라는 일본어로 부르기도 한다.

| 24
대표적인 것이 콘크리트벽, 시멘트벽, 불연성 석고보드 등이 있다.

| 25
한국전기설비규정의 강화로 실질적으로 난연성 재질이 아닌 일반 CD전선관을 사용할 수 있는 곳은 과거보다 극히 드물게 되었다.

| 26
현장에서는 이를 줄여 '후레시블'이라고 하는 경우가 많은데 이는 flexible의 일본어인 'フレキシブル(후레키시브루)'를 줄여 말한 국적이 없는 단어이다.

전선관이 좀 더 비싼 편이다. 참고로 PF전선관(Plastic Flexible conduit)은 난연 CD전선관을 일본[21]에서 부르는 명칭이다.

다음 사진은 실제 전기화재현장에서 찍은 3상 4선식 분전반이다. 흰색의 난연 CD전선관에 검은 그을음만 생기고 불이 옮겨 붙지 않았음을 알 수 있다. 그런데 아예 불이 안 붙는 불연성 재질이 없는 이유는 CD전선관의 원료인 석유화학제품은 불연소재로 만들기가 매우 어렵기 때문이다. 이에 CD전선관의 장점은 다음과 같다. 일단 CD전선관은 가볍다는 것이 큰 장점이다. 그리고 절단이 매우 잘 되고 온도변화에 따라 확장이나 수축이 거의 없어서 공사할 때도 무척 편리하다. 잘 구부러져 곡률을 주어야 할 때도 쉽게 다룰 수 있고 가격도 저렴한 편이어서 가장 대중적으로 사용된다.[22] 한국전기설비규정에 따르면 CD전선관을 포함한 합성수지제(PVC)로 이루어진 전선관은 이중천장[23]에서 사용이 금지되고 반드시 금속관이나 금속제 가요전선관을 이용해서 시공해야 한다. 아울러 벽체도 불연성 마감재나 단열재[24] 내부에 시설하는 경우에만 난연재질의 CD전선관만 사용된다. 벽체가 화재에 취약한 조립식 주택이나 합판으로 되어 있는 경우에는 난연재질의 CD전선관이 아닌 반드시 금속제 가요전선관을 이용해서 시공[25]해야 한다.

CD전선관의 규격은 다음과 같다.

| 전기화재 시 난연 CD전선관 |

| CD전선관의 규격 |

호칭	안지름(내경)[mm]	바깥지름(외경)[mm]	롤 길이[m]
16호	16.0	21.3±0.3	100
22호	22.0	27.5±0.5	100
28호	28.0	34.0±0.5	50
36호	36.0	42.0±0.5	50

3 금속제 가요전선관(플렉시블 전선관)

금속제 가요전선관(金屬製可撓電線管, metal flexible conduit)을 플렉시블 전선관(flexible conduit)[26]이라고도 하며 전선관 내부재질로 용융 아연도금강판을 사용하고 외부

재질로 PVC 코팅[27]을 입힌 제품이 많다. 합성수지제 전선관과 비교하면 충격으로부터 강하고 화재에 강하다는 장점이 있으나 시공 시 손이 많이 가고 가격도 합성수지제 가요전선관보다 좀 더 비싼 편이다. 색상은 검은색과 회색으로 출시[28]되고 있다.

금속제 가요전선관은 크게 제1종 금속제 가요전선관과 제2종 금속제 가요전선관으로 나누어지는데 이는 방수가 기준이 아니고 전선관 내부재질로 절연 파이버(fiber)[29]와 용융 아연도금강판 두 장을 맞댄 상태에서 외부에 PVC 코팅한 것이 제2종 금속제 가요전선관[30]이 된다. 따라서 제2종 금속제 가요전선관이 제1종 금속제 가요전선관보다 내력 강도가 세고 절연성능이 우수하지만 가격이 고가라서 특별한 현장[31]에서 많이 사용된다.

보통 금속제 가요전선관은 방수형과 비방수형으로 구분되며 여기에서 제1종 금속제 가요전선관은 경제형, 일반형, 응용형으로 다시 분류한다. 이에 대한 특징은 다음과 같다.

| 금속제 가요전선관 |

| 금속제 가요전선관의 타입과 명칭 |

종별	타입	명칭
제1종	EF	경제형 비방수 플렉시블
	GF	일반형 고장력[32] 비방수 플렉시블
	SF	응용형 고장력 비방수 플렉시블
	WF 또는 WP	경제형 방수 플렉시블
	GW	일반형 고장력 방수 전선관
	SW	응용형 고장력 방수 전선관
제2종	PZ	비방수 프리카 튜브
	PV	방수 프리카 튜브

가격의 경우 응용형, 일반형, 경제형 순으로 비싸고 이에 따른 내구력이나 방수 성능 역시 그 순서로 높다.

금속제 가요전선관을 이용할 때는 몇 가지 알아두어야 할 사항이 있다.

(1) 전용 커넥터를 사용해야 한다. 커넥터 역시 비방수형과 방수형으로 구분되어 있고 재질 역시 아연 재질과 황동 재질로 구분되어 있다.

(2) 절단이 어려운 편은 아니지만 절단할 때 잘못하면 금속전선관의 코어가 풀어지는 경우가 있다. 그리고 절단면 자체가 날카로워 손을 벨 우려가 있으니 안전에 유의하며 장갑을 끼고 절단을 한다.

---

27 특수 염화비닐수지로 내열, 내유, 내한, 내화학에 강한 합성수지제이다.

28 외부에 PVC 코팅을 입히지 않은 전선관은 스테인리스 스틸을 입힌 은백색의 금속제 색상이다.

29 종이나 섬유 등으로 겹치고 강압해서 만든 재료이다. 제1종 금속제 가요전선관에는 들어가지 않는다.

30 플렉시블 전선관을 제1종 금속제 가요전선관이라고 말한다면, 제2종 금속제 가요전선관은 프리카 튜브라고도 부른다.

31 화학, 반도체 생산현장 같은 경우이다.

32 고장력이라는 것은 제조할 때부터 서로 엇갈리는 구조로 제작해 금속전선관의 코어가 풀리지 않게 고안한 제품이다.

| 이중천장(반자) 공사현장 |

(3) 구매할 때는 체결나사방향[33]을 잘 살펴보고 구매를 해야 한다.

(4) 한국전기설비규정에 따라 이중천장(반자) 속에 합성수지제 전선관 사용이 금지[34]되므로 조명이나 천장용 전기설비를 설치할 때 사용하는 절연전선을 위해서 제2종 금속제 가요전선관[35]을 사용해야 한다. 단, 케이블은 전선관을 생략해도 되므로 무방하다.

금속제 가요전선관 중에 전기배선용으로 많이 사용되는 방수형 프리카 튜브(PV 타입)의 규격은 다음과 같다.

[33] 체결나사방향이란 나사를 조일 때의 방향으로 오른나사이면 시계방향, 왼나사이면 반시계방향으로 조여야 한다.

[34] 이는 전선에서 화재가 발생했을 때 합성수지제 전선관이라면 파급력이 향상되기 때문이다.

[35] 비방수 프리카 튜브(PZ) 또는 방수 프리카 튜브(PV)를 말한다.

| 금속제 가요전선관(PV 타입)의 규격 |

규격	최소 안지름 (내경)[m]	바깥지름 (외경) [m]	롤 길이	해당 전선관 규격			중량 [kg/롤]
				금속관 박강	금속관 후강	합성수지제	
10	9.2	14.0	50	–	–	–	13
12	11.4	17.7	50	–	–	–	18
15	14.1	20.6	50	–	–	14	22
17	16.6	23.1	50	19	16	16	29
24	23.8	30.4	50	25	22	22	38
30	29.3	36.5	25	31	28	28	25
38	37.1	44.9	25	39	36	36	30
50	49.1	56.9	20	51	42	42	31
63	62.6	71.5	10	63	54	54	22
76	76.0	85.3	10	75	70	72	28
83	81.0	90.3	10	–	82	82	29
101	100.2	110.1	6	–	104	–	24

4 CD-P전선관(PE전선관)

주름이 있는 CD전선관과 달리 주름이 전혀 없는 합성수지제 전선관이 있다. 이를 CD-P전선관[36]이라고 한다.

[36] CD-P전선관을 PE전선관이라고도 많이 부르는데 PE전선관은 전선관의 주요 재질인 폴리에틸렌(PE)을 말하는 것이다. 즉, PE전선관은 폴리에틸렌을 이용해 만든 전선관을 통칭하는 단어이지 CD-P전선관을 특정 지어 말하는 것은 아니다.

CD-P전선관은 일직선으로 연결하거나 특별히 구부릴 필요가 없는 경우에 시설한다. 잘못 구부리면 전선관이 갈라지거나 깨질 수 있다. 주름이 없기 때문에 CD전선관에 비해 전선인출작업이 훨씬 용이하다. 절단이 간단한 편이고 보통 땅속에 묻는 지중매설 용도로도 많이 사용된다. 도로변의 가로등이나 신호등, 공원의 지중매설 등에서 이용된다. 가격이 CD전선관에 비해 비싼 편이다. CD-P전선관의 규격은 다음과 같다.

| CD-P전선관 |

| CD-P전선관의 규격 |

호칭	안지름(내경)[mm]	바깥지름(외경)[mm]	롤 길이[m]
16호	16.0	21.3±0.3	100
22호	22.0	27.5±0.5	90
28호	28.0	34.0±0.5	90
36호	36.0	42.0±0.5	60
42호	42.0	48.0±0.5	60
54호	54.0	60.0±0.8	40
70호	70.0	76.0±0.8	40
82호	82.0	89.0±0.8	40
100호	100.0	114.0±0.8	4 또는 6

4 합성수지관공사란?

합성수지제 전선관은 PVC전선관이라고도 하며 경질 비닐전선관과 파상형 경질 폴리에틸렌 전선관으로 구분된다. 이 둘의 차이는 용도에 따른 차이로 경질 비닐전선관은 건물 내부에서 사용하는 것이고 파상형 경질 폴리에틸렌 전선관은 지중매설 배관용으로 사용한다.

1 경질 비닐전선관(VE전선관, HI-VE전선관)

경질 비닐전선관 중에 일반형을 VE전선관, 충격에 강한 내충격형 전선관을 HI-VE전선관[37]으로 구분한다. 경질 비닐전선관은 직진성이 좋긴 하지만 잘 꺾이지 않는 게 단점이다.[38] 주름이 없기에 전선인출작업이 쉽고 전기절연성도 좋으며 부식에도 강한 편이다. 그러나

37
H전선관 또는 내충격형 PVC전선관이라고도 한다.

38
꺾어야 할 때는 토치 등을 이용해 어느 정도 녹이고 작업해야 한다.

| 경질 비닐전선관 |

전선관의 외피두께가 최소 2mm부터 6.5mm까지로 절단이 어려운 편이다. 사용할 때는 반드시 절연전선을 사용하되 옥외용 비닐절연전선(OW)을 사용해서는 안 되고 전선관 내부에서 전선의 접속을 금지한다. 그리고 한국전기설비규정에 따라 이중천장(반자 속 포함) 내에서는 사용할 수 없다.

경질 비닐전선관은 합성수지제 전선관 중 가장 비싼 편이고 개당 4m 단위로 구매할 수 있다. 경질 비닐전선관의 규격은 다음과 같다.

| 경질 비닐전선관의 규격 |

호칭	안지름(내경)[mm]	바깥지름(외경)[mm]	길이[m]
16호	16.0	21.3±0.2	4
22호	22.0	27.5±0.25	
28호	28.0	34.0±0.3	
36호	36.0	42.0±0.35	
42호	42.0	48.0±0.4	
54호	54.0	60.0±0.5	
70호	70.0	76.0±0.5	
82호	82.0	89.0±0.5	
100호	100.0	114.0±0.6	
104호	104.0	111.0±0.6	

2 ELP전선관(FEP전선관)

앞서 CD전선관은 안지름(내경)이 36mm를 초과하는 경우가 없다. 그 이유는 일반 절연전선이 굵어봐야 한계가 있기 때문이다. 따라서 이보다 더 굵은 전선을 사용할 때는 케이블을 사용한다. 본래 케이블 시공 시 전선관을 생략해도 되지만 안전을 위해서는 시공 시 전선관을 사용하는 것이 좋다. 특히 땅속으로 묻는 지중매설을 할 경우 반드시 전선

| ELP전선관 |

관을 사용해야 한다. 이때 굵은 케이블을 싸기 위한 전선관이 바로 ELP전선관[39]이다.

ELP전선관의 가장 큰 특징은 인출용 철선이 있다는 것이다. 본래 전선인출작업의 용이함을 위해 요비선을 사용하는 경우가 많지만 이러한 기능을 가진 인출용 철선이 포함되어 있다. 이는 케이블 자체가 굵고 무겁지만 애초에 지중매설용으로 작업하도록 길이가 길다 보니 요비선을 가지고 작업하기에 한계가 있기 때문에 제조할 때부

[39] 파상형 경질 폴리에틸렌전선관으로 FEP전선관이라고도 하는데 이는 일본에서 사용하는 표현이다.

터 넣어준 것이다.

특히 ELP전선관은 안전성이 뛰어나고 가볍고 경제적이기에 지중화선로구간에서 반드시 사용하게 되는 전선관이다. 또한 CD전선관과 비슷하게 잘 구부러지고 압력에 대한 강도도 높은 편이다. 그러나 굵은 케이블을 위한 전선관이다 보니 CD전선관과 비교해서 상대적으로 규격이 큰 편이다. ELP전선관의 규격은 다음과 같다.

| ELP전선관의 규격 |

호칭	안지름(내경)[mm]	바깥지름(외경)[mm]	롤 길이[m]
30호	30.0±2.0	40.0±2.0	100
40호	40.0±2.0	53.5±2.0	100
50호	50.0±2.5	64.5±2.5	100
65호	65.0±2.5	84.5±2.5	100
80호	80.0±3.0	105.0±3.0	100
100호	100.0±4.0	130±4.0	100
125호	125.0±4.0	160±4.0	50
150호	150.0±4.0	188±4.0	50
175호	175.0±4.0	230.0±4.0	50
200호	200.0±4.0	260.0±4.0	50

ELP전선관은 주로 땅속에 케이블을 묻는 공사를 할 때 많이 사용하는데 이때 케이블이 1회선이 아닌 2회선 이상의 복수로 설치될 때가 있다. 이때 상하좌우 간격을 30호에서 65호까지는 50mm 이상, 80호에서 125호까지는 70mm 이상, 150호에서 200호까지는 100mm 이상 두어야 한다. 지면에서 압력이 없는 경우는 0.6m 이상의 깊이를 유지해야 하며 압력이 있는 경우는 1.2m 이상 깊어야 한다.

5 케이블덕팅 시스템이란?

덕트(duct)는 건설현장에서 자주 쓰이는 용어로 주택이나 아파트를 제외한 많은 건물에서 볼 수 있는 배관 구조물이다. 이중천장(반자)을 한 경우에 덕트는 천장 속으로 들어가서 열어 보거나 뜯어내지 않는 한 보기 힘들다. 보통 환기를 위한 공기 덕트를 많이 일컫지만 전기배선공사에서도 덕트를 사용하기도 한다.

그런데 이 덕트의 커버와 몸체를 하나로 만들어 이곳으로 전선을 인입 또는 수리할 수 없다면 케이블덕팅 시스템의 케이블덕트공사가 되고 커버와 몸체를 분리해서 커버를 열어 인입 또는 수리할 수 있다면 케이블트렁킹 시스템의 케이블덕트공사가 된다. 즉, 케이블덕트공사는 커버를 여닫을 수 있는 조건에 따라 케이블덕팅 시스템과 케이블트렁킹 시스템으로 분류할 수 있다.

| 덕트를 비롯한 파이프, 전선 등 여러 가지 설비가 가득한 천장 내부 |

1 금속덕트공사

금속덕트공사는 다음과 같은 기준이 있다.

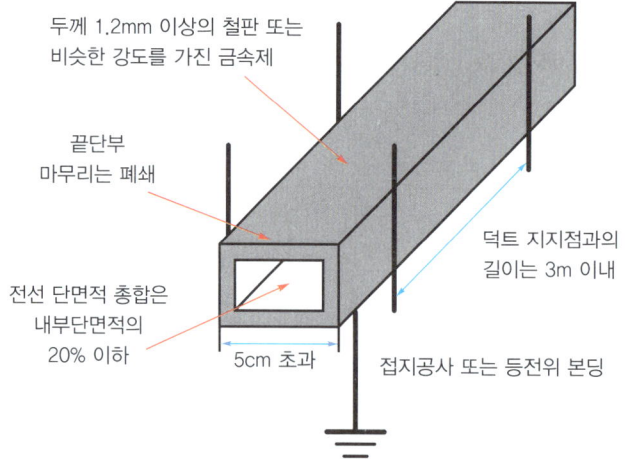

| 금속덕트공사의 기준 |

금속덕트공사의 기준은 금속덕트의 폭이 5cm를 초과[40]해야 한다. 금속덕트공사 시 안에 넣는 전선은 덕트에 가득 채워야 하는 게 아니고 전력선의 경우 단면적의 20% 이내[41]로 넣어야 한다. 단, 신호나 제어용 전선의 경우는 50% 이내이다. 금속덕트공사에서 가장 중요한 점은 덕트 자체를 접지공사를 해야 한다는 것이다. 덕트 자체가 금속소재로 되어 있어 도체가 되기 때문에 누설전류가 금속덕트를 타고 흐를 수 있기 때문이다. 이로 인해 감전이나 화재 등 전기사고 우려가 있다.

금속덕트공사의 접지공사 시 <u>금속덕트를 전기적으로 완전하게 연결</u>해야 한다. 즉, 누설전류가 금속덕트를 통해 무사히 접지까지 가서 대지로 갈 수 있도록 견고하게 연결되어야 한다. 그리고 금속덕트 내부에서 전선을 서로 연결하지 않도록 해야 한다. 이는 비단 금속덕트뿐만 아니라 모든 전선관시공에 해당한다. 간혹 전선의 예측길이를 잘못 측정해 전선관이나 금속관의 길이보다 전선의 길이가 짧을 수 있다. 이때 짧은 전선을 보강하고자 중간에 절연테이프나 커넥터 등을 이용해 연결할 생각을 하는데 이렇게 연결된 부분의 절연저항값이 원래 전선상태보다 크게 떨어지기 때문에 이 부분으로 누전이 될 수 있다. 아울러 덕트 내부에서는 전선을 상호 간에 접속해서는 안 된다. 접속 부위 절연이 약해 전기사고가 발생할 수 있기 때문이다.

금속덕트의 말단부분은 쥐 등이 침입하지 못하게 막아야 하고 커버 역시 열기 어렵게 시공해야 한다. 아울러 먼지나 물이 들어가지 않게 꼼꼼하게 마무리해야 한다.

2 플로어덕트공사와 셀룰러덕트공사

넓은 사무실을 살펴보면 전기를 공급받을 기둥이 없는데도 책상마다 컴퓨터가 놓여 있다. 이는 책상 아래 멀티탭 덕분이고 이 멀티탭은 바닥 어디엔가 있는 콘센트로부터 전기를 공급받는다. 과거에는 기둥이나 벽에 있는 콘센트에서 전력을 공급받았다면 최근 지어진 사무실은 바닥에 있는 콘센트로부터 전력을 공급받는다. 이렇게 바닥으로 전력을 공급할 수 있게 하는 공사를 플로어덕트(floor duct)공사라고 한다.

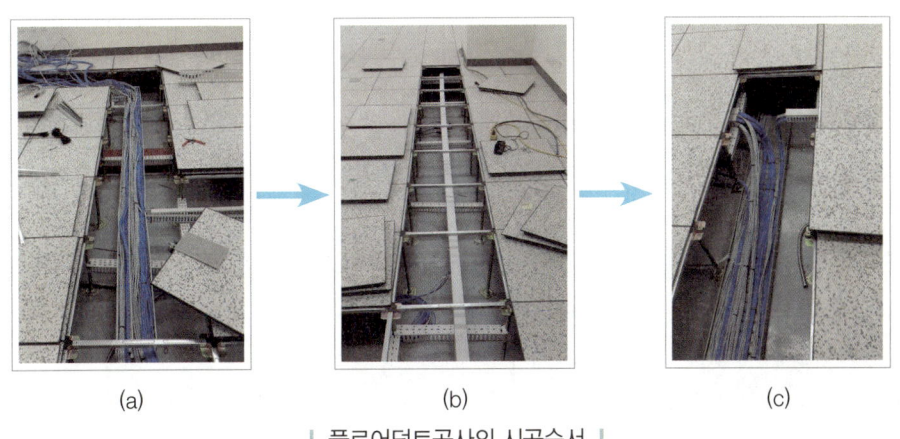

(a)　　　　　(b)　　　　　(c)

| 플로어덕트공사의 시공순서 |

---

[40] 5cm 이하이면 금속몰드공사라고 한다. 금속몰드공사는 들어가는 선들이 적을 때 사용한다.

[41] 전광표시장치, 출퇴근 표시등, 그 밖에 이와 유사한 장치 또는 제어회로의 경우 50%이다.

일반적으로 플로어덕트공사는 전력공급 외 인터넷 랜선과 같이 통신선도 함께 하는 경우가 많다. 사무실뿐만 아니라 백화점이나 무대 등 활용할 범위가 무궁무진하기 때문에 공사비가 비싸더라도 많이들 선호하는 공사 중 하나이다. 단, 바닥이 물기에 쉽게 젖는 곳[42]에서는 전기사고의 우려가 있기에 하지 않는다.

플로어덕트공사를 할 때는 앞의 그림 (a)처럼 강철제덕트를 바닥에 부설하고 아웃렛박스의 위치를 정해 그 표면이 완성된 바닥면과 일치되는 높이로 고정한다. 이때 그림 (b)처럼 아웃렛박스 상호 간에 직선 또는 수평으로 플로어덕트를 부설하지만 바닥을 덮기 전에 틀판에 덕트서포트(duct support)[43]를 사용하여 플로어덕트가 수평이 되게 한다. 그 후 그림 (c)와 같이 덕트에 캡을 씌운 높이가 바닥높이와 같도록 조정하여 튼튼히 고정한 후 바닥을 덮는다.

[42] 화장실, 욕실 등 하수구가 설치된 곳을 말한다.

[43] 덕트서포트란 덕트를 지지하는 건축자재를 말한다.

| 플로어덕트가 설치된 곳에 복합수구 |

플로어덕트공사의 경우 전선은 절연전선을 사용하되 연선을 선택[44]한다. 덕트 내의 사용전압은 400V 미만으로 해야 하고 전선 전체의 단면적이 덕트단면적의 32% 이하가 되도록 해야 한다. 앞서 언급한 덕트공사들과 마찬가지로 접지공사나 등전위본딩을 설치해야 한다. 전기적인 접속은 완전해야 하고 덕트 내에서 전선을 연결해서는 안 된다.

셀룰러덕트(cellular duct)공사란 철골건축물의 콘크리트바닥 구조재인 덱플레이트(deck plate)[45]의 홈을 이용, 특수구조의 커버를 부착하고 홈 내부에 전선을 수납하는 방법을 말한다. 바닥에 공사한다는 점이 플로어덕트공사와 비슷하지만 바닥의 콘크리트 양을 줄일 수 있는 장점이 있다. 아울러 부하 용량의 증가에 따라 배선의 용량, 회로의 증가 및 부하의 위치 변경에 쉽게 대처할 수 있다. 한편 전선 전체의 단면적이 덕트 단면적의 20% 이하[46]가 되도록 해야 한다.

[44] 단선의 경우는 10mm² 이하까지도 가능하다.

[45] 일정한 간격으로 요철(凹凸)을 주어 압연한 강철판을 말한다..

[46] 플로어덕트공사는 덕트 단면적의 32% 이하이다.

(a) 플로어덕트

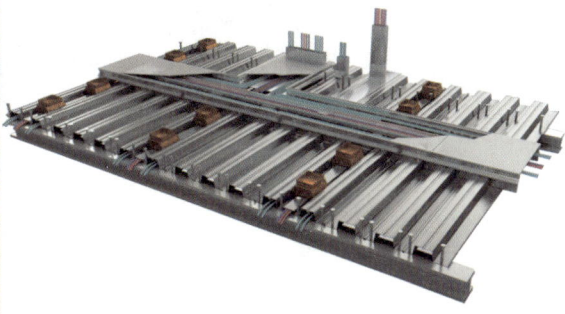
(a) 셀룰러덕트

| 플로어덕트공사와 셀룰러덕트공사의 시공 예 |

6 케이블트렁킹 시스템이란?

1 케이블트렁킹 시스템의 이해

한국전기설비규정에 따라 새롭게 분류된 전기배선공사방법 중 케이블트렁킹 시스템이 있다. 그러나 이 방법은 완전히 새로운 방법은 아니고 기존에 있는 공사 중 성격이 비슷한 것을 묶어주고 명칭을 붙여 규정을 만든 것이다. 덧붙여 설명하면 세단으로 분류되는 승용차의 뒷부분에 짐을 실을 수 있는 공간을 트렁크(trunk)라고 하는데 트렁크는 따로 문이 있어 쉽게 짐을 넣고 뺄 수 있다. 바로 이 단어에서 유래가 된 트렁킹 시스템(trunking system)은 평소에는 커버를 닫아놓았다가 추가로 전선에 입선하거나 전기가 고장이 나서 수리를 할 때는 커버를 여닫을 수 있게 하는 방식이라고 이해하면 된다.

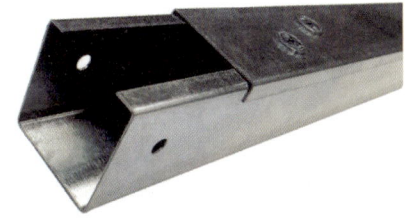

| 커버를 설치해 여닫을 수 있는 케이블트렁킹 시스템의 케이블덕트 |

케이블트렁킹 시스템은 앞서 언급한 금속덕트공사 외에 몰드를 이용한 공사법으로 금속몰드공사와 합성수지몰드공사 그리고 케이블트렌치공사가 있다.

2 몰드공사(금속몰드, 합성수지몰드)

부득이하게 전선을 벽 속이나 천장 속으로 매입할 수 없는 경우가 있다. 이때 시공방법을 '노출시공'이라 한다. 노출시공 시 전선이 외부로 드러나기에 미관상 보기 좋지 않을뿐더러 안전과도 직결되기에 이를 가려주어야 한다. 보통 노출되는 부분에 한해 CD전선관 등을 이용해 가리는 경우도 있지만 주름호스에 대한 불호 때문에 깔끔하게 시공하고 싶으면 몰드(mold)[47]를 이용해 절연전선을 가려주고 보호해준다.

몰드는 전기자재상에서 쉽게 구할 수 있다. 몰드는 벽에서 사용하는 사각몰드가 있고 바닥에 깔아 어느 정도 무게에도 버티는 아치형태의 고강도몰드가 있다. 재질 역시 PVC로 된 몰드가 있는가 하면 알루미늄으로 된 것도 있다. 몰드는 절단이 용이한 편이고 뒤에 스티커방식으로 접착제까지 되어 있어 작업이 매우 간단하다. 그러나 몰드의 접착성분은 오래되면 약해져서 몰드가 떨어질 수 있으니 글루건을 이용해 글루본드[48]로 마무리 지어야 좀 더 오랫동안 사용할 수 있다. 몰드의 다양한 종류와 규격을 살펴보면 다음 표와 같다.

[47] 현장에서는 '졸대' 또는 기즈리(木摺り, きずり)라고 표현한다.

[48] 글루본드는 열에 취약하므로 열이 많이 나는 부분에는 실리콘으로 마무리하는 것이 낫다. 열이 많이 발생하지 않더라도 반영구적으로 오래 고정시킬 때는 실리콘을 사용하는 것이 좋다.

| 몰드규격에 따른 크기 |

명칭	이미지	규격	크기[mm]		
			가로길이	세로길이	높이
알루미늄몰드		2호(소)	28	1000	11
		3호(중)	36	1000	14
		4호(대)	50	1000	20
PVC 각몰드		1호(특소)	12.5	1000	6.15
		2호(소)	20	1000	10
		3호(중)	23	1000	13
		4호(대)	27	1000	16.5
고강도몰드		1호(특소)	25	1000	9
		2호(소)	31	1000	11
		3호(중)	39	1000	15
		4호(대)	51	1000	19
		5호(특대)	65	1000	22
리빙몰드		1호(소)	32	1000	8
		2호(중)	48	1000	13
		3호(대)	64	1000	17

명칭	이미지	규격	크기[mm]		
			가로길이	세로길이	높이
사각몰드		1호(특소)	15	1000	10.5
		2호(소)	19	1000	12
		3호(중)	22	1000	12
		4호(대)	26	1000	13
		5호(특대)	31.5	1000	24

| 전기자재상에서 판매하는 다양한 몰드 |

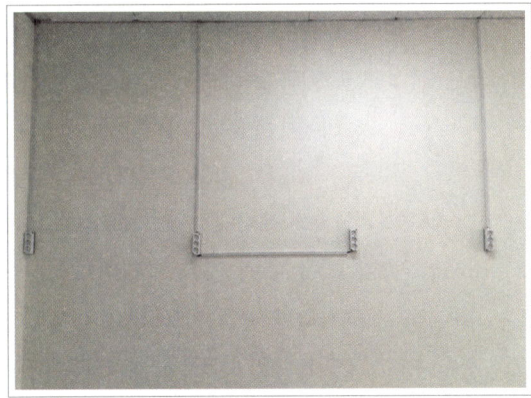

| 노출콘센트의 몰드 시공 예 |

이는 단순히 시각적으로 전선을 가리기 위한 것일 뿐만 아니라 전선 자체를 보호하여 전기안전을 위한 것이다. 전선을 노출로 시공해야 하는데 전선관이나 몰드를 이용할 수 없을 경우 케이블을 이용하여 시공해야 한다. 케이블은 절연체 외 절연물, 시스 등으로 자체적으로 외부로부터 보호할 수 있는 기능이 일반 절연전선보다 잘되어 있기 때문에 가능하다.

3 케이블트렌치공사

한국전기설비규정에 따라 새롭게 분류가 된 공사로 케이블트렌치공사가 있다. 케이블트렌치(cable trench)[49] 공사는 전혀 새로운 공사방법이 아닌 기존의 발전소나 전기실 등의 바닥을 도랑형태로 파고 이곳에 받침대를 둔 다음 케이블을 포설하고 커버를 씌우는 공사이다. 바닥을 파고 받침대를 두어 포설하는 것까지는 플로어덕트공사나 셀룰러덕트공사와 비슷하지만, 커버를 씌워 쉽게 여닫으며 전선 입선 및 수리를 쉽게 할 수 있는 것이 특징이라고 할 수 있다.

[49] 트렌치(trench)라는 단어 자체가 해구, (군대의)참호, (건축의)터파기 등을 말한다.

| 케이블트렌치공사의 예 |

새롭게 개정된 케이블트렌치공사의 경우 케이블트레이공사와 비슷하지만, 전선이 접속하는 부분은 방습효과가 있도록 확실하게 절연처리를 하고 점검이 쉽도록 설치해야 한다. 그리고 케이블트렌치 내부에는 전기배선설비 외 수도관이나 가스관 등 다른 시설물을 설치하지 않아야 한다. 케이블트렌치는 단순히 도랑만 파서 전선을 포설하는 것이 아니라 지지대를 설치해야 하는데 받침대는 전선의 하중을 충분히 견디면서 전선에 손상을 주지 않는 받침대로 설치[50]해야 한다. 아울러 트렌치의 바닥 및 측면에는 방수처리를 하고 물이 고이지 않게 설치하며 외부에는 고형물이 들어가지 않도록 방진방수등급이 IP2X 이상으로 시설해야 한다. 그리고 케이블트렌치의 커버를 금속재로 하기 때문에 녹이 생기지 않도록 내식성의 재료를 사용하거나 방식처리를 해야 하며 바닥 마감면과 평평하게 설치하고 장비 또는 통행 하중 등에 의해 변형되거나 파손되지 않도록 해야 한다. 또한 부속설비에 사용하는 금속재는 접지공사를 해야 한다.

[50] 받침대는 2m 이내 간격으로 설치를 해야 한다.

04 배선지지공사 및 기타 공사의 종류와 특징은 무엇인가?

KEY WORD 케이블트레이 시스템, 애자공사, 케이블공사방법, 버스바트렁킹 시스템, 파워트랙 시스템

학습 POINT
- 케이블트레이 시스템이란?
- 애자공사란?
- 케이블공사방법은?
- 버스바트렁킹 시스템과 파워트랙 시스템이란?

전기배선공사의 또 다른 공사방법으로 전선을 노출시키면서 어디엔가 지지를 해야 하는 공사방법이 있다. 케이블의 경우는 케이블트레이공사가 대표적이고, 절연전선의 경우는 애자사용공사가 대표적인 공사이다. 그리고 애초에 금속덕트 같은 구조물 안에 케이블이 아닌 버스바와 같은 도체로 전기를 배선하는 버스바트렁킹 시스템과 트랙의 위치와 길이에 따라 여러 곳에서 전원을 접속할 수 있는 도체가 붙은 방식인 파워트랙 시스템이 있다. 이들 공사 가운데 애자사용공사, 버스바트렁킹 시스템, 파워트랙 시스템의 경우는 다른 공사와 달리 절연피복이 없는 나전선을 사용해도 되는 특별한 공사이기도 하다. 그럼 배선지지공사와 기타 공사에 대해 자세하게 알아보자.

1 케이블트레이 시스템이란?

1 케이블트레이 시스템의 이해

건물 안에 케이블이 여러 가닥으로 지나갈 때는 사다리같이 생긴 케이블트레이(cable tray)를 천장이나 벽에 시공하여 지나가게 한다. 케이블트레이는 보통 강철, 알루미늄합금제 등으로 제작되며 높은 강도와 낮은 비용이 가장 큰 장점이다. 또한 케이블의 추가 증설이나 고장 시 수리가 간편하다. 더구나 오픈되어 있어서 케이블이 쉽게 발열하지 않는 장점이 있다. 하지만 감전 및 화재사고가 발생할 때 큰 사고로 확산될 수 있다.

| 케이블트레이 시공 예 |

작은 건물이나 주택에서는 보기 힘들지만 아파트나 웬만한 크기의 건물은 여러 가닥의 케이블이 있다. 그런데 이러한 케이블을 모두 벽 속에 매립시키면 문제가 발생했을 때 이를 찾아내기 어려울뿐더러 추가로 증설할 때도 매우 힘이 든다. 따라서 이런 건축물엔 케이블을 쉽게 포설할 뿐만 아니라 안전하게 유지 관리하고 증설을 쉽게 하기 위해 케이블트레이를 설치한다.

케이블트레이(cable tray)는 케이블을 지지하기 위해 사용하는 금속재나 불에 잘 타지 않는 불연성 재질을 이용해 제작된 유닛 또는 유닛의 집합체 및 그에 부속하는 부속재로 구성된 견고한 구조물을 말한다. 과거 케이블트레이는 용융 아연도금강판이나 알루미늄합금으로만 제작했으나 최근에는 PVC나 고강도플라스틱으로도 제작되어 기존보다 더욱 가볍고 습기나 염분으로 인한 피해를 줄인 제품도 나오고 있다.

케이블트레이공사에서는 절연전선을 사용하지 않는데 이는 노출이 된 환경에 애초에 케이블트레이가 절연까지 신경을 쓰지는 않았기 때문[1]이다.

한국전기설비규정에 의해 케이블트레이 시공방법이 달라졌는데 대표적으로 다심케이블을 시공할 경우는 단층으로만 시공, 단심케이블을 시공할 때는 단층 또는 삼각포설만 가능하게 되었다. 과거에는 케이블트레이에 계속 케이블을 쌓아도 특별히 문제제기를 안했지만 신축건물의 경우 이 규정을 준수해서 시공해야 한다.

한국전기설비규정에 의한 다심 및 단심 케이블의 케이블트레이 포설기준은 다음과 같다.

> 1
> 부득이하게 사용할 경우에는 반드시 전선관을 이용해 절연전선을 보호해야 한다.

| 다심 및 단심 케이블의 케이블트레이 포설기준 |

구분	다심케이블	단심케이블
수평 트레이	• 케이블 지름의 합계는 트레이의 내측 폭 이하로 하고 단층으로 설치 • 벽면과의 간격은 20mm 이상 간격(이격) • 트레이 설치 및 케이블의 허용전류의 저감계수를 적용할 것	• 케이블 지름의 합계는 트레이의 내측 폭 이하로 하고 단층으로 설치 단, 삼각포설의 경우 단심케이블 지름의 2배 이상 간격(이격) • 벽면과의 간격은 20mm 이상 간격(이격) • 트레이 설치 및 케이블의 허용전류의 저감계수를 적용할 것
수직 트레이	• 케이블 지름의 합계는 트레이의 내측 폭 이하로 하고 단층으로 설치 • 벽면과의 간격이 가장 굵은 케이블 바깥지름의 0.3배 이상 간격(이격) • 트레이 설치 및 케이블의 허용전류의 저감계수를 적용할 것	• 케이블 지름의 합계는 트레이의 내측 폭 이하로 하고 단층으로 설치 단, 삼각포설의 경우 단심케이블 지름의 2배 이상 간격(이격) • 벽면과의 간격이 가장 굵은 케이블의 바깥지름의 0.3배 이상 간격(이격) • 트레이 설치 및 케이블의 허용전류의 저감계수를 적용할 것

케이블트레이 내 다심과 단심 케이블 혼용 설치 시에도 케이블트레이 내측 폭 이내로 설치해야 하고 허용전류 선정 시에는 최악의 조건을 적용하여 선정한다.

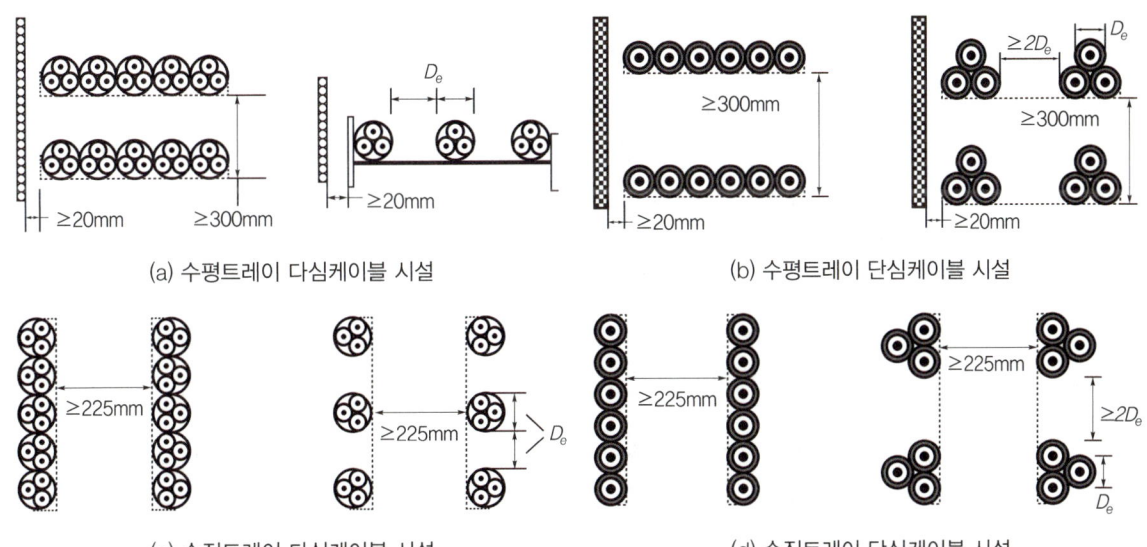

(a) 수평트레이 다심케이블 시설   (b) 수평트레이 단심케이블 시설

(c) 수직트레이 다심케이블 시설   (d) 수직트레이 단심케이블 시설

| 다심 및 단심 케이블의 케이블트레이 배치기준 |

위의 그림에서 D_e는 케이블의 바깥지름이다. 그래서 $2D_e$란 케이블 바깥지름의 2배 되는 거리를 말한다.

케이블트레이는 크게 3종류로 사다리형, 펀칭형(바닥통풍형), 바닥밀폐형으로 구분할 수 있고 이와 유사한 유닛으로 그물망형(메시형)이 있다. 이들의 강판두께와 주재료는 다음과 같다.

| 케이블트레이의 종류별 구조형태 및 강판의 두께 |

종류	구조형태	강판의 두께	
사다리형 (ladder type)	길이 방향의 양측 측면 레일에 각각의 가로 방향 부재로 연결한 구조	1.6, 2.0, 2.3, 2.6	
펀칭형 (perforated type)	일체식 또는 분리식으로 바닥에 통풍구가 있는 구조	폭 400 미만	1.0
		폭 400 이상	1.2
바닥밀폐형 (solidbottom type)	일체식 또는 분리식으로 바닥에 통풍구가 없는 구조	1.6, 2.0, 2.3, 2.6	
그물망형(메시형, mesh type)	일체식 또는 분리식으로 모든 면에서 통풍구가 있는 그물형 조립구조의 철재	4.0, 4.5, 5.0, 6.0	

케이블트레이를 설치한다는 것은 그만큼 케이블이 많이 통과해야 한다는 것을 말하고 이는 대전류가 흐르는 공간임을 의미한다. 따라서 케이블트레이를 시공할 때 유의해야 할 점이 많은데 이는 다음과 같다.

먼저 케이블트레이가 방화구획(防火區劃, fire partition)[2]의 벽, 바닥, 천장 등을 통과할 때는 이들의 개구부 또는 케이블트레이 내부에 연소방지시설이나 불연성의 물질로 처리해야 한다. 아울러 저압케이블과 고압 또는 특고압케이블은 동일 케이블트레이 내에 시설하여서는 안 된다. 그러나 견고한 불연성의 벽을 통해 이들을 구분하는 경우나 금속외장케이블[3]인 경우에는 상관없다.

물이 지나가는 수도관이나 가스관 또는 유사한 것과 케이블트레이가 접근, 교차할 때에는 서로 접촉하지 않도록 시공해야 한다. 그리고 케이블트레이 위로 수관이 있는 경우 누수가 우려되므로 물받이를 설치하는 등 시설을 보강해야 한다.

그럼 케이블트레이의 종류별 특징과 각 부의 치수를 알아보자.

2 사다리형 케이블트레이

사다리형 케이블트레이는 가장 흔하게 볼 수 있는 케이블트레이로 케이블을 지지하기 위해 사용하는 사다리형태의 구조물이다. 통풍이 원활하고, 단가도 저렴할뿐더러 설치, 증설, 보수 및 유지가 간편하다. 양쪽의 사이드레일(side rail)과 렁(rung)을 용접으로 결합하거나 사이드레일에 엠보싱과 슬롯을 형성하여 렁의 양끝의 절곡편

---

[2] 방화구획이란 한 동의 건물을 몇 개의 부분으로 나누어 각 부분을 방화 즉, 화재를 방지할 수 있도록 각 부분의 경계를 한 것을 말한다.

[3] 대표적인 것이 ACF (Aluminum Clad Flex cable)라고 하는 알루미늄 인터록 외장케이블로 케이블피복에 고강도알루미늄을 서로 교차하는 사슬형태의 인터록(interlock) 방식을 외장으로 한 것이다.

에 끼워맞춤형식으로 조립하고 뒤틀림이 없도록 리벳[4] 또는 볼트, 힌지 등으로 완전하게 고정해야 한다. 한편 사다리형 케이블트레이의 각 부분의 명칭과 치수는 다음과 같다.

[4] 리벳(rivet)이란 머리가 둥글고 두툼한 버섯모양의 굵은 못을 말한다. 빌딩이나 철교 등의 철골부재를 조립하거나 선체 철판을 잇는 데 사용한다. 우리말로 대갈못이라 하고 리벳건, 리벳해머 등을 사용해 고정한다.

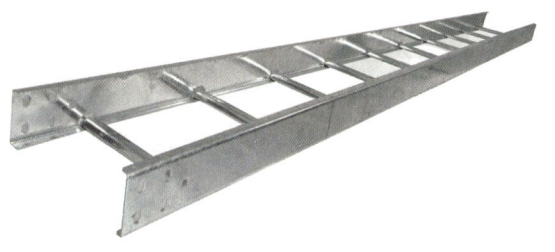

| 사다리형 케이블트레이 |

| 사다리형 케이블트레이의 호칭 및 각 부의 치수 |

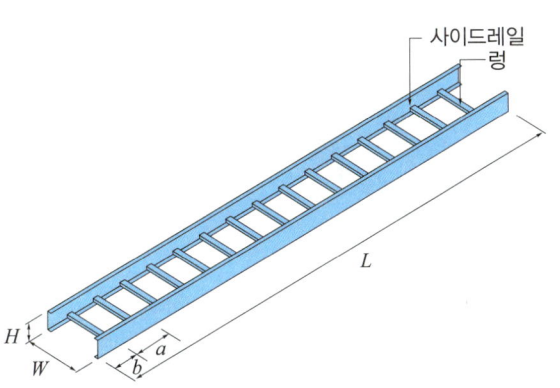

호칭	사다리형 각 부의 치수[mm]					
	W (width, 너비, 폭)	L (length, 길이)	H (height, 높이)	렁(rung)		
				a	b	
200	200	3000	100, 150	200	100	
300	300	3000		200	100	
400	400	3000		200	100	
500	500	3000		200	100	
600	600	3000		200	100	
700	700	3000		200	100	
800	800	3000		200	100	
900	900	3000		200	100	
1000	1000	3000		200	100	

3 펀칭형(바닥통풍형) 케이블트레이

| 펀칭형(바닥통풍형) 케이블트레이 |

펀칭형(바닥통풍형) 케이블트레이는 일체식 또는 조립식으로 옆면과 바닥에 통풍구멍이 있는 것으로 폭이 100mm를 초과하는 조립금속구조를 말한다. 방열이 많이 필요한 곳에 사용되고 절단이 쉽다. 케이블타이(cable tie)[5]를 이용해 케이블을 단단하게 고정하기 쉬운 구조이다. 펀칭형(바닥통풍형) 케이블트레이의 부위별 치수는 다음과 같다.

[5] 여러 개의 홈이 난 플라스틱재질의 줄로 물건을 묶거나 전선류를 단단하게 결속하기 위한 부속품이다. 간단한 래칫구조로 앞부분을 뒷부분의 홈에 끼워서 당기면 쉽사리 뒤로 빠지지 않는 특성을 가지고 있다.

| 펀칭형 케이블트레이의 호칭 및 각 부의 치수 |

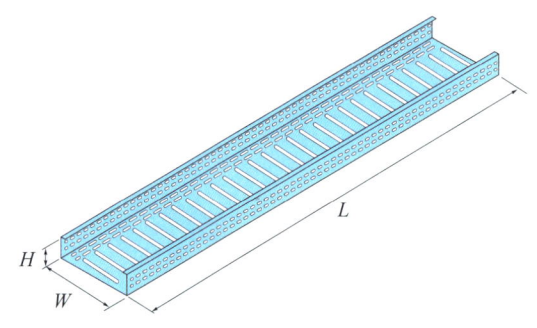

호칭	펀칭형 각 부의 치수[mm]		
	W (width, 너비)	L (length, 길이)	H (height, 높이)
150	150	3000	35, 60, 75, 100, 150
200	200	3000	
300	300	3000	
400	400	3000	
500	500	3000	
600	600	3000	

4 바닥밀폐형 케이블트레이

바닥밀폐형 케이블트레이는 펀칭형(바닥통풍형)과 매우 비슷한 구조지만 바닥부분에 통풍구멍이 없는 형태의 케이블트레이다.

펀칭형(바닥통풍형)과 마찬가지로 일체형 및 조립식으로 되어 있으며 폭이 100mm를 초과하는 조립금속구조이다. 바닥면에 통풍구가 없기 때문에 외관을 요구하는 곳[6]

[6] 다른 종류의 케이블트레이가 천장에 그대로 노출되면 케이블 등이 보이며 시각적으로 보기 좋지 않다. 그래서 바닥이 밀폐되어 케이블을 보이지 않게 할 수 있기 때문에 외관을 요구하는 곳에서 많이 사용된다.

이나 화학공장 및 먼지가 많은 곳에서 사용된다.

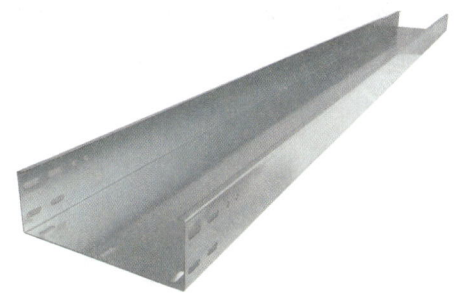

| 바닥밀폐형 케이블트레이 |

 다른 케이블트레이에 비해 케이블의 물리적 보호효과가 가장 큰 반면 열의 방열성은 가장 취약하다. 바닥밀폐형 케이블트레이의 부위별 치수는 다음과 같다.

| 바닥밀폐형 케이블트레이의 호칭 및 각 부의 치수 |

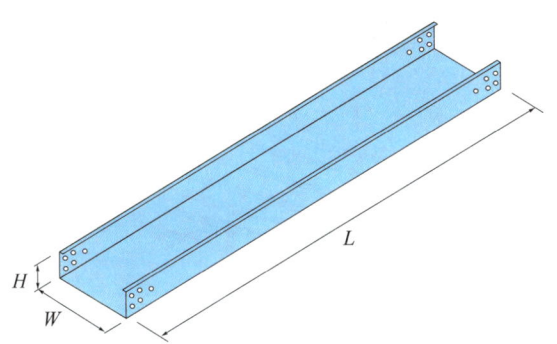

호칭	바닥밀폐형 각 부의 치수[mm]		
	W (width, 너비)	L (length, 길이)	H (height, 높이)
150	150	3000	35, 60, 75, 100, 150
200	200	3000	
300	300	3000	
400	400	3000	
500	500	3000	
600	600	3000	

5 그물망형(메시형) 케이블트레이

그물망형(메시형, mesh type) 케이블트레이도 마치 그물망처럼 강선을 이용한 케이블트레이이다. 통풍이 잘되어 방열성이 뛰어나지만 심미적으로 조금 떨어지는 감이 있다. 강선이 그대로 드러나기에 제조 때부터 색을 넣기도 한다. 일체형과 조립형으로 생산된다. 그물망형(메시형) 케이블트레이의 각 부 치수와 규격은 다음과 같다.

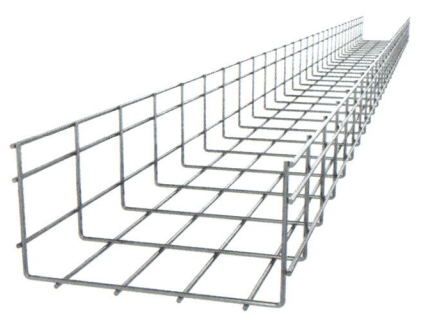

| 그물망형(메시형) 케이블트레이 |

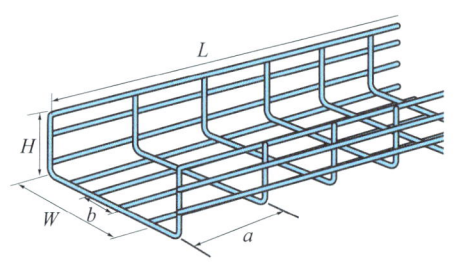

| 그물망형(메시형) 케이블트레이의 호칭 및 각 부의 치수 |

호칭	그물망형(메시형) 각 부의 치수[mm]					
	W (width, 너비)	L (length, 길이)	H (height, 높이)	렁(rung)		
					a	b
150	150	3000	35, 60, 100	100	50
200	200	3000		100	50
300	300	3000		100	50
400	400	3000		100	50
450	450	3000		100	50
500	500	3000		100	50
600	600	3000		100	50

2 애자공사란?

한옥과 같이 전선관공사가 애매하면서 몰드로 전선을 가리기 곤란한 경우에는 애초에 전선을 노출로 하되 이를 지지할 때 애자를 이용한 애자사용공사(哀子使用工事, wiring on insulator)를 할 수 있다.

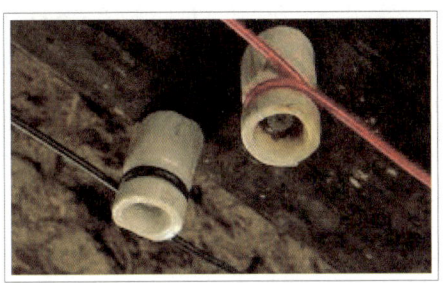

| 한옥집 애자사용공사의 예 |

본래 전봇대나 송전탑 등 특고압선로에서 애자를 이용하는 경우는 많지만 우리가 사용하는 저압에서 애자사용공사는 특별한 경우가 아니고서는 보기 힘들다. 특히 과거에는 주거양식이 한옥이 많았기에 전기를 공급한다고 다시 배선을 위해 벽이나 천장을 파쇄해서 전선과 전선관을 묻는 것이 쉽지 않아서 애자사용공사가 많았다. 현재는 건물 내부보다는 터널이나 지하차도 등의 건설현장에서 임시 조명을 배선할 때 많이 사용한다.

| 터널공사현장에서 애자사용공사로 임시 가설된 전등 |

7
전봇대나 송전탑의 애자도 전선을 전봇대나 송전탑에 고정시키고 지지하기 위해 설치되었다.

8
고령토, 장석, 석영 따위의 가루를 빚어서 구워 만드는 방법이다.

애자의 역할은 전선을 고정시키고 지지하기 위한 전기재료[7]이다. 따라서 전선을 단단하게 고정시키는 것도 중요하지만 전류가 흘러나오지 않는 재질 즉, 절연물로 되어 있다. 그래서 보통 도자기를 만드는 방법과 같은 사기[8] 재질로 되어 있고, 이는 절연뿐만 아니라 발수와 불에 잘 타지 않는 효과를 얻을 수 있다. 그러나 부피 대비 제법 묵직하고 충격에 깨지기 쉽다는 단점이 있다. 애자사용공사는 다음과 같은 기준에 따라 시공을 해야 한다. 저압을 기준으로 애자사용공사에서 사용하는 전선은 옥외용 비닐절연전선(OW)이나 인입용 비닐절연전선(DV) 이외에 절연전선을 사용하면 된다. 아울러 400V 미만의 전압에서는 천장이나 벽과 거리가 2.5cm 이상, 400V 이상의 경우는 4.5cm 이상 떨어트려야 하며 전압과 상관없이 전선 사이 간격은 6cm 이상 두어야 한다.

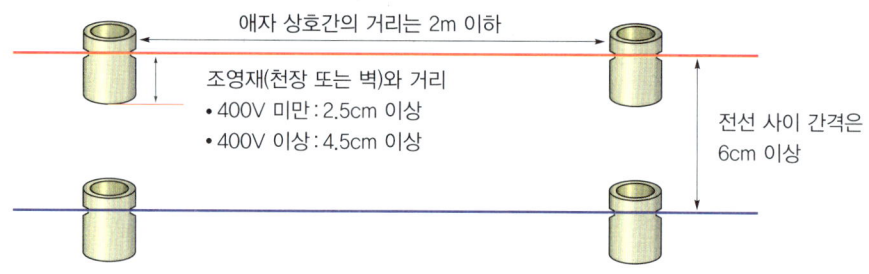

| 애자사용공사의 시공기준 |

애자사용공사는 절연 피복이 없는 나전선을 사용할 수 있는 일부 예외 조항이 있다. 먼저 전기로(電氣爐, electric furnace)[9]용 전선을 사용할 때로 이는 고열과 고온에 노출이 되어 있는 경우[10]가 그렇다. 아울러 절연 피복이 부식하기 쉬운 장소에서도 나전선을 사용해도 된다. 이런 상황에서 나전선을 지지하기 위해 애자사용공사를 한다.
애자사용공사는 전선이 그대로 노출되어 있기에 시공 이후에도 안전에 특별히 신경 써야 한다.

9
전기화로라고도 하며 전류에 의한 줄열을 이용해 열을 발생시킴으로써 덕트 시스템을 통해 열을 방출하는 전기장치이다.

10
전기로의 고열과 고온에서 견딜 수 있는 절연 피복의 가격이 비싸기 때문이다.

11
플라스틱 새들이라고도 한다.

건물 내부에 간단하게 콘센트나 스위치의 전선을 노출하여 배선할 때에는 케이블 클램프(cable clamp)[11]를 이용해서 전선을 고정시키기도 한다. 이 역시 전선이 그대로 노출되어 있기에 시공 이후에도 안전에 특별히 신경을 써야 한다.

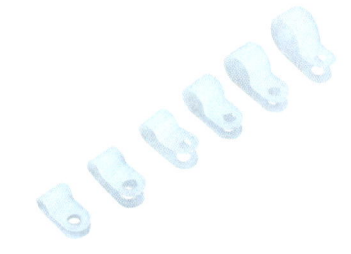

| 케이블 클램프 |

3 케이블공사방법은?

전기배선공사 중에 가장 간편하면서 널리 사용되는 공사가 바로 케이블공사이다. 케이블로 공사를 할 때는 따로 전선관이 필요로 하지 않기 때문에 그만큼 시간도 절약되고 케이블 자체의 시스와 절연물이 절연전선보다 충격에 강하기 때문에 안전면에서도 더 유리하다. 이러한 케이블공사에는 비고정법, 직접고정법, 지지선법이 있고 이들의 특징은 다음과 같다.

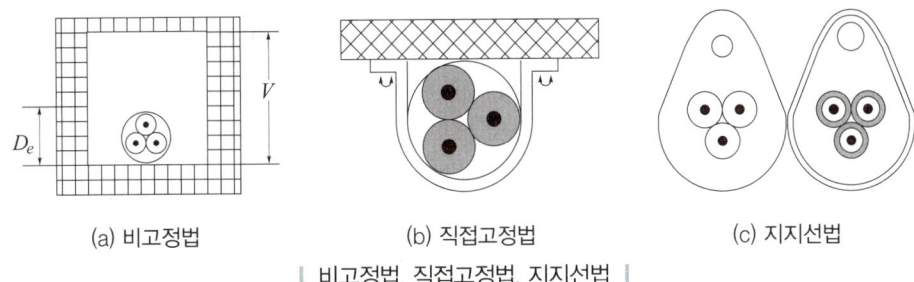

| 비고정법, 직접고정법, 지지선법 |

비고정법은 단어 그대로 지지하지 않고 포설한 상태 그대로 두는 방법을 말한다. 고정법은 고정재를 사용하여 지지물에 직접 고정하는 방법이고 지지선을 이용하는 경우[12]는 행거 등을 사용해서 케이블을 지지하는 방법을 말한다.

12
주로 배전선로 중에 가공배선을 할 때 사용한다.

4 버스바트렁킹 시스템과 파워트랙 시스템이란?

버스바트렁킹 시스템과 파워트랙 시스템은 한국전기설비규정에 따라 새롭게 분류가 된 전기배선공사 시스템이다. 버스바트렁킹 시스템을 이용한 공사로는 버스덕트공사가 있고 파워트랙 시스템으로는 라이팅덕트공사가 있다. 이들의 공통점은 절연피복 등으로 절연이 되어 있지 않은 나전선 도체로 직접 연결하는 구조[13]를 가졌다는 점이다. 이들 공사방법의 특징을 알아보자.

1 버스덕트공사

버스덕트공사는 규모가 큰 공장이나 빌딩, 발전소 등 전기기기의 변경이나 증설 등이 자주 있는 장소에 적합한 공사이다. 버스덕트공사에서 버스(bus)란 대용량의 전류를 쉽게 흐를 수 있게 하는 도체[14]로, 흔히 버스바(bus bar)라고 하는 금속도체가 덕

13
정확히 말해서 덕트 몸체가 나전선 형태로 전류가 흐르는 것이 아니라 덕트 내부에 나전선이 있다는 것이다.

14
단면적 20mm² 이상의 평각 구리선이나 지름 5mm 이상의 관이나 둥근 막대모양의 나동봉 도체 또는 30mm² 이상인 평각 알루미늄선을 자기제 절연물로 간격 50cm 이하마다 지지하여 만들었다.

| 버스덕트의 내부 구조 |

트 안에 들어 있는 것을 말한다.

전류가 직접 흐르는 버스바가 금속으로 만들어진 덕트에 닿거나 버스바끼리 충돌하면 그 즉시 대형사고가 일어난다. 그래서 버스바 사이에 적당한 폭으로 거리를 두거나 폭이 충분하지 않을 경우는 절연도체를 설치한다.

그런데 케이블을 이용해도 괜찮은데 굳이 버스덕트공사를 하는 이유는 무엇인가? 먼저 버스덕트의 내구성은 케이블보다 훨씬 우수하다. 또한 구조가 간단하기에 공사도 편리한 편이다. 케이블이 굵어지면 엄청 무거워지는데 이를 지지할만한 금속덕트를 설치하는 것보단 버스덕트가 매우 가벼워 편리하다.[15] 게다가 버스덕트 자체가 공장에서 만들어 나오기 때문에 가져와서 그냥 설치하면서 조립하면 된다.

버스덕트의 가장 큰 장점은 새롭게 전기기기를 증설할 때 발휘된다. 케이블은 중간에서 선을 따오는 게 쉽지 않거나 불가능할 수도 있지만 버스덕트는 이것이 가능하다.[16] 이는 케이블과 달리 위치에 따라 유연하게 대처가 가능하다는 것이다. 아울러 전기화재로부터 케이블보다 안전하다. 케이블은 열발산이 어려운 구조로, 절연체로 쌓여 있고 서로 붙어있다 보니 어느 한쪽이 과전류를 사용하면 쉽게 온도가 올라간다. 하지만 버스덕트는 내부에 버스바로 되어 있기 때문에 열발산효과도 좋을뿐더러 케이블보다도 불에 붙는 온도 자체가 매우 높아 화재에 상당히 안전하다.

버스덕트의 종류와 특징, 그리고 정격전류는 다음 표와 같다.

[15] 단적인 예로 버스바의 두께가 5mm, 폭이 30mm라고 가정하면 이때의 버스바의 단면적은 5×30=150mm²이 된다. 버스바는 이러한 동판만 가지고 있는데 비슷한 단면적을 가진 150mm² CV 케이블의 경우는 이를 보호해주는 절연물, 게재물, 시스까지 포함하고 있으므로 훨씬 무거워진다.

[16] 위험하지만 무정전상태에서도 따올 수 있다.

| 버스덕트의 종류 및 정격전류 |

종류	특징	정격전류[A]
피더버스덕트 (feeder bus duct)	중간에 부하를 접속하지 않은 것	100, 200, 300, 400, 600, 800, 1000, 1200, 1500, 2000, 2500, 3000, 3500, 4000, 4500, 5000
플러그인버스덕트 (plug-in bus duct)	중간에 부하접속용으로 꽂아 플러그를 만든 것	
트롤리버스덕트 (trolley bus duct)	도중에 이동부하를 접속할 수 있게 한 것	

버스덕트공사 시 주의점은 앞서 언급한 금속덕트와 마찬가지로 접지공사를 철저히 해야 하고 물이나 먼지 등 이물질이 들어가기 어렵게 견고하면서 전기적으로 완전하게 접속해야 한다. 그리고 지지점 간 거리는 3m 이하[17]로 해야 한다. 전반적으로 가

[17] 단, 취급자 이외에는 출입할 수 없는 곳에서 수직으로 설치하는 경우에는 6m 이하로 해도 된다.

격이 비싼 편이지만 800A 이상의 경우 금속관이나 케이블공사보다도 경제적으로 유리하다.[18]

2 라이팅덕트공사

라이팅(lighting)이란 우리말로 '조명'을 말한다. 따라서 라이팅덕트공사는 조명과 관련된 공사이며, 우리 주변에서 쉽게 찾아볼 수 있다. 상점이나 식당에서 자주 볼 수 있는 '레일등'의 레일이 바로 라이팅덕트(lighting duct)이다. 라이팅덕트공사는 케이블뿐만 아니라 절연전선을 이용한 시공도 가능하다.

레일등의 특징 즉, 라이팅덕트의 특징은 무거운 조명을 지지하기에는 힘들지만 덕트 안쪽으로 피복이 벗겨진 구리선(나동선)이 있어 직접 전류를 흘릴 수 있다. 따라서 조명을 설치할 때 덕트 내 원하는 위치에 쉽게 달 수 있고 제거도 간단하다는 특징이 있다. 아울러 전선 없이 깔끔하게 열을 맞춰 조명을 설치할 수 있는 장점이 있다. 라이팅덕트에 무거운 조명을 지지하기 힘들 때는 레이스웨이(race way)를 이용해 보강하는 것이 좋다.

한편 라이팅덕트와 버스덕트의 장점을 합해 만든 라이팅 버스웨이(lighting bus way)가 있다. 이는 조명기구 일체형으로 설계된 것으로 레이스웨이의 내부에 전선을 사용하였다. 버스웨이는 PVC의 레이스웨이 내부에 알루미늄 버스바가 내장되어 있어 전선이 사용되지 않았고, 통합연결대를 통하여 원터치로 연결함으로써 시공이 간편하다.

라이팅덕트를 설치할 때는 덕트 안쪽으로 전류가 흐르기 때문에 감전사고 위험이 있다. 따라서 라이팅덕트 전용 누전차단기를 설치해야 한다. 아울러 접지공사를 해야 하는데 사람이 접근하기 어렵거나 전압이 150V 이하, 덕트 전체길이가 4m 이하인 경우에는 생략이 가능하다. 라이팅덕트의 끝부분은 반드시 막아주고 덕트 자체가 천장이나 벽 속을 관통하게 설치해서는 안 된다. 또한 라이팅덕트의 최대 정격전압은 300V이고 최대 정격전류는 30A[19]이므로 조명을 설치할 때는 이를 감안하여야 한다. 아울러 라이팅덕트를 절단[20]할 때는 절단면 자체를 깔끔하게 절단해야 접촉불량이 생기지 않는다.

---

18 — 300mm² CV케이블의 단심 케이블의 경우 정상온도에서 허용전류가 640~821A 수준이다. 그런데 이를 버스덕트로 시공할 경우 버스바의 두께가 8mm, 폭이 40mm이면 이때의 버스바의 단면적은 8×40=320mm²가 되어 앞서 언급한 TFR-CV케이블보다 허용전류가 더 높다.

19 — 플러그나 어댑터 같은 경우는 최대 정격전류가 20A이다.

20 — 보통 전동 그라인더를 이용한다.

| 라이팅덕트 시공 예 |

| 라이팅 버스웨이 시공 예 |

05 전선의 허용전류는 어떻게 선정하는가?

KEY WORD 전선의 허용온도, 허용전류 적용방법, 전압강하, 공사방법, 전선의 단면적과 차단기 선정

학습 POINT
- 전선의 허용온도란?
- 전선의 허용전류는?

전선의 굵기가 굵을수록 즉, 단면적이 클수록 허용전류가 높다는 것은 상식적으로 알 수 있다. 기존에는 이러한 것을 토대로 단순히 전선의 단면적에 맞는 전선의 허용전류를 판단하였지만 한국전기설비규정에서는 같은 전선과 같은 공사방법을 사용하더라도 해당 배선 시스템에 따라 허용전류가 달라지게 된다. 따라서 직관적으로 전선의 단면적에 따라 몇 암페어[A]의 전류까지 가능하다는 단순한 개념이 아니라 여러 가지 공사환경을 보고 여기에 맞는 지침표를 통해 알맞은 전선을 선택해야 한다.

1 전선의 허용온도란?

전선에 전류가 흐르게 되면 줄열로 인해 열이 발생한다. 허용전류에 알맞은 전선 단면적이라면 문제가 되지 않지만 과부하나 단락전류로 인해 열이 많이 발생하게 되면 절연물이 녹거나 불이 나는 경우가 있다. 따라서 정상적인 사용상태에서 절연물에 따라 다음과 같은 허용온도를 두어야 한다.

| 절연물의 허용온도 |

절연물의 종류	허용온도
염화비닐(PVC)	70℃
가교폴리에틸렌(XLPE)	90℃
에틸렌프로필렌 고무혼합물(EPR)	90℃
무기물(PVC 피복 또는 나도체로 사람이 접촉할 우려가 있는 것)	70℃
무기물(접촉에 노출되지 않고 가연성 물질과 접촉할 우려가 없는 나전선)	105℃

허용온도는 해당 절연물이 견딜 수 있는 온도의 최고치로 전류가 최대한 흐를 수 있는 것과 관련이 있다. 즉, 같은 단면적의 전선이어도 절연물이 염화비닐(PVC)인 전선보다 가교폴리에틸렌(XLPE)인 전선이 허용온도가 더 높기에 더 많은 전류를 보낼 수 있다. 따라서 전선 제조사는 위의 허용온도에 맞추어 전선을 생산해야 한다. 그리고 절연전선 중에 가장 많이 쓰이는 HFIX전선은 가교폴리에틸렌(XLPE) 기준, IV전선은 염화비닐(PVC) 기준으로 생산한다.

한편, 제조사가 허용전류 범위를 제공해야 하는 버스바트렁킹 시스템, 파워트랙 시스템의 경우는 위의 허용온도를 적용하지 않는다.

2 전선의 허용전류는?

1 허용전류를 구할 때 변수

한국전기설비규정에 따라 전선의 허용전류는 설치환경에 따른 열방산 조건, 도체의 종류, 공사방법에 따라 다르게 나타난다. 따라서 도체의 허용전류를 구할 때는 다음과 같은 사항을 고려해야 한다.

(1) 배선설비의 공사방법 및 주위환경
(2) 도체의 설치방법(도체 간 접촉 또는 간격(이격))
(3) 절연체의 종류(PVC, XLPE, 무기질 등)
(4) 도체의 종류(구리, 알루미늄 등)
(5) 배선되는 도체의 수(단심 또는 3심 등)
(6) 주위온도(기온 또는 지중온도)
(7) 토양의 열저항률
(8) 집합보정계수(복수 또는 다수 회로수)

이렇게 다양한 변수를 두고 전선의 허용전류를 구해야 한다.

2 허용전류 적용방법

예를 들어 콘크리트 벽에 합성수지관을 매입해 단상 2선식의 부하설비 배선공사를 한다고 하자. 사용전선은 절연전선인 IV전선이고 총 길이가 15m, 기타 부하를 담당하고, 부하설비의 부하전류는 25A, 평균 주위온도 30℃, 다른 회로가 같은 전선관 안에 있어서 총 3회로라고 할 때 적합한 전선이 무엇인지 알아보자.

여기에서 중요한 조건을 한번 체크해보자. 공사방법으로는 합성수지관을 콘크리트 벽에 매입, 전선 및 도체는 IV전선으로 단상용 구리도체, 부하전류는 25A, 주위온도 30℃, 3회로라는 것이 중요한 조건이다.

먼저 설치방법을 통한 허용전류를 찾아보자.

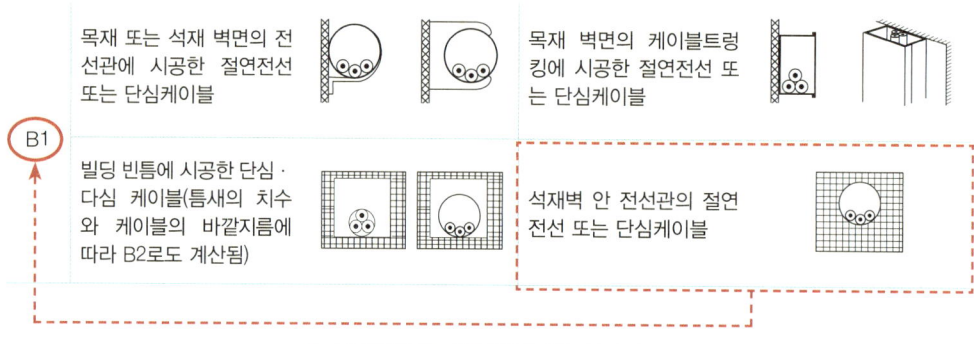

| 설치방법에 따른 공사기호 선정 |

설치방법을 살펴보면 콘크리트 벽 안에 해당하는 절연전선공사라 B1에 해당한다는 것을 알 수 있다. B1은 설치방법에 대한 코드로 다음 단계를 위해 암기해두자. 다음 단계는 전선에 따른 허용전류표를 통해 전선의 허용전류를 파악하는 것이다.

도체의 공칭 단면적 [mm²]	B1 허용전류				주위온도 및 집합회로 보정계수				
	PVC		XLPE 또는 EPR		주위온도계수			집합계수(접촉)	
	2개 부하도체	3개 부하도체	2개 부하도체	3개 부하도체	주위온도	PVC	XLPE EPR	회로수	계수
1.5	15	13	21	18	10	1.40	1.26	1	1.00
2.5	21	18	28	25	15	1.34	1.23	2	0.80
4	28	24	38	34	20	1.28	1.18	3	0.70
6	36	31	49	44	25	1.21	1.14	4	0.65
10	50	44	68	60	30	1.14	1.09	5	0.65
16	66	59	91	80	35	1.08	1.05	6	0.57
25	88	77	121	106	40	1.00	1.00	7	0.54
35	109	96	149	131	45	0.90	0.95	8	0.52
50	131	117	180	159	50	0.81	0.90	9	0.50
70	167	149	230	202	55	0.70	0.83	12	0.45

| 공사방법 B1의 허용전류 및 보정계수 |

위의 표를 통해 B1 공사방법은 빨간색 영역 안에 있음을 알 수 있다.

먼저 IV전선의 경우 절연재질을 PVC로 분류하고 단상이므로 2개 부하도체로 본다. 여기서 4mm²의 경우 28A, 6mm²의 경우 36A이다. 이때 전선의 단면적은 단순히 1개만 선택하지 말고 2개 정도 선택하는 것이 좋다. 왜냐하면 주위온도[1]와 집합 회로의 보정계수로 인해 계산 이후 실제 허용전류가 달라지기 때문이다. 주위온도가 30℃일 때 주위온도계수는 1.14, 3회로의 집합계수는 0.7이 된다. 이를 각 전선의 단면적에 따른 허용전류에 곱해 준다.

$4mm^2$의 경우: $28 \times 1.14 \times 0.7 = 22.344A$

$6mm^2$의 경우: $36 \times 1.14 \times 0.7 = 28.728A$

$4mm^2$의 경우 약 22.3A, $6mm^2$의 경우 약 28.7A까지 허용할 수 있고 부하전류가 25A이므로 $6mm^2$를 선택해야 한다.

마지막으로 검토해야 할 사항은 전압강하이다. 전압강하는 전선의 길이가 길어질수록 저항에 의해 전압이 떨어지는데 부하의 유형에 따라 허용하는 전압강하값이 다르다. 조명과 조명을 제외한 부하로 구분하되 조명과 조명을 제외한 부하를 함께 사용할 때는 부하의 용량이 큰 것을 기준으로 선택한다. 설비의 유형은 저압을 수전하는 경우와 고압 이상으로 수전하는 경우에 따라 전압강하 기준이 다르다.

| 전선의 단면적 선택 시 전압강하 허용기준 |

설비의 유형	조명부하	기타 부하
저압 수전	3% 이하	5% 이하
고압 이상 수전	6% 이하	8% 이하

각 배전방식에 따른 전압강하 공식은 다음과 같다.

| 배전방식에 따른 전압강하식 |

배전방식	전압강하
단상 2선식[2]	$e = \dfrac{35.6 \times LI}{1000 \times A} [V]$
3상 3선식	$e = \dfrac{30.8 \times LI}{1000 \times A} [V]$
3상 4선식	$e = \dfrac{17.8 \times LI}{1000 \times A} [V]$

위의 식에서 e는 전압강하값으로 단위는 [V], L은 전선의 길이로 단위는 [m], I는 부하전류로 단위는 [A], A는 사용전선의 단면적으로 단위는 [mm^2]가 된다.

---

[1] 전기안전공사의 사용 전 검사의 판단기준은 주위온도에 대해 좀 더 세분화하였다. 이때 기준은 지중인 경우 20℃, 기중 옥내인 경우 30℃, 기중 옥외인 경우 40℃이다. 이를 고려해서 정확한 전선의 단면적을 선택해야 한다.

[2] 단상 3선식의 경우 3상 4선식과 동일한 식이 적용된다.

앞서 구한 예제는 단상 2선식에 총 길이가 15m, 부하전류는 25A, 전선의 단면적은 6mm²라는 조건이 있었다. 이때 표에서 언급한 전압강하식에 대입하면 된다.

$$e = \frac{35.6 \times LI}{1000 \times A} = \frac{35.6 \times 15 \times 25}{1000 \times 6} = \frac{13350}{6000} = 2.225V$$

전압강하값이 2.225V가 나왔다. 이 값을 220V로 나누어 주면 다음과 같다.

$$\frac{2.225}{220} \times 100 = 1.011\%$$

전압강하율은 1.011%로 저압 수전 시 기타 부하의 기준 5% 이하에 해당하므로 6mm² 전선을 채택하는 것을 만족한다. 만일 전압강하율이 기준을 초과한 경우라면 이보다 한 단계 위의 전선인 10mm²를 선택해야 한다.

이번에는 전선의 단면적이 주어졌을 때 허용전류를 알아보자.

예를 들어 땅속으로 지중전선관을 통해 3상 전원선 CV케이블 1C를 3가닥씩 2회로를 배선하고자 한다. 땅속으로 지중전선관을 통해 3상 4선식 전원선 CV케이블 1C를 3가닥씩 2회로를 배선하고자 한다. 이때 70mm²를 사용하고 고압 수전을 받아 총 150m를 포설한다고 했을 때 허용전류가 얼마가 나올 것인가? 이렇게 주어졌을 때 제일 먼저 해야 할 일은 조건을 체크해야 하는데 조건은 지중전선관을 통한 지중매설, 3상 4선식, CV케이블 70mm² 1C×3가닥, 2회로, 케이블 총 길이 150m, 고압 수전이다. 제일 먼저 알아 볼 것은 공사방법이다.

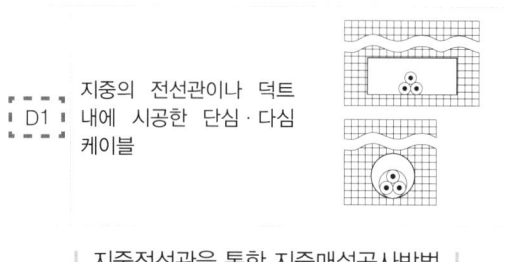

| 지중전선관을 통한 지중매설공사방법 |

위에서 보면 공사방법은 D1이라는 것을 알 수 있다. 그럼 D1 공사방법을 이용할 때 전선의 허용전류를 알아보자.

도체의 공칭 단면적 [mm²]	D1 허용전류				지중온도	지중온도계수	
	PVC		XLPE 또는 EPR				
	2개 부하도체	3개 부하도체	2개 부하도체	3개 부하도체	지중온도	PVC	XLPE / EPR
1.5	19.6	16	23	19.5	10	1.23	1.15
2.5	26	21	31	26	15	1.17	1.11
4	33	27	40	33	20	1.12	1.07
6	41	34	49	41	25	1.06	1.03
10	53	45	66	54	30	1.00	1.00
16	69	57	85	70	35	0.94	0.95
25	88	73	108	89	40	0.86	0.91
35	106	87	129	107	45	0.79	0.86
50	125	103	153	126	50	0.70	0.81
70	154	127	189	155	55	0.61	0.76
95	182	150	22	183	60	0.50	0.69
120	206	171	252	207	65		0.64

| 공사방법 D1의 허용전류 및 지중온도계수 |

CV케이블은 절연재질을 XLPE로 보고 70mm², 3상이므로 3개 부하도체에 해당하는 155A를 선택한다. 조건에는 지중온도가 주어져 있지 않아 기본값인 30℃[3]를 기준으로 본다.

[3] 지중온도의 경우 기준온도가 30℃이지만 일반적인 상황에서 주위온도의 경우 기준값은 40℃로 서로 다르다.

회로수	다심케이블의 덕트의 간격				단심케이블의 덕트의 간격			
	0m	0.25m	0.5m	1.0m	0m	0.25m	0.5m	1.0m
2	0.85	0.90	0.95	0.95	0.80	0.90	0.90	0.95
3	0.75	0.85	0.90	0.95	0.70	0.80	0.85	0.90
4	0.70	0.80	0.85	0.90	0.65	0.75	0.80	0.90
5	0.65	0.80	0.85	0.90	0.60	0.70	0.80	0.90
6	0.60	0.80	0.80	0.90	0.60	0.70	0.80	0.90
7	0.57	0.76	0.80	0.88	0.53	0.66	0.76	0.87
8	0.54	0.74	0.78	0.88	0.50	0.63	0.74	0.87
9	0.52	0.73	0.77	0.87	0.47	0.61	0.73	0.86
10	0.49	0.72	0.76	0.86	0.45	0.59	0.72	0.85
11	0.47	0.70	0.75	0.86	0.43	0.57	0.70	0.85

| D1 공사방법의 복수 케이블 집합계수 |

여기서 조건으로 단심인 1C 3가닥, 2회로이므로 서로 간격 없이 붙일 경우에는 집합계수 0.8, 1m의 간격을 두었을 때는 0.95를 곱해 준다.[4] 따라서 서로 간격 없이 붙였으면 124A(=155×0.8), 1m의 간격을 두었으면 147.25A(=155×0.95)가 된다.

마지막으로 전압강하율을 구해 이 케이블을 사용해도 괜찮은지 판단한다. 앞서 제시한 조건 중 케이블의 총 길이 150m, 허용전류의 경우 케이블 간 간격이 없을 때

[4] 이는 케이블에서 발생하는 열의 냉각과 관련이 있다. 서로 붙일수록 냉각속도가 떨어지기 때문이다.

기준 124A, 1m의 간격이면 147.25A, 전선의 단면적은 70mm²로 본다. 여기에서는 편의상 케이블 간 간격이 없는 124A를 기준으로 계산해보자. 3상 4선식이므로 공식이 조금 달라진다.

$$e = \frac{17.8 \times LI}{1000 \times A} = \frac{17.8 \times 150 \times 124}{1000 \times 70} = \frac{331080}{70000} = 4.73\text{V}$$

전압강하값은 4.73V가 나왔다. 참고로 전압강하의 기준이 되는 전압은 단상 2선식과 3상 3선식은 선간전압, 3상 4선식은 대지 간 전압 즉, 상전압이 된다. 3상 4선식의 상전압은 220V이므로 전압강하율을 구하기 위한 공식의 분모는 220이 된다.

$$\frac{4.73}{220} \times 100 = 2.15\%$$

전압강하율은 2.15%로 고압 수전 시 기타 부하의 기준 8% 이하에 해당하므로 70mm² 케이블을 채택하는 것을 만족한다.

만약 1C의 단심 케이블이 아닌 3C의 다심 케이블을 사용할 때는 서로 붙이면 집합계수가 0.85가 되므로 단심 케이블보다 허용전류량이 더 증가한다. 따라서 전기공사 전에 미리 계산을 해보고 안전하면서 경제적인 방법으로 공사를 하는 것이 좋다. 이렇듯 각 전기공사방법에 따라 허용전류가 모두 다르기 때문에 일괄적으로 수치를 정하기 어렵다. 보다 자세한 내용과 표는 '부록 5. 전기배선공사 및 설계 시 허용전류값'을 참고하면 된다.

3 전선의 단면적과 차단기의 선정

전기화재의 원인이 여러 가지 있지만 사용하고자 하는 곳의 용량에 따른 전선의 단면적과 차단기를 잘못 선정해 과부하로 일어나는 경우가 있다. 특히 이럴 때는 차단기용량만 제대로 알고 있어도 사고를 예방할 수 있다.

이때 중요한 것은 '부하의 최대 전류<차단기 정격전류(차단기용량)<전선의 허용전류'라는 공식이다. 그리고 전선의 경우도 절연전선의 한 종류인 IV 전선을 전선관을 통해 전력을 전달하느냐, 케이블을 통해 전력을 전달하느냐에 따라 차이가 난다.

먼저 계약전력[5]에 따른 분전반 주차단기로 들어오는 전선의 단면적과 차단기의 정격전류를 산정하는 방법을 다음 표를 통해 알아보자.

[5] 계약전력이라 함은 한 전과 한 달에 얼마나 쓸지에 대해 계약하는 전력을 말한다.

| 계약전력에 따른 전선의 단면적과 차단기의 선정 |

단상 220V		3상 380V		부하의 최대 전류[A]	차단기 정격전류[A]
계약전력 [kW]	전선의 단면적 [mm²]	계약전력 [kW]	전선의 단면적 [mm²]		
2	2.5	7	2.5	12	15

단상 220V		3상 380V		부하의 최대 전류[A]	차단기 정격전류[A]
계약전력 [kW]	전선의 단면적 [mm²]	계약전력 [kW]	전선의 단면적 [mm²]		
3	2.5	9	2.5	16	20
5	4	14	4	24	30
6	6	18	6	32	40
7	6	23	10	40	50
9	10	28	16	48	60
11	10	35	16	60	75
14	16	47	25	80	100
19	25	59	35	100	125
24	35	71	50	120	150
29	35	89	70	140	175
31	50	94	70	160	200
35	70	106	70	180	225
39	70	118	95	200	250
49	95	142	120	240	300

예를 들어, 한 달 동안 1만[kWh]를 사용하는 식당의 경우 계약전력을 산정하기 위해서는 다음과 같은 식으로 계산한다.

$$계약전력[kW] = \frac{한달간\ 전력\ 사용량[kWh]}{30일 \times 15시간} = \frac{10000}{30 \times 15} = 22.222 \approx 23kW$$

앞의 식에서 30일×15시간은 기본적으로 주어진 값[6]이다. 계약전력 23kW로 시공할 때 그 다음으로 알아볼 것은 단상 220V인지, 3상 380V[7]인지 선택하는 것이다.

먼저 단상 220V를 선택했다고 가정하자. 이때 계약전력 23kW는 앞의 표에서 정확하게 표기되어 있지 않지만 19kW와 24kW가 표기되어 있다. 이때는 반드시 큰 계약전력 기준으로 간선을 정한다. 따라서 단상 220V의 경우 계약전력이 23kW일 때는 24kW 기준으로 간선을 선택해야 한다. 그래서 계약전력 24kW에 맞는 간선의 전선의 단면적은 35mm²이다.

3상 380V를 선택했다고 가정하면, 앞의 표에서 3상 380V란의 계약전류가 23kW인 것이 표기되었다. 따라서 간선의 전선의 단면적은 10mm²로 선택하면 된다.

이제 주차단기의 정격전류를 구해보자.

먼저 단상 220V를 선택했다고 가정하자. 앞서 계약전력 24kW 기준으로 같은 줄

6
예외가 있다면 24시간 전기를 사용하는 장소의 경우 30일×24시간으로 계산한다. 이에 해당하는 장소는 가압상수도, 비상재해복구시설, 24시간 편의점, 사설독서실, PC방, 송수신소, 자판기운영업, 지열난방(주거용)에 한해서이다.

7
한전에서는 계약전력 크기와 상관없이 고객이 원하는 대로 단상 220V나 3상 380V를 공급한다. 다만 10kW 이상인 경우는 보편적으로 3상 380V를 많이 사용한다. 단, 계약전력이 500kW 이상인 경우는 한전에서 저압을 제공하지 않고 고압으로 제공하기 때문에 수용가는 자가용 수변전시설을 갖추어야 한다.

에 위치한 부하의 최대 전류(A)는 120이라고 적혀 있다. 즉, 단상 220V의 계약전력이 24kW일 때 부하의 최대 전류가 120A라고 정하고 차단기 정격전류[A]는 이보다 커야 하므로 150A로 선정[8]한다.

3상 380V를 선택하였다면 계약전력 23kW 기준으로 부하의 최대 전류[A]가 40이라 적혀 있다. 즉, 40A가 3상 380V 기준으로 부하의 최대 전류[A]이다. 차단기 정격전류[A]는 이보다 커야 하므로 50A의 차단기를 선정한다.

단, 위의 전선의 허용전류는 절연전선 중에 가장 널리 쓰이는 IV전선을 기준으로 단면적을 선정하였다. 그러나 일반적으로 간선은 CV 케이블을 이용하는 경우가 많은데 케이블을 간선으로 선택할 때는 다음 표를 보고 다시 전선의 단면적을 판단하여야 한다.

[8] 부하의 최대 전류(A)×1.25=차단기 정격전류(A)의 공식을 따른다.

| CV 케이블 허용전류 |

전선의 단면적[mm^2]	2C[A]	4C[A]
2.5	33	30
4	45	40
6	58	52
10	80	71
16	107	96
25	138	119
35	171	147
50	209	179
70	269	229
95	328	278
120	382	322
150	441	371
185	506	424
240	599	500
300	693	576

위의 CV 케이블 허용전류 표는 벽면에 공사한 단심, 다심 CV 케이블 기준 허용전류이다. 앞서 단상 220V의 경우 계약전력 24kW에 부하의 최대 전류를 120A로 설정했다. 단상 220V는 심선이 2개인 즉, 2C의 케이블을 사용한다. 이때 120A보다 반드시 큰 수치에 해당하는 전선을 선정해야 한다. 위의 표에서는 25mm^{2}의 허용전류가 138A로 120A보다 크다. 한 단계 아래 단면적인 16mm^{2}는 허용전류가 107A로

120A보다 작다. 따라서 CV 케이블은 25mm²의 단면적을 사용해야 한다. IV 절연전선을 사용했을 때는 35mm²를 선택하였지만 CV 케이블의 경우는 이보다 한 단계 아래의 단면적을 선택할 수 있다.

마찬가지로 3상 380V를 기준으로 구해보자. 3상 380V는 보통 3상 4선식으로 많이 사용되기에 4C의 케이블을 사용해야 한다. 그런데 2C의 케이블보다 4C의 케이블은 허용전류가 조금씩 떨어진다.[9] 앞서 23kW의 계약전력 기준 부하의 최대 전류가 40A임을 알게 되었다. 위의 표에서 40A보다 큰 경우는 6mm²이다. 4mm²의 경우도 40A이긴 하지만 안전을 위해 허용전류가 큰 것을 선택해야 하므로 4mm²가 아닌 6mm²를 선택해야 한다. 즉, 계약전력이 23kW인 경우 3상 380V의 간선을 CV 케이블로 선택할 때는 6mm²의 단면적이어야 한다.

[9] 전류가 흐르는 심선에 열이 발생하는데 심선이 서로 붙어 있다 보니 허용전류가 떨어지게 되는 것이다.

06 차단기와 같은 과전류 보호장치는 어떻게 선정하고 설치하는가?

KEY WORD 차단기, 차단기 동작특성곡선, TN계통, TT계통, 전원자동차단, 감전보호, 단락보호장치

- 차단기를 선정하는 방법은?
- 선정한 차단기를 분전반에 설치 시 말아두어야 할 점은?

> 1
> 한국전기설비규정에 의한 과전류 보호장치는 과부하 및 단락전류를 모두 보호하는 것으로 예상 단락전류 이상의 과전류를 차단할 수 있어야 하는 것과 반한시형으로 과부하만 보호하는 것으로 나눌 수 있다. 배선차단기를 예로 들면 쉽게 이해할 수 있다.

한국전기설비규정에 따라 과전류 보호장치[1]에 관한 규정이 더욱 엄격해졌다. 과전류 보호장치에 관한 공사는 그 자체도 안전하게 수행해야 하지만 실제로 사용할 때도 안전해야 한다. 감전과 화재 등 전기사고는 인적·물적 피해가 크기 때문이다. 그래서 접지를 비롯한 차단기를 설치하여 전기안전을 최대한 보장 받게 시설해야 한다. 이에 엄격해진 규정에 따른 과전류 보호장치를 어떻게 선정하는지 그리고 현장에 알맞게 차단기를 선정했으면 이를 설치하는 방법에 대해 알아보자. 차단기 선정이 이론적인 업무라면 차단기 설치는 실무적인 업무이다. 이를 위해선 차단기 설치 시 유의사항과 더불어 분전반 속의 차단기가 어떻게 구성되어 있는지 알아야 할 필요가 있다.

이러한 것들을 함께 알아보자.

> 2
> 보호대책으로 가장 많이 쓰이는 것이 바로 '차단기'이다. 그런데 용어에 혼돈이 생길 수 있어 미리 고지하자면 본 책에서 언급하는 보호장치, 차단장치는 한국전기설비규정에서 정의한 단어로 독자들은 이를 '차단기'로 해석하면 이해가 쉽다.

1 차단기를 선정하는 방법은?

1 보호대책의 일반적 필요사항

감전은 전기사고 중 인명에 직접 피해를 주는 사고로 30mA의 소량의 전류가 몸으로 흘러도 여차하면 목숨을 잃을 수 있는 매우 위험한 사고이다. 전기작업을 하는 작업자에게만 감전 우려가 있는 것이 아니라 전기를 사용하는 일반인들에게도 감전은 언제 어디에서 일어날지 모르는 사고이기 때문에 이에 대한 보호대책[2]이 미리 준비되어 있어야 한다.

> 3
> 충전부란 전압이 걸려 있는 부분을 말한다. 즉, 전기와 직접적인 접촉이 가능한 부분을 말한다.

(1) 따라서 모든 전기설비의 충전부(充電部, live part)[3]에는 다음과 같이 기본적인 보호대책이 하나 이상 적용되어야 한다.

① 충전부의 기본 절연
② 격벽 또는 외함
③ 장애물
④ 접촉범위 밖에 설치

(2) 이와는 별개로 전기설비의 고장을 방지하기 위해 접지를 하는 경우가 있는데 한국전기설비규정에 맞추어 노출도전부(露出導電部, exposed conductive part)[4]에 보호접지를 해야 하며 이때 계통접지는 크게 3가지로 구분[5]된다.

① TN계통 : 설비의 노출도전부를 보호도체(PE)를 이용하여 전원의 중성점에 접속하는 계통
② TT계통 : 설비의 노출도전부를 전원계통의 접지극과 전기적으로 독립한 접지극에 접속하는 계통
③ IT계통 : 전기기기의 노출도전부를 보호도체로 그룹 또는 개별로 접지되거나 일괄적으로 대지에 접속한 경우

(3) 이렇게 계통접지를 구분하는 이유는 계통접지마다 감전으로부터 보호하기 위해 차단기를 선정하는 기준이 조금씩 다르기 때문이다. 계통 이외의 도전부(導電部, conductive part)[6]는 다음과 같은 장소에 보호용 등전위 본딩[7]을 처리하여 보호대책을 마련한다.

① 수도관, 가스관 등 외부에서 내부로 끌어들여지는 금속배관
② 건축물 및 구조물의 철근, 철골 등 금속 보강재
③ 일상생활에서 접촉이 가능한 금속제 난방배관 및 공조설비 등 계통 외 도전부

한편 접지와 같은 보호도체나 등전위 본딩은 보호대책으로는 부족하므로 전기사고 시 고장전류가 발생할 때 차단기를 통해 즉각 끊어줘야 할 필요성도 있다. 사고가 발생해도 천천히 끊어지면 안 되기 때문에 빠르게 전류를 끊어줘야 하는데 다음과 같이 전압 및 계통접지방식에 따라 최대 차단시간 이내 차단해야 감전으로부터 보호받을 수 있다.

다음 표로 실제 예를 들자면 약 15A의 전류를 사용하는 3상 교류 380V의 전동기에 TN방식의 계통접지를 사용한 경우 0.2초 이내 차단되는 차단기를 달아야 한다. 하지만 위의 차단기 외 추가적인 보호가 필요하다. 추가적인 보호가 필요로 할 때는 ① 일반인이 접근하여 사용하는 정격전류 20A 이하 콘센트가 있을 때와 ② 옥외에서 사용하는 정격전류 32A 이하 이동용 기기가 있는 교류계통에서는 누전차단기를 설치하여 추가적인 보호를 해야 한다.

---

4 노출도전부란 정상적으로 작동할 때는 문제가 되지 않지만, 기초적인 절연이 파괴되면 접촉이 가능한 전기장비의 부분을 말한다.

5 자세한 것은 'Ⅴ의 01·4·3 계통접지의 TN방식, TT방식, IT방식'에서 다루고 있다.

6 도전부란 전류를 흘릴 수 있는 부분을 말한다.

7 자세한 것은 'Ⅴ의 01·4·5 등전위 본딩'에서 다루고 있다.

| 보호장치의 최대 차단시간 |

공칭전압(U_0)	고장 시 최대 차단시간(초)					
	32A 이하 분기회로				32A 초과 분기회로	
	교류		직류			
	TN	TT	TN	TT	TN	TT
50V < U_0 ≤ 120V	0.8	0.3	–	–	5	1
120V < U_0 ≤ 230V	0.4	0.2	5	0.4		
230V < U_0 ≤ 400V	0.2	0.07	0.4	0.2	5	1
400V ≥ U_0	0.1	0.04	0.1	0.1		

8 ─ 보통 차단기 설명서에 그려 넣거나 차단기 제조사 홈페이지를 통해 구할 수 있다.

2 차단기 동작특성곡선의 이해

한국전기설비규정에 따라 전원자동차단장치를 선정할 때는 더욱 다양한 정보를 통해 계산하고 여기에 맞는 전원자동차단장치를 설치해야 한다. 기존에는 정격전류(I_n)와 정격차단전류(I_s)가 차단기를 선정할 때 가장 중요했다면 새로운 규정에서는 정격전류도 중요하지만 최대 차단시간도 중요해졌다. 특히 최대 차단시간의 경우 설치하는 장소마다 다를 수 있으므로 이를 직접 계산해야 하는데 이때 필요한 것이 차단기 동작특성곡선(characteristics curves)[8]이다. 이 곡선은 모눈종이에 우하향하는 곡선 형태를 가지며 복잡하게 보이지만 한번 제대로 이해하면 그다지 어렵지 않다.

그림 국내에서 제조된 정격전류가 3~32A인 배선차단기의 동작특성곡선을 보며 이해를 해보자.

먼저 그래프의 세로축과 가로축을 알아보자. 세로축은 차단기의 동작시

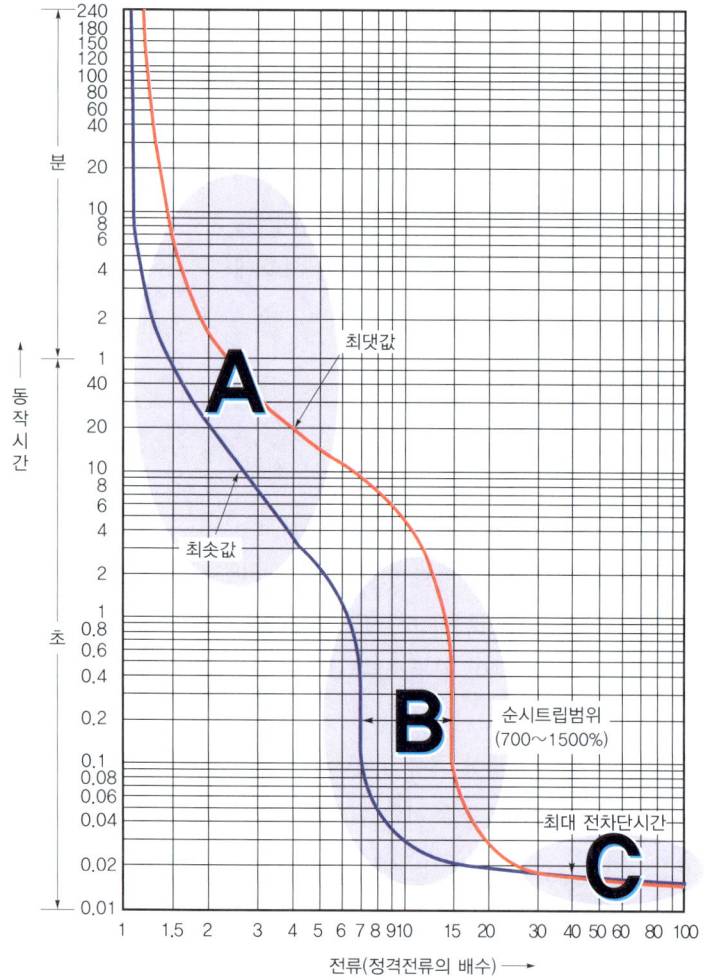

| 정격전류 3~32A의 산업용 배선차단기의 동작특성곡선 |

간을 나타내고 가로축은 전류인데 단순한 전류가 아닌 정격전류의 배수이다. 그리고 그래프에서 우하향의 2개의 곡선은 차단기가 즉시 동작하는 범위 즉, 순시트립범위를 나타낸다. 여기에서 왼쪽에 있는 곡선이 최솟값이고 오른쪽에 있는 곡선이 최댓값이다.

차단기 동작특성곡선은 총 3개의 영역으로 나눌 수 있는데 A영역은 과부하트립범위(과부하동작영역)라 하여 과부하 전류크기에 따라 동작시간이 짧아지는 반비례형태의 영역[9]이다. B영역은 빠른 시간 내에 떨어지기 때문에 순시트립범위(순시동작영역)라 하고 단락전류 등의 큰 고장전류가 발생할 때 작동하는 영역이다. C영역은 최대 전차단시간이라 하여 동작범위 없이 즉 떨어지는 영역이다.

하지만 차단기가 떨어지는 것은 주변온도와도 관련이 있다. 특히 과부하가 밀접한 관계가 있는데 과부하로 인해 줄열이 많이 생기게 되면 차단기가 이 열을 인식하고 떨어지기 때문이다. 따라서 차단기의 온도보정곡선 그래프도 함께 살펴보는 것이 좋다.

[9] 차단기가 과부하가 된다고 바로 떨어지지 않기 때문에 시간차를 두고 떨어지는 한시특성을 지닌다.

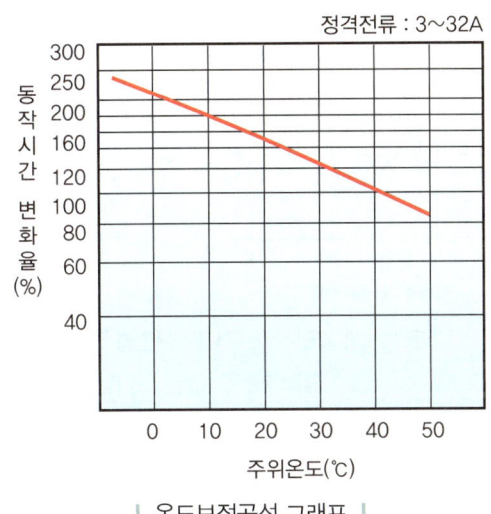

| 온도보정곡선 그래프 |

그래프의 세로축은 동작시간 변화율로 단위는 [%]이고 가로축은 주위온도로 단위는 [℃]이다. 특별한 경우가 아니면 차단기는 40℃를 기준온도로 실험을 해서 이때의 동작시간 변화율이 100% 즉, 기준이 1이 된다. 그리고 그래프를 보면 주위온도가 낮을수록 동작시간 변화율이 높아지고 주위온도가 높을수록 동작시간 변화율이 낮아진다. 이는 주위온도가 높을수록 동작시간이 빨라진다고 해석할 수 있다.[10]

그럼 예를 들어 정격전류가 20A인 배선차단기에 30A를 사용하고 현재 온도가 25℃라면 30A를 사용하고 어느 정도 시간이 흘러야 떨어질까?

[10] 실제로 같은 과부하 상태인데도 겨울철보다 여름철에 차단기가 자주 더 빠르게 떨어진다.

먼저 현재 사용하는 전류인 30A에서 정격전류인 20A를 나누면 나오는 값인 1.5가 정격전류의 배수이다. 이제 그래프를 살펴보자.

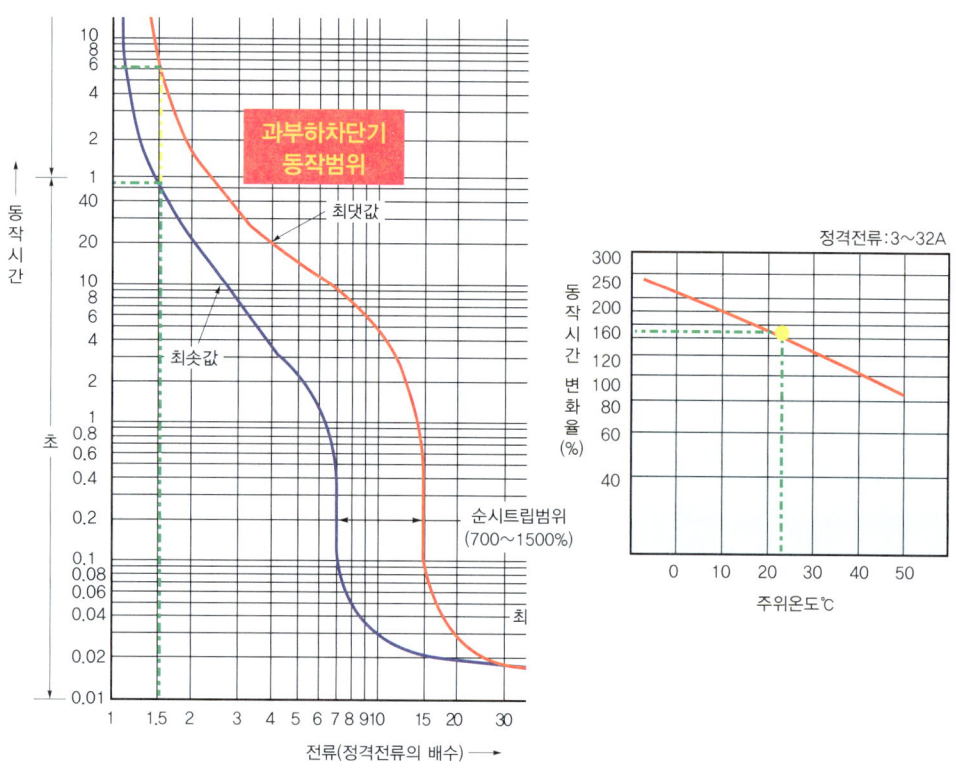

| 과부하 시 차단기 동작시간 산정법 |

11
- 최소시간
  $60 : 3600 = 1.6 : x$
  $60x = 3600 \times 1.6$
  $\quad = 5760$
  $x = \dfrac{5760}{60} = 96초$
  $\quad = 1분\ 36초$

- 최대시간
  $60 : 3600 = 9.6 : x$
  $60x = 3600 \times 9.6$
  $\quad = 34560$
  $x = \dfrac{34560}{60} = 576초$
  $\quad = 9분\ 36초$

먼저 차단기 동작특성곡선의 가로축에서 1.5에 해당하는 값을 찾는다. 그리고 이 곳에서 위로 직선을 쭉 긋다 보면 최솟값 곡선에 해당하는 부분과 최댓값 곡선에 해당하는 부분을 찾을 수 있다. 최솟값에 해당하는 부분은 약 1분 정도에 있고 최댓값에 해당하는 부분은 약 6분 정도에 있다. 즉, 정격전류가 20A인 차단기에서 30A로 사용을 계속하면 1분에서 6분 사이에 차단기가 떨어진다는 것을 알 수 있다. 그런데 이때 온도가 25℃로 차단기 실험온도인 40℃보다 낮은 편이다. 이때 온도보정 그래프를 통해 이 시간을 보정해야 한다. 온도보정 그래프를 통해 25℃의 경우 동작시간 변화율이 160% 정도로 약 1.6배 더 늘어난다. 그렇다면 원래 구했던 시간인 1분에서 6분인 구간에 1.6배를 곱하면 1.6분에서 9.6분 사이에 떨어진다는 계산이 나온다. 이를 비례식에 따라 시간으로 환산[11]하면 약 1분 36초에서 9분 36초 사이에 떨어진다는 것을 알 수 있다.

산업용 차단기와 달리 주택용 차단기의 경우 Type 형태로 다시 구분되며 보통 Type B, Type C, Type D로 분류한다. 그래서 차단기 동작특성곡선도 차단기 Type에 따라 조금씩 다른 모습을 나타낸다.

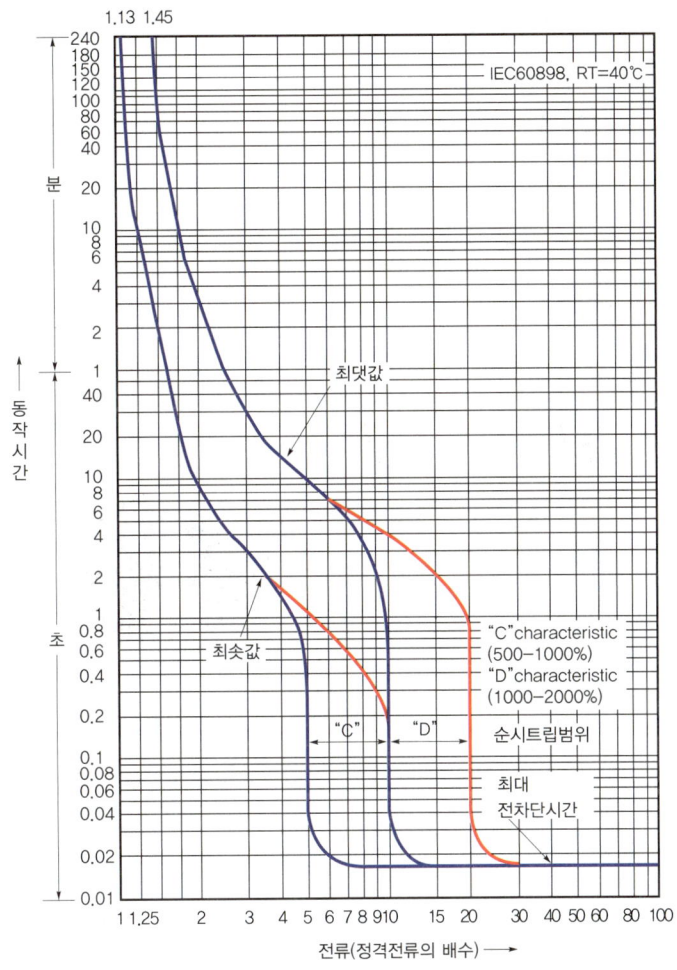

| 정격전류 3~32A의 주택용 배선차단기의 동작특성곡선 |

위 그래프의 형태는 앞서 설명한 산업용 차단기와 비슷하지만 다른 점은 최솟값과 최댓값의 곡선이 다시 2줄로 나누어진다는 것이다. 파란색곡선과 빨간색곡선으로 나누어지는데 여기에서 파란색곡선 형태는 Type C를, 빨간색곡선 형태는 Type D를 나타낸다.[12] 이는 단순히 Type별로 차단기 동작특성곡선을 보여주는 것이 아니라 보호장치의 최대 차단시간에 맞추어 차단기를 선정할 때 필요하므로 그래프를 이해해 두는 것이 중요하다.

12
IEC를 적용한 외국은 Type B도 흔히 볼 수 있지만 우리나라는 호환성 문제와 더불어 가격 경제성 때문에 Type D 위주로 생산 및 구매가 되었다. 이제 Type B를 비롯한 Type C, Type D가 생산되어 환경에 맞게 설치되어야 한다.

3 TN 계통의 전원자동차단에 의한 감전보호

전기사고가 발생할 때 전류를 끊어주는 즉, 전원을 자동으로 차단해주는 장치를 설치하기 위해선 먼저 고장회로가 어떻게 흘러가는지 알아야 한다. 고장회로가 흘러가는 경로를 알기 위해 먼저 TN 계통에 대해 알아보자. TN 계통은 앞서 언급한 대로 전원의 중성점과 전기설비의 노출부가 보호도체를 통해 서로 연결된 방식이다. TN-S 방식의 경우 보호도체(PE)와 중성선(N)이 서로 분리된(S) 형태로 고장회로가 어떻게 구성되었는지 다음 그림을 통해 알 수 있다.

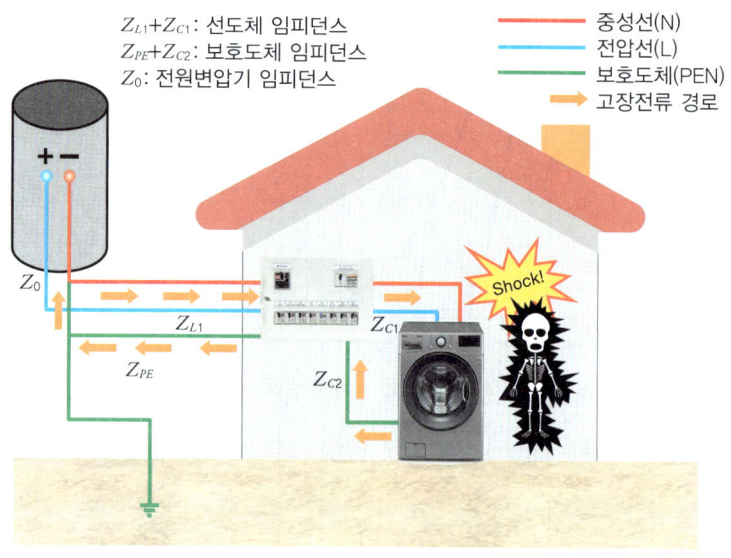

| TN-S 계통방식의 고장회로 구성 |

이해하기 쉽게 단상을 기준으로 설명하면, 왼쪽에 있는 전원변압기에서 전압선과 중성선이 나오는데 만약 전기사고가 발생하면 고장회로를 흐르는 고장전류는 전압선을 타고 들어가 전기사고가 난 전기설비를 통해 사람에게 감전을 일으킨다. 이후 보호도체를 통해 다시 변압기로 돌아가는 것이 고장전류의 회로이다.

이때 생기는 고장임피던스(Z_s)의 크기가 클수록 고장전류(I_F)의 크기가 작아지고, 고장임피던스(Z_s)의 크기가 작을수록 고장전류(I_F)의 크기가 커진다.[13]

TN-S 계통방식의 경우 고장임피던스의 값은 직접 도체를 통해 지나가므로 매우 작고, 고장전류의 값은 매우 커지게 된다.

고장임피던스(Z_s)는 선도체 임피던스($Z_{L1}+Z_{C1}$)와 보호도체 임피던스($Z_{PE}+Z_{C2}$) 그리고 전원변압기 임피던스(Z_0)의 합으로 구성되어 있다.

고장임피던스 $Z_s = Z_{L1} + Z_{C1} + Z_{C2} + Z_{PE} + Z_0$

---

13 ──────
$I = \dfrac{V}{Z}$의 옴의 법칙을 생각하면 이해하기 쉽다.

- 선도체 임피던스 = $Z_{L1} + Z_{C1}$
- 보호도체 임피던스 = $Z_{C2} + Z_{PE}$
- 전원변압기 임피던스 = Z_0

전원자동차단장치를 선정하기 위해서는 고장전류(故障電流, fault current)[14]를 구해야 하는데 다음과 같다.

$$\text{고장전류}(I_F) = \frac{C_{\min} \times U_0}{\sqrt{R^2+X^2}} \times 10^3 = \frac{C_{\min} \times U_0}{Z_S} \times 10^3$$

위의 식에서 $C_{\min}$은 최소 전압계수로 저압에서는 0.95를 적용[15]하고 U_0는 공칭전압으로 220V이면 220을 넣는다. 고장임피던스(Z_S)를 구하기 위해서는 각각에 해당하는 임피던스값을 구해야 한다. 예를 들어 다음과 같이 주어져 있다고 가정해보자.

구분	도체 종류	길이(L) [m]	저항 [mΩ]	리액턴스 [mΩ]
전원변압기 임피던스(Z_0)	–	–	3.65	17.11
간선의 임피던스(Z_{L1})	TFR-CV 95mm²	30	11.07	3.75
분기회로 임피던스(Z_{C1})	HFIX 4mm²	10	87.77	1.17
분기회로 보호도체 임피던스(Z_{C2})	HFIX 4mm²	10	87.77	1.17
간선 보호도체 임피던스(Z_{PE})	TFR-GV 95mm²	10	11.07	3.75
합계			201.33	26.95

위의 표에서 저항(R)의 합은 201.33mΩ, 리액턴스(X)의 합은 26.95mΩ으로 계산이 되었고 고장임피던스값을 구하기 위해서는 다음과 같다.

$$Z_S = \sqrt{R^2+X^2} = \sqrt{201.33^2+26.95^2}$$
$$= \sqrt{40532.7+726.4} = 203.12 \text{m}\Omega$$

위 공식에 따라 고장임피던스값은 203.12mΩ[16]이다.

이를 고장전류 공식에 대입한다. 여기에서 공칭전압은 220V로 가정한다.

$$I_F = \frac{C_{\min} \times U_0}{\sqrt{R^2+X^2}} \times 10^3 = \frac{C_{\min} \times U_0}{Z_S} \times 10^3$$

$$= \frac{0.95 \times 220}{203.12} \times 10^3 = 1028.95 \text{A}$$

고장전류의 값은 1028.95A이다. 고장전류(I_F)값이 차단기의 정격전류(I_n)보다 크다면 이 차단기는 적격 판정[17]을 받게 된다. 그렇지 않다면 감전보호를 위한 자동차단조건

14
고장전류란 전력계통에 사고나 고장이 발생할 때 유입되는 전류를 의미하며 정상상태에서 흐르고 있는 연속정격전류와 구분된다. 일반적으로 단락전류(2상 단락, 3상 단락), 지락전류(단상지락)의 경우 고장전류로 본다.

15
100V 이상 1000V 이하일 때는 그렇다. 그러나 1000V를 초과하면 1.0을 사용한다.

16
고장전류 공식에 10^3을 곱하는 이유는 고장임피던스의 단위가 Ω이 아닌 mΩ이라 단위를 표준화하기 위해서이다.

17
20A나 30A 같은 대다수 차단기는 여기에서 적격 판정을 받게 되나 고장임피던스가 크다면 고장전류가 작아지므로 주의해야 한다.

은 다음과 같은 공식이 성립되어야 한다.

자동차단조건 : $Z_S \times I_a \leqq U_0$

위의 공식에서 Z_S는 고장임피던스로 단위는 [Ω], I_a는 최대 시간 내 보호장치를 자동으로 차단할 수 있는 전류로 단위는 [A], 그리고 U_0는 공칭전압(정격전압)을 말한다. Z_S는 주어진 조건을 통해 구하기 쉽지만 I_a의 경우는 앞서 언급한 차단기 동작특성곡선을 통해 구해야 한다. 그래서 Z_S와 I_a의 곱이 공칭전압보다 낮을 때 차단기가 적격 판정을 받게 되는 것이다. 하지만 보통 그렇지 않은 경우가 많은데 이때 보호장치 동작배율(σ)를 먼저 구하고 최대 시간 내 보호장치를 자동으로 차단할 수 있는 전류(I_a)를 구해야 한다. 먼저 보호장치 동작배율(σ)은 다음과 같은 공식에 따라 구한다.

$$\text{보호장치 동작배율}(\sigma) = \frac{\text{고장전류}(I_F)}{\text{정격전류}(I_n)}$$

앞서 언급한 예제에서 고장전류(I_F)는 1028.95A이고 사용할 차단기가 20A라고 하면 보호장치 동작배율은 다음과 같이 구할 수 있다.

$$\sigma = \frac{I_F}{I_n} = \frac{1028.95}{20} = 51.4475$$

보호장치 동작배율을 구했으면 과전류차단기 동작시간(t_n)은 차단기 동작특성곡선을 통해 구한다.

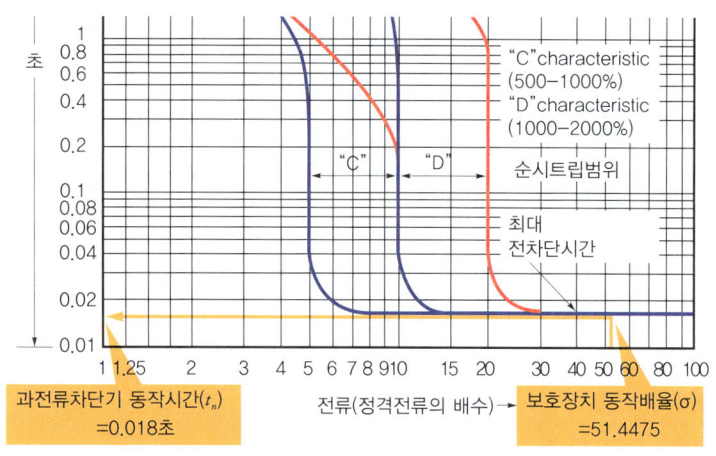

| 차단기 동작특성곡선을 통한 차단기 동작시간 |

위의 그래프를 통해 과전류차단기 동작시간(t_n)이 0.018초라는 것을 알았다. 여기

서 구한 과전류차단기 동작시간(t_n)이 보호장치의 최대 차단시간(t_s)과 비교해서 낮게 나오면 적격 판정을 받게 된다.

- $t_n < t_s$: 적격
- $t_n \geq t_s$: 부적격

TN 계통의 보호장치의 최대 차단시간(t_s) 기준은 다음과 같다.

| TN 계통의 최대 차단시간(t_s) 기준(단위 : 초) |

교류 공칭전압	32A 이하 분기회로	32A 초과 분기회로
50V 초과 120V 이하	0.8	5
120V 초과 230V 이하	0.4	
230V 초과 400V 이하	0.2	
400V 초과	0.1	

여기서 공칭전압은 220V이고 과전류차단기의 정격전류는 20A이므로 최대 차단시간(t_s)의 기준은 0.4가 된다. 따라서 차단기 동작시간(t_n)의 값이 0.018로 더 작으므로 이 차단기는 감전보호를 위한 자동차단장치에 적격하다고 볼 수 있다.

위의 차단기 동작특성곡선을 통해 알 수 있는 또 한 가지 사실은 차단기의 최대 전 차단시간의 개념이다. 이는 차단기의 순시트립범위와는 다른 개념인데 순시트립범위는 단락전류 등으로 인한 큰 고장전류가 흐를 때 트립되는 범위를 말하고 최대 전차단시간(最大全遮斷時間, max total fault cleaning time)은 시간의 지체 없이 차단기가 트립할 수 있는 가장 짧은 시간[18]을 말한다. 이는 차단기의 Type별[19]로 각기 다른 값을 가지고 있으므로 차단기를 선정할 때는 다음과 같은 기준을 바탕으로 선정해야 한다.

| 주택용 차단기의 순시트립범위 및 최대 전차단시간 |

구분	순시트립범위	최대 전차단시간
Type B	$3I_n$ 초과 $5I_n$ 이하	$4I_n$ 초과
Type C	$5I_n$ 초과 $10I_n$ 이하	$6I_n$ 초과
Type D	$10I_n$ 초과 $20I_n$ 이하	$15I_n$ 초과

위의 표에서 I_n은 정격전류값으로 $3I_n$이라면 정격전류의 3배인 값이 된다. 즉, 정격전류가 20A인 Type B 차단기의 순시트립범위가 $3I_n$ 초과 $5I_n$ 이하라면 3×20=60A 초과 5×20=100A 이하의 값을 가진 전류일 때 차단기가 트립되어 전류를 차단한다. 하지만 Type B 차단기의 최대 전차단시간이 $4I_n$을 초과할 때 즉시 떨어지므로 4×20=

18 ────
이는 정확하게 규정이 된 것이 아니라 제조사와 모델에 따라 같은 Type이어도 조금씩 다르다.

19 ────
현재 주택용 차단기만 Type이 적용되어 있다. 산업용 차단기는 제조사가 공개한 차단기 동작특성곡선을 살펴봐야 한다.

80A를 초과하면 차단기가 트립할 수 있는 가장 짧은 시간에 트립이 된다는 것이다.

예를 들어 보호장치 동작배율(σ)이 $8I_n$이 된다고 하면 이는 Type B와 Type C 차단기에서만 트립이 된다. 왜냐하면 Type B 차단기의 최대 전차단시간에 포함되는 영역임과 동시에 Type C의 순시트립범위 및 최대 전차단시간 영역에 포함되기 때문이다. 마찬가지로 앞서 예제에서 계산한 것처럼 $54.4475I_n$[20]이라면 이는 Type B, Type C, Type D 모든 차단기에서 트립이 된다. 왜냐하면 모든 Type의 차단기 최대 전차단시간이 해당되기 때문이다. 즉, 보호장치 동작배율이 높을수록 호환할 수 있는 차단기가 많다는 것을 알 수 있다. 이렇게 동작특성곡선과 보호장치 동작배율을 통해 차단기를 선정해도 계속 부적격으로 나타난다면[21] 보조 보호등전위 본딩을 해야 한다.

이를 정리한 플로차트는 다음과 같다.

> [20] 앞서 예제에서 사용할 차단기의 정격전류값이 20A이므로 54.4475×20=1028.95A로 예제의 고장전류값과 같다. 즉, 고장전류값이 1028.95A이고 차단기의 정격전류값이 20A이면 보호장치 동작배율값은 54.4475가 되는 것이다.
>
> [21] 정격전류(I_n)<고장전류(I_F)<최대 시간 이내 보호장치 동작전류(I_a)인 상황이다.

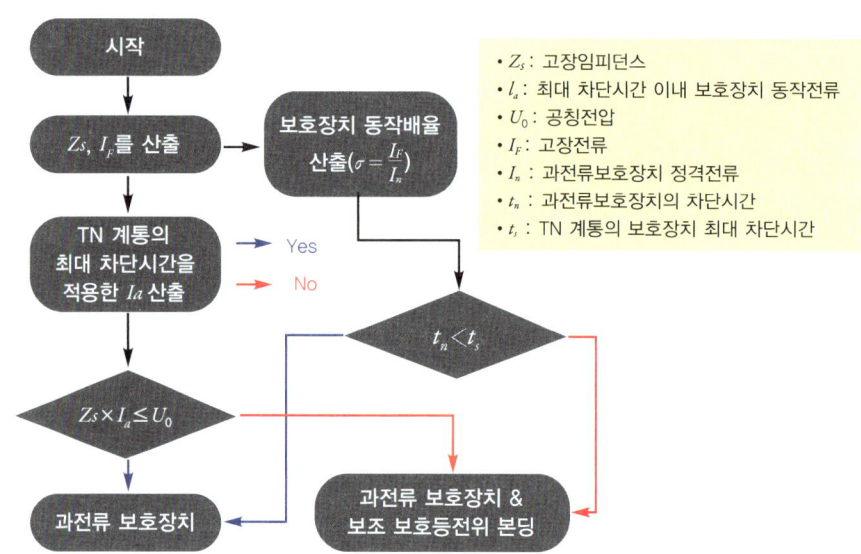

| TN 계통의 감전보호를 위한 자동차단장치 선정과정 |

TN-S 계통의 경우 과전류차단기 외 추가적인 보호장치로 누전차단기 사용이 가능하다. 가능한 정격감도전류가 30mA 이하의 누전차단기를 사용하되 일반인이 사용하는 콘센트를 설치할 경우 정격전류가 20A 이하나 32A 이하의 이동용 전기기기에 한한다.

앞서 언급한 계통은 TN-S 계통방식을 중심으로 설명하였다. TN-S 방식은 계통 전체에서 중성선(N)과 보호도체(PE)를 분리하였다면 TN-C 방식은 중성선과 보호도체를 한 가닥의 선(PEN)으로 한 것이다. 그래서 주의해야 할 점이 TN-C 방식은 누전차단기 사용이 금지되었다. 왜냐하면 누전차단기가 트립되는 조건으로 전류가 부하로 들어오고 나가는 과정의 전류의 차이가 어느 정도 커지게 되면 누전으로 인식해 트립되기 때문이다. 불평형 전류가 흐르게 되면 중성선에도 전류가 흐르기 마련이고 이로 인해 누전차단기가 잘못 판단해서 전류를 계속 차단할 수 있을 뿐더러 실제 누전사고가 발생하여 지락전류가 흐르게 되면 누전차단기 안에 있는 ZCT(영상변류기)가 고장이 날 수 있다.

또한 TN-C 계통의 PEN 도체가 단선이 되는 것 또한 위험하다. 중성선이 단선이 되면 기존의 상전압이 선간전압으로 인가되어 부하가 손상될 수 있기 때문이다. 따라서 PEN 도체는 이동케이블이나 이동전선을 사용해서는 안 된다.

TN-C-S 계통의 경우 TN-S 계통과 TN-C 계통이 혼합된 계통으로 과전류차단기를 사용하되 누전차단기를 사용할 때는 중성선 겸용 보호도체(PEN)에 사용이 금지되었다. 누전차단기는 중성선과 보호도체(PE)가 분리된 노출도전부에 한해서만 설치가 가능하다. TN-C 계통과 마찬가지로 중성선 겸용 보호도체(PEN)는 단선이 되지 않도록 주의해야 한다.

TN 계통방식의 보호장치 설치조건을 정리하면 다음과 같다.

| TN 계통방식의 보호장치 설치조건 |

TN-S 계통	TN-C 계통	TN-C-S 계통

• 과전류차단기 사용 순시차단범위[22]가 고장전류 이하가 되도록 선정
• 누전차단기에 의한 추가보호
  -일반인 사용 20A 이하 콘센트 회로
  -32A 이하 이동용 전기기기
• 설비고장 또는 부주의에 의한 고장 추가보호를 위해 정격감도전류 30mA 이하 누전차단기 설치 권장
	• 과전류차단기만 사용
	• 누전차단기 사용 불가
	• PEN 도체의 단선 위험에 대해 특별한 주의
	• TN-S 계통의 부하측에 TN-C 계통을 시설하지 말 것
	• PEN 도체로 이동케이블, 이동전선은 사용금지
		• 과전류차단기 사용 순시트립범위가 고장전류 이하가 되도록 선정
		• 누전차단기 설치 시 부하측에 PEN 도체 사용이 안 되며 노출도전부에 접속한 보호도체는 누전차단기 전원측에 접속
		• PEN 도체의 단선 위험에 대해 특별한 주의

22 ─
여기에서는 Type B, C, D를 말한다.

TN 계통의 핵심은 과전류차단기를 모두 사용할 수 있는데 그 이유는 TN 계통 특성상 보호도체(PE)나 중성선 겸용 보호도체(PEN)를 통해 고장전류가 흐르므로 고장임피던스가 작고 고장전류가 크기 때문이다. 따라서 TN 계통에서는 반드시 과전류차단기를 사용하는 것을 감안해야 한다.

4 TT 계통의 전원자동차단에 의한 감전보호

TT 계통은 설비의 노출도전부를 전원 계통의 접지극과 전기적으로 독립한 접지극에 접속하는 계통을 말한다. TN 계통과 달리 TT 계통은 중성선과 접지선이 독립적으로 배선이 되어 있어 누전차단기를 설치하여 감전으로부터 보호할 수 있는 것이 특징이다. 그리고 고장임피던스(Z_S)가 충분히 낮고 영구적이며 신뢰성이 보장되는 경우에는 과전류 보호장치를 사용할 수 있다. TT 방식의 고장회로는 다음과 같이 구성되어 있다.

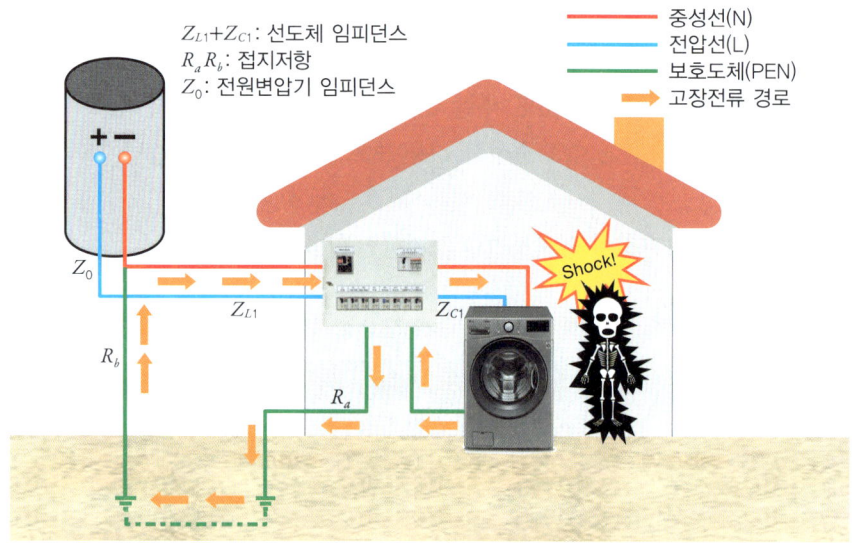

| TT 계통방식의 고장회로 구성 |

TT 계통방식의 고장회로는 겉으로 보기엔 전원변압기의 보호도체와 건물 내부에서 밖으로 나온 보호도체가 분리되어 있는 것처럼 보인다. 그러나 접지 및 대지를 통해 다시 전원변압기로 고장회로가 귀환하는 구조이다.

TT 계통방식의 경우 고장임피던스의 값은 대지를 통해 지나가므로 크고, 고장전류의 값은 작게 된다.

TT 계통방식의 감전보호를 위한 자동차단장치의 선정과정은 TN 계통방식과 흡사한 듯 하지만 누전차단기를 설치할 수 있어서 다른 부분이 있다. 먼저 플로차트를 통해 알아보자.

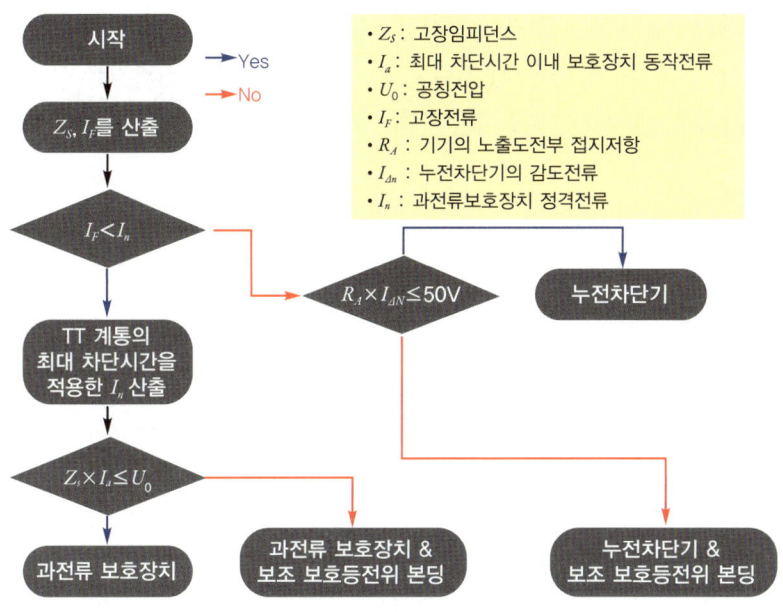

| TT 계통의 감전보호를 위한 자동차단장치 선정과정 |

처음 선정과정에서 고장임피던스(Z_s)와 고장전류(I_F)를 구하는 것까지는 TN 계통 방식과 비슷하다. 그러나 TT 방식에서는 이 둘의 크기를 비교하여 고장전류(I_F)의 크기가 정격전류(I_n)의 크기보다 더 크면 TT 계통의 최대 차단시간을 적용한 정격전류(I_n)를 통해 최대 차단시간 이내 보호장치 동작전류(I_a)를 구한다. 참고로 TT 계통의 최대 차단시간은 다음과 같다.

| TT 계통의 최대 차단시간(t_s) 기준(단위 : 초) |

교류 공칭전압	32A 이하 분기회로	32A 초과 분기회로
50V 초과 120V 이하	0.3	1
120V 초과 230V 이하	0.2	
230V 초과 400V 이하	0.07	
400V 초과	0.04	

위 표를 보면 TN 계통보다 시간이 더 짧아짐을 알 수 있다. 이를 통해 최대 시간 내 보호장치를 자동으로 차단할 수 있는 전류(I_a)를 구하고 고장임피던스와 이들의 곱이 정격전압 이하로 나오게 되면 해당 과전류 보호장치만 사용해도 된다. 그러나 정격전압값 이상이 나오게 된다면 과전류차단기와 보조 보호등전위 본딩을 해야 한다.

앞서 고장전류와 차단기 정격전류의 크기를 비교한다고 했는데 이때 정격전류가 고장전류보다 더 크다면 누전차단기를 선택[23]해야 한다. 누전차단기를 사용하기 위해선 다음과 같은 공식에 맞으면 적격하다.

$$R_A \times I_{\Delta n} \leq 50V$$

여기에서 R_A는 노출도전부에 접속된 보호도체와 접지극의 저항으로 단위는 [Ω], $I_{\Delta n}$은 누전차단기의 정격감도전류를 말한다. 비교 대상이 50V인 이유는 정상적인 상황에서 허용접촉전압(許容接觸電壓, touch voltage)[24]이 50V로 즉, 정상적인 상황에서 인체는 50V 이하의 전류에서는 생명에 위험을 느낄 만한 전류[25]로 인해 감전 사고가 일어나지 않기 때문이다.

| 허용접촉전압 |

구분		정상적인 상황	특수 상황
환경적 특성		• 건조하거나 습한 장소 • 상당한 저항을 나타내는 바닥	• 젖은 장소 • 젖은 피부 • 낮은 바닥저항
허용접촉전압 한계	교류	50V	25V
	직류	120V	60V

일반적으로 누전차단기의 정격감도전류가 30mA, 즉 0.03A임을 고려하면 R_A값이 1666.67Ω 이하의 접지저항이 나오면 안전하다고 판단할 수 있다.[26] 노출도전부에 접지저항과 누전차단기의 정격감도전류의 곱이 50V 이하가 나오면 누전차단기를 전원자동차단장치로 사용해도 된다.

만약 노출도전부에 접지저항과 누전차단기의 정격감도전류의 곱이 50V를 초과한 값이 나오면 누전차단기 외 보조 보호등전위 본딩까지 해야 한다.

5 과부하전류에 대한 보호

과부하(過負荷, overload)란 부하전류의 양이 차단기의 정격전류보다 높아진 상태[27]로 보통 전기를 많이 사용하여 차단기가 떨어지는 경우 과부하사고라고 한다. 이때 과부하를 예방하기 위한 보호협조조건은 다음의 두 가지 조건을 충족시켜야 한다.

- $I_B \leq I_n \leq I_Z$
- $I_2 \leq 1.45 \times I_Z$

---

23 건물 내부에서 보호도체가 중성선과 연결되어 있지 않기 때문에 누전차단기를 사용해도 된다.

24 허용접촉전압이란 사람이나 동물 등이 도전부에 접촉할 경우 작용하는 전압을 말한다.

25 심실세동전류라고 한다.

26 그러나 대용량 누전차단기의 경우 정격감도전류가 30mA가 아니고 그보다 크고 직접 선택할 수 있어서 추가적인 조치가 중요하다.

27 과부하와 단락사고(합선)로 인한 단락전류를 합해 과전류(過電流, over current)라고 한다. 사고전류는 이러한 과전류로 인한 사고가 발생했을 때 전류와 지락사고로 인한 전류를 말한다.

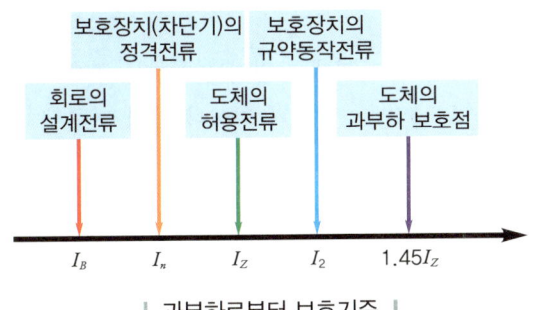

| 과부하로부터 보호기준 |

위의 그림에서 I_B는 회로의 설계전류, I_n는 보호장치(차단기)의 정격전류, I_Z은 도체의 허용전류로 보통 전선의 허용전류를 말한다. I_2는 보호장치가 규약시간(規約時間)[28] 이내의 유효하게 동작하는 것을 보장하는 전류[29]로 이는 제조자가 기술 사양서에 공시하여 제공하거나 제품 표준에 제시되어야 한다. 그리고 도체의 허용전류에서 1.45배 해당하는 지점이 도체의 과부하 보호점으로 이 지점을 넘기게 되면 전기사고로 연결될 수 있다.

따라서 차단기의 과부하를 예방하기 위해 반드시 회로의 설계전류≤보호장치(차단기)의 정격전류≤도체의 허용전류를 생각하고 있어야 한다.

과부하로부터 보호하기 위한 보호장치를 설치해야 하는 장소는 다음과 같다.

28 ─
규약시간이란 설계기준의 시간을 말한다.

29 ─
이를 규약동작전류라고 하며 따로 정해진 값이 없으면 $1.3 \times I_n$으로 구한다.

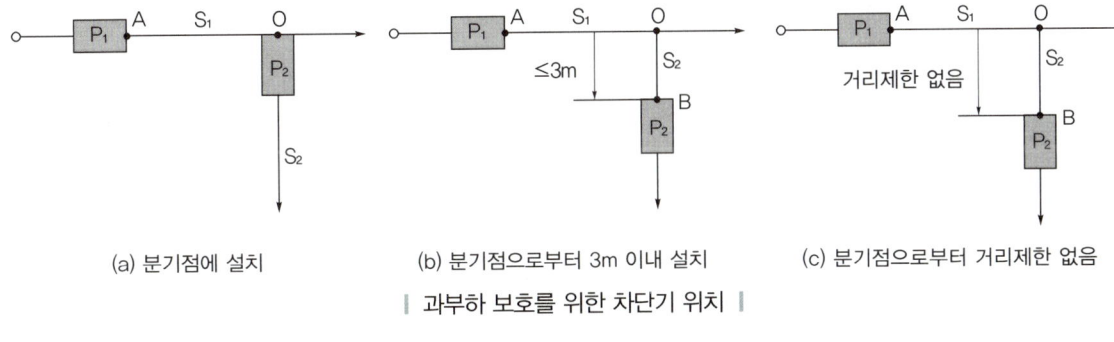

(a) 분기점에 설치 (b) 분기점으로부터 3m 이내 설치 (c) 분기점으로부터 거리제한 없음

| 과부하 보호를 위한 차단기 위치 |

위의 그림에서 분기점은 O, P_1과 P_2는 과부하로부터 보호하기 위한 보호장치, S_1은 간선의 도체, S_2는 분기회로의 도체이다.

(a)의 경우는 분기회로 분기점에 설치하는 경우로 전로 중 도체의 허용전류값이 줄어드는 분기점에 설치해야 한다. 예를 들어 간선이 6mm²이고 분기선이 2.5mm²라면 이들이 접속되는 부분에 설치해야 한다는 것을 말한다.

(b)의 경우는 분기점으로부터 3m 이내 설치하는 경우로 이때 다른 분기회로 및 콘센트 설치가 없어야 하며 단락사고의 위험과 화재 및 인재에 대한 위험성이 최소화

되도록 설치해야 한다.

(c)의 경우는 분기점으로부터 거리제한 없이 설치하는 것으로 이때는 분기점(O)과 P_2 사이에 다른 분기회로나 콘센트 설치가 없어야 하며 보호장치(P_1)에 의해 분기회로 도체(S_2)가 단락보호 되어야 한다.

한편, 과부하보호장치를 설치하지 않고 생략할 수 있는 조건이 있는데 이는 다음과 같다.

(1) 전선의 단면적 등이 변경되는 분기점의 부하측 배선이 그 전원측에 설치된 보호장치에 의해 유효하게 과부하를 보호할 수 있는 경우
(2) 과부하전류가 흐를 우려가 없는 배선으로 단락보호 요건에 따라 단락보호가 되고 도중에 분기회로 및 콘센트가 없는 경우
(3) 통신, 제어, 신호 등의 설비일 경우
(4) 전동기의 여자회로, 기중기 전자석의 전원회로 또는 변류기의 2차 회로 등 회로의 차단에 의해 위험을 발생시킬 수 있는 전기기기에 공급하는 회로[30]의 경우
(5) IT 계통에서는 과부하보호를 하지 않는 회로를 누전차단기로 보호하거나 계통 내 배선을 포함한 모든 기기에 대해 이중 또는 강화 절연기기를 사용하는 경우

위에 해당하는 경우는 과부하보호장치를 생략해도 된다.

> [30] 과부하보호장치의 설치를 검토해야 한다.

6 전동기 회로의 전선과 차단기 선정

앞서 언급한 회로는 시간에 따라 거의 일정한 부하를 가진 경우를 들었다. 그러나 전동기(모터)의 경우 처음 회전을 할 때 발생하는 기동전류와 지속해서 회전 중일 때 발생하는 운전전류의 크기가 매우 차이[31]가 나기 때문에 전선과 차단기를 선정할 때는 고려해야 한다. 전동기회로는 다른 말로 동력부하회로라고 하며 다음과 같이 구분한다.

> [31] 적게는 1.5배에서 많게는 8배 이상 차이가 나기도 한다.

전동기 종류에 따른 전동기회로 선정기준	
전동기 종류	전동기회로 선정기준
급수, 배수, 온수, 급탕, 소화펌프 등에서 사용하는 경우(일반 건축물)	전부하전류(FLC)
기동시간이 5초 이상 또는 기동전류가 큰 경우(플랜트 설비)	규약동작배율

일반 건축물에서 많이 사용하는 전동기의 경우 단순하게 전부하전류(FLC ; Full Load Current)를 통해 선정[32]할 수 있다. 이때 사용할 수 있는 전동기는 기동시간이 2초 이하로 짧고 기동전류의 크기도 운전전류보다 그다지 크지 않은 경우이다.

그러나 플랜트 설비의 경우 기동시간도 길고 기동전류가 크기 때문에 전부하전류

> [32] 앞 '5 과부하전류에 대한 보호'에서 선정하면 된다. 여기에서 I_B 회로의 설계전류가 전동기의 운전전류로 선정하여 구하면 된다.

를 이용해서 구하게 되면 차단기가 동작해 올바르게 전동기가 동작하기 어렵게 될 수 있다. 이때 활용하는 방법이 규약동작배율에 의한 방법이다. 이는 전동기의 기동전류, 기동시간, 운전전류[33] 및 차단기의 동작특성곡선을 활용한 방법이다. 먼저 차단기의 최소동작시간(t_b)[34]을 구한다. 이후 차단기의 규약동작배율(정격전류의 배수)을 산정하는데 이는 차단기 제조사가 제시한 동작특성곡선에서 세로축 최소동작시간과 특성곡선의 최솟값과 일치하는 가로값을 말한다. 이후 다음 공식에 해당하는 값을 대입한다.

$$I_n \geqq \frac{I_m \times \beta}{\sigma}$$

위의 공식에서 I_n은 차단기의 정격전류, I_m은 회로의 설계전류 즉, 전동기의 정격전류, β는 전동기의 전전압기동배율이다. 전동기의 전전압기동배율이란 기동전류에서 운전전류를 나눈 값이다. 그리고 마지막으로 분모에 해당하는 σ는 규약동작배율로 차단기 특성곡선을 통해 구해진 정격전류의 배수를 말한다. 여기서 대입하여 나온 정격전류값보다 크거나 같은 크기의 정격전류값을 가진 차단기를 선정하고 전선의 허용전류[35]는 차단기의 정격전류보다 크거나 같은 값을 가져야 한다. 일반적으로 규약동작배율을 통해 차단기와 전선을 선정할 때는 전부하전류를 이용한 방법보다 더 많은 전류를 허용할 수 있게 된다.

7 단락보호장치의 특성

단락(短絡, short)사고는 보통 합선이라고 일컫는 사고로 임피던스가 0에 가깝기 때문에 옴의 법칙에 의해 전류가 무한대로 커지게 된다. 이러한 단락사고로부터 회로와 부하를 보호하기 위해 차단기를 설치하는데 이 차단기를 단락으로부터 보호할 수 있는 정격차단전류[36]를 예상단락고장전류보다 크게 되도록 선정해야 한다.

보호장치의 정격차단전류 > 예상단락전류 × 1.25

산업용 배선차단기의 정격전류와 정격차단전류는 다음과 같다.

| 산업용 배선차단기의 정격전류와 정격차단전류 |

구분	차단기의 정격
정격전류[A]	6-8-10-13-16-20-25-32-40-50-63-80-100-125-160-200-250-320-400-500-630-800-1000-1250-1600-2000-2500-3200
정격차단전류[kA]	1-1.25-1.6-2-2.5-3.15-4-5-6.3-8-10-12.5-16-20-25-31.5-40-50-63-80-100-125-160-200

[33] 운전전류를 정격전류 라고도 한다.

[34] 최소동작시간이란 전동기의 전전압기동시간(t_m)을 기준으로 하여 1.5~2배를 가산한다. 일반적으로 1.5배를 많이 이용한다.

[35] 한국전기설비규정에 따라 정의된 공사방법, 집합계수, 온도계수 모두 반영한 값을 기준으로 한다.

[36] 전류량이 크기 때문에 [kA]라는 단위를 많이 사용한다. 현장에서는 이를 '카수'라고 표현한다.

예를 들어 예상 단락전류값이 11334A라고 할 때 여기에 1.25를 곱하면 14168A (=11334×1.25)로서 이때 차단기의 정격차단전류의 최소값은 16000A 즉, 16kA 제품을 선택해야 한다.

단락전류는 최대 단락전류와 최소 단락전류로 구분한다. 최대 단락전류는 전기기기의 용량이나 정격을 결정하고 최소 단락전류는 퓨즈의 선택, 보호장치의 설정, 전동기 시운전 검사 등의 기준이 된다. 최대 단락전류는 전압보정계수로 C_{max}를 사용하고, 최소 단락전류는 전압보정계수로 C_{min}을 사용한다. 이들의 값은 다음과 같다.

| 공칭전압에 따른 전압보정계수 |

공칭전압	전압보정계수	
	C_{max}	C_{min}
100V 이상 1000V 이하	1.05 1.1	0.95
1000V 초과 35kV 이하	1.1	1.0
35kV 초과	1.1	1.0

여기서 최대 단락전류를 계산할 경우는 전원측 임피던스는 최대 단락전류를 위한 최소 등가임피던스를 적용한다. 마찬가지로 최소 단락전류를 계산할 경우는 전원측 임피던스는 최소 단락전류를 위한 최대 등가임피던스를 적용한다. 그리고 전선의 저항 R_F는 도체의 20℃를 적용한다.

전선의 저항 R_F를 구하기 위한 공식은 다음과 같다.

$$R_F = R_{20} \times [1+\alpha(\theta_e - 20)]$$

위의 공식에서 R_{20}은 도체 20℃의 저항, θ_e는 단락지속시간 종료 시 도체의 온도한계값, α는 도체의 온도저항계수로 구리의 경우 0.004가 된다.

단락지속 종료 시 도체의 온도 한계값은 다음과 같다.

| 단락지속 종료 시 도체의 온도한계 |

절연재료		단락회로의 온도한계값(θ_e)
XLPE, EPR, HEPR		250℃
PVC	300mm² 이하	160℃
	300mm² 초과	140℃

최대 단락전류와 최소 단락전류 계산식은 다음과 같다.

$$\text{최대 단락전류 } I_{Fmax} = \frac{k \times C_{max} \times U_0}{\sqrt{3} \times \sqrt{R^2 + X^2}} \times 10^3$$

$$\text{최소 단락전류 } I_{Fmin} = \frac{k \times C_{min} \times U_0}{\sqrt{3} \times \sqrt{R^2 + X^2}} \times 10^3$$

위의 식에서 k는 비대칭계수로 다음과 같이 구한다.

$$\text{비대칭계수 } k = \sqrt{1 + 2\exp\left(-\frac{2\pi R}{X}\right)}$$

그리고 저항(R)은 전원의 저항(R_S), 변압기의 저항(R_T), 전선의 저항(R_F)의 합 ($R = R_S + R_T + R_F$)이 되고 리액턴스(X)는 전원의 리액턴스(X_S), 변압기의 리액턴스(X_T), 전선의 리액턴스(X_F)의 합($X = X_S + X_T + X_F$)이 된다.

다음으로 보호도체의 단면적(S)을 구하는데 이에 대한 공식은 다음과 같다.

$$S = \frac{I_{Fmax}\sqrt{t_z}}{K} \times \alpha$$

위의 공식에서 I_{Fmax}값은 최대 단락전류의 크기, t_z은 단락고장전류에 의한 도체의 단시간 허용온도에 도달하는 시간, K는 절연재질에 따른 값, α는 여유율로 보통 1.25로 계산한다.

K는 상수로 절연재질에 따른 값은 다음과 같다.

| 절연재질에 따른 K값 |

절연재질	K값	
	구리 도체	알루미늄 도체
PVC	115	76
XLPE	143	94
EPR	143	–

마지막으로 단락고장전류에 의한 도체의 단시간 허용온도에 도달하는 시간(t_z)을 계산하는데 이때 공식은 다음과 같다.

$$t_z = \left(\frac{S \times K}{I_s}\right)^2$$

위의 공식에서 I_s는 (단락)고장전류, S는 보호도체의 단면적, K는 절연재질에 따른 값이다.

여기서 과전류차단기의 정격차단시간[37](t_n)과 단락고장전류에 의한 도체의 단시간 허용온도에 도달하는 시간(t_z)을 비교한 적정성은 다음과 같다.

[37] 제조사의 차단기 동작 특성곡선을 참고하자.

- 적정 : $t_n < t_z$
- 부적정 : $t_n \geq t_z$

따라서 도체의 단시간 허용온도에 도달하는 시간(t_z)보다 과전류차단기의 정격차단시간(t_n)이 짧아야 차단기를 적정하게 선택했다고 볼 수 있다.

배선의 단락위험을 최소화할 수 있는 방법으로 설치를 하고 배선을 가연성 물질 근처에 설치하지 않는 회로의 경우 다음과 같은 조건에 의해 단락보호장치를 생략할 수 있다.

(1) 발전기, 변압기, 정류기, 축전지와 보호장치가 설치된 제어반을 접속하는 회로
(2) 전동기의 여자회로, 기중기 전자석의 전원회로 또는 변류기의 2차 회로 등 회로의 차단에 의해 위험을 발생시킬 수 있는 전기기기에 공급하는 회로의 경우
(3) 특정 측정회로

2 선정한 차단기를 분전반에 설치 시 알아두어야 할 점은?

1 차단기 설치 및 교체할 때 알아둘 점

차단기는 전기를 안전하게 사용할 수 있게 도와주면서 전기를 제어할 수 있는 전기기기이다. 그러나 '의사가 제 병 못 고친다.'는 말이 있듯 차단기를 새로 설치하거나 교체할 때는 차단기로 전기를 제어할 수 없는 경우가 있다. 특히 인입선으로부터 바로 전기를 공급받는 주차단기의 1차측은 차단기로 전기공급을 제어할 수 없기에 특별히 조심해서 취급해야 한다. 차단기 설치 및 교체할 때 알아둘 점은 다음과 같다.

(1) 전선배선 시 차단기부분 작업은 맨 나중에 한다

보통 간단한 전기작업이 아닌 건축이나 리모델링 등으로 아예 전기배선을 새로 할 때가 있다. 이때 분전반에서 공사를 위한 최소한의 전기공급이 가능한 차단기를 먼

저 작업하고 나머지 차단기의 2차측을 모두 제거해 불필요한 전기공급을 원천적으로 차단한다. 이후 배선 시 끝부분부터 차단기쪽으로 향하는 방식으로 공사를 수행하여 전기공사의 맨 마지막에 분전반을 꾸미고 차단기를 설치해야 한다. 차단기에 전선을 연결할 때는 선입후절(先入後絕)[38] 원칙에 따라 중성선부터 연결한 후 전압선을 연결한다. 사소한 것 같지만 이는 불필요한 전기공급으로 인한 전기사고를 원천적으로 막을 수 있고 다른 작업자의 실수로부터 전기기술자를 안전하게 보호할 수 있기 때문이다. 공사현장은 환경이 매우 열악하기에 특히 신경을 써야 한다.

[38] 속입지절(速入遲絕)이라고도 한다. 전기기술자라면 반드시 알아야 할 중요한 사항으로 전원 투입 시 중성선 → 전압선 순으로 하고 전원 제거 시엔 그 반대로 전압선 → 중성선으로 하는 방법이다. 이는 중성선이 없는 전압선이 과전압되어 부하로 인가되고 부하를 크게 고장 낼 수 있기 때문이다.

(2) 차단기에 전선을 확실하게 접속해야 한다

일반 가정이나 상점에서 쓰는 작은 차단기는 나사로 되어 있는 구조이다. 간편하다고 전동드라이버로 무작정 차단기 2차측에 접속하는 것은 옳지 못하다. 토크를 조절할 수 있는 전동드라이버를 통해 최종 접속 시 확실히 마무리하고, 수동드라이버를 이용할 때는 일자드라이버를 통해 마지막에 한 번 더 확실하게 접속해 준다. 그리고 피복을 벗긴 상태로 내부 심선을 I자 모양으로 바로 2차측에 접속하는 것보단 심선의 끝을 고리형태로 한 번 말아주고 접속하는 것이 더욱 튼튼하다. 접속이 불안하면 심선과 차단기 2차측 단자의 접촉저항이 커져 발열이 많아지고 전기화재의 원인이 될 수 있다. 보통 단선의 경우는 쉽게 차단기에 접속이 되지만 VCTF와 같은 가느다란 소선이 있는 연선형태는 접속이 어렵다. 이때는 전선규격에 맞는 핀터미널[39]을 통해 연선을 먼저 눌러 붙여(압착) 단단하게 고정하고 차단기에 연결하도록 한다.

[39] 자세한 것은 '07의 2·5 터미널단자를 통한 전기기기 접속방법'을 참고하면 된다.

(3) 분전반작업 시에는 반드시 절연장갑을 착용한다

주차단기의 1차측은 인입선이 있어서 상시 전기가 공급된다. 능숙하지 않게 분전반을 작업하다 주차단기 1차측에 접촉되면 감전이 될 수 있다. 아울러 작은 나사나 터미널단자 등 도체가 될 만한 작은 물체도 분전반 인근에 두고 작업하지 않는다. 3상 분전반의 경우 버스바 동판의 나사접속부분에 작은 조각이 닿아도 위험하다. 아울러 차단기에서 전선을 분리할 경우 이를 서로 최대한 다른 방향으로 두도록 한다. 본의 아니게 활선상태에서 붙어버리면 합선이 되어 위험할 수 있다.

(4) 최종적으로 차단기 설치가 끝나면 계측기로 회로사항을 점검한다

먼저 차단기와 연결될 전선의 절연저항을 측정하여 누전 여부를 확인한다. 그리고 멀티미터로 저항을 측정한다. 이때 바늘이 움직이지 않거나 저항값이 무한대(∞)로 나온다면 정상[40]이다. 그러나 바늘이 크게 움직이거나 0Ω 수준으로 나온다면 합선이 되고 있다고 파악해 원인이 될 만한 곳을 찾아 이를 수정하고 다시 측정한다. 이를 수정하지 않고 차단기를 올려 전기를 공급할 경우 바로 합선이 되어 펑 터지거나

[40] 부하가 없을 때는 무한대가 정상이지만 부하가 있다면 부하에 따른 저항값이 나온다.

누전으로 차단기가 다시 툭 떨어지는 경우를 볼 수 있다. 운이 없다면 차단기가 터질 수도 있다.

(5) 차단기는 조심스럽게 올린다

앞서 언급했듯 차단기는 예민한 기기라서 터지는 경우가 간혹 있다. 따라서 차단기를 올릴 때는 반드시 장갑을 끼고 살짝 옆에 서서 차단기와 얼굴을 마주 보지 않고 조심스럽게 올리도록 한다. 전기작업 시 마음가짐은 언제라도 다칠 수 있다는 생각 아래 작업해야 한다.

2 라벨의 전등·전열의 의미

분전반을 열어보면 일반적으로 분기차단기 앞에 라벨[41]로 전등과 전열이 적혀 있고 경우에 따라 에어컨이나 예비라고 쓰여 있기도 하다. 또는 영어로 L_1, R_1, R_2, A/C, SP_1, SP_2와 같이 표기하는 경우가 있다. 여기서 '전등'이란 조명을 담당하는 차단기를 말하고 '전열'[42]은 콘센트와 같이 전자제품을 접속하는 것을 말한다. '에어컨'이라고 쓰여 있는 경우 에어컨만 단독으로 배선을 했다는

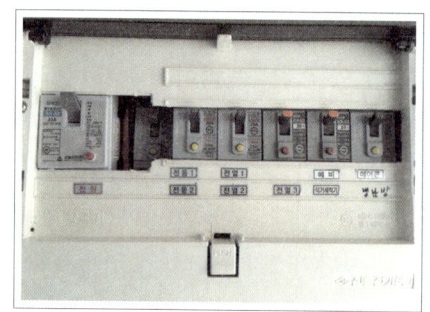

| 분전반의 라벨 예시 |

것을 말하고 '예비'는 말 그대로 추가로 전선을 배선할 경우에 사용할 차단기이다.

이를 영어로 L, R, A/C, SP로 표기한다. L은 전등[43]을, R은 부하를 말한다. 원래 부하의 영단어는 로드(Load)이지만 L이 전등과 중복이 되기에 저항[44]에서 따와 R을 사용하는 것이다. 결국 저항이 전력을 소비하면서 일을 하기 때문이다. AC는 에어컨[45]의 약자, SP는 예비(SPare)의 약자를 말한다. 보통 가정에서 전력을 소비하는 정도에 따라 다르지만 주차단기 1개와 보조차단기 2개부터 최대 12개까지 있다. 3상 전력을 끌어오는 일부 고급주택의 경우는 그보다 많을 수 있다.

그런데 이렇게 전등과 전열로 구분하지 않는 경우는 따로 배선하지 않고 거실, 안방, 작은 방 등 구역을 나누어 배선했기 때문이다. 따라서 전기문제로 차단기가 작동하면 집의 거실이나 안방 등 특정 구역에 조명과 콘센트를 사용할 수 없게 된다.

3 전압선과 중성선의 개념

전기를 사용하기 위해서는 최소한 두 가닥의 전선이 필요하다. 바로 전압선과 중성선이다. 전압선은 전압이 있는 상태의 선으로 실제 전기가 살아있는 상태 즉, 활선상태이다. 발전소에서 회전운동을 통해 3개의 상으로 120°의 위상차를 가지고 교류전력

---

[41] 없는 경우도 많다.

[42] 추울 때 따뜻하게 해주는 전열기를 말하는 것은 아니다.

[43] 전등, 조명의 영단어는 '라이팅(lighting)'이다.

[44] 저항의 영단어는 레지스턴스(resistance)이다. 보통 저항과 부하를 같은 개념으로 보지만 전기공학적으로는 전혀 다른 의미이다. 저항과 부하는 서로 반비례관계이다.

[45] 에어컨의 영단어는 '에어 컨디셔너(air conditioner)'지만 일본에서 이를 줄여 エアコン(에아콘)이라 하던 것이 우리나라에 들어오면서 에어컨이 되었다. 비슷한 예로 리모콘(remote control)이 있다.

이 공급된다. 이렇게 3개의 상 중에 하나의 상과 중성선[46]이 함께 결합하여 우리가 보통 사용하는 단상 220V가 된다.

일반적으로 차단기를 정면에서 바라보았을 때 왼쪽에 위치한 선이 전압선, 오른쪽에 위치한 선이 중성선이지만 시공자에 따라 이 규칙을 따르지 않은 경우가 많기 때문에 직접 확인하는 것이 중요하다.

[46] 변압기에서 L1, L2, L3 3개의 상을 모두 합하면 나오는 선으로. 자세한 것은 'Ⅱ의 04 · 2 · 3 주상변압기와 저압부분'을 참고하자.

(a) 전압선   (b) 중성선

| 메거를 이용한 전압선과 중성선 구분 |

이를 확인하기 위해서는 차단기를 내려 전류를 끊은 후 차단기 1차측에 멀티미터나 메거로 한쪽 선을 대고 남은 한쪽 선을 접지에 댔을 때 0V에 가까울 정도로 전압이 작게 나오면[47] 중성선, 220V 내외로 나오면 전압선이다. 참고로 전압선과 중성선이 정확하지 않거나 전압이 너무 작게 나오거나 불규칙하게 나오는 경우는 접지가 확실하지 않기 때문이다. 이때는 먼저 접지를 확실히 하거나 접지에 대응할 만한 것[48]을 찾아 접지가 확실한지 확인 후 다시 측정해야 한다.

[47] 디지털방식의 테스터기로는 수치를 바로 보여주기에 확인이 쉽지만 아날로그방식의 테스터기로는 바늘이 거의 움직이지 않기에 확인이 어려울 수 있다.

[48] 쇠로 된 수도관이나 건물의 철근 등이 해당한다.

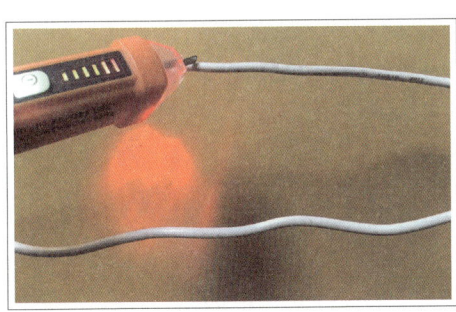

(a) 전압선   (b) 중성선

| 검전기로 검전 중인 전압선 및 중성선 |

검전기를 이용해서도 알 수 있다. 차단기를 내려 전류를 끊은 후 차단기 1차측 전선에 검전기로 접촉하였을 때 경고음이나 소리가 나면 전압선, 아무런 반응이 없으면 중성선이다. 직류에서는 (+)선과 (−)선으로 구분되지만 교류는 전압선과 중성선으로

구분된다. 중성선에는 전류가 흐르지 않아 감전이 되지 않는다고 생각할 수 있지만 부하가 걸려 있거나 되돌아오는 전류로 인해 감전이 될 수 있으므로 중성선 역시 취급에 주의[49]해야 한다.

전압선은 하트상, 하트선, 핫라인, 상전압선, 전원선, 스위치공통선 등 다양하게 불리고 있으며 중성선[50]은 뉴트럴, 콜드선, 공통선 등으로 표현한다. 참고로 접지선은 전압선과 중성선과 전혀 다른 개념이다. 접지선의 전압을 측정하면 이론적으로는 0V가 나와야 하지만 주변환경에서 전압에 영향을 주는 원인[51]이 있는 경우 전압이 측정될 수 있다.

4 차단기의 개수 산정

전기가 주택이나 건물 내부에 들어오면 보통 가장 먼저 만나는 곳이 분전반이다. 분전반에는 차단기가 있고 전선이 이곳 차단기에서 나와 여기저기로 간다. 즉, 차단기마다 담당하는 회로가 있다는 것이다. 여기에서 중요한 점은 반드시 1개 이상의 누전차단기를 설치해야 한다는 것이다. 최근에 판매되는 누전차단기는 과부하, 단락전류에도 차단기가 트립되기 때문에 누전 이외 다른 전기사고도 막을 수 있다.[52]

그런데 차단기의 개수는 어떻게 산정해야 할까? 대체적으로 실내 면적과 비례하기는 하지만 그보다도 사용하는 부하를 고려해야 한다. 그러나 아직 입주하지 않은 건물의 경우 어떤 부하가 들어올지 알 수 없기 때문에 이에 대한 기준이 정해져 있다. 먼저 다음 표를 살펴보자.

건축물의 종류에 대응한 표준부하(a)	
건축물의 종류	표준부하[VA/m²]
공장, 공회당, 사원, 교회, 극장, 영화관, 연회장 등	10
기숙사, 여관, 호텔, 병원, 학교, 음식점, 다방, 대중목욕탕	20
사무실, 은행, 상점, 이발소, 미용실	30
주택, 아파트	40[53]

건축물(주택, 아파트 제외) 중 별도 부분부하(b)	
건축물의 종류	부분부하[VA/m²]
복도, 계단, 세면장, 창고, 다락	5
강당, 관람석	10

---

[49] 전선을 자를 때 한 가닥씩 잘라야 하는 이유이기도 하다. 부하가 걸린 상태로 두 가닥을 동시에 자르면 가위날에 합선이 생겨 '펑' 터진다.

[50] N상이라고 표현하기도 하는데 중성선은 애초에 '상'의 개념이 없기 때문에 N상은 잘못된 표현이다.

[51] 인근 접지선으로 흘러나온 누설전류의 귀로전류(歸路電流)가 대표적인 예이다.

[52] 과거 녹색버튼이 있는 차단기는 오직 누전만 감지하며 과부하, 단락전류 시 차단기능은 없다.

[53] 본래는 없던 규정이었으나 한국전기설비규정에 따라 새롭게 분리되었다.

표준부하에 따라 산출한 수치에 가산할 [VA]수(c)	
구분	가산할 [VA]수
상점의 진열장	진열장 폭 1m에 대하여 300VA
옥외의 광고등, 전광사인, 네온사인등	해당하는 [VA]수
극장, 댄스홀 등의 무대조명, 영화관 등의 특수조명 부하	

위의 표를 통해 건물의 내부 전기설비 수용설비용량을 추산할 수 있다. 이때 용량은 유효전력의 [kW]가 아닌 역률을 고려하지 않은 피상전력인 [VA]가 된다.

수용설비용량[VA] = $PA + QB + C$

여기서, P : 표 (a)의 건물의 바닥면적(Q부분 제외)[m²]

Q : 표 (b)의 건물의 바닥면적(P부분 제외)[m²]

A, B : 표 (a), (b)의 표준부하[VA/m²]

C : 가산하여야 할 부하[VA]

이렇게 해서 구한 수용설비용량을 220×15^{54}로 나누어 나온 값의 소수 첫째 자리에서 반올림한 값이 회로 개수의 원칙적인 값이다. 여기서 정격소비전력이 3kW 이상의 대형 전기기계[55]인 경우는 별도의 전용 분기회로를 만들어줘야 한다.

54
15A는 분기회로의 용량이다. 분기회로의 종류는 15A 분기회로, 20A 배선차단기 분기회로, 20A 분기회로, 30A 분기회로, 40A 분기회로, 50A 분기회로, 50A 초과 분기회로가 있다.

55
에어컨, 인덕션 등을 예로 들 수 있다.

예를 들어 왼쪽의 그림과 같은 주택과 상점이 혼합된 건축물이 있다고 가정하고 먼저 각 부분의 면적을 구한다. 주택의 경우는 $12 \times (6+6+3) = 12 \times 15 = 300m^2$, 점포는 $(6+6) \times 10 = 12 \times 10 = 120m^2$, 창고는 $3 \times 10 = 30m^2$이다. 여기에 표준부하와 부분부하를 곱해준다. 주택은 앞의 표 (a)를 참고하여 40VA, 상점은 앞의 표 (a)를 참고하여 30VA, 창고는 표 (b)를 참고하여 5VA임을 알 수 있다. 그리고 여기에 진열장 부하는 표 (c)를 참고하여 $6 \times 300 = 1800VA$를 구해준다. 이를 공식으로 나타내면 다음과 같다.

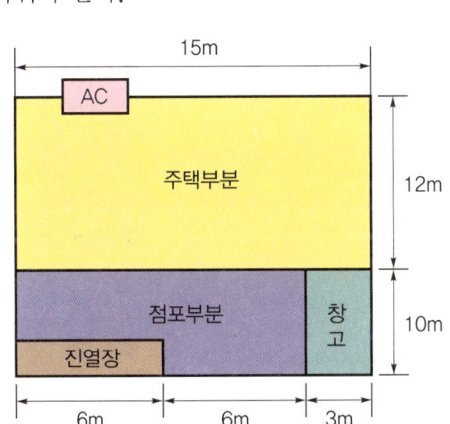

수용설비용량 $P = (12 \times 15 \times 40) + (12 \times 10 \times 30) + (3 \times 10 \times 5) + (6 \times 300)$
$= 7200 + 3600 + 150 + 1800 = 12750VA$

전체 수용설비용량이 1만 2750VA로 여기에 분기회로수를 구하기 위해서 사용하는 정격전압과 분기회로전류를 곱한 값으로 나누어준다.

분기회로수 $= \dfrac{\text{수용설비용량[VA]}}{\text{정격전압[V]} \times \text{분기회로전류[A]}} = \dfrac{12750}{220 \times 15} = 3.86$

분기회로수는 정수이므로 3.86의 소수점 이하를 반올림 하면 4회로가 된다. 그러나 에어컨(AC)[56]의 경우 별도로 전용선을 만들어줘야 하므로 1회로를 추가해야 한다. 따라서 15A 분기 5회로로 산정한다. 이때 분기차단기는 5개를 사용[57] 해야 한다.

5 소비전력에 따른 차단기 정격전류 선정법

전자제품을 사용하기 위해서는 전자제품이 사용하는 소비전력에 맞는 전선을 사용해야 하지만 이보다 더 중요한 것은 바로 차단기이다. 차단기의 정격전류는 차단기에서 가장 크게 써진 숫자[58], 이보다 전류를 많이 사용하면 전류를 차단하겠다는 기준을 말한다.

그러나 사용하는 전류량이 차단기의 정격전류에 해당한다고 바로 떨어지는 것은 아니다. 왜냐하면 차단기에 열에 반응하는 바이메탈이 있어서 열이 많이 발생(전류를 많이 사용)하면 차단기가 떨어지게 설계가 되어 있다. 따라서 주위온도가 높은 경우는 그만큼 차단기가 빨리 떨어지고 주위온도가 낮으면 반응하는 데 시간이 조금 걸린다. 물론 이렇게 과부하로 인해 차단기가 떨어지면[59] 정말 다행이다. 차단기가 떨어지지 않게 되면 전류에 의해 발생한 줄열로 전선이 녹다[60]가 화재가 날 수 있기 때문이다. 이와 관련해서 전력 및 차단기의 정격전류와의 관계를 알아보자.

[옆주 56] 일반적으로 에어컨(Air Conditioner)의 약자를 AC로 표기하지만 때에 따라 RC(Room air Conditioner)로 표기하기도 한다.

[옆주 57] 일반적으로 15A 분기 회로로 설계했으면 정격전류가 20A인 차단기를 설치한다.

[옆주 58] 보통 명판에도 크게 쓰여 있지만 차단기의 핸들에도 양각으로 표기하는 경우가 많다.

[옆주 59] 이렇게 과부하로 차단된 경우 차단기를 만져보면 뜨겁다. 이럴 때는 과부하가 될만한 전자제품의 사용을 중지하고 어느 정도 시간이 흘러 차단기의 온도가 내려 간 후 차단기핸들을 올리면 정상적으로 전기를 사용할 수 있다.

[옆주 60] 보통 절연전선의 허용 온도는 90℃로 끓는 물의 온도인 100℃보다도 낮은 수준이다.

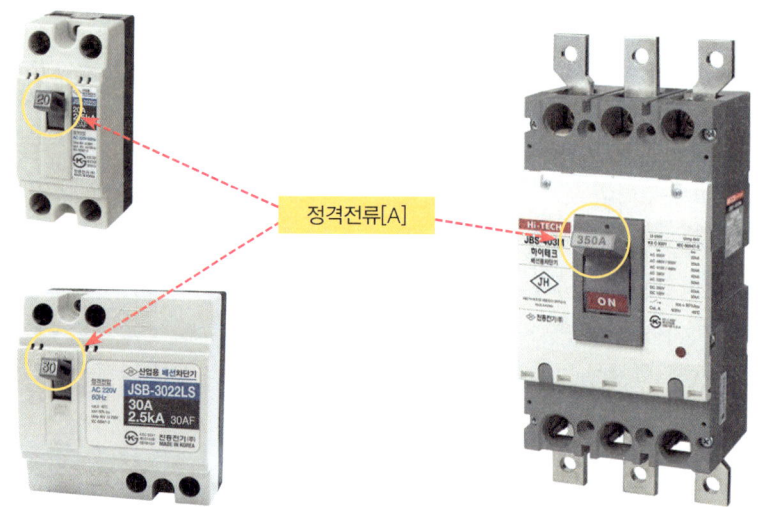

| 차단기핸들에 양각으로 새겨진 정격전류 |

여기에서 전압은 단상 220V, 3상 220V(Δ결선), 3상 380V(Y결선) 등 총 3개로 나누어져 있다. 역률은 모두 0.9로 통일되었고 전류는 다음과 같은 공식을 통해 구했다.

(1) 단상 220V : $I = \dfrac{P}{V\cos\theta} = \dfrac{P}{220 \times 0.9}$ [A]

(2) 3상 220V(Δ결선) : $I=\dfrac{P}{\sqrt{3}E\cos\theta}=\dfrac{P}{\sqrt{3}\times 220\times 0.9}$[A]

(3) 3상 380V(Y결선) : $I=\dfrac{P}{\sqrt{3}V\cos\theta}=\dfrac{P}{\sqrt{3}\times 380\times 0.9}$[A]

예를 들어 3상 380V에 소비전력이 12kW인 전기기기를 설치한다고 가정하고 이것에 맞는 차단기를 선정하는 방법은 다음과 같다.

① 사용전압을 찾아본다 : 3상 380V에 해당하는 곳을 먼저 찾아본다.
② 전력사용량을 찾아본다 : 맨 왼쪽 소비전력에서 12kW에 해당하는 곳을 찾는다.
③ 해당 전류를 살펴본다 : 앞서 3상 380V에 해당하는 전류와 같은 가로줄에 있는 전류를 찾는다. 20.26A임을 알 수 있다.
④ 차단기 정격전류를 선정한다 : KS규격과 IEC규격이 있는데 과거에는 KS규격이었다면 현재는 IEC규격으로 점차 바뀌고 있다. 하지만 전기자재상에서 모두 갖춰놓지 않는 경우가 있기에 해당 표에서 제시한 범위 안에서 작은 용량부터 준비한다. 여기에서는 IEC규격 25A를 선정해야 하는데 이를 구하지 못할 경우 KS규격 30A를 사용하면 된다.

| 소비전력에 따른 알맞은 차단기 선정방법 |

소비전력 [kW]	단상 220V			3상 220V(Δ결선)			3상 380V(Y결선)		
	전류[A]	기존 KS 규격 차단기 정격전류	IEC 규격 차단기 정격전류	전류[A]	기존 KS 규격 차단기 정격전류	IEC 규격 차단기 정격전류	전류[A]	기존 KS 규격 차단기 정격전류	IEC 규격 차단기 정격전류
1	5.05	10A	6A or 8A or 10A or 20A	2.92	10A	6A or 8A	1.69	10A	6A
2	10.10	15A	13A	5.83			3.38		
3	15.15	20A	16A or 20A	8.75		10A	5.06		
4	20.20	30A	32A	11.66	15A	13A	6.75		8A
5	25.25			14.58		16A	8.44		10A
6	30.30	40A	40A	17.50	20A	20A	10.13	15A	13A
7	35.35			20.41		25A	11.82		
8	40.40	50A	50A	23.33	30A		13.51		16A
9	45.45			26.24		32A	15.19		
10	50.51	60A		29.16			16.88	20A	20A
11	55.56		63A	32.08			18.57		
12	60.61			34.99	40A	40A	20.26		25A
13	65.66	75A		37.91			21.95		
14	70.71		80A	40.82			23.63	30A	
15	75.76			43.74	50A	50A	25.32		

참고로 해당 차단기를 구하기 어렵다고 표 범위 밖의 제품을 사용하게 되면 전류가 쉽게 차단되거나 전선의 허용전류를 초과하는 경우 화재로 이어질 수 있으니 반드시 위의 표에서 제시한 범위 안의 제품을 사용해야 한다.

아울러 차단기를 선정할 때 전동기(모터)부하가 있다면 이를 감안해야 한다. 왜냐하면 생각보다 우리 주변에 전동기를 이용한 전자제품이 많기 때문이다. 당장 가전제품을 보더라도 에어컨 실외기, 냉장고, 세탁기, 청소기, 헤어드라이어와 같은 전자제품은 반드시 전동기가 있어야 제대로 작동되는 전자제품이다. 특히 전동기용량이 큰 에어컨 실외기나 청소기, 헤어드라이어의 경우 작동되는 순간 조명이 잠깐 깜박이는 것을 겪어본 사람들이 많을 것이다. 이는 전동기가 회전하기 시작하는 시점에서 흐르는 기동전류가 매우 커지면서[61] 순간적인 전압강하현상[62]이 발생했기 때문이다.

> [61] 운전전류에 비해 6~8배까지 커지기도 한다. 이렇게 기동전류가 큰 것은 전동기뿐만 아니라 전기용접기, 전기로 등이 있다.

> [62] 이러한 현상이 심해지면 전기배선의 노후가 심해졌다는 의미이므로 안전을 위해 전기기술자에게 의뢰해야 한다.

| 소비전력에 따른 차단기의 정격전류 |

소비전력 [kW]	단상 220V 전류[A]	단상 220V 기존 KS 규격 차단기 정격전류	단상 220V IEC 규격 차단기 정격전류	3상 220V(△결선) 전류[A]	3상 220V(△결선) 기존 KS 규격 차단기 정격전류	3상 220V(△결선) IEC 규격 차단기 정격전류	3상 380V(Y결선) 전류[A]	3상 380V(Y결선) 기존 KS 규격 차단기 정격전류	3상 380V(Y결선) IEC 규격 차단기 정격전류
8	40.40	50A	50A	23.33	30A	25A	13.51	15A	16A
9	45.45			26.24		32A	15.19		
10	50.51	60A	63A	29.16			16.88	20A	20A
11	55.56			32.08			18.57		
12	60.61	75A	80A	34.99	40A	40A	20.26		25A
13	65.66			37.91			21.95		
14	70.71			40.82			23.63	30A	
15	75.76			43.74	50A	50A	25.32		
16	80.81	100A	100A	46.65			27.01		32A
17	85.86			49.57			28.70		
18	90.91			52.49	60A	63A	30.39		
19	95.96			55.40			32.08		
20	101.01	125A	125A	58.32			33.76	40A	40A
21	106.06			61.23	75A	80A	35.45		
22	111.11			64.15			37.14		
23	116.16			67.07			38.83		
24	121.21	주택용 차단기 마지노선		69.98			40.52		

또한 전동기의 경우 내부 코일의 인덕턴스로 인해 역률이 낮아져 같은 소비전력 대비 더 큰 전류가 흐른다.

일반 가전제품은 큰 문제가 되지 않지만 전동기만의 회로를 구성하거나 3마력[63] 이상의 전동기를 사용하게 된다면 위의 표 내용대로 차단기를 구입하기보단 모터보호용 차단기를 구입하거나 허용전류가 충분한 전선과 차단기를 설치하여 사용하는 것이 바람직하다.

> [63] 약 2.25kW 수준이다.

소비전력 150kW까지의 차단기 정격전류 산정은 '부록의 6. 차단기 정격전류 산정표'를 통해 자세히 알 수 있다.

07 콘센트와 스위치는 어떻게 배선해야 하는가?

KEY WORD 콘센트, 스위치, 내선공사, 배선, 아웃렛박스, 전선의 접속법, 전선의 피복, 콘센트의 배선, 스위치의 배선

학습 POINT
- 콘센트나 스위치를 설치할 때 알아둘 것은?
- 전선의 접속방법은?
- 콘센트의 배선방법은?
- 단로스위치의 배선방법은?
- 3로 스위치와 4로 스위치의 배선방법은?
- 콘센트와 스위치의 동시 배선방법은?

만약 여러분이 새집을 짓는다고 가정하고 집안 전체의 전기회로도를 그린다면 어떻게 해야 할까? 콘센트나 스위치 위치는 표현할 수 있지만 당장 전선을 어떻게 배치해야 하는지에 대해서는 막막할 것이다. 마찬가지로 집안 콘센트나 스위치의 배선은 벽 속이나 천장 속에 들어가 있기 때문에 눈에 잘 보이지 않는다. 전기기술자들은 어떤 원리로 전선을 배선하기에 우리가 편리하게 전기를 사용할 수 있을까? 가장 실무적이면서 알아둘 만한 전선배선에 대한 전반적인 이야기를 해보도록 하자.

1 콘센트나 스위치를 설치할 때 알아둘 것은?

1 아웃렛박스의 활용 및 규격

현재 실내에 있다면 주변을 한 번 둘러보자. 벽 어딘가에서 스위치와 콘센트를 확인할 수 있다. 스위치와 콘센트를 뜯어보면 어디선가 시작된 전선이 스위치와 콘센트로 연결되어 있을 것이다. 그리고 좀 더 자세히 보면 스위치와 콘센트를 움직이지 않게 단단하게 고정시키는 철로 된 작은 구조물[1]을 볼 수 있다. 이렇게 철로 된 작은 구조물 같이 전기공사를 할 때 배관의 끝이나 중간에 설치하는 금속상자로 전선을 인출하거나 전기 기구류를 장착하는 데에 사용하는 것을 아웃렛 박스(outlet box)라고 한다.[2]

구조물의 재질에 따라 크게 철박스와 PVC박스로 구분할 수 있으며 벽 재질이 합판이나 석고보드의 경우 이러한 아웃렛박스를 사용할 수 없으므로 석고보드 보조대를 설치한다. 또한 아웃렛박스도 좀 더 세분화하면 콘센트용과 스위치용으로 구분되고 이

---

[1] 전기공사 현장에서는 아웃렛박스를 설치할 수 없는 경우도 종종 있어 합판이나 석고보드에 바로 고정한 경우도 있다. 그러나 이럴 때는 지지가 약해지므로 석고보드 보조대를 사용해야 한다.

[2] 현장에서는 '복스'라고도 한다.

는 크기에 따라 1개용과 2개용으로도 구분이 된다.

| 아웃렛박스의 종류 |

³ 콘센트용 박스를 승압박스라고도 한다.

⁴ 박스 내부에 들어가는 전선이 많을 경우 콘센트나 스위치를 삽입하기 어려울 수 있다. 그래서 깊이가 표준 54mm 외 44mm, 75mm의 두 종류가 더 있다.

먼저 철박스를 알아보자. 철박스는 강철재질로 매우 단단하게 설계되어 있고 모양이 잘 변하지 않는다. 보통 눈에 잘 띄지 않는 이유는 벽 속으로 매립하는 콘센트[3]나 스위치가 있을 경우에 사용하기 때문이다. 상하좌우로 구멍을 쉽게 뚫을 수 있는 이유는 이곳으로 전선관을 연결시키기 때문이다. 현재 시판 중인 철박스는 모두 동일한 규격으로 되어 있고 여기에 맞게 콘센트나 스위치가 설계되기에 어떤 제품을 사용해도 무방하다. 철박스의 규격은 세로와 깊이[4]는 모두 같고 가로만 용도에 따라 조금씩 다르다.

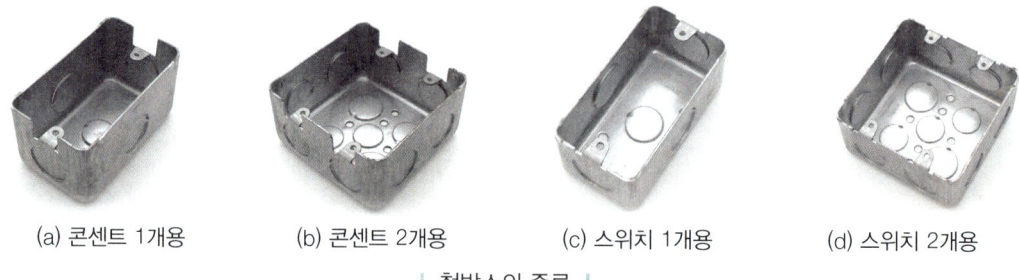

(a) 콘센트 1개용　　(b) 콘센트 2개용　　(c) 스위치 1개용　　(d) 스위치 2개용

| 철박스의 종류 |

| 철박스의 종류와 규격 |

철박스의 종류	규격(가로×세로×깊이 [mm])
콘센트 1개용	58×102×54
콘센트 2개용	102×102×54
스위치 1개용	52×102×54
스위치 2개용	102×102×54

8각 박스는 콘센트나 스위치를 연결하기보단 전선들의 분기점(node)으로 주로 이용된다. 정크션박스(junction box)라고도 하며 벽 속보다는 주로 천장에 많이 설치되어 있다.

| 8각 박스 |

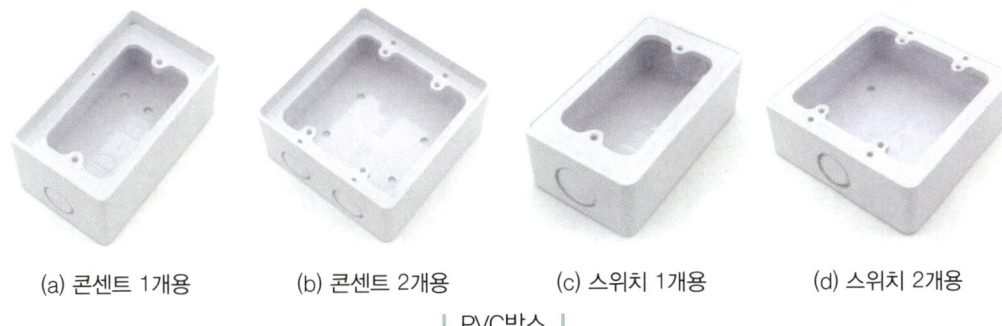

(a) 콘센트 1개용   (b) 콘센트 2개용   (c) 스위치 1개용   (d) 스위치 2개용

| PVC박스 |

PVC박스는 강화플라스틱재질이며 외부로 노출된 전선관을 연결하여 콘센트나 스위치를 달기 위한 장치이다. 철박스보다 크기가 큰 편이고 흰색으로 되어 있어 콘센트, 스위치와 자연스럽게 어울린다. 전선관이 쉽게 들어갈 수 있도록 원형 구멍이 있다. PVC박스는 다음과 같은 규격[5]으로 되어 있다.

| PVC박스의 종류와 규격 |

PVC박스의 종류	규격(가로×세로×깊이 [mm])
콘센트 1개용	70×120×53
콘센트 2개용	116×120×53
스위치 1개용	70×120×42
스위치 2개용	116×120×42

이들 아웃렛박스와 전선관을 연결할 때는 전선관 커넥터(connector)를 사용해 단단하게 고정시켜야 한다. 전선관 커넥터는 전선관의 규격과 같은 것을 선택하면 된다.

[5] 콘센트용이 스위치용보다 깊이가 좀 더 깊다. 이는 콘센트에 단자를 접지하기 때문에 좀 더 크다.

비난연재질의 커넥터와 난연재질의 커넥터로 되어 있다.

얇은 석고보드나 합판 등에 콘센트나 스위치를 고정할 때 석고보드 보조대를 사용하면 단단하게 고정할 수 있다. 구조가 박스에 비해 조금 복잡해 보여도 나사부분만 젖히면 쉽게 설치가 가능하다. 단, 석고보드나 합판에 미리 타공을 해야 하는데 1개용인 경우 가로 52mm, 세로 100mm의 사각형으로, 2개용인 경우 가로·세로 각각 100mm를 타공[6]한 뒤 설치해야 한다.

[6] 브랜드마다 조금씩 치수가 다를 수 있기에 확인 후 타공하자.

| 전선관 커넥터 | | 석고보드 보조대 |

| 콘센트 보조대 |

[7] 브랜드가 다르면 콘센트 보조대 내부 모양을 일부 도려내는 식으로 사용할 수 있다.

콘센트 설치 시 경우에 따라 보조대가 필요할 때가 있다. 오래된 건물의 경우 접지가 되어 있지 않을 수 있는데 이때는 무접지콘센트가 달려 있다. 무접지콘센트는 현재 대부분을 차지하고 있는 접지콘센트보다 깊이가 깊지 않게 설계가 되어 있어서 승압 박스 역시 깊지 않다. 따라서 접지콘센트를 설치하기 어려울 때가 있는데 이때는 보조대를 사용하여 깊이를 좀 더 늘려 설치해야 한다. 또한 승압박스가 너무 벽에 바싹 붙어 간극이 거의 없는 경우 역시 콘센트 보조대를 설치하는 것이 좋다. 보통 전기자재상이나 철물점에서 콘센트 보조대도 함께 판매하고 있다. 브랜드별로 조금씩 모양이 다르니 가능한 같은 브랜드제품을 구입하는 것[7]이 콘센트 설치가 용이하고 더 깔끔하게 밀착된다.

2 콘센트의 개념 및 용량

아무리 발전소에서 전력을 많이 생산해도 그것을 활용하는 전기기기나 전자제품이 없다면 쓸모가 없다. 특히 발전소에서 생산하는 교류는 저장 자체가 불가능하기 때문에 잉여 전기에너지라는 게 없다. 그런데 이런 전기기기나 전자제품은 결국 전력선과 연결되어야 사용이 가능하다. 여기서 전기기기나 전자제품

(a) 콘센트   (b) 플러그

| 콘센트와 플러그 |

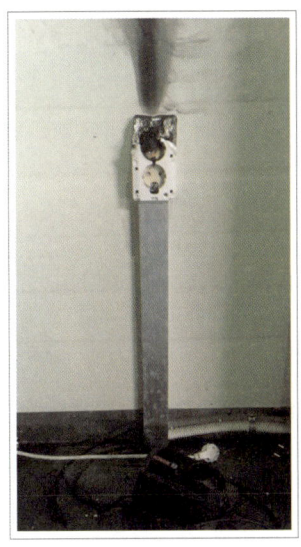

▌ 전동기로 인한 과부하로
 손상된 콘센트 ▐

의 전원선[8] 말단에 있는 것을 플러그(plug)[9]라 하고 전력선에 있는 것을 콘센트(consent)[10]라고 한다.

이렇게 전력선과 전자기기를 연결하는 것을 수구(受口)라고 한다. 수구의 종류로는 소켓(socket), 리셉터클(receptacle)[11], 콘센트 등이 있으며 우리 주변에서 가장 흔하게 보이는 것이 콘센트이다.

무심코 쓰는 콘센트에도 쓸 수 있는 용량이 정해져 있다. 가정집이나 상점, 사무실에서 사용하는 콘센트의 정격전류값이 16A[12]이다. 이는 단상 220V에서 사용할 때 이론적으로는 220V × 16A = 3520W까지 가능하나 역률[13] 및 전기안전을 위해 3kW까지 쓰는 것을 권장한다.

특히 단상으로 작동하는 전동기의 경우 처음 시작할 때 기동전류가 6~8배까지 높을 수 있으므로 전동기류 제품은 가능한 직결[14]로 연결해서 사용하는 것이 안전하다. 직결할 때 주의할 점은 전선을 서로 연결하는 부분을 단단히 접속하고 절연테이프로 잘 감아서 누전이나 접촉불량으로 인한 전기사고를 방지해야 한다.

3 콘센트의 종류

콘센트는 노출형 콘센트(surface consent)와 매립형 콘센트(flush consent)로 구분된다. 노출형 콘센트는 주로 벽이나 천장 외부로 전선이 노출되어 있는 경우에 사용하며 이동이 잦은 곳에서도 사용한다. 전선을 가리기 위해 주로 몰드를 사용하는 경우가 많으며 케이블을 이용하면 따로 몰드시공 없이 사용 가능하다.

매립형 콘센트는 주로 벽이나 천장 속에 전선이 매립되어 있는 경우에 사용되며 한 번 자리가 고정되면 쉽게 움직이기 어렵다. 한편 전선이 노출되어도 매립형 콘센트를 사용할 수 있는데 이는 PVC콘센트박스를 이용해 시공[15]하면 가능하다.

욕실이나 건물 외부 등 습기로부터 노출된 공간을 위한 방우콘센트가 있다. 비교적 싼 가격으로 습기로부터 전기를 안전하게 사용할 수 있도록 하지만 애초에 방수 설계가 안 되어 있어 세차게 내리는 물줄기에서는 속수무책이다. 사용하지 않을 때는 덮개를 덮어 튀는 물방울 등이 들어가지 않게 해둔다. 일부 방우콘센트는 누전차단기를 탑재하여 누전이 발생했을 때 다른 회로에 영향을 주지 않고 해당 콘센트의 전류를 차단하게 설계한 경우도 있다.

[8] 보통 전원코드 또는 코드선이라고 한다.

[9] 현장에서는 일본어인 사시꼬미(差(し)込み)를 그대로 사용하는 경우도 있다.

[10] 본래 영단어로는 소켓(socket), 리셉터클(receptacle), 일렉트리컬 아웃렛(electrical outlet)이 올바른 표현이고 콘센트(consent)는 일본식 영어이다.

[11] 전구를 꽂는 등기구로 스위치가 있는 것을 소켓, 스위치가 없는 것을 리셉터클이라고 한다.

[12] 오래된 콘센트나 무접지 콘센트는 15A이다.

[13] 역률이 낮을수록 같은 전력이어도 더 많은 전류를 필요로 한다.

[14] 직결이란 직접 연결한다는 뜻으로 콘센트를 거치지 않고 전선과 해당 전자제품의 전원선을 물리적으로 직접 연결하는 것을 말한다.

[15] 당연히 전선관이나 몰드를 이용해서 전선을 보호해야 한다.

▌ 노출 원형 콘센트 ▐

  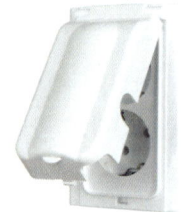 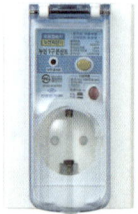

(a) 노출형 콘센트　　(b) 매립형 콘센트	(a) 방우콘센트　　(b) 차단기 탑재 방우콘센트
	노출형 · 매립형 콘센트			방우콘센트	

16
예를 들어 TV와 오디오를 중심으로 홈시어터를 꾸미면서 인터넷도 함께 활용하고자 하는 경우이다.

17
복합 콘센트라고 하기도 한다.

거실에는 단순히 전력선 외 안테나선, 스피커선, 랜선이 모두 한자리에 필요한 경우[16]가 있다. 이럴 때는 통합수구(統合受口)[17]를 이용하면 훨씬 깔끔하게 설치를 할 수 있다. 그러나 이는 주문제작을 많이 하기 때문에 보통 개인이 구입하기보단 건설사에서 대량으로 주문제작 또는 구입하여 설치하는 경우가 많다.

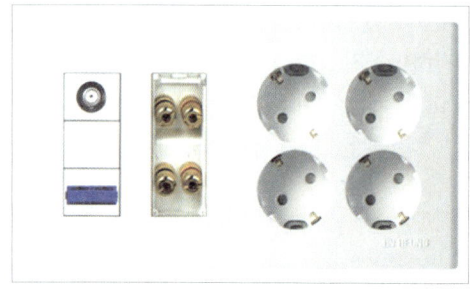 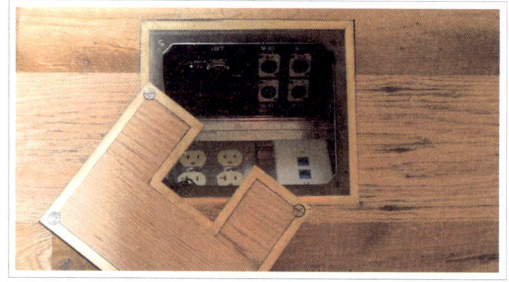

| 통합수구 | 무대 위에 설치된 플로어 통합수구 |

18
이러한 시공방법을 플로어덕트(floor duct)공사라고 한다. 플로어덕트공사는 반드시 접지공사를 해야 하며 사용할 수 있는 전선은 옥외용 전선(OW) 외 모든 절연전선이 가능하다. 보통 전력선로 외 통신선로도 함께 시공한다.

19
극의 개수란 플러그를 꽂는 단자의 개수이자 콘센트에서 받는 단자의 개수를 말한다.

최근에 지어진 사무실 가운데 바닥으로 전선을 깔고 바닥에서 바로 콘센트를 설치한 경우[18]가 있다. 이때 설치되는 콘센트를 **플로어 콘센트(floor consent)**라 하며 다른 **콘센트에 비해 하중이 매우 높다는 것이 장점**이다. 또한 컴퓨터 사용 등으로 전원이 많이 필요한 사무실에서 멀티탭을 최소화할 수 있다. 보통 덮개를 설치하여 사용하지 않을 때는 이를 덮어두어 전기안전은 물론 지나가는 사람들에게도 걸리지 않게 시설을 한다. 또한 이곳에 복합수구를 설치하여 단순히 전력선 외 다양한 장치를 연결할 수 있도록 한다.

한편, 산업현장에서 사용하는 전기기기들은 전반적으로 용량이 높기 때문에 이에 맞게 설계가 된다. 보통 콘센트만 따로 파는 게 아니라 플러그와 세트로 팔며 완제품 전기기기의 경우 기기를 설치하면서 함께 달아주는 경우가 많다. 이러한 콘센트는 극(pole)의 개수[19]가 정해져 있다. 극수는 보통 2P, 3P, 4P로 구분된다. 정격전류량은 가정에서 사용하는 16A보다 높은 20A, 32A, 50A로 되어 있다. 다만 이러한 콘센트는 용량에 맞게 전선 역시 굵은 선으로 설치해야 안전하게 전기를 사용할 수 있다.

(a) 플러그 (b) 콘센트

| 고용량 산업용 단상 3P 32A용 플러그 및 콘센트 |

4 스위치의 종류 및 용량

스위치(switch)는 전기회로를 연결 및 제거하거나 다른 기능을 작동하게 하는 장치[20]로, 직접 전기를 제어하기 때문에 매우 중요하다. 회로가 열려 있으면 전기는 연결이 되지 않은 상태이고 회로가 닫혀 있으면 전기는 연결이 된 상태이다.

스위치가 없다면 인류는 전기를 쓰는 데 매우 불편할뿐더러 전기의 위험함도 훨씬 많이 느꼈을 것이다. 일일이 전선도체를 사람 손으로 연결했다 떼었다 하는 것은 누가 생각해봐도 선뜻 내키지 않는 행동일 것이다. 보통 벽에 붙어 있는 스위치를 텀블러스위치(tumbler switch)라 하며 콘센트와 마찬가지로 크게 노출형 스위치와 매입형 스위치가 있다.

[20] 전기공학에서는 스위치를 개폐기(開閉器)라고 부르는데 이는 회로를 열고 닫는 용도로 사용하기 때문이다.

(a) 노출형 스위치 (b) 매입형 스위치

| 텀블러 스위치 |

노출형 스위치를 구형으로 생각하기 쉽지만 이는 설치환경에 따라 구분하는 것이지 구형과 신형으로 차이를 두는 것은 아니다. 노출형 스위치는 벽 속으로 전선이 다닐 수 없어 벽면으로 전선이 다닐 때 시공하는 스위치이다. 원리가 매우 간단하지만 1구 스위치로만 활용이 가능하다. 매입형 스위치는 실내 공간에서 많이 볼 수 있는 스위치로 최소 1구부터 최대 6구[21]까지 있다.

여기서 중요한 점은 스위치의 용량이 서로 다르다는 것이다. 노출형 스위치의 허용전류는 최대 6A 수준이며, 220V 기준으로 약 1.2kW까지 가능하다. 반면 매입형 스위치의 허용전류는 최대 16A[22]까지로 약 3kW까지 가능하다.

[21] 단, 3구 일부 제품, 4구, 5구, 6구는 스위치 안에 아웃렛박스가 정사각형태의 2개용일 때 가능하다.

[22] 일부 제품의 경우 허용전류가 15A이다. 구입 전 확인해두자.

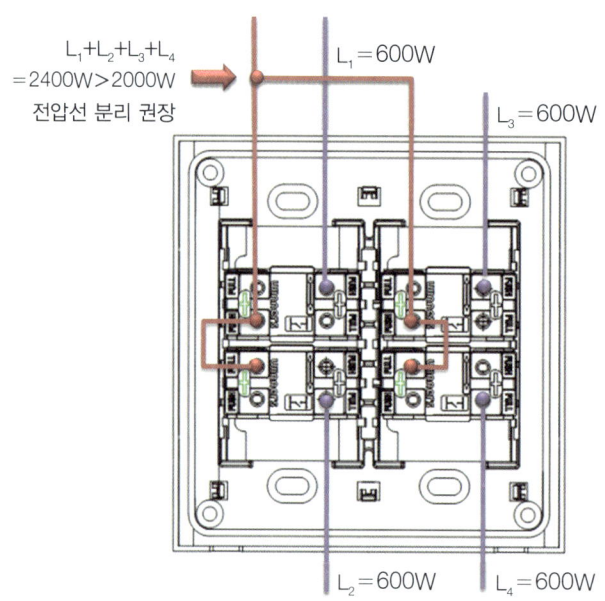

| 과부하 방지스위치 접속방법 |

그런데 전체 조명의 용량이 2kW를 초과하는 경우 전압선이 하나의 스위치 버튼 단자로 연결되면서 연결선(점퍼선)을 이용하면 처음 연결된 단자에 모든 부하가 쏠리기 때문에 과부하로 인한 과열로 스위치가 고장이 나거나 화재의 원인이 될 수 있다. 따라서 전체 조명의 부하가 2kW 이상의 스위치를 설치할 때는 과부하를 방지하기 위한 스위치 단자에 접속해야 한다. 원래는 전압선 하나로 스위치단자 한 곳에 접속할 것이 아니라 중간에서 전압선을 분리해 2개 이상의 스위치단자에 접속하는 것이 안전하다.

펜던트[23] 스위치는 길쭉한 줄 끝에 계란모양의 작은 스위치를 달아 놓은 것을 말한다. 스위치 구동방식은 이 계란같은 몸통 중간에 좌우로 누

[23] 펜던트(pendant)란 천장에서 아래로 쭉 내리는 모양의 장식이다.

(a) 펜던트스위치 (b) 중간스위치

| 펜던트스위치 및 중간스위치 |

를 수 있는 꼭지가 있는데 누른 쪽은 들어가고 반대쪽은 나오는 방식으로 접점을 취한다. 과거에는 형광등 조명스위치로 많이 사용했지만 현재는 잘 사용하지 않는다. 제어가 가능한 조명회로는 1개, 허용전류는 3A로 주로 단일 조명에 직접 매달아 사용한다.

최근에는 펜던트스위치의 디자인도 좀 더 고급스럽고 깔끔해졌다. 그리고 기존 텀블스위치와 마찬가지로 버튼을 누르는 방식으로 바뀌었고 이름도 중간스위치라고 한다. 그러나 제어가 가능한 조명회로는 1개라는 점, 허용전류는 3A라는 점은 기존 펜던트스위치와 비슷하다.

누르는 동안만 접점[24]이 되어 작동하는 스위치가 바로 누름버튼스위치이다. 누름버튼스위치(push button switch)를 직접 이용하는 대표적인 경우가 초인종[25]이다. 누름버튼스위치를 전등에 연결하면 스위치를 누르는 동안만 전등이 켜지고 스위치에서 손을 떼면 전등도 꺼진다. 즉, 잠깐 동안의 접점이 필요한 경우에 사용하는 것이 누름버튼스위치이다. 보통 실내 배선기구로 활용하기보단 기계를 동작시킬 때 시퀀스회로와 연동[26]해서 많이 사용한다. 실내 배선기구 기준으로 노출형의 허용전류는 3A, 매입형의 허용전류는 16A까지 가능하다.

과거에는 조명이 꺼진 어두운 장소에서도 쉽게 스위치를 찾을 수 있게 스위치버튼에 작은 램프를 달아 놓은 램프형 스위치의 인기가 많았다. 그러나 전자식 안정기를 사용하는 LED 조명이나 일부 형광램프의 경우 조명스위치를 오프(off)로 했음에도 약간의 불빛이 남아 있거나 깜빡거리는 잔광현상(殘光現象, residual luminescence)이 생길 수 있다. 이는 비단 램프형 스위치가 아닌 터치식으로 작동하는 전자식 스위치나 조광기 등도 그렇다. 만약에 이런 스위치를 사용하면서 잔광현상이 일어나면 스위치를 일반 똑딱이스위치로 교체해 보고 그래도 잔광현상이 사라지지 않는다면 다른 방법[27]으로 조치를 취해야 한다.

조명을 단순히 켜고 끄는 것 외에 스위치에 빛의 밝기를 조절할 수 있는 기능을 넣어 분위기를 바꿀 수 있게 하는 경우가 있다. 이렇게 조명의 밝기를 조절하는 장치를

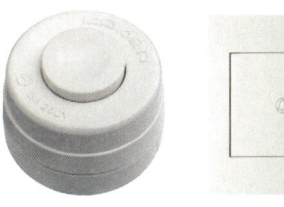

| 누름버튼스위치 |

| 램프형 스위치 |

[24] 전기가 연결되는 것을 말한다.

[25] 초인종의 버튼을 누르면 계속해서 벨소리가 나는 게 아니고 1~2회 벨소리가 나고 만다. 이후 버튼을 몇 번 누른다고 하더라도 1~2회 벨소리가 난다. 지속적으로 벨소리가 나지 않는 이유는 초인종의 버튼에서 계속 접점이 이루어지는 게 아니라 누르는 동안만 접점이 되기 때문이다.

[26] 시퀀스회로의 Pb라고 하는 것이 바로 이 누름버튼(Push button)을 말한다.

[27] 조명에 잔광 제거 콘덴서를 설치하거나 차단기 2차측 전압선 및 중성선의 위치교환 등의 방법이 있다.

[28] 미국식 영어로는 딤머 스위치(dimmer switch) 또는 딥스위치(dip switch)라고 하는데 이를 국내에서 디밍스위치(dimming switch)라고 부르기도 한다. 디밍스위치는 공식 영단어는 아니다.

조광기(調光機, rheostat)[28]라고 한다. 과거에 생산되는 조명은 단순하게 제작되어 조광기능을 잘 쓸 수 있었으나 현재 생산되는 LED 조명은 무조건 이러한 스위치를 지원하지 않고 다소 가격이 높은 조광기능을 지원하는 제품만 원활하게 사용이 가능하다. 만일 자신이 조광기를 사용하면서 LED 조명을 사용하고자 한다면 호환이 되는지 꼭 확인해볼 필요가 있다. 호환되지 않는 제품을 사용하면 아예 점등이 안 되거나 수명이 급격히 떨어지게 된다.

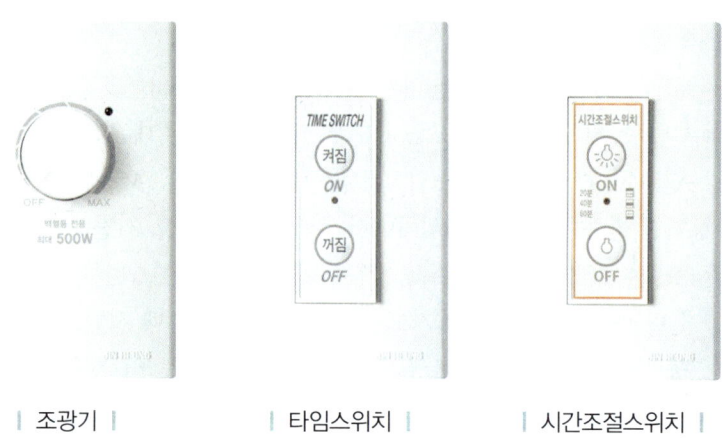

| 조광기 | | 타임스위치 | | 시간조절스위치 |

정해진 시간 동안만 점등이 되고 자동으로 꺼지게 하는 스위치도 있다. 이는 정해진 시간에 자동으로 점등과 소등을 반복할 수 있는 타이머와는 다르게 점등을 수동으로 하되 소등은 자동으로 되는 것이다. 타임스위치(time switch)의 경우 회로 안에 내장된 시간 동안만 점등이 되는데 보통 1분 30초 정도 점등이 되고 꺼진다. 그리고 시간조절스위치의 경우 사용자가 원하는 시간을 선택할 수 있다. 잠깐 동안 점등을 원할 때는 타임스위치, 좀 더 긴 시간의 점등을 원하거나 시간을 선택히고지 할 때는 시간조절스위치를 사용한다. 시간조절스위치의 시간 조절 탭은 보통 커버를 열면 확인할 수 있다. 이러한 스위치는 사용자가 소등을 원하면 즉시 소등도 가능하다.

5 콘센트나 스위치단자 접속 및 해제방법

콘센트나 스위치 뒷면에는 전선과 연결할 수 있는 단자가 있고 이곳에 접속을 확실히 해야 정상적으로 전원을 이용할 수 있다. 국내에서 시판되는 콘센트나 스위치의 접속방법은 크게 핀타입과 나사타입의 두 가지로 나눌 수 있다. 보통 타입별로 완전히 구분되는 제품이 많으나 두 가지를 혼용한 제품도 출시되고 있다.

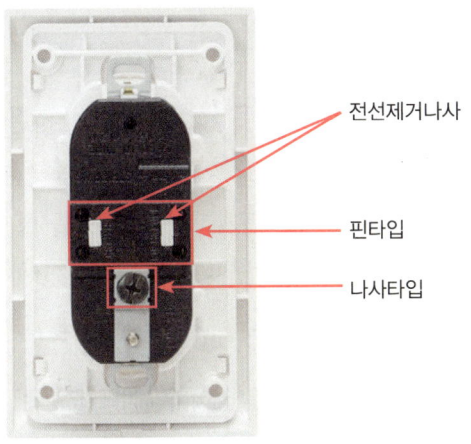

| 핀타입과 나사타입이 혼용된 콘센트 후면 단자 |

먼저 **핀타입**은 단자에 구멍이 뚫려 있어 이곳에 전선의 도체를 꽂는 방식으로 단선만 사용이 가능[29]하다. 니퍼나 스트리퍼를 이용해 전선의 피복을 약 11mm 벗기고 꽂으면 딸칵하는 느낌이 난다. 기존에 있는 전선을 제거할 때는 전선제거나사를 일자드라이버로 꾹 눌러주면서 전선을 잡아당기면 쉽게 제거가 가능하다.

반면 **나사타입은 연선은 물론 단선도 접속이 가능**하다. 먼저 십자드라이버를 왼쪽으로 돌려 단자의 나사를 풀어준다. 이때 가능한 많이 풀어주되 완전히 풀리지 않도록 한다.[30] 그리고 전선의 피복을 약 11mm 벗기고 풀린 나사의 간극 사이로 전선의 도체를 삽입한다. 이후 단자의 나사를 십자드라이버로 오른쪽으로 돌리며 조여 준다. 전선의 도체가 빠져나오지 않도록 단단히 조여주면 된다. 전선의 심선이 단선형태인 경우 도체를 ―자 형태로 꽂기보단 살짝 휘어 낚시고리 형태로 만들어서 접속을 확실하게 해준다. 접속이 불안할 경우 접촉불량으로 인한 전기화재가 일어날 수 있다. 전선을 해제할 때는 단자의 나사를 풀어주면 간단히 해제가 된다. 처음엔 익숙하지 않지만 몇 번 해보면 금방 손에 익을 수 있다.

[29] 매우 간단하게 접속할 수 있지만 전선이 연선인 경우는 활용할 수 없다는 단점이 있다. 연선을 이용할 때는 연선 끝에 단선을 결선해서 사용하거나 핀터미널을 사용한다.

[30] 완전히 풀려 나사가 빠지면 나사를 다시 접속해야 한다.

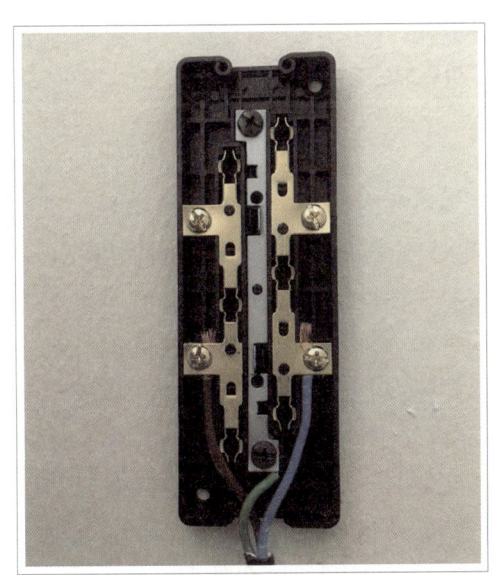

| 나사타입 콘센트의 연선접속법 |

2 전선의 접속방법은?

전기작업이나 공사를 할 때 가장 기본이 되는 것이 바로 전선의 피복을 벗기는 것과 전선을 서로 연결하는 것이다. 전선을 서로 연결하는 것을 접속[31]이라고 한다. 전선의 접속이 숙련되어야 자유자재로 전기작업 및 공사를 할 수 있기 때문이다. 전선끼리 접속하더라도 무조건 하는 게 아니고 접속기구를 사용하는 경우도 있다. 이에 대한 기준은 다음과 같다.

[31] 결선(結線)이라는 단어로도 사용할 수 있는데 이는 단순히 전선끼리를 잇는 것뿐만 아니라 회로, 방식, 회선을 구성하는 일까지 포함한다. 3상 Y결선, △결선이라는 단어를 생각하면 이해하기 쉽다.

| 전선 및 케이블의 접속기준 |

직접접속이 불가능, 접속기구를 사용하는 경우	• 케이블 + 케이블 • 코드 + 케이블 • 코드 + 코드
직접접속이 가능, 접속기구를 사용하지 않는 경우	• 절연전선 + 절연전선 • 절연전선 + 코드 • 절연전선 + 케이블

절연전선은 어떠한 경우에도 접속기구를 사용하지 않고 접속이 가능하다는 것을 알 수 있다. 전선의 접속은 단순히 절연테이프로 붙이기만 해서는 될 일이 아니라 내부 심선을 잘 꼬고 튼튼하게 접속해서 흘러내리지 않게 해야 한다. 전선접속을 확실하게 하지 않으면 접속부위의 접촉단면적이 작아져 접촉저항이 증가하고 이로 인한 과열로 전기화재의 위험뿐만 아니라 누전이 생길 수 있다. 따라서 전기작업 및 공사를 하기 위해서는 전선의 접속을 잘 숙지하고 충분히 연습해야 한다.

1 전선의 피복 벗기는 방법

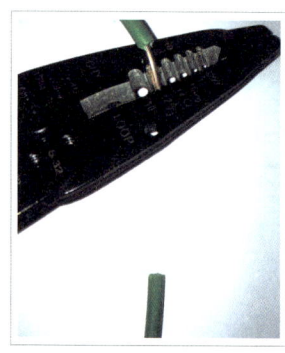

| 와이어 스트리퍼를 이용한 전선피복 제거 |

전선의 피복 벗기기는 매우 간단하지만 처음 할 때는 실수로 전선을 자르는 일도 있다. 일반적으로 가장 많이 사용하는 것이 와이어 스트리퍼(wire stripper)를 이용해서 전선의 피복을 벗기는 방법으로 전선 내 도체를 상하지 않게 하면서 쉽게 피복만 벗길 수 있기 때문이다. 또한 실수로 전선을 자르는 일도 막아주기도 한다. 그러나 전선의 지름에 알맞은 와이어 스트리퍼의 구멍에 맞춰야 하기 때문에 작업속도면에서는 다소 불리한 측면이 있다. 그래서 전기기술자들은 보통 다목적가위를 이용해서 전선의 피복을 벗기는데 따로 전선의 지름에 맞는 구멍을 찾을 필요 없이 바로 벗길 수 있기 때문이다. 그러나 다목적가위를 이용한 전선의 피복 벗기기는 능숙하지 않으면

전선을 자르는 경우[32]가 생긴다. 그리고 가위 끝이 매우 뾰족하고 날이 날카롭기에 취급 시 주의해야 한다.

[32] 특히 가는 연선에서 그런 경우가 많다.

2 전선접속의 중요성

앞서 간단하게 언급했지만 전기에서의 접속은 무척 중요하다. 이는 전기화재의 원인이 되어 인적, 물적 자원의 막대한 피해를 입힐 수 있기에 전기를 사용하는 사람은 물론이고 작업 시에도 완벽하게 접속해야 한다는 사명[33]을 가져야 한다. 단순히 전선접속뿐만 아니라 콘센트나 스위치 설치 시에도 신경을 써야 하며 전기 사용자는 플러그와 콘센트도 완전하게 꽂아서 사용해야 한다. 특히 콘센트가 벽이나 천장에 고정되어 있으면 플러그를 완전히 접속하기 쉽지만 이동식으로 설치되었거나 멀티탭을 사용하면 접속을 완전히 못하는 경우가 생긴다.

[33] 초보 기술자들이 가장 많이 실수하는 부분이다.

| T형 멀티탭과 콘센트의 접촉불량으로 인한 화재사고 현장 |

전기가 완전히 접속되지 못한 것을 접촉불량이라 한다. 접촉불량이 전기화재의 원인이 되는 것에 대해 한번 알아보자. 접촉저항(接觸抵抗, contact resistance)이란 서로 접하고 있는 두 도체의 접촉면을 통하여 전류가 흐를 때, 그 접촉면에 생기는 전기저항을 말한다. 이는 다음의 저항공식을 보면 쉽게 이해할 수 있다.

$$R = 고유저항 \times \frac{길이}{단면적} = \rho \frac{l}{A} [\Omega]$$

위 저항공식에서 알 수 있듯이 저항은 고유저항 및 길이에 비례하고 단면적과는 반비례한다. 그래서 전선에 많은 양의 전류를 흐르게 하기 위해서는 단면적이 굵은 전선을 쓰는 것이다. 확실히 하지 않은 접속 즉, 접촉불량일 경우 접촉되는 부위의 단면적이 작게 되며 이는 저항값을 크게 만들고 그만큼 줄열(I^2R)이 많이 발생하게 된다.

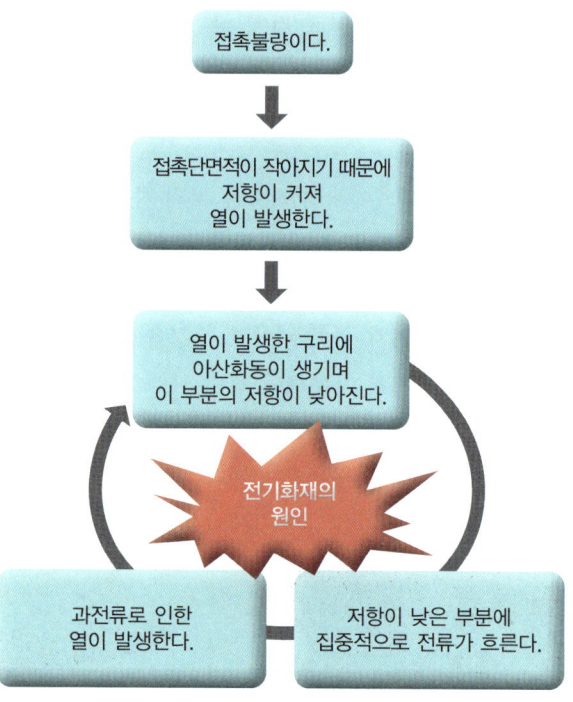

| 접촉불량으로 인한 전기화재의 원인 |

> **34**
> 심선에 많은 전류가 흘러 열이 과도하게 발생하면 생기는 화학적 현상의 결과물이다. 오래된 폐전선 심선에 꺼뭇하게 묻어난 것이 바로 아산화동이다.

이렇게 열이 많이 발생한 구리는 아산화동(亞酸化銅, cuprous oxide, Cu_2O)[34]이 생기게 된다. 아산화동이란 열로 인해 구리가 화학적 변화현상이 생긴 것으로 아산화동이 되면 오히려 저항이 낮아진다. 그러나 저항이 낮아진다고 열이 사라지는 게 아니라 이곳으로 전류가 집중적으로 흐르게 된다. 본래 전류는 저항이 낮은 곳으로 가려는 성질이 있기 때문이다.

결국 전류가 과도하게 흐르게 되면 줄열(I^2R)이 생기게 되고 이 열로 인해 아산화동은 계속 증식이 되면서 악순환이 반복된다. 이렇게 열이 계속 생겨나다가 전선피복의 인화점에 도달하게 되면 화재가 발생하게 된다. 접촉불량으로 인한 발열현상은 특히 10A를 초과하는 전류에서 심해진다고 알려져 있다.

이러한 접촉불량은 전선과 전선 사이를 잘 접속하지 않은 경우도 있지만 연선작업 시 소선의 단선도 원인이 된다. 완전히 단선되지 않고 일부만 단선된 경우[35]를 반단선(半斷線)이라고 한다. 이 역시 접촉부위의 단면적이 작아지기 때문에 접촉저항이 커지면서 발열량이 많아지게 된다. 그래서 플러그를 손으로 잡고 뽑아야 한다. 코드 줄을 당겨서 뽑게 되면 내부 연선의 소선이 반단선이 되어 문제를 일으키게 되는 것이다.

> **35**
> 연구에 의하면 연선의 소선 중 약 10%만 끊어져도 이후 나머지 소선들도 단선율이 급격히 증가한다.

(a) 깨끗한 심선의 구리도체   (b) 아산화동이 증식된 심선의 구리도체

| 구리도체 |

접촉불량의 원인 중 하나로 진동이 있는데 진동이 많은 장소 역시 헐겁게 접속하면 접속부위에 아크가 많이 발생하고 이로 인한 과열로 아산화동이 증가하게 되어 전기화재의 위험이 증가하게 된다. 따라서 가능한 진동이 없게 하는 것이 중요하며 부득이한 경우는 더욱 완벽하게 접속하는 것이 중요하다.

3 전선의 접속방법

전선의 접속방법은 전기실무에 있어서 가장 중요한 일이다. 앞서 언급했듯이 전선의 접속이 불량하면 이로 인해 전기사고의 원인이 되기에 반드시 손에 익을 정도로 끊임없이 연습[36]하고 실제 업무에서 활용해야 한다. 전선을 접속할 때는 손으로 하는 경우도 있는데 이는 가는 전선[37]에 해당하는 경우이고, $4mm^2$ 이상의 전선부터는 손으로 하기에 힘도 들고 제대로 접속이 안 되기에 반드시 펜치를 이용해서 접속해야 한다. 본래 가는 전선도 펜치로 작업해야 보다 확실하게 접속할 수 있다.

이 책에서는 단선을 기준[38]으로 직선접속, 1개의 분기선접속, 2개의 분기선접속 그리고 종단접속에 대해 알아보도록 한다.

(1) 전선의 직선접속

전선의 직선접속은 끊어진 전선을 연결하거나 선이 짧아 연장할 때 사용하는 방법이다. 그 접속방법은 다음과 같다.

① 연결할 두 전선을 서로 마주 보게 한다.
② 서로 연결할 전선의 피복을 약 90mm 정도를 벗긴다.
③ 서로 연결할 전선을 약 120° 간격으로 엇갈리게 두는데 이때 서로의 교차점에서 피복까지는 약 30mm, 교차점에서 심선 끝까지는 약 60mm의 길이를 둔다.

---

36 전기자재상에서 5m 정도의 전선을 구입해서 틈틈이 연습하기를 추천한다.

37 $1.5mm^2$, $2.5mm^2$ 수준의 전선을 말한다.

38 연선의 경우 단선접속이 손에 익으면 어렵지 않게 응용이 가능하다.

④ 두 전선 중 하나의 전선(A전선)은 그대로 두고 다른 한 전선(B전선)의 심선을 A전선의 피복 근처에서 꼬아준다.
⑤ ④에서 꼬아준 전선(B전선)의 심선을 코일모양으로 5~6회 정도 꼬아주는데 이때 서로 빈틈이 없게 한다.
⑥ ④에서 그대로 두었던 전선(A전선) 역시 B전선 피복 근처에서 비슷하게 코일모양으로 5~6회 꼬아준다.
⑦ 펜치를 이용해 코일을 힘껏 눌러줘 접촉불량을 방지하고 삐져나온 심선이 있으면 이를 다목적가위를 이용해 제거[39]한다.
⑧ 절연테이프로 꼼꼼하게 싸주며 마무리한다.

[39] 펜치로 힘껏 눌러줘도 된다.

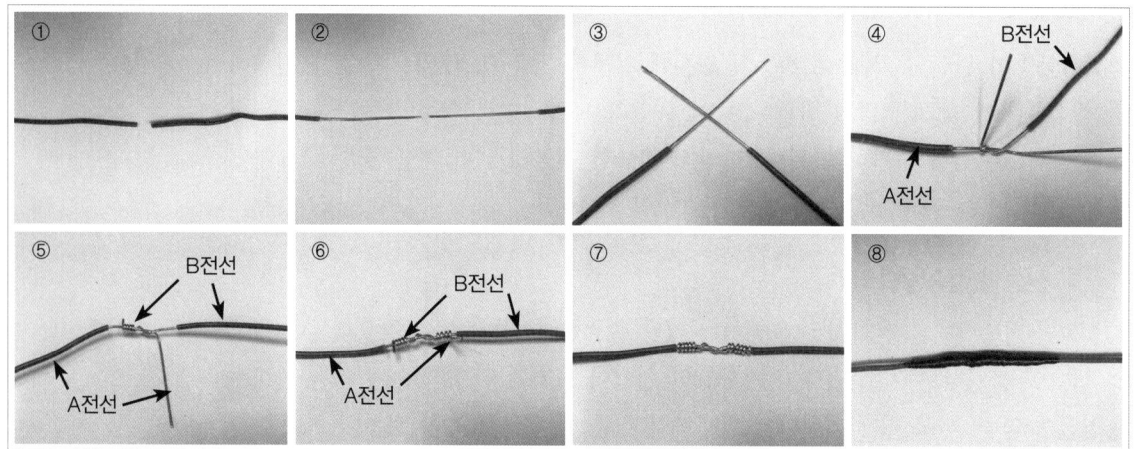

| 전선의 직선접속 |

(2) 전선의 1개 분기선접속

전선의 1개 분기선접속은 전기공사현장에서 굉장히 많이 사용되는 접속방법 중 하나이다. 대표적인 예로 전등을 설치할 때도 이러한 접속방법을 응용한 경우가 많다. 따라서 손에 익도록 충분히 연습하고 실무에서도 활용하도록 한다. 접속 방법은 다음과 같다.

① 연결할 두 전선을 'ㅜ'형태로 둔다.
② 가로로 놓인 본선을 A전선이라고 하고 접속할 세로로 놓인 전선을 B전선이라고 하자. A전선의 피복을 30mm 정도 벗기고 B전선을 100mm 정도로 벗긴다. 이때 주의할 점은 A전선의 피복을 전선끝까지 벗기는 게 아니라 가운데부분만 벗겨야 한다.

③ B전선의 심선을 A전선의 심선부분에 한 번 힘껏 꼬아준다.
④ 계속해서 B전선의 심선을 코일모양으로 5~6회 정도 꼬아주는데 이때 서로 빈틈없게 한다.
⑤ 충분히 꼬아주었으면 펜치로 코일부분을 힘껏 눌러 접촉불량이 없도록 하고 삐져나온 심선이 있으면 이를 다목적가위를 이용해 제거[40]한다.
⑥ 절연테이프로 꼼꼼하게 싸주되 갈라진 전선부분을 특별히 신경 써서 싸주도록 한다.

[40] 펜치로 힘껏 눌러줘도 된다.

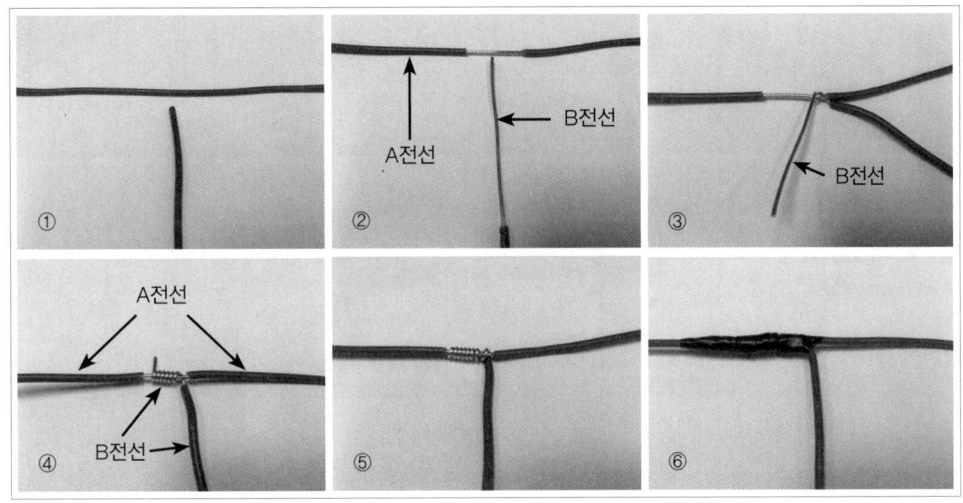

| 전선의 1개 분기선접속 |

(3) 전선의 2개 분기선접속

실제 전기공사현장에서는 복수의 전선을 하나의 선으로 연결하는 경우가 많다. 대표적으로 차단기에서 나온 전압선과 중성선을 조명이나 콘센트로 동시에 빼줘야 하는 경우가 그렇다. 전선의 1개 분기선접속은 손쉬운 편이나 복수의 분기선접속은 헷갈리기 쉬워 실수하는 경우가 있다. 2개 분기선을 접속하는 방법은 다음과 같다.

① 연결하고자 하는 전선들을 'ㅠ'형태로 둔다. 가로로 놓인 본선을 A전선이라고 하고 접속하고자 하는 전선을 각각 B-1전선과 B-2전선이라고 하자.
② A전선의 피복을 30mm 정도 벗기고 B-1전선과 B-2전선을 100mm 정도로 벗긴다. 이때 주의할 점은 A전선의 피복을 전선끝까지 벗기는 게 아니라 가운데부분만 벗겨야 한다.
③ B-1전선과 B-2전선의 심선을 A전선의 심선부분에 한 번 힘껏 꼬아준다.
④ 계속해서 B-1전선의 심선을 코일모양으로 5~6회 정도 꼬아주는데 이때 서

로 빈틈없게 한다. 그 후 B-2전선도 같은 방법으로 한다.

⑤ 충분히 꼬아주었으면 펜치로 코일부분을 힘껏 눌러 접촉불량이 없도록 하고 삐져나온 심선이 있으면 이를 다목적가위를 이용해 제거[41]한다.

⑥ 절연테이프로 꼼꼼하게 싸주되 전선들이 갈라진 부분에 특별히 신경 써서 싸주도록 한다.

41 ─────
펜치로 힘껏 눌러줘도 된다.

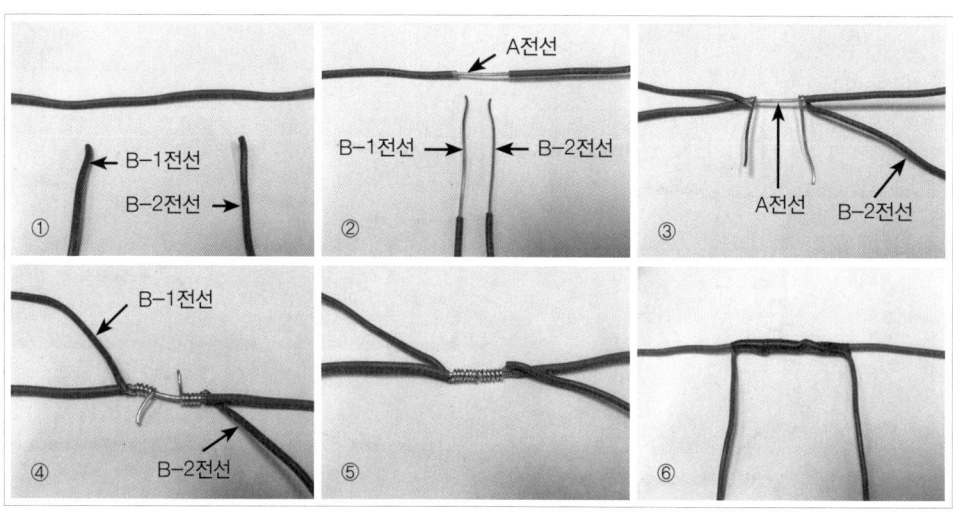

| 전선의 2개 분기선접속 |

(4) 전선의 종단접속(쥐꼬리접속)

전선이 끝나는 곳에 조명이 있거나 콘센트가 있으면 그곳이 종단점이 되지만 실제 전기공사현장에서는 그렇지 않은 경우가 많다. 이때는 쥐꼬리접속이라 하는 전선의 종단접속을 통해 안전하게 절연처리를 하면서 전선을 마무리해야 한다. 다음은 와이어커넥터(wire connect)[42]를 이용해서 4개의 전선을 종단접속하는 방법이다.

42 ─────
전선의 종단점에 편리하게 낄 수 있는 전기공사자재이다. 고깔콘이라고도 한다.

① 연결할 전선들의 피복을 20mm 정도 벗긴다. 만약 손으로 전선의 심선을 꼴 경우는 40mm 정도 벗긴다.

② 심선을 모두 모은 상태에서 펜치를 이용해 꽈배기처럼 빙빙 돌려가며 꼬아준다.

③ 계속 꼬다 보면 전선의 피복까지 꼬인다. 전선의 피복도 꽈배기처럼 4~5회 꼬아준다. 그 후 삐져나온 심선이 있으면 이를 제거하고 펜치로 심선부위를 꾹 눌러주어 접촉불량이 일어나지 않게 한다. 만약 손으로 전선의 심선을 꼬았다면 끝부분을 20mm 정도 잘라준다.

④ 전선의 심선을 와이어커넥터에 삽입하고 시계방향으로 돌려주면 와이어커넥

터의 내부스프링에 의해 고정된다. 풀어줄 때는 반시계방향으로 돌려준다.

⑤ 대부분 ④번 과정에서 끝내는데 완벽하게 마무리하려면 와이어커넥터와 전선에도 충분히 절연테이프로 싸주도록 한다. 와이어커넥터도 시간이 지나면 풀리는 경우가 종종 있기 때문[43]이다. 절연테이프로 싸져 있는 와이어커넥터를 분해할 때는 펜치를 이용해서 와이어커넥터를 반시계방향으로 회전시키면 된다.

[43] 풀리게 되면 누전이나 합선 등 전기사고의 원인이 된다.

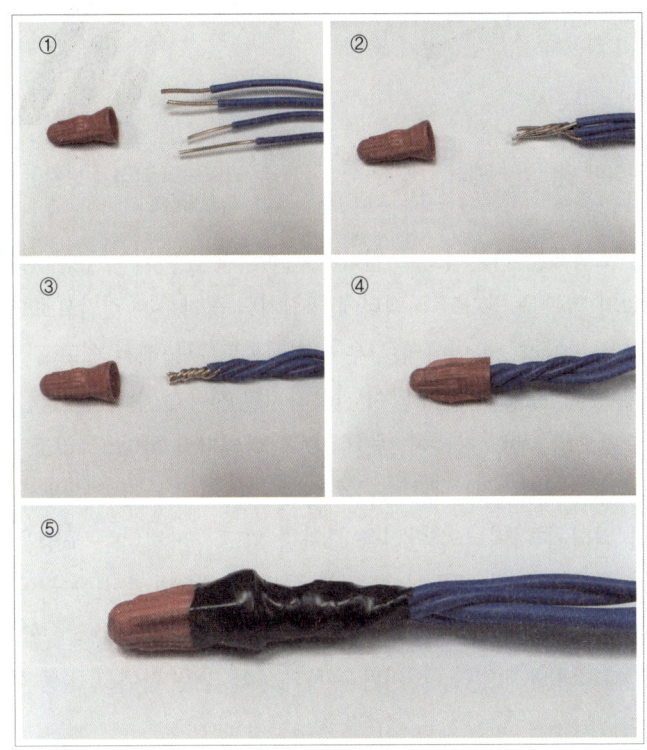

| 전선의 종단접속(쥐꼬리접속) |

4 커넥터 및 슬리브를 이용한 전선의 접속방법

앞서 언급한 전선의 접속방법은 펜치를 꼭 이용해야 하고 숙련된 손재주가 필요하다. 특히 펜치를 이용한 작업이 처음이라면 안 쓰던 팔근육을 활용하기에 통증이 있을 수 있고 이로 인해 힘이 풀려 제대로 결선을 못할 수 있다. 뿐만 아니라 절연테이프로 마무리할 때도 시공자의 실력에 따라 차이가 매우 크므로[44] 일부 선진국에서는 절연테이프를 통한 전선의 접속을 금지하기도 한다.

[44] 베테랑 기술자가 절연테이프 작업한 것은 물속에 담가도 누전이 일어나지 않는다.

최근에 와서 전선접속을 더욱 편리하게 할 수 있는 여러 가지 아이디어 상품이 출시되고 있기에 이에 대한 소개를 간단히 하고자 한다.

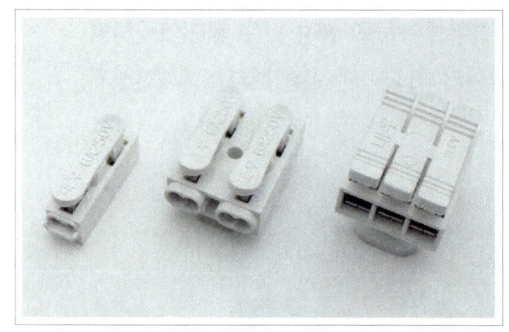

| 간단한 접속을 위한 원터치 커넥터 |

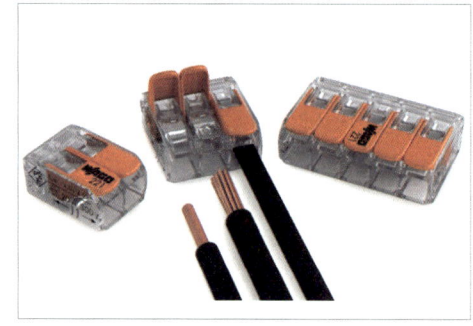

| 기존 커넥터의 단점을 보완한 와고 커넥터 |

최근 출시된 조명에는 기본적으로 원터치 커넥터가 준비되어 있는 경우가 많다. 이는 단순히 전선의 피복을 벗기고 커넥터에 클립처럼 꽂아주는 것만으로도 전선을 접속할 수 있다. 뿐만 아니라 2P 이상의 경우 분기접속도 가능해서 쉽고 간단하게 전선접속을 해결할 수 있다. 보통 조명에 많이 사용하지만 사용할 수 있는 전선이 제한적[45]이고 허용전류가 낮으며[46] 전선접속이 불안할 경우 빠지기도 한다. 그리고 시간이 흐름에 따라 열화가 되어 부식이 쉽게 되고 습기가 많은 곳에서는 누전이 발생하기도 한다.[47]

앞서 설명한 원터치 커넥터의 단점을 보완한 와고[48] 커넥터는 조명을 비롯한 다양한 배선에서 활용이 가능한 제품이다. 피복을 벗긴 전선의 소선을 꽂아주고 캡을 닫아주는 것만으로도 접속이 완료되고 비교적 굵은 전선도 쉽게 접속할 수 있으며,[49] 허용전류도 충분히 확보되었다. 하지만 유사제품이 많은 편이고 정품의 경우는 가격이 비싼 편이다.

---

45 보통 4mm²까지 가능하다.

46 보통 6A 정도이다.

47 이를 방지하고자 커넥터 접속부위를 절연테이프로 감싸준다.

48 이를 처음 개발한 독일의 와고(WAGO)사의 사명을 그대로 브랜드로 활용했다.

49 해당 전선의 단면적에 맞는 규격을 선택해야 한다.

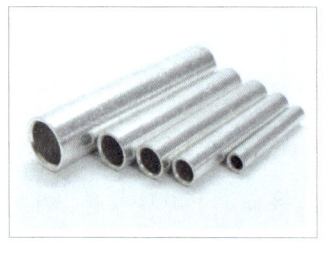
(a) 롱슬리브

(b) 링슬리브

(c) PG슬리브

| 다양한 종류의 슬리브 |

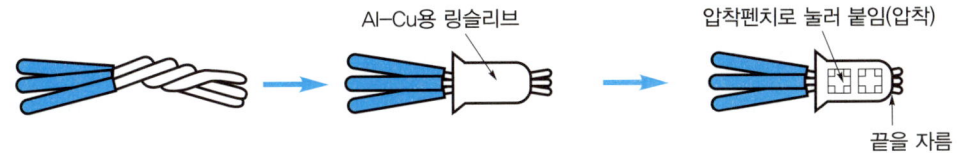

(a) 심선을 모아 2~3회 꼰다. (b) 꼬아준 심선을 링슬리브에 넣어준다. (c) 압착기(압착펜치)를 이용해 링슬리브를 눌러 붙인(압착) 후 끝단을 자른다.

| 링슬리브 사용방법 |

슬리브(sleeve)[50]를 이용하여 전선을 접속하는 방법이 있다. 앞서 설명한 커넥터와 달리 슬리브를 이용한 경우에는 전선의 결선작업이 진행되어야 한다. 롱슬리브의 경우는 간단하다. 접속하려는 전선의 피복을 10mm 정도 제거한 다음 롱슬리브 안에 삽입하고 압착기를 이용해 심선부위를 힘껏 눌러 붙인다. 반대쪽에도 같은 방법을 이용해서 전선과 전선 사이에 롱슬리브가 있도록 한 후 절연테이프로 꼼꼼하게 마무리를 지어준다. 슬리브 몸통 자체가 전류가 흐르기 때문에 절연과정은 필수이다.

링슬리브를 이용한 접속방법은 다음과 같다. 접속하려는 전선의 피복을 링슬리브보다 10mm 정도 더 길게 벗겨낸다. 그리고 서로의 심선을 2~3회 꼬아준 후 링슬리브를 넣어준 후 압착기(압착펜치)를 이용해 링슬리브를 힘껏 눌러 붙인다. 이어 끝단을 잘라내고 절연테이프를 이용해 절연 처리를 한다.

PG슬리브[51]는 롱슬리브와 접속법이 비슷한데 외부에 PVC 절연피복으로 구성되어 있어 따로 절연테이프를 이용한 절연이 필요하지 않다. 롱슬리브나 PG슬리브 모두 규격에 맞는 제품을 사용해야 작업이 용이하고 확실한 전선접속이 되므로 이를 확인하고 구입해야 한다.

5 터미널단자를 통한 전기기기 접속방법

전기기기와 전선의 접속방법 중에 가장 많이 사용되는 방법이 바로 터미널(terminal)[52]단자를 이용한 접속방법이다. 이는 드라이버와 나사를 통한 접속법이 아닌 압착기와 터미널단자를 이용해 물리적인 힘을 수반하는 접속방법이다. 이 방법은 접촉면적을 최대한 늘려 접촉저항을 낮추기 때문에 발열방지효과를 기대할 수 있지만 접속방법에 대해 현장마다 설명이 다르고 잘못 숙지하면 전기화재의 위험이 있기에 제대로 알아두도록 한다.

가장 간단한 터미널단자 형태는 VCTF 케이블과 같은 가느다란 세선이 있는 연선을 차단기나 콘센트 등에 꽂을 수 있게 설계된 핀터미널이다. 보통 가느다란 세선을 직접 차단기나 콘센트에 꽂기 힘들고 쉽게 빠지기에 접촉불량을 일으키기 쉬운데, 이때 핀터미널[53]을 사용하면 매우 편리하다. 전선규격에 따라 $1.5mm^2$, $2.5mm^2$,

---

[50] 슬리브라는 단어를 보고 슬립(slip)의 일본식 발음으로 착각하는 경우가 있지만 실제로 영단어로 슬리브(sleeve)가 있다. 일상적으로는 옷의 '소매'를 말하지만 건축현장에서는 '전기의 접속을 위한 금구'로 표현한다. 일본에서는 이 단어를 스리-브(スリーブ)라고 읽는다.

[51] 외부에는 PVC 절연피복, 내부에는 구리로 되어 있다.

[52] 터미널이란 본래 끝, 종단 등을 말하는 영단어이지만 전기에서는 전기가 드나드는 곳인 전극(電極)을 말한다. 터미널 단자를 영어로는 '터미널 러그(terminal lug)'라고 한다.

[53] 주로 큰 규모의 전기자재상에서 취급한다.

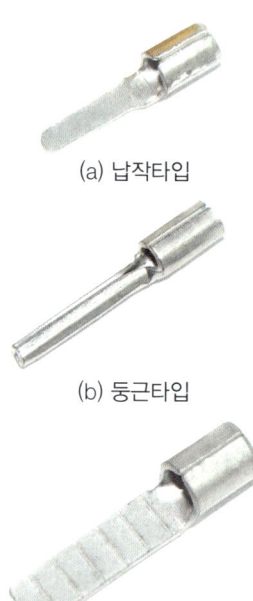

(a) 납작타입

(b) 둥근타입

(c) 훅핀타입

| 핀터미널의 종류 |

4mm², 6mm²가 있고 차단기접속을 위한 납작타입(blade type), 스위치 및 콘센트를 위한 둥근타입(pin type), 그리고 핀 끝이 살짝 구부러져 접속을 더욱 확실하게 해주는 훅핀타입(hook pin type)으로 되어 있다. 보통 전선이 4mm² 이하인 경우는 펜치에 눌러 붙임(압착)기능이 있으면 사용해도 무방하나 6mm² 의 경우는 펜치로는 힘을 충분히 받을 수 없기 때문에 압착기의 사용을 추천한다.

한편 전선단면적이 10mm² 이상이 되면 차단기와 같은 전기기기 단자에 접속하기가 쉽지 않다. 이때부터는 단순히 드라이버와 나사를 이용해서 접속하기보다는 터미널단자와 압착기를 이용해 직접접속한다. 이때 사용하는 터미널단자의 종류는 크게 무산소동으로 되어 있는 압착단자와 저항을 크게 줄여 대전류에 적합한 동관단자가 있다.

터미널단자를 사용하기 위해서 먼저 규격에 대한 이해가 필요하다. 터미널단자는 규격이 2개로 나누어지는데 전선의 단면적과 관련 있는 전선규격 그리고 전기기기 접속단자의 크기와 관련 있는 홀규격이 있다. 아울러 터미널단자에는 음각으로 규격이 표시되어 있기 때문에 이를 참조한 후 압착기를 이용해 터미널단자를 찍어내면 된다. 참고로 터미널단자의 부위를 배와 등으로 구분하는데 전선규격쪽의 튀어나온 부분을 배라고 하고 그 뒷부분을 등이라고 한다. 전선의 단면적과 터미널단자의 전선규격은 다음과 같은 관계가 있다.

(1) **전선의 단면적＜터미널단자 전선규격** : 접속이 쉽게 되지만 완전하게 꽉 조이지 않으면 접속불량이 나기 쉽다.
(2) **전선의 단면적＝터미널단자 전선규격** : 가장 좋지만 그래도 완전하게 꽉 조여야 한다.
(3) **전선의 단면적＞터미널단자 전선규격** : 애초에 터미널단자 전선규격에 전선도체가 들어가지 않는다.

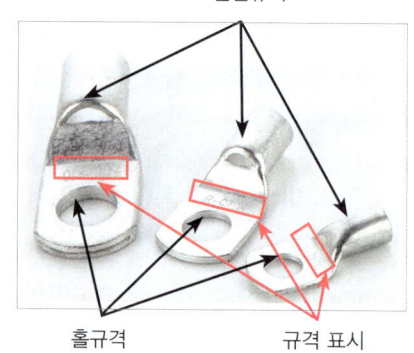

| 터미널단자의 규격 표시 |

따라서 전선의 단면적에 맞는 터미널단자를 준비해야 한다. 터미널단자는 크게 압착단자와 동관단자로 구분된다.

압착단자의 경우 크게 R형[54]과 Y형[55]으로 구분되며 세부적으로 모양이 조금씩 다르다. R형 압착단자는 가장 흔하게 사용하며 가운데 홀에 나사를 통해 완벽하게 접속이 가능하다. Y형 압착단자의 경우 구조적인 문제로 가는 전선만 이용할 수 있다. 왜냐하면 전선이 무거우면 접속이 제대로 되지 않고 흘러내릴 수 있기 때문이다. 그래서

---

[54] O타입이라고도 한다.

[55] 포크타입이라고도 한다.

Y형 압착단자는 차단기와 같이 매다는 전기기기에서는 이용하지 않는다.

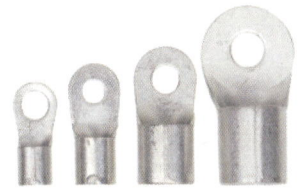
(a) R형 압착단자

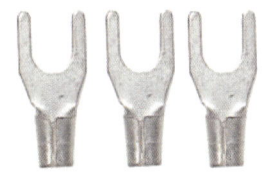
(b) Y형 압착단자

| 압착단자의 종류 |

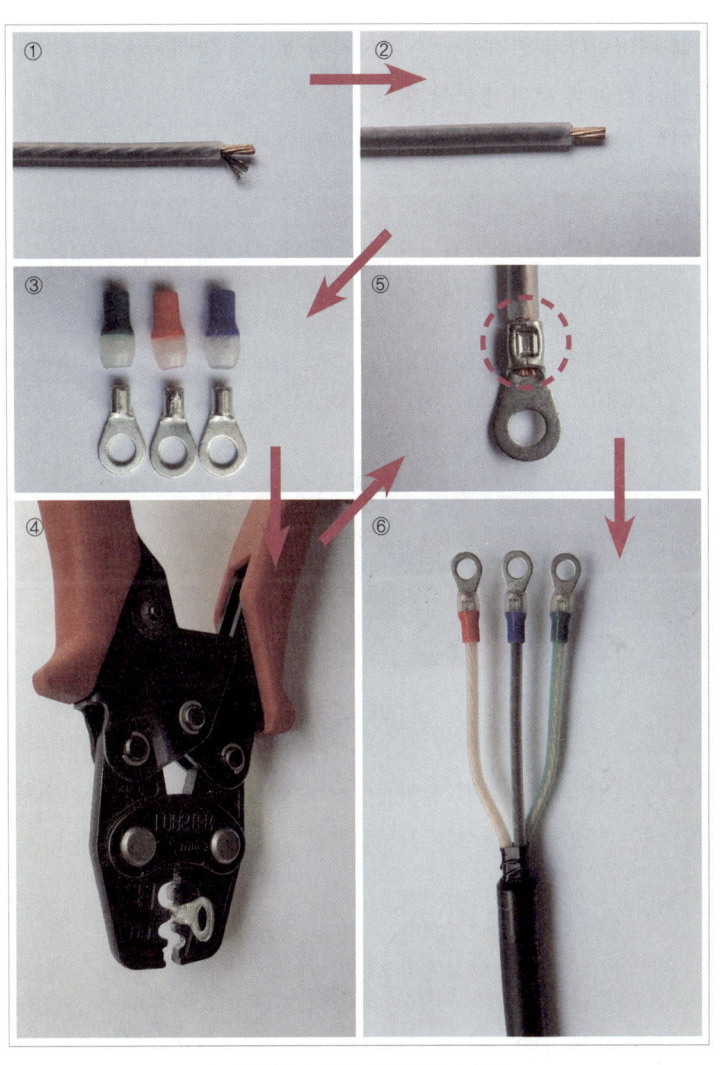

| 압착단자의 올바른 사용순서 |

압착단자를 사용하는 방법은 다음과 같다.

① 전선이나 케이블의 피복을 벗긴다. 케이블은 절연비닐이 있는 경우가 있는데 절연비닐도 완전히 제거한다.
② 내부 세선의 상태를 보고 가지런히 모아둔다.
③ 규격에 맞는 압착단자와 절연튜브(insulating tube)[56]를 준비한다. 그리고 전선의 심선을 압착단자에 삽입하되 1mm 정도만 살짝 나오게 한다. 절연튜브를 먼저 전선에 삽입하고 압착기가 누르는 범위를 벗어나게 둔다.
④ 압착기의 다이스(dies)[57] 규격을 살펴보고 해당되는 돌출부위를 통해 터미널단자의 배부분을 1회 힘껏 눌러준다.
⑤ 이때 터미널단자의 잔금이나 갈라짐이 보이지 않아야 하고 도체부분이 초과하거나 잘린 부분이 없어야 한다.
⑥ 절연튜브로 눌러 붙인(압착) 부분을 잘 감싸주며 마무리한다.

한편 동관단자는 재질이 전해구리로 되어 있기 때문에 압착단자보다 저항이 적어 고용량의 전력을 이용하는 전기기기에 접속할 때 사용한다. 굵은 케이블을 위해 설계되었기 때문에 홀이 2개인 제품도 있다.

| 동관단자 |

동관단자는 수동압착기로 눌러 붙이는(압착) 것이 아니라 6각 다이스형태로 눌러 붙여야(압착) 하는데 이를 위해서는 전동유압압착기[58]를 이용해야 한다.

[56] 절연튜브 중에는 온도가 올라가면 색이 투명해지다가 식으면 다시 본래 색으로 돌아오는 절연튜브도 있다. 애초에 절연튜브와 한 몸으로 되어 있는 터미널단자를 PG 터미널이라고 한다.

[57] 압착기의 이빨부위로 보통 현장에서는 고마(ゴマ)라고 한다.

[58] 압착단자의 경우도 25mm²를 초과하는 전선은 전동유압압착기를 사용해야 확실하게 눌러 붙일(압착) 수 있다.

| 동관단자 눌러 붙임(압착)을 위한 6각단자 |

3 콘센트의 배선방법은?

1 콘센트 1개 배선

집안 벽 속이나 천장 속으로 전선이 다니기 때문에 콘센트나 스위치가 어떤 원리로 전기를 사용하게 하고 조명을 켜주는지 알 수 없는 경우가 많다. 먼저 이야기할 콘센트는 스위치에 비해 배선이 비교적 간단하기 때문에 쉽게 이해할 수 있다. 앞으로 설명할 내용에서 ●로 표기한 부분은 해당 기기와 전선의 심선과의 접속 또는 전선끼리 서로 연결한 접속부분이다.

먼저 콘센트 1개를 배선할 때를 살펴보자. 콘센트를 1개만 배선한다고 하면 차단기에서 바로 두 가닥의 선을 끌어와 콘센트 뒷면에 위치한 단자에 접속하면 된다.

분기차단기에서 두 가닥의 선을 보통 전압선과 중성선이라고 한다. 전압선은 핫라인, 하트선, 전원선이라는 이름으로도 불린다. 전압선과 중성선을 바로 콘센트 후면 단자에 연결하면 된다. 접지선의 경우 접지형 콘센트 후면에 있는 접지단자[59]에 따로 연결하고 차단기에는 따로 접지단자가 없으므로 분전반에 있는 접지단자에 연결하면 된다.

[59] 제품에 따라 위치가 다른데 전선 제거나사가 녹색이거나 접지표시(⏚)가 되어 있는 곳이 접지단자이다.

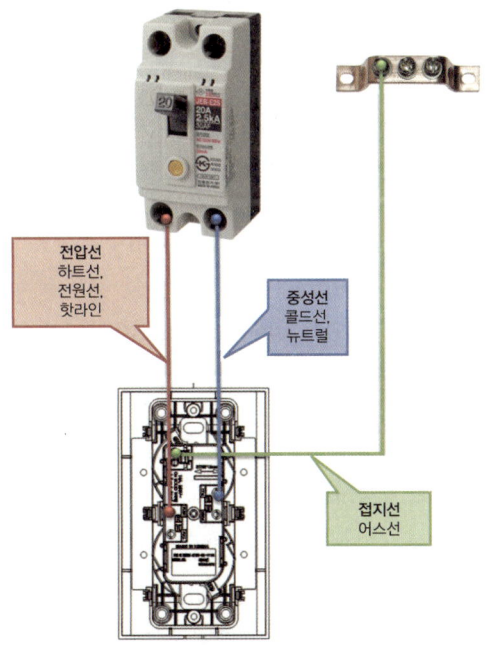

| 콘센트 1개로 할 때 배선도 |

2 콘센트 2개를 연속으로 배선

콘센트 2개를 연속해서 사용할 경우 배선은 1개 배선에서 한 단계 더 늘린다고 생각하면 된다.

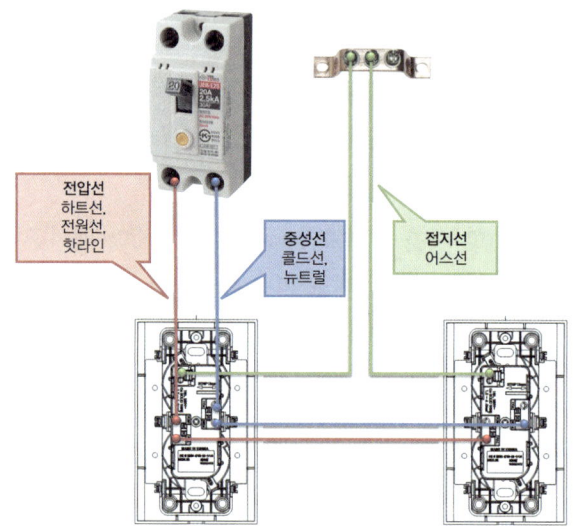

| 콘센트 2개를 연속으로 할 때 배선도 |

3 콘센트 배선 시 주의사항

콘센트 배선작업은 전기실무 중 가장 기초적인 것으로 매우 간단하지만 작업자의 실수로 인해 감전이나 합선 등의 전기사고가 생길 수 있다. 이에 주의사항은 다음과 같다.

(1) 차단기를 반드시 내리고 작업하자

피치 못할 사정이 아니라면 차단기는 반드시 내리고 작업해야 한다. 특히 중성선의 경우 전류가 흐르지 않아 안전하다고 믿는 경우가 많은데 2차측 콘센트에서 부하가 있을 경우 전류가 흐를 수 있다.[60] 즉, 중성선도 전류가 흐른다고 생각하고 작업하자.

60
실제로 내선규정에는 중성선을 전압선으로 분류한다.

(2) 콘센트 후면 단자의 접속은 올바르게 하자

단자에 접속할 때 상전압라인은 반드시 전압선을 그대로 연결하고 중성선라인은 반드시 중성선을 그대로 연결한다. 둘이 서로 합해서 접속하면 합선사고가 일어나 콘센트가 터지고 운이 없으면 차단기까지 터지게 된다. 둘이 서로 헷갈리지 않도록 반드시 구분해서 단자에 접속한다.

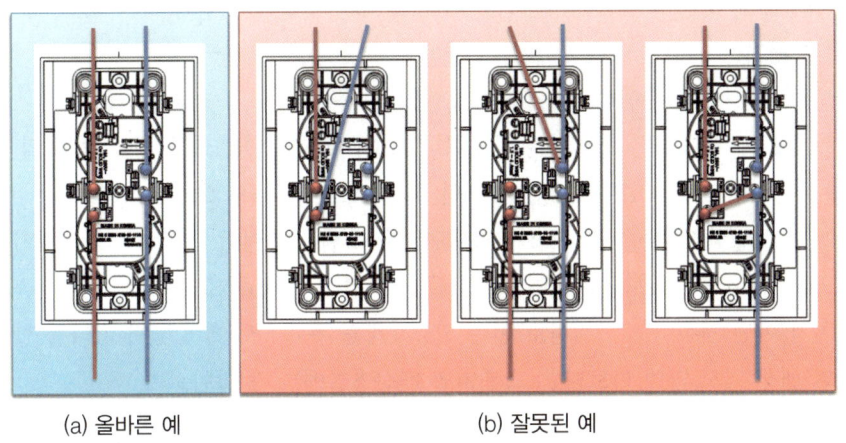

(a) 올바른 예　　　　　(b) 잘못된 예
| 단자접속의 올바른 예와 잘못된 예 |

(3) 전선을 자를 때는 반드시 한 선씩 자르자

초보 전기기술자가 자주 저지르는 실수 중의 하나다. 차단기를 내리고 하더라도 전선을 자를 때는 한 선씩 자르는 습관을 들이는 게 좋다. 전류가 흐르는 상태에서 동시에 두 개의 전선을 자르게 될 경우 합선[61]으로 매우 높은 전류가 흐르게 되며 니퍼나 스트리퍼날이 날아가기도 한다.

61 ─────
이때 '펑'하는 소리와 함께 불꽃이 튄다.

4 단로스위치의 배선방법은?

1 스위치의 원리

스위치의 원리는 회로도를 통해 살펴보면 이해하기가 쉽다. 누르면 접속, 떼면 해제가 되는 간단한 원리이기 때문이다.

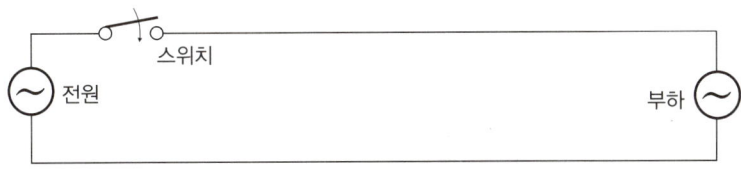

| 스위치회로도 |

하지만 실제 현장에서 스위치배선을 하려고 하면 헷갈리기 쉽다. 왜냐하면 회로도와 달리 전기는 2개의 선이 있어야 하기 때문이다. 그래도 결국 원리는 같기에 원리만 이해하면 나머지는 쉽게 접근할 수 있다.

보통 우리가 사용하는 스위치는 단로(單路)스위치이다. 단로스위치는 1개의 길[62]만 있다는 것으로 스위치선이 1개만 있으면 되는 것을 말한다. 그리고 스위치의 버튼 수는 구[63]로 말한다. 즉, 버튼이 1개 있으면 1구 스위치, 2개 있으면 2구 스위치가 된다. 그래서 특별한 경우가 아니면 단로 1구 스위치, 단로 2구 스위치라고 한다. 단로 스위치가 아닌 것은 3로 스위치로 이는 전등 1개를 두고 양쪽에서 껐다 켰다를 할 수 있으며 배선 역시 많이 다르다.[64] 스위치별 배선방법에 대해 알아보자.

2 단로 1구 스위치로 1개의 전등배선

가장 간단한 스위치배선인 1구 스위치를 통해 1개의 전등을 배선할 경우이다. 콘센트배선에서 다루는 전압선과 중성선의 경우 각각 스위치공통선과 등공통선이라는 또 다른 이름이 생기고 스위치로부터 등으로 바로 가는 스위치선(출력선)도 새로 생긴다. 차단기에서 전압선은 바로 스위치로 가고 중성선은 바로 전등으로 간다. 스위치에서는 새로 스위치선을 배선해 스위치와 전등 사이를 연결하면 1구 스위치로 1개의 전등을 온·오프(on·off)를 할 수 있는 스위치배선이 완성된다. 참고로 콘센트와 달리 스위치는 접지선이 필요가 없다. 애초에 스위치에는 접지단자조차 없다. 대신 전등은 접지를 연결할 수 있으므로 접지선은 중성선과 함께 가도록 배선한다.

[62] 영어로 스위치의 '로'를 '웨이(way)'로 표현한다. 따라서 단로 스위치를 1웨이(way), 3로 스위치를 3웨이(way)라고 한다.

[63] 영어로 스위치의 '구'를 '갱(gang)'으로 표현한다. 따라서 1구 스위치를 1갱(gang), 2구 스위치를 2갱(gang)이라고 표현한다.

[64] 2로 스위치라는 개념이 있는데 이는 전기보다는 전자나 기계에서 사용되는 것으로 On1-Off-On2 방식으로 구현되어 있다.

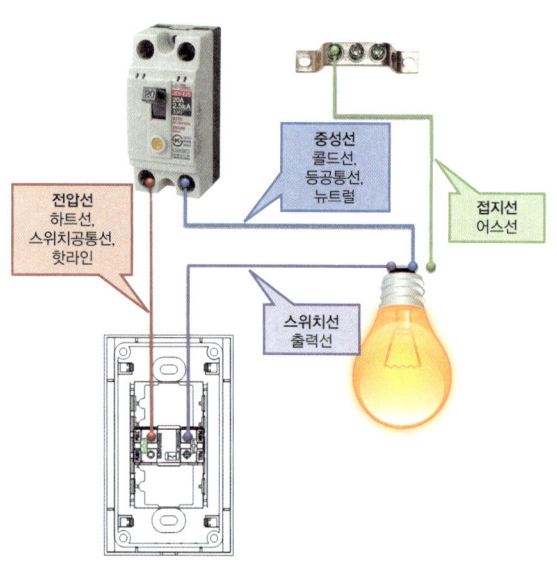

| 1구 스위치와 1개의 전등배선도 |

3 단로 1구 스위치로 2개의 전등배선

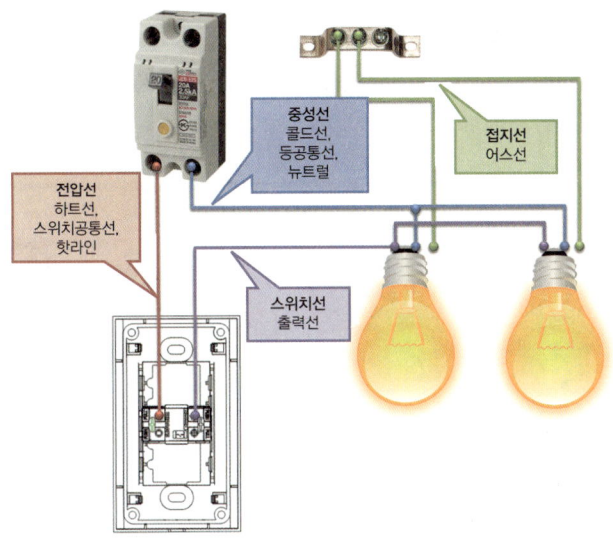

| 1구 스위치와 2개의 전등배선도 |

1구 스위치로 2개의 전등을 배선하는 것은 결국 1개의 전등배선을 확장한 것이다. 첫 번째 전등까지는 1개의 전등을 배선하는 것과 같은 방법으로 하되 두 번째 전등은 첫 번째 전등에서 스위치선(출력선)을 따와 연결하고 남은 한 선 역시 첫 번째 전등에서 중성선을 따와 연결하면 된다. 접지선은 분전반에서 따와 양쪽 조명에 모두 연결하면 된다. 일부 가정의 욕실에서 두 번째 전등 대신 환풍기를 설치하는 경우가 있다. 이렇게 설치하고 욕실등을 켜면 환풍기도 함께 돌아가고 욕실등을 끄면 환풍기도 정지한다.[65]

4 단로 2구 스위치로 2개의 전등배선

보통 스위치배선에서 가장 어려운 부분이 바로 2구 이상의 스위치로 복수의 전등을 설치할 때다. 하지만 앞서 언급한 데로 전압선, 중성선, 스위치선 개념만 알고 있으면 이해하기가 그다지 어렵지 않다. 2구 스위치의 위 버튼을 A버튼, 아래 버튼을 B버튼이라고 하자. A버튼을 켜면 A전등이 켜지고 B버튼을 켜면 B전등이 켜지게 설계를 한다면 다음의 배선도와 같이 배선을 하면 된다.

보통 2구 이상 스위치부터는 구입 시 연결선(점퍼선)이 동봉되어 있다.[66] 이 연결선(점퍼선)은 전압선을 A버튼과 B버튼 사이를 연결하는 것으로 연결선(점퍼선)이 없으면 연결이 안 된 부위에 전원이 들어가지 못해 전등이 켜지지 않는다.

---

[65] 이런 구조는 추가 콘센트 설치가 용이하다는 장점이 있다.

[66] 연결선(점퍼선)이 내부 회로로 되어 있는 경우에는 연결선(점퍼선)이 제공되지 않는다. 이런 제품은 스위치 단자에 '입력 결선부(녹색) 내부 연결됨'이 표기되고 전선 제거나 사가 녹색으로 되어 있다. 이때는 연결선(점퍼선)을 사용하지 말고 전압선을 입력 단자(녹색 부분)에 바로 연결한다.

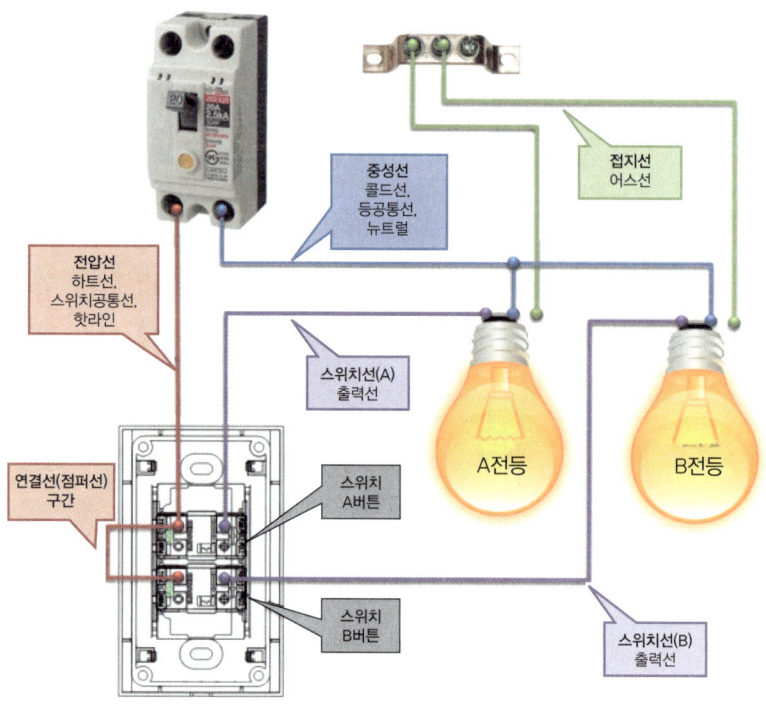

| 2구 스위치와 2개의 전등배선도 |

중성선 역시 곧바로 A전등과 B전등으로 가도록 배선을 한다. 그러나 스위치선[67]을 서로 연결선(점퍼선)으로 해서는 안 되고 A버튼에 해당하는 스위치선은 A전등으로만, B버튼에 해당하는 스위치선은 B전등으로만 가게 배선을 한다.[68]

이렇게 배선을 하면 A버튼이 A전등을 제어할 수 있고 B버튼이 B전등을 제어할 수 있다. A, B버튼을 모두 켜면 A, B전등 모두 켜지게 되고 A, B버튼을 모두 끄면 A, B전등 모두 꺼지게 된다. 만약 A버튼으로 B전등을 제어하고 싶으면 스위치 접속단자에 스위치선만 B버튼 쪽으로 가게 하면 된다.[69]

5 단로 3구, 4구, 5구, 6구 스위치배선

먼저 언급한 단로 1구 스위치와 2구 스위치의 배선을 이해하였으면 여러 개의 버튼이 있는 스위치배선도 그다지 어렵지 않을 것이다. 공통적인 점은 차단기에서 바로 내려오는 두 개의 선 중 한 가닥인 전압선은 스위치로 바로 향하고 또 한 가닥인 중성선은 전등으로 바로 향한다는 점이다. 따라서 이를 기본으로 여기고 스위치 쪽에 접속과 결선만 제대로 하면 어렵지 않게 가능할 것이다.

---

[67] 출력선이라고 한다.

[68] 가끔 서로 다른 차단기로부터 전압선이 각각 나오는 경우가 있다. 이때는 연결선(점퍼선)을 사용하면 합선이 되므로 연결선(점퍼선)을 사용하지 않는다.

[69] 대형 거실등의 경우 2개의 스위치버튼으로 작동시키게 설계된 경우가 있다. 보통 이전 조명은 단자가 3개 있는데 가운데가 중성선, 양쪽으로 스위치선 2개를 접속할 수 있게 설치되었다.

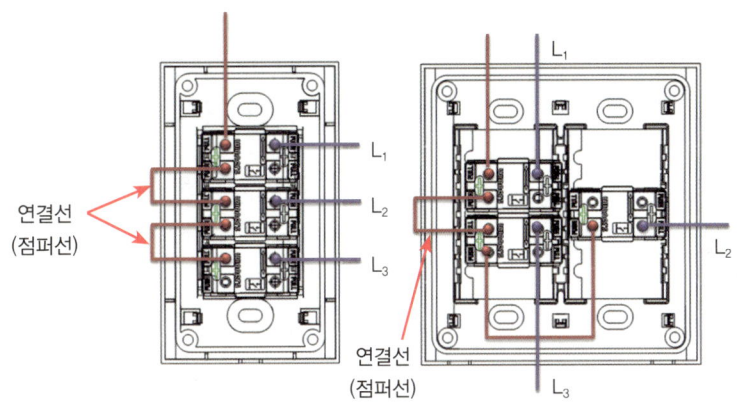

| 3구 스위치결선도 |

위 그림의 단로 3구 스위치의 경우 붉은색 선이 전압선, 보라색선이 스위치선이다. L_1, L_2, L_3은 전등으로 각각 스위치 버튼단자에서 각 전등으로 뽑아주는 스위치선을 연결하고 전압선은 연결선(점퍼선)을 이용해 서로 연결하면 된다.

단로 4구 스위치의 경우 왼쪽의 그림에서 보듯 붉은색선이 전압선, 보라색선이 스위치선이다. L_1, L_2, L_3, L_4는 전등으로 각각 스위치 버튼단자에서 각 전등으로 뽑아주는 스위치선을 연결하고 전압선은 연결선(점퍼선)을 이용해 서로 연결하면 된다.

단로 5구 스위치의 경우 왼쪽의 그림에서 보듯 붉은색선이 전압선, 보라색선이 스위치선이다. L_1, L_2, L_3, L_4, L_5은 전등으로 각각 스위치 버튼단자에서 각 전등으로 뽑아주는 스위치선을 연결하고 전압선은 연결선(점퍼선)을 이용해 서로 연결하면 된다.

단로 6구 스위치의 경우 뒤의 그림에서 보듯 붉은색선이 전압선, 보라색선이 스위치선이다. L_1, L_2, L_3, L_4, L_5, L_6는 전등으로 각

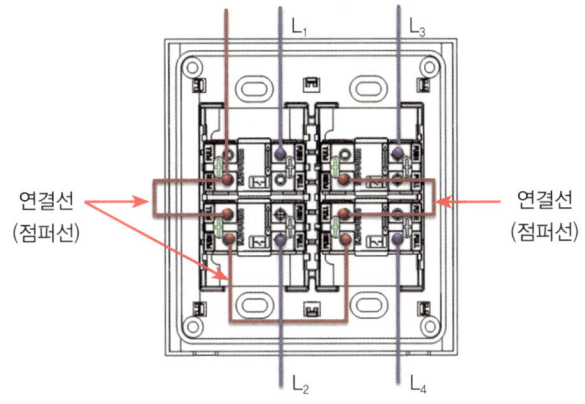

| 4구 스위치결선도 |

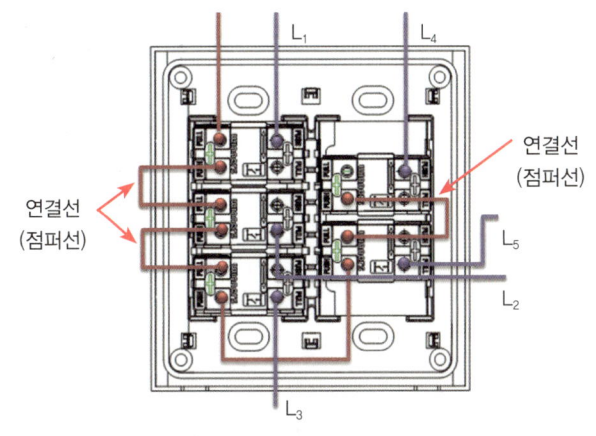

| 5구 스위치결선도 |

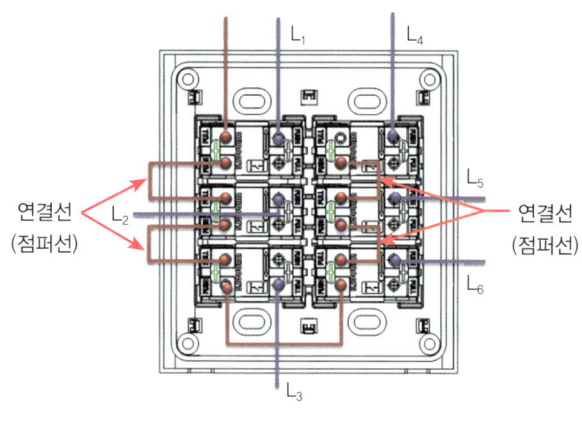

| 6구 스위치결선도 |

연결선(점퍼선)

각 스위치 버튼단자에서 각 전등으로 뽑아주는 스위치선을 연결하고 전압선은 연결선(점퍼선)을 이용해 서로 연결하면 된다.

6 고용량 조명을 복수로 동작시킬 때

보통 실내에서 사용하는 조명은 전력소비도 적은 편인 데다가 개수도 많지 않아 텀블러스위치를 사용해서 전원을 온·오프해도 큰 문제가 발생하지 않는다. 그러나 공장, 체육관 등에서 사용하는 투광등, 무대조명, 특수조명은 전력소비량이 매우 높기 때문에 조명 자체에 열을 배출하는 기능을 가지고 있다. 특히 이런 조명을 복수로 달고 텀블러스위치를 이용하기엔 텀블러스위치의 허용전력량인 3kW 구간을 넘게 되어 스위치가 녹을 수 있고 이에 전기안전을 위협받을 수 있으니 텀블러스위치를 사용해서는 안 된다. 이때는 차단기를 설치해서 조명의 전원을 온·오프 하는 것이 바람직하다.[70]

[70] 전자스위치(magnetic switch)를 이용하는 것이 가장 좋은 방법이다.

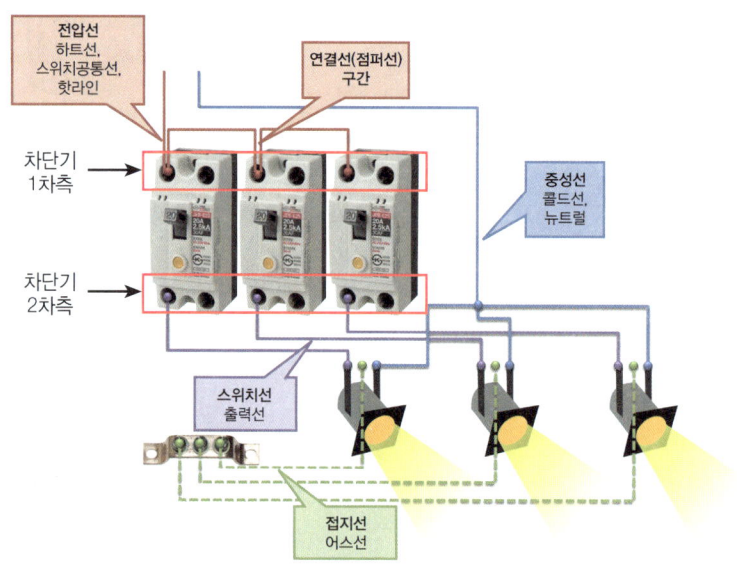

| 고용량 조명을 차단기로 제어할 때 배선도 |

여기서 차단기는 배선차단기나 누전차단기 모두 상관없다. 그 이유는 이렇게 결선할 경우 차단기 본연의 역할을 하지 않고 스위치로서 전원을 제어하는 역할만 하기

때문이다. 누전차단기를 설치해도 차단기로부터 조명까지 연결되는 전선이 누전될 때 이를 감지하지 못한다. 앞의 배선에서 중요한 것은 1차측 극과 2차측 극을 같은 극으로 연결해야 한다는 것이다. 차단기용량이 20A인 경우는 약 3.6kW, 30A인 경우는 약 5.4kW까지 조명을 사용[71]할 수 있다. 위의 배선도처럼 차단기마다 조명을 하나씩 제어할 수 있고 차단기 하나에 복수의 조명을 배선할 수도 있다. 조명 대신 콘센트를 접속하는 경우 차단기로 제어가 가능한 콘센트기능을 가질 수 있지만 과부하, 합선(단락전류), 누전 등 전기적인 문제가 생겼을 때는 차단기가 트립되지 않는다.

[71] 단, 전선의 단면적은 20A의 경우 2.5mm^2 이상, 30A의 경우 4mm^2 이상을 사용해야 한다.

7 단상 전동기를 스위치 대신 차단기로 배선할 때

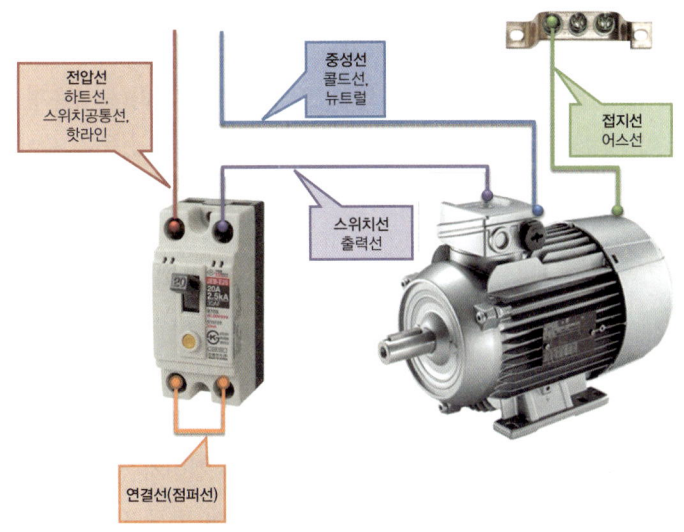

| 스위치로 단상 전동기를 제어할 때 배선도 |

보통 스위치로 조명만 제어한다고 생각할 수 있지만 전동기를 제어해야 하는 경우도 있다. 앞서 언급했듯이 스위치가 견딜 수 있는 부하는 16A 즉, 최대 3kW 정도이다. 그러나 이 수치는 역률도 높고 기동전류가 거의 없는 조명일 경우 부하용량이다. 전동기의 경우는 역률이 낮고 기동전류가 높기 때문에 단순하게 소비전력만 보고 스위치를 결선해서 연결하다가 스위치가 타버리는 경우를 보게 된다. 본래 전동기는 전자식 스위치를 이용해서 전원을 제어해야 하지만 여의치 않은 경우 차단기를 통해 해결이 가능[72]하다.

여기서 차단기는 배선차단기나 누전차단기 모두 상관없다. 그 이유는 이렇게 결선할 경우 차단기 본연의 역할을 하지 않고 스위치로서 전원을 제어하는 역할만 하기 때문이다. 누전차단기를 설치해도 차단기로부터 전동기까지 연결되는 전선이 누전

[72] 식당의 주방에 있는 대용량 환풍기(fan)에 많이 설치되어 있다.

> [73] 최근에는 움직임을 감지해 자동으로 점등이나 소등을 하는 센서등이 많이 보급화되고 리모콘스위치를 이용하는 경우도 많기에 과거보다는 3로 스위치 이용이 많이 줄었으나 여전히 학교나 병원같이 긴 복도에서 사용하는 경우가 많다.

> [74] 과거에는 이런 이유로 3로 스위치를 설치할 수 있는 전기공사기술자를 '전기기사'라 부르곤 하였다. 물론 자격증 이름이 아니라 그만큼 실력 있는 기술자라는 것을 지칭한 것이다.

될 때 이를 감지하지 못한다. 이렇게 스위치를 대신해 차단기로 제어하는 경우는 단상 전동기만 가능하고 소비전력이 1.5kW 이상인 경우 시도하길 추천한다. 그리고 하루에도 몇 번씩 자주 온·오프를 해야 한다면 전자식 스위치를 사용해야 내구성과 안전성을 확보할 수 있다. 차단기는 접점의 내구성이 떨어져 나중에는 아크로 인한 접점불량이 발생하고 스위치 절연에서 안정성이 떨어지게 된다.

5 3로 스위치와 4로 스위치 배선방법은?

1 단로 스위치와 3로 스위치의 차이점

일반적으로 많이 사용하는 스위치는 단로 스위치이다. 그러나 복층형 주거공간의 계단등이나 학교에 복도와 같이 양쪽에 스위치를 두어 하나의 전등을 제어할 때는 3로 스위치를 사용한다. 예를 들어 복층형 집안 계단등을 단로 스위치로 배선하였다고 가정해보자.

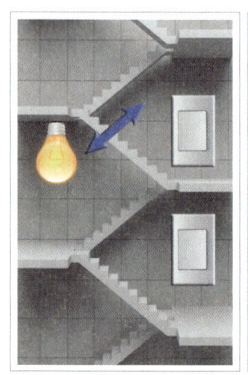 

(a) 단로스위치　　(b) 3로스위치

| 단로 스위치와 3로 스위치의 차이 |

1층에 스위치가 있고 2층으로 올라가기 위해 스위치를 작동시켜 계단등을 켜고, 2층에 도착해서는 계단등이 필요하지 않게 되므로 이를 꺼야 하는데 이를 위해 다시 1층으로 가야 하는 문제가 발생한다.

결국 2층에서도 계단등을 제어하여 스위치를 끄면 계단등도 꺼질 수 있게 만든 것이 바로 3로 스위치[73]이다. 3로 스위치는 그에 맞게 배선을 해야 할 뿐만 아니라 애초에 전기자재상에서 구입할 때도 3로 스위치를 구입해야 정상적으로 사용할 수 있다. 3로 스위치의 겉보기는 단로 스위치와 다르지 않게 생겼지만 내부 회로구성이 전혀 다르기 때문에 그렇다.

| 3로 스위치단자 |

3로 스위치의 배선은 단로 스위치보다는 복잡하고 잘못 연결할 경우 단순히 전등의 제어가 안 되는 것이 아니라 합선 등으로 인한 전기사고가 날 수 있어서 반드시 제대로 접속하는 것이 중요[74]하다. 그리고 단로 스위치를 배선한 곳에 3로 스위치를 달 경우는 생각보다 간단하지가 않다. 연락선('호출선'이라고도 함)이라는 전선을 배선해야 하고 3로 스위치는 반드시 짝을 이루어야 하기 때문에 새로 스위치공간도 만들어야 하는 등 수고가 많다. 따라서 3로 스위치를 사용하고 싶으면 애초 전기공사 때 하는 것이 바람직하다.

아울러 최근 일반 가정에서 쓰는 스위치(텀블러스위치)는 보통 왼쪽이 눌러져 있으면 오프(off), 오른쪽이 눌러져 있으면 온(on)으로 설계되어 있다.[75] 그러나 3로 스위치는 이러한 설계가 의미 없다. 즉, 어느 쪽이라도 한 번 스위치를 누르면 켜지고 반대쪽으로 누르면 꺼지는 것은 똑같지만 이 방향이 왼쪽이냐 오른쪽이냐는 것은 의미가 없다는 것이다. 이는 쌍으로 이루어진 3로 스위치의 경우 반대쪽 스위치에서 제어를 할 수 있기 때문에 스위치의 방향규칙 자체가 단로 스위치의 규칙과는 다를 게 없다고 보면 된다.

[75] 여러분의 집이 그렇지 않다면 전기기술자가 잘못 달아 놓았을 확률이 높다.

2 3로 1구 스위치의 배선

가장 기본적인 3로 스위치 배선형태인 3로 1구 스위치로 1개의 전등을 배선할 때의 배선도를 살펴보자. 기존 단로 스위치 결선 시 나온 전압선, 중성선, 스위치선, 접지선 외 연락선이라는 새로운 선이 하나 추가가 된다. 아래 그림의 아래쪽에 위치한 주황색이 바로 그것이다. 이 선이 있음으로써 단로 스위치와 구별[76]이 된다.

[76] 즉, 단로 스위치로 3로 스위치처럼 사용할 수 없다는 것이다.

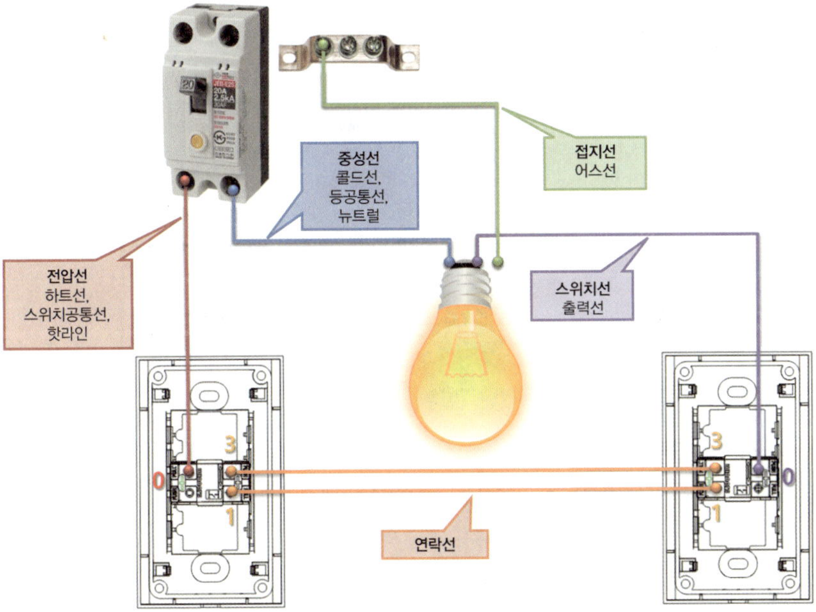

| 3로 1구 스위치로 1개 전등의 배선도 |

배선도를 보면 3로 스위치는 반드시 짝을 이루고 있어야 한다. 앞서 말했듯이 3로 스위치는 계단 위층과 아래층에 설치하는 구조와 같이 양쪽에서 제어를 하기 때문이다. 그래서 이들을 서로 연결시키기 위해 연락선이 1쌍 즉, 2가닥이 들어간다. 이때 중요한 것이 바로 숫자가 같은 것끼리 연결해야 한다는 점이다. 보통 3로 스위치의

단자를 살펴보면 0, 1, 3의 3개의 숫자[77]가 있다. 0은 전압선이나 스위치선을 접속하는 단자이고 1과 3이 연락선을 접속하는 단자이다. 즉, 3로 스위치는 1-1, 3-3을 따라 접속해야 한다.

그리고 차단기에서 바로 내려오는 전압선을 3로 스위치의 0단자에 접속한다. 다른 쪽에 있는 3로 스위치의 0단자에는 스위치선을 접속해 전등까지 바로 가면 된다. 접지의 경우 3로 스위치도 스위치이기에 접지를 연결하는 단자가 없고 전등에 접지를 하면 된다.

3로 1구 스위치로 2개의 전등을 배선할 때도 1개의 전등을 배선할 때와 많이 비슷하다. 다만 전등 쪽에서 연결선(점퍼선) 개념으로 중성선과 스위치선을 접속해주어야 하는 점만 차이가 있다. 이는 단로 스위치의 배선방법과도 비슷하다.

[77] 양각으로 표현되었거나 작은 스티커로 회로도가 그려져 있다.

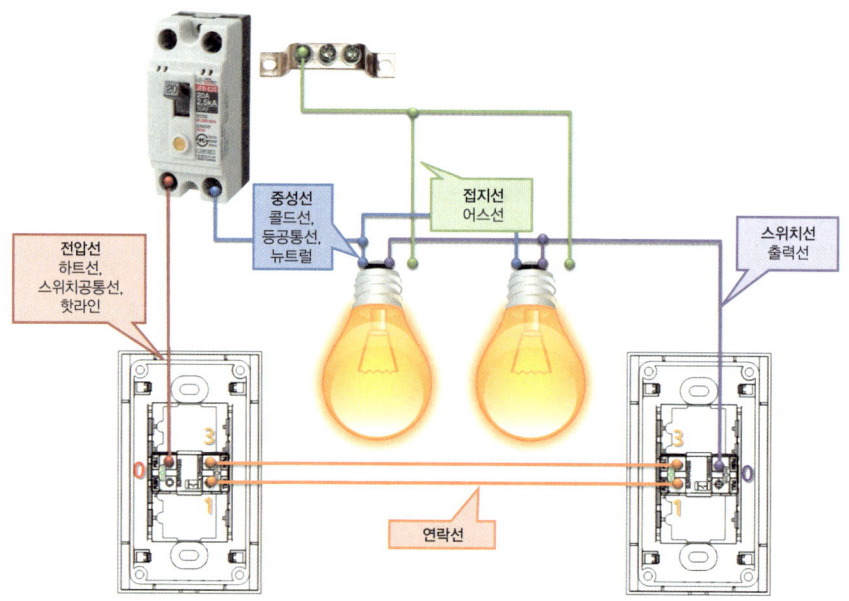

| 3로 1구 스위치로 2개 전등의 배선도 |

3 3로 2구와 3로 3구 스위치의 배선

3로 스위치는 1구 스위치뿐만 아니라 2구 스위치와 3구 스위치까지 제조되어 시판 중에 있다. 보통 3구 스위치는 1구 사용이 가장 흔하지만 2구 이상의 스위치를 통해 제어가 필요한 경우가 있다. 예를 들어 계단등이 고급스러운 샹들리에등이기 때문에 메인등과 보조등으로 구분할 때가 있다.

평상시에는 보조등만 사용해도 무방하지만 계단등을 더 환하게 하고 싶을 경우 메인등을 동시에 사용해야 하는 경우도 있다. 이럴 때는 3로 2구 스위치를 달아 메인등과 보조등을 접속하면 해결할 수 있다.

아래의 그림에서 A전등을 샹들리에조명의 메인조명, B전등을 보조조명이라고 가정하자. 그리고 3로 2구 스위치 상단에 있는 A버튼이 메인조명을, B버튼이 보조조명을 담당한다고 하자. 3로 스위치에서 가장 중요한 연락선을 1과 3의 숫자에 맞게 서로 연결해준다. 이때 반드시 번호대로 연결하되 3로 스위치 버튼단자에서도 해당 번호에 맞게 연결한다. 그리고 차단기에서 바로 내려오는 전압선을 3로 스위치 A버튼의 0단자에 접속한다. 이어 스위치 B버튼에 해당하는 0단자로 연결선(점퍼선)을 접속한다. 다른 쪽에 있는 3로 스위치의 0단자에는 스위치선을 각각 접속해 전등까지 바로 가면 된다. 이때 스위치선 쪽에는 연결선(점퍼선)을 해서는 안 된다. 접지의 경우 3로 스위치도 스위치이기에 접지를 연결하는 단자가 없고 전등에 접지를 하면 된다.

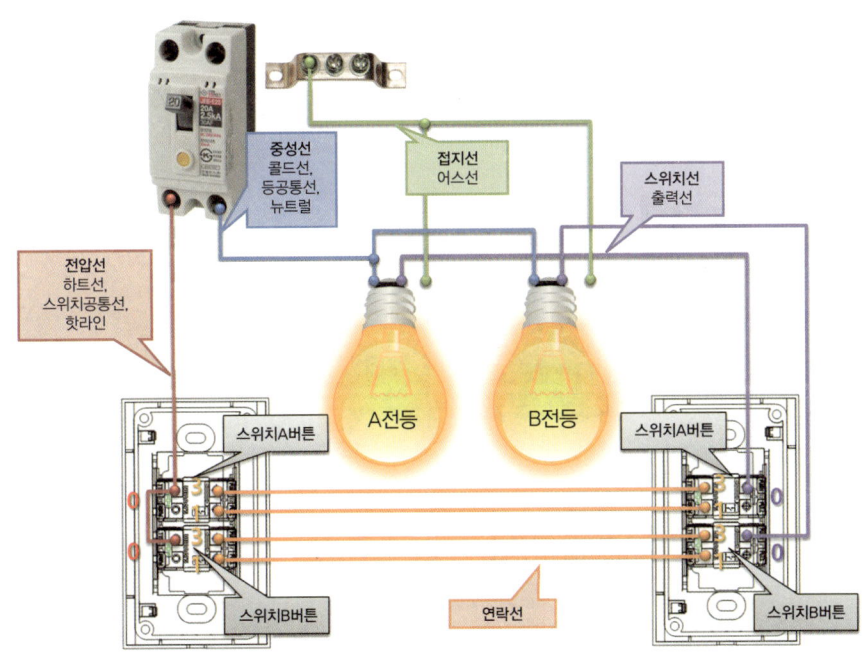

| 3로 2구 스위치배선도 |

3로 3구 스위치의 경우 3로 2구 스위치를 확장한 개념이다. 연락선은 총 3쌍으로 6가닥이다. 전압선이 들어오는 3로 스위치의 경우 연결선(점퍼선)을 통해 각 버튼단자에 연결하고 스위치선이 들어오는 3로 스위치에 경우 각각 버튼단자를 연결하면 된다.

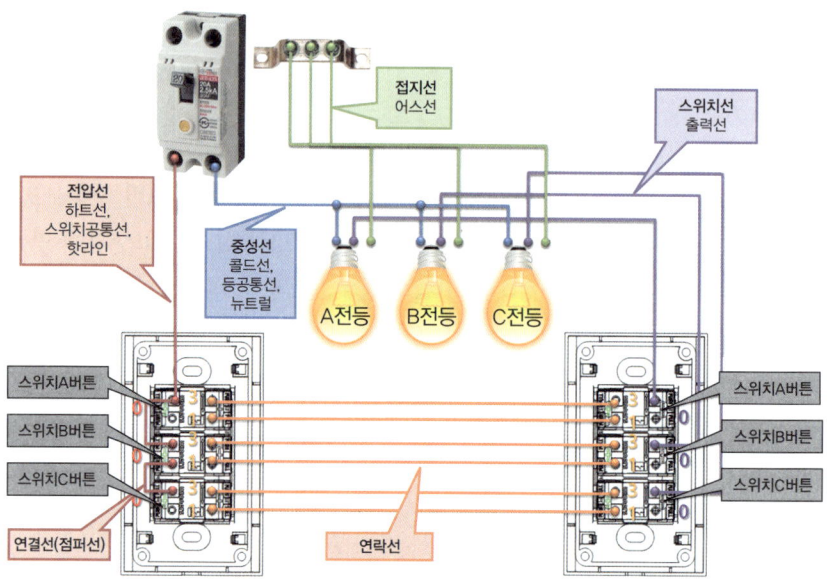

| 3로 3구 스위치배선도 |

4 4로 스위치의 배선

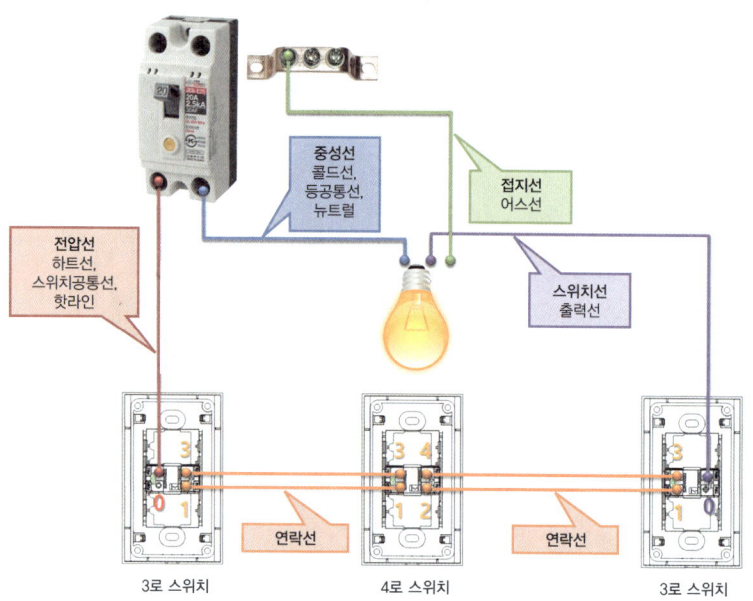

| 4로 스위치의 배선도 |

4로 스위치는 사용하는 곳이 거의 없지만 3로 스위치의 활용도를 높여준다. 예를 들어 어떤 조명을 중앙에 달고 동서남북 4방향에 각각 이 조명을 제어하기 위한 스위치를 달기 위해서는 어떻게 해야 하는가? 이럴 때는 단로 스위치 4개를 설치하는 것도 아니고 3로 스위치 4개를 설치하는 것도 아니다. 3로 스위치 2개와 4로 스위치 2개를 설치하면 된다. 이와 같이 3개 이상의 제어할 스위치를 달 경우에 4로 스위치를 배선하면 가능하다. 특히 4로 스위치는 설치개수에 제한이 없기 때문에 필요한 만큼 설치할 수 있다.[78]

4로 스위치를 사용하기 위해선 반드시 양쪽 끝으로 3로 스위치가 있어야 하고 이들 사이에 연락선이 있어야 한다.

[78] 학교의 복도같이 긴 공간에서 복도 양쪽 끝에 3로 스위치를 설치하고 그 사이에는 4로 스위치를 여러 개 설치한다.

6 콘센트와 스위치의 동시 배선방법은?

1 스위치로 콘센트를 제어할 경우

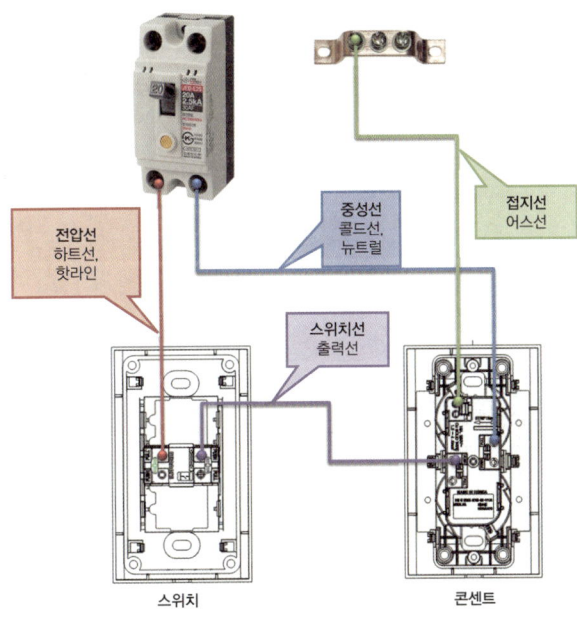

| 스위치로 콘센트를 제어할 때 배선도 |

스위치로 전등뿐만 아니라 콘센트를 제어하고 싶을 때가 있다. 예를 들어 높은 곳에 설치한 환풍기의 경우 보통 환풍기 자체 스위치줄이 있는데 높게 달려 있어 직접 조작이 어려운 경우 환풍기를 상시 온(on)상태로 두면서 콘센트에 전력 공급을 온·오프(on·off)로 두면 스위치줄을 사용하지 않고도 환풍기를 제어할 수 있다. 이 방법은 결국 원래 1구 스위치에 전등을 달아놓은 것을 콘센트로 바꾼 것과 같다.[79]

> 79
> 콘센트가 없어도 전압선과 스위치선을 환풍기의 전원선에 직접 연결하면 같은 효과를 낼 수 있다.

먼저 차단기에서 나온 두 가닥의 전선 중 전압선을 스위치와 연결하고 중성선을 바로 콘센트로 연결한다. 이후 스위치에서 스위치선을 빼서 콘센트로 연결을 하면 완성이 된다. 접지는 스위치에는 필요 없으므로 콘센트에 바로 연결하면 된다. 이후 스위치로 제어할 전자제품을 콘센트에 꽂으면 굳이 콘센트를 꽂고 뺄 필요 없이 간단하게 스위치로 제어할 수 있다.

2 스위치와 상관없이 콘센트를 설치할 경우

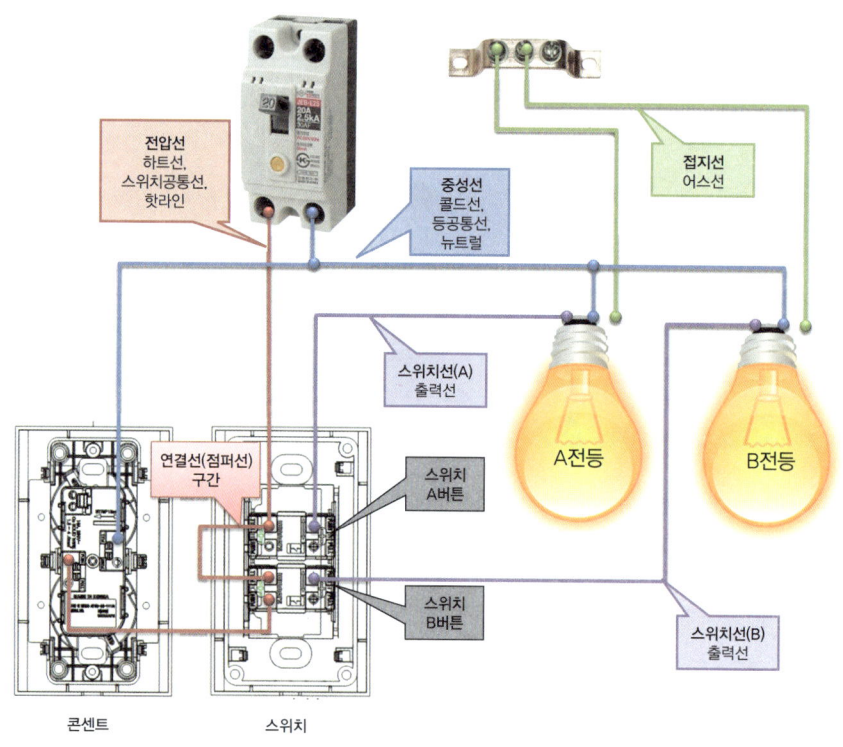

| 스위치와 상관없이 콘센트를 설치할 때 배선도 |

보통 가정이나 사무실에서 전기를 사용할 때 스위치가 사람 손에 닿는 위치에 있고 그 아래로 콘센트가 설치된 경우가 많다. 이때 스위치의 작동과는 별개로 콘센트에서는 항상 전원을 공급받을 수 있다. 즉, 전등이 꺼져 있어도 전기를 공급받는 데

아무런 지장이 없다. 여기에 전등이 1개가 아닌 2개가 있는 경우가 있다. 보통 주방의 경우가 그렇다. 주방등 외 식탁등까지 2구 스위치로 작동시키면서 1개의 콘센트까지 있는 경우가 있다.[80] 이때의 배선도는 위와 같다.

기존에 2구 스위치로 결선하는 것과 똑같이 차단기에서 바로 전압선이 내려오고 중성선은 각 전등으로 바로 간다. 스위치에서는 버튼과 버튼 사이에 연결선(점퍼선)을 넣고 각 버튼에 해당하는 스위치선이 각 전등으로 가는 것까지는 비슷하다. 스위치에서 한 가닥의 전압선을 인출하여 콘센트와 접속한다. 콘센트에 접속하는 또 한 가닥 즉, 중성선은 차단기에서 나오는 중성선에서 뽑는데 이때 중요한 점은 전등으로 가기 전에 뽑아야 한다는 것이다. 만약 전등 이후에 있는 중성선에서 뽑게 되면 콘센트가 스위치 온·오프(on·off)에 따라 작동하게 된다. 따라서 반드시 전등 즉, 스위치로 제어가 가능한 부하 이전에 중성선을 뽑아서 콘센트로 바로 연결한다. 스위치 역시 바로 통과해야 한다.

이런 원리로 배선을 하기 때문에 물리적으로 힘든 전기공사가 있다. 전등에서 콘센트 전원을 따오는 일이 바로 그런 것이다. 보통 전등 역시 전력이 공급되기에 여기에서 전기를 따와 새롭게 콘센트를 추가하는 일이 간단해 보여도 실제로는 그렇지 않다. 일단 전압선을 끌어오는 것은 어렵지 않아도 중성선에서 전등 이전에 따로 배선하는 일이 쉽지 않다. 이로 인해 벽이나 천장을 파쇄해야 하는 경우도 있다. 물론 천장에 점검구가 있다면 쉽게 해결할 수 있지만 이는 천장이 높은 사무실이나 공장 등의 경우에 해당하고 대다수 주택이나 아파트에서는 매우 힘든 공사이다. 그러나 최근에 지어진 아파트 발코니의 경우는 일부러 중성선과 접지선을 발코니 전등 스위치로 내리고 따로 콘센트를 설치하지 않는 경우가 있는데 이럴 때는 시공이 매우 간단할 수 있다. 바로 스위치부 콘센트를 이용하면 된다.

| 스위치부 콘센트 |

스위치부 콘센트란 스위치와 콘센트가 하나의 수구로 제작된 것을 말한다. 이는 스위치의 온·오프(on·off)와 관계없이 콘센트에는 상시 전원이 공급될 수 있게 설계된 수구이다. 깔끔하게 전원제어와 전원공급을 할 수 있는 것은 큰 장점이지만 앞의 배선도처럼 전압선, 중성선, 스위치선 그리고 접지선[81]이 모두 있어야 한다. 배선에 대해 정확한 이해가 필요하기에 개인이 설치하는 것보다는 전기기술자를 불러 설치하기를 추천한다.

80 — 비단 주방뿐만 아니라 집안 곳곳의 배선이 이런 구조이다.

81 — 본래 스위치는 접지가 필요 없지만 스위치부 콘센트는 콘센트도 함께 있기 때문에 접지선이 있어야 한다.

3 분리된 두 개의 회로로부터 스위치 접속 시

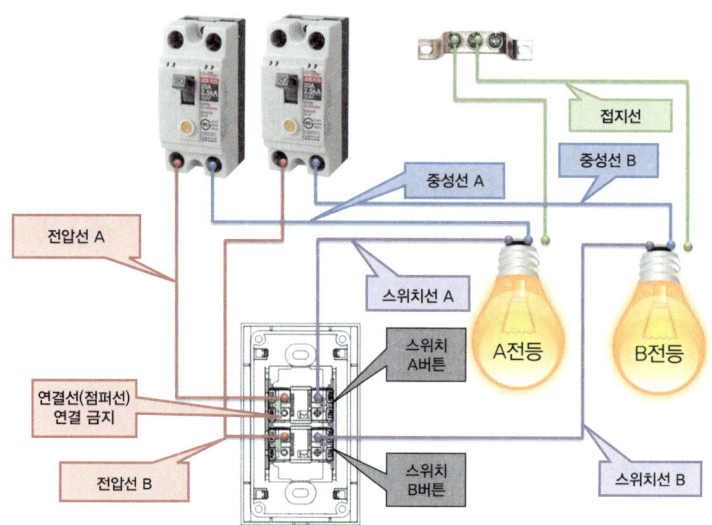

| 분리된 두 개의 회로로부터 스위치 접속 시 배선도 |

드문 경우이지만 간혹 스위치가 한 곳에 있는데 각기 분리된 회로로 전압선이 두 가닥 나오는 경우가 있다. 전압선 두 가닥이 서로 닿으면 합선이 된다. 현장에서는 서로 다른 상끼리 부딪혔다는 표현으로 이런 상황을 이야기한다. 실제로 정상적으로 스위치를 이용하기 어려울 뿐만 아니라 차단기가 정상적으로 차단하지 않으면 위험하기 때문에 이때는 스위치에서도 서로 분리해야 한다. 즉, 연결선(점퍼선)을 서로 연결하지 않고 각 전압선을 각 스위치 단자에 연결해야 한다. 나머지는 일반 스위치와 배선을 같게 하면 된다. 점프회로 내장형 스위치의 경우는 스위치 전원단자를 분리하여 내부에 구리연결선을 제거하여 사용하거나 연결선(점퍼선)을 같이 제공하는 단로 스위치를 사용하되 연결선(점퍼선)을 사용하지 않도록 한다. 즉, 2구 이상 스위치를 사용하더라도 반드시 연결선(점퍼선)을 사용해야 하는 것이 아니라 상황에 따라 필요하지 않을 수 있다.

4 스마트홈 구축에 필요한 IoT스위치 배선

최신식 주택이나 아파트에서는 스위치가 기존 물리적인 접점방식이 아니라 간단하게 터치식으로 작동하고, 모니터를 통해 집안 전기상황을 손쉽게 제어할 수 있게 구축되었다. 그뿐 아니라 음성을 이용해 스위치를 쉽게 조작할 수 있을뿐더러 집안이 아니더라도 스마트폰을 통해 집안의 조명을 제어할 수 있게 되었다. 이러한 스위치를 IoT스위치[82]라고 한다.

---

[82] IoT란 사물인터넷(Internet of Things)의 약자로 사물에 센서를 부착해 실시간으로 데이터를 인터넷으로 주고받는 기술이나 환경을 말한다. 이러한 개념을 응용한 스위치가 IoT스위치로, 제조사마다 원격제어스위치, 스마트스위치, 네트워킹 스위치, 인텔리전트스위치 등으로 부른다.

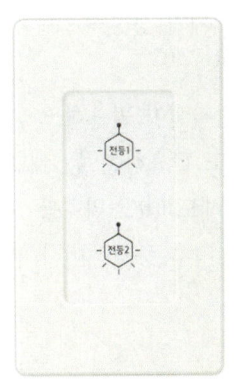  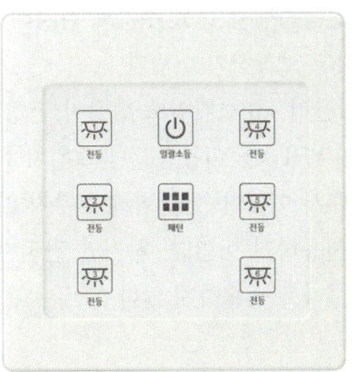

| 다양한 종류의 IoT스위치 |

IoT스위치는 최신식의 주택이나 아파트의 전유물이고 오래된 주택이나 아파트에서는 사용할 수 없다고 생각할 수 있지만 그렇지 않다. 기존 스위치가 있던 곳에 중성선을 넣으면 가능[83]하다. 그러나 문제는 이 중성선을 새로 배선하는 것이 쉬운 일이 아니라는 것이다. 일단 간단하게 IoT스위치의 원리를 알아보면 다음 그림과 같다.

[83] 간단하게 스위치를 드라이버로 풀어서 아웃렛박스 속에서 스위치로 연결된 전선이 스위치버튼수+1로 있으면 중성선이 없다고 보면 된다. 즉, 1구 스위치의 경우 2개의 전선이 스위치로 연결된 경우에는 중성선이 없다.

(a) 기존 스위치배선

(b) IoT스위치배선

| 스위치배선 |

IoT스위치에서 중성선이 반드시 있어야 하는 이유는 스위치를 위한 전력이 공급되어야 하기 때문이다. 기존 물리적인 스위치는 스위치원리상 온(on)하면(접점이 붙으면) 전류가 흐르고 오프(off)하면(접점이 떨어지면) 전류가 차단된다. 그러나 중성선[84]은 이러한 접점연결과 별개로 스위치를 위한 전력이 공급된다. 이때의 전류는 스위치를 제어할 정도의 매우 미세한 전류이다. 따라서 중성선이 없는 상태로 IoT스위치를 설치하면 미세한 전류에 반응하는 조명의 잔광현상이 생기게 된다. 이를 방지하기 위

[84] 위의 배선도 그림의 하단을 보면 중성선(주황색선)이 기존 스위치배선에서는 전등으로 바로 가는 반면 IoT스위치배선에서는 전등으로 가기 전에 분기되어 한 가닥은 전등으로 한 가닥은 스위치로 간다.

해 잔광콘덴서 등을 추가로 설치해야 하는데 그렇다고 IoT스위치가 정상적으로 작동한다고 보장하기 어렵다.

아울러 IoT스위치도 엄밀히 전기기기로 볼 수 있는 만큼 접지선이 필요하고 와이파이(WiFi)를 이용한 무선스위치를 사용하기 위해서는 랜선도 필요하는 등 애초에 시공 시 이러한 것을 함께 갖추지 않으면 뒤에 추가로 공사를 해도 IoT스위치를 제대로 사용하기 어렵다. 하지만 건전지가 들어가는 IoT스위치의 경우 중성선이나 접지선은 따로 필요하지 않다.

여기서 잠깐! 전기공사면허업체와 전기공사기술자란?

전기를 안전하게 사용하기 위해서는 사용자의 전기안전에 대한 상식도 중요하지만 전기공사시공자의 정확한 시공능력도 중요하다. 제대로 된 전기공사라면 부실 전기공사를 하는 경우가 없지만 의뢰하는 입장에서 과연 제대로 공사를 하는지에 대한 의문이 생길 수 있다. 이에 몇 가지 전기공사에 대한 정보를 전달함으로써 전기공사업체와 전기공사기술자에 대한 안목을 키우고자 한다.

동네에 잘 아는 전기공사업체가 있다면 전기에 문제가 생겼을 경우 이를 해결하는 것이 그다지 어렵지 않을 것이다. 그러나 한 번도 전기공사업체를 부른 경험이 없을 수도 있고 인테리어, 리모델링 시공 등으로 전기공사를 해야 하는 상황도 있다. 이럴 때 전기공사업체를 찾기 위해 막연히 인터넷에 검색해서 알아보는 경우가 많다.

그러나 전기공사는 재화를 사는 개념보다는 서비스를 사는 개념이기에 적절한 가격, 공사품질도 모두 달라 적당한 업체를 찾기가 쉽지 않다. 더구나 전기공사를 잘못하면 화재나 감전위험이 있기 때문에 전문적으로 수행하는 업체를 찾아야 한다.

우리나라는 전기공사업법을 통해 정식으로 정부 지방자치단체에서 허가받은 전기공사면허업체가 있다. 전기공사면허업체는 다음과 같은 기준에 의해 설립된다.

(1) 근린생활시설에 위치한 사무실
(2) 최소 1.5억 원 이상의 자본금
(3) 전기공사기술자 3인 이상

먼저 사무실이라 함은 과거에는 $25m^2$ 이상의 면적, 다른 용도로 사용금지 등의 조항이 있었으나 폐지되었고 일반 주택은 면허가 나지 않는다. 그리고 자본금의 25% 이상을 한국전기공사협회에 예치시켜야 한다. 전기공사기술자는 국가기술자격증인 전기 관련 산업기사 이상인 1인 이상, 기술자 경력수첩 소지자 3인 이상으로 구성되어야 한다. 여기서 전기공사기술자는 단순히 전기자격증을 취득하여 기술자로 인정받는 게 아니라 산업통상자원부 장관이 인정한 경력수첩발급자를 말한다.

면허업체는 2019년 10월 현재 전국에 1만 7000여 개가 있으며 업체 사무실에는 시·도지사의 전기공사 등록증과 등록번호가 게재되어 있다.

동네에서 전기공사를 잘하는 기술자가 있는데 면허업체가 아니라면 공사를 할 수 있을까? 이는 대통령령에 의해 경미한 전기공사에 한해서 하는 것은 불법이 아니다. 대통령령이 정하는 경미한 전기공사는 다음과 같다.

(1) 꽂음접속기, 소켓, 로제트, 실링블록, 접속기, 전구류, 나이프스위치, 그 밖에 개폐기의 보수 및 교환에 관한 공사

(2) 벨, 인터폰, 장식전구, 그 밖에 이와 비슷한 시설에 사용되는 소형 변압기(2차측 전압 36V 이하의 것으로 한정)의 설치 및 그 2차측 공사
(3) 전력량계 또는 퓨즈를 부착하거나 떼어내는 공사
(4) '전기용품 및 생활용품 안전관리법'에 따른 전기용품 중 꽂음접속기를 이용하여 사용하거나 전기기계·기구(배선기구는 제외) 단자에 전선(코드, 캡타이어케이블 및 케이블 포함)을 부착하는 공사
(5) 전압이 600V 이하이고, 전기시설용량이 5kW 이하인 단독주택 전기시설의 개선 및 보수공사. 다만, 전기공사기술자가 하는 경우로 한정

위의 법령에 따르면 무면허업체가 사실상 할 수 있는 전기공사가 거의 없다. 원칙상 간단한 LED 등기구 교체공사도 할 수 없다. 아울러 계약전력의 전기증설, 한전계량기 설치 등 한전과 관계있는 공사는 모두 전기공사 면허업체만 할 수 있는 고유 권한이다. 일부 무면허 전기공사업체, 인테리어업체, 설비업체 등이 하는 경우는 그들이 직접 하는 게 아니라 전기공사면허업체에 의뢰하는 것이다. 그래서 비용도 전기공사면허업체를 통해 직접 하는 것보다 비싼 경우가 많다. 전기공사면허업체가 아닌 경우 이러한 것을 지키지 않았을 때 1년 이하의 징역 또는 1000만원 이하의 벌금형 처벌이 따르고 전기공사면허업체가 아님에도 '전기공사', '인테리어 전기공사', '출장전기공사', '조명공사' 등 전기공사업자임을 표기하거나 공사업자로 오인될 우려가 있는 경우 전기공사업 표시 제한 위반으로 100만원의 과태료에 처하게 된다.

아울러 부실한 전기공사로 사고가 발생해 피해액수가 많을 경우 면허업체는 전기공사공제조합에서 보상이 따르지만 비면허업체는 업체 스스로가 보상해야 하는데 그만큼의 경제적인 부담을 떠안기가 쉽지 않다. 이는 결국 공사의뢰자에게 두 번 고통을 주는 일이 된다.

전기공사면허업체를 구분하는 방법은 한국전기공사협회 홈페이지(www.keca.or.kr)에서 검색하거나 전화로 문의(국번 없이 1566-1177)하면 알 수 있다.

| 부실한 전기공사로 인한 전기화재 |

공사를 의뢰할 때 실제 공사를 하는 시공자가 전기공사기술자가 확실한지 살펴보자. 제대로 된 전기공사기술자는 자격증, 학력, 경력의 조건이 맞을 때 산업통상자원부 장관의 인정을 받은 사람을 말한다. 전기공사기술자는 전기공사업법에 의해 전기공사를 시공하고 관리할 수 있는 기술인력을 나타내는 증거로 전기공사기술자 경력수첩을 발급받은 사람에 한한다. 전기공사기술자는 반드시 경력수첩을 휴대하여야 하고 행정기관이나 발주자 등 관계인의 요구가 있으면 이를 제시하여야 한다. 아울러 전기공사업자는 공사를 효율적

으로 시공하고 관리하기 위해 전기공사기술자 중 시공관리책임자(현장대리인)를 지정해야 하는데 이때 대상자가 바로 경력수첩 소지자이다.

보통 일반인이 전기공사를 잘 모른다고 공사비용이 터무니없이 비싸거나 책임시공을 하지 않거나 AS가 원활하게 이루어지지 않는 경우가 있다. 이러한 업체를 거르고 믿을 만한 전기공사업체를 찾는 방법은 다음과 같다.

(1) 가능한 공사의뢰구역과 물리적으로 가까운 곳에 있는 전기공사업체에서 한다. 무리하게 멀리 있는 업체를 부르게 되면 이동거리와 시간 등으로 인한 손실 등이 공사금액에 반영되기도 하고 추후 문제가 생겼을 때 AS를 꺼리는 경우가 있다. 차량으로 이동할 때 기준으로 30분 이내 거리에 위치한 업체를 선정하자.

(2) 업력이 어느 정도인지 살펴본다. 전기공사 업력이 길다는 것은 그만큼 고객에게 신뢰를 받고 오랫동안 일을 했다는 것이다. 일을 하기 전에 기술자의 시공능력을 쉽게 알기 어렵지만 어느 정도 업력이 긴 업체는 그만큼 시공의 경험과 노하우가 많이 쌓여 있다.

(3) 전기공사업체가 한 동네에서 얼마나 오래 공사업을 운영했는지도 살펴본다. 문제가 많은 업체는 대체로 자주 장소를 옮긴다. 그만큼 밑바탕이 될 단골고객이 부족하다는 것이다. 역으로 단골고객은 그냥 생겨나는 것이 아니라 납득할만한 공사가격 및 신뢰할만한 공사를 수행해야 생긴다.

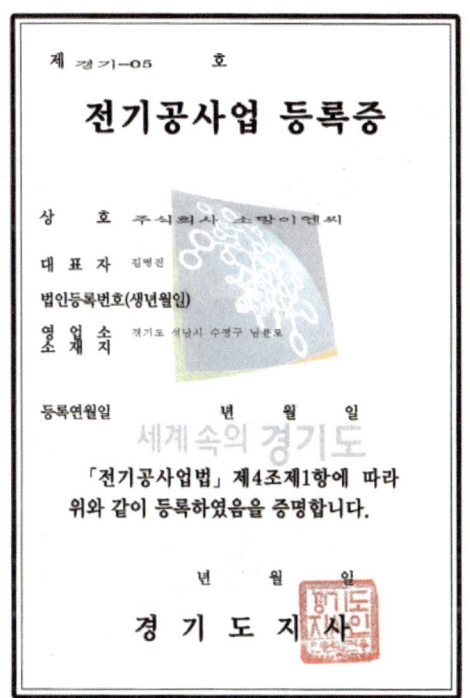

| 정식으로 허가받은 전기공사업체의 시도지사의 등록증 |

공사현장에서 의뢰자와 기술자가 서로 의견이 맞지 않는 경우가 약속한 날짜 내 시공을 어기게 되거나 원래 계획과는 다르게 시공, 원래 비용보다 더 많은 비용이 발생하는 것이다. 이를 방지하기 위해 전기공사 이전에 계약서를 반드시 작성하고 의뢰자와 시공업체가 한 부씩 보관하도록 한다.

부 록

1. SI 단위 · 접두어
2. 전기의 단위 및 그리스문자
3. 전기이해를 위한 기초수학
4. 전기배선도의 기호 보는 법
5. 전기배선공사 및 설계 시 허용전류값
5. 차단기 정격전류 산정표
6. 전기기술자 경력수첩

부록

SI단위, 기초수학, 전기배선도 기호, 차단기 정격전류 산정표

1 SI 단위·접두어

거리를 나타낼 때 가장 많이 사용되는 단위가 바로 [km](킬로미터)이다. 하지만 과거 우리나라는 리(里)를 거리로 나타냈고 미국은 현재 마일(mile)을 거리의 단위로 나타낸다. 이렇게 서로 혼돈된 단위는 사용자도 불편하지만 때로는 매우 위험할 수 있다. 예를 들어 관제탑에서 비행기 착륙 시 고도를 이야기 할 때 [m](미터)를 사용하는지, [feet](피트)를 사용하는지에 따라 실제 고도는 매우 큰 차이를 나타내기 때문이다. 또한 공항 관제탑마다 다른 단위를 사용하면 이로 인해 혼란을 야기하고 사고로 이어질 수 있다. 따라서 모든 국가에서 활용할 수 있는 단위를 만든 것이 바로 SI 단위로 국제단위계라고도 한다.

| SI 단위의 기본 단위 |

항목	명칭	기호
길이	미터	m
질량	킬로그램	kg
시간	초	s
전류	암페어	A
열역학적 온도	켈빈	K
물질량	몰	mol
광도	칸델라	cd

그러나 실제 단위에 해당하는 수가 매우 크거나 작을 때는 SI 접두어를 사용해야 한다. SI 접두어란 SI 단위 앞에 붙이는 접두어로 10의 배수를 생략하여 큰 수나 작은 수를 간단하게 표기할 때 사용한다. 예를 들어 전류 100만A는 간단하게 1MA(메가 암페어)로 표기할 수 있다. 마찬가지로 매우 작은 수인 0.000001A는 1μA(마이크로 암페어)로 표현할 수 있다.

SI 접두어								
10^n	기호	명칭	우리말	10^n	기호	명칭	우리말
10^{24}	Y	요타	일자	10^{-1}	d	데시	십분의 일
10^{21}	Z	제타	십해	10^{-2}	c	센티	백분의 일
10^{18}	E	엑사	백경	10^{-3}	m	밀리	천분의 일
10^{15}	P	페타	천조	10^{-6}	μ	마이크로	백만분의 일
10^{12}	T	테라	일조	10^{-9}	n	나노	십억분의 일
10^{9}	G	기가	십억	10^{-12}	p	피코	일조분의 일
10^{6}	M	메가	백만	10^{-15}	f	펨토	천조분의 일
10^{3}	k	킬로	천	10^{-18}	a	아토	백경분의 일
10^{2}	h	헥토	백	10^{-21}	z	젭토	십해분의 일
10^{1}	da	데카	십	10^{-24}	y	욕토	일자분의 일

SI 접두어를 사용할 때는 반드시 대소문자를 구분해서 사용한다. 당장 10^{24}의 요타의 경우 대문자 Y를 사용하지만 10^{-24}의 욕토의 경우 소문자 y를 사용한다. 특히 혼동하기 쉬운 것이 흔히 사용하는 킬로를 말하는 10^3의 SI 접두어는 반드시 소문자 k를 사용해야 한다. 대문자 K는 온도를 나타내는 켈빈 단위이기 때문이다.

2 전기의 단위 및 그리스문자

- 1볼트(V) : 1A의 불변전류가 흐르는 도체 두 점 간의 전력이 1W일 때 그 두 점 간에 존재하는 전압
- 1옴(Ω) : 도체 두 점 간에 1V의 불변전압을 주고 있을 때의 전류가 1A일 때 그 두 점 간의 전기저항
- 1쿨롬(C) : 1A의 불변전류가 1초 동안에 실어 나르는 전기량
- 1패럿(F) : 1C의 전기량을 충전했을 때 양 전극 간에 1V의 전압을 일으키는 콘덴서의 정전용량
- 1헨리(H) : 1A/s의 비율로 고르게 변화하는 전류가 흐를 때 1V의 기전력을 일으키는 폐회로의 인덕턴스
- 1웨버(Wb) : 1회 감기의 폐회로와 쇄교하는 자속이 고르게 감소하여 1V의 기전력을 일으키고 있을 때 그 1초 동안에 변화하는 자속
- 1바(Var) : 전기회로에 1V의 정현파 전압을 주었을 때 이것과 위상이 $\pi/2$ 다른 1A의 정현파 전류가 흐를 경우의 무효전력의 크기
- 1볼트암페어(VA) : 전기회로에 1V의 정현파 전압을 가했을 때 1A의 정현파 전류가 흐를 경우의 피상전력의 크기

1 전기·자기의 단위

구분	기호	단위를 정의하는 식	단위의 명칭	단위 기호
전류	I	$I = \dfrac{V}{R}$	암페어(ampere)	A
전압	V	$V = IR$	볼트(volt)	V
전기저항	R	$R = \dfrac{V}{I}$	옴(ohm)	Ω
전기량(전하)	Q	$Q = It$	쿨롬(coulomb)	C
정전용량	C	$C = \dfrac{Q}{V}$	패럿(farad)	F
전계의 세기	E	$E = \dfrac{V}{l}$	볼트당 미터	V/m
전속밀도	D	$D = \dfrac{Q}{A}$	쿨롬당 평방미터	C/m^2
유전율	ε	$\varepsilon = \dfrac{D}{E}$	패럿당 미터	F/m
자계의 세기	H	$H = \dfrac{I}{l}$	암페어당 미터	A/m
자속	ϕ	$\phi = \oint_s B \cdot dS$	웨버(weber)	Wb
자속밀도	B	$B = \dfrac{\phi}{A}$	테슬라(tesla)	T
인덕턴스	L	$L = \dfrac{N\phi}{I}$	헨리(henry)	H
투자율	μ	$\mu = \dfrac{B}{H}$	헨리당 미터	H/m

2 고유 명칭을 가진 조립단위

구분	단위의 명칭	단위 기호	정의
주파수	헤르츠	Hz	$1Hz = 1s^{-1}$
힘	뉴턴	N	$1N = 1kg \cdot m/s^2$
압력, 응력	파스칼	Pa	$1Pa = 1N/m^2$
에너지, 일, 열량	줄	J	$1J = 1N \cdot m$
일률, 공률, 동력, 전력	와트	W	$1W = 1J/s$
전하, 전기량	쿨롬	C	$1C = 1A/s$

구분	단위의 명칭	단위 기호	정의
전위, 전위차, 전압, 기전력	볼트	V	1V=1J/C
정전용량, 커패시턴스	패럿	F	1F=1C/V
(전기)저항	옴	Ω	1Ω=1V/A
(전기의)컨덕턴스	지멘스	S	$1S=1Ω^{-1}$
자속	웨버	Wb	1Wb=1V·s
자속밀도·자기유도	테슬라	T	$1T=1Wb/m^2$
인덕턴스	헨리	H	1H=1Wb/A
온도	섭씨온도 또는 도	℃	1℃=33.8℉
광속	루멘	lm	1lm=1cd·sr
조도	럭스	lx	$1lx=1lm/m^2$

전기뿐만 아니라 수학, 공학에서는 자주 나오는 언어가 바로 그리스문자이다. 대부분의 사람들이 그리스문자만 봐도 어렵게 느끼는 이유가 눈에 익숙하지 않기 때문이다. 무조건 어렵다고 뒤로 미루지 말고 틈틈이 봐두어 익숙해지자.

3 그리스문자

대문자	소문자	읽는 법	대문자	소문자	읽는 법
A	α	알파	N	ν	누
B	β	베타	Ξ	ξ	크사이
Γ	γ	감마	O	o	오미크론
Δ	δ	델타	Π	π	파이
E	ε, ϵ	엡실론	P	ρ	로
Z	ζ	지타	Σ	σ	시그마
H	η	에타	T	τ	타우
Θ	θ	세타	Υ	υ	입실론
I	ι	요타	Φ	ϕ, φ	파이
K	k	카파	X	χ	카이
Λ	λ	람다	Ψ	ψ	프사이
M	μ	뮤	Ω	ω	오메가

3 전기이해를 위한 기초수학

1 수의 체계와 특성

우리가 무심코 사용하는 숫자는 사실 비슷한 성질을 가진 것끼리 집단을 이루고 있다. 이렇게 비슷한 성질의 숫자를 집단화시켜 묶은 것을 수의 체계라고 한다.

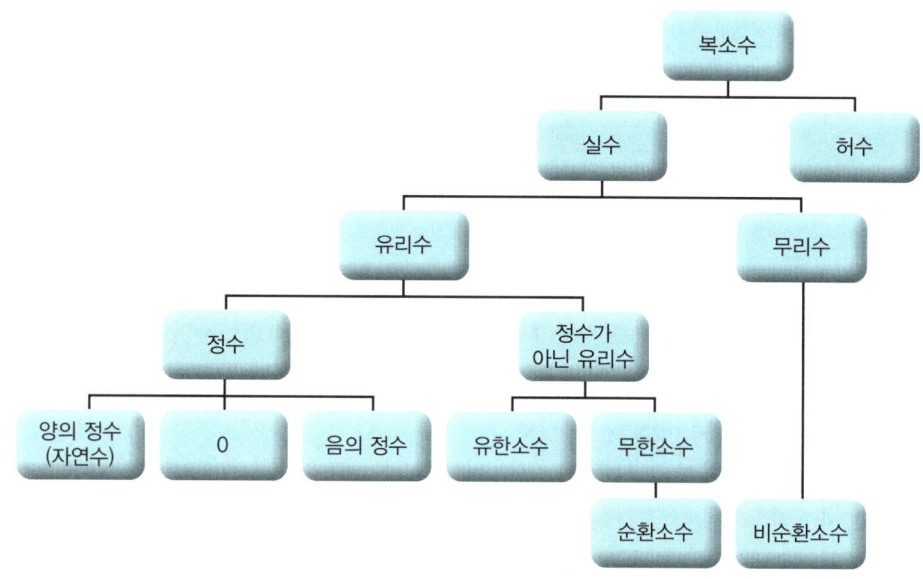

| 수의 체계 |

수의 체계가 조금 복잡해 보여도 이해하기에는 크게 어렵지 않다. 정수부터 차근차근 이해해보자.

정수(整數, integer)는 크게 3가지로 양의 정수, 0, 음의 정수로 구분되어 있다. 양의 정수는 자연수(自然數, natural number)라고도 하며 우리가 흔히 쓰는 숫자인 1, 2, 3, 4 등과 같은 숫자로 1000, 10000, 1억 등도 자연수가 되며 일반적으로 양의 정수를 줄여서 양수라고 한다. 음의 정수는 마이너스값을 가진 정수로 −1, −2, −3, −4 등과 같은 숫자를 말하고 −1000, −10000, −1억도 음의 정수가 되며 음의 정수를 줄여서 음수라고 한다. 0은 양의 정수와 음의 정수 가운데에 있는 아무것도 없는 그런 존재를 말한다. 우리가 쓰는 숫자는 정수를 가장 많이 사용한다.

이런 정수와 정수가 아닌 유리수가 합해지면 유리수가 된다. 정수가 아닌 유리수는 '소수'로, 바로 '정수가 아닌 유리수'가 된다.

이 소수는 크게 유한소수와 무한소수 두 가지로 구분된다.

유한소수 역시 우리가 쉽게 볼 수 있는 0.1, 0.2, 0.34, 0.567과 같이 소수로 딱 떨어지는 것으로 분수로도 표현하기 쉽다. 앞서 이야기한 숫자를 분수로 나타내면 다음과 같다.

$0.1 = \dfrac{1}{10}$, $0.2 = \dfrac{2}{10} = \dfrac{1}{5}$, $0.34 = \dfrac{34}{100} = \dfrac{17}{50}$, $0.456 = \dfrac{456}{1000} = \dfrac{228}{500} = \dfrac{114}{250} = \dfrac{57}{125}$

그런데 분수로 나누어떨어진다고 하더라도 무조건 유한소수는 아니다. 분수의 아래쪽 부분 즉, 분모가 소인수분해를 하여 2나 5로 나누어떨어지는 숫자여야 바로 유한소수가 되는 것으로 이는 매우 중요한 사실이다. 다시 이야기하면 분수로 표현이 되어도 분모가 2나 5로 나누어떨어지지 않는 숫자라면 이는 유한소수가 아닌 무한소수가 된다. 대표적인 숫자가 3, 7, 11, 13, 17 등이 있다.

분모를 3, 7, 11로 둔 분수를 소수로 표현하면 다음과 같다.

$\dfrac{1}{3} = 0.3333333333$

$\dfrac{1}{7} = 0.1428571428$

$\dfrac{1}{11} = 0.090909090$

엄청나게 복잡한 듯하면서도 어떤 규칙이 보이지 않는가? 이렇게 규칙이 있는 소수는 순환소수, 규칙조차 없는 소수는 바로 비순환소수이다.

순환소수는 복잡하게 보이지만 규칙이 있기에 위의 나온 순환소수를 간단하게 표현하면 다음과 같다.

$0.3333333333 = 0.\dot{3}$

$0.1428571428 = 0.\dot{1}4285\dot{7}$

$0.0909090909 = 0.\dot{0}\dot{9}$

이렇게 규칙이 있는 숫자 위에 점을 찍은 것을 순환마디라고 한다. 이 순환소수는 다음과 같이 소수 첫째자리나 둘째자리부터 규칙이 없어도 순환마디로 표기할 수 있다.

$0.12343434 = 0.12\dot{3}\dot{4}$

$0.56789999 = 0.5678\dot{9}$

그런데 순환마디를 읽을 때는 어떻게 해야 할까?

위의 순환소수는 '영점 일이삼사땡땡', 아래쪽 순환소수는 '영점 오육칠팔구땡' 이렇게 읽는 게 맞는 것일까? 순환소수를 읽을 때는 '순환마디'가 꼭 들어가야 한다. 그래서 올바르게 읽는 방법은 '영점 일이 순환마디 삼사'와 '영점 오육칠팔 순환마디 구'라고 읽는다.

이렇게 정수, 정수가 아닌 유리수 중 유한소수와 순환소수를 포함한 무한소수까지를 가리켜 유리수(有理數, rational number)라고 한다. 영어의 rational에서 '합리적인'이라는 뜻으로 일본 수학자들이 사용한 개념(합리성이 있다=유리)을 들여온 것인데 아직도 이렇게 쓰는 게 맞는지에 대한 의견이 분분하다. 국내 수학자들은 ratio(비율)라는 개념으로 '비율로 나타낼 수 있는 수=유비수(有比數)'를 쓰고자 하는데 아직 정해진 결론이 없다.

순환소수처럼 그나마 규칙이 있으면 다행이지만 규칙이 없는 소수도 있다. '비순환소수'라고 하는데 이는 유리수가 아닌 무리수(無理數, irrational number)로 유리수와 반대개념을 가진 즉, 합리적이지 못한, 비율로 나타낼 수 없는 수를 말한다.

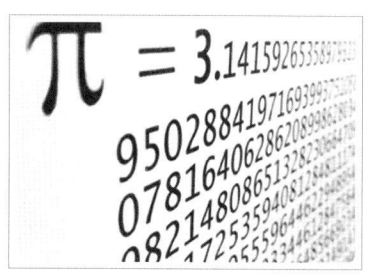

| 원주율 계산은 현재진행형 |

이런 숫자는 생각 외로 우리 주변에서 흔히 볼 수 있다. 대표적인 것으로 원주율이 있는데 이는 원의 둘레와 원의 지름의 비를 말한다. 원주율을 보통 초등학교 시절까지는 3.14라고 배우고 중학교부터 그리스문자 π(파이)를 사용해서 나타낸다. 3.14와 π, 왜 이 두 개를 같이 쓰지 못할까? 그 이유는 아직까지도 인간의 기술로서 원주율의 값을 정확하게 계산하지 못했기 때문이다. 정확하게는 3.1415926535…로 계속 계산 중인데 이렇게 규칙도 없이 끊임없이 나가는 숫자를 무리수라고 한다. 초등학생들에겐 무리수라는 개념이 아직 정립이 안 되어서 간단하게 3.14라고 쓰는 것이고 중학생에겐 이를 π라고 하는 약속된 문자로 표현하는 것이다.

원주율 계산에 대한 이야기를 더 하자면 이 계산은 1949년부터 컴퓨터로 계산을 시작하였는데 점차 컴퓨터가 발전하면서 계산속도도 빨라지고 있다. 1949년 처음 계산을 시작할 때에는 70시간 동안 소수점 아래 2037자리까지 계산한 후 2005년 일본 도쿄대에서 601시간 56분 동안 소수점 1조 2411억 자리까지, 2009년 일본 츠쿠바대학에서는 73시간 59분 동안 2조 5769억 8037만 자리까지, 2016년 11월 스위스 물리학자가 105일 동안 계산해서 소수점 22조 4591억 5771만 8361자리까지 계산해서 구했다고 한다. 원주율처럼 계속 계산을 해도 아직까지 규칙이 없는 것이 바로 '비순환소수=무리수'이다.

원주율 외에도 간단한 무리수가 또 있다. 바로 제곱근에서 가장 기초가 되는 $\sqrt{2}$의 값이다.

$$\sqrt{2} = 1.414213562$$

이 값도 소수점 아래로 계속 나가는데 아직까지 정확한 답이 없다. 이를 어떻게 알 수 있을까? 위의 소수점값에 제곱을 하면 2가 나와야 정상인데 그렇지 않다.

$$1.414213562^2 = 1.99999999 = 1.\dot{9}$$

당연하지만 1.99999의 순환소수와 2는 다른 값이다. 그래서 2의 제곱근을 1.41421…라고 쓰지 않고 깔끔하게 $\sqrt{2}$를 사용한다. 규칙 없이 계속 연결되는 숫자이기 때문이다.

사실 이렇게 수학적인 기호 외에도 무리수가 생각보다 많다. 어쩌면 우리는 무리수를 유리수와 같이 생각하며 살고 있을지 모른다. 대표적인 것이 키를 이야기할 때 보통 '175', '183'이라고 표현한다. 좀 더 구체적으로 말한다면 '175.3', '183.8'이라고 표현하지만 실제 키가 175.312902983…이거나 183.792803211…이어도 이를 일일이 다 표현하기 어려워 소수 둘째 자리에서 반올림하여 나타내는 것이다.

이렇게 유리수와 무리수 집단을 묶은 것을 실수(實數, real number)라고 한다. 실수는 실체가 분명한 수를 말하는 것으로 우리 주변에서 쉽게 볼 수 있는 숫자이다.

2 복소수의 개념

전기를 이해하는 데에 있어서 허수라는 낯선 개념이 등장한다. 도대체 허수란 무엇인가?
다음과 같은 식이 있다. 여기에 해당하는 x값은 무엇일까?

$x^2+5=0, x=?$

바로 여기에서 허수라는 개념이 등장한다. 실제로 눈으로 볼 수 있는 실수와 달리 보이지 않는 허구에 있는 수를 바로 허수(虛數, imaginary number)라고 한다. 제곱을 해서 −1이 되는 것을 허수단위라고 하고 이를 i로 나타낸다. Imaginary number라는 영어 단어에서도 볼 수 있듯이 상상 속의 숫자개념이다. 그러나 실제로 제곱을 해서 −1이 되는 숫자는 없다. 제곱을 하면 무조건 양수가 나오기 때문이다. 한 가지 예를 들어보자.

$2^2=4, \sqrt{5^2}=5, \sqrt[3]{10^2}=4.6416$

제곱하면 −1이 나오는 수가 실제로는 없기에 허수 i를 제곱하면 −1이 나오도록 정의를 하였다.

> 허수의 정의 $i^2=-1, i=\pm\sqrt{-1}$

즉, 허수의 개념은 존재는 하지만 실제 눈으로 볼 수 없는 숫자로, 혼자 존재하는 것만으로는 무엇인가 할 수 없다. 그러다 보니 실수와 함께 따라다니며 자신의 없는 존재를 다음과 같이 나타낸다.

> 복소수의 정의 $a+bi$ → 실수+허수i

위의 식에서 a를 실수부(Re), b를 허수부(Im)라고 하고 실수부와 허수부가 같이 짝을 이루며 다니는 것을 복소수라고 한다. 그런데 전기·전자공학에서는 허수를 표기할 때 i가 아닌 j로 표기를 한다. 이는 전류의 I나 i와 같은 알파벳과 헷갈릴 수 있으므로 i 다음 알파벳인 j를 사용하게 된 것이다.

> 전기·전자 분야의 허수의 정의 : $j^2=-1, j=\pm\sqrt{-1}, a+jb$

허수의 곱셈공식은 매우 중요하기 때문에 이를 암기하면 전기를 이해하는 데 큰 도움이 된다.

$1 \times j = j, j \times j = j^2 = -1$
$j^2 \times j = j^3 = -1 \times j = -j$
$j^3 \times j = j^2 \times j^2 = -1 \times -1 = 1$

따라서, 허수의 곱셈공식은 다음과 같이 정리할 수 있다.

$$1 \times j = j,\ j^2 = -1,\ j^3 = -j,\ j^4 = 1$$

위의 공식에 따라 앞서 언급한 $x^2+5=0$의 x값을 구할 수 있다.

$x^2+5 = x^2-(-5)$
$\qquad = (x+j\sqrt{5})(x-j\sqrt{5})$
$\qquad = 0$
$\therefore x = \pm j\sqrt{5}$

3 극좌표의 개념

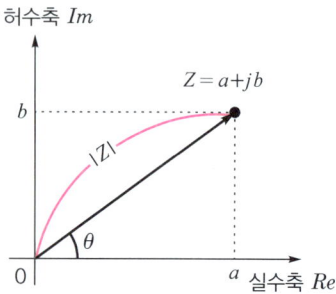

| 복소평면의 개념 |

전기에서 복소수를 이용하기 위해서는 복소평면을 알고 있어야 한다. 복소평면이란 가로축이 실수축(Re), 세로축이 허수축(Im)으로 되어 있는 xy의 평면을 말한다.

즉, 가로축이 실수부(Re), 세로축이 허수부(Im), $Z=a+jb$의 복소수형태로 되어 있다. 왼쪽의 그림은 교류를 이해하는 데 있어 매우 중요하다.

앞서 언급한 허수의 곱셈공식을 복소평면에 나타내면 다음과 같다.

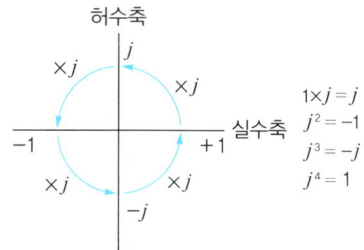

| 복소평면상에서 j를 차례대로 곱한 형태 |

왼쪽의 그림을 살펴보면 12시 방향에서 시작해 시계반대방향으로 회전하면서 허수의 곱셈법칙에 따라 허수가 어떻게 변하는지를 알 수 있다. 12시 방향에 있는 j가 $j \times j = -1$이 되는 것은 9시 방향을 보면 쉽게 알 수 있고 $j \times j \times j = -j$가 나오는 것도 6시 방향을 보면 된다. 그런데 j가 아닌 $-j$로 곱하게 되면 어떤 결과가 나올까?

이전 그림과는 다르게 6시 방향에서 시작해서 시계방향으로 회전하는 것을 알 수 있다. 즉, $-j$의 제곱인 $-j \times -j$ $=-1$은 같지만 $1 \times -j = -j$, $-j$의 세제곱인 $-j \times -j \times -j$ $=j$로 앞서 계산한 것과 부호가 달라진다.

일반적으로 사용하는 각도를 나타내는 값을 디그리(degree)값이라고 한다. 디그리값은 원의 한바퀴를 360°, 반원을 180°, 직각을 90°로 나타낸다. 디그리값이 알기 쉽지만 우리가 실제로 사용하는 실수와는 다른 개념이기 때문에 계산이 되지 않는다.

예를 들어 75°에서 실수 35를 더한 값은 무엇인가? 마찬가지로 235°에서 실수 60을 뺀 값은 무엇인가? 서로의 단위가 다르기 때문에 계산이 되지 않는다. 그래서 실제 공학이나 수학에서는 호도법이라고 하는 라디안(radian) 값을 더 많이 사용한다. 전기에서도 마찬가지이다. 디그리값에서 각도를 [°]를 이용한 반면 라디안값에서는 [rad]라는 단위로 각도를 나타낸다. 디그리값과 라디안값의 관계는 다음과 같다.

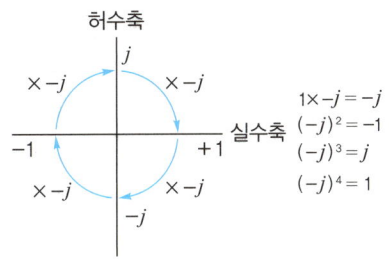

| 복소평면상에서 $-j$를 차례대로 곱한 형태 |

$$\text{디그리값 각도} \times \frac{\pi}{180} = \text{라디안값 각도}, \quad \text{라디안값 각도} \times \frac{180}{\pi} = \text{디그리값 각도}$$

즉, 디그리값이 360°의 경우 라디안값의 2π, 180°=π, 90°=$\pi/2$와 같다. 이를 라디안값을 통해 허수의 곱셈과 회전에 대해 예를 들면 허수부분에 90°($\pi/2$)를 회전시킬 때 시계반대방향으로 회전시키고 싶으면 j를 곱하면 되고 시계방향으로 회전시키고 싶으면 $-j$를 곱하면 된다.

교류에서 전류의 흐름을 방해하는 것은 저항뿐만 아니라 리액턴스가 있고 이들을 가리켜 임피던스(Z)라고 한다. 그

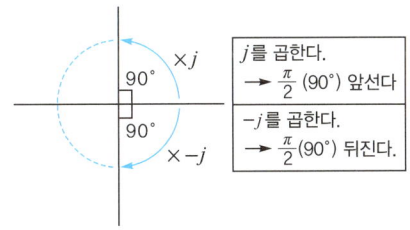

| 허수와 위상과의 관계 |

런데 저항은 실제 전력을 소비하지만 리액턴스는 실제 전력을 소비하지 않으면서 존재하는 개념으로 허수개념이다. 이처럼 허수와 위상차의 개념을 알아야 진상전류와 지상전류를 이해할 수 있고 더 나아가 유효전력, 무효전력, 역률을 이해할 수 있다. 따라서 이 부분은 머릿속에 그림이 그려지도록 완벽히 이해하기 바란다.

4 삼각비와 삼각함수의 개념

전기를 이해하는 데 있어서 기본적인 수학지식은 필요하다. 현장에서 실무를 할 때도 최소한 더하기, 빼기, 곱하기, 나누기의 사칙연산을 필요로 하는 경우가 많고 삼각함수와 벡터, 복소수 개념을 어느 정도 알고 있으면 이론을 이해하기가 수월하다. 역으로 사람들이 전기공학을 어렵다고 느끼는 것은 이러한 수학 때문이다. 그렇다고 공학수학을 모두 이해하려는 것은 적절한 접근법이 아니며, 필요한 부분의 기본적인 수학개념을 알고 있으면 전기를 이해하는 데 큰 도움이 될 것이다.

먼저 삼각비에 대해 알아보자. 삼각비(三角比, trigonometric

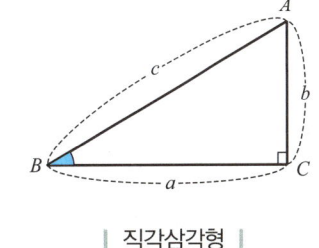

| 직각삼각형 |

ratio)란 직각삼각형을 이루는 세 변인 밑변, 빗변, 높이 중에서 두 변을 선택하여 그 길이의 비를 나타낸 것을 말한다. 우선, 왼쪽 직각삼각형의 그림을 살펴보자.

밑변을 a, 높이를 b, 빗변을 c라고 가정해보자. 이때 a와 b 사이의 각도 C는 90°가 되고 삼각형 내각의 합은 180°이므로 각도 A와 B의 합도 90°가 된다. 여기서 밑변 a의 길이가 길어질수록 각도 B의 크기는 작아지고 각도 A의 크기는 커진다. 마찬가지로 밑변 a의 길이가 짧아질수록 각도 B의 크기는 커지고 각도 A의 크기는 작아지게 된다.

직각삼각형에 대해 사인(sin, sine), 코사인(cos, cosine), 탄젠트(tan, tangent)를 알아보자. 이를 쉽게 외우기 위해 다음과 같은 필기체법을 사용할 수 있다.

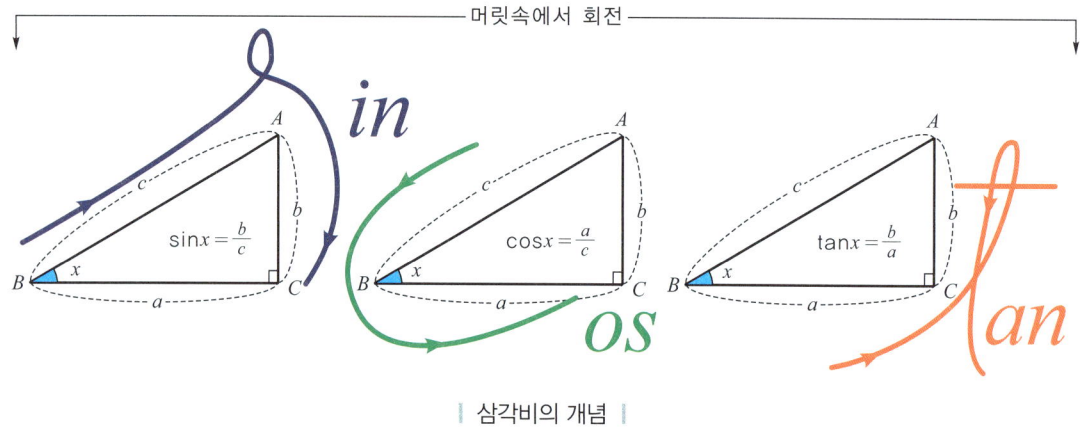

| 삼각비의 개념 |

이를 토대로 각도 B를 살펴보면 삼각비의 값은 다음과 같다.

| 각도 B에 따른 sin, cos, tan값 |

각도 B	0°	30°	45°	60°	90°
$\sin\theta$	0	$\frac{1}{2}=0.5$	$\frac{\sqrt{2}}{2}\approx 0.7071$	$\frac{\sqrt{3}}{2}\approx 0.866$	1
$\cos\theta$	1	$\frac{\sqrt{3}}{2}\approx 0.866$	$\frac{\sqrt{2}}{2}\approx 0.7071$	$\frac{1}{2}=0.5$	0
$\tan\theta$	0	$\frac{\sqrt{3}}{3}\approx 0.5774$	1	$\sqrt{3}\approx 1.7321$	$\pm\infty$

참고로 앞의 사인, 코사인, 탄젠트의 삼각비의 역수는 코시컨트(csc), 시컨트(sec), 코탄젠트(cot)라 하고 다음과 같이 구할 수 있다.

$$\sin^{-1}=\csc=\frac{빗변}{높이}=\frac{c}{b},\ \cos^{-1}=\sec=\frac{빗변}{밑변}=\frac{c}{a},\ \tan^{-1}=\cot=\frac{밑변}{높이}=\frac{b}{a}$$

오래된 전기공학서적이나 수학서적에서는 영어식 표현인 사인, 코사인, 탄젠트 대신 한자어로 표기된 경우가 있는데 이는 다음과 같다.

삼각비의 한자어 표기			
삼각비 명칭	한자어 표기(구어)	삼각비 명칭	한자어 표기(구어)
사인(sin)	정현(正弦)	코시컨트(csc)	여할(餘割)
코사인(cos)	여현(餘弦)	시컨트(sec)	정할(正割)
탄젠트(tan)	정접(正接)	코탄젠트(cot)	여접(餘接)

삼각비의 개념을 이해하였으면 삼각함수의 개념도 이해하기가 쉽다. 위의 표에서 각도 B 크기별 사인값과 코사인값을 살펴보자. 각도가 0°에서 90°까지 커지는 동안 사인값은 0에서 1까지 계속 커지는 반면 코사인값은 1에서 0으로 작아지는 것을 볼 수 있다. 그렇다면 사인값이 90° 이상의 값이 나오게 되면 계속 커지게 되고 코사인값은 계속 작아지게 될까?

간단하게 90°에서 120°까지 3° 간격으로 사인값과 코사인값을 구해보자.

90°에서 120°까지 사인(sin)값 및 코사인(cos)값											
구분	90°	93°	96°	99°	102°	105°	108°	111°	114°	117°	120°
sinθ	1	0.999	0.995	0.988	0.978	0.966	0.951	0.934	0.914	0.891	0.866
cosθ	0	−0.052	−0.105	−0.156	−0.208	−0.259	−0.309	−0.358	−0.406	−0.454	−0.5

앞서 0°에서 90°까지 사인값과 다르게 값이 떨어지고 코사인값은 더 떨어져 아예 음수부호까지 붙었다. 이렇게 0°에서 계속 각도를 키우면서 사인값과 코사인값을 구하면 파도모양으로 오르락내리락 하는 곡선을 볼 수 있다.

여기에서 중요한 것은 사인값과 코사인값 모두 최솟값은 −1, 최댓값은 1이 나오고 서로 대칭의 파도모양을 따르고 있다는 것이다. 즉, 90°의 사인값은 1인 반면 코사인값은 0이 되는 규칙이 생긴다.

$$\sin2\theta + \cos2\theta = 1, \quad \sin\theta = \sqrt{1-\cos2\theta}, \quad \cos\theta = \sqrt{1-\sin2\theta}, \quad \tan\theta = \frac{\sin\theta}{\cos\theta}$$

앞의 규칙은 전기를 이해하는 데 매우 중요하므로 반드시 암기해야 한다. 아울러 앞서 교류의 특성이 사인곡선을 따른다고 하였는데 이는 사인곡선형태를 따르고 있다는 것을 의미하며, 즉 사인곡선에서 0°의 값이 0, 90°의 값이 1, 180°의 값이 0, 270°의 값이 −1이 된다는 것이다.

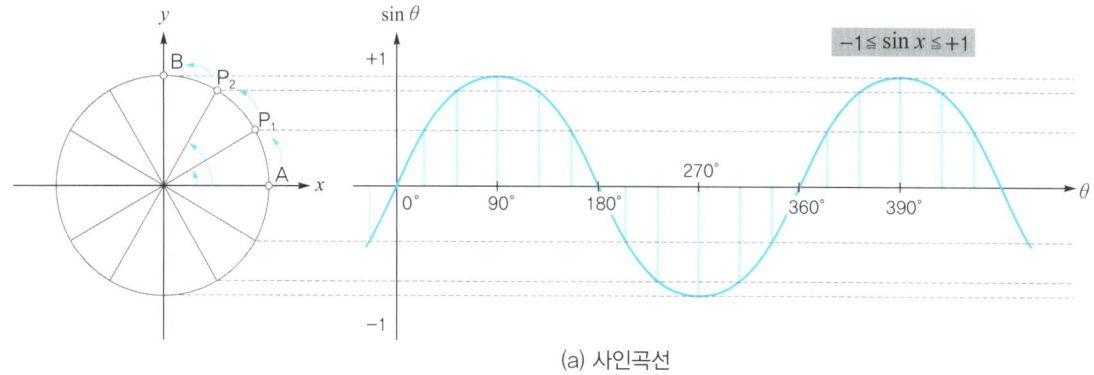

(a) 사인곡선

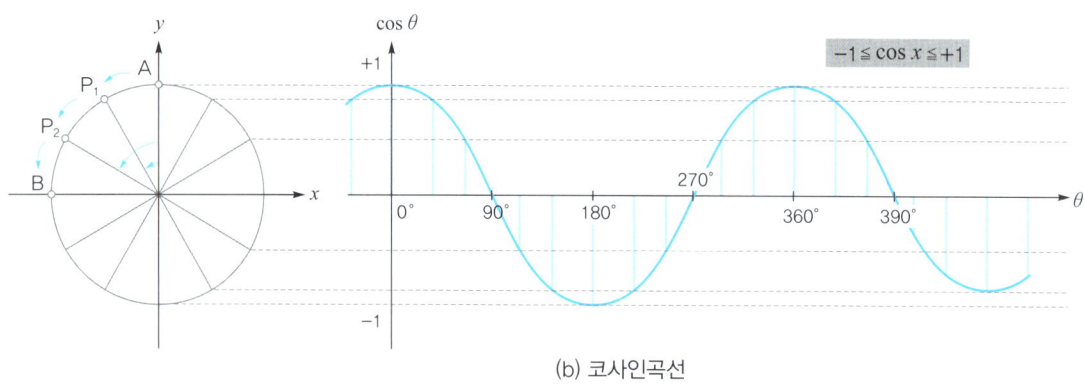

(b) 코사인곡선

| 각도에 따른 사인곡선과 코사인곡선 |

5 벡터의 개념

벡터(vector)는 크기와 방향을 가진 양이며, 크기만 가진 경우는 스칼라(scalar)라고 한다.

벡터로 나타낼 수 있는 대표적인 값은 속도, 가속도, 힘이고 스칼라로 나타낼 수 있는 대표적인 값은 길이, 질량, 넓이 등이 있다.

그런데 왜 전기이론에서 벡터를 알아야 할까? 바로 교류는 크기와 방향이 매초 60회 바뀌는 벡터개념이기 때문이다.

| 크기와 방향을 가지는 벡터 |

벡터를 기호로 나타낼 때는 $\vec{AB}$ 또는 $\vec{a}$로 나타낼 수 있으며 여기에서 A를 시점, B를 종점이라고 한다. 벡터 $\vec{AB}$의 크기를 나타낼 때는 $|\vec{AB}|$로 나타낸다. 벡터는 크게 3가지로 분류할 수 있으며 이는 다음과 같다.

(1) **영벡터** : 시점과 종점이 같은 벡터로 크기는 0이 되고 $\vec{0}$으로 표기한다.

(2) **단위벡터** : 크기가 1인 벡터로 $|\vec{AB}|=1$이 된다.

(3) **역벡터** : 크기는 같고 방향이 정반대인 벡터로 $\vec{AB}$의 역벡터는 $-\vec{AB}$ 또는 $\vec{BA}$로 표기한다.

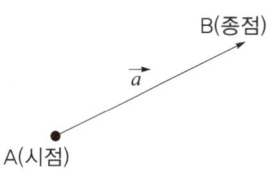

| 벡터의 표기 |

벡터는 크기와 방향이 같으면 모두 같은 벡터로 본다. 예를 들어 오른쪽의 그림에서 빨간색으로 표시된 벡터 $\vec{OA}$는 파란색으로 표시된 $\vec{EC}$, $\vec{FO}$, $\vec{DB}$ 모두 같은 벡터로 본다. 이렇게 두 벡터가 서로 크기와 방향이 같은 경우를 벡터의 상등이라고 하고 다음과 같이 표기한다.

$\vec{OA}=\vec{EC}$, $\vec{OA}//\vec{EC}$
$\vec{OA}=\vec{FO}$, $\vec{OA}//\vec{FO}$
$\vec{OA}=\vec{DB}$, $\vec{OA}//\vec{DB}$

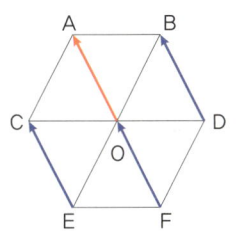

| 벡터의 상등 |

이번에는 벡터의 덧셈인 삼각형법과 평행사변형법에 대해 알아보자.

삼각형법을 이용한 벡터의 덧셈은 벡터 $\vec{AB}$를 $\vec{a}$로, $\vec{BC}$를 $\vec{b}$로 나타내면 $\vec{a}+\vec{b}=\vec{AC}=\vec{c}$로 나타낼 수 있다.

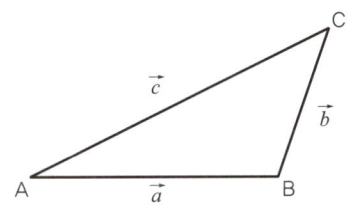

| 삼각형법을 이용한 벡터의 덧셈 |

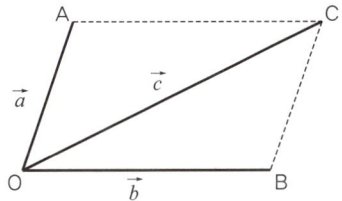

| 평행사변형법을 이용한 벡터의 덧셈 |

평행사변형법을 이용한 벡터의 덧셈은 벡터 $\vec{OA}$를 $\vec{a}$로, $\vec{OB}$를 $\vec{b}$로 두 변으로 하는 평행사변형 OACB를 만들어 준다. $\vec{OA}=\vec{BC}$가 되어 $\vec{OC}=\vec{c}$는 $\vec{a}$와 $\vec{b}$의 벡터합이 된다. 이를 식으로 나타내면 다음과 같다.

$\vec{a}+\vec{b}=\vec{c}$ ⟷ $\vec{OA}+\vec{OB}=\vec{OB}+\vec{BC}=\vec{OC}$

보통 두 개의 교류의 합을 구할 때 평생사변형법을 이용한 벡터의 덧셈을 활용한다.
아울러 앞서 언급한 사인곡선을 회전벡터로 표현하면 다음과 같다.

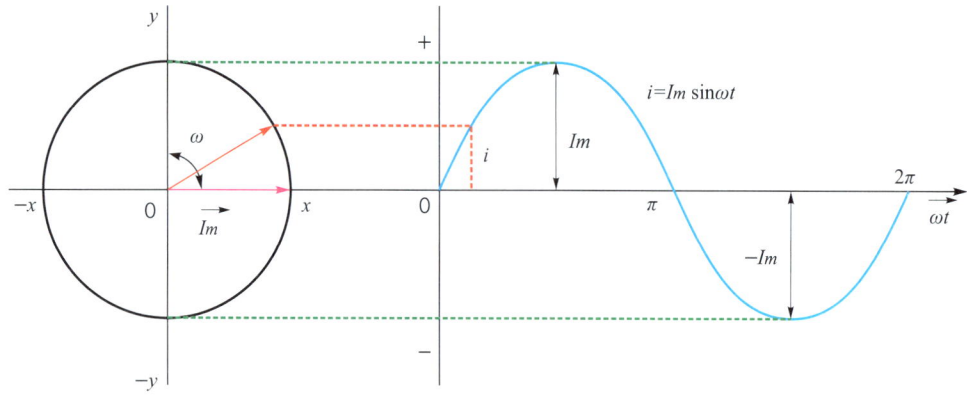

| 회전벡터와 교류의 사인곡선 |

위의 그림을 잘 살펴보면 왼쪽 회전벡터의 좌표평면에서 3시 방향을 0으로 두면 이후 반시계방향으로 올라가면 12시 지점인 90°가 되는 지점에서 가장 높게 올라가고 이후 다시 떨어지기 시작해서 6시 지점인 270°가 되는 지점에서 가장 낮게 나타난다. 이는 오른쪽에 위치한 사인곡선에서도 비슷하게 볼 수 있다.

0°에서는 0으로 시작하여 90°가 될 때 값은 1, 다시 180°에서 0이 되었다가 270°에서 −1이 된다. 회전벡터와 교류의 사인곡선의 관계를 이 정도만 이해하고 있어도 전기의 기본을 이해하는 데는 큰 어려움이 없을 것이다.

4 전기배선도의 기호 보는 법

1 일반 배선

명칭	그림 기호	적요
천장은폐배선	───────	• 천장은폐배선 중 천장 속의 배선을 구별하는 경우는 천장 속의 배선에 ─ ─ ─ ─ ─를 사용하여도 좋다.
바닥은폐배선	─ ─ ─	• 노출배선 중 바닥면 노출배선을 구별하는 경우는 바닥면 노출배선에 ─‥─‥─를 사용하여도 좋다.
노출배선	‐‐‐‐‐‐	• 전선의 종류를 표시할 필요가 있는 경우 기호를 기입한다. 예 600V 비닐절연전선 : IV

명칭	그림 기호	적요

천장은폐배선
 	
바닥은폐배선
 	
노출배선
	———————
	
	— — — —
	
	- - - - - -
		• 배관은 다음과 같이 표시한다(다만, 시방서 등에 명백히 나타난 경우는 기입하지 않아도 좋음).
		  – 강제 전선관인 경우 1.6(19)
		  – 경질 비닐전선관인 경우 1.6(VE16)
		  – 2종 금속제 가요전선관인 경우 1.6($F_2$17)
		  – 합성수지제 가요관인 경우 1.6(PF16)
		  – 전선이 들어 있지 않은 경우 (19)
		• 플로어덕트의 표시는 다음과 같다.
		  예 —— (F17) —— (FC6)
		• 정크션박스를 표시하는 경우는 다음과 같다.
		  —⊙—
		• 금속덕트를 표시하는 경우는 다음과 같다.
		  [MD]
		• 라이팅덕트의 표시는 다음과 같다.
		  □---- LD ----□ LD
		  – □는 피드인박스를 표시한다.
		  – 필요에 따라 전압, 극수, 용량을 기입한다.
		  예 □---------- LD 125V 2P 15A
		• 접지선의 표시는 다음과 같다.
		  예 ——— E20
		• 동일층의 상승, 인하는 특별히 표시하지 않는다.
		• 관, 선 등의 굵기를 명기한다.
		• 필요에 따라 공사 종별을 표기한다.
		• 케이블의 방화구획 관통부는 다음과 같이 표시한다.
		  상승 ⦶ 인하 ⦵ 소통 ⦷

풀박스 및 접속 상자	⊠	• 재료의 종류, 치수를 표시한다. • 박스의 대소 및 모양에 따라 표시한다.
VVF용 조인트 박스	⊘	단자 붙이임을 표시하는 경우 t를 표기한다. ⊘t
접지 단자	⏚	의료용인 것은 H를 표기한다.
접지 센터	[EC]	

명칭	그림 기호	적요
접지극	⏚	–
수전점	⋎	인입구에 이것을 적용하여도 좋다.
점검구	◫	–

2 버스덕트

명칭	그림 기호	적요
버스덕트	▬▬▬	• 필요에 따라 다음 사항을 표시한다. 　– 피드 버스덕트 : FBD 　– 플러그인 버스덕트 : PBD 　– 트롤리 버스덕트 : TBD 　– 방수형인 경우는 : WP 　– 전기방식, 정격전압, 정격전류 　　예 FBD 3φ 3W 300V 600A • 익스팬션을 표시하는 경우는 다음과 같다. • 오프셋을 표시하는 경우는 다음과 같다. • 탭붙이를 표시하는 경우는 다음과 같다. • 상승, 인하를 표시하는 경우는 다음과 같다. 　– 상승 　– 인하 • 필요에 따라 정격전류에 의해 나비를 바꾸어 표시하여도 좋다.

3 기기 심벌

명칭	그림 기호	적요
전동기	Ⓜ	필요에 따라 전기방식, 전압, 용량을 표기한다. 예 Ⓜ 3φ 200V 3.7kV

명칭	그림 기호	적요
콘덴서	⊥	전동기의 적요를 준용한다.
전열기	Ⓗ	
환기팬 (선풍기 포함)	∞	필요에 따라 종류 및 크기를 표기한다.
룸에어컨	RC	• 옥외 유닛에는 0을, 옥내 유닛에는 1을 표기한다. 　RC₀　　RC₁ • 필요에 따라 전동기, 전열기의 전기방식, 전압, 용량 등을 표기한다.
소형 변압기	Ⓣ	• 필요에 따라 용량, 2차 전압을 표기한다. • 필요에 따라 벨 변압기는 B, 리모컨 변압기는 R, 네온 변압기는 N, 형광등용 안정기는 F, HID등(고효율 방전등)용 안정기는 H를 표기한다. 　Ⓣ_B　Ⓣ_R　Ⓣ_N　Ⓣ_F　Ⓣ_H • 형광등용 안정기 및 HID등용 안정기로서 기구에 넣는 것은 표기하지 않는다.
정류 장치	▶⊢	필요에 따라 종류, 용량, 전압 등을 표기한다.
축전기	⊣⊢	
발전기	Ⓖ	전동기의 적요를 준용한다.

4 조명기구

명칭	그림 기호	적요
일반용 조명, 백열등, HID등	○	• 벽붙이는 벽 옆을 칠한다. 　◐ • 기구 종류를 표시하는 경우는 ○ 안이나 또는 표기로 글자명, 숫자 등의 문자 기호를 기입하고 도면의 비고 등에 표시한다. 　예 ○ㄴ　○ㄴ　①　○₁　Ⓐ　○_A 등 같은 방에 같은 기구를 여러 개 시설하는 경우는 통합하여 문자 기호와 기구수를 기입하여도 좋다. • 바로 위와 같이 따르기 어려운 경우는 다음을 따른다. 　– 걸림 로제트만　○) 　– 펜던트　⊖ 　– 실링, 직접 부착　ⓒⓁ 　– 샹들리에　ⒸⒽ

명칭	그림 기호	적요

일반용 조명,
백열등,
HID등
	○	– 매입 기구 ⓓ (◎로 하여도 좋음)
		• 용량을 표시하는 경우는 와트수[W]×램프수로 표시한다.
		  예 100 200×3
		• 옥외등은 ⊗로 하여도 좋다.
		• HID등의 종류를 표시하는 경우 용량 앞에 다음 기호를 붙인다.
		  – 수은등 : H
		  – 메탈 할라이드등 : M
		  – 나트륨등 : N
		    예 H400

형광등	▭○▭	• 그림 기호 ▭○▭는 ▭○▭로 표시하여도 좋다.
		• 벽붙이는 벽 옆을 칠한다.
		  – 가로붙이인 경우: ▭○▭
		  – 세로붙이인 경우: ▯
		• 기구 종류를 표시하는 경우는 ○ 안이나 또는 표기로 글자명, 숫자 등의 문자 기호를 기입하고 도면의 비고 등에 표시한다.
		  예 ○나 ○나 ① ○₁ Ⓐ ○ᴀ 등
		  같은 방에 같은 기구를 여러 개 시설하는 경우 통합하여 문자 기호와 기구수를 기입하여도 좋다. 또한, 여기에 따르기 어려운 경우 일반용 조명 백열등, HID등은 바로 위 기준을 준용한다.
		• 용량을 표시하는 경우 램프의 크기(형)×램프수로 표시한다. 또, 용량 앞에 F를 붙인다.
		  예 F40 F40×2
		• 용량 외에 기구수를 표시하는 경우 램프의 크기(형)×램프수–기구수로 표시한다.
		  예 F40–2 F40×2–3
		• 기구 내 배선의 연결 방법을 표시하는 경우는 다음과 같다.
		  예 ▭○▭ F40–2 ▭○▭ F40–3
		• 기구의 대소 및 모양에 따라 표시하여도 좋다.
		  예 ▭○▭ ▢

5 콘센트

명칭	그림 기호	적요
콘센트	ⓑ	• 그림 기호는 벽붙이를 표시하고 벽 옆을 칠한다. • 그림 기호 ⓑ는 ⊖로 표시하여도 좋다. • 천장에 부착하는 경우는 다음과 같다. 　⊙ • 바닥에 부착하는 경우는 다음과 같다. 　⌾ • 용량의 표시방법은 다음과 같다. 　− 15A는 표기하지 않는다. 　− 20A 이상은 암페어수를 표기한다. 　　예 ⓑ$_{20A}$ • 2극 이상인 경우는 극수를 표기한다. 　예 ⓑ$_2$ • 3극 이상인 것은 극수를 표기한다. 　예 ⓑ$_{3P}$ • 종류를 표시하는 경우 다음과 같다. 　− 빠짐 방지형　ⓑ$_{LK}$ 　− 걸림형　ⓑ$_T$ 　− 접지극붙이　ⓑ$_E$ 　− 접지단자붙이　ⓑ$_{ET}$ 　− 누전차단기붙이　ⓑ$_{EL}$ • 방수형은 WP를 표기한다. 　ⓑ$_{WP}$ • 방폭형은 EX를 표기한다. 　ⓑ$_{EX}$ • 타이머붙이, 덮개붙이 등 특수한 것은 표기한다. • 의료용은 H를 표기한다. 　ⓑ$_H$ • 전원 종별을 명확히 하고 싶은 경우는 그 뜻을 표기한다.
비상 콘센트 (소방법에 따르는 것)	⊙⊙	−

명칭	그림 기호	적요

점멸기	●	• 용량의 표시방법은 다음과 같다.
		  – 10A는 표기하지 않는다.
		  – 15A 이상은 전류치를 표기한다.
		    예 ●$_{15A}$
		• 극수의 표시방법은 다음과 같다.
		  – 단극은 표기하지 않는다.
		  – 2극 또는 3로, 4로는 각각 2P 또는 3, 4의 숫자를 표기한다.
		    예 ●$_{2P}$ ●$_3$ ●$_4$
		• 플라스틱은 P를 표기한다.
		    ●$_P$
		• 파일럿 램프를 내장한 것은 L을 표기한다.
		    ●$_L$
		• 따로 놓여진 파일럿 램프는 ○로 표시한다.
		    ○●
		• 방수형은 WP를 표기한다.
		    ●$_{WP}$
		• 방폭형은 EX를 표기한다.
		    ●$_{EX}$
		• 타이머붙이는 T를 표기한다.
		    ●$_T$
		• 자동형, 덮개붙이 등 특수한 것은 표기한다.
		• 옥외등 등에 사용하는 자동점멸기는 A 및 용량을 표기한다.
		    예 ●$_{A(3A)}$

조광기	✎	용량을 표시하는 경우는 표기한다. 예 ✎$_{15A}$
리모컨 스위치	●$_R$	• 파일럿 램프붙이는 ○을 병기한다. 예 ○●$_R$ • 리모컨 스위치임이 명백한 경우는 R을 생략하여도 좋다.
실렉터 스위치	⊗	• 점멸 회로수를 표기한다. 예 ⊗$_9$ • 파일럿 램프붙이는 L을 표기한다. 예 ⊗$_{9L}$
리모컨 릴레이	▲	리모컨 릴레이를 집합하여 부착하는 경우는 ▲▲▲를 사용하고 릴레이 수를 표기한다. 예 ▲▲▲$_{10}$

명칭	그림 기호	적요
개폐기	⬜S	• 상자들이인 경우는 상자의 재질 등을 표기한다. • 극수, 정격전류, 퓨즈 정격전류 등을 표기한다. 　예 ⬜S 2P 300A ƒ 15A • 전류계붙이는 ⬜S 를 사용하고 전류계의 정격전류를 표기한다. 　예 ⬜S 2P 30A ƒ 15A A 5
배선용 차단기	⬜B	• 상자들이인 경우는 상자의 재질 등을 표기한다. • 극수, 정격전류, 퓨즈 정격전류 등을 표기한다.　예 ⬜B 3P 225AF 150A • 모터 브레이커를 표시하는 경우는 ⬜B 를 사용한다. • ⬜B 를 ⬜S$_{MCB}$ 로써 표시하여도 좋다.
누전차단기	⬜E	• 상자들이인 경우는 상자의 재질 등을 표기한다. • 과전류 소자붙이는 극수·프레임의 크기·정격전류·정격감도전류 등, 과전류 소자 없음은 극수·정격전류·정격감도전류 등을 표기한다. 　– 과전류 소자붙이　예 ⬜E 2P 30AF 15A 30mA 　– 과전류 소자 없음　예 ⬜E 2P 15A 30mA • 과전류 소자붙이는 ⬜BE 를 사용하여도 좋다. • ⬜E 를 ⬜S$_{ELB}$ 로 표시하여도 좋다.
전자 개폐기용 누름버튼	●$_B$	텀블러형 등인 경우도 이것을 사용한다. 파일럿 램프붙이인 경우는 L을 표기한다.
압력 스위치	●$_P$	–
플로트 스위치	●$_F$	–
플로트리스 스위치 전극	●$_{LF}$	전극수를 표기한다.　예 ●$_{LF3}$
타임 스위치	⬜TS	–
전력량계	Ⓦh	• 필요에 따라 전기방식, 전압, 전류 등을 표기한다. • 그림 기호 Ⓦh 는 Ⓦh 로 표시하여도 좋다.

명칭	그림 기호	적요
전력량계 (상자들이 또는 후드붙이)	Wh	• 전력량계의 적요를 준용한다. • 집합 계기 상자에 넣는 경우는 전력량계의 수를 표기한다. 예 Wh₁₂
변류기(상자들이)	CT	필요에 따라 전류를 표기한다.
전류제한기	Ⓛ	• 필요에 따라 전류를 표기한다. • 상자들이인 경우는 그 뜻을 표기한다.
누전경보기	⊗G	필요에 따라 종류를 표기한다.
누전화재경보기 (소방법에 따르는 것)	⊗F	필요에 따라 급별을 표기한다.
지진감지기	EQ	필요에 따라 작동 특성을 표기한다. 예 EQ 100 170[cm/S²] EQ 100-170[Gal]

6 배전반 · 분전반 · 제어반

명칭	그림 기호	적요
배전반, 분전반 및 제어반	▭	• 종류를 구별하는 경우는 다음과 같다. 　- 배전반　⊠ 　- 분전반　◪ 　- 제어반　⊠ • 직류용은 그 뜻을 표기한다. • 재해 방지 전원 회로용 배전반 등인 경우는 2중 틀로 하고 필요에 따라 종별을 표기한다. 예 ⊠ 1종　◪ 2종

5 전기배선공사 및 설계 시 허용전류값

전기배선공사는 여러 장소에 따른 공사방법이 있다. 이에 한국전기설비규정에 따라 다양한 장소에 의한 여러 가지 공사방법의 가능 유무에 대해 알아보도록 하자.

| 다양한 공사방법의 가용장소 |

구분	옥내						옥측/옥외	
	노출 장소		은폐장소					
			점검 가능		점검 불가능			
	건조한 장소	습기가 많은 장소 또는 물기가 있는 장소	건조한 장소	습기가 많은 장소 또는 물기가 있는 장소	건조한 장소	습기가 많은 장소 또는 물기가 있는 장소	우선 내	우선 외
금속관공사	○	○	○	○	○	○	○	○
합성수지관공사	○	○	○	○	○	○	○	○
1종금속제 가요전선관	○	×	○	×	×	×	×	×
1종비닐피복 가요전선관	○	○	○	○	×	×	×	×
2종금속제 가요전선관	○	×	○	×	○	×	○	×
2종비닐피복 가요전선관	○	○	○	○	○	○	○	○
합성수지몰드공사	○	×	○	×	×	×	×	×
금속몰드공사	○	×	○	×	×	×	×	×
금속트렁킹공사	○	×	○	×	×	×	×	×
금속덕트공사	○	×	○	×	×	×	×	×
셀룰러덕트공사	×	×	○	△	×	×	×	×
애자공사	○	○	○	○	×	×	△	△

[비고] ○ : 공사 가능, X : 공사 불가능, △ : 본문 참고

위의 표에서 옥내(屋內)는 주택 및 아파트를 포함한 건물 내부, 옥측(屋側)은 건물의 옆면, 옥외(屋外)는 건물 외부를 말한다. 은폐장소 중에 점검 가능한 장소는 긴물의 빈 공간 및 구조체이지만 열어 볼 수 있는 곳 즉, 점검구가 있는 천장이나 벽장을 말한다. 점검 불가능한 곳은 케이블 채널, 지중매설, 창틀 및 처마도리, 열어 볼 수 없게 매입한 구조체이다. 우선 내(雨線內)는 지붕 끝 처마 또는 이와 유사한 것의 선단에서 45° 각도로 직선을 그어 그 안쪽 비를 맞지 않는 부분을 말하고 우선 외(雨線外)란 옥측

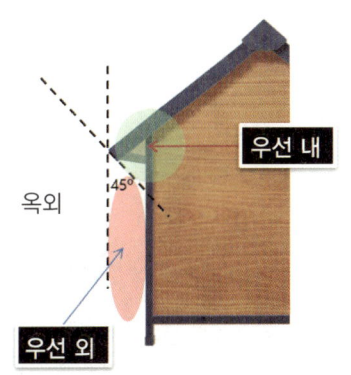

| 우선 내와 우선 외 구분 |

에서 우선 내 이외의 부분을 말한다.

건조한 장소는 평소 습기나 물기가 없는 장소이다. 그리고 습기가 있는 장소와 물기가 많은 장소는 다음과 같이 구분한다.

(1) 습기가 많은 장소
① 욕탕 또는 음식점의 주방(주택의 주방을 제외) 등의 장소와 같이 수증기가 충만한 장소
② 마루 밑
③ 술, 간장, 음료수 등을 양조하거나 저장하는 장소
④ 기타 상기와 유사한 장소

(2) 물기가 많은 장소
① 생선가게, 채소가게, 세탁소의 작업장 등과 같이 물을 취급하는 장소나 세척장(세차장 및 목욕탕의 샤워장 포함) 또는 이러한 장소 부근에 물방울이 튀는 장소
② 상시 물이 새어나오거나 물방울이 맺히는 지하실
③ 기타 이와 유사한 장소

셀룰러덕트공사 중 점검 불가능한 건조한 장소는 콘크리트 등 매입한 장소에 한해서이다. 그리고 애자공사를 우선 내와 우선 외에 설치할 경우 노출장소 및 점검가능 은폐장소에 한하여 시설할 수 있다. 한편 한국전기설비규정에 의한 전선의 종류별 허용전류산정방법은 KS C IEC 60364-5-52의 배선공사방법에 의해 정해진다. 이에 따른 공사방법은 다음과 같이 구분할 수 있다.

A1
- 단열성 벽 내부 전선관의 절연전선 및 내열 절연전선공사

A2
- 단열성 벽 내부 전선관의 다심케이블공사

B1
- 벽면 노출(또는 콘크리트 매입) 전선관의 절연전선공사

B2
- 벽면 노출(또는 큰크리트 매입) 전선관의 다심케이블공사

C
- 목재 벽면의 단심 또는 다심케이블공사

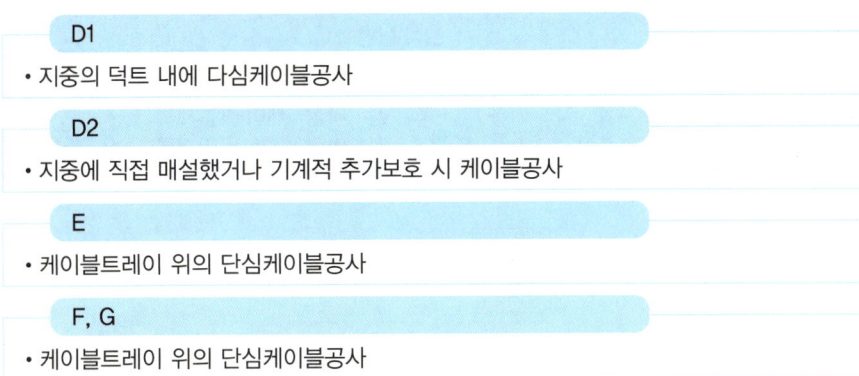

D1
- 지중의 덕트 내에 다심케이블공사

D2
- 지중에 직접 매설했거나 기계적 추가보호 시 케이블공사

E
- 케이블트레이 위의 단심케이블공사

F, G
- 케이블트레이 위의 단심케이블공사

| KS C IEC 60364-5-52의 배선공사방법 |

이에 대한 세부적인 공사방법은 다음과 같다.

기호	설치방법			
A1	단열벽 안의 전선관에 시공한 전열 전선 또는 단심 케이블		단열벽 안에 직접 매입한 다심케이블	
	몰딩 내부의 절연전선 또는 단심케이블		처마 및 창틀 내부의 전선관 안의 단심케이블 및 다심케이블	
A2	단열벽 안의 전선관에 시공한 다심케이블			
B1	목재 또는 석재 벽면의 전선관에 시공한 절연전선 또는 단심케이블		목재 벽면의 케이블트렁킹에 시공한 절연전선 또는 단심케이블	
	빌딩 빈틈에 시공한 단심·다심 케이블(틈새의 치수와 케이블의 바깥지름에 따라 B2로도 계산됨)		석재벽 안 전선관의 절연전선 또는 단심케이블	

부록 711

기호	설치 방법			
B2	목재 또는 석재 벽면의 전선관에 시공한 다심케이블		빌딩의 빈틈에 시공한 단심·다심 케이블(틈새의 치수와 케이블 바깥지름에 따라 B1으로도 계산됨)	
	석재벽 안 전선관의 다심 케이블			
C	목재 벽면의 단심·다심 케이블(고정 또는 목재 벽면으로부터 케이블 지름의 0.3배 이하로 간격(이격))		막힘형 트레이에 포설한 단심·다심 케이블	
	석재벽에 직접 시공한 단심·다심 케이블			
D1	지중의 전선관이나 덕트 내에 시공한 단심·다심 케이블			
D2	지중에 직접 매설한 단심·다심 케이블(기계적 추가 보호가 있는 경우 포함)			
E	기중의 다심 케이블(벽과의 간격(이격거리)은 케이블 지름의 0.3배 이상)		환기형 트레이, 브래킷, 금속망에 포설된 다심 케이블	
	사다리에 포설된 다심케이블			

기호	설치 방법			
F	단심케이블로 자유 공기와 접촉(벽과의 간격(이격거리)은 케이블 지름의 0.3배 이상)		환기형 트레이, 브래킷, 금속망에 포설된 단심케이블	
F	사다리에 포설된 단심케이블			
G	기중 개방의 단심케이블 간격(이격)		애자 위의 나선 또는 절연전선	

여기서 A의 단열벽은 외벽이 내후성(耐候性, proof against climate) 즉, 각종 기후에 견디는 성질을 가져야 하고 내벽은 목재나 목재성 재질로 구성된 것을 말한다. B, C의 석재(또는 석조)는 벽돌, 콘크리트, 석도 및 이와 유사한 것을 포함하되 단열벽은 제외한다. 막힘형 트레이란 구멍이 차지하는 비율이 표면적의 30% 미만인 것, 환기형(또는 통풍형) 트레이는 구멍이 차지하는 비율이 30% 이상인 것을 말한다. 사다리 지지의 경우 케이블을 지지하는 금속부분이 설계면적의 10% 미만인 것을 말한다. D_e는 케이블의 바깥지름을 나타낸다.

다음 공사방법에 따른 허용전류는 모두 구리도체 기준이다. 표에 나온 집합계수 적용은 전선이나 케이블 사이의 수평간격이 케이블 전체 바깥지름의 2배를 초과하면 집합계수를 적용할 필요가 없다. 그러나 하나 이상의 회로가 있는 경우는 반드시 집합계수를 적용해야 하며 내부 격벽의 존재 여부는 무관하다. 기준이 되는 주위온도는 40℃로 다른 경우에는 주위온도 보정계수를 허용전류값에 적용해야 한다.

| 공사방법 A1 |

도체의 공칭 단면적 [mm²]	A1 허용전류				주위온도 및 집합회로 보정계수				
	PVC		XLPE 또는 EPR		주위온도계수			집합계수(접촉)	
	2개 부하 도체	3개 부하 도체	2개 부하 도체	3개 부하 도체	주위 온도	PVC	XLPE EPR	회로수	계수
1.5	12.5	11.7	17	15.5	10	1.40	1.26	1	1.00
2.5	17	15.7	24	21	15	1.34	1.23	2	0.80
4	23	21	32	28	20	1.28	1.18	3	0.70
6	30	27	41	36	25	1.21	1.14	4	0.65
10	40	37	56	49	30	1.14	1.09	5	0.65
16	53	49	74	66	35	1.08	1.05	6	0.57

도체의 공칭 단면적 [mm²]	A1 허용전류				주위온도 및 집합회로 보정계수				
	PVC		XLPE 또는 EPR		주위온도계수			집합계수(접촉)	
	2개 부하 도체	3개 부하 도체	2개 부하 도체	3개 부하 도체	주위 온도	PVC	XLPE EPR	회로수	계수
25	70	64	97	87	40	1.00	1.00	7	0.54
35	86	77	119	107	45	0.90	0.95	8	0.52
50	104	94	144	128	50	0.81	0.90	9	0.50
70	131	118	182	163	55	0.70	0.83	12	0.45
95	158	143	219	197	60	0.57	0.78	16	0.41
120	183	164	253	227	65		0.71	20	0.38
150	209	188	289	259	70		0.63		
185	238	213	329	294	75		0.54		
240	279	249	386	346	80		0.45		
300	319	285	442	395	85				

| 공사방법 A2 |

도체의 공칭 단면적 [mm²]	A2 허용전류				주위온도 및 집합회로 보정계수				
	PVC		XLPE 또는 EPR		주위온도계수			집합계수(접촉)	
	2개 부하 도체	3개 부하 도체	2개 부하 도체	3개 부하 도체	주위 온도	PVC	XLPE EPR	회로수	계수
1.5	12	11	17	15	10	1.40	1.26	1	1.00
2.5	16	15	23	20	15	1.34	1.23	2	0.80
4	22	20	30	27	20	1.28	1.18	3	0.70
6	28	25	38	35	25	1.21	1.14	4	0.65
10	37	34	52	46	30	1.14	1.09	5	0.65
16	50	45	69	62	35	1.08	1.05	6	0.57
25	65	59	90	81	40	1.00	1.00	7	0.54
35	80	72	110	99	45	0.90	0.95	8	0.52
50	96	86	132	118	50	0.81	0.90	9	0.50
70	121	109	167	149	55	0.70	0.83	12	0.45
95	145	131	200	179	60	0.57	0.78	16	0.41
120	167	150	230	207	65		0.71	20	0.38
150	191	171	264	236	70		0.63		
185	216	194	299	269	75		0.54		
240	253	227	351	315	80		0.45		
300	291	259	402	360	85				

| 공사방법 B1 |

도체의 공칭 단면적 [mm²]	B1 허용전류				주위온도 및 집합회로 보정계수				
	PVC		XLPE 또는 EPR		주위온도계수			집합계수(접촉)	
	2개 부하 도체	3개 부하 도체	2개 부하 도체	3개 부하 도체	주위 온도	PVC	XLPE EPR	회로수	계수
1.5	15	13	21	18	10	1.40	1.26	1	1.00
2.5	21	18	28	25	15	1.34	1.23	2	0.80
4	28	24	38	34	20	1.28	1.18	3	0.70
6	36	31	49	44	25	1.21	1.14	4	0.65
10	50	44	68	60	30	1.14	1.09	5	0.65
16	66	59	91	80	35	1.08	1.05	6	0.57
25	88	77	121	106	40	1.00	1.00	7	0.54
35	109	96	149	131	45	0.90	0.95	8	0.52
50	131	117	180	159	50	0.81	0.90	9	0.50
70	167	149	230	202	55	0.70	0.83	12	0.45
95	202	180	279	245	60	0.57	0.78	16	0.41
120	234	208	322	284	65		0.71	20	0.38
150	261	228	358	311	70		0.63		
185	297	258	409	349	75		0.54		
240	348	301	481	409	80		0.45		
300	398	343	549	468	85				

| 공사방법 B2 |

도체의 공칭 단면적 [mm²]	B2 허용전류				주위온도 및 집합회로 보정계수				
	PVC		XLPE 또는 EPR		주위온도계수			집합계수(접촉)	
	2개 부하 도체	3개 부하 도체	2개 부하 도체	3개 부하 도체	주위 온도	PVC	XLPE EPR	회로수	계수
1.5	14	13	20	17.7	10	1.40	1.26	1	1.00
2.5	20	17	27	24	15	1.34	1.23	2	0.80
4	26	23	36	32	20	1.28	1.18	3	0.70
6	33	30	46	40	25	1.21	1.14	4	0.65
10	45	40	63	55	30	1.14	1.09	5	0.65
16	60	54	83	73	35	1.08	1.05	6	0.57
25	78	70	108	96	40	1.00	1.00	7	0.54
35	97	86	133	116	45	0.90	0.95	8	0.52
50	116	103	159	140	50	0.81	0.90	9	0.50
70	146	130	201	176	55	0.70	0.83	12	0.45
95	175	156	241	212	60	0.57	0.78	16	0.41

도체의 공칭 단면적 [mm²]	B2 허용전류				주위온도 및 집합회로 보정계수				
	PVC		XLPE 또는 EPR		주위온도계수			집합계수(접촉)	
	2개 부하 도체	3개 부하 도체	2개 부하 도체	3개 부하 도체	주위 온도	PVC	XLPE EPR	회로수	계수
120	202	179	278	244	65		0.71	20	0.38
150	224	196	304	273	70		0.63		
185	256	222	349	309	75		0.54		
240	299	258	418	362	80		0.45		
300	343	295	484	414	85				

| 공사방법 C |

도체의 공칭 단면적 [mm²]	C 허용전류				주위온도 및 집합회로 보정계수				
	PVC		XLPE 또는 EPR		주위온도계수			집합계수(접촉)	
	2개부하 도체	3개부하 도체	2개부하 도체	3개부하 도체	주위 온도	PVC	XLPE EPR	회로수	계수
1.5	17	15	22	20	10	1.40	1.26	1	1.00
2.5	23	21	30	27	15	1.34	1.23	2	0.80
4	31	28	41	36	20	1.28	1.18	3	0.70
6	40	36	53	47	25	1.21	1.14	4	0.65
10	55	50	73	65	30	1.14	1.09	5	0.65
16	74	66	97	87	35	1.08	1.05	6	0.57
25	97	84	126	108	40	1.00	1.00	7	0.54
35	120	104	156	134	45	0.90	0.95	8	0.52
50	146	125	190	163	50	0.81	0.90	9	0.50
70	185	160	245	208	55	0.70	0.83	12	0.45
95	224	194	299	253	60	0.57	0.78	16	0.41
120	260	225	348	293	65		0.71	20	0.38
150	299	260	401	338	70		0.63		
185	341	297	461	386	75		0.54		
240	401	351	545	455	80		0.45		
300	461	404	631	524	85				

　천장 아래 설치하는 케이블의 허용전류는 공기의 자유 대류 감소로 인해 벽이나 바닥에 대한 값보다 약간 감소하여 다음과 같은 집합회로에 대한 보정계수를 적용해야 한다.

막힘형 트레이 및 천장직부형 집합계수

배치 (케이블 밀착)	회로수	벽 또는 막힘형 트레이의 단일층	목재 천장면 아래에 직접 고정한 단일층
회로 또는 다심케이블 수	1	1.00	0.95
	2	0.85	0.81
	3	0.79	0.72
	4	0.75	0.68
	5	0.73	0.66
	6	0.72	0.64
	7	0.72	0.63
	8	0.71	0.62
	9 이상	0.70	0.61

무기질 절연물, 구리도체에 대한 허용전류 기준값 C

도체의 공칭단면적 [mm²]		C 허용전류					
		PVC 외피 또는 노출로 접촉할 우려가 있음 [금속시스온도 70℃]			노출로 사람이 접촉할 우려가 없고 가연성 물질과 접촉할 우려가 있음 [금속시스온도 105℃]		
		단심의 2개 부하도체 / 2심	3개 부하도체		단심의 2개 부하도체 / 2심	3개 부하도체	
			단심삼각배치 / 다심	단심 수평 / 단심 수직		단심삼각배치 / 다심	단심 수평 / 단심 수직
500V	1.5	19.6	16	18	25.8	22.1	24.8
	2.5	26	22	25	35	30	33
	4	34	30	32	47	41	43
750V	1.5	21	18	19.6	28.5	23.9	27.6
	2.5	29	24	26	39	32	38
	4	38	31	35	51	43	49
	6	48	41	44	64	54	62
	10	65	55	59	88	75	84
	16	87	73	78	117	98	110
	25	113	95	102	153	129	142
	35	139	116	125	187	157	172
	50	172	144	154	231	195	212
	70	210	176	188	282	239	258
	95	252	212	224	340	287	307
	120	289	243	258	390	330	352
	150	330	278	294	446	377	400

도체의 공칭단면적 [mm²]		C 허용전류					
		PVC 외피 또는 노출로 접촉할 우려가 있음 [금속시스온도 70℃]			노출로 사람이 접촉할 우려가 없고 가연성 물질과 접촉할 우려가 있음 [금속시스온도 105℃]		
		단심의 2개 부하도체 / 2심	3개 부하도체		단심의 2개 부하도체 / 2심	3개 부하도체	
			단심삼각배치 / 다심	단심 수평 / 단심 수직		단심삼각배치 / 다심	단심 수평 / 단심 수직
750V	185	374	315	333	506	428	453
	240	437	369	388	592	501	526

표 왼쪽에 위치한 500V와 750V는 케이블의 정격전압이다. 단심케이블의 경우 회로를 구성하는 케이블의 금속 시스의 그 양단을 접지해야 한다. 그리고 노출로 사람이 접촉할 우려가 있으면 케이블은 0.9를 곱한 값으로 하고 주위온도가 40℃가 아닌 경우 아래의 주위온도 보정계수를 곱해야 한다.

| 주위온도 보정계수 |

주위온도	금속70℃	금속105℃
10	1.48	1.23
15	1.41	1.2
20	1.34	1.16
25	1.25	1.13
30	1.17	1.08
35	1.09	1.04
40	1.00	1.00
45	0.91	0.95
50	0.78	0.91
55	0.67	0.86
60	0.52	0.81
65		0.76
70		0.70
75		0.65
80		0.58
85		0.51
90		0.43
95		0.34

공사방법 D1(지중 매설 전선관 및 케이블 덕트 내 케이블)							
도체의 공칭 단면적 [mm²]	D1 허용전류				지중온도		
	PVC		XLPE 또는 EPR		지중온도 계수		
	2개 부하도체	3개 부하도체	2개 부하도체	3개 부하도체	지중온도	PVC	XLPE / EPR
1.5	19.6	16	23	19.5	10	1.23	1.15
2.5	26	21	31	26	15	1.17	1.11
4	33	27	40	33	20	1.12	1.07
6	41	34	49	41	25	1.06	1.03
10	53	45	66	54	30	1.00	1.00
16	69	57	85	70	35	0.94	0.95
25	88	73	108	89	40	0.86	0.91
35	106	87	129	107	45	0.79	0.86
50	125	103	153	126	50	0.70	0.81
70	154	127	189	155	55	0.61	0.76
95	182	150	22	183	60	0.50	0.69
120	206	171	252	207	65		0.64
150	232	193	285	233	70		0.56
185	260	216	319	261	75		0.49
240	299	249	367	301	80		0.40
300	337	281	415	340			

지중 덕트 내 시설한 복수의 케이블에 대한 보정계수								
회로수	다심케이블의 덕트의 간격				단심케이블의 덕트의 간격			
	0m	0.25m	0.5m	1.0m	0m	0.25m	0.5m	1.0m
2	0.85	0.90	0.95	0.95	0.80	0.90	0.90	0.95
3	0.75	0.85	0.90	0.95	0.70	0.80	0.85	0.90
4	0.70	0.80	0.85	0.90	0.65	0.75	0.80	0.90
5	0.65	0.80	0.85	0.90	0.60	0.70	0.80	0.90
6	0.60	0.80	0.80	0.90	0.60	0.70	0.80	0.90
7	0.57	0.76	0.80	0.88	0.53	0.66	0.76	0.87
8	0.54	0.74	0.78	0.88	0.50	0.63	0.74	0.87
9	0.52	0.73	0.77	0.87	0.47	0.61	0.73	0.86
10	0.49	0.72	0.76	0.86	0.45	0.59	0.72	0.85
11	0.47	0.70	0.75	0.86	0.43	0.57	0.70	0.85
12	0.45	0.69	0.74	0.85	0.41	0.56	0.69	0.84
13	0.44	0.68	0.73	0.85	0.39	0.54	0.68	0.84

회로수	다심케이블의 덕트의 간격				단심케이블의 덕트의 간격			
	0m	0.25m	0.5m	1.0m	0m	0.25m	0.5m	1.0m
14	0.42	0.68	0.72	0.84	0.37	0.53	0.68	0.83
15	0.41	0.67	0.72	0.84	0.35	0.52	0.67	0.83
16	0.39	0.66	0.71	0.83	0.34	0.51	0.66	0.83
17	0.38	0.65	0.70	0.83	0.33	0.50	0.65	0.82
18	0.37	0.65	0.70	0.83	0.31	0.49	0.65	0.82
19	0.35	0.64	0.69	0.82	0.30	0.48	0.64	0.82
20	0.34	0.63	0.68	0.82	0.29	0.47	0.63	0.81

| 공사방법 D2(지중 직접매설전선관 및 기계적 추가 보호) |

도체의 공칭 단면적 [mm²]	D2 허용전류				주위온도 및 집합회로 보정계수		
	PVC		XLPE 또는 EPR		주위온도계수		
	2개 부하 도체	3개 부하 도체	2개 부하 도체	3개 부하 도체	주위 온도	PVC	XLPE EPR
1.5	19.6	17	25	21	10	1.23	1.15
2.5	25	21	33	28	15	1.17	1.11
4	34	29	43	36	20	1.12	1.07
6	43	36	54	46	25	1.06	1.03
10	57	48	72	60	30	1.00	1.00
16	74	62	93	78	35	0.94	0.95
25	98	82	120	99	40	0.86	0.91
35	117	98	144	120	45	0.79	0.86
50	139	116	170	142	50	0.70	0.76
70	171	144	209	175	55	0.61	0.69
95	205	172	251	210	60	0.50	0.64
120	232	196	285	239	65		0.56
150	261	219	319	267	70		0.49
185	295	247	360	301	75		0.40
240	340	285	417	349	80		
300	380	320	467	390	85		

공사방법 D1와 D2를 구분하는 방법은 지중의 전선관이나 덕트 내에 시공한 경우는 D1, 직접 매설했거나 기계적 추가 보호가 있는 경우에는 D2를 적용한다. 이들의 적용방법을 선택한 경우 토지의 열저항률 2.5K·m/W를 기준으로 하고 있으므로 이와 다른 경우에는 허용전류에 대한 보정계수를 적용하여야 한다. 그리고 매설깊이가 0.8m를 기준으로 하고 있으므로 0.8m가 아닌 경우에는 매설깊이에 대한 보정계수를 곱해야 한다. 이들에 대한 보정계수는 다음과 같다.

토지 열저항률 및 매설깊이 조정계수			
토지 열저항률 보정계수[기준 2.5K · m/W]		매설깊이에 대한 보정계수[기준 0.8m]	
열저항률[K · m/W]	계수	매설깊이	계수
0.5	1.28	0.6	1.01
0.7	1.20	0.8	1.00
1	1.18	1.2	0.96
1.5	1.1		
2	1.05		
2.5	1		
3	0.96		

아울러 하나 이상의 회로가 있는 경우 아래의 보정계수를 곱해야 하고 각 상당 병렬의 도체 n개로 구성된 회로가 있다면 저감계수를 결정하기 위해 회로를 n개 회로로 간주해야 한다.

지중에 직접 시설한 복수의 케이블 보정계수					
회로수	케이블 간 간격				
	0m	1케이블의 직경	0.125m	0.25m	0.5m
2	0.75	0.80	0.85	0.90	0.90
3	0.65	0.70	0.75	0.80	0.85
4	0.60	0.60	0.70	0.75	0.80
5	0.55	0.55	0.65	0.70	0.80
6	0.50	0.55	0.60	0.70	0.80
7	0.45	0.51	0.59	0.67	0.76
8	0.43	0.48	0.57	0.65	0.75
9	0.41	0.46	0.55	0.63	0.74
12	0.36	0.42	0.51	0.59	0.71
16	0.32	0.38	0.47	0.56	0.38
20	0.29	0.35	0.44	0.53	0.66

공사방법 E				
도체의 공칭단면적 [mm²]	E 허용전류			
	PVC		XLPE 또는 EPR	
	2개 부하도체	3개 부하도체	2개 부하도체	3개 부하도체
1.5	19	16	24	21
2.5	26	22	33	29

도체의 공칭단면적 [mm²]	E 허용전류			
	PVC		XLPE 또는 EPR	
	2개부하도체	3개부하도체	2개부하도체	3개부하도체
4	35	30	44	38
6	44	37	57	49
10	61	52	78	68
16	82	70	105	91
25	104	88	135	115
35	129	110	168	144
50	157	133	205	175
70	202	170	263	224
95	245	207	320	271
120	285	240	373	315
150	330	277	430	363
185	378	317	493	415
240	447	374	586	489
300	516	432	674	565

공사방법 E의 경우는 기준 주위온도는 40℃로 이와 다를 때는 공사방법 A1, A2, B1, B2, C에 맞는 주위온도 보정계수를 곱해야 한다. 이 계수는 단일층에 공사한 케이블 집합에 적용해야 하며 상호 접촉한 2층 이상의 케이블에는 적용하지 않는다. 이때의 계수는 상당히 작으며 적절한 방법을 통해 결정해야 한다.

또한 이 계수를 이용할 때 트레이 사이의 수직간격이 300mm, 배면방향으로 부착한 트레이 사이의 수평간격이 225mm인 경우로 이보다 좁으면 이 계수를 감소시키는 것이 바람직하다.

| 공사방법 F |

도체의 공칭단면적 [mm²]	F 허용전류					
	PVC(단심케이블)			XLPE 또는 EPR(단심케이블)		
	2개 부하 도체접촉	3개 부하 도체삼각배치	수평 3개 도체밀착	2개 부하 도체접촉	3개 부하 도체삼각배치	수평 3개 도체밀착
25	114	96	99	85	73	76
35	141	119	124	106	91	95
50	170	145	151	130	111	116
70	218	188	196	167	144	150
95	264	230	239	204	177	184
120	306	268	279	237	206	215
150	353	310	324	275	238	250

도체의 공칭단면적 [mm²]	F 허용전류					
	PVC(단심케이블)			XLPE 또는 EPR(단심케이블)		
	2개 부하 도체접촉	3개 부하 도체삼각배치	수평 3개 도체밀착	2개 부하 도체접촉	3개 부하 도체삼각배치	수평 3개 도체밀착
185	403	356	371	316	274	287
240	475	422	441	374	326	341
300	547	488	511	432	377	396
400	656	571	599	522	458	480
500	755	652	686	604	531	557
630	874	744	787	703	618	649

공사방법 F의 경우는 기준 주위온도는 40℃로 이와 다를 때는 공사방법 A1, A2, B1, B2, C에 맞는 주위온도 보정계수를 곱해야 한다. 이 계수는 단일층에 공사한 케이블 집합에 적용해야 하며 상호 접촉한 2층 이상의 케이블에는 적용하지 않는다. 이때의 계수는 상당히 작으며 적절한 방법을 통해 결정해야 한다.

또한 이 계수를 이용할 때 트레이 사이의 수직간격이 300mm, 케이블 트레이와 벽의 간격은 20mm인 경우로 이보다 좁으면 이 계수를 감소시키는 것이 바람직하다.

| 공사방법 G |

도체의 공칭단면적 [mm²]	G 허용전류			
	PVC(단심케이블)		XLPE 또는 EPR(단심케이블)	
	수평 3개 도체 수평간격	수평 3개 도체 수직간격	수평 3개 도체 수평간격	수평 3개 도체 수직간격
25	127	113	97	86
35	157	141	121	108
50	190	171	147	132
70	244	221	189	170
95	297	270	230	210
120	344	315	268	245
150	397	364	310	284
185	453	418	354	327
240	535	495	419	389
300	617	573	484	451
400	741	692	584	547
500	854	800	674	635
630	990	931	783	741

공사방법 G의 경우는 기준 주위온도는 40℃로 이와 다를 때는 공사방법 A1, A2, B1, B2, C에 맞는 주위온도 보정계수를 곱해야 한다. 아울러 집합계수를 적용하지 않는다.

| 무기질 절연물, 구리도체에 대한 허용전류 기준값 E, F, G |

도체의 공칭 단면적 [mm²]		E, F, G 허용전류									
		PVC 외피 또는 노출로 접촉할 우려가 있음 [금속시스온도 70℃]					노출로 사람이 접촉할 우려가 없고 가연성 물질과 접촉할 우려가 있음 [금속시스온도 105℃]				
		2심 또는 단심의 부하도체	3개 부하도체				2심 또는 단심의 부하도체	3개 부하도체			
			삼각 포설인 다심 또는 단심	단심 밀착	수직 평탄 포설인 단심	수평 간격의 단심		삼각 포설인 다심 또는 단심	단심 밀착	수직 평탄 포설인 단심	수평 간격의 단심
		E, F	E, F	F	G	G	E, F	E, F	F	G	G
500V	1.5	21	18	19.5	22	25	29	24	27	30	34
	2.5	28	24	26	29	33	38	32	36	40	45
	4	37	31	35	38	43	50	42	47	52	59
750V	1.5	22	19	22	24	27	30	26	29	32	37
	2.5	31	25	29	31	37	41	35	40	43	50
	4	40	34	38	42	48	55	46	52	56	64
	6	51	43	48	53	60	70	59	65	72	82
	10	70	59	65	71	81	96	80	88	97	110
	16	93	78	87	93	106	126	106	117	126	144
	25	121	102	112	121	138	165	138	151	164	188
	35	148	125	137	147	167	202	169	184	199	228
	50	183	155	168	181	206	250	210	227	245	280
	70	224	190	205	220	250	306	257	276	297	340
	95	269	227	246	263	198	368	308	330	354	406
	120	309	262	281	300	342	423	354	378	406	465
	150	354	299	320	340	386	484	406	431	458	520
	185	401	339	362	379	431	548	460	487	512	579
	240	469	396	422	422	480	641	537	568	574	648

표 왼쪽에 위치한 500V와 750V는 케이블의 정격전압이다. 단심케이블의 경우 회로를 구성하는 케이블의 금속 시스의 그 양단을 접지해야 한다. 그리고 노출로 사람이 접촉할 우려가 있으면 케이블은 0.9를 곱한 값으로 하고 주위온도가 40℃가 아닌 경우 아래의 주위온도 보정계수를 곱해야 한다.

| 주위온도 보정계수 |

주위온도	금속 70℃	금속 105℃
10	1.48	1.23
15	1.41	1.2
20	1.34	1.16
25	1.25	1.13
30	1.17	1.08
35	1.09	1.04
40	1.00	1.00
45	0.91	0.95
50	0.78	0.91
55	0.67	0.86
60	0.52	0.81
65		0.76
70		0.70
75		0.65
80		0.58
85		0.51
90		0.43
95		0.34

6 차단기 정격전류 산정표

소비전력 [kW]	단상 220V 전류[A]	단상 220V 기존 KS 규격 차단기 정격전류	단상 220V IEC 규격 차단기 정격전류	3상 220V(Δ결선) 전류[A]	3상 220V(Δ결선) 기존 KS 규격 차단기 정격전류	3상 220V(Δ결선) IEC 규격 차단기 정격전류	3상 380V(Y결선) 전류[A]	3상 380V(Y결선) 기존 KS 규격 차단기 정격전류	3상 380V(Y결선) IEC 규격 차단기 정격전류
1	5.05	10A	6A or 8A or 10A or 20A	2.92	10A	6A or 8A	1.69	10A	6A
2	10.10	15A	13A	5.83			3.38		
3	15.15	20A	16A or 20A	8.75		10A	5.06		8A
4	20.20	30A	32A	11.66	15A	13A	6.75		8A
5	25.25			14.58		16A	8.44		10A
6	30.30	40A	40A	17.50	20A	20A	10.13	15A	13A
7	35.35			20.41		25A	11.82		
8	40.40	50A	50A	23.33	30A		13.51		16A
9	45.45			26.24		32A	15.19	20A	
10	50.51	60A	63A	29.16			16.88		20A
11	55.56			32.08			18.57		
12	60.61	75A	80A	34.99	40A	40A	20.26	30A	25A
13	65.66			37.91			21.95		
14	70.71			40.82			23.63		
15	75.76	100A	100A	43.74	50A	50A	25.32		32A
16	80.81			46.65			27.01		
17	85.86			49.57			28.70		
18	90.91			52.49			30.39	40A	
19	95.96			55.40	60A	63A	32.08		40A
20	101.01	125A	125A	58.32			33.76		
21	106.06			61.23			35.45		
22	111.11			64.15			37.14		
23	116.16			67.07	75A		38.83		
24	121.21	주택용 차단기 마지노선		69.98		80A	40.52		
25	126.26			72.90			42.20		
26	131.31	150A	150A	75.81			43.89	50A	50A
27	136.36			78.73			45.58		
28	141.41			81.65			47.27		
29	146.46			84.56	100A		48.96		
30	151.52			87.48		100A	50.64		
31	156.57	175A	175A	90.39			52.33	60A	63A
32	161.62			93.31			54.02		

소비전력 [kW]	단상 220V			3상 220V(Δ결선)			3상 380V(Y결선)		
	전류[A]	기존 KS 규격 차단기 정격전류	IEC 규격 차단기 정격전류	전류[A]	기존 KS 규격 차단기 정격전류	IEC 규격 차단기 정격전류	전류[A]	기존 KS 규격 차단기 정격전류	IEC 규격 차단기 정격전류
33	166.67	175A	175A	96.23	100A	100A	55.71	60A	63A
34	171.72			99.14			57.40		
35	176.77	200A	200A	102.06	125A	125A	59.09	75A	
36	181.82			104.97			60.77		
37	186.87			107.89			62.46		
38	191.92			110.80			64.15		
39	196.97			113.72			65.84		
40	202.02	225A	225A	116.64			67.53		80A
41	207.07			119.55			69.21		
42	212.12			122.47			70.90		
43	217.17			125.38			72.59		
44	222.22			128.30			74.28		
45	227.27	250A	250A	131.22	150A	150A	75.97		
46	232.32			134.13			77.66		
47	237.37			137.05			79.34		
48	242.42			139.96			81.03		
49	247.47			142.88			82.72		
50	252.53	300A	300A	145.80			84.41	100A	100A
51	257.58			148.71			86.10		
52	262.63			151.63	160A	160A	87.78		
53	267.68			154.54			89.47		
54	272.73			157.46			91.16		
55	277.78			160.38	175A	175A	92.85		
56	282.83			163.29			94.54		
57	287.88			166.21			96.23		
58	292.93			169.12			97.91		
59	297.98			172.04			99.60		
60	303.03	350A	400A	174.95	200A	200A	101.29	125A	125A
61	308.08			177.87			102.98		
62	313.13			180.79			104.67		
63	318.18			183.70			106.35		
64	323.23			186.62			108.04		
65	328.28			189.53			109.73		
66	333.33			192.45			111.42		
67	338.38			195.37			113.11		
68	343.43			198.28			114.79		

소비전력 [kW]	단상 220V			3상 220V(Δ결선)			3상 380V(Y결선)		
	전류[A]	기존 KS 규격 차단기 정격전류	IEC 규격 차단기 정격전류	전류[A]	기존 KS 규격 차단기 정격전류	IEC 규격 차단기 정격전류	전류[A]	기존 KS 규격 차단기 정격전류	IEC 규격 차단기 정격전류
69	348.48	350A		201.20			116.48		
70	353.54			204.11			118.17		
71	358.59			207.03			119.86	125A	125A
72	363.64			209.95			121.55		
73	368.69			212.86	225A	225A	123.24		
74	373.74			215.78			124.92		
75	378.79	400A	400A	218.69			126.61		
76	383.84			221.61			128.30		
77	388.89			224.53			129.99		
78	393.94			227.44			131.68		
79	398.99			230.36			133.36		
80	404.04			233.27			135.05		
81	409.09			236.19			136.74		
82	414.14			239.10	250A	250A	138.43	150A	150A
83	419.19			242.02			140.12		
84	424.24			244.94			141.81		
85	429.29			247.85			143.49		
86	434.34			250.77			145.18		
87	439.39			253.68			146.87		
88	444.44			256.60			148.56		
89	449.49			259.52			150.25		
90	454.55	500A	500A	262.43			151.93		
91	459.60			265.35			153.62		160A
92	464.65			268.26			155.31		
93	469.70			271.18			157.00		
94	474.75			274.10	300A	300A	158.69		
95	479.80			277.01			160.38		
96	484.85			279.93			162.06	175A	
97	489.90			282.84			163.75		
98	494.95			285.76			165.44		
99	500.00			288.68			167.13		175A
100	505.05			291.59			168.82		
101	510.10	630A	630A	294.51			170.50		
102	515.15			297.42			172.19		
103	520.20			300.34	350A	400A	173.88		

소비전력 [kW]	단상 220V			3상 220V(Δ결선)			3상 380V(Y결선)		
	전류[A]	기존 KS 규격 차단기 정격전류	IEC 규격 차단기 정격전류	전류[A]	기존 KS 규격 차단기 정격전류	IEC 규격 차단기 정격전류	전류[A]	기존 KS 규격 차단기 정격전류	IEC 규격 차단기 정격전류
104	525.25	630A	630A	303.25	350A	400A	175.57	200A	200A
105	530.30			306.17			177.26		
106	535.35			309.09			178.94		
107	540.40			312.00			180.63		
108	545.45			314.92			182.32		
109	550.51			317.83			184.01		
110	555.56			320.75			185.70		
111	560.61			323.67			187.39		
112	565.66			326.58			189.07		
113	570.71			329.50			190.76		
114	575.76			332.41			192.45		
115	580.81			335.33			194.14		
116	585.86			338.25			195.83		
117	590.91			341.16			197.51		
118	595.96			344.08			199.20		
119	601.01			346.99			200.89	225A	225A
120	606.06			349.91			202.58		
121	611.11			352.83			204.27		
122	616.16			355.74			205.96		
123	621.21			358.66			207.64		
124	626.26			361.57			209.33		
125	631.31	700A	700A	364.49			211.02		
126	636.36			367.40			212.71		
127	641.41			370.32			214.40		
128	646.46			373.24			216.08		
129	651.52			376.15			217.77		
130	656.57			379.07			219.46		
131	661.62			381.98			221.15		
132	666.67			384.90			222.84		
133	671.72			387.82			224.53		
134	676.77			390.73			226.21	250A	250A
135	681.82			393.65			227.90		
136	686.87			396.56			229.59		
137	691.92			399.48			231.28		
138	696.97			402.40	500A	500A	232.97		

소비전력 [kW]	단상 220V				3상 220V(Δ결선)				3상 380V(Y결선)			
	전류[A]	기존 KS 규격 차단기 정격전류		IEC 규격 차단기 정격전류	전류[A]	기존 KS 규격 차단기 정격전류		IEC 규격 차단기 정격전류	전류[A]	기존 KS 규격 차단기 정격전류		IEC 규격 차단기 정격전류
139	702.02	800A		800A	405.31	500A		500A	234.65	250A		250A
140	707.07				408.23				236.34			
141	712.12				411.14				238.03			
142	717.17				414.06				239.72			
143	722.22				416.98				241.41			
144	727.27				419.89				243.09			
145	732.32				422.81				244.78			
146	737.37				425.72				246.47			
147	742.42				428.64				248.16			
148	747.47				431.55				249.85			
149	752.53				434.47				251.54	300A		300A
150	757.58				437.39				253.22			

7 전기기술자 경력수첩

| 전기인이라면 꼭 알아야 할 협회 |

전기를 비롯한 전문 건설업종(소방, 통신 등)에서 종사한다면 자신의 경력을 관리하기 위해 경력수첩이 필요하다. 이는 단순히 경력관리 차원을 넘어서 입사지원 시 요구하는 곳도 있고 법적 선임을 걸기 위해서도 필요하다. 보통 자격증이라고 생각하기 쉬우나 자격증과는 성격이 다르다. 자격증은

지필시험이나 실기시험을 통해 기본적으로 그 학문에 대한 이해를 측정하고 실무적인 것도 본다. 한 마디로 기본에 대한 이해도의 합격과 불합격을 나누는 게 자격증이다. 따라서 자격증을 소지한 사람 중에는 경력수첩이 없는 사람도 있고 경력수첩이 있는 사람 중에는 자격증이 없는 사람도 있다. 물론 두 가지를 모두 보유할 수도 있다. 전기기술자의 경력수첩은 한국전기기술인협회에서 발급하는 전력기술인 경력수첩과 감리원 수첩 그리고 한국전기공사협회에서 발급하는 전기공사기술자 경력수첩이 있다. 이에 경력수첩 발급과 등급에 대해 자세히 알아보도록 한다.

1 전력기술인 경력수첩

한국전기기술인협회(Korea Electric Engineers Association)에서는 전력시설물에 대한 설계 및 감리에 대해 경력관리제도를 마련하여 부실공사를 방지하고 전력기술인의 권익신장 및 편의를 도모하기 위해 전력기술인 경력수첩 및 감리원 경력수첩을 발급하고 있다. 이러한 경력수첩을 통해 전력기술인 및 감리원의 경력에 대한 공적 인정 및 경력관리에 관한 제도적인 보장을 받게 된다. 먼저 전력기술인 경력수첩 발급을 위한 조건은 다음과 같다.

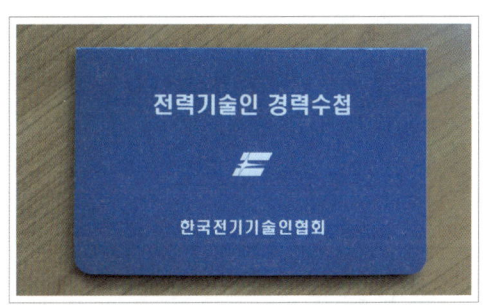

| 전력기술인 경력수첩 앞표지 |

| 전력기술인 경력수첩 발급 조건 |

등급	발급조건	등급	발급조건
초급	• 전기 관련 자격증 소지자 　− 산업기사 또는 기사 : 즉시 발급 　− 기능사 : 2년 이상 전력기술 업무를 수행한 자 • 전기 관련 학력 소지자 　− 석사 이상의 학위 : 즉시 발급 　− 학사학위 : 1년 이상 전력기술 업무를 수행한 자 　− 전문대학 : 졸업 이후 3년 이상 전력기술 업무를 수행한 자 　− 고등학교 : 졸업 이후 5년 이상 전력기술 업무를 수행한 자 • 전기 관련 경력 소지자 　전력기술 업무를 7년 이상 수행한 자로서 전력기술인 양성에 관한 교육을 이수한 자	중급	• 전기 관련 자격증 소지자 　− 기능장 : 즉시 발급 　− 기사 : 경력 2년 이상 　− 산업기사 : 경력 5년 이상 　− 기능사 : 경력 8년 이상
		고급	• 전기 관련 자격증 소지자 　− 기능장 : 경력 2년 이상 　− 기사 : 경력 5년 이상 　− 산업기사 : 경력 8년 이상
		특급	• 전기 관련 자격증 소지자 　− 기술사 : 즉시 발급

위의 발급조건에서 알 수 있듯이 기술사를 취득하면 특급기술자, 기능장을 취득하면 중급기술자로 분류되고 기사와 산업기사는 초급, 기능사는 2년 이상의 전력기술 경력이 있어야 한다. 순수한 학력 및 경력으로 경력수첩을 발급 받아서는 중급 이상의 승급이 되지 않고 국가기술자격증을 취득한 경우에서만 승급 대상이 된다. 여기에서 경력수첩을 위한 국가기술 자격증은 다음과 같다.

| 전력기술인 경력수첩 발급 시 인정하는 자격증 |

기술사	기능장	기사	산업기사	기능사
전기안전	전기	전기	전기	전기

한편 경력을 인정받기 위해선 경력 산정을 해야 하는데 경력에 따라 전체 인정 또는 부분 인정으로 구분된다. 이에 대한 기준은 다음과 같다.

| 전력기술인 경력수첩 발급 시 경력산정기준 |

100% 경력 인정	• 전력시설물의 설계·공사·감리·유지보수·관리·진단·점검·검사에 관한 기술업무 • '국가공무원법' 또는 '지방공무원법'에 따른 전기 직렬에 보직된 사람의 전기에 관한 업무 • '병역법'에 따른 군복무기간 중 전기안전관리자의 업무 및 발전전기 관련 병과를 받은 사람의 전기에 관한 업무 • 교육 관계 법, '근로자직업능력개발법', '기능대학법' 및 '학원의 설립·운영 및 과외교습에 관한 법률'에 따른 전기 관련 교수·교사의 전기에 관한 업무 • 전력기술 관련 단체·업체 등에서 근무한 사람의 전력기술에 관한 업무
80% 경력 인정	• '전기용품안전관리법'에 따른 전기용품의 설계·제조·검사 등 기술업무 • '소방시설공사업법'에 따른 소방설비 중 전기 분야 설계·공사·감리·검사·정비 등의 기술업무 • '계량에 관한 법률'에 따른 전기계량기술에 관한 업무 • '산업안전보건법'에 따른 전기 분야 산업안전기술업무 • 건설관계법에 따른 전기 관련 기술업무 • 전기기계기구의 설계·제작 또는 수리 등 기술업무 • '국가공무원법'에 따른 전자·통신기술 직렬 또는 '지방공무원법'에 따른 통신기술·전자통신기술 직렬에 보직된 사람의 전기·전자통신기술에 관한 업무 • 전자·통신 관계법에 따른 전기·전자통신기술에 관한 업무

위의 경력 산정 기준에 대해 문의 사항이 있으면 한국전력기술인협회(1899-3838)로 문의하면 쉽게 알 수 있다. 경력수첩 발급비는 1만 3000원이고 매년 7만원의 회비가 필요하다. 등급이 변경되었거나 재발급, 분실 시에는 5000원의 수수료가 든다.

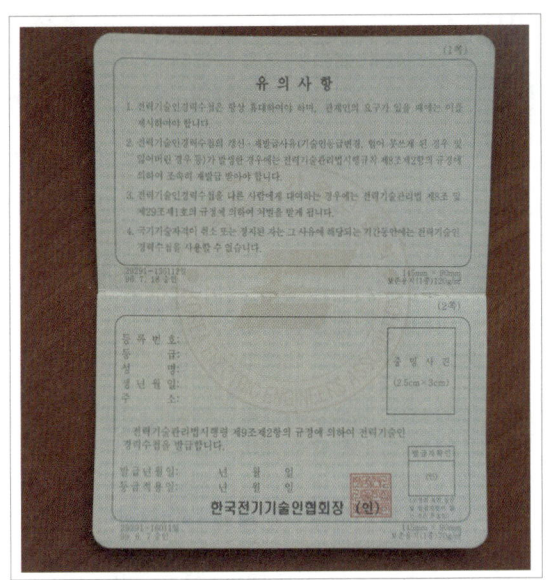

| 전력기술인 경력수첩 속표지 |

전력기술인 경력수첩에 표기된 등급을 통해 선임 또는 관리할 수 있는 전력의 기준은 특별하게 없다. 선임 또는 관리할 수 있는 기준은 전기안전관리자 기준에 의해 나누어진다('Ⅲ의 01·1· 2 전기안전관리자 선임 자격기준' 확인).

그래서 특별한 기술자 양성교육이나 승급교육은 없다. 다만 한국전기기술인협회에서 정기적으로 안전관리교육을 실시하고 있다. 이때 교육은 크게 3가지로 전기안전관리 기술교육(Ⅰ), 전기안전관리 기술교육(Ⅱ), 특별교육이 있다. 안전관리자 선임기간이 5년 미만인 경우 기술교육(Ⅰ), 5년 이상인 경우 기술교육(Ⅱ)를 3년마다 1회 이상 들어야 한다. 기술교육은 온라인교육(13시간)과 오프라인 집체교육(1일 8시간)으로 총 21시간으로 구성되어 있다.

안전관리자로 처음 선임된 경우는 특별교육을 최초 선임된 날부터 6개월 이내에 들어야 한다. 특별교육은 온라인교육(9시간)과 오프라인 집체교육(2일 12시간)으로 총 21시간으로 구성되어 있다. 기술교육과 특별교육 모두 10만 5000원이고 숙식비는 각자 해결해야 한다.

2 감리원수첩

| 감리원수첩 앞표지 |

한국전기기술인협회에서는 전력기술인 경력수첩과 더불어 감리원 수첩도 발급하고 있다. 전력기술관리법 제12조의 2, 제2항 및 제3항에 의해 전력시설물 설치·보수공사의 품질 확보 및 향상을 위하여 감리업자 또는 자체감리기관으로 하여금 감리원 배치기준에 따라 감리원을 배치하고 그 배치현황을 신고 및 완료보고 하도록 정하였다. 여기서 감리원이라 함은 바로 감리원 수첩을 보유한 기술인력을 말한다. 즉, 감리원은 전력시설물 공사감리에 관한 업무수행능력과 자질을 향상시켜, 부실공사 요인을 사전에 제거하여 국가경제에 이바지하기 위해 있는 것이다. 이때 시공하는 공사의 종류에 따라 크게 단순공종, 보통공종, 복잡공종으로 구분을 하고 그 기준은 다음과 같다.

| 공종의 구분 |

단순공종	보통공종	복잡공종
• 배전설비 • 공장의 조명설비 • 창고시설 • 주차장 등 자동차 관련 시설 • 축사 등 동물 관련 시설 • 종묘배양시설 등 • 식물 관련 시설 등의 전력 • 시설물공사와 전기기기 일부만 공사할 경우	• 단순 또는 복잡공종에 속하지 않는 전력시설물공사	• 발전설비, 송전·변전설비 • 체육관, 운동장 등 운동시설 • 공연장 등 관람집회시설 • 박물관 등 전시시설 • 의료시설 • 공항·여객자동차터미널 등 시설 • 방송국 등 방송·통신시설 • 상수·하수·산업폐수·분뇨·쓰레기처리 시설 • 관광휴게시설 • 건축물 연면적 2만m^2 이상 • 지하층을 제외한 건축물의 층수가 11층 이상의 건축물 • 전기철도설비 • 특수한 전기응용설비와 공사기간이 길고 배선수가 많아 복잡한 전력시설물의 공사

여기에서 단순공종의 배전설비 중 7000V 이상의 특고압 설비는 보통공종으로 구분하고 지중화 배전설비는 복잡공종으로 구분한다. 그리고 건축물의 연면적은 동수가 여러 개일 때 수전설비의 연결부하를 기준으로 면적을 산정한다.

위의 공종을 토대로 공사비와 함께 적절한 요율을 통해 적절한 감리원 수를 선정한다. 이때 감리원은 책임감리원과 보조감리원을 두고 이들의 기준은 다음과 같다.

| 공사구분별 감리원의 자격기준 |

구분	총 예정공사비	책임감리원	보조감리원
발전·송전·변전· 배전·전기철도	• 총 공사비 100억원 이상 • 총 공사비 50억원 이상 100억원 미만 • 총 공사비 50억원 미만	• 특급 • 고급 이상 • 중급 이상	초급 이상
수전·구내배전·가로등· 전력사용설비·기타	• 총 공사비 20억원 이상 • 총 공사비 10억원 이상 20억원 미만 • 총 공사비 10억원 미만	• 특급 • 고급 이상 • 중급 이상	

비상주 감리원은 고급 이상으로 자격기준이 정해져 있다. 아울러 공사별로 각 등급이 감리를 담당할 수 있는 범위가 다르다. 그래서 감리원 수첩을 발급받은 이후 승급에도 신경을 써야 한다. 이때 감리원 수첩의 발급 및 승급을 위해 크게 국가기술자격자와 학력·경력자에 따라 기준이 나뉘어 있다.

| 감리원 자격기준 |

등급	국가기술자격자	학력 · 경력자
특급	• 기술사	–
고급	• 기능장의 자격을 취득한 후 2년 이상 전력기술업무를 수행한 자 • 기사의 자격을 취득한 후 5년 이상 전력기술업무를 수행한 자 • 산업기사의 자격을 취득한 후 8년 이상 전력기술업무를 수행한 자	–
중급	• 기능장의 자격을 취득한 자 • 기사의 자격을 취득한 후 2년 이상 전력기술업무를 수행한 자 • 산업기사의 자격을 취득한 후 5년 이상 전력기술업무를 수행한 자 • 기능사의 자격을 취득한 후 10년 이상 전력기술업무를 수행한 자	–
초급	• 기사 또는 산업기사의 자격을 취득한 자 • 기능사 자격을 취득한 후 6년 이상 전력기술업무를 수행한 자	• 석사 이상의 학위를 취득한 자 • 학사 학위를 취득한 후 1년 이상 전력기술업무를 수행한 자 • 전문대학을 졸업한 후 3년 이상 전력기술업무를 수행한 자 • 고등학교(전기 관련 학과)를 졸업한 후 6년 이상 전력기술업무를 수행한 자 • 전력기술업무를 8년 이상 수행한 자로서 감리원 양성에 관한 교육을 이수한 자

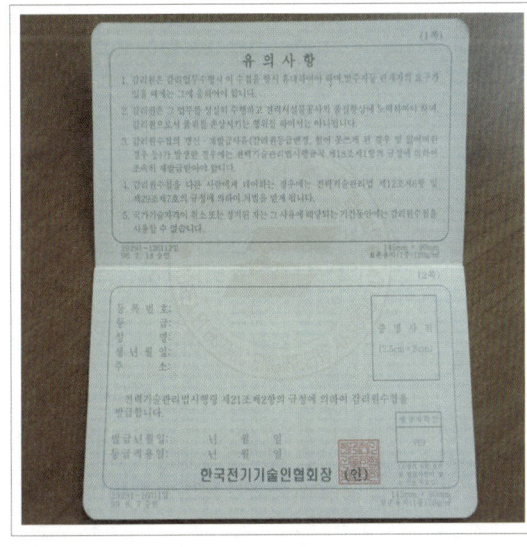

| 감리원수첩 속표지 |

전반적으로 전력기술인 경력수첩 발급조건과 비슷하나 기능사 자격을 취득한 후 6년 이상의 경력이 필요하다는 점과 순수 학력자의 경우 고교 이하의 졸업자나 순수 경력자의 경력기간이 1년 더 필요하다는 점이 다르다. 여기에서 해당하는 경력은 전력기술인 경력수첩 발급조건과 같다.

순수 경력자의 경우 감리원 양성에 관한 교육을 이수해야 한다는 조건이 있는데 이때 감리원 양성교육은 경기도 안양시에 위치한 전기기술교육원을 비롯한 지방 광역시급의 미리 지정된 장소에서 실시한다. 크게 순수 오프라인 집체교육(5일 35시간)으로만 있는 경우와 온라인교육(2일

16시간)과 오프라인 집체교육(3일 19시간)을 모두 이수해야 하는 교육으로 나뉜다. 교육비는 과정에 따라 다르고 오프라인 집체교육으로만 이루어진 경우가 좀 더 비싸지만 고용노동부에서 지원이 되어 환급이 가능하다. 아울러 교육비에 중식비도 포함되어 있다. 감리원 수첩 발급비는 1만 3000원이고 초급, 중급의 경우 매년 7만원, 고급, 특급의 경우 10만원의 한국전기기술인협회 회비가 필요하다. 등급이 변경되었거나 재발급, 분실 시에는 5000원의 수수료가 든다.

3 전기공사기술자 경력수첩

본래 전기공사는 아무나 하는 것이 아니고 정식으로 시·도지사에게 허가를 받아 등록된 전기공사 면허업체만 할 수 있다. 그러나 일부 경미한 전기공사는 면허업체가 아니고도 할 수 있다. 전압이 600V 이하이면서 전기시설 용량이 5kW 이하인 전기시설의 개선 및 보수공사를 할 때는 면허업체가 아니지만 전기공사기술자가 할 수 있다. 이때 말하는 전기공사기술자가 바로 전기공사기술자 경력수첩 소지자이다. 아울러 전기공사업을 운영하기 위해서는 반드시 전기공사기술자 경력수첩 소지자 3인 이상이 있어야 한다. 전기공사기술자 경력수첩은 한국전기공사협회(Korea Electrical Contractors Association)에서 발급한다. 전기공사기술자 경력수첩은 오랜 시간 전기공사만을 수행했다고 발급 받는 것이 아니라 전기 관련 자격증 소지자나 관련 학력 또는 경력이 있어야만 가능하다. 이러한 발급 조건은 다음 표와 같다.

| 전기공사기술자 경력수첩 발급조건 |

등급	발급조건	등급	발급조건
초급	• 전기 관련 자격증 소지자 　- 산업기사 또는 기사 : 즉시 발급 　- 기능사 : 기술자 양성교육 • 전기 관련 학력 소지자 　- 학사 학위 : 기술자 양성교육 　- 3년제 전공 : 경력 1년 이상 및 기술자 양성교육 　- 2년제 전공 : 경력 2년 이상 및 기술자 양성교육 • 전기 관련 경력 소지자 　- 경력 8년 이상 및 기술자 양성교육 • 비전공 학력 소지자 　- 학사 학위 : 경력 4년 이상 및 기술자 양성교육 　- 3년제 전공 : 경력 5년 이상 및 기술자 양성교육 　- 2년제 전공 : 경력 6년 이상 및 기술자 양성교육	중급	• 전기 관련 자격증 소지자 　- 기사 : 경력 2년 이상 　- 산업기사 : 경력 5년 이상 　- 기능사 : 경력 8년 이상 • 전기 관련 학력 소지자 　- 석·박사 : 경력 5년 이상 　- 학사 학위 : 경력 7년 이상 　- 3년제 전공 : 경력 8년 이상 　- 2년제 전공 : 경력 9년 이상 • 전기 관련 경력 소지자 　- 경력 11년 이상 및 기술자 승급 교육
		고급	• 전기 관련 자격증 소지자 　- 기사 : 경력 5년 이상 　- 산업기사 : 경력 8년 이상 　- 기능사 : 경력 11년 이상
		특급	• 전기 관련 자격증 소지자 　- 기술사 또는 기능장 취득

| 전기공사기술자 경력수첩 앞표지 |

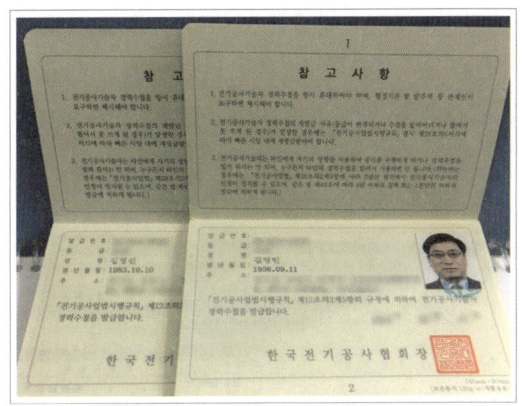

| 전기공사기술자 경력수첩 속표지 |

여기에서 경력수첩을 위한 전기 관련 자격증은 다음과 같다.

| 전기공사기술자 경력수첩 발급 시 인정하는 자격증 |

기술사	기능장	기사	산업기사	기능사
• 발송배전 • 전기응용 • 건축전기설비 • 철도신호 • 전기철도 • 산업계측제어 • 원자력발전 • 전기안전	• 전기	• 전기공사 • 전기 • 철도신호 • 전기철도 • 원자력 • 신재생에너지 발전설비(태양광)	• 전기공사 • 전기 • 철도신호 • 전기철도 • 신재생에너지 발전설비(태양광)	• 전기 • 철도전기신호 • 신재생에너지 발전설비(태양광)

앞서 발급조건에서 알 수 있듯이 기술사나 기능장을 취득하지 않는 한 모두 초급부터 시작해서 경력에 따라 승급이 가능하다. 그리고 전기 관련 자격증의 산업기사 이상을 취득하였으면 따로 기술자 양성교육 없이 바로 경력수첩 발급이 가능하다.

한편 위의 등급은 기술자의 숙련도를 나타내는 것이 아닌 시공관리 기준을 나누는 등급으로 다음과 같다.

| 전기공사기술자 경력수첩 등급별 시공관리기준 |

등급	초급	중급	고급	특급
시공 관리기준	사용전압 1000V 이하	사용전압 1000V 초과 및 10만V 이하	모든 전기공사	

한편 경력수첩 발급을 위해 자격증 없이 경력에 따라 산정하는 경우가 있는데 이는 매우 까다로운 기준을 제시하고 있고 전체 인정이나 부분 인정으로 구분되어 있기 때문에 면밀하게 살펴보고 경력수첩 발급을 신청해야 한다.

전기공사기술자 경력수첩 발급 시 경력산정기준	
100% 경력 인정	전기공사업체에서 시공 또는 시공관리업무를 수행한 사람
80% 경력 인정	• 전기공사 관련 해당 분야에서 전기공사 관련 설계·공사감독·감리·전기공사 재해예방기술지도 등의 업무를 수행한 사람 • '공무원임용령' 또는 '지방공무원임용령'에 따른 전기직렬에 보직되어 전기시설 관리 및 시공에 관한 업무를 수행한 사람 • '교육기본법'·'근로자직업능력개발법'·'고용보험법' 및 '산업재해보상보험법'·'기능대학법' 및 '학원 설립·운영 및 과외교습에 관한 법률'에 따른 전기 관련 교원·강사로서 전기시공에 관한 교육업무를 수행한 사람
50% 경력 인정	• 전기공사 관련 해당 분야에서 전기공사의 계획·시험·검사·유지관리·전기안전관리·전기공사연구 업무를 수행한 사람 • '소방시설공사업법'에 따른 소방시설공사업으로 등록된 곳에서 '국가기술자격법'에 따른 소방설비 국가기술자격(전기)을 가지고 소방설비의 전기공사 및 도난방지시설공사 업무를 수행한 사람
불인정	• 만 18세 미만인 기간 동안의 경력. 다만, 국가기술자격을 취득한 경우는 경력에 포함 • 주간 학교 재학 중의 경력. 다만, '직업교육훈련촉진법' 제9조에 따른 현장실습계약에 따라 산업체에 근무한 경력은 포함 • '전기공사업법시행령' 제5조의 규정에 의한 경미한 전기공사 및 '전기사업' 제2조 제16호에 따라 선박, 차량, 항공기 등의 시공 경력 • 이중취업으로 확인된 기간의 경력(이중취업이란 재직 입증서류 등에서 같은 기간에 서로 다른 회사에서 근무한 것으로 확인되는 경우를 말함) • 동일 회사에서 전기공사업무와 전기공사업무가 아닌 업무를 같이 수행한 경우 전기공사 업무가 아닌 업무를 수행한 기간의 경력 • 다른 업종의 기술능력으로 등록된 기간의 경력 • 자격 대여로 전기공사기술자의 인정이 정지된 경우 처분원인이 되는 해당 기간의 경력 • 전기공사와 연관이 없는 통신, 전자, 소방, 건설 및 제조업으로 등록된 회사에서 용품·기기제조, 설계제작, 제작 설치, 수리, 정비, 기기검사 등의 업무를 수행한 기간의 경력
기타 사유	• 국가기술자격 또는 최종 학력의 취득 이전 경력은 위 100%, 80%, 50%에서 정한 경력의 50%를 적용 • 전기기능사 시험이 면제되는 기능경기대회에서 입상한 사람의 입상 이전의 경력은 100% 인정 • 전기공사기술자로 인정된 사람이 전기 관련 상위의 국가기술자격 또는 학력을 취득한 경우 이미 인정받은 경력과 인정기술자가 된 이후의 경력은 100% 인정

위의 경력 산정 기준에 대해 문의 사항이 있으면 한국전기공사협회(국번 없이 1566-1177)로 문의하면 쉽게 알 수 있다.

앞서 언급한 전기 관련 산업기사 이상의 자격증이 없고 기능사 자격증을 소유했거나 학력이나 경력만 해당하면 한국전기공사협회에서 하는 기술자 양성교육을 받아야 한다. 기술자 양성교육은 4시간의 온라인 교육과 16시간의 오프라인 집체교육으로 구성되어 있다. 오프라인 집체교육은 서울과 광역시, 그리고 각 도청 소재지가 있는 도시의 전기공사협회(변동 가능성 있음)에서 실시한다. 초급교육이 가장 인기가 많기에 가장 빨리 마감이 되는데 보통 접수 후 몇 달이 지나야 교육을 받을 수 있기 때문에 서둘러야 한다. 참고로 교육비는 14만 원이고 숙식비는 각자 부담이다.

(1) 교육접수 기간 : 상시(선착순 마감)
(2) 온라인 접수 : 본인이 직접 교육 신청
(3) 온라인교육(4시간) + 집체교육(2일 16시간) → 교육수료 완료
(4) 협회 홈페이지(www.keca.or.kr)에 접속하여 로그인(개인회원 또는 인정기술자회원)

전기 관련 산업기사 이상의 자격증이나 충분한 경력과 기술자 양성교육을 받은 후 한국전기공사협회(중앙회 이외 지방회도 가능)에서 경력수첩을 신청하면 약 5일 후 발급 된다. 전기공사기술자 경력수첩 발급비는 5만원이다.

MEMO

Index

ㄱ

가공지선	217, 423
가스절연변전소	233
가스차단기	305
가요성	27
각주파수	46
간이수변전시설	313, 314
간접조명	483
감리원수첩	733
감전	459
강심알루미늄연선	217
강제전선관	568, 569
개폐기	292
개회로	58
갭	422
거짓말탐지기	465
건식변압기	300
건전지	497
검전기	521
검전드라이버	518
경력수첩	730
계기용 변류기	334
계기용 변압변류기	335
계량기	328
계약전력	348
계약전력환산율	354
계자	141, 142
계통접지	407
고감도 누전차단기	463
고메다	329
고무전선	561
고속형	464
고용량 멀티탭	456
고유저항	69
고장전류	615
고정자	141, 147
고조파	107
공기차단기	305
공진	82
공진전류	84
공칭단면적	36
공통접지	408
과도응답	79
과부하	438
과전류	439
광기전력효과	184
광속	474
교류	41, 42
교류발전기	196
교번자계	153
구리	70
권선형 전동기	151
권수비	236
규약효율	237
그물망형(메시형, mesh type) 케이블트레이	592
극저주파 전자계	227
극좌표	694
금속관공사	567
금속덕트공사	578
금속제 가요전선관	572
기계식 계량기	332
기동보상기법	157
기본파	106
기저부하	172
기전력	15
기준충격절연강도	72
기중절연 자동고장구분개폐기	292
기중차단기	303
기후환경요금	342

ㄴ

나전선	69, 553
내연기관	319
노출도전부	609
노출형 콘센트	641
농형 전동기	151
누름버튼스위치	645
누설전류	397
누전	439, 532
누전차단기(ELCB)	434, 463
누진제 전기요금	337
누진제요금	329
니켈수소(Ni-MH)축전지	504
니켈카드뮴전지	503
니퍼	513

ㄷ

다목적 가위	514
다이오드	100
단독운전	180
단독접지	407
단락	440, 624

Index

단락사고	440
단락시험	237
단락용량	307
단로(單路)스위치	663, 664
단로기	302
단상	116
단상 3선식	119
단상 유도전동기	153
단선	553
단일계약	347
단추형 전지	498
대기전력	380
대기전력 차단콘센트	381
대전체	30
대지전압	538
대지전위상승	409
댐퍼	218
도전부	609
도전율	27
도체	68
동기발전기	199
동기속도	150
동기전동기	151
동상	80
동작특성곡선	610
동조점	84
동축케이블	562
등가반지름	225
등가선간거리	224
등전위 본딩	415, 609
디그리(degree)값	694
디지털 멀티미터	524

ㄹ

라디안값	695
라이팅덕트공사	597
랜선	563
레이스웨이	488
레일등	487
렌츠의 법칙	192, 193
로맥스전선	561
리드선	454
리액터	75
리액터기동법	157
리액턴스	77
리튬이온(Li-ion)축전지	505
리튬이온건전지	498
리튬전지	498
링슬리브	657

ㅁ

마력	142
망간전지	496
매립형 콘센트(flush consent)	641
매입등	484
맥동전류(脈動電流, pulsating current)	103
맥류	103
멀티미터	522
멀티탭	451
메거	530
메모리효과	503
모계량기	328
몰드	582
몰드공사	582
몰드변압기	300
무리수	692
무부하시험	237
무정전 전원공급장치	323
무효전력	90
문주등	491

ㅂ

바닥밀폐형 케이블트레이	590
바이메탈	53, 54
반단선	650
반발기동형	154
반한시형	464
발전기	190
발전기실	321
발전차	203
방우콘센트	641
방화구획	588
배선용 차단기(MCCB)	707
배선지지공사	551
배전	250
배전반	425, 426
뱅크	232
버스덕트공사	595
버스바	427
버스바트렁킹 시스템	552
번개	418
벡터	698
벨테스터(삑삑이)	522
벼락	418

변압	233	블루라이트	480	설비 불평형률	124
변압기	238, 299	비상발전기	318	성형 결선	125
변압기 병렬운전	248	비상전력	317	센서등	489
변압기 중성점 접지공사	258	비상전원 변환시스템	431	센서모듈	489
변전설비	289	비상전원설비	317	셀룰러덕트(cellular duct)공사	580
변전소	231	비열	64	셰이딩코일형	155
병렬	55	비한류형 퓨즈	294	소비전력	379
보조대	640			속류	421
보호도체	397			송전	210
보호장치	608			송전탑	215
보호접지	407	**ㅅ**		수구	641
복권발전기	196	사다리	520	수력발전소	172
복권변압기	236	사다리형 케이블트레이	588	수뢰부	420
복소수	693	사용 전 검사	331	수변전설비	286, 289
본딩 점퍼	415	사용 전 점검	331	수용가	95, 262
볼타전지	495	사인곡선	697	수용률	246
부도체	69	산업용 차단기	434	수용설비용량	632
부동충전	507	산화반응	495	수전설비	289
부등률	245	산화은전지	498	순시값	48
부하	143	삼각비	695	순시트립범위	617
부하손	237	상순	119	슈퍼유저요금	344
부하율	246	상시전력	317	스마트 그리드	187
분권발전기	196	상전류	126	스위치	643
분극	495	상전압	118, 126	스위치부 콘센트	677
분기차단기	427	상전압선	118	스칼라	698
분기회로수	633	색온도	478	스테인리스 스틸 전선관	569
분산형 전원	179	서모스탯	53	스트레스 전압	407
분전반	425	서지	421	스틸(still)의 공식	220
분포정수회로	224	서지보호기	432	스페이서 댐퍼	221
불평형	123	석고보드 보조대	640	스포트라이트	482
브러시	140	선간전압	126	스피커선	563
브러시리스 발전기	201	선로연장	260	슬리브(sleeve)	657
브러시리스 전동기	144	선로정수	224	슬립	150
브리지 정류회로	102	선의 굵기	554	승압	16
블랙아웃	315	선전류	126	시연형	464

Index

시정수	79
신장률	27
실수	693
실지수	477
실측효율	237
실효값	47
심선	553

ㅇ

아날로그 멀티미터	523
아라고의 원판	147
아산화동	650
아웃렛박스	637
안전거리	469
안정권선	243
알카라인전지	496
알칼리축전지	502
압착기	516
압착단자	658
앙페르의 오른나사법칙	135
앙페르의 오른손 엄지손가락법칙	136
애자	216
애자공사	551
애자련	216
애자사용공사	593
어스테스터	537
얼터네이터	201
에너지 저장장치	186
에디슨 LED	486
에디슨 LED 전구	486

여자	195
여자전류	195
역률	87
역률각	89
역률요금제	92, 96
연선	553
연축전지	500, 501
열량	64
열화현상	505
영위법	62
오프셋	218
옥외용 전선	559
옴의 법칙	22
와고 커넥터	656
와이어 스트리퍼	514
요금적용전력	356
요비선	566
용량리액턴스	77
우선 내	709
우선 외	709
원가연계형 요금제	329
원자(原字, atom)	29, 494
원자력발전소	171
원터치 커넥터	656
위상차	80
유도리액턴스	77
유도발전기	200
유도전동기	149
유도전류	191
유량	174
유리수	691
유입변압기	300

유입전류	436
유입차단기	304
유효전력	90
이온	494
이온화	494
이중모선	316
인덕션	382
인덕션 전기공사	385
인덕터	75
인덕턴스	76
인버터	100
인입구	261
인입선	263
인입용 전선(DV)	559
일반용 전기설비기준	286
임피던스	78, 82

ㅈ

자가용 전기설비기준	286
자계량기	329
자기력	133
자기소화성	571
자기유도기전력	75
자기장	133
자기차단기	304
자동고장구분개폐기	292
자동전환개폐기	317
자성체	133
자속	134
자속밀도	134
자화력	134

자화현상	133	전선의 구비조건	27	접지선(GV)	402, 560
작업조끼	518	전선의 규격	556	접지저항	405
잔광현상	645	전선의 처짐정도(이도)	219	접지저항계	537
잠동현상	332	전설비용량	300	접지전압	538
장원형 전선	561	전신주	251	접지형 콘센트	400
재실감지기	490	전압	14	접촉불량	649
저항	52	전압강하	17, 601	접촉저항	649
저항기	74	전압선	629	정격 부담	310
전공칼	515	전원	35	정격감도전류	450, 463
전기	35	전원단자	20	정격단시간전류	308
전기공사기술자 경력수첩	736	전자	30	정격부동작전류	449
전기배선공사	550	전자기 유도현상	190	정격전류(I_n)	306, 634
전기설비	286	전자석	195	정격전류용량	448
전기안전관리자	287	전자식 계량기	332	정격전압	16, 305
전기울타리	465	전주	251	정격차단시간	308
전기자	141	전지	494	정격차단용량(P_s)	307
전기치료	464	전파정류	105	정격차단전류(I_s)	306, 448
전동기	139	전하	30	정격트립용량	450
전력	23, 35	절연	71	정격회전속도	150
전력계통	212	절연개폐장치	233	정류	98
전력기술인 경력수첩	731	절연계급	71	정류기	100
전력량계	328	절연드라이버	517	정류자	139
전력변환소	100	절연인증장갑	519	정상상태	79
전력변환장치	100	절연장갑	519	정수	690
전력산업기반기금	342	절연저항	530	정전기	32
전력선 모뎀	333	절연저항기	530	정전압회로	104
전력퓨즈	293	절연전선	69, 553	정크션박스(junction box)	639
전류(電流, current)	29, 31	절연체	69	제1종 금속제 가요전선관	573
전류재단현상	293	절연테이프	516	제2종 금속제 가요전선관	573
전선 위치 바꿈(연가)	226, 227	접속	648	조광기	646
전선관	564, 575	접지	396	조도	475
전선관 시스템	550	접지공사	402	조력발전소	176
전선관 커넥터	639	접지극	397	종단접속(쥐꼬리접속)	654
전선보호공사	550	접지도체	397	종합 고조파 왜형률	107
전선연장	260	접지봉	404	종합계약	347

Index

주상변압기	256
주차단기	427
주택용 고압	346
주택용 저압	346
주택용 차단기	434, 435
주파수	43
줄의 법칙	36, 63
중성선	128, 630
중성선 겸용 보호도체	619
쥐꼬리톱	514
증설공사	354
지락	441
지상	80
지상역률	92
지상전류	80
지열발전소	175
지전압	538
직권발전기	196
직권전동기	145
직렬	55
직류	40, 41
직류발전기	193, 194
직류송전(HVDC)	213
직부등	483
직접조명	482
진공차단기	304
진상	80
진상역률	92
진상전류	80
집중정수회로	224

ㅊ

차단기	292, 301
책임분계점	261
책임주체	261
천둥	418
철박스	638
초고압 직류송전	218
초과사용부가금	349
최고전압	211
최대 단락전류	626
최대 수요전력	357
최대 전차단시간	617
최대출력 추종기능	181
최댓값	48
최소 단락전류	626
최소 안전거리	299
축전지	499
축전지용량	508
출력	142
충전부	608

ㅋ

캐치홀더(catch holder)	256
커버나이프스위치	425
커패시터	75
커패시턴스	76
커플링	566
컨덕턴스	57
컨버터	100
컷아웃스위치	256, 293

케이블	554
케이블 클램프(cable clamp)	594
케이블공사	551
케이블덕팅 시스템	551
케이블커터	515
케이블트렁킹 시스템	551
케이블트레이	585, 586
케이블트레이 시스템	551
케이블트렌치공사	583
켈빈의 법칙	220
코드선(HVSF/HKIV)	560
코로나	222
코로나 임계전압	223
코로나현상	222
콘덴서기동형	154
콘센트	641
콜라우슈 브리지법	406
쿨롱상수	34
쿨롱의 법칙	33
클램프미터	527
키르히호프 제1법칙(전류보존의 법칙)	59
키르히호프 제2법칙(전압보존의 법칙)	60

ㅌ

타이머	430, 431
타임스위치	646
태양광 모듈	183
태양광 어레이	183
태양광(열)발전소	175

태양전지	183	플로어 콘센트	642	황산화현상	502		
토크	138, 142	플로어덕트공사	579	회로도	58		
통신선	563	플리커 프리	481	회선	217		
통합접지	408	피뢰기	419, 421	회전수	142		
투광등	491	피뢰도선	420	회전자	147		
투자율	135	피뢰시스템 접지	407	회전자기장	149		
트렁킹 시스템	581	피뢰침	420	효율	87		
트리현상	440	피상전력	90	훅미터	527		
트립(trip)	446	피크	223	휘도	477		
특별저압	535	피크전력	357	휘트스톤 브리지회로	61		
특성 요소	422	핀터미널	657				
		필수사용량 보장공제	345				

ㅍ

ㅎ

기타

[숫자]

파워트랙 시스템	552	하이라이트	382	1개 분기선접속	652
파워퓨즈(power fuse)	256	한류형 퓨즈	294	1차 전지	497
패러데이법칙	191	합선	441	2개 분기선접속	653
펀칭형(바닥통풍형) 케이블트레이	590	합성수지제 가요전선관	571	2차 전지	499
		합성저항	56	3단자법	405
페란티현상	92	합성최대전력	244	3로 스위치	670
펜던트	485	항공장애 표시구	214	3상 전동기	155
펜던트스위치	645	항공장애등	214	3상 전력	116
펜치	515	해류발전소	176	4로 스위치	674
편위법	62	해월철탑	253		
평형 조건	62	허수	693	**[영문]**	
평활회로	104	허용전류	28	AF	450
폐회로	58	허용접촉전압	409, 622	AT	450
폴리머(polymer)애자	255	허전압	538	BMS	188
표준부하	632	호흡작용	239	CD(Combined Duct)전선관	571
표준전압	211	화력발전소	170	CD-P전선관	575
표피효과	43	화이트 밸런스	480	CT	334
풍력발전소	175	환상형 결선	125	CT계량기	334
플러그	641	환원반응	495	CV 케이블	558
플레밍의 오른손법칙	192			ELP전선관	576
				EMS	189

Index 747

Index

EPS	297	PELV	535	TN-S 계통	618
EPS실	426	PEN	619	TN-S방식	412
FELV	535	PE-라이닝 스틸 전선관	570	TN방식	412
FEP전선관	576	PE전선관	574	TT 계통	620
HFIX전선	557	PG슬리브	657	TT방식	413
HIV	557	PLC	333	TV수신료	346
HI-VE전선관	575	PMS	189	UTP	563
HI전선관	575	PVC박스	639	VCTF 케이블	558
IoT스위치	678	PVC전선관	575	V-V결선	242
IP등급	471	SELV	535	Y-Y-△결선	243
IT방식	413	SF_6가스	233	Y-Y결선	240
IV전선	557	SMPS	481	Y-△결선	242
LED	475	SPD	432	Y-△기동법	156
LED 전구	485	TN 계통	614	Y결선	125
MOF	335	TN-C 계통	619	△-Y결선	241
MR16	484	TN-C-S 계통	619	△-△결선	240
PAR30 전구	487	TN-C-S방식	413	△결선	125, 127
PCS	188	TN-C방식	412		

최신 한국전기설비규정(KEC)을 반영한 김기사의 e-쉬운 전기

2019. 11. 25. 초 판 1쇄 발행
2020. 1. 13. 1차 개정증보 1판 1쇄 발행
2020. 2. 10. 1차 개정증보 1판 2쇄 발행
2020. 4. 23. 1차 개정증보 1판 3쇄 발행
2020. 5. 25. 1차 개정증보 1판 4쇄 발행
2021. 1. 11. 2차 개정증보 2판 1쇄 발행
2021. 8. 5. 2차 개정증보 2판 2쇄 발행
2022. 2. 10. 2차 개정증보 2판 3쇄 발행
2023. 4. 5. 2차 개정증보 2판 4쇄 발행
2024. 6. 5. 2차 개정증보 2판 5쇄 발행
2026. 1. 7. 2차 개정증보 2판 6쇄 발행

지은이 | 김명진
펴낸이 | 이종춘
펴낸곳 | BM (주)도서출판 성안당

주소 | 04032 서울시 마포구 양화로 127 첨단빌딩 3층(출판기획 R&D 센터)
     | 10881 경기도 파주시 문발로 112 파주 출판 문화 도시(제작 및 물류)
전화 | 02) 3142-0036
     | 031) 950-6300
팩스 | 031) 955-0510
등록 | 1973. 2. 1. 제406-2005-000046호
출판사 홈페이지 | www.cyber.co.kr
ISBN | 978-89-315-2680-6 (13560)
정가 | 45,000원

이 책을 만든 사람들
책임 | 최옥현
편집·진행 | 박경희
교정·교열 | 박경민
본문 디자인 | 정희선, 박혜림
표지 디자인 | 박현정
홍보 | 김계향, 임진성, 김주승, 최정민, 이해솔
국제부 | 이선민, 조혜란
마케팅 | 구본철, 차정욱, 오영일, 나진호, 강호묵
마케팅 지원 | 장상범
제작 | 김유석

이 책의 어느 부분도 저작권자나 BM (주)도서출판 성안당 발행인의 승인 문서 없이 일부 또는 전부를 사진 복사나 디스크 복사 및 기타 정보 재생 시스템을 비롯하여 현재 알려지거나 향후 발명될 어떤 전기적, 기계적 또는 다른 수단을 통해 복사하거나 재생하거나 이용할 수 없음.

본 책의 내용을 토대로 온·오프라인 교육 및 강의를 할 경우 저작권자나 BM (주)도서출판 성안당 발행인의 승인 문서가 반드시 있어야 함.

■ 도서 A/S 안내

성안당에서 발행하는 모든 도서는 저자와 출판사, 그리고 독자가 함께 만들어 나갑니다.
좋은 책을 펴내기 위해 많은 노력을 기울이고 있습니다. 혹시라도 내용상의 오류나 오탈자 등이 발견되면 **"좋은 책은 나라의 보배"**로서 우리 모두가 함께 만들어 간다는 마음으로 연락주시기 바랍니다. 수정 보완하여 더 나은 책이 되도록 최선을 다하겠습니다.
성안당은 늘 독자 여러분들의 소중한 의견을 기다리고 있습니다. 좋은 의견을 보내주시는 분께는 성안당 쇼핑몰의 포인트(3,000포인트)를 적립해 드립니다.
잘못 만들어진 책이나 부록 등이 파손된 경우에는 교환해 드립니다.